Bioquímica de Laguna

6ª edição – revista e ampliada

Bioquímica de Laguna

6ª edição – revista e ampliada

Dr. José Laguna
Professor Emérito da Faculdade de Medicina, UNAM.
Membro da Academia Nacional de Medicina

Dr. Enrique Piña Garza
Professor Emérito da Faculdade de Medicina, UNAM.
Membro da Academia Nacional de Medicina.

Dr. Federico Martínez Montes
Doutor em Ciências Biomédicas. Professor Titular, Departamento de Bioquímica, Faculdade de Medicina, UNAM

Dr. Juan Pablo Pardo Vázquez
Professor Titular em Período Integral, Departamento de Bioquímica, Faculdade de Medicina, UNAM

Dr. Hector Riveros Rosas
Doutor em Ciências (Bioquímica). Professor em Período Integral, Departamento de Bioquímica, Faculdade de Medicina, UNAM.

EDITORA ATHENEU

São Paulo —	*Rua Jesuíno Pascoal, 30* *Tel.: (11) 2858-8750* *Fax: (11) 2858-8766* *E-mail: atheneu@atheneu.com.br*
Rio de Janeiro —	*Rua Bambina, 74* *Tel.: (21) 3094-1295* *Fax: (21) 3094-1284* *E-mail: atheneu@atheneu.com.br*

Belo Horizonte — Rua Domingos Vieira, 319 — Conj. 1.104

CAPA: Paulo Verardo

PRODUÇÃO EDITORIAL/DIAGRAMAÇÃO: Equipe Atheneu

Dados Internacionais de Catalogação na Publicação (CIP)
(Câmara Brasileira do Livro, SP, Brasil)

Bioquímica de Laguna / José Laguna...[et al.]. -- 6. ed. revista e ampliada -- São Paulo : Editora Atheneu, 2012.

Outros autores: Enrique Piña Garza, Federico Martínez Montes, Juan Pablo Pardo Vázquez, Hector Riveros Rosas
Vários colaboradores.
Bibliografia.
ISBN 978-85-388-0313-3

1. Bioquímica I. Laguna, José. II. Pinã Garza, Enrique. III. Martínez Montes, Federico. IV. Pardo Vázquez, Juan Pablo. V. Riveros Rosas, Hector.

12-14538 CDD-574.192

Índices para catálogo sistemático:

1. Bioquímica : Biologia 574.192

LAGUNA J., PIÑA, E. G; MARTÍNEZ, F. M; PARDO, J. P.V, RIVEROS, R. H
Bioquímica de Laguna — 6ª edição – revista e ampliada

Tradutores

PROF. DR. WAGNER RICARDO MONTOR

Professor Adjunto do Departamento de Ciências Fisiológicas da Faculdade de Ciências Médicas da Santa Casa de São Paulo. Graduado em Farmácia-Bioquímica pela USP. Doutorado em Ciências (Bioquímica) pela USP. Pós-Doutorado em Bioquímica e Farmacologia Molecular pela Faculdade de Medicina de Harvard, EUA.

(Tradutor dos caps.: 5, 6, 8, 9, 10, 11, 12, 18, 22, 23, 24, 28, 31, Índices e Prefácios)

PROF. DR. JOSÉ RAUL CISTERNAS

Professor Adjunto do Departamento de Ciências Fisiológicas da Faculdade de Ciências Médicas da Santa Casa de São Paulo. Pós-Doutorado pelo Departamento de Bioquímica da Faculdade de Medicina da Universidade de Edimburgo, Escócia.

(Tradutor dos caps.: 4, 15, 19)

PROF. DR. HUDSON DE SOUSA BUCK

Professor Titular do Departamento de Ciências Fisiológicas da Faculdade de Ciências Médicas da Santa Casa de São Paulo. Graduado em Biomedicina, com Mestrado em Biologia Molecular e Doutorado em Ciências pela UNIFESP. Pós-Doutorado em Neurofisiologia pelo Departamento de Fisiologia da Faculdade de Medicina da Universidade de Montreal, Canadá.

(Tradutor dos caps.: 1, 2, 3, 7, 16)

PROF. DR. SÉRGIO SETSUO MAEDA

Professor Assistente do Departamento de Ciências Fisiológicas da Faculdade de Ciências Médicas da Santa Casa de São Paulo. Graduado em Medicina pela UNICAMP. Mestre e Doutor em Endocrinologia Clínica pela UNIFESP.

(Tradutor dos caps.: 14, 17, 20, 21)

PROFA. DRA. CRISTIANE KOCHI

Professora Adjunta do Departamento de Ciências Fisiológicas da FCMSCSP. Endocrinopediatra da Irmandade da Santa Casa de Misericórdia de São Paulo.

(Tradutora do cap.: 32)

PROF. DR. MURILO R. MELO

Professor Adjunto do Laboratório de Medicina Molecular, Faculdade de Ciências Médicas da Santa Casa de São Paulo, Médico Patologista Clínico e Doutor em Pediatria pela mesma Instituição, Diretor da região da América Latina na World Association of Societies of Pathology and Laboratory Medicine (WASPaLM), Vice-Diretor Científico da Sociedade Brasileira de Patologia Clínica/Medicina Laboratorial.

(Tradutor dos caps.: 25, 26)

PROF. DR. CARLOS ALBERTO LONGUI

Professor Titular do Departamento de Ciências Fisiológicas da Faculdade de Ciências Médicas da Santa Casa de São Paulo. Chefe de Clínica Adjunto do Departamento de Pediatria da Irmandade da Santa Casa de Misericórdia de São Paulo. Doutorado em Endocrinologia pela Universidade de São Paulo. Pós-Doutorado em Endocrinologia Molecular pelo National Institutes of Health, NIH, USA.

(Tradutor dos caps.: 29, 30)

PROFA. DRA. MYLENE NEVES ROCHA

Professora Assistente do Departamento de Ciências Fisiológicas da Faculdade de Ciências Médicas da Santa Casa de São Paulo. Formada em Biologia pelo Centro Universitário São Camilo, com Mestrado e Doutorado em Ciências da Saúde pela Faculdade de Ciências Médicas da Santa Casa de São Paulo.

(Tradutora do cap.: 27)

Colaboradores

Dr. José Miguel Betancourt Rule

Departamento de Ciências da Saúde, Divisão de Ciências Biológicas e da Saúde, Universidade Autônoma Metropolitana, Unidade Iztapalapa.

Dr. Alfonso Cárabez Trejo

Médico pela Faculdade de Medicina da UNAM. Doutor em Ciências (especialidade Bioquímica) pela Faculdade de Química da UNAM. Junto ao Centro de Neurologia no campus Juriquilla em Querétaro de la UNAM. Chefe da Unidade de Microscopia Eletrônica do Centro de Neurobiologia, UNAM.

Dr. Eduardo Casas Hernández

Departamento de Ciências da Saúde, Divisão de Ciências Biológicas e da Saúde, Universidade Autônoma Metropolitana, Unidade Iztapalapa.

Dr. Edmundo Chávez Cosío

Professor Titular de Bioquímica na Faculdade de Medicina, UNAM, desde 1964. Pesquisador Ajudante no Departamento de Biologia da mesma Faculdade de 1964 a 1972. Posteriormente foi Pesquisador Titular "A" no Departamento de Biologia Experimental de 1972 a 1978. Bolsista no Colégio de Medicina de *Ohio State University* em 1976. Desde 1978 é Pesquisador Titular "C" do Departamento de Bioquímica do Instituto Nacional de Cardiologia. É membro do Sistema Nacional de Pesquisadores, Nível III.

Dr. Daniel Alejandro Fernández Velasco

Doutor em Pesquisa Biomédica Básica pela UNAM. Realizou estágios de pesquisa na Universidade Federal do Rio de Janeiro e na *Johns Hopkins University*. Desde 1995 é Professor em Período Integral da Faculdade de Medicina da UNAM.

Dr. Mina Konigsberg Fainstein

Departamento de Ciências da Saúde, Divisão de Ciências Biológicas e da Saúde, Universidade Autônoma Metropolitana, Unidade Iztapalapa.

Dr. José Laguna

Professor Emérito da Faculdade de Medicina, UNAM. Membro da Academia Nacional de Medicina.

Dr. Fernando López Casillas

Médico Cirurgião na Faculdade de Medicina da UNAM. Doutor em Filosofía (Ph. D., especialidade em Bioquímica) na Universidade de Purdue em *West Lafayette, Indiana, EUA*. Realizou estudos de pós-doutorado no *Memorial Sloan Kettering Cancer Center* da Cidade de Nova York, EUA. Atualmente é Pesquisador Titular "B" de Período Integral do Instituto de Fisiologia Celular da UNAM. Recebeu várias distinções, entre outros do *International Research Scholar do Howard Hughes Medical Institute, EUA*.

Dr. Federico Martínez Montes
Doutor em Ciências Biomédicas, Professor Titular, Departamento de Bioquímica, Faculdade de Medicina, UNAM.

Dr. Jaime Mas Oliva
M.D. Faculdade de Medicina, UNAM. Ph. D. (Bioquímica), *National Heart and Lung Institute Royal Posgraduate Medical Federation, University of London*. Pesquisador Titular, Instituto de Fisiologia Celular, UNAM. Sistema Nacional de Pesquisadores (Nível III). Bolsista *John Simon Guggenheim Foundation* (1986-1987). Prêmio Nacional de Ciências da Academia Mexicana de Ciências (1988). Distinção Universidade Nacional Autônoma do México (1992). Prêmio Interamericano de Ciências e Tecnología "Manuel Noriega Morales", O.E.A. (1993). Prêmio Canafarma (191).

Dr. Juan Pablo Pardo Vázquez
Pofessor Titular de Período Integral, Departamento de Bioquímica, Faculdade de Medicina, UNAM.

Dr. Patricia Pérez Vera
Laboratório de Cultivo de Tecidos, Departamento de Pesquisa em Genética Humana, Instituto Nacional de Pediatria.

Dr. Enrique Piña Garza
Professor Emérito da Faculdade de Medicina, UNAM. Membro da Academia Nacional de Medicina.

Dr. Héctor Riveros Rosas
Doutor em Ciências (Bioquímica), Professor em Período Integral, Departamento de Bioquímica, Faculdade de Medicina, UNAM. Membro do Sistema Nacional de Pesquisadores, Nível I.

Agradecimentos

"Nós, autores, queremos expressar nosso agradecimento a todos os colaboradores e revisores desta obra; ainda, reconhecemos o esforço que a Faculdade de Medicina da UNAM e a editora realizaram para tornar realidade este livro-texto de Bioquímica, e em particular ao Dr. Martín Martínez Moreno por seu esmero nos numerosos detalhes que surgiram durante a correção da atual edição"

Dedicatória

Dedicamos este livro a nossos alunos, atuais e futuros,
a quem gostaríamos de contagiar com o gosto por um ramo do saber humano
ao qual gostosamente dedicamos nossa vida profissional

Os autores

Prefácio da sexta edição

Este livro é um convite aos leitores interessados nas ciências biológicas e, em especial, da saúde para que se aproximem da Bioquímica, uma ciência que permeou na sociedade em tal grau, que muitos termos bioquímicos fazem parte, agora, de nossa linguagem diária. De fato, pode-se afirmar que na atualidade não existe área dentro da ampla gama das ciências biológicas e da saúde que tenha que recorrer para a explicação última dos fenômenos naturais e as bases moleculares que os determinam. É por isso que a Bioquímica atual se converteu em uma ferramenta básica com a qual especialistas de áreas muito distintas encontraram um ponto de convergência, onde cada vez mais fenômenos se integram e adquirem sentido.

Este livro tem uma herança de quase cinquenta anos, que começa com o Dr. José Laguna, então chefe do Departamento de Bioquímica da Faculdade de Medicina, que se empenhou em publicar, em 1960, o primeiro livro de bioquímica escrito em espanhol no México. Tarefa à qual se uniria posteriormente, em 1979, um dos estudantes, o Dr. Enrique Piña, que seria também chefe do Departamento de Bioquímica alguns anos mais tarde. Ambos são agora professores Eméritos da UNAM. De fato, é importante destacar que o *Bioquímica de Laguna* é um dos poucos livros-texto de Bioquímica que, ao longo de seis edições e mais de vinte reimpressões, se manteve vigente durante cinco décadas. Talvez com exceção do *Bioquímica de Harper*, não conhecemos nenhum outro exemplo de um livro-texto dentro desta área que tenha se mantido em constante atualização durante tanto tempo. Isso destaca ainda mais a responsabilidade dos atuais autores, quase todos eles alunos diretos do Dr. Laguna ou de algum de seus discípulos, de entregar a nossos estudantes um bom livro de Bioquímica, que lhes proporcione os fundamentos para entender o metabolismo celular, a catálise enzimática, a regulação ácido-base, o processo de respiração celular, a regulação genética e outros muitos temas importantes para sua formação como médicos.

Por isso, com a ideia de utilizar as novas ferramentas didáticas disponíveis, esta edição inclui o *Programa Interativo de Integração Médica*, que tem como objetivo principal permitir aos alunos a integração dos conhecimentos adquiridos nas cadeiras básicas e facilitar sua aplicação nas cadeiras clínicas. Este material, preparado por um grupo de professores-pesquisadores liderados pelo Dr. Federico Martínez Montes, consiste em uma série de programas interativos de computador que foram desenhados para serem utilizados tanto pelos estudantes, como pelos professores durantes suas atividades docentes. Nestes são ilustrados diversos aspectos fundamentais da bioquímica e da integração metabólica, e podem ser consultados livremente no portal do Departamento de Bioquímica da Faculdade de Medicina da UNAM (http://bq.unam.mx/) ou através do *link* que se encontra no portal da Editora El Manual Moderno (http://www.manualmoderno.com).

Assim como o Dr. Laguna destacava atinadamente na primeira edição deste livro, atualmente já não é necessário explicar por que a Bioquímica é indispensável para o preparo e treinamento dos médicos. Numerosas têm sido as contribuições dessa ciência já centenária à saúde. Vale destacar, por exemplo, a descoberta das vitaminas, que ajudaram a salvar milhares de vidas desde os princípios do século XX, e que representaram um dos primeiros aportes da Bioquímica ao bem-estar da população geral; o desenvolvimento e produção de antibióticos foi outra das contribuições notáveis que modificaram a prática médica, e por que não mencionar um dos aportes da bioquímica mexicana que revolucionou o mundo: a pílula anticoncepcional, que é considerada uma das invenções mais importantes pelo Departamento de Patentes dos Estados Unidos. A primeira pílula anticoncepcional foi patenteada em 1964 pelos mexicanos Luis Ernesto Miramontes Cárdenas (pesquisador), George Rosenkranz (vice-presidente da companhia farmacêutica mexicana Syntex), e Carl Djerassi (diretor de projeto), que lançaram no mercado uma progesterona sintética (a noretisterona) em 1957.

A Bioquímica se desenvolveu notavelmente nas últimas décadas, assim como a prática médica, a tal grau que agora a Medicina conta com uma série de ferramentas auxiliares para a prevenção, diagnóstico e tratamento médico que permitiram que a expectativa de vida no México tivesse praticamente duplicado, mudando de 34 anos em 1930 para 75 anos em 2000. De fato, uma das últimas ferramentas adquiridas pela Medicina mexicana é a que se denominou recentemente nos meios de comunicação o "genoma do mexicano", e que constitui uma análise da diversidade genômica nas populações mestiças mexicanas, o que permitirá, entre outras coisas, identificar marcadores genéticos de associação a enfermidades complexas, as variantes genéticas que determinam a resposta individual aos medicamentos ou que determinam uma maior predisposição a sofrer de certa enfermidade em particular. Tudo isso permitirá uma medicina mais individualizada e enfocada na prevenção, pelo que nos atrevemos a dizer que a partir do surgimento das ciências genômicas, como herdeiras diretas da Bioquímica clássica, e o conhecimento do genoma humano, estão gerando um divisor de águas muito importante dentro da medicina, em uma espécie de "antes" e "depois" da medicina genômica, onde os protagonistas serão aqueles profissionais da saúde que contem com as bases necessárias para aproveitar todas essas novas ferramentas. Em conclusão, esta obra pretende proporcionar aos médicos em formação, as bases científicas necessárias para desenvolver com sucesso a nova medicina. Esperamos ter cumprido com esse propósito.

Federico Martínez Montes

Juan Pablo Pardo Vázquez

Hector Riveros Rosas

Prefácio

No estado atual da medicina e do ensino de medicina, é satisfatório, ao escrever esta introdução, não ter que explicar por que é importante a bioquímica no preparo e treinamento do médico. Aqui, apenas se deve explicar a razão deste livro e das peculiaridades que possui para justificar sua existência simultânea a numerosos e excelentes textos e obras de consulta sobre esta matéria.

Este livro é um livro-texto, especialmente escrito para estudantes de medicina. É um livro no qual se tende, por todos os meios possíveis, a gravar na mente do estudante que a bioquímica é uma *ciência básica* da carreira de medicina, que será de utilidade para alcançar seu mais precioso desejo: ser um bom médico. Deste modo, sem entrar em detalhes de clínica ou patologia, se aproveita a oportunidade para manifestar a projeção da bioquímica na prática médica, mas evitando ao máximo que o estudante confunda a bioquímica com análises clínicas, situação observada com frequência em nosso meio.

Nesta obra se tratou de apresentar o estado atual dos conhecimentos, nas formas *integral e conceitual*; se evitou a apresentação prolixa de experimentos específicos, ainda sabendo que estes são a base de toda a ciência; a análise dos experimentos individuais só foi usada para derivar conceitos e sequências de significado e implicações gerais etc. Este tipo de apresentação pode tender ao dogmatismo, mas para um estudante é melhor adquirir uma impressão congruente e sólida de um conjunto de conhecimentos. É na faculdade em que devem destacar-se as dificuldades para integrar e harmonizar a análise, o detalhamento e a superespecialização. Convém mais inculcar nos jovens médicos uma atitude razoável de segurança, do que a postura da dúvida permanente e o semear de incógnitas, que ainda sendo as melhores armas do pesquisador, podem tirar a firmeza e convicção do médico assim preparado.

Este livro foi escrito supondo, no estudante, um conhecimento prévio relativamente modesto, tanto no terreno da físico-química como da química. Por isso, se faz referência constante a estes temas básicos, no lugar mais lógico de apresentação e quando se faz necessário conhecê-los para entender fenômenos ou fatos de maior transcendência.

Nesta obra foram feitos esforços de integração com outras disciplinas médicas. Já se destacou a tendência a demonstrar sua aplicação constante em medicina. Além disso, se tratou de fazer a máxima integração com a fisiologia, especialmente nos aspectos de secreções digestivas, respiração, metabolismo da água, funções hormonais etc.

Neste texto há uma ordem particular com a qual se abordou o estudo dos grandes temas: reação química, enzimas, energética, química e metabolismo de carboidratos, de lipídeos, de proteínas etc. A razão dessa sequência é que, em nossas mãos, no Departamento de Bioquímica, assim se conseguiu atrair o máximo de atenção, interesse e boa vontade da parte dos estudantes. Essa ordem é a do programa oficial de nosso curso para estudantes de segundo ano da carreira e representa a versão atual de um programa modificado e testado, até lograr o que, até o momento, produz a máxima resposta de entusiasmo e aproveitamento pelos próprios estudantes. A esse respeito deve destacar-se um aspecto importante: o programa, sua ordem, seu conteúdo, seu desenvolvimento, tudo o que em princípio forma o esqueleto real deste livro, é obra de todos os professores deste Departamento de Bioquímica, todos eles pesquisadores, preocupados com a ciência e o ensino; todos unidos por um ideal comum: formar médicos preparados cientificamente. É satisfatório nomeá-los: doutores Gilberto Breña, Guillermo Carbajal, Félix Córdoba, Federico Fernández Gabarrón, Carlos Gitler, Jesús Guzmán, Alejandro Hernández, Guillermo Massieu, Horacio Olivera, Raúl Ondarza, Carlos del Río, Guillermo Soberón, José Suárez Isla, Juan Urrusti. Um deles, Jesús Guzmán, participou em algo mais do que elaborar ou discutir cuidadosamente os programas em que se baseia o livro: com paciência inesgotável, leu todo o manuscrito, assinalou e suprimiu erros, esclareceu conceitos, melhorou o estilo; é, em grande parte, responsável pelas características positivas que pode ter esta obra.

Quero também agradecer à senhorita Carmen Imay pelo árduo trabalho de transcrição e mecanografia, e a senhorita Q.B.P. Guadalupe Villaseñor por sua valiosa ajuda na revisão bibliográfica e na recompilação e no agrupamento do material para as tabelas. Ainda, quero agradecer a diversas editoras que autorizaram a reprodução de material e de figuras e tabelas. Meu agradecimento especial à Prensa Médica Mexicana por sua colaboração constante durante a preparação do livro; entre seus membros se destacam, especialmente, o doutor Jorge Avendaño Inestrillas, encarregado da difícil produção e quem cuidou de infinito número de detalhes e problemas; o senhor Juan B. Climent, encarregado da tarefa tipográfica e a Sra. Carolina Amor de Fournier, fator de estímulo para os que fizeram este livro.

José Laguna

Sumário

Seção I

A água, o oxigênio e a vida

1

O mundo da célula

Alfonso Cárabez Trejo

O estudo dos seres vivos é um procedimento complexo sendo necessário dividi-lo em unidades menores de informação. As alterações químicas que ocorrem nos organismos são estudadas pela bioquímica, e constituem a base da vida e de suas manifestações. Essas alterações ocorrem em todos os seres vivos desde o início do seu funcionamento. Este capítulo oferece um breve estudo morfológico e descritivo da célula, unidade estrutural de todos os seres vivos, na qual se situam todas as reações químicas que permitem a vida. Espera-se que o estudante, além de compreender todas as reações químicas, saiba também o local do compartimento celular onde elas se realizam, conhecendo e integrando os inseparáveis aspectos moleculares e morfológicos de cada célula. O reconhecimento da relação entre a estrutura molecular e a função celular é fundamental para estudar as células vivas, sendo a pedra angular da bioquímica.

Quase todo avanço do conhecimento é devido à invenção de um novo instrumento, ou da aplicação de um já existente a um novo contexto. Um destes avanços ocorreu no século XVII, quando Robert Hooke utilizou o microscópio que ele havia construído para examinar uma fatia delgada de cortiça. Ele observou que o tecido das plantas estava dividido em pequenos compartimentos, separados por paredes, aos quais chamou de células, com o significado de pequenos quartos (figura 1-1). Quase 150 anos após a observação de Hooke, Mathias Schleiden propôs que a estrutura dos tecidos das plantas se baseava na organização das células. Pouco depois, Theodor Schwann ampliou esta ideia, afirmando que todos os tecidos animais estavam organizados por células, propondo que a unidade fundamental da vida era a célula.

A teoria celular moderna pode ser resumida nos quatro postulados seguintes.

1. As células produzem toda a matéria viva.
2. As células proveem de outras células.

MICROGRAPHIA:
OR SOME
Physiological Descriptions
OF
MINUTE BODIES
MADE BY
MAGNIFYING GLASSES
WITH
OBSERVATIONS and INQUIRIES thereupon.

By *R. HOOKE*, Fellow of the ROYAL SOCIETY.

Non possis oculo quantum contendere Linceus,
Non tamen idcirco contemnas Lippus inungi. Horat. Ep. lib. 1.

LONDON, Printed by *Jo. Martyn*, and *Ja. Allestry*, Printers to the ROYAL SOCIETY, and are to be sold at their Shop at the *Bell* in S. *Paul's* Church-yard. M DC LX V.

Figura 1-1. Capa do livro Micrographia publicado em 1665, que é a obra mais reconhecida de Robert Hooke (1635-1703), contendo ilustrações de estruturas microscópicas elaboradas por ele mesmo. Hooke foi o primeiro a propor o uso do termo "célula" dentro de um contexto biológico. Figura de domínio público obtida de http://www.roberthooke.org.uk.

3. O material genético requerido para a manutenção das células existentes e para a geração de novas células, passa de uma geração à outra.

4. As reações químicas de um organismo ou do metabolismo, são realizadas nas células.

TODOS OS ORGANISMOS SÃO CONSTITUÍDOS POR CÉLULAS

Os procariontes são os precursores da vida no nosso planeta. Baseado nos fósseis mais antigos foi sugerido que a vida surgiu a cerca de 4000 milhões de anos, aproximadamente 500 milhões de anos depois da formação do nosso planeta.

Estudos recentes de células, conservadas em microfósseis datados de 3.300 a 3.500 milhões de anos atrás, confirmar a presença de cianobactérias realizadoras de fotossíntese naquela época.

A CÉLULA

A célula (figura 1-2) é a unidade estrutural e funcional dos organismos vivos. Os menores organismos são unicelulares e microscópicos, enquanto que organismos maiores são multicelulares; por exemplo, o corpo humano é formado por aproximadamente 10^{14} células. Os organismos unicelulares são encontrados virtualmente em todos os tipos de ambientes e meios.

De forma geral, os organismos multicelulares contêm diversos tipos de células, as quais variam em forma, tamanho e função. Independente do tamanho do organismo, as células que os compõem sempre conservam certo grau de individualidade e independência, mas apesar destas diferenças, compartilham alguns aspectos estruturais.

A membrana plasmática (figura 1-3) define os limites celulares, separando seu conteúdo do meio externo. É composta por um grande número de moléculas de lipídeos e proteínas (aproximadamente 50% de cada, dependendo do organismo e do tecido), unidas por interações de natureza hidrofóbica, formando ao seu arredor uma bicamada delgada e hidrofóbica, resistente, com alta plasticidade que lhe permite conformar-se de acordo com as necessidades da célula. Também oferece uma barreira de permeabilidade seletiva que impede a passagem livre de compostos polares ou carregados, assim como de certos íons e moléculas. O controle do transporte seletivo de íons e moléculas polares através da membrana é realizado por uma série de proteínas transportadoras inseridas na membrana plasmática. Outras proteínas inseridas na membrana celular são receptoras que transmitem sinais do exterior para o interior da célula, ou são enzimas que participam de transformações metabólicas associadas à membrana. Sua grande flexibilidade se deve, em parte, ao fato dos lipídeos e proteínas não estarem unidos covalentemente conferindo à célula ampla capacidade de alterar sua forma e volume. Como consequência do crescimento da célula, é necessária a adição de novas moléculas de lipídeos e proteínas à membrana. A divisão celular de células saudáveis e "completas" resulta em réplicas exatas da célula mãe. O crescimento e a divisão celular ocorrem sem que haja perda da integridade da membrana; como evento contrário a divisão, duas membranas de células independentes podem fundir-se sem ocorrer à perda da integridade. Tanto a divisão como a fusão são mecanis-

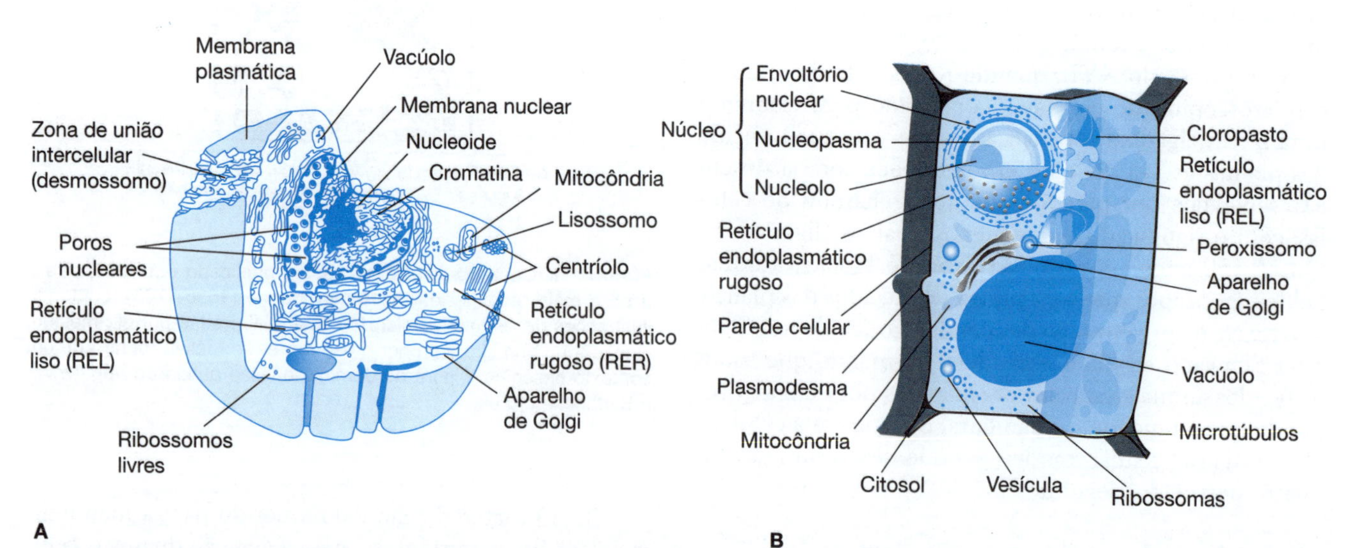

Figura 1-2. Componentes de uma célula animal "típica", demonstrando as organelas citoplasmáticas e os seus tamanhos relativos. **A)** Esquema de uma célula animal com os componentes mais característicos. **B)** Esquema de uma célula vegetal com os componentes que a caracterizam.

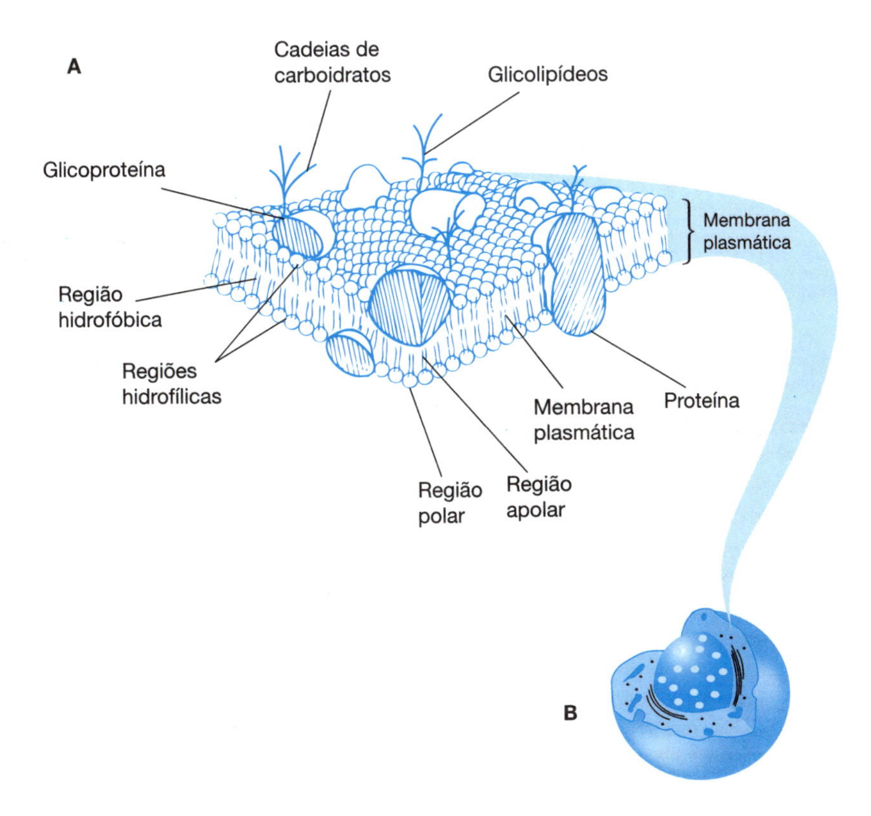

Figura 1-3. Organização e principais funções da membrana plasmática. **A)** Esquema dos componentes da membrana plasmática. **B)** Corte da membrana plasmática no esquema da célula.

mos centrais nos processos de transporte conhecidos como endocitose e exocitose.

O volume interno, limitado pela membrana plasmática, é constituído por uma solução aquosa de compostos hidrofílicos, compostos insolúveis e partículas em suspensão, sendo denominado como citoplasma ou citosol. A composição complexa do citoplasma lhe dá uma consistência de gel, devido à presença de íons, enzimas, moléculas de RNA e metabólitos orgânicos, que são pequenas moléculas intermediárias aos processos celulares de síntese degradação.

Entre as partículas suspensas no citoplasma se encontram complexos supramoleculares, e em organismos superiores, há uma série de organelas limitadas por membranas, nas quais se localizam os componentes necessários para realizar atividades metabólicas especializadas. Os ribossomos, formados por proteínas e moléculas de RNA, atuam como máquinas enzimáticas realizando a síntese de proteínas, condição na qual se encontram agregados sendo chamados polissomos ou polirribossomos. No citoplasma também se encontra uma série de grânulos de armazenamento de nutrientes como o glicogênio e as gorduras. Quase todas as células vivas contêm um núcleo, ou seu equivalente, o nucleoide, no qual se armazena e duplica-se o genoma (conjunto completo de genes, composto pelo DNA). As moléculas de DNA estendidas são muito maiores em tamanho do que a própria célula, porém, elas estão enoveladas e compactadas como complexos supramoleculares de DNA, com diversas proteínas específicas. Nos organismos superiores, o material nuclear está separado por uma membrana dupla chamada membrana nuclear. Nas bactérias, o nucleoide não esta separado do citoplasma. As células que contêm envoltório nuclear são chamadas de eucariotas (do grego: *káryon*= núcleo, *eu*= verdadeiro); os organismos sem envoltório nuclear (bactérias) são chamados procariotos (do grego: pro= *antes de*). Diferentemente das bactérias, as células eucariotas apresentam no citoplasma certo número de organelas que também são limitadas por membranas como: mitocôndrias, lisossomos, reticulo endoplasmático, aparelho de Golgi e os cloroplastos em células realizadoras de fotossíntese.

TAMANHO DAS CÉLULAS.

A maior parte das células tem um tamanho microscópico (figura 1-4). Em geral, as células animais e vegetais têm dimensões que variam de 10 a 30 micrômetros (denominação utilizada em estudos de microscopia óptica: 1 micrômetro = 1µm = 0,001 mm = 1 X 10^{-6} m), enquanto

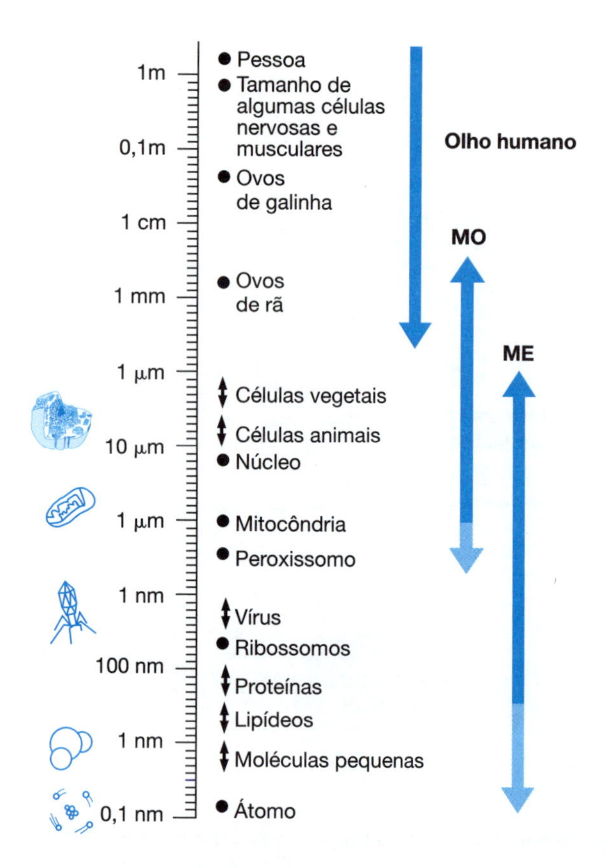

Figura 1-4. Poder de resolução do olho humano, microscópio óptico de luz (MO) e microscópio eletrônico (ME). O eixo vertical esta em escala logarítmica para poder comportar o tamanho de todos os objetos. A tonalidade mais escura das flechas a direita representa o limite padrão de resolução, e a tonalidade mais clara, o limite de resolução em condições especiais.

que o tamanho das bactérias é de 1 a 2 micrômetros. O tamanho mínimo da célula parece estar definido pelo menor número de biomoléculas necessárias para realizar suas funções. A micoplasma, que é conhecida como a menor bactéria, mede somente 300 nm, com um volume de 10^{-14} mL; se um ribossomo mede 20 nm, então estes ocupam uma parte importante do volume celular total da micoplasma. O volume máximo da célula parece ser estabelecido por fatores de difusão de solutos em sistemas aquosos.

O acesso dos nutrientes do meio extracelular ao meio intracelular é limitado pela velocidade de sua difusão a todas as regiões do citoplasma. Uma célula que requer oxigênio para a liberação da energia contida nos nutrientes (organismo aeróbico) deve obter o oxigênio do meio extracelular, pela difusão deste através de sua membrana.

Em uma bactéria com uma proporção de superfície/volume muito grande, cada parte do citoplasma bacteriano é alcançada pelo oxigênio. Conforme a célula aumenta de tamanho, a relação superfície /volume (figura 1-5) diminui, até que chega o momento em que a velocidade de consumo do oxigênio é maior que a de difusão do gás; isto estabelece o limite teórico para o tamanho de uma célula aeróbica.

Existem exceções ao tamanho celular devido a fatores de difusão. Por exemplo, para que as algas *Nitella*, que mede vários centímetros de comprimento, e *Valonia ventricosa*, cujo diâmetro é superior a 1 cm, assegurem a acessibilidade aos nutrientes, o conteúdo citoplasmático, metabólitos, material genético, etc., são vigorosamente "agitados" por um movimento citoplasmático, que produz um fluxo destes elementos, chamado de ciclose.

UTILIDADE DAS CÉLULAS E DOS ORGANISMOS EM ESTUDOS BIOQUÍMICOS

De acordo com as teorias evolutivas, todas as células derivaram de um mesmo progenitor e compartilham semelhanças fundamentais. Os estudos bioquímicos de diversos tipos de células, mesmo quando apresentam diferenças e variações superficiais, estabelecem princípios universais aplicáveis a todos os seres vivos. Certas células, tecidos e organismos são mais manejáveis em estudos bioquímicos. Em geral, os conhecimentos contidos neste livro derivam de estudos realizados em alguns tecidos e organismos, como a bactéria *Eschericia coli*, a levedura *Saccharomyces*, fígado de rato e músculo esquelético de diferentes vertebrados.

Para o isolamento e caracterização de certas moléculas, como as enzimas, é recomendável iniciar com uma quantidade abundante de material homogêneo, já que, frequentemente, o rendimento (quantidade final de material purificado) é de alguns miligramas. O estudo do material genético requer uma fonte não só homogênea, mas também genética e bioquimicamente idêntica, para que ao término do isolamento e caracterização não deixe dúvida sobre a natureza e pureza dos resultados obtidos. Tecidos de mesmo tipo, como o fígado de animais de laboratório, também são fontes abundantes de células semelhantes, mesmo que não sejam idênticas. Outra fonte de material para estudos bioquímicos é o cultivo de células de mesma origem.

Alguns tecidos especializados são importantes fontes de moléculas usadas para realizar suas funções, como o músculo esquelético que é especialmente rico em moléculas de actina e miosina; as células pancreáticas ricas em retículo endoplasmático; as espermátides com abundância de DNA e de proteínas flagelares, entre outros. Estas são as moléculas mais utilizadas pelos bioquímicos interessados nestes campos de estudo. Em algumas ocasiões, o material de estudo é selecionado com base na sua simplicidade estrutural ou função; por exemplo,

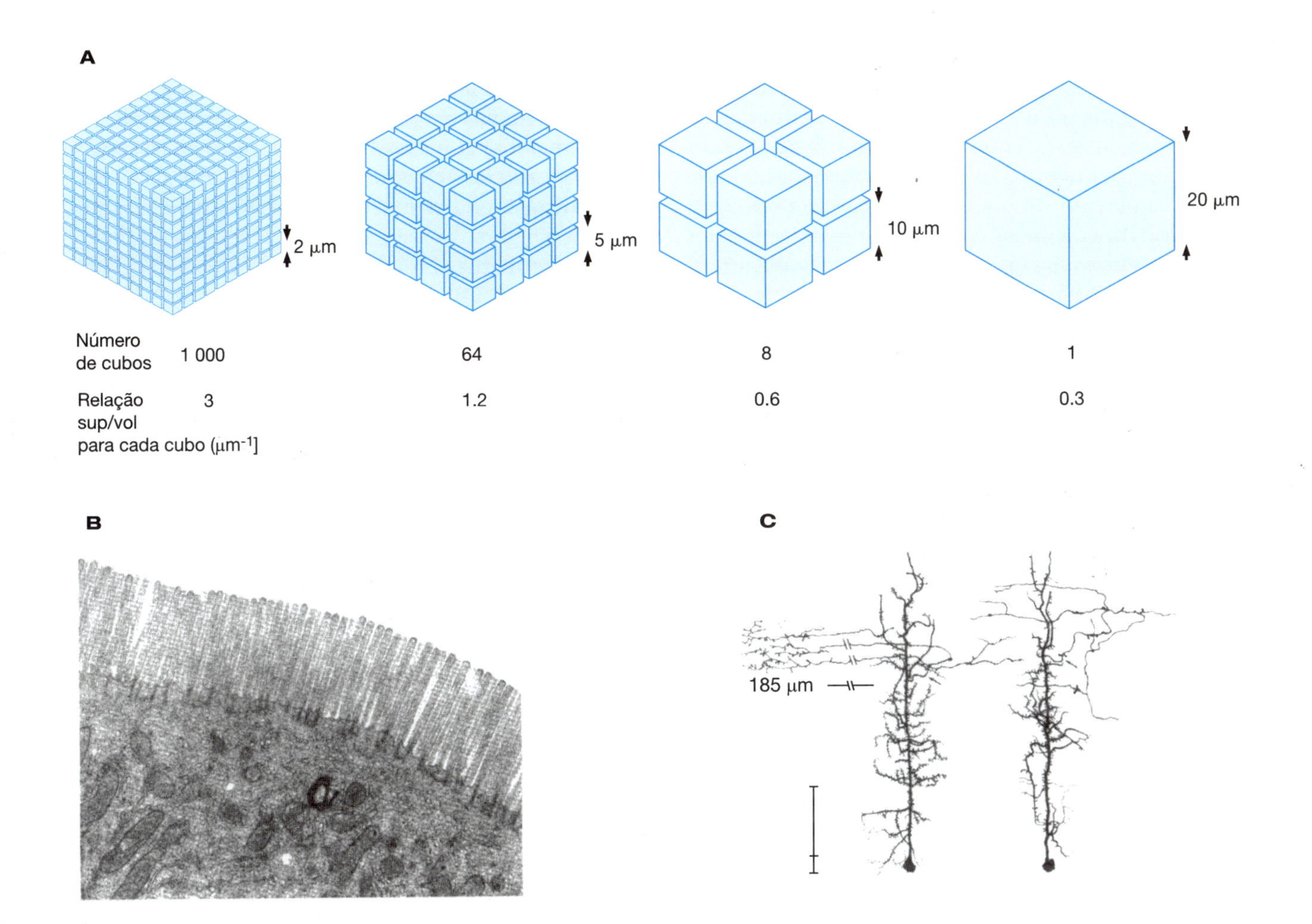

Figura 1-5. A) Efeito do tamanho da célula sobre a relação superfície/volume. B) As microvilosidades aumentam consideravelmente a superfície de absorção das células intestinais. C) Os prolongamentos citoplasmáticos (dendritos e axônios) dos neurônios aumentam o volume e a superfície da célula, assim como a interação das células.

para o estudo da membrana plasmática o eritrócito é o favorito, pois não contém estruturas membranosas internas que podem complicar a purificação da membrana plasmática. Alguns bacteriófagos (vírus bacterianos) (figura 1-6) contêm somente alguns genes, que em comparação com o DNA humano representam uma grande simplicidade.

EVOLUÇÃO E ESTRUTURA DAS CÉLULAS PROCARIOTAS

Atualmente, é aceito que todos os organismos vivos derivam de um ancestral comum. Os grupos atuais de procariotos derivam de duas formas antigas: as arqueobactérias (do grego *arche* = origem) e as eubactérias. Estas últimas habitam o solo, a superfície das águas e dos tecidos de outros seres vivos ou mortos. As arqueobactérias foram descobertas recentemente, por isso pouco foi estudado

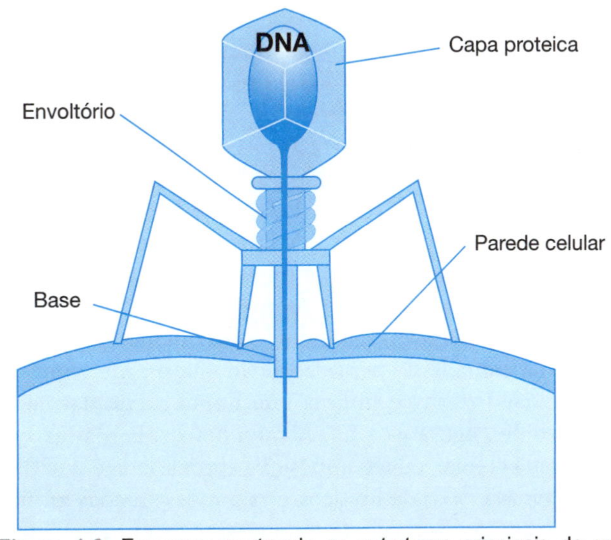

Figura 1-6. Esquema mostrando as estruturas principais de um bacteriófago.

sobre elas. Geralmente seu habitat apresenta condições extremas, como lagos salgados, olhos d'água com pH ácido ou de temperatura elevada, regiões profundas do oceano, entre outros. Dentro de cada um destes grupos se encontram numerosos subgrupos que se distinguem pelo meio ambiente em que se desenvolvem e aos quais estão mais bem adaptados. Em alguns destes ambientes há oxigênio em abundância, desta forma os organismos que vivem neles apresentam metabolismo aeróbico. Outros ambientes estão praticamente privados de oxigênio, forçando os organismos que nele vivem realizar seu metabolismo na ausência desta molécula, sendo nomeados anaeróbios; os organismos estritamente anaeróbios morrem na presença de oxigênio.

A CÉLULA MELHOR ESTUDADA: A PROCARIOTA GRAM-NEGATIVA *ESCHERICHIA COLI*

Mesmo que todas as células bacterianas compartilhem certos aspectos estruturais e funcionais, algumas especializações são específicas para cada grupo. As bactérias gram-negativas (não são coradas pelo corante de Gram) possuem uma membrana externa e uma membrana interna, assim como uma camada de peptideoglicano (carboidratos ligados a aminoácidos); as bactérias gram-positivas (são positivas porque a parede celular capta a violeta genciana, base do corante de Gram) têm somente uma membrana plasmática e a camada de peptideoglicano é muito mais espessa; as cianobactérias, mesmo sendo um tipo de bactérias gram-negativas, apresentam uma camada de peptideoglicano muito mais resistente, assim como um abundante e complexo sistema de membranas internas (endomembranas); finalmente, as arqueobactérias não possuem capa de peptideoglicano.

A parede celular, estrutura rígida de aproximadamente 40 nm de espessura, evita que a célula intumesça quando a concentração de metabólitos em seu interior for maior que a concentração de solutos no meio externo; ou seja, em condições de hipotonia do meio externo, na qual ocorre uma pressão osmótica intracelular que pode superar 20 atmosferas; sem a parede celular, a célula explodiria.

A bactéria *E. coli* (figura 1-7 A, B e C) geralmente é um habitante não patogênico do intestino dos seres humanos e de outros mamíferos; é uma eubactéria que mede aproximadamente 2 µm de comprimento e pouco mais de 1 µm de diâmetro; apresenta uma membrana externa, e uma camada de peptideoglicano localizada entre as membranas externa e interna que limita o citoplasma e o nucleoide (figura 1-7 C). A membrana plasmática ou membrana celular, cuja composição aproximada é de 50% de proteínas e 50% de lipídeos, e as outras camadas localizadas ao seu redor recebem o nome de envoltório celular. A membrana plasmática das eubactérias tem uma fina camada de moléculas de lipídeos entremeadas por uma série de moléculas de proteína. As arqueobactérias e as eubactérias diferem na composição lipídica de suas membranas.

A membrana plasmática contém proteínas capazes de transportar íons e compostos até o interior da célula e de conduzir produtos e detritos celulares até o exterior.

Na membrana externa da *E. coli*, se observa uma série de microfibrilas proteicas, também chamadas de *pili*, que a bactéria utiliza para aderir à superfície de outra bactéria (figura 1-7 B). Algumas cepas de *E. coli* e outras bactérias móveis apresentam uma estrutura maior que o *pili* chamado **flagelo**, que impulsiona a célula através do meio aquoso em que ela se encontra. O flagelo mede vários micrômetros de comprimento e possui um diâmetro entre 10 a 20 nm, está ancorado a uma estrutura proteica que gira no plano da superfície celular, gerando um movimento de rotação sobre ele mesmo.

O citoplasma de *E. coli* contém aproximadamente 15.000 ribossomos e centenas de cópias das diferentes enzimas necessárias para realizar seus processos metabólicos; contém cofatores e uma grande variedade de íons. Em certas condições, se acumulam polissacarídeos em forma de grânulos ou gotas de lipídeos, o que indica abundância de nutrientes no meio. O nucleoide (figura 1-7 C) possui uma única molécula de DNA circular. Apesar da molécula de DNA de *E. coli* ser quase 1.000 vezes maior que a própria célula, ela se encontra bastante enovelada e esta associada a proteínas básicas que lhe conferem estabilidade mantendo-a fortemente aderida ao nucleoide. O nucleoide é uma estrutura não maior do que 1 µm em seu eixo maior. Além do DNA no nucleoide, muitas bactérias têm numerosos segmentos circulares de DNA livres no citoplasma, estas estruturas são chamadas de plasmídeos. Os plasmídeos são fragmentos de DNA que aparentemente não são essenciais para a vida celular, embora possam conferir genes adicionais à bactéria, por exemplo, de resistência a alguns antibióticos e possuem grande utilidade para a pesquisa e manipulação genética.

Nas bactérias existe uma divisão (compartimentalização) primitiva de atividades. O envoltório celular regula o fluxo de materiais para o interior e para o exterior da célula e a protege contra agentes nocivos presentes no meio ambiente. A membrana plasmática e o citoplasma contêm as enzimas necessárias, tanto para o metabolismo energético, como para a biossíntese de precursores; os ribossomos sintetizam proteínas e o nucleoide armazena e transmite a informação genética. A maioria das bactérias, apesar de derivar de um progenitor, tem uma existência independente das outras células; algumas, ao contrário, tendem a se associar em grupo ou filamentos.

Somente os eucariotas formam organismos multicelulares nos quais existe uma divisão real da atividade entre os diferentes tipos de células.

A

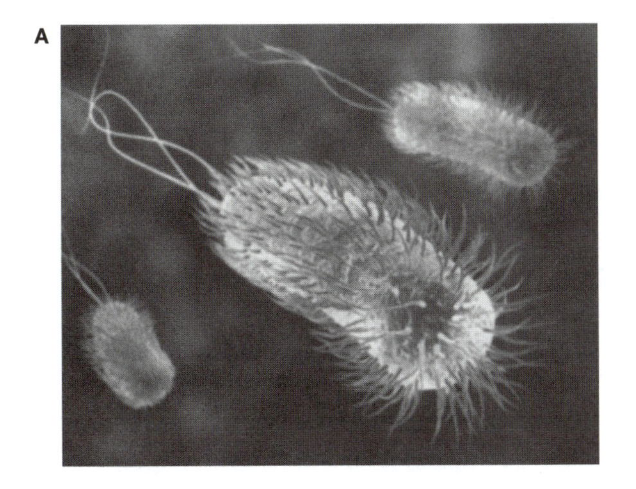

B

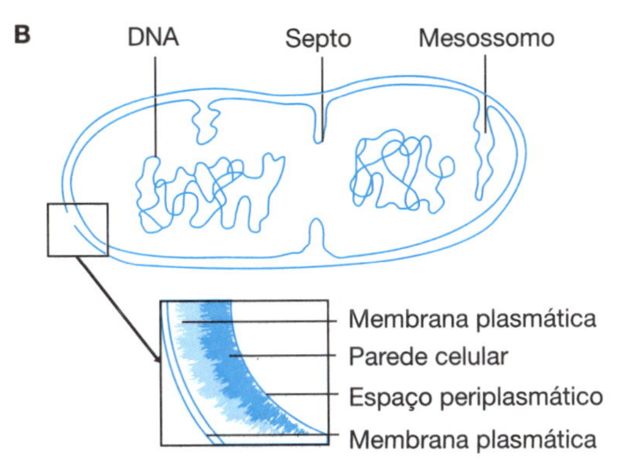

C

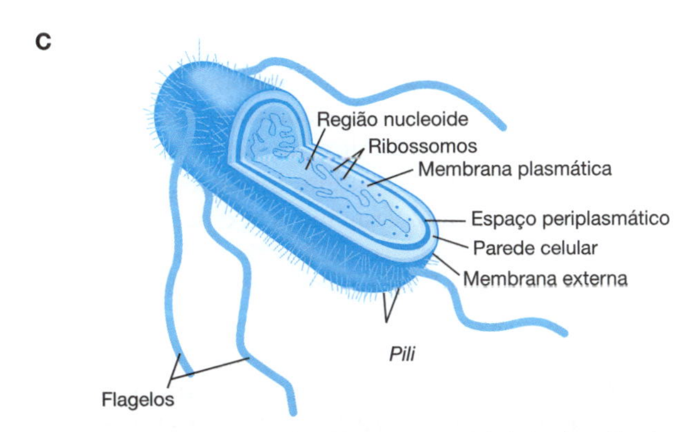

Figura 1-7. A bactéria *E. coli*, habitante normal do intestino. **A)** a bactéria observada em coloração negativa com microscópio eletrônico de varredura **(NT)** mostrando os flagelos. **B)** Esquema da estrutura da parede e membrana da bactéria na qual podem ser observadas as estruturas internas. **C)** Esquema de *E. coli* no enfatizando os elementos desta eubactéria.

(NT) Nota do tradutor: a imagem apresentada em A é de microscopia eletrônica de varredura e não de transmissão, como dito na legenda original.

PRINCIPAIS ASPECTOS ESTRUTURAIS DAS CÉLULAS EUCARIÓTICAS

As células eucarióticas têm um volume superior ao das células procarióticas, entre 1.000 e 10.000 vez maior; contêm numerosas organelas membranosas e não membranosas, nos limites estabelecidos pela membrana plasmática.

As proteínas da membrana plasmática são estruturais, transportadoras e receptoras

A superfície externa da célula está em contato com outras células e com o meio extracelular no qual se encontram os nutrientes, hormônios, neurotransmissores e muitos outros solutos (figura 1-8). A membrana plasmática celular contém uma variedade de transportadores, proteínas que cruzam a membrana na sua espessura, conduzindo os nutrientes até o interior e os metabólitos até o exterior da célula; também há uma série de proteínas receptoras de sinais que possuem sítios de ligação de alta especificidade para os ligantes (moléculas sinalizadoras) extracelulares. Quando um ligante se une ao seu receptor, ocorre a transdução do sinal gerando uma mensagem para o meio intracelular. Os receptores de membrana atuam como amplificadores de sinal. Uma molécula de ligante que se une a um receptor de membrana pode causar um fluxo intenso de íons através de um canal aberto, ou a síntese de grande quantidade de moléculas mensageiras.

Durante o desenvolvimento dos organismos multicelulares, as células vizinhas influenciam uma sobre a outra nos mecanismos de diferenciação, por meio de moléculas sinalizadoras que reagem com receptores das células vizinhas. Devido a isto, a membrana plasmática é um mosaico de diversos tipos de moléculas receptoras, imersas em um substrato lipídico, através das quais as células recebem, amplificam e reagem aos estímulos externos.

A endocitose e a exocitose são processos de transporte através da membrana plasmática

A endocitose é um mecanismo de transporte de compostos presentes no meio externo até o citoplasma. Na endocitose uma região da membrana se invagina e engloba uma porção do líquido extracelular (pinocitose) (figura 1-9). Quando a vesícula formada se separa da membrana plasmática pelo processo de fissão, é produzida uma vesícula de endocitose ou endossomo, que se desloca até o interior do citoplasma, levando seu conteúdo para outra organela, como o lisossomo, os quais se unem por meio da fusão das duas membranas. O processo inverso é a exocitose, no qual uma vesícula citoplasmática se move até a face interna da membrana plasmática e se funde a ela, liberando o seu conteúdo no meio externo. Este é o processo por meio do qual os produtos celulares são secretados no espaço extracelular.

No retículo endoplasmático se realiza a síntese de proteínas e de lipídeos

O retículo endoplasmático (figura 1-10) é uma rede tridimensional de cisternas membranosas localizadas em todo o citoplasma, estabelecendo um compartimento virtual constituído pela luz das diversas cisternas que o compõem. As cisternas do retículo endoplasmático são

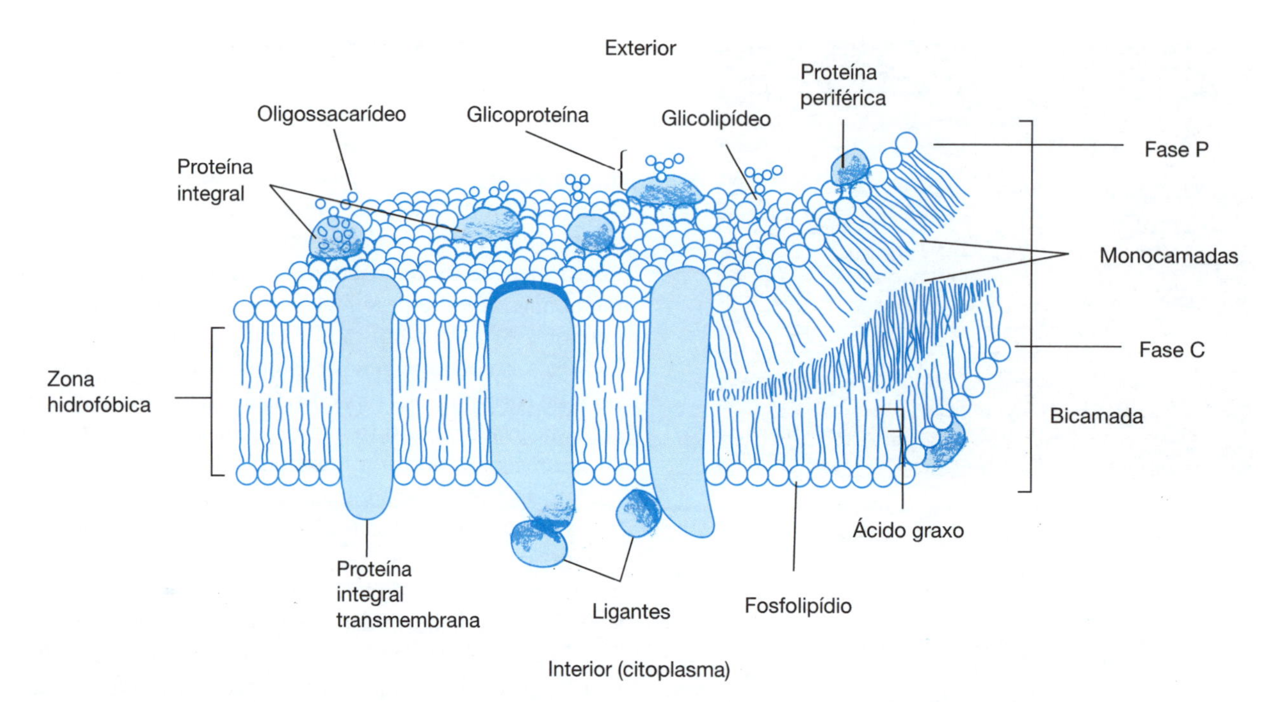

Figura 1-8. Diagrama dos elementos que participam da estrutura da membrana plasmática. O desenho ilustra o efeito da técnica de criofratura na qual a bicamada de fosfolipídios é separada em duas monocamadas, permitindo a análise das fases interna (fase C) e externa (fase P). Observa-se que os oligossacarídeos são encontrados somente na fase externa da membrana.

contínuas, tanto entre si, como com o envoltório nuclear. A abundância de retículos endoplasmáticos rugosos (RER) nas células relaciona-se diretamente com a atividade de síntese de proteínas. Por exemplo, no pâncreas exócrino, as células apresentam um abundante conteúdo desta organela, responsável pela basofilia basal observada em cortes corados com hematoxilina e eosina.

A união de ribossomos à superfície da membrana das cisternas do retículo endoplasmático lhes dá o aspecto rugoso do qual o seu nome deriva. Em outras regiões da célula estas cisternas não possuem os ribossomos, recebendo o nome de retículo endoplasmático liso (REL). É necessário enfatizar que o REL é uma continuação do RER. No REL é realizada a biossíntese de lipídeos e as atividades enzimáticas necessárias para o metabolismo de alguns fármacos e compostos tóxicos. Estruturalmente, mais do que por cisternas, está formado por estruturas tubulares. Em algumas células, os retículos endoplasmáticos se especializaram em armazenamento e liberação rápida de íons importantes para a célula, como o Ca^{2+}; no caso do músculo esquelético, atua como disparador da contração muscular.

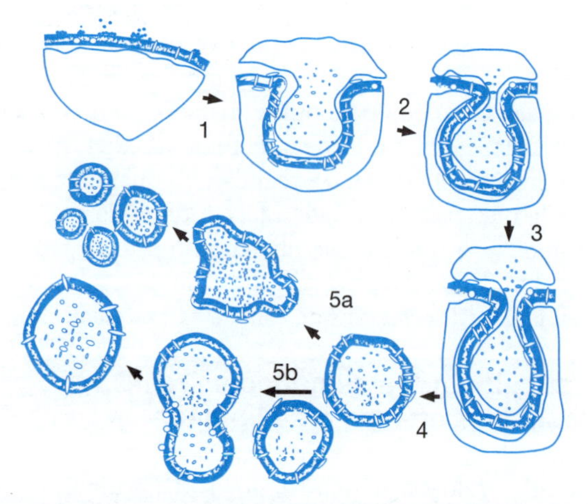

Figura 1-9. Esquema do processo de pinocitose. Matérias como partículas ou moléculas se unem a um receptor na membrana plasmática **(1)**, a membrana se invagina **(2 a 4)** e se fragmenta formando pequenas vesículas intracelulares **(5A)** ou se fundem entre si, dando lugar a vesículas maiores **(5B)**.

O aparelho de Golgi (complexo de membranas de Golgi) se especializa no processamento pós-transcricional das proteínas

Quase todas as células eucarióticas apresentam acúmulo de cisternas membranosas chamadas dictiossomos. Quando vários dictiossomos se conectam, constitui-se o aparelho de Golgi (figura 1-11 A). Próximo às extremidades das cisternas do aparelho de Golgi se localizam diversas vesículas esféricas de transporte.

O aparelho de Golgi é assimétrico tanto estrutural como funcionalmente. A face *cis* se orienta em direção ao retículo endoplasmático e a face *trans* se direciona a membrana plasmática; entre estas duas faces se encontram elementos intermediários. As proteínas sintetizadas pelos ribossomos unidos à membrana são transportadas até a luz

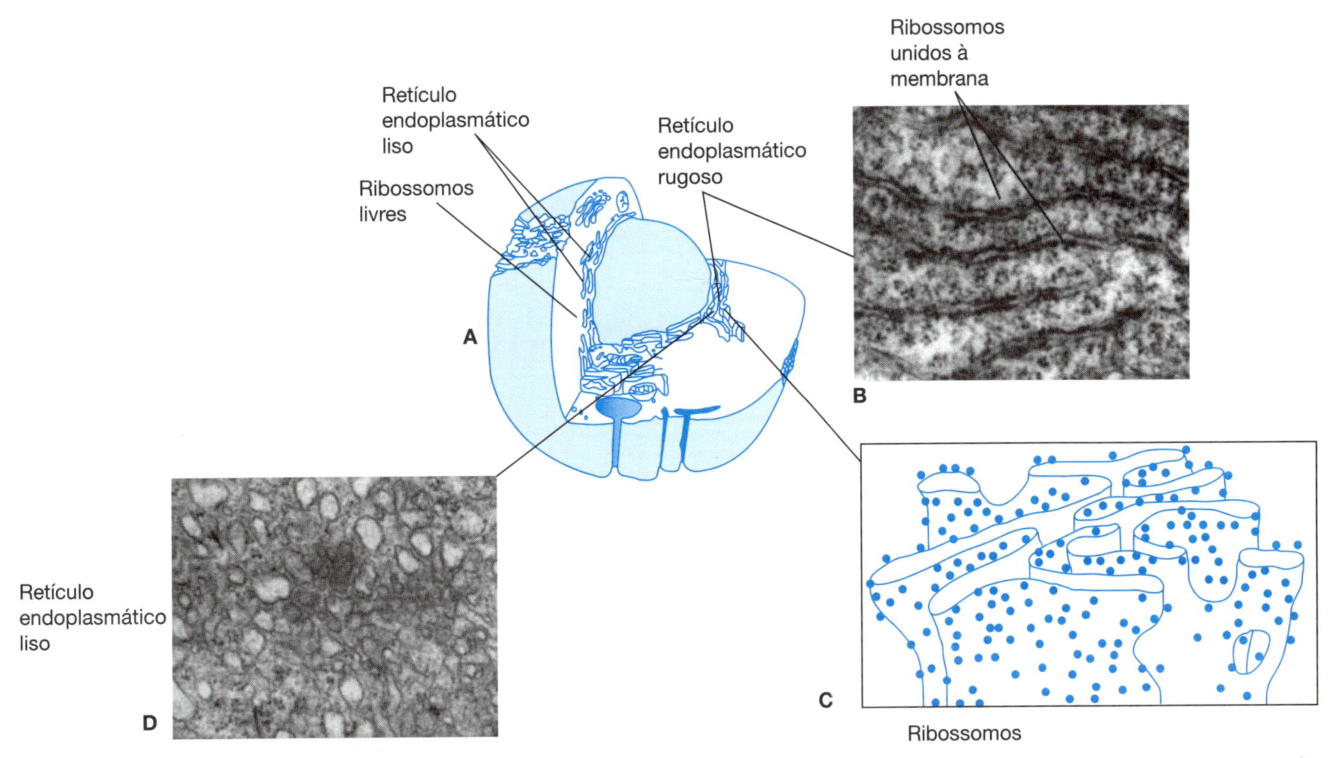

Figura 1-10. Sistema de retículo de membranas celulares. **A)** Esquema da topografia do retículo endoplasmático na célula. **B)** Fotomicrografia do RER mostrando a abundância de ribossomos unidos à superfície da membrana das cisternas. **C)** Esquema do RER. **D)** Fotomicrografia do REL, na qual se observa as membranas livres de ribossomos.

das cisternas. As pequenas vesículas que contêm as proteínas recém-sintetizadas separam-se do retículo endoplasmático e se deslocam até o aparelho de Golgi, unindo-se à face *cis*; conforme as proteínas migram até a face *trans* do Golgi, uma série de enzimas a modificam por adição de grupos sulfato, carboidratos ou lipídeos às cadeias laterais dos aminoácidos. Uma das razões para estas modificações das proteínas é caracterizá-las para que, ao serem liberadas por exocitose, se orientem e reajam com seus receptores específicos. Algumas proteínas depois do processamento não são liberadas diretamente no meio, sem que sejam empacotadas em vesículas de secreção, as quais posteriormente serão liberadas da célula pelo processo de exocitose; outras são marcadas para serem incorporadas aos lisossomos; outras mais são marcadas para que sejam incorporadas à membrana plasmática durante o crescimento celular.

Os lisossomos são pacotes de enzimas hidrolíticas

No citoplasma celular frequentemente se observa vesículas esféricas de aproximadamente 1 µm limitadas por uma membrana, que correspondem aos lisossomos (figura 1-12), os quais contêm enzimas que podem digerir proteínas, polissacarídeos, ácidos nucleicos e lipídeos. Os lisossomos funcionam como centros celulares de reciclagem, para as moléculas complexas, ou fragmentos de corpos estranhos que entram na célula por endocitose ou fagocitose, são degradados e convertidos em moléculas pequenas. Também são reciclados os componentes das organelas celulares que não estão funcionais; nos lisossomos são degradadas as moléculas mais simples que as originaram: aminoácidos, monossacarídeos, ácidos graxos, entre outras, as quais são liberadas no citoplasma para serem reutilizadas em novos componentes celulares ou são catabolizadas para obtenção de energia.

As enzimas dos lisossomos podem destruir a célula se não ficarem confinados dentro destas organelas; o conteúdo lisossômico é mais ácido (pH $\leq$5) que o do citoplasma (pH $\approx$7); a acidez no interior do lisossomo se deve a atividade de uma bomba de prótons dependentes de ATP, sendo que a atividade ideal das enzimas lisossômicas é em pH ácido. Isto também cria uma segunda barreira de defesa celular no caso do conteúdo do lisossomo ser liberado no citoplasma. Devido ao pH neutro do citoplasma, as enzimas lisossômicas serão praticamente inativas, considerando que os mecanismos de tamponamento celular se mantenham.

Os peroxissomos destroem o peróxido de hidrogênio (H_2O_2)

Durante algumas das reações oxidantes da degradação dos aminoácidos e das gorduras, são produzidos radicais livres de oxigênio e peróxido de hidrogênio (H_2O_2),

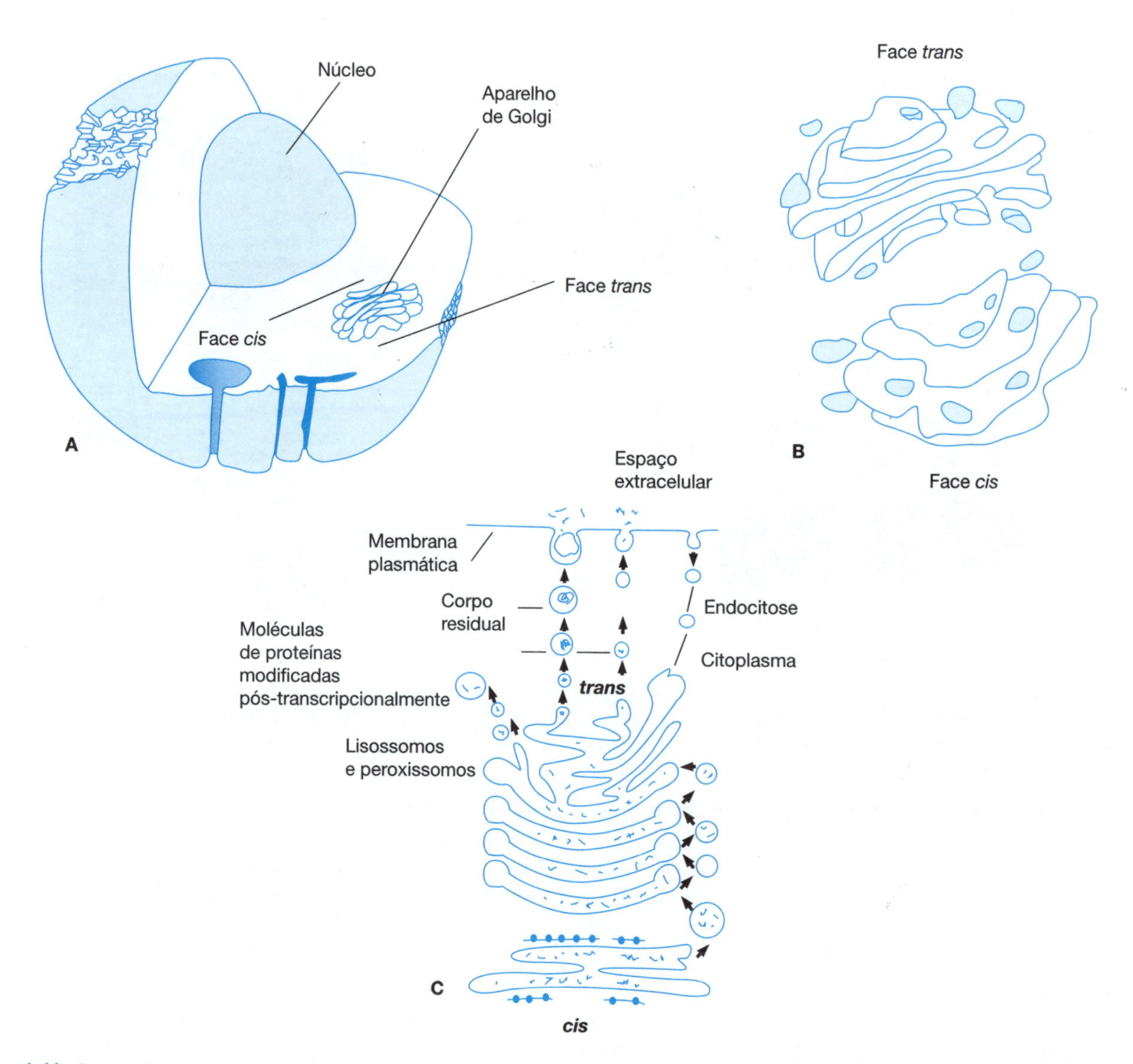

Figura 1-11. O aparelho de Golgi. **A)** Esquema mostrando a ubiquação topográfica desta organela membranosa na célula. **B)** Estrutura da porção trans e cis do complexo de Golgi ilustrando a formação de vesículas por gemação. **C)** Esquema ilustrando a relação do sistema membranoso de Golgi e o sistema de retículos endoplasmáticos rugosos e lisos.

compostos químicos muito reativos que podem causar danos à célula (capítulo 13). Para protegê-la, as reações que os produzem são confinadas em pequenas organelas membranosas nomeadas **peroxissomos** (figura 1-13). O peróxido de hidrogênio é degradado pela catalase, enzima abundante nos peroxissomos.

Os lisossomos e os peroxissomos são chamados coletivamente de microcorpos.

O núcleo dos eucariotas contém o genoma

Comparado com o nucleoide bacteriano, o núcleo (figura 1-14) dos eucariotas é mais complexo em sua estrutura, função e atividade biológica. Contém quase todo o DNA da célula, que é aproximadamente 1.000 maior que o de uma bactéria. Na figura 1-15, através de desenho ilustrativo, se compara o tamanho do DNA de um vírus com o da bactéria *E. coli*; considerando este exemplo, podemos imaginar o tamanho do DNA de uma célula eucariótica. Ademais, uma pequena quantidade de DNA está presente nas mitocôndrias e nos cloroplastos. O envoltório nuclear possui aberturas circulares de aproximadamente 90 nm de diâmetros, nomeados poros nucleares (figura 1-14 A). Compondo os poros nucleares, se encontram proteínas específicas, transportadoras de moléculas, que apresentam uma extremidade em contato com o citoplasma e a outra em contato com o nucleoplasma (porção aquosa do núcleo). Entre algumas destas moléculas se encon-

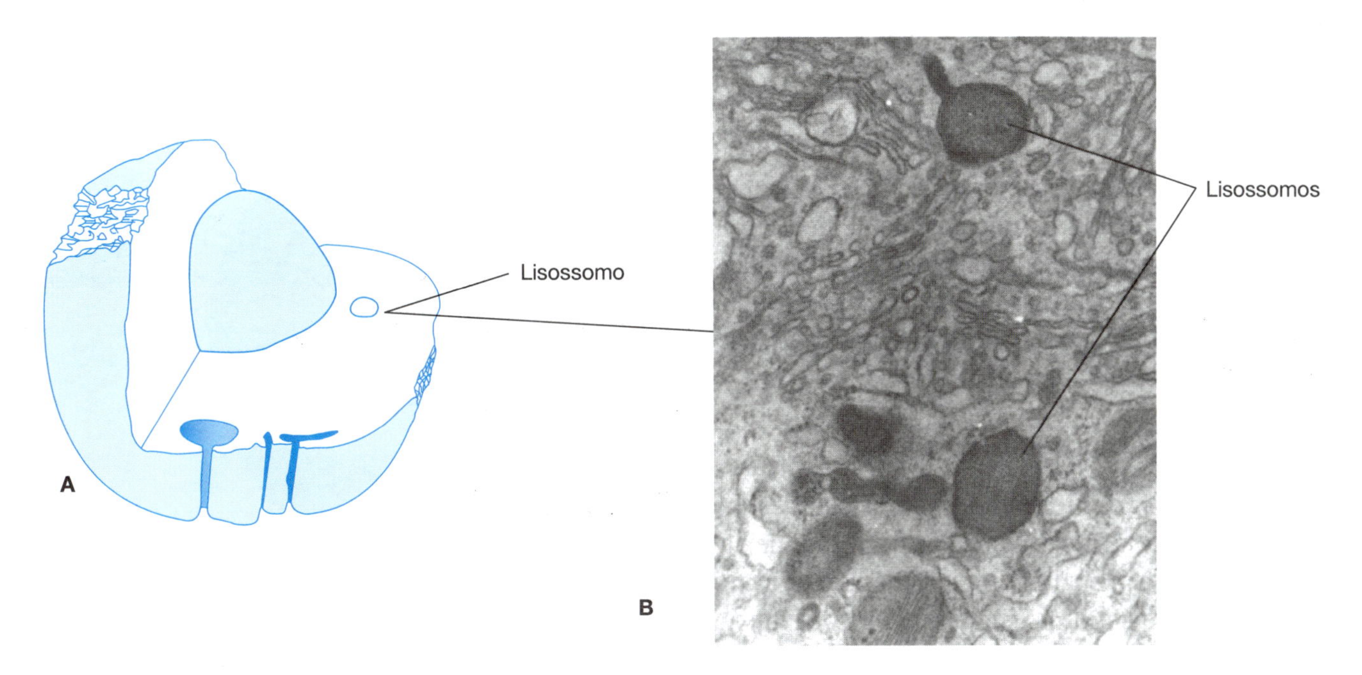

Figura 1-12. A) Esquema mostrando a localização citoplasmática dos lisossomos, organelas membranosas encarregados da digestão do material intracelular (organelas exauridas) ou material fagocitado. **B)** Fotomicrografia mostrando a estrutura dos lisossomos em uma célula epitelial (intestino), obtida em microscópio eletrônico de transmissão.

tram as enzimas sintetizadas no citoplasma e necessárias no núcleo para a duplicação, transcrição, ou reparação do DNA. Os RNAs mensageiros e ribossômicos, assim como as proteínas associadas, saem do núcleo pelos poros nucleares. No nucleoplasma não existem ribossomos.

Dentro do núcleo esta o nucléolo (figura 1-14 B), organela não membranosa com afinidade aos metais pesados, o que o faz denso aos elétrons e com alta afinidade por corantes básicos, como a hematoxilina, devido ao seu alto conteúdo de RNA. O nucléolo é uma região especializada do núcleo, na qual se concentram numerosas cópias de DNA, que possuem informação para a síntese de RNA ribossomal. O resto do núcleo é constituído pela cromatina, nome dado pelos primeiros microscopista ao observar sua coloração por certos corantes. Os cromossomos são um completo de DNA e proteínas fortemente unidas ao

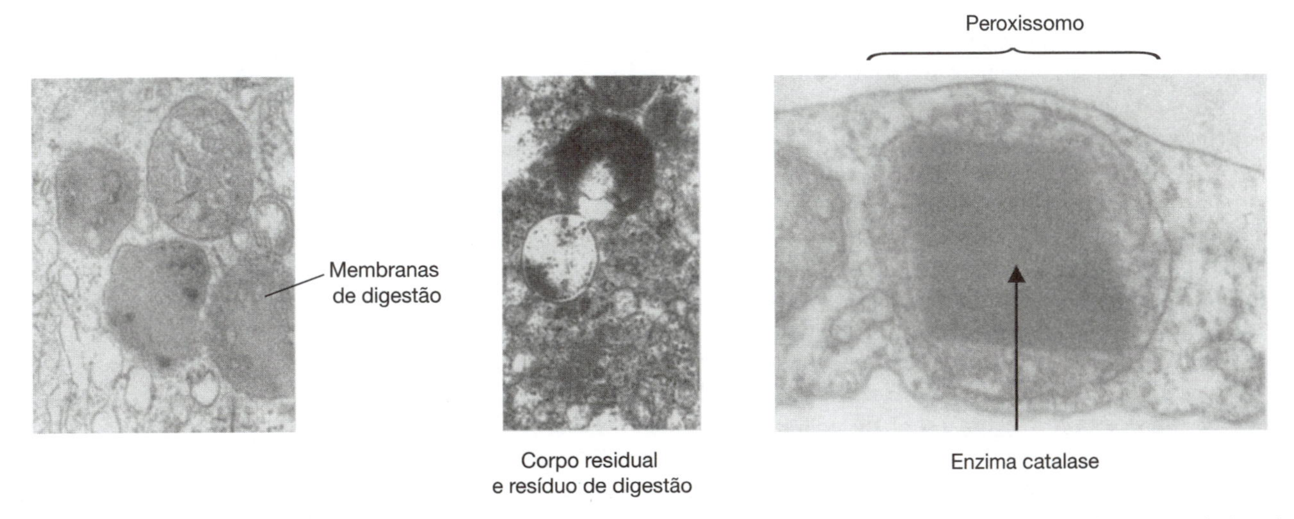

Figura 1-13. Fotomicrografias obtidas com microscópio eletrônico de transmissão mostrando algumas organelas membranosas relacionadas com os processos de digestão celular.

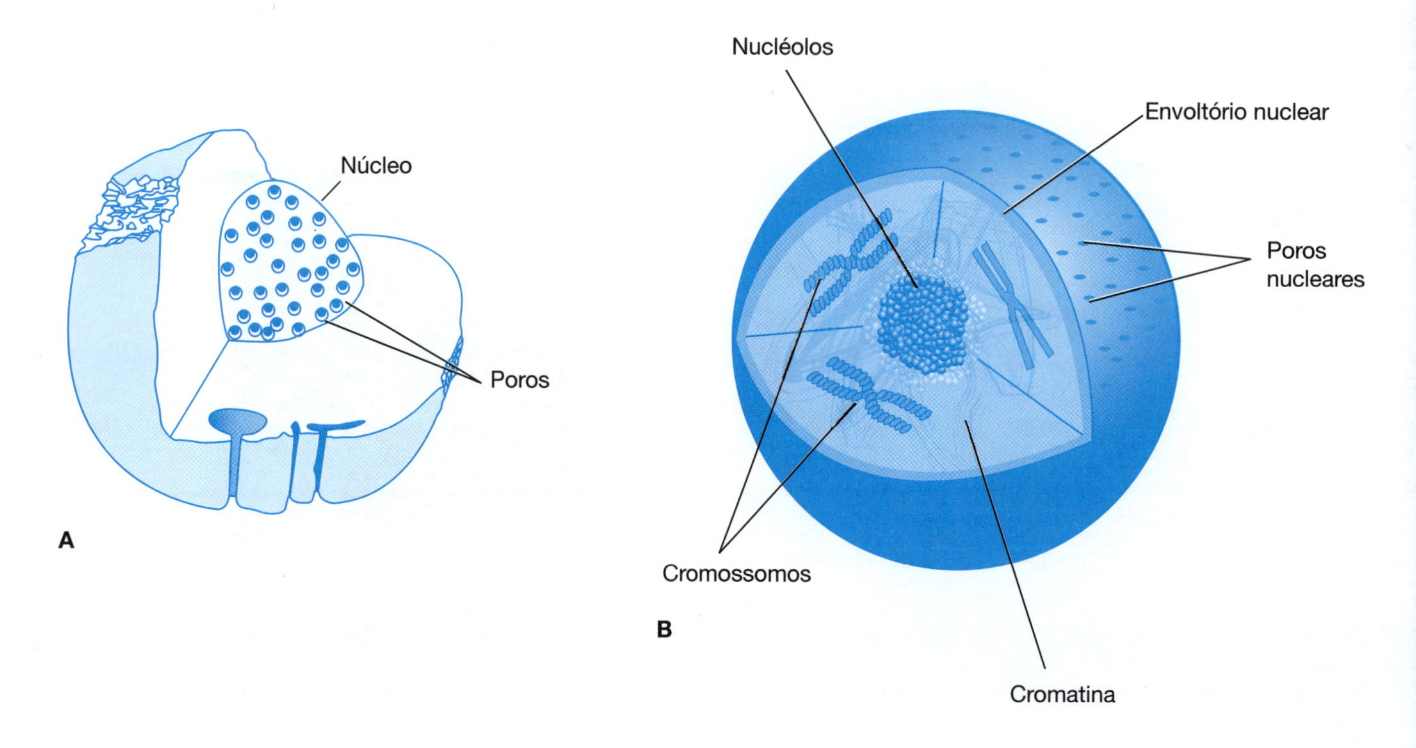

Figura 1-14. O núcleo. **A)** Esquema mostrando a topografia desta organela membranosa. **B)** Elementos do núcleo e das organelas que participam de sua estrutura. A cromatina esta estruturada por DNA e proteínas, e se condensa durante a divisão celular para formar os cromossomos.

DNA, que representa a cromatina condensada e que se descondensa durante a interfase. Quando a célula vai se dividir, a cromatina se condensa e forma os corpos característicos chamados cromossomos. O número de cromossomos é característico para as células de cada espécie. As células humanas contêm 46 cromossomos. Geralmente possuem duas cópias de cada cromossomo, sendo chamadas de diploides. As células dos gametas (óvulos e espermatozoides) contêm somente uma cópia de cada cromossomo, sendo chamadas de haploides. Durante a reprodução sexual, dois gametas haploides se combinam formando uma célula diploide, o ovo, na qual cada par de cromossomos consiste de um cromossomo materno e outro paterno.

Os cromossomos e a cromatina (figura 1-16) são uma combinação de DNA e de proteínas básicas (histonas), que se unem aos grupos fosfatos do DNA por meio de ligações iônicas. A proporção proteína-DNA na cromatina é de 1:1. Quando o DNA se replica, são sintetizadas grandes quantidades de histonas, já que durante todo o processo de divisão celular a relação 1:1 se mantém. A unidade básica do complexo DNA-histonas é através das estruturas chamadas de nucleossomos (figura 1-17), no qual a molécula de DNA se enrola a um grupo de moléculas de histona. O DNA de somente um cromossomo humano forma aproximadamente 1 milhão de nucleossomos, que se associam e formam complexos supramoleculares altamente compac-

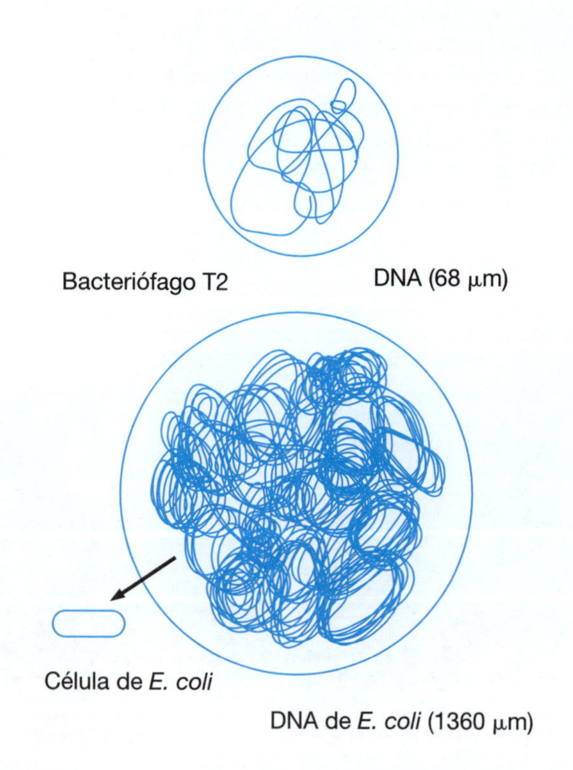

Figura 1-15. Esquema comparativo do tamanho do DNA de um vírus (bacteriófago T2) e da bactéria *E. coli*. Os exemplos mostram os tamanhos equivalentes dos DNAs.

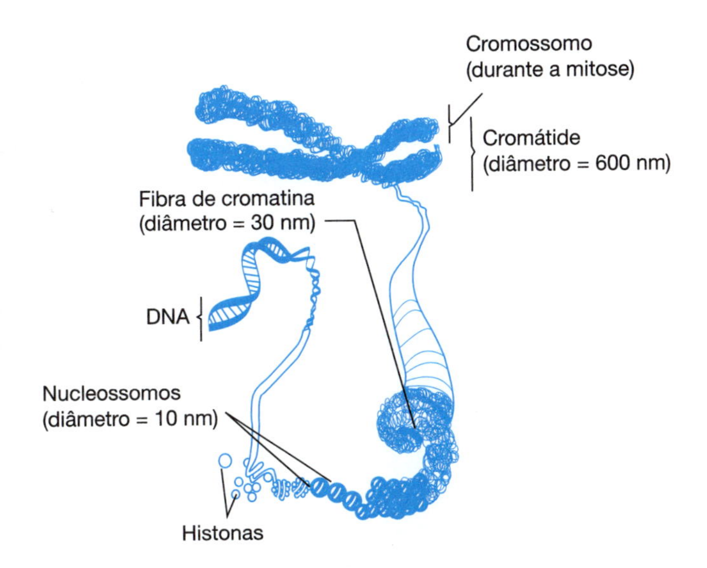

Figura 1-16. Estrutura dos cromossomos durante a metáfase da mitose. Cada cromossomo é composto por duas cromátides, cada uma composta por fibras de cromatina densamente empacotadas, formada por uma cadeia de DNA enovelada sobre complexos de histona, formando uma série de nucleossomos.

tados. As fibras de cromatina têm um diâmetro de 30 nm, e se condensam ainda mais, criando uma série de regiões em forma de asa, que continuam se compactando, formando finalmente os cromossomos observados durante a divisão celular. Se fossem unidas pelas extremidades, as moléculas de DNA de todos os cromossomos de uma célula diploide normal humana mediriam aproximadamente 2 metros de comprimento. O grau de grau de compactação do DNA nos cromossomos é alcançado devido ao pequeno diâmetro destes, sendo de somente 600 nm. Antes da mitose, cada cromossomo se duplica formando cromátides idênticas (figura 1-17). Durante a mitose, as duas cromátides migram aos extremos fuso acromático formando cada uma delas um novo cromossomo, e quando as duas células se separam por citocinese, cada uma contém o complemento diploide de cromossomos.

As mitocôndrias são a fonte de energia das células eucarióticas aeróbicas

No citoplasma das células eucarióticas se observam organelas membranosas muito proeminentes; têm um diâmetro aproximado de 1 μm, semelhante ao das bactérias, e são denominadas **mitocôndrias** (figura 1-18). São variáveis em forma, número e localização, aspectos que dependem do tipo de célula ou função do tecido de onde elas provêem. A maioria das células contém desde centenas até milhares de mitocôndrias; as células com maior atividade metabólica têm maior número destas organelas.

As mitocôndrias possuem um sistema de dupla membrana. A membrana externa é lisa e circunda completamente a organela, enquanto que a interna se dobra formando cristas, o que aumenta a sua área. O compartimento limitado pela membrana interna é chamado de matriz mitocondrial; é uma solução concentrada de numerosas enzimas e mediadores químicos, que participam nas reações para obter a energia contida nos nutrientes. As mitocôndrias contêm enzimas que, atuando em conjunto, catalisam a oxidação de nutrientes orgânicos com requerimento absoluto de oxigênio; algumas destas enzimas se encontram em suspensão na matriz ou no espaço intermembranoso e outras estão entremeadas nas membranas. A energia química liberada nas reações de oxidação mitocondrial é utilizada para a síntese de ATP,

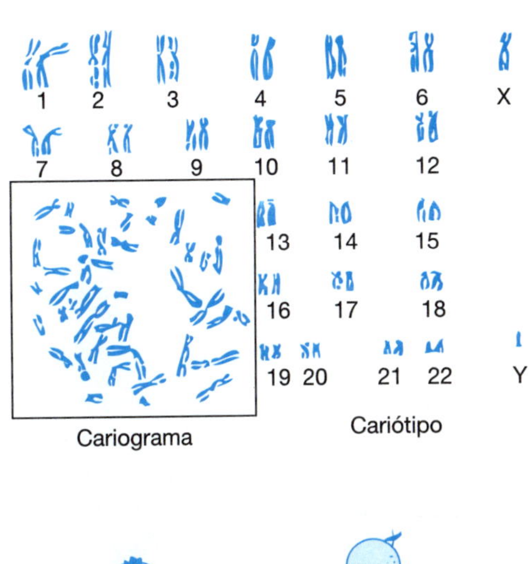

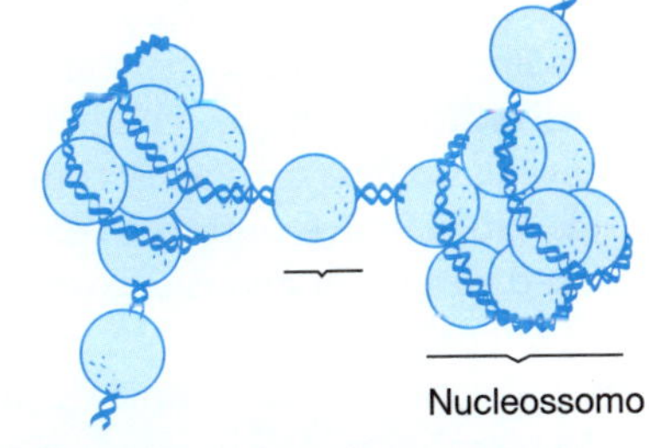

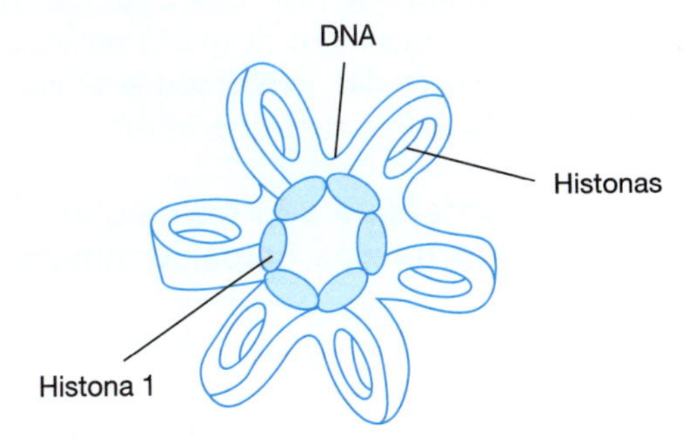

Figura 1-17. Os cromossomos isolados de células em divisão (cariótipo) podem combinar-se com seus respectivos pares, exceto os cromossomos sexuais (X, Y). Os cromossomos são complexos de proteínas e ácido desoxirribonucleico, estruturados nos nucleossomos.

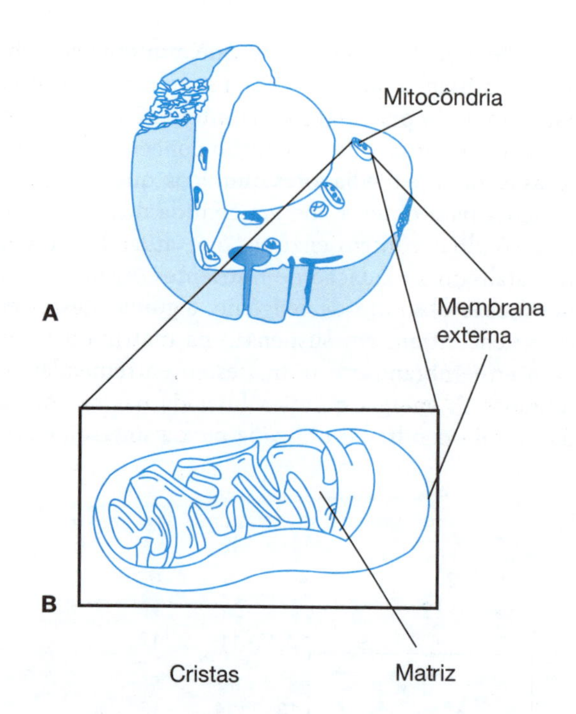

Figura 1-18. Estrutura das mitocôndrias. **A)** Esquema mostrando a ubiquação topográfica das organelas. **B)** Esquema mostrando os elementos que constituem a mitocôndria.

a molécula transportadora de energia mais importante para a célula. Nas células aeróbicas, as mitocôndrias são a principal fonte de ATP, molécula que alcança todos os locais em que se requer energia para o trabalho celular. A síntese e a conversão do ATP em ADP + fosfato é a reação celular mais importante, pois libera energia indispensável para a realização das funções celulares.

Diferentemente das outras organelas, como os lisossomos, aparelho de Golgi, entre outros, as mitocôndrias se reproduzem pela divisão daquelas já existentes. As mitocôndrias contêm seu próprio DNA, RNA e ribossomos. O DNA mitocondrial codifica para algumas proteínas ou subunidades de sua membrana interna, mas a maior parte dessas proteínas é codificada pelo DNA nuclear. Esta e outras evidências apóiam a teoria de que as mitocôndrias são descendentes de bactérias aeróbicas que viveram em simbiose com as células eucarióticas primitivas.

O citoesqueleto estabiliza a forma celular, organiza o citoplasma e participa do movimento

Com o microscópio eletrônico pode-se observar diferentes tipo de filamentos de natureza proteica, amplamente distribuídos no citoplasma das células eucarióticas, formando uma malha tridimensional chamada citoesqueleto (figura 1-19). Existem três tipos de filamentos citoplasmáticos: os filamentos de actina, os microtúbulos e os filamentos intermediários; são diferentes em seu diâmetro (6 a 20 nm), composição proteica e função; todos eles participam da organização do citoplasma e da estrutura celular (figura 1-20). Cada um dos filamentos citoplasmáticos é composto por subunidades de proteínas simples que se polimerizam para formar filamentos de espessura uniforme. Os filamentos não são estruturas permanentes, sofrem constantes mudanças devido a polimerização-despolimerização dinâmica de suas subunidades monoméricas. Sua ubiquação dentro da célula não esta fixada rigidamente, mas durante a mitose, os filamentos se organizam em sítios específicos no citoplasma celular.

Os filamentos de actina são organelas ubíquas nas células eucarióticas

A actina é uma proteína que está presente em todas as células eucarióticas, desde os protistas até os vertebrados. Em presença de ATP, a proteína monomérica se associa formando polímeros helicoidais lineares de 6 a 7 nm de diâmetro, estas estruturas são chamadas filamentos de actina ou microfilamentos.

A importância da polimerização e despolimerização da actina ficam evidentes quando se observa o efeito da citocalasina, molécula que bloqueia sua polimerização. Quando uma célula é tratada com citocalasina perde sua capacidade de realizar citocinese, fagocitose, movimento ameboide, entre outras funções.

A filamina e fodrina são proteínas que entrecruzam os filamentos de actina, estabilizam o invólucro e aumentam a viscosidade do meio em que se encontram. *In vitro*, uma solução de actina, em presença de filamina, aumenta a viscosidade ao ponto de não ser possível verter a solução do recipiente que a contém. Um grande número de filamentos de actina se une a proteínas que se localizam por baixo da membrana plasmática, contribuindo para a forma e rigidez da superfície celular. Os filamentos de actina se unem a uma família de proteínas chamadas miosinas, enzimas que utilizam a energia liberada pela hidrólise do ATP, para mover-se ao longo do filamento. Os componentes mais simples desta família, como a miosina I, são formados por uma cabeça globular e uma cauda curta. A cabeça globular se desloca ao longo do filamento de actina, impulsionada pela hidrólise de ATP, enquanto que a cauda da molécula se une a membrana de uma organela, transladando-a conforme a cabeça da molécula se desloca ao longo do filamento de actina; a organela é transportada a outro local do citoplasma a uma velocidade de 50 a 75 μm/seg. O movimento produzido é um mecanismo celular para mesclar o conteúdo citoplasmático, facilitando a distribuição e acesso de diferentes elementos, como o oxigênio, a todo o citoplasma. Uma forma maior de miosina se encontra nas células musculares e no citoplasma de algumas células como a mioepiteliais que não são musculares. Este tipo de miosina também têm uma cabeça globular que se une e se move ao longo

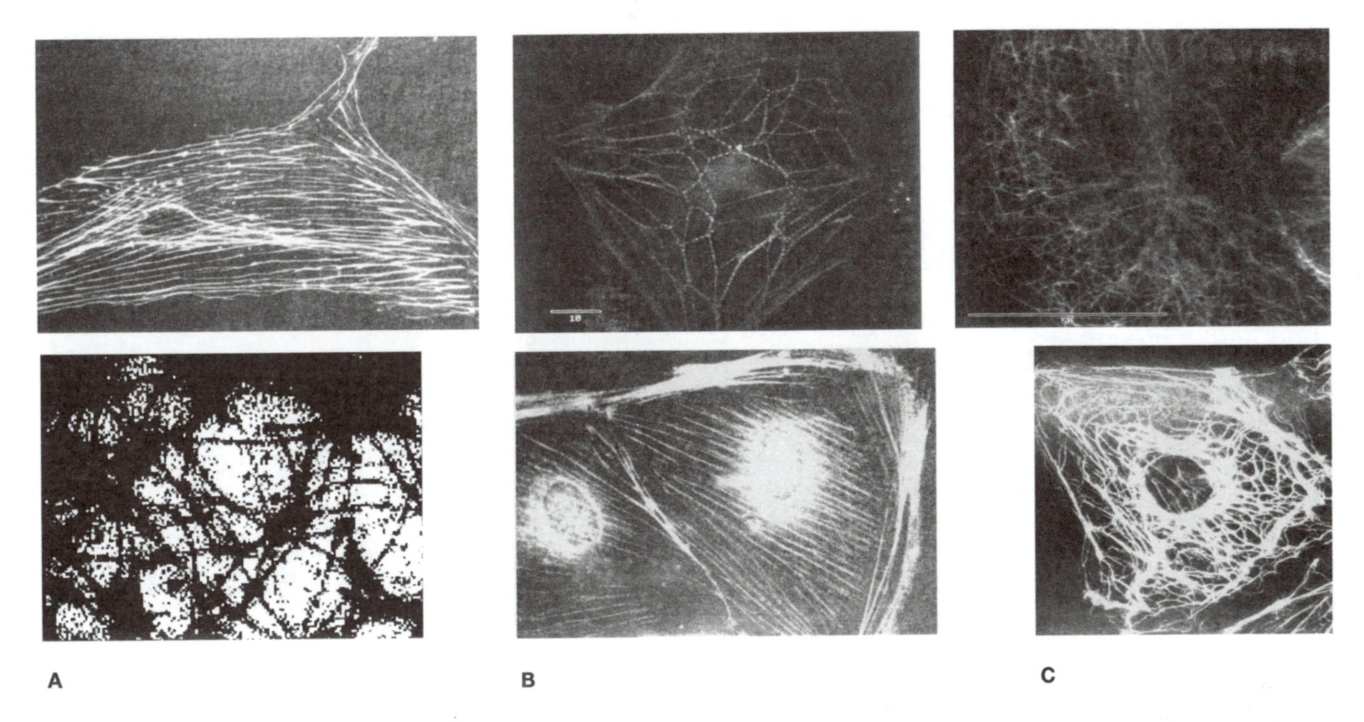

Figura 1-19. Os três tipos de filamentos citoplasmáticos. Os painéis superiores correspondem a Fotomicrografias de imunomarcações fluorescentes específicas para cada tipo de filamento. Os painéis inferiores correspondem a imagens obtidas por microscopia eletrônica dos filamentos. **A)** Actina; **B)** microtúbulos; **C)** filamentos intermediários.

de filamentos de actina em uma reação também mediada por ATP; possuem uma cauda maior, o que facilita o seu agrupamento ao formar filamentos mais espessos.

OS MICROTÚBULOS SÃO ESTRUTURAS OCAS, FORMADAS POR SUBUNIDADES DE TUBULINA

De maneira semelhante aos filamentos de actina, os microtúbulos se formam espontaneamente a partir de subunidades monoméricas; entretanto, a estrutura dos microtúbulos é mais complexa. Os dímeros de α e β-tubulina formam polímeros lineares (protofilamentos), que se associam lateralmente, formando um microtúbulo oco, de aproximadamente 22 nm de diâmetro (figura 1-20). A maioria dos microtúbulos sofre contínua polimerização-despolimerização, este processo se realiza através da adição de subunidades de tubulina a uma das extremidades do microtúbulos e da dissociação de subunidades de tubulina no outro extremo. Os microtúbulos se distribuem em toda a célula, mas em certas condições se concentram em regiões específicas; por exemplo, quando as cromátides irmãs se movem até os extremos da célula, o fuso acromático proporciona a estrutura e provavelmente a força motriz para que ocorra a separação das cromátides, aspecto já comprovado; quando se incubam com colchicina, um alcaloide tóxico, o movimento das cromátides durante a mitose é bloqueada. Algumas proteínas se unem aos microtúbulos e se distribuem ao longo deles. A cinesina e a dineína são duas proteínas que se distribuem pelos microtúbulos utilizando a energia liberada pelo ATP. Por sua vez, estas proteínas se unem a organelas específicas, mobilizando-as a grande distância no citoplasma, a velocidades de 1 μm/seg.

O movimento dos cílios e flagelos é o resultado do movimento da dineína ao longo dos microtúbulos

Os cílios e os flagelos são estruturas móveis (figura 1-21) que se originam da superfície das células animais ou vegetais. Todos têm a mesma estrutura básica; entretanto, os flagelos das bactérias são completamente diferentes dos das células eucarióticas. Os cílio e flagelos das células eucarióticas contêm 9 pares de microtúbulos fusionados, localizados ao redor de um par central de microtúbulos, sendo descritos como uma estrutura de 9 pares +2. O movimento destas estruturas se deve ao deslizamento coordenado das duplas externas em relação à outra dupla de microtúbulos, processo mediado pela energia da hidrólise de ATP. Os cílios e flagelos permitem o movimento dos protozoários pela busca de alimento, luz, entre outros. Os espermatozoides, que também têm um flagelo, são impulsionados pelo movimento flagelar. As células ciliadas de algum órgãos e tecidos, como a traqueia, removem os líquidos e corpos estranhos de sua superfície.

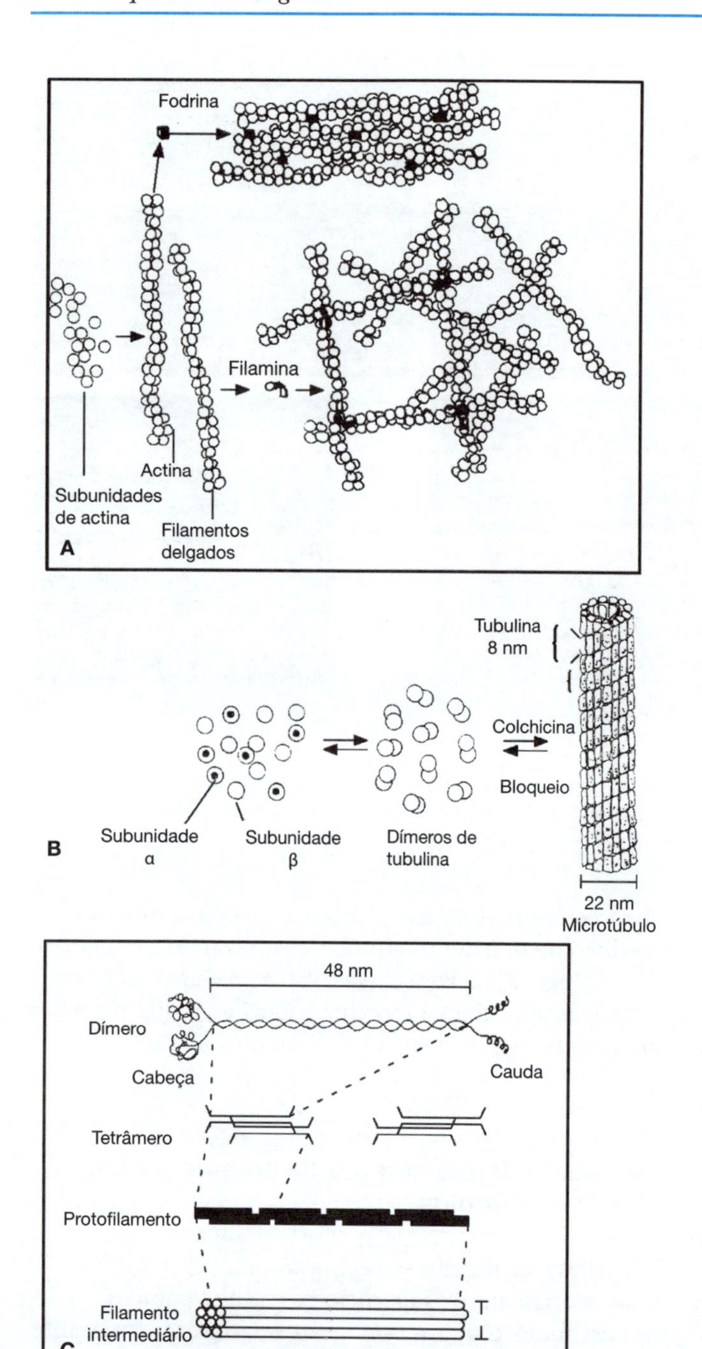

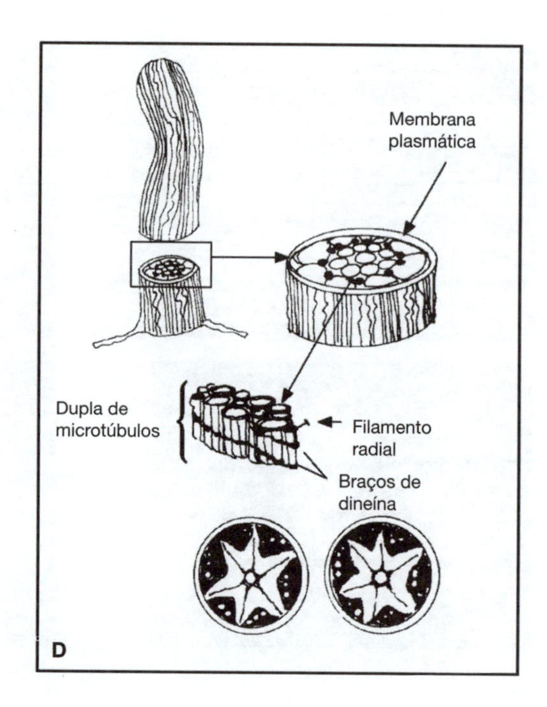

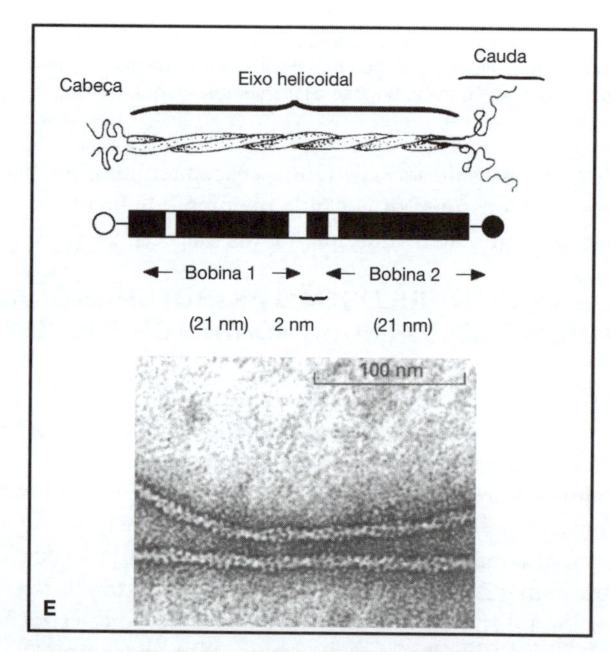

Figura 1-20. Elementos do citoesqueleto celular. Em **A** mostra-se o conjunto de moléculas isoladas de actina, as quais, ao se unirem, polimerizam em fibras de actina. A actina em presença de fodrina forma feixes e em presença de filamina forma um retículo, essenciais a construção da forma celular. Em **B** se mostra como as unidades de tubulina primeiro formam dímeros e logo estes se polimerizam para formar microtúbulos e filamentos intermediários. Em **C**, são mostradas as estruturas que orientam o movimento de elementos citoplasmáticos, como as organelas. Em **D** mostra-se como estão as cadeias de miosina, elementos contráteis que permitem que a célula execute movimentos orientados como nos cílios. Em **E** mostra-se como a célula se organiza de maneira diferente e dá lugar as miofibrilas, unidades musculares que permitem o movimento de um organismo mais completo. O movimento de algumas células especializadas é realizado por meio de cílios e flagelos cuja estrutura esquemática é apresentada em **D**.

Os filamentos intermediários conferem estrutura ao citoplasma

Um terceiro tipo de filamento citoplasmático corresponde a uma família de 8 a 10 nm de diâmetro, tamanho intermediário entre os filamento de actina e os microtúbulos. Diversas proteínas monoméricas formam parte dos filamentos intermediários (figuras 1-19 e 1-20). Algumas delas se concentram em certos tipos de células. Como se ressaltou para outros tipos de filamentos, sua formação também é reversível e sua distribuição no citoplasma é controlada.

A função provável dos filamentos intermediários é proporcionar suporte mecânico as organelas. A vimentina é a subunidade monomérica dos filamentos intermediários dos adipócitos e das células endoteliais dos vasos sanguíneos. A vimentina está ligada ao núcleo celular, retículo endoplasmático e mitocôndria, lateralmente ou terminalmente. Evidências sugerem o envolvimento dos filamentos de vimentina à membrana nuclear e plasmática, mantendo a posição do núcleo e do fuso mitótico, durante a vida da célula (NT). Os filamentos intermediários, cuja subunidade monomérica é a desmina, mantêm os discos Z em posição dentro do tecido muscular estriado. Os neurofilamentos constituídos por três subunidades monoméricas com diferentes pesos moleculares

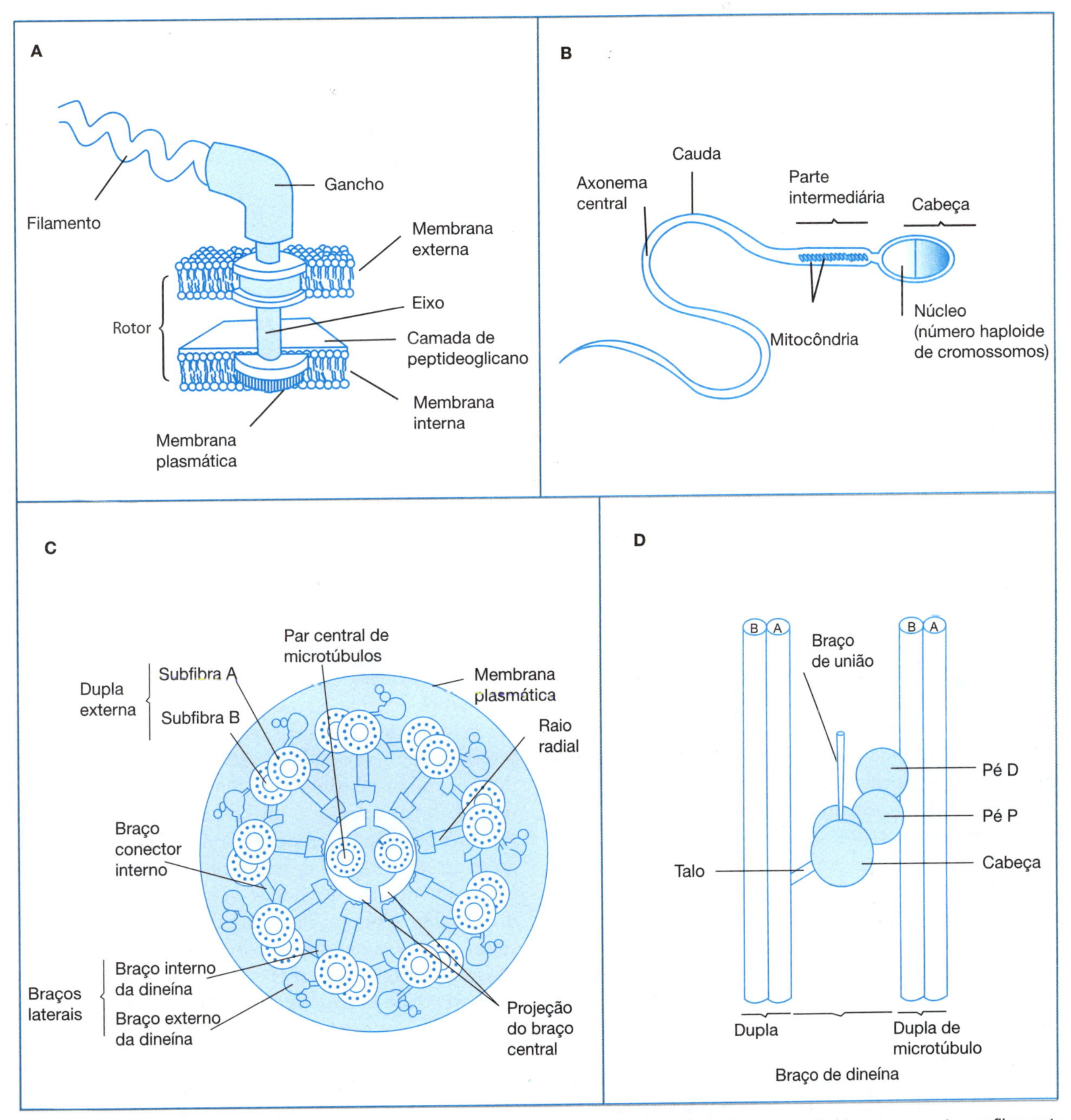

Figura 1-21. Estrutura dos cílios e flagelos. **A)** Esquema da estrutura típica de um flagelo bacteriano, constituído por somente um filamento de proteínas e mostrando o rotor ou "motor" responsável por sua rotação. **B)** Espermatozoide, exemplo de uma célula cuja cauda é constituída por um grande flagelo, cuja estrutura interna é muito diferente do flagelo bacteriano. **C)** Esquema de um segmento transversal de um cílio ou flagelo de células eucarióticas, cujos microtúbulos mostram uma distribuição de nove pares mais dois. **D)** Detalhe da localização da dineína dentro da ultraestrutura de um cílio ou flagelo.

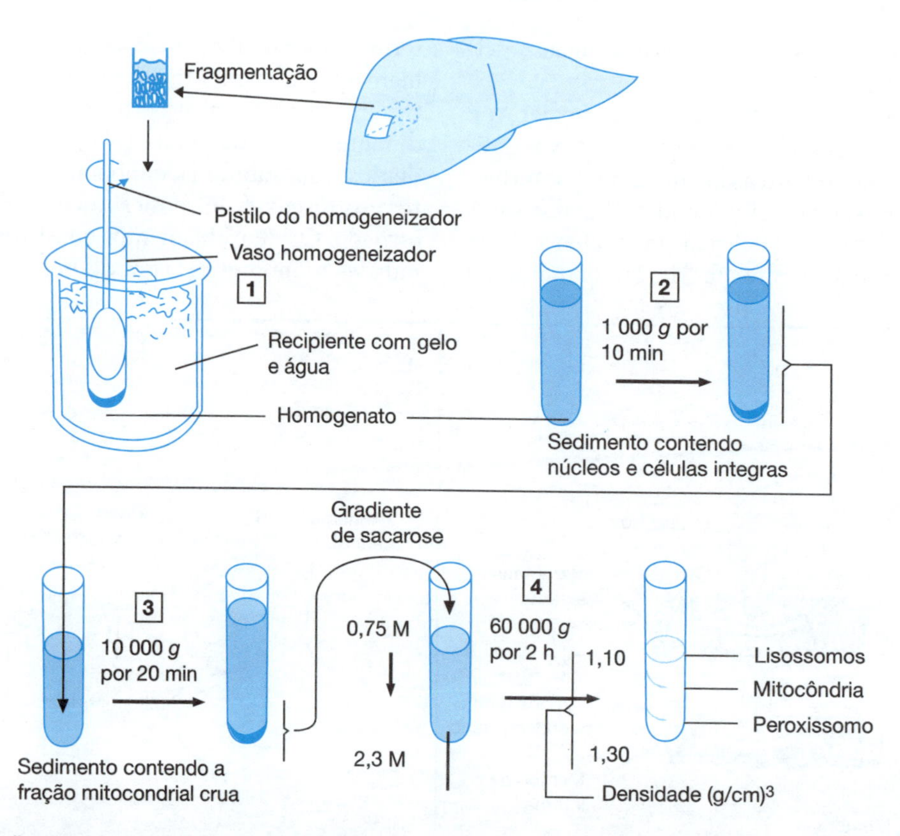

Figura 1-22. Esquema ilustrando o procedimento de obtenção dos componentes celulares pelo método de centrifugação diferencial. A força centrífuga aplicada é o múltiplo de vezes que se aplica a força de gravidade da terra (g). **1)** Homogeneização do tecido cortado em pequenos fragmentos. **(2 a 4)** Centrifugação em diferentes forças de gravidade e tempo.

proporcionam a rigidez necessária aos axônios e aos neurônios. Nas células da glia (astrócitos) que rodeiam os neurônios, os filamentos intermediários estão formados por uma proteína ácida fibrilar.

Os filamentos intermediários que compõem o grupo das queratinas, uma família de proteínas estruturais, são muito visíveis em algumas células epidérmicas dos vertebrados; formam uma malha, com numerosos entrecruzamentos que permanecem até quando a célula morre. Entre algumas destas estruturas estão o pelo, as unhas, as penas, entre outras.

O estudo da função das organelas implica no seu isolamento através da centrifugação diferencial

Um grande avanço para os estudos da bioquímica celular foi o desenvolvimento de métodos que permitiram o isolamento das organelas a partir do citoplasma celular e em separá-los entre si (figura 1-22). Em um processo típico de fracionamento celular, as células e os tecidos se rompem por homogeneização em um meio que contém sacarose a uma concentração de 250 nM. Este procedimento rompe a membrana plasmática, mas deixa quase todas as organelas intactas, já que a sacarose é um meio com uma pressão osmótica semelhante à suportada pelas organelas; isto equilibra a entrada e a saída de água por difusão e evita seu inchamento, impedindo a ruptura de suas membranas e a liberação do seu conteúdo, que levaria a perda de função.

As organelas como o núcleo, as mitocôndrias e os lisossomos diferem em tamanho e, portanto, sedimentam em velocidades de centrifugação diferentes. Também diferem na sua gravidade específica, e ao serem submetidos aos meios de diferentes concentrações (gradiente de densidade) flutuam em diferentes valores de densidade. A centrifugação diferencial permite um fracionamento grosseiro das organelas, sendo necessária a centrifugação em gradiente de densidade (centrifugação isopícnica), que facilita a obtenção de organelas purificadas, permitindo o estudo das funções e atividades de cada fração. O isolamento das organelas especialmente enriquecidas com atividade enzimática é, em muitos casos, o primeiro passo para a purificação de uma enzima.

Estudos *in vitro*

Um dos enfoques mais efetivos para compreender os processos biológicos é estudar as moléculas isoladas. Os componentes purificados são úteis para a caracterização detalhada de suas propriedades físicas e atividades Catalíticas, sem a interferência de outras moléculas presentes na célula. Apesar de ser um procedimento produtivo, deve-se recordar que o meio externo da célula é completamente diferente ao do tubo de ensaio. Os compostos que "interferem", ao serem eliminados pela purificação, podem ser críticos para a regulação da função biológica ou da molécula purificada. Por exemplo, o estudo da atividade das enzimas se realiza com concentrações muito baixas da enzima, em meios de incubação aquosos muito bem misturados; na célula, as moléculas da enzima estão suspensas em um meio tipo gel, junto com outros milhares de proteínas, algumas das quais se unem à enzima e modificam ou regulam a sua atividade. Dentro da célula, algumas são partes de complexos multienzimáticos nos quais os reagentes se canalizam de uma enzima a outra, sem passar necessariamente pelo solvente presente no meio. A difusão se retarda pela estrutura tipo gel do citoplasma e pela composição diferente do citoplasma em uma parte da célula em comparação a outra parte. Um dos desafios mais importantes da bioquímica é compreender a influência que tem a organização celular e as associações macromoleculares no funcionamento individual das enzimas.

REFERÊNCIAS

Darnell J, Lodish H, Baltimore D: *Molecular cell biology*. Scientific American Books., 2nd ed. New York:W. H. Freeman and Co., 1990.

De Robertis EDP, De Robertis EMF: *Biología celular y molecular.* 1a ed., Buenos Aires: El Ateneo, 1991.

Devlin TM: *Bioquímica. Libro de texto con aplicaciones clínicas*, 5a. ed., Barcelona: Editorial Reverté, 2004.

Finean JB, Coleman R, Michell RH: *Membranes and their cellular functions*. 3rd ed., Oxford: Blackwell Scientific Publications, 1984.

Junqueira LC, Carneiro J: *Biología celular e molecular.* 5a ed. Rio di Janeiro: Guanabara Kookan 1991.

Lozano JA, Galindo JD, García Borrón JC, Martínez Liarte: *Bioquímica y Biología Molecular*, 3a ed., México: McGraw-Hill Interamericana, 2005.

Melo R V, Cuamatzi OT: *Bioquímica de los procesos metabólicos*. Barcelona: Ediciones Reverté, 2004.

Nelson DL, Cox MM: *Lehninger Principios de Bioquímica*, 4ª ed., Barcelona: Omega, 2006.

Smith C, Marks AD, and Lieberman M: *Bioquímica básica de Marks. Un enfoque clínico.* México: Ed. McGraw-Hill Interamericana, 2006.

Voet D, Voet JG: *Biochemistry*. 2nd ed. New York, Chichester, Brisbane Toronto, Singapore: John Wiley and Sons Inc. 1995.

Páginas eletrônicas

Hernández R (2007): *Célula vegetal*. En: Libro Botánica On-Line. [En línea]. Disponible: http://www.forest.ula.ve/~rubenhg/celula [2009, abril 10]

Ibiblio.org (1999): *La Red de la Página de la Célula Virtual*. [En línea]. Disponible: http://www.ibiblio.org/virtualcell/indexsp.htm [2009, abril 10]

Mallery C (2003): *The cell theory.* En: Biology 150. [En línea]. Disponible: http://fig.cox.miami.edu/~cmallery/150/unity/cell.text.htm [2009, abril 10]

Raisman JS, González A (2006): *Célula eucariota*. En: Hipertextos del Área de la Biología. [En línea]. Disponible: http://www.biologia.edu.ar/cel_euca/index.html [2009, abril 10]

Raisman, JS, González A (2000): *Transporte desde y hacia la célula*. [En línea]. Disponible: http://www.efn.uncor.edu/dep/biologia/intrbiol/transp.htm [2009, abril 10]

Sullivan J (2006): *Cell cycle: An Interactive Animation*. En: Cells Alive! [En línea]. Disponible: http://www.cellsalive.com/cell_cycle.htm [2009, abril 10]

University of Arizona (2004): *The cell cycle.* En: The Biology Project. [En línea]. Disponible: http://www.biology.arizona.edu/cell_bio/tutorials/cell_cycle/cells2.html [2009, abril 10]

Zamudio T (2005): *La célula*. En: Regulación jurídica de las biotecnologías. [En línea]. Disponible: http://www.biotech.bioetica.org/clase1-3.htm [2009, abril 10]

2

Propriedades físico-químicas da água

Enrique Piña Garza

A maioria das células são soluções aquosas a 20%, ou seja, são compostas por 80% de água e 20% das demais moléculas. Desta forma, a vida na Terra se apresenta como uma solução aquosa, por ser a molécula de água a mais abundante entre as que integram os seres vivos. Como consequência, o organismo humano troca com o meio externo maior número de moléculas de água do que todas as outras moléculas juntas.

Além de sua abundância, as características da molécula de água exercem uma profunda influência sobre a estrutura, organização e funcionamento dos seres vivos. As propriedades físico-químicas e o fato de ser o solvente do resto dos componentes celulares influenciam decisivamente na organização e disposição espacial de todas as demais moléculas depositárias da vida: os lipídeos, as proteínas, os ácidos nucleicos e os polissacarídeos.

Neste capítulo são revisadas as principais propriedades da molécula de água e sua participação como solvente. Também são abordadas as repercussões destas propriedades sobre os sistemas biológicos.

REPRESENTAÇÃO DA MOLÉCULA DE ÁGUA

A representação escrita das moléculas existentes, como fórmulas, é utilizada continuamente no campo da química. Na realidade, trata-se de uma escrita codificada, cujo objetivo é transmitir ao leitor especializado o maior número de propriedades físicas e químicas da molécula representada. O leitor experiente de fórmulas, com a simples representação de uma molécula, saberá o número de átomos que a compõem, no estado físico em que se encontram na natureza (sólido, líquido ou gasoso), sua capacidade para atuar como soluto ou como solvente, sua reatividade química, sua estabilidade e algumas outras propriedades.

A representação da molécula de água na forma de H_2O, ou seja, uma pequena molécula formada por dois átomos de hidrogênio unidos a um átomo de oxigênio indica um composto gasoso a temperatura ambiente, com um conjunto de propriedades físico-químicas típicas do estado gasoso e não muito diferente de outras moléculas similares, como o metano, CH_4, ou a amônia, NH_3.

Na temperatura ambiente, a água é um líquido com grande coesão das moléculas e grande capacidade de dissolução de substâncias. Talvez fosse melhor desenhar uma representação da molécula de água que transmitisse maior número de propriedades físico-químicas que ocorrem com essa molécula. A análise e estudo das propriedades da molécula de água, constituem parte essencial do estudo dos componentes químicos que integram os seres vivos.

A geometria da molécula de água e tetraédrica com distribuição desigual de suas cargas elétricas (figura 2-1). O núcleo de oxigênio está no centro da molécula e os átomos de hidrogênio em dois dos vértices; devido às características do oxigênio, que possui carga negativa, os hidrogênios são despojados de seus elétrons. Como consequência, os hidrogênios mostram um predomínio de cargas positivas; a união oxigênio-hidrogênio tem 33% de caráter iônico. Cada molécula de água é um pequeno dipolo, altamente dipolar (figura 2-1). O fenômeno tem numerosas consequências sobre as propriedades físico-químicas da água e sobre a organização molecular dos seres vivos.

Cada molécula de água se orienta no espaço acomodando sua carga negativa em interação com uma carga positiva de outra molécula de água. Um exemplo deste arranjo tridimensional é observado na estrutura do gelo, no qual as moléculas estão ordenadas. A análise da interação das moléculas de água entre si demonstra que a união O-H de uma molécula se orienta em direção à parte mais negativa do oxigênio de outra molécula de água, de tal forma que o hi-

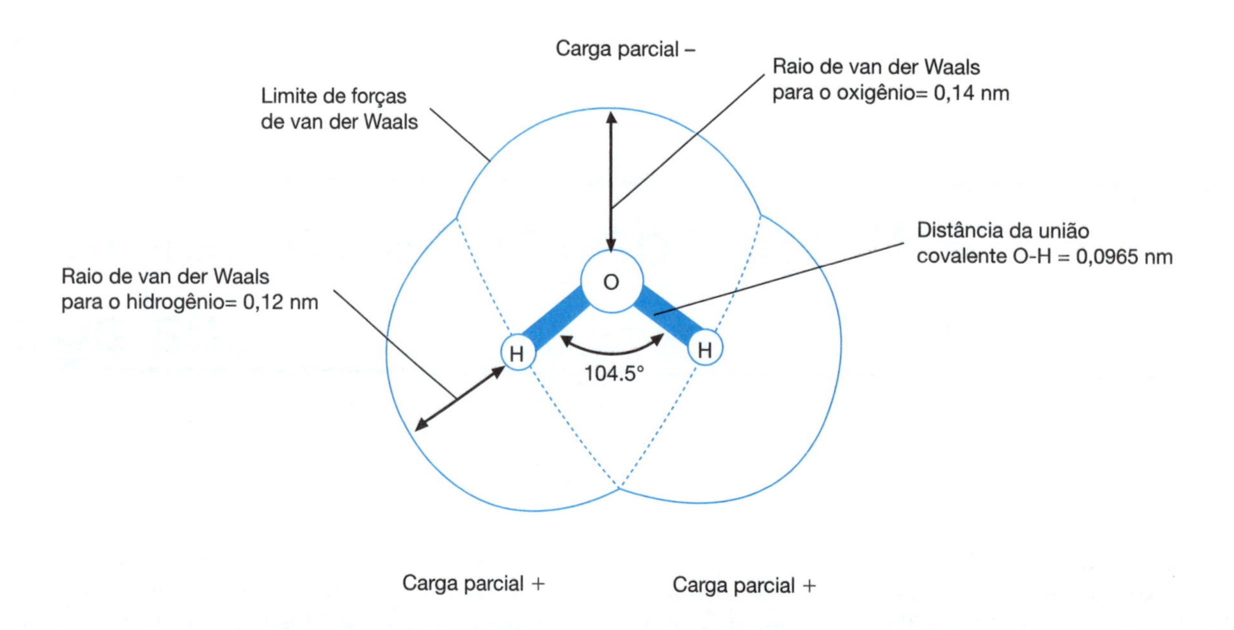

Figura 2-1. Estrutura de uma molécula de água. As uniões covalentes entre o oxigênio e os hidrogênios estão esquematizadas pelas linhas grossas e demonstram a distância entre cada união covalente. Nota-se o ângulo das ligações covalentes do hidrogênio; também é indicada a polaridade, distribuição desigual de cargas, nas diferentes partes da molécula. São mostrados os diferentes raios das forças de Van Der Waals em várias partes da molécula. A área de atuação ou cobertura de Van Der Waals esta representada por uma linha contínua. Essa área representa o limite da área onde ocorre um equilíbrio entre as forças de atração e de repulsão.

drogênio da primeira tem uma "união" com o oxigênio da segunda O-H···O (figura 2-2). A associação entre 2 moléculas, mediada pelo átomo de hidrogênio, que necessita de um direcionamento e aproximação muito precisos, é chamado de **ponte de hidrogênio**; em moléculas diferentes da água, o oxigênio pode ser substituído pelo nitrogênio. A energia da ligação covalente O-H é umas 20 vezes maior que da ponte de hidrogênio H···O. As uniões por ponte de hidrogênio são observadas também nas grandes moléculas que integram os seres vivos. Nestes últimos é manifestada a enorme importância das pontes de hidrogênio para conferir as estruturas tridimensionais e as associações intermoleculares presentes nas proteínas ou no DNA. A água é a estrutura com a maior capacidade e versatilidade para formar as pontes de hidrogênio. A formação das pontes de hidrogênio entre as moléculas de água é um fenômeno cooperativo, de tal maneira que a formação de uma ponte favorece a formação de outra e a ruptura de uma ponte favorece a ruptura de outra. Ou seja, as pontes de hidrogênio se feitas e desfeitas em grupo. A duração média de cada ponte é de um pico-segundo, conferindo uma enorme fluidez à água. A definição da estrutura molecular da água líquida continua sendo um problema parcialmente resolvido. Sabe-se que a água líquida a 0 °C tem 15% menos pontes de hidrogênio que o gelo; também sabe-se que as pontes de hidrogênio na água líquida estão em um processo contínuo de formação e ruptura. Trata-se de um sistema dinâmico, com rápidas flutuações, onde as moléculas individuais têm papéis cambiáveis. O modelo que melhor resume e adapta às propriedades da água inclui pouco menos de 80% de moléculas que têm a estrutura do gelo (figura 2-3), 20% de moléculas que se condensam mais e são mais densas que as do gelo. Uma pequena proporção está como água monomérica e outra tem defeitos nas pontes de hidrogênio; estas duas últimas formas se identificam com um comportamento mais fluído da água. A maior densidade das moléculas de água é obtida ao se ocupar parcialmente os "ocos" que ocorrem na estrutura do gelo. Isto explica porque o gelo tem uma densidade menor (0,92 g/mL) do que a água líquida a 0 °C (1,00 g/mL). O fato de o gelo flutuar nos oceanos, devido a sua menor densidade, favorece o aquecimento de enormes massas de água pelo Sol, contribuindo para que a temperatura da Terra mantenha-se mais alta e com menos variações.

Resumindo, a maioria das moléculas de água líquida formam pontes de hidrogênio entre si e, devido à elevada atração destas moléculas, isto se revela como uma alta coesão entre as moléculas de água líquida.

Talvez, a melhor representação escrita da água líquida não seja H_2O mas sim $(H_2O)_n$, onde n seria o número de moléculas que, em um dado momento e meio, têm pontes de hidrogênio com suas moléculas vizinhas. Os estudos recentes dão a n um valor de 5.

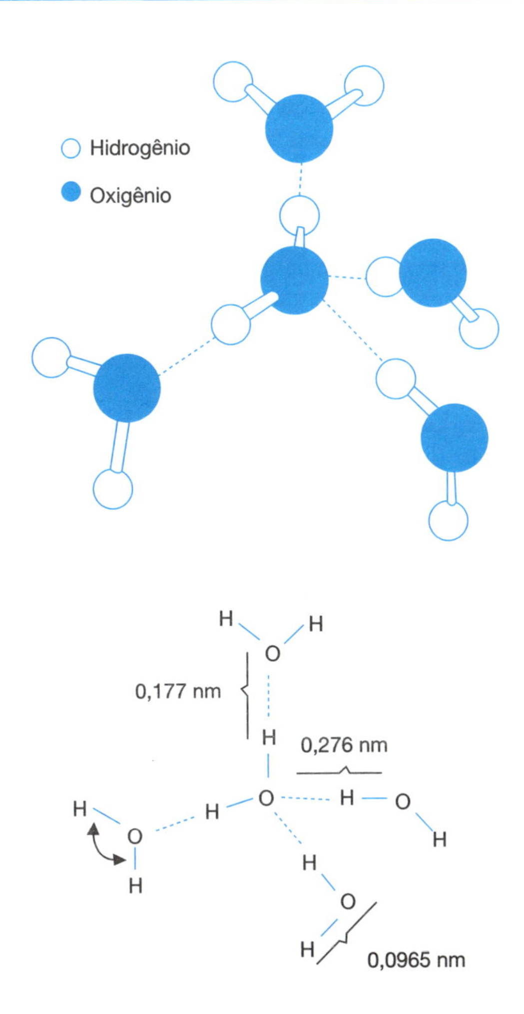

Figura 2-2. Pontes de hidrogênio entre as moléculas de água. Cada molécula de água estabelece quatro pontes de hidrogênio: o oxigênio de cada molécula aceita duas pontes de hidrogênio com outras tantas moléculas de água. Por sua vez, cada um dos hidrogênios de uma molécula de água, forma uma ponte de hidrogênio com o oxigênio de outra molécula. Comparem as longitudes e ângulos da parte inferior desta figura com os da figura 2-1.

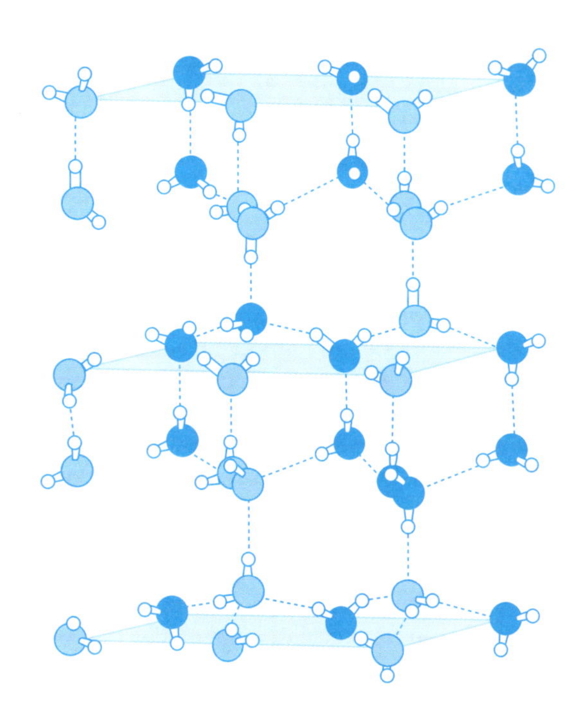

Figura 2-3. Estrutura do gelo. Observa-se o arranjo tetraédrico das moléculas de água à existência das pontes de hidrogênio entre as próprias moléculas. É aparente a necessidade de uma rigidez estrita no arranjo tetraédrico, permitindo o que é chamado de uma estrutura aberta da água em gelo, que explica a menor densidade do gelo em relação à água líquida.

PROPRIEDADES FÍSICO-QUÍMICAS DA ÁGUA LÍQUIDA

As propriedades da água estão associadas e determinadas por suas pontes de hidrogênio intermoleculares. A seguir serão revisadas brevemente algumas de suas propriedades físico-químicas, incluindo exemplos da repercussão que estas propriedades têm na biologia.

Calor específico

O calor específico e definido com a quantidade de energia calorífica necessária para aumentar a temperatura de 1 grama de uma substância em 1 °C. Para a água ela é alta (1cal/g) quando comparada com outros líquidos. Esta propriedade permite entender como que a água, grama por grama, absorve mais energia calorífica por unidade que a maioria das substâncias. Outra maneira de observar esta propriedade é medindo a enorme quantidade de calor requerido para mudar a temperatura da água. Esta propriedade é aproveitada quando se usa a água para resfriar motores de automóveis e em sistemas de calefação dos edifícios. A umidade das florestas e bosques é definitiva para manter com menores variações de temperatura estes ecossistemas, em comparação ao observado nos desertos. Nos mamíferos, ajuda a manter a temperatura do corpo homogênea, mediante o bombeamento constante do sangue desde o coração até os tecidos periféricos, devido a água ser o componente mais abundante do sangue.

Calor de Fusão

A energia gasta na fusão de um mol de sólido e chamada de calor de fusão. É medida no ponto de fusão do sólido e para a água é de 0 °C. Novamente, pode-se comprovar que, na passagem de gelo para água, o valor obtido é comparativamente alto (80 cal/g). O calor de fusão representa a energia cinética que as moléculas do sólido devem adquirir para passar de uma organização contínua, imposta pelas forças de atração no sólido, até uma organização descontínua, característica dos líquidos. Nos seres vivos, o alto calor de fusão da água oferece um sistema eficiente de proteção contra o congelamento. Para congelar um mol de água (18 g) é necessário eliminar a mesma quantidade de energia que se absorve ao descongelá-la.

Calor de evaporação

É chamada de calor de evaporação a energia gasta na evaporação de um mol de um líquido em seu ponto de evaporação. O calor de evaporação representa a quantidade de energia cinética necessária para que moléculas em estado líquido vençam o seu estado de mútua atração e separem-se umas das outras, como se apresentam os gases. O calor de evaporação da água também é alto; portanto, minimizam-se as perdas de água que poderiam ocorrer nos seres vivos, devido à evaporação, protegendo contra a desidratação. Além disso, a ocorrência de evaporação apresenta-se como um eficiente sistema de resfriamento, devido à retirada da energia necessária para a evaporação da superfície do ser vivo, originando uma sensação de frescor. Esta é uma situação presente em climas quentes, no qual ocorre uma sudorese profusa com sequente evaporação da água presente no suor.

Tensão superficial e adesão

A tensão superficial é uma força de atração que se manifesta na superfície de um líquido, devido a atração que as moléculas da superfície sofrem, em direção ao interior do líquido. As forças de atração ocorrem entre todas as moléculas; desta forma, as moléculas distribuídas no interior do líquido são atraídas mutuamente em todas as direções, como as moléculas da superfície não possuem moléculas que as atraiam para "fora", não ocorre essa atração de compensação. Portanto, predomina a atração para o interior do líquido. O resultado é a tendência de se formarem gotas, as quais exibirão a menor superfície compatível com a força da gravidade. A tensão superficial relativamente alta da água e influenciada por sua adesão e por sua viscosidade. Por adesão entende-se a força de união com a superfície, e por viscosidade, a resistência em fluir através de um tubo capilar. Um líquido é menos viscoso quando flui mais rápido. A viscosidade da água é alta em relação ao seu peso molecular, porém é compensada pela sua adesão.

A combinação destas três propriedades da água, tensão superficial, adesão e viscosidade, parece ter importância especial nos seres vivos. Nota-se no caso dos capilares e provavelmente no fluxo de água através de membranas. Em um capilar, a força de adesão faz com que a água suba pelo capilar e, devido à tensão superficial e viscosidade da mesma água, as moléculas do interior do líquido seguem as da superfície em sua ascensão pelo capilar. O processo não depende de uma fonte externa de energia e seu limite é dado pelo diâmetro do capilar e pela força de gravidade; este fenômeno se encontra amplamente difundido na natureza, nas raízes das plantas, nos galhos, na circulação dos líquidos nos animais, etc. É notável como a água pode ascender mais de 100 metros de altura nas árvores, desde abaixo do nível do solo até a copa, sem a necessidade de um sistema de bombeamento.

Nas membranas celulares, a situação é menos evidente; não obstante, podem-se analisar as propriedades da água, aqui descritas, em relação aos componentes das membranas. Uma grande proporção da membrana de qualquer célula é constituída por lipídeos. A água não se adere aos lipídeos, não os dissolve e se repelem mutuamente; portanto, é factível que a passagem de água através das membranas celulares é realizada em determinadas áreas da membrana, que se assemelham a capilares ou condutos de diâmetro muito pequenos e curtos.

Outras propriedades físico-químicas da água.

A seguir serão apresentadas brevemente algumas propriedades da água que serão revisadas com maior detalhe em capítulos posteriores. Estas propriedades são:

Constante dielétrica. É a propriedade dos solventes de separar íons de cargas opostas. Será revisado mais adiante quando for discutido o papel da água como solvente.

Hidratação. É a capacidade de envolver outros íons, orientando-se de acordo com a carga deles e se acomodam em capas concêntricas de moléculas ao redor do íon. Quando o solvente é diferente da água, esta propriedade é chamada de solvatação. A hidratação de íons será estudada também no inciso sobre a água como solvente.

Hidrólise. Reação química na qual uma molécula de água reage com outra molécula diferente. Ambas se fragmentam durante a reação, a de água em um próton, H^+, e uma hidroxila, OH^-, cada um dos quais se une a um dos fragmentos da outra molécula. Por exemplo, o açúcar comum, ou sacarose, reage com a água e por hidrólise fragmenta-se em duas moléculas menores, a glicose e a frutose, na qual o H^+ e a OH^- da água são incorporados às moléculas resultantes:

$$\text{Sacarose} + H_2O \rightarrow \text{glicose} + \text{frutose}$$

Nos mamíferos, a digestão no tubo digestor inclui fundamentalmente múltiplas reações de hidrólise.

Oxirredução. As reações de oxirredução serão estudadas no capítulo 23. A água pode comportar-se como um agente oxidante ou como um agente redutor.

Ionização da água. A ionização ou dissociação da água compreende a separação da água em íons que a formam, o próton H^+, e a hidroxila, OH^-. A dissociação ocorre espontaneamente no interior da água e será analisada no tema sobre ácidos, bases, pH e tamponantes.

A ÁGUA COMO SOLVENTE

A água é considerada um solvente universal devido a sua capacidade de dissolver mais substâncias e em maior quantidade que qualquer outro solvente. A constante dielétrica da água, sua capacidade de hidratação, e a possibilidade de romper as ligações iônicas das moléculas que dissolve, explicam o comportamento da água como solvente universal.

A atração eletrostática de íons com cargas opostas diminui 80 vezes (constante dielétrica da água) ao ser colocado na água. Um íon positivo no interior da água atrai as cargas negativas das moléculas de água, as quais se acomodam em camadas ao redor do íon. Se a carga do íon imerso é negativa, atrairá as cargas positivas da molécula de água, as quais, com orientação adequada, se acomodarão em camadas ao redor do íon. O resultado é que os íons irão se separar e ficarão dissolvidos (figura 2-4). A hidratação dos íons é tão forte em determinados momentos, que a cristalização do sal chega a incluir a água da hidratação.

Quando as moléculas introduzidas na água possuem pontes de hidrogênio entre elas, as moléculas de água tendem a enfraquecer tais ligações e substituí-las por novas pontes de hidrogênio, nas quais interagem as moléculas de água, separando entre si as moléculas do composto introduzido.

No caso das pontes de hidrogênio existentes em diferentes partes da mesma molécula, a água enfraquece tais pontes e devido a esta interação a molécula adotará a forma mais estável.

Além do mais, a água exerce importante influência sobre as moléculas que não se dissolvem nela, as apolares como as gorduras. Se várias gotas de água são colocadas na água, cada uma delas ocupará um espaço que promoverá a ruptura e desorganização das pontes de hidrogênio da água. Simultaneamente, se manifestarão as forças de atração que existem entre as moléculas apolares. O resultado experimental final, compatível com a situação mais estável, é que as gotas irão se unir formando um único agrupamento de óleo. Esse agrupamento ocorre não só pela atração entre as moléculas de gordura, mas também pela repulsão pelas moléculas de água que expulsam as moléculas apolares do seu meio. A acomodação das gorduras ou lipídeos nas células segue as mesmas tendências gerais aqui esboçadas.

Em conclusão, a força de atração da água consigo mesma e sua capacidade de afetar a conformação de todas as moléculas celulares, umas por mantê-las na solução e outras por eliminá-las da solução, fazem da água um meio idôneo para que todas as moléculas presentes nos seres vivos adotem as formas que têm: as mais estáveis. Estas são as estudadas nos textos de bioquímica e, sobre tudo, as que permitem realizar as funções dos seres vivos.

CONSTANTE DE EQUILÍBRIO DA ÁGUA

No caso da decomposição da água, H_2O, em H + OH (sem considerar as cargas), observa-se duas reações, uma delas é a ruptura da H_2O para formar H + OH e outra de reconversão, H + OH para formar H_2O passando um dos termos de uma lado para outro:

$$H_2O \rightleftarrows H + OH$$

No caso da primeira reação, a velocidade da decomposição da H_2O é proporcional à concentração de suas moléculas:

$$v = k[H_2O]$$

A velocidade de recombinação v' de H + OH é dada pela equação:

$$v' = k'[H][OH]$$

Em equilíbrio, a velocidade em um sentido é igual à velocidade no outro sentido $v = v'$:

$$k'[H][OH] = k[H_2O]$$

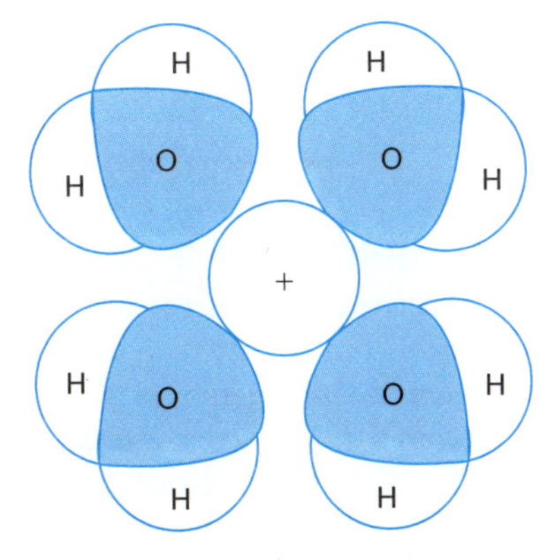

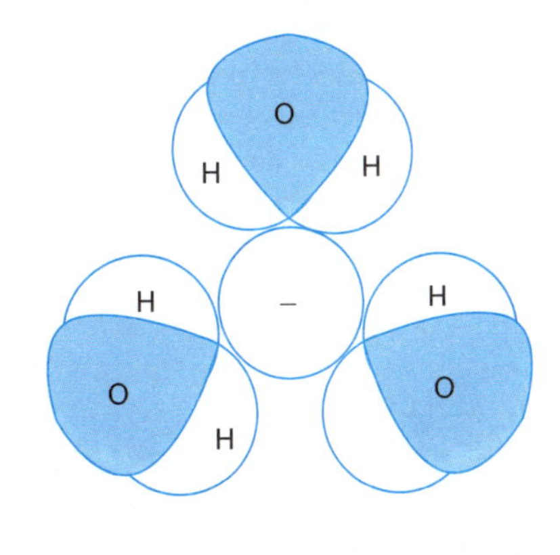

Figura 2-4. Esquema da solvatação de íons por moléculas de água que adquirem uma orientação definida.

como as constantes relacionadas entre si são iguais, depreende-se que a constante K representa a relação:

$$\frac{[H][OH]}{[H_2O]} = \frac{k}{k'}$$

como as constantes relacionadas entre si são iguais à outra constante, se conclui que a constante K representa a relação:

$$K = \frac{k}{k'} = \frac{[H][OH]}{[H_2O]}$$

entre as duas constantes de velocidade de um sentido e outro e é a **constante de equilíbrio** desta reação. A constante de equilíbrio K é obtida experimentalmente e tem um valor numérico preciso para uma temperatura determinada.

Geralmente, se um número **n** de moléculas de uma substância **A** reage com um **m** de moléculas **B**, para formar um número **o** de moléculas **C**, e um **p** de moléculas **D**,

$$nA + mB \rightleftarrows oC + pD$$

a constante de equilíbrio será dada pela seguinte equação:

$$K = \frac{[C]^o[D]^p}{[A]^n[B]^m}$$

CONSTANTE DE IONIZAÇÃO

Quando um ácido forte dissolve-se em água, a maior parte das moléculas se dissocia e formam os prótons H+e os ânions A^-, correspondentes; quando um ácido fraco se dissolve em água, uma grande quantidade das moléculas permanece em forma neutra, não dissociada, HA, sem carga elétrica, e uma parte pequena se dissocia formando os prótons H+ e os ânions correspondentes A^-.

A proporção em que um ácido se dissocia mais que outro depende de uma qualidade intrínseca de cada um, e se manifesta de uma maneira quantitativa na **constante de ionização**. Esta constante descreve o equilíbrio entre as moléculas de ácido que permanecem neutras sem dissociar-se, e os íons formados a partir da dissociação. Por exemplo, a constante de ionização do ácido acético depende da relação entre a parte ionizada e a parte não ionizada:

$$CH_3\,COOH \rightleftarrows CH_3\,COO^- + H^+$$

$$K = \frac{[H^+][CH_3COO^-]}{[CH_3COOH]}$$

Para entender como se obtém o valor numérico desta constante, considera-se o seguinte caso. Experimentalmente sabe-se (por medida da condutância elétrica) que uma solução de ácido acético 0,1 M tem cerca de 1,32 % de suas moléculas ionizadas e, portanto, 98,69 % de moléculas não ionizadas. Como a concentração molar de ânions e cátions procedentes do ácido acético é 0,1 (molaridade) por 0,0132 (ionização expressa em relação à unidade) e as moléculas não dissociadas são 0,1 por 0,9868. Ao substituir na equação representada acima se obtêm.

$$\frac{0.00132 \times 0.00132}{0.09868} = 0.000018 = 1.8 \times 10^{-5} = K$$

O número obtido acima para a constante de ionização do ácido acético é de uso complicado; trabalhar com números como 0,000018 dificulta os cálculos e impede de captar os conceitos. Um modo sensato de representar essa cifra é calculando o logaritmo do recíproco do número:

$$pK = log\,\frac{1}{K} = -logK$$

Por exemplo, com K igual a 0,00001, teria se:

$$0.00001 = 10^{-5}$$

$$pK = log\,\frac{1}{K} = log\,\frac{1}{10^{-5}} = log10^5 = 5$$

Portanto, quanto maior é a constante de ionização, menor será o p*K*, é quanto menor é a constante de ionização maior será o p*K*; por exemplo, a constante de ionização do acido acético é muito pequena, de aproximadamente 10^{-5} e o p*K* é grande, no valor de 5. Os ácidos fortes têm p*K* muito pequenos. Para obter a constante de dissociação precisa de um ácido e, portanto, o p*K*, se requer determinar experimentalmente a proporção das moléculas que se ionizam; no caso do ácido acético a constante de ionização, baseada em determinações muito precisas, é em realidade $1{,}781 \times 10^{-5}$ que, convertida em p*K*, dá exatamente 4,749.

$$K_{\text{ácido acético}} = 1.781 \times 10^{-5}$$

$$pK = log\,\frac{1}{K_{\text{ionização}}} = log(K_{\text{ionização}})^{-1} = -logK$$

$$pK = -log\,(1.781 \times 10^{-5}) = 4.749$$

O pH DISSOCIAÇÃO DA ÁGUA

De acordo com Brönsted, os **ácidos** são substâncias que liberam íons de hidrogênio (H^+) quando estão em solução; as **bases**, conforme este conceito são as substância que podem captar H^+. O radical restante, uma vez que a substância perdeu H^+, denomina-se base conjugada do ácido; por exemplo, o ácido clorídrico, HCl, em solução libera H^+, mas a sua base conjugada Cl^-; o H_2CO_3 produz H^+ e a base conjugada o íon bicarbonato HCO_3^-. Quando maior a facilidade para ceder H^+, o ácido é forte, como o HCl e o ácido sulfúrico H_2SO_4; ao contrário, o ácido será fraco se a molécula possuir grande afinidade pelo H^+ e portanto, liberando-o em uma proporção muito pequena, como é o caso do ácido acético.

Tratando-se de ácidos, álcalis ou em geral de eletrólitos, suas dissociações são reversíveis, porém, predomina o sentido da reação para um lado ou para outro de acordo com a afinidade dos componentes ionizáveis. Por exemplo, se um ácido se dissocia em solução aquosa produz:

$$HA \rightleftarrows H^+ + A^-$$

na qual A^- representa a base conjugada deste ácido. Se for aplicada a lei de ação das massas, expressando as concentrações dos componentes com colchetes, obtemos a constante de dissociação ou de ionização do ácido, K:

$$K = \frac{[H^+][A^-]}{[HA]}$$

Agora, em se tratando da água, é possível considera-la também como uma substância que pode reagir como ácido, ou seja, liberar H^+:

$$H_2O \rightarrow H^+ + OH^-$$

ou como base, recebendo H^+ do seguinte modo:

$$H_2O + H^+ \rightarrow H_3O^+$$

Este último se chama hidrônio. Somando as duas possibilidades têm-se:

$$2H_2O \rightleftarrows H_3O^+ + OH^+$$

Uma das moléculas de água serve para captar o H^+ liberado pela primeira. Com a conotação habitual de H^+ em vez do íon hidrônio H_3O^+, a dissociação da água é representada como $H_2O \leftrightarrows H^+ + OH^-$ e a constante de ionização como:

$$\frac{[H^+][OH^-]}{[H_2O]} = K_{ionização}$$

Na prática, é possível medir a condutância elétrica da água que, indiretamente, é um índice da quantidade de partículas com carga elétrica (íons) presentes nela e que, na água pura, são unicamente o H^+ e o OH^-.

Por meio experimental demonstra-se que a quantidade de H^+ em água pura a 22 °C é de dez milionésimos de grama por litro, ou seja, em 10.000.000 de litros de água há 1 grama de H^+, e em um litro de água há 0,0000001 grama de H^+, o qual pode ser expresso em forma de expoente para não escrever cifras tão pequenas e com tantos zeros, desta maneira ficaria: $[H^+]= 10^{-7}$ g por litro. Como a ionização da água implica a formação da partícula negativa correspondente, OH^-, é aceito que em um litro de água há também o equivalente de 10^{-7} g de H^+, ou seja, 0,0000017 g de OH^-.

Estes valores representam a proporção de H^+ e OH^- presentes em um litro de água pura, mas deve-se considerar a grande proporção (molaridade) de H_2O não ionizada existente no sistema. Para fins práticos a concentração de água não ionizada é uma constante (55,5 mols/litro) e, portanto, pode se incorporar a constante de ionização K, para obter-se $K_{água}$, melhor conhecida como produto iônico da água:

$$\frac{[H^+][OH^-]}{[H_2O]} = \frac{[H^+][OH^-]}{\text{constante}} = K_{ionização}$$

$$[H^{+1}][OH^-] = \text{constante} \times K_{ionização} = K_{água}$$

Para a água pura a 25 °C, $K_{água}$ é de 10^{-7} x 10^{-7}, ou seja, 10^{-14}; este é um valor constante, independente das proporções relativas de H^+ ou OH^-. Esta relação se sustenta mesmo quando se adicionam sais, ácidos ou álcalis à água. Se agrega ácido aumenta H^+, mas diminui o OH^-, de maneira que $[H^+]$ x $[OH^-]$ permanece em 10^{-14}.

Quando $H^+ = OH^-$ se aceita que a solução é neutra; se $H^+ > OH^-$ a solução é ácida e se $H^+ < OH^-$ a solução é alcalina. Como os valores das concentrações de H^+ e de OH^- estão estreitamente relacionadas, na prática, é utilizada a concentração de H^+. Como mostrado, tratam-se de valores muito pequenos, e a forma exponencial (10^{-7}) com expoente negativo gera dificuldade na sua utilização, Sörensen idealizou um recurso que permite manejar estes valores com simplicidade. O método consiste em empregar o logaritmo decimal da recíproca da concentração de H^+, denominando pH a este termo. Por exemplo, em vez de se dizer que uma solução tem 10^{-7} gramas de H^+ por litro, se diz que essa solução tem um pH de 7. Da mesma maneira se $[H^+]$ é igual a 10^{-2} grama por litro o pH será 2, et. Portanto, o pH não é uma propriedade das soluções nem um atividade especial delas, mas uma maneira simples de representar a concentração de H^+ de uma solução, que normalmente seria de difícil manejo. Transportando o conceito de pH para as soluções, observa-se que uma solução neutra tem pH 7; a soluções ácidas tem pH menor que 7 e tanto quanto menor mais ácida será a solução. A soluções alcalinas possuem pH maior do que 7 e quanto menor for a concentração de H^+ ou quanto mais OH^- exista na solução, mais alcalina ela será.

Os limites da escala de pH habitualmente estão colocados em 0 e 14, que correspondem aproximadamente a realidade das possibilidades práticas de ter soluções com esta concentração de H^+. Mesmo que teoricamente seja possível ter soluções que extrapolem a escala de pH, na prática é pouco frequente encontrar este tipo de solução.

Ressalta-se que a mudanças em uma unidade na escala de pH corresponde a um aumento logarítmico de 10 vezes. Por exemplo, ao alterar o pH de 7 para 6 altera-se a concentração de H^+ de 0,0000001 grama por litro para 0,000001 grama por litro, aumentando em 10 vezes a concentração de H^+. Uma pequena modificação do pH do sangue passando de 7,4 par 7,3, representa um aumento de 26 % na quantidade de H^+ presentes.

SOLUÇÕES AMORTIZADORAS OU TAMPÕES

As soluções que estabilizam o pH, impedindo a sua variação, mesmo diante da adição de ácidos ou bases, são conhecidas como soluções tampões; quase sempre são formadas por uma mistura de ácidos fracos e sais, como o exemplo típico da mistura de ácido acético e acetato de sódio.

As soluções aquosas de ácidos fracos, como o ácido acético, dão valores de pH muito baixos, devido a sua pouca ionização. Por exemplo, a K do ácido acético é de 1,781 x 10^{-5}. O pH das soluções pode ser calculado por meio da equação:

$$K = \frac{[H^+][A^-]}{[HA]}$$

onde $[H^+]$ é igual a $[A^-]$ na qual, devido ao valor relativamente grande de HA em relação a parte dissociada, é possível considerar [HA] como a normalidade do ácido (ex: 0,1 N); ao introduzir $[H^+]$ tem-se:

$$[H^+] = \sqrt{K\,[HA]}$$

que, ao substituir-se e resolver-se sua forma logarítmica negativa, obtém-se um pH de 2,86.

Se a uma solução de ácido acético adiciona-se acetato de sódio, como este sal está completamente ionizado, o que se obtém é uma alta concentração de íons acetato, os quais tenderão a combinar-se com os H^+ provenientes do ácido acético previamente dissociado. Ao final, nestas misturas será obtido o ácido acético menos dissociado do que na solução inicial e o acetato de sódio completamente dissociado.

A equação:

$$K = \frac{[H^+][A^-]}{[HA]}$$

serve para encontrar a relação entre o pH de uma solução aquosa deste ácido e sua constante de equilíbrio. Para isto procede-se como descrito a seguir; utilizando os logaritmos de ambas as apartes da equação tem-se:

$$\log K = \log \frac{[H^+][A^-]}{[HA]} = \log[H^+] + \log \frac{[A^-]}{[HA]}$$

trocando os sinais obtêm-se a seguinte igualdade:

$$-\log K = -\log[H^+] - \log \frac{[A^-]}{[HA]}$$

como, por definição, $-\log[H^+] = pH$, e $-\log K = pK$, substituindo na fórmula anterior obtêm-se:

$$pK = pH - \log \frac{[A^-]}{[HA]}$$

Ao inverter os termos têm-se:

$$pH = pK + \log \frac{[A^-]}{[HA]}$$

forma habitual da equação chamada de Henderson-Hasselbach, que explica o comportamento de ácidos fracos, bases fracas e sistemas tamponantes. Entretanto, como quase todos os íons, neste caso do acetato, vêm do sal que está totalmente dissociado, e com HA é quase todo o ácido da solução que esta muito pouco dissociada, pode-se considerar A^- = as e HA = ácido, de maneira que se pode trocar a fórmula por:

$$pH = pK + \log \frac{[sal]}{[ácido]}$$

onde se vê que quando [sal] = [ácido], $\log \frac{[sal]}{[ácido]} = 0$

(por definição, o logaritmo de um é 0); de maneira que, nestas circunstâncias, o valor numérico do pH é igual ao valor numérico de pK ou seja: $pH = pK$. Em qualquer outra circunstância, as proporções relativas de sal em relação ao ácido determinam o pH de uma solução tamponante. Salienta-se que são as proporções relativas entre o ácido e o sal e não as quantidades absolutas destes que determinam o pH. O valor da equação:

$$\log \frac{[sal]}{[ácido]} = 0$$

não muda quando se refere a soluções 1N, 0,1N, 0,001N, entre outras, de ácido e de sal.

Se a uma solução tamponante de ácido acético/acetato de sódio adiciona-se um ácido forte, será produzida somente uma pequena alteração de pH, porque o ácido forte libera hidrogênios para formar o ácido acético fracamente ionizado:

$$H^+ + Cl^- + CH_3COO^- + Na^+ \rightarrow Na^+ + Cl^- + CH_3COOH$$

Quando se escreve a equação levando-se em conta os elementos e as moléculas carregadas, teríamos:

$$H^+ + Cl^- + CH_3COO^- + Na^+ \rightarrow Na^+ + Cl^- + CH_3COOH$$

ou seja, ao trocar-se um ácido forte muito ionizado por um ácido fraco muito pouco ionizado e, como os H^+, se combinam com o íon acetato, a modificação do pH é mínima.

A adição de uma base forte, NaOH, se compensa de maneira parecida:

$$Na^+ + OH^- + CH_3COOH \rightarrow CH_3COO^- + Na^+ + H_2O$$

A partir da perspectiva do pH, o efeito da adição de NaOH e muito leve, devido aos OH^- que modificariam o pH se combinarem com o H^+ proveniente do ácido acético, formando com eles moléculas de água.

Nos organismos vivos, sobre tudo nos valores de pH em que se realiza a maior parte de suas funções, os sistemas tamponantes presentes nas células e em alguns líquidos extracelulares garantem a constância da concentração de H^+. Os de maior utilidade são os sistemas de ácido carbônico e seu sal, bicarbonato, e o ácido fosfórico e seus sais, devido ao fato da maior parte das funções celulares se realizarem em pH próximo da neutralidade, onde os ácidos carbônico e fosfórico têm maior margem de ação.

REFERÊNCIAS

Beutler E: "Pumping" iron: The proteins. Science 2004;306: 2051.

Burtis CA, Ashwood ER: *Tietz fundamentals of clinical chemistry*, 5th. ed. Philadelphia: W Saunders Co, 2001.

Devlin, TM: *Bioquímica. Libro de texto con aplicaciones clínicas*, 5a. ed. Barcelona: Editorial Reverte, 2004.

Dowben RM: General Physiology. *A molecular approach*. New York Evaston & London: Harper and Row, , International Edition, 1969.

Lozano JA, Galindo JD, García Borrón JC, Melo Ruiz: *Bioquímica de los processos metabólicos*, 3a. ed. México: McGraw-Hill Interamericana, 2005.

Melo RV, Cuamatzi O: *Bioquímica de los processos metabólicos*. Barcelona: Ediciones Reverte, 2004.

Morris JGA: *Biologist's, physical chemistry*. Edward Arnold, London, 2nd. ed., 1974.

Nelson DL, Cox MM: *Lehninger Principios de Bioquímica*, 4a. ed. Barcelona: Omega, 2006.

Smith C, Marks AD: *Bioquímica básica de Marks. Un enfoque clínico*, México: McGraw-Hill Interamericana 2006.

Van Holde KE: *Physical biochemistry*. Englewood Cliffs, Prentice-Hall:1971.

Voet D Voet JG: *Biochemistry*. New Yor: John Wiley Sons, 1990.

Páginas eletrônicas

Alva R (2001): *Propiedades fisicoquímicas del agua*. [En línea]. Disponible: http://galeon.hispavista.com/scienceducation/bioquimica01.html [2009, abril 10]

Environment Canada (2008): *Properties of water*. En: Freshwater Website. [En línea]. Disponible: http://www.ec.gc.ca/water/en/nature/prop/e_prop.htm [2009, abril 10]

Seavey M (2002): *Water properties*. [En línea]. Disponible: http://www.uni.edu/~iowawet/H2OProperties.html [2009, abril 10]

US Geological Survey (2008): *Water properties*. [En línea]. Disponible: http://ga.water.usgs.gov/edu/waterproperties.html [2009, abril 10]

3

Metabolismo da água e dos eletrólitos

Enrique Piña Garza

O conhecimento do metabolismo da água e dos eletrólitos é de grande interesse médico, como por exemplo, os casos de perda de líquidos e sais por vômito e diarreias, traumatismos e queimaduras, ou de retenção de água e sais na insuficiência cardíaca congestiva e na insuficiência renal da síndrome nefrótica, entre outras.

Os líquidos corporais apresentam concentrações constantes dos seus componentes iônicos, seu pH e sua temperatura pelo fato de terem mecanismos efetivos para sua regulação e contarem com sistemas protetores contra a perda de água, como a pele e os rins, cuja finalidade é conservar ao máximo a concentração dos distintos componentes do meio interno. Isto reflete rigorosamente o clássico aforisma de Bernard: "A constância do meio interno é a condição para a vida".

EQUIVALENTE E MILIEQUIVALENTES

Para o estudo do equilíbrio hídrico e eletrolítico, se usa a conotação de miliequivalentes (milésima parte de equivalente) por litro, ao invés de miligramas por cento. O conceito de equivalente se baseia no poder de combinação de qualquer substância ou composto com a unidade de referência, um átomo de carbono 12; na prática, se define um equivalente como a quantidade de um íon (composto por somente um componente como o sódio, o cloro, ou o cálcio, ou por um conjunto de elementos que integram um íon complexo, como a amônia, o sulfato ou o fosfato) que se combina ou libera um átomo grama de hidrogênio com sua carga positiva. Por exemplo, um miliequivalente de sódio (peso atômico 23), ou seja, 23 mg de sódio, se combina totalmente com um miliequivalente de Cl^- (peso atômico 35,5), ou seja 35,5 mg, para formar exatamente 58,5 mg de NaCl (figura 3-1).

Como finalidade prática, o equivalente é considerado o peso molecular em gramas de um íon dividido por sua eletrovalência. O equivalente dos íons sódio, hidrogênio e cloro, entre outros , é seu peso atômico em gramas. Para o íon complexo NH_4^+ é a somatória dos pesos atômicos, em gramas, de 1 N e 4 H; no caso do Na_2SO_4, o peso molecular em gramas deve ser dividido por 2 para obter-se o equivalente; a mesma divisão deve ser feita no caso dos íons divalentes como o SO_4^{2-} e Ca^{2+}. No caso do ácido fosfórico H_3PO_4, deve-se dividir seu peso por 3 para obter-se o equivalente.

ASPECTOS BIOLÓGICOS DA PRESSÃO OSMÓTICA

A partir do conhecimento de que a temperatura de congelamento da água abaixa quando se adiciona sal, se iniciou o estudo mais geral da propriedade das soluções modificadas ao adicionar um soluto, propriedades **coligativas** (ligadas em conjuntos). As propriedades das soluções que são afetadas pela adição de solutos incluem, entre outras: o ponto crioscópico, o ponto de ebulição, a pressão de vapor e a pressão osmótica. A magnitude da mudança das propriedades das soluções é o que estritamente se denomina propriedade coligativa e é diretamente proporcional a quantidade de soluto adicionado à solução. Assim, uma solução molal (1 mol mais 1000 g de água) de um eletrólito, como a glicose, produz um aumento de 0,5 °C no ponto de ebulição, uma diminuição de 1,86 °C no ponto crioscópico , uma diminuição de 17,5 mmHg na pressão de vapor e um aumento da pressão osmótico capaz de sustentar uma coluna de água de 230 metros de altura! A medida de apenas uma destas propriedades permite conhecer as outras e relacioná-las com o dominador comum: a concentração de soluto na solução. As mudanças, mesmo que pequenas na concentração das so-

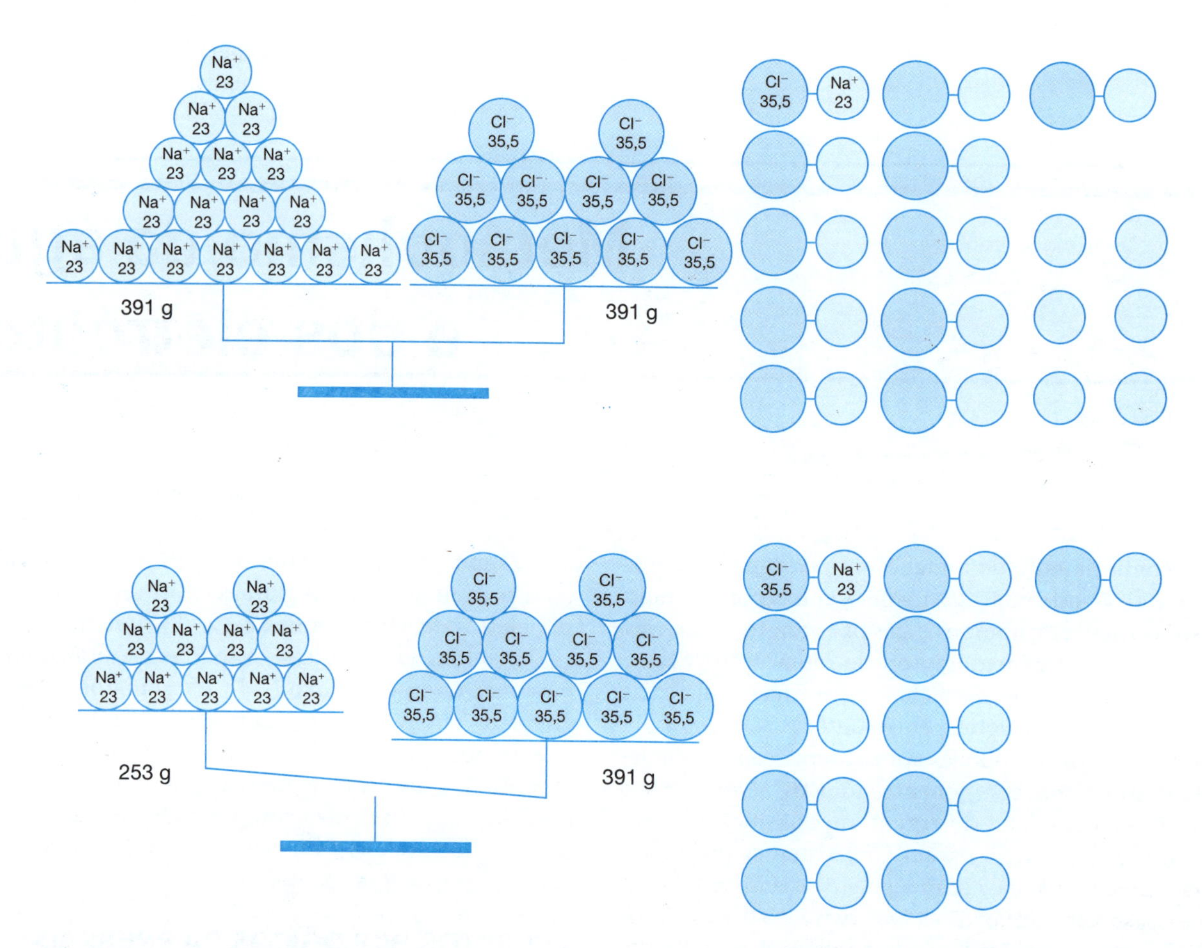

Figura 3-1. Diagrama para ilustrar o significado de "equivalência" em termos químicos, utilizando o sódio e o cloreto como exemplos, aos quais se dá, respectivamente, 23 e 35,5 como valores de peso atômico. No esquema superior, pesos iguais não se combinam no esquema inferior pesos distintos, porém equivalentes, se combinam.

luções, se percebe mais facilmente no relativo a pressão osmótica. Por exemplo, para variar em 1% a concentração molal de um soluto dissociável, equivale a uma alteração de 2,3 metros na altura de uma coluna de água e somente um alteração de 0,005 °C no ponto de ebulição e de 0,018 °C no ponto crioscópico. A medida direta desta pressão não é fácil e apresenta diversos problemas de ordem prática.

VALORES DA PRESSÃO OSMÓTICA NOS LÍQUIDOS BIOLÓGICOS

A pressão osmótica corresponde à pressão hidrostática que se produz quando duas soluções com diferentes concentrações de solutos estão separadas por uma membrana impermeável. Um osmol representa um mol de partículas dissolvidas que contribuem para a pressão osmótica, em um sistema onde um membrana semipermeável separa dois compartimentos, um com água pura e outro com uma solução de soluto em água em uma concentração final de um mol de partículas/litro. Uma solução 1 osmolal é aquela que tem um mol de partículas por litro de água (no caso de soluções diluídas), é dizer, um osmol por kg de solvente. Por exemplo, uma solução com 58,5 g de NaCl em 1000 g de água contem dois osmóis, ou dois miliosmóis se forem 58,5 mg em 1000 g de água. Isto é devido a dissociação de um mol de NaCl dar lugar a um mol de Na^+ e um mol de Cl^-; tem-se dois mols de partículas que correspondem a dois osmols. A mesma pressão osmótica seria obtida se fossem dissolvidos dois mols de glicose, a qual não se ioniza. Ou seja, a pressão osmótica depende de cada partícula e não de sua carga ou tamanho; a mesma pressão osmótica pode ser exercida por uma molécula grande, como uma proteína, ou por uma molécula de glicose ou um íon de sódio ou cloreto.

As pressões osmóticas do plasma sanguíneo, as secreções digestivas como os sucos gástrico, pancreático, intestinal e a bílis, líquidos como o cefalorraquidiano, sinovial, entre outros são praticamente idênticos; em geral, estes líquidos têm uma concentração de partículas dissolvidas equivalente a 0,3 mol, compreendendo tanto substâncias ionizadas como não ionizadas.

Em geral, as membranas celulares são permeáveis a água e a alguns solutos e impermeáveis a outros; As concentrações osmolares e, portanto, as pressões osmóticas de um lado e de outro da membrana, são equivalentes. Uma dada situação fisiológica se define em relação a concentração das soluções em ambos lados de uma membrana: se a pressão osmótica é igual entre os lados interno e externo de uma membrana, diz-se que são soluções **isosmóticas** ou **isotônicas**, se a solução possui maior osmolaridade nomeio externo diz-se que ela é **hipertônica** e se o meio esterno possui menor osmolaridade, diz-se que é hipotônico. Um bom exemplo é o da suspensão de hemácias em soluções de diferentes concentrações: quando são colocadas em água ou em soluções salinas com menos de 320 miliosmols por litro (equivalente a 0,9 g de NaCl por 100 mL), as hemácias incham e se rompem devido ao influxo de água para igualar as concentrações de solutos nos dois lados. Como consequência, a parede da hemácia não resiste ao aumento de volume e se rompe, produzindo a hemólise. Quando as hemácias são colocadas em soluções com mais de 320 miliomols por litro, o efluxo de água é maior que o influxo, também para igualar as concentrações, e as células murcham. Em soluções com 320 miliosmols o influxo será igual ao efluxo de água e o volume celular não se alterará. A isotonicidade entre todas as células e os compartimentos líquidos deve manter-se constante; qualquer alteração implica sua correção imediata para retornar ao equilíbrio. Por exemplo, com a ingestão excessiva de água o sangue fica mais diluído e sua osmolaridade irá diminuir. Como consequência irá passar mais água do sangue para os tecidos; o organismo tende a restabelecer o equilíbrio eliminando água por via renal.

DISTRIBUIÇÃO DA ÁGUA NO ORGANISMO

A quantidade de água no organismo humano – cerca de 40 litros para um homem adulto, normal, de 70 kg de peso – tende a manter-se constante, sempre que se relacione o conteúdo de água com a massa tissular magra, ou seja, o tecido sem gordura, cuja composição é constante: 70% água, 20% de proteínas e pouco menos de 10% de lipídeos.

A água existe em todos os tecidos do organismo; em alguns locais é o componente mais abundante, como por exemplo, nos líquidos extracelulares, onde compõem de 93 a 99% do seu peso; em outros, como a pele ou no osso, diminui para 60 e até 20% (tabela 3-1).

COMPARTIMENTOS LÍQUIDOS DO ORGANISMO

O volume total de líquido (água total) no organismo oscila entre 55% do peso corporal para os obesos e 70% para os indivíduos magros. Dois terços da água estão em células (30 a 40% do peso corporal total) e o outro terço fora delas (16 a 20% do peso corporal total), dividido por sua vez em líquido intersticial (15% do peso corporal) e em plasma, este último dentro da rede vascular, com 5% do peso corporal. Os compartimentos e suas proporções relativas são apresentados na figura 3-2.

Tabela 3-1. Porcentagem de água nos tecidos humanos

Líquidos extracelulares	93 a 99
Plasma	93
Intestino	82
Rim	80
Músculo	78
Fígado	75
Eritrócito	69
Pele	65
Esqueleto	20 a 60

Os métodos empregados para medir o tamanho dos compartimentos do organismo se baseiam na introdução de determinadas substâncias (antipirina, tioureia, água marcada com deutério ou com trício, inulina), as quais se distribuem de modo uniforme em um compartimento.

BALANÇO DA ÁGUA E INGESTÃO DE ÁGUA

O balanço da água é condicionado pela própria osmolaridade dos líquidos corporais. Em condições normais, o aporte de água é de 2 a 2,5 litros diários e provêm de três fontes principais: a água visível (água de bebida ou alimentos líquidos); a água oculta, que forma parte dos próprios alimentos (verduras e frutas), com cerca de um litro por dia e a água da oxidação, a qual, com uma dieta normal é de aproximadamente 300 mL e é produzida na mitocôndria pela união de hidrogênios provenientes do metabolismo nos processos oxidativos e do oxigênio na cadeia respiratória.

EXCREÇÃO DA ÁGUA

Existem diversos caminhos pelos quais a água é expulsa do organismo. As principais vias são a urinária, a fecal, e a cutânea, através da sudorese e a perda imperceptível representada pela água eliminada pelos pulmões na respiração e pela pele (1000 a 1200 mL por dia).

Destas vias, a renal atua como complementar das outras perdas, pois a eliminação imperceptível (pouco mais de um litro por dia) e as matérias fecais (100 ml diários) são constantes; o rim excreta, em geral, de 1200

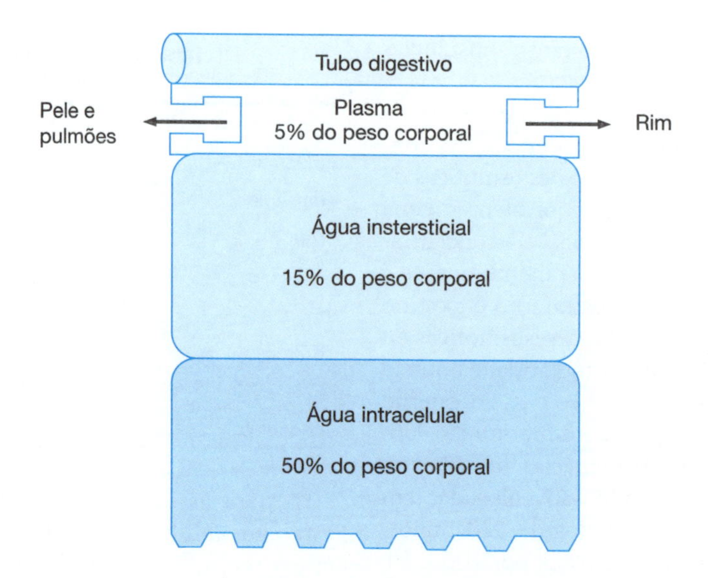

Figura 3-2. Esquema da distribuição de água nos diferentes compartimentos. Mostra-se o estreito contato entre o plasma e o tubo digestivo que representa a via normal de ingresso de água no organismo. Ressalta-se a relação entre o plasma e o pulmão, a pele e o rim que representam as vias de eliminação de água no organismo.

a 1500 mL diários, além do eliminado pela pele, pelos pulmões e pelas matérias fecais.

Em condições de escassez de água, uma vez completadas as perdas normais, se o rim dispõe de pouca água para excretar as substâncias que devem ser eliminadas pela urina, cria-se uma insuficiência renal relativa e, por falta de água, as substâncias de descarte se acumulam no organismo, isso depois de utilizar ao máximo a água extracelular e intracelular disponíveis.

Eliminação renal. O rim filtra diariamente cerca de 200 litros de plasma com 142 mEq de sódio/litro.

A urina excretada não passa de um litro ao dia com cerca de 100 mEq de sódio, devido a um eficiente mecanismo de reabsorção, tanto de água como de sódio.

O rim tem grande capacidade para eliminar água e diluir os sólidos excretados; mas, sua capacidade de concentração mesmo que grande, possui limite; assim, a densidade da urina raramente excede 1,040 g/mL, mesmo em condições de grande escassez de água. Geralmente é necessário menos de 500 mL diários para se eliminar os sólido, 40 a 50 g de derivados do metabolismo.

Sudorese. É um mecanismo muito ativo para a regulação da temperatura corporal; quando a temperatura ambiente se eleva, o organismo tende a eliminar calor, ou sejam, abaixar sua temperatura por meio da sudorese, extraindo calor das massas tissulares; em situações de calor extremo, transpira-se 10 ou mais litros de água em dia. O suor é uma solução hipotônica que contem, em mEq/L, as substância: Na^+, 48; K^+, 5,9; Cl^-, 40; NH_4^+, 3,5 e ureia, 9. Contudo, existem mecanismos reguladores da saída de sais no suor e, por exemplo, em indivíduos aclimatados a climas quentes, a perda de sal no suor é mínima.

A expressão das necessidades e perdas diárias de água em forma de mols, em lugar da forma mais comum em litros, permite estabelecer algumas comparações interessantes.

Vale a pena recordar que, desde o ponto de vista químico, a forma mais adequada de comparar quantidades de compostos é o mol, posto que as reações químicas ocorrem entre as moléculas (uma molécula com outra molécula, independente do tamanho) e as comparações expressas em gramas não dão ideia do número de mols, nem da possibilidade de combinações químicas.

Recorda-se também que a unidade internacional de concentração é mol/L, pelas mesmas razões anotadas anteriormente.

Cada litro de água pura contem 55,5 mols de água, o qual resulta da divisão do peso de um litro de água pura, 1000 g, pelo peso molecular da água, 18 g. Portanto, se em média diariamente ingere-se 2 L de água e se perde uma quantidade igual, cada dia se recebe e se elimina, cerca de 110 mols de água. Na tabela 3-2 mostra-se a ingestão diária de outras moléculas como carboidratos, lipídeos, proteínas, íons e vitaminas. Como pode se concluir pela análise da tabela, a água é o alimento que se renova em maior quantidade no homem.

NECESSIDADES DE ÁGUA

Em condições normais, nas temperaturas dos climas temperados e sem necessidades metabólicas especiais, a ne-

Tabela 3-2. Ingestão diária de alguns nutrientes

Nutrientes	Gramas	Peso molecular médio	Mols
H_2O	2 000	18	110
O_2	142	16	8,9
Carboidratos			
Como amido	250	50 000	0,005
Como glicose		180	1,4
Gordura	100	275	0,35
Proteínas			
Como proteína	75	100 000	0,00075
Como aminoácido		100	0,75
Cl^-	3,5	35,5	0,1
Na^+	2,3	23	0,1
K^+	2,3	39	0,06
Niacina	0,015	121	0,0001
Tiamina	0,0015	302	0,000005

cessidade de água oscila entre 2000 e 2500 mL por dia. Em repouso, o requerimento mínimo é de cerca de 1500 mL; isto equivale à perda imperceptível mais a excreção urinária mínima.

O requerimento de água e suas trocas são maiores nas crianças quando comparado com um adulto (figura 3-3). Proporcionalmente ao peso, a criança tem mais água do que um adulto, porém, a perde com maior facilidade; assim, se uma criança não ingere líquidos frequentemente, poderá desidratar rapidamente. A ingestão diária de água nas crianças normalmente é de 160 mL por quilograma de peso (equivalente a 10 litros diários para um adulto) e pode subir a 200 mL por quilograma quando a temperatura ambiente é mais elevada. Em vista da grande capacidade renal para eliminar o excesso de água, a ingestão excessiva de água não traz consequências, pois, o rim pode eliminá-la facilmente.

COMPOSIÇÃO DOS COMPARTIMENTOS LÍQUIDOS

Os líquidos do organismo compreendem o líquido intracelular, o extracelular e por extensão, os líquidos das cavidades, como a pleural, a peritoneal, a pericárdica, entre outras. Costuma-se representar a composição dos compartimentos líquidos na forma idealizada por Gamble, por meio de duas colunas paralelas onde se identificam os eletrólitos individuais em relação com as quantidades totais presentes. No lado esquerdo costuma-se incluir os cátions, Na^+, K^+, Ca^{2+}, Mg^{2+} medidos em mEq por litro e no lado direito os ânions.

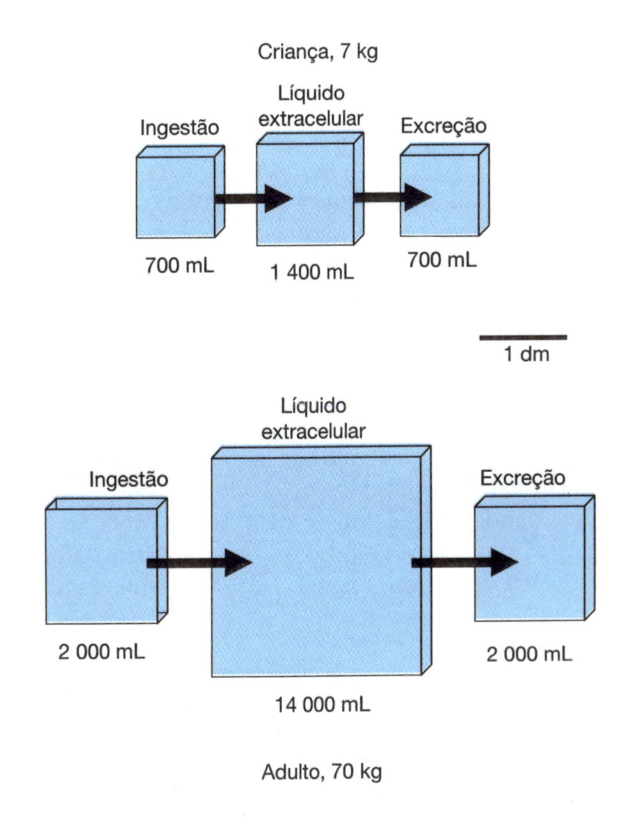

Figura 3-3. Trocas hídricas na criança e no adulto. A criança libera mais calor aumentando a perda imperceptível de água, em comparação com um adulto (1,0 e 1,5 mL/kg/h, respectivamente). Este fator, além da maior atividade dos rins, é devido ao metabolismo energético infantil mais elevado, levando a trocas mais rápidas nas crianças: a metade do líquido extracelular é substituída diariamente.

COMPOSIÇÃO DO COMPARTIMENTO EXTRACELULAR

O líquido extracelular é o mais estudado pela facilidade para obter-se amostras a partir do soro do sangue ou dos exsudados das cavidades serosas (tabela 3-3); geralmente é muito mais difícil analisar a composição celular.

Na figura 3-4 encontra-se a representação, na forma usada por Gamble, dos líquidos extracelulares característicos, o plasma sanguíneo em um lado e o líquido intersticial no outro. Em termos gerais, são soluções formadas por Na^+ e Cl^-, com quantidades adicionais de bicarbonato, HCO_3^-, para equilibrar o Na^+, e pequenas quantidades de outros íons como o Ca^{2+}, K^+, PO_4^{3-}, SO_4^{2-}, entre outros. A única diferença importante é devida a presença de 7 a 8 g por 100 ml de proteína no plasma, ou seja, 16 a 18 mEq/L (numa razão de 8 mEq por milimol de proteína); dessa forma se explica, em parte, as diferenças entre os valores equivalentes e os osmolares do plasma. A concentração total dos componentes iônicos do plasma – a metade cátions e a outra metade ânions – e cerca de 340 mEq/L de água do plasma, ou de 310 mEq/L de plasma completo, considerando 93% da água no plasma.

Como que as proteínas estão carregadas negativamente, elas fazem parte da coluna de ânions. Uma vez que a concentração de HCO_3^- se expressa em forma de volume de gás (CO_2 total) por 100 mL, está se converte em mEq/L dividindo os volumes pelo fator 2,22. A maior parte dos fosfatos no pH plasmático, que é de 7,4, esta na forma de divalentes HPO_4^{2-}, e uma pequena parte, 20%, como radical monovalente $H_2PO_4^-$; por esta razão, as equivalências de fosfato são calculadas em 1,8; esta proporção deve ajustar-se com o pH dos líquidos.

Outros líquidos intersticiais, peritoneal, cefalorraquidiano, linfa, entre outros, tem quantidades parecidas de íons e variam somente na concentração de proteína.

Resumindo, os líquidos extracelulares têm concentrações idênticas de ânions e de cátions, propriedades coligativas similares e grande constância em sua composição iônica de cátions (figura 3-5). Em geral, a massa total de líquidos extracelulares (20% do peso corporal) é relativamente constante e não se modifica, em estado normal, em mais do que 10% em ambos os sentidos.

COMPOSIÇÃO DOS COMPARTIMENTOS INTRACELULARES

Na figura 3-4 encontram-se dados representativos do líquido intracelular comumente analisado (músculos ou glóbulos vermelhos). Os íons intracelulares mais importantes são os cátions Ca^{2+}, e Mg^{2+} os fosfatos como ânions, a concentração destes depende da atividade das membranas e do aporte de energia.

No líquido intracelular, a concentração de cálcio é muito pequena, porém possui importante significado fundamental; as quantidades de sódio são muito menores em relação ao líquido extracelular. O cloreto, o ânion mais importante do líquido extracelular, esta praticamente ausente no interior das células. O ânion comum a ambos os compartimentos, e que é mais abundante no líquido extracelular, é o HCO_3^-.

O líquido intracelular não é, em rigor, um fluído homogêneo, pois cada tecido pode ter sua composição peculiar, e ainda, no interior do mesmo tecido e dos compartimentos subcelulares – citoplasma, líquido intramitocondrial, entre outros – podem apresentar diferenças de importância funcional.

EQUIOSMOLARIDADE ENTRE OS COMPARTIMENTOS EXTRA E INTRACELULARES

Apesar das diferenças de composição e das dificuldades para avaliar o estado iônico de alguns componentes, entre os compartimentos extra e intracelular ocorre uma troca ativa de líquidos e eletrólitos, mantendo a isotonicidade das células em relação aos que a rodeiam. A exceção a esta situação é a secreção de líquidos hipotônicos, como o suor e a saliva, entre outros, onde participam mecanismos ativos de aporte energético para reter os sais contra um gradiente de osmolaridade.

Tabela 3-3. Composição de eletrólitos do soro (mEq/L)

Cátions	Concentração	Ânions	Concentração
Na^+	132 a 134	Cl^-	98 a 106
K^+	3,5 a 5,0	CO_2 total	20 a 30 (mM)
Ca^{2+}	4,5 a 5,5	PO_4^{3-} y $SO4^{2-}$	2 a 5
Mg^{2+}	1,5 a 2,0	Ânions orgânicos	3 a 6
Proteínas	15 a 25		
Total	141,5 a 154,1[1]		138 a 1721

[1]Mantêm-se [cátions] = [aníons].

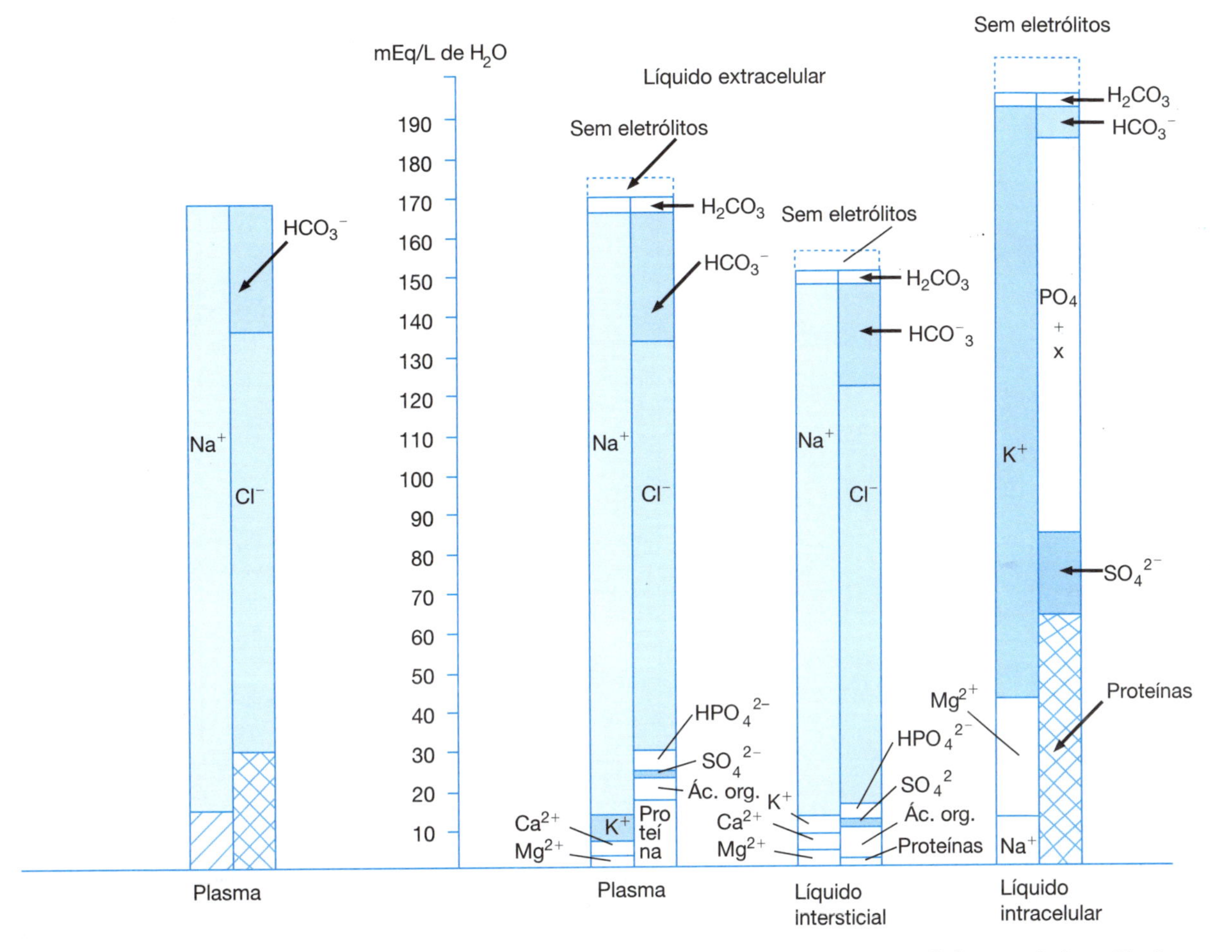

Figura 3-4. Diagrama de Gamblo da composição corpórea dos líquidos do organismo, expressos em mEq/L em cada fase. No diagrama, a esquerda da escala de valores, mostra-se a forma simplificada de utilidade clínica, com a representação quantitativa exclusiva do Na^+, o Cl^- e o HCO_3^-. No caso do líquido intracelular, parte da barra de ânions é mostrada como PO_4 + X devido ao desconhecimento da composição real, e representa a diferença entre os cátions totais e os ânions possíveis de serem medidos, como HCO_3^- mais proteína.

INTERCÂMBIO DE ÁGUA E ELETRÓLITOS ENTRE OS COMPARTIMENTOS

A distribuição da água e dos solutos em ambos os lados de uma membrana depende de diversos fatores, entre os quais se destaca a difusão elevada de diversos componentes, como a ureia, que é um composto orgânico não carregado, entre outros. Neste caso, estas substâncias estão igualmente distribuídas e não exercem efeitos osmóticos em nenhum dos lados. No caso de outras moléculas, por exemplo, a glicose, poderia aumentar a pressão osmótica efetiva entre o líquido intersticial e a célula, pois sua distribuição em células como as musculares e os adipócitos depende da atividade da célula para captá-la e não de um processo de difusão simples.

INTERCÂMBIO ENTRE OS COMPARTIMENTOS VASCULAR E INTERSTICIAL

Através da membrana capilar ocorre a passagem livre da água e das substâncias de pequeno peso molecular; as moléculas grande, como as proteínas, passam para o líquido intersticial em quantidade muito menor, a qual aumenta em determinadas condições patológicas, como o edema, os derramamentos pleurais ou peritoneais, entre outros; fisiologicamente, na linfa, presente nos espaços intersticiais, encontram-se concentrações de 1 a 3% de proteínas.

INTERCÂMBIO ENTRE OS COMPARTIMENTOS INTERSTICIAL E INTRACELULAR

A membrana celular é uma estrutura que só deixa passar livremente a água e algumas moléculas habitualmente carregadas como são as de ureia, creatinina, entre outras.

A passagem de íons como o Na^+, K^+, Mg^{2+}, entre outros, de um lado a outro da membrana, não representa um fenômeno de difusão, mas um mecanismo ativo acoplado a reações que liberam energia. No caso dos íons de fosfato utilizado na formação de compostos orgânicos, sua concentração intracelular depende das atividades metabólicas celulares.

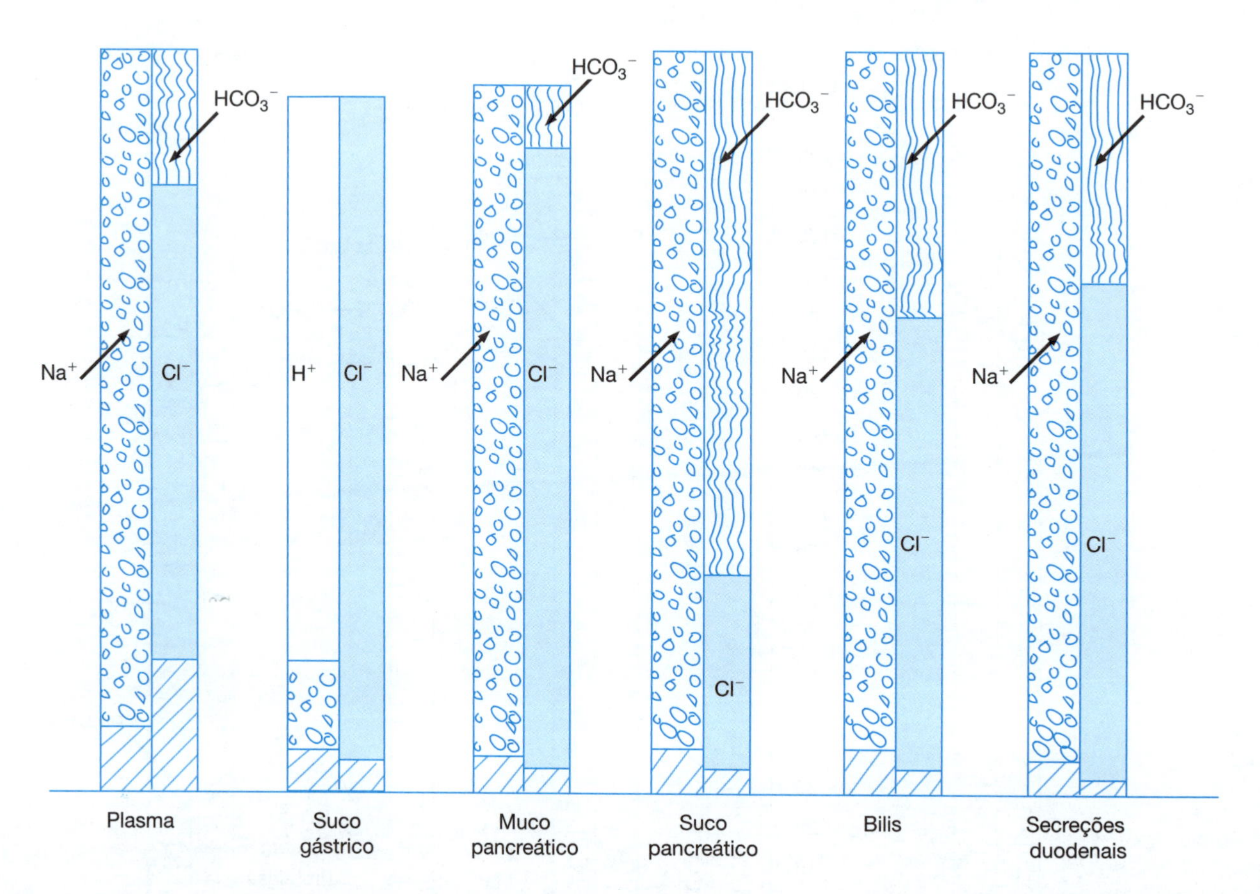

Figura 3-5. Diagramas de Gamble da composição de eletrólitos de diversas secreções digestivas. Com o preenchimento riscado oblíquo inferior se agrupam os cátions e ânions menores. O plasma foi incluído para fins comparativos.

A passagem de íons de um lado para outro das membranas celulares implica na conservação da neutralidade elétrica e na saída de um cátion, seguida da entrada de outro cátion ao interior da célula. O mesmo acontece com os ânions; por exemplo, quando sai K^+ da célula para o líquido intersticial, entra Na^+ na célula. No túbulo renal este fenômeno é notório; quando se absorve Na^+ da urina, simultaneamente se elimina H^+ ou K^+. Se um paciente for mantido muito tempo com uma solução de cloreto de sódio sem adição de potássio, este será eliminado aos poucos pela urina, podendo chegar a um hipopotassemia; o k+ que sai das células e substituído por H^+ e por Na^+ dos líquidos extracelulares, o que provoca a diminuição da concentração de H^+ nestes, ou seja, uma alcalose.

Em estado normal, o Na^+ é expulso ativamente utilizando a energia do ATP, por meio da bomba de sódio. Além do mais, quando aumenta a concentração de Na^+ no líquido extracelular, sai água da célula para igualar a pressão osmótica; isto ocorre habitualmente entre os líquidos intracelulares e extracelulares, pois o mecanismo para manter o ambiente iônico e osmótico entre estes espaços implica, sobre tudo, a passagem de água de um lado para outro.

EFEITO DAS SOLUÇÕES ISOTÔNICAS, HIPOTÔNICAS E HIPERTÔNICAS

A pressão osmótica das células é muito constante, fato notável se for considerado a enorme mobilidade da água que entra e sai delas.

A ingestão ou a injeção de soluções aquosas de tonicidade diferente pode alterar mecanismos homeostáticos de ajuste muito complexo. O rim é o órgão encarregado de maneira mais direta de manter a osmolaridade dos líquidos do organismo ao poder produzir urina muito diluída e assim perder água. Também, dentro de certos limites, pode produzir urina mais concentrada conservando água. O rim responde as alterações de composição do líquido extracelular pelas vias indiretas da atividade de hormônios como a aldosterona, o hormônio antidiurético, entre outros. Quando a osmolaridade do plasma e do líquido diminuem, como aconteceria ao administrar água ou soluções hipotônicas, se produz uma urina hipotônica abundante. E ao contrário, a presença de uma quantidade excessiva de sais no compartimento plasmático, ou o aumento em osmolaridade do líquido extracelular, como por exemplo, pela perda de água ou pela administração excessiva de soluções hipertônicas, determina a eliminação de uma urina concentrada, em um esforço para abaixar a osmolaridade dos líquidos corporais.

Outro mecanismo de regulação da osmolaridade é o da ingestão de água pura, habitualmente motivada pela sede; esta é simplesmente uma sensação subjetiva, devida a estímulos diversos entre os quais talvez o mais importante seja a osmolaridade efetiva ou o mesmo volume dos líquidos do organismo. O sistema nervoso central intervém na sensação e na resposta à sede; por exemplo, em algumas lesões do hipotálamo se observa polidipsia (ingestão exagerada de água) ou **hipodipsia**. A injeção de pequenos volumes de líquido hipertônico no centro polidpsico o estimula e se produz sede intensa. Outro meio de regulação é a troca de líquidos entre os espaços extracelulares e intracelulares. Se o volume do líquido extracelular está diminuído devido à perda de água ou se, ao contrário, está aumentado pela administração de uma solução hipertônica, o resultado é o mesmo: o volume das células diminui devido à perda de água para o meio extracelular, para igualar a pressão osmótica de ambos os compartimentos.

Os efeitos da administração de soluções hipotônicas ou hipertônicas ocorrem devido a diferença de osmolaridade; quando se administra solução fisiológica (NaCl a 0,9% ou 0,15 mol/L) ou outras soluções isotônicas, não se aterá a tonicidade dos compartimentos e se conserva o líquido no interior do organismo, o qual só é eliminado lentamente.

DESIDRATAÇÃO COM AUMENTO RELATIVO DE SAIS

A falta de água acompanhada de aumento na concentração de sais e observada em enfermos abatidos ou inconscientes, que por diversas razões não ingerem água. Além disso, na diurese osmótica há maior perda de água do que de sais; um exemplo típico é o da eliminação de glicose nos diabéticos; a presença de glicose impede, do ponto de vista osmótico, a saída de sais; perde-se mais água e ocorre um excesso de sais no interior do organismo. A mesma situação ocorre com a ureia, produto de excreção do catabolismo proteico, quando se exagera na administração de proteínas em enfermos com intenso catabolismo como o operado; a eliminação do excesso de ureia pelo rim ocorre a custa da excreção de quantidades importantes de água.

Outros casos com perda de água maior que a concomitante de cloreto de sódio são os de diabetes insípida com defeitos na absorção tubular de água e os de sudorese profusa, por ser o suor uma solução diluída de cloreto de sódio. Uma situação parecida ocorre depois da sudorese excessiva, quando para aplacar a sede ingere-se água em abundância. Ao repor o volume de líquido, sem compensar a perda de sal, os espaços extracelulares ficam hipotônicos e esta alteração pode provocar graves moléstias; por isto que, em determinadas situações é recomendável ingerir sal junto com água.

Nos casos de desidratação com excesso relativo de sais, ocorre o aumento da concentração de sódio nos líquidos orgânicos, proporcional ao grau de desidratação.

DESIDRATAÇÃO COM PERDA DE SAIS

Perde-se água proporcionalmente menos que os sais; portanto, os líquidos extracelulares ficam hipotônicos; isto ocorre tipicamente na insuficiência do córtex da suprarrenal. A perda de sódio pela urina parece ser a causa primária do transtorno; uma vez que se perde água, a eliminação de sódio e ainda maior. Apesar de a desidratação ser intensa, a hipotonicidade provoca a passagem de água do líquido extracelular para a célula, as quais ficam túrgidas. Se ocorrer a perda de líquido da circulação, e o volume plasmático baixar muito, sobrevém uma alteração do funcionamento renal. O mesmo ocorre na insuficiência renal crônica, quando se perde facilmente sódio pela baixa capacidade do mecanismo de reabsorção.

DESIDRATAÇÃO PARALELA À PERDA DE SAIS

A desidratação paralela à perda de sais quase se deve à perda dos líquidos das secreções do aparelho digestório. Nestes casos, os líquidos corporais permanecem isotônicos, mesmo que diminuísse o volume do líquido extracelular, em especial do líquido intersticial, pois como o plasma contém proteínas, tende a extrair líquido dos espaços intersticiais. Esta é a forma clássica de desidratação, manifestada por secura da pele e das mucosas, hipotensão dos globos oculares e diminuição da pressão arterial. Como nos outros casos de desidratação, a queda do volume plasmático e a hipotensão arterial impedem uma correta filtração renal sobrevindo a disfunção renal por falta de líquido.

RETENÇÃO DE ÁGUA

Em teoria pode existir a retenção de água com retenção ainda maior de sais e a retenção de água sem retenção equivalente de sais; na vida real estes casos são muito raros e possuem somente interesse acadêmico; um exemplo é o caso da pessoa que ingere água do mar ou outra solução hipertônica e provoca uma hipertonicidade extraordinária dos seus líquidos, com passagem de água do compartimento intracelular para o extracelular para restabelecer o equilíbrio osmótico. Outro exemplo parecido seria o da retenção de água sem retenção equivalente de sal, observável quando um enfermo ingere ou recebe líquido sem sais (água pura ou solução glicosada, pois a glicose acaba por degradar-se até CO_2 e H_2O) associado ao distúrbio do funcionamento renal, o qual permite a saída de sais. O importante na clínica, portanto, e o caso da retenção de água paralela à retenção de sais, devida habitualmente a insuficiência cardíaca congestiva, doenças renais, cirrose hepática, entre outras. A retenção se manifesta pelo edema, mais notável nos tecidos moles.

Quando a quantidade de proteínas plasmáticas diminui, como ocorre na desnutrição, na cirrose e em certas enfermidades renais, a pressão oncótica do plasma diminui em relação à pressão hidrostática no interior dos capilares, portanto, ocorre a passagem de líquido do capilar em direção ao espaço intersticial gerando edema. Na insuficiência cardíaca, a pressão do sangue venoso esta muito elevada e supera a pressão do sangue na parte arterial do capilar, resultando na passagem de líquido para o interstício. No edema ocorre um aumento do volume do espaço intersticial, às vezes as custas dos líquidos intracelulares.

OS ÍONS EXTRACELULARES: O SÓDIO É O CLORETO

Funções do sódio e do cloreto

As principais funções do sódio e do cloreto no organismo são as seguintes:

1. Ajudam a conservar o volume dos compartimentos ao contribuir com cerca de 80% da concentração osmolar dos líquidos orgânicos extracelulares.
2. Formam parte da composição do suco gástrico, do suco pancreático, do suco intestinal, entre outros, liberados em grande quantidade na luz do tubo digestório. Em situações patológicas, a perda destas secreções produz graves transtornos; por exemplo, o vômito causa a diminuição de Cl^- e leva a alcalose; na fístula duodenal, a perda do suco pancreático leva a acidose pela perda de HCO_3^- e o cátion correspondente Na^+; na diarreia intensa com perda das secreções pancreáticas ou intestinais também se perde água, Na^+ e HCO_3^-.
3. Ajudam à regulação da neutralidade, ou seja, do equilíbrio ácido base do organismo (capítulo 4).
4. A excitabilidade e a irritabilidade da terminação neuromuscular se relacionam com a concentração iônica: o Na^+ e o K^+ tendem a aumentá-la e o Ca^{2+}, o Mg^{2+} e o H^+ a diminuí-la de acorda com a relação:

$$\text{irritabilidade} \propto \frac{Na^+ + K^+}{Ca^{2+} + Mg^{2+} + H^+}$$

5. Existe uma quantidade importante de sódio nos ossos que forma parte dos sais absorvidos nos cristais ósseos e constitui um reservatório de sódio facilmente mobilizável.

Balanço do sódio e do cloreto

A ingestão habitual de cloreto de sódio é muito variável e oscila entre 5 e 15 gramas diários; normalmente os requerimentos são de 5 gramas de sal por dia.

Em condições de ingestão nula de sal, as perdas obrigatórias de sódio são de 50 a 300 mg diários (cerca de 100 a 750 mg de NaCl) que correspondem ao excretado pela urina, pela matéria fecal e, em pequena proporção, pelo suor.

A perda de sódio e de cloreto pela urina esta condicionada as suas concentrações plasmáticas. Quando as concentrações destes íons diminuem no plasma, sua excreção urinária diminui proporcionalmente.

O sódio excretado por via renal é o resultado de uma absorção tubular incompleta do sódio filtrado pelo glomérulo; esta absorção é regulada primordialmente pela aldosterona produzida nas glândulas suprarrenais, a qual estimula a reabsorção de sódio no túbulo é virtualmente completa e não sai pela urina.

Um mecanismo parecido funciona nas glândulas sudoríparas. No processo de aclimatação ao calor, a perda de água com o suor inicialmente e acompanhada de grandes perdas de cloreto de sódio, porém ao longo do tempo o organismo secreta um suor baixo em cloreto de sódio; este efeito, mediado pelos hormônios mineralocorticoides, permite a conservação do sal. Como os sais de sódio definem a osmolaridade efetiva dos líquidos, qualquer variação na concentração de sódio no suor produz alterações no movimento da água das células aos tecidos extracelulares e vice-versa. Muitas das alterações fisiopatológicas e sua contraparte clínica dependem, em sentido estrito, da concentração de sódio: as causas mais comuns de hiponatremia são as devidas à desidratação ou edema, quando se perdeu mais sal que água ou se reteve mais água que sal.

Nestas condições, a perda de sódio produz uma baixa de sódio nos líquidos extracelulares, a qual, por sua vez, causa a diminuição do hormônio antidiurético, o qual segue eliminando água até restabelecer a concentração adequada de sódio nos líquidos. A desidratação por este mecanismo pode ser muito intensa. Cria-se assim uma situação que facilita a passagem de líquido para as células e acentua a perda de água extracelular. O aumento de líquido no interior das células nervosas tem graves consequências: perda de consciência, coma, convulsões, etc. Em casos de edema ou de pouca resposta ao hormônio antidiurético – pois apesar da grande quantidade de água, segue secretando o hormônio -, ocorre hiponatremia sem desidratação. Para corrigir este transtorno (excesso de água e diminuição relativa de sódio) é preciso diminuir a ingestão de água ou administrar ureia ou glicose para provocar uma diurese osmótica e eliminar o excesso de água; desta maneira regressa ao normal a concentração de sódio nos líquidos.

Em contraste, a hipernatremia se deve à perda de água com menor perda de sal ou a administração de mais sal do que água. O resultado final é a manutenção de mais água, devido a uma série de fenômenos: sede, secreção de hormônio antidiurético e excreção de urina muito concentrada, saída de água das células para o líquido extracelular, para diminuir o problema e diminuir as perdas adicionais de água.

OS ÍONS EXTRACELULARES

O cátion intracelular mais abundante é o potássio, com cerca de 150 mEq/L de água celular e o magnésio com 20 20 mEq/L. O potássio é um íon com grande influência sobre a excitabilidade celular e a permeabilidade das membranas; por exemplo, quando aumenta sua concentração no meio, a fibra cardíaca excitada pode ocasionar a parada do coração em sístole. Com mais de 20 mEq/L de potássio no plasma ocorre a morte por transtornos na atividade neuromuscular. O potássio é um íon intracelular; para formar um quilograma de massa tissular é necessário cerca de 100 mEq de potássio. A saída de potássio das células e sua substituição pelo sódio causa graves transtornos.

Balanço de potássio

A ingestão de potássio é de aproximadamente 4 g (100 mEq) diários e são absorvidos no tubo digestivo. Cerca 10% do potássio é eliminado na massa fecal e o resto pelo urina. O potássio filtrado pelo glomérulo é absorvido quase por completo nos túbulos renais; o potássio também é excretado nos túbulos onde ocorre intercâmbio com o sódio, o qual entre novamente no organismo, em troca do potássio eliminado. A concentração plasmática de potássio se mantém eficientemente por meio da excreção urinária de qualquer quantidade em excesso, além da concentração normal (5 mEq/L).

Na hiperpotassemia (hiperkalemia) por insuficiência renal ou suprarrenal, as alterações cardíacas e a depressão nervosa dominam o quadro; aparecem bradicardia, colapso vascular e modificações eletrocardiográficas características. Na hipokalemia devida à administração de soluções sem potássio, por exemplo, no pós-operatório, ou em enfermidades emaciantes ou caracterizadas por grandes perdas gastrointestinais, a falta de potássio também afeta a atividade cardíaca, de maneira típica, pelas modificações eletrocardiográficas. Os valores menores do que 3,4 mEq/L são acompanhados de alterações clínicas ostensíveis.

Um quadro comum de hipopotassemia é observado no diabético tratado com insulina pois, a sintetizar-se glicogênio, se fixa o potássio, obtido do plasma, na proporção aproximada de 0,5 milimols (18 mg) de potássio por grama de glicogênio formado.

O magnésio e os fosfatos

O magnésio tem várias funções; ajuda a manutenção da osmolaridade intracelular, na qual contribui com 10 milimols (20 mEq) por litro e sua concentração é de 2 a 3 mEq/L. Intervém nos processos de excitabilidade, sua carência provoca convulsões e o seu excesso causa narcose; é indispensável para a atividade de diversas enzimas, e intervém com os fosfatos, na formação dos sais insolúveis dos ossos. O magnésio é pouco absorvido no intestino mas, uma vez absorvido, é utilizado para a formação do tecido (24 mEq para cada kg de tecido); é eliminado na massa fecal na proporção de aproximadamente 15% da sua ingestão e o resto é excretado na urina.

Os fosfatos, além de fazer parte dos fosfolipídeos, das proteínas e dos sais presentes nos ossos, intervêm na síntese de ATP e na formação de intermediários no metabolismo; contribuem, também, à composição iônica das células, onde se formam cerca de 110 mEq/L em equilíbrio com os cátions correspondentes; nos líquidos extracelulares sua concentração é muito baixa, ao redor de 2 mEq/L.

Os fosfatos inorgânicos ajudam à regulação ácido-básica, pois são tamponantes eficientes.

REFERÊNCIAS

De la Cruz EM, Ostap EM: Relating biochemistry and function in the myosin superfamily. Curr Opin Cell Biol 24; 16:61.

Devlin, T.M: *Bioquímica. Libro de texto con aplicaciones clínicas*, 5a ed., Editorial Reverte, 2004.

Gamble JL: *Chemical anatomy, Physiology and Pathology of Extracellular Fluids.* 6th ed., Harvard University Press, Cambridge, Mass., 1964.

Lozano, JA, Galindo, JD, García Borrón, JC, Martínez Liarte: *Bioquímica y Biología Molecular*, 3a ed., McGraw-Hill Interamericana, 2005.

Melo, V, Cuamatzi, O: *Bioquímica de los processos metabólicos*, Ediciones Reverté, 2004.

Nelson, D.L. y Cox, M.M: *Lehninger Principios de Bioquímica*, 4a ed., Omega, 2006.

Robinson JR: *Fundamentals of acid-base regulation.* 5th ed. London. Blackwell Scientific Publications Ltd., 1975.

Smith C, Marks, AD and Lieberman: *Bioquímica básica de Marks. Un enfoque clínico.* Ed. McGraw-Hill Interamericana, 2006.

Weisberg HH: Water, *Electrolyte and acid-base balance.* Baltimore, The Williams & Wilkins Co., 1979.

Páginas eletrônicas

Always-Health.com (2007): *Kidney Diseases – Water metabolism.*[En línea]. Disponible: http://www.always-health.com/KidneyDisease_watermetabolism.html [2009, marzo 26]

Auburn University (2007): *Water metabolism.* [En línea]. Disponible: http://www.auburn.edu/academic7classes/zy/561/waterandsolute/index.htm [2009, abril 10]

Bender A (2007): *Algunos conocimientos sobre metabolismo hidroelectrolítico para el cirujano general.* En: Resúmenes de temas de cirugía. [En línea]. Disponible: http://www.eco.unc.edu.ar/docentes/bender/hidroel.htm [2009, marzo 26]

Nord EP (2007): *Water metabolism.* [En línea]. Disponible: http://www.uhmc.sunysb.edu/internalmed/nephro/webpages/Part_B.htm [2009, marzo 26]

TrainerMed.com (2008): *El equilibro del agua.* [En línea]. Disponible: http://trainermed.com/docs/nota.php?id=0f9fa496cd [2009, marzo 26]

4

Regulação do equilíbrio ácido base

Enrique Piña Garza

O sistema de regulação ácido base protege o organismo contra as modificações do pH, devidas principalmente à contínua formação de diversos ácidos produzidos no metabolismo; de fato, o pH do líquido extracelular é muito constante, entre 7.35 e 7.45. Nos mamíferos, a vida é incompatível com valores de pH no sangue menores de 7 ou maiores de 8.

MECANISMOS DE REGULAÇÃO DO EQUILÍBRIO ÁCIDO BASE

Existem três processos que contribuem a manter a concentração de H^+ dentro de limites normais dos líquidos orgânicos nos mamíferos e seu ajuste pelos sistemas tamponantes, a saber: intercâmbio iônico, mecanismos respiratórios e mecanismos renais.

Regulação do pH pelos sistemas tamponantes e a troca iônica

O sistema tamponante mais efetivo nos mamíferos é aquele formado pelo sistema H_2CO_3/HCO_3^-, pois o organismo dispõe de quantidades quase que ilimitadas de H_2CO_3 provenientes da hidratação do CO_2 metabólico. Muitas das substancias degradadas no organismo produzem CO_2 como produto final, que se combina com H_2O formando ácido carbônico, H_2CO_3, em grandes quantidades, até 20 o mais moles de ácido por dia, equivalente a 2 L de HCl concentrado. O ácido carbônico tem a enorme vantagem de ser eliminado na forma de CO_2 através da respiração, pelo que se lhe conhece como ácido volátil, o que permite manter constante a composição dos compartimentos líquidos do ser humano. No metabolismo se produzem também outros ácidos, os fixos, ou não voláteis, como o ácido sulfúrico derivado dos aminoácidos cisteína e metionina, os ácidos acetoacético e β-hidroxibutírico derivados da degradação das gorduras, o ácido úrico proveniente das bases púricas e o ácido fosfórico originado a partir de diversos compostos. Nesses casos, o H^+ do ácido não volátil se neutraliza de imediato pelo íon bicarbonato, HCO_3^-, para converter-se em ácido carbônico e finalmente em CO_2 e H_2O. Evita-se a acidez, mas diminui a quantidade de HCO_3^- disponível, assim como a capacidade tamponante das células, calculada em aproximadamente 15 mEq por quilograma de peso corporal. Às vezes, usa-se o termo "reserva alcalina" para se referir a quantidade de bicarbonato disponível. Mais adiante se estudará o papel do rim para manter constante o pH dos líquidos.

Este sistema H_2CO_3/HCO_3^- não é o único presente no organismo, as proteínas plasmáticas e celulares, a hemoglobina do eritrócito e os fosfatos intra e extracelulares intervém também nos processos de neutralização. Os ânions totais tamponantes dos sais que se combinam com H^+ são o primeiro sítio de defesa contra uma alteração produzida pelo excesso de acidez. Como é difícil valorizar a soma de todos os tampões corporais, incluindo os cátions das células e até dos ossos, na prática se fazem cálculos baseados no pH do sangue, o conteúdo de CO_2 total do sangue total ou do plasma, e o hematócrito.

A influência do mecanismo de intercâmbio de íons para manter o pH dos líquidos orgânicos se exemplifica de maneira característica pela troca de ânions entre os glóbulos vermelhos e o plasma. Assim, ao aumentar o CO_2 no plasma se combina com a água formando ácido carbônico, H_2CO_3, e aumenta a acidez no eritrócito pela presença da anidrase carbônica que catalisa a união do CO_2 com H_2O, se acumula mais H_2CO_3 que se dissocia em H^+ e HCO_3^-; o H^+ é captado pelas proteínas e o HCO_3^- se difunde com facilidade ao exterior do eritrócito em troca de um número igual de Cl^- que penetra para manter a neutralidade elétrica. A saída do HCO_3^- ao plasma aumenta sua alcalinidade (equação de Henderson-Hasselbalch) e neutraliza a maior acidez (descenso do pH) gerada pelo incremento do H_2CO_3, ao aumentar inicialmente a tensão de CO_2 no plasma.

No músculo e ossos, uma quantidade importante de H^+ dos líquidos é trocado com os cátions Na^+, K^+ e Ca^{2+}. Normalmente, de um quarto a metade da atividade tamponante do organismo dos mamíferos depende da liberação dos cátions ósseos e musculares em troca de H^+; em outras condições, a troca entre o Na^+, que entra nas células do osso e músculos, pelo H^+, que sai para se combinar com excesso de HCO_3^- extracelular é fator causal de alcalose; o H_2CO_3 formado é eliminado como CO_2.

O efeito oposto se encontra quando existe excesso de H^+, este entra nas células em troca de Na^+ que sai delas e se equilibra com o HCO_3^- proveniente do H_2CO_3.

Estes mecanismos são importantes quantitativamente. A metade da carga de ácido e cerca da quarta parte do HCO_3^- são neutralizadas por estes processos de troca.

MECANISMOS RESPIRATÓRIOS DE REGULAÇÃO DO EQUILÍBRIO ÁCIDO BASE

No mecanismo da regulação respiratória do pH, participam as mudanças dos volumes respiratórios e a frequência respiratória, pois afetam o transporte de oxigênio no sangue, o efeito tamponante da hemoglobina e a eliminação do ácido carbônico (em forma de CO_2) pelos pulmões.

A regulação respiratória do pH está estreitamente ligada ao funcionamento do par tamponante HCO_3^-/H_2CO_3 no plasma e eritrócitos. A concentração de HCO_3^- é mais estável que a concentração de H_2CO_3 que varia em função da pressão parcial de CO_2 (abreviado como pCO_2), gerado no metabolismo, e o CO_2 eliminado pelos pulmões. A quantidade de CO_2 liberado do plasma nos pulmões aumenta à medida que crescem a velocidade e profundidade das respirações. Por sua vez, o pH e pCO_2 do sangue influenciam os movimentos respiratórios através do sistema nervoso central, de onde estimulam a amplitude e frequência dos movimentos respiratórios e assim elimina-se mais CO_2, e recebe-se mais O_2 através dos pulmões, com isso, há diminuição progressiva da pCO_2 no sangue, o pH se eleva e desaparece o estímulo dos movimentos respiratórios; estes ajustam sua frequência e amplitude em uma nova condição, eliminando-se menos CO_2. Assim, se restabelece a relação $[HCO_3^-]/[CO_2]$, de 20 a 1 e se mantêm o pH sanguíneo, o qual pode ser calculado aplicando a equação de Henderson-Hasselbalch para o par tamponante (pK 6.1; relação $[HCO_3^-]/[CO_2]$ 20 a 1):

$$pH = pK + \log \frac{[sal]}{[ácido]}$$

$$pH = 6.1 + \log \frac{20}{1} = 6.1 + 1.3 = 7.4$$

Devido ao equilíbrio que existe entre o CO_2, H_2CO_3 e HCO_3^-, na equação de Henderson Hasselbach, deve-se colocar HCO_3^- no numerador [sal] e concentração de CO_2 no denominador [ácido]. A pCO_2 em mm Hg e $[CO_2]$ em mM estão relacionadas pela seguinte equação:

$$[CO_2] = 0.03 \frac{mM}{mm\ Hg} \times pCO_2$$

Se a concentração de bicarbonato diminui à metade $[HCO_3^-]$, apresenta-se a seguinte situação:

$$pH = 6.1 + \log \frac{10}{1} = 6.1 + 1.0 = 7.1$$

A queda do $[HCO_3^-]$ ocasiona uma diminuição da relação do par tamponante e uma diminuição do pH até 7.1.

A compensação respiratória consiste na estimulação da respiração devido à queda do pH, pela qual se expele com maior facilidade o CO_2 e diminui assim, a pCO_2 e, portanto a concentração de CO_2, como se mostra a seguir:

$$pH = 6.1 + \log \frac{10}{0.5} = 6.1 + \log 20 = 6.1 + 1.3 = 7.4$$

Se voltarmos à relação 20 a 1 do par $[HCO_3^-]/[CO_2]$ obtemos um pH normal de 7,4 às custas de uma diminuição tanto do HCO_3^- como do CO_2, pois é importante a relação entre os dois membros do par e não suas quantidades absolutas (figura 4-1).

Contrariamente, quando se aumenta o pH plasmático por aumento do HCO_3^-, teríamos por exemplo, o seguinte:

$$pH = 6.1 + \log \frac{40}{1} = 6.1 + 1.6 = 7.7$$

O ajuste respiratório para corrigir a alcalose consiste na diminuição da intensidade e frequência respiratórias, para diminuir a eliminação de CO_2, que leva a aumento na pCO_2 do plasma, e desta maneira, aumenta a concentração de CO_2:

$$pH = 6.1 + \log \frac{40}{2} = 6.1 + \log 20 = 6.1 + 1.3 = 7.4$$

Restabelece-se assim, o pH original do sangue, ao aumentar a concentração de CO_2 sem diminuir a concentração de HCO_3^-. Contudo, este arranjo é transitório e depende da maior disponibilidade do CO_2. O mecanismo respiratório de regulação do pH (figura 4-1) ajusta a relação HCO_3^-/H_2CO_3, mesmo quando persistem as modificações na concentração fisiológica de ambos os membros do par e, para voltar a suas concentrações normais é necessária a participação do rim.

MECANISMOS RENAIS DE REGULAÇÃO DO pH

Os rins são reguladores efetivos da regulação do equilíbrio ácido base, pela sua capacidade para eliminar os ácidos fixos,

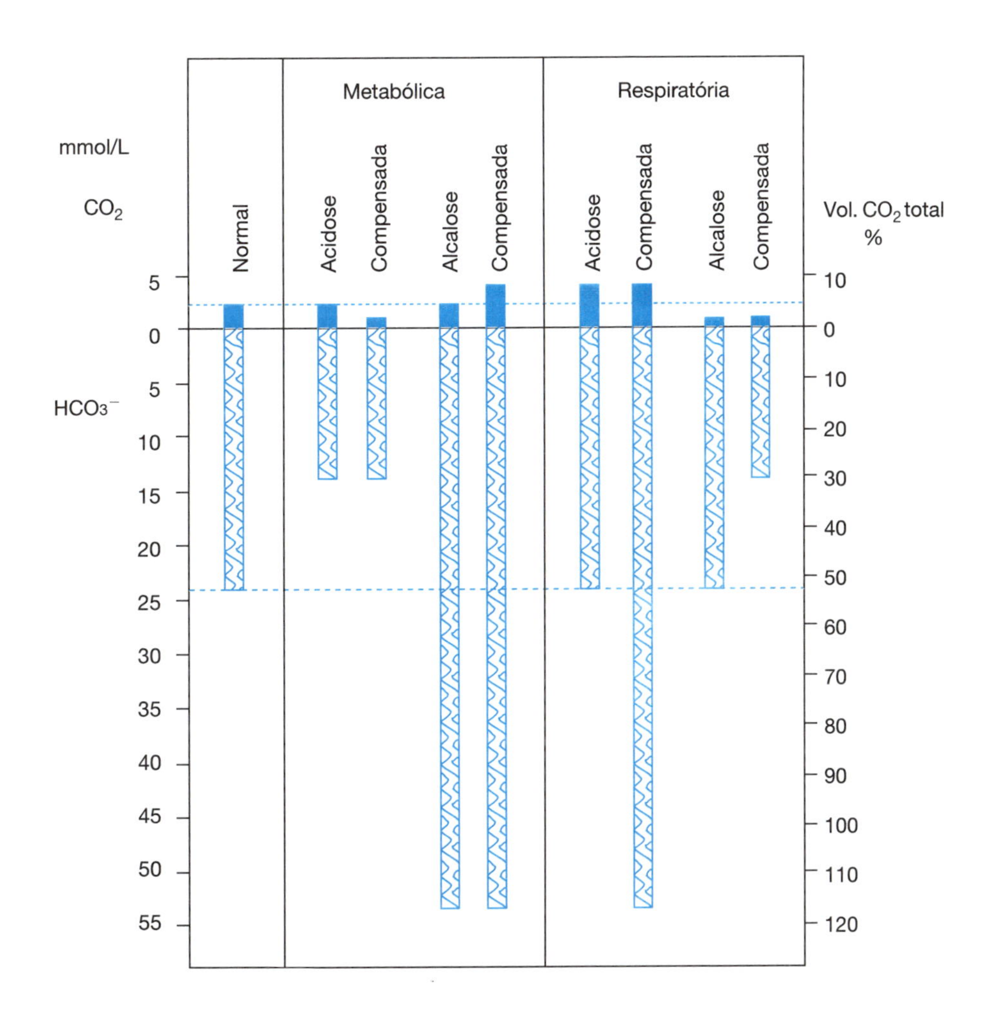

Figura 4-1. Relações entre $H_2CO_3^-$ e HCO_3^- em diversas alterações. Assinalam-se com linhas tracejadas horizontais os valores normais para ambas as substâncias. Embora, o Vol. CO_2 total não é exatamente equivalente às concentrações de HCO_3^-, na prática clínica é considerado como uma boa medida da concentração de HCO_3^- já que este último constitui 95% do CO_2 total.

ou seja, os H^+; Quando estes são produzidos combinam-se com o HCO_3^- impedindo assim, alterações importantes no pH. São produzidos no metabolismo cerca de 100 mEq diários de ácidos fixos. O rim os elimina ao mesmo tempo em que regenera a reserva alcalina (HCO_3^-) para que o organismo continue contando com a sua capacidade tamponante.

O filtrado glomerular, em condições normais tem pH de 7,4; o pH da urina varia de 4 a 8, de acordo as necessidades do organismo. O ajuste do pH urinário depende da disponibilidade de ácidos fixos, H^+ necessários para acidificar a urina, ou a do HCO_3^- necessário para alcalinizá-la.

Produção de urina ácida

A excreção de urina ácida se produz em consequência da adição de H^+ pelos túbulos renais. Por exemplo, em condições normais, no plasma e filtrado renal a pH 7,4, a relação fosfato bivalente ($H_2PO_4^{2-}$) e fosfato monovalente (HPO_4^-) é de 4:1. Em caso de acidez, esta relação muda: a pH de 5,4, é de 1:108 e, a pH de 4,8 a relação é de 4:400. Para manter a neutralidade elétrica, para cada íon H^+ que sai, entra um Na^+, quando se excreta um $H_2PO_4^-$ perde-se só um Na^+e não dois, quando se excreta HPO_4^{2-} (Fig 4-2). Desta forma, elimina-se H^+ sem perda excessiva de Na^+ extracelular e com recuperação de HCO_3^- do plasma. O mesmo acontece com outros ânions com capacidade de captar H^+ e ser excretados, como o acetoacetato presente na cetose (capítulo 19, Metabolismo dos lipídeos); a um pH baixo existe totalmente na forma de ácido completo não dissociado e com pH alto, dissocia-se em acetoacetato e H^+, e para eliminar um acetoacetato deve-se perder um Na^+. No pH fisiológico mais ácido da urina, metade do ácido acetoacético está na forma de acetoacetato e a outra metade na forma de ácido não dissociado, o seja, se perde somente um Na^+ por cada duas moléculas de acetoacetato eliminadas.

Outra forma de eliminar H^+ é combinando-o com HCO_3^- para formar H_2CO_3 e por último, $CO_2 + H_2O$. Neste caso se perde uma molécula de HCO_3^-. No entanto, o H^+

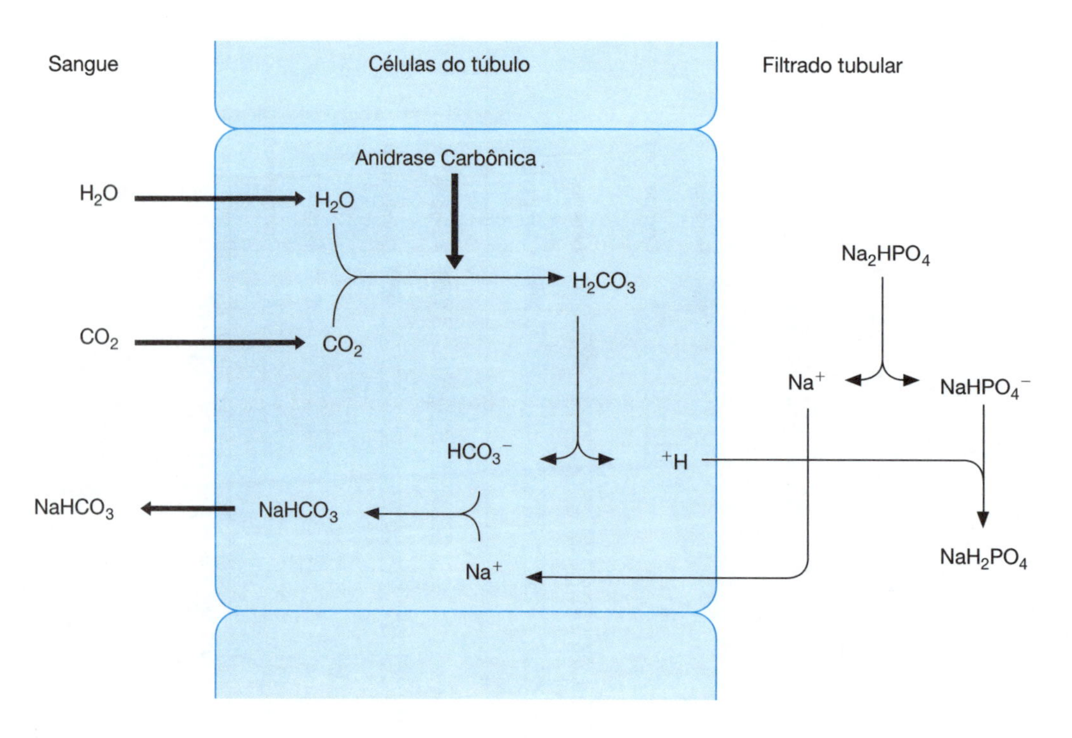

Figura 4-2. Mecanismo de produção de urina ácida. O resultado nítido é o ganho de Na^+ em troca da expulsão de um H^+.

é eliminado como nos casos anteriores, é retido o H_2CO_3 e conta-se com uma reserva alcalina para casos de emergência.

Quando o pH do plasma tende à alcalinidade, a excreção tubular de H^+ diminui e a nível renal se excreta o fosfato na forma de HPO_4^{2-}, onde é necessária a perda de dois Na^+; o mesmo acontece com os ácidos orgânicos eliminados a pH elevado em equilíbrio com mais moléculas de Na^+. Cada H^+ retido em troca do Na^+ eliminado se combina com HCO_3^- gerando H_2CO_3 que se transforma em H_2O + CO_2, portanto, diminui a reserva alcalina HCO_3^- do plasma.

Excreção de amônia

O rim também excreta H^+ na forma de íon amônio NH_4^+ ligando-o ao NH_3 cedido pela glutamina e, em menor proporção, por outros aminoácidos. O H^+ é derivado do H_2CO_3 (H^+ + HCO_3^-), embora no começo se originasse de um ácido fixo neutralizado no plasma por HCO_3^-. O NH_3 excretado como íon amônio, NH_4^+ conserva a neutralidade elétrica quando eliminado com o ânion Cl^-. Nestas condições, a uma acidez da urina baixa, o NH_4^+ troca por Na^+, que é absorvido pelo túbulo renal e entra na circulação para equilibrar-se com HCO_3^- que provém do H_2CO_3. Assim, se reconstitui o valor original de Na^+ da "base fixa" alcalina do organismo (figura 4-3).

Embora os efeitos mais importantes sejam os da retenção de HCO_3^- e a reabsorção de Na^+ em troca da saída de H^+, parte do Na^+ é reabsorvido em troca com o K^+ que sai pela urina.

ALTERAÇÕES DO EQUILÍBRIO ÁCIDO BASE

Na clínica, as alterações do equilíbrio ácido base estão estreitamente ligadas à relação $[HCO_3^-]/[CO_2]$ no sangue, índice fiel do estado do pH; de acordo com a equação de Henderson-Hasselbalch:

$$pH = 6.1 + \log \frac{HCO_3^-}{[CO_2]} = 6.1 + \log \frac{20}{1} = 6.1 + 1.3 = 7.4$$

As alterações mencionadas se dividem em dois grandes grupos: as acidoses e as alcaloses, subdivididas a sua vez em respiratórias e metabólicas, ou seja, acidoses respiratórias e metabólicas e alcaloses respiratórias e metabólicas. As alterações de tipo respiratório modificam inicialmente o pH por alterações na velocidade e profundidade das respirações que alteram o conteúdo de CO_2, o seja a concentração de H_2CO_3 do sangue. Nas formas metabólicas, o pH sanguíneo se modifica pela presença de ácidos "fixos" (ou não voláteis) ou de bases "fixas" (figura 4-4).

Acidose respiratória

A hipoventilação crônica de qualquer natureza (como no enfisema, fibrose pulmonar doenças cardiopulmonares) ou a hipoventilação aguda (por intoxicação com medicamentos ou tóxicos que afetam o sistema nervoso, transtornos neuromusculares, entre outros) produzem

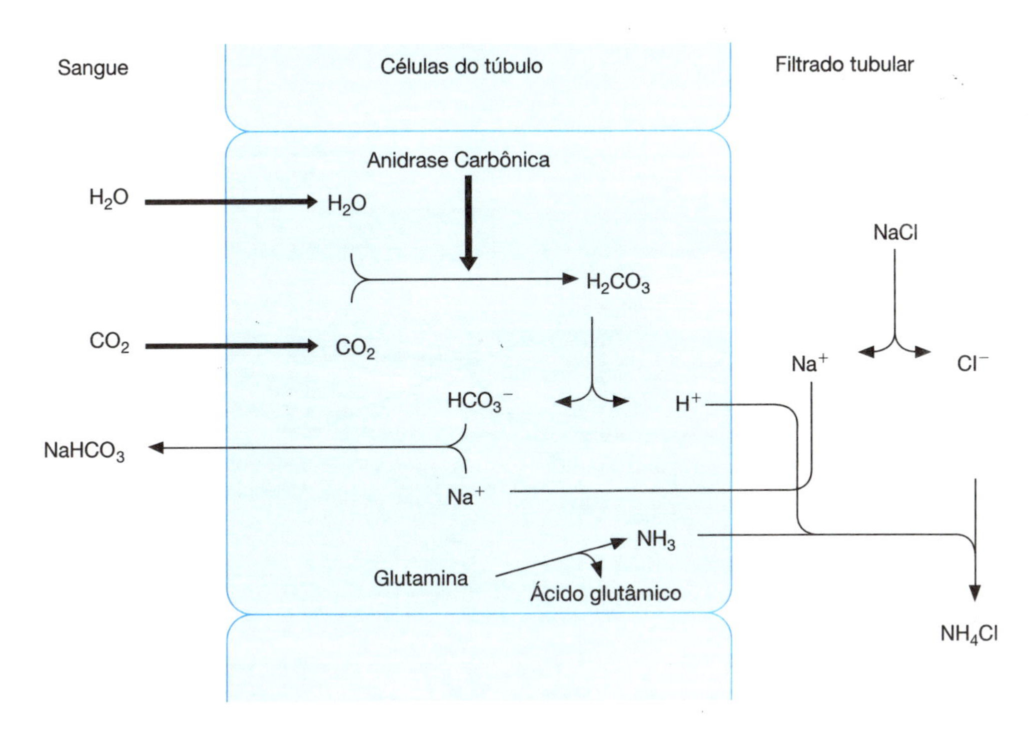

Figura 4-3. Conservação do Na^+ através da excreção de NH_3. O Na^+ ingressa a favor da saída de um H^+, que com NH_3 proveniente da desaminação de aminoácidos ou da glutamina, é excretado como NH_4^+.

uma eliminação deficiente de CO_2 levando ao quadro de acidose respiratória.

A retenção de CO_2 causa aumento de sua tensão parcial (pCO_2) e, portanto, da concentração de H_2CO_3. Se aumenta o [H_2CO_3], a relação [HCO_3^-]/[CO_2] diminui, em consequência, o pH também diminui.

Esta situação coloca em ação mecanismos compensatórios, como a passagem do H_2CO_3 às células, onde é tamponado pelos liquidos intracelulares ou pelo mecanismo de intercambio iônico; quando isso ocorre, os íons H^+ entram nas células em troca de Na^+.

O mecanismo renal de regulação ocorre com o aumento na excreção de K^+, NH_4^+ e Cl^-. Elimina-se pela urina o excesso de H^+ e se retém HCO_3^- à custa do Cl^- eliminado, conseguindo finalmente um aumento na concentração de HCO_3^- (ou seja, do membro do numerador da equação de Henderson), para restabelecer a relação normal 20 a 1.

Por outro lado, o aumento da pCO_2 e a queda do pH estimulam a ventilação pulmonar ao tentar impedir o acúmulo de CO_2.

Os pacientes com acidose respiratória, antes dos ajustes pela compensação, tem um pH sérico baixo (7,3), e valores sensivelmente normais (60 volumes %, ou 26 mEq/L) de CO_2 total (H_2CO_3 + HCO_3^-), assim como, de Na^+ e K^+. Uma vez estabelecida a compensação, aumenta notavelmente o HCO_3^- que se manifesta pelo aumento do CO_2 total no sangue; não sendo raros os valores de 100 e 120 volumes por cento (40 a 50 mEq/L). O aumento de CO_2 total poderia causar confusão com um quadro de alcalose metabólica, a não ser pelos valores do pH que caem dentro da acidose. Não existindo modificações no Na^+, K^+ e Cl, descarta-se um quadro metabólico.

Alcalose respiratória

A alcalose respiratória é decorrente habitualmente da hiperventilação, fenômeno causal do aumento da saída de CO_2 pela via pulmonar. Ao diminuir a pCO_2, diminui-se o H_2CO_3, assim como o denominador da equação de Henderson e aumenta-se a relação 20 a 1; aumentando consequentemente o pH. O quadro é observado no início das doenças pulmonares e cardiopulmonares, quando existe má oxigenação e, portanto, produz-se uma hiperventilação. Também aparece em casos de excitação do sistema nervoso, como na meningite, ou como manifestação de tensão, de maneira típica, em mulheres nervosas com hiperventilação. No início destes quadros não entram em jogo mecanismos de ajuste renal; se o problema persiste, a compensação renal causa aumento da excreção de K^+ e Na^+ e diminuição da secreção de H^+, os quais se ligam ao HCO_3^-, anteriormente em equilíbrio com o Na^+ eliminado; forma-se assim H_2CO_3 e posteriormente H_2O + CO_2 e diminui-se a concentração de HCO_3^- nos líquidos do organismo; a relação alterada da equação de Henderson volta a suas proporções habituais de 20 a 1.

Na alcalose respiratória, uma forma simples para modificar este transtorno, sobretudo quando a hiperventilação

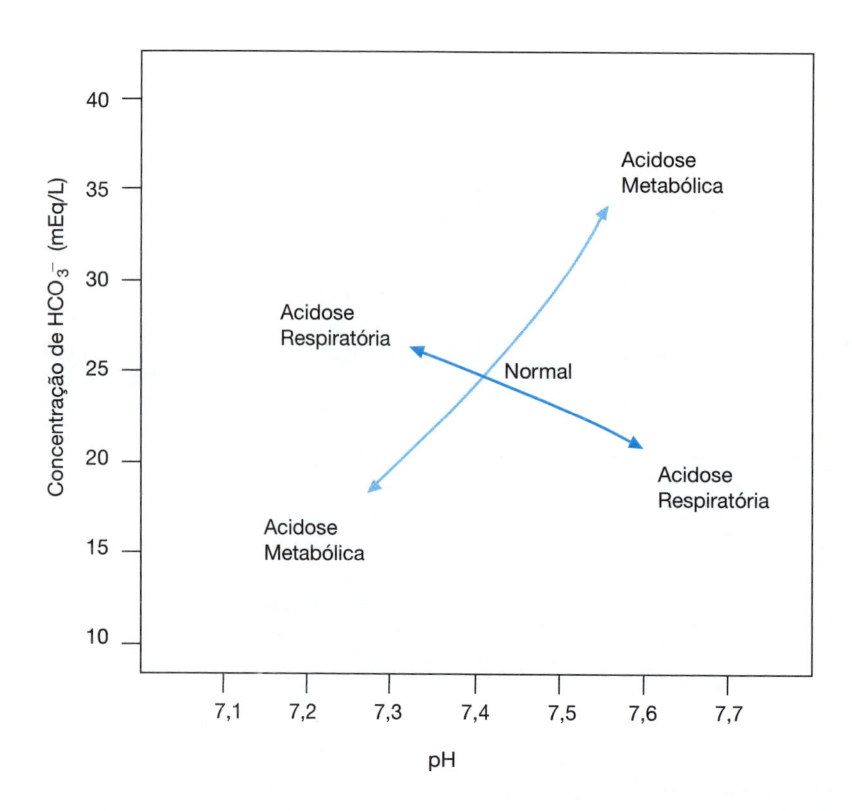

Figura 4-4. Composição do plasma em alguns transtornos do equilíbrio ácido base; são mostradas as relações entre o pH e a concentração de HCO_3^- nos principais quadros anormais.

se deve por ansiedade, é respirar dentro de uma bolsa, pois, fazendo-se novas inspirações de CO_2 impede-se sua saída ao exterior.

Acidose metabólica

Na acidose metabólica há acúmulo de algum ácido "fixo" não volátil; o excesso de H^+ se combina com HCO_3^- para formar H_2CO_3 e o ânion do ácido se equilibra com Na^+. O efeito nítido é a redução de HCO_3^- e a modificação da equação de Henderson, para a diminuição do pH. São comuns os valores de 10 e até 5 mEq/L de HCO_3^- com pH de 7,2 e 7,1. Os fenômenos de compensação compreendem o aumento da ventilação pulmonar para acelerar a excreção de CO_2, pelo qual, praticamente se recupera a relação 20 a 1 enquanto que o pH quase não diminui. O mecanismo renal objetiva à conservação máxima do HCO_3^-, reabsorvendo-o do filtrado, e ao aumento da excreção urinaria de H^+, com os ânions "fixos" correspondentes.

No esquema iônico do plasma se observa como a diminuição de ânions, à custa do HCO_3^- e inclusive do Cl^-, é compensada, em parte, pelos ânions dos ácidos "fixos", como os corpos cetônicos, no caso do diabetes (figura 4-5).

Outro caso comum de acidose metabólica se deve à perda de HCO_3^- por um defeito de absorção, devido à insuficiência renal. Nos líquidos, a compensação aumenta os níveis de Cl^-, que podem chegar até 115 mEq/L. O mecanismo respiratório de compensação consiste em promover a saída de CO_2 e, portanto, a tendência para voltar à relação 20 a 1 e o ajuste do pH aos valores normais. No rim ocorre um aumento da saída de H^+ assim como, de K^+, que troca pelo Na^+. O transtorno pode ser corrigido com administração de bicarbonato de sódio, $NaHCO_3$, que aumenta o HCO_3^- nos líquidos e permite que a equação de Henderson-Hasselbalch regresse ao normal.

Alcalose metabólica

Em caso de alcalose metabólica observa-se um aumento na concentração de HCO_3^-, devido à administração de bicarbonato de sódio ou de sais sódicos de ácidos orgânicos, ou a perda de cloreto, como ocorre no vômito ou quando se fazem lavados gástricos; ou a excreção excessiva de ácido pela urina ou a perda de H^+ do líquido extracelular, que passa até as células nos casos de déficit de K^+.

O aumento de pH sanguíneo observado na alcalose metabólica, seja por ingestão de bicarbonato de sódio ou por perda de líquidos –digestivos ou suor–, deprime a respiração e diminui a ventilação. Devido à compensação respiratória aumenta-se assim a pCO_2 no sangue e, portanto, a concentração de H_2CO_3; com isso, diminui-se o pH sanguíneo. A compensação renal é mais efetiva e inclui a eliminação do excesso do HCO_3^- presente no plasma. À

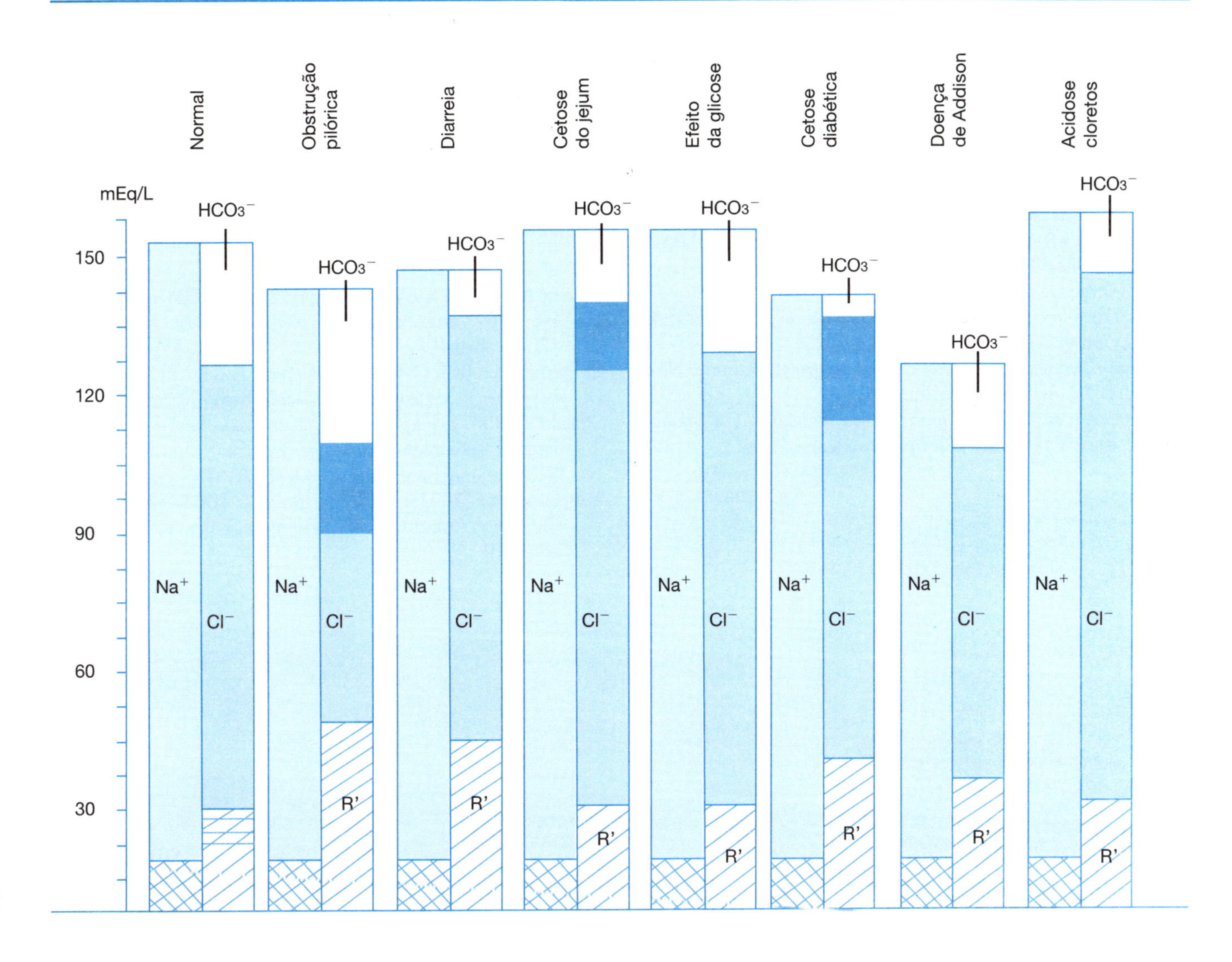

Figura 4-5. Diagramas eletrolíticos do plasma em diversos estados patológicos. No plasma normal são mostrados os dados de Na^+, Cl^- e HCO_3^- e nos estados patológicos foram incluídos, em certos casos, a barra azul, CC, que representa os corpos cetônicos, e a barra com linhas oblíquas, R', que constitui a soma dos ânions restantes; como a quantidade de proteína é fixa, os aumentos em R acontecem à custa das frações de HPO_4^{2-} e de SO_4^{2-} principalmente.

medida que sai o HCO_3^-, é substituído pelo Cl^-. A saída do HCO_3^- pela urina deve ser acompanhada da eliminação de uma quantidade equivalente de um cátion; o cátion mais abundante no plasma, acompanhante habitual do HCO_3^-, é o Na^+. No entanto, em certas condições, se existe déficit de Na^+, o HCO_3^- é eliminado com K^+ ou com H^+. Se o HCO_3^- é eliminado pela urina, junto com quantidades importantes de K^+, pode haver uma grave situação de alcalose com hipopotassemia. Além disto, se o HCO_3^- sai junto com H^+, a alcalose se agrava ao haver perda de H^+ do plasma, que, paradoxalmente, produz urina ácida.

Na figura 4-5, encontram-se as alterações mais importantes de equilíbrio ácido base em quadros clínicos do tipo de vômito, diarreia, acidose diabética, etc. Foram representadas somente as concentrações de HCO_3^-, Cl^- e Na^+ para se obter uma ideia concisa do transtorno.

REFERÊNCIAS

Bender DA: *Nutritional Biochemistry of Vitamins*, 2nd ed., Cambridge University Press, 2003.

Davenport H: *The ABC de acid-base chemist:* The Elements of Physiological Blood-Gas Chemistry for Medical Students and Physicians. 6th ed., Chicago: The University of Chicago Press, 1974.

Devlin TM: *Bioquímica. Libro de texto con aplicaciones clínicas*, 5a ed., Editorial Reverté, 2004.

Lozano JA, Galindo JD, García Borrón JC, Martínez Liarte: *Bioquímica y Biología Molecular,* 3ra ed., McGraw-Hill Interamericana, 2005.

Masoro EJ, Kleeman CR: *Clinical disturbances of fluid and electrolyte metabolism.* 2nd ed., New York: McGraw-Hill, 1972.

Melo V, Cuamatzi TO: *Bioquímica de los procesos metabólicos,* Ediciones Reverté, 2004. Murray K, Robert et al.: Harper. Bioquímica ilustrada, 17a ed., México: Editorial El Manual Moderno, 2007.

Nelson DL, Cox MM: *Lehninger Principios de Bioquímica,* 4a ed., Omega, 2006.

Schwartz AB, Lyons H: *Acid-base and electrolyte balance.* New York: Grune & Stratton, Inc., 1977.

Smith C, Marks AD: *Bioquímica básica de Marks. Un enfoque clínico.* Ed. McGraw-Hill Interamericana, 2006.

Páginas eletrônicas

Grogono AW (1998): *Fundamentos del equilibrio ácido-base.* En: The Global Textbook of Anesthesiology. [En línea]. Disponible: http://www.uam.es/departamentos/medicina/anesnet/gtoae/acido-base/ab.htm [2009, abril 10]

IU School of Medicine (2004): *pH and acid-base balance.* [En línea]. Disponible: http://web.indstate.edu/thcme/PSP/eLabs/acid-base.htm [2009, abril 10]

Martín AM (2007): *Equilibrio ácido-base.* [En línea]. Disponible: http://www.fi.uba.ar/materias/6305/Acido-Base. pdf [2009, abril 10]

Rentería C (2006): *Conceptos ácido-base.* [En línea]. Disponible: http://utch.edu.co/conceptosacido-base [2009, abril 10]

Shardo J (2007): *Fluid, electrolyte and acid-base balance.* [En línea].Disponible:http://www.mtsu.edu/~jshardo/bly2020/balance/acid_base.html [2009, abril 10]

Tuberose.com (2007): *Acid/Base Balance.* [En línea]. Disponible: http://tuberose.com/Acid_Base_Balance.html [2009, abril 10]

5

Bioquímica da respiração

Enrique Piña Garza

A respiração compreende o acesso do O_2 às células, sua utilização nos processos de oxidação e sua eliminação na forma de CO_2. Nos organismos unicelulares, o O_2 passa por difusão ao interior da massa citoplasmática, onde se combina com o hidrogênio ou com o carbono liberados dos metabólitos e forma H_2O e CO_2. Nos animais multicelulares, o mecanismo é mais complexo e consiste de três etapas: a) **a respiração externa**, ou seja, a introdução do ar nos pulmões e sua difusão aos alvéolos; b) **o transporte de oxigênio** desde os pulmões até as células e o de CO_2 produzido nestas, pelo caminho inverso, aos pulmões para sua expulsão, e c) **a respiração interna**, quer dizer, a difusão dos gases nas células e a oxidação dos metabólitos para formar H_2O e CO_2. Neste capítulo somente serão considerados os fenômenos bioquímicos inerentes ao transporte dos gases no sangue; a respiração interna é analisada com profundidade no capítulo 23, correspondente a oxidações biológicas e bioenergéticas.

Solução dos gases em água

A dissolução de um gás em um líquido depende de seu **coeficiente de absorção**, particular para cada gás em um solvente determinado e a uma temperatura informada e constante nestas condições. Em fisiologia, o interesse em estudar a dissolução de um gás em um líquido se limita ao caso do O_2, CO_2 e N_2, em soluções aquosas a 37°C, cuja solubilidade depende, fundamentalmente, da pressão exercida pelo gás em um volume determinado. No equilíbrio entre uma fase gasosa e uma fase líquida, podemos observar que o mesmo número de moléculas passa de uma fase à outra em um tempo preciso; a tendência do gás de sair do líquido se denomina tensão do gás e é representada pela pressão deste gás na fase gasosa em equilíbrio com a fase líquida.

Em uma mistura de gases, cada um exerce pressão sobre o líquido ou sobre as paredes do recipiente. A pressão total é composta pela soma das pressões parciais p da mistura de gases. Portanto, a quantidade de um gás dissolvido em um líquido é diretamente proporcional à sua pressão parcial na mistura. A pressão parcial de um gás em uma mistura de gases se calcula facilmente; por exemplo, nas condições de pressão atmosférica ao nível do mar, de 760mmHg, o nitrogênio que consiste em 79% do ar, exerce uma pressão de 79/100 de 760, ou seja, seu p é de 600mmHg. O quadro 5-1 mostra, com a água como solvente, a dissolução do O_2, CO_2 e N_2, em condições de pressão parcial do ar alveolar; além disso, são mostrados os dados de dissolução dos três gases no sangue arterial e no sangue venoso. Como se pode ver, o sangue contém quantidades de O_2 e CO_2 muito maiores do que as correspondentes a uma simples dissolução, fato indicativo da presença de mecanismos de combinação do O_2 e CO_2 com alguns compostos do sangue. O contraste com o nitrogênio é notável, pois o N_2 existe nas mesmas quantidades no sangue e na água: se trata de um caso de simples dissolução.

Movimento dos gases no organismo

A passagem de gases de um lado a outro das membranas pulmonares ou celulares se deve primordialmente a dois fatores, a) as diferenças da pressão do gás entre um lado

Quadro 5-1. Conteúdo de oxigênio, dióxido de carbono e nitrogênio no sangue arterial e venoso, em comparação com a quantidade dissolvida na água, expresso em volumes por cento

	O_2	CO_2	N_2
Sangue arterial	19	50	0,9
Sangue venoso	13	56	0,9
Água em equilíbrio com ar alveolar	0,3	2.6	0,9

e o outro da membrana, e b) as diferenças na capacidade de combinação dos componentes sanguíneos com o O_2 e CO_2, devidas à mudança de pH. Por motivo de apresentação, os dois fatores são analisados em separado; em primeiro lugar se analisam as mudanças nas pressões parciais dos gases e, em segundo, a capacidade de combinação do O_2 e do CO_2 com os componentes sanguíneos. No corpo os dois mecanismos operam de forma simultânea e sinérgica. Deste modo, a pO_2 no ar alveolar, ao nível do mar, é de 101mmHg e no sangue venoso da artéria pulmonar é de 40mmHg; a diferença a favor da pO_2 no ar alveolar força a passagem do O_2 do ar para o sangue; a situação inversa se apresenta entre a pCO_2 do sangue venoso que chega aos tecidos (46mmHg) e a do ar alveolar com 40mmHg, motivo pelo qual o CO_2 passa do sangue ao ar. Como o nitrogênio, N_2, não é consumido e nem produzido no organismo, este mantém as mesmas proporções no sangue venoso e no ar alveolar.

No quadro 5-2 é mostrada a composição dos gases respiratórios em três tipos de amostras analisáveis: a) o ar inspirado, ou seja, o ar atmosférico; b) o ar expirado, mais rico em CO_2 e menos em O_2 que, além disso, contém a água eliminada pelos pulmões, e c) o ar alveolar em uma situação intermediária entre os conteúdos de gases do sangue venoso e os do ar expirado. A rigor, o ar alveolar está equilibrado com o sangue arterial, portanto, sua composição de gases é igual à deste último; os valores de ar alveolar são estáveis, pois a entrada de O_2 e CO_2 nos alvéolos se equilibra com sua perda na série ininterrupta de inspirações e expirações.

TRANSPORTE DE OXIGÊNIO

O componente transportador do oxigênio é a hemoglobina, cuja capacidade para combinar-se com o oxigênio para formar oxihemoglobina depende de diversos fatores, entre os quais se destacam a pO_2, a pCO_2, o pH e a concentração de 2,3-bisfosfoglicerato, componente aniônico dos glóbulos vermelhos; entre eles, o que guarda relação mais estreita com a saturação da hemoglobina com o oxigênio é a pO_2. Ao estudar a saturação da hemoglobina com o O_2, em distintas pO_2, são obtidas curvas como as da figura 5-1.

Quadro 5-2. Composição do ar alveolar, do ar expirado e do ar inspirado em mmHg (ao nível do mar)

	Ar inspirado	Ar expirado	Ar alveolar
Oxigênio	158	116	101
Dióxido de carbono	0,3	28	40
Nitrogênio	596	598	571
Vapor d´água	5	47	47

Quando se utiliza hemoglobina pura, sem sais e diluída (ou também se utiliza mioglobina), se obtém uma curva de hipérbole retangular (linha descontínua), devido à reação entre o oxigênio e a hemoglobina, por simples lei de ação das massas:

$$Hb + O_2 \rightleftarrows HbO_2$$

A hemoglobina sem oxigênio, Hb, é a desoxihemoglobina (incorretamente chamada de hemoglobina reduzida); a hemoglobina com oxigênio, HbO_2, é a oxihemoglobina.

Quando o estudo é feito com a hemoglobina tal como se encontra no sangue, a curva obtida tem a forma de "S" ou sigmoide (linha contínua). Isto se explica pelo comportamento cooperativo de algumas proteínas oligoméricas, como a hemoglobina, a qual é composta por quatro monômeros. Fisiologicamente, isto é de grande interesse; por exemplo, à pO_2 de 80mmHg se obtém uma saturação quase completa da hemoglobina no sangue total e ainda a 20mmHg se obtém saturações de 35 a 40%. Caso o que existisse no sangue fosse uma hemoglobina constituída por um monômero, a pressões de 20mmHg, estaria tão saturada que se dificultaria a passagem do oxigênio da hemoglobina aos tecidos (figura 5-1).

Papel da pCO_2 e do pH

A curva obtida, expressa como porcentagem de saturação contra a pO_2 se modifica com a pCO_2, tal como se observa nas curvas da figura 5-2. O efeito do CO_2 consiste em desviar a curva para a direita, ao aumentar sua tensão, se denomina efeito Bohr e se deve ao aumento de $[H^+]$; a acidez torna mais fraca a união entre o oxigênio e o ferro da hemoglobina e, portanto, permite a maior dissociação da oxihemoglobina, favorecendo o deslocamento da equação para a esquerda:

$$HHb + O_2 \rightleftarrows HbO_2^- + H^+$$

A modificação da curva em função da pCO_2 tem importância fisiológica; nos pulmões, onde a pCO_2 é baixa, a afinidade da hemoglobina pelo oxigênio é mais alta e capta oxigênio com mais facilidade; ao contrário, nos tecidos onde a pCO_2 é muito alta e a pO_2 é muito baixa, a hemoglobina libera o oxigênio com grande facilidade.

Efeito do 2,3-bisfosfoglicerato

A afinidade do oxigênio pela hemoglobina é maior quando a proteína é extraída do glóbulo vermelho, fato que sugere a presença de uma substância capaz de modificar a afinidade do oxigênio pela hemoglobina.

```
COO⁻
 |
HC —O—(P)
 |                2,3-bisfosfoglicerato
H₂C—O—(P)
```

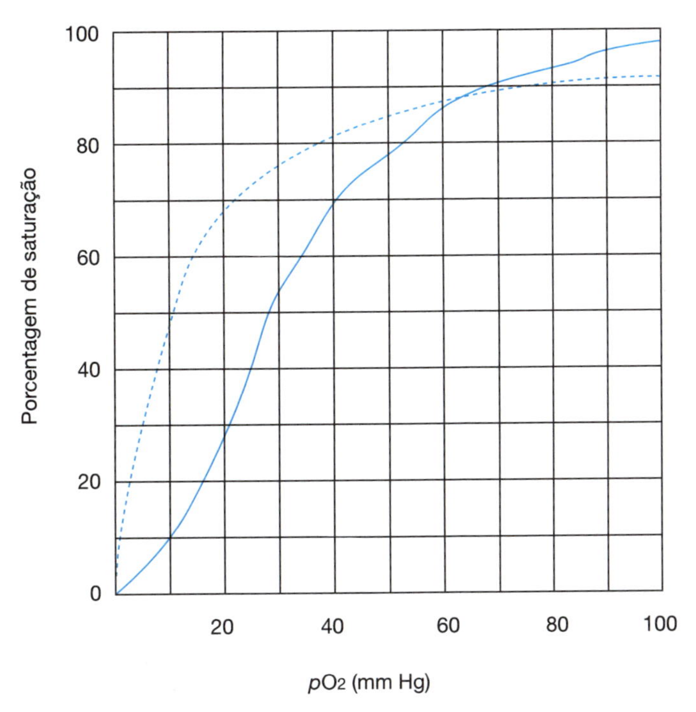

Figura 5-1. Curva de saturação da hemoglobina. Na curva descontínua se mostra o comportamento da hemoglobina, a qual se dissociou nos monômeros que a integram e perdeu seu comportamento cooperativo. A curva contínua, em "S" ou sigmoide se obtém com sangue total, onde a hemoglobina é composta por quatro monômeros e mantêm seu comportamento cooperativo.

O 2,3-bisfosfoglicerato presente no glóbulo vermelho abaixa 26 vezes a afinidade do oxigênio pela hemoglobina. Quando a oxihemoglobina perde seu O_2 e se converte em desoxihemoglobina, quando o oxigênio sai, a proteína se combina com o 2,3-bisfosfoglicerato, o que impede a recaptura do O_2 no nível tissular. No pulmão, o excesso de oxigênio desloca o 2,3-bisfosfoglicerato e a desoxihemoglobina se converte em oxihemoglobina. Mais detalhes sobre a ação molecular do 2,3-bisfosfoglicerato e sobre a molécula

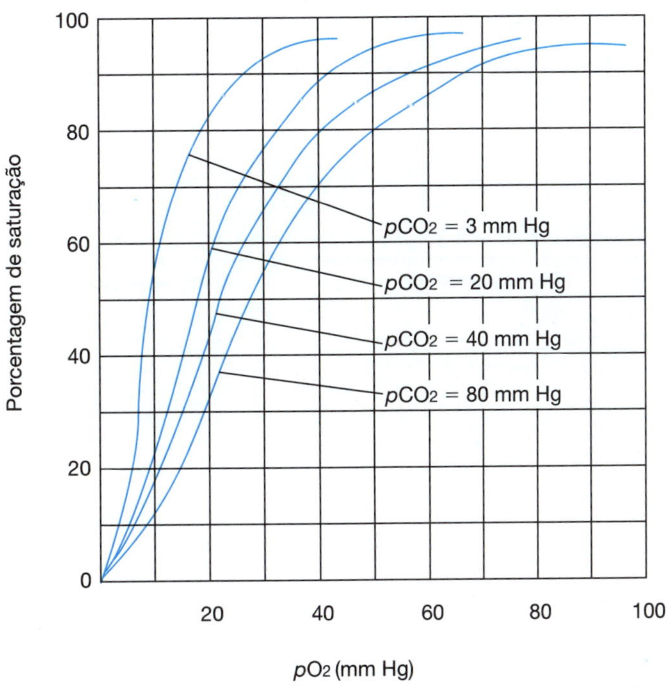

Figura 5-2. Curvas de saturação da hemoglobina em diferentes pressões parciais de CO_2. O aumento de pCO_2 desloca a curva para a direita.

da hemoglobina se encontram no capítulo 9, **Funções das proteínas**.

O 2,3-bisfosfoglicerato é importante tanto fisiológica quanto clinicamente. Em parte, a adaptação do ser humano a grandes alturas se deve a um aumento do 2,3-bisfosfoglicerato; assim, se libera mais oxigênio nos tecidos para seu consumo, mesmo quando seja menor a saturação da hemoglobina com o oxigênio, em vista de sua menor disponibilidade pela maior altitude. Algo semelhante ocorre nos enfermos com insuficiência pulmonar crônica, como o enfisema presente na baixa saturação de hemoglobina com oxigênio; quando aumenta a concentração de 2,3-bisfosfoglicerato, a oxihemoglobina libera o oxigênio com maior facilidade.

Capacidade de transporte da hemoglobina

Em estado de repouso, um homem normal utiliza 250mL de oxigênio por minuto; o exercício faz aumentar o requerimento até 2500mL por minuto. Um grama de hemoglobina se combina com 1,34mL de O_2; portanto, com uma média de 15g de hemoglobina por 100mL de sangue, se captam uns 20mL de O_2. Nos capilares se encontra a seguinte situação: a pO_2 no interior do vaso é de 100mmHg e nas células de 20mmHg; ao contrário, a pCO_2 nas células é de 60mmHg e no sangue arterial é de 40mmHg. Favorece-se, portanto, a difusão do O_2 do sangue até as células e do CO_2 das células até o sangue; uma vez passado o capilar, no sangue venoso a pO_2 é de 40mmHg e a pCO_2 é de 46mmHg; ainda que a diferença de pressões para o CO_2 seja só de 6mmHg, devido à sua maior difusibilidade, este sai mais facilmente das células. No gráfico de dissociação da hemoglobina (figura 5-2), a uma pO_2 de 25mmHg e a uma pCO_2 de 46mmHg, condições do sangue venoso, a saturação da hemoglobina com oxigênio é cerca de 56% (34% menor do que no sangue arterial); isto é, foram liberados 8,8mL de oxigênio para cada 100mL de sangue distribuído nos capilares.

Mioglobina e hemoglobina fetal

Os músculos utilizam grande quantidade de oxigênio, o que é facilitado por meio da proteína **mioglobina** (capítulo 9, Funções das proteínas).

A curva de saturação da mioglobina em distintas pO_2 gera uma hipérbole retangular, como ocorre com as soluções diluídas de hemoglobina (figura 5-1). Isto permite que a mioglobina atue como reserva de oxigênio; na verdade, a uma pO_2 baixa, a hemoglobina perde boa parte de seu oxigênio e a mioglobina o conserva. Além disto, a hemoglobina, na presença de H_2CO_3, produzido pela hidratação do CO_2, desvia sua curva de dissociação para a direita, libera mais facilmente o oxigênio e diminui sua saturação. A hemoglobina fetal, imunológica e quimicamente muito característica, funciona como a mioglobina; isto é, para qualquer valor da pO_2, o sangue fetal tem mais oxigênio que o sangue materno. Isto é muito conveniente para o feto, pois conta com quantidade adequada de oxigênio ao transferir o gás da hemoglobina materna para a fetal e desta para as células.

TRANSPORTE DE DIÓXIDO DE CARBONO

Um homem normal produz diariamente 500L de CO_2 transportados no sangue como H_2CO_3 ou sua forma iônica HCO_3^-. Na água a 37°C e a uma pressão de gás do 40mmHg, se dissolvem 2,6mL de CO_2 por 100mL. Por sua vez, no sangue arterial se dissolvem 50mL por 100mL e no sangue venoso 60mL por 100mL (50 ou 60 volumes por cento, respectivamente). O CO_2 está no sangue geralmente como bicarbonato, HCO_3^-; no quadro 5-3 são encontradas as proporções relativas das diferentes formas em que existe no sangue arterial e no sangue venoso.

Quadro 5-3. Distribuição do dióxido de carbono no sangue arterial e no sangue venoso por litro de sangue

	Sangue arterial		Sangue venoso		Diferença	
	mL	mM	mL	mM	mL	mM
Total	477	21,5	514	23,2	37	1,7
Total em glóbulos vermelhos (400 mL em 1L de sangue)	124	5,6	137	6,2	13	0,6
CO_2 Dissolvido	6,6	0,3	8,8	0,4	2,2	0,1
HCO_3^-	95	4,3	97,2	4,4	2,2	0,1
Carbamino	22,0	1,0	31,0	1,4	9,0	0,4
Total em plasma (600 mL em 1L de sangue)	353	15,9	377	17.0	24,0	1,1
CO_2 disuelto	15,5	0,7	17,7	0,8	2,2	0,1
HCO_3^-	337	15,2	359	16,2	22	1,0

O HCO_3^- do plasma se comporta de maneira diferente ao do sangue total; na figura 5-3 se mostra a concentração do CO_2 no plasma em função da pCO_2. Na parte de cima do gráfico se encontra a curva correspondente a uma solução aquosa de $NaHCO_3$, a qual, ao ser exposta ao vácuo ($pCO_2 = 0$), permite a saída de metade do HCO_3^-, de acordo com a equação:

$$2NaHCO_3 \rightarrow Na_2CO_3 + CO_2 + H_2O$$

Quando a mesma solução é tratada com ácido é liberado todo o CO_2, como é mostrado a seguir:

$$2NaHCO_3 + 2HCl \rightarrow 2NaCl + 2CO_2 + 2H_2O$$

O plasma se comporta de modo muito parecido com uma solução de HCO_3^-. Em contrapartida, no sangue, à pCO_2 de zero, todo o CO_2 é expulso. Isto indica que nos glóbulos vermelhos existe um mecanismo que facilita a eliminação completa do CO_2. O CO_2 do sangue, proveniente dos tecidos é transportado em muito pequena proporção (3% do total) na forma de solução verdadeira de CO_2 (quadro 5-1). No plasma, a hidratação do CO_2 para ser convertido em H_2CO_3 é lenta; porém, nos eritrócitos, onde entra por difusão, o CO_2 é rapidamente hidratado pela enzima **anidrase carbônica**.

$$CO_2 + H_2O \rightarrow + H_2CO_3$$

Quando o sangue passa pelos pulmões em condições de pCO_2 baixa, o H_2CO_3 é desidratado e se pode liberar todo o CO_2. Ao contrário, nos tecidos, onde há uma pCO_2 alta, o gás passa ao plasma e aos eritrócitos, onde se forma, com grande velocidade, H_2CO_3 por hidratação do CO_2.

O H_2CO_3 é um ácido fraco e em solução aquosa está pouco ionizado; no entanto, o excesso de Na^+, K^+ e outros cátions no plasma, é equilibrado com o HCO_3^- proveniente da dissociação de H_2CO_3; o resultado final é a existência de HCO_3^- no plasma, muito acima do que se explicaria pela simples dissociação de um ácido fraco. Ainda que o H_2CO_3 se forme no interior dos eritrócitos, a maior quantidade de HCO_3^- se encontra no plasma e domina, em proporção de 3 para 1, a quantidade presente nos glóbulos vermelhos.

Formação de grupos carbamino

Além de estar em solução ou como H_2CO_3 ou HCO_3^-, o CO_2 pode estar no sangue na forma de compostos carbamino, a partir de sua união com grupos amino alifáticos:

$$R{-}NH_2 + CO_2 \rightarrow R{-}NHCOO^- + H^+$$

como é o caso dos quatro grupos amino-terminais de cada uma das quadro cadeias polipeptídicas da mo-

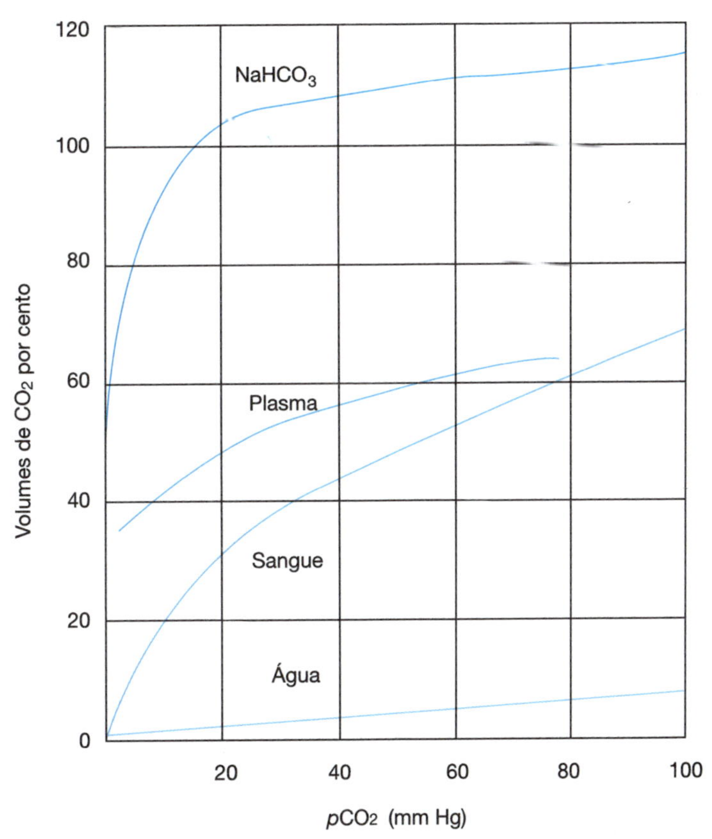

Figura 5-3. Curvas de dissociação de dióxido de carbono em água, sangue e plasma, em comparação com uma solução de bicarbonato de sódio com a mesma quantidade de base disponível que o sangue.

lécula da hemoglobina; assim se transportam de 2 a 3% do CO_2.

No sangue venoso, o CO_2 transportado como grupo carbamino é só a metade do que transporta o sangue arterial; no entanto, quantitativamente, representa cerca da terceira parte do CO_2 transportado por todo o sangue (quadro 5-3).

Efeito tamponante da hemoglobina com o ácido carbônico

A hemoglobina tem capacidade tamponante porque pode captar H^+ ao perder oxigênio. Do mesmo modo, quando a hemoglobina se une ao oxigênio, libera os H^+. A hemoglobina oxigenada é um ácido mais forte que a hemoglobina não oxigenada, por ter mais facilidade para liberar os H^+. Na verdade, existe uma competição entre as concentrações efetivas de oxigênio e de prótons. No pulmão, a maior disponibilidade do oxigênio e a baixa concentração de prótons coincidem para oxigenar a hemoglobina e liberar seus prótons lábeis. Nos tecidos, a menor disponibilidade de oxigênio e a produção de prótons forçam a hemoglobina a perder seu oxigênio e captar prótons.

Desvio isoídrico

Se denomina desvio isoídrico a um movimento de íons favorecedor da captação de CO_2 sem modificações importantes do pH (figura 5-4). O CO_2 passa dos tecidos ao plasma e do plasma aos eritrócitos por meio de difusão simples; é hidratado pela **anidrase carbônica** e se converte em H_2CO_3, ionizável em HCO_3^- + H^+. Como foi descrito anteriormente, a hemoglobina capta os H^+ e, simultaneamente, o grupo heme solta o oxigênio, formando desoxihemoglobina menos ácida, em relação com a oxihemoglobina. Ao ser captado o H^+, fica livre o HCO_3^- e este passa ao plasma em intercâmbio com o cloreto.

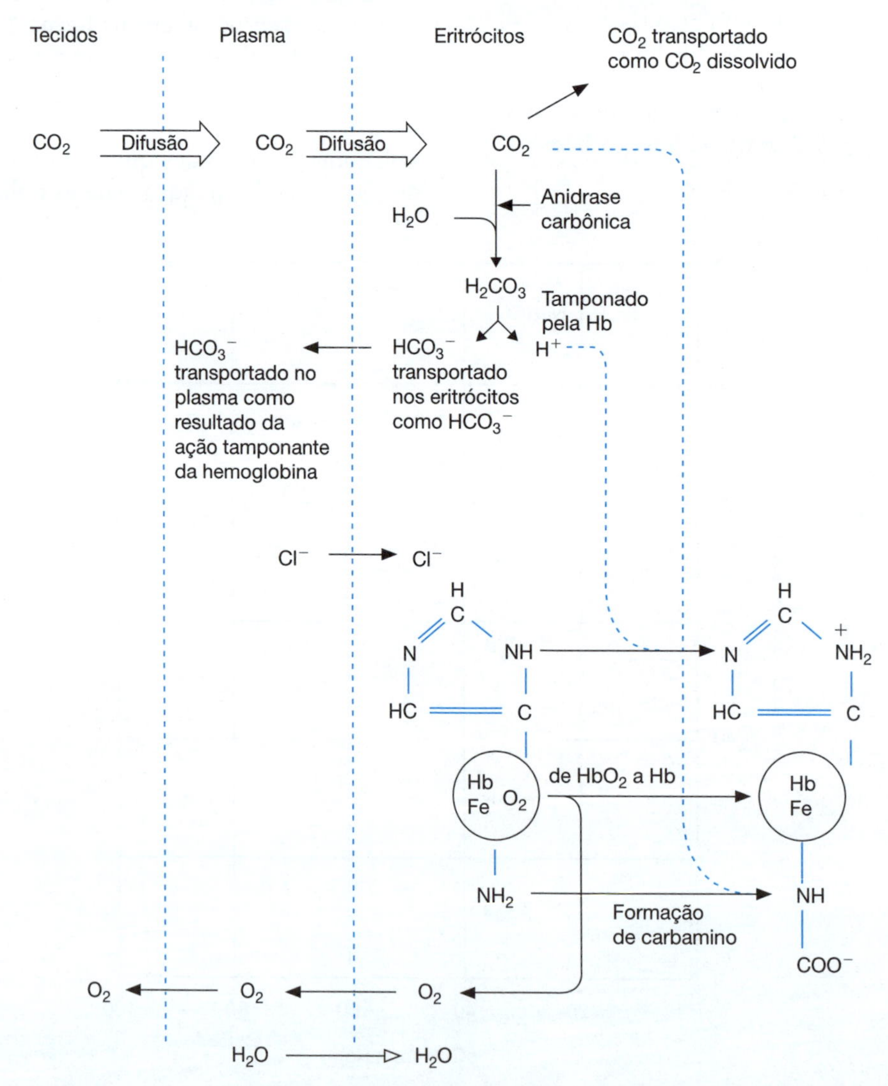

Figura 5-4. Processos que ocorrem na passagem do CO_2 dos tecidos até o sangue. A hemoglobina, de maneira esquemática, mostra somente os anéis imidazólicos da histidina e os grupos terminais NH_2 de diversos aminoácidos. Nos pulmões, ocorre o fenômeno totalmente inverso.

O pH muda muito pouco porque os H^+ são captados pela hemoglobina. Do ponto de vista quantitativo, o desvio isoídrico implica na formação de 0,7mEq de HCO_3^- para cada mmol de O_2 separado da oxihemoglobina e, simultaneamente, na captação de 9,7mEq de prótons por parte da hemoglobina.

Com o desvio isoídrico ocorre o **desvio de cloretos** através do seguinte mecanismo: a maior formação de H_2CO_3 nos glóbulos produz um excesso de HCO_3^- em seu interior, que ao passar ao plasma causa uma diminuição de partículas negativas nos glóbulos vermelhos; o equilíbrio se restabelece com a entrada de Cl^- proveniente do plasma (figura 5-4).

Os mesmos fenômenos, porém em ordem inversa, ocorrem nos eritrócitos, no plasma e nos alvéolos, quando o sangue venoso chega aos capilares pulmonares. Neste caso, se perde CO_2 do plasma em direção ao ar alveolar e flui O_2 do ar para o plasma e para os glóbulos vermelhos; a desoxihemoglobina se transforma em oxihemoglobina e desta maneira tende a perder o próton H^+; este se combina com HCO_3^-, formando H_2CO_3, o qual por meio da anidrase carbônica se converte em CO_2 e H_2O; o CO_2, por difusão a favor da diferença de pressão com respeito ao ar alveolar. A baixa de $HCO3^-$ nos glóbulos vermelhos, por combinar-se com o H+ é compensada pela entrada de HCO_3^- do plasma. Para cada molécula de HCO_3- que entra nos glóbulos vermelhos sai um Cl- para o plasma. Este HCO_3^- segue aceitando os H+ provenientes da hemoglobina para repetir o ciclo. Simultaneamente, o CO_2 presente na forma de compostos de carbamino é liberado pela baixa pCO_2 e pela conversão de hemoglobina em oxihemoglobina. Portanto, a hemoglobina, além de transportar oxigênio, também transporta 60% de CO_2 e tem um papel primordial na manutenção do pH sanguíneo.

Regulação da respiração

A profundidade e velocidade dos movimentos respiratórios são regidas pelo centro respiratório do bulbo raquídeo, cuja atividade é modificada pelas pressões de CO_2 e de O_2 do sangue e indiretamente pelo pH, quando muda a quantidade de H_2CO_3.

A elevação da pCO_2, como na asfixia, com diminuição da quantidade de O_2 e excesso de CO_2, provoca hiperpneia, ou aumento da profundidade das respirações; se o CO_2 sobe demasiadamente, se deprimem as funções respiratórias e cardíacas, o que pode resultar em morte.

Outro fator regulador é a pO_2 através do corpo carotídeo e do seio aórtico; o aumento da pO_2 deprime o centro respiratório, embora este sistema seja mais sensível ao excesso de CO_2 do que à falta de oxigênio.

Respiração nas grandes alturas. A pressão barométrica e, portanto, a pO_2 nas grandes alturas diminui progressivamente. A 10.000m de altura a pO_2 é de 40mmHg, ou seja, um quarto do seu valor ao nível do mar. O sangue arterial, nestas condições está menos saturado com respeito ao oxigênio. Se a mudança do nível do mar às grandes alturas se faz rapidamente, como em um voo, é necessário administrar oxigênio sob pressão para evitar sintomas de anoxia, especialmente cerebral. No entanto, se o traslado se faz lentamente, ou se se trata de pessoas acostumadas, o ajuste é obtido através do aumento da quantidade de hemoglobina que pode alcançar cifras de 20 e 25g por 100mL. Além disso, aumenta a concentração do 2,3-bisfosfoglicerato no glóbulo vermelho, o que resulta em uma diminuição da afinidade do oxigênio pela hemoglobina, a qual o libera com maior facilidade ao nível tecidual.

REFERÊNCIAS

Davenport HW: *The ABC of acid-base chemistry.* 6th. ed. Chicago: The University of Chicago Press, 1974.

Devlin TM: *Bioquímica. Libro de texto con aplicaciones clínicas*, 5 ta ed. Barcelona: Editorial Reverté, 2004.

Frauenfelder H, McMahon BH, Fenimore PW: Myoglobin:The hydrogen atom of biology and paradigm of complexity. Proc Natl Acad Sci USA 2003;100:8615.

Gainble JL: *Chemical anatomy, physiology and pathology of extracellular fluids.* 6th ed. Cambridge: Havard University Press, 1954.

Lozano JA, Galindo JD, García Borrón JC, Martínez Liarte: *Bioquímica y Biología Molecular*, 3ra ed. México: McGraw-Hill Interamericana, 2005.

Masoro EJ, Kleeman CR: *Clinical disturbances off luid and electrolyte metabolism.* 2nd ed., New York: McGraw-Hill, 1972.

Melo V, Cuamatzi O: *Bioquímica de los processos metabólicos, Barcelona:* Ediciones Reverté, 2004.

Nelson DL, Cox MM: *Lehninger Principios de Bioquímica*, 4ª ed. Barcelona: Omega, 2006.

Robinson JR: *Fundamentals of acid-base regulation.* 5th ed., London: Blackwell Scientific Publications, Ltd., 1975.

Schwartz AB, Lyons H (eds.): *Acid-base and electrolyte balance.* New York: Grune & Stratton, Inc., 1977.

Smith C, Marks AD: *Bioquímica básica de Marks. Un enfoque clínico.* Ed. México: McGraw-Hill Interamericana, 2006.

Wiedemann N, Fraizer AE, Pfaner N: The protein import machinery of mitochondria. J Biol Chem 2004;279:14473.

Weisberg HH: *Water, electrolyte and acid-base balance.* The Baltimore:Williams & Wilkins Co. 1979.

Páginas eletrônicas

House SD (2001): *Acid - Base Regulation*, lecture 31 [online]. Disponible: http://facstaff.elon.edu/shouse/physiology/physiol34/Lecture31.html [2009, mayo 24]

6

Balanço energético e nutrição

Enrique Piña Garza

Este capítulo inclui os aspectos básicos sobre o metabolismo energético e a nutrição. O metabolismo energético se refere ao estudo do aporte e gasto da energia, indispensáveis para a realização de todas as funções nos seres vivos. Os aspectos bioquímicos da nutrição compreendem o aporte dos alimentos como fontes de energia e como precursores de todos os compostos integrantes das células e dos tecidos.

METABOLISMO ENERGÉTICO

As funções dos seres vivos (movimento, respiração, crescimento, reprodução, etc.) requerem energia para serem realizadas e para isto dependem de: a) liberação da energia dos compostos que a contêm e b) de um mecanismo de transdução de energia, isto é, um sistema que pode receber a energia e armazená-la na forma de compostos químicos como o ATP, que é utilizado para a realização de trabalho mecânico, osmótico e elétrico, entre outros. Grande parte do metabolismo consiste no aproveitamento da energia proveniente dos alimentos. A energia contida em uma substância se desprende como calor ou se converte em diversas formas de trabalho, que por sua vez, ao serem aproveitadas, terminam por converterem-se em calor (figura 6-1).

Os estudos de **calorimetria** permitem determinar o valor tanto da capacidade calorífica dos alimentos como os requerimentos de energia do organismo em distintas condições. O Sistema Internacional de Unidades recomenda o *joule* como unidade de energia. O símbolo do joule é J e se define como $m^2/Kg/s^{-2}$ (metro ao quadrado por quilo por segundo ao quadrado) e é a quantidade de energia que se requer para mover 1Kg de massa em uma distância por 1 metro, e que corresponde ao trabalho realizado por uma força de 1 Newton que se desloca a uma distância de 1 metro. Um quilojoule (KJ) é igual a 1.000 J. Em bioquímica e em nutrição se continua utilizando como unidade de energia a caloria grande ou quilocaloria (kcal). Uma kcal é igual a 1.000 calorias (cal) e uma cal é equivalente à quantidade de calor requerida para elevar em 1°C (de 14,5 a 15,5°C) 1g de água. Finalmente, 1kcal = 4.184 kJ.

VALOR CALÓRICO DOS ALIMENTOS

A quantidade de calor produzida por um alimento quando este é queimado em um aparato, como a bomba calorimétrica, é o equivalente à energia potencial de tal alimento; no geral, os valores encontrados com a bomba são muito parecidos aos obtidos nos organismos vivos. Assim, a combustão de uma mistura de carboidratos (mono e polissacarídeos), parecida com a ingerida pela dieta, acumula cifras de 4,1kcal por grama de carboidrato. Na bomba, um grama de gordura natural proporciona 9,3kcal e 1g de proteína dá uma média de 5,6kcal; no entanto, as proteínas, quando são oxidadas no organismo animal, somente liberam 4,1kcal por grama, pois em condições fisiológicas não se queimam por completo e parte delas se excreta na forma de ureia $(NH_2)_2CO$, produto não totalmente oxidado.

Na prática, os números são arredondados e se aceita, em fisiologia, como valor calórico das gorduras 9kcal por grama, dos carboidratos 4kcal por grama e das proteínas 4kcal por grama.

É interessante que o álcool, às vezes consumido em grandes quantidades (mais de 50% das necessidades calóricas), produz 7kcal por grama.

QUOCIENTE RESPIRATÓRIO

Entende-se por quociente respiratório a relação numérica obtida ao dividir o volume de dióxido de carbono produzido em uma reação, pelo volume de oxigênio usado para que aconteça. O quociente respiratório varia para cada um dos princípios alimentícios fundamentais.

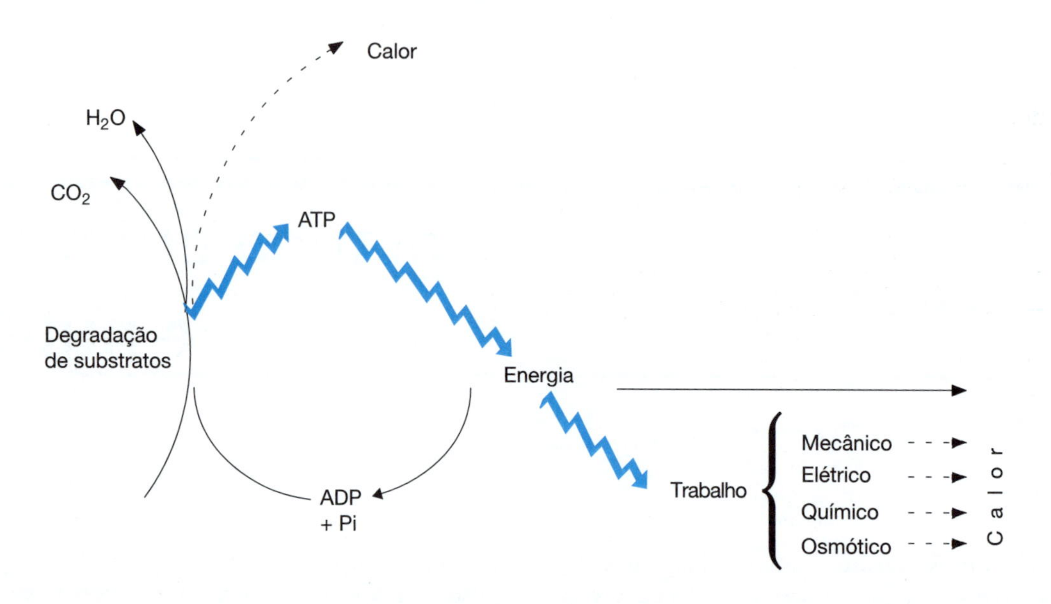

Figura 6-1. Transformação da energia química armazenada nos metabólitos em diversas formas de trabalho; direta ou indiretamente, todas as transformações terminam por converterem-se em energia calórica que se dissipa ao meio.

os **carboidratos** são oxidados de acordo com a equação geral:

$$C_6H_{12}O_6 + 6\ O_2 \rightarrow 6\ CO_2 + 6\ H_2O$$

e fornecem um quociente respiratório, ou seja, a relação CO_2/O_2, de 6/6 = 1. Quando se oxida uma **gordura**, como a trioleína, a reação geral é:

$$C_{57}H_{104}O_6 + 80\ O_2 \rightarrow 57\ CO_2 + 52\ H_2O$$

com um quociente respiratório de 57/80, ou seja, 0,71. Da mesma maneira, o quociente respiratório para a **proteína** é de 0,80. Quando o indivíduo ingere uma dieta mista, o quociente respiratório é de 0,82.

VALOR CALÓRICO DO OXIGÊNIO

Ao oxidar carboidratos até CO_2 e H_2O, são produzidos aproximadamente 5.0kcal por litro de oxigênio utilizado. Quando gorduras são oxidadas, 1L de O_2 serve para a produção de 4,68kcal e, quando se trata da combustão de proteínas, o valor calórico do O_2 é de 4,48 kcal por litro.

Em uma dieta mista, formada por quantidades equilibradas de proteínas, gorduras e carboidratos, experimentalmente foi obtido um quociente respiratório de 0,82, com um valor calórico, por litro de oxigênio, de 4,825kcal. Quando o animal está sintetizando gorduras a partir de carboidratos, se consome muito pouco O_2, posto que a partir de um produto muito oxigenado, como são os carboidratos, se passa a uma substância menos oxigenada, um ácido graxo; predomina desta forma a produção de CO_2 sobre o consumo de O_2 e o quociente respiratório se torna maior que a unidade; experimentalmente foram obtidos valores de 2,0 e mais. Ao contrário, quando o animal está queimando sua própria gordura e não utiliza carboidratos, a situação se inverte e o quociente respiratório pode baixar a menos de 0,7; em animais hibernantes são comuns os valores entre 0,6 e 0,7.

CALORIMETRIA

Utilizando métodos de calorimetria, direta ou indireta, pode-se estimar a produção de energia em um organismo vivo medindo a quantidade de calor dissipada em um intervalo determinado de tempo.

O aparato de **calorimetria direta** é utilizado somente com fins de pesquisa; trata-se de uma câmara isolada em cujo interior pode-se colocar um indivíduo ou um animal. O calor produzido pelo sujeito é absorvido em uma camisa de água que rodeia a câmara; mede-se, além disso, o oxigênio consumido e o dióxido de carbono produzido. Podem-se passar alimentos ao interior da câmara e remover excretas. O método já foi usado em diversas condições (repouso, exercício, trabalho mental intenso, etc.).

Os **métodos indiretos** para o estudo da produção energética de um organismo se baseiam nas determinações do consumo de O_2 e da emissão de CO_2, muito relacionados com a produção de calor. A medida dos gases se realiza em circuitos fechados ou abertos. No método de circuito fechado, o ar expelido pelos pulmões passa através de reagentes adequados que fixam a H_2O e o CO_2, e se mede a quantidade de O_2 consumida durante o experimento. Os cálculos para determinar a produção energética são feitos em função do valor calórico de um litro de oxigênio (veja texto acima), em condições de consumo de uma dieta mista.

Na prática, para medir o calor produzido ou utilizado, se estuda a quantidade de oxigênio consumido em um tempo determinado, em condições de repouso e jejum, ou seja, basais, sobre a noção de que o quociente respiratório em uma dieta mista é de 0,82, correspondente a um valor calórico para o oxigênio de 4,825kcal por litro.

METABOLISMO BASAL

O termo **metabolismo basal** representa a quantidade de calor produzido por um organismo em uma unidade de tempo, em condições específicas denominadas basais, ou seja, em repouso físico e mental absolutos e jejum de pelo menos 14 horas; nestas condições, o calor desprendido constitui a quase totalidade da energia liberada pelo consumo das reservas acumuladas no organismo, e inclui somente as funções orgânicas básicas, a respiração, a circulação do sangue e o metabolismo intermediário nos tecidos. No geral, o metabolismo basal ou seu equivalente em calorias é cerca da metade do gasto calórico normal para um indivíduo adulto sadio, em condições normais.

A medida do metabolismo basal, na prática, se faz calculando, a partir do consumo de oxigênio, a quantidade de calorias produzidas, habitualmente no período de 1 hora (quadro 6-1). Os números obtidos dependem de um fator muito constante, a superfície corporal e indicam as calorias produzidas por metro quadrado e por hora. É comum a prática de dar os resultados em porcentagem acima ou abaixo dos valores fixados como normais, de maneira experimental, para uma espécie biológica determinada.

No estado normal, para homens jovens adultos de 20 a 30 anos de idade, os números normais de metabolismo basal são de 40kcal por metro quadrado por hora, equivalentes a 8,3L de oxigênio por metro quadrado por hora. Para as mulheres se registram números 6 a 10% inferiores do que os dos homens.

A produção de 40kcal por hora por metro quadrado para o homem representa valores de 1.300 a 1.600kcal diárias, supondo uma superfície de 1.70m^2 e um peso de 70Kg. As variações normais são de +/-10% ao redor da média em quase 90% dos sujeitos. Além da atividade muscular, da ingestão de alimentos, das emoções e das temperaturas ambientais extremas, existem outros fatores que modificam o metabolismo basal, como são a idade, o sexo, o peso e a estatura, o estado nutricional, etc. No quadro 6-2 se mostra a diminuição do metabolismo basal conforme aumenta a idade, em ambos os sexos.

Em caso de enfermidade, se modifica o metabolismo basal pelas alterações das glândulas de secreção interna e, especialmente, da glândula tireoide. No geral, um metabolismo basal dentro de +/-15% exclui a glândula tireoide como causa da sintomatologia. Nos quadros de hiperfuncionamento hipofisário (acromegalia, síndrome de Cushing, etc.) o metabolismo basal aumenta.

A febre é uma das causas mais frequentes do metabolismo basal alto, assim como a gravidez, devido ao aumento da quantidade de tecido fetal ativo que se soma ao consumo energético do organismo materno.

Observa-se metabolismo basal baixo no hipotireoidismo, quando são encontrados números de até -35%. Na desnutrição o metabolismo basal baixa, em parte pela menor atividade do sistema endócrino característico da desnutrição e talvez também pela carência de proteínas.

METABOLISMO TOTAL

Em condições ideais, a entrada de calorias no organismo iguala a energia dispersada na forma de calor. O gasto de energia depende dos fatores constantes relacionados

Quadro 6-1. Requerimentos calóricos

	kcal por hora		kcal por dia	
	Homens	Mulheres	Homens	Mulheres
Adultos				
Sedentários	100	84	2 400	2 000
Moderadamente ativos	125	100	3 000	2 400
Muito ativos	187	125	4 500	3 000
Gravidez (segunda metade)		100		2 400
Lactação		125		3 000
Crianças				
13 a 15 anos	133	108	3 200	2 600
7 a 9 anos	84	84	2 000	2 600
1 a 3 anos	50	50	1 200	1 200
Menos de um ano	4.6/kg	4.6/kg	110/kg	110/kg

Quadro 6-2. Produção calórica em relação com a idade e sexo

	kcal/hora/m^2	
Idade (anos)	Homens	Mulheres
5	53	52
10	49	46
15	45	39
20	41	37
30	40	36
40	38	35
50	37	34
60	36	34
70	34	32

com o metabolismo basal e das variáveis dependentes da atividade muscular ou do consumo alimentar. Entre estes últimos destaca-se a **ação dinâmica específica** ou efeito termogênico dos alimentos, fenômeno caracterizado por um aumento no metabolismo basal depois da ingestão de alimentos; isto é, o metabolismo dos alimentos produz uma quantidade de calor que se dissipa e se desperdiça. O efeito é muito leve para os carboidratos, intermediário para as gorduras e muito alto (20 a 40%) para as proteínas. Muitos aminoácidos individuais mostram o fenômeno, mesmo quando injetados, o que faz pensar que tal ação parece relacionar-se com os processos de desaminação ou degradação de metabólitos. Na prática, para dietas mistas, se calcula 5% de calorias adicionais para compensar a perda por ação dinâmica específica.

EFEITO DO TRABALHO

O trabalho muscular representa a atividade isolada mais importante para determinar a produção de calor nos seres humanos. No quadro 6-3 se agrupam as atividades, segundo sua intensidade, em sedentárias, moderadamente ativas, ativas e muito ativas. As atividades leves, como escrever à máquina, consomem umas 30 Kcal por hora, em comparação com serrar madeira, cujo consumo se calcula em 380 Kcal por hora; uma corrida em alta velocidade consome 650 Kcal por hora, entre outras.

Nos dois casos citados no quadro 6-4, o de um empregado de escritório e o de um serralheiro, se unificam as atividades do metabolismo basal e a ação dinâmica compreendidas no termo de "processos fisiológicos", mais as atividades habituais como as de levantar-se, caminhar, vestir-se, tomar banho, entre outras, calculadas em umas 50 Kcal por hora. A isto se adiciona o trabalho especial do indivíduo, deixando margem para situações inesperadas. Portanto, o requerimento calórico depende das três fontes de gasto, ou seja: o metabolismo basal, a ação dinâmica específica dos alimentos e o exercício.

As lesões e as enfermidades aumentam o requerimento energético do indivíduo; por exemplo, nos doentes operados ou com fraturas, o requerimento calórico aumenta em uns 30% e mais de 100% nos casos de queimaduras graves.

Os requerimentos energéticos são proporcionados pelos alimentos: os carboidratos, as gorduras e as proteínas. De forma ideal, as proteínas devem prover uns 12% das necessidades calóricas, as gorduras não mais de 30% e o resto, 58%, os carboidratos.

Quadro 6-3. Gasto calórico e atividade

Ocupações	kcal/h
Sedentárias	
Escrever à mão	20
Escrever à máquina	30
Costurar com máquina	45
Moderadamente ativas	
Manufatura de sapatos	90
Carpintaria	140
Ativas	
Ferraria	300
Esculpir em pedra	300
Muito ativas	
Mineração	320
Serraria	380

O PROBLEMA DA OBESIDADE

A obesidade consiste no acúmulo de calorias, na forma de gorduras, nos depósitos do organismo; se trata, a rigor, de um desequilíbrio entre a ingestão e o consumo de energia, pois se ingere mais alimento do que o necessário para sustentar os gastos calóricos, provavelmente em consequência de uma alteração do apetite. Não existem indivíduos que digiram ou utilizem de maneira mais eficaz os alimentos; portanto, a causa da obesidade não é um maior aproveitamento dos alimentos.

Do ponto de vista do equilíbrio calórico, o acúmulo de tecido adiposo cria uma sobrecarga física e para mover a maior massa de tecido adiposo se necessita fazer mais trabalho muscular e gastar mais energia; além disso, existe uma maior utilização e mobilização de triglicerídeos e de ácidos graxos no tecido adiposo. Em consequência, conforme aumenta a quantidade de gordura acumulada, se incrementam as necessidades de energia para os movimentos desta pessoa e para o metabolismo do tecido adicionado. O processo não segue indefinidamente, pois se alcança um equilíbrio entre o ingerido e o gasto, ou seja, a soma do metabolismo basal mais o esforço muscular, mais a ação dinâmica específica. Nestas condições, o aumento de peso

Quadro 6-4. Requerimento calórico segundo atividade

	Trabalhador de escritório	kcal
24	Horas de "processos fisiológicos"	1 700
8	Horas de atividades habituais	400
8	Horas de escrever à máquina e fazer anotações	240
Requerimento diário total		2 340
	Serralheiro	**kcal**
24	Horas de "processos fisiológicos"	1 700
8	Horas de atividades habituais	400
8	Horas de trabalho como serralheiro	2 400
Requerimento diário total		4 500

se sustenta com ingestões iguais às que permitiram conseguir este aumento inicialmente, fato que nas pessoas obesas se traduz pela observação de que, mesmo uma ingestão muito moderada coincide com a persistência da obesidade.

BIOQUÍMICA DA NUTRIÇÃO

Os milhares de compostos que integram as células e os tecidos do organismo, provêm de substâncias ou elementos presentes nos alimentos. Além da água e das fontes de energia (carboidratos e lipídeos), o corpo humano necessita ingerir, 23 substâncias orgânicas pré-formadas, denominadas "essenciais", a saber: nove aminoácidos, um ácido graxo e 13 vitaminas, assim como 15 elementos químicos cuja presença é indispensável na dieta: cálcio, fósforo, iodo, ferro, magnésio, zinco, cobre, potássio, sódio, cloreto, cobalto, níquel, manganês, molibdênio e selênio. O papel do cromo e do vanádio como elementos "essenciais" ainda é matéria de discussão.

O estudo dos fatores nutritivos presentes na dieta é importante em medicina, pois tanto por sua carência como por seu consumo em excesso, podem apresentar-se diversas alterações: a ingestão excessiva de carboidratos e lipídeos gera a obesidade; a falta de ferro provoca a anemia; em caso de diarreia pode ocorrer uma diminuição de potássio, que origina arritmias e inclusive parada cardíaca, etc. Em termos gerais, devemos reconhecer dois limites para considerar um bom estado de saúde, o da necessidade mínima abaixo da qual podem aparecer sintomas de carência, e o da tolerância máxima, que ao ser excedida pode provocar diversas moléstias ou transtornos. Ambos os limites são modificados por várias circunstâncias, como a idade, o crescimento, o exercício, a gravidez, as enfermidades, o consumo de álcool, etc.

No geral, são raros os quadros de carência em seres humanos devido à falta de um único nutriente; sendo o comum a desnutrição geral, por baixa ingestão de todos os componentes da dieta: carboidratos, lipídeos, proteínas e vitaminas, entre outros; nestas circunstâncias se afeta de maneira grave a economia: a respiração celular, o metabolismo dos carboidratos, dos aminoácidos, etc.

A desnutrição é um dos grandes problemas da humanidade, em especial, nos países em via de desenvolvimento, onde é responsável, de modo indireto, pelas altas cifras de mortalidade infantil.

MÉTODOS GERAIS DE ESTUDO

Os mais importantes na prática são os seguintes:

- **Análise dos alimentos**. Compreende a determinação de distintos componentes. A porcentagem de umidade de um alimento, subtraído de 100, representa o material sólido, formado por proteínas, gorduras, carboidratos, vitaminas e minerais, cujas determinações se realizam pelos métodos específicos descritos nos tratados correspondentes.
- **Animais de laboratório**. Certas espécies animais são adequadas para realizar determinados estudos: o rato e o cachorro para os de niacina; o rato para os de vitamina D; a cobaia para estudos de ácido ascórbico, etc. Ainda que o estudo, às vezes, se enfoque em aspectos específicos, como a linha de calcificação endocondral de ratos jovens deficientes de vitamina D, geralmente são os sinais gerais de desnutrição, como a impossibilidade para ganhar peso ou o aparecimento de sinais cutâneos, os indicadores das carências.
- **Estudos com microrganismos**. A análise de aminoácidos e vitaminas se realiza com alguma técnica microbiológica; consiste em utilizar cepas microbianas que requerem como fator de crescimento o composto em questão.

Existem outras relações interessantes entre os microrganismos e as vitaminas; por exemplo, em alguns animais, as bactérias intestinais contribuem para a síntese de vitaminas; assim, no ser humano, parte do requerimento de biotina, de ácido fólico e de vitamina K se obtém a partir da atividade da flora intestinal.

NECESSIDADES NUTRICIONAIS DOS SERES HUMANOS

No quadro 6-5 se encontram as recomendações dietéticas da Seção de Alimentos e Nutrição do Conselho Nacional de Pesquisa dos Estados Unidos da América, em sua última revisão; derivadas, em grande parte, de pesquisas nutricionais sobre grupos de população sadios e normais, com os quais se determina a ingestão de nutrientes; de estudos de balanço ou análise de tecidos ou líquidos corporais e dos estudos clínicos de indivíduos e populações.

Uma dieta básica aporta todos os nutrientes necessários se consiste em uma mistura de alimentos variados, entre os quais se destacam os laticínios e seus derivados, os produtos de carne, o ovo, as frutas e vegetais e os cereais.

Os princípios alimentares foram estudados individualmente em cada uma das seções respectivas. No início deste capítulo, sob o título de metabolismo energético, se analisam as necessidades de calorias e os efeitos de sua ingestão inadequada. Também se analisam os aspectos nutritivos em relação com os lipídeos, enfatizando-se os ácidos graxos "essenciais", nos aspectos relacionados com as proporções de gorduras animais e vegetais, os problemas médicos do colesterol e da aterosclerose, a Cetose e outros.

Alguns nutrientes como o sódio, o potássio, o magnésio e o cloro, interferem ativamente nos processos relacionados com a fisiologia dos líquidos corporais, e o cálcio e o fósforo contribuem para a manutenção da fase sólida do osso.

Quadro 6-5. Recomendações diárias para o consumo de proteínas e vitaminas lipossolúveis, hidrossolúveis e nutrientes inorgânicos, segundo a idade, sexo e estado fisiológico[1]

	Vitaminas lipossolúveis					
	Idade (anos)	**Proteínas g**	**Vitamina D µg ER[2]**	**Vitamina D µg[3]**	**Vitamina E µg α ET[4]**	**Vitamina K µg**
Crianças	0.0 a 0.5	13	375	7,5	3	5
	0.5 a 1.0	14	375	10	4	10
	1 a 3	16	400	10	6	15
	4 a 6	24	500	10	7	20
	7 a 10	28	700	10	7	30
Homens	11 a 14	45	1 000	10	10	45
	15 a 18	59	1 000	10	10	65
	19 a 24	58	1 000	10	10	70
	25 a 50	63	1 000	5	10	80
	51+	63	1 000	5	10	80
Mulheres	11 a 14	46	800	10	8	45
	15 a 18	44	800	10	8	55
	19 a 24	46	800	10	8	60
	25 a 50	50	800	5	8	65
	51+	50	800	5	8	65
Grávidas		60	800	10	10	65
	1 a 6 meses	65	1 300	10	12	65
Lactantes	7 a 12 meses	62	1 200	10	11	65

[1] Estas margens foram definidas com o objetivo de ajustar-se às variações individuais em pessoas normais estudadas nos Estados Unidos. As dietas se baseiam nos alimentos habituais que, além destes, proporcionam outros nutrientes, cujas necessidades não foram definidas com clareza para seres humanos.
[2] Equivalentes de retinol. 1 equivalente de retinol = 1mg de retinol ou 6µg de betacaroteno.
[3] Na foram de colecalciferol. 10g de colecalciferol = 400UI de vitamina D.
[4] Equivalentes de alfatocoferol. 1mg de alfatocoferol = 1UI de vitamina E.

	Vitaminas hidrossolúveis							
	Idade (anos)	**Vitamina C mg**	**Tiamina mg**	**Riboflavina mg**	**Niacina mg NE[5]**	**Vitamina B6 mg[6]**	**Folatos µg**	**Vitamina B12 µg**
Crianças	0,0 a 0,5	30	0,3	0,4	5	0,3	25	0,3
	0,5 a 1,0	35	0,4	0,5	6	0,6	35	0,5
	1 a 3	40	0,7	0,8	9	1,0	50	1,7
	4 a 6	45	0,9	1,1	12	1,1	75	1,0
	7 a 10	45	1,0	1,2	13	1,4	100	1,4
Homens	11 a 14	50	1,3	1,5	17	1,7	150	2,0
	15 a 18	60	1,5	1,8	20	2,0	200	2,0
	19 a 24	60	1,5	1,7	19	2,0	200	2,0
	25 a 50	60	1,5	1,7	19	2,0	200	2,0
	51+	60	1,2	1,4	15	2,0	200	2,0

Quadro 6-5. Recomendações diárias para o consumo de proteínas e vitaminas lipossolúveis, hidrossolúveis e nutrientes inorgânicos, segundo idade, sexo e estado fisiológico (continuação)

		Vitaminas hidrossolúveis						
Mulheres	**Idade (anos)**	**Vitamina C mg**	**Tiamina mg**	**Riboflavina mg**	**Niacina mg NE5**	**Vitamina B mg 6**	**Folatos µg**	**Vitamina B12 µg**
	11 a 14	50	1,1	1,3	15	1,4	150	2,0
	15 a 18	60	1,1	1,3	15	1,5	180	2,0
	19 a 24	60	1,1	1,3	15	1,6	180	2,0
	25 a 50	60	1,1	1,3	15	1,6	180	2,0
	51+	60	1,0	1,2	13	1,6	180	2,0
Grávidas		70	1,5	1,6	17	2,2	400	2,2
Lactantes	1 a 6 meses	95	1,6	1,8	20	2,1	280	2,6
	7 a 12 meses	90	1,6	1,7	20	2,1	260	2,6

[5] **Equivalente de niacina = 60 mg de triptofano o 1 mg de niacina.**

		Nutrimentos inorgânicos						
	Idade (anos)	**Cálcio mg**	**Fósforo mg**	**Magnésio mg**	**Ferro mg**	**Zinco mg**	**Iodo µg**	**Selênio µg**
Crianças	0.5 a 1.0	600	500	60	10	5	50	15
	1 a 3	800	800	80	10	10	70	20
	4 a 6	800	800	120	10	10	90	20
	7 a 10	800	800	170	10	10	120	30
Homens	11 a14	1 200	1 200	270	12	15	150	40
	15 a 18	1 200	1 200	400	12	15	150	50
	19 a 24	1 200	1 200	350	10	15	150	70
	25 a 50	800	800	350	10	15	150	70
	51+	800	800	350	10	15	150	70
Mulheres	11 a 14	1 200	1 200	280	15	12	150	45
	15 a 18	1 200	1 200	300	15	12	150	50
	19 a 24	1 200	1 200	200	15	12	150	55
	25 a 50	800	800	280	15	12	150	55
	51+	800	800	280	10	12	150	55
Grávidas		1 200	1 200	320	30	15	175	65
Lactantes	1 a 6 meses	1 200	1 200	355	15	19	200	75
	7 a 12 meses	1 200	1 200	340	15	16	200	75

Adaptado de: National Research Council. Recommended dietary allowances. 10th ed. Washington: National Academy Press, 1989.

Outros elementos estão relacionados com a hematopoiese, como o ferro que participa da síntese de hemoglobina. A falta de cobre produz anemia microcítica e normocrômica. A deficiência de cobalto observada em ruminantes parece alterar a síntese da vitamina B_{12}, da qual tal metal faz parte. O magnésio é componente de várias enzimas, assim como o zinco presente na anidrase carbônica e nas desidrogenases alcoólica e lática, e na insulina.

O aspecto importantíssimo das vitaminas na nutrição é exposto no capítulo 12, onde ainda se analisa a participação destas moléculas como coenzimas no metabolismo dos organismos.

PAPEL DAS PROTEÍNAS NA NUTRIÇÃO

As proteínas ingeridas com a dieta cotidiana são degradadas até aminoácidos, os quais entram no organismo e contribuem para duas funções: síntese de novas proteínas e formação de compostos não proteicos de importância fisiológica.

ASPECTOS QUALITATIVOS DAS PROTEÍNAS DIETÉTICAS

É bem sabido o fato de que o consumo de algumas proteínas permite alcançar um estado de saúde normal e, ao contrário, outras proteínas não logram conservar a vida do animal. São obtidos resultados diferentes quando se utilizam as proteínas do leite, da carne, dos ovos ou algumas leguminosas, e quando são administrados como fonte de proteínas certos vegetais ou gelatina procedente do colágeno animal. A diferença entre as proteínas de alta e baixa capacidade para sustentar as funções corporais reside na quantidade e nas proporções dos aminoácidos que a integram. Desta observação derivam os conceitos de aminoácido essencial ou indispensável, aminoácido não essencial, proteína completa e proteína incompleta. Os aminoácidos essenciais são os que não podem ser sintetizados em quantidades suficientes para assegurar o desenvolvimento adequado de um organismo. Portanto, os aminoácidos essenciais devem ser ingeridos a partir da dieta; a falta de um deles causa defeitos do crescimento e até a morte de um organismo. Os aminoácidos não essenciais são sintetizados pelos tecidos dos animais, desde que se administre uma fonte adequada de carbono como os carboidratos e as gorduras e outra de nitrogênio para incorporá-lo aos resíduos dos cetoácidos disponíveis. Todos os aminoácidos, essenciais e não essenciais, são necessários para a síntese das proteínas próprias do organismo; a falta de apenas um destes torna impossível sintetizá-las.

As proteínas completas são as que contêm todos os aminoácidos essenciais em proporção adequada para sustentar o desenvolvimento normal de um organismo; as proteínas incompletas são as que não possuem estes aminoácidos em proporção conveniente (quadro 6-6); a falta de um dos aminoácidos essenciais permite considerar incompleta a proteína (figura 6-2).

"ESSENCIALIDADE" DOS AMINOÁCIDOS

Os primeiros estudos sobre a característica da "essencialidade" ou "indispensabilidade" dos aminoácidos foram efetuados nos ratos brancos de laboratório. Em tal modelo foi descoberto que alguns aminoácidos são necessários em quantidades menores na dieta do animal adulto, mas no animal jovem em crescimento adquirem características de "essencialidade"; o animal sintetiza tais aminoácidos em quantidades adequadas para a sustentação do organismo adulto, mas não consegue fazê-lo nas quantidades requeridas para o crescimento.

Quadro 6-6. Composição de aminoácidos; comparação entre uma proteína completa (soroalbumina) e uma proteína incompleta (gelatina)

Constituinte	Gelatina	Soroalbumina
Aspartato	68.8	10.9
Glutamato	11.0	16.5
Alanina	9.3	6.25
Arginina*	8.6	5.9
Cisteína	0	0.3
Cistina	0.1	6.2
Fenilalanina*	2.3	6.6
Glicina	25.5	1.8
Histidina*	0.7	4.0
Hidroxiprolina	13.0	0
Hidroxilisina	1.3	0
Isoleucina*	1.7	2.6
Leucina*	3.5	12.3
Lisina*	4.6	12.5
Metionina*	1.1	0.8
Prolina	14.2	4.75
Serina	3.2	4.2
Tirosina	0.5	5.1
Treonina*	2.2	5.8
Triptofano*	0	0.6
Valina*	2.7	5.9

Os aminoácidos essenciais estão marcados com *

REQUERIMENTOS DE AMINOÁCIDOS NOS SERES HUMANOS

A maior parte das observações realizadas sobre o requerimento dos aminoácidos nos seres humanos foi feita com a técnica do balanço nitrogenado, usando dietas artificiais; no geral, os requerimentos são parecidos com os dos ratos. No quadro 6-7 são mostrados os aminoácidos essenciais para um homem com as quantidades absolutas recomendadas. No caso das crianças, é preciso adicionar a arginina e a histidina.

Os requerimentos dos aminoácidos para o crescimento ou a manutenção do balanço nitrogenado podem ser expressos de forma quantitativa. No entanto, os números individuais dependem das quantidades presentes dos outros aminoácidos. Em um exemplo muito simplificado, suponha que uma proteína, para ser sintetizada, requer a presença de quatro aminoácidos, A, B, C e D, em quantidades de 40, 25, 20 e 15% respectivamente. Para formar 10g diários desta proteína se necessitam cada dia 4; 2,5; 2,0 e 1,5 g na mesma ordem. Se no lugar de 2,5g do aminoácido B só se administram 1,5g e os demais não se modificam, como os 10g de proteína requerem 2,5g deste aminoácido, com 1,5 apenas

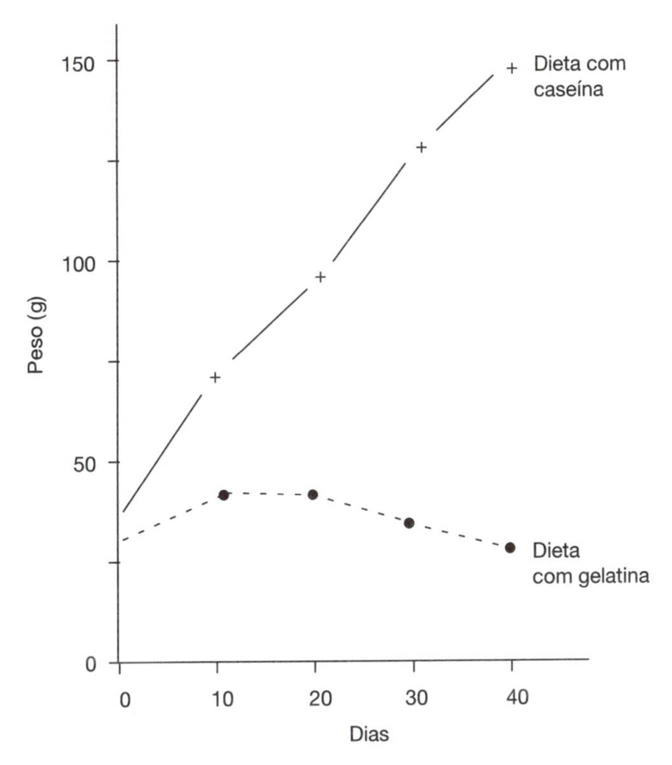

Figura 6-2. Ratos recém-desmamados, sob dieta de 18% de caseína e de gelatina. Os ratos com dieta de gelatina, uma proteína incompleta, não ganham peso e morrem pouco tempo depois.

se formam 6 dos 10g, o que implica que esse 1,5g de B se combina com 2,4g de A, 1,2g de C e 0,9g de D. O que sobra dos aminoácidos A, CE D, ou seja, 1,6g de AM 0,8g de C e 0,6g de D, não formam proteína e são somente utilizados como fonte de calorias. Se nestas condições hipotéticas se aumenta a quantidade dos aminoácidos A, C e D ao dobro ou 10 vezes mais, continuaria sendo impossível formar mais proteína do que os 6g permitidos pelo aporte de 1,5g de B, o qual, neste caso, é o **fator limitante**. Este conceito pode ser aplicado a qualquer mistura de aminoácidos e, na prática, tal situação é a que acontece com as proteínas da dieta; às vezes o aminoácido limitante está em muito pequenas quantidades, como o triptofano na gelatina, ou a lisina na gliadina do trigo. Na segunda coluna do quadro 6-7, expressas em relação ao triptofano, estão às proporções mais adequadas dos outros sete aminoácidos essenciais para o homem.

Quadro 6-7. Requerimentos de aminoácidos para um homem de 70Kg de peso (Rose)

Aminoácido	Requerimento diário em gramas (o requerimento mínimo pode ser a metade deste valor)	Relação entre os diversos aminoácidos; triptofano = 1
Triptofano	0,5	1
Fenilalanina	2,2	4,4
Lisina	1,6	3,2
Treonina	1,0	2,0
Valina	1,6	3,2
Metionina	2,2	4,4
Leucina	2,2	4,4
Isoleucina	1,4	2,8

As proteínas de origem vegetal são deficientes em lisina, triptofano, treonina ou metionina; as proteínas do trigo são deficientes em lisina; a zeína do milho é carente em triptofano. Os feijões, as ervilhas e em geral as leguminosas são deficientes em metionina. As diferentes proporções de aminoácidos nas diferentes proteínas permitem fazer misturas que compensam as deficiências individuais. Por exemplo, a deficiência de lisina do trigo pode ser compensada com o uso das leguminosas, que são muito ricas em lisina; por outro lado, as leguminosas são deficientes em metionina, mas o trigo tem um excesso relativo deste aminoácido.

VALOR BIOLÓGICO DAS PROTEÍNAS

A **digestibilidade** das proteínas é a relação entre a quantidade de proteínas ingeridas e a das proteínas absorvidas. No geral, as proteínas, uma vez digeridas, são absorvidas por completo.

A utilização da proteína representa sua capacidade para a síntese de novas proteínas próprias de cada animal; isto representa o valor biológico representado como se segue:

$$\text{Valor biológico} = \frac{\text{N dietético retido}}{\text{N dietético absorvido}} \times 100$$

Quanto mais nitrogênio é retido em comparação com o absorvido, mais alto é o valor biológico da proteína em questão. A determinação do valor para as diversas proteínas se faz em ratos usando como base de comparação a proteína de ovo inteiro (quadro 6-8).

Também é possível expressar o valor nutritivo de uma proteína em função do chamado valor químico, obtido da concentração de cada aminoácido essencial comparado com o presente na proteína do ovo inteiro. Os "valores químicos" são comparáveis aos valores biológicos, derivados de estudos de balanço nitrogenado ou de crescimento em ratos jovens.

Efeito poupador de proteínas por ingestão de carboidratos e gorduras

Quando a dieta contem carboidratos e gorduras suficientes, a maior parte dos requerimentos energéticos se obtém destas fontes e a quantidade de proteínas degradada com fins energéticos é menor; portanto, a proteína ingerida é utilizada em maior proporção na síntese de tecidos. Este efeito se denomina economia de proteína.

Quadro 6-8. Valor biológico de diversas proteínas para ratos em crescimento (Sahyun)

Proteína ou alimento	Valor biológico	Proteína ou alimento	Valor biológico
Alimentos animais			
Ovo inteiro	94	Leite integral	90
Clara de ovo	83	Lactoalbumina	48
Gema de ovo	96	Caseína	37
Carne bovina	76	Queijo	69
Lombo de porco	79		
Cereais e pão			
Trigo inteiro	67	Milho inteiro	60
Farinha branca	52	Germe de milho	87
Pão branco	45	Arroz branco	75
Germe de trigo	75	Cevada	64
Leguminosas			
Feijões	38	Soja	95
Ervilhas	48	Farinha de soja	75
Amendoim torrado	56		
Outros vegetais e alimentos			
Batata	67	Amêndoa	15
Couve	76	Coco	17
Demente de gergelim	71	Levedura seca	36

BALANÇO DE NITROGÊNIO

É tão característica a presença de nitrogênio nas proteínas e, além disso, sua quantidade é tão constante (16%) que, do ponto de vista nutricional, os termos nitrogênio e proteína frequentemente se utilizam indistintamente.

O nitrogênio do alimento representa em grande proporção nitrogênio proteico. Por outro lado, a maior parte do nitrogênio é excretada através da urina, como ureia, creatinina, amoníaco e ácido úrico, entre outros. O nitrogênio do material fecal representa, na sua maior parte, um produto de descamação intestinal ou da flora bacteriana. Nos seres humanos se observam excreções de 1 a 2g diários de nitrogênio fecal. A partir da determinação do nitrogênio da dieta, o nitrogênio urinário e fecal, se deriva o conceito de balanço de nitrogênio. No geral, um animal adulto excreta diariamente uma quantidade de nitrogênio igual à ingerida; o balanço de nitrogênio está em equilíbrio, ou seja, não há diferença entre o ingerido e o excretado. Para fazer o balanço de nitrogênio é necessário realizar a análise cotidiana de amostras de alimentos, urina e material fecal.

Quando a ingestão de nitrogênio é superior à sua excreção, existe um balanço de nitrogênio positivo; isto acontece quando se deposita tecido, como na época do crescimento, a gravidez e a convalescência de enfermidades causadoras de perda de peso.

Quando a excreção do nitrogênio, por vias urinária e fecal, excede a ingestão através da dieta, há um balanço nitrogenado negativo. Esta situação se apresenta na inanição de enfermos do trato digestório que absorvem muito pouco nitrogênio (fístula intestinal alta ou diarreia profusa), quando existe grande degradação tecidual (enfermidades agudas, infecções, febre, câncer, etc.) ou quando as perdas são muito abundantes (como acontece com mães lactantes que não ingerem a quantidade suficiente de alimentos ou em enfermos dos rins, que excretam quantidades altas de albumina).

Experimentalmente se provoca um balanço nitrogenado negativo ao suprimir determinados aminoácidos das dietas ou quando a fonte de proteína é uma proteína incompleta, como a gelatina, a zeína, etc. Nesta situação, o animal continua degradando suas próprias proteínas com um aumento na excreção de nitrogênio, isto é, a quantidade proporcionada pela proteína incompleta mais a proveniente da degradação interna dos tecidos.

INFLUÊNCIA DA DIETA SOBRE OS ELEMENTOS DE EXCREÇÃO DO METABOLISMO PROTEICO

No quadro 6-9 são observadas as diferenças nas distintas formas de nitrogênio e enxofre urinários, em sujeitos que receberam dietas com quantidades baixas ou altas de proteína. Em ambos os casos, a forma principal de excreção do nitrogênio é a ureia; outras substâncias nitrogenadas, a

Quadro 6-9. Composição da urina em relação com a ingestão proteica. (Resultados de experimentos de classe)

Composição de urina em 24 horas	Dieta rica em proteína (120g de proteína por dia) (gramas)	Dieta pobre em proteínas (20g de proteína por dia) (gramas)
N total	20,2	3,2
N ureico	17,7	1,6
N creatinina	0,71	0,58
N amoniacal	0,59	0,52
N de ácido úrico	0,21	0,18
N não determinado	0,99	0,32
Enxofre total (como sulfato)	4,82	0,49
Sulfato inorgânico	4,05	0,39
Sulfato etéreo	0,23	0,23
Sulfato neutro	0,21	0,2

creatinina, o NH_3 e o ácido úrico não mostram variações quando se muda de uma dieta para outra. A creatinina e o ácido úrico são representantes típicos do metabolismo endógeno; isto é, são provenientes de substâncias cujo metabolismo é independente da ingestão dietética; por exemplo, a creatina do músculo, excretada como creatinina urinária, não se modifica pela ingestão de maior ou menor quantidade de aminoácidos da dieta.

REQUERIMENTOS QUANTITATIVOS DE PROTEÍNAS

Para os cálculos do requerimento de proteínas, aceita-se convencionalmente que estão cobertas as exigências de carboidratos e gorduras, pois tanto por seu efeito de economia como porque seu esqueleto de carbono é necessário para a formação de aminoácidos "não essenciais", é indispensável contar pelo menos com 5g de carboidratos para cada 100 calorias da dieta, para sustentar o equilíbrio nitrogenado; por exemplo, no jejum total, quando um homem adulto perde uns 70g de proteínas (11,0g de nitrogênio) diários se pode reduzir a perda à metade se são ingeridos 100g diários de glicose.

A necessidade de proteínas (completas) para o ser humano pode ser medida através do balanço nitrogenado ou pela observação do estado de saúde. Assim, é possível reduzir a quantidade de proteínas até chegar a um valor que origina balanço negativo; isto se obtém com 0,25 a 0,30g de proteína por quilograma de peso corporal. No entanto, quando um indivíduo se mantém nestas situações marginais de ingestão de nitrogênio, seu estado de saúde é precário e não está em condições de enfrentar certas emergências, como infecções, traumatismos, etc. As recomendações do Conselho Nacional de Pesquisas são de cerca de 1g de proteína completa por quilo de peso para os adultos e de 2g para as crianças, por dia.

Efeitos da deficiência de proteínas

Numerosas funções do organismo se alteram nas deficiências de proteínas: o crescimento se retarda e, no indivíduo adulto a perda de peso é característica. Em nutrição humana não é possível distinguir entre as deficiências de proteínas puras e as deficiências alimentares em geral. Na realidade, como as proteínas são mais caras, frequentemente a carência de proteínas excede a de calorias. Pelas mesmas razões socioeconômicas, com maior frequência faltam às proteínas completas de origem animal ou leguminosa, e o indivíduo consome alimentos com proteínas de baixo valor biológico.

Em crianças se referem duas entidades clínicas por desnutrição proteica, sendo o **kwashiorkor**, que em banto significa criança recusada, uma manifestação que surge quando a criança é prematuramente desmamada e recebe uma dieta hipoproteica, e o **marasmo** cuja causa é a alimentação hipocalórica e hipoproteica e se caracteriza pelo retardo do crescimento, anemia, hipoproteinemia, edema generalizado e alterações hepáticas.

As proteínas não se armazenam como se faz com os carboidratos e as gorduras. No entanto, existe uma fração de proteínas chamadas **lábeis**, facilmente utilizáveis para sintetizar, em casos de necessidade, proteínas fisiologicamente muito importantes, como a hemoglobina ou as proteínas plasmáticas.

REFERÊNCIAS

Álvarez LG, Morales LS: *La nutrición, un enfoque bioquímico.* Limusa, México, 1986.

Casanueva E, Bourges-Rodríguez H: Los nutrimentos. En:*Nutriología médica.* Fundación

Mexicana para la Salud, Ed. Panamericana. 1ª ed., México, 1995: 355–376.

National Research Council. *Recommended dietary allowances.* 10ª ed.,Washington, National Academy Press, 1989.

Páginas eletrônicas

Lopategui E (2000):*Balance energético.*[En línea]. Disponible: http://www.saludmed.com/CsEjerci/NutDeptv/BalanceE/BalanceE.html [2009, abril 10]

Seção II

As moléculas da célula

7

Termodinâmica e equilíbrio químico

Juan Pablo Pardo Vázquez

É denominado mapa metabólico a representação das centenas de reações químicas que ocorrem nas moléculas presentes nas células. O complexo mapa metabólico é organizado em segmentos denominados vias metabólicas. A unidade básica desta rede metabólica é a reação química, na qual se estuda um conjunto de características gerais, algumas do tipo termodinâmico e outras do tipo cinético, por exemplo, a forma em que se modifica a velocidade da reação ao alterar a temperatura, ou a rapidez característica com que ocorre cada reação, assim como as alterações em sua velocidade ao variar a disponibilidade dos substratos ou os produtos, ou ao alterar a concentração de H^+ ou de outros íons. Desta forma, é importante conhecer o efeito da adição de moléculas que acelcram (ativadoras) ou diminuem (inibidores). Neste capítulo serão revisadas as características termodinâmicas a seguir: a) primeiro, deseja-se saber se a reação e espontânea em um ou outro sentido e, se é reversível, determinar qual é a situação de equilíbrio, e b) de especial interesse saber se ao realizar-se a reação ocorre trocas de calor, se ele é absorvido ou liberado, e desde já, se a reação é capaz de efetuar um trabalho e sua contribuição à ordem imperante (entropia) em uma célula e no universo. Os indicadores citados anteriormente – calor, trabalho e entropia – são partes essenciais das trocas moleculares que ocorrem após uma reação química e se estuda globalmente como as troca de energia das reações químicas. Na parte final deste capítulo serão estudadas as propriedades estruturais do ATP, que fazem desta molécula a moeda energética da célula.

O SISTEMA E OS ARREDORES

A termodinâmica é a parte da física que estuda as trocas de energia na natureza. De acordo com termodinâmica, o sistema é a parte do universo em estudo. O sistema pode ser uma célula, um organismo ou uma mistura de reações em um tubo de ensaio. Os sistemas são classificados com base nas fronteiras ou limites que os separam dos arredores. Um **sistema aberto** é aquele cujas fronteiras permitem a troca de calor e de matéria (massa). Um exemplo deste tipo de sistema é o ser humano, já que, através de seus epitélios (pele, pulmão, intestino), há um fluxo constante de calor e de moléculas de água, glicose, dióxido de carbono e de muitas outras com o ambiente. O **sistema fechado** permite o fluxo de calor, mas não de massa, a menos que se rompa o recipiente. Finalmente, no **sistema adiabático** na há fluxo nem de calor nem de matéria. Um exemplo é a garrafa térmica fechada, usada para armazenar líquidos quentes ou frios, pois não há troca de calor entre o interior e o exterior da garrafa térmica.

COMPONENTES DE UMA REAÇÃO QUÍMICA

Suponhamos que em uma reação entrem dois reagentes (A e B) e saem dois produtos (C e D); será considerada irreversível se for até o fim em um único sentido, e reversível se, a partir de C e D, possa se formar os reagentes A e B. A reversibilidade de uma reação é indicada com duas flechas em sentido contrário conectando os regentes com os produtos.

$$A + B \leftrightarrows C + D$$

Em uma reação química, os componentes a esquerda das flechas são denominadas reagentes ou substratos, e os componentes a esquerda das flechas são denominados produtos. Como em um **sistema fechado** ocorre somente fluxo de calor e não de massa, pode-se dizer que a somatória das massas de A, B, C e D é constante.

Para avaliarmos o fluxo de calor nestas reações e indispensável proporcionar informação sobre as condições em que se realizam. Assim, os seguintes dados devem ser indicados no início e no fim da reação: concentração dos reagentes e produtos, pressão e temperatura. Por convenção, são denominadas condições padrão de uma reação quando a concentração de reagentes e produtos é de 1

M, a pressão é de uma atmosfera e a temperatura 25 °C (298° Kelvin). Caso os prótons participem da reação, em bioquímica é estabelecido que o pH deve ser igual a 7,0.

CALOR DE REAÇÃO OU ENTALPIA

Dois tipos de reações podem ser definidos em função das trocas de calor. As **endotérmicas**, nas quais o sistema absorve calor dos arredores e a variação de entalpia é positiva. Isto se deve ao fato do conteúdo de entalpia dos reagentes ser menor do que o conteúdo dos produtos (figura 7-1), pois ao transformar os reagentes em produtos, o sistema absorve calor.

Nas reações exotérmicas o calor é transferido para os arredores e a variação de entalpia é negativa. Neste caso, a entalpia dos reagentes é maior que a dos produtos e esta diferença leva a liberação de calor quando a reação se conclui (figura 7-2).

A variação de entalpia (ΔH) representa a quantidade de calor liberada ou absorvida em uma reação em pressão constante (condição isobárica). Se a reação é realizada em condição padrão, obtém-se a variação de entalpia padrão (ΔH°). A variação de entalpia e dada pela seguinte equação:

$$\Delta H = \Sigma H_{prod} - \Sigma H_{react}$$

onde ΣH_{prod} é a somatória das entalpias dos produtos e ΣH_{reag} é a soma das entalpias dos reagentes. Apesar de na equação serem considerados os valores absolutos de entalpia (H), é importante mencionar que eles não podem ser obtidos nem experimental nem teoricamente, porém, pode-se obter a variação de entalpia, ou seja, a diferença que existe entre o conteúdo de entalpia dos produtos e dos reagentes.

ESPONTANEIDADE DAS REAÇÕES

Um dos aspectos de maior interesse em cada reação química é saber se ela ocorre espontaneamente. A melhor forma de determinar a espontaneidade é obtendo os indicadores gerais sobre da reação.

Por experiência sabe-se que os processos naturais ocorrem em uma única direção. Alguns exemplos desta lei natural incluem o fluxo de água das regiões de mais altas às regiões mais baixas, a oxidação da glicose gerado dióxido de carbono e água, e a dissolução dos cristais de as (NaCl) em água. Em nenhum destes exemplos, sem introdução de energia, é possível que o processo inverso ocorra. Ou seja, espontaneamente, a água não irá fluir para as regiões altas, CO_2 e água não irão formar glicose, e o sódio e o cloro não irão se juntar e formar cristais de NaCl dentro d´água.

Em uma primeira observação pode-se propor a ΔH como critério para determinar a espontaneidade da reação dizer que as reações que exotérmicas são espontâneas e que as reações endotérmicas não são espontâneas, necessitando receber energia para ocorrer. Entretanto, foi

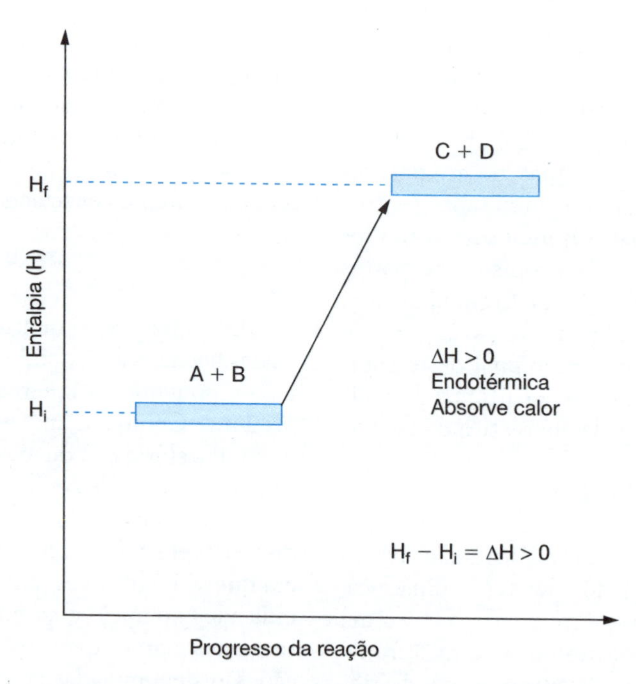

Figura 7-1. Gráfico da entalpia (H) em função do progresso da reação para uma reação endotérmica. Observa-se que os reagentes A e B têm menor entalpia que os produtos C e D, portanto o sistema absorve calor durante a reação.

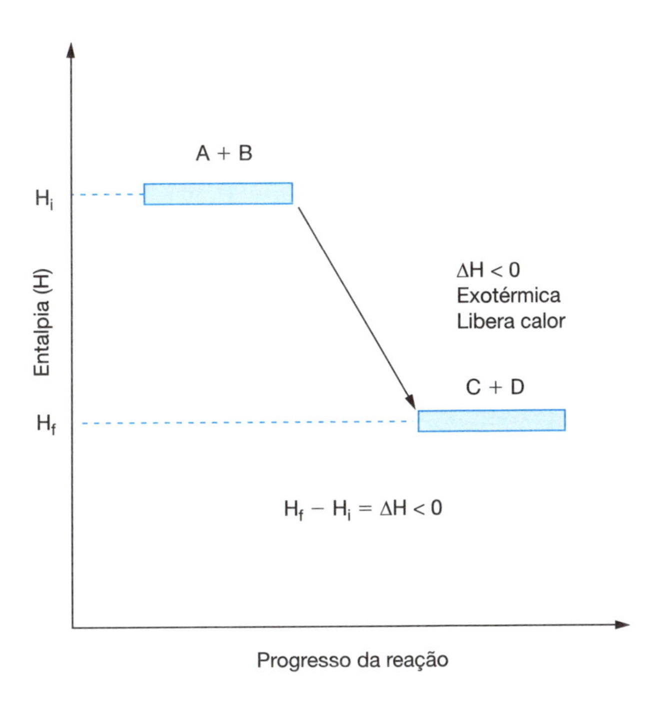

Figura 7-2. Gráfico da entalpia (H) em função do progresso da reação para uma reação exotérmica. Observa-se que os reagentes A e B têm maior entalpia que os produtos C e D, portanto o sistema libera calor durante a reação.

demonstrado experimentalmente que a ΔH não é um bom critério de espontaneidade, já que existem reações espontâneas com ΔH positiva, Como é o caso da dissolução de ureia em água.

Conseguintemente, é necessário mais informações para definir a espontaneidade das reações.

ENTROPIA

A entropia é uma propriedade relacionada com a ordem do sistema. O seu significado pode ser compreendido de forma intuitiva se forem considerados dois sistemas, um de ligações em estado cristalino e outro em estado gasoso. As moléculas que formam parte do cristal estão mais ordenadas que as de um gás. Em estado gasoso, a parede do recipiente é a única limitação ao movimento das moléculas, de forma que elas podem ocupar qualquer local dentro do recipiente. Portanto, não é possível definir a posição de uma molécula em um instante preciso, assim esse sistema possui uma grande entropia, ou grande desordem. No outro extremo encontram-se as moléculas ou íons de um cristal, ocupando lugares fixos dentro dos seus retículos. A posição de cada uma destas partículas esta bem definida, por isto a entropia é pequena. Desta forma é estabelecida uma relação inversa entre a organização do sistema e a sua entropia: Quanto maior for a entropia menor será a organização do sistema, ou quanto maior for a entropia maior será a sua desorganização..

Para uma reação química, a variação de entropia (ΔS) é representada pela seguinte equação:

$$AS = \Sigma S_{prod} - \Sigma S_{react}$$

onde ΣS_{prod} é a somatória das entropias dos produtos e ΣS_{reag} é a soma das entropias dos reagentes.

De acordo com a segunda lei da termodinâmica, a entropia do universo cresce com cada processo que corre de forma irreversível. Isto, por sua vez implica que a ΔS do universo ($\Delta S_{universo} = \Delta S_{sistema} + \Delta S_{arredores}$) sempre é positiva. Observa-se que pode ocorrer a situação em que a entropia do sistema diminua ($\Delta S_{sistema}$ negativa). Neste caso, se a reação for espontânea, a diminuição da entropia dos sistemas será compensada pelo aumento da entropia dos arredores ($\Delta S_{arredores}$ positiva), o que resulta em um aumento líquido da entropia do universo ($\Delta S_{universo}$ positiva). Ainda mais, dentro do mesmo sistema pode ocorrer que alguns dos seus componentes percam entropia, enquanto que outros a ganham. Em princípio, esta função termodinâmica poderia ser um bom indicador da espontaneidade de uma reação. Entretanto, existe uma grande dificuldade em medir a entropia do universo, e não somente a do sistema, para decidir-se se uma reação é ou não espontânea. Uma vez mais, são necessárias informações adicionais para se determinar a espontaneidade da reação.

ENERGIA LIVRE DE GIBBS

Dadas às dificuldades práticas anotadas, se definiu outra propriedade das reações, a energia livre de Gibbs, que leva em conta somente as variações de entalpia e entropia do sistema, e que representa um critério mensurável da espontaneidade das reações. A variação de energia livre de qualquer reação esta dada pelas seguintes equações.

$$\Delta G = \Delta H - T\Delta S$$
$$\Delta G = \Sigma G_{prod} - \Sigma G_{react}$$

onde ΔH é a variação de entalpia da reação, ΔS é a variação de entropia, T a temperatura absoluta em graus Kelvin, ΣG_{prod} a soma da energia livre dos produtos e ΣG_{reag} a soma das energias livres dos reagentes. Nota-se que o valor de energia livre, ΔG, depende de um fator entálpico, ΔH, do qual é subtraído um fator entrópico, ΔS, multiplicado pela temperatura absoluta. Para que uma reação seja espontânea deverá ocorrer a liberação de energia livre da reação aos arredores, indicando uma ΔG negativo

Conforme este critério, uma reação é espontânea quando a energia livre dos reagentes é maior do que a dos produtos (figura 7-3) e então, a energia liberada pode ser utilizada para a realização de trabalho do tipo biossintético, osmótico ou mecânico. Estas reações são chamadas de exergônicas. O quadro 7-1 mostra que se pode obter uma ΔG negativa, apesar de o sistema sofrer um processo de organização (ΔS negativa). Mesmo assim, um ΔS grande e positivo conduz a uma ΔG negativa, mesmo que a ΔH da reação seja positivo (reação endotérmica).

Quando a ΔG da reação é positivo, a reação não é espontânea e a energia livre dos reagentes é menor que a dos produtos (figura 7-4). A reação é descrita como endergônica e, para ocorrer à transformação dos reagentes em produtos, deve-se introduzir livre no sistema. Um valor positivo de ΔG é obtido quando a ΔH da reação é muito grande e positivo e a ΔS é grande e negativa (tabela 7-1).

A tabela 7-1 resume estas considerações. Uma reação é exotérmica quando libera calor e sua ΔH é negativo, e é endotérmica quando absorve calor dos arredores e sua ΔH é positiva. Uma reação é exergônica (espontânea) quando libera energia livre e sua ΔG é negativo, enquanto que será endergônica quando ocorre na direção proposta e sua ΔG é positiva.

CONSTANTES DE EQUILÍBRIO

Existe um grande número de reações no qual, ao mesmo tempo em que se realiza a reação em um sentido (A+B →C+D), com uma velocidade que depende da concentração de A e B, se produz a reação em outro sentido (C+D→A+B), com uma velocidade determinada pela concentração de C e D. Nestes casos, o sistema, depois de certo tempo, chega a uma situação na qual as concentrações de A, B, C e D se mantêm constantes em relação

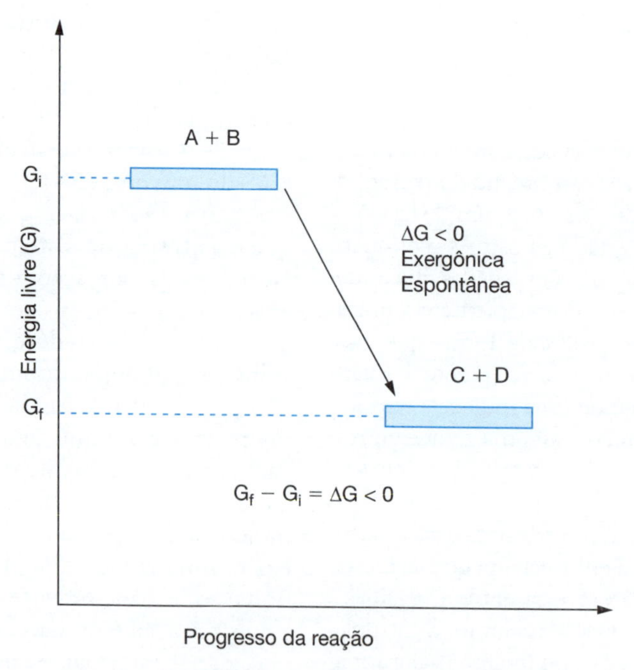

Figura 7-3. Gráfico da energia livre (G) em função do progresso da reação para uma reação exergônica. Observa-se que os reagentes A e B têm maior energia livre que os produtos C e D, pelo qual a reação se realiza no sentido A+B→C+D.

Tabela 7-1. Relação entre a energia livre de Gibbs (ΔG), a entalpia (ΔH) e a entropia (ΔS) de uma reação. Para obter o resultado de ΔG foi utilizada a seguinte fórmula: ΔG = ΔH – T.ΔS

ΔH	ΔS	ΔG	Tipo de reação
Negativo	Positivo	Negativo	Espontânea
Grande e negativo	Negativo	Negativo	Espontânea
Positivo	Grande e positivo	Negativo	Espontânea
Positivo	Negativo	Positivo	Não espontânea
Grande e positivo	Positivo	Positivo	Não espontânea
Negativo	Grande e negativo	Positivo	Não espontânea

ao tempo. Nesta condição, a velocidade em que desaparecem A e B para dar lugar à formação de C e D é a mesma que a velocidade em que se formam A e B a partir de C e D. Por conseguinte, se diz que o sistema chegou ao equilíbrio e se define a constante:

$$K_{eq} = \frac{[C]_{eq}[D]_{eq}}{[A]_{eq}[B]_{eq}}$$

Onde $[C]_{eq}$, $[D]_{eq}$, $[A]_{eq}$, $[B]_{eq}$ são a concentrações dos produtos e reagentes em equilíbrio.

Quanto maior for o valor desta constante, maior será a concentração dos produtos no equilíbrio em relação aos reagentes. Por sua vez, isto indica que, de um ponto de vista energético, os produtos são mais estáveis que os reagentes.

ΔG° E A CONSTANTE DE EQUILÍBRIO

Existe uma relação importante entre a constante de equilíbrio e variação de energia livre de Gibbs padrão de uma reação:

$$\Delta G° = -RT \ln K_{eq}$$

onde R é a constante universal dos gases e tem o valor de 1,987 $cal.mol^{-1}.K^{-1}$, T é a temperatura absoluta em graus Kelvin e ln refere-se ao logaritmo natural ou na base *e*. Desta forma, ao conhecer o valor da constante de equilíbrio, pode-se calcular a variação de energia livre em condições padrão e vice-versa. Os valores de ΔG° de muitas reações químicas foram determinados experimentalmente e são encontrados em um grande número de textos para consulta.

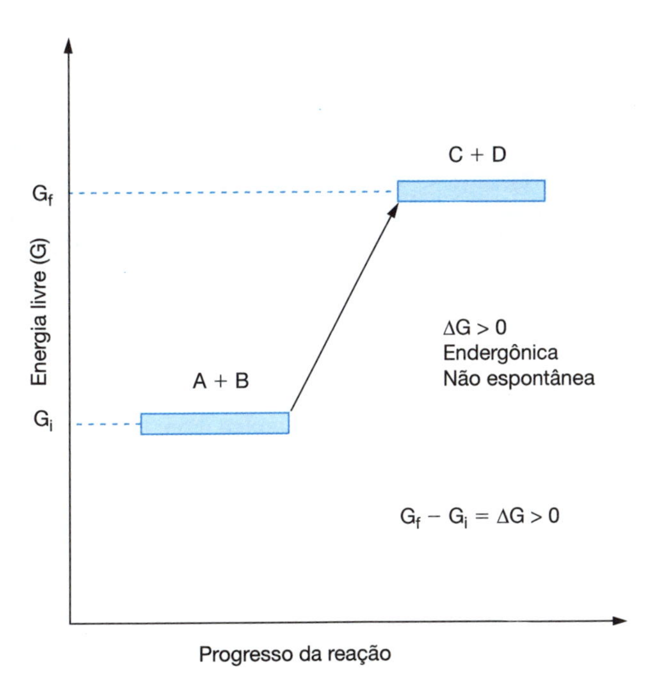

Figura 7-4. Gráfico da energia livre (G) em função do progresso da reação para uma reação endergônica. Observa-se que os produtos C e D têm maior energia livre que os reagentes A e B, pelo qual a reação se realiza no sentido C+D → A+B.

RELAÇÃO DE ΔG° COM ΔG

Um assunto de enorme interesse prático é a relação matemática entre a variação de energia livre padrão e a variação de energia livre da mesma reação fora das condições padrão. Como naquelas que ocorrem nas células de um mamífero. Essa relação é a seguinte:

$$\Delta G = \Delta G° + RT \ln \frac{[C][D]}{[A][B]}$$

Os valores [C], [D], [A] e [B] são as concentrações de produtos e reagentes nas condições atuais do experimento ou dentro da célula; R é a constante universal dos gases; T. a temperatura absoluta, o valor de ΔG° pode ser obtido na literatura existente, ou de forma experimental. Desta maneira, ao medir a concentração atual de produtos e reagentes é possível calcular-se o valor de ΔG e, portanto, decidir sobre a espontaneidade de uma reação em condições diferentes da condição padrão.

O resultado que a equação anterior nos mostra é de enorme importância: ao variar a concentração de reagentes ou produtos pode-se conseguir que a reação ocorra espontaneamente para um lado ou para outro. Para melhor exemplificar, e necessário, em primeiro lugar, fixar o valor da constante de equilíbrio da reação, que para o caso incluído na tabela 7-2, a $K_{eq} = 5$. A partir deste valor e a 298° K se calcula o ΔG°, que é igual a -0,96 kcal/mol. Se agora forem feitos experimentos onde a concentração de reagentes é maior que a de produtos (100/1), o ΔG será negativo, pois a reação é espontânea no sentido A + B → C + D. Se agora a relação entre produtos e reagentes recebe o valor da constante de equilíbrio, que neste exemplo é de 5, a reação estará em equilíbrio e o ΔG será igual a zero, é o sistema não realizará trabalho. Finalmente, quando a relação dos produtos e reagentes é maior que a constante de equilíbrio (100/1), o ΔG é positivo e a reação ocorre no sentido: C + D → A + B.

ATP COMO MOEDA ENERGÉTICA DA CÉLULA

Função do ATP no metabolismo

O papel do ATP no metabolismo celular ocupa uma posição central, devido a sua tendência em ceder o grupo fosfato e ao fato de que a maioria das enzimas que participam em reações que requerem energia, utiliza esta molécula como substrato. Entretanto, é na mitocôndria onde se realiza a maior síntese de ATP através da fosforilação oxidativa. O ATP é utilizado para realizar trabalho biossintético, osmótico e mecânico (figura 7-5).

Estrutura do ATP

O trifosfato de adenosina é encontrado em todas as células, sejam eucarióticas ou procarióticas. Estruturalmente é formado por adenina, uma D-ribosa e três grupos fosfato. O nitrogênio 9 da adenina se une ao carbono 1 da D-ribosa por meio de um enlace N-glicosídico, e o grupo fosfato se une ao carbono 5 da D-ribosa através de um enlace éster (figura 7-6). No pH 7, os três grupos fosfato estão desprotonados, pois a carga líquida do ATP é de -4. Além disso, o citoplasma das células também contém concentrações altas de magnésio (1 a 5 mM) que favorecem a formação do complexo MgATP com carga de -2 (figura 7-7).

O ATP é um composto de alta energia

A hidrólise de ATP4- ou do complexo MgATP2- é uma reação que libera calor (reação exotérmica, ΔH° negativo) e energia livre (reação exergônica, ΔG° negativo).

Os produtos da reação são o ADP e o fosfato inorgânico. O valor de ΔG° depende tanto do pH do meio, como da concentração de magnésio. Isto se deve ao grau de protonação dos reagentes (ATP) e dos produtos (ADP e Pi) que dependem do pH. Também, como indicado na figura 7-7, o Mg pode unir-se ao ATP, ao ADP e ao fosfato para dar os respectivos complexos MgATP, MgADP

Tabela 7-2. Efeito da concentração dos reagentes (A e B) e dos produtos (C e D) sobre a espontaneidade de uma reação química (constante de equilíbrio = 5)

Quociente de reagentes e produtos: [A][B]/[C][D]	ΔG = ΔG° + RT ln [C][D]/[A][B]	Características da reação
100/1	Negativo (–3,7 kcal/mol)	Espontânea no sentido A + B → C + D
1/1	Negativo (–0,96 kcal/mol)	Espontânea no sentido A + B → C + D
1/5	Zero (0,0 kcal/mol)	A reação está em equilíbrio
1/100	Positivo (+1.78 kcal/mol)	Espontânea no sentido C + D → A + B

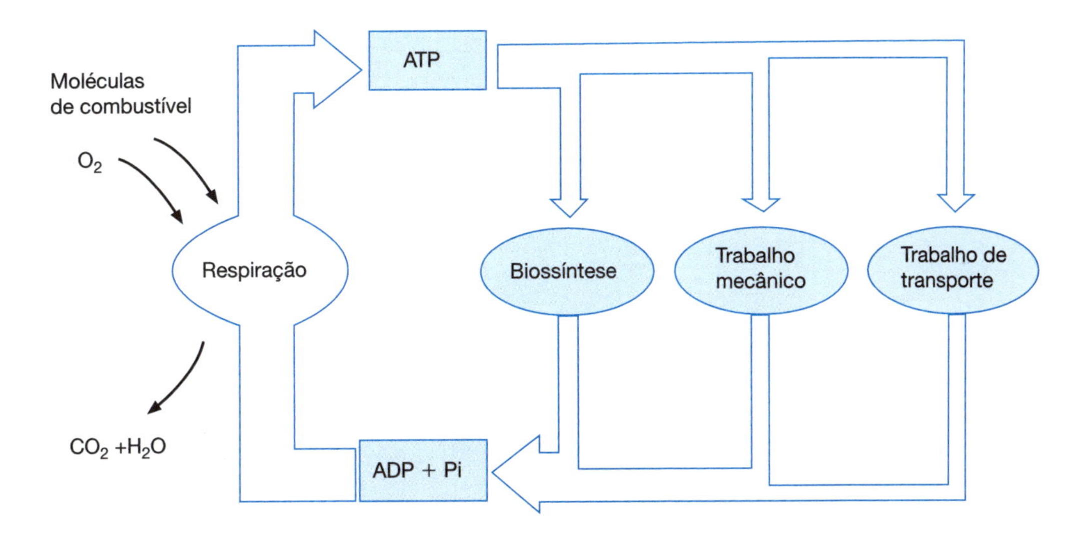

Figura 7-5. Relação entre o fluxo de energia nas células e no ciclo do ATP-ADP. A energia química do ATP é utilizada para realizar trabalho do tipo biossintético, mecânico e osmótico. O ADP que se forma nestas reações é direcionado à síntese de ATP no processo da respiração.

e MgPi, cuja concentração depende da concentração de magnésio. No pH 8 e com uma concentração de magnésio em excesso, o ΔG° de da hidrólise do ATP é de -7,3 kcal/mol, energia que pode ser utilizada para realizar trabalho. A constante de equilíbrio para a reação de hidrólise do ATP é muito grande (K_{eq} = 200.000), como o sistema está em equilíbrio, a concentração de ADP e Pi é milhares de vezes maior que a de ATP. Portanto, dentro da célula, onde a concentração de ATP, ADP e Pi são semelhantes, o sistema se encontra muito desequilibrado , e a tendência termodinâmica do ATP é a de hidrolisar-se e liberar uma grande quantidade de energia livre. Esta

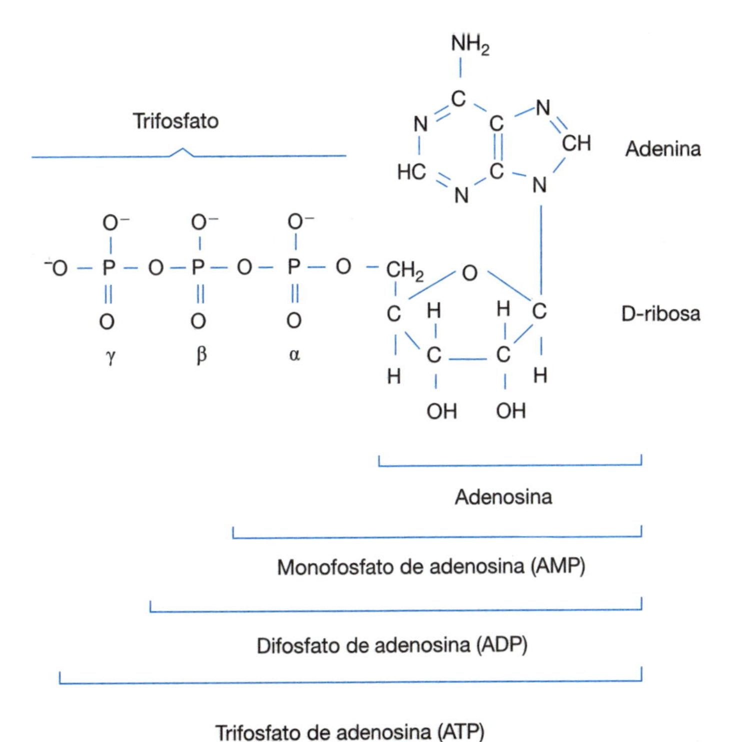

Figura 7-6. Estrutura química do trifosfato de adenosina (ATP).

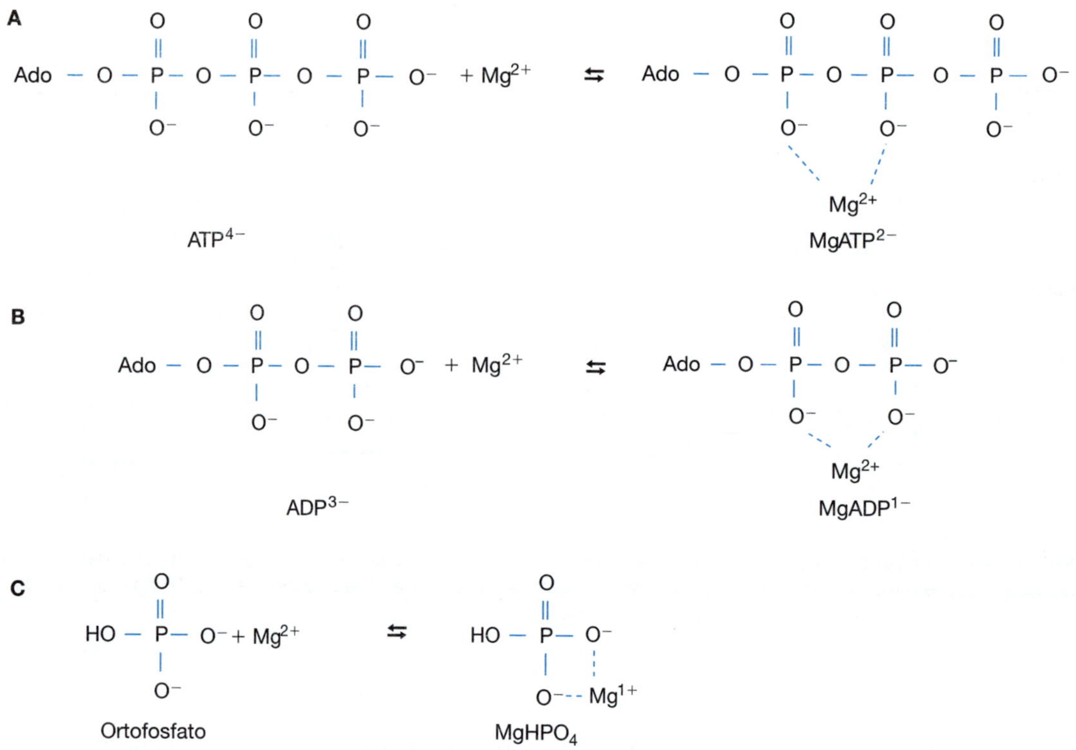

A

Ado — O — P(=O)(O$^-$) — O — P(=O)(O$^-$) — O — P(=O)(O$^-$) — O$^-$ + Mg^{2+} ⇆ Ado — O — P(=O)(O$^-$) — O — P(=O)(O$^-$) — O — P(=O)(O$^-$) — O$^-$ (O$^-$ ··· Mg^{2+} ··· O$^-$)

ATP^{4-} $MgATP^{2-}$

B

Ado — O — P(=O)(O$^-$) — O — P(=O)(O$^-$) — O$^-$ + Mg^{2+} ⇆ Ado — O — P(=O)(O$^-$) — O — P(=O)(O$^-$) — O$^-$ (O$^-$ ··· Mg^{2+} ··· O$^-$)

ADP^{3-} $MgADP^{1-}$

C

HO — P(=O)(O$^-$) — O$^-$ + Mg^{2+} ⇆ HO — P(=O) — O$^-$ (O$^-$ ··· Mg^{1+})

Ortofosfato $MgHPO_4$

Figura 7-7. Formação dos complexos entre A) ATP e Mg^{2+}, B) ADP e Mg^{2+}, C) fosfato e Mg^{2+}.

instabilidade relativa do ATP se deve a três propriedades estruturais: a) a repulsão eletrostática entre as cargas negativas dos grupos fosfatos do ATP favorecem a hidrólise; b) os produtos de hidrólise, o ADP e o Pi, se solvatam mais que o ATP, por isto são mais estáveis; c) os produtos também têm mais formas de ressonância que o ATP, o qual leva a uma maior estabilidade do ADP e Pi frente ao ATP. A soma destes três fatores se expressa como uma forte tendência do ATP em hidrolisar-se.

Ao comparar a ΔG° de hidrólise do ATP com o de outros compostos fosforilados (tabela 7-3), se observa que este tem uma posição central na escala termodinâmica da lista. Existem vários compostos que ao se hidrolisarem liberam muito mais energia livre que o ATP. Entre estes está o fosfoenolpiruvato, o creatinfosfato, o carbamilfosfato, o 1,3-bifosfoglicerato e o argininfosfato. De forma arbitrária, se estabelece que todas as substâncias que tenham um ΔG° de hidrólise maior ou igual que a do ATP são de alta energia, enquanto que as que estão abaixo deste valor são de baixa energia. Esta convenção tem importância porque esta associada com a capacidade destes compostos de alta energia para transferir seu grupo fosfato. Quanto maior for este potencial de transferência, maior será a tendência de uma molécula ceder seu grupo fosfato. Quantitativamente, o valor do potencial de transferência do grupo fosfato se relaciona com a ΔG° de hidrólise, já que esta última reação consiste na transferência do grupo fosfato para uma molécula de água. Assim, se o valor de ΔG° de hidrólise é de -7,3 kcal/mol, o valor do potencial de transferência do grupo fosfato é de 7,3 (tabela 7-3).

O ATP pode ceder seu grupo fosfato a outras moléculas

No início deste capítulo foi visto que existem reações espontâneas (exergônicas), nas quais é liberada energia livre. A hidrólise do ATP pertence a esta classe de reações, com uma ΔG° de hidrólise de -7,3 kcal/mol. Além disto, existem as reações endergônicas, com uma ΔG°positiva, que não podem ocorrer a menos que exista um aporte de energia livre. Um exemplo é a fosforilação da glicose com uma ΔG° de +3,3 kcal/mol. Em outro sentido, a reação corresponde à hidrólise de glicose 6-fosfato, com uma ΔG° de -3,3 kcal/mol. Isto significa que se uma reação não é espontânea em um sentido (A→B), será no outro sentido (B→A). Ainda mais, quando a reação ocorre em condições de reversibilidade, a energia livre necessário ao sistema para que a reação ocorra é a mesma que será liberada quando a reação ocorre no sentido em que é espontânea. Na forma como esta escrita a reação da fosforilação da

Tabela 7-3. Energia livre padrão de hidrólise e potenciais de transferência do grupo fosfato para alguns metabólitos

Metabólitos	ΔG hidrólise (kcal/mol)	Potencial de transferência de grupo fosfato (kcal/mol)
Fosfoenolpiruvato, pH 7,0	–14,8	14,8
Carbamilfosfato, pH 9,5	-12,3	12,3
1,3-bisfosfoglicerato, pH 6,9	-11,8	11,8
Acetilfostato, pH 7,0	–11,2	11,2
Carnitinfosfato, pH 7,0	–10,3	10,3
Argininfosfato, pH 8,0, com excesso de Mg^{2+}	-7,6	7,6
ATP → AMP + PPi, pH 7,0, com excesso de Mg^{2+}	-7,6	7,6
AT P → ADP + Pi, pH 7,0, 37 °C, com excesso de Mg^{2+}	-7,3	7,3
Pirofosfato, pH 7,0, 5 mM de Mg^{2+}	-4,5	4,5
Glicose 1-fosfato, pH 7,0, 25 °C	-5,0	5,0
Glicose 6-fosfato, pH 7,0, 25 °C	-3,3	3,3
Glicerol 3-fosfato, pH 8,5, 28 °C	-2,2	2,2

glicose, esta não pode acontecer, pois a ΔG° é positiva. Portanto, é necessário o aporte de energia livre, e é aqui que entra a molécula de ATP, a qual, ao hidrolisar-se, libera 7,3 kcal/mol. Parte desta energia (3,3 kcal/mol) é utilizada para a formação da glicose-6-fosfato, enquanto que o resto se dissipa em forma de calor. Este processa pode ser representado como a soma de duas reações químicas:

$$\begin{array}{lll} ATP + H_2O & \rightarrow ADP + Pi & \Delta G^\circ = -7.3 \text{ kcal/mol} \\ Glicose + Pi & \rightarrow glicose\ 6P + H_2O & \Delta G^\circ = +3.3 \text{ kcal/mol} \\ \hline ATP + glicose & \rightarrow glicose\ 6P + ADP & \Delta G^\circ = -4.0 \text{ kcal/mol} \end{array}$$

Como pode notar-se, o fosfato que se encontra no lado esquerdo de uma das equações se anula com o que esta no lado direto. O mesmo ocorre com a água. A soma das duas equações origina uma terceira equação, que corresponde à transferência do fosfato do ATP ao carbono 6 da glicose. A ΔG° desta reação é negativa e é igual à soma das ΔG° das reações individuais. Para que ocorra este acoplamento entre duas reações, uma delas exergônica e a outra endergônica, é necessário uma enzima que imobilize e aproxime os substratos da reação (ATP e glicose) na orientação adequada. A probabilidade de ocorrer esta transferência em ausência da enzima é praticamente nula.

REFERÊNCIAS

Beutler F: "Pumping" iron: The proteins. Science 2004;306: 2051.

Chang R: *Fisicoquímica con aplicaciones a sistemas biológicos.* México: Compañía Editorial Continental, S. A. de C. V., 1981.

Devlin TM: *Bioquímica. Libro de texto con aplicaciones clínicas,* 5a. ed. Barcelona: Editorial Reverté, 2004.

Klotz IM: *Energy changes in biochemical reactions.* Londres: Academic Press, 1967.

Lozano JA, Galindo JD, García Borrón JC, Martínez Liarte: *Bioquímica y Biología Molecular,* 3a. ed. México: McGraw-Hill Interamericana, 2005.

Melo V, Cuamatzi O: *Bioquímica de los processos metabólicos.* Ediciones Reverté, 2004.

Morris JG: *Fisicoquímica para biólogos,* 2a. ed. México, Ediciones Repla, S. A.,1987.

Nelson DL, Cox MM: *Lehninger Principios de Bioquímica,* 4a. ed. Barcelona: Omega, 2006.

Scriver *et al.*: *The metabolic and molecular bases of inherited Disease,* 8th. ed. New York: Mc Graw-Hill, 2001.

Smith C, Marks, AD: *Bioquímica básica de Marks. Un enfoque clínico.* México: McGraw-Hill Interamericana, 2006.

Páginas eletrônicas

Illingworth JA (2001): *Oxidative Phosphorilation Homepage.* En: Bioenergetics. [En línea]. Disponible: http://www.bmb.leeds.ac.uk/illingworth/oxphos/ [2009, abril 10]

Lopategui E (2000): *Bioenergética: Bioquímica del Ejercicio.* [Em línea]. Disponible: http://www.saludmed.com/CsEjerci/NutDeptv/BioquiEj/Bioq_NuD.htm [2009, abril 10]

8

Estrutura e propriedades das proteínas e dos aminoácidos

Daniel Alejandro Fernández Velasco

As proteínas interferem em quase todas as propriedades que caracterizam os seres vivos. São as macromoléculas intracelulares mais abundantes e se encontram em todos os compartimentos das células. Graças à ação das proteínas, os seres vivos são capazes de produzir milhares de moléculas diferentes a partir de fótons solares, elementos e compostos simples como o oxigênio, o nitrogênio, a água, o dióxido de carbono e a glicose. Cada uma destas moléculas é sintetizada no momento preciso e na quantidade adequada para que as células se adaptem às condições ambientais e se reproduzam. Neste capítulo são revisadas as características químicas e estruturais das proteínas e são apresentados exemplos da maneira em que as propriedades moleculares permitem que as proteínas realizem um grande número de funçoes.

AS PROTEÍNAS REALIZAM UMA GRANDE VARIEDADE DE FUNÇÕES CELULARES

As formas de vida neste planeta utilizam uma grande variedade de reações químicas para obter e utilizar a energia contida nas ligações químicas. Na ausência de um catalisador, estas reações procedem a uma velocidade inferior à necessária para satisfazer as necessidades celulares; no entanto, no interior das células, um tipo particular de proteínas, as enzimas, aceleram estas reações químicas para que realizem em uma velocidade compatível com as necessidades celulares. Além de acelerar as transformações químicas, as proteínas também transportam e regulam o fluxo de moléculas e elétrons através das membranas; desta maneira tornam possível a transmissão de informação entre células e órgãos. O papel de outras proteínas é estrutural: determinam a estrutura celular e a extracelular e formam pelos e tendões. O sistema imunitário produz outro tipo particular de proteínas, os anticorpos, capazes de distinguir as moléculas próprias das alheias. Além disso, as proteínas controlam a expressão das atividades celulares mediante sua união a sequências específicas de DNA. São também os componentes principais dos músculos e outros sistemas capazes de transformar a energia química dos alimentos em trabalho mecânico. Por último, as proteínas formam parte dos sensores que nos permitem ver, ouvir e degustar, entre outros. A seguir, serão analisadas as características moleculares que permitem que as proteínas realizem uma infinidade de funções.

AS PROTEÍNAS SÃO POLÍMEROS DE ORIGEM GENÉTICA COM UMA CONFORMAÇÃO ESPACIAL DEFINIDA

Cada célula pode conter milhares de proteínas diferentes cuja concentração depende de sua função. Os seres humanos são capazes de sintetizar ao redor de 100.000 proteínas diferentes e apenas uma pequena fração destas já foram estudadas. A informação necessária para construir todas e cada uma destas cadeias se encontra no material genético de nossas células, o DNA. A informação contida no DNA é transformada pela maquinaria celular na sequência de aminoácidos das proteínas. Neste capítulo serão analisadas as funções e propriedades destas cadeias após sua síntese.

À temperatura, pressão, pH e concentração de solutos em que se desenvolve um organismo, cada uma das proteínas que o compõem apresenta uma estrutura tridimensional específica, na qual, a cadeia de aminoácidos se dobra sobre si mesma até adotar uma conformação particular que lhe permite interagir com algumas moléculas, dentre as milhares que circulam na célula.

AS PROTEÍNAS SÃO CADEIAS DE L-AMINOÁCIDOS

As proteínas são polímeros lineares de aminoácidos unidos entre si, mediante ligações peptídicas. Há um gran-

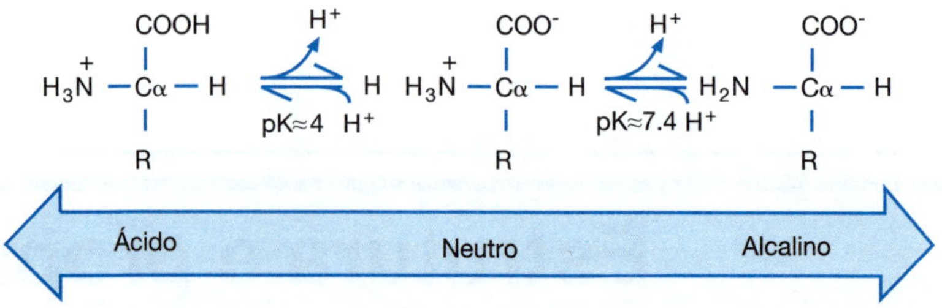

COOH H⁺ COO⁻ H⁺ COO⁻

$H_3\overset{+}{N}-C\alpha-H$ ⇌ $H_3\overset{+}{N}-C\alpha-H$ ⇌ $H_2N-C\alpha-H$

pK≈4 H^+ pK≈7.4 H^+

R R R

Ácido Neutro Alcalino

Figura 8-1. Espécies iônicas dos aminoácidos conforme varia o pH. R representa a cadeia lateral.

de número de aminoácidos na natureza; centenas deles são de origem biossintética, no entanto, somente 20 são comuns nas proteínas de todos os seres vivos. Estes 20 aminoácidos apresentam a mesma estrutura geral (figura 8-1). Todos os aminoácidos contêm grupos ionizáveis, motivo pelo qual, ao variar a acidez da solução, se observam diferentes espécies iônicas cuja carga líquida varia com o pH. O carbono α (Cα) dos aminoácidos está unido a três substituintes comuns: um grupo carboxila (-COOH), com um pKa de aproximadamente 4, um grupo amino básico (-NH_2) com um pH de aproximadamente 7,4 e um átomo de hidrogênio. O quarto substituinte do Cα, chamado cadeia lateral (R na figura 8-1), determina a identidade do aminoácido. A variedade de formas, volumes e propriedades químicas das 20 cadeias laterais serão detalhadas mais à frente. Os aminoácidos são íons dipolares ou zwitterions, já que em uma espécie iônica particular coexistem cargas positivas e negativas (figura 8-1). Há um valor particular de pH, chamado ponto isoelétrico (pI), no qual a carga líquida do aminoácido é zero.

As quatro ligações do Cα adotam uma estrutura tetraédrica. Existem duas maneiras de acomodar quatro substituintes diferentes nos vértices do tetraedro (figura 8-2A); estas duas configurações espaciais são denominadas D e L. A relação de simetrias entre este par de moléculas e um par de mãos é semelhante; em ambos os casos o par é formado por imagens no espelho que não são sobreponíveis, chamadas enantiômeros (figura 8-2A). O Cα dos aminoácidos é quiral (do grego, χειρ, cheir, que significa mão), já que seus quatro substituintes podem adotar estas duas configurações espaciais. A única exceção é a glicina. A cadeia lateral (R) deste aminoácido é um H, e já que dois dos quatro substituintes são iguais, seu Cα não é quiral e, por consequência, tem apenas uma configuração possível (figura 8-2B).

Para o resto dos aminoácidos, cada par de enantiômeros representa características químicas iguais; no entanto,

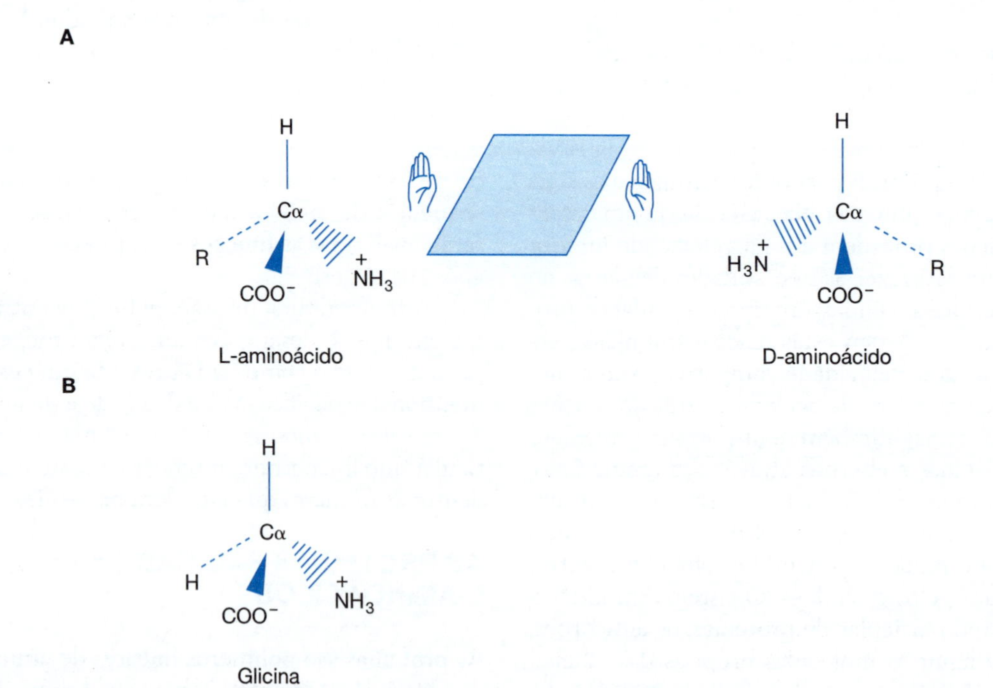

Figura 8-2. Configuração espacial dos aminoácidos. **A)** configurações L e D. **B)** a glicina tem dois substituintes iguais, motivo pelo qual seu C α não é quiral.

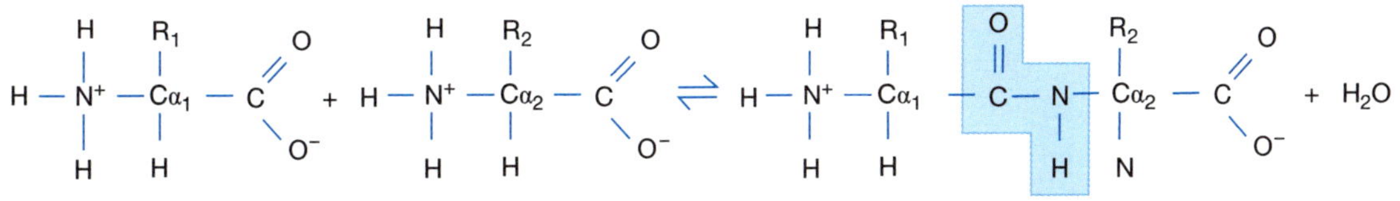

$$H_3N^+-C\alpha_1H(R_1)-COO^- + H_3N^+-C\alpha_2H(R_2)-COO^- \rightleftharpoons H_3N^+-C\alpha_1H(R_1)-C(=O)-NH-C\alpha_2(R_2)-COO^- + H_2O$$

Figura 8-3. Formação de um dipeptídeo. Como resultado da condensação dos aminoácidos se forma um enlace peptídico (área sombreada).

ao serem colocadas frente a um feixe de luz polarizada, as duas configurações desviam a luz em direções opostas. As soluções de aminoácidos abióticos, sintetizados em laboratório ou provenientes de um meteorito, contêm uma mistura equimolar dos dois enantiômeros, motivo pelo qual não desviam o plano da luz polarizada. Ao contrário, os sistemas biológicos são estereoespecíficos, isto é, produzem somente o isômero L dos aminoácidos (figura 8-2A). Isto se deve ao fato de a biossíntese destas moléculas ser realizada por proteínas que apresentam uma estrutura tridimensional e, portanto, também são estereoespecíficas. Não há uma vantagem clara no uso do isômero L sobre o D; no entanto, para que se dê a estereoespecificidade é necessário utilizar somente um dos dois enantiômeros. Ainda que em certas ocasiões alguns organismos sintetizem D-aminoácidos, todas as formas de vida no planeta utilizam o isômero L para formar suas proteínas, o que sugere uma origem comum para todas elas.

ESTRUTURA E PROPRIEDADES DA LIGAÇÃO PEPTÍDICA E DA CADEIA POLIPEPTÍDICA

Os L-aminoácidos se encontram unidos nas proteínas mediante a ligação covalente do grupo carboxila de um aminoácido, com o grupo amino de outro. Nesta reação de condensação se forma uma amida, que une os dois aminoácidos para formar a ligação peptídica (figura 8-3). Durante a biossíntese, a união sequêncial de vários aminoácidos à extremidade carboxila gera uma cadeia polipeptídica; no início se encontra um aminoácido com o grupo amino livre e, no final da cadeia, um aminoácido com o grupo carboxila livre (figura 8-4).

A cadeia polipeptídica se divide para seu estudo em duas regiões (figura 8-4):

1. **O esqueleto polipeptídico**, formado por unidades repetitivas que constam de três átomos:
   O nitrogênio da amida – que antes da condensação peptídica formava parte do grupo amino, o carbono alfa (Cα) e o carbono do grupo carbonila (C´), proveniente do grupo carboxila no aminoácido original. O esqueleto pode ser considerado como uma sequência de ligações peptídicas separadas por carbonos α. C´ está unido a dois átomos muito eletronegativos, o oxigênio da carbonila e o nitrogênio da amida, pelo que se gera uma dupla ligação parcial entre o C´ e o N. Esta ligação dupla restringe de maneira importante a rotação entre o carbono e o nitrogênio às duas conformações possíveis (cis e trans), nas que os seis átomos mostrados na figura 8-5 se localizam no mesmo plano. Cada amida do esqueleto polipeptídico proporciona um doador de pontes de hidrogênio (-NH) e um receptor (>C´O). A grande maioria das ligações peptídicas nas proteínas se encontra em trans já que nesta conformação se apresentam menos impedimentos estéricos com outras cadeias laterais da proteína.
2. **As cadeias laterais**, chamadas resíduos, determinam a identidade e propriedades da proteína ao serem incorporadas à cadeia polipeptídica (figura 8-4).

ESTRUTURA E PROPRIEDADES DAS CADEIAS LATERAIS DOS AMINOÁCIDOS

Os 20 aminoácidos comuns nas proteínas apresentam uma variedade de tamanhos, formas e propriedades químicas.

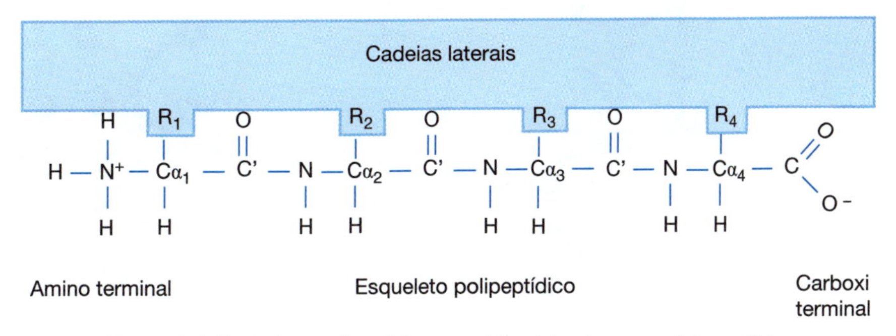

Figura 8-4. Esqueleto polipeptídico e cadeias laterais em um tetrapeptídeo.

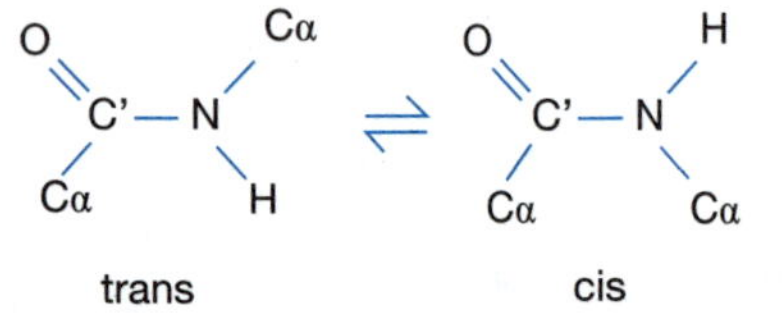

O Cα O H
C' — N ⇌ C' — N
Cα H Cα Cα
trans cis

Figura 8-5. Conformações *trans* e *cis* da ligação peptídica. Em ambas as conformações, os seis átomos de se apresentam na figura formam um plano.

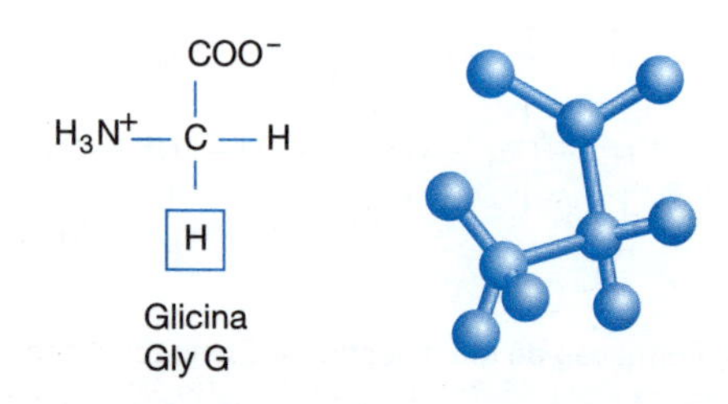

Figura 8-6. Estrutura da glicina. Este aminoácido não é quiral.

A conformação que adotam as cadeias polipeptídicas com o espaço está determinada pelo volume e a solubilidade das cadeias laterais. Cada aminoácido tem associados símbolos de uma e três letras (figuras 8-6 e 8-15).

Glicina

A glicina é o aminoácido mais simples; sua cadeia lateral é um átomo de hidrogênio (figura 8-6); como o Cα tem dois substituintes iguais, este aminoácido não é quieral. Devido ao volume reduzido de sua cadeia lateral (-H), a estrutura polipeptídica dos resíduos de glicina tem mais liberdade conformacional do que os outros aminoácidos de maior volume.

Alanina, leucina, isoleucina e valina

Com exceção da glicina todos os aminoácidos apresentam ao menos um CH_2 não polar. Quatro destes: alanina, valina, isoleucina e leucina, apresentam cadeias laterais alifáticas hidrocarbonadas de diversas formas (figura 8-7). As cadeias laterais destes resíduos não apresentam átomos eletronegativos, motivo pelo qual são não polares e insolúveis em água.

Prolina

A cadeia lateral da prolina é não polar e está ligada ao nitrogênio da ligação peptídica, motivo pelo qual este aminoácido é na verdade um iminoácido. A amida da estrutura polipeptídica dos resíduos de prolina não tem doador potencial de pontes de hidrogênio (figura 8-8).

Fenilalanina, tirosina e triptofano

As ligações duplas conjugadas que apresentam os anéis da tirosina, fenilalanina e triptofano (figura 8-9) absorvem radiação ultravioleta; a remissão desta radiação, conhecida como fluorescência, varia com o ambiente químico do aminoácido. O triptofano é o aminoácido menos frequente nas proteínas; sua cadeia lateral é a maior e mais fluorescente. O OH da tirosina e o anel pirrólico

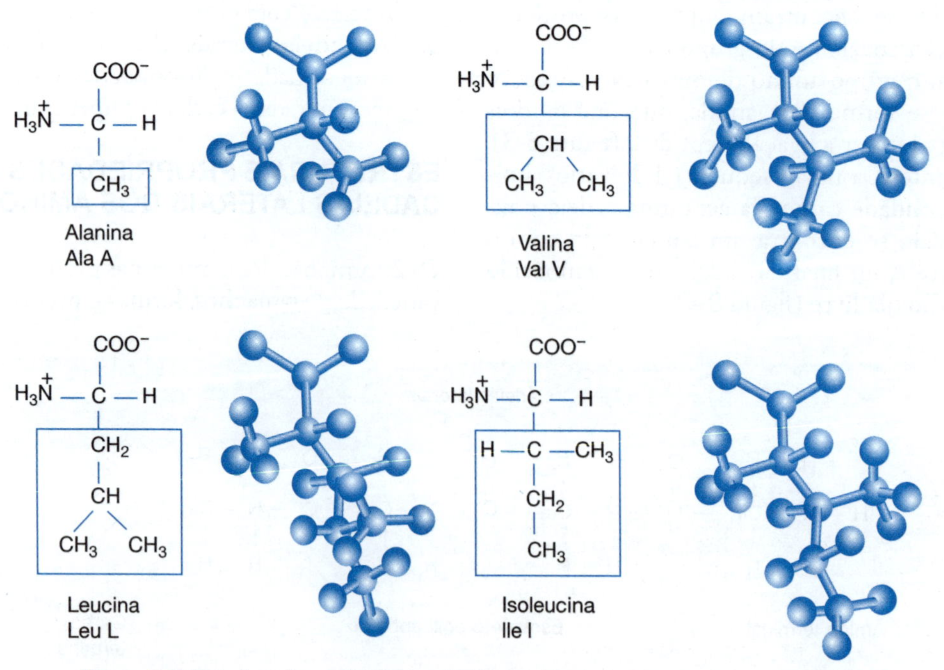

Figura 8-7. Estrutura dos aminoácidos alifáticos: alanina, leucina, isoleucina e valina.

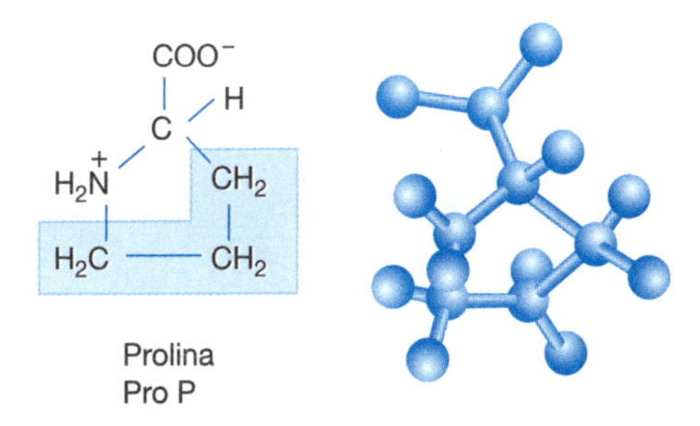

Figura 8-8. Estrutura do aminoácido prolina.

do triptofano são doadores potenciais de pontes de hidrogênio.

Serina e treonina

As cadeias laterais destes dois aminoácidos são pequenas e tem como grupo funcional um álcool (figura 8-10), que permanece protonado no intervalo de pH fisiológico, motivo pelo qual participa como doador de pontes de hidrogênio.

Histidina

Este aminoácido tem como cadeia lateral um imidazol (figura 8-11), cujo pK é de 6,5. Na forma ionizada do anel, o nitrogênio protonado é eletrófilo e doador de pontes de hidrogênio; o outro nitrogênio é nucleófilo e aceptor de pontes de hidrogênio. Este aminoácido participa ativamente na transferência de prótons que as enzimas catalisam, devido ao fato de que as formas protonadas e desprotonadas coexistem em pH neutro.

Glutamato e aspartato

As cadeias laterais dos ácidos glutâmico e aspártico têm um pK de cerca de 4, motivo pelo qual no intervalo fisiológico de pH, o grupo carboxila (COOH) se encontra como carboxilato (COO^-), dando lugar às bases conjugadas glutamato e aspartato (figura 8-12), que participam como aceptores potenciais de pontes de hidrogênio.

Lisina e arginina

As cadeias laterais destes aminoácidos apresentam metilenos hidrofóbicos e uma amina básica, com um pK de cerca de 11, devido a isto, normalmente apresentam carga positiva em pH fisiológico (figura 8-13).

Asparagina e glutamina

Estes dois aminoácidos (figura 8-14) são as amidas do aspartato e do glutamato. Ainda que não contenham grupos ionizáveis, a amida é capaz de participar como

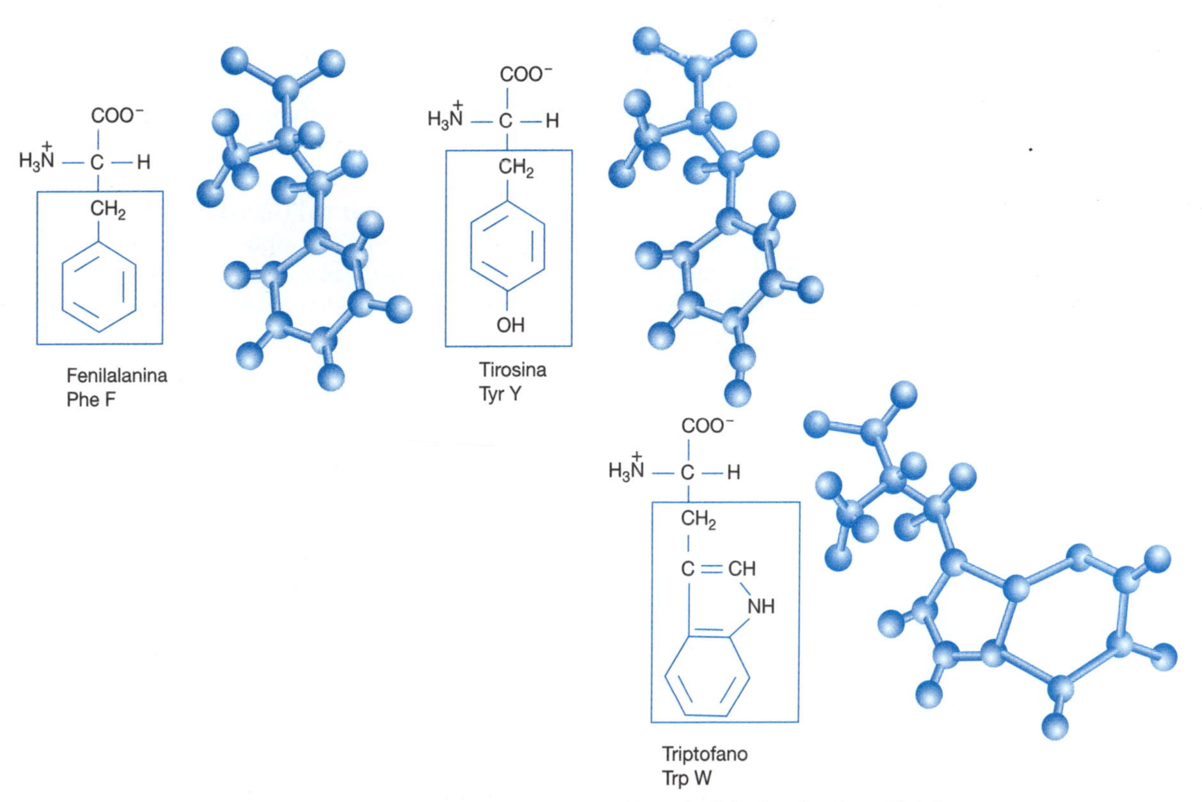

Figura 8-9. Estrutura dos aminoácidos aromáticos: fenilalanina, tirosina e triptofano.

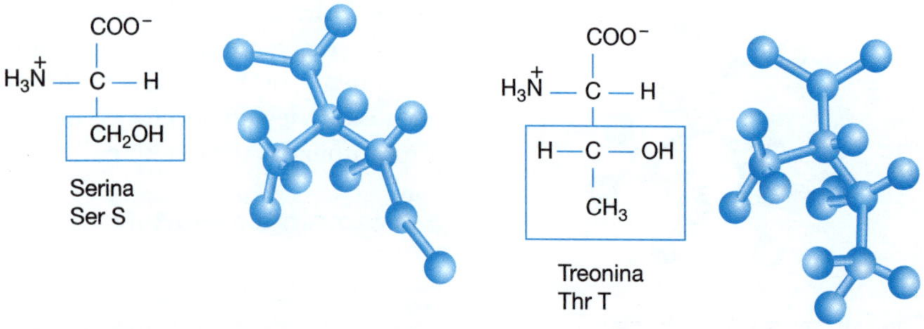

Figura 8-10. Estrutura dos aminoácidos hidroxilados: serina e treonina.

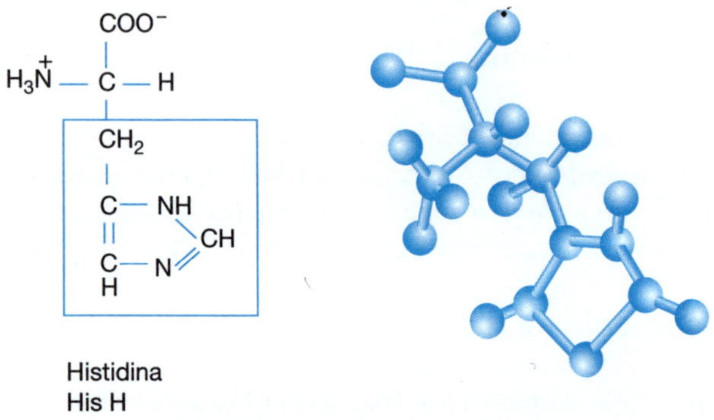

Figura 8-11. Estrutura da histidina.

doador ou aceptor de pontes de hidrogênio. Os grupos amida são lábeis em pH alcalino; a glutamina se desamida para dar lugar ao glutamato e a asparagina produz isoaspartato; ambos os processos foram relacionados com o envelhecimento das proteínas.

Cisteína e metionina

A cadeia de hidrocarboneto não ramificada da metionina é não polar. O enxofre que contém é um nucleófilo fraco, mas não pode ser protonado (figura 8-15). Em contraste, o grupo tiol da cisteína é o mais reativo de todas as cadeias laterais e se ioniza com um pK entre 9 e 9,5, dando lugar ao ânion tiolato que é a espécie reativa. Uma das reações mais importantes deste resíduo é a interação entre duas cisteínas para formar uma cistina ou ponte dissulfeto; estas ligações reversíveis unem covalentemente segmentos distantes na sequência e se apresentam no geral em proteínas extracelulares.

As pontes dissulfeto se formam mediante um processo de oxidação

$$R\text{-}CH_2SH + R\text{-}CH_2SH + 1/2O_2 = R\text{-}CH_2S\text{-}SCH_2\text{-}R + H_2O$$

ou mediante intercâmbio tiol-dissulfteto; por exemplo, com o dissulfeto da glutationa oxidada (GSSG):

$$R\text{-}CH_2SH + R\text{-}CH_2SH \rightarrow GSSG = R\text{-}CH_2S\text{-}SCH_2\text{-}R$$

Outros aminoácidos

Alguns aminoácidos são modificados em reações posteriores à síntese das proteínas, como a fosforilação (fosfotreonina e fosfoserina) ou a hidroxilação (4-hidroxiprolina e 5-hidroxilisina) (figura 8-16A). Existem outros aminoácidos que não compõem as proteínas e que são utilizados em outras funções biológicas, como a citrulina e a ornitina, intermediários do metabolismo, os hormônios como a tiroxina, os neurotransmissores como o ácido γ-aminobutírico (GABA) e a dopamina (figura 8-16B).

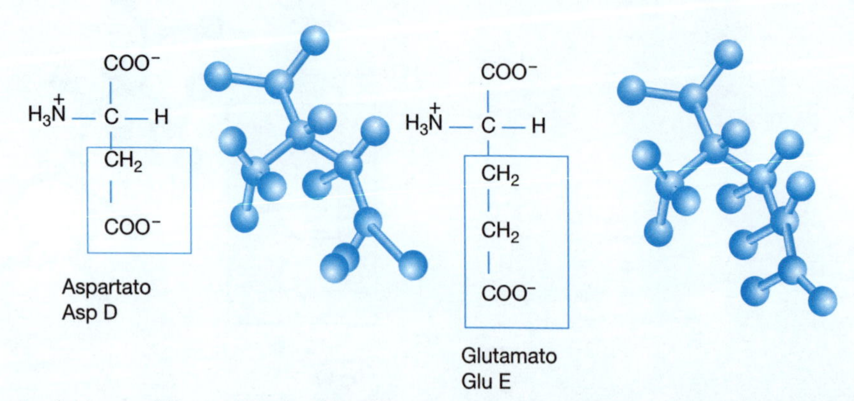

Figura 8-12. Estrutura dos ácidos aspártico e glutâmico. Em pH neutro, as espécies iônicas predominantes são o aspartato e o glutamato.

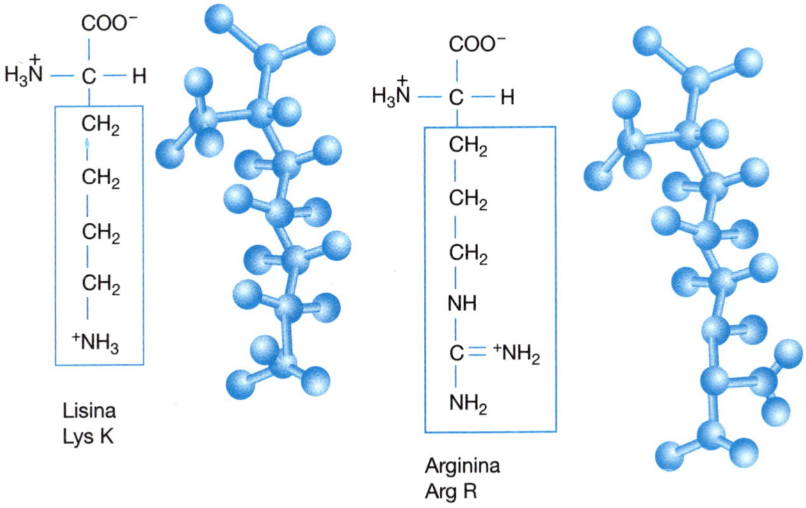

COO⁻
$H_3\overset{+}{N}$ — C — H
CH_2
CH_2
CH_2
CH_2
$^+NH_3$
Lisina
Lys K

COO⁻
$H_3\overset{+}{N}$ — C — H
CH_2
CH_2
CH_2
NH
C = $^+NH_2$
NH_2
Arginina
Arg R

Figura 8.13. Estrutura da lisina e da arginina. Os dois aminoácidos apresentam carga líquida positiva em pH neutro.

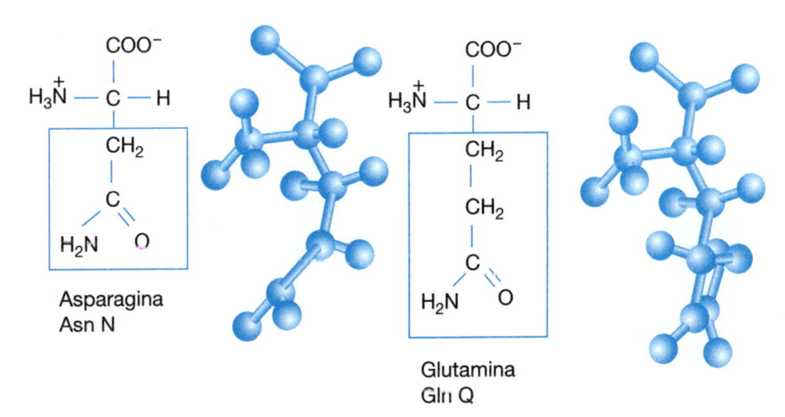

Figura 8-14. Estrutura da asparagina e da glutamina.

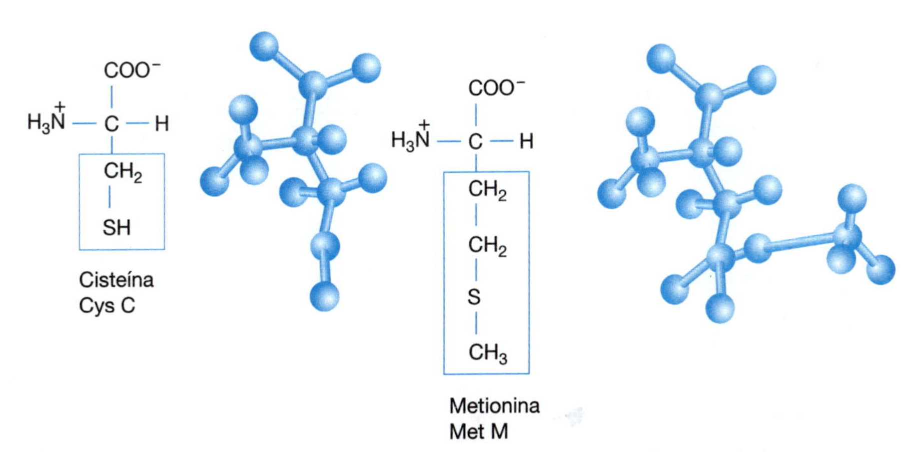

Figura 8-15. Estrutura dos aminoácidos sulfurados: cisteína e metionina.

EXTENSÃO E VARIEDADE DAS CADEIAS POLIPEPTÍDICAS

O termo proteína se aplica aos polipeptídios, geralmente maiores do que 50 aminoácidos, capazes de adotar uma estrutura tridimensional específica. Algumas proteínas são sintetizadas em grandes quantidades durante toda a vida, enquanto que outras são requeridas somente em quantidades limitadas durante períodos específicos. O tamanho destas proteínas varia enormemente, entre 50 e 2.500 aminoácidos, ainda que a maioria tenha entre 300 e 500. Há proteínas monoméricas, formadas por uma única cadeia, e proteínas oligoméricas, nas que a proteína funcional requer a associação não covalente de duas ou mais cadeias.

O número de sequências diferentes que se pode gerar a partir da combinação de 20 aminoácidos é enorme. Por exemplo, uma cadeia de 200 aminoácidos pode ter 20^{200} sequências diferentes. Este número é maior do que o estimado de átomos no universo (10^{79}); isto quer dizer que só uma pequena fração de todas estas possibilidades foi utilizada por diferentes formas de vida que já existiram no planeta.

DETERMINAÇÃO DA ESTRUTURA COVALENTE DAS PROTEÍNAS

Em 1953, Frederick Sanger determinou pela primeira vez a sequência de aminoácidos de uma proteína, o hormônio insulina. Este trabalho demonstrou que uma população de moléculas purificadas da mesma fonte, que realiza a mesma função, tem exatamente a mesma estrutura covalente, conhecida como estrutura primária, a qual especifica a sequência de aminoácidos a partir da extremidade amino terminal, assim como o número e localização das pontes dissulfeto. Para determinar a sequência de aminoácidos de uma proteína é necessário separar e identificar cada um dos aminoácidos da cadeia.

O primeiro passo na determinação da estrutura primária de uma proteína é a purificação, neste processo, que se resume no final deste capítulo, se separa a proteína de interesse de todas as outras moléculas presentes na amostra. Com a proteína pura se realizam as seguintes etapas:

1. Isolar as diferentes cadeias da proteína (caso seja oligomérica) e romper as pontes dissulfeto mediante sua oxidação irreversível a ácido cisteico, ou mediante a redução reversível seguida de acetilação das cisteínas com iodoacetato (figura 8-17).
2. Fragmentar as cadeias polipeptídicas mediante proteinases ou métodos químicos (quadro 8-1), para obter peptídeos com menos de 50 aminoácidos. Estes fragmentos se separam antes da etapa seguinte.
3. Determinar a sequência dos peptídeos resultantes do tratamento proteolítico. A identificação do aminoácido N-terminal se realiza utilizando reagentes como o 1-fluoro-2,4-dinitrobenzeno, o cloreto de dansila e o cloreto de dabsila (figura 8-18), que atacam ao amino livre. O tratamento com estes reagentes destrói a amostra, e só se utiliza para determinar a identidade do resíduo no amino terminal. Para determinar a sequência do resto da cadeia se utiliza a degradação de Edman, onde o resíduo amino terminal do peptídeo reage com fenilisotiocianato e se desprende como derivado da feniltiohidantoína (figura 8-19). Depois de separar e identificar este resíduo por cromatografia, o novo resíduo amino terminal é exposto ao fenilisotiocianato para ser marcado, separado e identificado. Ao repetir esta sequência de reações, é possível determinar a estrutura primária de um polipeptídio de cerca de 50 aminoácidos.
4. Repetir os passos 2 e 3 utilizando uma protease com um padrão de corte distinto. Desta maneira, se obtém a sequência de diferentes peptídeos; a partir das regiões comuns a dois ou mais fragmentos é possível reconstruir a conectividade da cadeia original (figura 8-20).

Quadro 8-1. Ligações peptídicas hidrolisadas por proteínas e agentes químicos

Ligação hidrolisada	Enzima ou reagente
Ala-X, Gly-X	Elastase
Leu-X,Phe-X	Pepsina
Lys-X,Arg-X	Tripsina
Phe-X, Trp-X, Tyr-X	Quimiotripsina
X-Leu,X-Phe	Termolisina
Met-X	Brometo de cianogênio (CNBr)
Asn-Gly	Hidroxilamina

X representa qualquer aminoácido. Com exceção da termolisina, todas as enzimas que se apresentam no quadro catalisam a ruptura da extremidade amino do aminoácido X.

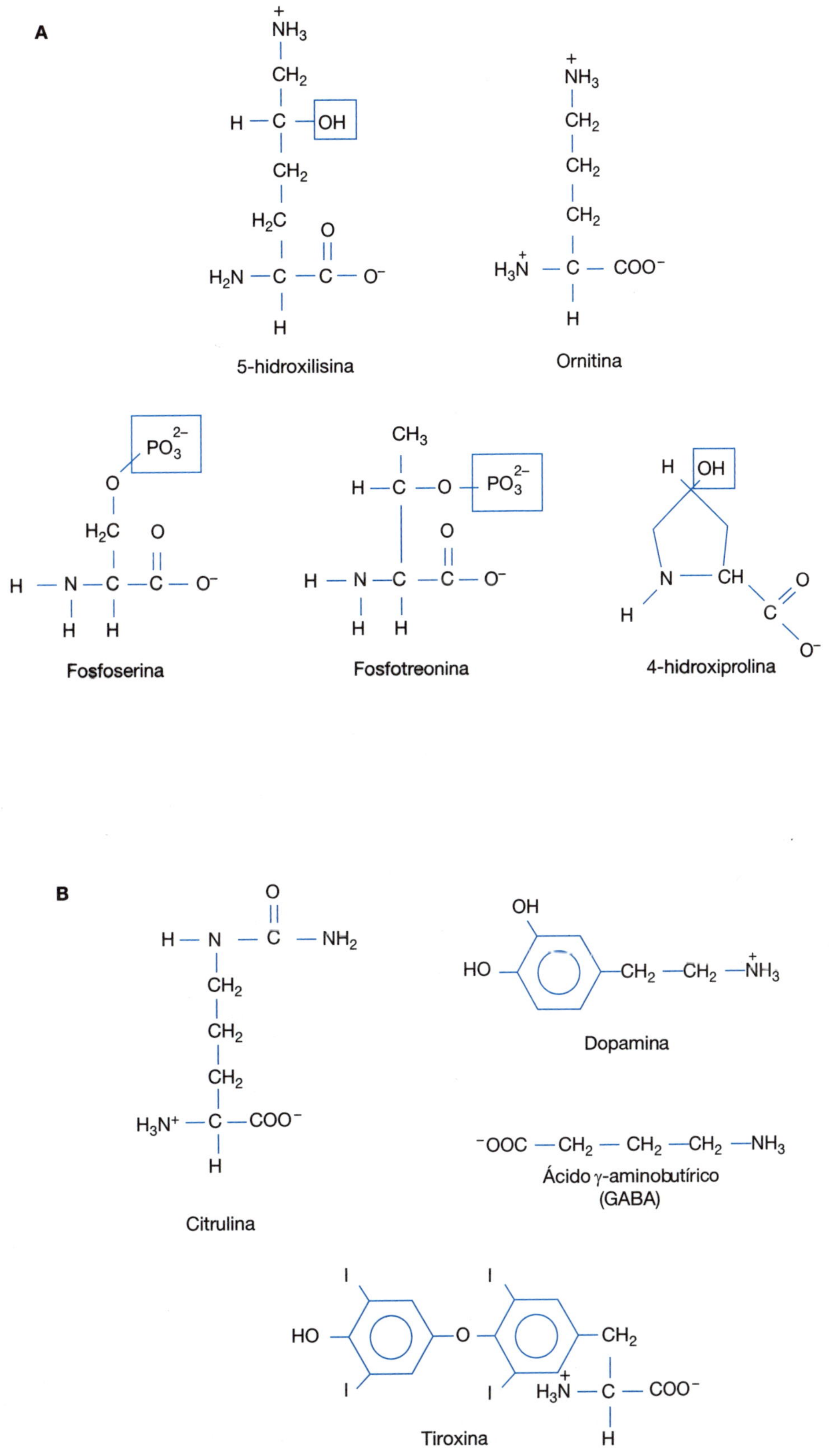

A
5-hidroxilisina
Ornitina
Fosfoserina
Fosfotreonina
4-hidroxiprolina
B
Citrulina
Dopamina
Ácido γ-aminobutírico
(GABA)
Tiroxina

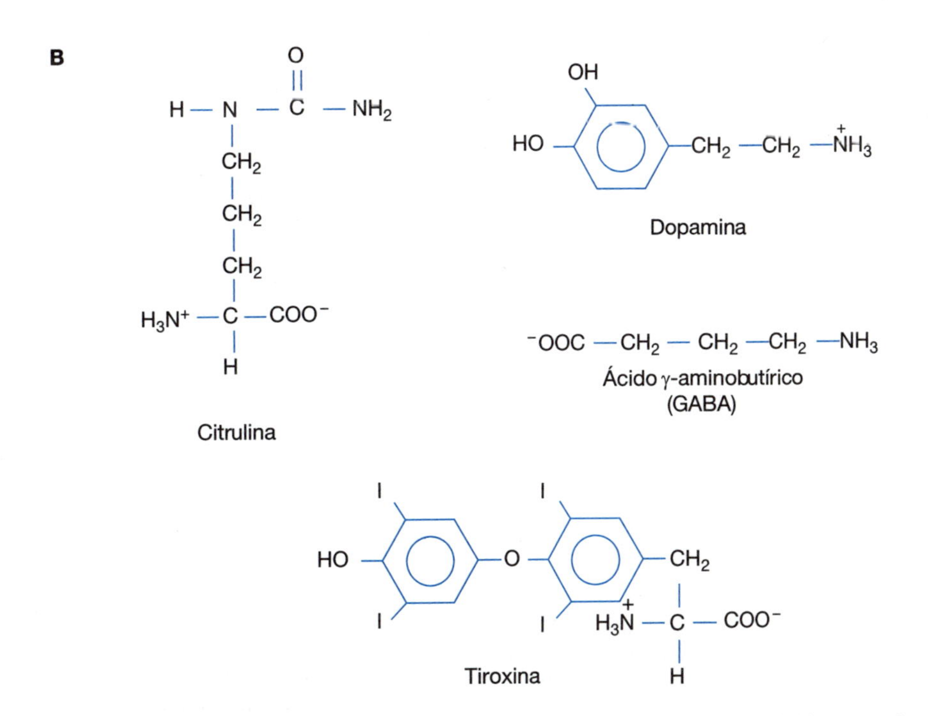

Figura 8-16. Outros aminoácidos. **A)** Aminoácidos gerados por modificações pós-traducionais. **B)** Aminoácidos que não são incorporados às proteínas.

A

H–N(H)–C(H)(COO⁻)–CH_2–S–S–CH_2–C(COO⁻)–N(H)–H — Ponte dissulfeto

+

H–C(=O)–O–OH — Ácido perfórmico

↓

2 H–N(H)–C(H)(COO⁻)–CH_2–SO_3^- — Ácido cisteico + HCOOH

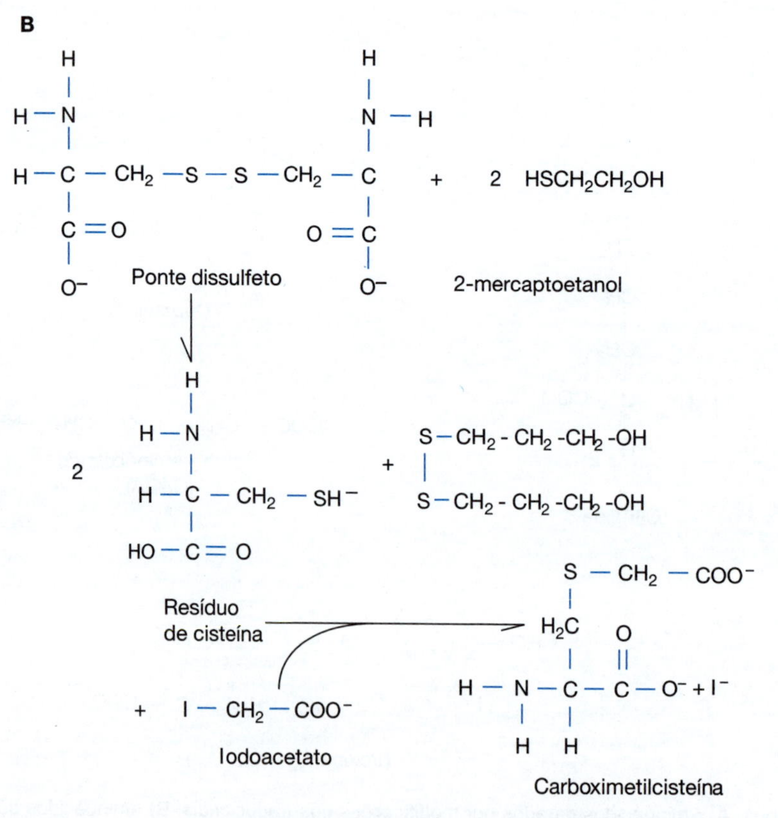

Figura 8-17. Ruptura de pontes dissulfeto: **A)** oxidação irreversível a ácido cisteico. **B)** redução reversível seguida da acetilação por iodoacetato.

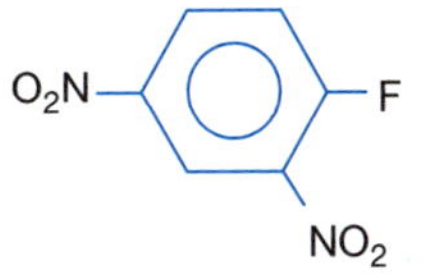

O_2N — F — NO_2

1-fluoro-2,4-dinitrobenzeno

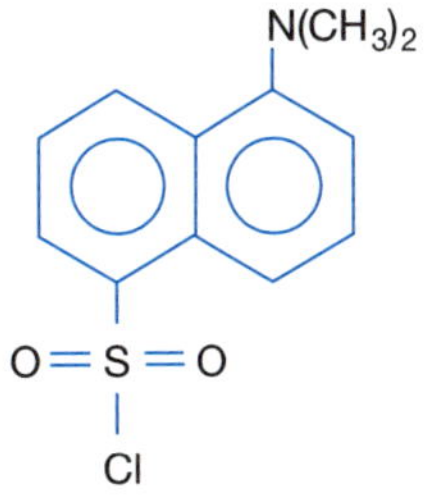

$N(CH_3)_2$

O=S=O

Cl

Cloreto de dansila

H_3C N H_3C — N=N — SO_2Cl

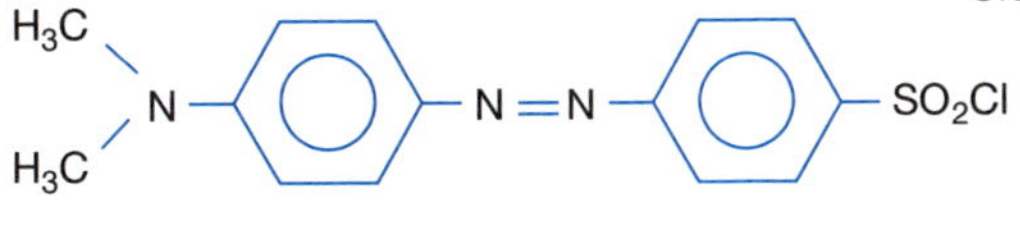

Cloreto de dabsila

Figura 8-18. Reagentes utilizados na identificação do aminoácido N-terminal.

Fenilisotiocianato

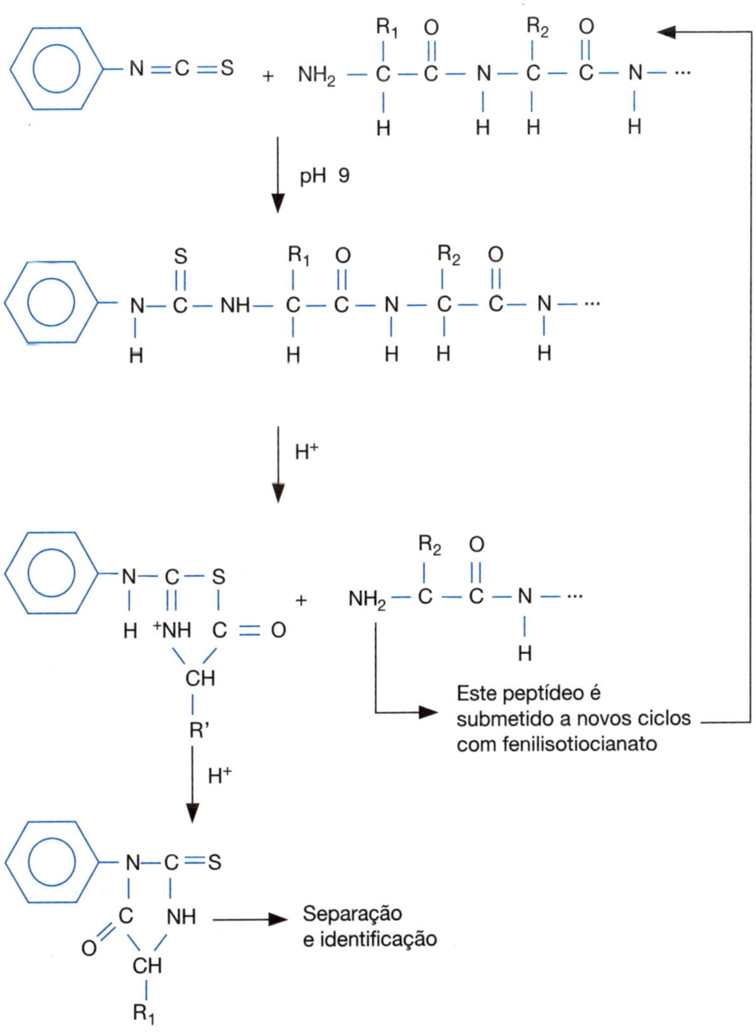

N=C=S + NH_2—C(R_1)(H)—C(=O)—N(H)—C(R_2)(H)—C(=O)—N(H)—...

pH 9

N(H)—C(=S)—NH—C(R_1)(H)—C(=O)—N(H)—C(R_2)(H)—C(=O)—N(H)—...

H^+

N—C—S, H $^+$NH C=O, CH, R' + NH_2—C(R_2)—C(=O)—N(H)—...

Este peptídeo é submetido a novos ciclos com fenilisotiocianato

H^+

N—C=S, C NH, O, CH, R_1 → Separação e identificação

Derivado da feniltiohidantoína do aminoácido N-terminal original

Figura 8-19. Esquema da degradação de Edman Fenilisotiocianato.

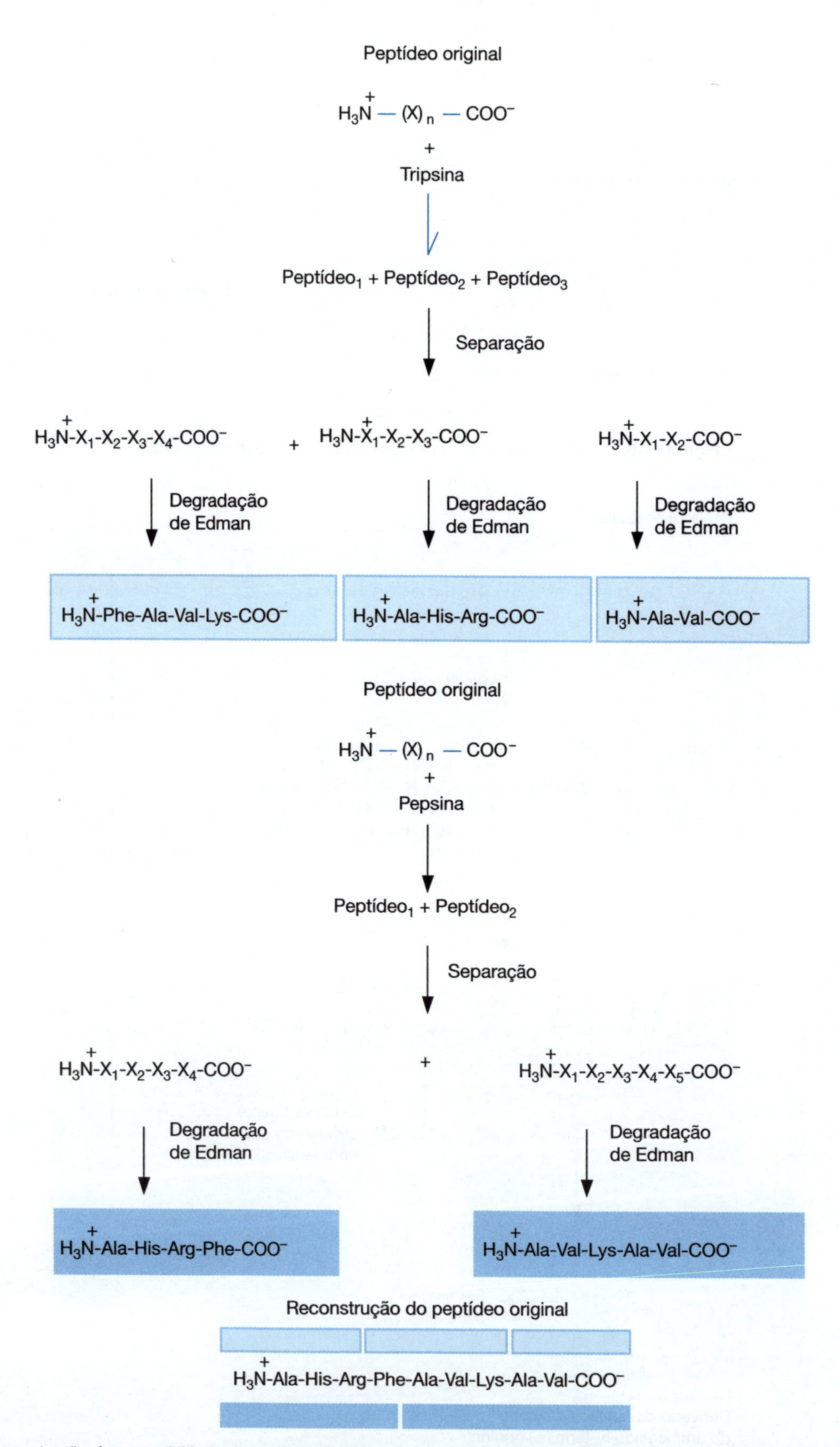

Figura 8-20. Reconstrução da conectividade da cadeia utilizando diferentes padrões de corte. Ao comparar os fragmentos obtidos mediante diversas proteases se observam regiões comuns. A partir destas é possível reconstruir a conectividade da cadeia.

O trabalho original de Sanger precisou de dezenas de gramas de proteína. Atualmente, se utiliza menos de um micrograma, já que as etapas de degradação de Edman são realizadas utilizando um sequenciador automático, que mistura os reagentes nas proporções adequadas, separa os produtos e os identifica.

A sequência de aminoácidos da proteína pode ser obtida a partir da sequência de nucleotídeos do gene que a codifica. Devida ao desenvolvimento de técnicas rápidas e eficientes de sequenciamento de DNA, é mais fácil sequenciar um gene do que uma proteína; no entanto, algumas características como a localização de pontes dissulfeto e o número de cadeias presentes na estrutura funcional são obtidas unicamente a partir da proteína.

Em alguns casos, a estrutura primária da cadeia polipeptídica sofre modificações covalentes posteriores à sua tradução. As modificações mais comuns são: a eliminação de um segmento da cadeia e a modificação química de alguns aminoácidos. Este tema será revisado no capítulo 11.

CONFORMAÇÃO NATIVA DAS PROTEÍNAS

A estrutura covalente determina a liberdade conformacional dos átomos nas moléculas. Polímeros sintéticos como o poliestireno, onde todas as moléculas têm a mesma estrutura covalente, não adotam uma conformação tridimensional específica; em uma população destas moléculas, cada uma delas adota uma conformação diferente. Em contraste, em uma população de proteínas com a mesma estrutura covalente, quase todas as macromoléculas em solução adotam uma conformação tridimensional semelhante, com pequenas variações, chamada conformação nativa. A melhor prova desta homogeneidade estrutural é a formação de cristais de proteína, onde milhares de milhoes de moléculas idênticas formam um arranjo cristalino macroscópico. A formação de uma rede cristalina requer que as moléculas presentes em todas as células unitárias do cristal adotem a mesma conformação. Em meados do século XIX, foi obtida pela primeira vez cristais de uma proteína, a hemoglobina. Em 1926, Sumner foi o primeiro a cristalizar uma enzima, a uréase. Como será descrito mais adiante, foi somente no final da década de 1950 que se analisou em detalhe molecular a informação contida em um cristal para obter a estrutura tridimensional da mioglobina.

A ESTRUTURA DAS PROTEÍNAS É DIVIDIDA EM NÍVEIS PARA SEU ESTUDO

Ao analisar a informação contida na estrutura das proteínas, é possível distinguir quatro níveis de organização:

- A **estrutura primária** ou covalente da molécula é determinada pela sequência de aminoácidos da cadeia polipeptídica e pela posição das pontes dissulfeto.
- A **estrutura secundária** especifica a conformação local de segmentos da proteína, nos quais a cadeia adota conformações regulares repetitivas, como as α- hélices e as folhas-β; ou não repetitivas, como voltas e giros de conformação definida.
- A **estrutura terciária** determina o arranjo espacial da estrutura secundária em domínios compactos.

Nas proteínas monoméricas, a estrutura terciária contém a posição relativa de todos os átomos da molécula. Nas proteínas formadas por várias cadeias polipeptídicas, a descrição de toda a molécula requer a **estrutura quaternária**, que especifica a estequiometria e a orientação das diferentes cadeias.

A SEQUÊNCIA DE AMINOÁCIDOS DETERMINA A CONFORMAÇÃO NATIVA DAS PROTEÍNAS

Para que as células realizem uma função é necessário que o material genético que possuem se expresse na forma de proteínas de estrutura tridimensional precisa; esta transformação requer que as cadeias recém-sintetizadas nos ribossomos modifiquem sua conformação até adotar a conformação nativa; esta transição estrutural é conhecida como dobramento das proteínas. Onde reside a informação necessária para que as proteínas adotem sua conformação nativa? Dada a complexidade do processo, são necessárias outras moléculas, talvez proteínas, para dobrar as cadeias recém-sintetizadas? Para responder estas perguntas, Anfisen utilizou como modelo a ribonuclease. Esta enzima catalisa a ruptura dos ácidos nucleicos. A ribonuclease sintetizada no pâncreas dos bovinos é composta por 124 aminoácidos, entre os quais se encontram oito cisteínas, que formam quatro pontes dissulfeto na conformação nativa (figura 8-21). Ao diluir a ribonuclease pura em uma solução com ureia e o redutor β-mercaptoetanol, a enzima perde seu estado nativo e se desnatura. Neste processo perde suas capacidades funcionais, a estrutura compacta e as pontes dissulfeto (figura 8-21). As cadeias em solução adotam uma variedade de confôrmeros sem estrutura definida e este estado é conhecido como estado desnaturado e é utilizado como modelo experimental do estado desdobrado que adotam as cadeias, imediatamente após a síntese nos ribossomos. Ao eliminar a ureia e o redutor, mediante diálise, a ribonuclease se renatura, isto é, no tubo de ensaio adota uma conformação indistinguível da dobrada originalmente nas células do pâncreas da vaca, com a mesma conformação tridimensional e a mesma combinação de pontes dissulfeto (figura 8-21). O arranjo particular das pontes dissulfeto representa uma das 105 combinações possíveis, a única que é funcionalmente ativa. Como a ribonuclease nativa e a renaturada no tubo de ensaio são indistinguíveis, o processo é reversível. Como este experimento é realizado com a enzima pura em um tubo de ensaio, a adoção da estrutura nativa não requer cofatores celulares ou entrada de energia. A informação necessária para o dobramento da molécula se encontra, portanto em sua estrutura covalente. Já que a proteína adota espontaneamente a conformação nativa, esta deve localizar-se com um mínimo de energia. A partir desta perspectiva, o dobramento de

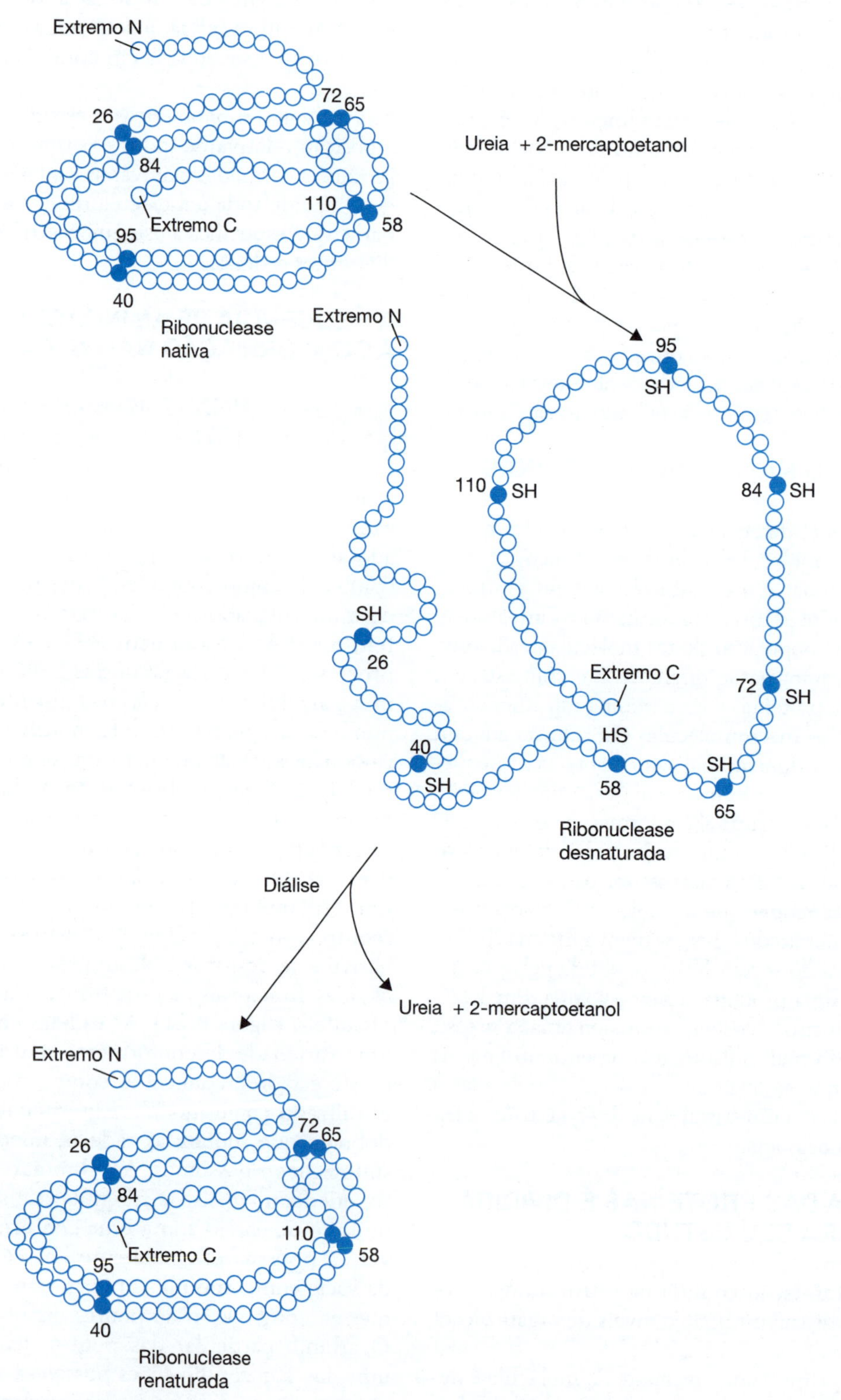

Figura 8-21. Desnaturação e renaturação da ribonuclease. O processo é reversível, já que a enzima nativa e a renaturada apresentam as mesmas propriedades estruturais e funcionais. As cisteínas são representadas por esferas escuras.

proteínas é um problema físico-químico, pois sua compreensão requer o estudo das interações não covalentes entre os átomos da proteína e entre os átomos da proteína e do solvente.

O DOBRAMENTO ADEQUADO DAS PROTEÍNAS *IN VIVO* REQUER VÁRIOS COFATORES CELULARES

No interior da célula, certas etapas do dobramento são catalisadas por enzimas como a peptidil-prolil-cis-trans--isomerase e a proteína isomerase de dissulfetos; enquanto que outros grupo de proteínas conhecidas como chaperoninas, ajudam no dobramento *de novo* no interior da célula e evitam a agregação irreversível das proteínas em condições ambientais extremas. Portanto, ainda que uma grande variedade de proteínas adote *in vitro* a conformação nativa, é necessário um grande número de cofatores celulares para regular o dobramento *in vivo*.

INTERAÇÕES NÃO COVALENTES: DOBRAMENTO E UNIÃO

A conformação nativa outorga à proteína a capacidade de reconhecer, se unir ou transformar algumas moléculas, das milhares que circulam na célula. Este reconhecimento molecular específico, entre as proteínas e seus ligantes é possível devido às interações favoráveis entre ambas as moléculas. As mesmas interações que determinam o reconhecimento intramolecular de diversas regiões da cadeia no estado nativo se aplicam ao reconhecimento intermolecular de ligantes à proteína ou de diferentes cadeias polipeptídicas na formação de oligômeros e complexos macromoleculares. Em todos estes casos, as interações não covalentes determinam tanto a estabilidade da conformação nativa como a afinidade das proteínas por seus ligantes.

CONFORMAÇÕES E INTERAÇÕES NÃO COVALENTES

Como foi analisada no capítulo 2, a água é o solvente universal. Este líquido determina a estrutura e organização de todos os componentes celulares, devido a interações não covalentes entre a água e as macromoléculas. A natureza molecular das interações não covalentes se compreende com maior detalhe para moléculas isoladas no vácuo ou em sólidos regulares. O estado líquido, no qual existem as proteínas no citosol, a membrana ou o exterior da célula é mais complexo.

A formação de ligações restringe a distância e o ângulo de união entre núcleos atômicos. Em moléculas pequenas, a descrição da estrutura covalente é suficiente para determinar a conformação tridimensional. No caso das macromoléculas, a rotação nas ligações dos milhares de átomos na estrutura covalente dá lugar a uma infinidade de arranjos no espaço, ou confôrmeros. O número total de conformações na molécula é dado por n^{aa}, onde n é o número de conformações que cada resíduo é capaz de adotar e aa é o número de aminoácidos na cadeia. Um cálculo simples mostra quantas conformações pode adotar uma cadeia polipeptídica. Se forem supostos dois confôrmeros por resíduo, para uma cadeia de 20 resíduos, tem-se 2^{20}= 1.048.576 conformações possíveis. A adoção preferencial de uma entre estes milhões de conformações é energeticamente desfavorável, já que diminui a entropia configuracional da cadeia (ΔS_{conf}), dada pela seguinte relação:

$$\Delta S_{conf} = R \ln N$$

Onde R é a constante dos gases ideais e N é o número possível de conformações.

A contribuição da entropia configuracional para a energia livre é dada por $-T\Delta S_{conf}$ (onde T é a temperatura absoluta). A 25°C, para uma proteína de 100 aminoácidos, $-T\Delta S_{conf}$ tem um valor de cerca de 123 kcal mol^{-1}. Esta contribuição favorece o estado desnaturado. Portanto, para que uma conformação particular predomina sobre as demais, é necessário que as interações que estabilizam esta conformação sejam de uma magnitude maior do que $-T\Delta S_{conf}$. A seguir, analisaremos as interações não covalentes que estabilizam a estrutura nativa das proteínas.

Interações de van der Waals e repulsão de curto alcance (efeitos estéricos)

As interações de van der Waals são ubíquas. Ainda quando um átomo não apresente carga ou dipolo líquido, existem assimetrias transitórias na distribuição eletrônica ao redor de seu núcleo. Este dipolo transitório polariza um átomo vizinho, criando uma atração entre eles. Por outro lado, à medida que os átomos se aproximam, a atração é contrabalanceada pela repulsão entre as duas nuvens eletrônicas. A distância na qual não existe atração ou repulsão líquida, se conhece como raio de van der Waals e determina a distância mínima entre os átomos que não estão ligados. Com o raio de van der Waals dos átomos em uma molécula, é possível determinar as regiões do espaço conformacional pouco prováveis, devido a impedimentos estéricos (de volume) entre os átomos. As distâncias levemente maiores (0,3 a 0,5 Å) que a soma do raio de van der Waals dos dois átomos, existe uma ligeira atração dentre eles, portanto, as interações de van der Waals são de curto alcance e se maximizam quando as superfícies dos átomos ou moléculas são complementares. O quadro 8-2 mostra os raios de van der Waals dos átomos que fazem parte das proteínas.

Quadro 8-2. Raio de van der Waals dos átomos comumente encontrados nas proteínas

Átomo	Raio em ligações simples (Å)
Hidrogênio	1,17
Oxigênio	1,40
Nitrogênio	1,55
Carbono	1,75
Enxofre	1,80

Forças eletrostáticas

A carga líquida das proteínas depende do pH do meio, já que algumas cadeias laterais, assim como os grupos amino e carboxila terminais, representam grupos ionizáveis. A gama de valores de pK nos aminoácidos (quadro 8-3) torna possível a existência simultânea de cargas positivas e negativas na molécula. O pH no qual a soma das cargas positivas é igual à soma das cargas negativas se conhece como ponto isoelétrico (pI). Nesta condição, a molécula não apresenta carga líquida. O pI das proteínas pode ser estimado a partir da média aritmética dos pK das cadeias laterais e das extremidades carregadas.

A energia de interação entre dois átomos carregados é igual ao produto das cargas, dividido pela distância que as separa. Quando as cargas estão separadas em um meio de constante dielétrica D, a magnitude da energia de interação (ΔE) é determinada da seguinte forma pela lei de Coulomb:

$$\Delta E = \frac{Z_A Z_B \varepsilon^2}{D r_{AB}}$$

Onde ε é a carga do elétron, Z o número destas cargas em cada átomo e r_{AB} a distâncias que as separa. Se as duas cargas têm sinais opostos, ΔE é negativo e a interação é favorável, já que a energia diminui com a distância. Este é o caso nas pontes de sal, formados entre grupos da proteína com carga oposto (ex. Asp-Lys); se as cargas são do mesmo sinal, se observa repulsão entre elas; para aproximá-las é necessária certa energia ΔE.

Quadro 8-3. pK dos grupos ionizáveis dos aminoácidos

Grupo	pK observado
Amino terminal	6.8 a 8.0
Carboxi terminal	3.5 a 4.3
Ácido aspártico (carboxila β)	3.9 a 4.0
Ácido glutâmico (carboxila γ)	4.3 a 4.5
Arginina (guanidina δ)	12.0
Lisina (amino ε)	10.4 a 11.1
Histidina (imidazol)	6.0 a 7.0
Cisteína (tiol)	9.0 a 9.5
Tirosina (hidroxila fenólica)	10.0 a 10.3

Os intervalos de pK apresentados foram obtidos utilizando-se compostos de diferentes modelos.

A energia de interação entre cargas é inversamente proporcional à constante dielétrica D. A constante dielétrica aumenta com a polaridade do solvente. No benzeno é de 2,2, enquanto que na água é de 78,5. Assim, as interações iônicas entre as cadeias laterais dos aminoácidos são maiores no interior não polar da proteína, que no exterior solvatado por moléculas de água.

Dipolos

A formação de um dipolo se deve à distribuição desigual dos elétrons compartilhados entre dois átomos. Em cada ligação formada, a distribuição da densidade eletrônica depende da eletronegatividade dos átomos ligados. O oxigênio e o nitrogênio do esqueleto polipeptídico são muito eletronegativos e produzem um momento dipolar na ligação peptídica (figura 8-22), na qual o grupo amino apresenta carga parcial positiva e é doador potencial de pontes de hidrogênio, enquanto que o oxigênio do grupo carbonila apresenta carga parcial negativa e é aceptor potencial de pontes de hidrogênio.

Pontes de hidrogênio

As pontes de hidrogênio são as interações não covalentes que se estabelecem entre um átomo de hidrogênio e dois átomos eletronegativos. Um dos átomos eletronegativos está unido covalentemente ao hidrogênio e é, portanto, um ácido (A-H) ou doador; o hidrogênio que forma parte da ponte de hidrogênio apresenta certa afinidade pela base (B) ou aceptor. A ponte de hidrogênio é um intermediário na trajetória de uma reação ácido base (figura 8-23A). No estado líquido, a maior parte das moléculas de água participa na formação de pontes de hidrogênio, as quais são intermediárias na formação de um ânion hidroxila (OH^-) e um cátion hidrônio (H_3O^+). O ânion e o cátion são produzidos quando o próton de um hidrogênio ligado se move momentaneamente a partir do doador até o aceptor (figura 8-23B). A presença destas ligações não covalentes se manifesta nas propriedades físicas e químicas da água. A formação de uma ponte de hidrogênio entre duas moléculas correlaciona os movimentos entre ambas, isto é, diminui as orientações possíveis entre o par. Nas pontes de hidrogênio que são observadas nas proteínas (figura 8-23C) participam os grupos C=O e N-H do esqueleto polipeptídico, as cadeias laterais e as moléculas de água. O ganho energético, devido à formação de uma ponte de hidrogênio é de cerca de 1,3 $kcal^{-1}$; no entanto, este valor depende do contexto estrutural.

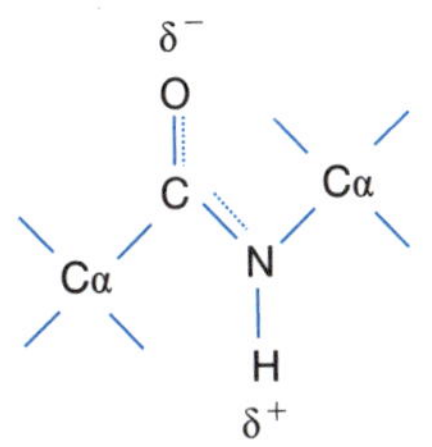

δ^- O C Cα Cα N H δ^+

Figura 8-22. Momento dipolar na ligação peptídica.

Efeito hidrofóbico

A água e o óleo não se misturam. Este fato reflete a capacidade da água líquida de expulsar de seu meio as moléculas que não são iônicas, ou que não têm um grande número de doadores ou aceptores de pontes de hidrogênio. Os solutos não polares interagem favoravelmente com as moléculas de água; no entanto, a energia de interação entre as moléculas de água é muito maior, fazendo com que o estado de menor energia e, portanto mais estável seja aquele no qual se minimiza o contato entre as moléculas de água e os átomos não polares. Este fenômeno é conhecido como efeito hidrofóbico e sua função é a formação das membranas celulares e do núcleo não polar no interior da conformação nativa das proteínas.

As cadeias laterais dos aminoácidos que contêm grupos não polares como $-CH_3$ e $>CH_2$ são hidrofóbicas e sua solubilidade em água é muito baixa. A transferência destes grupos do solvente aquoso até o interior não polar, formado por outras cadeias não polares segregadas da água, é energeticamente favorável. Devida a isto, os aminoácidos não polares das proteínas formam um núcleo hidrofóbico.

Não existe consenso sobre o ganho energético na formação do núcleo não polar; o valor mais aceito a partir de estudos utilizando compostos modelo é de 25 a 30 cal mol^{-1} $Å^{-2}$, equivalentes a 1,3 kcal por mol de CH_3; no entanto, outros autores sugerem que este valor pode ser duas ou três vezes maior.

ESTABILIDADE DA CONFORMAÇÃO NATIVA DAS PROTEÍNAS

A estabilidade da conformação nativa das proteínas (ΔG^o_{PLEG}) é dada pela diferença de energias entre a conformação nativa G_{Nativa} e a conformação desnaturada $G^o_{desnaturada}$: $\Delta G^o_{PLEG} = G^o_{nativa} - G^o_{desnaturada}$.

Em uma proteína como a lisozima (129 aminoácidos), as interações não covalentes favoráveis à conformação nativa, isto é, a formação de pontes de hidrogênio e a ocultação dos grupos não polares na conformação dobrada, são de cerca de -184kcal mol^{-1}, que contrabalanceiam as +167 kcal mol^{-1} devidas à entropia conformacional.

A diferença entre estes valores (ΔG^o_{PLEG} = -17kcal mol^{-1}) determina a estabilidade da proteína.

Os valores experimentais de ΔG^o_{PLEG} obtidos para várias proteínas monoméricas oscilam entre -5 e -20 kcal mol^{-1}. A diferença entre os termos favoráveis e desfavoráveis é pequena e equivale à energia requerida na formação de uma dezena de pontes de hidrogênio ou à hidrólise de uma ou duas moléculas de ATP. Portanto, a conformação nativa é marginalmente estável. Assim, as proteínas se desnaturam por variações na acidez do meio, temperatura ou pressão, assim como por concentrações altas de solutos como a ureia ou o cloreto de guanidina.

PROPRIEDADES ESPECTROSCÓPICAS DAS PROTEÍNAS

A espectroscopia é o estudo da interação da radiação eletromagnética com a matéria. Utilizando radiação eletromagnética de diferentes longitudes de onda, desde os 10^{-13} até os 10^5m, é possível obter informação sobre as propriedades energéticas, estruturais e dinâmicas das proteínas. Várias técnicas, como a espectroscopia nas regiões do ultravioleta e visível do espectro, a fluorescência, a atividade óptica e a ressonância magnética nuclear, são sensíveis à união de ligantes, às modificações no estado de ionização e as diferenças estruturais das proteínas. As diferenças de energia devidas a estes processos são quantificadas ao se estudar a influência das condições ambientais (temperatura, pressão, pH, força iônica e concentração de ligantes), nas propriedades espectroscópicas mencionadas.

DETERMINAÇÃO DA ESTRUTURA TRIDIMENSIONAL DAS PROTEÍNAS

A metodologia mais utilizada para determinar a estrutura das proteínas requer a difração de raios X por cristais de proteína. Em contraste, a estrutura das proteínas em solução é determinada mediante ressonância magnética nuclear; esta metodologia é mais recente e é adequada para obter a estrutura de proteínas pequenas (até 30kDa).

A resolução com a qual se observa um objeto, isto é, a distância mínima em que se podem diferenciar dois elementos é dada pela longitude de onda do feixe utilizado na iluminação. Os arranjos que podem ser detectados são os que têm um tamanho semelhante ou maior que a longitude de onda da luz incidente. Na região visível do espectro, a longitude de onda está entre 400 e 700nm (1nm = 1×10^{-9}m), o que faz com que a resolução obtida com luz visível seja próxima a uma micra (1.000nm), adequada para observar células, mas insuficiente para obter a posição relativa dos átomos das proteínas. As distâncias entre os átomos ligados são de cerca de 0,1nm (1Å). Assim, as técnicas mais utilizadas para determinar a estrutura de uma molécula, usam raios X, nêutrons e elétrons, cuja longitude de onda é cerca de 0,1nm. A determinação da estrutura das proteínas mediante estas fontes de iluminação requer a formação de cristais; nestes as moléculas formam uma rede macroscópica ordenada e repetitiva. As proteínas globulares são macromoléculas esféricas ou elipsoides de superfície irregular; devido a isto, a formação de cristais de proteína de tamanho adequado (0,5mm) é um processo lento que requer meses. Cada cristal é formado pela repetição de células unitárias; as moléculas que formam cada uma das células apresentam a mesma conformação. Isto implica que em todas as moléculas que forma o cristal, as distâncias e os ângulos entre átomos equivalentes são semelhantes.

Ainda que no microscópio visível existam lentes que permitem focar e aumentar a imagem do objeto de estudo, não se conta com lentes capazes de colimar os raios X. Por esta razão, a estrutura das proteínas é determinada a partir do padrão de difração, que se obtém mediante experimentos nos quais um cristal de proteína é irradiado com um feixe de raios X. Os elétrons que formam as moléculas do cristal difratam os raios X do feixe incidente, gerando milhares de feixes discretos; os quais geram manchas ao impactar uma placa fotográfica ou um detector eletrônico. A direção e intensidade das reflexões observadas no padrão de difração são produto da densidade eletrônica que reflete a estrutura da molécula. Para resolver a estrutura de uma proteína é necessário encontrar a nuvem de densidade eletrônica capaz de produzir o padrão de difração experimental. A estrutura é obtida mediante um processo interativo, no qual a intensidade e posição dos pontos observados no padrão de difração são estimados mediante uma operação matemática, que permite calcular para cada ponto do padrão de difração as propriedades da onda incidente e, assim, determinar o mapa de densidade eletrônica da molécula. Os mapas obtidos em cada ciclo são utilizados para localizar e modificar a posição dos átomos no modelo estrutural. Este processo é repetido várias vezes, até que o padrão de difração calculado se aproxime paulatinamente do produzido pelo cristal.

Em princípios do século XX foi determinada a estrutura de compostos inorgânicos simples como o NaCl, utilizando-se a difração de raios X por cristais. A determinação da estrutura das proteínas é muito mais complexa porque cada molécula contém milhares de átomos. A obtenção de cristais de proteína não é fácil, pois são obtidas geralmente a partir de soluções concentradas de sulfato de amônio ou outros sais. Depois de vários anos de trabalho, em 1959 no laboratório de J.C. Kendrew; obteve-se, pela primeira vez, a estrutura tridimensional de uma proteína, a mioglobina. Pouco depois, M. Perutz et al, determinaram a estrutura da hemoglobina (capítulo 9). Estes trabalhos abriram novas perspectivas em bioquímica, ao mostrar que as funções celulares podem ser compreendidas no nível das interações entre moléculas de estrutura e propriedades definidas.

A estrutura das proteínas é depositada em arquivos que contém as coordenadas dos átomos que formam as moléculas e a coletividade que há entre estes. Atualmente, conhece-se a estrutura de milhares de proteínas que se encontram depositadas no *Protein Data Bank* (PDB). Os arquivos armazenados nesta base de dados podem ser obtidos de maneira gratuita através da internet (http://www.rcsb.org/pdb/home/home.do). Quando o PDB foi estabelecido em 1971, continha sete estruturas; em 1993 contava com 1.727. No decorrer do ano 2.000 foram depositados 2.995 estruturas, isto é, uma média de oito estruturas por dia. Em 2008 foram depositadas 25 estruturas diárias. Neste mesmo ano se contava com pouco mais de 51.000 estruturas disponíveis, das quais pouco mais de 44.000 foram determinadas por cristalografia de raios X, pouco menos de 7.400 por ressonância magnética nuclear e ao redor de 180 por microscopia eletrônica. Esta explosão de conhecimento é o resultado de avanços científicos e tecnológicos em quase todas as etapas envolvidas na determinação da estrutura das biomoléculas. Para visualizar estas estruturas conta-se com programas, vários deles gratuitos, capazes de representar e analisar diferentes aspectos da estrutura das proteínas. Entre os mais comuns se encontra o Rasmol (http://www.umass.edu/microbio/rasmol/index2.html), (http://www.openrasmol.org/openRasMol.html), utilizado para gerar várias figuras dos capítulos 8 e 9 desta obra.

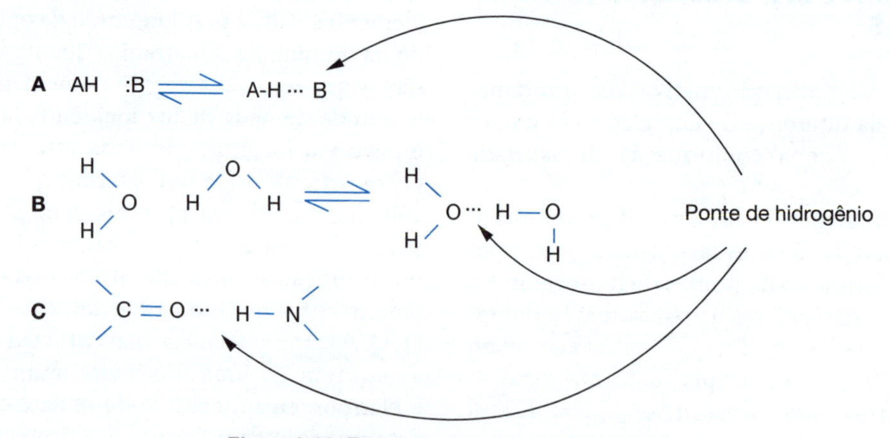

Figura 8-23. Formação de pontes de hidrogênio.

Kinemage (http://kinemage.biochem.duke.edu/website/kinhome.htm), *Deep View Swiss-PdbViewer* (http://spdv.vital-it.ch/). *Protein Explorer* (http://biomodel.uah.es/pe/inicio.html) e *Pymol* (http://pymol.sourceforge.net/). A internet é uma ferramenta ponderosa para encontrar informações valiosas e variadas sobre as proteínas.

ESTRUTURA COVALENTE E RESTRIÇÕES CONFORMACIONAIS

As diferentes conformações da cadeia polipeptídica são dadas por ângulos de torsão ou diedros. Cada ângulo diedro define a orientação relativa de quatro átomos sucessivos. O valor e o sinal do ângulo variam com a rotação da ligação que une os dois átomos centrais (figura 8-24). A determinação dos ângulos de torsão da estrutura: ω (N-C´), Φ (N-Cα) e ψ (C´-Cα), assim como os ângulos das cadeias laterais χ_1 (Cα-Cβ), χ_2... χ_n, descrevem completamente a conformação local da cadeia (figura 8-25).

Como se mencionou anteriormente, a rotação do ângulo ω é muito restringida pela formação da ligação dupla parcial entre N e C´; por este motivo é que os átomos unidos a N e C´ adotam conformações coplanares. Devida a impedimentos estéricos, a conformação mais comum é a *trans* ou estendida (ω = 180° = -180°). Quando N pertence a uma prolina se observa, em 25% dos casos, a conformação *cis* ou eclipsada (ω = 0°), devido a que os impedimentos estéricos são equivalentes em ambas as conformações (figura 8-26).

O espaço conformacional adotado pela cadeia se descreve com os valores dos outros dois ângulos diedros Φ ou ψ. As conformações possíveis se representam através do mapa de Ramachandran, onde cada conformação é determinada pó um par (Φ e ψ). A partir do volume dos átomos, é possível calcular as combinações Φ e ψ desfavoráveis, devido a impedimentos estéricos com outros átomos da cadeia. O fator estérico limita muito o espaço conformacional acessível à cadeia; devido a isto, 90% dos pares (Φ ou ψ) encontrados nas proteínas se localizam dentro dos 14% possíveis do espaço (figura 8-27A). A glicina tem como cadeia lateral um –H, portanto, as regiões permitidas para este aminoácido são muito maiores (figura 8-27B).

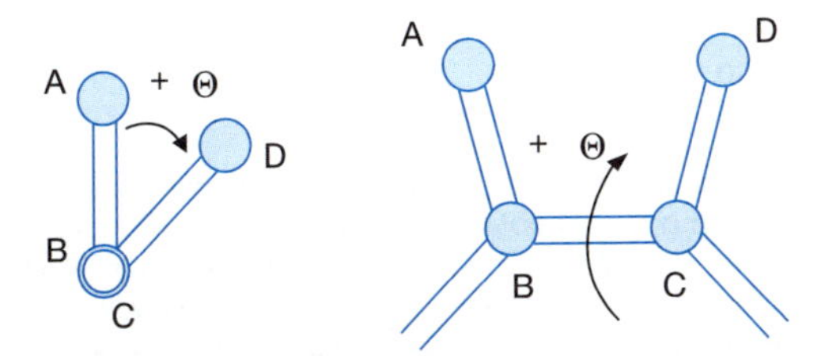

Figura 8-24. Esquema da convenção da IUPAC (International Union of Pure and Applied Chemistry) utilizada para definir o sinal e a magnitude do ângulo de torsão. O ângulo de torsão da ligação B-C descreve a posição relativa dos quatro átomos mostrados na figura.

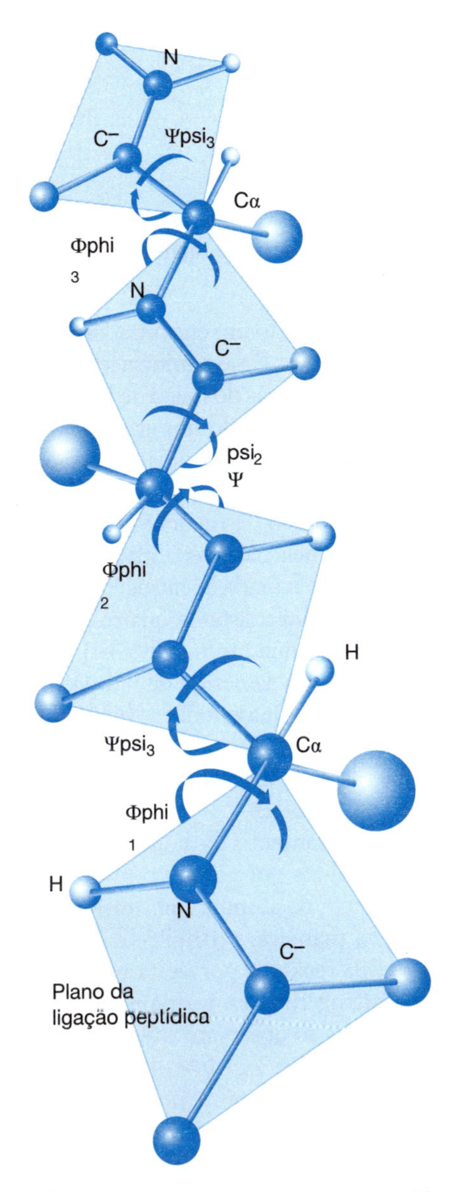

Figura 8-25. Ângulos de torsão na estrutura polipeptídica e em cadeias laterais.

ESTRUTURA SECUNDÁRIA

A conformação local ou estrutura secundária é definida pelo padrão de pontes de hidrogênio da estrutura polipeptídica e o valor dos ângulos Φ ou ψ.

α-Hélices

Como foi mencionada anteriormente, a estrutura polipeptídica contém aceptores e doadores potenciais de pontes de hidrogênio. A partir de considerações geométricas, Pauling e Corey fizeram a predição de duas conformações regulares repetitivas, a α-hélice e a folha-β, capazes de formar pontes de hidrogênio entre as amidas e as carbonilas da ligação peptídi-

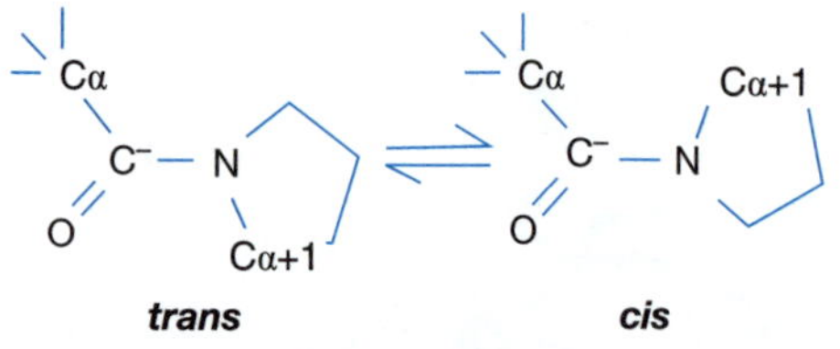

trans *cis*

Figura 8-26. Conformações *trans* e *cis* da prolina.

ca. Posteriormente, ambas foram encontradas na estrutura tridimensional das proteínas. Estas conformações se encontram dentro das regiões permitidas do mapa de Ramachandran. As α-hélices se apresentam quando um grupo de aminoácidos, contíguos na sequência, adota ângulos de torsão que correspondem ao quadrante inferior esquerdo no mapa de Ramachandran ($\Phi \approx -57°$, $\psi \approx -47°$) (figura 8-27A); estes resíduos geram uma estrutura helicoidal repetitiva, na qual se forma uma ponte de hidrogênio unida ao nitrogênio do aminoácido n e o oxigênio da carbonila distante quatro aminoácidos em direção à extremidade amino terminal (n+4). Voltas sucessivas formam um conjunto de pontes de hidrogênio quase paralelas ao eixo da hélice. Quase todas as hélices α observadas nas proteínas giram para a direita, devido ao fato de que no giro para a esquerda, o C_B apresenta impedimentos estéricos com o giro seguinte da hélice.

O grau de enrolamento da hélice é descrito através do número de resíduos por volta e o número de átomos compreendido entre os átomos que formam a ponte de hidrogênio. Desta maneira, a α-hélice é uma hélice $3{,}6_{13}$ já que contem 3,6 resíduos por volta e 13 átomos entre o oxigênio e o nitrogênio que formam a ponte de hidrogênio. Nas proteínas se observam outros tipos de hélices menos comuns. A hélice 3_{10} ($\Phi \approx -49°$, $\psi \approx -26°$) é mais "delgada" que a α-hélice, pois a ponte de hidrogênio se forma entre o N da amida e o oxigênio que está distante três aminoácidos em direção à extremidade amino terminal (n+3). As hélices 3_{10} se encontram geralmente nas extremidades das α-hélices. A hélice π ou 4,416 ($\Phi \approx -57°$, $\psi \approx -70°$) é mais grossa, devido ao fato de que a ponte de hidrogênio se forma com o aminoácido (n+5).

Folhas-β

A outra estrutura repetitiva predita através de modelos atômicos por Corey e Pauling é a folha β, formada por dois ou mais folhas β. Estas estruturas possuem as mesmas vantagens que as conformações helicoidais descritas; isto é, seus ângulos de torsão se encontram dentro das regiões permitidas do mapa de Ramachandran (figura 8-27) e as pontes de hidrogênio potenciais são satisfeitas. A conformação adotada pela estrutura é próxima da completamente estendida. As estruturas-β isoladas não são estáveis, motivo pelo qual se encontram em folhas β formadas por duas ou mais estruturas β paralelas ($\Phi \approx -119°$, $\psi \approx 113°$) ou antiparalelas ($\Phi \approx -139°$, $\psi \approx 135°$). Neste tipo de estrutura, as pontes de hidrogênio são formadas entre elementos distantes da sequência.

Estruturas não repetitivas

Há certas conformações locais não repetitivas onde a cadeia muda abruptamente de direção; estes elementos conhecidos como giros ou voltas β se encontram com frequência na superfície da molécula, conectando hélices α e estruturas β. Nestas se forma uma ponte de hidrogênio entre o C = O do primeiro resíduo e o NH do quarto resíduo.

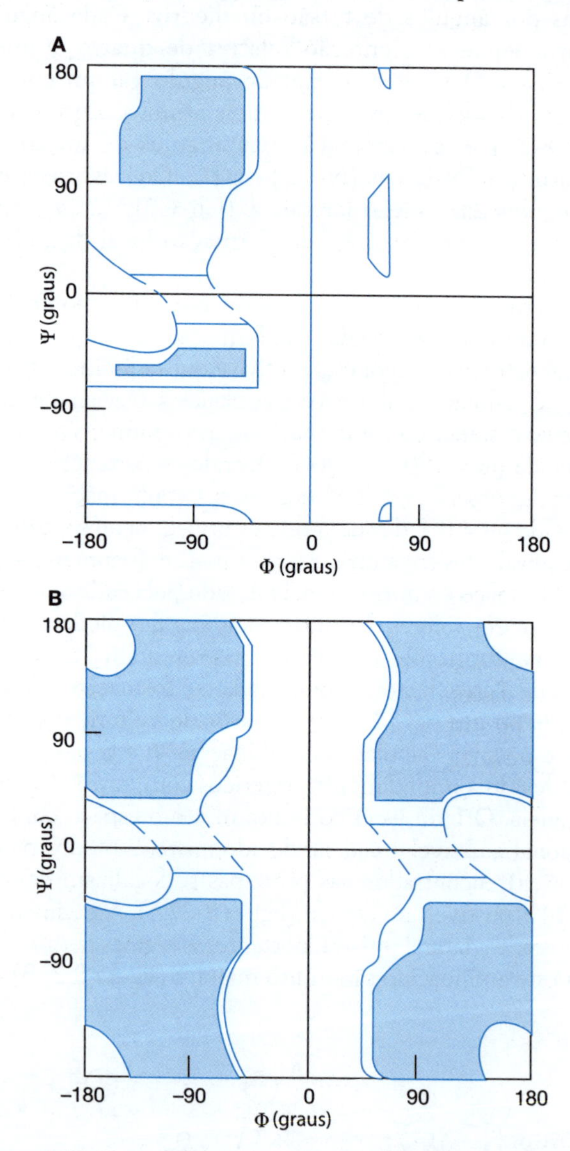

Figura 8-27. Mapa de Ramachandran. Ao determinar a estrutura de uma proteína, é possível obter os ângulos ψ e Φ para cada Cα. Algumas regiões do mapa são pouco prováveis devido a impedimentos estéricos. Portanto, a distribuição dos pares ψ e Φ no espaço conformacional não é uniforme. **A)** A zona sombreada mostra as regiões permitidas para a poli-L-alanina. Os círculos mostram as regiões do mapa que definem os diferentes tipos de estrutura secundária. **B)** Devido ao volume reduzido da cadeia lateral da glicina, os pares ψ e Φ permitidos para este aminoácido (região sombreada) são maiores.

ESTRUTURA TERCIÁRIA E DOMÍNIOS

A estrutura terciária de uma proteína é determinada pelo arranjo dos diferentes elementos de estrutura secundária no espaço. As proteínas globulares se dobram em domínios compactos que compreendem entre 40 e 300 aminoácidos. Os aminoácidos compreendidos em um domínio mostram mais interações entre eles do que com o resto da cadeia. Para adotar uma forma compacta, a cadeia atravessa o glóbulo de um lado a outro em forma de α-hélices e folhas-β; estes elementos regulares se empacotam para formar o interior da proteína e se conectam na superfície da molécula através de giros e voltas que modificam a direção da cadeia. Devido às interações das cadeias laterais se forma o interior da proteína, onde se encontram empacotados os átomos não polares, inacessíveis às moléculas do solvente. A área acessível ao solvente se reduz em um fator de três quando a proteína adota a conformação nativa. As cadeias laterais de Phe, Leu, Ilê, Gly e Ala formam mais da metade dos resíduos do interior; as cavidades interiores vazias constituem menos de 1% do volume da proteína. Graças à formação de estrutura secundária, os grupos polares da estrutura que permanecem no interior da proteína formam pontes de hidrogênio; apenas uma pequena fração, cerca de 5% dos grupos carbonila e das amidas da estrutura não formam pontes de hidrogênio com a proteína ou o solvente. A superfície da molécula é composta por voltas, giros e a face polar das α-hélices e folhas-β anfipáticas (com uma face polar e outra hidrofóbica). Quase todos os grupos carregados de Arg, Lys, His, Glu e Asp mostram seu grupo ionizado na superfície da proteína, o resto se encontrando no interior, formando pontes de sal. Apesar desta tendência de esconder os grupos não polares e expor os polares, quase à metade da área acessível ao solvente é composta por átomos não polares; isto se deve ao fato que inclusive os aminoácidos polares contêm grupos não polares.

CLASSIFICAÇÃO ESTRUTURAL DAS PROTEÍNAS

A classificação mais geral da estrutura das proteínas se faz em função do tipo de estrutura secundária presente. A proteína completa ou os domínios que a formam se agrupam nas seguintes classes: compostas predominantemente por α-hélices, (α), por estruturas β, (β) ou pela combinação de α-hélices e folhas- β alternadas (α/β) ou segregadas (α + β).

Devido às semelhanças na disposição espacial dos elementos da estrutura secundária, as proteínas contidas dentro de cada classe podem ser classificadas em famílias e superfamílias de dobramento. Nestas, se agrupam proteínas com a mesma topologia, ainda que sua sequência e função não estejam relacionadas. Algumas proteínas, como a piruvato quinase, contêm domínios que pertencem a diferentes famílias de dobramento. Além disso, alguns padrões de dobramento são observados em enzimas que realizam diversas reações, com é o caso do barril $(\beta/\alpha)_8$, também chamado de barril TIM, que se encontrou inicialmente na triose fosfato isomerase. Este tipo de dobramento foi encontrado dentro de proteínas constituídas por vários domínios, formando hetero-oligômeros com subunidades que apresentam outro tipo de estrutura ou em enzimas bifuncionais, onde uma só cadeia forma dois barris que catalisam diferentes reações.

ESTRUTURA QUATERNÁRIA E FORMAÇÃO DE COMPLEXOS MULTIENZIMÁTICOS

Um grande número de proteínas, conhecidas como oligômeros, é formado pela associação não covalente de dois ou mais cadeias polipeptídicas, chamadas subunidades. A estrutura quaternária de tais proteínas é dada pelo número e orientação relativa de suas subunidades. Os oligômeros mais simples são os dímeros, formados por duas subunidades idênticas (homodímeros) ou diferentes (heterodímeros). Também há trímeros, tetrâmeros e complexos macromoleculares formados por dezenas de subunidades. As interações observadas nas regiões de contato entre as subunidades são semelhantes às que se apresentam no interior dos monômeros. Nestas predominam as interações entre grupos não polares, interações entre grupos carregados e pontes dissulfeto.

Propriedades dinâmicas e flutuações temporais das proteínas

Devido ao fato de ser possível cristalizar proteínas puras, a conformação de todas as moléculas no cristal deve ser semelhante. No entanto, o estado nativo não é único, mas uma coleção de estados muito semelhantes estruturalmente. Os movimentos conformacionais das moléculas são estudados de preferência em solução. Através da combinação de várias técnicas espectroscópicas, foi demonstrado que as proteínas são entes dinâmicos, que sofrem movimentos contínuos em escalas de tempo variáveis. Desde vibrações localizadas nos ângulos e ligações com frequências aproximadas de 10^{13} seg^{-1} e movimentos relativos de diferentes domínios ou segmentos da molécula da ordem de 10^8 seg^{-1}, até a desnaturação global da cadeia com constantes de velocidade de aproximadamente 10^{-4} e 10^{-12} seg^{-1}. A flexibilidade da cadeia se dá, portanto, em escalas que variam em 26 ordens de magnitude. Diferentes regiões da molécula mostram distintos graus de flexibilidade. Enquanto as cadeias laterais expostas ao solvente mostram uma mobilidade próxima da dos aminoácidos livres em solução, o movimento os grupos no interior hidrofóbico da proteína é mais lento, devido ao fato que necessita do movimento concertado de diferentes regiões da molécula. Através do uso combinado de ressonância magnética nuclear e experimentos de troca isotópica, nos quais a proteína é transferida a soluções que contêm água, foi determinado que, ainda nas regiões internas da molécula, o hidrogênio das amidas troca com o solvente.

Este intercâmbio depende de dois fatores: a formação de pontes de hidrogênio e a acessibilidade do grupo ao solvente. Os prótons envolvidos na formação de pontes de hidrogênio nas estruturas β trocam com velocidades menores do que aqueles que formam α-hélices; em ambos os casos, a velocidade diminui se o grupo está escondido no interior da proteína. Como se detalha mais adiante, estas flutuações temporais permitem que a proteína realize uma função particular.

EVOLUÇÃO MOLECULAR E COMPARAÇÃO DE SEQUÊNCIAS

Como foi mencionada, a estrutura das proteínas flutua em escalas de tempo variáveis. As proteínas apresentam, além disso, mudanças em escalas de tempo maiores do que a vida de um individuo devido a sua evolução.

Os seres vivos são semelhantes no nível molecular. Todos utilizam as mesmas D-riboses nos ácidos nucleicos e os mesmos L-aminoácidos nas proteínas. A partir destas características moleculares comuns, os diferentes organismos utilizam vias metabólicas semelhantes para produzir metabólitos e energia. Este comportamento pode ser explicado de maneira satisfatória postulando-se que todos os organismos provêm de um ancestral comum e com a maquinaria molecular necessária para realizar todas as funções bioquímicas básicas. Os componentes essenciais deste organismo, isto é, o uso de nucleotídeos, aminoácidos, aparato genético e sistema para sintetizar proteínas, devem ter sido iniciados faz aproximadamente 3 bilhões de anos. A sequência atual de uma proteína particular é o produto de mutações sobre um gene ancestral. Devido a isto, a mesma função se realiza em diferentes organismos utilizando proteínas com distintas sequências. O número de proteínas diferentes que se pode construir a partir da combinação de 20 aminoácidos é astronômico; as combinações utilizadas pelos seres vivos representam uma fração muito reduzida destas possibilidades. Como a probabilidade de que duas cadeias de origem independente apresentem sequências similares é muito baixa, qualquer semelhança com significância estatística implica que as duas proteínas descendem de um ancestral comum. São consideradas proteínas homólogas aquelas que provêm do mesmo gene ancestral. Quanto maior for a semelhança, maior é o parentesco evolutivo. Tomemos como exemplo a enzima glicolítica triose fosfato isomerase. Esta proteína foi encontrada em todas as espécies em que já foi buscada e na maioria delas a enzima é um homodímero. Cada monômero é composto por cerca de 250 aminoácidos. Ao alinhar a sequência de aminoácidos da triose fosfato isomerase (TIM) proveniente de diversas espécies, se observam regiões não conservadas; isto é, posições na quais diferentes espécies apresentam diferentes aminoácidos. Existem também posições conservadas, nas que se observam aminoácidos com características químicas semelhantes. Por último, há posições estritamente conservadas, em sítios nos quais se observa o mesmo aminoácido em todas as sequências analisadas. Devido ao fato de que o material genético está exposto continuamente a mutações, os aminoácidos conservados são aqueles indispensáveis para a função ou a estrutura da proteína.

As relações filogenéticas entre os seres vivos foram determinadas originalmente a partir da comparação de organismos e o registro fóssil; esta informação foi corrigida e ampliada graças à comparação de sequências de proteínas e ácidos nucleicos de diferentes espécies. O número de diferenças entre proteínas homólogas provenientes de várias espécies está relacionado com o parentesco evolutivo entre elas. Por exemplo, a TIM dos humanos e a TIM do chimpanzé apresentam a mesma sequência, isto é, as duas moléculas são idênticas. Ao comparar a TIM humana com a TIM de espécies menos relacionadas, o número de substituições aumenta. Nossa TIM difere em quatro aminoácidos da TIM do coelho, em 86 com respeito à TIM da mosca e em 142 com respeito à TIM de *E. coli*. Mais de 50% dos aminoácidos da TIM humana são diferentes dos encontrados na TIM de *E. coli*; no entanto, a estrutura tridimensional de ambas as proteínas é muito semelhante. A partir das diferenças entre as sequências de biomoléculas homólogas é possível construir uma árvore filogenética, que relaciona as sequências em função das discrepâncias (figura 8-28). Ainda que seja possível construir árvores filogenéticas utilizando diferentes tipos de proteínas, isto implica que a árvore gerada é "historicamente correta" (tal é o caso da árvore mostrada na figura 8-28); no entanto, este tipo de representações facilita a análise de proteínas relacionadas. Para reconstruir o parentesco e a história evolutiva das moléculas que compõem os diferentes organismos que habitam a Terra, se utiliza a comparação de sequências de RNA ribossômico junto com outras ferramentas.

PURIFICAÇÃO DE PROTEÍNAS

As células contêm milhares de proteínas e moléculas diferentes. O número de proteínas sintetizadas depende da espécie. Uma bactéria como *E. coli* produz aproximadamente 3.000 proteínas diferentes, enquanto cada ser humano sintetiza cerca de 100.000. A abundância de cada proteína varia entre células ou tecidos. Em alguns casos, uma proteína particular pode ser o componente majoritário, como o colágeno nos tendões ou a hemoglobina nos glóbulos vermelhos. Em outros casos, se encontram somente algumas cópias por célula.

Para estudar as propriedades de uma proteína é necessário purificá-la, isto é, separá-la das outras proteínas e demais componentes celulares. As proteínas são purificadas por fracionamento, devido a suas diferenças em tamanho, forma, carga e solubilidade, assim como por sua capacidade para interagir com ligantes. A purificação de proteínas permite isolar uma molécula presente em menos de 0,1% do peso seco de material original, até obter uma solução na qual 99% das proteínas presentes sejam idênticas. O desenvolvimento do protocolo de purificação leva de dias a sema-

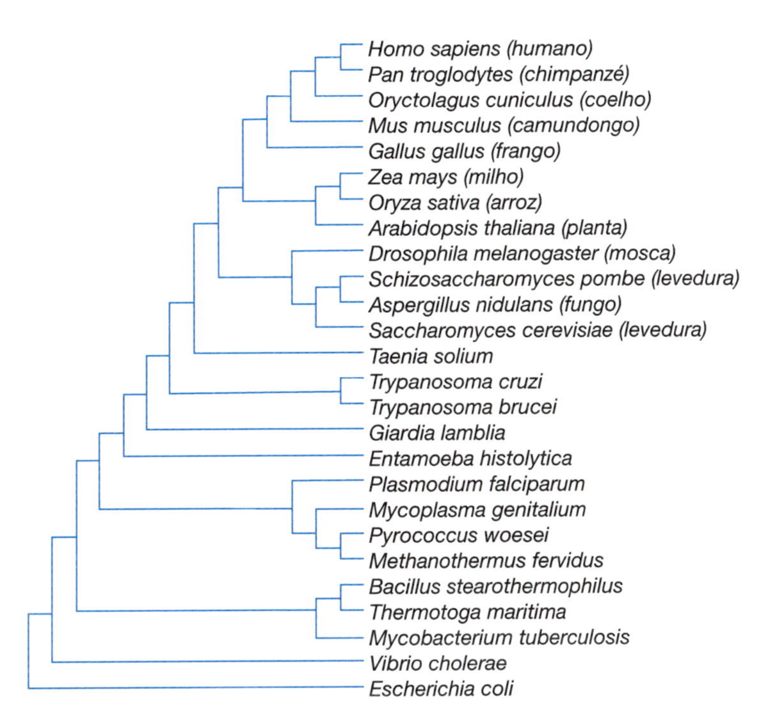

Figura 8-28. Árvore filogenética. A partir do alinhamento de sequências, é possível construir uma árvore filogenética que relaciona as proteínas em função das diferenças de sequência (cortesia de: Cisneros DA, e Nájera H).

nas de trabalho para conseguir miligramas de proteína pura. Tradicionalmente, a fonte de proteína é um tecido ou um cultivo celular no qual esta se encontra em grandes quantidades, motivo pelo qual o coração ou o fígado de alguns animais domésticos são utilizados como material inicial para caracterizar algumas proteínas. As leveduras para padaria (*Saccharomyces cerevisiae*) e a bactéria *E. coli* também têm sido utilizadas devido à sua alta produção de biomassa. Em outros casos, o objeto de estudo pode ser uma proteína presente em um órgão específico durante uma etapa particular de desenvolvimento; nesta situação o material inicial costuma se escasso. Quando se tem o gene que codifica a proteína de interesse, é possível introduzi-lo em uma bactéria como *E. coli* e obter grande quantidade de proteína. Através deste tipo de manipulações genéticas, é possível produzir em uma bactéria, miligramas de proteína de origem humana.

Se a proteína de estudo se encontra no citoplasma, sua liberação ao solvente requer a ruptura ou lise das células. As células animais podem ser lisadas através de um choque osmótico, através do qual as células são colocadas em solução com uma concentração de sais menor do que a do interior da célula; a água flui até o interior até que a célula se arrebente (plasmólise) e libera seu conteúdo à solução. Este método não funciona com as células que apresentam parede celular, como as plantas e as bactérias; nestes casos se utilizam outros métodos como a sonicação, mudanças de pressão ou moinhos que contêm pérolas de vidro ou areia. Por último é possível utilizar proteínas que degradam a parede celular como a lisozima. Se a proteína se encontra em um compartimento celular, é possível eliminar os componentes celulares mais densos mediante centrifugação diferencial e depois liberar a proteína de interesse utilizando sais, solventes ou detergentes. Uma vez que a proteína tenha sido solubilizada, fica exposta às condições ambientais, sendo de especial importância controlar o pH, a temperatura, a força iônica e o poder redutor do meio, assim como a eliminação dos metais pesados para evitar a oxidação das cisteínas.

Para determinar a pureza de uma preparação é necessário conhecer a concentração total de proteína e a concentração da proteína de interesse.

A proteína total pode ser quantificada através de métodos sensíveis à concentração de ligações peptídicas, como o método de Lowry, pela formação de complexos entre os corantes e a proteína, como o método de Bradford, ou através da absorção na região do ultravioleta do espectro (280nm), devida aos grupos aromáticos e a as pontes dissulfeto.

A proteína de interesse se determina por sua função; as enzimas se quantificam por sua atividade catalítica, medindo a velocidade com a que um reagente é transformado em outro. As proteínas que não são enzimas, hormônios e toxinas, por exemplo, se determinam por seu efeito em uma amostra de tecido ou em um organismo. Existem, além disso, procedimentos imunoquímicos que utilizam anticorpos capazes de reconhecer uma proteína particular.

Depois de cada passo de purificação, a atividade biológica e a concentração de proteína se determinam independentemente; o quociente de ambas se conhece como atividade específica. À medida que a purificação progride, a atividade específica aumenta (quadro 8-4). Nos casos em que não se conta com um ensaio para quantificar a proteína de interesse, a pureza da preparação se estabelece através do número de proteínas que se observam por eletroforese.

A seguir, são apresentadas as técnicas mais utilizadas na purificação de proteínas.

Precipitação seletiva

A solubilidade das proteínas depende da concentração de sais, pH, temperatura e polaridade do solvente. Em concentrações baixas de sais, a solubilidade das proteínas aumenta; no entanto em concentrações maiores a solubilidade diminui, causando a precipitação das proteínas. A precipitação causada por alguns sais, como o sulfato de amônio é reversível; ao eliminar o sal por diálise ou outros métodos, a proteína é solubilizada de novo e recupera suas propriedades originais. A precipitação seletiva é utilizada como método de purificação, devido ao fato de que a concentração de sal necessária para promover a precipitação varia com a proteína. Desta maneira, ao agregar sal até uma concentração ligeiramente menor à necessária para precipitar a proteína de interesse, muitas outras proteínas se precipitam e podem ser eliminadas por centrifugação. Posteriormente, a concentração de sal do sobrenadante é aumentada até uma fração alta da proteína de interesse se precipite. A solução é centrifugada mais uma vez, mas agora o sobrenadante é descartado e o precipitado, com a proteína de interesse é ressuspendido de novo (figura 8-29). A precipitação com sulfato de amônio é, geralmente, um dos passos iniciais de purificação. Este método é importante além de preservar as propriedades das proteínas uma vez purificadas, já que as proteínas precipitadas por sulfato de amônio podem permanecer neste estado por meses e serem ressuspendidas apenas antes do uso.

Cromatografia

A cromatografia é o processo no qual uma solução conhecida como fase móvel, é percolada através de uma matriz porosa ou resina, chamada fase estacionária, que atrasa o progresso dos componentes da fase móvel, de acordo com as características particulares de cada soluto. Os diferentes tipos de cromatografia podem ser classificados segundo o estado das fases ou a natureza da interação entre a matriz e os solutos.

A cromatografia de troca iônica separa as proteínas em função de sua carga elétrica; neste caso, se utiliza como matriz uma resina que contém grupos com carga positiva (trocador aniônico) ou negativa (trocador catiônico), capazes de interagir com moléculas com a carga oposta. As moléculas com a mesma carga da resina não são retidas na coluna e são separadas das proteínas com carga oposta, que permanecem ligadas à matriz. Estas são separadas posteriormente através de um gradiente através do qual se aumenta a força iônica ou se modifica o pH da fase móvel (figura 8-30).

Na cromatografia de filtração em gel ou exclusão molecular, a fase estacionária é formada por uma resina porosa altamente hidratada; as mais utilizadas são formadas por "beads" microscópicas de polissacarídeos (ex: dextrana ou agarose) ou poliacrilamida. A passagem das proteínas pela malha tridimensional depende de sua forma e tamanho. As moléculas muito grandes não podem penetrar as "beads"; além disso, devido ao fato que são excluídas do solvente no interior da resina, são as primeiras a sair da coluna. O resto das moléculas, capazes de penetrar os poros das "beads", atrasa sua passagem pela coluna em função de seu tamanho; as moléculas maiores saem da coluna antes do que as menores, devido ao fato de que ao diminuir o tamanho da molécula aumenta o espaço acessível no interior da coluna (figura 8-31). A cromatografia de exclusão molecular é também uma ferramenta analítica utilizada para determinar o peso molecular das proteínas; para isto são introduzidas proteínas de peso molecular conhecido e se determina o volume no qual são eluídas da coluna.

Quadro 8-4. Purificação da 17 β-estradiol deshidrogenase de placenta humana

Etapa	Volume (mL)	Concentração de proteína (mg/mL)	Atividade (Unidades)	Atividade específica (U/mg)	Purificação	Rendimento (%)
I	6 280	29	369	0.00203	1	100
II	770	35	260	0.00950	4,6	70
III	640	9.7	202	0.0325	16	55
IV	78	41	143	0.0450	23	35
V	80	4.3	123	0.359	177	33
VI	48	0.21	72	7.01	3 450	18

I, homogenado; II, precipitação com sulfato de amônio; III, precipitação por calentamiento; IV, segunda precipitação com sulfato de amônio; V, cromatografia de intercambio iónico; VI, cromatografia de afinidade (cortesia D r. Mendoza G.)

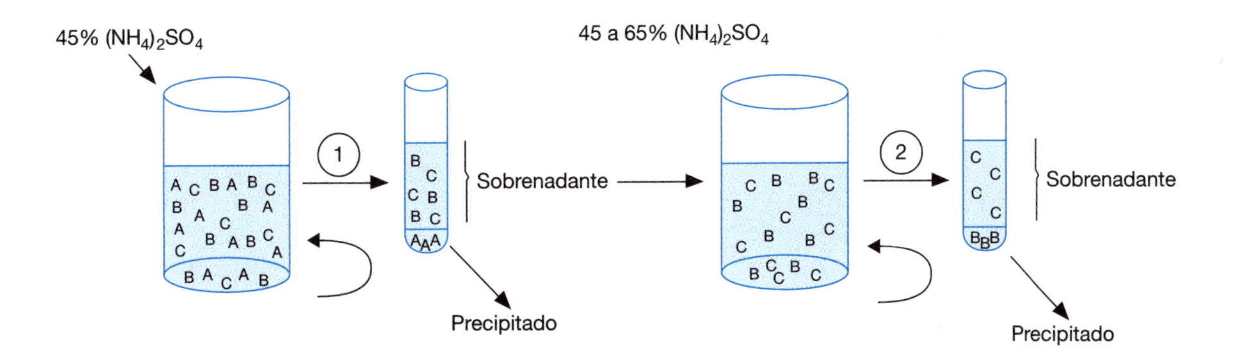

Figura 8-29. Precipitação diferencial com sulfato de amônio. A, B e C representam três proteínas diferentes. Depois de agregar sulfato de amônio a amostra é centrifugada. **1)** para separar o sobrenadante do precipitado (enriquecido em proteína tipo A). Posteriormente se agrega mais sulfato de amônio ao sobrenadante obtido. Em seguida a amostra é centrifugada **2)** para separar o sobrenadante (enriquecido em proteína tipo C) do precipitado (enriquecido em proteínas tipo B).

A partir destes dados, se constrói uma curva padrão na qual se relaciona o volume de eluição de cada proteína com seu peso molecular (figura 8-32); posteriormente, se determina o volume de eluição da proteína de interesse, e por interpolação ou mediante regressão linear se obtém seu peso molecular. Utilizando um procedimento análogo é possível determinar o raio de Stokes.

Na cromatografia de afinidade, a resina contém um ligante da proteína de interesse unido covalentemente. Ao aplicar a amostra à coluna, se unem somente as proteínas capazes de reconhecer o ligante. Posteriormente, a proteína de interesse é eluida com uma solução que contem o ligante.

A cromatografia em papel é utilizada, sobretudo, para separar moléculas pequenas como aminoácidos ou oligopeptídeos.

Nesta técnica, a solução problema é aplicada próximo da extremidade de um papel de filtro; depois de que o

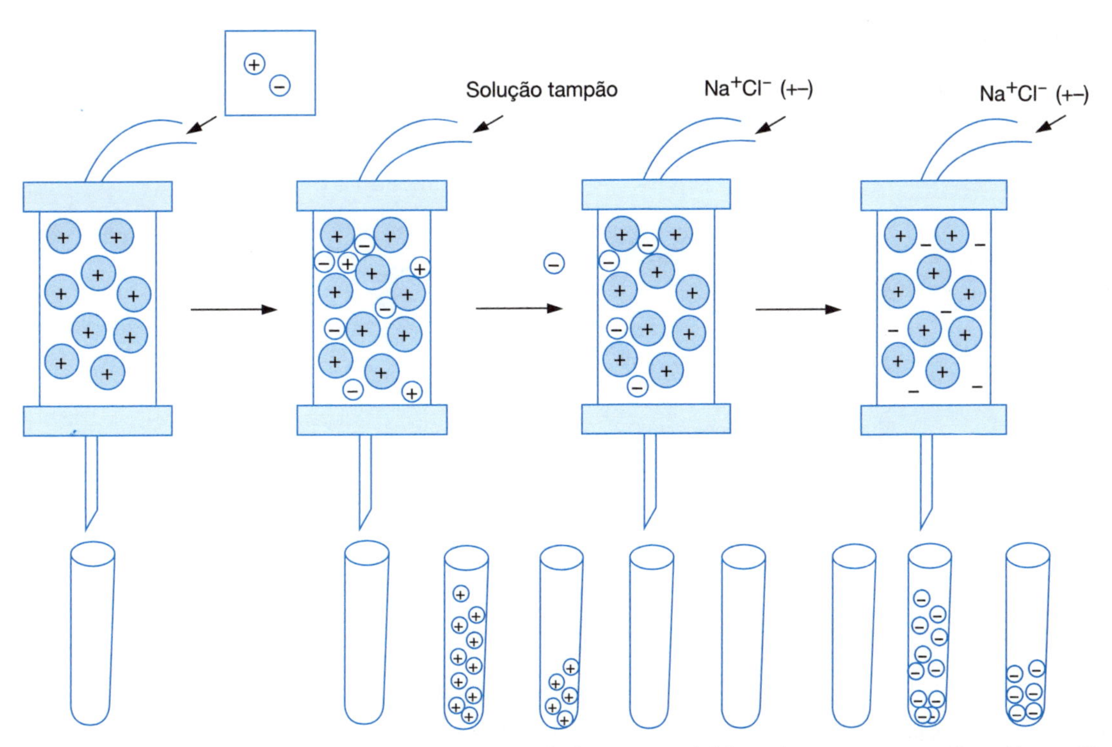

Figura 8-30. Cromatografia de troca iônica. A resina de troca aniônica (esferas escuras) é formada por pequenas esferas (de um diâmetro aproximado de 50µm) que contêm grupos com carga positiva. As proteínas com carga negativa são retidas na coluna; em contraste, as proteínas com carga positiva saem desta. As proteínas com carga negativa são eluídas através da adição de sal.

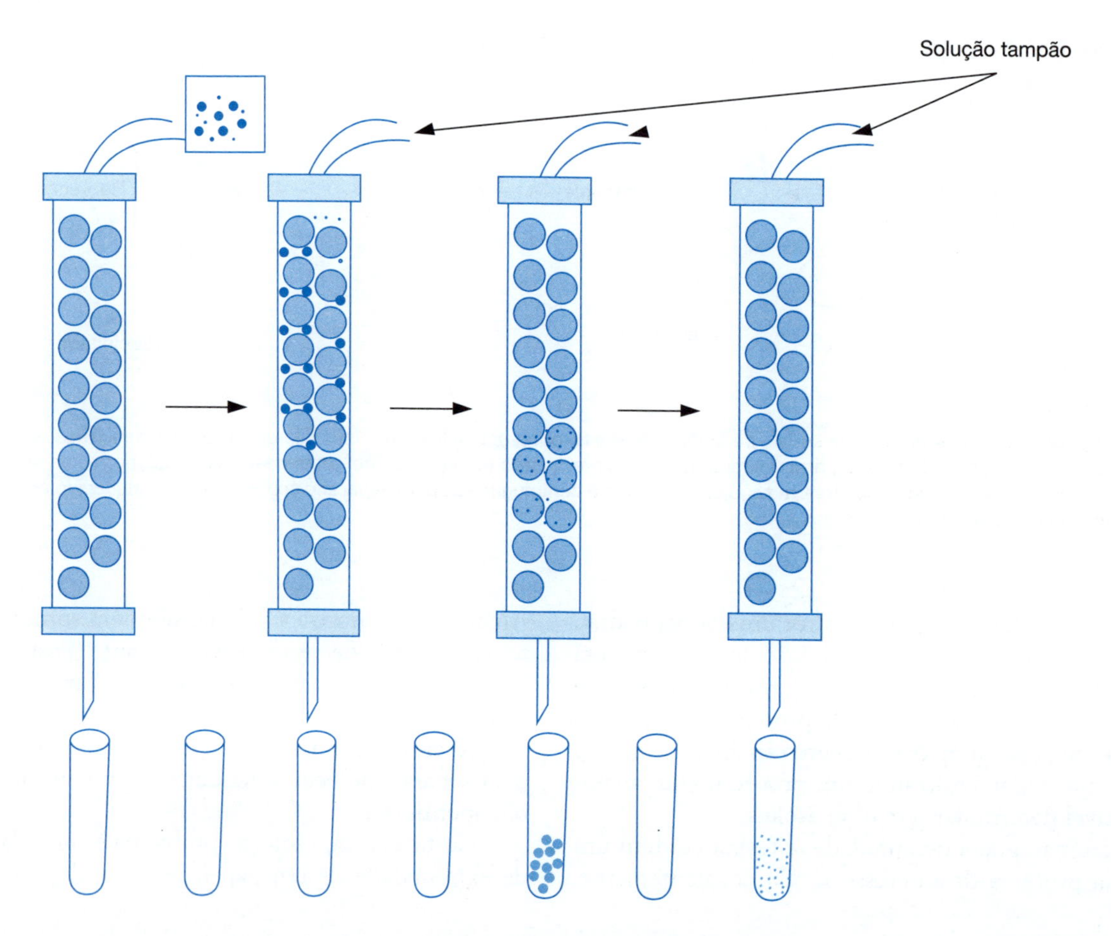

Figura 8-31. Cromatografia de exclusão molecular. A resina utilizada é formada por "beads" porosas altamente hidratadas. As proteínas de maior peso molecular são excluídas das "beads" e eluem da coluna a um volume menor do que as proteínas de menor peso molecular.

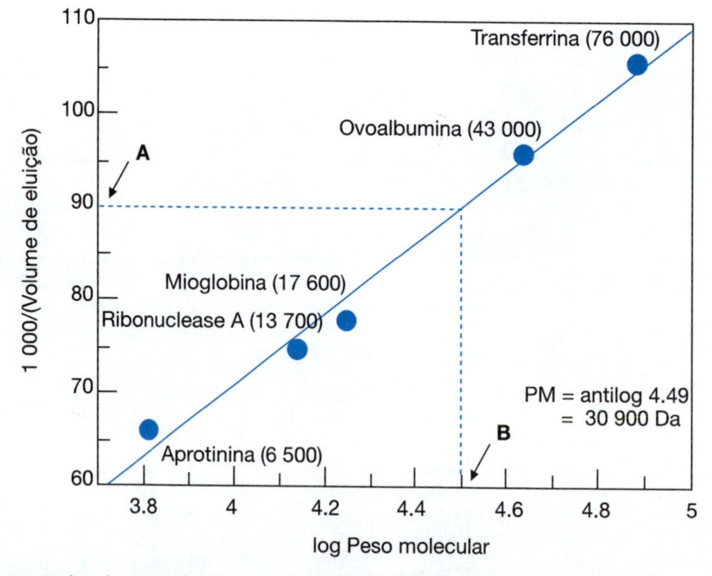

Figura 8-32. Determinação do peso molecular através de cromatografia de filtração em gel. Ao especificar o volume de eluição de um grupo de proteínas de peso molecular conhecido, se constrói uma "curva padrão". Os números entre parênteses indicam o peso molecular (em daltons) das proteínas utilizadas. Com este gráfico e o volume de eluição da proteína problema (A) é possível obter por interpolação (linhas contínuas) seu peso molecular (B) (cortesia de: Chánez ME e Nájera H).

solvente original desta solução secou, uma extremidade do papel é submersa no interior da fase líquida que contém uma mistura de solventes orgânicos e água; posteriormente a câmara é fechada. Os compostos se separam, devido a sua solubilidade relativa na fase estacionária formada pelos componentes aquosos unidos ao papel, em relação com a fase móvel formada pelos solventes orgânicos que migram sobre o papel. Devido a isto, as moléculas são separadas por sua polaridade, que determina sua solubilidade relativa nas duas fases e, portanto, sua migração no papel.

Diálise

A diálise é um tipo de filtração onde as moléculas se separam graças a sua passagem através de uma membrana semipermeável (ex: celofane), que permite a difusão de compostos de baixo peso molecular como sais e metabólitos, mas impede a passagem das macromoléculas. A amostra é introduzida no interior de uma bolsa formada pela membrana e é colocada em uma solução que contém o tampão no qual se deseja colocar a proteína (figura 8-33). Depois de um tempo, a concentração dos componentes permeáveis se equilibra, isto é, é similar no interior e no exterior da bolsa de diálise; no entanto, as macromoléculas permanecem no interior da bolsa e, por conseguinte, é possível eliminar sais e outros metabólitos sem perder proteína de interesse.

Eletroforese

A eletroforese é o processo através do qual as proteínas migram de acordo com sua carga em um campo elétrico. Esta técnica é de interesse particular como método analítico, por permitir determinar o número de proteínas diferentes em uma preparação, assim como estimar o peso molecular ou o ponto isoelétrico. A eletroforese em gel se realiza em um gel formado por um polímero entrecruzado (poliacrilamida ou agarose), que atua como peneira, diminuindo a migração das proteínas em função de sua carga e peso molecular. Na eletroforese, a separação por tamanho é inversa à que ocorre na cromatografia de exclusão molecular, devido ao fato que na eletroforese a malha é contínua e a velocidade com que as proteínas migram no gel diminui ao aumentar o tamanho.

Na eletroforese em géis de poliacrilamida (chamado PAGE, por sua sigla em inglês), o gel é colocado em contato com dois compartimentos que contêm um tampão com um pH mais alto do que o ponto isoelétrico das proteínas que serão analisadas; ao aplicar corrente, as proteínas migram até o ânodo e são separadas por sua carga e massa (figura 8-34).

Na eletroforese desnaturante, a solução com a proteína é fervida na presença de um corante (geralmente azul de bromofenol), agentes redutores (como β-mercaptoetanol) e o detergente SDS (dodecilsulfato de sódio); este tratamento rompe a pontes dissulfeto e desnatura completamente a proteína. Em média, se fixa uma molécula de SDS para cada dois aminoácidos; já que este detergente tem carga negativa, todas as proteínas adquirem esta carga e se separam, em função de seu peso molecular. Ao aplicar corrente sobre o gel, as proteínas migram em função de seu tamanho; as menores migram mais rápido. Quando o corante chega ao fundo do gel, a corrente elétrica é interrompida, o gel é desmontado e as proteínas são localizadas utilizando um corante que se une a elas, como o coomassie blue ou uma emulsão a base de nitrato de prata. Este método é especialmente vantajoso para determinar o grau de avanço da purificação; conforme esta avança, o número total de bandas que são observadas diminui. O ponto final da purificação é obtido quando passos posteriores de purificação não modificam o número de proteínas visíveis ou a atividade específica. Utilizando um conjunto de proteínas com peso molecular conhecido é possível determinar o peso molecular aproximado da proteína desejada.

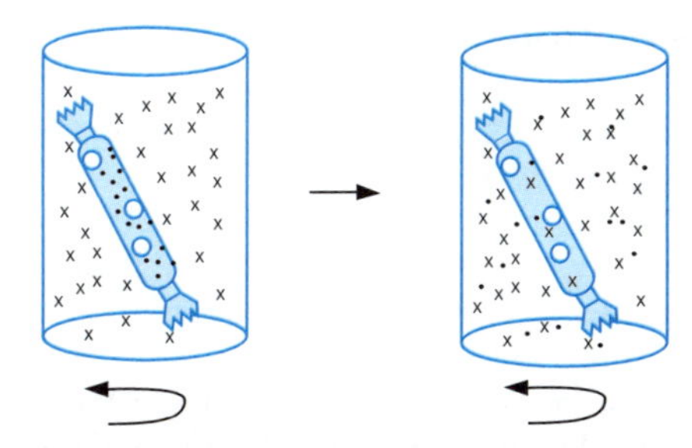

Figura 8-33. Diálise. A amostra que contém a proteína (esferas grandes) e o soluto que se deseja eliminar (.) é introduzida em uma bolsa de diálise. A bolsa é submersa em um tampão que contém outros solutos (x). O conteúdo do recipiente é agitado e depois de um tempo o soluto indesejável permeia pela membrana e se dilui na solução, enquanto os solutos contidos no tampão entram na bolsa.

Isoeletrofocalização

A isoeletrofocalização é a técnica que se utiliza para determinar o ponto isoelétrico (pI) das proteínas. Neste caso, o meio no qual a proteína migra é um gel de poliacrilamida que contém um gradiente de pH, formado por anfólitos, ácidos ou bases orgânicos de baixo peso molecular, os quais se distribuem no gel de acordo com seu ponto isoelétrico. O gel contém anfólitos com uma variedade de pK que envolve o intervalo que se deseja estudar. Quando são adicionadas as amostras com proteínas, estas migram até alcançar um pH equivalente a seu ponto isoelétrico; nesta condição, a proteína não tem

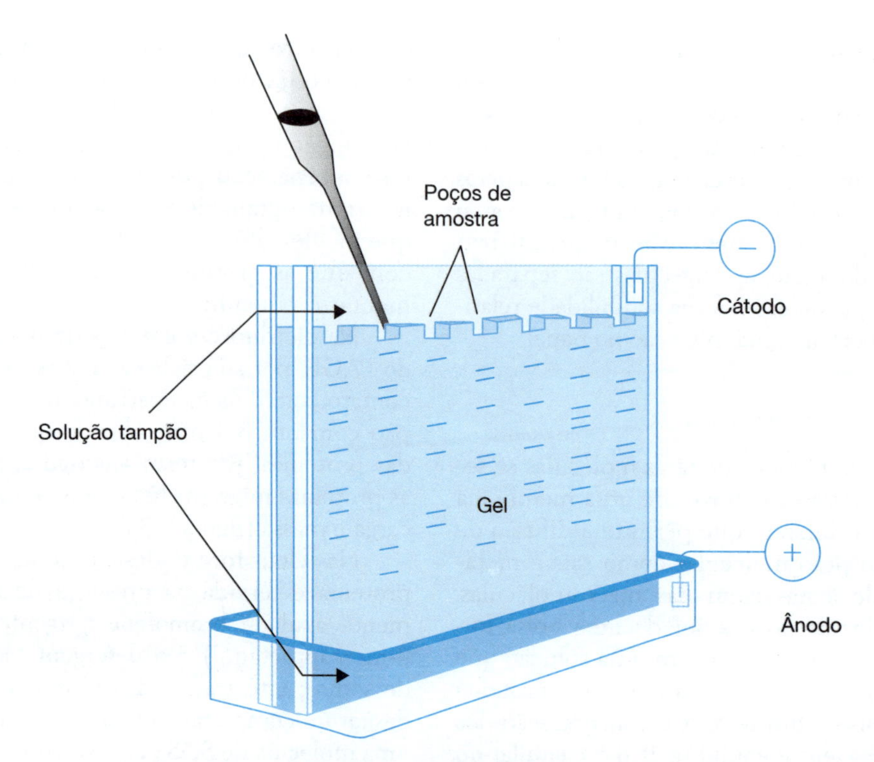

Figura 8-34. Eletroforese em gel.

carga líquida (recordar a definição de pI). Ao combinar métodos, pode-se obter um gel em duas dimensões: A primeira delas separa as proteínas de acordo com sua carga (isoeletrofocalização), enquanto a segunda separa as proteínas em função de seu peso molecular. Com esta técnica é possível separar as proteínas que têm o mesmo peso molecular, mas diferente pI ou o mesmo pI, mas diferente peso molecular.

REFERÊNCIAS

Branden C, Tooze J: *Introduction to protein structure.* 2nd ed. New York: Garland Publishing, 1999.

Creighton TE: *Proteins. Structures and molecular properties.* 2nd ed. New York: W. H. Freeman, 1993.

Creighton TE (ed.): *Protein folding.* New York: W. H. Freeman, 1992.

Creighton TE (ed.): *Protein function: A practical approach.* 2nd ed., Oxford: IRL Press, 1997.

Fasman GD (ed.): *Prediction of protein structure and the principles of protein conformation.* New York: Plenum Press, 1989.

Fersht A: Structure and mechanism in protein science: A guide to enzyme catalysis and protein folding. New York: W. H. Freeman, 1999.

Ganong F, William: *Fisiología médica,* 20a ed., México: Editorial El Manual Moderno, 2007.

Kyte J: *Structure in protein chemistry.* New York: Garland Publishing, 1995.

Melo, V, Cuamatzi, O: *Bioquímica de los processos metabólicos.* Barcelona: Ediciones Reverte, 2004.

Silverman RB: *The Organic Chemistry of Enzyme-Catalyzed Reactions.* London: Academic Press, 2002.

Smith C, Marks, AD and Lieberman: *Bioquímica básica de Marks. Un enfoque clínico.* Barcelona: ed. McGraw-Hill Interameri-cana, 2006.

Páginas eletrônicas

Alexey G. Murzin GA, Chandonia JM *et al* (2007): *Structural classification of proteins* [En línea] Disponible: http://scop.mrc-lmb.cam.ac.uk/scop/ [2009, mayo 24]

Elon University **(2009):** *Protein Data Bank* [En línea] Disponible: http://www.rcsb.org/pdb/home/home.do [2009, mayo 24]

European Bioinformatics Institute **(2009):** ***EMBL Nucleotide Sequence Database*** [En línea] Disponible: http://www.ebi.ac.uk/ [2009, mayo 24]

University of Washington Animation Research Labs (1999): Foldit [En línea] Disponible: http://fold.it/portal/ [2009,mayo 24]

9

Funções das proteínas

Daniel Alejandro Fernández Velasco

As proteínas são os elementos essenciais de quase todas as funções biológicas; neste capítulo serão analisadas as funções das proteínas em relação com sua estrutura tridimensional. As proteínas são classificadas de acordo com sua estrutura em fibrosas e globulares. As proteínas fibrosas são formadas pela repetição de elementos de estrutura secundária, hélices e folhas β, na forma de fibras; estas proteínas são utilizadas como sustentação estrutural de células e tecidos. As proteínas globulares são formadas por elementos de estrutura secundária que adotam uma conformação compacta. Estas proteínas realizam muitas funções, por apresentarem uma infinidade de formas e sítios de reconhecimento complementares a outras moléculas, como pequenos ligantes ou outras proteínas. Apesar de terem grande variedade de propriedades, ao final são destruídas. Neste capítulo são apresentados exemplos de proteínas estruturais, transportadoras e catalíticas e posteriormente são descritos os mecanismos que controlam sua degradação e envelhecimento.

PROTEÍNAS ESTRUTURAIS

α-queratina

A α-queratina é uma proteína fibrosa presente nos vertebrados; é o componente principal da região calosa externa da epiderme, pelos, unhas, chifres, penas e cascos. Através de estudos de microscopia eletrônica, foi determinado que a α-queratina adota estruturas hierárquicas. Por exemplo, cada pelo é formado por macrofibrilas (~200nm de diâmetro), que por sua vez são formados por microfibrilas (~8nm de diâmetro), unidas entre si por uma matriz proteica amorfa, com um conteúdo alto de enxofre. Cada microfibrila consiste de quatro protofilamentos organizados em um anel; os protofilamentos são formados por um par de super-hélices (figura 9-1). Cada super-hélice é formada por uma hélice tipo I e uma hélice tipo II de α-queratina. A estrutura primária da α-queratina mostra unidades pseudo-repetitivas de sete aminoácidos a, b, c, d, e, f e g, com resíduos não polares nas posições a e d. Estes dois resíduos formam uma face da hélice, que se associa com a face hidrofóbica da hélice adjacente (figura 9-1). A ondulação do pelo, característica macroscópica que se observa visualmente, é particularmente determinada pelo padrão de pontes dissulfeto entre hélices de α-queratina adjacentes. Como o estado de oxidação das cisteínas depende das condições do meio, é possível romper a pontes dissulfeto utilizando agentes redutores como mercaptanos e temperaturas altas. Se o pelo é tratado com calor e redutores, as hélices da α-queratina se desenrolam parcialmente; assim, o pelo pode ser manipulado para adotar uma forma diferente, como acontece ao ser enrolado em um tubo. Posteriormente, ao reoxidar o pelo na nova forma, os dissulfetos se restabelecem e a conformação artificial é estabilizada, assim ao remover o tubo a ondulação permanece.

Colágeno

O colágeno é a proteína mais abundante nos vertebrados. É uma proteína fibrosa; é extracelular, insolúvel em água e resistente a todo tipo de tensões. Encontra-se em quase todos os tecidos e forma tendões e cartilagens; além disso, é o componente orgânico da matriz dos ossos. Existem vários tipos de colágeno adaptados para diferentes funções. O tipo I é formado por moléculas de aproximadamente 285 kDa dobradas na forma de fibras de 1,4nm de diâmetro e cerca de 300nm de largura.

O colágeno adota uma conformação helicoidal característica com giro para a direita. Três hélices de colágeno se associam para formar uma super-hélice com giro para a esquerda, conhecida como tropocolágeno. As hélices de tropocolágeno se associam para formar fibrilas. Tanto as fibrilas como a tripla hélice do tropocolágeno são estabilizadas por interações de van der Waals, pontes de hidrogênio e ligações covalentes formadas por derivados de lisina (ali-

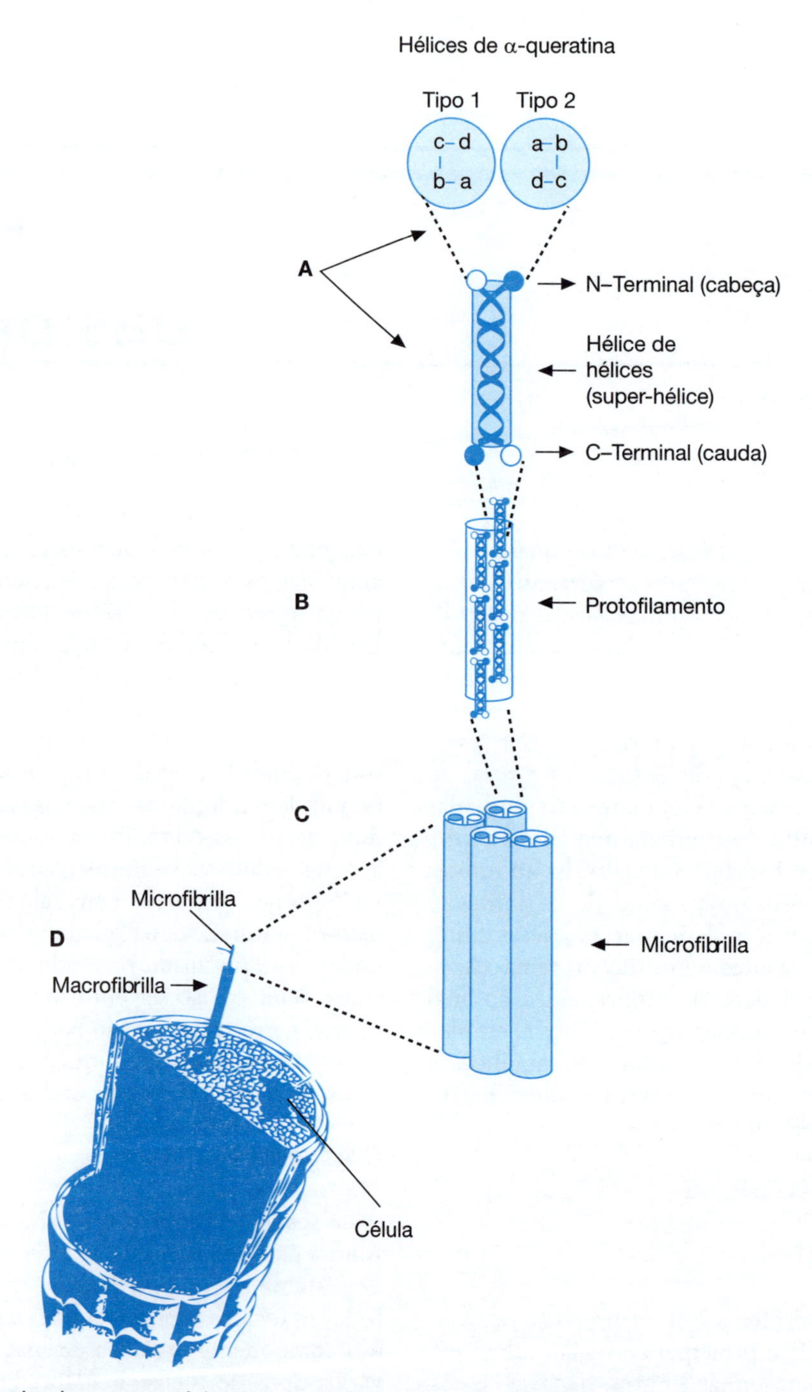

Figura 9-1. Organização molecular e macroscópica do pelo. **A)** Duas hélices de α-queratina se associam mediante interações entre os grupos não polares "a" e "d" para formar uma superfície. **B)** As extremidades N e C de um par de super-hélices se empilham "cabeça com cauda" para formar um protofilamento. **C)** Os protofilamentos se associam para formar uma microfibrila. **D)** As microfibrilas se agrupam para formar uma macrofibrila, várias macrofibrilas se empacotam dentro das células mortas que formam o pelo.

lisina e 5-hidroxilisina) (figura 9-2) e histidina. A estrutura do colágeno depende do tecido e da espécie, a sequência repetitiva comum é (Gly, X, Y) onde X e Y são geralmente prolina e hidroxiprolina, respectivamente. Como a hélice de colágeno apresenta três resíduos por volta, a glicina na terceira posição é indispensável; um aminoácido maior apresentaria impedimentos estéricos. A hidroxiprolina é gerada pela modificação da prolina, graças à ação da polihidroxilase; esta enzima requer como cofator o ácido ascórbico (vitamina C) (figura 9-2B). O escorbuto, caracterizado por lesões na pele, fragilidade dos vasos sanguíneos e pobre regeneração das feridas, se deve à falta de vitamina

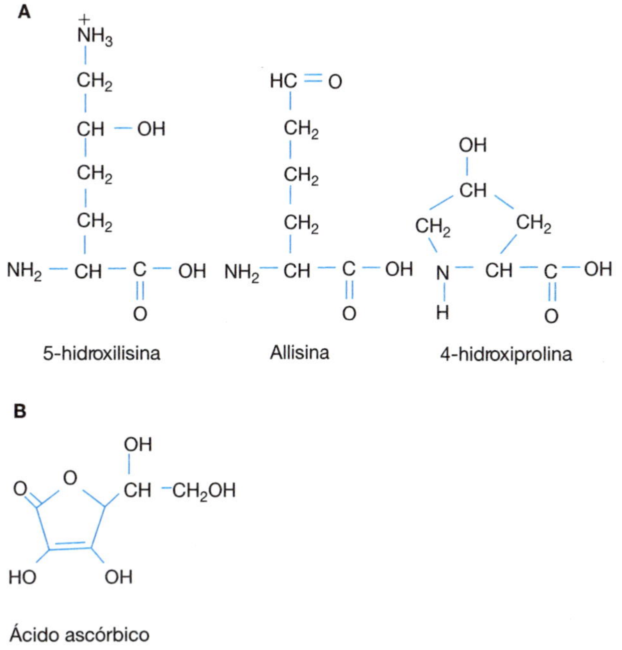

A

5-hidroxilisina

Allisina

4-hidroxiprolina

B

Ácido ascórbico

Figura 9-2. A) Derivados de lisina e prolina encontrados no colágeno. **B)** O ácido ascórbico, cofator da polihidroxilase.

C na dieta. Há muitas outras enfermidades associadas com defeitos do colágeno, como as que afetam a quantidade de proteína sintetizada, a composição de aminoácidos ou o processamento pós-traducional.

Fibroína da seda

Alguns artrópodes produzem seda para fazer casulos e redes. A seda é formada por fibroína e sericina. A estrutura da fibroína mostra folhas β antiparalelas que se estendem paralelamente ao eixo da fibra. Cada cadeia contém unidades repetitivas com a sequência $(\text{Gly-Ser-Ala-Gly-Ala})_n$ e uma face das estruturas β, formada pelas glicinas, se empilha com a face oposta de uma cadeia vizinha, formadas por alaninas e serinas. A fibroína é flexível, pois o empilhamento das folhas se mantém por interações fracas de van de Waals. A força tensil das fibras resulta das pontes de hidrogênio e as interações de van der Waals entre as folhas β. Além disso, a fibroína contém regiões com outros aminoácidos mais volumosos, como Val, Thr, Arg e Asp. A proporção de regiões repetitivas e não repetitivas são responsáveis pelas propriedades dos diferentes tipos de seda.

PROTEÍNAS DE TRANSPORTE

Uma das propriedades mais interessantes das proteínas é a união específica de moléculas pequenas, conhecidas como ligantes. Os transportadores biológicos são capazes de unir um ligante, transportá-lo alguns nanômetros ou vários metros e depositá-lo no sítio adequado.

Hemoglobina e mioglobina

Grande parte da energia que se obtém dos alimentos requer o consumo de oxigênio. Em organismos unicelulares, a difusão passiva deste gás é suficiente para satisfazer as necessidades celulares; em organismos mais complexos, o transporte de nutrientes necessita de um sistema circulatório. A solubilidade do oxigênio em plasma sanguíneo é muito baixa (aproximadamente 10^{-4}M); devido a isto, o transporte de oxigênio é realizado pelos eritrócitos, que contêm grandes quantidades de hemoglobina (15 a 16g/100mL). Graças a este transportador, a concentração de oxigênio no sangue é de cerca de 0,01M, semelhante à encontrada no ar que se respira. A hemoglobina é a proteína responsável pela captação de oxigênio nos pulmões e pelo seu transporte até o resto do organismo. Uma proteína semelhante, a mioglobina, facilita o transporte de oxigênio aos músculos; em certas condições a mioglobina funciona ainda como forma de armazenamento; como é o caso das baleias, focas e outros mamíferos aquáticos, onde a concentração desta proteína no músculo é 10 vezes maior do que a encontrada nos seres humanos.

O estudo dos mecanismos moleculares responsáveis pelas funções celulares se iniciou com a determinação da estrutura tridimensional da mioglobina em 1957 por J. Kendrew e da hemoglobina em 1959 por M. Perutz. Estes trabalhos deram origem à descrição estrutural das proteínas é analisada capítulo 8. Como se detalha a seguir, a partir das características moleculares das proteínas é possível relacionar algumas funções celulares com mudanças estruturais.

A mioglobina é uma proteína monomérica, enquanto que a hemoglobina é um heterotetrâmero formado por duas subunidades α e β. A mioglobina e cada um dos monômeros que formam a hemoglobina contém um grupo prostético responsável pela cor vermelha do sangue, o grupo heme, capaz de se unir covalentemente a uma molécula de oxigênio. Este grupo prostético está presente em outras proteínas. O grupo heme contém um átomo de ferro que permanece geralmente em seu estado ferroso (Fe^{2+}) e um derivado da porfirina formado por quatro anéis pirrólicos e pela protoporfirina IX (figura 9-3). O Fe^{2+} se localiza no centro de um octaedro onde quatro ligações estão dirigidas ao plano formado pelos nitrogênios da porfirina; os outros dois vértices, situados em faces opostas ao anel da porfirina são ocupados por uma histidina da parte proteica e uma molécula de oxigênio (figura 9-3). A união do oxigênio modifica o espectro de absorção do grupo heme, transformando a cor violácea escura do sangue nas veias em vermelho escarlate brilhante na corrente arterial. O Fe^{2+} pode ser oxidado a Fe^{3+}, dando lugar à metahemoglobina ou metamioglobina. Este complexo não liga oxigênio, já que a sexta posição está ocupada por uma molécula de água; sua cor café pode ser observada no sangue seco e na carne velha.

A mioglobina de músculo de cachalote foi a primeira proteína analisada com detalhe molecular, devido à sua abundância e facilidade com que forma cristais. A molécula é formada por uma cadeia de 153 aminoácidos e o grupo heme. A região proteica ou globina se dobra no espaço para formar oito hélices (numeradas de A até H), empacotadas na forma de um glóbulo elipsoide, cujas dimensões são 44 x 44 x 25 Å. Dos 153 resíduos, 121 adotam uma formação helicoidal, a maioria forma parte de hélices α, ainda que alguns segmentos ao final das hélices A, C, E e G apresentem uma formação de hélice 3_{10} (capítulo 8). O grupo heme se encontra unido em uma cavidade hidrofóbica integrada principalmente pelas hélices E e F, ainda que também apresentem contato com outras regiões.

A oxigenação da mioglobina modifica a conformação da proteína na zona ao redor do grupo heme. Na desoximioglobina (desoxiMb), o Fe^{2+} se encontra 0,55Å fora do plano dos nitrogênios da porfirina, unido à histidina localizada na oitava posição da hélice F (F8), conhecida como histidina proximal. Quando a molécula se oxigena, o Fe^{2+} se acerca 0,33Å em direção ao plano do grupo heme. Na outra face da porfirina, o oxigênio é preso entre o Fe^{2+} e a histidina distal (E7). Porém, fora estas diferenças na zona do heme, a estrutura da oxihemoglobina e da desoxihemoglobina são muito semelhantes.

Algumas outras moléculas como o CO, NO e H_2S se unem aos grupos heme das proteínas. A falta de O_2 e a inibição do transporte de elétrons detêm a oxidação aeróbica dos alimentos, paralisam a contração muscular e ocasionam a morte. Os elementos análogos do grupo heme em solução se ligam ao CO com uma afinidade 10.000 vezes maior que o oxigênio, enquanto que no interior da proteína a afinidade do heme pelo CO é apenas 30 vezes maior. A parte proteica modula a seletividade do grupo heme devido a impedimentos estéricos; os análogos do grupo heme se ligam ao CO

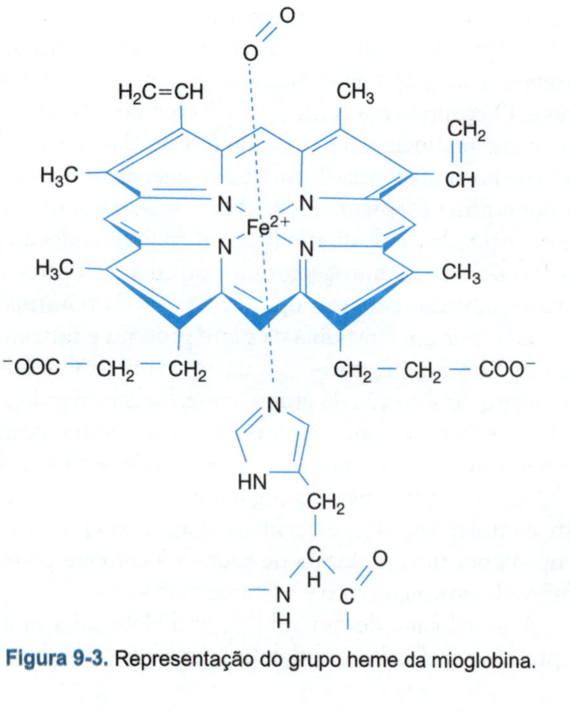

Figura 9-3. Representação do grupo heme da mioglobina.

em uma conformação coplanar altamente favorável; estudos cristalográficos mostram que no interior da proteína, a presença da histidina distal impede o arranjo tridimensional e obriga o CO a adotar uma conformação menos favorável, semelhante à utilizada na ligação com o O_2. Em contraste, estudos recentes de espectroscopia no infravermelho, mostram que a conformação do CO unido ao grupo heme na mioglobina é quase linear ($\theta \leq 7°$); a diminuição da afinidade do CO se deve a outro sítio de ligação para o CO próximo do grupo heme. A orientação do CO nos dois sítios é quase perpendicular, e torna a dissociação do ligante mais favorável do que sua reacomodação no grupo heme. Não está claro qual das duas hipóteses é a correta; no entanto, em ambos os casos é evidente que a afinidade dos ligantes é modulada pela estrutura da proteína.

No ser humano adulto, a hemoglobina é formada por um dímero de dímeros $(\alpha\beta)_2$. A estrutura tridimensional adotada pelos monômeros é semelhante à observada na mioglobina e na hemoglobina de várias espécies. Este padrão de dobramento é conhecido como o padrão das globinas. As semelhanças estruturais são observadas apesar das diferenças na estrutura primária; a sequência da mioglobina e da subunidade α e β da hemoglobina é igual somente em 27 posições; destas, apenas cinco são conservadas em todos os vertebrados.

O tetrâmero da hemoglobina é um glóbulo de 64 x 55 x 50 Å. Cada subunidade se mantém unida através de ligações não covalentes aos outros três monômeros. Os contatos entre subunidades semelhantes (α1-α2 e β1-β2) são mediados por um canal de moléculas de água de quase 20Å de diâmetro. Em contraste, os contatos entre subunidades diferentes são muito mais extensos. A interface α1-β2 e sua complementar a α2-α1 envolvem 19 resíduos, enquanto que no outro par de interfaces, α1-β1 e α2-β2 participam 35 resíduos.

A oxigenação do monômero da mioglobina modifica apenas a estrutura ao redor do heme; em contraste, a oxigenação da hemoglobina modifica também a estrutura quaternária. Em particular, a interface α1-β2 e sua complementar α2-β1 diferem na conformação T ou tensa da desoxihemoglobina, com respeito à conformação R ou relaxada observada na oxihemoglobina. A oxigenação produz uma rotação de 15° do dímero α1-β1 com respeito ao dímero α2-β2 (figura 9-4). A conformação T é mais estável que a R, devido a apresentar interações nos resíduos da extremidade carboxi- terminal que não se observam na conformação R. A transição entre ambas conformações é modulada pela concentração de oxigênio; a conformação R se liga ao oxigênio com maior afinidade, e por este motivo é a predominante quando a concentração de oxigênio é alta. Devido ao empacotamento do interior da proteína, as mudanças na conformação R são concertadas; isto é, a modificação de uma região da cadeia facilita e requer sua acomodação em outros setores. Na transição ao estado R, a ligação ao oxigênio aproxima o Fe^{2+} do plano do heme e modifica a conformação da histidina F8 da subunidade β (figura 9-5A); o movimento da histidina rearranja o resto da hélice F; em particular, a esquina FG, onde a His FG4 interage através de pontes de hidrogênio com a hélice C da subunidade α vizinha. Na conformação T, a His FG4 forma uma ponte de hidrogênio com a Thr C6, enquanto que no estado R, a ponte de hidrogênio é formada com a volta seguinte da hélice C, isto é, com a Thr C3 (figura 9-5B). Desta maneira, a oxigenação de um dos grupos heme é comunicada às outras subunidades.

As características moleculares da mioglobina e dos confôrmeros da hemoglobina têm uma profunda influência no transporte de oxigênio. O padrão de ligação do O_2 à mioglobina é adequadamente descrito através do seguinte equilíbrio:

$$Mb + O_2 \leftrightarrows MbO_2$$

para o qual é possível definir a seguinte constante de dissociação K:

$$K = [Mb]\, pO_2 \,/\, [MbO_2]$$

Como o O_2 é um gás, sua concentração é definida pela sua pressão parcial pO_2. A fração de sítios ocupados pelo O_2, denomiada Y_{O2} é definida como:

$$Y_{O2} = [MbO_2]/\,[MbO_2] + [Mb] = pO_2/K + pO_2$$

Finalmente, se define p_{50} como o valor de pO_2 no qual a metade dos sítios se encontra ocupada. $Y_{O2} = 0,5$ e se dcfine como:

$$Y_{O2} = p_{O2}/p_{50} + p_{O2}$$

Esta função descreve uma hipérbole que representa adequadamente a ligação de O_2 à mioglobina com uma p_{50} de 2,8 torr (760 torr = 1 atm) (figura 9-6A). A afinidade do transportador é dada pelo valor de p_{50}. Como a pO_2 na corrente venosa e arterial varia entre 30 e 100 torr, a mioglobina capta eficientemente o oxigênio porque geralmente $Y_{O2} > 0,88$. Assim, se os eritrócitos estivessem carregados com mioglobina, soltariam somente de 10 a 12% de seu oxigênio nos capilares venosos. O padrão hiperbólico da mioglobina resulta da ligação do O_2 por um único sítio. Em contraste, a ligação do O_2 à hemoglobina mostra um padrão de ligação sigmoide, característico de uma transição com cooperatividade positiva; isto é, a ligação das primeiras moléculas de O_2 facilita a ligação das seguintes (figura 9-6A). Graças a isso, a hemoglobina é um transportador eficiente, já que é capaz de saturar-se de O_2 nos pulmões e de liberar este gás paulatinamente nos tecidos, à medida que a pO_2 diminui. O padrão de ligação resultante é a combinação das afinidades das formas T e R (figura 9-6B), presentes em ausência de oxigênio e em saturação, respectivamente.

Conta-se com dois modelos gerais para explicar a cooperatividade; ambos requerem que cada subunidade apresente

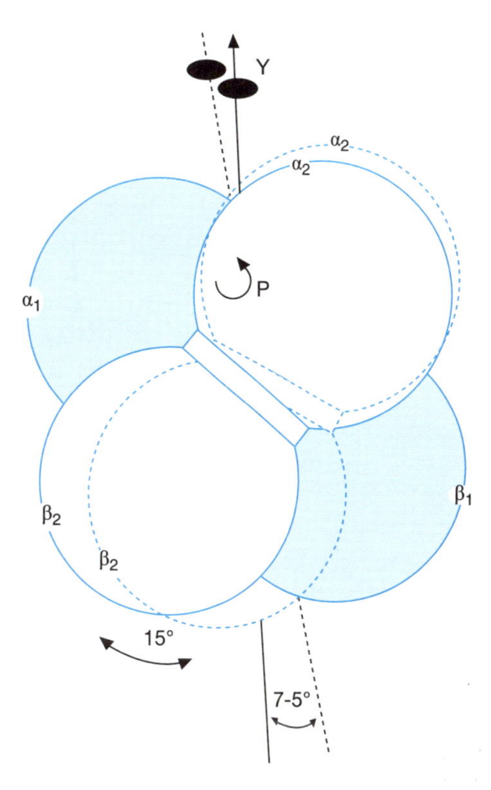

Figura 9-4. Mudanças conformacionais na transição T-R da hemoglobina. Como resultado da união de O_2, o dímero α2-β2 gira 15º em relação ao dímero α1-β1 sobre o eixo P (paralelo ao eixo Y mostrado na figura). A posição do dímero α2-β2 nas conformações T e R é mostrada com linhas contínuas e descontínuas respectivamente.

ao menos duas conformações e que o equilíbrio entre estas se modifique com a concentração do ligante. No modelo simétrico de Monod, Wyman e Changeux, a enzima pode existir unicamente em duas conformações; no caso da homoglobina, estas duas conformações são aquelas nas quais as quatro subunidades apresentam o confôrmero T ou o confôrmero R, não existindo moléculas nas quais o estado R e o T coexistam (figura 9-7); a presença do ligante favorece a conversão à forma R. No modelo, sequências de Koshland, Nemety e Filmer, a proteína pode transitar pelas conformações intermediárias, com subunidades R e T na mesma molécula; a presença do ligante em uma subunidade facilita a conversão da subunidade vizinha. Estes dois modelos não são mutuamente excludentes; o modelo simétrico pode ser derivado como um caso particular do modelo sequêncial (figura 9-7). Ainda mais, as curvas preditas por estes modelos são muito semelhantes, sendo difícil diferenciar entre ambos. Até o momento, não foram observados monômeros mistos na hemoglobina, o que favorece o modelo simétrico.

Além de transportar oxigênio dos pulmões até os tecidos, a hemoglobina transporta uma fração dos produtos da respiração celular, CO_2 e H^+, dos tecidos até os pulmões e os rins. A solubilidade do CO_2 é muito baixa; no entanto, a anidrase carbônica o converte no íon bicarbonato através da

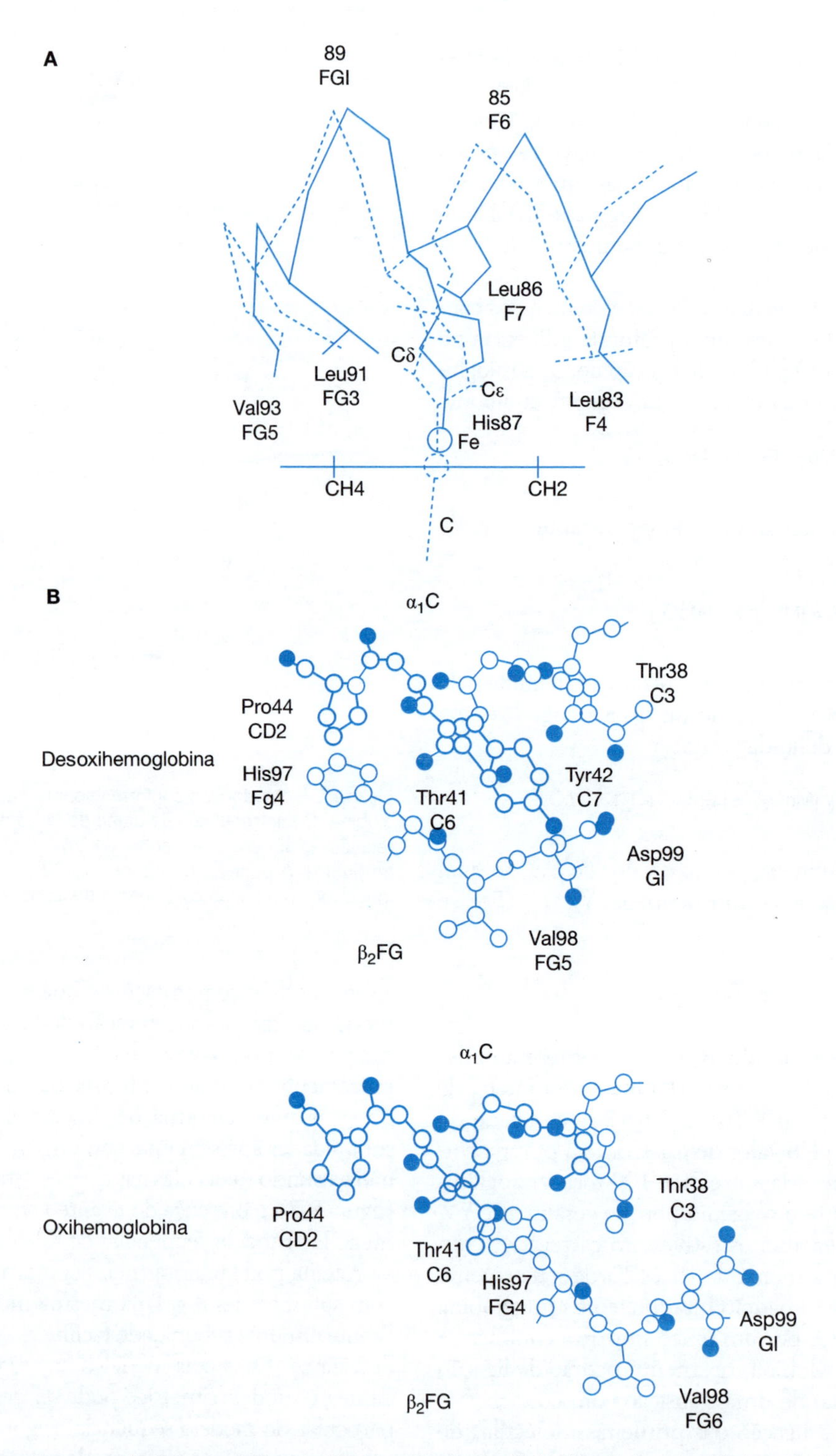

Figura 9-5. Rearranjos conformacionais na hemoglobina devidos à união de O_2. **A)** A hélice F da subunidade α, da desoxihemoglobina (linhas contínuas), se move 1 Å sobre o plano do grupo heme na oxihemoglobina (linhas descontínuas). **B)** a ligação do O_2 modifica as interações entre a esquina FG da subunidade α e a hélice C da subunidade β.

seguinte reação: $CO_2 + H_2O \rightarrow H^+ + HCO_3^-$. A solubilização do CO_2 e a transformação de ácido lático aumentam a concentração de H+ nos músculos. A diminuição do pH e a concentração alta de CO_2 nos tecidos periféricos deslocam o equilíbrio conformacional da hemoglobina até a forma T (figura 9-8). A protonação da His C3 e a ligação do CO_2 ao amino terminal promovem as interações do confôrmero T, ausentes na forma R; devido a isto, nos tecidos periféricos a hemoglobina libera o O_2 e liga tanto prótons quando CO_2. Nos capilares dos pulmões diminui a concentração de prótons e aumenta a concentração de O_2; assim, o equilíbrio se desloca até a forma R, a hemoglobina libera o CO_2 e se carrega com oxigênio. O efeito do CO_2 e do pH sobre a captação de oxigênio nos pulmões e sua liberação nos tecidos é conhecido como efeito Böhr.

O transporte de oxigênio é regulado também pelo 2,3-bisfosfoglicerato (BPG) presente nos eritrócitos. Uma molécula de BPG se une a cada tetrâmero na cavidade central da forma T. Este sítio de ligação não está presente na forma R, então a ligação de BPG desloca o equilíbrio até o confôrmero T. O BPG é um modulador alostérico, pois modifica a afinidade por O_2, apesar de que se liga em um sítio diferente daquele onde o O_2 se liga. O BPG facilita a oxigenação nos tecidos, porque diminui a afinidade da hemoglobina pelo O_2. Na etapa fetal, o oxigênio no sangue da mãe é transferido ao sangue do embrião através da placenta; este intercâmbio é possível já que a afinidade pelo O_2 é maior na hemoglobina fetal do que na materna. A hemoglobina fetal apresenta duas subunidades α e duas γ; devido a isto a cavidade central desta molécula contém menos grupos com cargas positivas do que a hemoglobina adulta e, portanto, se liga a menos BPG. Graças à sua grande afinidade pelo oxigênio, a hemoglobina fetal é capaz de captar este gás a partir da hemoglobina materna.

Evolução e engenharia de proteínas

Os crocodilos podem permanecer embaixo da água por mais de uma hora; no entanto, a concentração de mioglobina em seus músculos é 100 vezes menor do que a encontrada nos mamíferos marinhos. Nos períodos subaquáticos, a oxigenação adequada dos tecidos do crocodilo se deve à regulação eficiente na afinidade da hemoglobina pelo O_2. Em outros vertebrados, a ligação de fosfatos orgânicos, como o BPG diminui a afinidade da hemoglobina pelo oxigênio; no caso do crocodilo, dois íons bicarbonato se ligam à interface α1-β2 do tetrâmero, o que aumenta a eficiência na liberação do oxigênio. Quantas modificações são necessárias na sequência da hemoglobina humana para que esta molécula adquira a capacidade de ligar íons bicarbonato? Esta e outras perguntas podem ser estudadas através da engenharia de proteínas, um grupo de técnicas de biologia molecular que permitem a modificação de aminoácidos particulares na estrutura primária das proteínas. No caso da hemoglobina humana, são necessárias apenas 12 substituições para criar uma molécula com as propriedades observadas na hemoglobina do crocodilo, capaz de diminuir sua afinidade pelo O_2 através da ligação de íons bicarbonato. Estes resultados mostram que é possível introduzir uma nova função, modificando alguns aminoácidos da sequência.

Enfermidades moleculares

A função das proteínas necessita da ação concertada de diferentes regiões da molécula. Portanto, variações localizadas na sequência modificam a estrutura e função das proteínas, causando as chamadas enfermidades moleculares. Até o momento, foram identificadas centenas de enfermidades

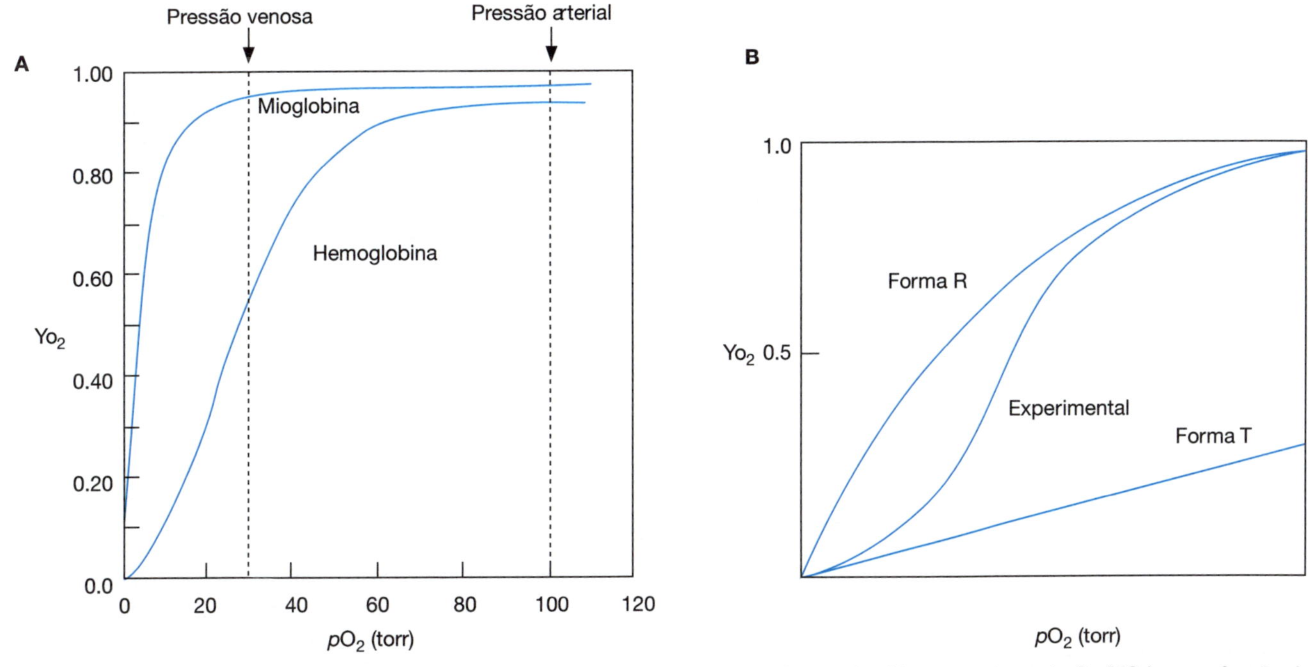

Figura 9-6. Ligação de O_2 à mioglobina e à hemoglobina. Os gráficos mostram a fração de sítios ocupados pelo O_2 (YO_2) como função da pressão parcial de O_2 (pO_2). O padrão hiperbólico mostrado pela mioglobina resulta da ligação de O_2 a sítios independentes. **A)** Em contraste, a ligação de O_2 à hemoglobina mostra cooperatividade positiva **(A)**, resultante da combinação das afinidades ds formas T e R. **B)**.

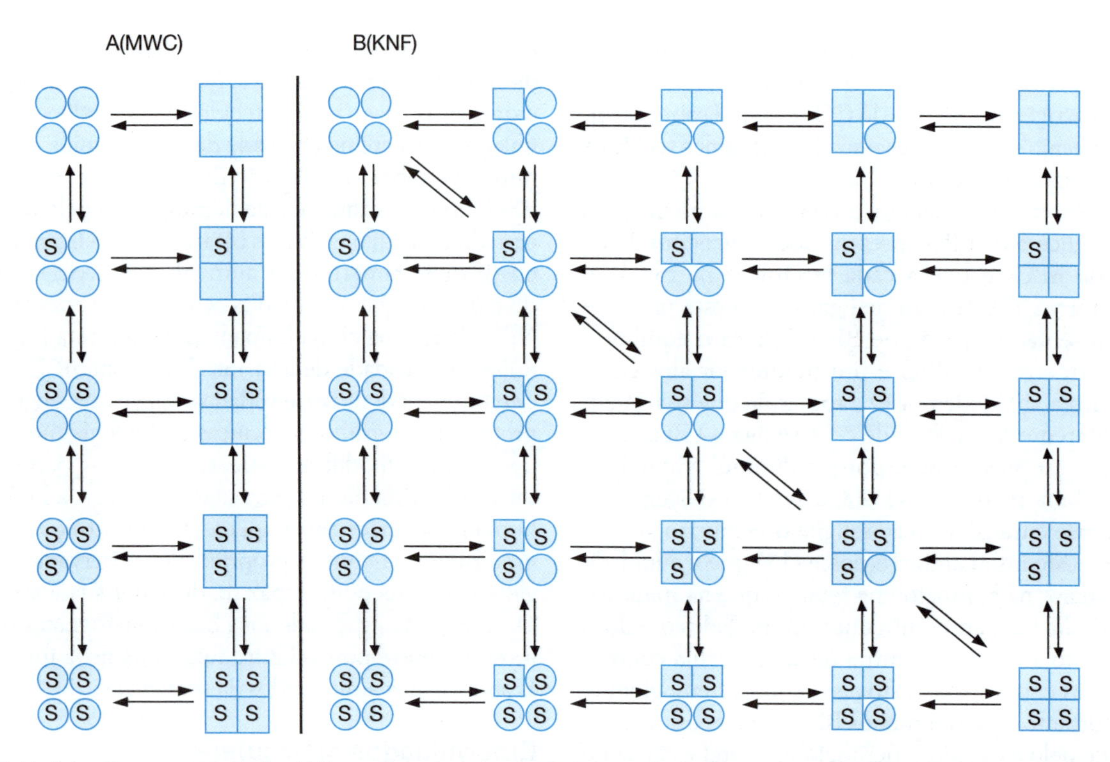

Figura 9-7. Modelos de cooperatividade. **A)** No modelo simétrico (MWC) as únicas espécies estáveis são T_4 (círculos) e R_4 (quadros). **B)** No modelo sequencial (KNF) coexistem subunidades T e R na mesma molécula (T_3R, T_2R_2, TR_3).

relacionadas com mutações pontuais. Algumas alterações da hemoglobina foram estudadas com detalhes, como é o caso da anemia falciforme; nos casos mais graves desta enfermidade, os indivíduos herdam de ambos os pais uma moléculas defeituosa de DNA, motivo pelo qual sintetizam a forma S da hemoglobina, que mostra uma mudança na posição 6 das cadeias β onde o glutamato original é substituído pelo aminoácido hidrofóbico valina. Esta mutação elimina quatro cargas negativas de cada tetrâmero e produz uma zona hidrofóbica exposta ao solvente. Devido à alta concentração de hemoglobina nos eritrócitos, esta zona hidrofóbica facilita a agregação da desoxihemoglobina S na forma de fibras insolúveis, que modificam a conformação dos eritrócitos e os tornam menos resistentes. Os pacientes com esta enfermidade apresentam graves complicações no transporte de oxigênio, sofrem de anemia devido ao fato que a ruptura dos eritrócitos diminui o conteúdo de hemoglobina do sangue à metade. A forma alargada que adotam os eritrócitos bloqueia os capilares agravando ainda mais a enfermidade.

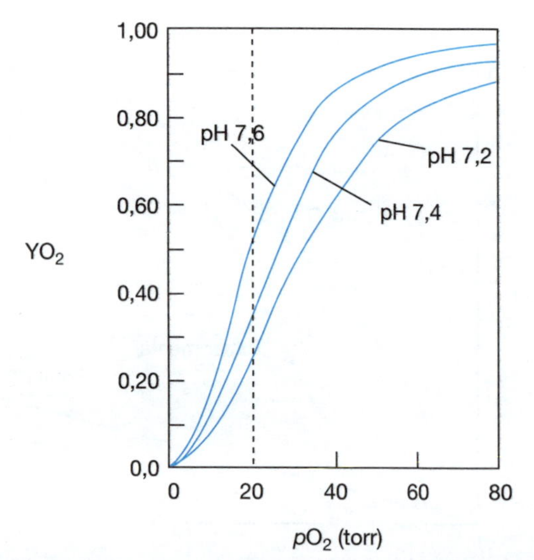

Figura 9-8. Efeito Böhr. Ligação de O_2 à hemoglobina ao variar o pH. A acidez do meio e a concentração elevada de CO_2 nos tecidos periféricos deslocam o equilíbrio conformacional da hemoglobina até a forma T. Devido a isto, a afinidade da hemoglobina pelo O_2 diminui ao acidificar o meio.

ENFERMIDADES DO DOBRAMENTO ANÔMALO DAS PROTEÍNAS

O dobramento à conformação nativa é indispensável para que as proteínas possam realizar sua função corretamente. Por tal razão, a células conta com mecanismos para evitar e reverter o dobramento incorreto das proteínas; no entanto, nos últimos anos descobriu-se que um grande número de transtornos está relacionado com conformações anômalas destas moléculas. Nas "enfermidades do dobramento anômalo das proteínas", a conformação nativa globular muda para adotar uma estrutura fibrosa. Estas entidades podem ter uma origem genética, esporádica ou infecciosa. As mais conhecidas são a enfermidade de Alzheimer, a encefalopatia espongiforme bovina (enfermidade da vaca louca), o diabetes tipo II, a catarata e a amiloidose primária. Até o momento são conhecidos dois mecanismos causais deste tipo de alterações. Em todas elas, proteínas solúveis se associam formando agregados proteicos ordenados, ricos em estruturas β.

PROTEÍNAS CATALÍTICAS: AS ENZIMAS

A união de O_2 à hemoglobina permite a esta transportar esta molécula para depositá-la em outras regiões do organismo. A vida requer, além do transporte, a transformação química dos metabólitos. As enzimas satisfazem estas funções, devido ao fato que são capazes de unir ligantes e facilitar sua transformação específica em outra molécula de interesse para o organismo. As enzimas catalisam a formação, ruptura e rearranjo das ligações covalentes necessárias para produzir novas proteínas, ácidos nucleicos, lipídeos e carboidratos. Nos capítulos posteriores se apresentam os fatores responsáveis pela catálise enzimática, assim como os modelos cinéticos que permitem quantificar a velocidade e especificidade das transformações enzimáticas. A descrição do mecanismo molecular destas transformações requer o uso combinado de várias metodologias. A seguir, serão descritas as propriedades moleculares de várias enzimas.

Lisozima

A lisozima (3.2.1.17) é uma glicosidase que catalisa a hidrólise dos carboidratos da parede celular das bactérias. Esta enzima, descrita em 1922 por Fleming, é abundante nas secreções humanas e de outros vertebrados, as lágrimas e o muco.

Os proteoglicanos, componentes fundamentais das paredes celulares das bactérias são formados por um polissacarídeo que contém unidades repetitivas formadas por N-acetil-glicosamina (NAG) e ácido N-acetil-murâmico (NAM); a lisozima catalisa a ruptura da ligação β-glicosídica entre o C-1 do NAM e o C-4 do NAG.

A lisozima da clara de ovo, composta por uma cadeia de 129 aminoácidos foi a primeira enzima analisada com alta resolução graças ao trabalho de Phillips et al, em 1965. Assim como outras enzimas extracelulares, a lisozima é estabilizada por pontes dissulfeto; a cadeia polipeptídica se dobra em dois domínios: um deles contém α-hélices e o outro uma folha β antiparalela formada por três estruturas. Estudos de troca entre deutério e hidrogênio mostram que, durante a adoção de forma nativa, na maioria das moléculas o domínio α se dobra antes que o domínio β; o sítio ativo, localizado na abertura formada entre os domínios é a última região que adota a forma nativa.

A elucidação do mecanismo catalítico da lisozima necessitou do uso de diversas metodologias: modificação química, ensaios funcionais na presença de diferentes substratos e inibidores, determinações estruturais na presença de análogos do substrato e modelagem molecular.

No sítio ativo é possível acomodar seis resíduos (designados de A a F). A ligação glicosídica hidrolisada se encontra entre as posições D e E. A ruptura acontece na ligação entre C-1 do anel D e o oxigênio da ligação glicosídica do resíduo E. No mecanismo catalítico interfere o glutamato 135 como doador de prótons. Para que a ruptura aconteça, o anel D se destorce em forma de meia cadeira, estabilizado pela carga negativa do aspartato 52.

PROTEASES

As enzimas proteolíticas catalisam a ruptura da ligação peptídica. Esta reação se manifesta em processos tão variados como a fecundação, o crescimento e a diferenciação celular, a coagulação do sangue e a necrose ou a ativação de hormônios e enzimas. A ação das enzimas proteolíticas é essencial na digestão; graças a elas, as proteínas ingeridas são hidrolisadas. Os aminoácidos obtidos são utilizados em diversas funções, entre as quais se sobressai a síntese de novas proteínas para o funcionamento normal, o crescimento e a reprodução do indivíduo. Esta variedade de funções é realizada por enzimas que apresentam sequências e estruturas diferentes. Ainda que os mecanismos catalíticos variem, em todos os casos se forma um intermediário, ou estado de transição, no qual a adição de um nucleófilo ao carbono C′ trigonal da carbonila peptídica modifica sua conformação a tetraédrica. O nucleófilo pode ser a cadeia lateral de um resíduo na enzima, ou uma molécula de água colocada por esta na proximidade da ligação que se vai hidrolisar (figura 9-9).

De acordo com o grupo funcional no sítio ativo, é possível fazer uma classificação das proteases em quatro grupos (quadro 9-1).

Serina proteases

As enzimas desta classe participam de funções tão diversas como a coagulação do sangue, a produção de hormônios, a fecundação e a digestão. Em todas elas, existe uma serina reativa, que forma adultos covalentes com substratos ou inibidores. São conhecidas duas famílias com este mecanismo catalítico, representadas pela subtilisina e a tripsina. Não há parentesco evolutivo entre estas famílias; tanto a sequência de aminoácidos como a estrutura tridimensional é diferente. No entanto, em ambas foi encontrada a mesma tríade catalítica formada por Asp, His e Ser.

Como não existe homologia detectável é pouco provável que ambas as famílias descendam do mesmo ancestral comum. Assim, as serina proteases são um exemplo de convergência evolutiva. Em troca, as enzimas da família da tripsina, que inclui a quimiotripsina, tripsina, elastase e trombina, são provenientes de um ancestral comum. O mecanismo de ação da tríade catalítica na quimiotripsina é descrito no capítulo 11. Os membros da família da tripsina são capazes de hidrolisar uma grande variedade de substratos, graças a modificações no sítio ativo. A tripsina hidrolisa a ligação peptídica posterior a resíduos de Lys e Arg, enquanto que nesta posição a quimiotripsina prefere substratos com aminoácidos hidrofóbicos volumosos.

Cisteína proteases

Ainda que não exista homologia detectável entre as serina e cisteína proteases, o mecanismo catalítico em ambas as classes envolve a formação de um intermediário covalente acil-enzima com o substrato. Nesta classe, a cisteína é o nucleófilo que ataca o carbono C´ do grupo carbonila peptídico. As enzimas mais estudadas são a papaína e a actinidina, em ambas as estruturas se observam dois domínios e na abertura formada entre eles se localiza o sítio ativo. A papaína é utilizada comercialmente como amaciante de carnes.

Carboxila proteases

As enzimas desta classe, também conhecidas como proteases de apartato ou proteases ácidas, participam em processos diversos. A pepsina, a gastricina e a quimiotripsina interferem na digestão; a quimosina é utilizada na fabricação de queijos. Algumas proteases desta classe produzem cortes específicos em proteínas particulares; por exemplo, no controle da pressão arterial, a renina catalisa a liberação do decapeptídeo angiotensina I da extremidade amino do angiotensinogênio. Esta classe inclui também enzimas menos específicas como a pepsina, cujo pH ótimo é ácido e algumas proteases lisossômicas como a catepsina D, entre outras. O sítio ativo das carboxila proteases é formado geralmente por dois resíduos de aspartato. Assim como as metaloproteases, as carboxila proteases não formam um intermediário covalente com a enzima. Algumas carboxila proteases mostram uma estrutura semelhante; a maioria é composta de uma única cadeia polipeptídica de aproximadamente 300 aminoácidos, que se dobra no espaço para formar dos lóbulos. Nos retrovírus, como o vírus da imunodeficiência humana, muitas proteínas são sintetizadas como poliproteínas e são depois processadas pela ação específica de uma carboxila protease, formada por duas subunidades de 99 aminoácidos. Devido a isto, o desenho de fármacos que inibam esta protease é uma das ferramentas principais na luta contra a AIDS.

Metaloproteases

As metaloproteases realizam a hidrólise da ligação peptídica com a ajuda de metais, geralmente Zn^{2+}, unidos a seu sítio ativo. As mais estudadas são a carboxipeptidase e a subtilisina. Assim como as outras proteases descritas anteriormente, a subtilisina é uma endopeptidase; isto é, catalisa a ruptura de ligações peptídicas não terminais. Em contraste, as carboxipeptidases A e B são exopeptidases e catalisam a eliminação do aminoácido situado no extremo carbolisa do substrato. As duas carboxipeptidases se relacionam entre si, suas sequências e sua estrutura tridimensional são semelhantes. No entanto, diferem em especificidade. A carboxipeptidase A é específica para aminoácidos hidrofóbicos volumosos, enquanto que a carboxipeptidase B atua geralmente sobre resíduos básicos.

Dentro das metaloproteases se encontram várias enzimas de interesse médico, como a enzima que converte a angiotensina, a encefalinase e a colagenase. As colagenases de tecido são específicas dos diversos tipos de colágeno. Estas enzimas estão envolvidas na remodelação do tecido conjuntivo durante o crescimento e o reparo das feridas. A degradação descontrolada do tecido conjuntivo é observada em certos tumores e em algumas enfermidades como a artrite; devido a isto, as proteases responsáveis por estes processos são alvo para o desenho de inibidores com fins terapêuticos. A colagenase ativa apresenta dois domínios, um deles está envolvido com o reconhecimento do substrato; o outro contém metais e aminoácidos que participam da reação.

Mecanismos de regulação

A atividade catalítica das proteases é cuidadosamente regulada devido à sua capacidade destrutiva. Entre os me-

Quadro 9-1. Classes catalíticas das proteases

Classe catalítica	Exemplos
Serina proteases	Tr ipsina, quimiotripsina, elastasa, trombina, subtilisina
Cisteína proteases	Papaína, actinidina
Carboxila proteases	Pepsina, gastricina, quimosina, renina, catepsina D, protease do HIV
Metaloproteases	Carboxipeptidasa A, carboxipeptidase B, termolisina

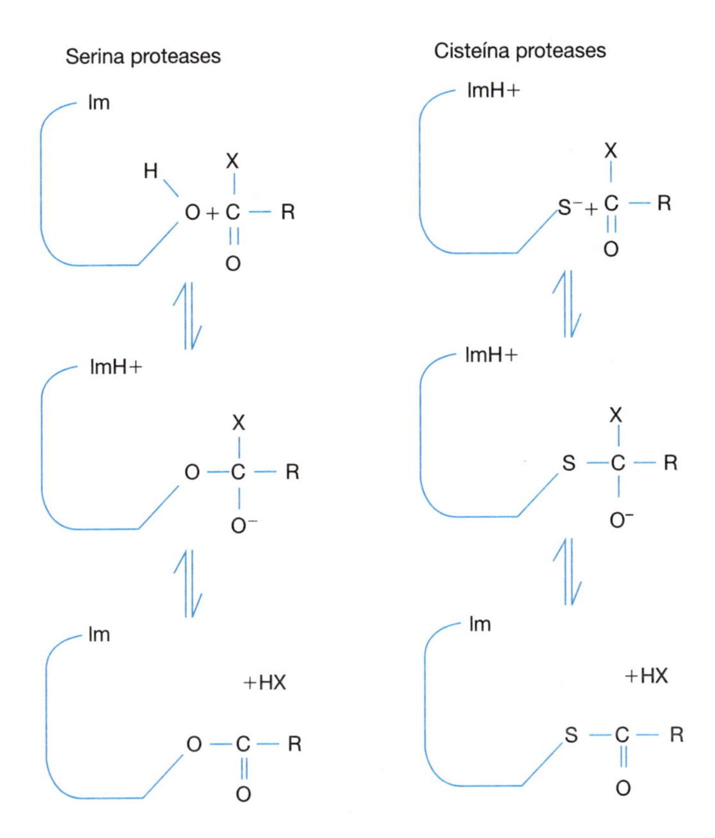

Carboxila proteases

Metaloproteases

Figura 9-9. Diagrama comparativo do mecanismo catalítico das quatro classes de proteases.

canismos de regulação da atividade enzimática que são expostos no capítulo 11, encontra-se a síntese de precursores inativos chamados zimogênios ou pró-enzimas. Entre eles estão o tripsinogênio, o quimiotripsinogênio, a pró-elastase, o pepsinogênio, a pró-carboxipeptidase B, a protrombina, a pró-colagenase e outras. Estes zimogênios são ativados pela proteólise de um ou vários segmentos de sua cadeia (capítulo 11).

Outro mecanismo de regulação é a produção de pequenas proteínas que se unem com grande afinidade ao sítio ativo das proteases. Em seu caminho até o duodeno, a tripsina é inibida por uma pequena proteína produzida pelo pâncreas. O complexo enzima inibidor mais estudado é o da tripsina e o inibidor de tripsina de pâncreas bovino (BPTI). A constante de associação deste complexo é de 10^{13} M^{-1}. A porção do BPTU que interage com o sítio ativo da tripsina, ocupa uma posição semelhante à mostrada nos complexos cristalizados de outros análogos de substrato e inibidores. Em particular, o C′ da Lys15 do inibidor mostra uma conformação não destorcida, devido à presença do oxigênio da cadeia lateral da serina 195 da tripsina.

Este tipo de inibidores também é utilizado para proteção de alguns organismos; por exemplo, o *Ascaris* é um parasita associado à desnutrição que reside no intestino dos seres humanos e dos porcos. Este nematoide produz uma série de inibidores de 60 a 150 aminoácidos capazes de inativar a quimiotripsina, a tripsina, a pepsina e a carboxipeptidase do hóspede.

DEGRADAÇÃO E ENVELHECIMENTO DE PROTEÍNAS

Modificação e reciclagem

Ainda que as proteínas mostrem um grande número de funções e propriedades não são imortais; finalmente, todas são degradadas, seja pelas enzimas proteolíticas próprias ou de outro organismo, ou pela destruição não enzimática de seus componentes essenciais.

Na maioria das células existe uma reciclagem normal de proteínas não modificadas. Estas são degradadas proteoliticamente e os aminoácidos que as constituem são utilizados para a síntese de novas proteínas. Do ponto de vista fisiológico, a reciclagem é importante, já que permite que as células modifiquem a quantidade e o tipo de proteínas durante o desenvolvimento. A velocidade de síntese e degradação determina a concentração e vida média das proteínas. Nesta seção faz-se referência aos mecanismos de degradação.

Quadro 9-2. Média de vida de diferentes proteínas de fígado de rato

Proteína	Média de vida
Ornitina descarboxilase	11 min
Tirosina aminotransferase	1,5 horas
Hexoquinase	1 dia

A degradação de proteínas *in vivo* foi estudada utilizando diferentes técnicas entre as quais se destaca a combinação de diversos isótopos radioativos (^{3}H, ^{14}C, ^{35}S). A vida média das diferentes proteínas varia ainda quando estas se encontram na mesma célula, compartimento celular ou tecido (quadro 9-2).

Entre os fatores que determinam a longevidade das proteínas está sua susceptibilidade à modificação química. As proteínas sofrem modificações químicas não enzimáticas, como a desaminação dos resíduos de arparagina e glutamina, a oxidação do enxofre das cisteínas e metioninas, a destruição de pontes dissulfeto e a hidrólise da ligação peptídica nos resíduos de aspartato. Estas modificações facilitam a degradação proteolítica. A célula conta com mecanismos de defesa como as enzimas catalase e a superóxido dismutase, que eliminam o peróxido e o superóxido (O_2^-), ou tióis como a glutationa. Apesar disto, em certas condições as proteínas modificadas não são degradadas, motivo pelo qual a população de moléculas envelhece. Tal é o caso da triose fosfato isomerase (TPI); esta enzima sofre a desamidação de um par de asparaginas que se encontram na interface de cada monômero. A enzima modificada é susceptível ao ataque de várias proteases que são inativas contra a forma nativa. Não obstante, à medida que se envelhece, as formas modificadas da TPI se acumulam.

A vida de algumas proteínas é determinada pela célula em que se encontram; tal é o caso da hemoglobina que não envelhece durante os três meses de vida do eritrócito.

Em contraste, as células do cristalino não morrem e sua atividade proteolítica é baixa, por isso as proteínas sintetizadas durante o desenvolvimento fetal acompanham o indivíduo até sua morte. Os processos de envelhecimento das proteínas do cristalino estão relacionados com o detrimento das funções oculares, como a formação de cataratas. As modificações químicas diminuem a solubilidade e aumentam a pigmentação do cristalino.

Degradação

A degradação seletiva de algumas proteínas é importante em vários processos celulares. Por exemplo, o amadurecimento dos reticulócitos a eritrócitos é acompanhado pela degradação de proteínas mitocondriais e ribossômicas que não são requeridas uma vez que a célula sintetizou sua carga de hemoglobina. Algumas condições, como a inanição, estão acompanhadas pela degradação seletiva de algumas proteínas.

Na degradação de proteínas participam proteases intracelulares como as calpaínas. Além disso, existe um compartimento celular ácido, o lisossomo, que contém uma variedade de proteases, que hidrolisam as proteínas que ingressam na célula por endocitose e reciclam as proteínas internas através de invaginações transitórias.

O aumento da atividade lisossomal está relacionado com vários processos, como a regressão do útero no pós-parto e algumas enfermidades como o diabetes mellitus e a artrite reumatoide.

Uma das características das proteínas que modulam sua degradação é a presença de regiões de 12 a 60 aminoácidos ricos em Pro. Glu, Ser e Thr, chamada região PEST.

Existe outro mecanismo de degradação intracelular, independente do lisossomo, no qual a proteína que vai ser degradada se une covalentemente à carboxila terminal da ubiquitina. Através da ação concertada de outras enzimas, a proteína ubiquitinada é degradada por uma protease de aproximadamente 1.500kDa. Posteriormente, a ubiquitina é liberada e pode se unir a outras proteínas.

A ubiquitina está distribuída amplamente nos eucariotos. É, além disso, a proteína que registra menos variações de sua sequência em diferentes espécies. A ubiquitina do ser humano e a encontrada em plantas e leveduras difere apenas em 3 de 76 posições. A ligação de ubiquitina é determinada em grande parte pela identidade do aminoácido no amino terminal; quando este grupo é Arg, Lys, Asp, Leu ou Phe, sua média de vida é de alguns minutos; não obstante, quando o resíduo amino terminal é Met, Ser, Ala, Thr, Val ou Gly, a vida média é maior do que 20 horas. Ainda que não se tenha encontrado ubiquitina nos procariotos, a relação entre a identidade do amino terminal e a propensão à degradação seja semelhante em bactérias, leveduras e seres humanos; isto sugere que o mecanismo de degradação de proteínas seja muito antigo.

REFERÊNCIAS

Branden C, Tooze J.: *Introduction to protein structure.* 2nd ed. New York: Garland Publishing, 1999.

Creighton TE (ed.): *Protein function: A practicar approach.* 2nd ed., Oxford: IRL Press, 1997.

Creighton TE: *Protein folding.* New York:W. H. Freeman, 1992.

Creighton TE: *Proteins. Structures and molecular properties.* 2nd ed. New York:W. H. Freeman, 1993.

Fasman GD: *Prediction of protein structure and the principles of protein conformation.* New York: Plenum Press, 1989.

Fersht A: Structure and mechanism in protein science: A guide to enzyme catalysis and protein folding. New York,W. H. Freeman, 1999.

Kyte J: *Structure in protein chemistry.* New York: Garland Publishing, 1995.

Lozano JA, Galindo JD, García Borrón JC, Martínez Liarte: *Bioquímica y Biología Molecular,* 3ra ed. Barcelona: McGraw-Hill Interamericana, 2005.

Melo RV, Cuamatzi TO: *Bioquímica de los processos metabólicos,* Barcelona: Ediciones Reverté, 2004.

Nelson DL Cox MM: *Lehninger Principios de Bioquímica,* Barcelona: Omega, 2006.

Trombetta ES, Parodi AJ: Quality control and protein folding in the secretory pathway. Ann Rev Cell Dev Biol2003;1:64.

Wiederman N, Frazier AE, Pfanner N: The protein import machinery of mitochondria. J Biol Chem 2004;279:14473.

Páginas eletrônicas

Human Protein Reference Database: Human proteinpedia [Em línea]. Disponible: http://www.humanproteinpedia.org/index_html [2009, mayo 07]

10

Cinética enzimática

Juan Pablo Pardo Vázquez

As enzimas são catalisadores proteicos que aceleram a velocidade de uma reação e que não são consumidas durante esta. Diferente dos catalisadores químicos, as enzimas atuam em condições muito suaves, a temperaturas abaixo dos 70°C, a um pH ao redor de 7 e a uma pressão de uma atmosfera. No entanto, o incremento que exercem sobre a velocidade da reação é enorme, e vai de 10^6 a 10^{12} vezes com respeito à reação na ausência de catalisador. Outra propriedade importante das enzimas é seu alto grau de especificidade; somente catalisam a reação em que participa um substrato ou um grupo de substratos com certas características químicas e geométricas comuns. Como a enzima é centenas de vezes maior e mais complexa que o substrato, em muitas enzimas existem sítios na superfície da proteína, cuja finalidade é regular a atividade enzimática.

ESPECIFICIDADE, SÍTIO ATIVO E GRUPOS CATALÍTICOS

As enzimas se unem aos substratos através de interações hidrofóbicas e eletrostáticas, pontes de hidrogênio e forças de van der Waals. Os resíduos de aminoácidos da enzima que participam da interação com o substrato estão distantes uns dos outros na sequência linear de aminoácidos da proteína; mas como resultado do dobramento da proteína, estes se agrupam para formar o sítio ativo da enzima, um arranjo geométrico de aminoácidos complementar aos grupos químicos do substrato. Alguns de certos resíduos participam isoladamente na união do substrato e definem uma região do sítio ativo que se chama sítio de fixação ou de ligação ao substrato. Outros resíduos do sítio ativo, os catalíticos, se encarregam diretamente da transformação do substrato em produto e formam o sítio catalítico. Normalmente, o número de resíduos que interferem na ligação do substrato é maior do que o de resíduos catalíticos. Em relação à sua localização, o sítio ativo da enzima, devido ao mesmo dobramento da proteína, geralmente é encontrado nas fendas ou buracos que se formam na superfície da enzima. Caso a proteína seja oligomérica, isto é, que funcionalmente seja formada por dois ou mais polipeptídios, o sítio ativo também pode ser construído com resíduos que pertencem a diferentes subunidades.

Devido à distribuição assimétrica dos resíduos de aminoácidos no sítio ativo, as enzimas são estereoespecíficas e podem distinguir entre moléculas quirais ou próquirais. Como se mostra na figura 10-1 são necessários apenas três pontos de contato entre a enzima e o substrato para que ocorra a discriminação entre duas moléculas muito parecidas. Pode-se ver a complementaridade exata entre os grupos funcionais da enzima – indicados por cavidades em forma de cilindro, cubo e cone- com os grupos químicos do substrato $-H^1$, metila CH_3 e hidroxila OH^- e é evidente que é infrutífero qualquer tentativa de juntar os grupos funcionais da enzima com o hidrogênio H^2, a metila e a hidroxila de substrato (figura 10-1).

Além da estereoespecificidade, as enzimas reconhecem com grande seletividade a identidade dos grupos químicos do substrato, o que resulta da interação da enzima com um número muito reduzido de substratos com propriedades estruturais similares. Por exemplo, a enzima álcool desidrogenase das leveduras catalisa a oxidação do etanol, isopropanol e metanol a seus respectivos aldeídos e é altamente específica para sua coenzima, o NAD^+ e não se liga ao $NADP^+$, o qual difere apenas pela presença do grupo fosfato no carbono 2´ da ribose.

É conveniente apreciar as vantagens da especificidade enzimática nos sítios onde as enzimas exercem sua ação, o interior da célula. Centenas de enzimas e milhares de substratos coexistem no reduzido espaço de uma célula. Dada a grande especificidade de cada enzima por seu substrato, não ocorrem mudanças químicas inespecíficas por ação de uma enzima sobre moléculas diferentes do seu substrato. Isto contribui para manter a ordem dentro da célula e permite o metabolismo seja regulado,

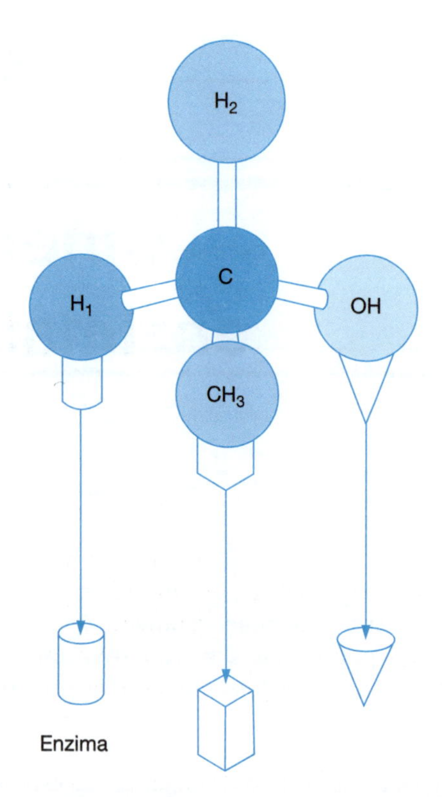

Figura 10-1. Ligação de uma molécula pró-quiral ao sítio ativo da enzima. Devido à simetria da estrutura do sítio ativo, a enzima distingue entre os diferentes grupos quirais.

apesar da alta concentração de moléculas presentes e do intenso tráfego das mesmas.

COMPLEXO ENZIMA-SUBSTRATO

A união do substrato à enzima pode ser explicada por meio de dois mecanismos. Em 1890, Emil Fischer expôs o **modelo da chave e a fechadura**, o que considera que o sítio ativo da enzima está pré-formado, de tal maneira que os resíduos de aminoácidos mantêm uma posição fixa e complementar aos grupos do substrato (figura 10-2). Nesta complementaridade se baseia a especificidade da interação do substrato com a enzima. A lisozima, enzima que está presente nas lágrimas e que é capaz de hidrolisar um dos polissacarídeos presentes nas paredes bacterianas, é um dos poucos casos que se adaptam a este modelo.

Em contraste com este mecanismo rígido, o **modelo do ajuste induzido**, proposto por D. E. Koshland Jr. (1958), propõe que ao interagir o substrato com a enzima, se induzem mudanças conformacionais nesta, que dão lugar à formação do sítio ativo (figura 10-3). Foi dito que a enzima é semelhante a uma luva vazia, e a presença do substrato equivale a introduzir a mão na luva, com a qual se dá forma precisa ao sítio ativo. O modelo do ajuste induzido é o que se observa frequentemente na natureza.

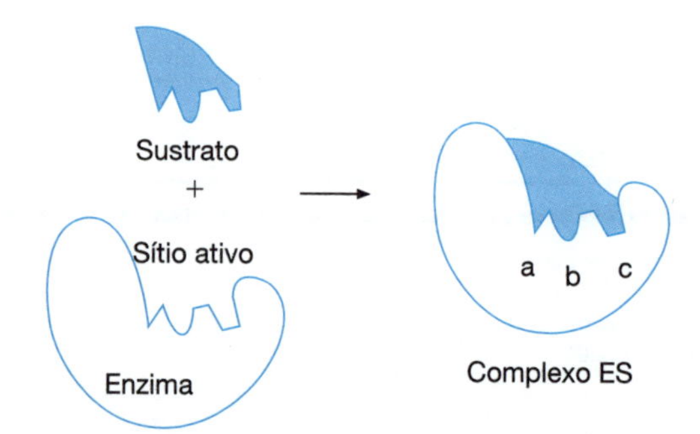

Figura 10-2. Modelo da chave e fechadura para explicar a interação do substrato com a enzima. O sítio ativo da enzima é complementar à estrutura do substrato.

NOMENCLATURA DAS ENZIMAS

O sistema de nomenclatura da União Internacional da Bioquímica (UIB) classifica as enzimas com base na reação química que catalisam (quadro 10-1). De acordo com este, existem seis classes principais:

1. **Oxidorredutases.** São aquelas que catalisam a transferência de elétrons ou átomos de hidrogênio entre diferentes substratos. Nesta categoria entram as desidrogenases, redutases, oxidases, peroxidases, hidroxilases e oxigenases.
2. **Transferases.** Catalisam a transferência de outros grupos, diferentes do hidrogênio, que contêm carbono, nitrogênio, fosfato ou enxofre, de um substrato a outro. Alguns exemplos de transferases incluem as aciltransferases, fosfotransferases, glicotransferases, fosforribosiltransferases, pirofosfotransferases e metiltransferases.
3. **Hidrolases.** Catalisam a ruptura de uma ligação por meio da introdução de uma molécula de água. Dentro desta classe de enzimas se encontram as esterases, amidases, peptidases, fosfatases e glicosidases.
4. **Liases.** Enzimas que catalisam a ruptura de ligações entre carbono e carbono, carbono e oxigênio, carbono e nitrogênio e carbono e enxofre por meio de outro mecanismo que não seja o da hidrólise ou o da oxi-

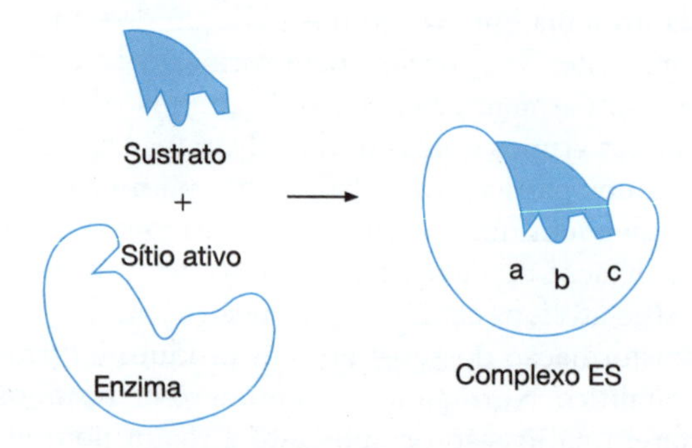

Figura 10-3. Modelo do ajuste induzido. A interação do substrato com a enzima induz mudanças conformacionais nesta que dão lugar à formação do sítio ativo.

Quadro 10-1. Classificação das enzimas		
Clase	**Reação**	**Enzimas**
1. Oxidorredutases	$A_{red} + B_{ox} \rightarrow A_{ox} + B_{red}$	Desidrogenases, peroxidases
2. Transferases	$AB + C \rightarrow A + BC$	Hexoquinase, transaminase
3. Hidrolases	$AB + H_2O \rightarrow AH + BOH$	Fosfatase alcalina, tripsina
4. Liases	$A \rightarrow B = C + D$	Desidratase, anidrase carbônica
5. Isomerases	$A \rightarrow$ Iso-A	Fosfoglicomutase
6. Ligases	$A + B + ATP \rightarrow AB + ADP + Pi$	Piruvato carboxilase, DNA ligase

dorredução. Neste processo se formam duplas ligações. Por exemplo, as alsolases, sintases e desaminases.

5. **Isomerases**. Enzimas que catalisam as interconversões entre isômeros ópticos ou de posição por meio de um rearranjo intramolecular. Nesta categoria entram as isomerases, racemases, epimerases e mutases.
6. **Ligases.** Enzimas que utilizam a energia da hidrólise do ATP, pirofosfato ou outro doador de energia para a formação de uma ligação entre duas moléculas separadas ou dois grupos dentro da mesma molécula. As novas ligações podem se formar entre átomos de carbono e oxigênio, carbono e enxofre, carbono e nitrogênio, entre outros.

Para nomear a uma enzima particular, primeiro se identifica o tipo de reação que catalisa e depois se escreve o nome deste ou os substratos que interferem nesta, seguido do nome da reação com o sufixo "ase". Por exemplo, na seguinte reação:

$$ATP + glicose \rightarrow glicose\ 6\text{-}fosfato + ADP$$

é descrita a transferência de um grupo fosfato do ATP ao carbono 6 da hexose. Com esta informação se pode assegurar que a enzima é uma fosfotransferase. Além disso, os substratos são o ATP e a D-hexose. Portanto, a enzima que catalisa esta reação é a ATPm D-hexose 6 fosfotransferase (hexoquinase). Como se observa, pode-se incluir informação adicional entre colchetes; neste caso é o nome trivial, não sistemático, com o qual se identifica esta enzima. A nomenclatura sistemática das enzimas evita confusões e é útil ao informar sobre os substratos participantes e o tipo de reação catalisado pela enzima. Esta nomenclatura é utilizada nas comunicações científicas formais. Infelizmente, a prática consagrou o uso dos nomes triviais das enzimas que são usados nos textos de bioquímica.

Além disso, em todas as enzimas é atribuído um número formado por quatro dígitos e separados por pontos. O primeiro dígito informa o tipo de reação (1 = oxidorredução, 2 = transferase, entre outros); o segundo dígito, a subclasse (fosfotransferase, aminotransferase, entre outros); o terceiro dígito, a subsubclasse (o tipo de grupo que recebe o grupo que se transfere) e o quarto identifica a enzima específica. O nome da enzima que catalisa a reação descrita no exemplo acima é: E.C. 2.7.1.1.

ENZIMAS E COENZIMAS

Como foram mencionadas, as enzimas catalisam uma grade variedade de reações químicas. Uma análise mais detalhada de cada uma destas reações mostra que para algumas delas, como a de hidrólise, são suficientes os grupos de resíduos de aminoácidos da enzima para que a catálise se realize. No entanto, para uma grande maioria de reações, que incluem as de oxidorredução, transaminação ou carboxilação, a enzima requer a presença de um cofator. Na ausência deste, a enzima não catalisa a reação. O cofator pode ser um íon metálico, como o Fe^{++}, Zn^{++}, Mo^{++} ou uma coenzima, isto é, uma molécula orgânica com características não proteicas, que geralmente são sintetizadas a partir das vitaminas (quadro 10-2). A coenzima funciona como um co-substrato quando se une transitoriamente ao sítio ativo da enzima, de tal maneira que é liberada ao meio durante cada ciclo catalítico. Este é o caso das desidrogenases que trabalham com o NAD^+. Quando a coenzima se liga fortemente à enzima, seja através de ligações covalentes ou interações não covalentes, esta recebe o nome de grupo prostético. Por exemplo, para a succinato desidrogenase, que catalisa a oxidação do succinato a fumarato, o FAD, que participa desta reação de oxidorredução, se encontra fortemente ligado à proteína. O quadro 10-2 mostra algumas das coenzimas e o tipo de reações em que participam.

Para as enzimas que requerem um cofator, pode-se escrever a seguinte reação:

$$Apoenzima_{(inativa)} + cofator \leftrightarrows holoenzima_{(ativa)}$$

Onde a holoenzima corresponde ao complexo da proteína com o cofator e a apoenzima se refere à proteína livre, sem o cofator ligado. A holoenzima é a forma ativa da enzima, enquanto que a apoenzima não tem atividade.

Quadro 10-2. Coenzimas e suas vitaminas precursoras

Vitamina	Coenzima	Participa da transferência de
Biotina	Biocitina	CO_2
Ácido pantotênico	Coenzima A	Grupos acila
Vitamina B	5' desoxiadenosilcobalamina (coenzima B12)	Átomos de hidrogênio e grupos alquila
Riboflavina (vitamina B2)	Dinucleotídeo de flavina e adenina	Elétrons
	Ácido lipoico	Elétrons e grupos acila
Ácido nicotínico (niacina)	Dinucleotídeo de nicotinamida e adenina	Íon hidreto ($:H^-$)
Piridoxina (vitamina B6)	Fosfato de piridoxal	Grupos amino
Folato	Tetrahidrofolato	Grupos com um átomo de carbono
Tiamina (vitamina B1)	Pirofosfato de tiamina	Aldeídos

CINÉTICA ENZIMÁTICA

Velocidades iniciais

Antes de começar com o estudo da cinética enzimática, é conveniente esclarecer o significado de velocidade inicial de uma reação. A figura 10-4 mostra a aparição do produto (P) em função do tempo (t). Nos primeiros minutos a formação do produto é uma função linear do tempo. Nesta região se obtém a velocidade inicial da reação, a qual corresponde, do ponto de vista matemático, à tangente da reta. Geralmente, esta relação linear se mantém quando o consumo de substrato não vai além de 5% da concentração inicial. No entanto, em períodos maiores, o sistema se desvia deste comportamento linear. Isto pode ser devido à diminuição apreciável da concentração do substrato, à inibição da enzima com o produto ou à inativação da mesma conforme passa o tempo. Portanto, quando se realiza um estudo de cinética enzimática, é fundamental que as velocidades obtidas sejam as iniciais.

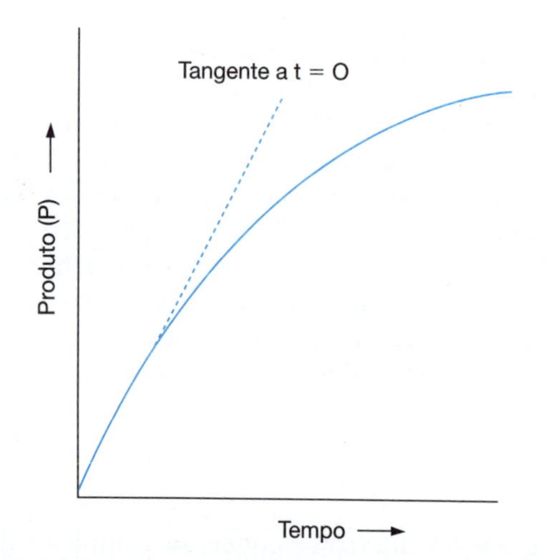

Figura 10-4. Curso temporal da formação do produto em uma reação catalisada por uma enzima. Observa-se que nos primeiros instantes, existe uma relação linear entre a formação do produto e o tempo. A tangente desta reta corresponde à velocidade inicial da reação.

Ordem da reação

Um conceito que é importante esclarecer, por sua aplicação aos modelos do funcionamento enzimático é o da ordem de reação. A velocidade inicial em uma reação química na qual participam dois reagentes depende da concentração de cada um deles e de sua tendência inerente de reagir. Se forem mantidas constantes as condições da reação, mas é duplicada a concentração de um dos reagentes, se registra uma duplicação da velocidade da reação. Ocorre o mesmo com a velocidade da reação se se duplica a concentração do outro reagente. Trata-se de um caso em que a velocidade da reação é proporcional à concentração dos dois reagentes. A uma reação assim se dá o nome de **reação de segunda ordem**.

Se a velocidade da reação é proporcional à concentração de somente um dos reagentes e à sua tendência inerente de reagir, tem-se uma reação de **primeira ordem**. É o caso, por exemplo, em que um reagente se decompõe em dois produtos, ou então uma reação na qual um dos reagentes é a água e o outro reagente está dissolvido nesta. A adição de mais reagente dissolvido na água aumentará proporcionalmente a velocidade da reação. As **reações de ordem zero** se referem àquelas nas quais a velocidade da reação é independente da concentração de reagentes.

Para uma ração catalisada por uma enzima, têm-se diferentes ordens de reação, dependendo da concentração do substrato. No gráfico da figura 10-5 tem-se uma concentração fixa e constante de enzima que não varia ao longo do experimento. A única coisa que muda é a concentração de substrato. Em baixas concentrações de substrato, a velocidade da reação depende da tendência inerente de reagir na superfície da enzima e da concentração do substrato, e a velocidade aumenta proporcionalmente ao aumentar a concentração do substrato. Nesta parte da curva tem-se uma típica reação de primeira ordem. Na extremidade direita do gráfico, em concentrações muito grandes de substrato, a velocidade da reação não aumenta ao aumentar a concentração do substrato e, portanto em tais circunstâncias se trata de uma reação de **ordem zero**.

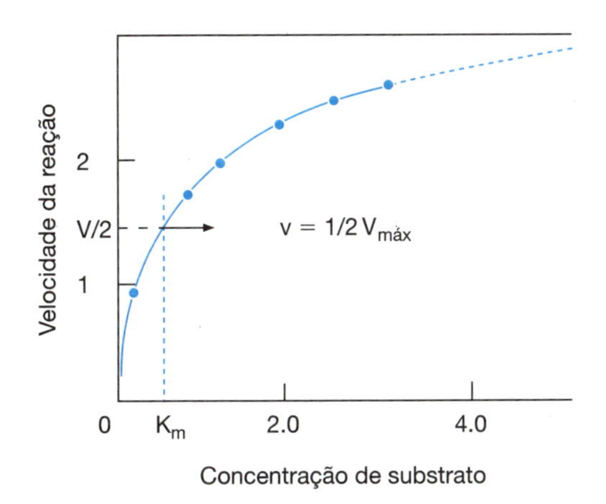

Figura 10-5. Relação entre a velocidade da reação e a concentração de substrato para uma reação catalisada por uma enzima. A constante de Michaelis-Menten, K_m, é a concentração de substrato onde a velocidade da reação é metade da velocidade máxima, $V_{máx}$.

MODELOS EM CINÉTICA ENZIMÁTICA

Se forem testadas diferentes concentrações de substrato e, para cada uma delas, se calcula a velocidade inicial, se obtém para um grande número de enzimas, um gráfico semelhante ao da figura 10-5; neste, a dependência da velocidade inicial com respeito à concentração de substrato é uma função hiperbólica. No entanto, estes resultados não têm outro significado que não o de descrever fenomenologicamente o comportamento de uma enzima particular em condições experimentais muito específicas. É de se esperar que se forem trocadas algumas destas variáveis, por exemplo, a concentração da enzima, o pH ou a temperatura, vão ser obtidas diferentes hipérboles retangulares, cada uma delas sem aparente conexão com as outras. E é aqui onde entra uma das atividades mais importantes do raciocínio científico: a proposta de modelos que contenham um número limitado de constantes ou parâmetros. Além disso, com o modelo se pode predizer o comportamento da enzima em outras condições experimentais.

Modelo cinético de Michaelis-Menten

O estabelecimento do modelo se inicia com a suposição de que as reações catalisadas por uma enzima procedem em duas etapas. Na primeira etapa, a enzima se liga ao substrato para dar o complexo enzima-substrato (ES), onde k_1 é a constante de velocidade de segunda ordem que descreve a interação da enzima com o substrato; k_2 é a constante de velocidade de primeira ordem para a dissociação deste complexo ES e k_S a constante de equilíbrio para a dissociação do complexo ES.

$$E + S \underset{k_2}{\overset{k_1}{\rightleftharpoons}} ES$$

$$K_s = \frac{[E] \cdot [S]}{[ES]} = \frac{k_2}{k_1}$$

Na segunda etapa:

$$ES \xrightarrow{k_{cat}} E + P$$

o complexo ES forma o produto (P) e o libera com uma constante de velocidade de primeira ordem que se chama constante catalítica (k_{cat}), por estar associada ao processo catalítico da transformação do substrato em produto.

Ao juntar as duas etapas resulta o seguinte esquema:

$$E + S \underset{k_2}{\overset{k_1}{\rightleftharpoons}} ES \xrightarrow{k_{cat}} E + P$$

a partir do qual se deduz a equação de velocidade, chamada equação de Michaelis-Menten:

$$v = \frac{k_{cat}\,[E]_{tot} \cdot [S]}{K_m + [S]} = \frac{V_{máx} \cdot [S]}{K_m + [S]}$$

$$V_{máx} = k_{cat} \cdot [E]_{tot}$$

que relaciona a velocidade inicial da reação com a concentração do substrato. Nesta equação, a $V_{máx}$ corresponde à velocidade máxima da reação, a K_m à constante de Michaelis-Menten e $[E]_{tot}$ à concentração total de enzima. Em certas condições, o valor de K_m corresponde ao K_S, que é a constante de dissociação do complexo ES. Tanto a kcat (ou a $V_{máx}$ se se desconhece a concentração da enzima) como a K_m são os parâmetros do modelo, e seus valores são diferentes para cada enzima particular.

Com o objetivo de apreciar o significado de cada um destes parâmetros, pode-se estudar o modelo nos extremos de concentração de substrato. Quando a concentração do substrato é muito grande, ($[S] >> K_m$), a equação de Michaelis-Menten se reduz a:

$$v = V_{máx} = k_{cat} \cdot [E]_{tot}$$

que descreve uma cinética de ordem zero: a velocidade da reação é independente da concentração de substrato. Nestas condições, em concentrações infinitas de substrato, se alcança a velocidade máxima da reação, devido a que todas as enzimas têm o sítio ativo ocupado por uma molécula de substrato; por mais que se aumente a concentração deste, o número de sítios ativos ocupados segue sendo o mesmo. Diz-se então que a enzima está saturada. Aumentos maiores da concentração de substrato não levam a um aumento da velocidade da reação. Quando conhecida a concentração da enzima, pode-se calcular a constante catalítica da reação:

$$k_{cat} = \frac{V_{máx}}{[E]_{tot}}$$

Além disso, em concentrações muito baixas de substrato ($[S] << K_m$), a equação de Michaelis-Menten se reduz a:

$$v = \frac{k_{cat}\,[E]_{tot} \cdot [S]}{K_m} = \frac{V_{máx}}{K_m} \cdot [S]$$

Esta equação descreve uma cinética de primeira ordem: a velocidade da reação é diretamente proporcional à concentração de substrato. Assim, conforme aumenta a concentração de substrato (S) há um incremento linear na velocidade da reação (v). a relação k_{cat}/k_m, com unidades de min^{-1} M^{-1}, é uma constante de segunda ordem aparente que corresponde à eficiência catalítica da enzima. É de segunda ordem porque relaciona a velocidade da reação com a concentração da enzima e do substrato; e se indica que é aparente, pois não corresponde à constante de velocidade de segunda ordem que descreve a ligação do substrato com a enzima (k_1 no nosso exemplo). O valor da eficiência catalítica não pode ser maior que o da constante de velocidade de segunda ordem "verdadeira" (k_1), e o valor de k_{cat}/K_m fixa um limite inferior à velocidade de formação do complexo enzima-substrato. Para a formação do complexo enzima--substrato, o limite superior é dado pela difusão. Existem algumas enzimas nas quais a velocidade da reação se encontra limitada pela difusão do substrato ao sítio ativo da enzima e não pelas transformações químicas que sofre o substrato no interior da enzima. Nestes casos, a velocidade da reação alcança seu máximo valor possível, pelo que se conclui que a enzima alcançou a perfeição catalítica.

Além disso, a especificidade da enzima é definida em termos da relação k_{cat}/K_m. Portanto, o conceito de especificidade inclui a afinidade da enzima por seu substrato (K_m) e a capacidade de transformação do substrato em produto (k_{cat}). Para substratos diferentes, quanto maior é o valor da eficiência catalítica, maior é a especificidade da enzima. Isto pode ser exemplificado com uma enzima que é capaz de interagir com dois substratos diferentes:

$$E + A \rightleftharpoons EA \longrightarrow E + P$$

$$E + B \rightleftharpoons EB \longrightarrow E + Q$$

a velocidade da reação em concentrações baixas de substrato é dada pelo seguinte par de equações:

$$\frac{k_{cat(B)} \cdot [E]_{tot} \cdot [B]}{K_{m(B)}} \qquad v_A = \frac{k_{cat(A)} \cdot [E]_{tot} \cdot [A]}{K_{m(A)}}$$

onde $k_{cat(A)}$, $k_{cat(B)}$, $K_{m(A)}$ e $K_{m(B)}$ são as constantes catalíticas e de Michaelis-Menten para o substrato A e B, respectivamente. Se a concentração de A é igual à concentração de B, a relação entre V_A e V_B é dada por

$$\frac{v_A}{v_B} = \frac{k_{cat(A)}/K_{m(A)}}{k_{cat(B)}/K_{m(B)}}$$

Esta relação é uma medida da especificidade da enzima e expressa a capacidade relativa da enzima para transformar os substratos A e B nos produtos P e Q. Se V_A é maior que V_B, então a enzima é mais específica por A do que por B.

Por último, quando a concentração de substrato é igual ao K_m a equação de Michaelis-Menten se reduz a:

$$v = \frac{1}{2} V_{máx}$$

e daí surge a definição operacional de K_m: é a concentração de substrato com a qual se alcança metade da velocidade máxima. O K_m tem uma relação inversa com a afinidade da enzima pelo substrato. Quando o K_m é muito pequeno, a afinidade da enzima pelo substrato é maior e se alcança a velocidade máxima em concentrações baixas de substrato. Ao contrário, um K_m muito grande indica pouca afinidade da enzima pelo substrato.

Gráfico de Lineweaver-Burk

Em princípio poderia obter-se o valor da $V_{máx}$ no gráfico direto (V x [S], figura 10-5), quando a concentração de substrato é muito grande e a partir deste dado obter, por interpolação, o valor de K_m. Ainda que, à primeira vista, este procedimento pareça ser o mais simples, apresenta o problema de que a $V_{máx}$ é um valor que se alcança de forma assintótica e é obtido, falando-se estritamente, quando a concentração de substrato é infinita (figura 10-5). Além disso, na prática, se encontram fatores físico-químicos, como a baixa solubilidade do substrato ou fatores cinéticos, como a baixa solubilidade do substrato, que limitam a concentração máxima de substrato que se pode utilizar em um experimento. Portanto, a $V_{máx}$ deve ser obtida por um processo de extrapolação. Com esta finalidade, foram propostos diferentes gráficos da equação de Michaelis-Menten que resultam na equação de uma linha reta. O mais frequente destes é o de Lineweaver-Burk ou duplo recíproco. A partir da equação de Michaelis-Menten se obtém:

$$\frac{1}{v} = \frac{K_m}{V_{máx}} \cdot \frac{1}{[S]} + \frac{1}{V_{máx}}$$

que representa a equação de uma linha reta (figura 10-6), onde 1/V e 1/[S] são os recíprocos da velocidade inicial e da concentração de substrato, respectivamente; 1/V corresponde à variável dependente e 1/[S] à independente. A tangente da reta é dada por $K_m/V_{máx}$ e a origem da ordenada pelo inverso da velocidade máxima ($1/V_{máx}$). Conforme se caminha pelo eixo das abcissas (eixo X) até a origem, a concentração de substrato aumenta e se torna infinita na origem, onde 1/[S] é zero. Além disso, a intersecção da reta sobre o eixo X (1/[S]) é dada por $-1/K_m$ (figura 10-6). Atualmente se recomenda obter os valores de $V_{máx}$ e K_m por métodos de regressão não linear e apresentar os resultados na forma de duplo recíproco, pois existem problemas associados com a distribuição de erro em gráficos lineares da equação de Michaelis-Menten.

INIBIÇÃO

Os inibidores são moléculas ou íons que interagem com a enzima e diminuem sua atividade catalítica. Têm grande importância, do ponto de vista médico, pois uma grande porcentagem dos fármacos funciona como inibidores de al-

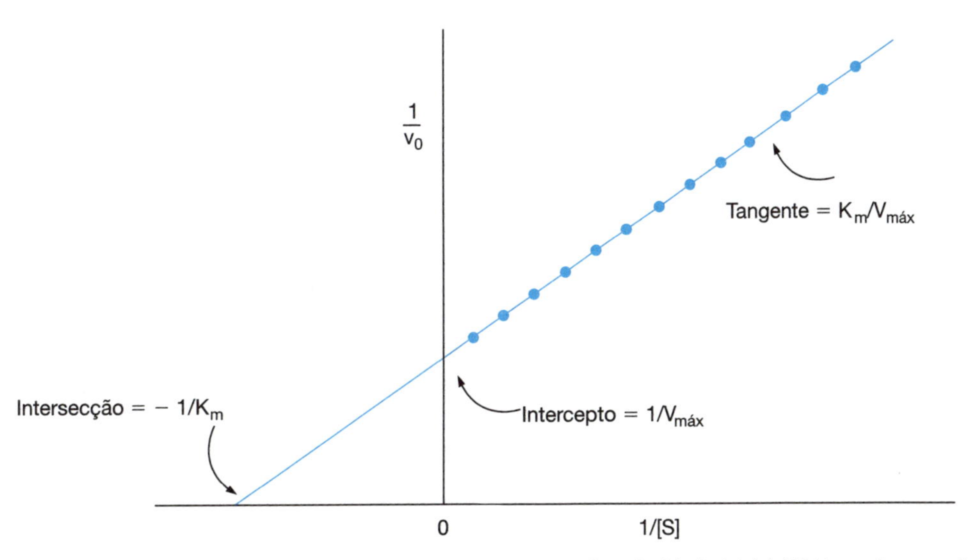

Figura 10-6. Gráfico do duplo recíproco, que mostra a relação entre o inverso da velocidade inicial ($1/V_0$) e o inverso da concentração de substrato (1/[S]). A intersecção da reta com o eixo vertical é $1/V_{máx}$, a intersecção com o eixo horizontal é $-1/K_m$ e a tangente da reta é $K_m/V_{máx}$.

guma atividade enzimática. No entanto, temos que ressaltar também sua importância industrial, como praguicidas e inseticidas, e dentro do campo da pesquisa, como ferramentas que se usam para indagar sobre a ordem dos componentes de uma via metabólica ou a estrutura do sítio ativo e o mecanismo de reação de uma enzima, ou para distinguir entre diferentes famílias de enzimas. Portanto, é conveniente pensar nos inibidores como ferramentas poderosas de grande utilidade e não como moléculas que atrapalham em um ensaio enzimático. Grandes avanços no conhecimento da bioquímica se devem ao uso inteligente dos inibidores.

Inibição competitiva

A inibição competitiva clássica pode ser descrita com o seguinte esquema.

$$E + S \underset{}{\overset{K_m}{\rightleftharpoons}} ES \xrightarrow{k_{cat}} E + P$$

$$\begin{array}{c} + \\ I \\ \updownarrow K_I \\ EI \end{array}$$

onde S é o substrato, I o inibidor, k_{cat} a constante catalítica, K_I a constante de dissociação do complexo enzima-substrato (EI) e K_m a constante de Michaelis-Menten para o substrato.

A característica mais importante deste tipo de inibição é que o substrato e o inibidor são mutuamente exclusivos e não se forma o complexo ternário IES. Geralmente, se encontra que o inibidor é uma molécula com estrutura similar a do substrato. No entanto, também pode ocorrer o caso de que o inibidor seja estruturalmente diferente do substrato e que, ao interagir com outro sítio diferente da enzima, induza uma mudança conformacional que modifique a geometria do sítio para o substrato. A partir do esquema de inibição competitiva se deduzem as seguintes equações:

$$v = \frac{V_{máx} \cdot [S]}{K_m \cdot (1 + \frac{[I]}{K}) + [S]}$$

$$\frac{1}{v} = \frac{K_m}{V_{máx}} \cdot (1 + \frac{[I]}{K_I}) \cdot \frac{1}{[S]} + \frac{1}{V_{máx}}$$

Como se pode ver no gráfico de Lineweaver-Burk (figura 10-7), o inibidor competitivo não afeta a intersecção no eixo das ordenadas (motivo pelo qual a velocida-

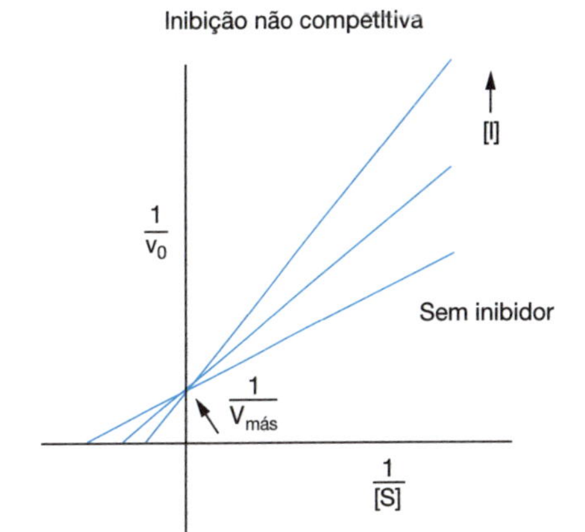

Figura 10-7. Gráfico do duplo recíproco na presença de um inibidor competitivo. O inibidor competitivo afeta o Km aparente da enzima, mas não a velocidade máxima (Vmáx). Estas mudanças se refletem no duplo recíproco. A intersecção com o eixo vertical (1/Vmáx) é a mesma na presença ou ausência do inibidor, mas a intersecção com o eixo horizontal (-1/Km aparente) diminui ao aumentar a concentração do inibidor. Portanto, se obtém uma família de retas que se interceptam no eixo vertical.

de máxima da reação, em concentrações infinitas de substrato é a mesma para todas as condições na presença ou ausência do inibidor), porém sim modifica a intersecção nos eixos das abcissas (motivo pelo qual há um aumento no K_m aparente; na presença do inibidor, são necessárias concentrações maiores de substrato para alcançar a metade da velocidade máxima). Portanto, concentrações saturantes do substrato revertem à inibição.

Um exemplo clássico de inibição competitiva é a que exerce o malonato sobre a oxidação do succinato pela succinato desidrogenase:

$$\underset{\text{Succinato}}{COO^- - CH_2 - CH_2 - COO^-} + FAD \xrightarrow{\text{Enzima}} \underset{\text{Fumarato}}{^-OOC - CH = CH - COO^-} + FADH_2$$

$$\underset{\text{Malonato}}{COO^- - CH_2 - COO^-} + FAD \xrightarrow{\text{Enzima}} \text{Não há reação}$$

O aceptor de hidrogênios é o FAD, que se encontra fortemente associado à succinato desidrogenase. Ao comparar a estrutura do succinato e a do malonato se observa que são moléculas muito semelhantes, pois ambas têm dois grupos carboxila nas extremidades, que interagem com grupos catiônicos no sítio ativo da enzima. A diferença entre as duas moléculas é que o succinato tem um metileno ($-CH_2-$) a mais. Devido a esta semelhança, o malonato se une ao sítio ativo da enzima e atua como um inibidor competitivo.

Inibição não competitiva

Na inibição não competitiva clássica, além de se formarem os complexos binários entre a enzima e o inibidor (EI), e a enzima e o substrato (ES), pode formar-se o complexo ternário entre a enzima, o inibidor e o substrato (EIS). Portanto, a inibição não competitiva conduz ao seguinte esquema:

$$\begin{array}{ccccc} E + S & \overset{K_m}{\rightleftharpoons} & ES & \overset{k_{cat}}{\longrightarrow} & E + P \\ + & & + & & \\ I & & I & & \\ \updownarrow K_I & & \updownarrow K_I & & \\ IE + S & \overset{K_m}{\rightleftharpoons} & EIS & & \end{array}$$

onde S, I, K_m e K_I têm o mesmo significado que no caso anterior. A partir deste modelo se deduzem as seguintes equações:

$$v = \frac{V_{máx} \cdot [S]}{K_m \cdot (1 + \frac{[I]}{K_I}) + [S] \cdot (1 + \frac{[I]}{K_I})}$$

$$\frac{1}{v} = \frac{K_m}{V_{máx}} \cdot (1 + \frac{[I]}{K_I}) \cdot \frac{1}{[S]} + \frac{1}{V_{máx}} \cdot (1 + \frac{[I]}{K_I})$$

O inibidor não competitivo afeta a intersecção no eixo das ordenadas (motivo pelo qual a velocidade máxima diminui conforme aumenta a concentração do inibidor), mas não a intersecção com o eixo das abcissas, pelo que o K_m é o mesmo, independente da presença do inibidor (figura 10-8). Diferente do que ocorre com a inibição competitiva, o inibidor não competitivo tem uma estrutura diferente da do substrato e concentrações saturantes deste último não revertem à inibição.

Para ilustrar este tipo de inibição se estuda o efeito da N-acetilglicosamina, um análogo da glicose, sobre a atividade da hexoquinase de músculo esquelético de rato. Esta enzima catalisa a transferência do fosfato e do ATP à glicose, para obter os produtos glicose 6-fosfato e ADP

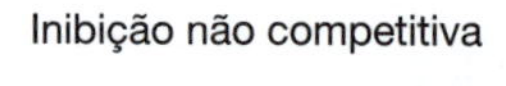

glicose + ATP → glicose 6-fosfato + ADP

Em princípio, pode-se formular um modelo da enzima com dois subsítios, um para o ATP e outro para a glicose. Quando os substratos se ligam a seus respectivos sítios, a reação se desenvolve com grande eficiência, pois a enzima fixa e orienta os substratos na posição adequada. No entanto, na presença de N-acetilglicosamina, uma

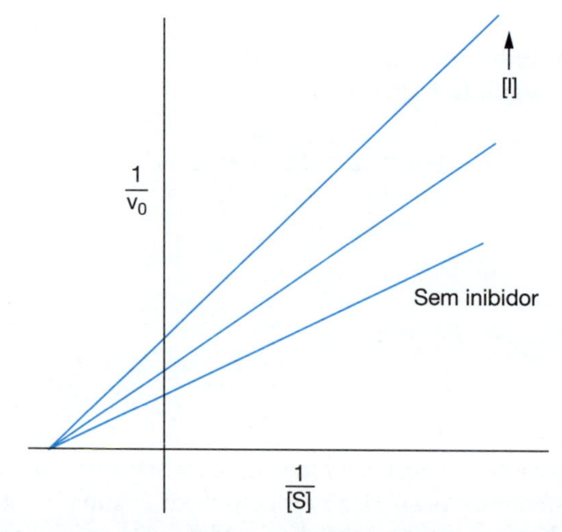

Figura 10-8. Gráfico do duplo recíproco na presença de um inibidor não competitivo. O inibidor não competitivo afeta a $V_{máx}$ da enzima, mas não a constante de Michaelis-Menten (K_m). Estas alterações são refletidas no duplo recíproco. A intersecção com o eixo vertical ($1/V_{máx}$) aumenta na presença do inibidor, mas a intersecção com o eixo horizontal ($-1/K_m$) é a mesma com ou sem o inibidor. Portanto, tem-se uma família de retas que se interceptam no eixo horizontal.

molécula que se parece com a glicose, mas que estruturalmente é diferente do ATP, o sítio da glicose na enzima é ocupado com o inibidor e produz o complexo ternário enzima-ATP-N-acetilglicosamina, característico da inibição não competitiva:

$$\begin{array}{ccc} E + \text{N-acetilglucosamina} & \rightleftharpoons & E \cdot \text{N-acetilglucosamina} \\ + & & + \\ ATP & & ATP \\ \uparrow\downarrow & & \uparrow\downarrow \\ ATP \cdot E + \text{N-acetilglucosamina} & \rightleftharpoons & ATP \cdot E \cdot \text{N-acetilglucosamina} \end{array}$$

Inibição acompetitiva

Na inibição do tipo acompetitiva, o inibidor não interage com a enzima livre, mas sim com o complexo enzima-substrato (ES). Este tipo de inibição é encontrado frequentemente nas reações em que participam vários substratos, e isto se deve ao fato que o sítio para o inibidor se cria através de uma mudança conformacional na enzima, quando um dos substratos se liga ao sítio ativo. O esquema cinético que descreve a inibição acompetitiva é:

$$\begin{array}{ccccc} E + S & \overset{K_m}{\rightleftharpoons} & ES & \overset{k_{cat}}{\longrightarrow} & E + P \\ & & + & & \\ & & I & & \\ & & \uparrow\downarrow K_I & & \\ & & IES & & \end{array}$$

A partir do qual se obtém a equação de Michaelis-Menten e do duplo recíproco:

$$v = \frac{V_{máx} \cdot [S]}{K_m + [S] \cdot (1 + \frac{[I]}{K_I})}$$

$$\frac{1}{v} = \frac{K_m}{V_{máx}} \cdot \frac{1}{S} + \frac{1}{V_{máx}} \cdot (1 + \frac{[I]}{K_I})$$

Como se observa no gráfico de Lineweaver-Burk (figura 10-9), o inibidor acompetitivo não afeta a tangente das retas, mas aumenta a intersecção nas ordenadas (o que diminui a velocidade máxima) e aumenta a intersecção com as abcissas (o que também diminui o K_m aparente).

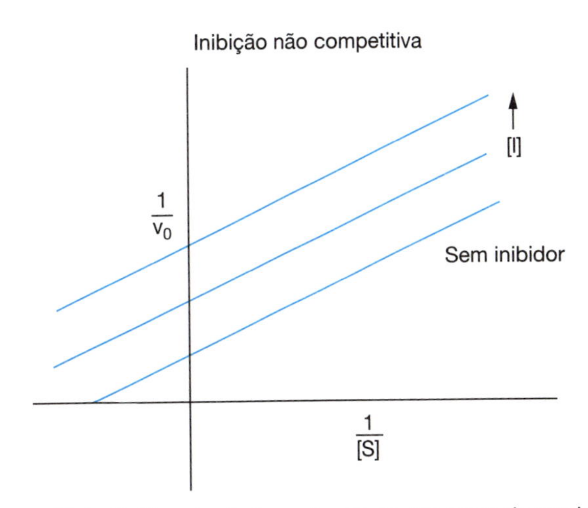

Figura 10-9. Gráfico do duplo recíproco na presença de um inibidor acompetitivo. O inibidor acompetitivo afeta o Km da enzima e a velocidade máxima ($V_{máx}$). Estas mudanças são refletidas no duplo recíproco. Tanto a intersecção com o eixo vertical ($1/V_{máx}$) como a intersecção com o eixo horizontal ($-1/K_m$) aumenta na presença do inibidor, e se obtêm uma família de retas paralelas.

Inibidores irreversíveis

Os inibidores irreversíveis se ligam através de ligações covalentes aos grupos funcionais da enzima e isso faz com que a atividade desta se perca de maneira permanente. Diferente dos inibidores clássicos reversíveis, onde a inibição se desenvolve em milissegundos, a inibição enzimática exercida pelos inibidores irreversíveis se desenvolve lentamente, em um intervalo de minutos a horas. Portanto, o tratamento formal que é seguido para deduzir as equações de velocidade é diferente e são obtidas equações que incluem o tempo como variável independente. Como a modificação da enzima é irreversível, esta classe de inibidores tem sido de grande utilidade para identificar os resíduos que fazem parte do sítio ativo da enzima. Entre esta classe de inibidores se encontram os marcadores de afinidade, que têm uma estrutura semelhante à do substrato e que, além disso, contêm um grupo reagente capaz de formar uma ligação covalente com vários tipos de resíduos de aminoácidos (ex.: cisteína, lisina, tirosina). A 5´p-fluorosulfonilbenzoliadenosina (5´FSBA) pertence a esta categoria de inibidores (figura 10-10). A 5´- FSBA pode ser considerada como um análogo do ADP, ATP, NAD e NADH. Como é ilustrado na figura 10-10, esta molécula contém um grupo carbonila adjacente à posição 5´ da ribose que é estruturalmente similar ao fosfato dos nucleosídeos de purina.

Se a molécula se arranja na forma estendida, a fluorosulfonila pode ser colocada em uma posição análoga à do fosfato e do ATP. A fluorosulfonila é capaz de reagir covalentemente, como um agente eletrofílico, com os resíduos de tirosina, lisina, histidina, serina e cisteína.

EFEITO DO pH

Como tanto na transformação do substrato em produto (o processo catalítico), como na fixação do substrato ao sito ativo da enzima, interferem grupos com caráter áci-

Fluorosulfonil

Benzoil

Adenosina

Figura 10-10. Estrutura química da 5´p-fluorosulfonilbenzoiladenosina.

do base, o pH do meio afeta a atividade da maioria das enzimas. Como se ilustra na figura 10-11, a dependência da atividade com relação ao pH pode ter diferentes formas. No entanto, a que se encontra com mais frequência é o gráfico em forma de sino, que se caracteriza por apresentar um pH ótimo no qual se alcança a atividade máxima. Acima ou abaixo deste pH, a atividade diminui. Caso se suponha que o substrato não se ionize neste intervalo de pH, o comportamento da enzima pode ser explicado com o seguinte modelo, onde a forma ativa da enzima é representada por ESH:

pH alto: $E + S \rightleftharpoons ES$

$+ H^+ \quad\quad + H^+$

$\updownarrow \quad\quad \updownarrow$

pH ótimo: $EH + S \underset{}{\overset{K_m}{\rightleftharpoons}} ESH \xrightarrow{k_{cat}} EH + P$

$+ H^+ \quad\quad + H^+$

$\updownarrow \quad\quad \updownarrow$

pH baixo: $EH_2 + S \rightleftharpoons ESH_2$

Em baixas concentrações de prótons (pH alto), as formas da enzima que predominam são E e ES. Como ES não tem capacidade de transformar o substrato, a atividade enzimática é baixa. Em concentrações de prótons muito altas (pH baixo) se observa que a atividade é pequena, já que as formas da enzima que predominam são as duplamente protonadas (EH_2 e ESH_2), as quais também não catalisam a transformação do substrato em produto. Portanto, existe uma concentração intermediária de prótons (pH ótimo) na qual predomina a forma ativa da enzima (ESH) e onde se alcança a atividade máxima. Por meio deste tipo de estudos, é possível identificar, de maneira tentativa, os resíduos envolvidos na fixação do substrato e na catálise.

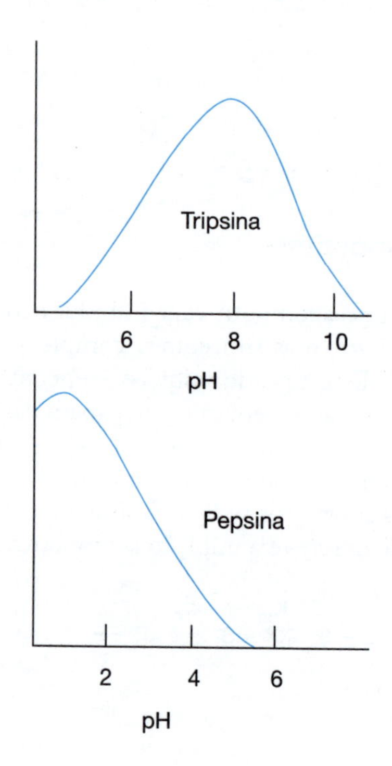

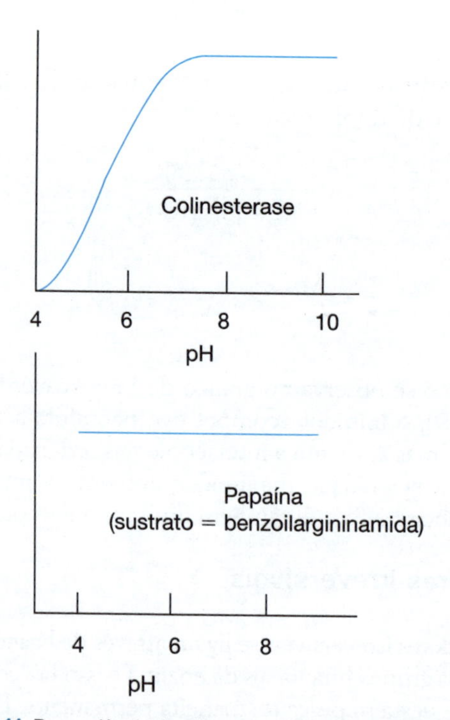

Figura 10-11. Dependência do pH para a atividade de algumas enzimas.

A desnaturação da enzima é outro fator que influi na perda da atividade a pH baixo ou alto. Frequentemente a perda é de caráter irreversível, pois a atividade não se recupera totalmente quando a enzima é transferida para um meio com pH ótimo. Este último efeito do pH está mais relacionado com a estabilidade da proteína do que com os grupos funcionais que participam diretamente da catálise. Como a estabilidade da enzima se deve, em grande parte, à presença de pontes de hidrogênio entre os diferentes grupos da proteína, o aumento ou diminuição do pH afeta o estado de protonação destes e, portanto, sua capacidade de formar pontes de hidrogênio.

EFEITO DA TEMPERATURA

Quando se estuda a velocidade de uma reação química em função da temperatura, e na ausência de uma enzima se observa incremento da velocidade conforme se aumenta a temperatura (figura 10-12A). Este comportamento se deve a duas razões: a) ao incremento no número de choques por unidade de tempo, devido ao aumento da energia cinética das moléculas com a temperatura, e b) ao aumento no número de moléculas com a energia de ativação adequada para que o choque entre os reagentes seja produtivo. Em contraste, quando a reação é catalisada por uma enzima, o perfil é mais complexo, com uma fase ascendente na atividade, seguida de um máximo desempenho e de uma última fase na qual a atividade se perde. O aumento inicial na velocidade se deve às duas razões assinaladas anteriormente. No entanto, conforme a temperatura segue aumentando, a energia térmica da cadeia polipeptídica aumenta e começa a predominar sobre as forças que mantêm a estrutura nativa da enzima. Nestas condições, a proteína é desnaturada e a atividade é perdida, a enzima deixando de funcionar como um catalisador. Devido à ação conjunta destes fatores, se produz um máximo no padrão de atividade por temperatura (figura 10-12B). À temperatura associada a este máximo de atividade, na que já existe uma porcentagem de proteína desnaturada, se deu o nome, erroneamente, de temperatura ótima.

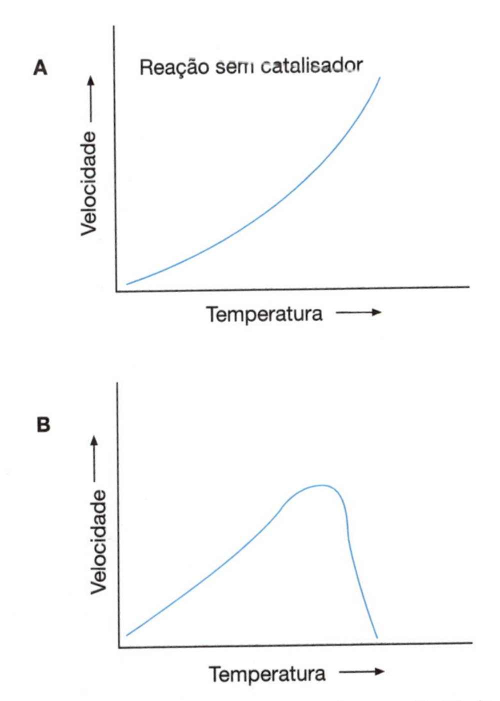

Figura 10-12. A) Efeito da temperatura sobre a velocidade de uma reação sem catalisador e **B)** com uma enzima como catalisador.

COOPERATIVIDADE E ALOSTERIA

Existem enzimas que não se ajustam ao modelo de Michaelis-Menten e que apresentam o fenômeno de cooperatividade. Esta pode ser positiva ou negativa. A origem da cooperatividade em um sistema enzimático se encontra nas interações que existem entre os diferentes sítios de ligação ao ligante em uma enzima oligomérica. Como consequência, a fixação de um ligante a um dos sítios na enzima afeta a afinidade dos outros sítios pelo ligante. Quando os ligantes são idênticos, a cooperatividade é homotrópica e, se são diferentes, é heterotrópica. Na cooperatividade positiva, a união de um ligante facilita a interação da enzima com o seguinte ligante; enquanto que na cooperatividade negativa, a união de um ligante diminui a afinidade da enzima para a união do seguinte ligante. Na cooperatividade positiva são produzidas curvas sigmoides no gráfico de velocidade contra concentração de substrato e curvas côncavas para cima no duplo recíproco (figura 10-13A e 10-13B, respectivamente). Por outro lado, a cooperatividade negativa produz curvas côncavas para baixo no gráfico do duplo recíproco (figura 10-13B).

Geralmente, as enzimas que apresentam o fenômeno de cooperatividade têm, além dos sítios ativos onde se une o substrato, outros sítios, chamados alostéricos, que interagem com moléculas ou íons diferentes do substrato e que produzem mudanças conformacionais na proteína e que afetam sua atividade.

Uma das principais vantagens que surge com a cooperatividade positiva é o incremento da resposta da proteína às mudanças na concentração de substrato. Esta resposta pode ser determinada de maneira quantitativa se é calculado o quociente de duas concentrações de substrato; por exemplo, aquela com a qual se obtém 90% da velocidade máxima ($[S]_{90}$) e a que dá 10% desta velocidade máxima ($[S]_{10}$). Para uma enzima que não possui cooperatividade se tem a seguinte igualdade:

$$\frac{[S]_{90}}{[S]_{10}} = 81$$

a qual indica que se necessita incrementar 81 vezes a concentração de ligante para passar de uma velocidade inicial de 10% da $V_{máx}$ a outra que corresponde a 90% da

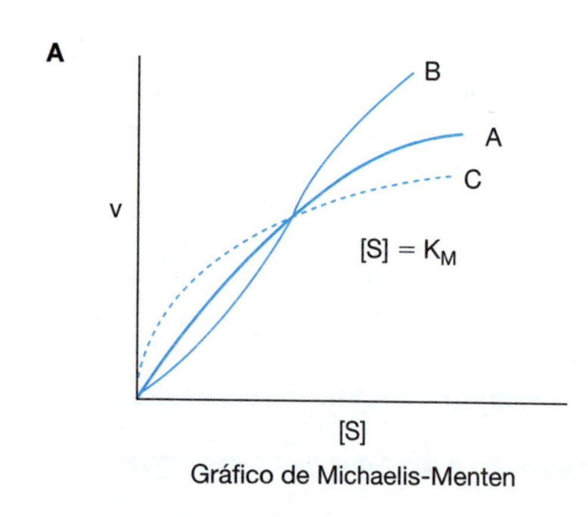

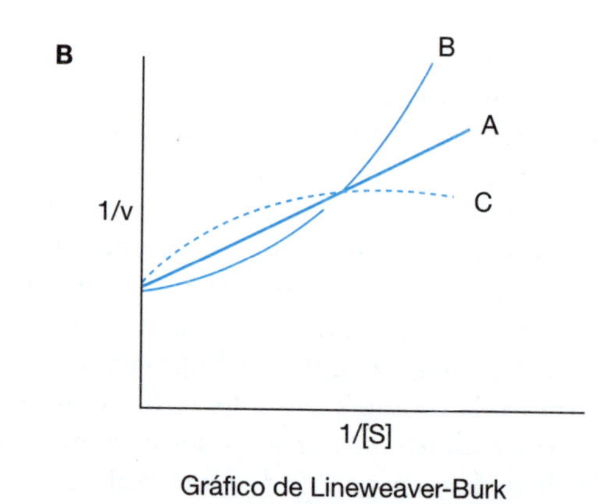

Figura 10-13. Gráfico de velocidade por concentração de substrato (direita) e do duplo recíproco para enzimas que **A)** não mostram cooperatividade **B)** com cooperatividade positiva e **C)** negativa. No gráfico à direita vê-se a cooperatividade positiva de uma curva sigmoide, mas não se vê uma grande diferença entre a enzima sem cooperatividade (hipérbole retangular) e a enzima com cooperatividade negativa. No gráfico de Lineweaver-Burk a enzima sem cooperatividade produz uma linha reta, a que tem cooperatividade positiva uma curva que se desvia para cima (côncava para cima) e a enzima com cooperatividade negativa uma curva que se desvia para baixo (côncava para baixo).

$V_{máx}$. Ao contrário, para um sistema com cooperatividade, tem-se a seguinte relação:

$$\frac{[S_{90}]}{[S_{10}]} = \sqrt[n]{81}$$

onde n é o quociente de Hill. Para este coeficiente, os valores maiores que um indicam que a proteína tem cooperatividade positiva; enquanto que valores positivos menores do que um indicam cooperatividade negativa. Caso se atribua um valor de três a este coeficiente (ex.: o número de Hill que tem a hemoglobina), pode-se ver que, apenas incrementando a concentração de substrato 4,3 vezes, se obtém a mesma mudança de velocidade que no caso anterior.

MODELOS SOBRE COOPERATIVIDADE E ALOSTERIA

A seguir se apresenta um resumo de dois modelos que ajudam a compreender, em nível molecular, os fenômenos de cooperatividade e alosteria nas proteínas. O modelo simétrico foi proposto em 1965 por Jacques Monod, Jeffries Wyman e Jean-Pierre Chageaoux. Também é conhecido como modelo concertado e se baseia nos seguintes postulados:

1. Uma proteína alostérica é um oligômero de protômeros relacionados de forma simétrica. Isto é, o oligômero apresenta um ou mais eixos de simetria.
2. Cada protômero pode existir em pelo menos duas conformações, chamadas R (relaxada) e T (tensionada), as quais se encontram em equilíbrio. Este equilíbrio ocorre independentemente da presença do substrato. A constante de equilíbrio (L) é dada pela relação [T]/[R], ou seja, L = [T]/[R].
3. Um ligante pode ligar-se à forma T ou R e, com isto deslocar o equilíbrio entre os dois confôrmeros. A união do ligante à enzima na conformação R desloca o equilíbrio para esta forma.
4. A simetria da molécula é conservada durante a transição conformacional. Isto implica que os protômeros mudam de forma harmônica e ao mesmo tempo, sua conformação. Dentro de um oligômero, portanto, não existe uma mistura de protômeros no estado R e T.

A partir destes postulados pode-se construir um modelo como o que é ilustrado na figura 10-14, onde se representa uma proteína tetramérica que pode existir em dois estados conformacionais diferentes (R ou T). Cada uma destas se liga ao substrato com diferente afinidade ou constante de dissociação (K_T e K_R). Segundo o modelo simétrico, são dois os fatores que determinam a cooperatividade da proteína: a) uma constante de equilíbrio L entre a forma T e R muito grande, o que significa que, na ausência do substrato, a concentração de T é muito maior que a de R, e b) uma maior afinidade da forma R pelo substrato (no caso limite, a forma T não se liga ao substrato). Nestas condições, a adição do substrato desvia o equilíbrio para a forma R, pois esta é a conformação que se liga ao substrato com maior afinidade e, como consequência, aparecem novos sítios que podem interagir com o substrato, já que a proteína é oligomérica e a conformação dos protômeros muda de forma concertada. A ligação do inibidor alostérico à forma T da enzima produz um aumento da cooperatividade e da concentração de substrato requerida para obter a metade da velocidade máxima (figura 10-15). Ao contrário, um ativador alostérico, ao ligar-se à forma R, diminui a cooperatividade e a concentração de substratos necessários para alcançar a

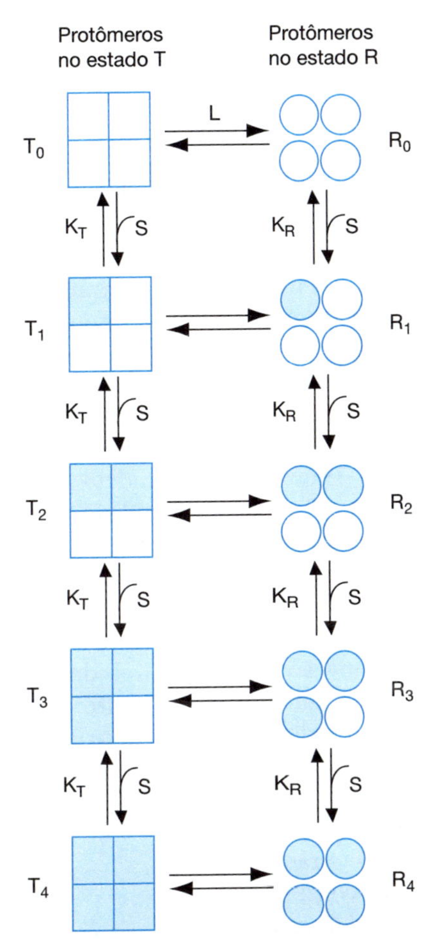

Figura 10-14. Esquema do modelo concertado para uma proteína tetramérica. A conformação T do protômero é representada por um quadrado e a R por um círculo. A ligação do substrato à proteína na forma T e R é descrita pelas constantes de dissociação K_T e K_R, respectivamente. A constante de equilíbrio L descreve o equilíbrio entre a forma T e R do tetrâmero.

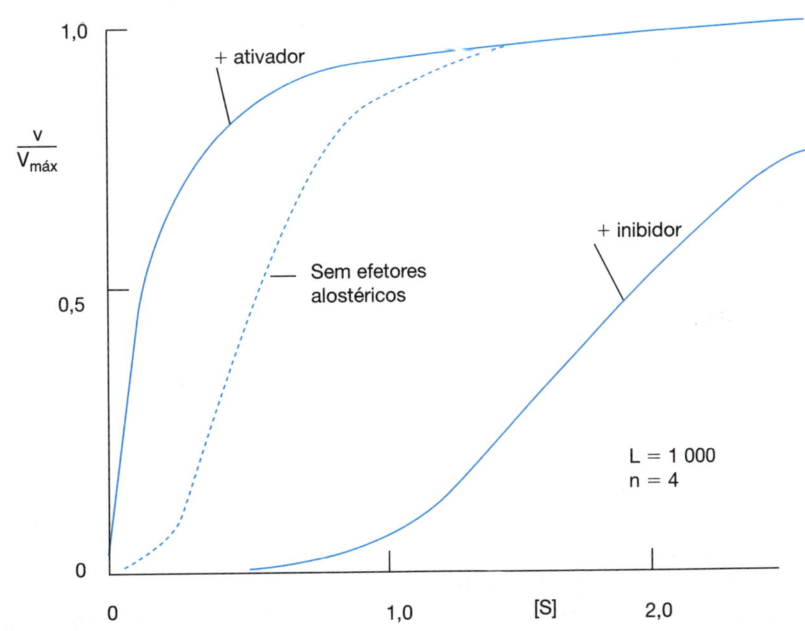

Figura 10-15. Efeito de um inibidor e um ativador alostérico sobre a cinética de uma enzima cooperativa. Segundo o modelo concertado, o ativador diminui a cooperatividade e a concentração na qual se alcança a metade da $V_{máx}$, enquanto que o inibidor aumenta a cooperatividade e a concentração que produz 50% de $V_{máx}$.

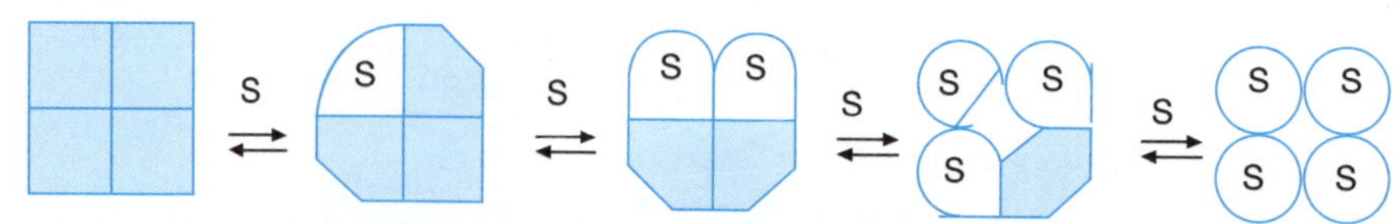

Figura 10-16. Esquema do modelo sequencial para uma proteína tetramérica. A união do substrato a um dos protômeros induz transições conformacionais nos outros protômeros e mudanças na afinidade destes pelo substrato.

metade da $V_{máx}$ (figura 10-15). Em concentrações muito grandes do ativador alostérico, todas as enzimas se encontram na conformação R e, como consequência, obtém-se uma cinética de Michaelis-Menten que não mostra cooperatividade, na qual os diferentes sítios da enzima funcionam de maneira independente.

O modelo sequêncial foi proposto em 1966 por Koshland (DE, Jr.). Assim como no modelo anterior, se requer proteínas oligoméricas formadas por subunidades. No entanto, no modelo sequêncial, a ligação do substrato induz uma modificação conformacional na subunidade que se transmite às outras subunidades através das superfícies de contato. A modificação de conformação que se produz nas subunidades que não contêm o substrato depende da geometria da proteína. Neste modelo, o oligômero pode apresentar subunidades com diferentes conformações e então a simetria da molécula se perde. Isto está representado na figura 10-16, onde se descrevem as transições conformacionais que sofre o tetrâmero ao ir se ocupando com o substrato. O valor das constantes de dissociação para cada nova conformação define se a cooperatividade é positiva ou negativa. Se a afinidade é aumentada com a mudança conformacional, a cooperatividade é positiva e se ocorre o contrário, é negativa.

ASPARTATO TRANSCARBAMILASE

A aspartato transcarbamilase de *Escherichia coli*, enzima que se encontra ao princípio da via de síntese dos nucleosídeos de pirimidina, catalisa a síntese do ácido carbamilaspártico a partir do ácido aspártico e o carbamilfosfato.

aspartato + carbamilfosfato → carbamilaspartato + fosfato inorgânico

A enzima, com uma massa molecular de 310 kDa é uma proteína oligomérica, formada por seis subunidades catalíticas (C) e seis subunidades reguladoras (R). As subunidades catalíticas se arranjam em dois conjuntos de trímeros (C3), que se associam com três dímeros formados pelas subunidades reguladoras (R2). Cada dímero se une aos dois trímeros através de interações com duas das subunidades catalíticas (figura 10-17). De acordo com as características de uma proteína com cooperatividade, as subunidades reguladoras têm sítios alostéricos para o ATP e o CTP, enquanto que as subunidades catalíticas contêm o sítio ativo onde entram os substratos. Ao comparar a figura 10-15 com a figura 10-18, se observa que a aspartato transcarbamilase segue proximamente o modelo concertado. Na ausência de efetores alostéricos, a enzima mostra cooperatividade positiva, que se expressa na forma de uma curva de saturação sigmoide (figura 10-18). De acordo com o modelo de Monod, isto se deve ao deslocamento do equilíbrio da enzima da forma T para a forma R, conforme se aumenta a concentração do substrato. A obtenção das estruturas na forma R e T da proteína, por meio de estudos de cristalografia de raios X, apoiam esta conclusão. Na presença de ATP, um ativador alostérico, a curva de saturação se desloca para a esquerda, pelo que tanto a cooperatividade quanto a concentração de substrato em que se alcança 50% da velocidade máxima ($S_{0,5}$) diminuem (figura 10-18). Em resumo, a aspartato transcarbamilase é uma enzima alostérica que se ajusta, dentro do erro experimental, ao modelo concertado.

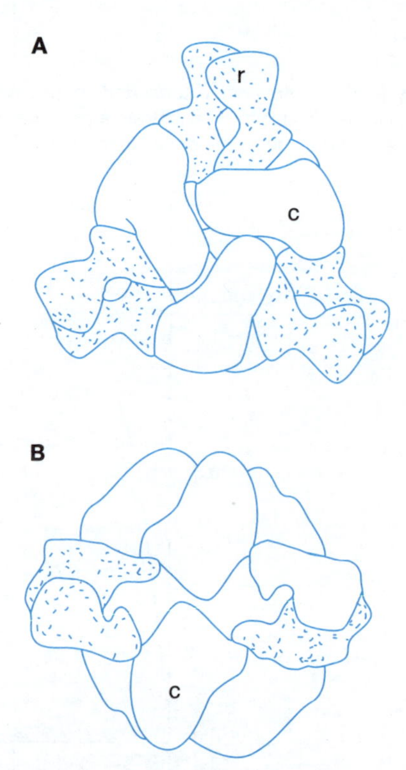

Figura 10-17. Arranjo das subunidades da aspartato transcarbamilase. As subunidades catalíticas **(c)** estão em branco e as reguladoras **(r)** sombreadas. **A)** Visão da enzima com respeito ao eixo ternário de simetria. **B)** Visão perpendicular.

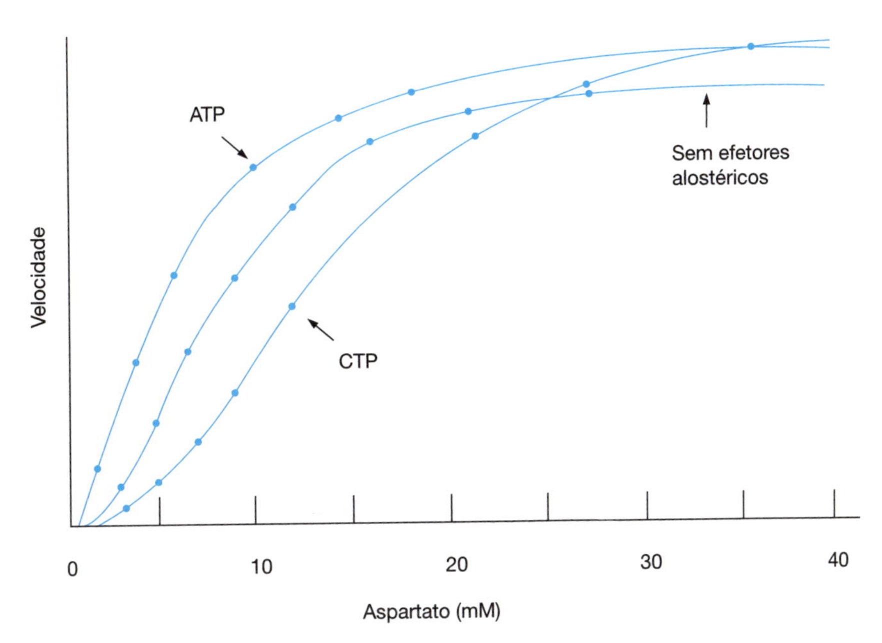

Figura 10-18. Efeito do ATP (ativador alostérico) e de CTP (inibidor alostérico) sobre a cinética da aspartato transcarbamilase. A velocidade da reação em função do substrato (aspartato) é estudada na ausência ou na presença dos três efetores alostéricos. AspartatoVelocidadeSem.

REFERÊNCIAS

Cornish-Bowden A: *Fundamentals of enzyme kinetics.* Londres: Portland Press Ltd., 1995.

Cutler P: Proteins arrays: The current state of the art. Proteomics 2003;3:3.

Fersht A: *Enzyme structure and mechanism.* 2a. ed., Nueva York: W. H. Freeman and Company,1985.

Devlin TM: *Bioquímica. Libro de texto con aplicaciones clínicas,* 5a. ed., Barcelona: Editorial Reverté, 2004.

Lehninger AL, Nelson DL, Cox MM: *Principles of biochemistry* 2nd. ed., New York, Worth Publishers, 1993.

Lozano, JA, Galindo, JD, García Borrón, JC, Martínez Liarte: *Bioquímica y Biología Molecular,* 3a. ed., México: McGraw--Hill Interamericana, 2005.

Nelson DL, Cox MM: *Lehninger Principios de Bioquímica.* Barcelona: Omega, 2006.

Page MI: *The chemistry of enzyme action.* Amsterdam: Elsevier Science Publishers, 1984.

Rawn JD: *Biochemistry.* Carolina del Norte: Neil Patterson Publishers, 1989.

Rodland KD: Proteomics and cancer diagnosis: The potential of mass spectometry. Clin Biochem 2004;37:S7.

Segel IH: *Enzyme kinetics: behavior and analyvis of rapid equilibrium and steady state systems.* New York: John Wiley and Sons, 1975.

Smith C, Marks AD: *Bioquímica básica de Marks. Un enfoque clínico.* México: McGraw-Hill Interamericana, 2006.

Páginas eletrônicas

Hallick RB, Walter DK (1996): *Energía, enzimas y catálisis: grupo de problemas.* En: El Proyecto Biológico. [En línea]. Disponible: http://www.biologia.arizona.edu/biochemistry/ problem_sets/energy_enzymes_catalysis/energy_enzymes_catalysis.html [2009, abril 10]

King MW (2009): *Enzyme Kinetics.* En: The Medical Biochemistry Page. [En línea]. Disponible: http://themedicalbiochemistrypage. org/enzyme-kinetics.html [2009, abril 10]

11

Mecanismo e regulação das enzimas

Juan Pablo Pardo Vázquez

Como foram explicadas no capítulo anterior, as enzimas são proteínas que funcionam como catalisadores em uma reação química. Sua função principal é a de acelerar a velocidade da reação, apesar de que esta se realiza em temperatura ambiente, e a um pH próximo da neutralidade. De fato, não é surpreendente encontrar que a velocidade de uma reação na presença da enzima é de 10^6 a 10^{12} vezes maior que na ausência do catalisador. Em que reside esta capacidade? Como se detalha neste capítulo, para conseguir esta enorme capacidade catalítica, a enzima, além de utilizar os mesmos princípios básicos da catálise química (catálise ácido base geral, covalente e eletrofílica), imobiliza os substratos na orientação adequada dentro do sítio ativo (efeito de proximidade e orientação) e apresenta uma maior afinidade pelo estado de transição do que pelos substratos. Na segunda parte do capítulo trata-se do tema da regulação enzimática.

ESTADO DE TRANSIÇÃO

Sem importar o tipo de reação que se estude, para que o substrato se transforme em produto, deve passar pelo estado de transição, onde geralmente as ligações do substrato estão parcialmente rompidas e as do produto estão formadas de maneira parcial. A diferença de energia entre o substrato e o estado de transição determina a velocidade da reação. Quanto maior seja a diferença de energia livre, menor vai ser o número de moléculas de substrato que passam ao estado de transição e, portanto, menor vai ser a velocidade da reação. Ao contrário, quando a barreira energética é pequena, as moléculas podem facilmente chegar ao estado de transição e de lá à formação dos produtos, sendo a velocidade da reação alta. Estes princípios são exemplificados na figura 11-1, onde o substrato S, na ausência da enzima, adquire a energia de ativação ($\Delta G^{\dagger}_{\text{sem enzima}}$) para transformar-se no estado de transição ($S^{\dagger}$). A partir deste, forma-se o produto e se desprende uma quantidade de energia livre que inclui a energia de ativação $\Delta G^{\dagger}_{\text{sem enzima}}$ e a energia livre da reação ΔG. Na presença da enzima, a energia e ativação que se necessita para alcançar o estado de transição é muito menor ($\Delta G^{\dagger}_{\text{enzima}} < \Delta G^{\dagger}_{\text{sem enzima}}$), motivo pelo qual a reação se acelera. Ao contrário, o ΔG da reação é o mesmo na presença ou na ausência de enzima. Para entender as consequências disto, temos que recordar que o ΔG da reação está relacionado, através do ΔG°, com a constante de equilíbrio e, portanto, com a estabilidade relativa dos produtos e substratos. Se a enzima não altera o ΔG da reação, então a constante de equilíbrio da reação não se modifica. Por outro lado, o $\Delta G^{\dagger}$ de ativação se relaciona com a velocidade da reação: quanto menor seja o $\Delta G^{\dagger}$ maior será a velocidade da reaçao.

Para estudar o efeito da enzima sobre a reação $S \rightarrow P$, se pode estabelecer a seguinte equação:

$$E + S \leftrightarrows ES \leftrightarrows ES^{\ddagger} \leftrightarrows EP \leftrightarrows E + P$$

onde o substrato se une ao sítio ativo da enzima para dar o complexo enzima-substrato (ES). É no seio da enzima que ocorrerá a transformação do substrato S no produto P, através da formação de um estado de transição ($ES^{\dagger}$) e do complexo enzima-produto (EP). No último passo, o produto é liberado ao meio para regenerar a enzima livre. Se colocarmos no gráfico o padrão energético da reação que ocorre no sítio ativo da enzima, se observa que a energia de ativação requerida para formar o estado de transição a partir de S é muito menor que o da reação sem enzima (figura 11-1). Portanto, ao diminuir a energia de ativação ($\Delta G^{\dagger}$), a velocidade da reação aumenta. No entanto, nesta figura também se observa que a enzima não altera a constante de equilíbrio, pois não afeta a energia livre da reação (ΔG). Assim, na presença da enzima, o sistema chega muito mais rápido ao equilíbrio, mas este segue sendo o mesmo na presença ou ausência do catalisador.

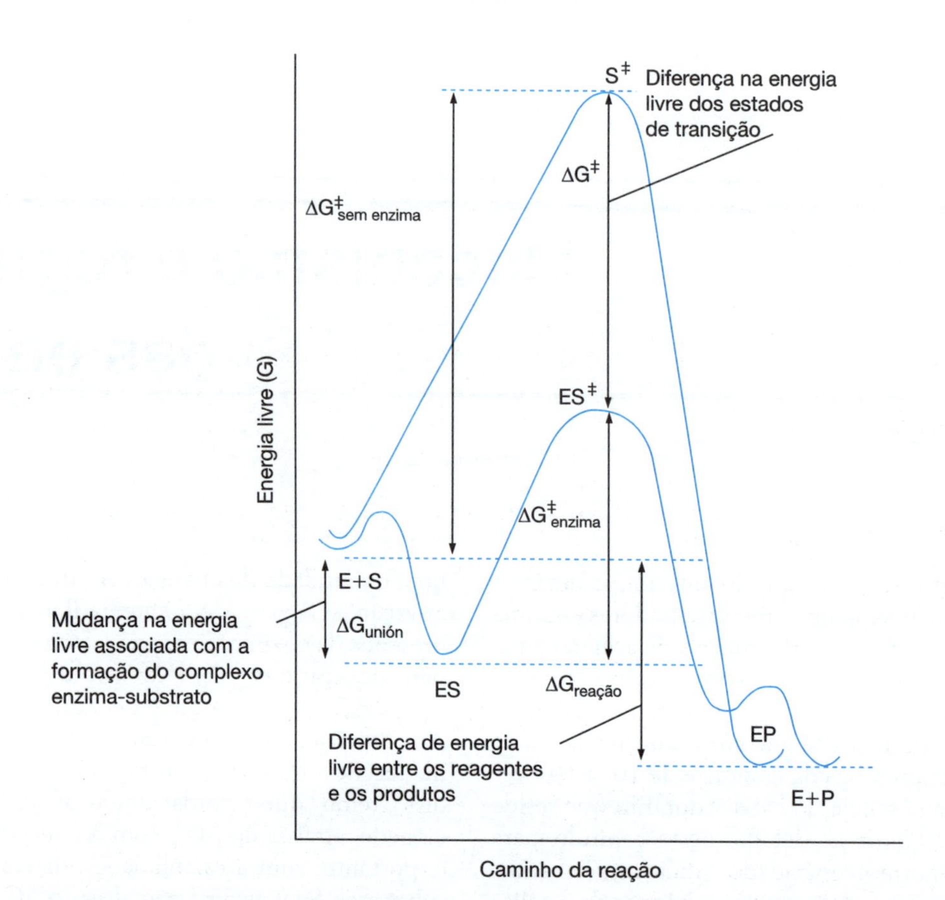

Figura 11-1. Perfil energético para uma reação que acontece na presença de uma enzima ou na ausência desta. Sem a enzima, o substrato S adquire a energia de ativação $\Delta G^{\dagger}_{\text{sem enzima}}$ e se transforma no estado de transição ($S^{\dagger}$), o qual dá lugar ao produto (P). Na reação catalisada pela enzima, o substrato forma primeiro o complexo enzima-substrato (ES), como o que se desprende a energia livre de ligação ($\Delta G_{\text{ligação}}$). Posteriormente, com a absorção da energia de ativação $\Delta G^{\dagger}_{\text{enzima}}$ se alcança o estado de transição $ES^{\dagger}$, o qual segue a trajetória até a formação do produto. Como a energia $\Delta G^{\dagger}_{\text{enzima}}$ é menor do que $\Delta G^{\dagger}_{\text{sem enzima,}}$ a velocidade da reação na presença da enzima aumenta. Ao contrário, já que a mudança de energia livre da reação ($\Delta G_{\text{reação}}$) é o mesmo na presença ou ausência da enzima, a constante de equilíbrio não se altera.

CATÁLISE ÁCIDO BASE GERAL

Esta ocorre quando um ácido ou uma base se unem reversivelmente ao substrato e abrem uma nova trajetória para que ocorra a reação, com uma energia de ativação menor. Na ausência do catalisador, a reação é lenta, pois a constante de velocidade (k) é pequena. A reação, neste caso, pode ser representada pela seguinte equação:

$$S \xrightarrow{k} P$$

Na presença do catalisador (HA), o sistema é caracterizado pelo seguinte par de reações:

$$S + HA \leftrightarrows SHA$$

$$SHA \xrightarrow{k^*} P + HA$$

onde se observa que aparece uma nova via para a transformação do substrato, com uma constante de velocidade (k*), maior. O resultado é que a velocidade da reação aumenta. Ainda mais, pode-se demonstrar que neste tipo de catálise, a velocidade da reação é diretamente proporcional à concentração do ácido HA.

CATÁLISE COVALENTE OU NUCLEOFÍLICA

O termo nucleofílico ou nucleófilo se refere a qualquer composto que contenha um átomo com um par de elétrons não compartilhados. Um bom nucleófilo é o que compartilha facilmente este par de elétrons com um átomo ou outra molécula deficiente em elétrons para formar uma ligação covalente. Um exemplo é a descarboxilação do acetoacetato. Na ausência do catalisador, a reação para por um estado de transição de muito alta energia (enolato), motivo pelo qual a velocidade é pequena (figura

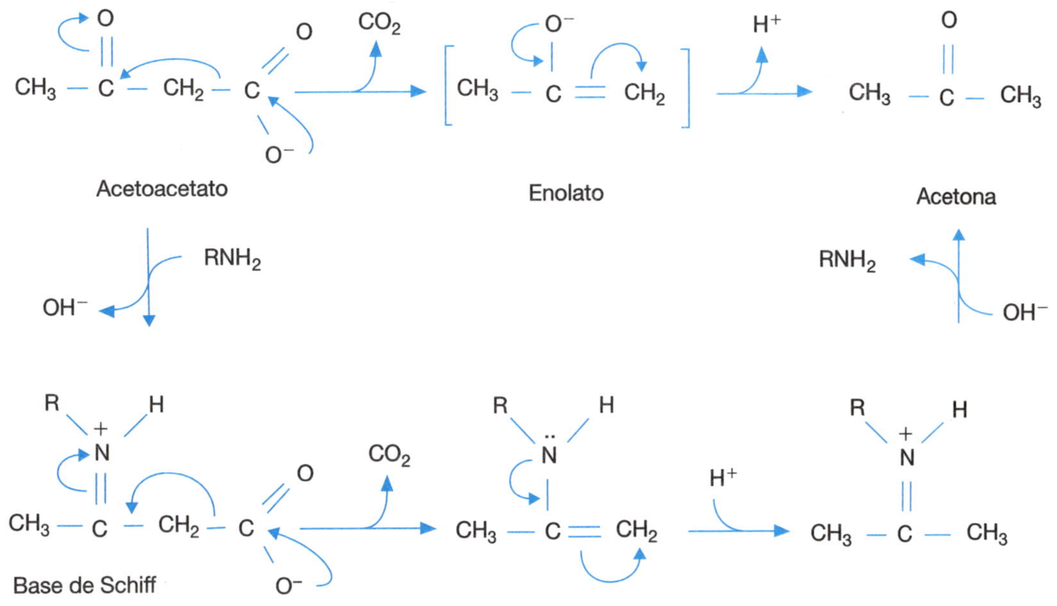

Figura 11-2. Reação de descarboxilação do acetoacetato em ausência de catalisador (parte superior) e em presença de aminas primárias, as quais funcionam como um catalisador (parte inferior).

11-2). Além disso, sabe-se que as aminas primárias atuam como catalisadores nesta reação. No primeiro passo, o grupo amino ataca nucleofilicamente o grupo carbonila do acetoacetato para formar uma fase de Schiff (aldimina). O nitrogênio protonado do intermediário covalente atua como um poço de elétrons, de tal modo que estabiliza o estado de transição e é reduzida a energia livre de ativação. Nos passos subsequentes perde-se o dióxido de carbono, forma-se a acetona, e a amina primária é regenerada (figura 11-2).

CATÁLISE POR ÍONS METÁLICOS

Os íons metálicos, presentes em muitas enzimas, têm um papel importante no processo catalítico. Alguns dos mecanismos por meio dos quais um íon metálico pode ajudar a enzima na transformação do substrato são: a) ao unir os substratos, os orienta para que se realize a reação; b) estabilizam as cargas negativas que são geradas durante o estado de transição por meio de interações eletrostáticas; c) por sua capacidade de oxidar-se reduzir-se de forma reversível, são elementos importantes nas reações de oxidorredução; d) mascaram um nucleófilo ou ativam um eletrófilo e e) podem acelerar a velocidade da reação de maneira indireta ao estabilizar a estrutura nativa da enzima.

CATÁLISE ELETROSTÁTICA

Ao estabilizar-se o estado de transição por grupos carregados que formam parte do sítio ativo, a reação é acelerada. Como se mencionou acima, os íons metálicos frequentemente interagem eletrostaticamente com as cargas que são geradas no estado de transição. Além disso, a distribuição de cargas no sítio ativo da enzima serve para guiar os substratos polares para este sítio, de tal maneira que se facilita a interação entre a enzima e o substrato.

CATÁLISE POR EFEITOS DE PROXIMIDADE E ORIENTAÇÃO

Consideremos o caso de uma reação em solução na qual participam dois substratos. Para que se formem os produtos, os substratos que tenham suficiente energia de ativação devem aproximar-se e se chocar na orientação correta. Na ausência de uma enzima, a probabilidade de que ocorra este choque produtivo é baixa. As moléculas do substrato colidem com frequência com as moléculas do solvente, e muitos dos choques entre os substratos ocorrem entre regiões da molécula que não participam da reação. Portanto, estes choques são improdutivos.

Se, além disso, considerarmos que, na média, os substratos na solução estão muito distantes uns dos outros, o resultado é que a velocidade das reações é pequena. Este panorama muda com a presença da enzima no meio de reação, já que, quando os substratos entram no sítio ativo da enzima, se imobilizam e ficam em estreito contato (efeito de proximidade) e com a orientação correta para que ocorra a reação (efeito de orientação). Estes efeitos se mostram no quadro 11-1, onde são detalhadas as velocidades relativas da formação do anidrido para ésteres que têm diferentes graus de movimento. A pura aproxi-

Quadro 11-1. Velocidades relativas da formação de anhídridos a partir de ésteres que tem diferente liberdade de movimento

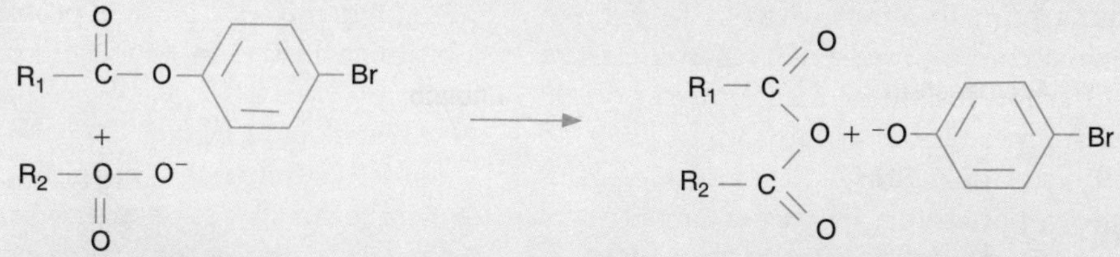

	Reactantes	Constante de velocidade relativa
a	$R_1-C(=O)-O-C_6H_4-Br$ + $R_2-C(=O)-O^-$ → $(R_1-CO)(R_2-CO)O$ + $^-O-C_6H_4-Br$	
b	$CH_3COO\Phi Br$ + CH_3COO^-	1.0
c	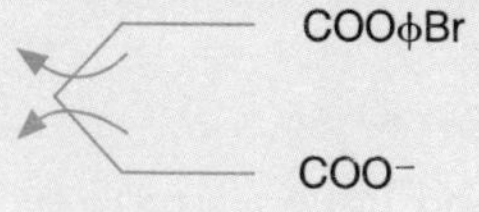 $COO\phi Br$ / COO^-	~1×10^3
d	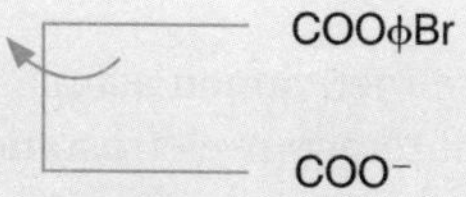 $COO\phi Br$ / COO^-	~2.2×10^5
e	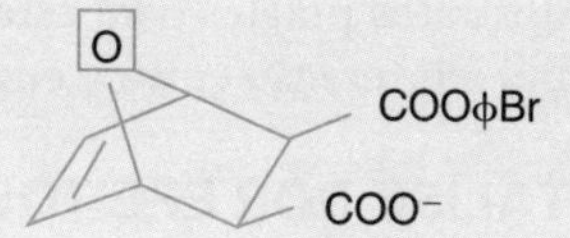 O, $COO\phi Br$ / COO^-	~5×10^7

mação dos reagentes aumenta a constante de velocidade entre 10^3 e 10^5 (quadro 11-1, b → c e b → d). No entanto, quando estes se imobilizam na orientação correta, o aumento é muito maior, 10^7 (quadro 11-1, b → e).

CATÁLISE POR UMA MAIOR AFINIDADE DA ENZIMA PELO ESTADO DE TRANSIÇÃO

Por último, temos que considerar que a afinidade da enzima pelo estado de transição é muito maior que por qualquer um dos substratos ou produtos da reação. Diferentes grupos da enzima, carregados e sem carga, com uma distribuição espacial particular, são os responsáveis por este efeito. A interação de tais grupos com o estado de transição conduz a um alto grau de estabilização e, portanto, a uma diminuição na energia de ativação e um aumento na velocidade da reação. Em conclusão, qualquer alteração a enzima ou do substrato que desestabilize o estado de transição diminuirá a velocidade da reação e vice-versa.

RIBONUCLEASE A PANCREÁTICA

O pâncreas de certos ruminantes sintetiza e secreta ao intestino uma enzima, a ribonuclease A, que se encarrega da hidrólise do RNA. Esta é uma proteína monomérica, formada por 127 aminoácidos, com uma massa molecular de 14.770 Da, e que pertence à família das hidrolases. Esta enzima catalisa a ruptura da ligação 5´-fosfoéster do RNA, quando o fosfato está unido ao carbono 3´ de um nucleosídeo de pirimidina. O produto final da atividade continua da ribonulease é uma mistura heterogênea de oligonucleotídeos e monocucleotídeos.

No mecanismo catalítico da ribonuclease A interferem grupos imidazol dos resíduos de histidina, que participam na catálise ácido base geral; o grupo amino de um resíduo de lisina é usado para unir eletrostaticamente ao fosfato do RNA; um grupo hidroxilada ribose que, devido à sua proximidade com um grupo imidazol, atua como nucleófilo. Em uma primeira etapa, o RNA se liga em um nicho da enzima com a pirimidina colocada em um sítio específico. O grupo fosfato se mantém em posição por meio de duas pontes de hidrogênio com a lisina 41 e a histidina 119. Estes dois últimos resíduos atraem os elétrons do fosfato e, portanto, acentuam a carga parcial positiva sobre o átomo de fósforo. Nas proximidades do átomo de fósforo há um grupo hidroxila da ribose com um alto caráter nucleofílico, devido à sua interação com a forma básica da histidina 12 através de uma ponte de hidrogênio (figura 11-3). Esta hidroxila realiza um ataque nucleofílico sobre o fósforo eletrofílico par dar lugar a um intermediário pentavalente. O próton da hidroxila é tomado pela histidina 12 que atua como uma base geral (figura 11-4). Até este momento, a enzima utilizou dois tipos de catálise: nucleofílica e ácido base geral. No passo seguinte, o oxigênio que conecta o carbono 5´da ribose com o fosfato no intermediário pentavalente, toma o próton da histidina 119 (que atua como um ácido geral), com o que se forma o primeiro produto e um intermediário cíclico (figura 11-5). O primeiro produto sai da enzima e a outra parte do substrato (2´-3´-fosfodiéster) permanece no sítio ativo, devido à sua interação eletrostática e à formação de uma ponte de hidrogênio com a lisina 41. Além disso, esta união aumenta o caráter eletrofílico do fósforo (figura 11-5). Na etapa seguinte, a água interage com a forma básica da histidina 119 através de uma ponte de hidrogênio (figura 11-6). Como resultado, o caráter nucleofílico da água é aumentado e esta ataca o fósforo eletrofílico, com o qual se forma um segundo intermediário pentacovalente (figura 11-7). Durante este passo, o próton da água é transferido à histidina 119. O intermediário pentacovalente é estabilizado por meio da interação do fosfato com a histidina 41 e a histidina 119 com carga positiva (figura 11-7). No seguinte e último passo, a histidina 12 atua como um ácido geral e facilita a ruptura da ligação entre o oxigênio do carbono 2´ da ribose e o fosfato, com o qual se forma e se libera o segundo produto (figura 11-8). Como se pode ver, a atividade catalítica da enzima reside nos mesmos princípios básicos da catálise química. Neste exemplo, a enzima utiliza catálise ácido base geral e covalente para acelerar a transformação do substrato em produtos.

SERINA PROTEASES: QUIMIOTRIPSINA

A quimiotripsina, assim como a tripsina, pertence à família das serina proteases. A hidrólise de um peptídeo S1-S2 pela quimiotripsina pode ser representada da seguinte maneira:

$$E + S_1 - S_2 \leftrightarrows E \cdot S_1 - S_2 \underset{\text{Acilação}}{\overset{P_1}{\rightleftarrows}} E - P_2 \underset{\text{Desacilação}}{\overset{H_2O}{\rightleftarrows}} E \cdot P_2 \leftrightarrows E + P_2$$

onde a enzima interage com o substrato S1-S2 para obter o complexo de Michaelis-Menten (E.S1-S2). No passo seguinte, que corresponde à acilação da enzima, se rompe a ligação que une S1 e S2, sai o primeiro produto P1 e a

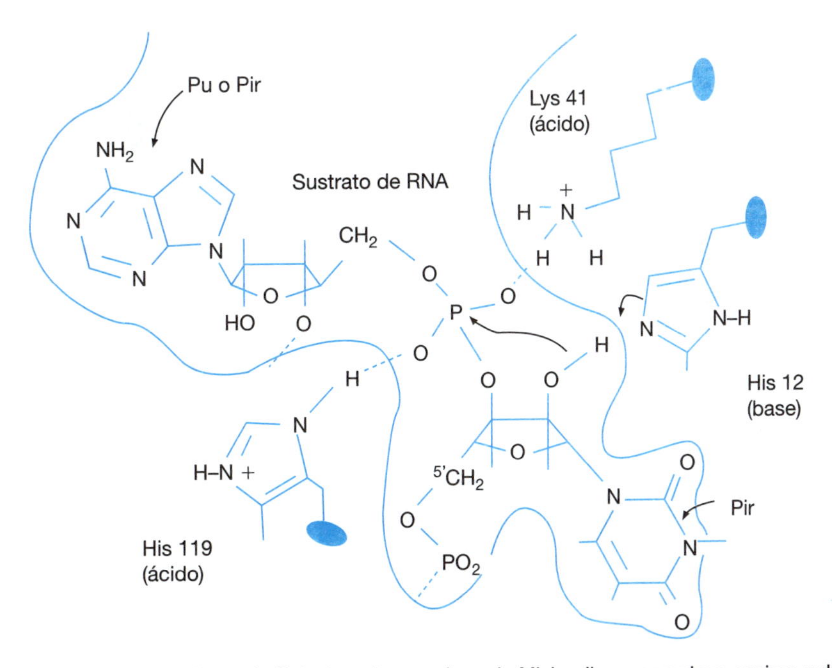

Figura 11-3. Mecanismo de reação da ribonuclease A. Estrutura do complexo de Michaelis ou complexo enzima-substrato. Observa-se a participação da histidina 119, histidina 12, lisina 41 na união do substrato à enzima. Destaca-se também a cavidade hidrofóbica onde entram as pirimidinas. Pu, purina; Pir, pirimidina; Lys, lisina; His, histidina.

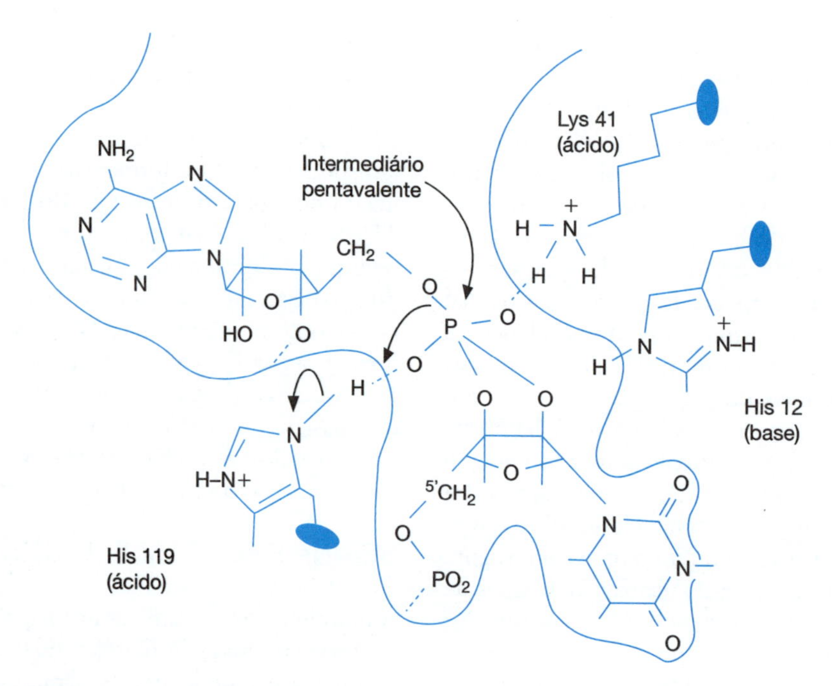

Figura 11-4. Mecanismo de reação da ribonuclease A. Estrutura do primeiro intermediário pentacovalente. A histidina 119 e a lisina 41 interagem com a forma pentacovalente do fosfato e a estabilizam. His, histidina; Lys, lisina.

outra parte da molécula fica unida de forma covalente à enzima (E-P2). Com a introdução de uma molécula de água se rompe esta ligação para dar lugar ao complexo E-P2. Este passo recebe o nome de desacilação. Então, sai o segundo produto (P2) e se regenera a enzima, a qual pode iniciar um novo ciclo catalístico. No processo catalítico interferem três resíduos do sítio ativo, que formam a tríade catalítica: serina 195, ácido aspártico 102 e histidina 57 (figura 11-9). Ao analisar com mais detalhe o mecanismo catalítico, colocando maior ênfase nos aspectos estruturais e químicos a reação que ocorre no sítio ativo da enzima, o panorama é o seguinte: a enzima interage com o substrato (cadeia polipeptídica) para dar o complexo de Michaelis-Menten. Na formação deste partici-

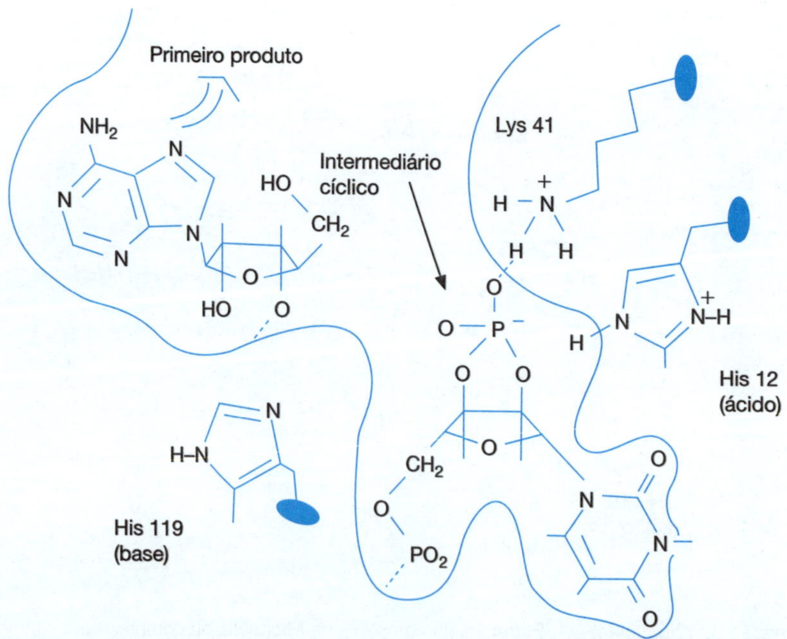

Figura 11-5. Mecanismo de reação da ribonuclease A. Estrutura do intermediário cíclico (2'-3'-fosfodiéster). Ao romper-se a molécula de RNA, uma parte fica unida à enzima e a outra é liberada ao meio, dando lugar ao primeiro produto da reação. His, histidina; Lys, lisina.

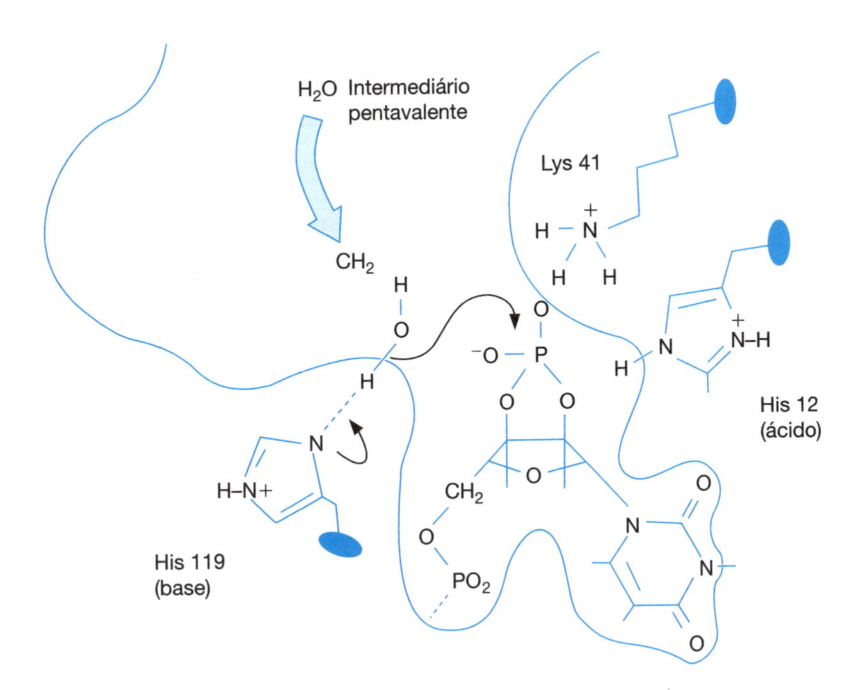

Figura 11-6. Mecanismo de reação da ribonuclease A. A liberação do primeiro produto permite a entrada da água ao sítio ativo. O caráter nucleofílico da molécula de água é aumentado como resultado de sua interação com a histidina 119. His, histidina; Lys, lisina.

pam interação não covalentes que incluem as interações hidrofóbicas, as eletrostáticas e as pontes de hidrogênio (figura 11-9). Em seguida, a serina 195, que tem uma alta reatividade devido à sua interação com a histidina 57, realiza um ataque nucleofílico sobre o carbono do grupo carbonila, para dar lugar ao primeiro intermediário tetraédrico (catálise covalente). A histidina 5 toma o próton liberado pela serina (catálise geral básica). A protonação da histidina 57 é favorecida pelo efeito polarizante da carboxila do ácido aspártico 102, o qual interage com a histidina 57 através de uma ponte de hidrogênio (figura 11-10). O intermediário tetraédrico é rompido para dar lugar a dois componentes: a) o primeiro produto que aceita um próton da histidina 57 (catálise geral ácida) e

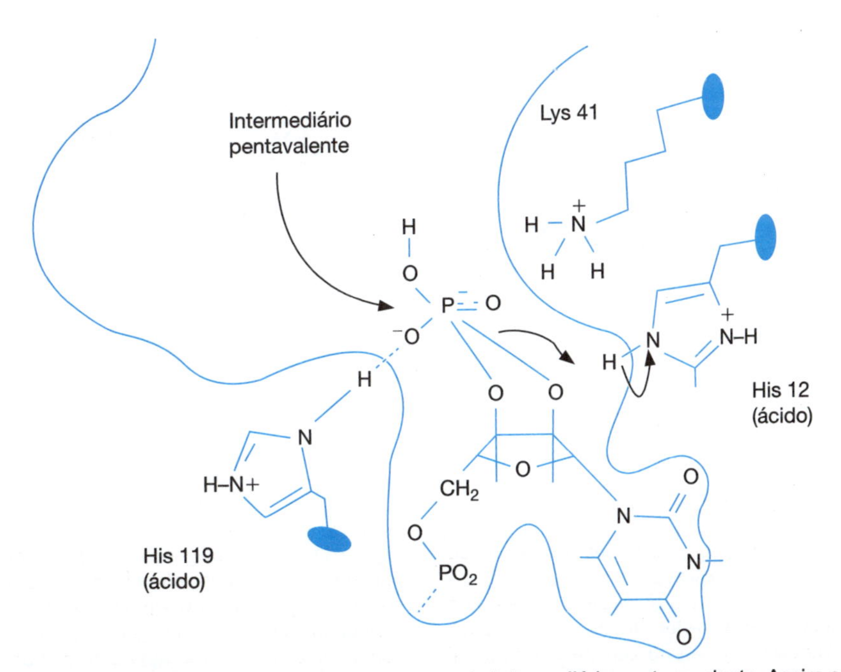

Figura 11-7. Mecanismo de reação da ribonuclease A. Estrutura do segundo intermediário pentacovalente. Assim como com o primeiro intermediário covalente, a histidina 119 e a lisina 41 interagem com a forma pentacovalente do fosfato e a estabilizam. His, histidina; Lys, lisina.

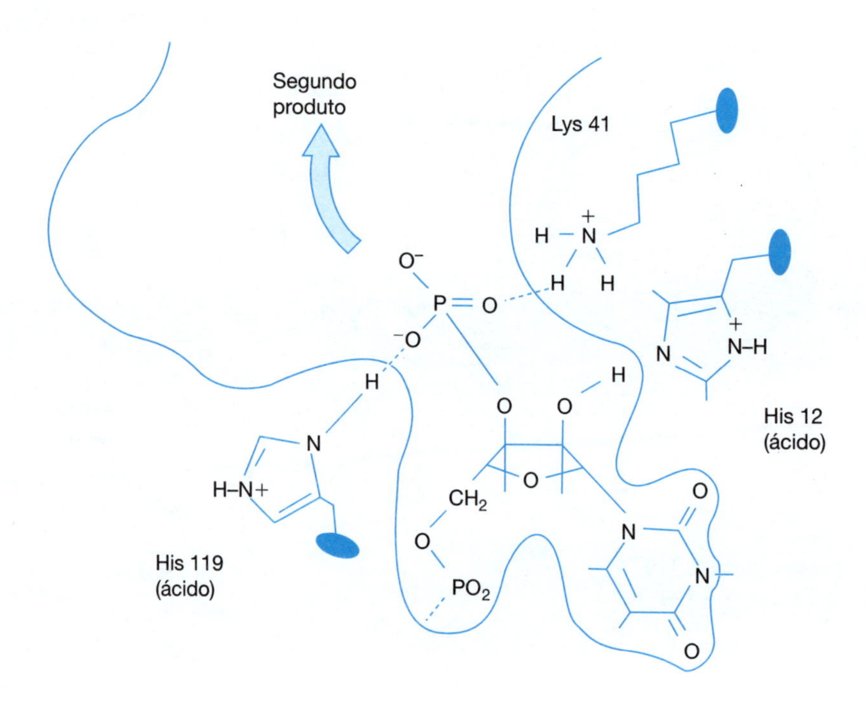

Figura 11-8. Mecanismo de reação da ribonuclease A. O intermediário pentacovalente dá lugar ao segundo produto e este é liberado ao meio, deixando a enzima pronta para um novo ciclo catalítico. His, histidina; Lys, lisina.

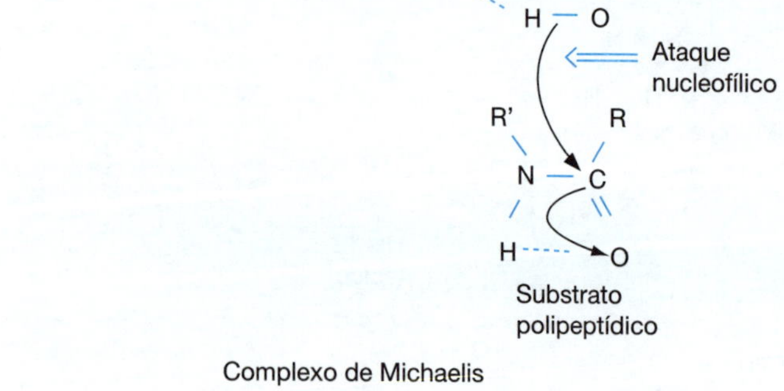

Figura 11-9. Mecanismo de reação da quimiotripsina. Formação do complexo de Michaelis. Apenas são mostrados os três resíduos (aspartato 102, histidina 57 e serina 195) que participam da ruptura da cadeia polipeptídica. No entanto, deve-se ter em mente que na formação do complexo de Michaelis (ligação do substrato à enzima), participam mais grupos, que não são mostrados na figura. Asp, aspartato; His, histidina; Ser, serina.

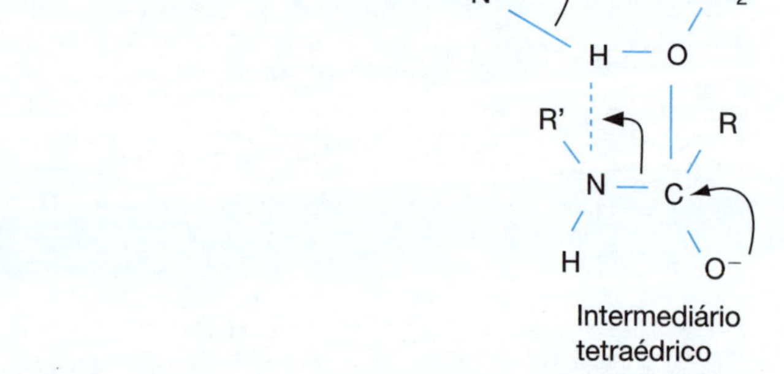

Figura 11-10. Mecanismo de reação da quimiotripsina. Estrutura do primeiro intermediário tetraédrico. O carbono da ligação peptídica, com uma hibridização *sp2* (devido a que há uma dupla ligação entre o carbono da ligação peptídica e o oxigênio) passa a ser um carbono com hibridização *sp3* (o átomo de carbono tem ligações simples e, portanto, sua geometria é tetraédrica). Asp, aspartato; His, histidina; Ser, serina.

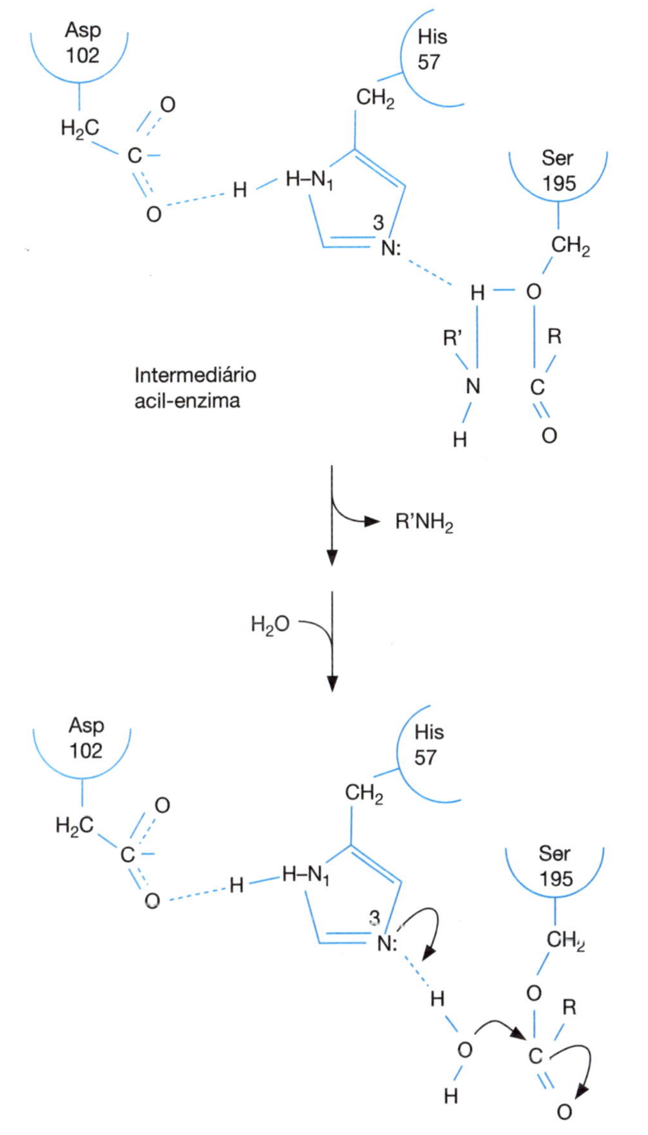

Intermediário acil-enzima

Figura 11-11. Mecanismo de reação da quimiotripsina. O intermediário tetraédrico se transforma no intermediário acil-enzima ao ser rompida a ligação entre o carbono e o nitrogênio da ligação peptídica. Sai o primeiro produto ($R'NH_2$) e entra uma molécula de água. O caráter nucleofílico desta é aumentado devido à sua interação com a histidina 57. Asp, aspartato; His, histidina; Ser, serina.

Novo carboxi terminal da cadeia polipeptídica cortada

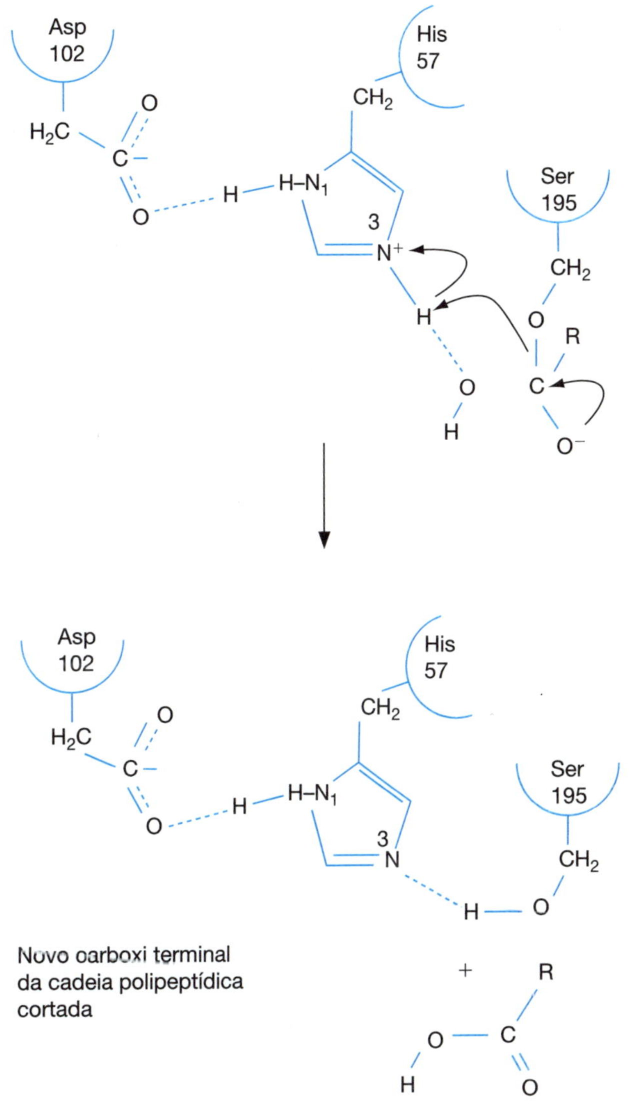

Figura 11-12. Mecanismo de reação da quimiotripsina. Estrutura do segundo intermediário tetraédrico e sua transformação no segundo produto. Este é liberado ao meio e deixa a enzima livre e pronta para iniciar um novo ciclo catalítico. Asp, aspartato; His, histidina; Ser, serina.

interage com a forma básica desta histidina através de uma ponte de hidrogênio, e b) uma forma modificada da enzima, o intermediário acil-enzima (figura 11-11). Com a liberação do primeiro produto, (RNH_2) o sítio fica aberto para a entrada de água, a qual aumenta seu caráter nucelofílico por sua interação com a histidina 57. Devido a isto, a captação de um próton da água pela histidina 57 e o ataque nucleofílico do oxigênio da água sobre a carbonila da acil-enzima ocorrem de forma concertada, com o que se forma um segundo intermediário tetraédrico (figura 11-12) que finalmente se rompe, para dar lugar à regeneração da enzima e à liberação do segundo produto.

TIROSIL-tRNA SINTETASE

Dada a estrutura do sítio ativo, pode-se esperar que alguns resíduos participem única e exclusivamente na fixação do substrato, enquanto que outros participem da estabilização do estado de transição. Por meio de técnicas de engenharia genética, pode-se realizar a mutagênese dirigida da proteína, que consiste em mudar um aminoácido por outro e observar o efeito sobre a constante de dissociação do complexo enzima-substrato (K_s) e a constante catalítica (k_{cat}). Em teoria, se o K_s é afetado, o resíduo serve para fixar o substrato no sítio ativo; enquanto que se a constante catalítica é reduzida, o resíduo participa na estabilização do estado de transição. Isto foi claramente demonstrado com a tirosil-tRNA sintetase, enzima que participa na ativação da tirosina. Na síntese de proteínas, os aminoácidos, unidos aos RNA transportadores (tRNA), entrem no sítio A dos ribossomos para participar do crescimento da cadeia polipeptídica. As manioacil-tRNA sintetases são as enzimas que se encarregam de unir o aminoácido com seu respectivo tRNA. Entre estas se encotnra a tirosil-tRNA sintetase, um dímero formado por subunidades idênticas de 47kDa. O domínio que se encontra do lado amino terminal é necessário para a reação de ativação do aminoácido, enquanto que a região carboxi terminal participa da união do tRNA. A reação global que a enzima catalisa pode ser dividida em uma reação de ativação do aminoácido:

$$E + ATP + tirosina \leftrightarrows E\cdot tirosiladenilato + PPi$$

na qual o produto, o tirosiladenilato, fica unido à enzima através de forças não covalentes e uma segunda reação de transferência:

$$E\cdot tirosiladenilato + RNA^{tyr}_{+} \rightarrow E + AMP + tirosil - RNA^{tyr}_{+}$$

na qual a tirosina se une ao tRNA específico. O produto da primeira reação, o tirosiladenilato, se une à enzima por meio de uma grande quantidade de pontes de hidrogênio (figura 11-13), que o estabilizam e o mantêm unido ao sítio ativo. A reação do ATP com a tirosinaproduz um estado de transição no qual o fosfato α do ATP se torna pentacovalente e adquire uma geometria bipiramidal trigonal (figura 11-14). Diferente do que ocorre com a quimiotripsina e a ribonuclease A, onde se podem identificar 3 ou 4 resíduos chave, um deles com uma reatividade química muito alta devido à sua proximiade com uma histidina e os outros resíduos com propriedades ácido base apropriadas para sua função, com a tirosil-tRNA sintetase isto não ocorre. Ao invés, observa-se que muitos resíduos participam na estabilização do estado de transição e, portanto, na transformação do substrato em produto. Alguns destes, como o aspartato 176, a tirosina 34 e a histidina 48 interagem tanto com o produto (tirosiladenilato), como com o estado de transição (figuras 11-13 e 11-14). Outros, em contrapartida, interagem somente com o estado de transição. Tal é o caso da tirosina 40 e a histidina 45. A mutação de qualquer destes dois resíduos diminui de maneira apreciável a constante catalítica (k_{cat}), que está relacionada com o estado de transição e quase não modificam a constante de equilíbrio entre os substratos e a enzima (quadro 11-2). Portanto, pode-se concluir que a histidina 45 e a treonina 40 participam da estabilização do estado de transição, mas não do reconhecimento dos substratos. Como neste exemplo não participa a catálise ácido base geral, nem a covalente, pode-se

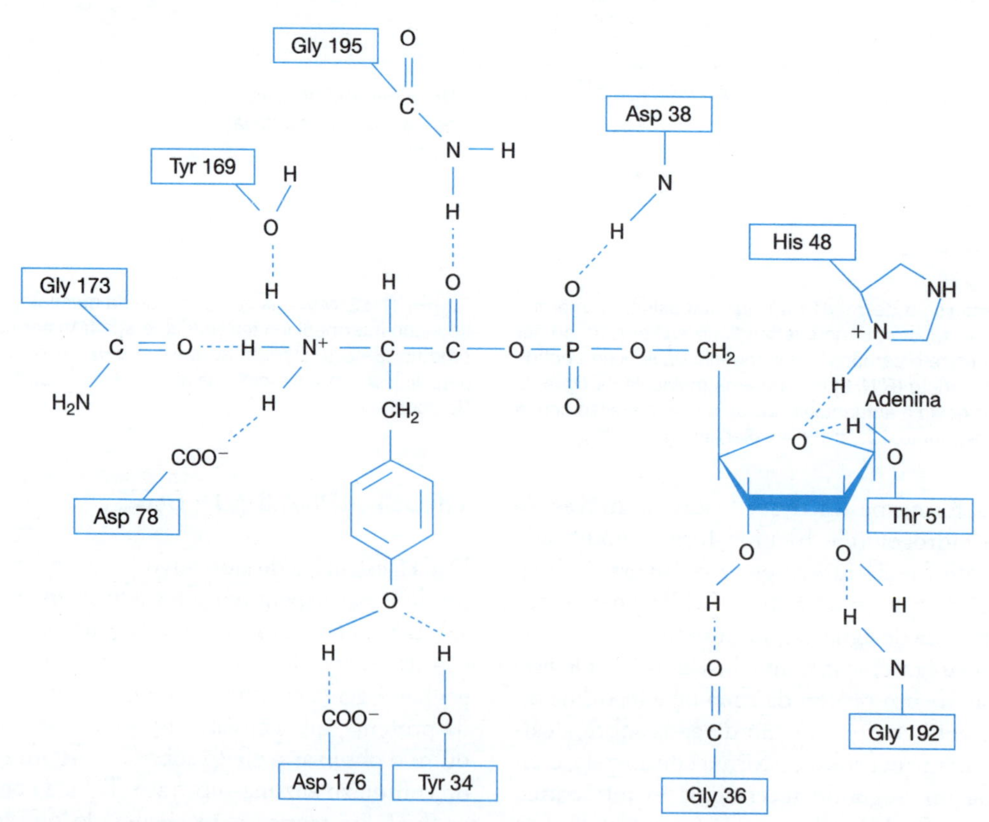

Figura 11-13. Esquema das interações do tirosil-AMP com diferentes resíduos de aminoácidos da tirosil-tRNA sintetase. Tyr, tirosina; Gly, glicina; Asp, aspartato; His, histidina; Thr, treonina.

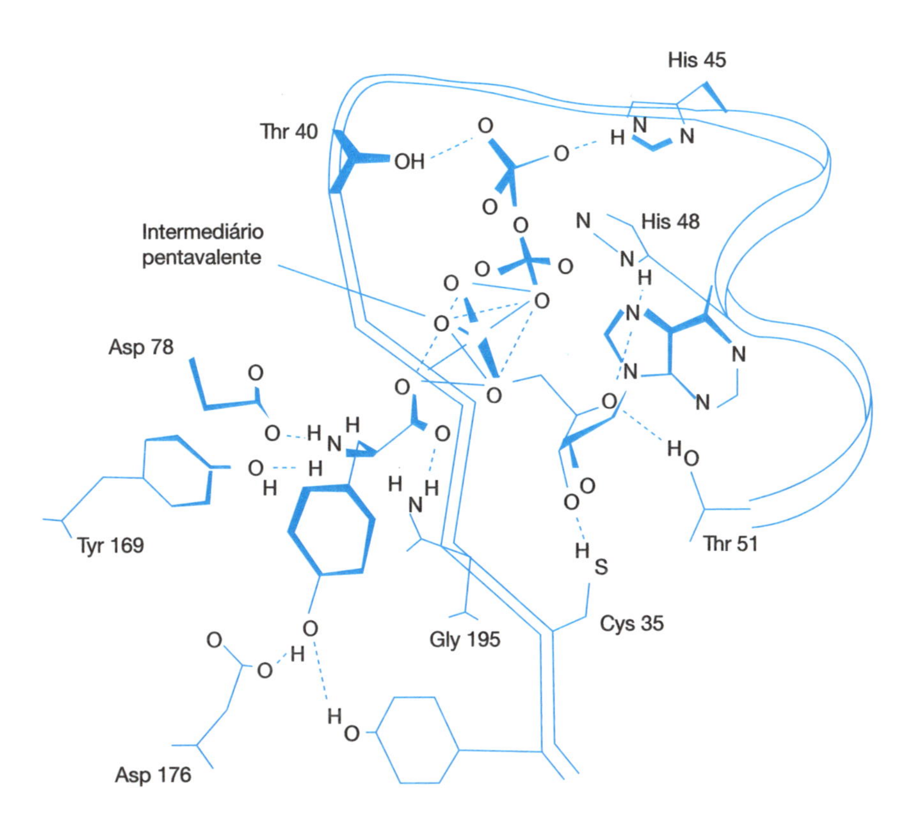

Figura 11-14. Estrutura do estado de transição na reação que gera o tirosil-AMP a partir de tirosina e ATP. O fosfato α do ATP, unido à tirosina, adquire uma estrutura pentacovalente (bipiramidal trigonal). Thr, treonina; His, histidina; Cys, cistidina; Gly, glicina; Tyr, tirosina.

apreciar de maneira mais clara, o efeito da imobilização dos substratos e da estabilização do estado de transição sobre a velocidade da reação. Ao imobilizar a tirosina e o ATP no sítio ativo, a enzima acelera a reação 4×10^4 vezes e, como resultado da estabilização do estado de transição (figura 11-14), há outro aumento de 3×10^5 vezes na velocidade da reação.

REGULAÇÃO DA ATIVIDADE ENZIMÁTICA

Com o objetivo de que a atividade das vias metabólicas nos diferentes compartimentos celulares se adaptem às necessidades mutáveis das células, existem enzimas reguladoras dentro de cada via, geralmente no princípio desta ou imediatamente depois de sua bifurcação, que controlam o fluxo da via. A perda deste controle tem consequências prejudiciais para a célula e o organismo. Em função da importância da via metabólica e da gravidade da lesão molecular, este efeito pode conduzir à morte celular ou ao surgimento de graves enfermidades. Portanto, através do processo de evolução, foram desenvolvidos diferentes mecanismos de regulação, dos quais os seguintes serão revisados:

1. síntese ou degradação da enzima
2. inibição pelo produto

Quadro 11-2. Propriedades dos mutantes de tirosil-tRNA sintetase

				Constante de dissociação	
Enzima	**Resíduos importantes**		**k_{cat} (s^{-1})**	**Tirosina**	**ATP**
Tipo selvagem	Thr 40	His 45	38	12	4 700
Mutante	Thr 40	Gly 45	0,16	1,0	1 200
Mutante	Ala 40	His 45	0,0055	8	3 800
Duplo mutante	Ala 40	Gly 45	0,00012	4,5	1 100

3. inibição ou ativação por produto final (inibição ou ativação alostérica)
4. modificação química da enzima
5. associação com outras proteínas ou moléculas de ácido ribonucleico.

SÍNTESE E DEGRADAÇÃO DA ENZIMA

Segundo a equação de Michaelis-Menten, se a concentração de substrato se mantém constanet, a velocidade da reação é proporcional à concentração da enzima:

$$v = \frac{k_{cat} \cdot [E]_{tot} \cdot [S]}{K_m + [S]} = Q \cdot [E]_{tot}$$

onde Q é uma constante que inclui o K_m, a constante catalítica (K_{cat}) e a concentração fixa de substrato. O gráfico de velocidade por concentração de uma enzima é uma linha reta que parte da origem (figura 11-15). Portanto, uma maneira simples de modificar a velocidade de uma reação é aumentando ou diminuindo a concentração a enzima na célula. Este controle pode ser exercido no nível transcricional, alterando a síntese do RNA mensageiro; no nível pós-transcricional, aumentando ou diminuindo a vida média do RNA mensageiro no citosol; no nível traducional, variando a eficiência com que se lê o RNA mensageiro nos ribossomos; ou no nível pós-traducional, mudando a velocidade da degradação da proteína e, portanto, modificando sua vida média.

INIBIÇÃO POR PRODUTO

Devido à semelhança que os produtos têm com os substratos, não é surpreendente que a enzima seja inibida conforme o produto se acumule. O tipo de inibição é geralmente competitivo, já que tanto o substrato como o produto interage com o mesmo sítio ativo da enzima. Este tipo de inibição é parte importante do controle que a carga energética dos nucleotídeos de adenina exerce sobre a atividade das enzimas que fazem parte das vias anabólicas e catabólicas. A carga genética do sistema de adenilato se define como:

$$\Gamma = \frac{[ATP] + 1/2\,[ADP]}{[AMP] + [ADP] + [ATP]}$$

e é um parâmetro fundamental do controle metabólico. Pode-se fazer uma analogia entre uma bateria e o sistema de adenilato. Quando a bateria está carregada pode-se realizar trabalho, por exemplo, impulsionar o movimento de um motor elétrico. Nos mesmos termos, o sistema de adenilato está completamente carregado quando os nucleosídeos de adenosina se encontram todos eles, na forma de ATP. Nestas condições, a carga energética é igual a 1 e a capacidade do sistema para realizar trabalho é máxima. No outro extremo, quando a carga energética é zero, o sistema está descarregado e os nucleosídeos de adenosina se encontram na forma de AMP. Nestas condições, o sistema é incapaz de realizar trabalho. Considere agora o exemplo da ATP-citrato liase, uma das enzimas que participam da síntese de ácidos graxos e que catalisa a transformação do citrato em oxaloacetato e uma molécula de acetil-CoA:

$$\text{Citrato} + \text{ATP} + \text{CoA} \rightarrow \text{Acetil-CoA} + \text{Oxalacetato} + \text{ADP} + \text{Pi}$$

Quando a carga energética da célula é maior do que 0,85, a concentração de ATP, um dos substratos da enzima, é alta, e a de ADP, um dos produtos da reação que funcionam como inibidor competitivo é baixa. O resul-

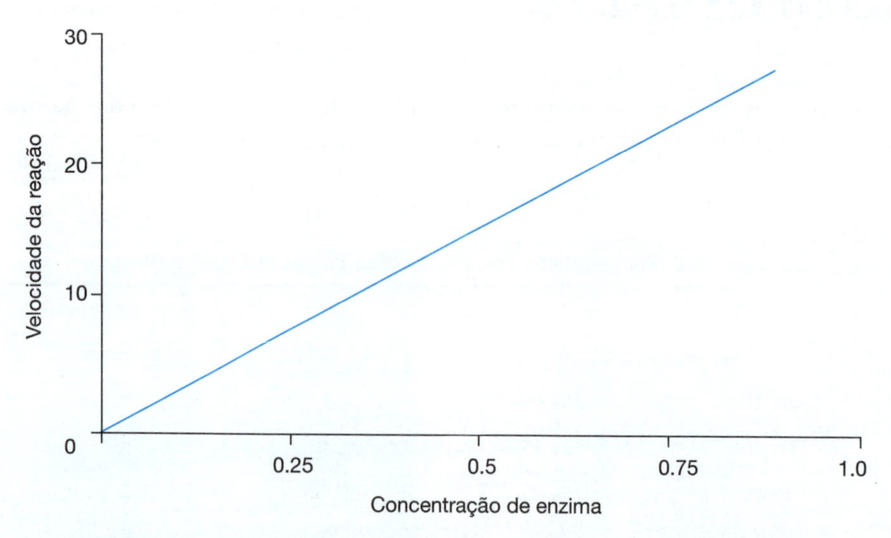

Figura 11-15. Relação entre a velocidade da reação e a concentração da enzima.

tado é que a citrato liase é ativada e direciona parte do esqueleto carbonado do citrato para a síntese de ácidos graxos, com o objetivo de armazená-lo. Pode-se considerar que a célula está "bem alimentada" do ponto de vista energético e que, em vez de desperdiçar os esqueletos de carbono das moléculas em reações degradativas, que conduziriam à síntese de ATP, considera que é mais conveniente armazená-los para uso posterior. Porém, se a carga energética cai abaixo de 0,85, a concentração de ATP diminui e a de ADP e AMP aumentam. Como há menos substrato e mais inibidor (ADP), a atividade da citrato liase decresce e os esqueletos de carbono são direcionados até as vias catabólicas encarregadas de sintetizar o ATP. O resultado líquido desta regulação é que, em condições de abundância energética, quando a concentração de ATP é alta, são ativadas as vias anabólicas e a célula armazena os esqueletos de carbono na forma de glicogênio e ácidos graxos; enquanto que, em condições de déficit energético, quando a concentração de ATP é baixa, são ativadas as vias catabólicas que conduzem a um aumento do ATP no citosol.

INIBIÇÃO E ATIVAÇÃO ALOSTÉRICA

Geralmente, as enzimas que regulam o fluxo de uma via metabólica se encontram no princípio desta ou imediatamente depois de sua bifurcação. Além disso, é frequente encontrar mais de uma enzima reguladora em uma via metabólica, o que aumenta a possibilidade de sua regulação. A localização da enzima dentro da via metabólica tem importância para a economia e a saúde de um organismo, sendo habitual que o acúmulo de certos intermediários seja tóxico para a célula. Se a enzima reguladora se encontrasse na metade ou ao final da via metabólica, sua inibição causaria o acúmulo de todos os intermediários precedentes e isto aumentaria o risco de uma lesão celular. Por outro lado, as enzimas reguladoras geralmente catalisam uma ração irreversível dentro de uma via metabólica e, na sua grande maioria, são oligoméricas; além disso, apresentam o fenômeno de cooperatividade e têm outros sítios que interagem especificamente com ligantes diferentes do substrato. A estes sítios se dá o nome de alostéricos e aos ligantes que se unem a eles de efetores alostéricos.

Estas considerações podem ser exemplificadas com a biossíntese dos nucleosídeos de purina (GTP e ATP) e os de pirimidina (CTP e UTP) (figura 11-16). O primeiro caso ilustra as diferentes formas de regulação que podem ser esperadas quando se trabalha com uma via ramificada, enquanto que a via das pirimidinas mostra as possibilidades de controle de uma via linear. Quando uma célula decide sintetizar grandes quantidades de RNA, seja porque suas demandas de síntese de proteínas aumentaram ou porque está se preparando para o processo de divisão celular, deve-se produzir uma mistura equimolar de ATP, GTP, UTP e

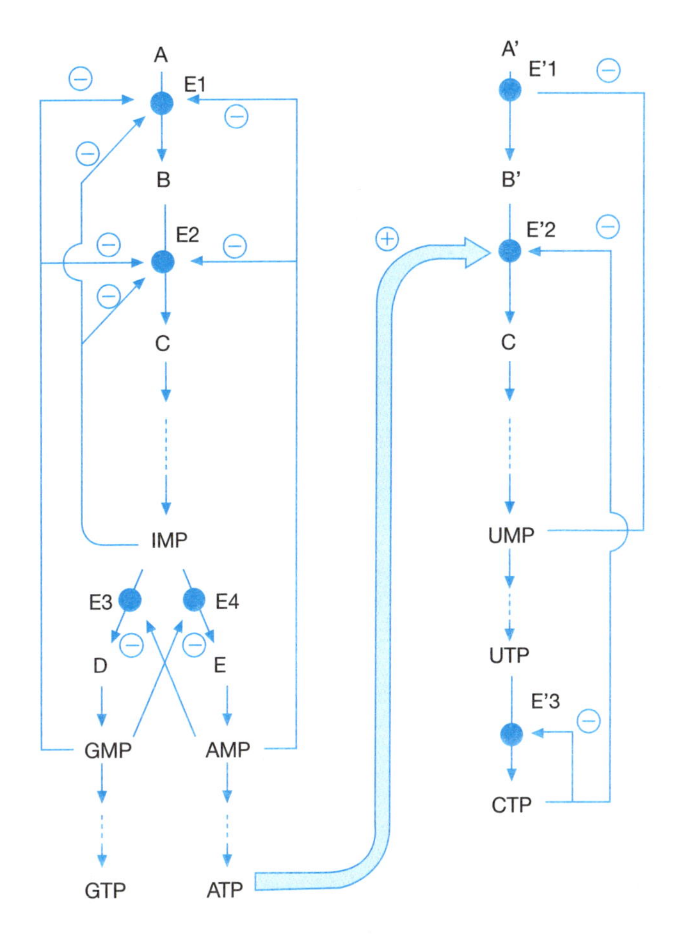

Figura 11-16. Esquema de regulação com duas vias metabólicas. Cada uma das vias tem suas respectivas enzimas reguladoras ou pontos de controle, que regulam o fluxo através da via. Além disso, mostra-se um tipo de regulação cruzada, na qual o produto de uma das vias (ATP) regula a atividade da outra.

CTP, motivo pelo qual a célula é obrigada a regular, de forma paralela, as duas vias que conduzem à biossíntese destes nucleotídeos. Na síntese do ATP e GTP participam quatro enzimas que controlam o fluxo (figura 11-16). Duas delas, a ribose-fosfato pirofosfoquinase (E1) e a amidofosforribosil transferase (E2), catalisam as duas primeiras reações da via e têm sítios alostéricos para o IMP, GMP e AMP, os produtos finais da via. Quando a concentração destes nucleotídeos é aumentada no citosol, as enzimas são inibidas de forma aditiva e é reduzido o fluxo global da via. As outras duas enzimas são encontradas na bifurcação da via: a adenilsuccinato sintetase (E3) e a IMP desidrogenase (E4). A sintetase é inibida por AMP e a desidrogenase por GMP, de tal maneira que o fluxo através de cada um destes ramos pode ser controlado com certo grau de independência.

As sínteses dos nucleosídeos de pirimidina têm duas enzimas alostéricas que regulam os dois primeiros passos da via e uma terceira que catalisa a transformação do UTP em CTP (fiogura 11-16). O inibidor alostérico da carbamil-fosfato sintetase II (E'1) é o UMP. O ATP, produto da via biossintética dos nucleosídeos de purina, se comporta como um ativador alostérico e estimula a aspartato transcarbamilase (E´2), enquanto que o CTP, produto final da via dos nucleosídeos de pirimidina, é um inibidor alostérico. Pode-se ver também que a CTP sintetase (E´3), que catalisa o último passo da via biossintética, é inibida com o CTP. O resultado final do acoplamento e regulação destas duas vias é a síntese de uma mistura adequada de ATP, GTP, UTP e CTP. Desta maneira, quando a concentração de UTP/CTP é baixa com respeito À concentraão de ATP/GTP, o ATP ativa a aspartato transcarbamilase, e isto provoca o aumento da concentração de UTP e CTP novamente.

MODIFICAÇÃO QUÍMICA

Fosforilação

A modificação química das proteínas é um dos mecanismos mais utilizados para alterar, em questão de segundos, a atividade de uma enzima ou de uma proteína. Destas, a fosforilação do grupo hidroxila de um resíduo de serina, treonina e tirosina, é a que mais se conhece e da qual se tem mais informação. Como consequência da modificação química, produz-se uma modificação na conformação da enzima que está associado com um aumento ou diminuição de sua atividade. A fosforilação faz parte de uma cascata de estimulação que, normalmente, começa com a interação de um hormônio com seu receptor de membrana. Este processo resulta na formação de segundos mensageiros intracelulares que ativam proteína quinases específicas, as que por sua vez catalisam a transferência do fosfato γ do ATP ao grupo hidroxila de um resíduo de serina, treonina ou tirosina. Este produz o aumento ou a diminuição da atividade enzimática (figura 11-17). Uma vez que o estímulo desaparece, o retorno da proteína ao estado inicial, com seus grupos hidroxila livres, acontece por meio da intervenção de proteínas fosfatase, enzimas que hidrolisam a ligação fosfodiéster (figura 11-17); são muitas as proteínas e enzimas cuja atividade é regulada por fosforilação. Tal é o caso da glicogênio fosforilase do músculo, que participa da degradação do glicogênio e que é formada por duas subunidades idênticas de 841 aminoácidos. Quando a serina 14 é fosforilada, a enzima é ativada. Ao suprimir o grupo fosfato da enzima, está é inibida. A fosforilase fosfatase catalisa a hidrólise da ligação fosfodiéster, enquanto que a fosforilase quinase fosforila a serina 14 em cada uma das subunidades da glicogênio fosforilase. O jogo destas duas enzimas sobre a glicogênio fosforilase é um dos dois fatores que regulam a degradação do glicogênio na célula muscular.

Acetilação e acilação

Outra das modificações químicas que têm importantes consequências na atividade das proteínas é a acetilação. Em particular, sabe-se que as histonas, além de serem fosforiladas em resíduos específicos de serina, são acetiladas em certas lisinas (figura 11-18). A enzima que catalisa esta reação é a histona acetilase, e utiliza o acetil-CoA como doador de grupos acetil; a hidrólise da ligação amida e a regeneração da lisina, junto com a liberação de uma molécula de acetato, é mediada pela histona desacetilase (figura 11-18). A acetilação de histonas está associada a regiões da cromatina onde acontecem, de maneira ativa, a transcrição de genes.

Em outro tipo de modificação são introduzidos ácidos de cadeia longa às proteínas. O ácido palmítico, de 16 átomos de carbono, é unido aos resíduos de cisteína da proteína; enquanto o ácido mirístico, de 14 carbonos reage com o grupo amino terminal de uma glicina na cadeia polipeptídica (figura 11-18). Em ambos os casos, o substrato da reação é o ácido graxo ativado com a coenzima A. A palmitoilação e miristoilação afetam diretamente a atividade catalítica das enzimas, mas, devido ao caráter hidrofóbico do ácido graxo, também direciona as proteínas para a membrana, onde estas realizam sua atividade. Como se pode supor, o grau de modificação da proteína e portanto sua distribuição entre o citosol e a membrana, depende da atividade das transferases e hidrolases envolvidas nas respectivas reações (figura 11-18).

O receptor β2-adrenérgico dos seres humanos é um exemplo interessante. Como se pode ver na figura 11-19, é uma proteína de membrana de 413 aminoácidos, com uma massa molecular de 46.557 daltons e 7 voltas transmembrana e 3 asas citoplasmáticas. Na ausência do estímulo

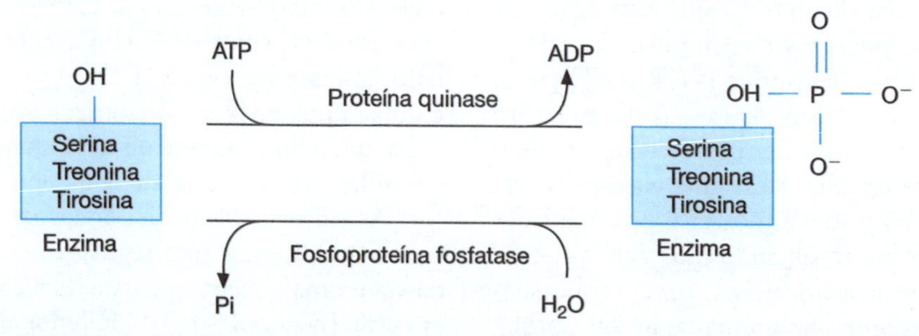

Figura 11-17. Regulação da atividade de uma proteína por meio de fosforilação. Os resíduos que recebem o fosfato e o ATP são a serina, treonina ou tirosina. As proteínas quinases catalisam a reação de fosforilação, enquanto que as fosfoproteína fosfatastes catalisam a hidrólise da ligação fosfodiéster da proteína.

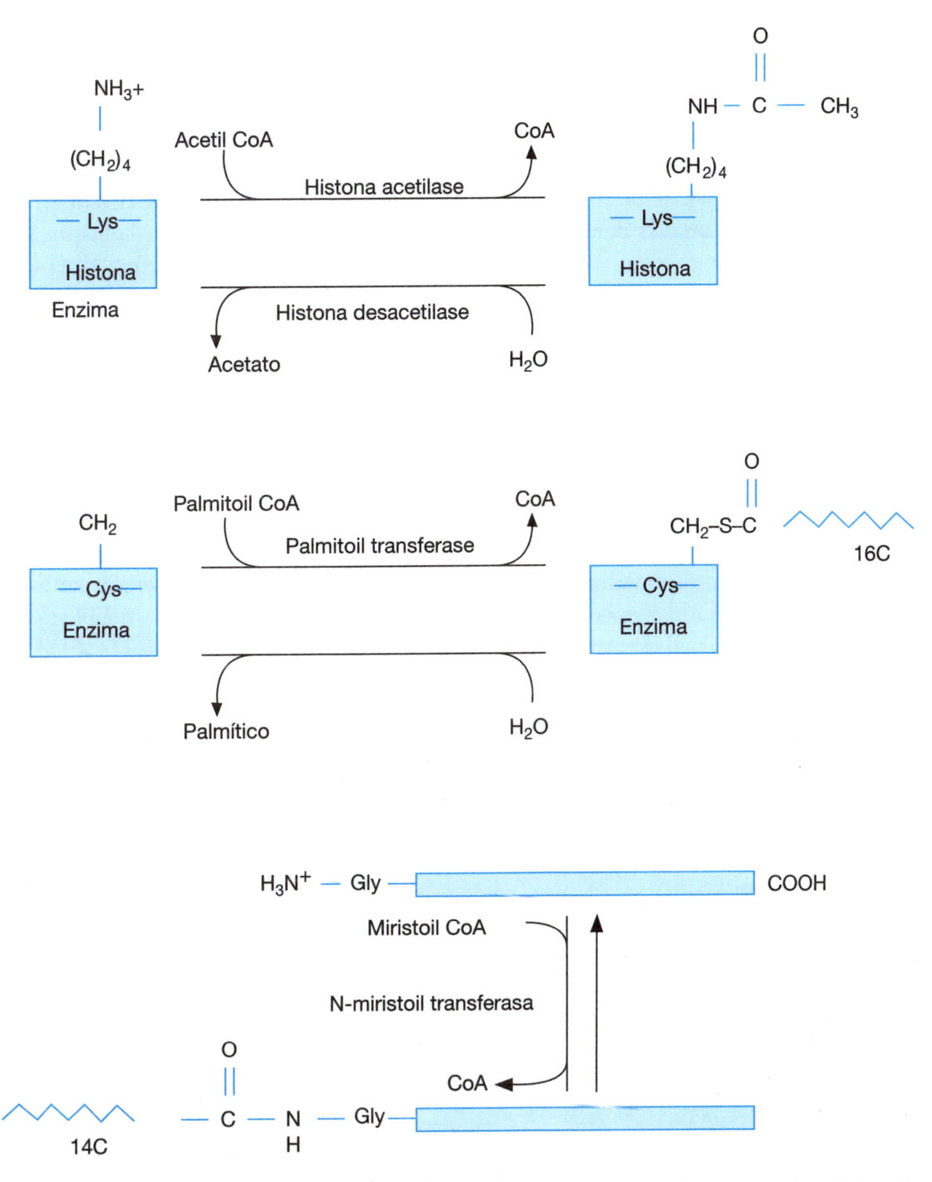

Figura 11-18. Modificação de uma proteína por meio da acetilação, palmitoilação e miristoilação. Lys, lisina; Cys, cisteína.

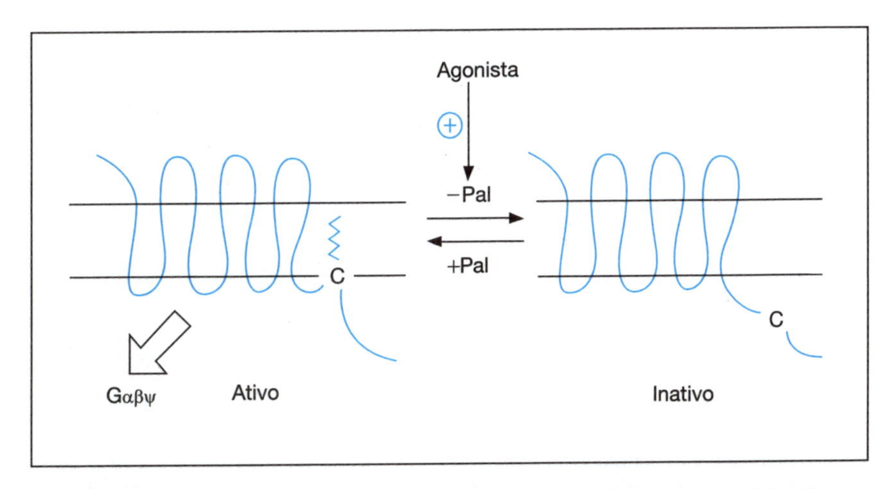

Figura 11-19. Regulação da atividade do receptor β-adrenérgico por palmitoilação.

hormonal, a cisteína 341, na extremidade carboxi terminal, se encontra palmitoilada, pelo que esta região da proteína se associa à membrana (figura 11-19). É como se agora a proteína tivesse 8 segmentos transmembrana. A ancoragem da cisteína 341 na membrana mantém o receptor em uma conformação adequada para sua função, de tal maneira que na presença do hormônio, o receptor, através de uma proteína G, estimula a adenilato ciclase e logo sofre um processo de fosforilação e dessensibilização, que se associa com a uma diminuição no grau de palmitoilação do receptor. Na ausência do ácido palmítico, a região do extremo carboxi terminal é liberada da membrana e a interação do receptor com a proteína G é inibida (figura 11-19).

MODIFICAÇÃO IRREVERSÍVEL

Os grupos que foram introduzidos na proteína durante a fosforilação e a acetilação, podem ser eliminados por meio da hidrólise da ligação fosfoéster e amida, respectivamente, o qual leva a proteína a seu estado inicial de atividade. Em contraste, a proteólise limitada de uma enzima ou proteína é um processo irreversível, que conduz à ativação permanente desta. Um exemplo deste mecanismo é a ativação de enzimas digestivas. A tripsina e a quimiotripsina, enzimas digestivas do pâncreas que são liberadas no intestino delgado, participam deste mecanismo de ativação. São sintetizadas nos ribossomos que estão associados ao retículo endoplasmático rugoso e são armazenadas nos grânulos de secreção como pró-enzimas que carecem de atividade. Este último é muito importante para o organismo, já que, dada a enorme atividade hidrolítica destas enzimas, a célula é obrigada a sintetizá-las e guardá-las na forma de precursores que não têm atividade (pró-enzima ou zimogênio), com o objetivo de evitar a autólise. Quando estes zimogênios ou pró-enzimas chegam ao intestino delgado, são atacados por enzimas proteolíticas que os transformam na enzima ativa. No caso do quimiotripsinogênio, a pró-enzima da quimiotripsina, a tripsina catalisa a hidrólise da ligação peptídica entre a arginina 15 e a isoleucina 16 do quimiotripsinogênio e a consequente transformação deste em uma forma da enzima com ligeira atividade catalítica, a quimiotripsina. A ruptura de outras ligações peptídicas e a presença de mudanças conformacionais importantes são os responsáveis pela exposição do sítio ativo e a plena aquisição da atividade na α-quimiotripsina (figura 11-20). A ativação da tripsina e outras enzimas hidrolíticas seguem as mesmas regras.

Não se deve pensar que o mecanismo da proteólise se reduz à ativação de enzimas proteolíticas. É um processo mais geral que tem cobrado grande importância nos últimos anos, devido ao fato que também participa na

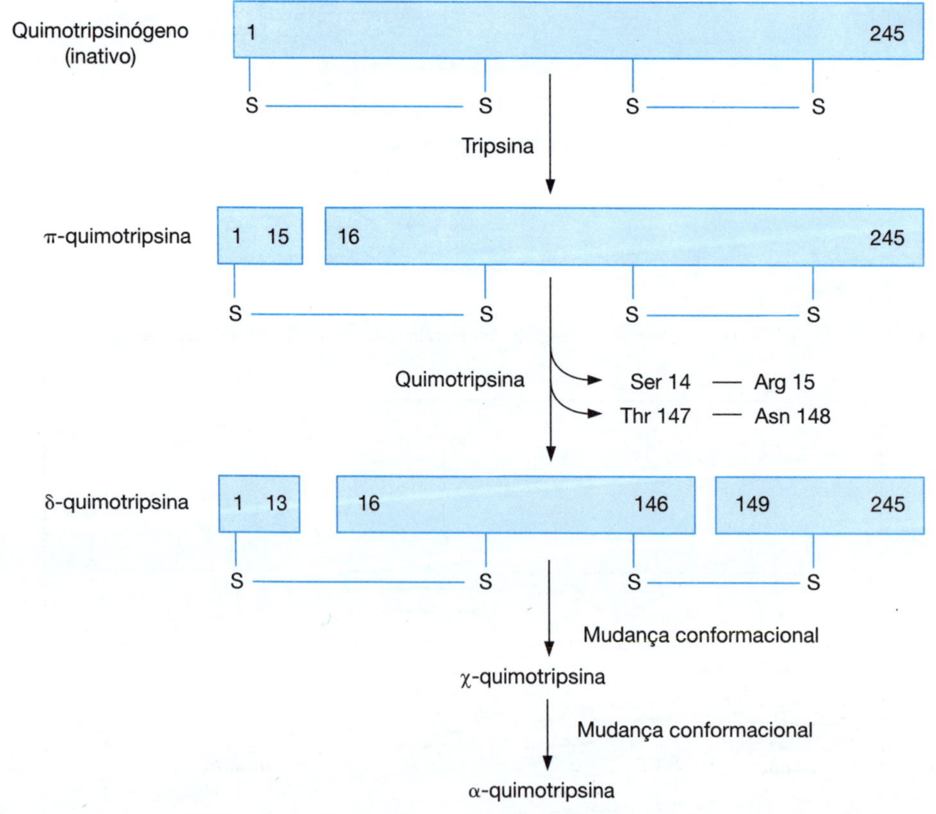

Figura 11-20. Ativação do quimiotripsinogênio por proteólise controlada. São necessários vários cortes na cadeia polipeptídica e duas modificações conformacionais importantes para produzir a α-quimiotripsina, a forma mais ativa da enzima. Ser, serina; Arg, arginina; Thr, treonina; Asn, asparagina.

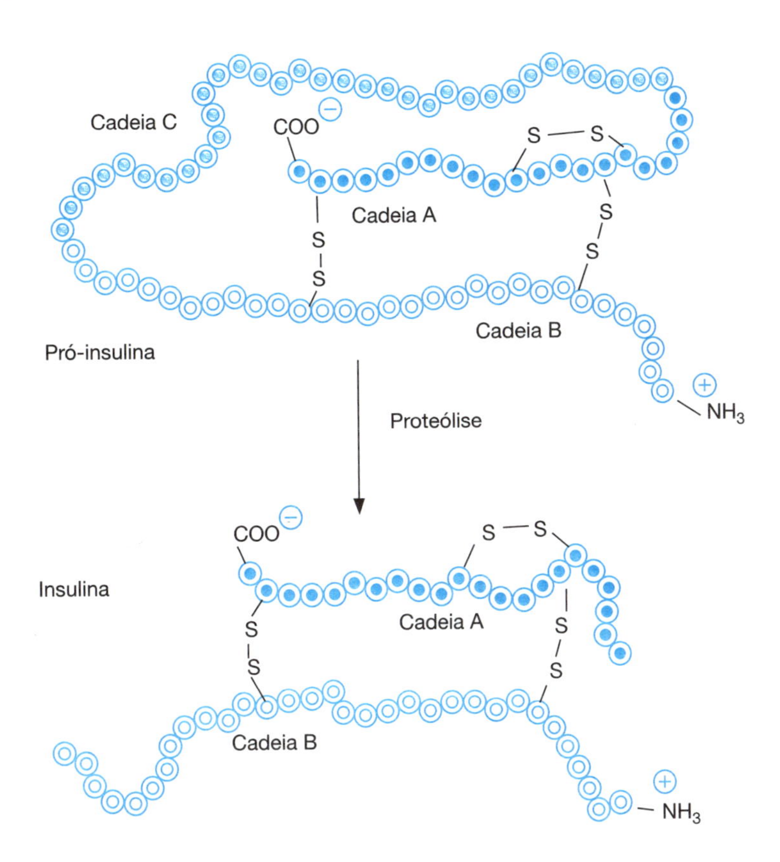

Figura 11-21. Transformação da pró-insulina em insulina. A insulina é formada por duas cadeias, A e B, conectadas por duas pontes dissulfeto. A insulina é proveniente de um precursor de uma cadeia única, a pró-insulina é resultado da hidrólise de duas de suas ligações peptídicas.

maturação de hormônios, como a insulina e o ACTH (figura 11-21), e na ativação de receptores.

MODIFICAÇÃO DA ATIVIDADE POR INTERAÇÃO COM OUTRAS PROTEÍNAS E RNA

Como foi explicado nos parágrafos anteriores, a atividade de uma proteína ou uma enzima pode ser alterada como consequência de sua interação com um ligantes alostérico, mas também como resultado de sua interação com outra proteína diferente ou com uma molécula de RNA. Por exemplo, o cálcio, um dos segundos mensageiros mais importantes que são produzidos nas respostas hormonais, se une a um receptor intracelular, a calmodulina, com o objetivo de modificar a atividade de certas enzimas. A calmodulina é uma proteína monomérica com dois domínios globulares separados por uma alfa-hélice (figura 11-22). Cada um destes domínios contém dois sítios de ligação para o cálcio. Quando estes sítios são ocupados, surgem modificações conformacionais na calmodulina que apresenta resíduos hidrofóbicos essenciais para que esta interaja diretamente com outras proteínas e lhes altere sua atividade. Este é o mecanismo de ativação de algumas das proteínas quinases dependentes de cálcio (figura 11-23), cuja função é a de modificar a atividade de outras enzimas por meio da fosforilação de resíduos de serina e treonina.

Nos últimos anos se demonstrou que a atividade de outras proteínas depende de sua interação com moléculas específicas de RNA. Tal é o caso da proteína mei2[1], a qual contém três regiões de reconhecimento de RNA. Quando mei2[1] se liga com certas moléculas de RNA, se inicia a síntese pré-meiótica do DNA e a entrada das células na fase I da meiose (figura 11-24).

[1] É costume designar a proteína com o nome do gene que a codifica quando esta não tem nome próprio atrativo ou se desconhece o tipo de atividade que desempenha; por exemplo, não se sabe qual é a atividade da proteína que codifica o gene mei2, motivo pelo qual esta é chamada de mei2.

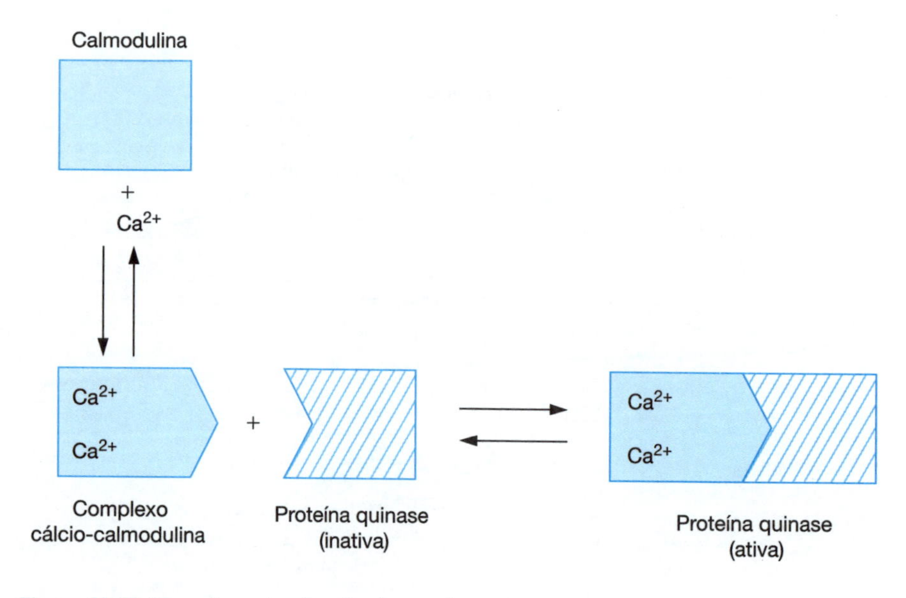

Figura 11-22. Mecanismo da ativação de proteína quinases pelo complexo cálcio-calmodulina.

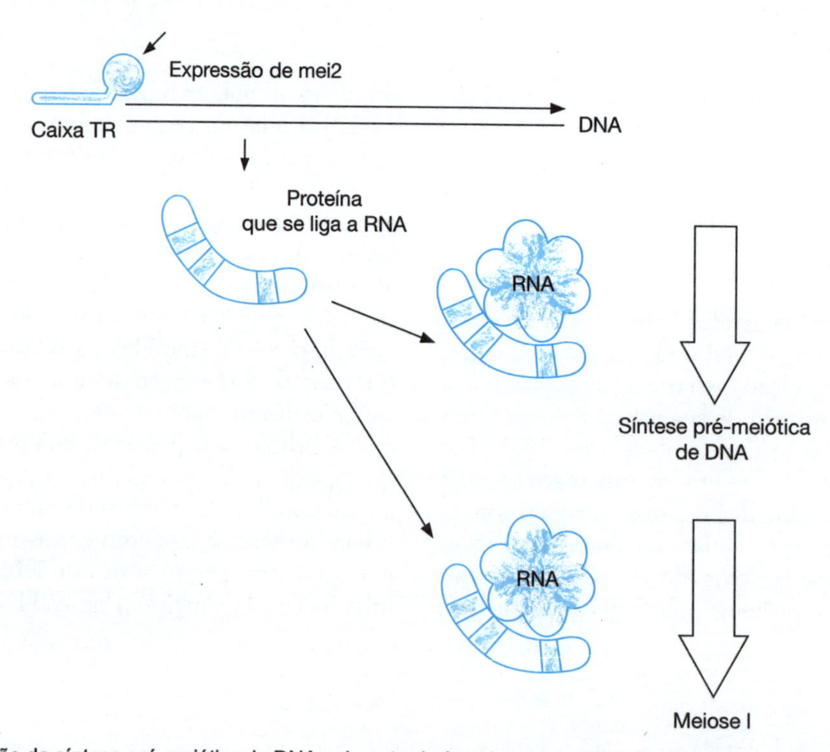

Figura 11-23. Regulação da síntese pré-meiótica de DNA e da entrada à meiose pela interação da proteína mei2 com moléculas de RNA.

REFERÊNCIAS

Beutler E: "Pumping" iron: The proteins. Science 2004;306: 251.

Devlin TM: *Bioquímica. Libro de texto con aplicaciones clínicas,* 5a. ed. Barcelona: Editorial Reverté, 2004.

Dixon M, Webb EC: *Enzymes.* 3a ed. New York: Longman Group Ltd., 1979.

Fersht A: *Enzyme structure and mechanism.* 2nd ed. New York: W. H. Freeman and Company,1985.

Page MI: *Willie chemistry of enzyme action.* Amsterdam: Elsevier Science Publishers, B. Y, 1984.

Page MI,Williams A: *Enzyme mechanisms.* Londres: The Royal Society of Chemistry, 1987.

Lozano JA, Galindo JD, García Borrón JC, Martínez Liarte: *Bioquímica y Biología Molecular,* 3a. ed. México: McGraw-Hill Interamericana, 2005.

Melo V, Cuamatzi O: *Bioquímica de los processos metabólicos.* Barcelona: Ediciones Reverté, 2004.

Silverman RB: *The Organic Chemistry of Enzyme-Catalyzed Reactions.* Academic Press, 2002.

Smith C, Marks, AD: *Bioquímica básica de Marks. Un enfoque clínico,* México: McGraw-Hill Interamericana, 2006.

Walsh CT: *Enzymatic reaction mechanisms.* San Francisco, WH. Freeman and Company, 1977.

Páginas eletrônicas

King MW (2009): *Enzyme Kinetics.* En: The Medical Biochemistry Page. [En línea]. Disponible: http://themedical-biochemistrypage. org/enzyme-kinetics.html#regulation [2009, abril 10]

12

Vitaminas

Juan Pablo Pardo Vázquez

As vitaminas são moléculas orgânicas complexas, indispensáveis para o funcionamento adequado dos seres vivos, necessárias em quantidades mínimas e que não têm funções estruturais e nem energéticas. No geral, não são sintetizadas pelos animais e, portanto, devem ser ingeridas através da dieta; na natureza as vitaminas são produzidas pelas bactérias e os vegetais.

A estrutura química e as funções das vitaminas são muito diversas; muitas atuam como coenzimas e, quando não são ingeridas em quantidades adequadas, são observados quadros clínicos de deficiência. Na atualidade, mesmo nos países muito atrasados, é difícil ver carências de apenas uma vitamina, como ocorria no passado, quando por falta de vitamina C aparecia o escorbuto, ou por carência de tiamina se produzia o beribéri nos povos orientais, cuja dieta se baseava no consumo de arroz polido.

Na atualidade, existe o uso de vitaminas como fármacos, administrados em doses superiores às necessárias nutricionalmente, para o alívio ou a melhora de sintomas ou enfermidades que de nenhuma maneira podem ser consideradas como de origem nutricional; tal é a situação com diversas neurites ou neuralgias supostamente melhoradas com tiamina ou vitamina B_{12}, ou a prevenção do catarro comum com doses exageradas de ácido ascórbico. Talvez, o único caso cientificamente comprovado de utilidade farmacológica de uma vitamina seja o da niacina, por bloquear parcialmente a síntese hepática de colesterol, auxiliando na diminuição das lipoproteínas de baixa densidade muito ligadas às enfermidades ateroscleróticas.

Em todos os países existe um consumo excessivo e injustificado de vitaminas, ainda que em geral não apresentem efeitos tóxicos, exceto no caso das vitaminas lipossolúveis A (vômito, tumefação óssea, cirrose), ou D (hipercalcemia, cálculos renais, disfunção renal); isto implica em uma grande capacidade do organismo para excretar qualquer excesso das vitaminas hidrossolúveis, que, em princípio, dever ser consideradas inócuas.

Em uma dieta natural e mista estão presentes as vitaminas necessárias para a saúde. Somente em casos de dietas restritas, com abundância de alimentos refinados como açúcares e amidos, ou quando um excesso de tecido é queimado por febre ou outras causas, a soma calórica excede a soma vitamínica e se apresenta um desequilíbrio entre a quantidade de alimentos metabolizáveis e a quantidade de vitaminas. Adicionar vitaminas a uma dieta mista completa é totalmente desnecessário.

NOMENCLATURA E CLASSIFICAÇÃO DAS VITAMINAS

As vitaminas são encontradas em dois grandes tipos de alimentos: os gordurosos, que contêm as vitaminas lipossolúveis e os não gordurosos, com vitaminas hidrossolúveis. AS vitaminas lipossolúveis compreendem as vitaminas A, E, E e K; as hidrossolúveis constituem as do chamado complexo B e além destas o ácido ascórbico. O complexo B inclui a tiamina, a riboflavina, a niacina, a piridoxina, o pantotenato, o lipoato, a biotina, o grupo do folato, as vitaminas B_{12} e outras de importância secundária. Do ponto de vista médico, as vitaminas de maior relevância são a tiamina, a riboflavina, a niacina, o ácido ascórbico, a vitamina A, a vitamina D, a vitamina B_{12} e o folato, cuja carência, individual ou em conjunto, foi associada ao surgimento de certos transtornos.

O papel que as vitaminas hidrossolúveis têm como coenzimas foi revisado no capítulo 10. Aqui a informação é complementada sobre as vitaminas hidrossolúveis que apresentam atividade de coenzima, sobretudo em relação à sua estrutura, seu mecanismo de ação e os quadros devidos à sua deficiência na dieta; ainda são considerados os aspectos mais importantes das vitaminas lipossolúveis.

Outros dados sobre as vitaminas – origem, metabolismo, absorção, armazenamento, excreção, quadros de deficiências nos animais, necessidades e toxicidade, entre outros – são expostos de maneira resumida no quadro 12-1. Mais adiante, se apresenta um estudo particular das vitaminas.

Quadro 12-1. Principais características nutricionais das vitaminas

Nomes	Fontes	Necessidades	Metabolismo	Deficiências
Tiamina, vitamina B_1, vitamina antineurítica	Levedura, nozes, cereais inteiros, leguminosas; abundante nos tecidos animais, principalmente na carne de porco e em diversas vísceras	São recomendados 0,5mg diários para crianças; de 1,2 a 1,8mg para adolescentes; 1mg para mulheres adultas, e 1,5mg para homens adultos. As necessidades aumentam com as necessidades metabólicas. Por exemplo, são maiores na gravidez e na lactância (1,3 e 1mg), a atividade muscular, a febre, e o hipertireoidismo; aumentam quando se administram antibióticos por via oral. A necessidade geral é de 1 a 1,5mg para cada 250 calorias dietéticas	É sintetizada por plantas, bactérias e fungos. Alguns ruminantes obtém o que necessitam a partir da síntese bacteriana intestinal. A fonte mais importante para o homem é a dieta. É armazenada em escassa proporção no organismo. Se encontra na forma livre nos líquidos orgânicos em quantidades de 1 µg %; na forma de pirofosfato nos eritrócitos e nos tecidos em aproximadamente 6 a 12 µg %. O excesso é excretado como tiamina livre pela urina; o resto é degradado a compostos sulfurados e sulfato inorgânico. A tiamina fecal é de origem bacteriana	No oriente, existe entre os seres humanos o beribéri, que evolui com anorexia, náuseas, neurite, hiperestesia e arreflexia. Há diminuição da tiamina e a cocarboxilase no sangue e na urina; aumento do ácido pirúvico e do lático. Observa-se diminuição no consumo de oxigênio no cérebro de animais deficientes. Na pomba se encontra rigidez e retração da cabeça, opistótonos. Nos ratos (e outros animais) se apresenta bradicardia e outros sinais do coração beribérico
Ribloflavina, vitamina B_2	Vísceras, gérmen de sementes de gramíneas, leguminosas, nozes, levedura, ovos, carne magra, leite e laticínios	No estado normal oscila entre 0,5mg diários para as crianças e 2mg para os adolescentes. Os adultos requerem entre 1,1 e 1,8mg por dia. A gravidez e a lactância aumentam até 2,3mg a necessidade. Os processos febris, os fatores de estresse e as enfermidades agudas aumentam os requerimentos	É sintetizada por fungos, bactérias e plantas, sobretudo nas partes jovens e nas sementes. Os ruminantes obtêm parte do que necessitam da síntese bacteriana intestinal. No ser humano, a riboflavina livre é absorvida pouco e os nucleotídeos de flavina são absorvidos facilmente. Nos tecidos se encontra como mono e dinucleotídeo ou flavoproteínas. Sua concentração plasmática é de 2,5 a 4µg% ainda que nas células aumente até 50 e 200 µg%. 10% são eliminados pela urina em condições normais; se há excesso de ingestão, se elimina mais, proporcionalmente. É excretada no leite. A riboflavina fecal, que pode ser de até 1mg diário, é de origem bacteriana. A maior parte da vitamina, em uma ingestão normal, é destruída no interior do organismo e são desconhecidas suas formas finais	Nos seres humanos, a deficiência de riboflavina vai acompanhada pelas outras vitaminas do complexo B. De maneira mais direta, sua carência produz queilose (boqueiras), glossite, dermatite seborreica, especialmente perto das orelhas, do nariz e dos sulcos nasogenianos. Os sintomas oculares são: vascularização, opacidade e ulceração as córnea, fotofobia, congestão da esclerótica e pigmentação anormal da íris. Estas lesões oculares são produzidas experimentalmente em ratos, pomba, cachorro, macaco entre outros animais, os quais também apresentam paralisia das extremidades, linfopenia e anemia
Niacina, ácido nicotínico, vitamina B_5, fator preventivo da pelagra	Gérmen e pericarpo da semente das gramíneas; vegetais verdes; nozes, levedura, vísceras e carnes de vaca e porco	Desde 5 a 8mg diários para crianças, até 18 a 29mg diários para mulheres e homens adultos, respectivamente. A gravidez e a lactância aumentam as necessidades. Nas enfermidades agudas ou na convalescência aumentam os requerimentos. O requerimento de niacina depende do aporte de triptofano na dieta. Os valores destacados são para dietas normais com ingestão de proteínas de moderada qualidade.	Nos animais superiores, o aporte de niacina é complementado pela produção das bactérias intestinais e pela biossíntese da niacina a partir de triptofano proveniente das proteínas ingeridas. A absorção intestinal da niacina ou a niacinamida é completa e rápida. A concentração de niacina no sangue é de 0,06 mg%; há quantidades maiores nos eritrócitos e nas células. A maior parte está na forma de coenzimas (NAD^+ e $NADP^+$). AS concentrações de niacina não baixam nos quadros de carência. É excretada principalmente por via urinária. Um homem adulto elimina cerca de 1mg diário de niacina, 3mg de niacinamida e 8mg diários dos derivados metilados, da niacinamida, N-metilnicotinamida (uma quarta parte) e seu produto de oxidação N-metil-6-piridona-3-carboxilamida. No cachorro é excretado o derivado metilado do ácido nicotínico, ou trigonelina	O quadro ligado à carência de niacina, a pelagra, é produzido por deficiências múltiplas. Destacam-se a dermatite, os sintomas gastrointestinais, a estomatite, a gengivite e a demência. No cachorro se produz o quadro de língua negra. Nos ratos se observa crescimento defeituoso e dermatite

Quadro 12-1. Principais características nutricionais das vitaminas (continuación)

Nomes	Fontes	Necessidades	Metabolismo	Deficiências
Piridoxina, vitamina B6	Distribuídas nos vegetais e animais. As melhores fontes são a levedura, o farelo de arroz, gérmen de sementes e gramíneas, e a gema do ovo. São fontes úteis as vísceras e as carnes de gado e peixe	Não são conhecidas para a espécie humana; há segurança de que são nutricionalmente necessárias, mas as quantidades presentes nas dietas habitualmente parecem estar muito acima dos requerimentos. Tem-se recomendado ingestões diárias de 2mg no geral, com base nas necessidades dos animais de experimentação	É sintetizada por micro-organismos e plantas superiores. As bactérias do intestino de alguns animais contribuem para o aporte da vitamina. No homem, o piridoxol, piridoxal e a piridoxamina são intercambiáveis do ponto de vista nutritivo; são fosforilados e aminados com facilidade. O principal metabolito urinário é o ácido 4-piridóxico, biologicamente inativo, que no estado normal alcança uns 3mg diários. Em suas formas ativas, estas vitaminas não são eliminadas, exceto quando são administradas doses excessivas de dezenas de miligramas, em cujo caso são excretadas, inalteradas, até as três quartas partes da quantidade administrada	Não se conhece com certeza os sintomas da deficiência de piridoxina nos seres humanos; foram atribuídos à sua carência certos tipos de quadros convulsivos nas crianças. No macaco, camundongo, rato, porco, frango e vacas, a deficiência experimental de piridoxina origina anemia, leucopenia, lesões neurológicas e cutâneas. Em ratos, aparece a acrodinia com queda do pelo e tumefação das extremidades e cauda. A falta de piridoxina altera o metabolismo normal do triptofano que é destinado a formar ácido xanturênico em vez do quinerênico, via natural para a biossíntese do ácido nicotínico. Em seres humanos tratados com altas doses de hidrazida do ácido isonicotínico (empregada como bacteriostático), foi observado um quadro clínico semelhante ao de deficiência de vitamina B6 em animais. Acredita-se que a hidrazida forma um complexo com o piridoxal que produz a deficiência da vitamina
Ácido pantotênico	As melhores fontes são as vísceras, a levedura, a gema do ovo, o farelo de milho e o amendoim; seguem em importância o leite, as carnes de vaca, de porco e de aves; as gramíneas, as batatas doces e o melaço	Não são conhecidas para os seres humanos; uma boa ingestão é a de 10 a 12mg para uma dieta normal e uma pessoa em estado normal. Recomendam-se quantias maiores em casos de enfermidades agudas ou quando são administrados antibióticos que podem determinar uma diminuição da síntese bacteriana intestinal	A formação de ácido pantotênico pode ser realizada por bactérias e fungos; nos animais superiores, o ácido pantotênico é convertido em coenzima A. Ácido pantotênico no sangue: 30µg% em média; nas vísceras e tecidos existem ao redor de 8 a 10 µg% de tecido úmido. Excreção: cerca de 4µg% por dia pela urina. As quantidades excessivas administradas por via parenteral são eliminadas em algumas horas	Em seres humanos não são conhecidos os sintomas atribuíveis à sua carência, ainda que pareça ser um fator nutritivo indispensável. Em animais de experimentação são encontradas alterações cutâneas; dermatite em ratos e frango, descamação das extremidades e cauda nos ratos, alopecia nos ratos e porcos, embranquecimento do pelo dos ratos e dos macacos. No camundongo e no cachorro se reconhecem os sinais neurológicos, como a degeneração dos nervos e das fibras dorsais. São frequentes em diversos animais a gastrite e a enterite, assim como a anemia. Os animais com deficiência mostram com frequência hemorragia e necrose das glândulas suprarrenais e aumento do requerimento de sal; estas alterações podem conduzir à prostração, desidratação e morte

Quadro 12-1. Principais características nutricionais das vitaminas (continuación)

Nomes	Fontes	Necessidades	Metabolismo	Deficiências
Folato, folacin, tetrahidrofolato	Distribuído amplamente em especial nos vegetais de folhas (de fato, o nome fólico é derivado do latim *folium*, folha); o trigo e outros vegetais são fontes adequadas. Existe também nas vísceras do gado e porcos. São destruídos parcialmente com o cozimento na preparação dos alimentos	Não são conhecidas; parte da vitamina é proveniente da síntese bacteriana intestinal. O surgimento de anemia na infância e na gravidez sugerem maiores necessidades de consumo nestas condições. Na anemia macrocítica nutricional existe ingestão deficiente e 5mg de folato diários cura de maneira espetacular o quadro. Em outros casos (anemia da doença celíaca, da ressecção intestinal, entre outros) o problema é de absorção escassa e a administração oral da vitamina não logra produzir remissões. Na forma de folacin se recomendam 200µg diários para crianças e 400µg para adultos. Este valor é aumentado ao dobro para mulheres grávidas	A maioria dos micro-organismos pode sintetizar ácido folínico a partir de compostos simples; os animais superiores podem formular e reduzir o pteroilglutamado (com intervenção do ascorbato) para convertê-lo em tetrahidrofolato. Diversas bactérias requerem p-aminobenzoato para sintetizar o folato e esta síntese é bloqueada por antimetabólitos estruturalmente relacionados, como as sulfonamidas. A excreção da vitamina se faz pela urina (4µg diários em média) e pelas fezes (400µg diários), ainda que esta última fração seja fundamentalmente de origem bacteriana)	Em animais de experimentação (macaco, rato, cobaia, cachorro, frango) são produzidas com facilidade administrando sulfonamidas ou substâncias inibidoras análogas do ácido fólico. Os principais sintomas são o retardo no crescimento, a detenção no desenvolvimento dos elementos figurados do sangue, com acúmulo de megaloblastos e mieloblastos; o resultado é a anemia macrocítica, com granulocitopenia e trombocitopenia. Em seres humanos se desconhece a sintomatologia característica da deficiência, mas a julgar pelos quadros clínicos que são curados com a administração de ácido fólico, esta vitamina interfere no aparecimento da anemia macrocítica nutricional. O tratamento da doença celíaca com doses de 5 a 15mg/dia de ácido fólico, por via intramuscular, provoca uma completa melhoria do quadro patológico
Vitamina B12, cobalamina, fator antianemia perniciosa	No geral, a quantidade de vitamina B12 nos alimentos é baixa; as fontes mais ricas são as vísceras, em especial o rim e o fígado (50µg%). A carne magra tem apenas uns 33 µg%, o mesmo que os ovos, o leite e o queijo. A vitamina é praticamente ausente nas plantas. De fato, toda a vitamina B12 é proveniente da atividade biossintética de micro-organismos, incluindo os da flora intestinal dos animais. Nos herbívoros, esta é a fonte mais importante da vitamina. Nos ruminantes foram encontrados até 50µg por 100g de peso seco do conteúdo do rúmen	Não são conhecidos com certeza para os seres humanos. Os enfermos de anemia perniciosa podem responder a doses de 1µg diários; são recomendados para os seres humanos normais de 2 a 3µg diários, o que se consegue facilmente com uma dieta baseada em ovos, carne, leite e especialmente vísceras. Foram comunicados casos de glossite e "sintomas nervosos" em pessoas sujeitas a dietas vegetais estritas; isto sugere que o aporte proporcionado pelas bactérias intestinais deve ser de ínfima magnitude	A vitamina B12 procedente dos alimentos ou sintetizada pelas bactérias intestinais é absorvida apenas na presença do "fator intrínseco". A vitamina B12 é excretada no material fecal e sua quantidade aumenta, neste caso, quando existe anemia perniciosa. A vitamina B12 apenas aparece na urina quando é administrada por via intravenosa e não quando é administrada por via oral. O conteúdo de vitamina B12 no soro dos seres humanos é de 0,005 a 0,05 µg% e este valor é muito baixo em casos de anemia perniciosa. Seu principal sítio de armazenamento é o fígado. Não se conhece o destino metabólico da vitamina	Tanto em animais de experimentação como em seres humanos, a sintomatologia da deficiência se parece com a destacada para o folato. Como dados muito distintos, são observados a atrofia da mucosa bucal com inflamação generalizada, mais notável na língua e os transtornos neurológicos do tipo de lesões degenerativas dos cordões posteriores e laterais da medula. É muito notável também a presença de anemia macrocítica para formar o quadro completo da anemia perniciosa

Quadro 12-1. Principais características nutricionais das vitaminas (continuación)

Nomes	Fontes	Necessidades	Metabolismo	Deficiências
Vitamina C, ascorbato, vitamina antiescorbútica	Abundantes especialmente nas partes em crescimento ativo das plantas, como as folhas e flores; ocorre em menor proporção em tecidos animais; no leite de vaca há cerca de 20mg por litro. Os vegetais mais ricos em ácido ascórbico são as ervilhas e os vegetais com folhas, as batatas (muito boas sobretudo pelo amplo consumo deste tubérculo), os nabos, os tomates e as frutas cítricas como a laranja, o limão, a toranja, assim como a couve crua. A preparação dos alimentos (cozimento, trituração, entre outros) reduz a quantidade da vitamina ativa pela facilidade para formar compostos oxidados inativos	Adultos: 45mg por dia; mulheres grávidas e em lactância, de 60 a 80mg. Crianças: de 35 a 40mg segundo a idade. Os requerimentos aumentam em casos de infecções agudas ou crônicas	A vitamina não é sintetizada pelo homem, os primatas em geral e nem as cobaias. Os outros animais podem sintetizá-la a partir do esqueleto da glicose. Sua absorção é rápida e completa quando se administra por via oral ou parenteral. É encontrada em todos os tecidos, mas é mais abundante nas glândulas de secreção interna, o fígado, o cérebro, ou seja, nos tecidos metabolicamente ativos, exceto o músculo. Está presente, na maior parte, na forma reduzida. A concentração sanguínea da vitamina C no estado normal é de 1mg% em média; se a ingestão diminui, esta baixa até 0,1mg% ou ainda menos. Acima de 1 a 1,2mg% toda a vitamina ingerida ou injetada é excretada pela via renal como tal, ou como compostos inativos. Pode ser metabolizada até CO_2, H_2O e ácido oxálico	Em cobaias: escorbuto com formação deficiente da substância fundamental, o colágeno, o osteoide, entre outros. Alteração dos osteoblastos e odontoblastos. Tumefação articular por hemorragias subperiósticas. Hemorragias nas gengivas. Em seres humanos: hemorragias petequiais, subcutâneas e subperiósticas; inflamação das extremidades ósseas e da zona articular; fragilidade e hemorragia das gengivas, anemia, transtornos de cicatrização. Diminuição da vitamina C no plasma a valores de 0,3mg% ou ainda menores. Prova intradérmica positiva; desaparecimento muito lento da cor azul ao injetar intradermicamente 2,6-diclorofenol indofenol. Prova do laço positiva: aparecimento de petéquias no antebraço ao aplicar pressão no braço com um manguito. Prova de sobrecarga positiva: a administração de uma dose alta de ácido ascórbico não é seguida por sua eliminação urinária, pois este é retido no corpo
Vitamina A, retinoides, antixeroftálmica	A fonte dietética mais importante da vitamina são os carotenoides pró-vitamínicos, presentes em todos os vegetais e frutas amarelas, como as cenouras, o tomate, a batata doce, os pêssegos o milho amarelo, entre outras. Dos alimentos animais se obtém vitamina A pré-formada, em especial do leite, da manteiga e da gema do ovo. São fontes de vitamina A para a indústria: os fígados de peixe como o bacalhau, o halibut, o atum, certas espécies de tubarão, entre outros, nos quais atinge concentrações de até 1 e 15%	As recomendações do Conselho Nacional de Investigação fixam as necessidades em 5.00 UI diárias para os adultos, com aumentos durante o crescimento ou por gravidez e lactância. No entanto, trata-se de recomendações com grande margem de segurança, pois foram observados por anos, seres humanos sustentados com 2.500 UI sem consequências nocivas. Os requerimentos aumentam em casos de enfermidades hepáticas ou intestinais, que cursam, com absorção escassa	A vitamina A e os carotenos são absorvidos no intestino segundo os mecanismos de absorção das gorduras. A presença de sais biliares é indispensável para a absorção do caroteno. A vitamina A absorvida aparece no sangue esterificada a ácidos graxos. Nos tecidos, os carotenos são atacados por carotenases que liberam a estrutura ativa da vitamina A de sua molécula. O principal armazenador de vitamina A é o fígado e no homem e outras espécies assegura as necessidades por períodos de meses e ainda anos. No plasma, a vitamina A está na forma de álcool livre em valores médios de 40µg%. Os carotenoides asseguram a fonte constante de vitamina A, mas se requer hormônio tireoideano para sua transformação. Se excreta muito pouca vitamina A pela urina ou matéria fecal. Na lactância a excreção da vitamina pelo leite é considerável e pode ser até de 3.000 e mais UI diárias. A escassa excreção da vitamina permite o surgimento dos sintomas de hipervitaminose A devida à sua ingestão excessiva: dor articular, tumefação dos ossos largos, queda de pelo e ocasiões hemorrágicas aparentemente devidas a alterações da flora intestinal, com defeitos na formação de vitamina K	Nos seres humanos se apresenta xeroftalmia (engrossamento da conjuntiva com aparição de manchas), queratomalacia com ulceração da córnea, cegueira noturna e hiperqueratose folicular do epitélio cutâneo. O conteúdo de vitamina A no sangue abaixa, está maior o tempo de adaptação ao escuro e são encontradas células hiperqueratinizadas na secreção vaginal ou conjuntival, mas estes últimos sinais não são constantes nem proporcionais à gravidade do quadro. Nos animais de experimentação além dos sinais para o homem, são encontrados defeitos na fecundação ou implantação do ovo e alterações na gestação ou na prole. Observa-se, além disso, um defeito na reabsorção dos ossos que determina seu crescimento grosso e compacto

Quadro 12-1. Principais características nutricionais das vitaminas (continuación)

Nomes	Fontes	Necessidades	Metabolismo	Deficiências
Vitamina D, vitamina antirraquítica, vitamina D2 (calciferol, ergosterol; ergocalciferol ativado; ergosterol radiado), vitamina D3 (7-desidrocolesterol), colecalciferol	O ergosterol é a fonte mais comum no reino vegetal, mas é de pouco valor nutritivo, por sua escassa absorção; o calciferol sim é absorvido com facilidade. Nos animais e no homem a estrutura mais frequente é o 7-desidrocolesterol, que é ativado na pele pelos raios solares ultravioleta. As fontes dietéticas mais ricas da vitamina são o fígado e as vísceras de peixes e animais que se alimentam de peixes. Também há vitamina D na gema de ovo (300 UI%) e leite (30 UI por litro), mas a atividade desta última pode ser incrementada irradiando-a com luz ultravioleta	Em adultos, a radiação da pele proporciona suficiente vitamina D para conservar o estado de saúde. Quando a ingestão de cálcio e de fósforo é adequada, se recomendam até 400UI diárias. A ingestão excessiva de vitamina D produz sintomas de hipervitaminose, entre os que se destacam a calcificação anormal dos tecidos moles e de vísceras como os rins e os pulmões. Apresenta-se hipercalcemia e hiperfosfatemia, que podem ser causa do aparecimento de cálculos renais. No esqueleto das crianças com hipervitaminose se observa descalcificação	O ergosterol irradiado é absorvido rapidamente no intestino, mas é necessária a presença de sais biliares. O principal sítio de armazenamento é o fígado, mas também existe em outras vísceras, na pele e nos ossos. Uma vez armazenada, a diminuição é lenta, talvez porque seja destruída ou excretada em pequena proporção. A vitamina não é excretada pela urina. Aparece no leite de acordo com o consumo, chegando a alcançar valores de 1.000UI. O 7-desidrocolesterol é a forma em que a vitamina D3 se encontra na maioria dos alimentos. Ao ser irradiada com luz ultravioleta é convertida em colecalciferol ou vitamina D3 ativa. O colecalciferol é transformado em 25-hidroxicolecalciferol por uma enzima das mitocôndrias hepáticas. No rim, outra enzima hidroxila o último composto para formar o 1,25-diidroxicolecalciferol, que é a forma metabolicamente ativa da vitamina e que exerce ação no nível intestinal, ósseo e renal	Nos seres humanos, a deficiência de vitamina D durante o período de crescimento produz o raquitismo; nos adultos causa a osteomalácia. Histologicamente, se encontra mineralização defeituosa do tecido osteoide, reconhecível radiograficamente. As forças que os músculos exercem sobre os ossos debilitados deformam estes e aparecem alterações típicas como o rosário raquítico, nas articulações esternocostais, o tórax em quilha, as pernas arqueadas para fora, entre outros. Os enfermos com deficiências mostram concentração baixa de fosfatos, aumento da atividade de fosfatase alcalina no soro, diminuição do cálcio e fósforo urinários e seu aumento nas fezes. Nos ratos se produz deficiência de vitamina D e raquitismo com facilidade diminuindo a ingestão de cálcio e de fósforo ou se administra-se substâncias para impedir a absorção de fósforo. As alterações são muito parecidas com as dos seres humanos
Vitamina E, tocoferóis: α-, β-, γ-, etc. vitamina "anti-esterilidade" vitamina da "fertilidade"	É encontrada, sobretudo em plantas, ainda que também exista em tecidos ou produtos animais como o leite, os ovos, a carne de vaca ou de peixe. As gorduras procedentes dos germens de sementes, especialmente de trigo e outras gramíneas, são a fonte mais rica da vitamina	Recomenda-se a ingestão de 5UI para os lactantes, 10UI para os homens, para as mulheres grávidas e durante a lactância e 12UI para as mulheres. Insiste-se, além disso, em que se mantenha uma relação entre a ingestão de vitamina E/ácidos graxos poliinsaturados de 0,4	Os tocoferóis são absorvidos com facilidade na presença de sais biliares e se distribuem em todos os tecidos, ainda que em escassa proporção, o que sugere sua rápida destruição; a excreção ela urina é muito limitada. Nos seres humanos existe cerca de 1mg% de tocoferol no soro, de origem biliar e através das fezes se elimina no homem o produto de oxidação do α-tocoferol, conjugado com duas moléculas de ácido glicurônico	Em animais de experimentação (ratos, coelhos, cobaia), são observados transtornos na esfera reprodutiva, como alterações degenerativas que conduzem à esterilidade e desenvolvimento defeituoso do embrião no útero, seguido com frequência de sua reabsorção. Nos músculos destacam-se os fenômenos da distrofia muscular com inflamação, necrose e degeneração, que se manifesta por debilidade e paralisia. Aumento da concentração de creatinina principalmente no sangue e na urina. Os animais nascidos de mães com deficiência em vitamina E também apresentam as características histológicas e bioquímicas dos animais adultos com deficiência. Nos lactantes foi descrito um quadro de deficiência com baixos níveis de tocorefol no sangue, baixa de peso corporal, anemia, reticulocitose e edema. A síndrome responde muito satisfatoriamente à administração exclusiva de vitamina E por via oral

Quadro 12-1. Principais características nutricionais das vitaminas (continuación)

Nomes	Fontes	Necessidades	Metabolismo	Deficiências
Vitamina K, naftoquinonas, vitaminas K1, K2, K3, (menadiona), vitamina anti-hemorrágica	Os vegetais são boas fontes naturais de vitamina K. Os vegetais verdes com folhas, como a alfafa, o espinafre, a couve-flor, os tomates e o farelo de arroz são as melhores fontes. A vitamina K2, (farnoquinona), é produzida por toda classe de bactérias, de maneira que todos os materiais de origem vegetal ou animal putrefatos contêm muita vitamina K. Depois do nascimento, a flora intestinal produz tal quantidade de vitamina que satisfaz as necessidades ao principio da vida, quando as reservas proporcionadas pela mãe são escassas	Nos seres humanos, devido à síntese das bactérias intestinais, cs requerimentos são totalmente satisfeitos sem necessidade de fontes externas de vitamina. Quando a absorção da vitamina K é impedida ou é bloqueado de alguma mane ra seu ingresso no organismo, a injeção de 1 a 2mg diários basta para impedir a aparição de sintomas	A absorção da vitamina se faz como a das gorduras, e são necessários sais biliares para acontecer. É muito pouco armazenada porque é utilizada com grande rapidez. Não existem quantidades importantes no sangue e não se reconhece na urina. A vitamina K presente nas fezes é provavelmente de origem bacteriana intestinal. Pode-se considerar que a vitamina K1 é a molécula precursora da coenzima Q, indispensável nos processos de fosforilação oxidativa	Nos seres humanos apresentam-se deficiências de vitamina K quando sua absorção intestinal é defeituosa, quando não é produzida pelas bactérias intestinais ou quando não é utilizada na síntese de protrombina; por exemplo, nos casos de enfermidades hepáticas. A falta de vitamina K ocasiona a baixa atividade da protrombina e a coagulação do sangue é perturbada, podendo ocorrer graves hemorragias. Ocasionalmente, nos recém-nascidos são observados quadros hemorrágicos graves que são atribuídos a uma implantação defeituosa da flora bacteriana intestinal. Nos animais (frango, rato, camundongo), a deficiência de vitamina K é obtida por meios dietéticos ou pelo emprego de bacteriostáticos, produzindo-se também um quadro hemorrágico. A administração de dicumarol, substância análoga à vitamina, produz hipoprotrombinemia, que é melhorada com a administração de vitamina K

VITAMINAS HIDROSSOLÚVEIS

Tiamina

A tiamina ou vitamina B_1, vitamina antineurítica ou a antiberibérica, foi uma das primeiras vitaminas cuja carência pode ser relacionada com uma enfermidade específica, o beribéri humano, observado em grupos de população que têm uma dieta baseada em arroz polido, pois a tiamina está presente em maior quantidade na casca do grão. No quadro clínico se destacam a polineurite e o edema; as manifestações da deficiência desaparecem ao administrar-se o farelo do arroz ou tiamina pura.

Dentro da célula, a tiamina se transforma em tiamina pirofosfato em uma reação que é catalisada pela tiamina pirofosfotransferase (figura 12-1). Por outro lado, as fosfatases que são encontradas no intestino e em outros tecidos, se encarregam de eliminar o grupo pirofosfato para regenerar a tiamina (figura 12-1).

O pirofosfato de tiamina participa como coenzima em reações nas quais há uma transferência de uma unidade de aldeído ativada. Tanto na descarboxilação oxidativa dos α-cetoácidos como na transcetolação, os grupos aldeído são eliminados da molécula. Nestas reações, o carbono 2 do anel de tiazol participa diretamente da formação de uma ligação covalente com o substrato, já que tem uma forte tendência a formar um carbânion, com grande caráter nucleofílico (figura 12-1). A figura 12-2 mostra a reação catalisada pela piruvato descarboxilase. Destaca-se o ataque nucleofílico do carbânion do tiazol sobre o carbono do grupo carbonila do piruvato, que resulta em um intermediário covalente. No passo final sai o acetaldeído, e o carbânion do tiazol se regenera.

Riboflavina

A falta de riboflavina se manifesta, nos seres humanos por queilose, ou seja, fissuras das comissuras da boca, dermatite seborreica, glossite e lesões oculares, aumento da vascularização da córnea e opacidade desta.

A riboflavina ou vitamina B_2, constituída pelo D-ribitol e a 7,8-dimetilisoaloxazina (figura 12-3), faz parte de duas coenzimas. No mononucleotídeo de flavina (FMN, do inglês *flavin mononucleotide*), o D-ribitol

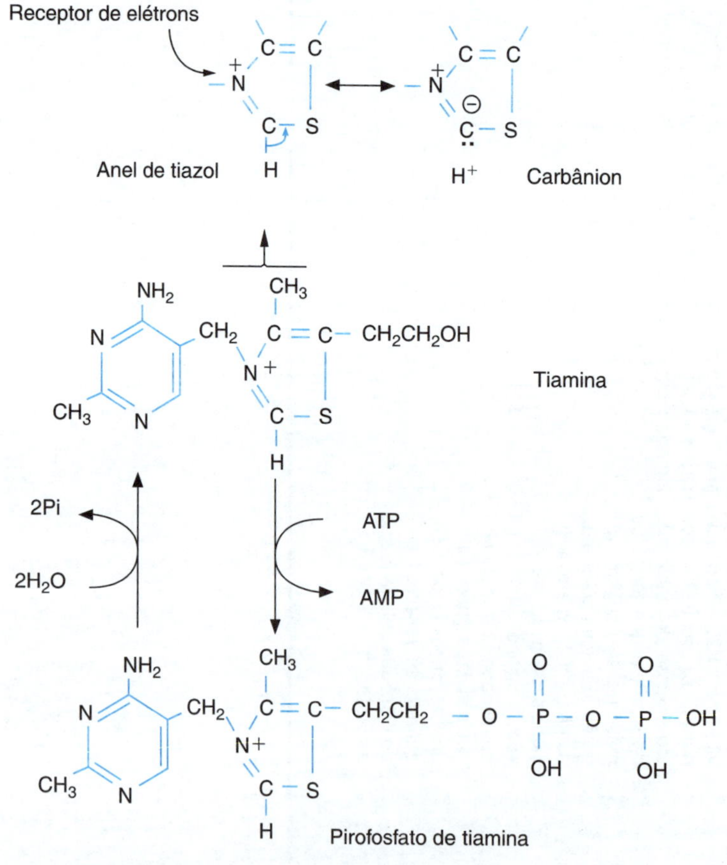

Receptor de elétrons
Anel de tiazol
Carbânion
Tiamina
2Pi
$2H_2O$
ATP
AMP
Pirofosfato de tiamina

Figura 12-1. Relação entre a tiamina e o pirofosfato de tiamina. Uma pirofosfoquinase catalisa a transferência do pirofosfato do ATP para a tiamina para obter o pirofosfato de tiamina. Por sua vez, esta última molécula perde seus grupos fosfato por meio da atividade de uma fosfatase. Um dos anéis da tiamina é um bom aceptor de elétrons, pelo que se facilita a formação de um carbânion nucleofílico (um carbono com dois elétrons livres pareados).

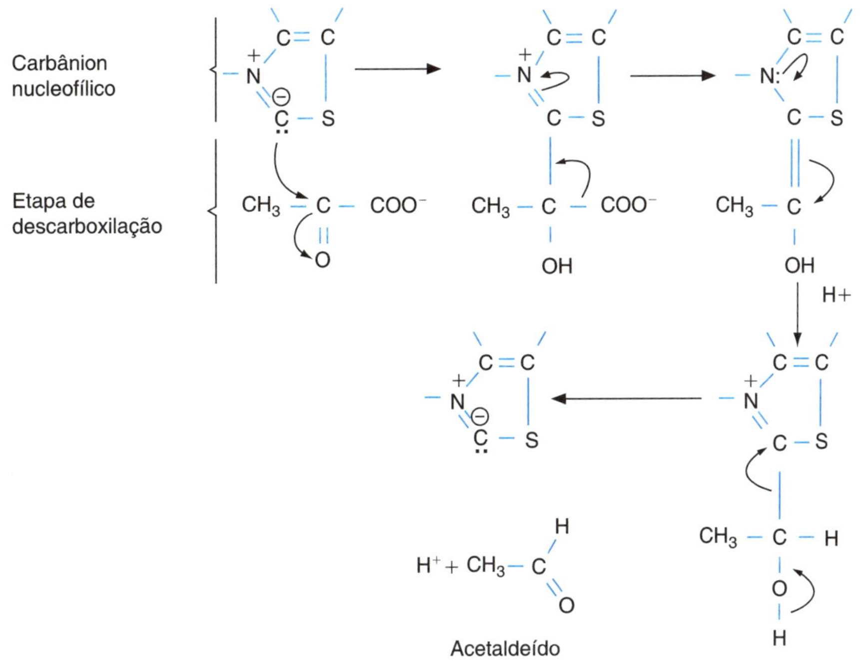

Figura 12-2. Mecanismo da reação de descarboxilação do piruvato na presença da tiamina. Somente um dos dois anéis da tiamina é mostrado no esquema.

é fosforilado na hidroxila que se encontra em um dos extremos da molécula (figura 12-4); enquanto que no dinucleotídeo de flavina e adenina (FAD, do inglês *flavin adenine nucleotide*), o fosfato do D-ribitol do RMN se une a uma molécula de AMP (figura 12-4). Geralmente, o FMN e o FAD se associam fortemente à enzima, de tal maneira que são necessárias condições desnaturantes para conseguir sua separação. Por esta razão, estas moléculas são chamadas grupos prostéticos. Em alguns outros casos, a união da coenzima à proteína ocorre através de ligações covalentes.

A riboflavina, na sua forma de coenzima, participa de reações de oxidorredução, nas quais há uma adição de dois átomos de hidrogênio ao anel de isoaloxazina, com o qual o substrato é oxidado e a coenzima é reduzida (figura 12-5). A natureza das enzimas que contêm FMN e FAD como grupo prostético é muito diversa, algumas funcionando como desidrogenases (succinato desidrogenase), outras como oxidase (xantina oxidase) e outras mais como descarboxilases (triptofano mono-oxidase).

Niacina

A niacina ou ácido nicotínico foi relacionada à pelagra, quadro clínico de carência caracterizado por dermatite, glossite, diarreia e, nos estados terminais da enfermidade, por transtornos mentais do tipo demência. Ainda que a niacina com frequência melhore os sintomas, na pelagra domina a alteração nutricional múltipla.

No entanto, a dieta que produz a pelagra habitual-

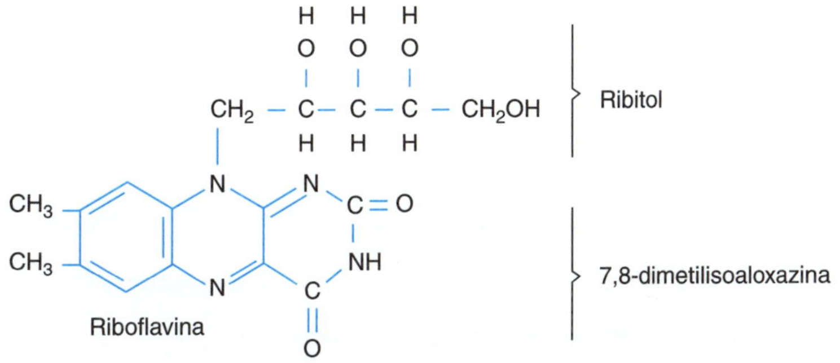

Figura 12-3. Estrutura química da riboflavina. A riboflavina é composta pelo ribitol (um poliálcool de 5 átomos de carbono) e a 7,8 dimetilisoaloxazina.

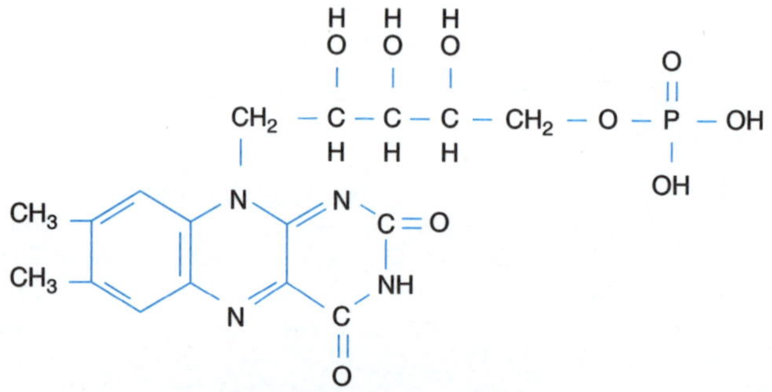

Mononucleotídeo de flavina (FMN)
(monofosfato de riboflavina)

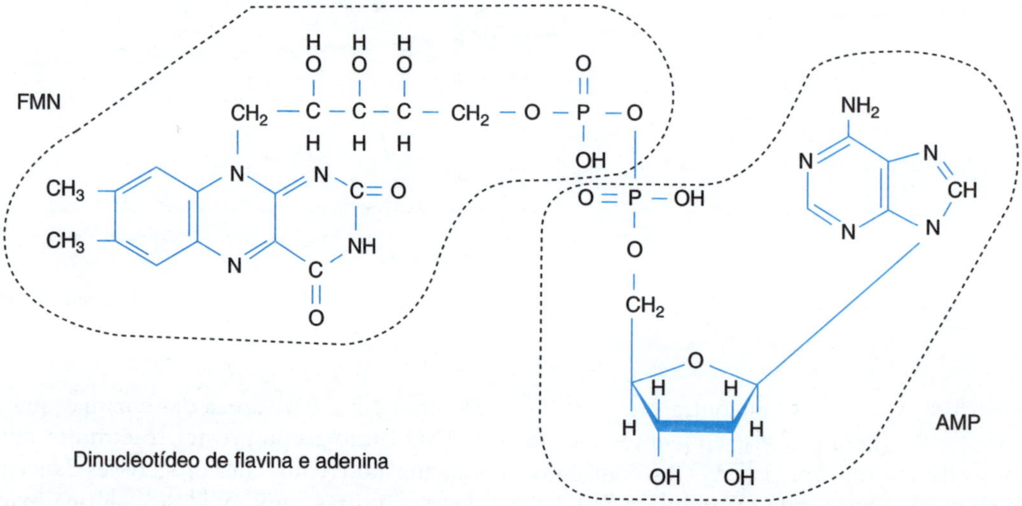

FMN

AMP

Dinucleotídeo de flavina e adenina

Figura 12-4. Estrutura química do mononucleotídeo de flavina (FMN) e do dinucleotídeo de flavina e adenina (FAD). Pode-se ver que o mononucleotídeo de flavina é produzido ao unir um grupo fosfato à riboflavina. O FAD é o resultado da união de uma molécula de FMN e outra de AMP.

mente é baixa em niacina ou em seus precursores. A dieta pelagragênica experimental típica se caracteriza por ter uma grande quantidade (60% ou mais de suas calorias) de milho e muito pequenas quantidades de proteína de origem animal, além de carecer de vegetais frescos. A relação entre o milho e a pelagra poderia dever-se ao fato de a proteína do milho ser incompleta e ter pouco triptofano, precursor da niacina. Em nosso meio, como o alimento básico é o milho, é necessário proporcionar proteínas que contenham maiores quantidades de triptofano ou a quantidade adequada de niacina. No entanto, existem outros fatores que influem nestas relações. Por exemplo, o tratamento do milho com hidróxido de cálcio (cal), para prepará-lo na forma de "tortilhas", libera niacina a partir de certas formas conjugadas. Assim, a administração de milho cru a animais produz os sinais da pelagra; ao contrário, a administração de milho tratado com hidróxido de cálcio (ou qualquer álcali) impede a aparição das manifestações carenciais.

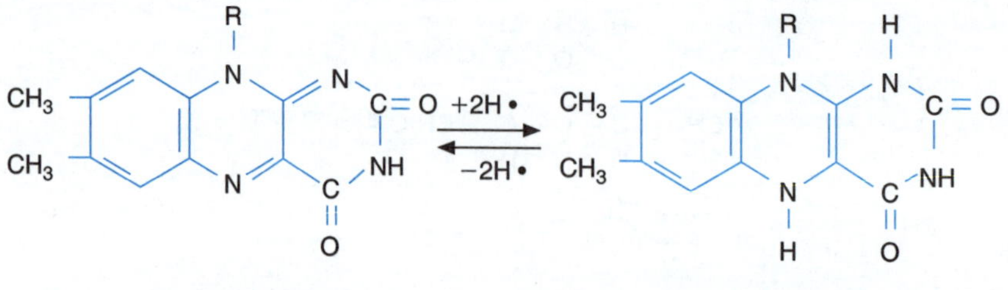

Flavina oxidada

Flavina reduzida

R = resto da molécula de FMN ou FAD

Figura 12-5. Reação de oxidorredução na qual interfere a riboflavina do FMN ou do FAD. O anel de 7,8-dimetilisoaloxazina da riboflavina recebe dois átomos de hidrogênio (H.).

Figura 12-6. Estrutura química do ácido nicotínico e da nicotinamida.

O ácido nicotínico se transforma na nicotinamida (figura 12-6), a qual faz parte de duas coenzimas: o dinucleotídeo de nicotinamida e adenina (NAD^+, do inglês *nicotinamide adenine dinucleotide*) e o fosfato do dinucleotídeo de nicotinamida e adenina ($NADP^+$, do inglês *nicotinamide adenine dinucleotide phosphate*) (figura 12-7). Os nucleotídeos de nicotinamida estão envolvidos em reações de oxidorredução, do tipo das desidrogenases, nas quais são eliminados dois átomos de hidrogênio de um substrato. As desidrogenases que utilizam estas coenzimas participam da oxidação de álcoois, aldeídos, ácidos e α-aminoácidos. Neste processo ocorre a transferência, ao anel da nicotinamida, de um íon hidreto (um átomo de hidrogênio com um elétron a mais), junto com a liberação de um próton (figura 12-8). Diferente das flavo-coenzimas, que se unem fortemente à enzima, o NAD^+ e o $NADP^+$ funcionam como co-substratos, de tal maneira que, ao final do ciclo catalítico, as coenzimas reduzidas são liberadas ao meio junto com o produto oxidado. A coenzima pode ser tomada por outra enzima dependente de NAD^+ ou $NADP^+$ para catalisar outra reação de oxidorredução diferente e, com isto, regenerar a forma oxidada da coenzima. Este ciclo de redução-oxidação da coenzima é essencial para manter a síntese de ATP, tanto na fosforilação no nível do substrato como na fosforilação oxidativa.

Piridoxina

Do ponto de vista nutricional humano, a piridoxina tem um interesse secundário; não foi demonstrada, de forma definitiva, ainda a relação entre sua carência e a aparição de sintomas ou sinais específicos. Possivelmente, a quantidade de piridoxina presente em qualquer dieta, ou a contribuição da flora intestinal no ser humano, satisfaz a necessidade dietética da vitamina. Em ratos, sua deficiência costuma provocar uma dermatite característica.

No fígado, a piridoxina que é absorvida no intestino se transforma no fosfato de piridoxal, mediante a intervenção de várias enzimas (figura 12-9). Na primeira das reações se forma o fosfato de piridoxina, o qual se oxida

Monofosfato de adenosina (AMP)

Pseudo-nucleotídeo

Dinucleotídeo de nicotinamida e adenina (NAD^+)

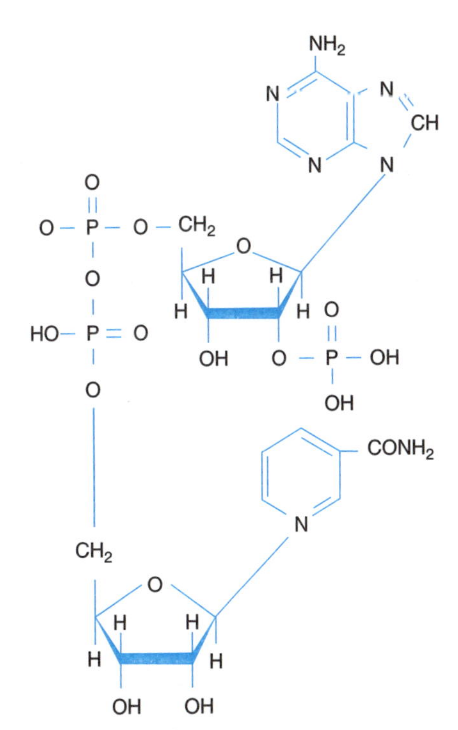

Fosfato do dinucleotídeo de nicotinamida e adenina ($NADP^+$)

Figura 12-7. Estrutura química do dinucleotídeo de nicotinamida e adenina (NAD^+) e do fosfato do dinucleotídeo de nicotinamida e adenina ($NADP^+$).

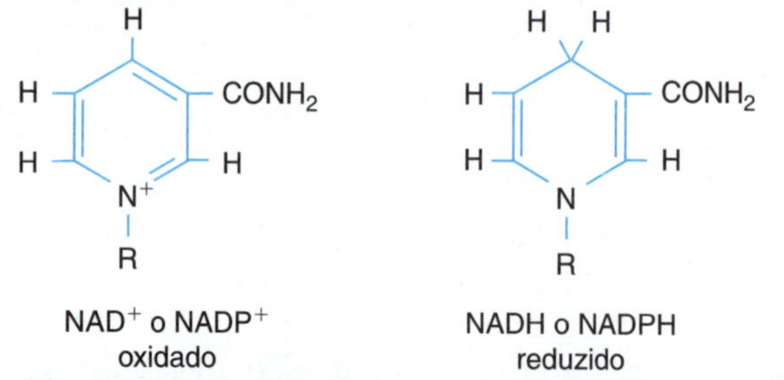

NAD^+ o $NADP^+$ oxidado

NADH o NADPH reduzido

Figura 12-8. Forma oxidada e reduzida do NAD^+ e $NADP^+$. Ao ser reduzida, a nicotinamida aceita um íon hidreto (um átomo de hidrogênio com um elétron a mais: H:).

a fosfato de piridoxal por meio de uma enzima que contém FAD como grupo prostético. Com a ação de uma transaminase, que utiliza o aspartato como doador do grupo amino, se obtém o fosfato de piridosamina. Como se observa na figura 12-9, o ácido 4-piridóxico é obtido através da ação de uma fosfatase e uma desidrogenase dependente de NAD^+.

O fosfato de piridoxal e de piridoxamina participam em reações de transaminação, descarboxilação e racemização (figura 12-10). O fator comum nestas reações é a formação de uma base de Schiff (aldimina), entre o grupo ε-amino de um resíduo de lisina na proteína e o fosfato de piridoxal. Durante o curso da reação, esta ligação se substitui por outra base de Schiff entre a coenzima e o grupo amino de um aminoácido (figura 12-10).

Ácido pantotênico

O ácido pantotênico (figura 12-11) é uma substância indispensável para as plantas, às bactérias e diversos animais, como os mamíferos superiores. No ser humano, foi descrita uma sintomatologia típica de sua deficiência; em espécies animais de laboratório, demonstra-se a necessidade de sua presença na dieta. Em todo caso, suas funções são muito importantes para a fisiologia de todos os indivíduos. Nos animais, a deficiência de ácido pantotênico se caracteriza por uma variedade de sintomas de predomínio cutâneo

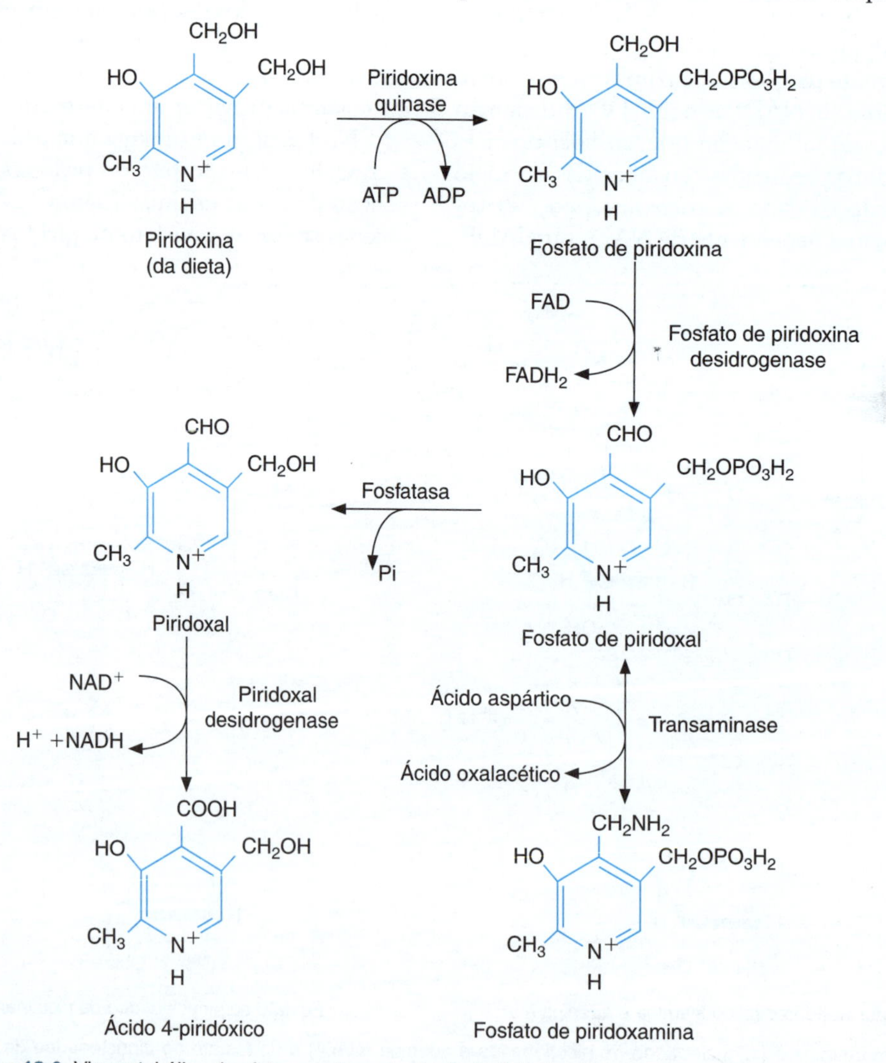

Figura 12-9. Via metabólica da síntese e degradação do fosfato de piridoxamina e do fosfato de piridoxal.

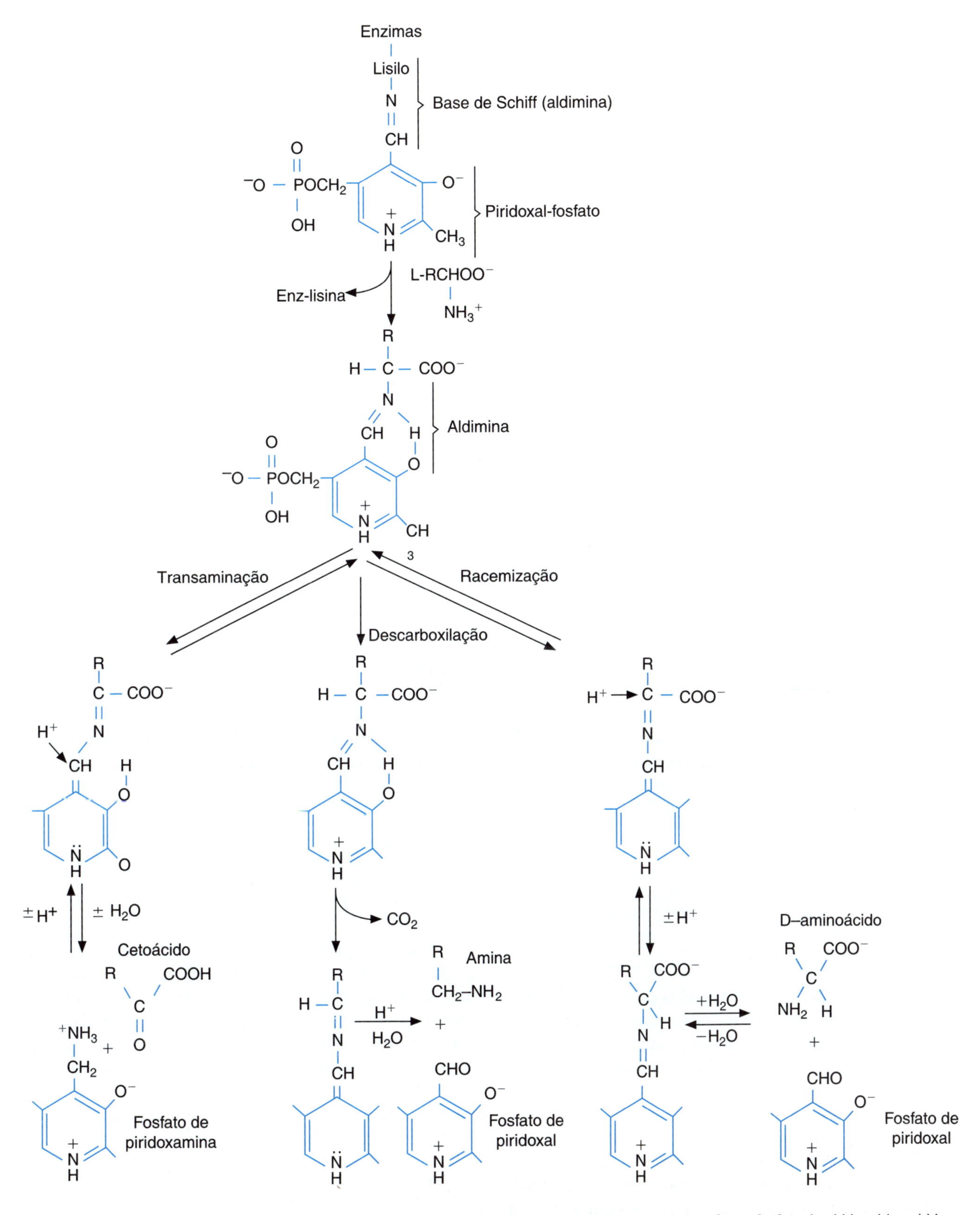

Figura 12-10. Mecanismo das reações de transaminação, descarboxilação e racemização nas quais interfere o fosfato de piridoxal (ou piridoxamina). O fosfato de piridoxal se une covalentemente a uma lisina da enzima, formando uma base de Schiff. O aminoácido que entra no sítio ativo desloca a lisina e produz uma aldimina com o fosfato de piridoxal. Em função da enzima e dos respectivos rearranjos eletrônicos que ocorrem no sítio ativo, obtém-se uma transaminação, descarboxilação ou racemização do aminoácido.

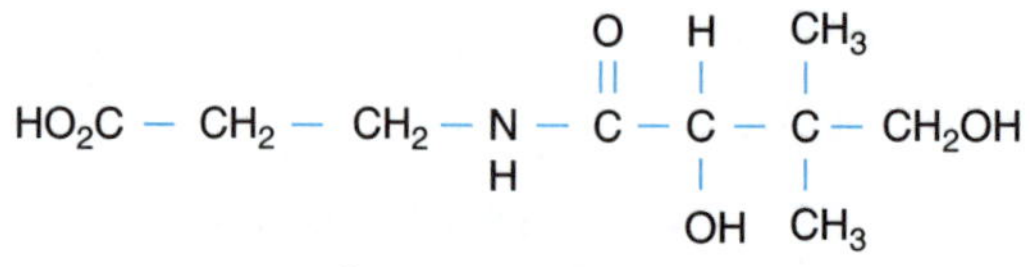

$HO_2C - CH_2 - CH_2 - NH - CO - CH(OH) - C(CH_3)_2 - CH_2OH$

Ácido pantotênico

Figura 12-11. Estrutura química do ácido pantotênico.

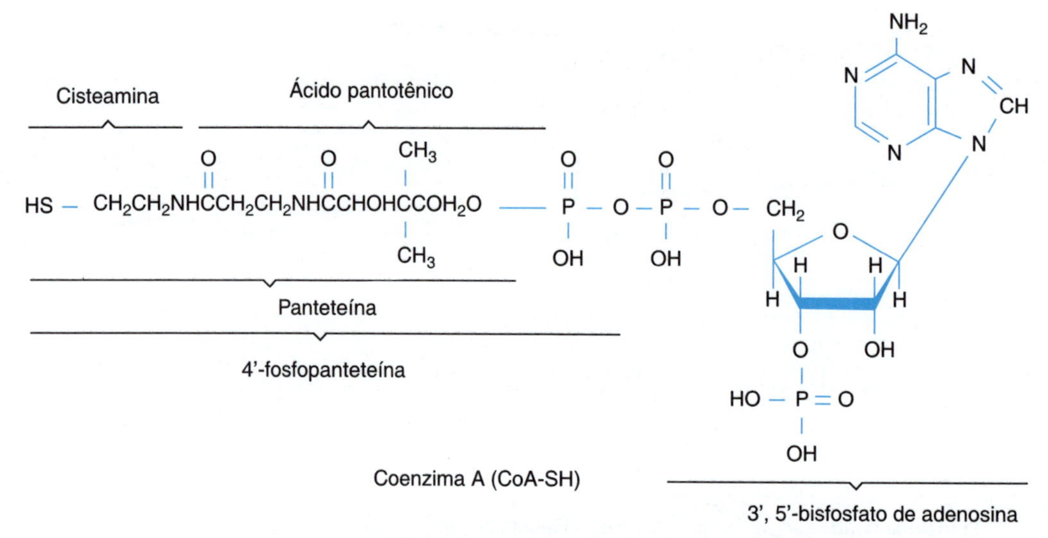

Figura 12-12. Estrutura química da coenzima A (CoA-SH).

(dermatite, alopecia, atrofia epidérmica), sinais e sintomas nervosos e digestivos, assim como anemia.

O ácido pantotênico é um componente da proteína carreadora de acilas (síntese de ácidos graxos) e da coenzima A (figura 12-12), que também serve como carreadora de acilas ativadas, em processos tão diversos como a β-oxidação, a acetilação ou palmitoilação de proteínas, ou a formação de ácido cítrico no ciclo de Krebs. Como a ligação fosfodiéster entre o tiol da coenzima A e a carboxila do grupo acila é de alta energia, com um ΔG^o de hidrólise comparável ao do ATP, é necessário um gasto de energia livre para sua formação:

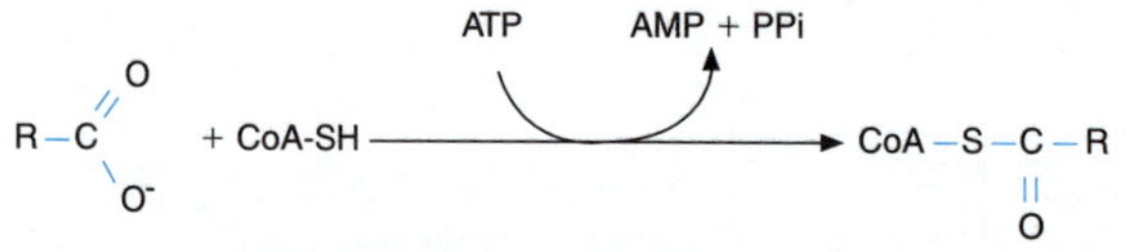

$$R-COO^- + CoA\text{-}SH \xrightarrow{ATP \rightarrow AMP + PPi} CoA-S-CO-R$$

Ácido graxo Coenzima A (CoA) Acil-CoA

Biotina

A biotina (figura 12-13) foi reconhecida como fator de crescimento para micro-organismos e, além disso, pelas alterações provocadas em ratos alimentados com quantidades excessivas de clara de ovo crua, muito rica na proteína avidina; no intestino esta última se combina com a biotina e impede sua absorção, causando um quadro de carência. No ser humano não foi descrita nenhuma enfermidade por carência de biotina. Os requerimentos diários são calculados entre 10 e 300 µg, os quais são sintetizados amplamente pela flora intestinal.

Esta vitamina se une covalentemente com a enzima por meio do grupo ε-amino de um resíduo de lisina (figura 12-13). A hidrólise da proteína produz a biocitina, molécula composta por uma lisina e a biotina.

A biotina participa de reações de carboxilação, nas quais se forma o complexo carboxila-biotina-enzima, que logo transfere o grupo carboxila a um substrato aceptor através de uma reação de transcarboxilação (figura 12-14). Entre as enzimas que utilizam a biotina se encontram a piruvato carboxilase (gliconeogênese), a acetil-CoA carboxilase (síntese de ácidos graxos) e a propionil-CoA carboxilase (transformação do propionil-CoA em succinil-CoA).

Folato

Folato é o nome comum do pteroilglutamato (figura 12-15), abundante nas frutas e nos vegetais. A deficiência de folato no homem se deve à sua carência na dieta, à sín-

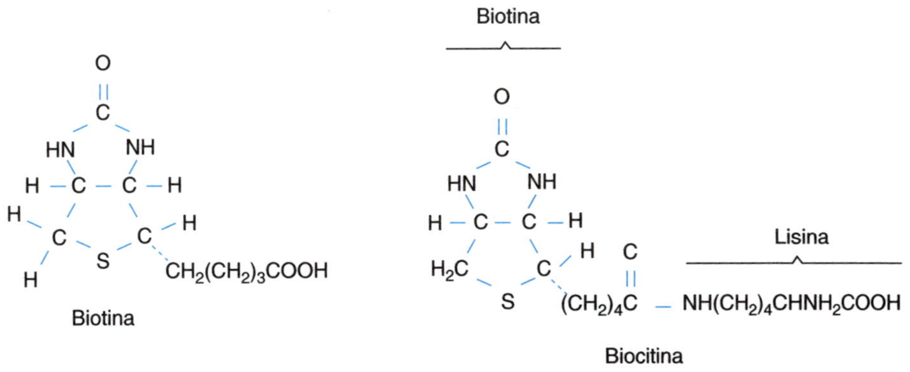

Biotina

Lisina

Biotina

Biocitina

Figura 12-13. Estrutura química da biotina e da biocitina. A biocitina é produzida quando a biotina se une a uma lisina.

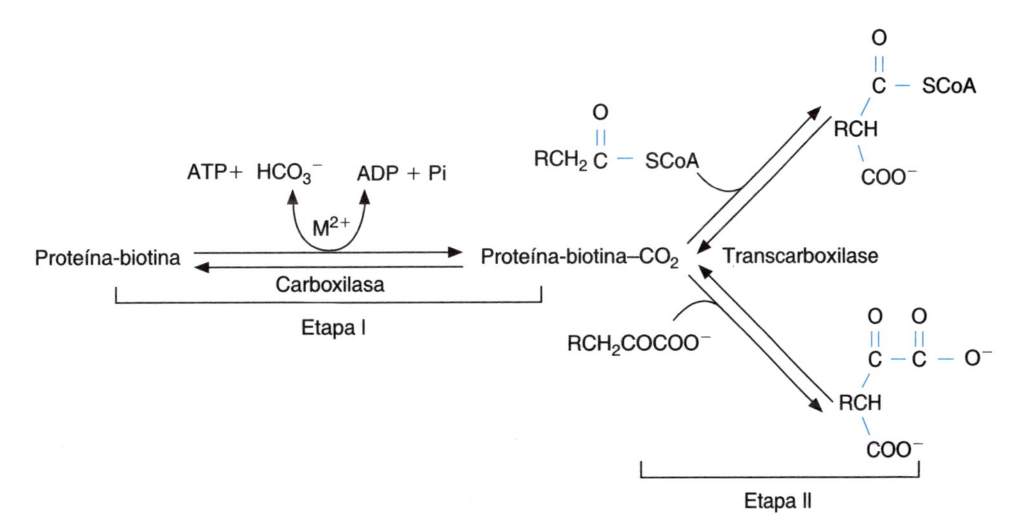

Figura 12-14. Reação de carboxilação catalisada por enzimas que contêm biotina. Em uma primeira etapa, a biotina é carboxilada e, na segunda etapa, o grupo carboxila (CO_2^-) é transferido a uma molécula aceptora.

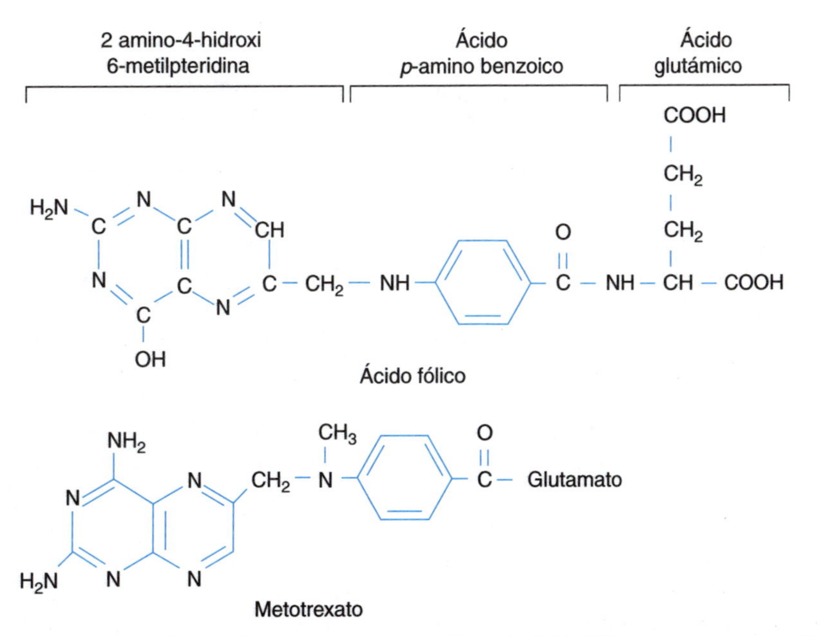

Figura 12-15. Estrutura química do ácido fólico e do metotrexato, um análogo do ácido fólico que se usa como fármaco contra o câncer.

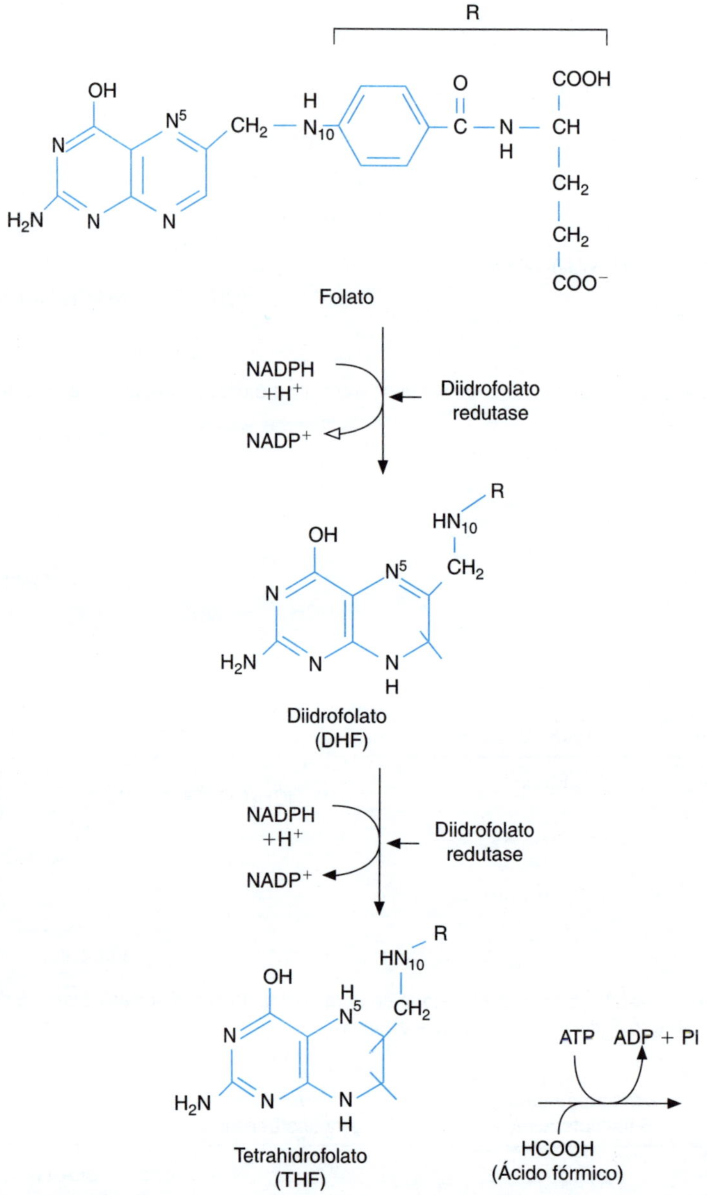

Figura 12-16A. Via metabólica da síntese dos derivados do ácido fólico.

drome de má absorção ou à descompensação funcional da gravidez. Um papel muito importante do folato é o de participar da síntese da timina, base pirimídica integrante do DNA. As células com maior atividade duplicativa, como as hemácias e as do intestino, são as primeiras a demonstrar sinais da deficiência: diminuição da hemoglobina, alterações nas células da medula óssea e anemia macrocítica. Em certos casos de doença celíaca é difícil saber se a falta de absorção provocou a deficiência de ácido fólico ou se ao contrário, a deficiência de ácido fólico impede a duplicação das células intestinais por uma má absorção intestinal. Em todo caso, na doença celíaca se obtém uma resposta surpreendentemente favorável ao administrar uma dose de uns 10mg diários de ácido fólico.

A função do tetrahidrofolato (THF), a coenzima da vitamina, é carregar unidades de um átomo de carbono com diferentes graus de oxidação. O ácido fólico que é absorvido no intestino é reduzido dentro das células até ácido tetrahidrofólico (Figura 12-16). Trata-se de um processo mediado pela diidrofolato redutase. Esta enzima é de interesse médico, por ser alvo de vários agentes antitumorais, entre os quais se encontra o metotrexato, cuja estrutura é muito similar à do ácido fólico (figura 12-15). Por sua vez, o ácido tetrahidrofólico reage com o ATP e o formiato para dar lugar ao N10-formil-tetrahidrofolato, o qual sofre diferentes processos de oxidorredução que conduzem à formação do 5,10-meteniltetrahidrofolato, 5,10-metilenoTHF e o 5-metil THF (figura 12-16).

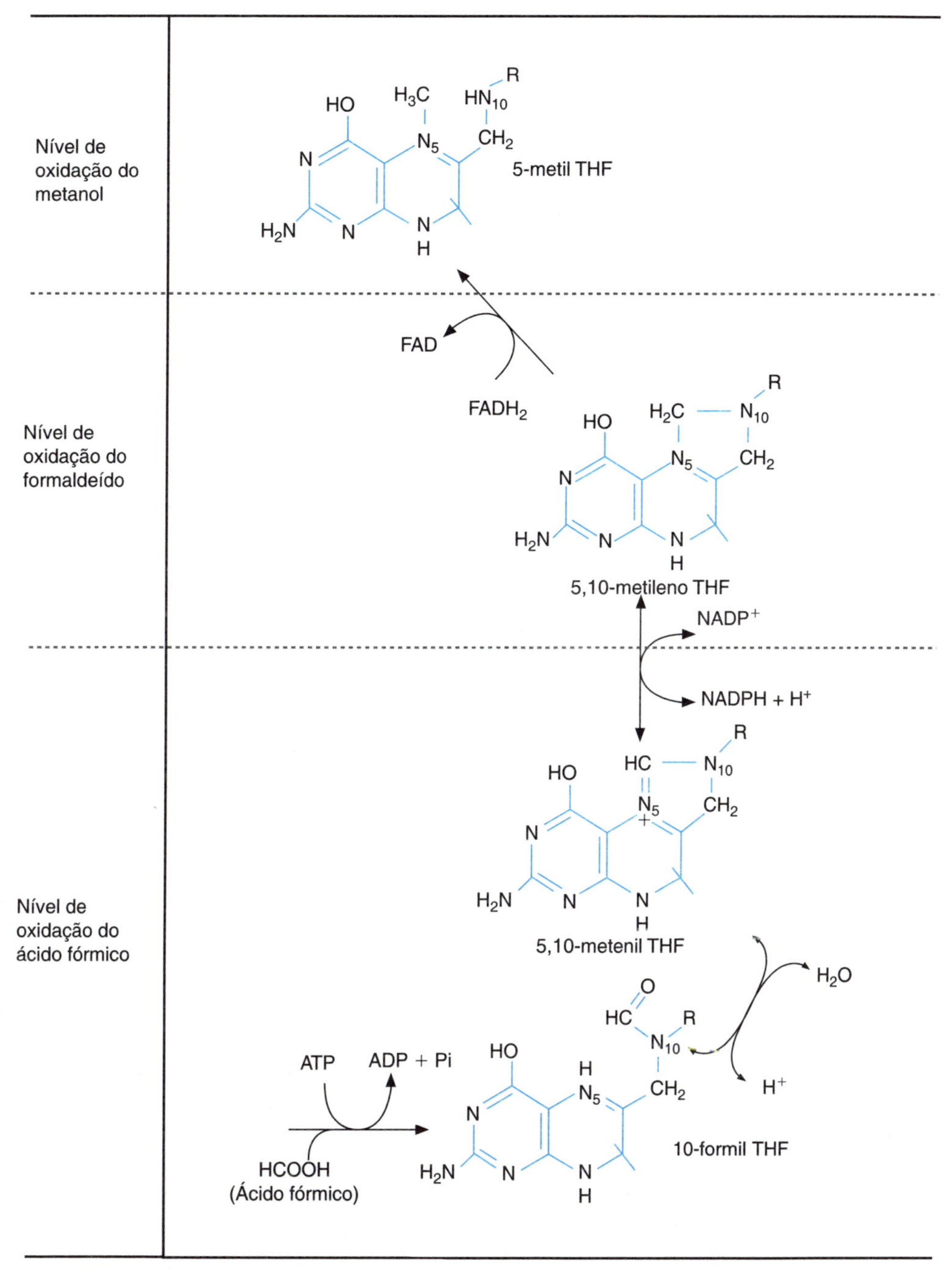

Figura 12-16B. Via metabólica da síntese dos derivados do ácido fólico.

Vitamina B_{12}

A vitamina B_{12} é uma família de compostos organometálicos com cobalto, os quais, por não serem sintetizados no corpo humano, devem ser administrados na dieta na forma de produtos cárnicos ou lácteos. A vitamina B_{12} da dieta se une a uma glicoproteína de peso aproximado de 50.000, produzida pelas células parietais do estômago, chamada de fator intrínseco. No íleo distal, este complexo libera a vitamina B_{12}, a qual é transportada no sangue pela transcobalamina II e captada finalmente pelo fígado e a medula óssea. O requerimento mínimo diário de vitamina B_{12} é de cerca de 2,5μg e normalmente há 4mg desta no fígado e em outros tecidos; assim, em caso não ingestão total, há reservas nos seres humanos para uns quatro anos. A transcobalamina I também transporta a vitamina B_{12} no sangue e permite que esta se armazene nos tecidos.

As deficiências dietéticas de vitamina B_{12} estão relacionadas com transtornos de sua absorção; portanto,

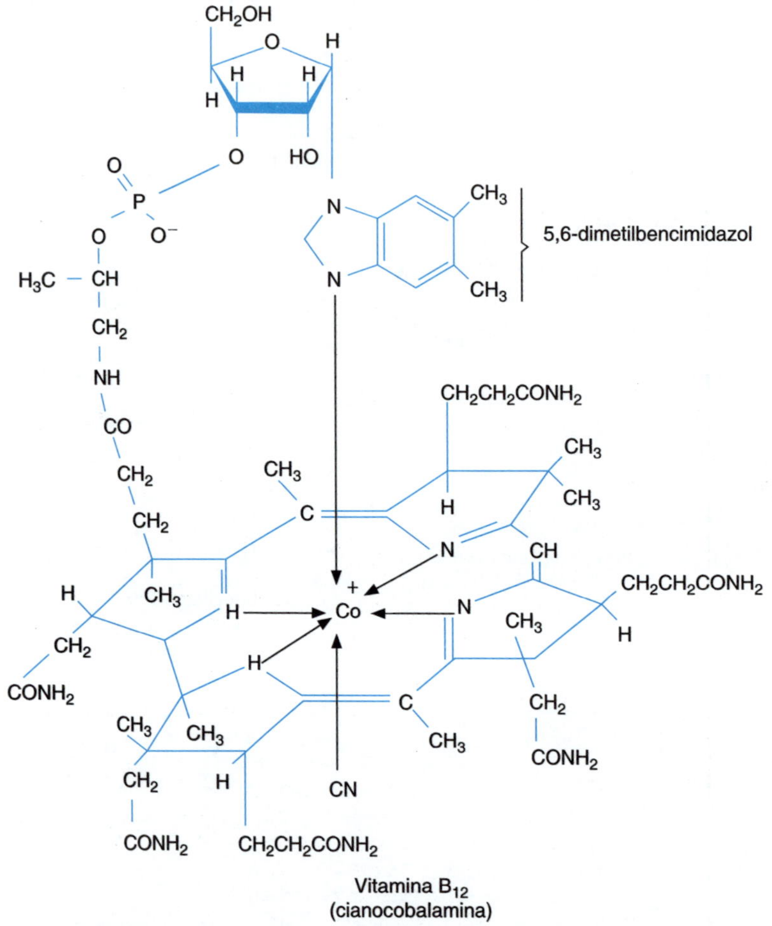

Vitamina B_{12}
(cianocobalamina)

Figura 12-17. Estrutura química da cianocobalamina ou vitamina B_{12}.

em casos de carência é necessário administrá-la por via parenteral. Existem transtornos de absorção da vitamina B_{12}, depois da gastrectomia total, devidos à falta do fator intrínseco produzido pelo estômago.

Como se pode apreciar na figura 12-17, a vitamina B_{12} é formada por um anel de corrina, que se parece ao grupo heme da hemoglobina e os citrocromos, e que contém um íon cobalto com seis ligações de coordenação; quatro destas são provenientes do nitrogênio do anel de corrina, outra mais do nitrogênio da 5,6-dimetilbenzimidazol, enquanto que a última ligação pode ser dada por diferentes ligantes, que originam várias formas da vitamina: cianocobalamina (-CN), hidroxicobalamina (-OH), aquocobalamina (-H_2O), nitrocobalamina (-NO_2), metilcobalamina (-CH_3) e 5´-desoxiadenosilcobalamina (5´-desoxiadenosina) (quadro 12-2). Os dois últimos compostos são as formas que funcionam como coenzimas.

Nos seres humanos, a vitamina B_{12} atua como grupo prostético em dois tipos de reações; uma se refere à isomerização e a outra à transferência dos grupos metil. O exemplo do primeiro tipo é o da metilmalonilcoenzima A mutase que converte esta em succinil-coenzima A, como se apresenta a seguir:

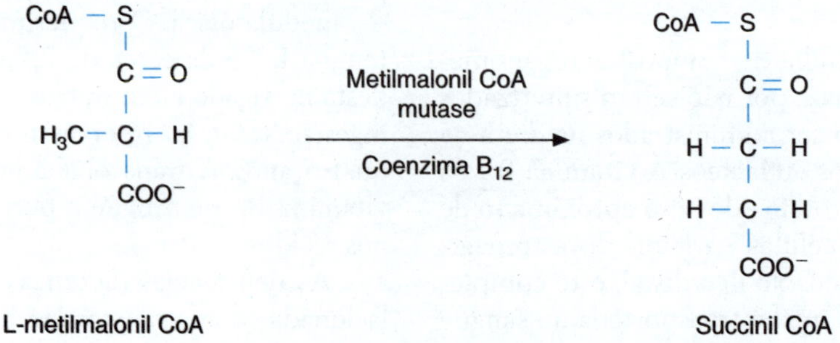

L-metilmalonil CoA $\xrightarrow[\text{Coenzima } B_{12}]{\text{Metilmalonil CoA mutase}}$ Succinil CoA

O exemplo do segundo tipo é da metiltransferase da homocisteína:

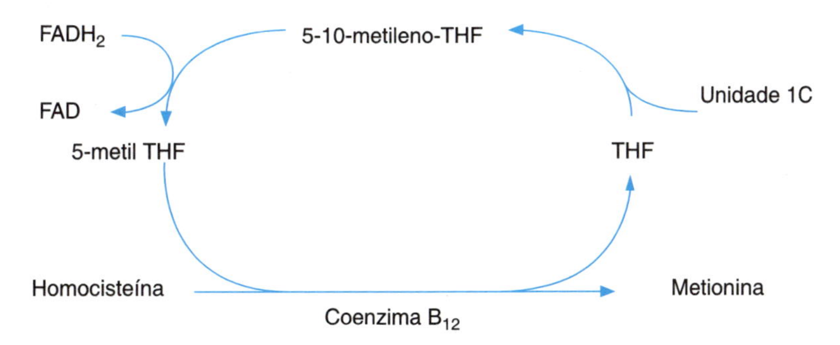

A ausência de metilcobalamina ocasiona um acúmulo de metiltetrahidrofolato, que unido à baixa síntese de metionina, pode ser causa da anemia e das alterações do sistema nervoso central, que são observadas nos quadros de carência da vitamina.

Nos seres humanos, a deficiência de vitamina B_{12} se parece com a carência de folato. No entanto, o primeiro caso parece com a anemia perniciosa, isto é, um quadro de anemia macrocítica combinada com lesões características do sistema nervoso, como a degeneração subaguda dos cordões posteriores da medula, as lesões nervosas periféricas e certos sintomas na esfera psiquiátrica.

Ascorbato

O ascorbato ou vitamina C é a outra vitamina hidrossolúvel de importância, além das do complexo B. Tem estrutura de tipo monossacarídica; sua forma reduzida é o ascorbato, o qual, ao perder dois átomos de hidrogênio se oxida a diidroascorbato (figura 12-18).

A maior parte dos animais, exceto o homem, outros primatas e a cobaia, podem sintetizar o ascorbato. Os sinais de sua deficiência constituem o escorbuto. De fato, esta foi uma das enfermidades carenciais conhecidas mais antigas e para a qual se encontrou tratamento com a

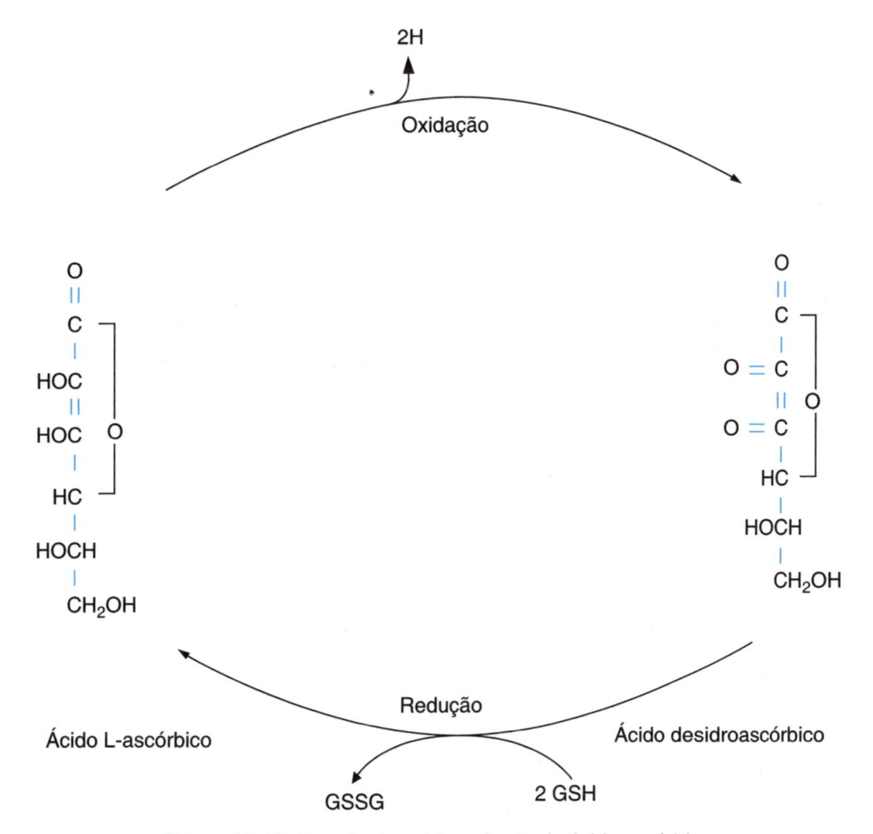

Figura 12-18. Reação de oxidorredução do ácido ascórbico.

adição de frutas frescas, especialmente os cítricos à dieta. Com uma dieta sem vitamina c, passam cerca de seis meses antes da aparição dos sintomas de carência.

Em vista da alta reversibilidade da reação de oxidação e redução entre o ascorbato e o desidroascorbato, foram feitos numerosos esforços, ainda que infrutíferos, para encontrar o mecanismo por meio do qual esta vitamina atua nos sistemas biológicos.

O ascorbato participa da síntese do colágeno; nos quadros de carência diminui o processo de hidroxilação da prolina e a lisina no protocolágeno. A forma não hidroxilada do protocolágeno não pode formar a tripla hélice característica, possível explicação da fragilidade capilar, da cicatrização defeituosa e de certas anomalias ósseas.

Os aminoácidos aromáticos como a tirosina, estão relacionados com o ascorbato; nas cobaias escorbúticas e em crianças prematuras são excretadas algumas formas não oxidadas de aminoácidos aromáticos, ainda que o significado clínico do fenômeno seja desconhecido.

VITAMINAS LIPOSSOLÚVEIS

As vitaminas lipossolúveis compreendem as seguintes: as vitaminas A ou retinoides, as vitaminas D ou calciferóis, as vitaminas E ou tocoferóis e as vitaminas K ou naftoquinonas. As vitaminas lipossolúveis se acumulam facilmente no interior do organismo e costuma haver reservas consideráveis destas; mais ainda, por esta razão aparecem sintomas de intoxicação se são administradas em excesso.

Vitamina A

A vitamina A e seus precursores, os carotenos, são derivados do terpeno. Estruturalmente, a vitamina A termina sua cadeia lateral com o grupo álcool $-CH_2OH$, e recebe o nome de retinol; pode transformar-se reversivelmente no aldeído $-CHO$ ou retinal, e inclusive no ácido retinoico; cada uma destas formas tem funções diferentes (figura 12-19).

Atividade fisiológica. O ácido retinoico penetra nas células onde atua e se une a uma proteína do citosol, que é transferida ao núcleo celular. O complexo proteína nuclear e ácido retinoico se une a certas regiões do DNA, para facilitar a expressão de alguns genes relacionados com a função reprodutiva, seja nos testículos ou nos ovários. O quadro clínico por carência de vitamina A é acompanhado de esterilidade que se explica pelo mecanismo descrito anteriormente.

A vitamina A e o ciclo visual. Na retina ocular existem os cones e os bastonetes, estimulados pela luz brilhante e as cores, e por luz difusa e pouco intensa, respectivamente. Nos bastonetes se localiza a proteína da visão chamada opsina, a qual se une ao 11-*cis*-retinal e assim gera o pigmento visual rodopsina. Do ponto de vista de seu funcionamento, o ciclo visual (figura 12-20) se inicia com a ação de um fóton sobre o 11-*cis*-retinal. A isomerização altera a disposição geométrica do retinal e ocasiona a separação do *trans*-retinal da opsina, com o que se abre um canal de Ca^{2+} e se inicia o impulso nervoso; este informa ao córtex cerebral sobre a chegada da luz à retina. O *todo-trans*-retinal não pode unir-se à opsina se não se converte em 11-*cis*-retinal. A regeneração da rodopsina a partir da opsina e o *cis*-retinal se realiza no escuro. O *todo-trans*-retinal desprendido da rodopsina possui um grupo aldeído redutível com NADH + H^+ para dar origem ao álcool correspondente, o *trans*-retinol ou vitamina A_1; a reação é paulatina e provavelmente é catalisada por um retinol desidrogenase, muito parecida ou idêntica à desidrogenase alcoólica. Em diversas partes do organismo, especialmente o fígado, ocorre à transformação do *trans*-retinol, por meio de uma isomerase, em *cis*-retinol; este, uma vez modificado, regressa à retina por via sanguínea e lá, na presença do mesmo retinol desidrogenase, mas agora com NAD^+, se converte em 11-*cis*-retinal, totalmente ativo para combinar-se novamente com a opsina e formar a rodopstina; esta última reação ocorre espontaneamente no escuro.

Foram descritos três tipos diferentes de opsinas nos bastonetes e uma mais para os cones; em todos os casos, o cromóforo unido à proteína é o mesmo retinal, que ao ser alcançado pelos fótons, desencadeia um ciclo de reação como o que foi descrito no parágrafo anterior.

O sintoma de hemeralopia ou nictalopia, ou seja, o defeito da adaptação ao escuro em pessoas deficientes de vitamina A, pode ser explicado pela falta da vitamina para a visão com luz escassa, de acordo com o ciclo visual descrito.

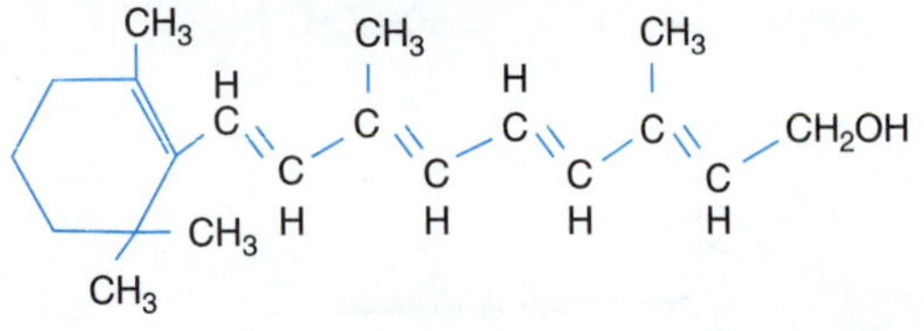

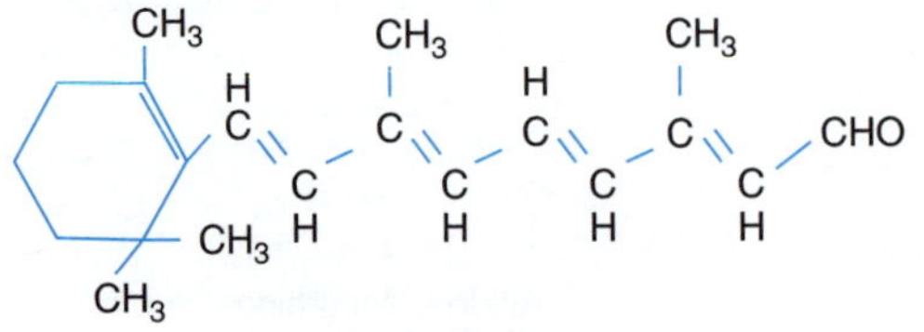

Figura 12-19. Estrutura química do retinol (vitamina A_1) e do retinal (aldeído da vitamina A_1).

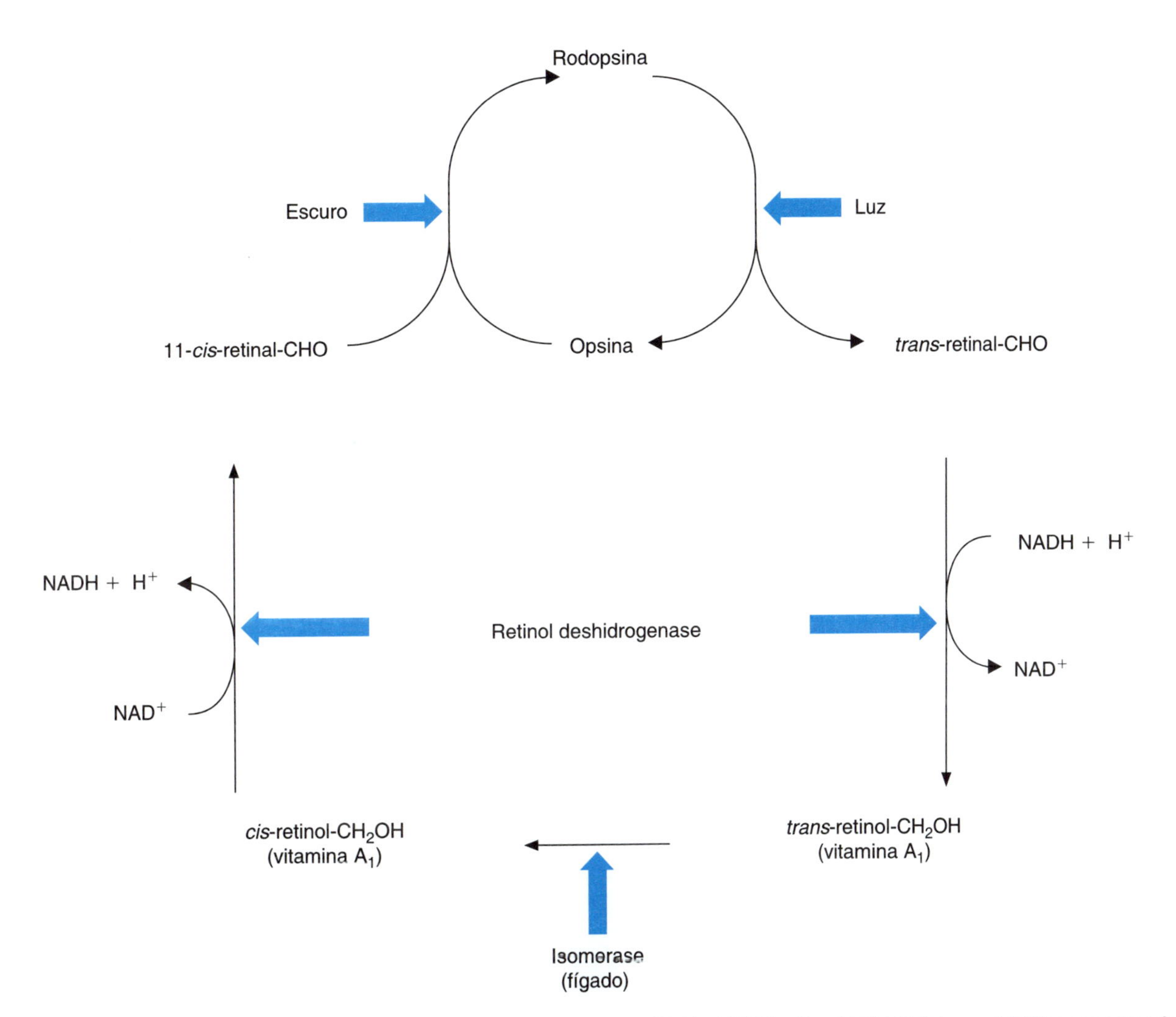

Figura 12-20. Ciclo visual da rodopsina. São destacadas as respectivas funções aldeído (-CHO) e álcool (-CH_2OH) dos metabólitos correspondentes.

Ácido retinoico. Quando se administra ácido retinoico aos animais experimentais com carência de vitamina A, não se melhora a visão nem os problemas de esterilidade, mas desaparecem as alterações dos epitélios que são típicas do quadro carencial. A administração de retinol aos animais deficientes resolve a totalidade do quadro. No nível molecular, o ácido retinoico participa da síntese de glicoproteína e afeta a expressão de certos genes responsáveis pela proliferação e diferenciação de algumas células normais e neoplásicas.

Hipervitaminose A. Quando se ingere uma quantidade de vitamina A na forma de concentrados, ou de óleo de fígado de peixes muito ricos nesta, pode aparecer a hipervitaminose A, a qual cursa com crescimento do fígado e do baço, anemia e alterações ósseas.

É comum observar a inócua hipercarotenemia devida à ingestão de quantidades excessivas de vegetais ou seus sucos muito ricos em caroteno, como a cenoura. O pigmento chega a impregnar a pele e os indivíduos afetados mostram coloração alaranjada dos tegumentos.

Vitaminas D

A vitamina D a rigor é um hormônio e não uma vitamina. Se um indivíduo recebe suficiente radiação solar não necessita de nenhum complemento dietético de vitamina D. Sua função no intestino e no osso é a de participar na regulação do metabolismo do cálcio.

Propriedades químicas. A ativação dos precursores das vitaminas D (figura 12-21) presentes na pele se faz com a luz ultravioleta de comprimento de onda de 290 a 320nm. Como a energia luminosa proveniente do sol tem comprimentos de onda superiores a 290nm, a luz solar, ao incidir diretamente sobre a pele sem interferência do vidro, fumaça, nuvens, etc., é efetiva para converter os precursores à vitamina D. A fotólise induzida pela luz ultravioleta sobre o 7-desidrocolesterol produz a vitamina D_3, a qual sofre dois processos de hidroxilação para gerar a 1-α25-diidroxicolecalciferol, que é o composto ativo (figura 12-21).

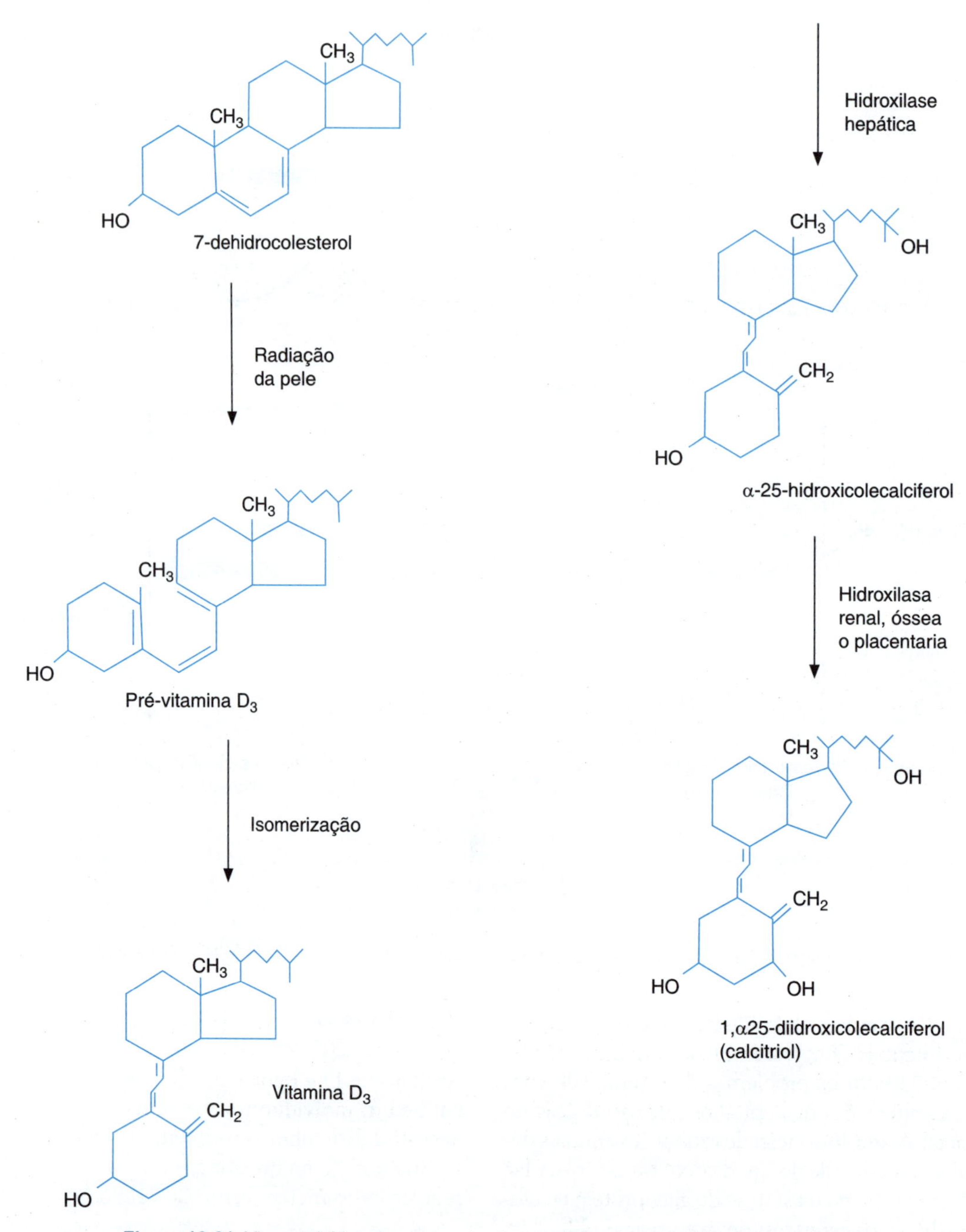

Figura 12-21. Via metabólica da síntese da vitamina D3 e do 1,25-diidroxicolecalciferol.

Atividade fisiológica. O 1-α25-diidroxicolecalciferol participa do metabolismo do Ca^{2+} e do fosfato, principalmente no intestino e nos ossos. No intestino, este hormônio se une a um receptor, uma proteína citoplasmática. O complexo hormônio-receptor é translocado ao interior do núcleo e se acopla à cromatina nuclear, com o que é estimulada a transcrição de certos genes específicos e a síntese da proteína carreadora de cálcio. Esta última tem um peso molecular de 24.000 daltons e une um íon cálcio por molécula de proteína. O resultado final é que o 1-α25-diidroxicolecalciferol estimula a captação de Ca^{2+} e de fosfato no intestino, sua passagem ao sangue por meio da proteína carreadora de cálcio e o aumento de cálcio e fosfato no sangue. Este fenômeno também está associado com a desmineralização óssea, já que nas células do osso, o 1-α25-diidroxicolecalciferol (via seu receptor citoplasmático, união à cromatina, síntese de RNA e proteína) dá lugar à maior dissolução do osso e à liberação de Ca^{2+} e de fosfato à circulação sanguínea. Este efeito é estranho já que quando falta o 1-α25-diidroxicolecalciferol, por ausência de vitamina D, se produz raquitismo nas crianças ou osteomalacia nos adultos. Ambos os quadros são caracterizados por desmineralização dos ossos.

Vitamina E

Na fração insaponificável de algumas gorduras, especialmente os óleos de germens de trigo e outras sementes, existem substâncias necessárias para o correto funcionamento muscular e a fertilidade de diversas espécies animais. Estas substâncias foram denominadas genericamente de vitaminas lipossolúveis E, ou vitaminas antiesterilidade, e do ponto de vista químico, tocoferóis, como têm a estrutura tocol (figura 12-22). O mais abundante e potente em sua ação vitamínica é o α-tocoferol ou 5,7,8-trimetiltocol. São substâncias antioxidantes e por esta propriedade são usadas para proteger as gorduras, a vitamina A e outros compostos contra a oxidação.

Atividade fisiológica. Com base em suas propriedades antioxidantes, os tocoferóis podem ter a função de proteger, contra sua peroxidação, os ácidos graxos poliinsaturados de diversas membranas celulares. No caso do tecido muscular, a alteração da membrana dos lisossomos permite a liberação das hidrolases lisossomais; isto pode causar, nos animais carentes de vitamina E, distrofia, destruição dos eritrócitos e anemia com reticulocitose.

Deficiência de vitamina E. Clinicamente, é muito difícil estabelecer o diagnóstico de deficiência de vitamina E no ser humano; deve-se suspeitar em pacientes com síndrome de má absorção, principalmente de lipídeos. Também foi observada sua deficiência em lactantes alimentados exclusivamente com leites artificiais; nestes se encontram baixos níveis de tocoferol no sangue, diminuição na sobrevida dos eritrócitos, anemia macrocítica, reticulocitose, trombose e edema. O quadro responde à administração oral de vitamina E.

Vitamina E e selênio. Existe uma estreita relação biológica entre a vitamina E e o selênio. O selênio é um elemento indispensável para a vida dos mamíferos; uma dieta balanceada o fornece em quantidade suficiente. Nas células, o selênio faz parte da enzima glutationa peroxidase, cuja função é atacar os peróxidos e assim, evitar a destruição de certos componentes celulares. Desta maneira, a vitamina E e o selênio compartilham o papel de antioxidantes celulares. Além disso, o selênio facilita a função do pâncreas, influindo assim na absorção da vitamina E. O selênio também ajuda a manter a vitamina E nas lipoproteínas plasmáticas. Um aporte dietético suficiente de vitamina E abaixa as necessidades dietéticas de selênio de duas formas: evita a perda do elemento e diminui sua utilização para formar a glutationa peroxidase, pois a própria ação da vitamina E supre parcialmente a ação da enzima.

Vitamina K

Nos seres humanos se apresentam transtornos caracterizados por hemorragias cuja causa é a deficiência de protrombina, condicionada por falta de uma substância quinonoide do grupo das vitaminas K. O quadro também ocorre pela administração terapêutica de fármacos anticoagulantes como o dicumarol. Existem numerosas formas naturais ou artificiais destas substâncias com atividade anti-hemorrágica.

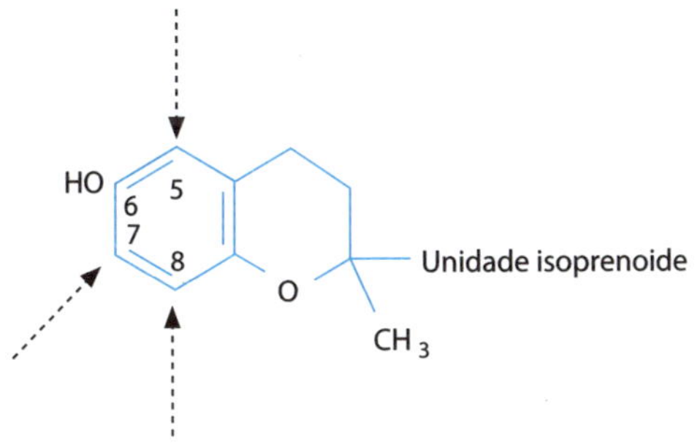

Unidade isoprenoide

α-tocoferol	5,7,8-trimetiltocol
β-tocoferol	5,8-dimetiltocol
γ-tocoferol	7,8-dimetiltocol
δ-tocoferol	8-metiltocol

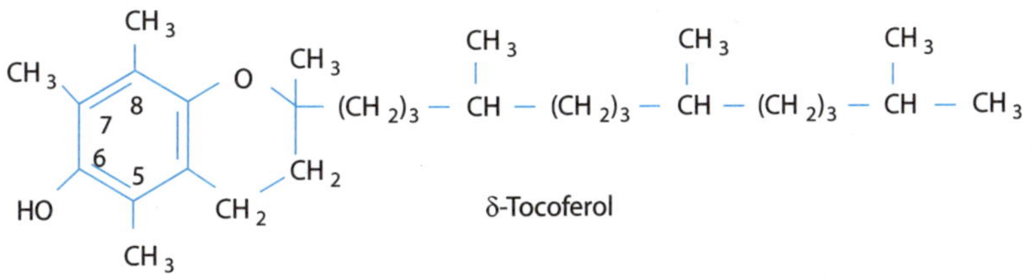

δ-Tocoferol

Figura 12-22. Estrutura química dos tocoferóis e do α-tocoferol. No anel tocol, que serve de base estrutural, se destacam os sítios de substituição de metilas, CH_3, que originam os diversos tocoferóis.

Os seres humanos obtém a vitamina K na dieta, a partir das folhas e dos vegetais verdes ou por sua síntese nas bactérias intestinais. A absorção normal das gorduras da dieta é requisito indispensável para a absorção da vitamina K. O quadro clínico de carência de vitamina K pode apresentar-se como consequência de uma síndrome de má absorção das gorduras ou por uma eliminação da flora normal do intestino, acompanhada de uma dieta deficiente de vitamina K. Esta última situação é mais comum nos recém-nascidos.

Propriedades químicas. Todas as substâncias com atividade de vitamina K têm a estrutura de naftoquinona. As principais formas naturais são a vitamina K_1 (filoquinona) e a vitamina K_2 (menaquinona), diferenciadas pela cadeia lateral unida ao grupo ftiocol. A menadiona, produto sintético tem grande atividade; de fato, possivelmente a forma ativa das outras vitaminas K no interior do organismo é a própria menadiona (figura 12-23).

Funções da vitamina K. A vitamina K é um fator indispensável de uma carboxilase hepática, sua função sua função sendo a de carboxilar o resíduo de glutamato presente em várias proteínas e formar γ-carboxilglutamato (figura 12-24). Devido à reação anterior, a vitamina K participa da maturação pós-traducional de quatro fatores participantes da coagulação sanguínea. Tais fatores são inativos no processo da coagulação antes da carboxilação de vários resíduos de glutamato em sua molécula; depois disto, as proteínas da coagulação adquirem seu papel fisiológico

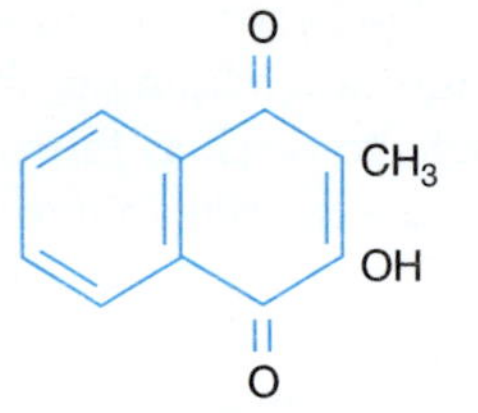

ftiocol
2-metil-3-hidroxi-1,4-naftoquinona

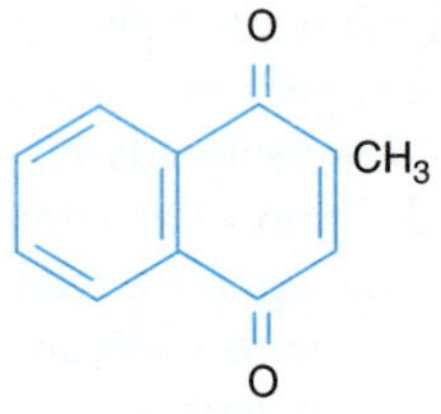

Menadiona

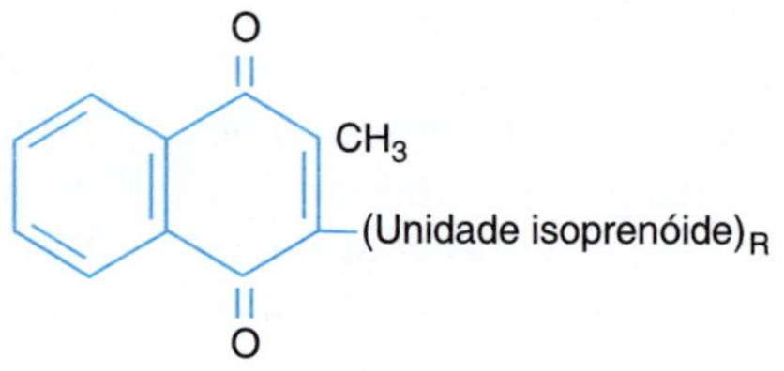

Vitaminas K (K_1,K_2,etc.)

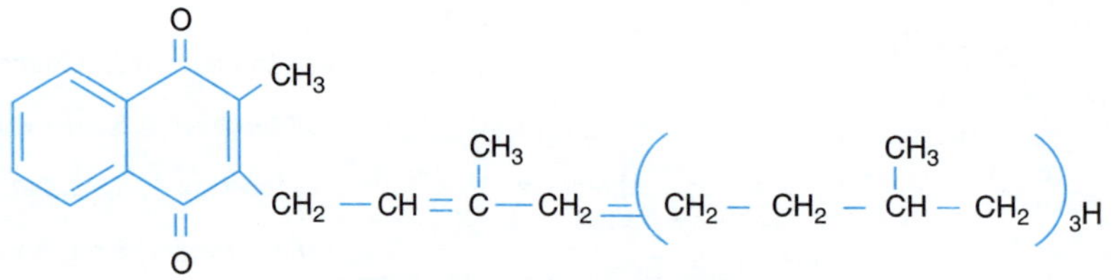

Vitaminas K_1 (fitil-menaquinona)

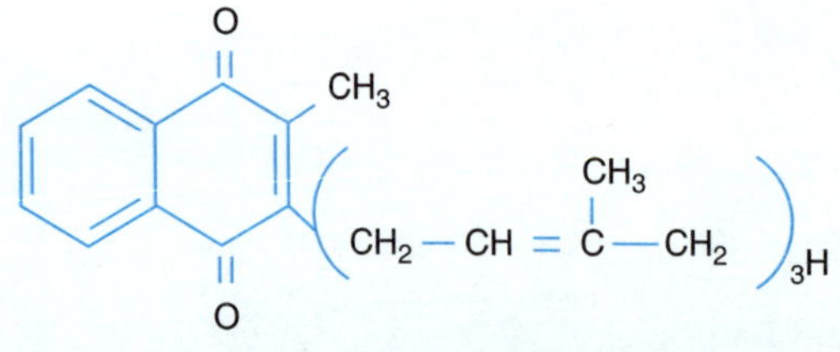

Série da vitamina K_2 n = 6-9

Figura 12-23. Vitaminas K. A posição onde está indicada a unidade isoprenoide é o local de numerosas substituições que formam as diversas vitaminas K. As variedades hidrossolúveis são ésteres de dissulfato, difosfato, entre outros, nas posições 1 e 4 das hidroquinonas. Estrutura química da vitamina K_1 e da K_2.

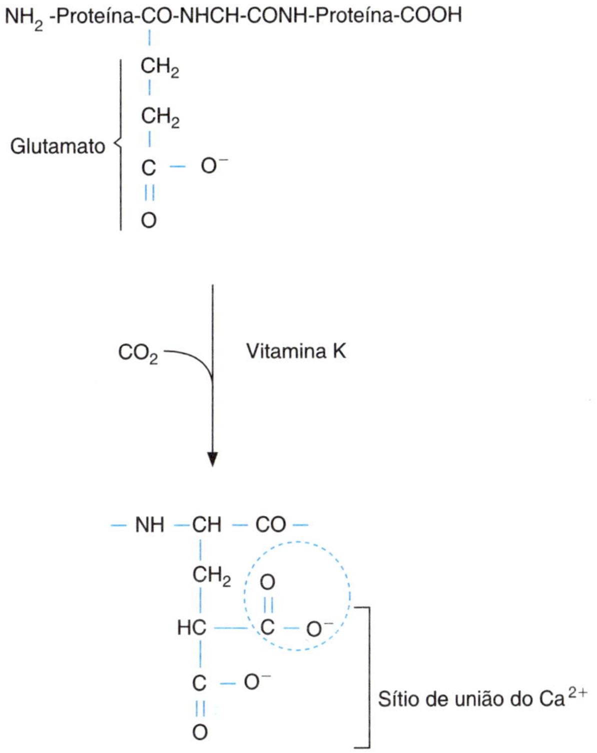

NH_2-Proteína-CO-NHCH-CONH-Proteína-COOH

Glutamato { CH_2 – CH_2 – C(=O) – O^-

CO_2 — Vitamina K →

– NH – CH – CO –

CH_2 – HC – C(=O) – O^- ; C(=O) – O^-

Sítio de união do Ca^{2+}

Figura 12-24. Reação de carboxilação na que participa a vitamina K. A introdução de um grupo carboxila no carbono Y do glutamato cria um sítio de união para o íon cálcio.

completo. A protrombina é um dos fatores ativáveis pela carboxilação de 10 diferentes resíduos de glutamato, cuja função está relacionada com a quelação do Ca^{2+}, indispensável para o processo normal da coagulação.

Ao ocorrer a síntese de cada molécula de γ-carboxilglutamato, simultaneamente a vitamina K é oxidada e se torna inativa. Em condições fisiológicas, esta é reativada por duas reduções mediadas por enzimas; o dicumarol, usado como anticoagulante, inibe a primeira redução e assim mantém a vitamina K inativa. O papel da vitamina K incorporada à molécula da coenzima Q foi mencionado em relação ao transporte de elétrons na mitocôndria.

REFERÊNCIAS

Albert B *et al.*: Molecular Biology of the Cell 4th. ed. New York: Garland Science, 2002.

Bender DA: *Nutritional Biochemistry of Vitamins*, 2nd. ed. New York: Cambridge University Press, 2003.

Conn EE, Stumpf PK, Bruening G, Doi RH: *Bioquímica fundamental*. 5a. ed. México: Editorial Limusa, 1996.

Devlin TM: *Bioquímica. Libro de texto con aplicaciones clínicas*, 5a. ed. Barcelona: Editorial Reverté, 2004.

Lehninger AL, Nelson DL, Cox MM: *Principles of biochemistry*. 2a. ed. Nueva York:Worth Publishers, 1993.

Lozano JA, Galindo JD, García Borrón JC, Martínez Liarte: *Bioquímica y Biología Molecular*, 3a. ed. México: McGraw-Hill Interamericana, 2005.

Melo V, Cuamatzi TO: *Bioquímica de los processos metabólicos*. Barcelona: Ediciones Reverté, 2004.

Montgomery R, Conway T, Spector A: *Bioquímica, casos y texto*. 5a. ed. Barcelona:Mosby-Year Book Wolfe Publishing, 1992.

Rawn JD: *Biochemistry*. Carolina del Norte: Neil Patterson Publishers, 1989.

Stryer L: *Biochemistry*. 3rd. ed. Nueva York:W. H. Freeman and Company, 1988.

Páginas eletrônicas

King MW (2009): *Vitamins*. En: The Medical Biochemistry Page. [En línea]. Disponible: http://themedicalbiochemistrypage. org/vitamins.html [2009, abril 10]

Latham MC (2002): *Vitaminas*. En: Nutrición humana en El mundo del desarrollo. [En línea]. Disponible: http://www.fao.org/DOCREP/006/W0073S/w0073s0f.htm [2009, abril 10]

Licata M (2007): *Vitaminas*. [En línea]. Disponible: http://www.zonadiet.com/nutricion/vitaminas.htm [2009, abril 10] MedlinePlus Enciclopedia Médica (2009): *Vitaminas*. [Em línea]. Disponible: http://www.nlm.nih.gov/medlineplus/spanish/ency/article/002399.htm [2009, abril 10]

13

Radicais livres e estresse oxidativo

Mina Konigsberg Fainstein

A história dos radicais livres, como intermediários reativos, inicia-se no ano 1900 com os experimentos realizados por Gomberg. Contudo, foi somente no decênio de 1960-69, que Fridovich e McCord descobriram uma enzima que eliminava radicais livres a nível fisiológico. A comunidade científica levou anos em reconhecer seus achados, mas agora se sabe que a enzima que descobriram foi a superóxido dismutase (SOD), que intervém na eliminação do radical superóxido O^{-}_{2}.

A partir desse momento, os cientistas começaram a perceber que os radicais livres têm uma participação ativa dentro do metabolismo celular e dos organismos. Nos primeiros anos, somente eram conhecidos como subprodutos de algumas vias metabólicas e se pensava que seus efeitos eram puramente deletérios, por se associar com uma grande diversidade de patologias entre as quais se encontram: câncer, diabetes, fibrose, alterações cardíacas, neurológicas, renais, etc. Não obstante, recentemente foi demonstrado que os radicais livres e o estresse oxidativo tem papel essencial atuando como segundos mensageiros e fazem parte das vias de sinalização em processos tão importantes como a proliferação e diferenciação celular.

Tudo isso propiciou o desenvolvimento de um novo campo de estudo para tratar de compreender os efeitos dos radicais livres no metabolismo normal e patológico. Neste capítulo se descrevem, de maneira breve, as características e as origems fisiológicas dos radicais livres, assim como seus efeitos mais importantes.

RUPTURA DAS LIGAÇÕES COVALENTE

Sabe-se que, a maioria dos compostos que constituem os seres vivos são formados por moléculas compostas de carbono (C), hidrogênio (H), oxigênio (O) e nitrogênio (N). Todos esses elementos são considerados não metais e, portanto, as ligações que formam entre eles são covalentes. Recordemos que para estabilizar-se, os elementos devem ter oito elétrons (e^-) em seu último nível de energia (regra do octeto) e que os elétrons se estabilizam se se encontram em pares (pareados), dentro dos orbitais dos subníveis de energia dos átomos. De modo que um elemento estável terá 8 e^- em seu último nível de energia, acomodados em 4 pares. Para poder chegar a este nível de estabilidade, os elementos se unem e compartem e^-. Trata-se do principio da ligação covalente.

Por definição, uma ligação covalente se realiza entre dois elementos não metálicos; onde cada um aporta um elétron para formar o par de e^- que girará ao redor de ambos os elementos, conferindo estabilidade.

Embora estas ligações sejam sumamente estáveis, podem chegar a romper-se sob certas condições, como por exemplo, com temperaturas maiores de 200°C, com irradiação com luz UV ou raios gama. O rompimento da ligação covalente pode ser de dois tipos: homolítico e heterolítico.

A palavra heterolítico vem do grego heteros, diferente e lítico, ruptura Assim, a ruptura heterolítica implica uma separação na qual um átomo ou molécula fica com o par de e^- completo e o outro fica sem nada. O ganho de mais um e^- implica adquirir uma carga negativa, pelo que esta molécula se conhece como ânion, enquanto que ao perder um elétron adquire uma carga positiva e a molécula se conhece como cátion (figura 13-1):

$$\mathrm{A{:}B \longrightarrow A|{:}B \longrightarrow \underset{cátion}{A^{+}} + \underset{ânion}{{:}B^{-}}}$$

Por outra parte, durante a ruptura homolítica (*homo*-igual, *litico*-ruptura), cada uma das moléculas conserva seu e^-, indicando que nenhuma estará pareada. Isso gera moléculas muito instáveis que requerem parear seu elétron sendo conhecidas como radicais livres (figura 13-1):

$$\mathrm{A{:}B \longrightarrow A{\cdot}|{\cdot}B \longrightarrow \underbrace{{\cdot}A + {\cdot}B}_{Radicais\ livres}}$$

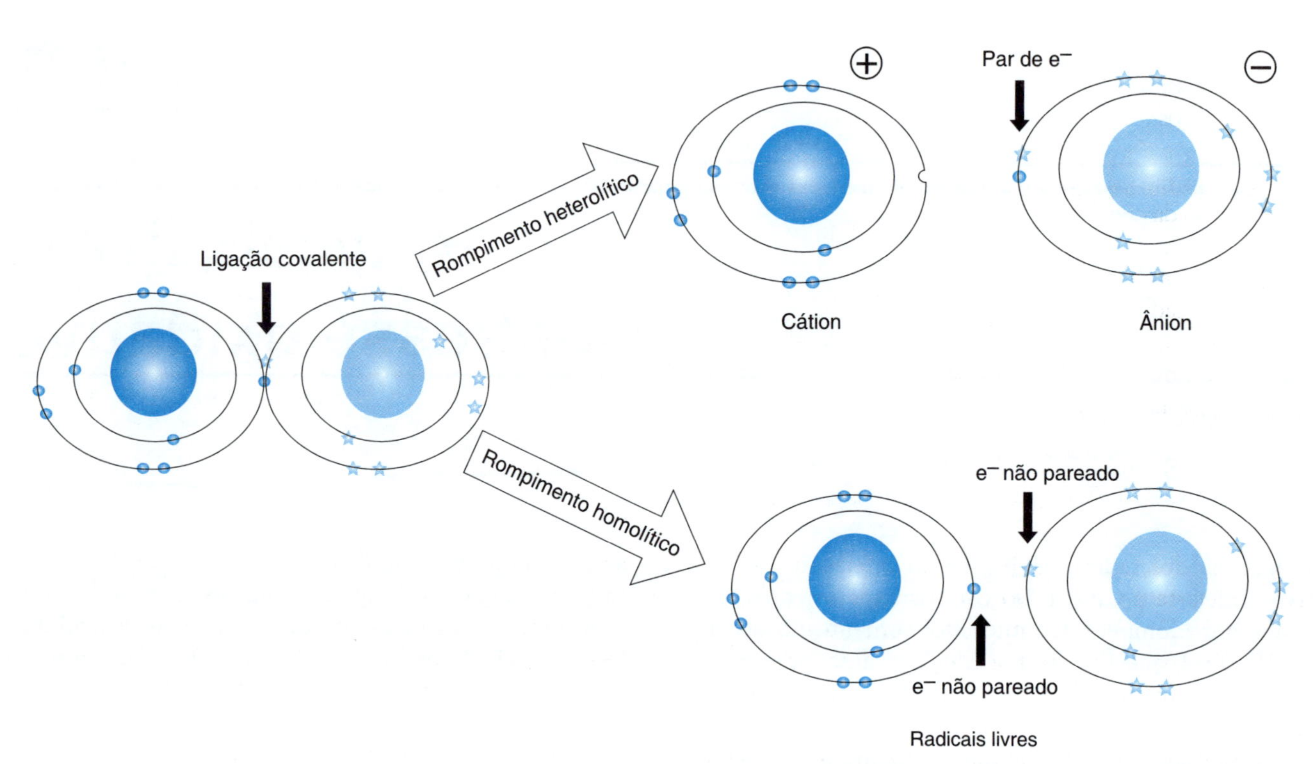

Figura 13-1. Rompimento de ligação covalente.

REAÇÕES DE RADICAIS LIVRES

Recapitulando, radical livre pode ser definido como qualquer espécie atômica ou molecular com um ou o mais elétrons não pareados. Os RL se representam colocando um ponto sobre o símbolo do átomo ou grupo de átomos onde se encontra o elétron não pareado (RL•) e sua reatividade depende do tipo de radical que se trate, assim como da molécula com a qual reage. Se dois RL se encontram podem unir seus e^- não pareados formando de novo uma ligação covalente. Quando os dois RL são iguais, isto é, são da mesma espécie química, se diz que a reação que acontece é uma dismutação, como se observa no seguinte exemplo:

$$RL^{\bullet} + RL^{\bullet} \longrightarrow RL\text{-}RL$$

Quando um RL reage com uma molécula que não é radical, obtém-se um e^- conseguindo estabilizar-se, mas deixa um e^- não pareado dentro da molécula com o qual reagiu, gerando um novo radical livre. Isso se conhece como reação em cadeia dos radicais livres, e pode e acontecer de varias maneiras:

Um RL se pode unir a outra molécula. Isso formará um aduto com um e^- não pareado:

$$RL^{\bullet} + X \longrightarrow [RL\text{-}X]^{\bullet}$$

Um exemplo fisiológico acontece quando se lesa o DNA e o radical hidroxil (HO•) se liga a uma guanina formando o aduto 8-OH - guanina

Um RL pode ser um agente redutor. Isso ocorre si doa o seu e^- não pareado a uma molécula não radical. A molécula receptora a sua vez, se converterá em um RL quando tiver um e^- não pareado, mas simultaneamente em um ânion, já que terá um e^- excedente:

$$RL^{\bullet} + X \longrightarrow RL^{+} + X^{\bullet -}$$

Um RL pode ser um agente oxidante, se aceita um e^- de uma molécula não radical. Não obstante, a molécula que doa o e^- ficará com um e^- não pareado em um orbital incompleto, pelo que se converterá em RL:

$$RL^{\bullet} + X \longrightarrow RL^{-} + X^{\bullet +}$$

Um exemplo disto, quando o radical HO• oxida ao fármaco sedativo prometazina.

Um RL pode retirar um átomo de hidrogênio (É dizer um H^+ e um e^-) de uma ligação C-H. Como o átomo de H só tem um e^-, no átomo de C fica um e^- não pareado:

$$RL^{\bullet} + \geqslant CH \longrightarrow RL\text{-}H + \geqslant C^{\bullet}$$

Isso se exemplifica quando o radical HO• retira um átomo de H de uma cadeia hidrocarbonada de um ácido graxo durante o inicio da lipoperoxidação:

$$HO^{\bullet} + \geqslant CH \longrightarrow H_2O + \geqslant C^{\bullet}$$

É preciso esclarecer que também se podem formar intermediários similares a radicais livres durante as transformações químicas, quando se rompe algumas das ligações da molécula, assim como, nas reações de oxidação ou redução.

Como os RL têm um ou mais e^- não pareados, podem ser atraídos até um campo magnético. Isso significa que a maioria dos radicais tem uma característica paramagnética. A aplicação da energia eletromagnética correta permite que os e^- não pareados absorvam essa energia e que, portanto, se obtenha um espectro de absorção (geralmente um espectro único para cada RL). É o principio básico da conhecida técnica de ressonância paramagnética do elétron (EPR, na sigla em inglês), que tem sido amplamente usada para estudos biológicos e análise de diagnóstico clínico.

ESPÉCIES REATIVAS DE OXIGÊNIO

Podem existir muitos RL, contudo, para as ciências que estudam os seres vivos, como no caso da bioquímica, os mais importantes são os que se formam com oxigênio e nitrogênio, conhecidos como espécies reativas de oxigênio (ERO) e espécies reativas de nitrogênio (ERN) respectivamente. Como tanto as ERO como as ERN necessariamente envolvem o oxigênio é importante compreender a química deste elemento para poder compreendera-las.

O oxigênio atômico (O) possui 8 e^- dos quais 2 se encontram no primeiro nível de energia subnível s (1s2) e 6 estão em seu último nível de energia (nível 2).Destes últimos, 2 e^- se encontram no subnível s (2s2) e os 4 restantes estão no subnível p (2p4). Como mencionado anteriormente, os e^-devem estar pareados dentro dos orbitais, pelo que cada átomo de O necessita de outros 2^- para completar seu octeto:

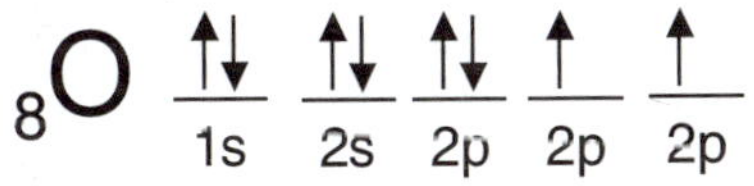

$$_{8}O \quad \underset{1s}{\uparrow\downarrow} \quad \underset{2s}{\uparrow\downarrow} \quad \underset{2p}{\uparrow\downarrow} \quad \underset{2p}{\uparrow} \quad \underset{2p}{\uparrow}$$

Contudo, os dois orbitais p incompletos do oxigênio têm distintas características. Um deles é um orbital Pi de união (π), e o outro é um orbital Pi de anti união (π^*). Isso significa que quando se ligam dois átomos de O para formar O_2, somente são capazes de formar uma primeira ligação covalente entre eles (compartindo os e^- que estão nos orbitais π de ligação), deixando os e^- dos orbitais π^* de antiligação não pareados. Isso forma um radical livre com dois e^- não pareados, em orbitais distintos:

$$^{\bullet}O\text{-}O^{\bullet}$$

é por isso que a molécula de oxigênio (O_2) é também conhecida como birradical chamado dioxigênio.

O anterior permite supor que o dioxigênio seria uma molécula muito reativa, porém, o fato que os 2 e^- não pareados, (cada um localizado em um orbital π^* diferente) tenham o mesmo número quântico de *spin* ou de giro, complica as coisas. Para que o O_2 oxide a outra molécula e aceite $2e^-$, que possam ser admitidos nas vagas dos orbitais, estes devem ser de *spin* ou giro, contrários ao do e^- que já está ocupando o orbital. Isso impõe uma restrição muito forte que faz que o O_2 aceite um só elétron e por sua vez que as reações sejam muito lentas. Devido a este impedimento é que pode existir vida em nosso planeta, em caso contrário, estaríamos totalmente oxidados.

O dioxigênio é conhecido como oxigênio triplete, porque quando ele passa por um aparelho de ressonância magnética produz três sinais paramagnéticos. Uma das únicas exceções para a pouca reatividade do dioxigênio é quando reage com metais de transição, que podem doar ou receber um e^- de cada vez; neste caso as restrições ficam anuladas.

Então, como reage o O_2?

Em determinadas condições, como altas temperaturas ou ação da luz solar a reatividade do O_2 pode aumentar. Ao captar energia um dos e- dos orbitais π^* é capaz de se locomover e mudar seu spin diminuindo a restrição do giro e gerando um estado conhecido como oxigênio singlet ($^1O_2$), chamado assim, por dar um só sinal de ressonância magnética. Nesta condição, o dioxigênio pode receber e^- de um em um cada vez.

Quando um e^- é aceito pela molécula de ($^1O_2$), em condição basal, o produto é o radical superóxido ($O_2^{\bullet}$) Este radical é a sua vez um ânion já que por um lado tem um orbital incompleto e pelo outro, um e^- extra (figura 13-2). A adição de um segundo e^- ao $O_2^{\bullet}$ origina o ânion peróxido (O_2^{2}), que não é um radical livre porque não tem elétrons não pareados Qualquer O_2, formado a pH fisiológico é protonado imediatamente para formar peróxido de hidrogênio (H_2O_2). Nas células esta reação ocorre pela dismutação de duas moléculas de superóxido catalisada pela enzima superóxido dismutase (SOD) como parte dos mecanismos de defesa antioxidante que posteriormente degrada o H_2O_2 em água pela ação de enzimas como glutationa peroxidase (GPx) ou catalase (CAT).

Em varias circunstâncias pode acontecer que uma quebra homolítica da ligação covalente entre os dois áto-

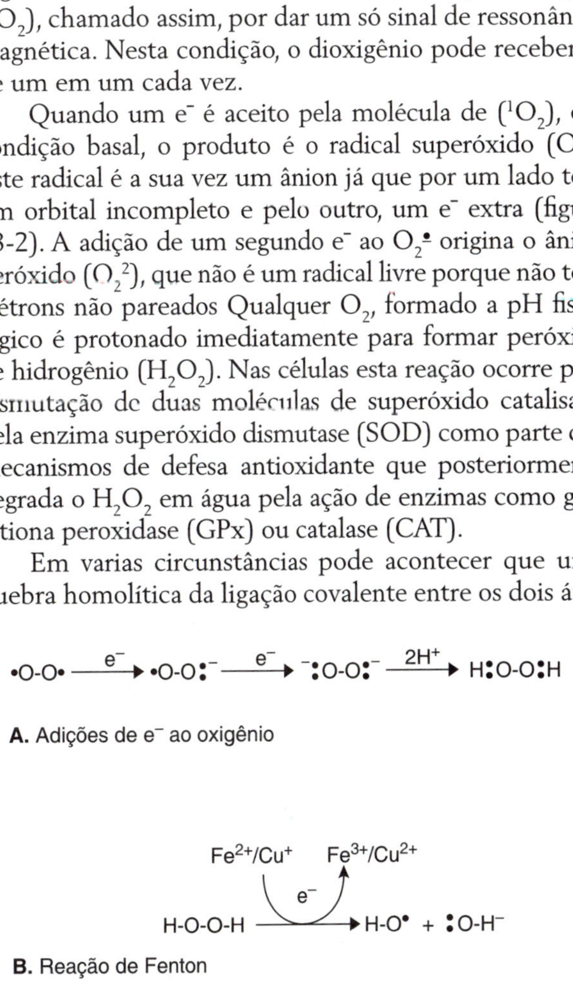

$$\bullet O\text{-}O\bullet \xrightarrow{e^-} \bullet O\text{-}O{:}^- \xrightarrow{e^-} {}^-{:}O\text{-}O{:}^- \xrightarrow{2H^+} H{:}O\text{-}O{:}H$$

A. Adições de e^- ao oxigênio

$$H\text{-}O\text{-}O\text{-}H \xrightarrow[Fe^{2+}/Cu^{+} \rightarrow Fe^{3+}/Cu^{2+}]{e^-} H\text{-}O^{\bullet} + {:}O\text{-}H^-$$

B. Reação de Fenton

Figura 13-2. A) Adição de e- ao oxigênio. **B)** Reação de Fenton.

mos de oxigênio (O-O) que se encontram formando H_2O_2. Em outras ocasiões, esta reação acontece mediante uma catálise química (não enzimática) produzindo um ânion (OH^-) e um radical hidroxilo ($HO^\bullet$). Os catalisadores desta última reação geralmente são metais de transição como Ferro (Fe) e Cobre (Cu), embora, também podem ser as reações ionizantes ou outros agentes. Esta reação é conhecida como reação de Fenton:

$$Fe^{2+} (Cu^+) + H_2O_2 \longrightarrow Fe^{3+} (Cu^{2+}) + OH^- + HO^\bullet$$

Outra maneira de gerar o radical hidroxilo é através da reação de Haber-Weiss, também catalisada por metais:

$$H_2O_2 + O_2^{\bullet-} \xrightarrow{Fe/Cu} O_2 + OH^- + HO^\bullet$$

REAÇÕES REDOX E GRUPOS PROSTÉTICOS

Os elementos com tendência a ceder elétrons facilmente e ser oxidados são conhecidos como **agentes redutores** e aqueles com tendência a receber elétrons e ser reduzidos são conhecidos como **agentes oxidantes** (cujo protótipo é o oxigênio de onde deriva o nome deste processo), é lógico imaginar que para que um elemento se reduza e ganhe elétrons o outro deve se reduzir. Assim, o conjunto de um oxidante e um redutor é conhecido como **sistema ou par redox** ou simplesmente **redox,** Quando se realiza a transferência de elétrons é gerada uma corrente elétrica marcada por uma diferença de potencial entre estes. O elemento que se reduz é aquele que possui capacidade oxidante maior. A capacidade oxidante é denominada **potencial redox** (Eh), quando maior seu valor, maior a capacidade oxidante do sistema e maior a concentração da forma reduzida. O potencial redox se mede em volts, mas, como seu valor é muito pequeno usualmente se expressa em milivolts (mV).

Uma grande quantidade de reações bioquímicas que acontecem nas células envolve reações redox. Isso envolve a possibilidade que um e^- não pareado em um orbital, perca um e^- gerando um radical livre Para tratar de evitar a possível fuga de e^- e geração de RL, a maior parte das reações redox acontecem em compartimentos ou sítios especiais dentro das células como são as membranas lipídicas. Contudo, nem os lipídeos nem as proteínas ou carboidratos (todos eles formados por C, H, O, N) podem receber só um e^- de forma que, para que isso aconteça, existem moléculas distintas que tem a capacidade de fazê-lo sem convertesse em RL.

Estes compostos são estruturas não proteicas que se associam com proteínas seja de forma covalente ou não covalente e que se conhecem como **grupos prostéticos.** Dentro dos grupos prostéticos que podem receber e ceder e^- de um em um, se encontram precisamente os metais de transição Fe e Cu, devido a que podem mudar seu estado redox e receber ou doar e^- sem alterações:

$$Fe^{3+} \underset{e^-}{\overset{e^-}{\rightleftharpoons}} Fe^{2+} \qquad Cu^{2+} \underset{e^-}{\overset{e^-}{\rightleftharpoons}} Cu^+$$

Em particular, o Fe forma estruturas complexas que se associam a proteínas podendo ser centros ferro enxofre [Fe. S] ou grupo hem como aqueles que estão na hemoglobina (figuras 13-A e 13-B). Também existem grupos prostéticos que podem receber 2 e^- e $2H^+$ evitando converter se em RL como o mononucleotídio de flavina (FMN) (Figura 13-C) o dinucleotídio de flavina e adenina (FAD) e quinonas (figura 13-D).

O ambiente semi-isolante da membrana assim como, a organização dos complexos proteicos anfipáticos que se encontram submersos em elas permitem a transferência de um só e^- através dos grupos prostéticos. Contudo, foi demonstrado que apesar de todas estas "precauções" o fato que constantemente estejam transferindo-se e^-, de um em um, sugere que se existe um escape no sistema, os e^- não pareados poderiam gerar RL.

ORIGENS FISIOLÓGICAS DOS EROS

A mitocôndria foi proposta como um dos principais geradores de ERO na célula. Isso se deve a que o oxigênio que se respira devido ao intercambio de gases nos pulmões, é transportado pela hemoglobina do sangue até as células é utilizado como aceptor final na respiração mitocondrial. E dizer, a função do oxigênio é de receber os elétrons provenientes da cadeia respiratória (CR) e junto com prótons da matriz mitocondrial, formar água metabólica como subproduto da oxidação da glicose.

Dentro das moléculas participantes na CR se incluem uma variedade de centros redox com potenciais redox que vão desde –320 mV (do NADH) até +390 mV (do citocromo a_3 no complexo IV). Isso sugere que sendo o ambiente intramitocondrial altamente redutor, vários componentes respiratórios, incluindo as flavinas centros [Fe-S] e quinonas são capazes termodinamicamente de transferir um e^- ao O_2. Como o O_2 é um gás que difunde livremente através das membranas é muito provável que sua forma ativada (oxigênio singlet $^1O_2$) se encontre presente na vizinhança pelo que, de existir escape de e^- na cadeia favorecer-se-ia a redução monovalente do $^1O_2$ gerando assim, o superóxido ($O_2^{\bullet-}$). Estes antecedentes sustentam a ideia que 0,1 a 0,5% do O_2 que respiramos não se converte em água metabólica já que essa fração residual escaparia para a formação de ($O_2^{\bullet-}$) que se conhece como **paradoxo do oxigênio** por que sem

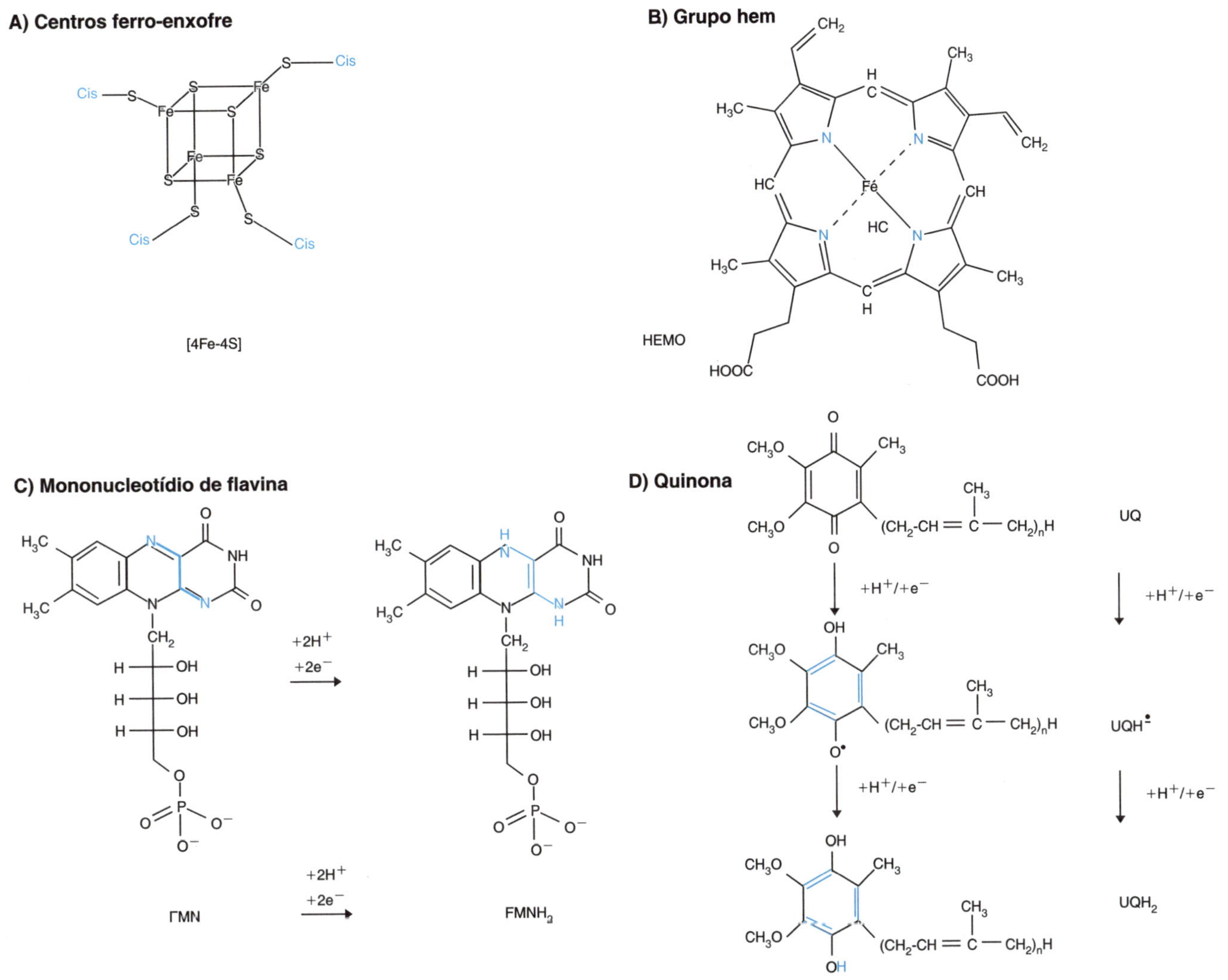

A) Centros ferro-enxofre

[4Fe-4S]

B) Grupo hem

HEMO

C) Mononucleotídio de flavina

$+2H^+$ $+2e^-$

FMN

FMNH$_2$

D) Quinona

UQ

$+H^+/+e^-$

UQH$^{\bullet}$

$+H^+/+e^-$

UQH$_2$

Figura 13-3. Estrutura dos grupos prostéticos.

oxigênio não haveria vida, mas o fato de respirar oxigênio nos iria oxidando pouco a pouco. Porém, a mitocôndria conta com enzimas antioxidantes como a superóxido dismutase que transforma o $O_2^{\bullet-}$ em peróxido de oxigênio (H_2O_2), e a glutationa peroxidase (GPx) que transforma o H_2O_2 em H_2O. Faz mais de 35 anos vários laboratórios tratam de identificar o sitio exato da produção de $O_2^{\bullet-}$ na CR, mas não existe ainda consenso ao respeito.

A contribuição de cada sitio na produção de $O_2^{\bullet-}$ varia dependendo do órgão, do tecido, e também se as mitocôndrias estão respirando de maneira muito ativa (chamado estado III) ou estão em um estado altamente reduzido (chamado estado IV). Aparentemente, o complexo III é responsável pela maior produção de $O_2^{\bullet-}$ nas mitocôndrias de coração e pulmão, enquanto que o complexo I é aparentemente a fonte deste radical no cérebro em condições normais, mas é também a fonte de radicais em uma grande quantidade de patologias como doença de Parkinson e envelhecimento. Atualmente existe uma série de evidências experimentais que apoiariam estas ideias.

O $O_2^{\bullet-}$ foi encontrado próximo da membrana externa na matriz mitocondrial e em ambos os lados da membrana interna Não obstante, enquanto $O_2^{\bullet-}$ gerado na matriz mitocondrial se elimina, normalmente, pelas defesas antioxidantes, uma parte do O_2 produzido no espaço intermembrana pode ser acarreado ao citoplasma através de canais de ânions dependentes de voltagem.

Estima-se que as concentrações de ERO produzidas nas mitocôndrias são ao redor de 10^{-10} M de $O_2^{\bullet-}$ e 5 x 10^{-9} M de H_2O_2. Porém, se os valores de ERO sobre passam estes valores ou as concentrações de enzimas antioxidantes são insuficientes, o H_2O_2 poder-se-ia converter no radical hidroxila ($HO^{\bullet}$) através da reação de Fenton catalisada pelo Fe ou Cu presentes como parte dos grupos prostéticos nas enzimas mitocondriais; ou também, as mesmas

ERO podem lesar à membrana interna mitocondrial e aos complexos da CR permitindo a liberação dos metais que catalisariam a reação de Fenton. Este mecanismo converter-se-ia em um ciclo vicioso porque a CR alterada aumentaria o escape de e^- gerando mais EROs que a sua vez lesariam a CR perpetuando assim este fenômeno e desestabilizando o balanço energético da célula.

Além da CR na mitocôndria, existem outros processos fisiológicos nas células aeróbicas onde se produzem EROs e ERN, entre os quais destacam a desintoxicação de xenobióticos pela família dos citocromos P450, o metabolismo dos ácidos nucleicos pela xantina oxidase, a resposta imunitária contra as infecções durante o fenômeno de fagocitose, entre outros.

DANO OXIDATIVO ÀS BIOMOLÉCULAS

Os radicais livres em geral e o radical hidroxila em particular, podem reagir com moléculas orgânicas reduzidas, em especial com aquelas que contêm duplas ligações como lipídeos insaturados, anéis aromáticos de aminoácidos e bases nitrogenadas. Embora, o H_2O_2, não seja um radical livre, uma parte significativa da sua importância radica em seu potencial como precursor do $HO^•$ que se deve a sua capacidade para difundir através das membranas e chegar a sítios distantes na célula. Embora, o $O_2^{•-}$ seja relativamente pouco reativo, tanto este como o H_2O_2 podem liberar o ferro da ferritina e das proteínas hem respectivamente. Isso é relevante, porque a célula geralmente mantém sequestrados os metais de transição para que não se encontrem disponíveis para a reação de Fenton e de Haber-Weiss.

Lipídeos

A alteração mais importante induzida pelas EROs nos lipídeos está dada pelos os danos gerados sobre as membranas em um processo chamado **lipoperoxidação**.

De maneira muito breve, a lipoperoxidação se inicia quando o ácido graxo insaturado de um fosfolipídeo que forma parte de uma membrana é atacado pelo radical livre. Os carbonos bis-alílicos que estão adjacentes às insaturações, são muito sensíveis ao ataque pelos RL. O fenômeno começa quando um radical retira um hidrogênio completo (e^- e H+) desse carbono, gerando assim um radical lipídico ($R^{•}$) (figura 13-4). Posteriormente há um arranjo molecular e o ataque de um oxigênio singlet for-

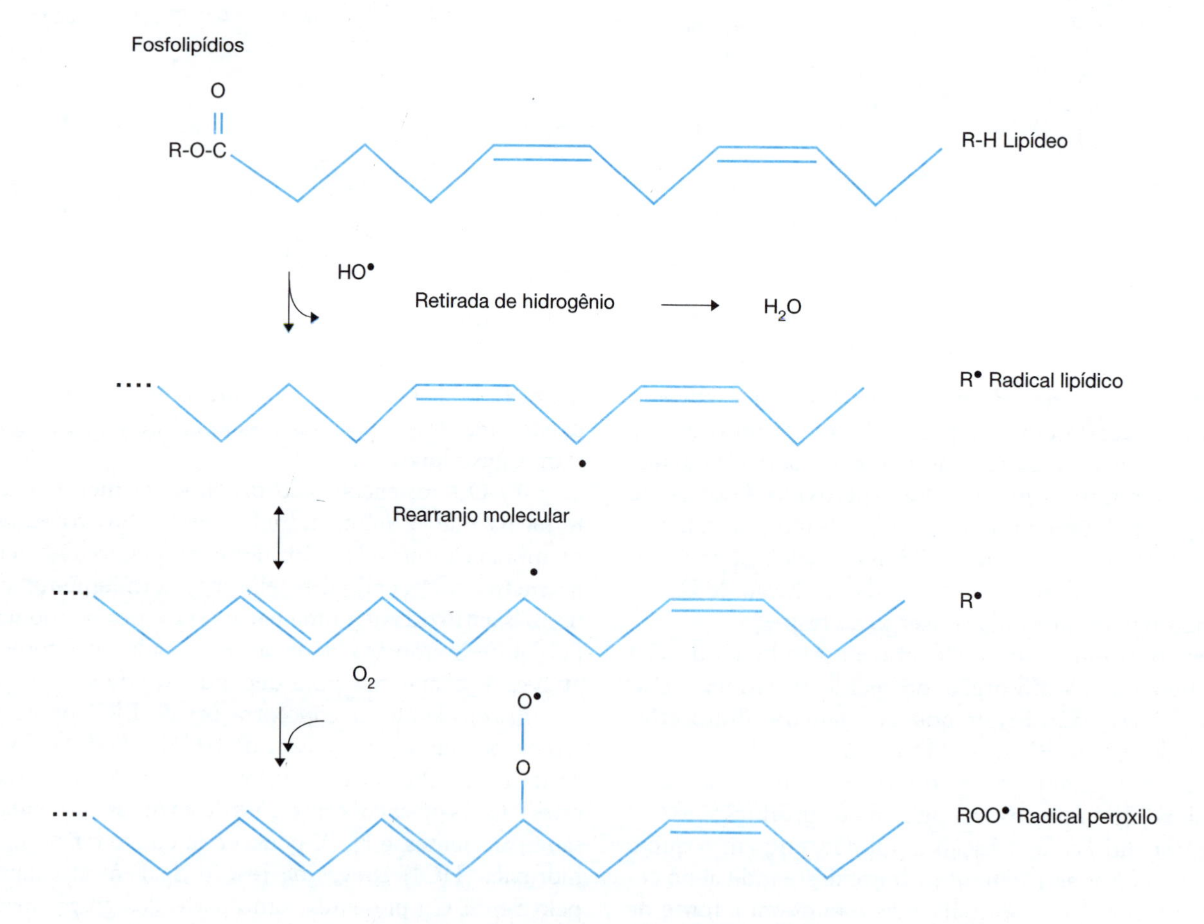

Figura 13-4. Mecanismo do inicio da lipoxidação.

ma um radical peroxilo (ROO•). Como os lipídeos dentro das membranas se encontram uns junto aos outros, o ROO• pode retirar um hidrogênio de um ácido graxo adjacente convertendo-se em um hidroperóxido (ROOH). O ROOH não é um radical livre, pelo que pode permanecer muito tempo dentro de uma membrana de forma estável. Contudo, a retirada do H pelo ROO•, gera outro radical lipídico R•, que a sua vez seguirá os passos de seu predecessor, propagando o dano (figura 13-5).

Por outra parte, se na membrana se encontram Fe ou Cu livres, podem induzir a quebra do ROOH e gerar de novo o radical peroxilo (ROO•) si se retira um H, ou gerar o radical alcoxila (RO•) caso se quebre um HO•. Isso propagará de novo o dano (figura 13-6).

Existem diversas maneiras para terminar este evento, como a dismutação, a β-cisão e a ciclização, assim como a terminação realizada pelo sistema de defesa antioxidante constituído pela vitamina E, vitamina C e glutationa (GSH). Na maioria dos casos, os produtos que se geram modificam a membrana e provocam alterações importantes, como alterações na sua fluidez e sua permeabilidade. No primeiro caso, se altera a estrutura das proteínas trans membranas, perdendo-se a afinidade do ligando ao receptor e os mecanismos de segundos mensageiros (se altera a função de hormônios e neurotransmissores). No segundo caso, se perde a propriedade de ser barreira iônica e osmótica. Estes danos podem conduzir à morte celular.

Proteínas

O dano causado às proteínas acontece mediante um mecanismo de iniciação similar ao descrito para os lipídeos, como a perda de um H, um rearranjo molecular e o ataque de um oxigênio singlet (figura 13-7). De acordo com o aminoácido que reage com as EROs, pode acontecer alterações na estrutura primaria de uma proteína, porque um resíduo pode modificar-se e converter-se em outro diferente. Os aminoácidos mais susceptíveis são: histidina, prolina, cisteína, triptofano, tirosina e, em menor grau arginina, lisina e metionina. A presença de íons metálicos dentro das proteínas pode catalisar a decomposição do H_2O_2 através da reação de Fenton, e iniciar uma cadeia de reações de radicais livres; esse processo se conhece como oxidação de proteínas catalisada por metais (MCO).

Um dos fenômenos mais importantes durante a oxidação de proteínas é a formação de carbonilos, que pode estar

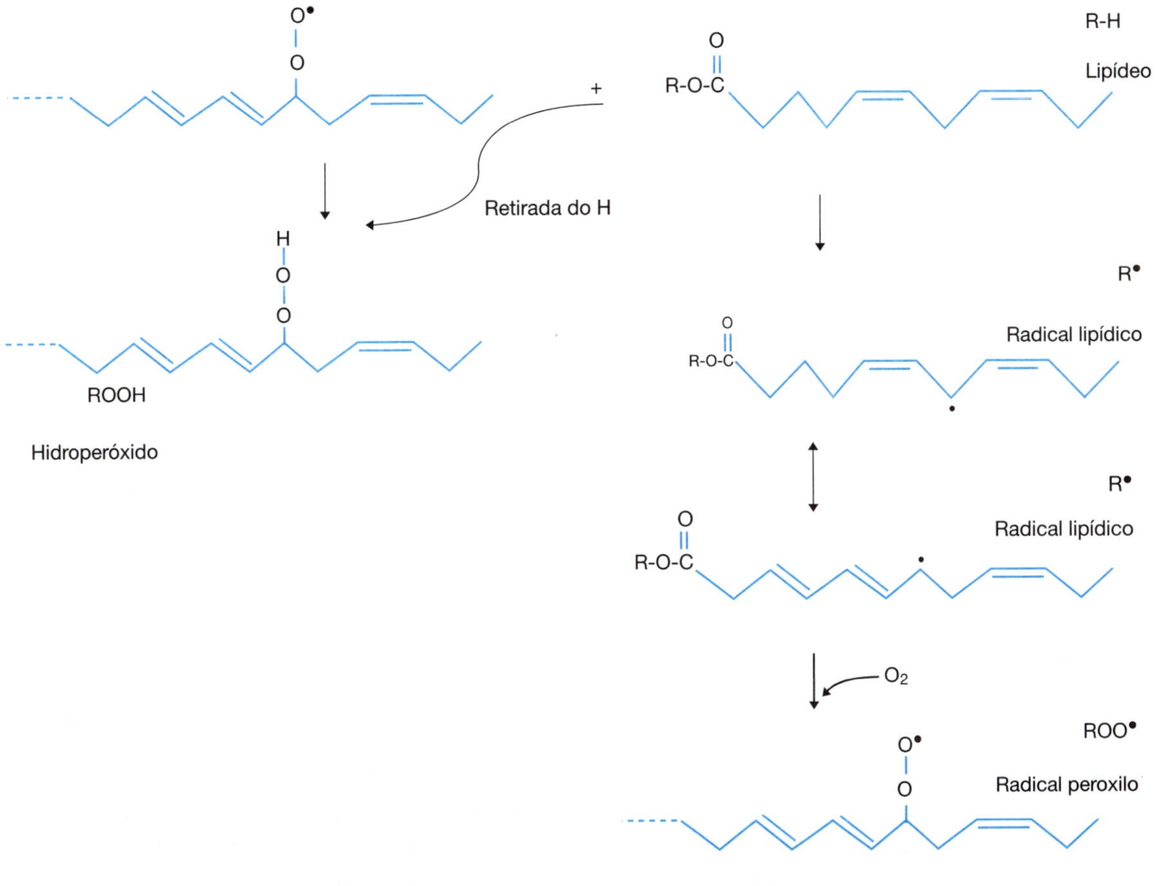

Figura 13-5. Mecanismo de propagação da lipoperoxidação.

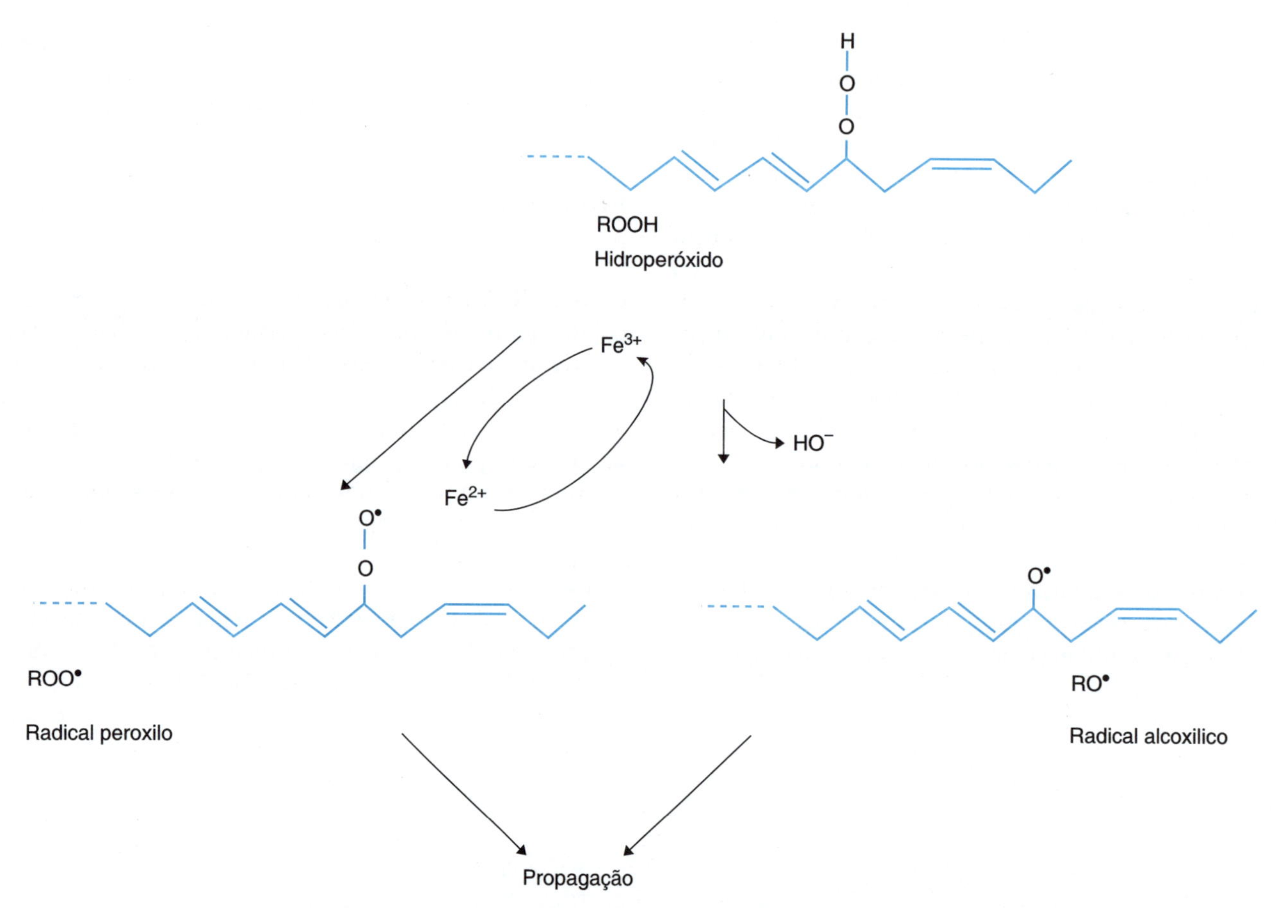

Figura 13-6. Mecanismo de Iniciação da lipoperoxidação partindo de hidroperóxidos.

ligada a transformação de um resíduo aminoacídico em outro e a amidação (figura 13-8A). Por exemplo, uma histidina pode transformar-se em uma prolina ou em ácido glutâmico e simultaneamente gerar um carbonilo na cadeia lateral de um resíduo vizinho. Os grupos carbonilos são um distintivo de uma proteína oxidada por ser susceptível à proteólise. Outra alteração relacionada com as ERO é o entrecruzamento intra e intermolecular pela oxidação de cisteínas (em seus grupos SH) que fomenta a aparição de pontes dissulfeto em sítios onde não deveriam existir (figura 13-8B).

Essas alterações na estrutura primaria (que obviamente se refletem em mudanças na estrutura secundaria e terciária) resultam em alterações na imunogenicidade das proteínas frente ao sistema imunitário, na hidrofobicidade das proteínas de membrana, e alterações gerais na estrutura de todas as proteínas e enzimas oxidadas. Todo isso com a consequente perda da função e maior susceptibilidade à proteólise.

DNA nuclear

Se aceita que em certas condições fisiológicas as espécies como $O_2^{\bullet}$, H_2O_2 ou óxido nítrico (NO) têm pouca ou nenhuma capacidade para reagir com DNA, pelo que se considera que é o $HO^{\bullet}$ que atua de maneira preferente. Os danos diretos no DNA podem ocorrer nas bases, púricas e pirimídicas, e/ou nos açúcares (desoxirribose). Quando o $HO^{\bullet}$ ataca as bases nitrogenadas não há retirada do H, como ocorre nos lipídeos ou nas proteínas, pois o $HO^{\bullet}$ se liga de forma direta à base nitrogenada formando um aduto. Até hoje foram reportados mais de 20 adutos diferentes formados durante a oxidação do DNA. Um dos mais estudados é da guanosina, onde se sabe que o $HO^{\bullet}$ se pode ligar às posições 4, 5 ou 8 do anel purínico. A adição ao carbono 8 produz um aduto radical C-8-OH, chamado 8-oxo-7,8- di hidro-2´-desoxiguanosina ou 8-OHdG (figura 13-9). Sua quantificação tem ganhado popularidade sobre outros tipos de adutos, já que é uma das espécies mais abundantes e resistentes que se produzem quando se oxida o DNA. A geração dos adutos induz alterações nas pontes de hidrogênio que estabilizam a complementarização na dupla cadeia do DNA, de maneira que durante o processo de duplicação, a enzima DNA-polimerase pode ter erros e gerar transversões e translocações.

Os adutos originam mutações pontuais no DNA. O dano nos açucares segue um mecanismo similar ao da lipoperoxidação, iniciando com a perda de um H e o ataque

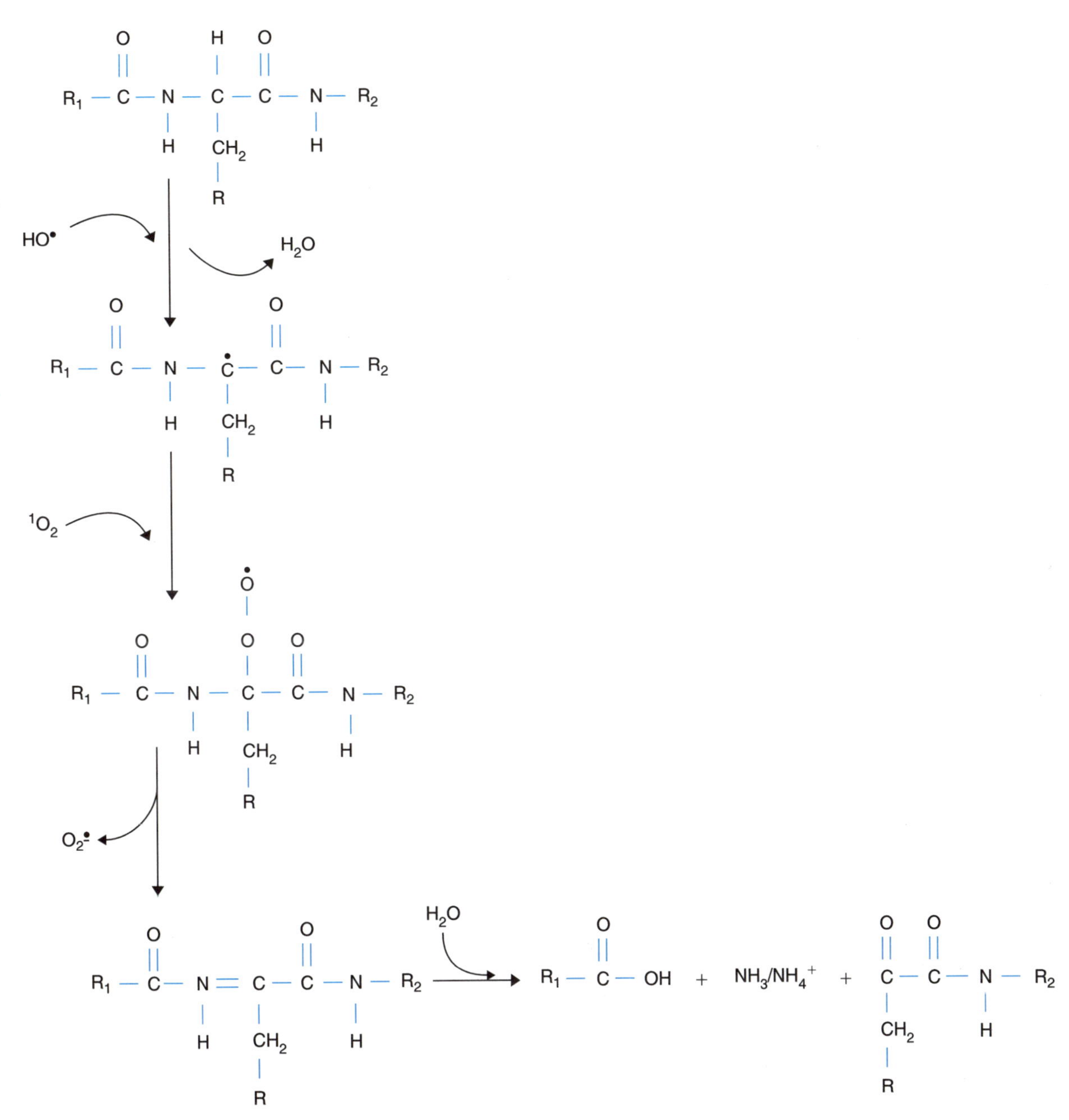

Figura 13-7. Mecanismo de rompimento de polipeptídios por Radicais Livres.

de um oxigênio singlet, que finaliza com o rompimento da ligação fosfodiéster, dando como resultado cisões de cadeia dupla ou simples de DNA. Em resumem, o dano nas bases dá como resultado mutações pontuais, enquanto que o dano nos açúcares gera rompimentos das fitas do DNA.

Existe uma grande quantidade de evidencia experimental que relaciona o dano oxidativo no DNA e a diminuição na capacidade dos mecanismos de reparação com o processo de envelhecimento, e de uma grande diversidade de doenças como o câncer.

DNA mitocondrial

Pela sua origem endossimbiótica, as mitocôndrias (como os cloroplastos) ocupam uma posição única entre as organelas, pois possuem um genoma próprio e a maquinaria para transcrevê-lo e traduzi-lo. No caso das mitocôndrias dos mamíferos, foi reportado que o DNA mitocondrial (mtDNA) tem uma estrutura circular e codifica para 13 subunidades da cadeia respiratória, 22 RNA de transferência e 2 RNA ribossômicos. Estas proteínas são básicas para

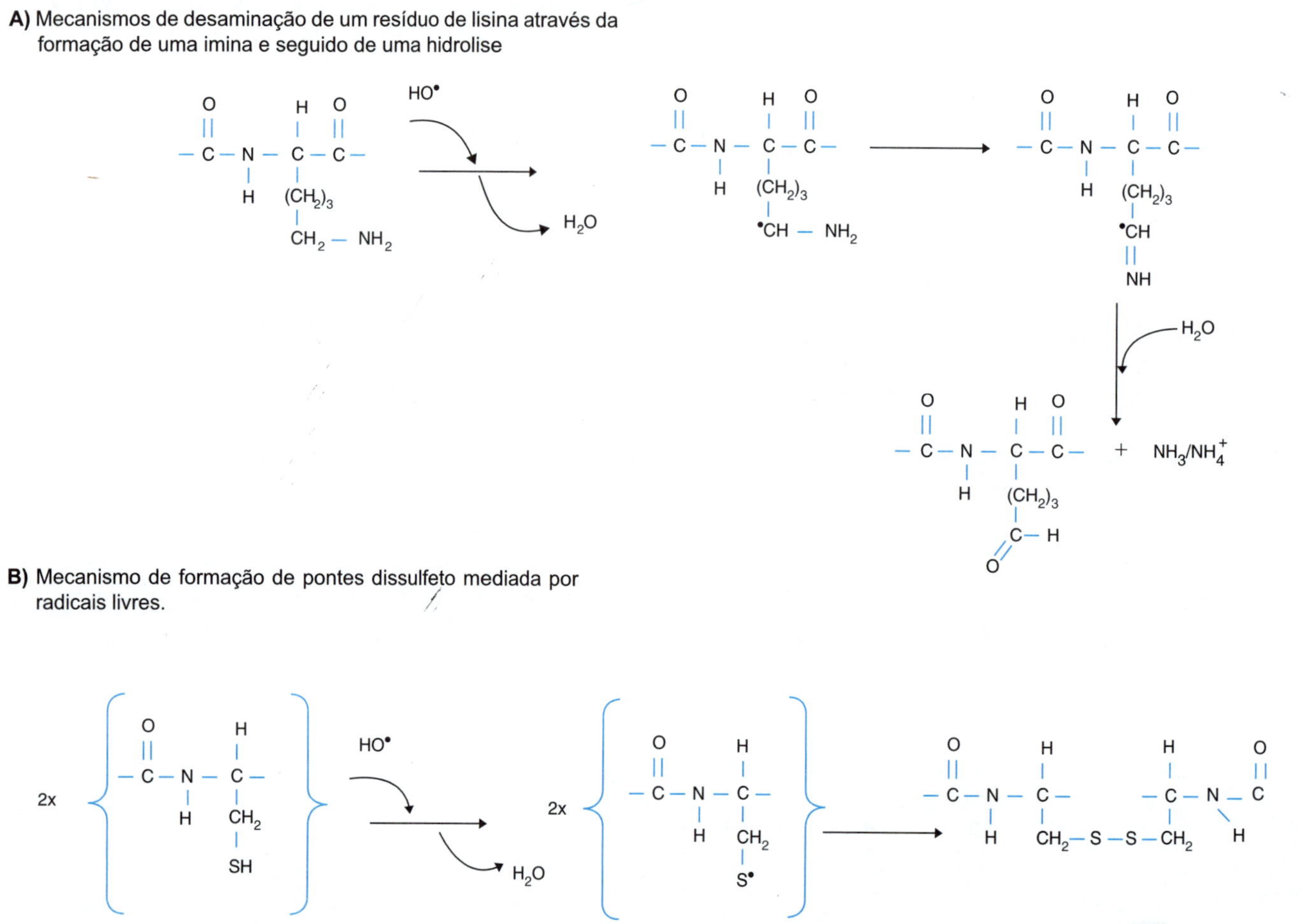

A) Mecanismos de desaminação de um resíduo de lisina através da formação de uma imina e seguido de uma hidrolise

B) Mecanismo de formação de pontes dissulfeto mediada por radicais livres.

Figura 13-8. Efeito dos radicais livres nas proteínas.

o funcionamento da organela pelo que o dano no genoma mitocondrial afeta em forma direta tais funções.

Algumas das razões pelas que se propõe o mtDNA como o sítio mais susceptível ao dano oxidativo são as seguintes:

1. A proximidade do mtDNA às EROs geradas durante a cadeia respiratória.
2. A carência de proteínas tipo histonas que cobram e protejam o mtDNA.
3. A falta o ineficiência da maquinaria mitocondrial para reparar danos no mtDNA.
4. A velocidade de divergência e a tendência a erros é maior no mtDNA que no nuclear, devido a que se duplica de 5 a 10 vezes más rápido.
5. O tamanho e compactação do genoma mitocondrial, assim como, a segregação somática de genomas mitocondriais durante a divisão celular.

Acredita-se que os RL produzidos na mitocôndria se encontram em maior proporção em comparação com o metabolismo celular, e que a reação desses radicais com as macromoléculas mitocondriais durante a vida do organismo produz danos progressivos. Em particular se ha reportado que acúmulo de mutações no mtDNA contribui de maneira fundamental no processo do envelhecimento e doenças degenerativas como Alzheimer doença de Parkinson, e diversas miopatias mitocondriais

SISTEMA DE DEFESA ANTIOXIDANTE

Como mencionado anteriormente, o organismo conta com sistemas antioxidantes que resistem ao efeito das EROs. Esta primeira linha de defesa foi dividida em antioxidantes do tipo enzimático como a superóxido dismutase (SOD), catalase (CAT), glutationa peroxidase (GPx) e tiorredoxinas, entre outros, e que são produzidas diretamente pelo organismo e os do tipo não enzimáticos, como as vitaminas A, C, E, que se adquirirem através da dieta e o tripéptidio glutationa (GSH).

ANTIOXIDANTES NOS ENZIMÁTICOS

Os antioxidantes não enzimáticos se referem preferentemente às vitaminas, em particular à vitamina E (α-tocoferol), vitamina C (ácido ascórbico) e vitamina

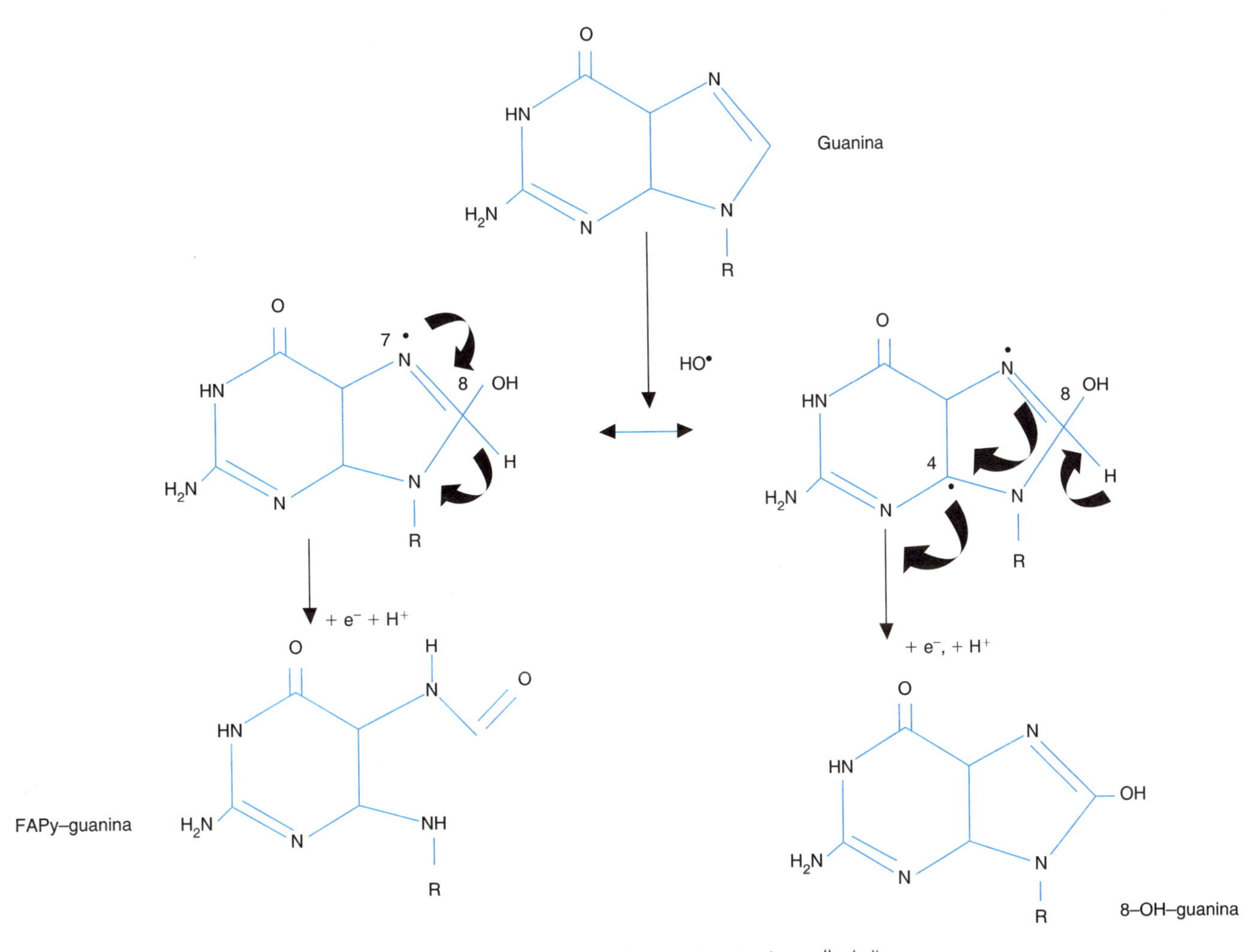

Figura 13-9. Modificações da guanina pela ação dos radicais livres.

A que foram descritas de detalhadamente no capítulo 12 deste livro. Em geral, as vitaminas e algumas outras moléculas que se encontram nas plantas como o licopeno e flavonoides, são consideradas moléculas captadoras de e⁻, cuja característica é ter duplas ligações conjugadas. Uma particularidade interessante do funcionamento das vitaminas é que, em muitos casos devem atuar em conjunto com o GSH, para poder eliminar as ERO (figura 13-10).

Glutationa

A glutationa é um tiol não proteico cuja estrutura primaria é γ-glutamil-cisteil-glicina. Este tripeptídeo tem características estruturais particulares que lhe permite ser uma molécula muito estável. uma delas é que a ligação peptídica entre o amino terminal do glutamato e o resíduo de cisteína não é através do carboxilo α, como normalmente são as ligações peptídicas, mas sim, através do carboxilo γ do glutamato. Essa ligação tão peculiar lhe proporciona resistência contra a ação de todas as

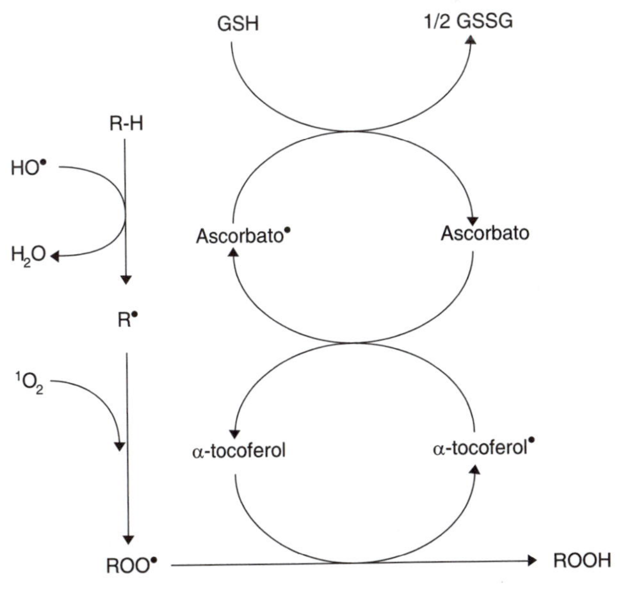

Figura 13-10. Mecanismo de ação das vitaminas como captadoras de elétrons.

peptidases que se encontram no citosol e unicamente é susceptível à degradação por uma enzima especializada conhecida como γ-glutamiltranspeptidasa (GGT), que se encontra na parte externa da célula. Isso significa que para que o GSH se degrade, deve ser transportado fora da célula, o que é realizado pela enzima glutationa-S-transferase (GST).

Outra particularidade muito importante desta molécula, é que possui um grupo sulfidril ou tiol (-SH) que lhe permite doar átomos de hidrogênio, tanto para reduzir as moléculas oxidadas, como para neutralizar RL. Assim, o GSH pode participar na regulação das pontes ou ligações dissulfeto das proteínas, também serve para desfazer-se de moléculas oxidantes e eletrofílicos (figura 13-11).

O GSH trabalha em conjunto porque quando duas destas moléculas doam seus H, ao invés de gerar novo RL, formam entre elas uma ponte dissulfeto (SS), estabilizando-as.

```
Glu – Cys – Gly          Glu – Cys – Gly          Glu – Cys – Gly
       |                        |                        |
       SH       2H•             S                        S
           ------->             :        ------->        |
       SH                       S                        S
       |                        |                        |
Glu – Cys – Gly          Glu – Cys – Gly          Glu – Cys – Gly
```

O GSH se encontra em altas concentrações em todas as células, e devido à importância que tem dentro da fisiologia celular e a manutenção do estado redox celular, a diminuição nos valores de GSH em comparação com os

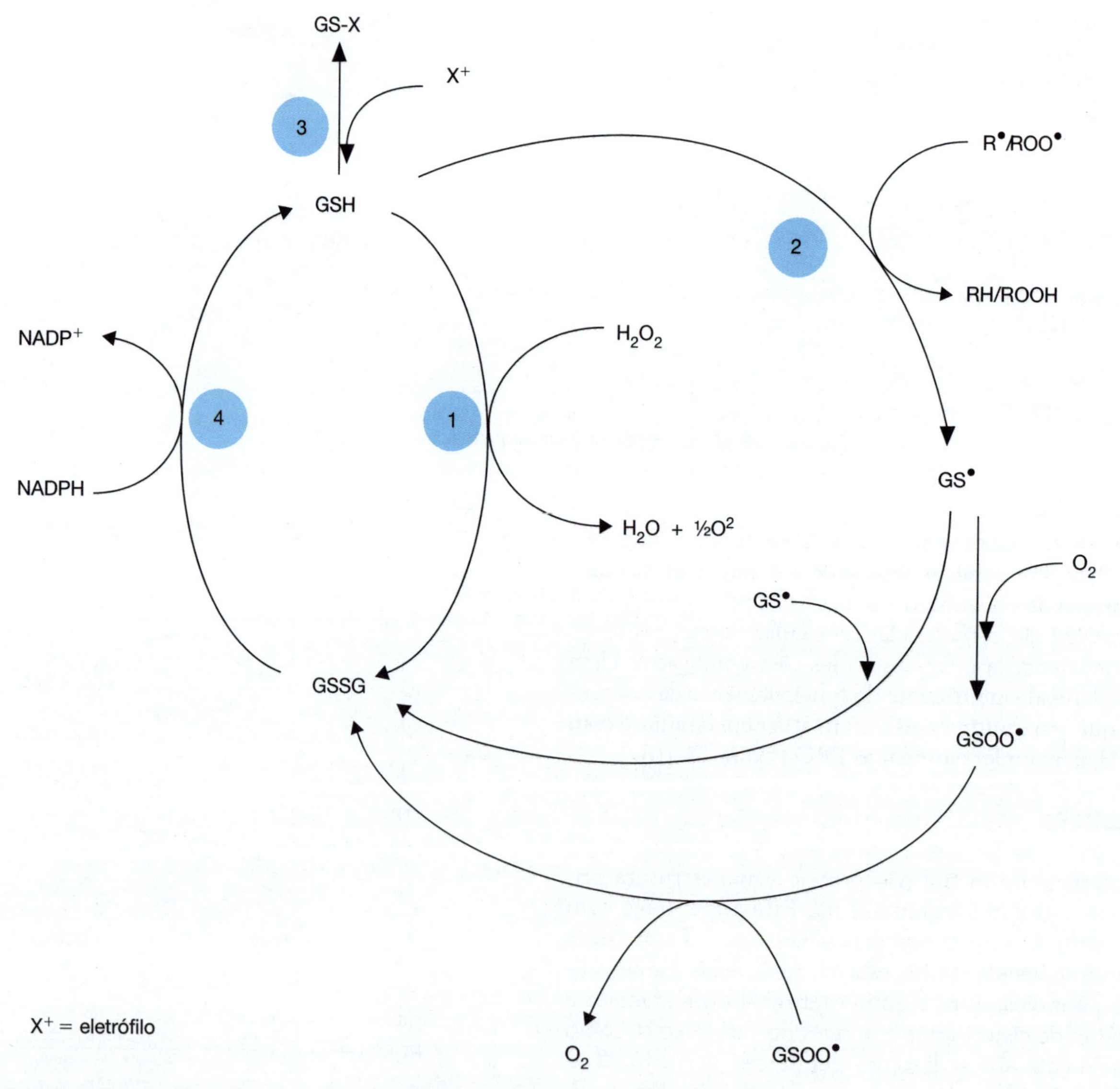

Figura 13-11. Funções antioxidantes do GSH: 1) neutralização de peróxidos; 2) neutralização de radicais livres; 3) metabolismo degradativo de eletrofílicos; 4) regeneração da glutationa reduzida a partir do oxidado.

valores de GSSG estariam relacionados com a etiologia e progressão de uma grande quantidade de doenças.

ANTIOXIDANTES ENZIMÁTICOS

Superóxido dismutase

A enzima superóxido dismutase (SOD) tem como função converter o radical superóxido em uma molécula menos reativa, o H_2O_2, em uma reação conhecida como dismutação:

$$O_2^{\bullet-} + O_2^{\bullet-} + 2H^+ \longrightarrow H_2O_2 + O_2$$

Existem vários tipos de SOD, sendo os mais importantes a SOD tipo 1, que tem como cofatores cobre e zinco (CuZn-SOD ou SOD1) que se encontra como enzima constitutiva no citosol. A SOD tipo 2, possui Mn como cofactor (Mn-SOD ou SOD2), é uma isoforma induzível que está presente no interior das mitocôndrias. Finalmente, existe um terceiro tipo de SOD localizada fora da célula e está associada à matriz extracelular, igual que a SOD1, tem associada cobre e zinco; é conhecida como SOD3 ou EC-SOD. Embora as três realizem a mesma atividade catalítica, apresentam grandes diferenças no que se refere a sua estrutura e organização. O fato de que existam diferentes variantes de esta enzima nos diversos compartimentos celulares, demonstra a dificuldade que tem o $O_2^{\bullet-}$ para atravessar as membranas lipídicas e ressalta a importância fisiológica de manter valores controlados dessas espécies.

As SOD têm sido utilizadas como agentes protetores frente a uma grande diversidade de estados patológicos, entre os que se encontram: os processos inflamatórios, o dano pós-isquêmico aos tecidos, alguns tipos de câncer, entre outros. Por outra parte, uma mutação nos genes que codificam esta enzima, ou um mau funcionamento da mesma, pode propiciar o desenvolvimento de varias doenças especialmente desordens do tipo neurológico ou vascular. É interessante mencionar que a eliminação total do gene da SOD2 em ratos é letal; é dizer, os ratos que não possuem essa enzima não o chegam a término, demonstrando a transcendência da SOD2.

Catalases e peroxidases

As peroxidases são enzimas responsáveis pela eliminação dos hidroperóxidos, tanto do H_2O_2 como dos ROOH. Esta decomposição ocorre mediante uma reação de oxidorredução que utiliza uma molécula específica como agente redutor. As peroxidases podem utilizar agentes redutores diferentes para levar a cabo esta reação e podem ter mecanismos catalíticos distintos Tradicionalmente as enzimas que eliminam peróxidos se dividem em dois grupos, as catalases e as peroxidases. A catalase (CAT) é uma enzima que se encontra principalmente nos peroxissomos, e protege à célula do acúmulo de H_2O_2 degradando-o para convertê-lo em água. Para levar a cabo a sua função a CAT emprega uma segunda molécula de H_2O_2 como agente redutor, pelo que não necessita de nenhum outro substrato:

$$H_2O_2 + H_2O_2 \longrightarrow 2H_2O + O_2$$

Além disso, sabe-se que a CAT também pode atuar como uma peroxidase utilizando um agente redutor (RH_2):

$$H_2O_2 + RH_2 \longrightarrow 2H_2O + R$$

A catalase possui uma afinidade por seu substrato relativamente baixa com uma Vmax alta, pelo que principalmente se encontra ativa quando existem altas concentrações de H_2O_2. Esta enzima se ha utilizado para tratar processos em que se ha considerado o H_2O_2 como o principal agente deletério, como por exemplo, no dano pela inflamação a doença de xeroderma pigmentoso.

Por outra parte, as peroxidases são muito mais afines ao H_2O_2 e ROOH, pelo que tem a capacidade de eliminá-los quando se encontram a baixas concentrações, embora, necessita um agente redutor para poder levar a cabo sua função. Entre as peroxidases mais importantes se encontra a glutationa peroxidase (GPx). Esta enzima requer da participação da glutationa reduzida (GSH) como agente redutor: GPx

$$H_2O_2 + 2GSH \xrightarrow{GPx} GSSG + 2H_2O$$

A GPx também catalisa a redução dependente do GSH dos hidroperóxidos dos ácidos graxos, por exemplo, os produtos da lipoperoxidação dos ácidos linolênico e linoleico, do 7 β-hidroperóxido do colesterol e vários hidroperóxidos sintéticos, como o cumeno* e os *t*-butil hidroperóxidos. Em todos esses casos o grupo peróxido (ROOH) é reduzido a álcool (ROH)

$$ROOH + 2GSH \longrightarrow GSSG + H_2O + ROH$$

A GPx é uma selênio proteína. O selênio (Se) é um elemento essencial que participa em muitos processos biológicos. É também um micronutriente fundamental para a manutenção ótima do sistema imunitário, pelo que muitas doenças estão associadas com a sua deficiência. Propõe-se que as GPx selênio dependentes participam na modulação da resposta inflamatória. A deficiência de selênio pode estar associada com muitos tipos de câncer, incluindo o de esôfago, estômago, cólon e próstata. Tal deficiência provoca perda da atividade de outras selênio proteínas, perda da estabilidade dos mRNA e da tradução das proteínas.

**nota do tradutor* (nome comum do isopropilbenzeno)

Tiorredoxinas

As tiorredoxinas (Trx) são uma família de proteínas pequenas (12 kDa) que se encontram altamente conservadas na escala evolutiva. Estão implicadas em um grande número de funções celulares, entre a que se destaca a sua atividade antioxidante. Em forma similar ao GSH, as proteínas da família das Trx apresentam em seu sitio catalítico duas cisteínas com grupos sulfidril reduzidos (-SH), pelo que a enzima reduzida se representa como: Trx-[SH]2. Estas cisteínas são capazes de transferir seus equivalentes redutores e, por tanto, oxidar-se de forma reversível, para gerar a espécie oxidada da enzima (Trx-S-S-Trx). A reação para regenerar a Trx reduzida (Trx-[SH]2), é catalisada pela enzima Trx redutase (Trx-R), que é uma flavoproteína dependente de NADPH.

ESTRESSE OXIDATIVO E TRANSDUÇÃO DE SINAIS

Em condições metabólicas normais devem existir um balanço entre os eventos oxidantes, onde existe produção de ERO, e os sistemas de defesa antioxidante e de reparação do dano oxidativo. O anterior mantém a homeostase celular e a regulação do estado redox intracelular mediante retroalimentações positivas e negativas. Porém, quando não se mantém um balanço entre eles, seja pela perda e/ou a diminuição do sistema protetor, por um aumento na produção das EROs ou por ambos eventos simultaneamente, se diz que existe um estado de **estresse oxidativo,** ocasionando severas disfunções metabólicas.

É por isso que para falar de dano pelas espécies oxidantes, haverá que considerar o conceito de estresse oxidativo, que não é o estado habitual das células, mas sim, aquele que se dá durante os estados patológicos, o sob algumas circunstancias especiais, como durante o envelhecimento ou a hipoxia-reperfusão.

Deve-se mencionar que embora a célula deva manter certo estado redox para estar em homeostase, isso não significa que o balanço entre as espécies reduzidas e oxidadas se mantenha sempre igual. Trata-se de um processo dinâmico durante o qual, vários fatores de crescimento e citocinas, assim como enzimas, entre as que destacam a NADPH oxidase (Nox), produzem EROs, como intermediarias na sinalização. Sabe-se que os câmbios sutis no equilíbrio redox, permitem um controle versátil na expressão gênica e da transdução de sinais, das vias relacionadas com o crescimento, proliferação, diferenciação e morte, entre outras atividades celulares.

Aparentemente, este tipo de regulação está associado com a oxidação ou a redução dos grupos tióis (-SH) dos resíduos de cisteína, nos sítios catalíticos de algumas proteínas que se consideram "detectores" do estado redox. Essas proteínas mudam a sua conformação ao oxidar ou reduzir os tióis (de –SH passam a –S-S-), pelo que podem ativar certas vias de sinalização ou liberar fatores de transcrição que se ativam e são capazes de transportar-se ao núcleo. Entre os fatores de transcrição que se sabe respondem a mudanças no estado redox se encontram as moléculas de AP1, FNkB e Nrf2.

MUDANÇAS NOS SISTEMAS DE DEFESA ANTIOXIDANTE ASSOCIADOS AO ENVELHECIMENTO

No decênio de 1950-59, Harman propôs a teoria dos radicais livres para explicar o envelhecimento, e desde então, existe um acúmulo de evidencias experimental que a apoiam. A teoria do envelhecimento por radicais livres propõe que a perda de funções celulares relacionadas ao envelhecimento é resultado do acúmulo do dano oxidativo não reparado nos distintos componentes celulares, produto dos radicais livres. Atualmente a hipótese foi ampliada e não limita a ação das EROs unicamente ao dano oxidativo, mas que inclui a modulação da expressão gênica, a transdução de sinais e outros processos normais a os níveis oxidativo da célula. Em outras palavras, a teoria reformulada propõe que o envelhecimento é provocado pelo desbalanço entre o estado oxidado e reduzido, que se inclinam mais para o primeiro. No caso dos antioxidantes não enzimáticos, a maioria dos estudos coincide em que existe uma diminuição significativa de suas respectivas concentrações associada ao envelhecimento, não obstante existem controvérsias ao respeito. Foi reportado que a concentração de vitamina E no plasma apresenta uma curva bifásica, com a máxima na metade da vida, enquanto que a vitamina C aparentemente, diminui de maneira gradual com a idade. O GSH parece ter um comportamento similar, porque diversos autores têm reportado sua diminuição em tecidos como cérebro, pulmão e músculo de rato e camundongo.

Com respeito aos estudos realizados para quantificar as concentrações dos antioxidantes enzimáticos, foram descritos resultados variáveis em sistemas diversos. Esses resultados contraditórios se repetem continuamente, sendo o único que fica claro neste caso, é que os sistemas de defesa antioxidante variam de forma irregular com a idade e dependem do tecido e da espécie que se trate.

Foi sugerido que a frequência elevada em danos induzidos por EROs relacionados com idades avançadas não só depende do estado em que se encontrem os sistemas antioxidantes, mas também, de forma importante, do decremento nos sistemas de reparação e manutenção celulares. No entanto, é impossível deixar de mencionar nesta seção, que existem estudos onde a superexpressão de enzimas antioxidantes, como SOD e CAT, aumentaram a longevidade em organismos como *Drosophila e Caenorhabditis elegans*, entre outros, o que inevitavelmente situa os antioxidantes em ponto crucial, ao mesmo tempo em que explica a razão da extraordinária popularidade e atenção que receberam esses sistemas nos últimos anos.

AGRADECIMENTOS

Agradeço ao Dr. Luis Enrique Gómez Quiroz pelos valiosos comentários ao texto. Assim como à CONACYT pelo apoio ao **projeto** 45921-M

REFERÊNCIAS

Halliwell B, Gutteridge MC: *Free Radicals in Biology and Medicine.* 3rd. ed. New York E.U.A. Oxford University Press Inc. 1999.

Hermes-Lima M: Oxygen in Biology and Biochemistry: Role of Free Radicals. En: *Functional Metabolism:* Regulation and Adaptation, editado por Kenneth B. Storey. 1st. ed. E.U.A. John Wiley & Sons, Inc. 2004. Capítulo 12: 319-368.

Hermes-Lima M: Oxidative stress and Medical Sciences. En: Functional Metabolism: *Regulation and Adaptation*, editado por Kenneth B. Storey. 1st. ed. E.U.A. John Wiley & Sons, Inc. 2004. Capítulo 13: 369-382.

Hansberg-Torres W: Biología de las Especies de Oxígeno Reactivas, en: el *Mensaje Bioquímico,* Editado por el Depto. De Bioquímica. Fac. Medicina, UNAM. México. Vol XXVI: 19-54.

Konigsberg M: *Radicales libres y estrés oxidativo.* Aplicaciones médicas, México: El Manual Moderno México, 2008.

Roberfroid M, Buc-Calderon P: *Free Radicals and Oxidation in Biological Systems.* 1st. ed. New York, E.U.A. Marcel Dekker Inc. 1995.

Páginas eletrônicas

McGee SA et al. (2003): *Free radicals.* En: The Internet Journal of Advanced Nursing Practice. [En línea]. Disponible: http://www.ispub.com/ostia/index.php?xmlFilePath=journals/ijanp/vol6n1/radicals.xml [2009, abril 10]

Salas CR (2007): *¿Qué son los radicales libres?* [En línea]. Disponible: http://www.lukor.com/ciencia/radicales_libres.htm [2009, abril 10]

SportsMedWeb (1996): *Antioxidants and free radicals.* [En línea]. Disponible: http://www.rice.edu/~jenky/sports/antiox.html [2009, abril 10]

14

Química dos carboidratos

Alfonso Cárabez Trejo

Os carboidratos constituem a maior parte da matéria orgânica da Terra e possuem várias funções nos seres vivos. Servem como reservas de energia, são combustíveis e intermediários metabólicos. Alguns carboidratos como o amido nos vegetais e o glicogênio nos animais, podem ser utilizados rapidamente para formar glicose, o combustível primário para liberar energia, indispensável para as funções celulares. Um grande número de moléculas contém carboidratos, por exemplo, o ATP, a unidade biológica de energia livre, as coenzimas como o NAD^+, FAD, CoA, entre outras. Dois carboidratos formam parte importante da estrutura dos ácidos nucleicos RNA e DNA. Na formação da parede celular das bactérias, desempenham um papel estrutural fundamental, constitui parte do exoesqueleto dos artrópodes e de maneira muito importante o esqueleto lenhoso das plantas, de fato, a celulose que é o principal componente das paredes celulares dos vegetais, é o composto mais abundante da biosfera. Finalmente, os carboidratos estão unidos a muitas proteínas e lipídeos dando lugar à compostos de grande interesse biológico, como a glicoforina, proteína intrínseca de membrana, que dá aos eritrócitos uma cobertura aniônica altamente polar.

A presença de complexos de carboidratos com proteínas (glicoproteínas) ou com lipídeos (glicolipídeos) nas membranas celulares confere a estas propriedades que se manifestam, entre outras, nos fenômenos de reconhecimento intercelular. Um exemplo muito claro da participação dos carboidratos em funções biológicas é a fecundação, na qual o espermatozoide se une a um oligossacarídeo específico da superfície do óvulo. Também os carboidratos, através do processo de reconhecimento, são participantes importantes no desenvolvimento e reparação dos tecidos.

Para compreender a importância biológica dos carboidratos no metabolismo celular, é conveniente ressaltar que constituem somente 0,3% do organismo, em comparação com 70% de água, 16% de proteínas e 9% de lipídeos. No entanto, a cada 24 horas, os carboidratos são ingeridos em proporção 4,75 vezes maior (380 g) que as proteínas (80 g) e 4,22 vezes maior que os lipídeos (90 g). A referida ingestão permite a produção de 1520 kcal, cifra que equivale a 57,3% das calorias produzidas pela combustão de carboidratos, lipídeos e proteínas em conjunto. Apesar da grande quantidade ingerida de carboidratos, compõe uma pequena porção do peso corporal, o que indica que são objeto de uma elevada renovação e metabolismo.

Os carboidratos ou hidratos de carbono são conhecidos também como açúcares, sacarídeos ou glicídios, são compostos orgânicos formados por carbono, hidrogênio e oxigênio, em alguns tipos de carboidratos também são encontrados enxofre e nitrogênio. Do ponto de vista químico se definem como **derivados aldeídicos ou cetônicos de álcoois polídricos**.

CLASSIFICAÇÃO

Quando por hidrólise não é mais possível fragmentar uma molécula de carboidrato em que se encontra um grupo carbonila (aldeído ou cetona) e vários grupos álcool (pelo menos um álcool primário e um álcool secundário), o composto se conhece como monossacarídeo ou açúcar simples, o nome destes compostos termina com **ose**, e a fórmula geral é:

$$C_n(H_2O)_n$$

As moléculas mais simples que cumprem com esta definição são o gliceraldeído e a diidroxiacetona (figura 14-1); o grupo carbonila, aldeído ou cetona presente nos carboidratos, define a existência de dois grupos: **as aldoses e as cetoses**. O nome particular de cada carboidrato se dá segundo o número de átomos de carbono presentes em cada molécula; por exemplo, as trioses são moléculas de carboidrato que são constituídas por 3 átomos de carbono (3C), tetroses (4C), pentoses (5C), hexoses (6C), entre outras (quadro 14-1).

A substituição de algum dos grupos funcionais (aldeídos, cetona ou álcool) de um monossacarídeo por outro grupo funcional, (por exemplo, amina ou carboxila), dá lugar a açúcares **derivados**. Se o grupo funcional álcool primário

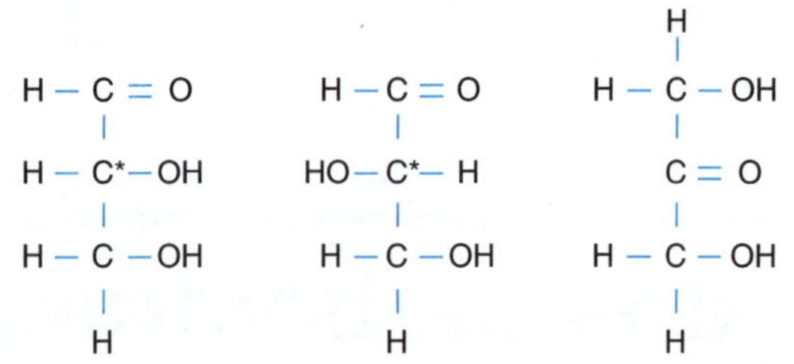

```
                                              H
                                              |
H — C = O           H — C = O           H — C — OH
    |                   |                   |
H — C*— OH          HO— C*— H               C = O
    |                   |                   |
H — C — OH          H — C — OH          H — C — OH
    |                   |                   |
    H                   H                   H

D-gliceraldeído     L-gliceraldeído     Diidroxiacetona
```

Figura 14-1. Nota-se que o carbono central do gliceraldeído* é assimétrico, quer dizer, têm suas 4 valências saturadas por átomos ou radicais distintos (H-C=O, H, OH e H_2=C-OH). Esta estrutura permite a existência dos **estereoisômeros**, o D e o L, de acordo com a posição do H e OH vizinhos ao álcool primário, -CH_2OH. Nas células predominam os açúcares derivados do D-gliceraldeído. A diidroxiacetona não possui carbono assimétrico.

Quadro 14-1. Classificação dos carboidratos. Os nomes em itálico se referem a exemplos comuns de cada grupo

	Aldoses	Cetoses
I. Monossacarídeos simples		
A. Trioses	*diidroxiacetona*	
B. Tetroses	*eritrose*	
C. Pentoses	*ribose*	*ribulose*
D. Hexoses	*glicose*	*frutose*
E. Heptoses		*sedoeptulose*
II. Monossacarídeos derivados		
A. Ésteres	*glicose 6-fosfato*	
B. Açúcares alcóolicos	*glicerol*	
C. Açúcares ácidos	*ácido glicurônico*	
D. Açucares Aminados	*glicosamina*	
III. Oligossacarídeos		
A. Dissacarídeos	*sacarose*	
B. Trissacarídeos		
IV. Polímeros (de um monossacarídeo)		
A. Amido		
B. Glicogênio		
C. Celulose		
V. Glicosaminoglicanos		
A. Ácido hialurônico		
B. Condroitin 4-sulfato		
C. Condroitin 6-sulfato		
D. Dermatan sulfato		
E. Heparan sulfato		
F. Heparina		
G. Queratan sulfato		
VI. Carboidratos com proteínas		
Glicoproteínas	*Receptores de hormônios*	
Proteoglicanos		

reage com um ácido, se formam **ésteres** correspondentes, na bioquímica dos ésteres mais importantes são os que formam com o ácido fosfórico, dando como resultado açúcares fosforilados, por exemplo, a ribose 5-P e a glicose 6-P.

Quando a hidrólise de carboidratos produz duas moléculas de monossacarídeos, iguais ou diferentes ligadas entre si por meio de uma ligação glicosídica obtêm-se os dissacarídeos, entre os quais está a lactose, a maltose e a celobiose, as quais são moléculas de açúcares redutores, porque possuem um grupo carbonila livre. A sacarose também é um dissacarídeo, mas é um açúcar não redutor, já que não apresenta grupo carbonila livre. A hidrólise dos dissacarídeos libera duas moléculas de monossacarídeo, cada uma das mesmas são açúcares redutores.

Os polissacarídeos, também chamados de **glicanos**, são constituídos de pelo menos 10 até muitos milhares de moléculas de monossacarídeos; a fórmula geral para os polissacarídeos de maior importância é: $(C_6(H_2O)_5)_n$, que corresponde a um polímero de hexoses ou **homopolissacarídeo**. Alguns destes polímeros são: a celulose, o glicogênio e o amido, os três são homopolímeros de glicose (Quadro 14-1). A inulina é um homopolímero da frutose. Quando a unidade monomérica do monossacarídeo é variável, obtêm-se os **heteropolissacarídeos** como o Agar-agár, o mucílago, a mucina e as gomas vegetais. Quando os açúcares que estão contidos nos polissacarídeos possuem **nitrogênio**, obtêm-se os **mucopolissacarídeos** como a heparina, o condroitin-sulfato, o ácido hialurônico e a quitina.

Os compostos derivados de carboidratos são, entre outros, o ácido siálico, a vitamina C, a estreptomicina, o inositol, o ácido glicurônico, o sorbitol e o xilitol.

MONOSSACARÍDEOS SIMPLES

Estrutura

O estudo da estrutura e das propriedades físico-químicas gerais dos carboidratos leva muito em conta e se inicia coma análise das trioses já mencionadas (figura 14-1). No entanto, por simplificação e por sua importância na bioquímica, nesta obra se faz um estudo breve da molécula de glicose.

A informação química inicial sobre a glicose, mostra um composto formado por 6 carbonos, 12 hidrogênios e 6 oxigênios, ou seja 6 carbonos hidratados, $C_6(H_2O)_6$; vindo daí o nome de carboidratos. Ao se comprovar que não eram carbonos hidratados, a fórmula passou a ser $C_6H_{12}O_6$. Mais tarde se comprovou que se tratava de uma molécula linear com diferentes funções químicas.

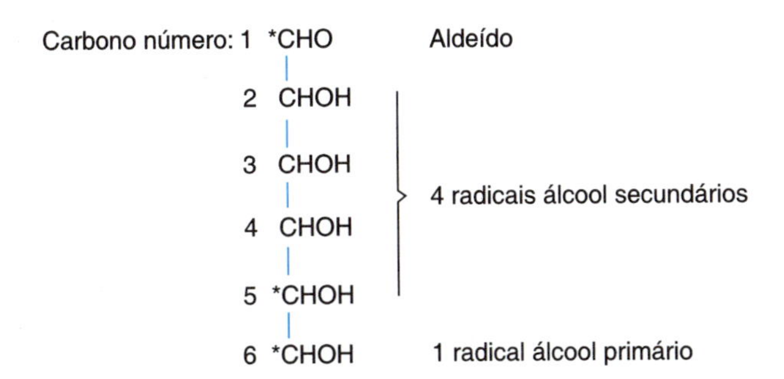

Figura 14-2. Fórmula mais simples desenvolvida da glicose. Os carbonos marcados com asterisco correspondem aos três carbonos do gliceraldeído.

A fórmula mais simples desenvolvida da glicose, mostra uma molécula de cadeia reta com 5 carbonos ocupados por radicais álcool e um com radical aldeído (figura 14-2). Mais tarde, ficou evidente que existiam várias moléculas diferentes de glicose, com propriedades similares a esta e com a mesma fórmula desenvolvida da figura 14-2. Ao longo desta seção se mostram fórmulas de glicose que somente correspondem à própria glicose e que proporcionam ao "químico esperto e leitor de fórmulas" o maior número de propriedades físico-químicas da molécula em um espaço mínimo de representação, isto é sua fórmula.

Os carbonos 2, 3, 4 e 5, de acordo com esta fórmula (figura 14-2), são assimétricos (a definição de assimetria de um carbono se encontra na parte inferior da figura 14-1); o número de possíveis isômeros é de 2^n, onde n representa o número de carbonos assimétricos no composto, seria dizer que 16 substâncias podem ter esta estrutura, destas são muito comuns na natureza, a D-glicose, a D-galactose e a D-manose, cada uma com seu arranjo espacial característico (figura 14-3). Os três monossacarídeos mencionados derivam do D-gliceraldeído; a orientação espacial da OH no carbono assimétrico mais distante da carbonila (o número 5) é idêntica a do carbono assimétrico do D-gliceraldeído.

D-galactose	D-glucose	D-manose
H – C = O	H – C = O	H – C = O
H – C – OH	H – C – OH	HO – C – H
HO – C – H	HO – C – H	HO – C – H
HO – C – H	H – C – OH	H – C – OH
H – C – OH	H – C – OH	H – C – OH
H – C – OH	H – C – OH	H – C – OH
H	H	H

Figura 14-3. Fórmula linear das três aldohexoses mais importantes na bioquímica.

H
|
H – C – OH
|
C = O
|
HO – C – H
|
H – C – OH
|
H – C – OH
|
H – C – OH
|
H

Figura 14-4. Fórmula linear da cetohexose mais frequente na natureza: a frutose.

Existe outra hexose abundante na natureza, a cetose (carbonila com estrutura cetônica, C=O) D-frutose, derivada também do D-gliceraldeído (figura 14-4).

Configuração espacial dos monossacarídeos. A fórmula linear da glicose não explica algumas de suas propriedades, mas quando a transformamos em uma estrutura cíclica, através da formação de uma ligação hemiacetal interna, entre a carbonila do carbono 1 e o álcool do carbono 5. Desta maneira, o carbono 1 se converte em um novo centro de assimetria; por outro lado, dá lugar a dois novos isômeros, chamados **anômeros**, o α- e o β-, o carbono 1 se denomina anomérico (figura 14-5). Uma solução de glicose em água tem um equilíbrio dinâmico com 34% na forma α- e 66% na forma β-, além de uma pequena parte da forma aldeídica linear.

Devido a uma estrutura cíclica de 6 membros, no qual um deles é um átomo de oxigênio, se parece com o núcleo heterocíclico do pirano, esta forma de hexose se denomina piranosídica; e assim, a forma cíclica da glicose constitui a glicopiranose (figura 14-6).

Haworth representou esta estrutura em perspectiva, com os grupos H e OH colocados convencionalmente acima ou abaixo do plano do anel. Nesta convenção, os grupos OH dos átomos de carbono 2 e 4, que na forma linear se representam do lado direito, encontra-se na parte debaixo e o OH do carbono 3, à esquerda na forma linear, localiza-se acima do anel; os isômeros α- e β- se distinguem, neste modelo pela posição acima ou abaixo do H e do OH no carbono 1 (figura 14-7).

Os estudos com difração de raios-X revelam somente um plano aos açúcares com anéis de 5 membros (furanosídicos), enquanto os que possuem anéis com 6 membros estão dispostos em forma de "bote" ou de "cadeira" (figura 14-8).

Em geral, são usadas fórmulas mais simples, como as da figura 14-5 e a de Haworth (figura 14-7).

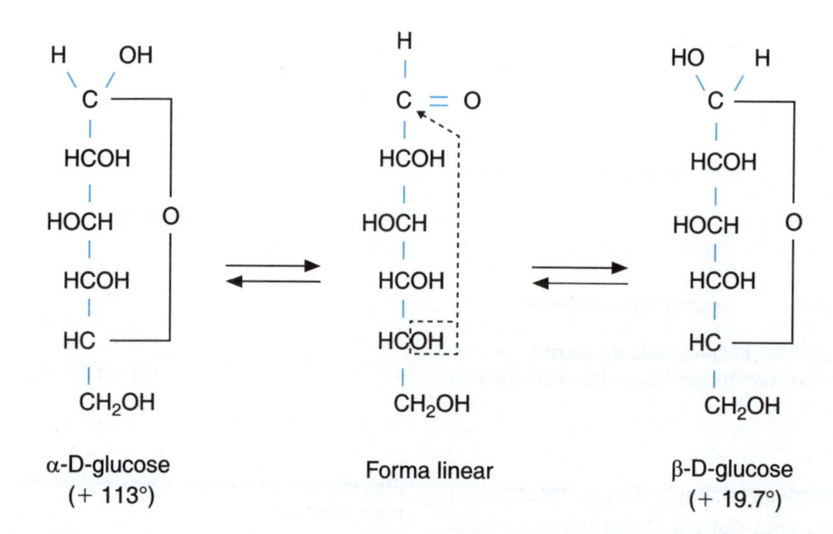

Figura 14-5. Formação de um hemiacetal interno a partir da forma linear do monossacarídeo. A função álcool do carbono 5 a cetona do carbono 1 reagem e dão lugar a um grupo funcional, o hemiacetal. Assim se estabelece uma ponte de oxigênio entre os carbonos 1 e 5, sendo que o 1 se torna assimétrico, permitindo a existência de dois novos isômeros (anômeros),o α e o β.

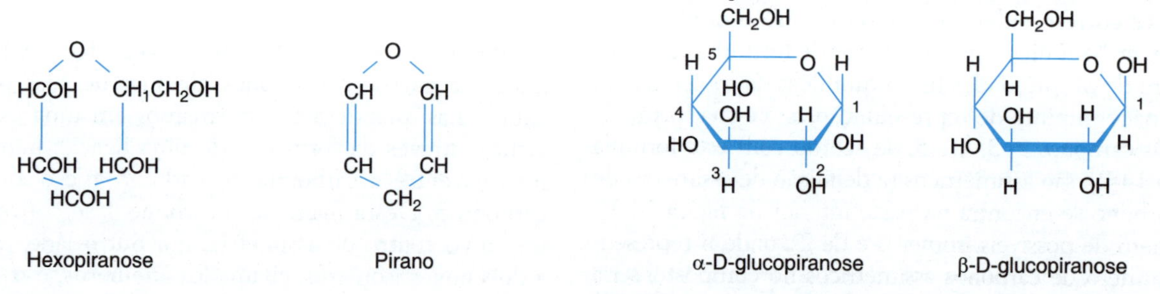

Figura 14-6. Fórmula cíclica de uma hexopiranose e comparação com a molécula do pirano.

Figura 14-7. Representação de Haworth dos anômeros α e β da glicose, em sua forma cíclica, como glicopiranose. A molécula da esquerda tem numerados os carbonos para sua comparação com a fórmula linear. A molécula da direita apenas possui numerado o carbono anomérico, o 1.

As pentoses, as hexoses e inclusive os dissacarídeos lactose e maltose, são açúcares com estrutura cíclica. Na frutose se forma uma ponte de oxigênio entre os carbonos 2 e 5, assemelhando-se ao furano, ou seja é um açúcar do tipo furanose (figura 14-9). Outros exemplos comuns, de pentoses, aparecem na figura 14-10.

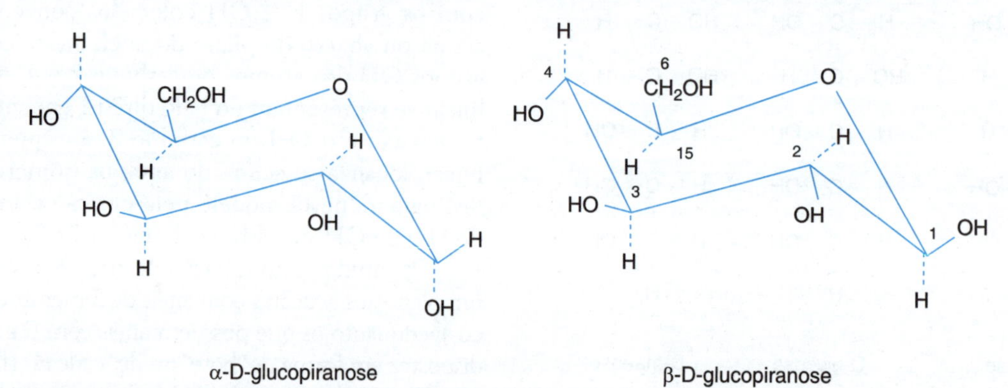

Figura 14-8. Fórmulas de "cadeira" dos anômeros α e β da D-glicopiranose. Em linha descontínua se representam os enlaces chamados axiais e em linha contínua as ligações equatoriais.

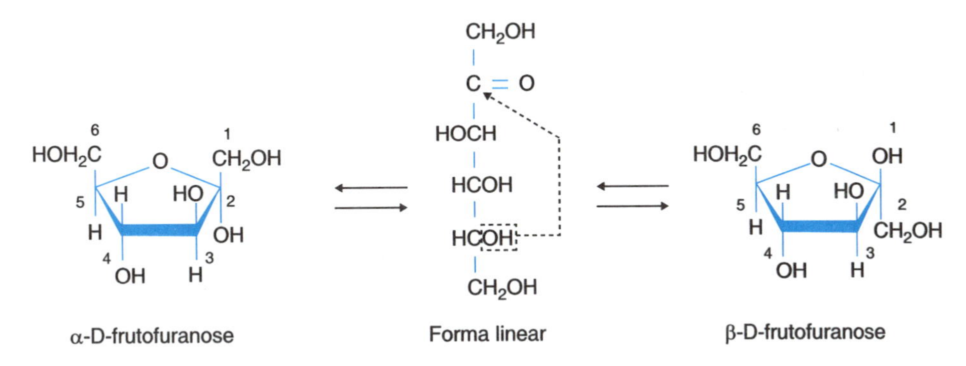

Figura 14-9. Representação da frutose.

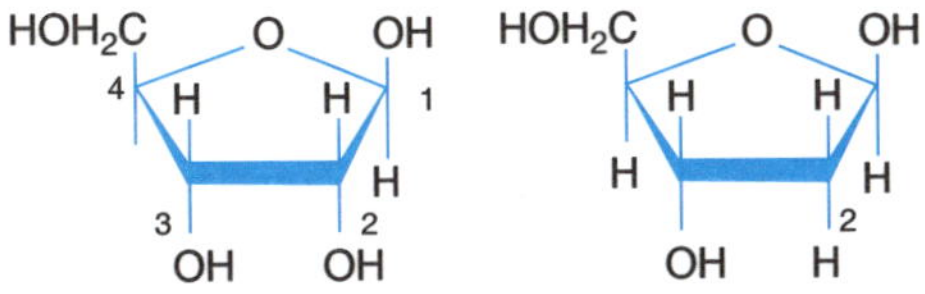

D-ribose

D-2-desoxirribose

Figura 14-10. Representação de Haworth das pentoses presentes nos ácidos nucleicos.

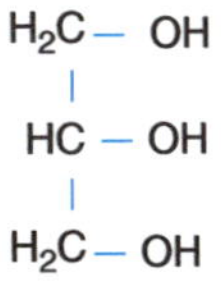

Figura 14-11. Molécula de glicerol.

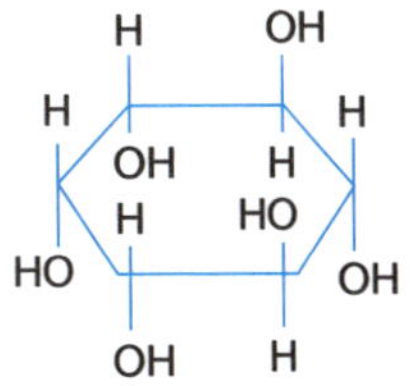

Figura 14-12. Molécula de meso ou mioinositol.

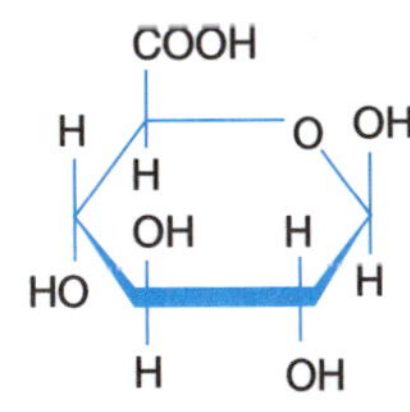

Figura 14-13. Representação de Haworth do ácido D-glicurônico.

MONOSSACARÍDEOS DERIVADOS

Açúcares alcoólicos

A redução das aldoses e das cetoses converte o grupo aldeídico ou cetônico em um álcool, -CH_2OH, e o monossacarídeo em um álcool poliidroxílico. Desta forma, da D-glicose se obtém o D-sorbitol. Um álcool deste tipo, de três átomos de carbono, é o glicerol, importante por formar parte dos triglicerídeos e vários fosfolipídeos (figura 14-11).

Existem outros álcoois, por exemplo, os ciclitóis; o mais abundante da natureza é o mioinositol (figura 14-12), com atividade do tipo vitamínico e que, além disto, forma parte de alguns fosfolipídeos; em sua forma fosforilada lhe atribuem função de "mensageiro" em resposta a certos hormônios.

Açúcares ácidos

A oxidação das aldoses ocorre no nível do grupo aldeído ou do grupo alcoólico do carbono 6, ou em ambos sítios, e pode-se dizer que podem formar três tipos de derivados oxidados:

Ácidos aldônicos. Quando se oxida o grupo aldeídico de uma aldose, converte-se em grupo carboxílico ácido, COOH, formando assim os ácidos aldônicos; a glicose forma o ácido glicurônico, a manose, o manônico, entre outros.

Ácidos sacáricos. Em um grau mais avançado de oxidação se formam grupos ácidos tanto no aldeído como no álcool primário, produzindo ácidos dicarboxílicos, chamados genericamente de sacarídeos.

Ácidos urônicos. Quando a oxidação da aldose somente forma um grupo carboxílico no álcool primário e se conserva intacto o aldeído, se obtém o ácido urônico, sendo o mais importante o ácido D-glicurônico (figura 14-13).

Nos mamíferos, o ácido glicurônico se combina com diversos compostos pouco solúveis em água; através desta união, se tronam mais solúveis e podem ser excretados pela bile ou urina, entre estes compostos estão os hormônios sexuais, o pigmento biliar, bilirrubina; assim como vários fármacos e compostos tóxicos. O ácido glicurônico forma parte de diversos polissacarídeos, como os ácidos condroitin e mucoitin sulfúricos, componentes das subs-

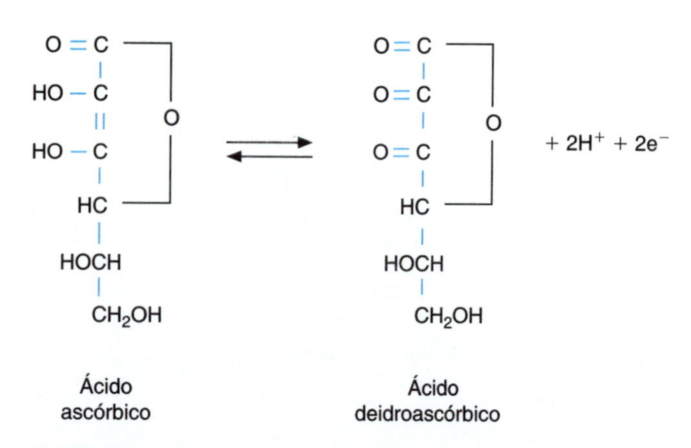

Figura 14-14. Fórmulas dos ácidos ascórbico e deidroascórbico.

tâncias fundamentais do tecido conectivo e da heparina, um anticoagulante sanguíneo.

Ácido ascórbico. Um dos açúcares de maior importância bioquímica é o ácido ascórbico, ou vitamina C; presente nos vegetais verdes e nos cítricos. É essencial para o homem e sua carência produz o escorbuto. Suas propriedades ácidas vêm da ionização dos hidrogênios de suas OH enólicas. Oxida-se com facilidade e se converte em ácido L-deidroascórbico, biologicamente ativo (figura 14-14).

Desoxiaçúcares

Em alguns açúcares, a perda do oxigênio de uma função álcool forma os desoxiaçúcares; um bom exemplo é a D-2-desoxiribose, componente dos ácidos nucleicos.

Açúcares fosforilados

São muito importantes os formados entre um ou mais grupos hidroxila de um monossacarídeo e o ácido fosfórico, como os da figura 14-15.

As pentoses D-ribose e D-desoxiribose se combinam com ácido fosfórico através de ligações ésteres e assim interferem no metabolismo das hexoses e das pentoses; além disto, estão presentes nas moléculas dos nucleotídeos livres e dos ácidos nucleicos.

Aminoaçúcares

Quando um ou vários grupos OH dos açúcares são substituídos por grupos amino, NH_2 se formam os aminoaçúcares, como a glicosamina e a galactosamina nas quais o grupo amino está acetilado (figura 14-16).

A glicosamina forma parte das glicoproteínas presentes na substância fundamental do tecido conectivo. A galactosamina forma parte das proteínas da cartilagem.

Existem monossacarídeos aminados mais complexos constituídos por uma hexose, um grupo amino, habitualmente acetilado, e um ácido de três carbonos unido a hexose, como são os ácidos N-acetilmurâmico e N-acetil-neuramínico; o primeiro se encontra na parede celular das bactérias Gram-positivas; o ácido N-acetilmurâmico (figura 14-17) e seus derivados, chamados genericamente ácidos siálicos, formam parte das membranas dos animais superiores.

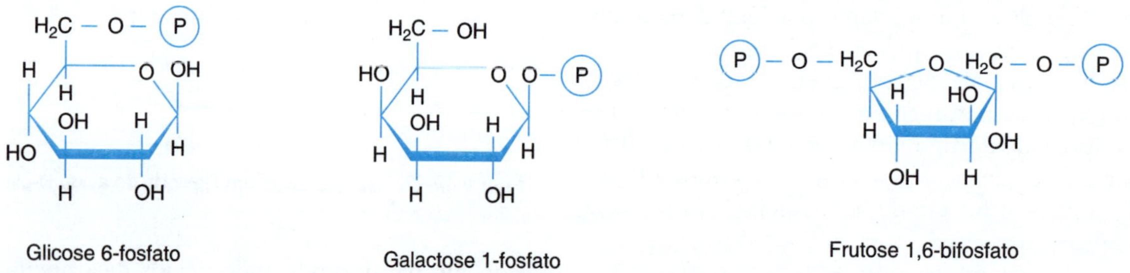

Glicose 6-fosfato

Galactose 1-fosfato

Frutose 1,6-bifosfato

Figura 14-15. Representações tipo Haworth de monossacarídeos fosforilados importantes em bioquímica. Nas fórmulas, P representa H_2PO_3.

β-D-glicosamina

β-D-acetilgalactosamina

Figura 14-16. Representações de Haworth de aminoaçúcares.

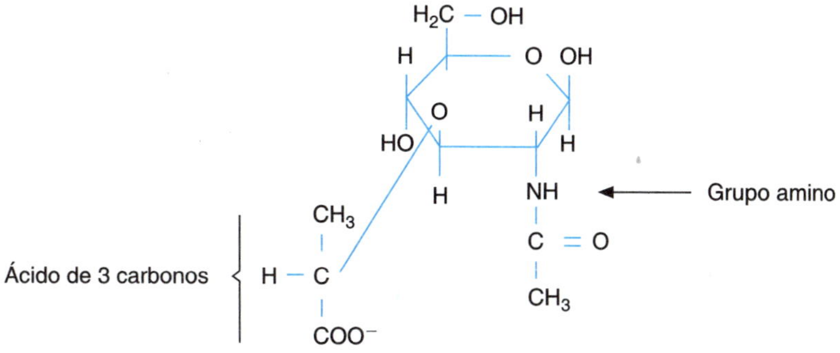

Ácido de 3 carbonos; Grupo amino

Figura 14-17. Fórmula desenvolvida do ácido N-acetil-murâmico.

REAÇÕES DOS MONOSSACARÍDEOS

As informações sobre as reações gerais e particulares dos monossacarídeos podem ser consultadas em livros especializados. Aqui somente será revisada brevemente a formação dos glicídios.

Formação dos glicídeos. Quando um aldeído reage com um álcool, se forma a ligação hemiacetal (figura 14-18). O radical OH do hemiacetal pode combinar-se com outra molécula de álcool para formar um acetal, como no seguinte exemplo, onde o OH do carbono anomérico 1 da glicose, se combina com o metanol para dar o metil glicídio correspondente (figura 14-19).

Se ao grupo OH do carbono anomérico do monossacarídeo se une ao grupo hidroxila de outro monossacarídeo, gera um **dissacarídeo**; se une a uma molécula que não é um carboidrato, forma um glicosídeo; em ambos os casos, a união denomina glicosídica. A porção da molécula no açúcar se chama **aglicona** ou **aglucona** e pode ser tão simples como o CH_3 do metanol, ou tão complexa como a formada pelos glicosídeos cardíacos como os digitálicos, fármacos de grande uso em medicina, como a estreptose que é um constituinte do antibiótico estreptoquinase, entre outros.

$$R-CH=O + H-O-CH_3 \rightarrow R-CH(OH)-O-CH_3$$

metano

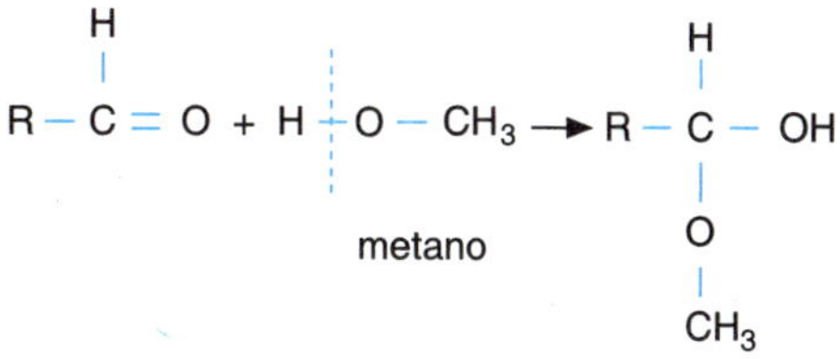

Figura 14-18. Formação de um hemiacetal a partir de um aldeído e o álcool metanol.

OUTRAS REAÇÕES DOS MONOSSACARÍDEOS

Certos carboidratos, em um meio fortemente alcalino e em presença de oxigênio ou de diversos agentes oxidantes (Cu^{2+}, Ag^{+}, entre outros), originam as chamadas reações de redução que dependem da existência de um grupo carbonila livre como o presente na glicose, a galactose, a frutose, a maltose, a lactose e ausente na sacarose, típico açúcar não redutor.

DISSACARÍDEOS

Entre os dissacarídeos formados pela união de uma OH de um carbono anomérico de um monossacarídeo e um grupo hidroxila de outro monossacarídeo, se encontram a sacarose, a lactose, e a maltose que são de importância fisiológica.

A maltose é o resultado da união glicosídica de 2 moléculas de α-D glicose, que se unem ao OH do carbono 4 de uma e OH de carbono anomérico 1, de outra glicose. Quimicamente, a maltose é o α-D-glicopiranosil-(1→4)-α-D-glicopiranose (figura 14-20).

A maltose não existe livre na natureza, se obtém por hidrólise parcial dos polissacarídeos de amido e glicogênio, já que forma parte de sua grande estrutura.

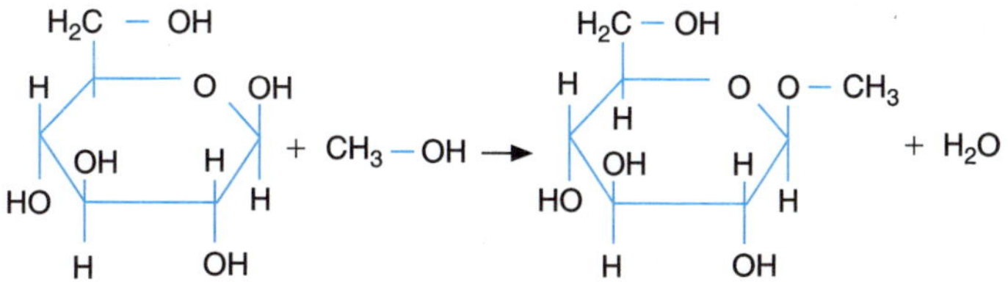

$$\beta\text{-D-glicose} + CH_3-OH \rightarrow \beta\text{-D-metil glicosídeo} + H_2O$$

Figura 14-19. Formação de acetal entre o álcool em posição 1 da β-D-glicose e o metanol.

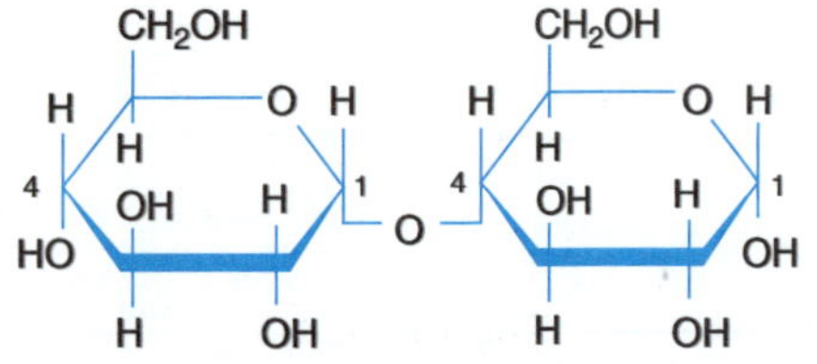

Figura 14-20. Representação do dissacarídeo maltose. A união entre os monossacarídeos entre os carbonos 1 com o OH na posição α de uma glicose e OH do carbono 4 de outra glicose, se trata de uma ligação 1,4α. O nome químico deste composto é α-D-glicopiranosil-(1→4)-α-D-glicopiranose.

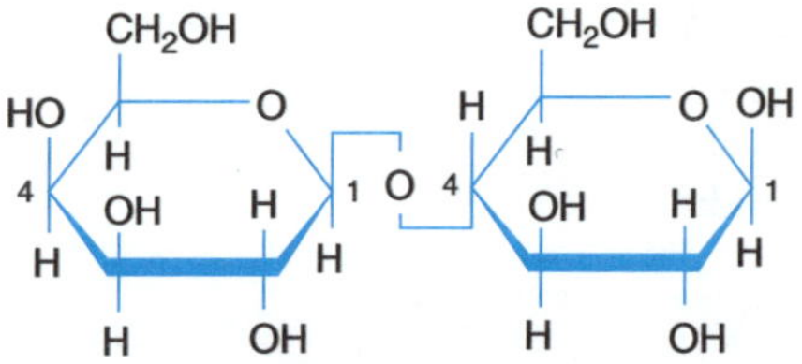

Figura 14-21. Representação do dissacarídeo lactose. Se unem o OH na posição β do carbono 1 de uma galactose e OH do carbono 4 de outra glicose, se trata de uma ligação 1,4β. O nome químico deste composto é β-D-galactopiranosil-(1→4)-β-D-glicopiranose.

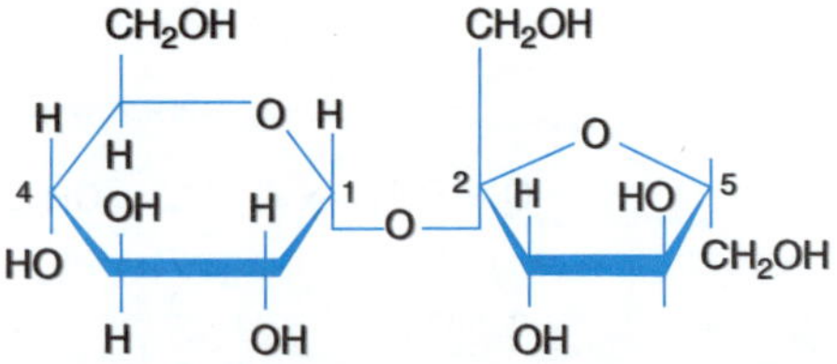

Figura 14-22. Representação do dissacarídeo sacarose. O OH na posição α do carbono de uma glicose se une a um OH em posição β do carbono 2 da frutose, se trata de uma ligação 1,2α.β. O nome químico deste composto é α-D-glicopiranosil-(1→2)-β-D-frutofuranosídeo.

A **lactose,** presente no leite, se forma nas glândulas mamárias dos mamíferos, é um galactosídeo com uma união glicosídica de configuração β (figura 14-21).

A **sacarose** é o dissacarídeo formado por glicose e frutose. A glicose está na forma piranosídica e a frutose adota a estrutura de cinco membros de tipo furanose (figura 14-22).

Reações dos dissacarídeos

As reações dos dissacarídeos dependem dos monossacarídeos que os constituem, reação que depende do tipo de ligação que os une, uma típica é a hidrólise, que libera os monossacarídeos que os formam, esta pode ser enzimática ou não enzimática, esta última se leva a cabo por meio de ácidos diluídos. A hidrólise por meio de enzima é específica para os monossacarídeos constituintes e para a ligação que os une, seja α ou β.

POLISSACARÍDEOS

Os polissacarídeos ou glicanos são polímeros de monossacarídeos constituídos de 10 a muitos milhares de unidades de monossacarídeos e podem alcançar pesos moleculares de vários milhões; têm funções estruturais e de reserva. Diz-se que são homopolissacarídeos quando a unidade que se repete é sempre a mesma (p. ex., Glicose), e se são dois monossacarídeos diferentes os que integram a unidade de repetição, são chamados de heteropolissacarídeos. Diferenciam-se entre si pelo tipo de monossacarídeos, ao longo da cadeia, a união química entre os mesmos e grau de ramificação.

Amido

Constitui a substância de reserva dos carboidratos nas plantas, abundante nos tubérculos (batata, iúca) e nas sementes dos cereais. O amido é formado por unidades de glicose combinadas entre si por ligações glicosídicas. A unidade estrutural de dissacarídeo, repetida periodicamente, é a maltose, a qual dá origem a dois tipos de moléculas, a amilose e amilopectina.

A amilose forma entre 10 a 20% do amido é um polímero linear de 300 a 350 unidades de glicose com ligações α-D-(1→4). A amilopectina, mais abundante, é um polímero ramificado da glicose e a partir das ligações α-D- (1→4) entre as sucessivas moléculas de glicose, mostra um outro tipo de ligação, a nível de ramificação em posição α-D-(1→6) (figura 14-23).

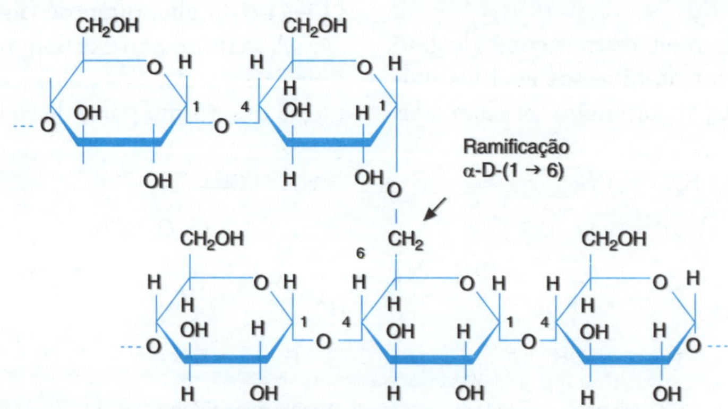

Figura 14-23. Esquema da ramificação de um polímero de glicose. Se incluem 2 cadeias de glicose em ligação α1-4, e a flecha na figura assinala a ligação α 1-6, o que permite precisamente a ramificação do polímero.

Existe em média de 24 a 30 moléculas de glicose por ramificação, com um total de 1800 resíduos de glicose por molécula, para alcançar pesos moleculares de cerca de 300.000.

Os produtos da hidrólise incompleta do amido se chamam genericamente de dextrinas, estas, quando são de grande tamanho, dão cor vermelha ao iodo, de modo diferente do amido natural que produz cor azul com o mesmo elemento.

Glicogênio

Está presente nos tecidos animais, seus acúmulos (grânulos) têm forma globular, seu peso molecular oscila ao redor de várias dezenas de milhares, ganham ou perdem moléculas de glicose com grande facilidade e são material de reserva ideal para conservar o equilíbrio adequado entre a utilização e a incorporação da glicose e a molécula de glicogênio.

O glicogênio se parece com a amilopectina por apresentar numerosas ramificações (figura 14-24) e tem de 8 a 12 unidades de glicose por ramificação. Os resíduos de glicose estão unidos na posição α-D-(1→4) e a nível das ramificações, na posição α-D-(1→6).

Celulose

A celulose, o composto orgânico mais abundante da natureza, está constituída por cadeias não ramificadas de unidades de glicose unidas por ligações glicosídicas β-D-(1→4) e forma a estrutura lenhosa dos vegetais.

Nos seres humanos é um material indigerível, porque as secreções digestivas carecem de enzimas adequadas para degradá-la.

Glicosaminoglicanos

São polímeros não ramificados de polissacarídeos, compostos por unidades repetidas de um dissacarídeo, anteriormente se chamavam mucopolissacarídeos. As unidades de dissacarídeo contem um aminoaçúcar, a N-acetilglicosamina ou a N-acetilgalactosamina, e o ácido D-glicurônico (ou L-idurônico) mais um ou dois grupos sulfato. Existem duas exceções importantes: o queratan sulfato, onde o ácido urônico é substituído pela D-galactose e o ácido hialurônico onde o sulfato está ausente. Todos os glicosaminoglicanos têm em sua molécula, grupos químicos carregados negativamente, alguns com carboxilatos, outros com sulfatos e os demais com carboxilatos e sulfatos. Além disto, se comportam como poliânions.

Sobre a base de suas características químicas se identificam sete tipos de glicosaminoglicanos (quadro 14-2). O menos típico dentre eles é o ácido hialurônico, pois não contem sulfato, não se une covalentemente a proteínas e não tem outros componentes de tipo carboidrato em sua molécula. O ácido hialurônico é abundante como cimento intercelular, ao hidratar-se incha e ocupa grande volume. É produzido, sobretudo, pelos tecidos em desenvolvimento ou em processo de cicatrização, sítios onde se observa, além disso, migração de células, de maneira peculiar, sua degradação por meio de hialuronidases provoca a interrupção da migração celular, pela universalidade do fenômeno, se aceita que a produção local de ácido hialurônico, acompanhada de sua hidratação e inchamento, facilitam a migração celular durante a morfogênese e cicatrização.

Glicoproteínas

São proteínas com pesos moleculares de 15000 a mais de 1 milhão, as quais se unem covalentemente uma ou várias cadeias de oligossacarídeos, com menos de 15 resíduos de açúcares, que chegam a formar de 1 a 60% do peso total da molécula. As glicoproteínas têm distribuição universal, a imensa maioria das proteínas da membrana e daquelas secretadas pelas células são glicoproteínas. O quadro 14-3

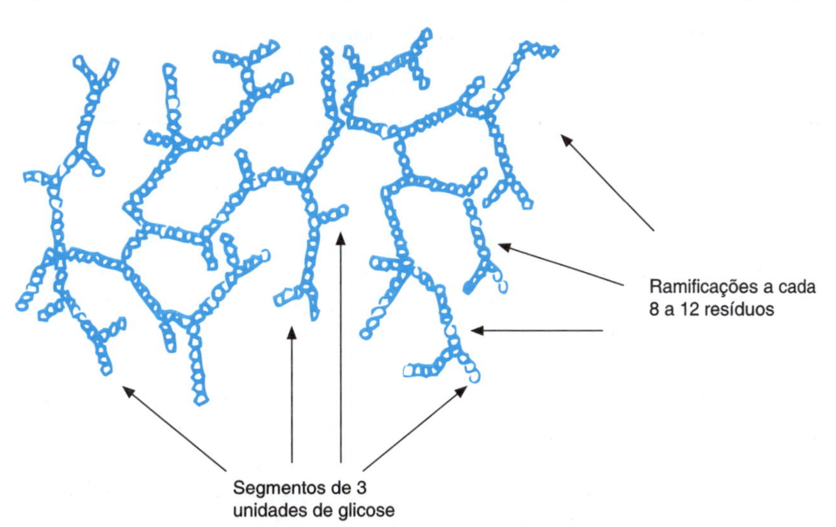

Figura 14-24. Representação esquemática de uma molécula de glicogênio. As ramificações podem iniciar-se depois de 2, 3 ou mais unidades de glicose.

Quadro 14-2. Glicosaminoglicanos

Tipo	Dissacarídeo, unidade repetitiva Monossacarídeo A	Monossacarídeo B	Número de vezes que se repete o dissacarídeo	Localização
Ácido hialurônico	Ácido D-glicurônico	N-acetil-D-glicosamina	8 a 16 000	Tecido conectivo Pele Humor vítreo Cartilagem Líquido sinovial
Condroitin4-sulfato	Ácido D-glicurônico	N-acetil-D-galactosamina	10 a 100	Artérias Pele Osso Cartilagem Córnea
Condroitin 6-sulfato	Ácido D-glicurônico	N-acetil-D-galactosamina	10 a 100	Osso Pele Artérias Córneas
Dermatan sulfato	Ácido D-glicurônico ou Ácido L-idurônico	N-acetil-D-galactosamina	30 a 80	Válvulas cardíacas Coração Vasos Sangue Pele
Heparan sulfato	ÁcidoD-glicurônico ou Ácido L-idurônico	N-acetil-D-glicosamina	10 a 25	Superfícies celulares Pulmão Artérias
Heparina	Ácido D-glicurônico ou Ácido L-idurônico	N-acetil-D-glicosamina	12 a 50	Pulmão Fígado Pele Mastócitos
Queratan sulfato	C-galactose	N-acetil-D-glicosamina	8 a 38	Cartilagem Córnea Discos intervertebrais

inclui uma lista parcial das funções desempenhadas por estas moléculas e exemplos correspondentes.

Nas glicoproteínas existem dois tipos de ligações químicas entre os aminoácidos e açúcares: as ligações O-glicosídicas, de onde que ocorrem pelos aminoácidos serina e treonina e as ligações N-glicosídicas, através do grupo amino da asparagina (figura 14-25). Existem nove diferentes açúcares nas cadeias de oligossacarídeos unidas às glicoproteínas, entre eles, as mais frequentes são a N-acetil-D-galactosamina, a N-acetil-D-glicosamina, a galactose, a manose, e um ácido siálico, por exemplo, o ácido N-acetil-murâmico. A adição de carboidratos, através do processo de modificação pós-transcricional das proteínas, se realiza no retículo endoplasmático rugoso e na membrana do aparelho de Golgi.

Finalmente, os oligossacarídeos da superfície das células desempenham outras funções, destacam-se os contatos sinápticos entre os neurônios, a rejeição de transplantes, a falta de "inibição de crescimento por contato", (observável em células cancerosas com superfícies distintas das células normais, nas que se ocorre "inibição do crescimento por contato") e outros.

Quadro 14-3. Funções das glicoproteínas; foram incluídos exemplos representativos

Função	Glicoproteína
Armazenamento	Ovoalbumina
Hormonal	Gonadotrofina coriônica Tirotropina
Transporte	Transportadora de vitaminas, lipídeos entre outros
Lubrificante	Mucina
Protetora	Secreção mucosa Fibrinogênio
Estrutural	Colágenos Paredes celulares
Imunitária	Imunoglobulinas Antígenos de histocompatibilidade Complemento Interferon
Reconhecimento	Entre células Células e bactérias Células e vírus Receptores hormonais

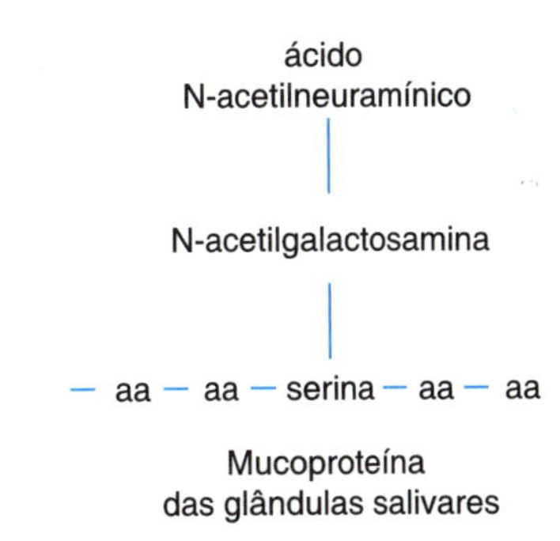

Figura 14-25. Esquema da ligação entre a porção de carboidrato e a porção proteica de uma glicoproteína. Na cadeia de aminoácido da proteína e nota-se o aminoácido, ao qual se une o monossacarídeo inicial do segmento de carboidrato.

Proteoglicanos

São de maior tamanho em comparação com as glicoproteínas, seu peso molecular é de vários milhões, contém de 90 a 95% de carboidrato e estão constituídos por múltiplas cadeias de glicosaminoglicanos unidos por ligações covalentes a proteínas, por exemplo, a cada 12 resíduos de aminoácidos – com grande frequência a serina - se une um polissacarídeo. A figura 14-26 representa o esquema

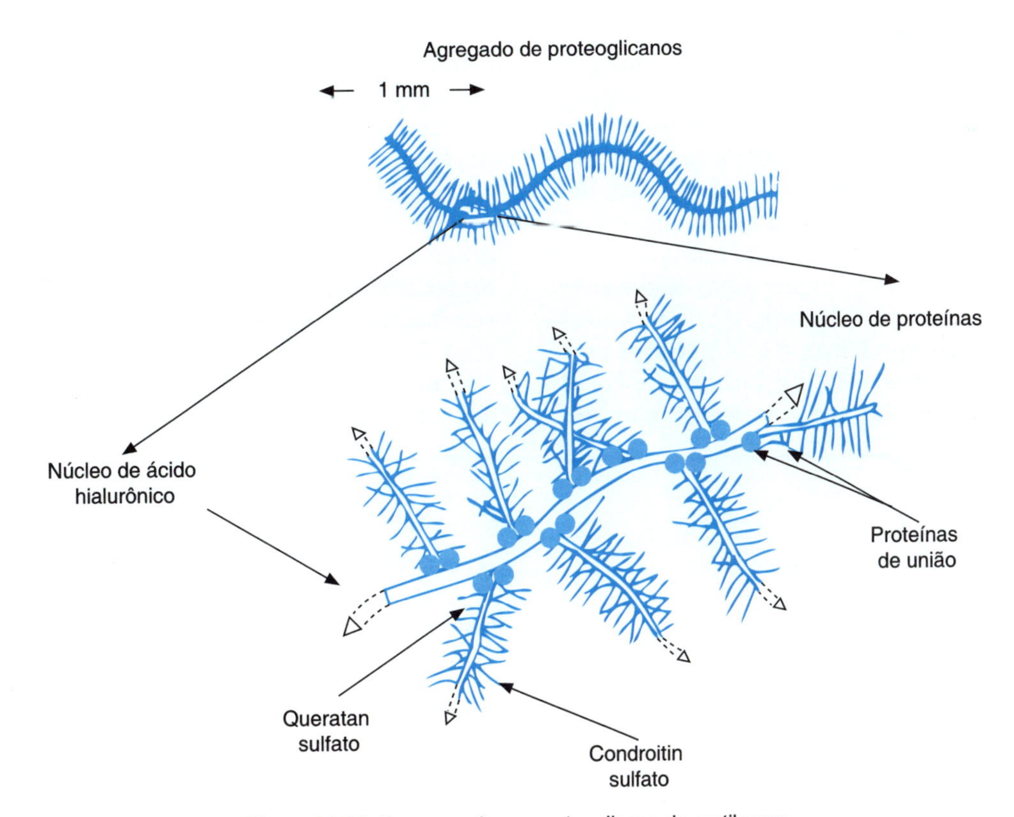

Figura 14-26. Esquema de um proteoglicano de cartilagem.

Quadro 14-4. Principais mucopolissacaridoses

Tipo	Síndrome	Defeitos bioquímicos	Características Clínicas
I	Hurler	Existência de condroitin sulfato na urina e em alguns tecidos	Retardo mental importante, deformidades esqueléticas, opacidade da córnea
II	Hunter	Igual ao anterior	Retardo mental moderado, deformidades esqueléticas importantes
III	Sanfilippo	Existência de heparan sulfato nos tecidos e na urina	Retardo mental importante, deformidades esqueléticas
IV	Morquio	Presença de queratan sulfato e condroitin sulfato na urina	Não há retardo mental, deformidades esqueléticas importantes
V	Scheie	Deficiência de irudonidase Presença de dermatan sulfato na urina	Não há retardo mental, deformidades esqueléticas moderadas
VI	Maroteaux-Lamy	Presença de dermatan sulfato na urina	Não há retardo mental, deformidades esqueléticas graves, opacidade da córnea

de um proteoglicano de cartilagem. Em um suporte de ácido hialurônico se adensam proteínas lineares e proteínas de ligação, nas primeiras se une o queratan sulfato e condroitin sulfato.

A heparina é um proteoglicano que de maneira peculiar, se armazena intracelularmente em grânulos de mastócitos. A proteína da heparina está composta de resíduos de glicina e serina, e mais da metade das serinas se unem cadeias de polissacarídeos com 20 a 60 e ainda mais resíduos de açúcares. Apesar de sua localização intracelular, a heparina passa para a corrente sanguínea, onde exibe sua ação anticoagulante, devido ao seu efeito sobre a antitrombina III que provoca a inativação da trombina. Além disto, se une especificamente com a enzima lípase lipoproteica situada na parede dos capilares, e desta forma passa para a circulação, onde hidroliza os triglicerídeos ali presentes.

No aspecto estrutural, é de importância à união eletrostática entre as glicoproteínas, o colágeno e os proteoglicanos com os grupos sulfato e carboxilato. Por defeitos em diversas enzimas que contribuem a hidrólise dos glicosaminoglicanos presentes nos proteoglicanos, se produzem transtornos bioquímicos conhecidos como mucopolissacaridoses (quadro 14-4).

Parede das células bacterianas

De acordo com a sua reação com a coloração de Gram, as bactérias podem classificar em Gram positivas e Gram negativas. As bactérias Gram negativas têm uma parede celular muito complexa que contém proteínas, lipídeos, lipopolissacarídeos e proteoglicanos. A parede das bactérias Gram positivas contem proteoglicanos e ácido teicoico, cuja síntese é impedida pela penicilina. A especificidade das reações imunitárias contra bactérias depende em parte dos carboidratos presentes na parede bacteriana. O peptideoglicano de distribuição mais universal entre as bactérias é a mureína, que integra em uma verdadeira malha formada por carboidratos (N-acetilglicosamina e N-acetilmurâmico) e a trama por aminoácidos, especialmente a glicina.

REFERÊNCIAS

Devlin TM: *Textbook of biochemistry.* New York: Wiley-Liss, 1992.

Lindhorst T, Thisbe K: *Essentials of Carbohydrate Chemistry and Biochemistry.* 2nd. ed. Kiel Germany:Wiley, 2003.

Lozano, JA, Galindo, JD, García Borrón JC, Martínez Liarte: *Bioquímica y Biología Molecular,* 3a. ed. Madrid: McGraw-Hill Interamericana, 2005.

Melo RV, Cuamatzi, TO: *Bioquímica de los procesos metabólicos.* Barcelona: Ediciones Reverté, 2004.

Murray K, Robert et al.: *Harper. Bioquímica ilustrada,* 17a. ed. México: Editorial El Manual Moderno, 2007.

Smith C, Marks AD: *Bioquímica básica de Marks. Un enfoque clínico.* Madrid: Ed. McGraw-Hill Interamericana, 2006.

Voet D, Voet GJ: *Biochemistry,* 2nd. ed. New York: John Wiley and Sons, 1995.

Páginas eletrônicas

Carpi A (2007): *Carbohydrates.* [En línea]. Disponible: http://www.visionlearning.com/library/module_viewer.php?mid=61 [2009, abril 10]

Reusch W (2004): *Carbohydrates.* [En línea]. Disponible: http://www.cem.msu.edu/~reusch/VirtualText/carbhyd.htm [2009, abril 10]

Kimball J (2004): *Carbohydrates.* [En línea]. Disponible: http://users.rcn.com/jkimball.ma.ultranet/BiologyPages/C/Carbohydrates.html [2009, abril 10]

15

Química dos lipídeos

Jaime Mas Oliva

Os lipídeos são um grupo de compostos com diversas propriedades químicas, que têm como característica comum ser solúveis em solventes orgânicos como éter, benzeno, heptano e serem insolúveis em água. Da mesma forma, as funções biológicas destes lipídeos são diversas; por exemplo, gorduras e óleos são as principais formas de armazenamento de energia em muitos organismos e os fosfolipídeos e esteroides constituem aproximadamente a metade da massa das membranas biológicas. Outros lipídeos, embora presentes em pequenas quantidades desempenhem importante papel como carregadores de elétrons, cofatores enzimáticos, pigmentos que absorvem luz, agentes emulsificantes, mensageiros intracelulares e como hormônios, para mencionar alguns exemplos. Na sequência discute-se as características de cada um destes lipídeos enfatizando-se tanto a sua estrutura química, como suas propriedades físicas mais importantes.

LIPÍDEOS DE ARMAZENAMENTO

Os lipídeos constituem um importante alimento; uma dieta ideal contém, por dia, ao redor de 60 g de lipídeos, o que constitui cerca de 30% das calorias dietéticas totais necessárias. Os lipídeos atuam como amortecedores físicos e isolantes da temperatura corporal; uma de suas funções principais é de participar, associados com proteínas e carboidratos, na composição das membranas celulares e subcelulares. As gorduras e óleos são responsáveis, praticamente de maneira universal, no armazenamento energético nos diferentes organismos vivos. Trata-se de um grupo de moléculas altamente reduzidas na qual sua completa oxidação celular até H_2O, em forma similar à oxidação explosiva dos energéticos fossilizados utilizados nas máquinas de combustão interna, é altamente exergônica (figura 15-1).

Os constituintes mais abundantes das gorduras e óleos são os ácidos graxos, ácidos carboxílicos com cadeias hidrocarbonadas de entre quatro e 36 carbonos. Sua classificação de acordo ao número de carbonos destas cadeias é mostrada no quadro 15-1. Em alguns ácidos graxos, a cadeia se encontra totalmente saturada (não contêm duplas ligações), outros contêm uma ou mais destas duplas ligações e são chamados de insaturados. Uma nomen-

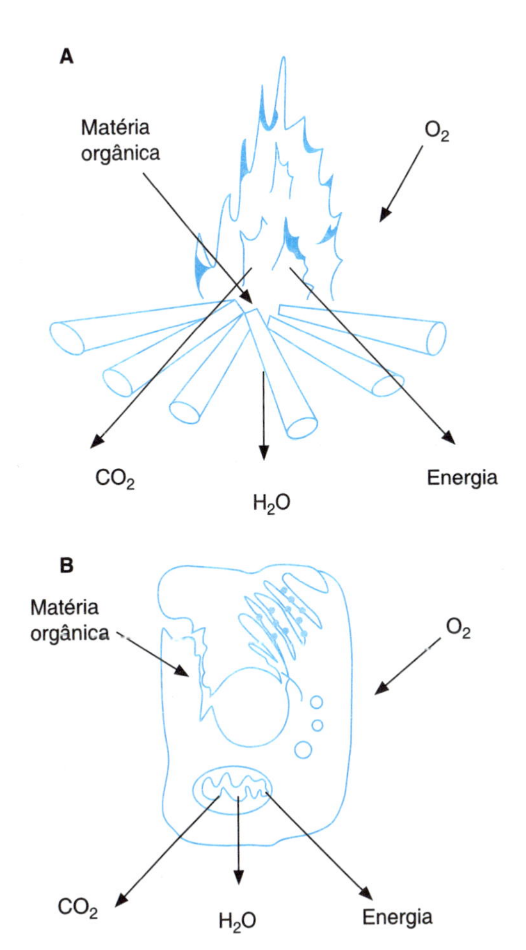

Figura 15-1. Reações exergônicas: **A**) A combustão é um fenômeno oxidativo que permite a liberação violenta de energia, **B**) A célula libera energia em forma controlada mediante sucessivas reações de oxidação.

Quadro 15-1. Nomenclatura dos ácidos graxos mais comuns nos seres vivos

Ácidos graxos saturados			
Fórmula	**Número de carbonos**	**Nome comum**	**Nome sistemático**
CH_3COOH	2	Ácido acético	....
$CH_3(CH_2)_2COOH$	4	Ácido butírico	....
$CH_3(CH_2)_4COOH$	6	Ácido caproico	n-hexanoico
$CH_3(CH_2)_6COOH$	8	Ácido caprílico	n-octanoico
$CH_3(CH_2)_8COOH$	10	Ácido cáprico	n-decanoico
$CH_3(CH_2)_{10}COOH$	12	Ácido láurico	n-dodecanoico
$CH_3(CH_2)_{12}COOH$	14	Ácido mirístico	n-tetradecanoico
$CH_3(CH_2)_{12}COOH$	16	Ácido palmítico	n-hexadecanoico
$CH_3(CH_2)_{16}COOH$	18	Ácido esteárico	n-octadecanoico
$CH_3(CH_2)_{18}COOH$	20	Ácido araquidônico	n-eicosanoico

Ácidos graxos insaturados		
Fórmula	**Número de carbonos**	**Nome comum**
$CH_3(CH_2)..\Delta 9:10...CH_2COOH$	16	Palmitoleico (16:1)
$CH_3(CH_2)..\Delta :10...CH_2COOH$	18	Oleico (18:1)
$CH_3(CH_2)..\Delta 9:10, 12:13...CH_2COOH$	18	Linoleico (18:2)
$CH_3(CH_2)..\Delta 9:10, 12:13, 15:16...CH_2COOH$	18	Linolênico (18:3)
$CH_3(CH_2)..\Delta 5:6, 8:9, 11:12, 14:15:16...CH_2COOH$	20	Araquidônico (20:4)

clatura simplificada para estes compostos especifica o comprimento da cadeia e o número de duplas ligações separado por dois pontos. Por exemplo, o ácido graxo de 16 carbonos saturados, conhecido como ácido palmítico, é abreviado como 16:0; o ácido de 18 carbonos, ácido oleico, que contém uma dupla ligação, como 18:1. A posição de qualquer uma das duplas ligações é especificada pelo sinal delta sucedida por números sobrescritos. Por exemplo, um ácido graxo de 20 carbonos com uma dupla ligação entre o carbono 9 e carbono 10, e outra dupla ligação entre o carbono 12 e carbono 13, é designado da seguinte maneira 20:2($\Delta^{9,12}$) (figura 15- 2). Os ácidos graxos que são encontrados mais comumente na natureza são de cadeias sem ramificações, entre 12 e 24 carbonos.

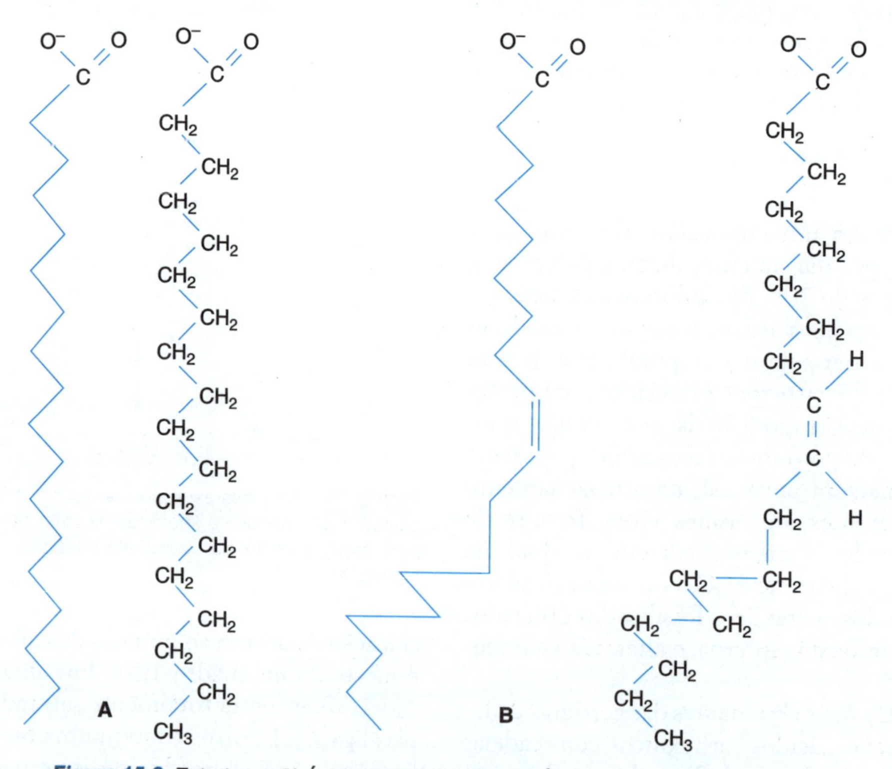

Figura 15-2. Estruturas: **A)** Ácido graxo saturado, **B)** Ácido graxo insaturado tipo *cis*.

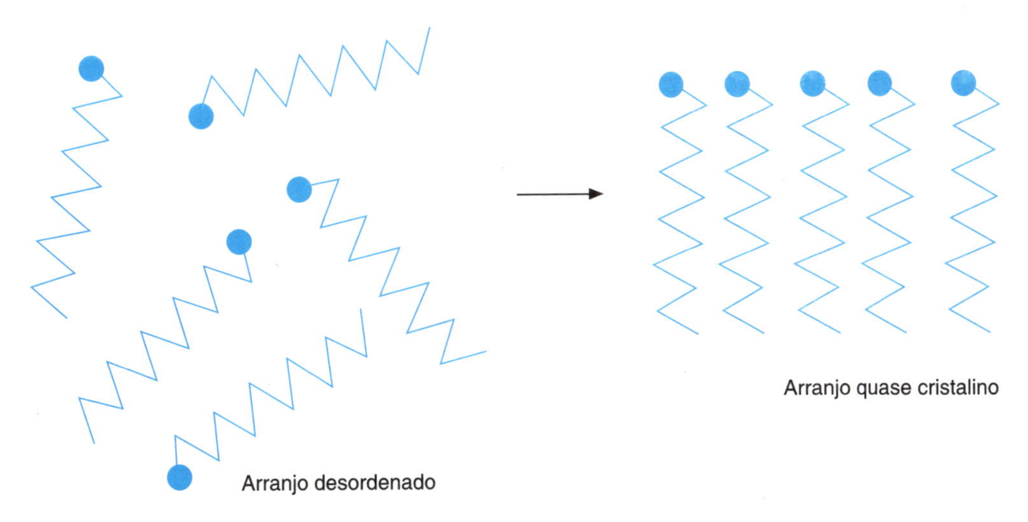

Figura 15-3. Empacotamento dos ácidos graxos.

A posição das duplas ligações é também bastante regular. Na maioria dos ácidos graxos monoinsaturados, a dupla ligação se encontra entre os carbonos 9 e 10 (Δ^9), e as outras duplas ligações nos ácidos graxos poli-insaturados são geralmente Δ^{12} e Δ^{15} (quadro 15-1); estas duplas ligações em praticamente todos os ácidos graxos insaturados que ocorrem na natureza, são encontradas em uma configuração tipo *cis* (figura 15-2b).

O ponto de fusão dos ácidos graxos e dos compostos que contém estes ácidos é influenciado em forma muito importante, pelo comprimento, e pelo grau de insaturação de sua cadeia ou cadeias hidrocarbonadas. À temperatura ambiente (25 °C), os ácidos graxos saturados de 12 a 24 carbonos apresentam uma consistência em forma de cera, enquanto que os ácidos graxos insaturados de mesmo comprimento apresentam uma consistência líquida oleosa. Os mamíferos são capazes de sintetizar seus próprios ácidos graxos saturados e monoinsaturados, mas, não os poli-insaturados, motivo pelo quais estes últimos se denominam ácidos graxos **essenciais**. Aqueles que têm número par de átomos de carbono são biologicamente os mais importantes. Esta característica, mais adiante, tomará especial importância ao ser revisada a oxidação dos ácidos graxos. Nos ácidos graxos saturados, as ligações simples permitem a rotação livre das ligações C-C, enquanto que nos insaturados, as duplas ligações impedem a rotação da molécula. A configuração *cis* induz o que poderíamos chamar uma dobra na cadeia hidrocarbonada, modificando a conformação da molécula, enquanto que a configuração *trans* é muito rara na natureza, e modifica a conformação da molécula. Em um ácido graxo saturado, a rotação ao redor de cada ligação carbono-carbono dá à molécula uma grande flexibilidade, de modo que diferentes moléculas podem empacotar-se de maneira muito forte em arranjos **quase** cristalinos (figura 15-3).

Acilgliceróis como ésteres de ácidos graxos de glicerol

Os triacilgliceróis, triglicerídeos ou gorduras neutras são moléculas compostas de três ácidos graxos, cada um deles, unido por ligação éster a uma molécula com 3 grupos hidroxilas (OH) ou glicerol. Aqueles triacilgliceróis que contêm o mesmo tipo de ácido graxo em cada uma das três posições são chamados triacilgliceróis simples e são nomeados a partir do ácido graxo que eles contêm. Por exemplo, os triacilgliceróis simples formados a partir de ácidos graxos 16:0, 18:0 e 18:1, são chamados tripalmitina, triestearina e trioleína, respectivamente (figura 15-4). Os triacilgliceróis mistos contêm duas ou mais moléculas de ácidos graxos diferentes; logo, para nomear estes compostos é necessário definir o nome e posição de cada um dos ácidos graxos que os integram. Os mono e diacilgliceróis são compostos que tem uma porção polar correspondente ao glicerol nos grupos álcool não esterificado e uma porção não polar correspondente às cadeias dos ácidos graxos. Deste modo, as hidroxilas polares do glicerol e os carboxilatos polares dos ácidos graxos estão unidos por ligação éster; os triacilgliceróis, são considerados como moléculas não polares ou moléculas hidrofóbicas e, devido a isto são essencialmente insolúveis em água.

Na maioria das células eucariotas, os triacilgliceróis formam uma série de gotas microscópicas no citosol aquoso, que servem como depósitos de energia metabólica.

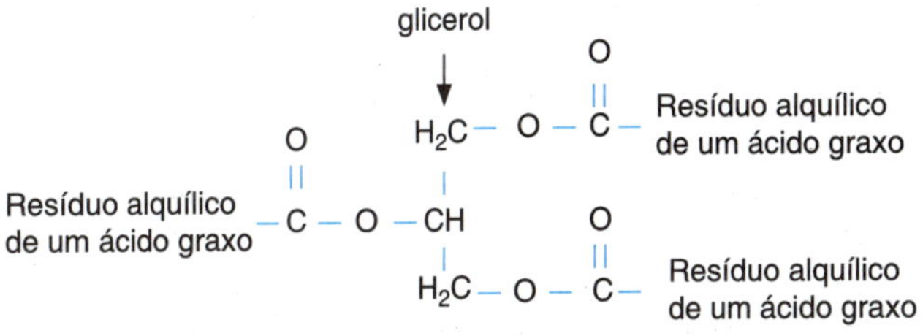

glicerol
$H_2C-O-C(=O)-$ Resíduo alquílico de um ácido graxo
Resíduo alquílico de um ácido graxo $-C(=O)-O-CH$
$H_2C-O-C(=O)-$ Resíduo alquílico de um ácido graxo

Figura 15-4. Estrutura de um triglicerídeo.

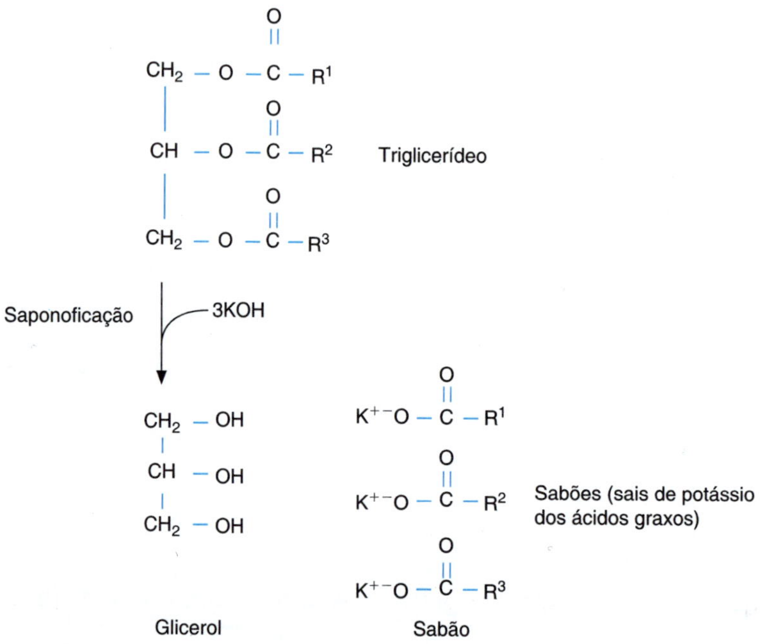

$$\begin{array}{l} CH_2-O-\overset{O}{\overset{\|}{C}}-R^1 \\ | \\ CH-O-\overset{O}{\overset{\|}{C}}-R^2 \\ | \\ CH_2-O-\overset{O}{\overset{\|}{C}}-R^3 \end{array} \quad \text{Triglicerídeo}$$

Saponificação $\downarrow$ 3KOH

$$\begin{array}{l} CH_2-OH \\ | \\ CH-OH \\ | \\ CH_2-OH \end{array} \qquad \begin{array}{l} K^{+}\,{}^{-}O-\overset{O}{\overset{\|}{C}}-R^1 \\ K^{+}\,{}^{-}O-\overset{O}{\overset{\|}{C}}-R^2 \\ K^{+}\,{}^{-}O-\overset{O}{\overset{\|}{C}}-R^3 \end{array}$$

Glicerol — Sabão — Sabões (sais de potássio dos ácidos graxos)

Figura 15-5. Processo de saponificação. Os sabões são fabricados mediante a reação de hidrólise de misturas de triglicerídeos utilizando KOH.

As células especializadas em animais vertebrados, chamadas adipócitos podem armazenar grandes quantidades destes triacilgliceróis, praticamente enchendo todo o citoplasma destas células. Os triacilgliceróis também são armazenados nas sementes de grande número de plantas que provêm de energia e de precursores biossintéticos quando ocorre a germinação da semente. Os triacilgliceróis podem ser considerados como depósitos concentrados de energia metabólica; seu conteúdo calórico é muito alto, corresponde a 9 kcal/g, e seu armazenamento não requer água. Comparativamente, o valor para carboidratos e proteínas é de 4 kcal/g e cada grama de carboidrato ou proteína armazenada são acompanhados por 2 a 4 g adicionais de água. Por exemplo, individuo com peso de 70 kg apresenta aproximadamente 11 kg de seu peso na forma de triacilgliceróis, o que significa uma reserva de energia de aproximadamente 100 000 kcal. Se esta quantidade de calorias fosse armazenada na forma de glicogênio, isso equivaleria a 55 kg adicionais. Os triacilgliceróis armazenados sob a pele não servem somente como armazenamento de energia, mas também, como isolante contra temperaturas baixas. A baixa densidade que apresentam os triacilgliceróis constitui também a base para outra importante função destes compostos. Por exemplo, em algumas espécies de baleias, a grande armazenagem de triacilgliceróis que apresentam em sua cabeça, lhes permite ajustar a capacidade de flutuação de seus corpos, dependendo da pressão a que estão sujeitas em suas imersões a profundidades extremas.

As ligações éster dos triacilgliceróis são susceptíveis de hidrólise, seja por ácido, por álcali ou por enzimas. Ao aquecer a gordura animal com NaOH ou KOH, produz-se glicerol e sais de sódio ou de potássio dos ácidos graxos formando sabões. A utilidade dos sabões reside na sua capacidade de solubilizar ou de dispersar materiais insolúveis em água como as próprias gorduras, formando agregados microscópicos chamados de micelas; o processo de hidrólise alcalina das gorduras recebe o nome de saponificação (figura 15-5)

As ceras são ésteres de ácidos graxos de cadeia longa e álcoois monoídricos de cadeia longa. Pode-se tomar como exemplo, os constituintes da cera de abelhas, um éster do álcool miricílico e ácido palmítico. As ceras estão amplamente distribuídas no reino animal e vegetal Nos animais se encontram com frequência como secreções que podem servir como cobertura protetora da pele ou da pelagem. As mesmas funções protetoras apresentam as plantas, onde as ceras podem ser encontradas recobrindo os frutos ou folhas (figura 15-6).

LIPÍDEOS ESTRUTURAIS

Como seu nome indica, os lipídeos estruturais apresentam uma função muito importante em biologia por serem componentes fundamentais das lipoproteínas (partículas que transportam lipídeos na circulação) e das membranas, tanto a membrana celular como a das organelas intracelulares. Os lipídeos das membranas são anfipáticos, isto quer dizer que a orientação de suas regiões hidrofóbica e hidrofílica dirige sua disposição na bicamada da membrana.

Foram descritos três tipos gerais de lipídeos de mem-

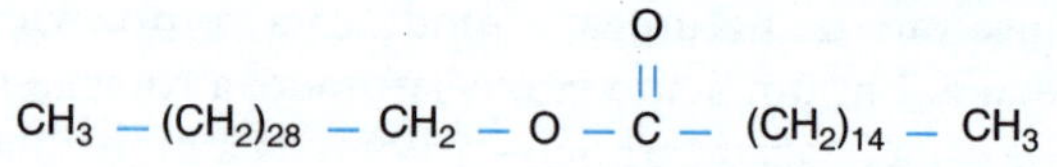

$$CH_3-(CH_2)_{28}-CH_2-O-\overset{O}{\overset{\|}{C}}-(CH_2)_{14}-CH_3$$

Palmitato de miricilo

Figura 15-6. Estrutura de uma cera.

brana: os glicerofosfolipídeos, onde as regiões hidrofóbicas estão compostas de duas moléculas de ácidos graxos unidos ao glicerol; os esfingolipídeos, onde uma molécula de ácido graxo se liga a uma amina chamada esfingosina e os esteroides, compostos caracterizados por um rígido sistema de 4 anéis hidrocarbonados unidos entre si. As regiões hidrofílicas nestes compostos anfipáticos podem ser constituídas por um grupo OH, ao final do sistema de anéis dos esteroides, ou podem ser muito mais complexas. Os glicerofosfolipídeos e os esfingolipídeos contêm álcoois polares nas suas terminações polares e alguns contêm grupos fosfato. As diferentes combinações dos resíduos alquílicos dos ácidos graxos e das cabeças polares nestas três classes de lipídeos de membrana originam uma enorme diversidade de compostos.

As membranas contêm varias classes de lipídeos onde dois ácidos graxos estão ligados à molécula do glicerol nas posições C-1 e C-2 e um grupo ou cabeça polar unida na posição C-3. A classe mais abundante destes lipídeos polares, contidos na maioria das membranas são os glicerosfosfolipídeos ou simplesmente fosfolipídeos. Nos fosfolipídeos, um álcool polar se liga à posição C-3 do glicerol através de uma ligação fosfodiéster (figura 15-7). Todos os fosfolipídeos são derivados do ácido fosfatídico

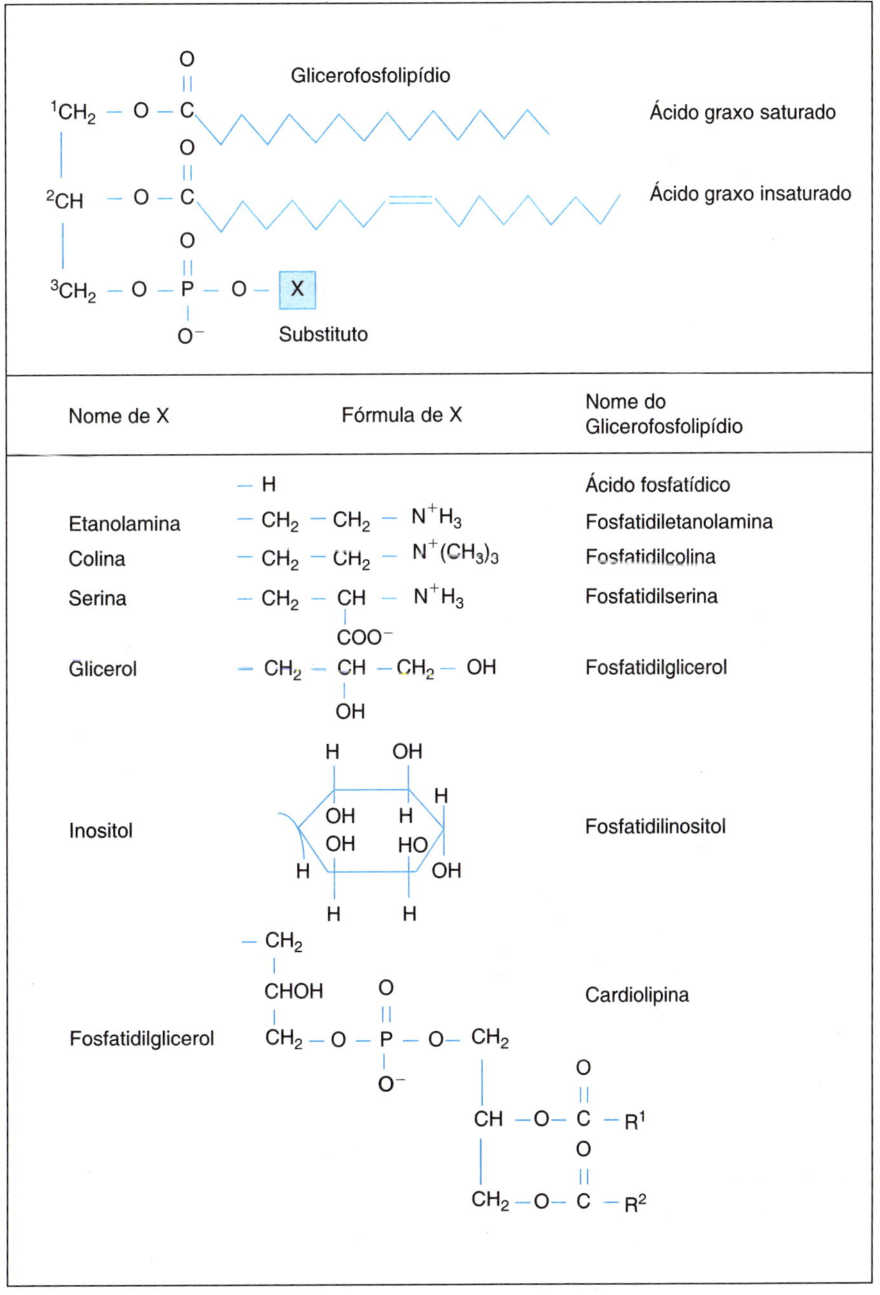

Figura 15-7. Estrutura dos fosfolipídios.

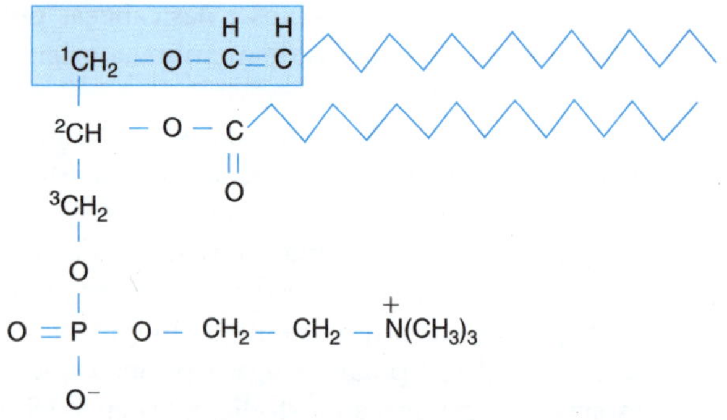

Figura 15-8. Estrutura de um plasmalogênio. Na figura estão assinalados a ligação éter e a dupla ligação entre os carbonos 1 e 2 do ácido graxo.

e, portanto, são nomeados de acordo à cabeça polar que contêm (por exemplo, fosfatidilcolina e fosfatidiletanolamina). Todos eles têm uma carga negativa no grupo fosfato a pH de 7,0. Em geral, os fosfolipídeos contêm um ácido graxo saturado na posição C-1 e um ácido graxo insaturado na posição C-2, onde ambos os ácidos possuem comumente entre 16 e 18 carbonos de comprimento. A fosfatidilcolina forma soluções micelares quando combinada com água, e adquire grande estabilidade em presença de alguma substância com propriedade detergente. Ao substrair um grupo acil da molécula de lecitina, fato comum quando atua sobre ela alguma das enzimas dos venenos de cobra, se produz lisolecitina, molécula tóxica na maioria das células, porque por excelência é desestabilizadora das membranas. No entanto, atualmente foram encontradas algumas importantes funções na célula.

Alguns tecidos animais, assim como alguns organismos unicelulares são ricos em lipídeos que contêm ligações éter, onde uma das duas cadeias de acil está unida ao glicerol através de uma ligação éter, ao invés de uma ligação éster. A cadeia de ácido graxo unido em forma de ligação éter pode ser saturada, como nos lipídeos alquiléter, ou pode conter um a dupla ligação entre C-1 e C-2, como nos plasmalogênios (figura 15-8). O sistema nervoso central contém quantidades importantes destes plasmalogênios similar as do coração dos vertebrados, cerca de metade dos fosfolípidos são plasmalogênios. O significado funcional desta composição especial nessas membranas é desconhecido; contudo, acredita-se que a presença de moléculas de plasmalogênios aumentada nestes tecidos confere resistência as membranas celulares à ação das fosfolipases, as quais atacam ácidos graxos unidos com ligações éster.

A segunda classe mais importante de lipídeos de membrana é constituída pelos esfingolipídeos, moléculas que também contêm uma cabeça polar e duas caudas não polares. Porém, diferentemente dos fosfolipídeos, estas moléculas, ao invés de conterem glicerol, contêm uma molécula do aminoálcool de cadeia longa chamada esfingosina (figura 15-9). Nesta molécula, os carbonos C-1, C-2 e C-3 possuem grupos funcionais (OH e NH_2), que estruturalmente falando, podem ser considerados como homólogos dos três grupos hidroxila de glicerol, presentes nos fosfolipídeos. Quando um ácido graxo é unido através de uma ligação amida, ao grupo NH_2, o composto resultante é conhecido como ceramida, que é estruturalmente similar ao diacilglicerol. Esta molécula de ceramida é a estrutura fundamental, ou unidade fundamental, de todos os esfingolipídeos (figura 15-10)

Existem três subclasses de esfingolipídeos, todos derivados da molécula de ceramida, mas que diferem nas suas cabeças: esfingomielinas, glicolipídeos neutros (não carregados) e gangliosídios (figura 15-11). As esfingomielinas contêm fosfatidilcolina ou fosfatidiletalonamina em seus grupos das cabeças polares e, portanto, são classificadas como fosfolipídeos junto com os glicerofosfolipídeos. As esfingomielinas têm uma grande semelhança com as fosfatidilcolinas em suas propriedades gerais, na sua estrutura tridimensional e na inexistência de nítida carga. A esfingomielina está presente na membrana plasmática da maioria das células animais, onde o exemplo mais importante está representado pela mielina, importante estrutura que cobre os axônios dos neurônios. Os glicolipídeos neutros, assim como os gangliosídios têm um ou vários resíduos de açúcar em um de seus extremos, conectados diretamente ao grupo OH da posição C-1 da ceramida, e não contêm fosfato. Estes esfingolipídeos que contêm açúcares são conhecidos como glicoesfingolipídeos. Os glicolipídeos neutros contêm de uma a cinco unidades de açúcar, as quais podem ser de D-glicose4, D-galactose, ou N-acetil-D-galactosamina. Em geral, estes glicoesfingolipídeos são encontrados principalmente na monocamada externa da membrana plasmática. Os cerebrosídeos têm uma única molécula de açúcar unida à molécula de ceramida. Aquelas moléculas que contém a galactose são encontradas na membrana plasmática de células do tecido nervoso, e aquelas com glicose, na membrana plasmática de tecidos não neurais.

Os gangliosídios, moléculas mais complexas dentro do grupo de esfingolipídeos, contêm cabeças polares muito grandes e são compostas de várias unidades de açúcar. Uma ou várias destas unidades terminais de açúcar dos gangliosídios é representada pelo ácido N-acetilneuramínico, também conhecido como ácido siálico (figura 15-11), que apresenta uma carga negativa a pH de 7,0. Na atualidade, sabe-se que estes esfingolipídeos estão envolvidos em importantes ações de reconhecimento na superfície celular. Um exemplo importante está dado pelos determinantes dos grupos sanguíneos humanos A, B e O, que basicamente estão definidos por moléculas de glicoesfingolipídeos.

Esteroides

Todos os compostos classificados dentro desta categoria se encontram relacionados quimicamente com o hidrocarboneto insaturado isopreno (figura 15-12). A lista de lipídeos derivados do isopreno inclui um grande número

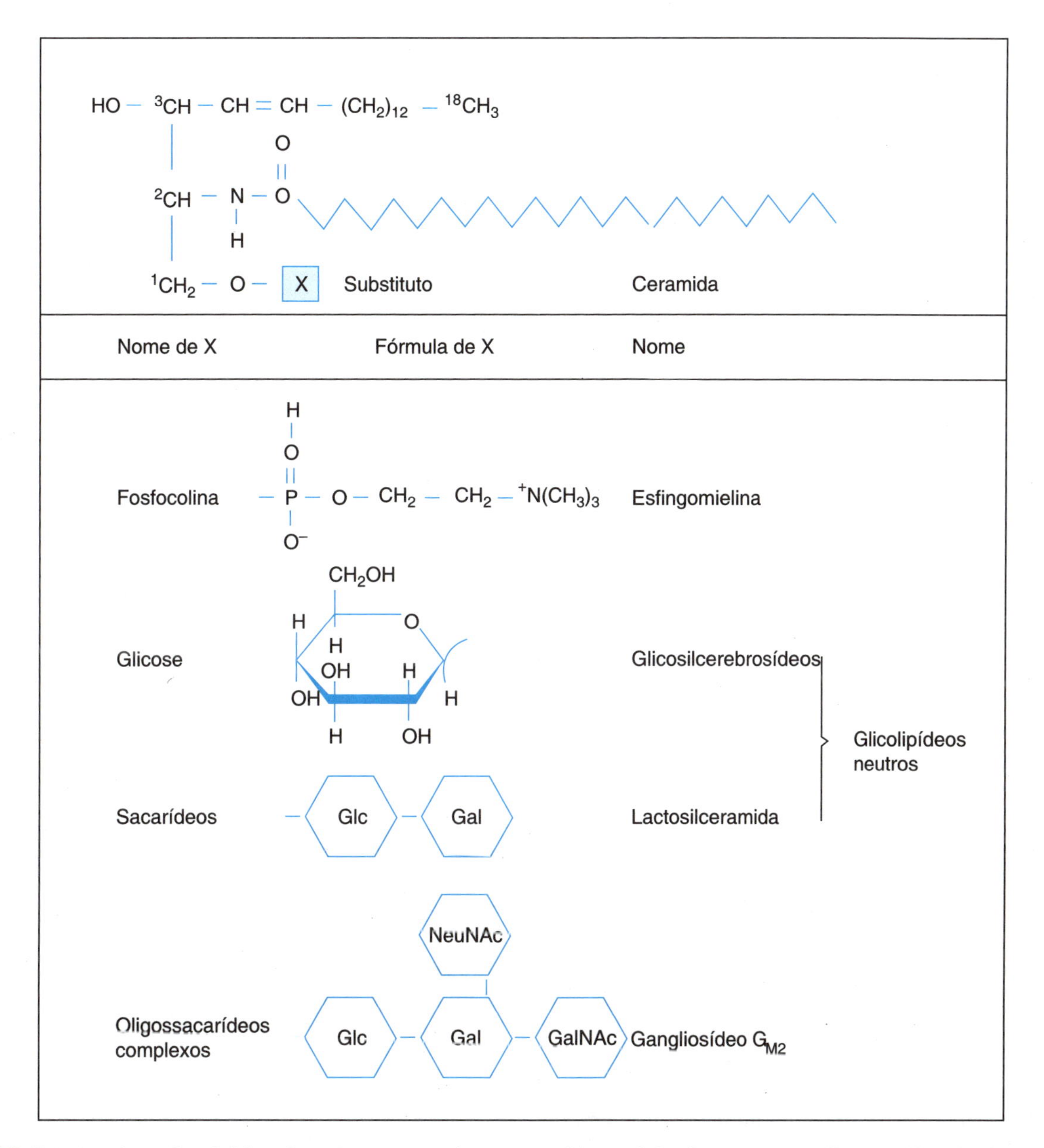

Figura 15-9. Estrutura dos esfingolipídios. Os carbonos marcados com os números 1, 2 e 3 pertencem ao álcool de 18 carbonos, esfingosina.

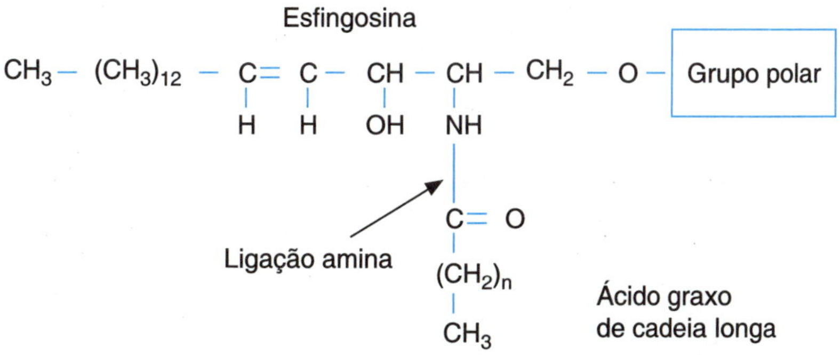

Esfingosina

$CH_3 — (CH_3)_{12} — CH{=}CH — CH(OH) — CH(NH) — CH_2 — O —$ Grupo polar

Ligação amina

$C{=}O$

$(CH_2)_n$

CH_3

Ácido graxo de cadeia longa

Figura 15-10. Estrutura das ceramidas

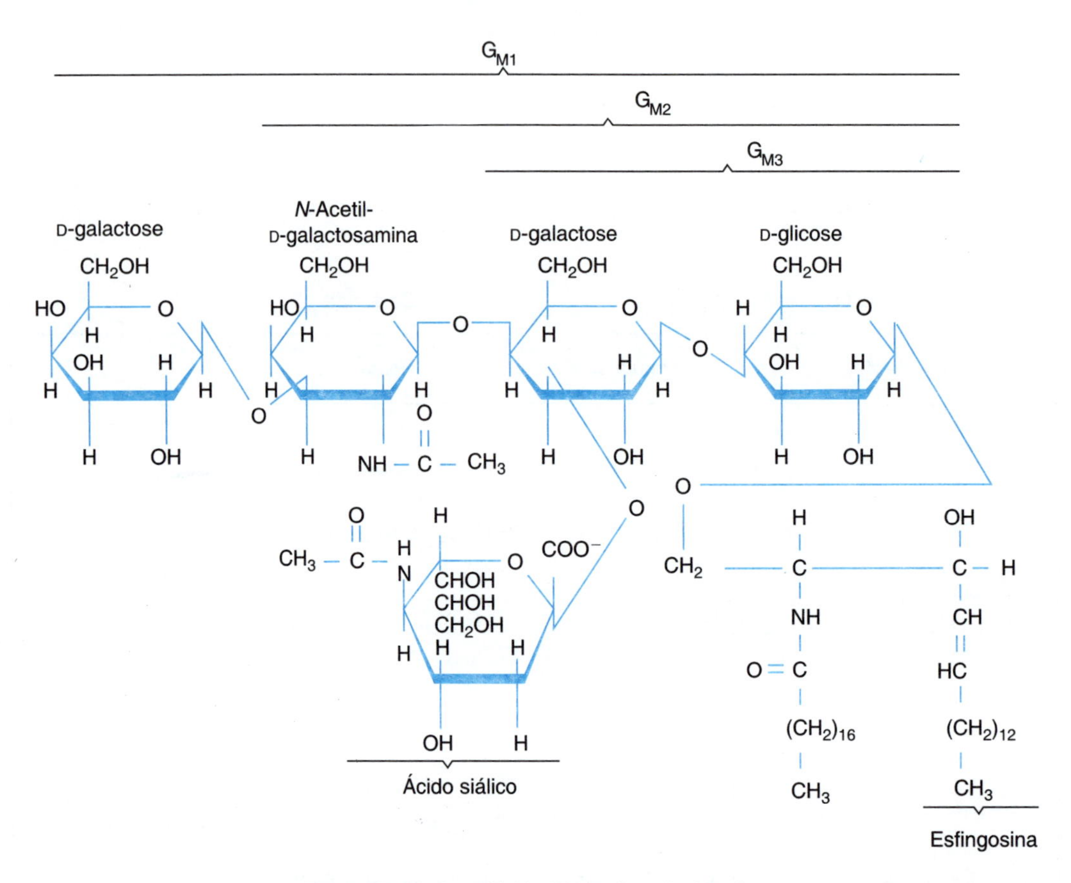

Figura 15-11. Gangliósido GM1= Gangliosídio G_{M1}.

de substâncias biológicas importantes como o colesterol, ácidos biliares, vitaminas lipossolúveis, hormônios sexuais, caroteno e muitas outras.

Os lipídeos isoprenoides não têm parentesco químico com gorduras e fosfatídios, mas possuem as mesmas propriedades de solubilidade. Por exemplo, quando se extrai material biológico com éter e álcool, o extrato contém uma mistura de todos os lipídeos presentes no material original. As gorduras e os fosfatídios podem ser hidrolisados com álcali para dar sustâncias solúveis em água; enquanto, permanecem inalterados os lipídeos isoprenoides, que não são solúveis em água, os quais podem ser extraídos da mistura com éter. Como não sofrem hidrólise alcalina podem ser chamados de **fração insaponificável**. Saponificação é o nome que se dá a hidrólise alcalina das gorduras.

Os esteroides não possuem uma relação estrutural óbvia com os triglicerídeos. Encontram-se em uma grande variedade de formas estruturais e muitos são característicos de um grupo particular de animais ou plantas. Contudo, todos os esteroides possuem uma mesma estrutura geral de 17 carbonos, dispostos em três anéis de seis átomos de carbono unidos a um de cinco carbonos. Esta estrutura recebe o nome de ciclopentanoperidrofenantreno (figura 15-13).

CH_3
$CH_2 \quad C$
$CH \quad CH_2$

Figura 15-12. Molécula de isopreno.

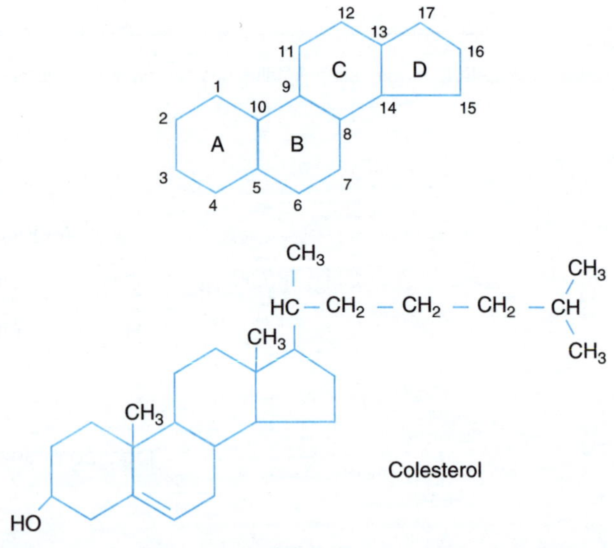

Figura 15-13. Núcleo ciclopentanoperidrofenantreno e molécula de colesterol.

O colesterol é o esteroide mais abundante nos tecidos animais, e no homem constitui cerca de 0,2 % do peso corporal. Além do núcleo esteroidal, o colesterol tem uma cadeia lateral de oito átomos de carbono, dois grupos metil, uma dupla ligação e um grupo hidroxila (figura 15-13). É uma sustância branca, cristalina, insolúvel em água e seu ponto de fusão é de 150°C. As plantas não possuem colesterol; em seu lugar, possuem uma grande variedade de esteroides com grande parentesco com este, os fitosteroides. Os fitosteroides mais conhecidos são: estigmasterol, do óleo de soja; o β-sitosterol, do gérmen de trigo e o ergosterol de levedura (figura 15-14).

Existem muitos esteroides em tecidos animais, que estão relacionados com o colesterol. Alguns dos mais importantes são os hormônios esteroides formados no córtex suprarrenal e gônadas; e que mais adiante serão mencionados como lipídeos com atividade biológica A função dos diferentes esteroides sem atividade hormonal ainda não são claras, embora, parece factível que alguns destes desempenhem papel crucial na relação estrutura/função das membranas biológicas. Os microrganismos e os tecidos vegetais têm também esteroides característicos e em muitos destes existe uma grande semelhança com colesterol. Sua ampla distribuição sustenta a ideia de que estes compostos têm papel estrutural muito importante em todas as células. Além disto, como mais adiante se discutirá, o colesterol é considerado como o mais importante precursor dos hormônios esteroides.

A bile contém entre muitos outros componentes, os sais biliares, que são amidas derivadas dos ácidos biliares e os aminoácidos glicina e taurina. Os **ácidos biliares** têm grupos hidroxila nas posições 3, 7 e 12 do sistema de anéis do esteroide. Os anéis *A* e *B* estão condensados em *cis* e a cadeia lateral em C_{17} é invariavelmente de cinco carbonos (figura 15-15).

As amidas dos ácidos taurocólico e glicocólico são excelentes agentes emulsificadores, já que possuem uma estrutura apolar e uma cadeia lateral com carga. Seu principal papel no organismo consiste na emulsificação das gorduras durante a digestão para facilitar sua degradação enzimática e a sua absorção.

OUTROS LIPÍDEOS COM ATIVIDADE BIOLÓGICA ESPECÍFICA

Os eicosanoides são moléculas derivadas dos ácidos graxos que apresentam uma grande quantidade de ações de tipo hormonal sobre os diferentes tecidos. Estas moléculas não são transportadas pelo sangue, são moléculas que se produzem *in situ* e atuam diretamente sobre o tecido que as produz. Os eicosanoides são sintetizados a partir do ácido araquidônico, um ácido graxo de 20 carbonos poli-insaturados, 20:4($\Delta^{5,8,11,14}$). Nesta família de moléculas existem três tipos principais: prostaglandinas, tromboxanos e leucotrienos. As prostaglandinas são uma classe muito importante de lipídeos, com função de sinalização, que têm uma diversa e importante variedade de respostas celulares. Por exemplo, são conhecidas algumas prostaglandinas que estão diretamente relacionadas à media-

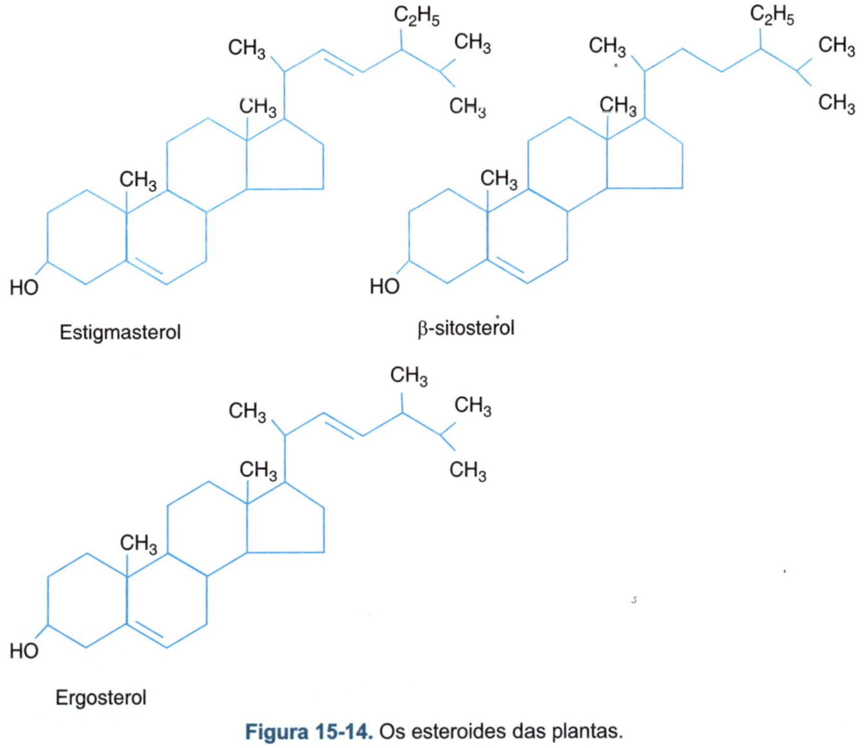

Figura 15-14. Os esteroides das plantas.

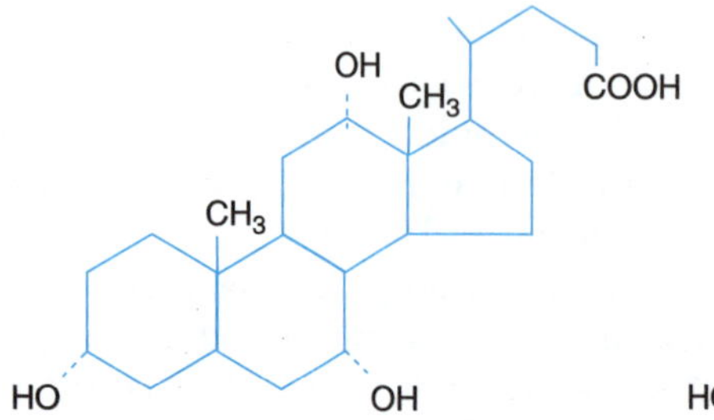

Ácido cólico

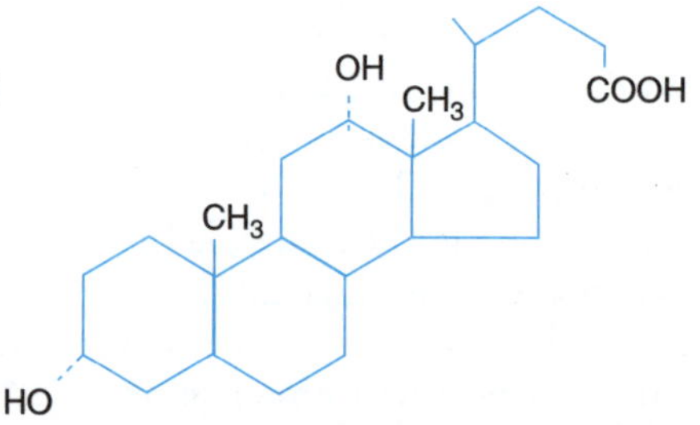

Ácido desoxicólico

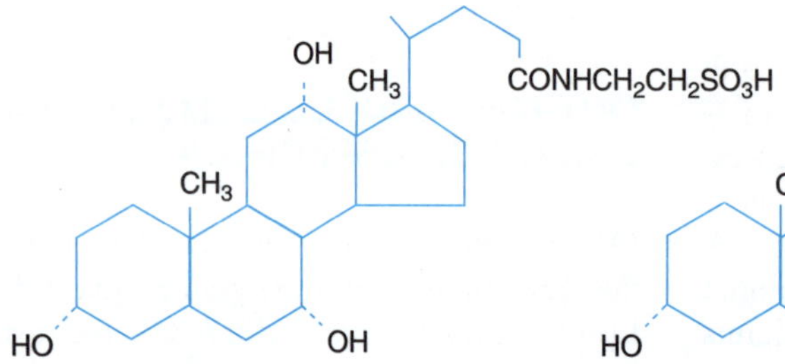

Ácido taurocólico

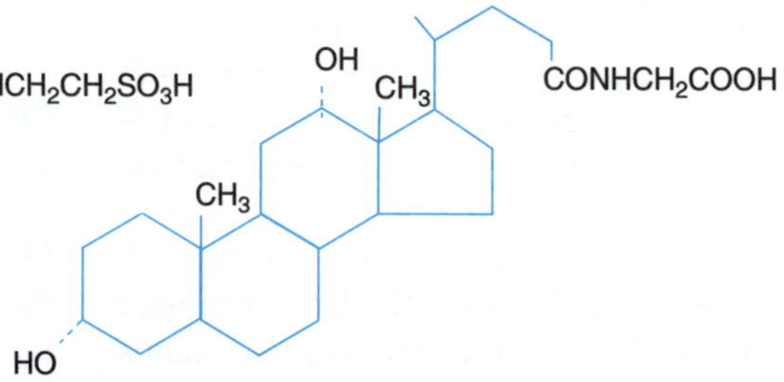

Ácido glicocólico

Figura 15-15. Sais biliares.

ção da resposta inflamatória, assim como da regulação da pressão sanguínea. As prostaglandinas são sintetizadas e secretadas pela maioria dos tecidos de mamíferos e como foi mencionado cumprem a sua função próxima do sítio de síntese. Em geral, sua meia vida é curta, de poucos minutos. As prostaglandinas são ácidos carboxílicos de 20 carbonos que contêm um anel de cinco carbonos (figura 15-16). São moléculas em que a sua classificação considera os substituintes no anel ciclopentano e são divididas de acordo ao número de duplas ligações em suas cadeias laterais, que é indicada por um número subscrito. Por exemplo, a prostaglandina A ou PGA pode conter em total uma, duas ou três duplas ligações nas suas cadeias laterais, de modo que estas diferentes subclasses são chamadas PGA_1, PGA_2, PGA_3. Todas as prostaglandinas com uma dupla ligação em sua cadeia lateral, compreendem a série 1 (PGA_1, PGE_1, PGF_1) (figura 15-17). De maneira similar, todas as prostaglandinas com duas ou três duplas ligações nas cadeias laterais, constituem as séries 2 e 3, respectivamente. Algumas prostaglandinas também se representam com o subscrito "a" (por exemplo, PGF_2a). Este subscrito se refere à configuração do grupo hidroxila no carbono 9 da cadeia.

Figura 15-16. Núcleo das prostaglandinas.

Grupo	Substitutos
PGA_1	Um grupo ceto Uma dupla ligação em α o β Um grupo hidroxila
PGE_1	Uma dupla ligação Um grupo ceto Duas hidroxilas
PGF_1	Uma dupla ligação Três hidroxilas

Figura 15-17. Estrutura das prostaglandinas.

As prostaglandinas são sintetizadas a partir dos endoperóxidos PGG_2 e PGH_2, que são produtos da ação da enzima ciclo-oxigenase sobre o ácido araquidônico. Recentemente foi mostrado que outra enzima, a lipo-oxigenase, atua sobre o ácido araquidônico para formar uma série de hidroxiácidos graxos; os tromboxanos e leucotrienos.

Os tromboxanos são moléculas muito semelhantes às prostaglandinas e compartilham a mesma via biossintética que o grupo das prostaglandinas 1. Os tromboxanos liberados pelas plaquetas são potentes indutores da formação de trombos. Em forma similar às prostaglandinas, o precursor dos tromboxanos 2 é o PGH_2.

Os leucotrienos e ácidos hidroxieicosatetranoicos (HETES), semelhante aos tromboxanos da série 2 das prostaglandinas, são sintetizados a partir do ácido araquidônico. Os leucotrienos e HETES induzem uma amplia variedade

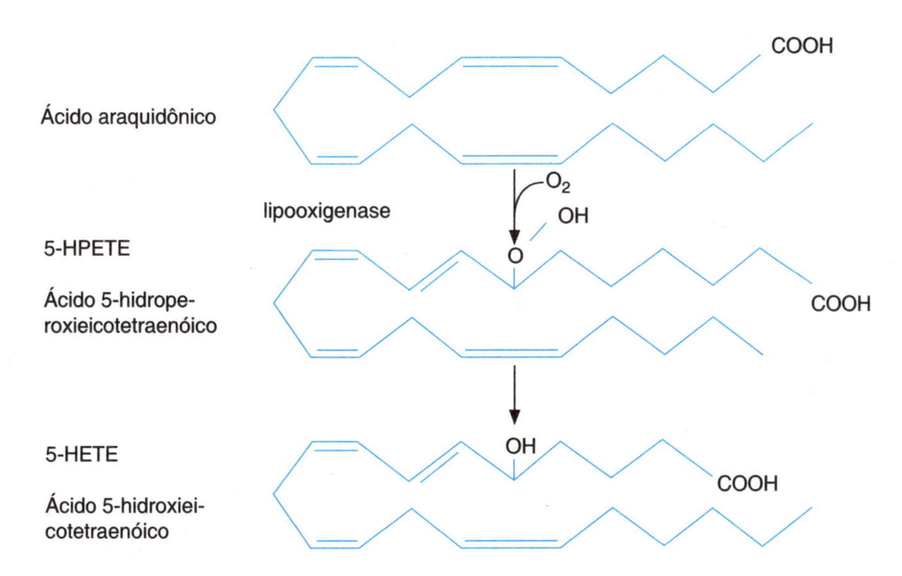

Figura 15-18. Síntese de leucotrienos via lipo-oxigenase.

de efeitos biológicos entre os quais podemos mencionar a mediação na quimiotaxia e promoção da contração do músculo liso, a mediação da resposta inflamatória alérgica e também, a ativação da enzima adenilato ciclase

HORMÔNIOS Esteroides

Os principais hormônios esteroides são os hormônios do córtex suprarrenal, os hormônios sexuais (andrógenos e estrógenos) (figura 15-19) e os hormônios derivados da vitamina D. O ergosterol transforma-se em calciferol ou vitamina D_2 pela irradiação com luz ultravioleta (figura 15-20). Estes hormônios são lipossolúveis e passam facilmente ao citosol das células-alvo através da membrana plasmática. A maioria dos receptores de hormônios esteroides está localizada no núcleo; outros podem deslocar-se do citosol ao núcleo somente quando estão unidos ao hormônio.

Os hormônios suprarrenais são produzidos nas células da camada externa das glândulas suprarrenais, que como seu nome indica encontra-se logo acima dos rins.

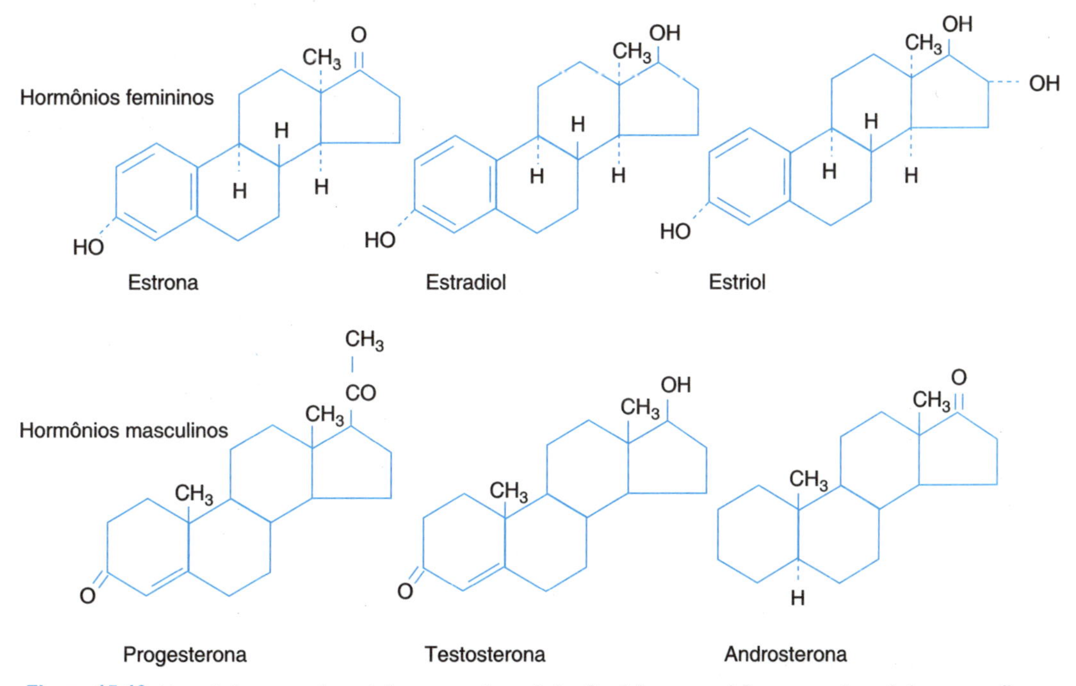

Figura 15-19. Hormônios sexuais, estrógenos ou hormônios femininos e andrógenos ou hormônios masculinos.

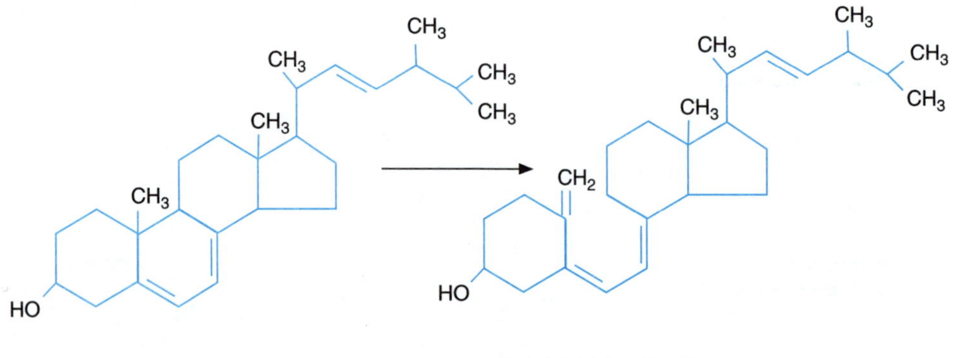

Ergosterol

Calciferol (vitamina D_2)

Figura 15-20. Vitamina D_2.

No córtex suprarrenal se produzem mais de 50 hormônios corticosteroides pertencentes a duas famílias: os glicocorticoides e os mineralocorticoides (figura 15-21). Os glicocorticoides afetam principalmente o metabolismo intermediário e os mineralocorticoides intervém na regulação das concentrações de eletrólitos no sangue. Os andrógenos (testosterona) e os estrógenos são sintetizados principalmente nos testículos e ovários, respectivamente.

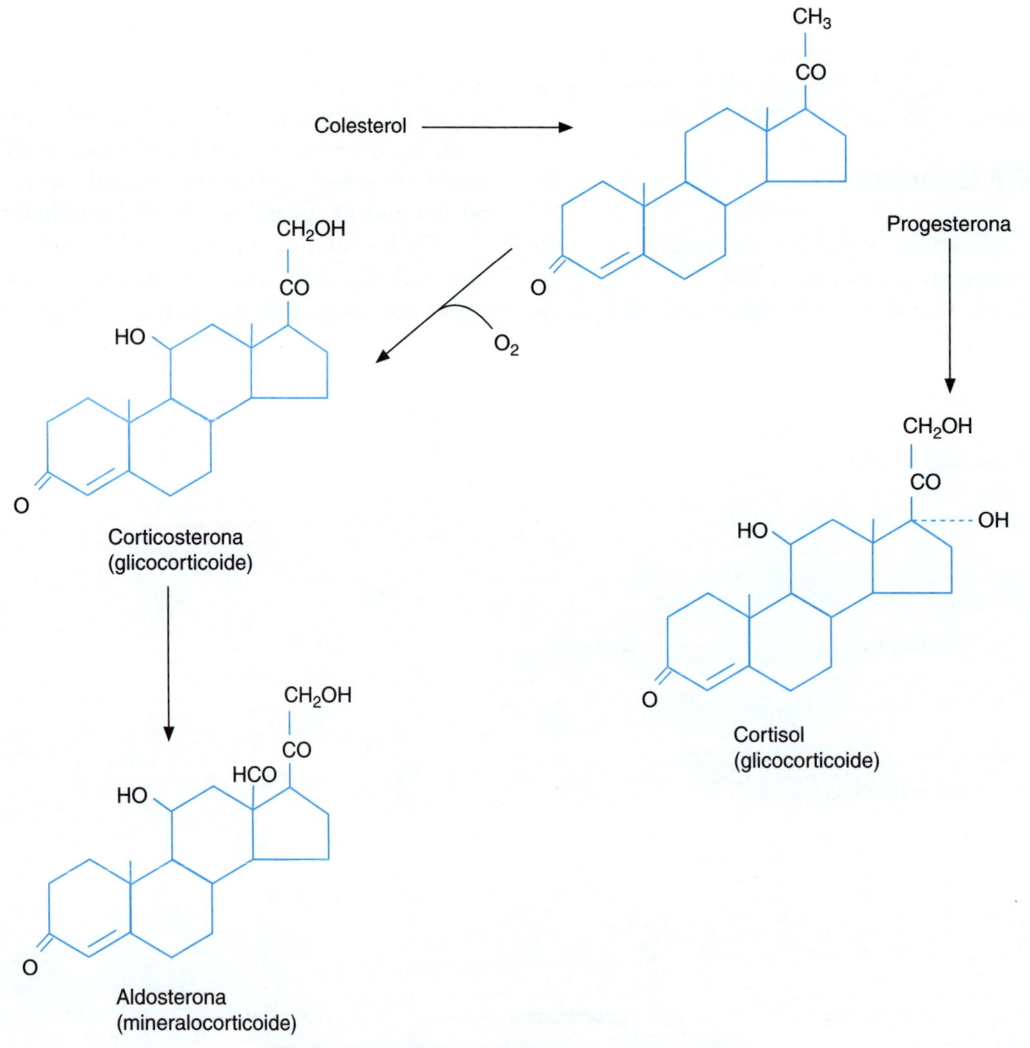

Figura 15-21. Glicocorticoides e mineralocorticoides.

Estes hormônios afetam o desenvolvimento sexual, o comportamento sexual e uma grande variedade de funções reprodutoras e não reprodutoras. Os hormônios esteroides produzidos a partir da vitamina D, por enzimas presentes no fígado e rins, regulam o metabolismo do Ca^{2+} e do fosfato, incluindo a formação e mobilização de fosfato cálcico no osso.

REFERÊNCIAS

Devlin, T.M: *Bioquímica. Libro de texto con aplicaciones clínicas,* 5a. ed., Editorial Reverte, 2004.

Fessenden RJ, Fessenden JS: *Química orgánica.* México, Grupo Editorial Iberoamérica, 1983. Small DM. The Physical Chemistry of lipids. New York, Plenum Press, 1986.

Frayn KN: *Metabolic regulation: A human perspective.* 2nd. ed., Blackwell Science, 2003.

Gustone FD: Fatty acid and lipid chemistry. Aspen Publishers. Gaithersburg, Maryland. 1999.

Gustone FD, Harwood JL, Dijktra AJ: *The Lipid Handbook.* 3a. edición- CRC. Taylor and Francis Group. Boca Raton, London, New York, 2007.

Sane P, Salonen E, Falk E, Repakova J, Tuomisto F, Holopainen JM, Vattulainen I: Probing membranes with positrons. J Phys Chem B (2009)(en prensa).

Seu KJ, Cambrea LR, Everly RM, Hovis JS: Influence of lipid chemistry on membrane fluidity: tail and headgroup interactions. Biopshys J. 2006;91:3727-3735.

Small DM: *The Physical Chemistry of lipids. New York:* Plenum-Press, 1986.

Smith C, Marks, AD and Lieberman: Bioquímica básica de Marks. Un enfoque clínico. Ed. McGraw-Hill Interamericana, 2006.

Páginas eletrônicas

King MW (2009): *Lipid metabolism.* En: The Medical Bio- chemistry Page. [En línea]. Disponible: http://themedical- biochemistrypage.org/lipid-synthesis.html [2009, abril 10]

Ophardt CE (2003): *Lipid metabolism.* En: Virtual Chembook. [En línea]. Disponible: http://www.elmhurst.edu/~chm/vchembook/620fattyacid.html [2009, abril 10]

Reusch W (2004): *Lipids.* [En línea]. Disponible: http://www.cem.msu.edu/~reusch/VirtualText/lipids.htm [2009, abril 10]

Western Kentucky University (2005): *Lipids.* [En línea]. Disponible: http://bioweb.wku.edu/courses/BIOL115/Wyatt/Biochem/Lipid/Lipid1.htm [2009, abril 10]

The lipid library. http://www.lipidlibrary.co.uk

Lipid catabolism. Elmhurst College. Febrero 10, 2009 http://elmhurst.edu/~chm/vchembook/622overview.html

Lipid Chemistry. Biology on line. Febrero 10, 2009. http://www.biology-online.org/bookcats/biology-books/chemistry/biochemistry/lipid_chemistry.html

Lipids. ChemLin: Virtual Chemistry Library. Febrero 10, 2009. http://www.chemlin.net/chemistry/lipids.htm

Lipidomics literature. The Lipid Library. Febrero 10, 2009. http://www.lipidlibrary.co.uk/lit_surv/general/lipidome.htm

European Lipidomics Initiative. Febrero 10, 2009. http://www.lipidomics.net/

Nomenclature of lipids. IUPAC-IUB Comission on Biochemical Nomenclature (CBN). Febrero 10, 2009. http://www.chem.qmul.ac.uk/iupac/lipid

16

Biomembranas

Jaime Mas Oliva

Nos últimos 20 anos, o desenvolvimento experimental tem permitido um avanço surpreendente do conhecimento sobre a bioquímica, a biofísica, a biologia celular e a biologia molecular das células. Enquanto a forma mais simples de vida independente é a de um procarioto contendo o citoplasma dentro de uma membrana, as células eucarióticas exemplificam a especialização das membranas. Estas células contêm uma grande variedade de membranas internas, cada uma delas formando organelas intracelulares com diversas funções biológicas (capítulo 1).

Ao não pensar nas membranas biológicas como simples barreiras e iniciar a busca de suas funções de maneira mais aberta e produtiva, ter-se-á a oportunidade de conhecer a fundo muitos dos segredos da menor unidade de viva, a célula.

Desenvolvimento histórico do estudo da estrutura da membrana e estrutura supramolecular

Em 1855, Kare Nägeli observou diferenças na penetração de pigmentos em células lesadas, é pela primeira vez foi usado o termo membrana plasmática. Os estudos de Nägeli referentes a correlação entre força osmótica e volume celular, levaram o botânico Wilhelm Pfefer, que realizou inúmeros experimentos com o comportamento osmótico das células vegetais, a observar que a membrana plasmática regula a entrada e saída de substâncias na célula. Em 1899, Charles Overton publicou seus resultados relacionados com a entrada e saída de compostos na célula e informou que, quanto mais polar é a molécula, menor é a probabilidade de sua entrada na célula, assegurando que esta membrana é de natureza lipídica. Dezoito anos depois, em 1917, Langmuir demonstrou a imaginação da sua época ao desenhar um sistema para medir a área ocupada por uma cadeia de ácidos graxos orientada em monocamadas sobre a água. Com esse aparelho simples, Langmuir logrou pela primeira vez medir diretamente o tamanho de uma molécula.

Muitas das ideias contemporâneas sobre a estrutura molecular das membranas biológicas esta fundamentada nos experimentos de Gorter e Grendel (1925), os quais extraíram os lipídeos de eritrócitos e os dispersaram sobre água como uma película. Seus resultados indicaram que a película cobria uma área que correspondia ao dobro da área esperada, de acordo com os cálculos feitos para a área de superfície das células intactas. Eles propuseram que a membrana celular intacta correspondia a uma bicamada lipídica, com as extremidades hidrofó-

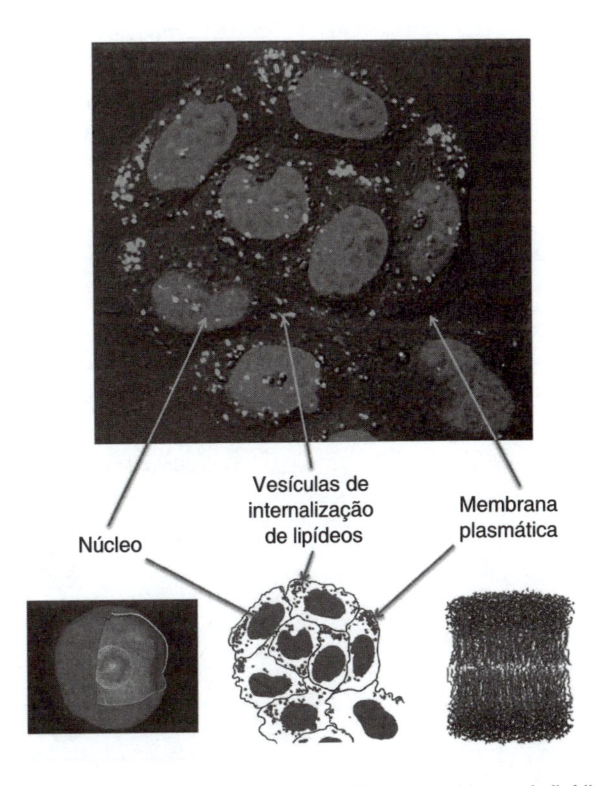

Figura 16-1. A membrana celular formada por uma bicamada lipídica.

bicas orientadas ao centro e as extremidades hidrofílicas em direção ao interior da bicamada (figura 16-1).

Em 1952, Davson e Danielli, em seu modelo clássico, postularam a presença de uma capa de proteínas unidas às extremidades polares dos lipídeos da bicamada (figura 16-2). A presença destas proteínas contribuiria para a estabilidade da bicamada, o que explicaria baixa tensão superficial na interfase. As primeiras imagens obtidas em microscópio eletrônico deram suporte ao modelo de Davson-Danielli, onde a membrana celular aparece como uma estrutura trilaminar. Em 1966, Robertson propôs que a membrana lipídica apresentava polaridade estrutural, com a superfície interna coberta de polipeptídios e a externa com mucopolissacarídeos e mucoproteínas (figura 16-2). No mesmo ano, Green sugeriu que as membranas biológicas são formadas pela associação de unidades estruturais repetidas de proteolipídeos (figura 16-2). Porém, uma das propostas mais condizentes com as rápidas alterações que ocorrem na composição das membranas e o modelo mosaico fluído, proposto por Singer e Nicholson (1972). Neste modelo, a estrutura básica da membrana é composta por uma bicamada lipídica "fluída" de fosfolipídeos, com proteínas intercaladas na matriz lipídica (figura 16-3), que se dividem em proteínas intrínsecas e outras periféricas. Marchesi propôs, no ano de 1973, que a face citoplasmática da membrana esta altamente associada com uma zona de proteínas contráteis (espectrina), atualmente conhecida como citoesqueleto (figura 16-4).

Por outro lado, em 1971, Hubbell e McConnel, utilizando marcadores moleculares, demonstraram que as moléculas de lipídeos podem mover-se no plano da bicamada quando se encontram acima da temperatura de transição ou Tm, isto é, a temperatura na qual a membrana passa de um estado físico cristalino para um estado de gel – ou vice-versa. Esta rápida difusão lateral de lipídeos foi de grande importância, já que implicava que as proteínas também eram livres para mover-se lateralmente. Em 1974, quando Frye e Edidin demonstraram o fenômeno conhecido como polarização de proteínas no plano da membrana, o que demonstrava diretamente o movimento lateral das proteínas. Estas últimas também podem girar ao redor de um eixo vertical ao plano da membrana; entretanto, não podem girar através do plano da membrana (figura 16-5). Esta mobilidade lateral de proteínas na bicamada lipídica deu origem ao termo **mosaico fluído**.

Conceitos inovadores sobre a estrutura da membrana a postulam como um sistema altamente ordenado e independente de movimento lateral de moléculas. Um

A. Modelo de Davson e Danielli

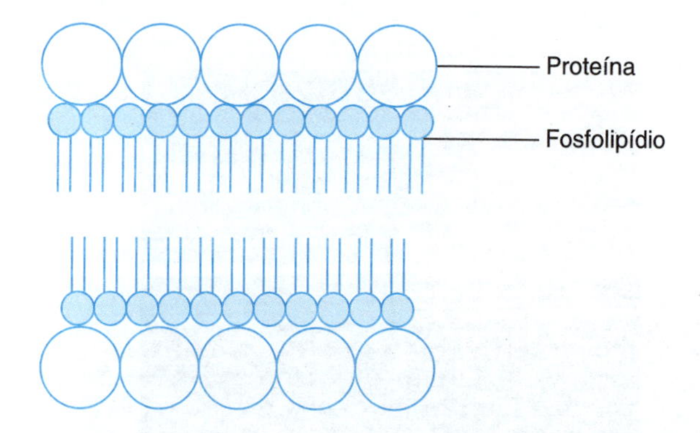

B. Modelo de Robertson

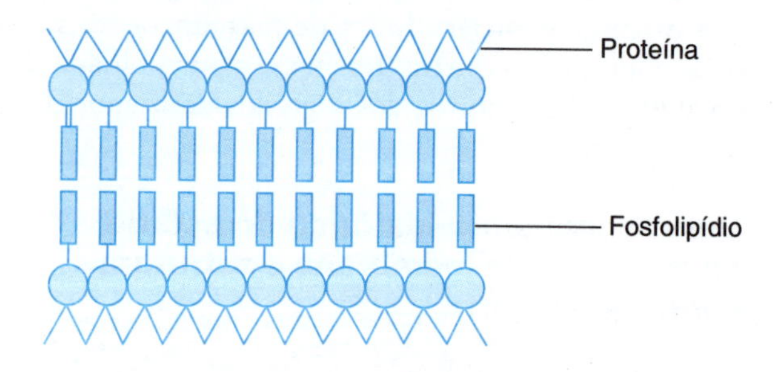

C. Modelo de Green

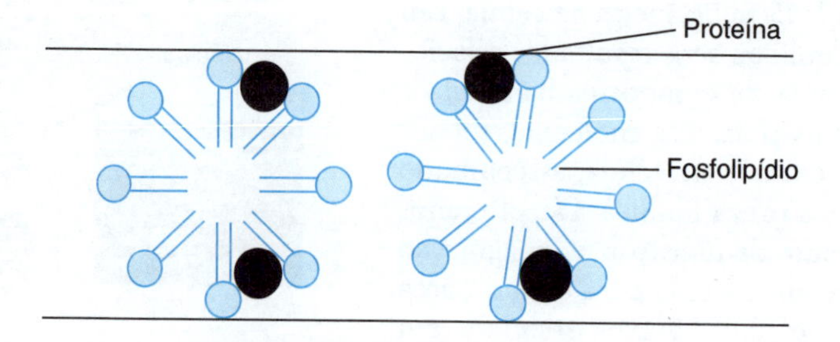

Figura 16-2. Modelos de membrana.

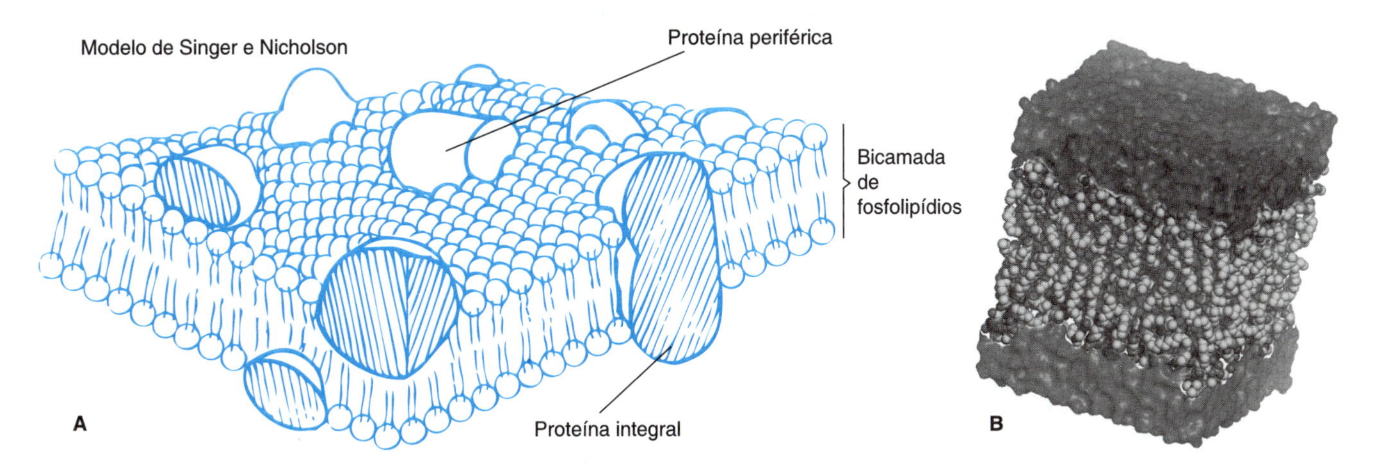

Figura 16-3. Modelo de membrana conhecido como de bicamada, ou de Singer e Nicholson.

destes conceitos é o modelo de "patches", postulado por Gordon e Mobley (figura 16-6), onde a agregação de proteínas depende, em grande parte, da composição lipídica da membrana.

Atualmente estas regiões são conhecidas como agrupamentos lipídicos, os quais apresentam um papel importante na compreensão de muitos fenômenos estruturais e de atividade associados às membranas biológicas. Muitos destes conceitos permitiram demonstrar o caráter dinâmico das membranas e ao longo do tempo como esse conceito foi visualizado de forma inadequada. Atualmente, as limitações de visualização foram superadas com o desenho de diversos algoritmos e técnicas de simulação molecular. Essas inovações permitiram calcular de forma matemática muitas das interações entre as moléculas que compõem uma membrana e, por consequência, a maneira como uma membrana se apresenta visualmente em escala molecular (figura 16-3b).

COMPOSIÇÃO MOLECULAR DAS MEMBRANAS

As membranas são compostas por três classes de moléculas: lipídeos, proteínas e carboidratos. Os lipídeos fornecem as características estruturais básicas das membranas. As proteínas da membrana funcionam primariamente como catalisadores biológicos, fornecendo as propriedades funcionais que diferenciam as membranas, e os carboidratos lhe conferem a assimetria, além de importante função de reconhecimento.

lipídeos da membrana

A característica mais surpreendente dos resíduos hidrocarbonados dos lipídeos da membrana é sua ilimitada variabilidade química. Cada classe de fosfolipídeo, por exemplo, consiste de um grande número de diferentes espécies mo-

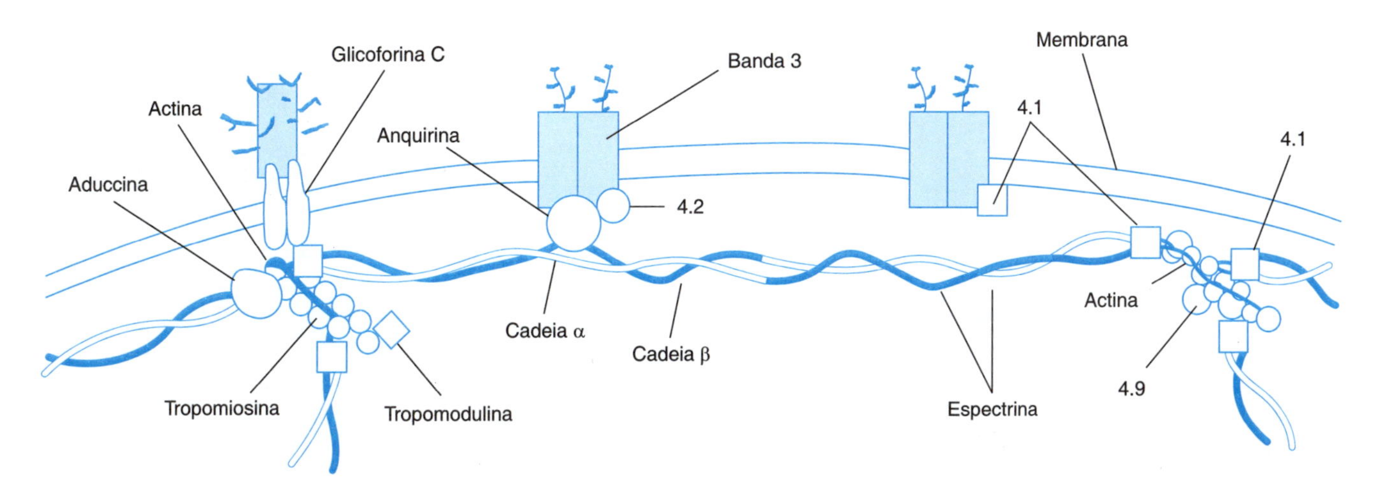

Figura 16-4. Esquema das associações de proteínas da membrana do eritrócito com suas proteínas de citoesqueleto.

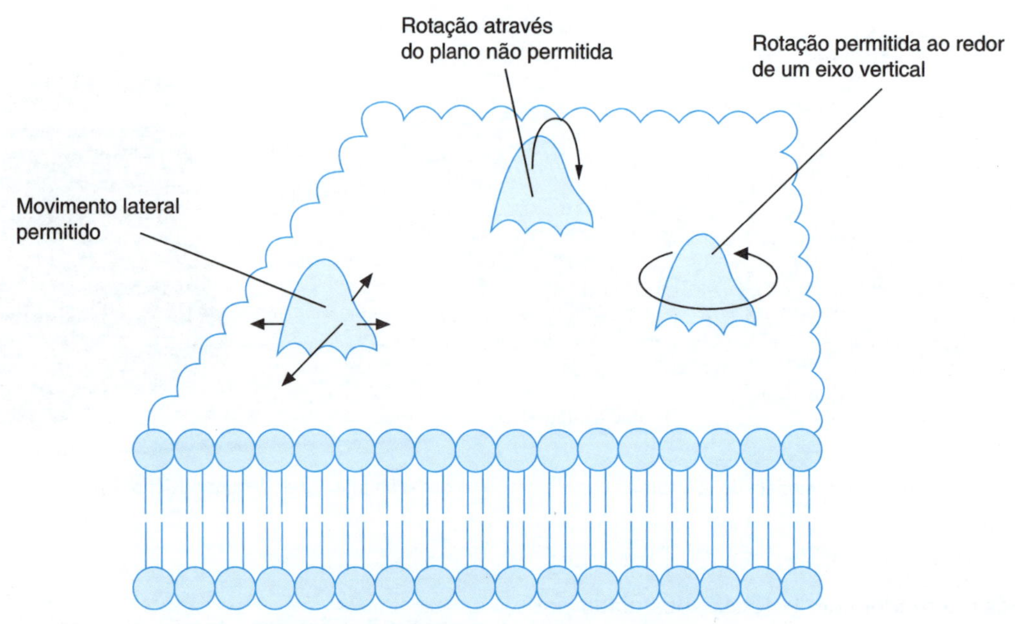

Figura 16-5. Mobilidade das proteínas da membrana.

leculares, que podem ser diferenciadas entre si pela longitude de suas cadeias de ácidos e o número de posições de suas uniões insaturadas. O estudo das propriedades físicas da região hidrofóbica da membrana está direcionado para examinar o comportamento dos lipídeos purificados, com base em seus constituintes quimicamente bem definidos.

As alterações observadas nas propriedades físicas dos lipídeos hidrocarbonados das membranas com a adição de água do sistema, ou com a alteração de temperatura deste sistema, têm estabelecido que os fosfolipídeos sejam moléculas mesomórficas; isto significa que podem existem várias formas físicas. As duas mais frequentes, a estrutura lamelar ou forma mais líquida e desordenada, e a forma estática e ordenada, agrupada em arranjos hexagonais. Ambas as formas são conhecidas usualmente como as fases de gel ou líquida cristalina e cristalina, respectivamente. As transições de uma forma

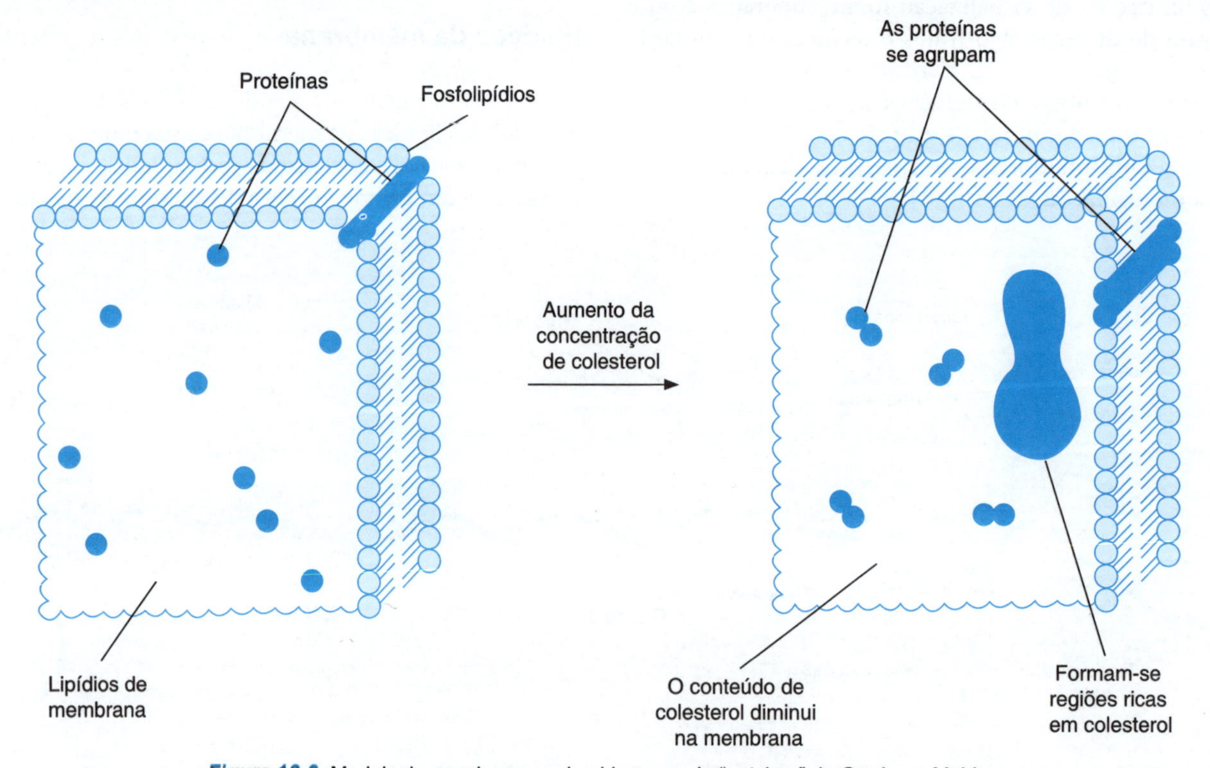

Figura 16-6. Modelo de membrana conhecido como de "patches" de Gordon e Mobley.

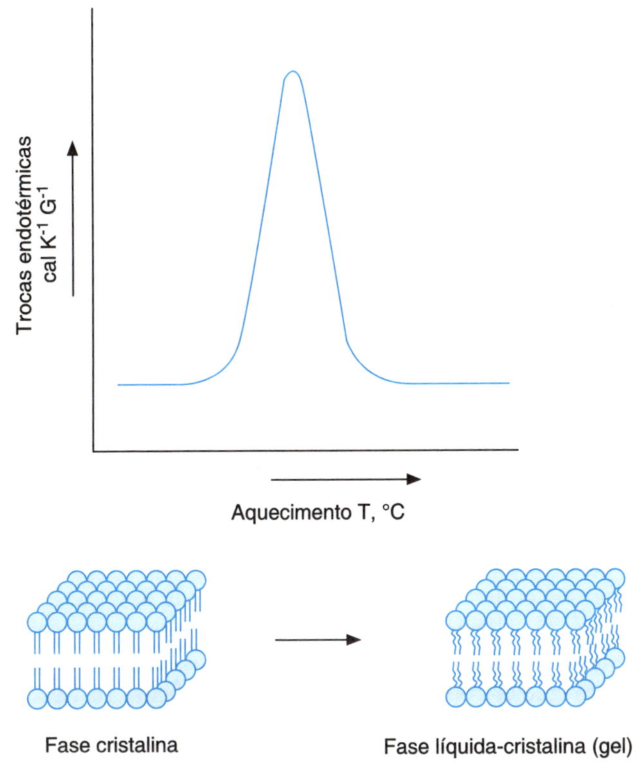

Figura 16-7. Trocas endotérmicas de uma membrana ao sofrer uma transição de fase dependente da temperatura.

ordenada para uma desordenada, ou vice-versa, ocorrem a diferentes temperaturas chamadas "temperaturas de transição de fase". A transição da forma cristalina para a forma líquido-cristalina é uma reação endotérmica (figura 16-7).

Os lipídeos encontrados nas membranas são anfipáticos, com um extremo da molécula hidrofóbico ou insolúvel em água e o outro extremo hidrofílico ou solúvel em água. A região hidrofóbica é denominada polar porque com frequência é capaz de conter cargas elétricas, enquanto que a região hidrofóbica é apolar.

Somente uma porção muito pequena da maioria dos lipídeos de membrana, ao serem introduzidos na água, se dissolve para formar uma solução molecular verdadeira. Acima da concentração crítica micelar ocorre a formação das micelas (figura 16-8). Nestas estruturas, as cadeias hidrocarbonadas dos ácidos graxos são separadas do ambiente aquoso, formando uma fase hidrofóbica interna com as cabeças polares expostas. Ao submeter esta suspensão a ultrassons de alta energia, as moléculas de fosfolipídeo começam a formar estruturas denominadas lipossomas (figura 16-8). O arranjo destes fosfolipídeos no lipossoma foi deduzido por M. F. Wilkins utilizando a difração por raios X, e indicava que as conformações antiparalelas das cabeças polares dos fosfolipídeos estão separadas por aproximadamente 4 nm e que as caudas de ácidos graxos estão dispostas em paralelo. As cabeças polares estão acomodadas externamente à bicamada lipídica, enquanto que os ácidos graxos estão dirigidos ao seu interior, perpendicularmente ao plano da superfície da membrana. Este modelo, que explica a estrutura básica das membranas, corresponde de maneira idêntica à proposta de J. J. Danielli e H. Davson no decênio de 1930-39, quando ainda não existiam dados estruturais precisos. Também se propôs que esta é a configuração de mínima energia para uma película composta de moléculas anfipáticas, já que aperfeiçoa a interação dos grupos polares com a água.

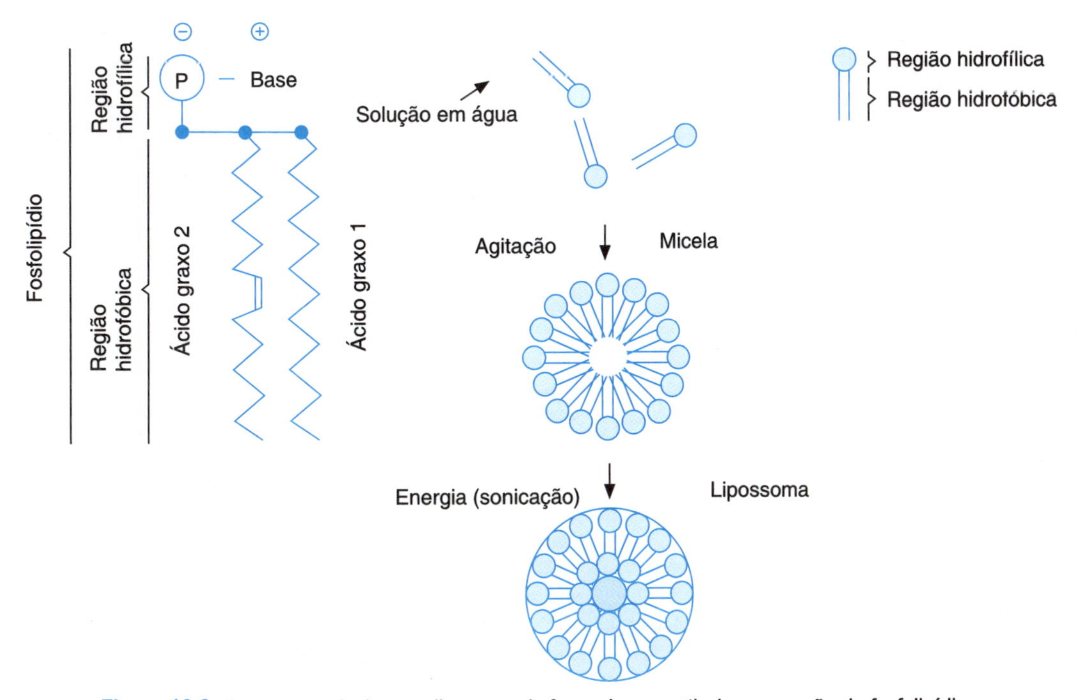

Figura 16-8. Estruturas micelares e lipossomais formadas a partir da agregação de fosfolipídios.

Agora é conveniente mencionar que, a partir de um ponto de vista biofísico, os lipídeos não são unicamente considerados como entidades químicas, mas também como entidades mecânicas e elétricas. Com exceção de alguns exemplos, como será visto mais adiante, onde o ataque enzimático sobre esses lipídeos gera sinais que poderiam enviar informação através da membrana. Até onde se sabe, a estrutura química dos lipídeos da membrana pode afetar de maneira importante suas funções. Deve-se considerar que a conformação dinâmica desses lipídeos, com propriedades estéricas interessantes e alta capacidade de movimento no plano da membrana, confere aos lipídeos uma incrível cooperatividade dinâmica pouco entendida. Essa conformação dinâmica também permite que duas proteínas contidas na mesma bicamada possam comunicar-se entre si, sem ter que realizar um contato direto. Ainda em relação às propriedades das membranas biológicas, muitas das perguntas encontrarão uma explicação nesta inovadora perspectiva sobre a dinâmica das proteínas da membrana, utilizando os lipídeos que as rodeiam como parte integral no desenvolvimento de sua função (figura 16-9).

Sem dúvida, a interação lipídeo-lipídeo mais estudada é a que ocorre entre o colesterol e os fosfolipídeos. Cerca de 50 anos transcorreram desde que se descobriu que a adição de colesterol a uma dispersão de fosfolipídeos reduz a área molecular dos componentes que a integram, criando o que se poderia denominar sistema condensado. O efeito de condensação foi explicado com uma interação específica entre as moléculas de colesterol e as cadeias hidrocarbonadas dos fosfolipídeos em forma de líquido-cristal, o qual reduz a liberdade de movimento destas cadeias. Este efeito é observado somente em misturas de fosfolipídeos que contêm cadeias hidrocarbonadas desordenadas, e não quando estas cadeias estão em uma fase cristalina mais ordenada. Portanto, este último é observado em sistemas que se encontram acima da temperatura de transição dos lipídeos que os compõem. Trabalhando abaixo desta temperatura de transição, o efeito do colesterol é o oposto e tende a relaxar o sistema.

Proteínas das membranas

A grande maioria das membranas contém ao redor de 40% de lipídeos e 60% de proteínas. As membranas relacionadas com transdução de energia, como a membrana interna mitocindrial, possuem um maior conteúdo de proteínas, ao redor de 75%. Em contraste, a mielina, que cobre os axônios de certas fibras nervosas com alto conteúdo lipídico, que lhe proporciona um importante papel isolante, contém aproximadamente 18% de proteína (figura 16-11).

Cada membrana contém tipos diferentes de proteínas, que está geralmente relacionado com o grau de atividade e função das diferentes membranas. Por exemplo, a membrana interna mitocondrial contém mais de 100 proteínas diferentes, o que indica sua enorme atividade, tanto enzimática como de transporte. As proteínas de membrana são classificadas em dois tipos: as proteínas extrínsecas ou periféricas e as intrínsecas ou integrais, as quais somente com tratamentos rigorosos podem ser separadas da bicamada lipídica. Estas últimas são altamente hidrofóbicas e insolúveis em sistemas aquosos e somente podem ser estabilizadas fora do seu ambiente lipídico com a ajuda de detergentes (figura 16-12).

A presença de proteínas intrínsecas em uma camada lipídica implica que essas moléculas possuam regiões constituídas predominantemente por resíduos de aminoácidos de cadeia lateral apolares; esta característica permite que a proteína interaja com a região hidrofóbica das cadeias hidrocarbonadas dos fosfolipídeos da membrana. Existem proteínas intrínsecas com maior ou menor número de aminoácidos apolares que lhes conferem diversos graus de penetração na bicamada lipídica. Em resumo, são conhecidas proteínas intrínsecas com regiões predominantemente polares, mas com segmentos pequenos que interagem com a fase hidrofóbica e proteínas intrínsecas completamente submersas na região lipofílica.

Mediante a utilização de técnicas de ataque proteolítico, utilizando enzimas como a tripsina e a pronasa, assim como mediante a utilização de técnicas com radioligan-

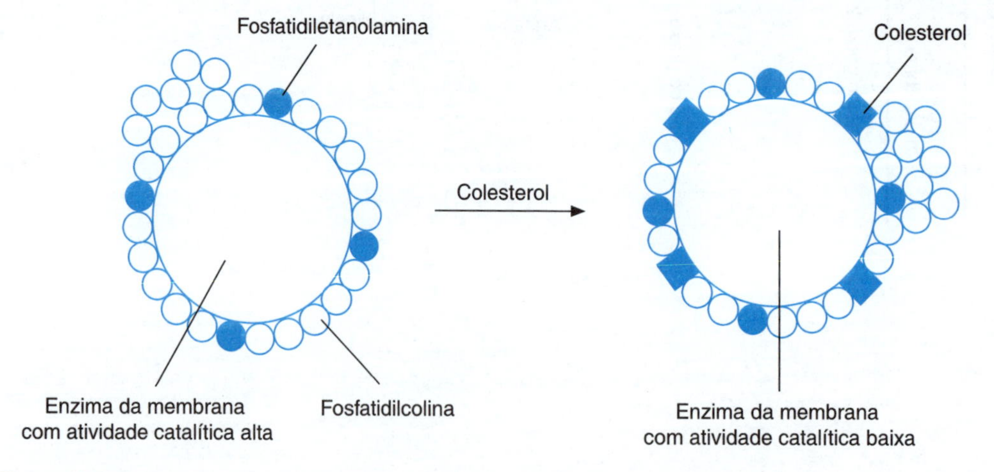

Figura 16-9. Exemplo de um anel de lipídeos das proteínas da membrana como reguladores da sua função.

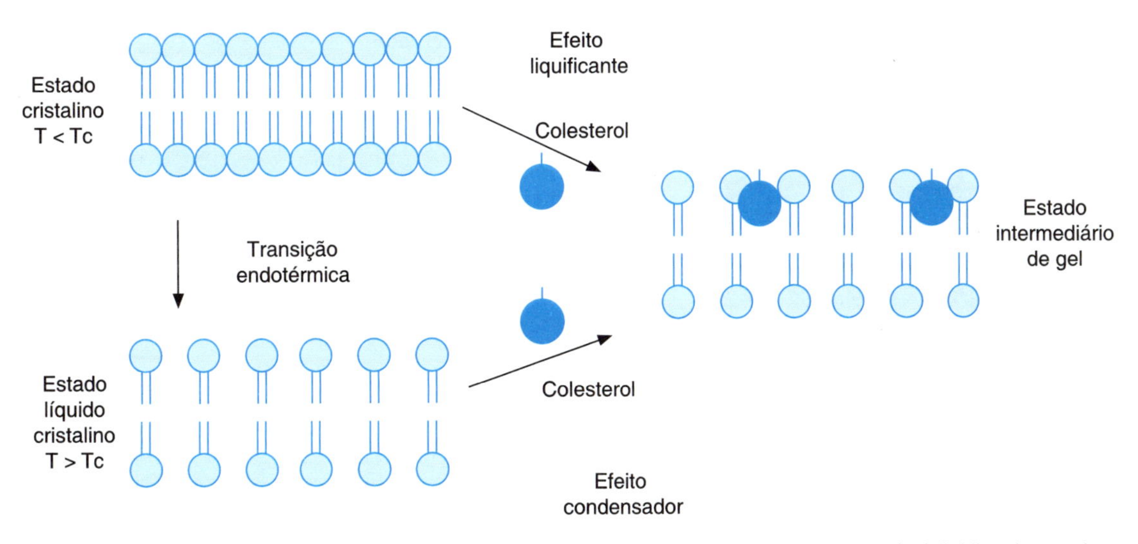

Figura 16-10. Efeito do colesterol sobre o estado físico das membranas. Observe as alterações entre os fosfolipídios da membrana em cada um dos diferentes estados.

tes e sondas fluorescentes, chegou-se à conclusão de que as proteínas da membrana (tanto as intrínsecas como as extrínsecas) apresentam uma simetria importante na bicamada lipídica. Mais ainda, foi observado que as proteínas intrínsecas que atravessam a membrana mantêm sua assimetria estrutural, conservando sempre sua orientação na mesma direção, a qual está determinada desde o momento da sua síntese na membrana do retículo endoplasmático.

As proteínas integrais da membrana geralmente apresentam regiões ricas em aminoácidos hidrofóbicos e somente podem ser separadas da membrana mediante o uso de detergentes, solventes apolares e, em alguns casos, agentes desnaturantes. Devido às dificuldades em sua extração, a estrutura tridimensional de um número reduzido dessas proteínas foi determinada mediante técnicas de resolução atômica, como a cristalografia de raios X e a espectroscopia de ressonância magnética nuclear. Estas proteínas integrais podem ser do tipo monotópico, o que indica que se encontram permanentemente unidas em um só lado da membrana, ou que cruzam totalmente a membrana utilizando tanto estruturas ⇍-pregueadas ou α-helicoidais. A tabela 16-1 mostra alguns exemplos dessas proteínas intrínsecas que foram extraídas com êxito da membrana e cristalizadas para seu estudo atômico. Em algumas proteínas existe um único segmento hidrofóbico que interage com os lipídeos da membrana, como se exemplifica com a proteína glicoforina (figura 16-13A). Por outro lado, existem proteínas da membrana com múltiplos segmentos hidrofóbicos que podem interagir de maneira mais estreita com a fase hidrofóbica da membrana. Um exemplo dessa classe de proteínas é a bomba de cálcio ou Ca^{2+}-ATPase com dez segmentos dentro da membrana (figura 16-13B). Em contraste, existem muitas proteínas periféricas que se unem à superfície da membrana mediante interações eletrostáticas e formação de pontes de hidrogênio com as regiões hidrofílicas de diferentes proteínas integrais. Estas proteínas periféricas, geralmente são consideradas reguladores de proteínas integrais ou conectoras entre estas proteínas integrais e as estruturas

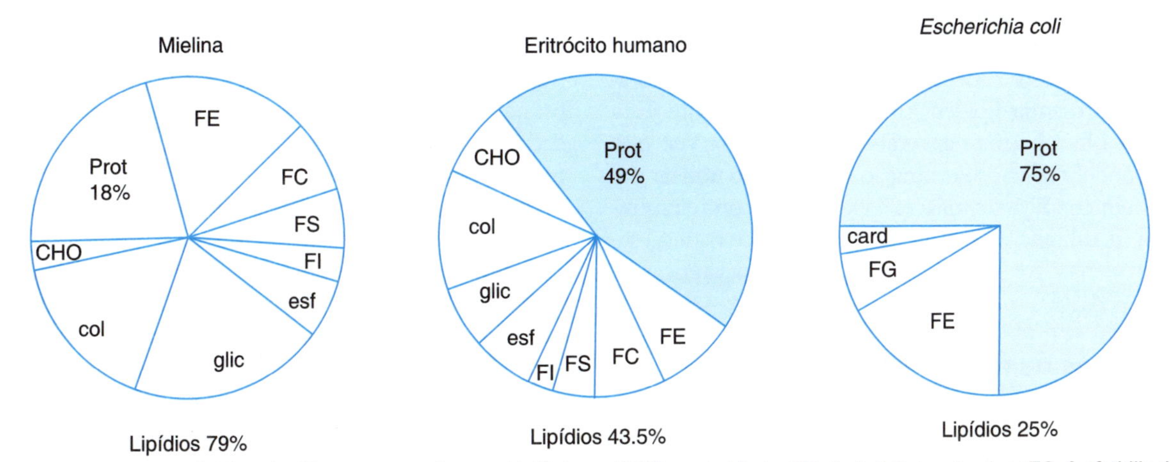

Figura 16-11. Composição lipídica de diferentes membranas biológicas. (CHO, carboidrato; FE, fosfatidiletanolamina; FC, fosfatidilcolina; FS, fosfatidilserina; FI, fosfatidilinositol; FG, fosfatidilglicerol; esf, esfingomielina; glic, glicolípidos; col, colesterol; card, cardiolipina.).

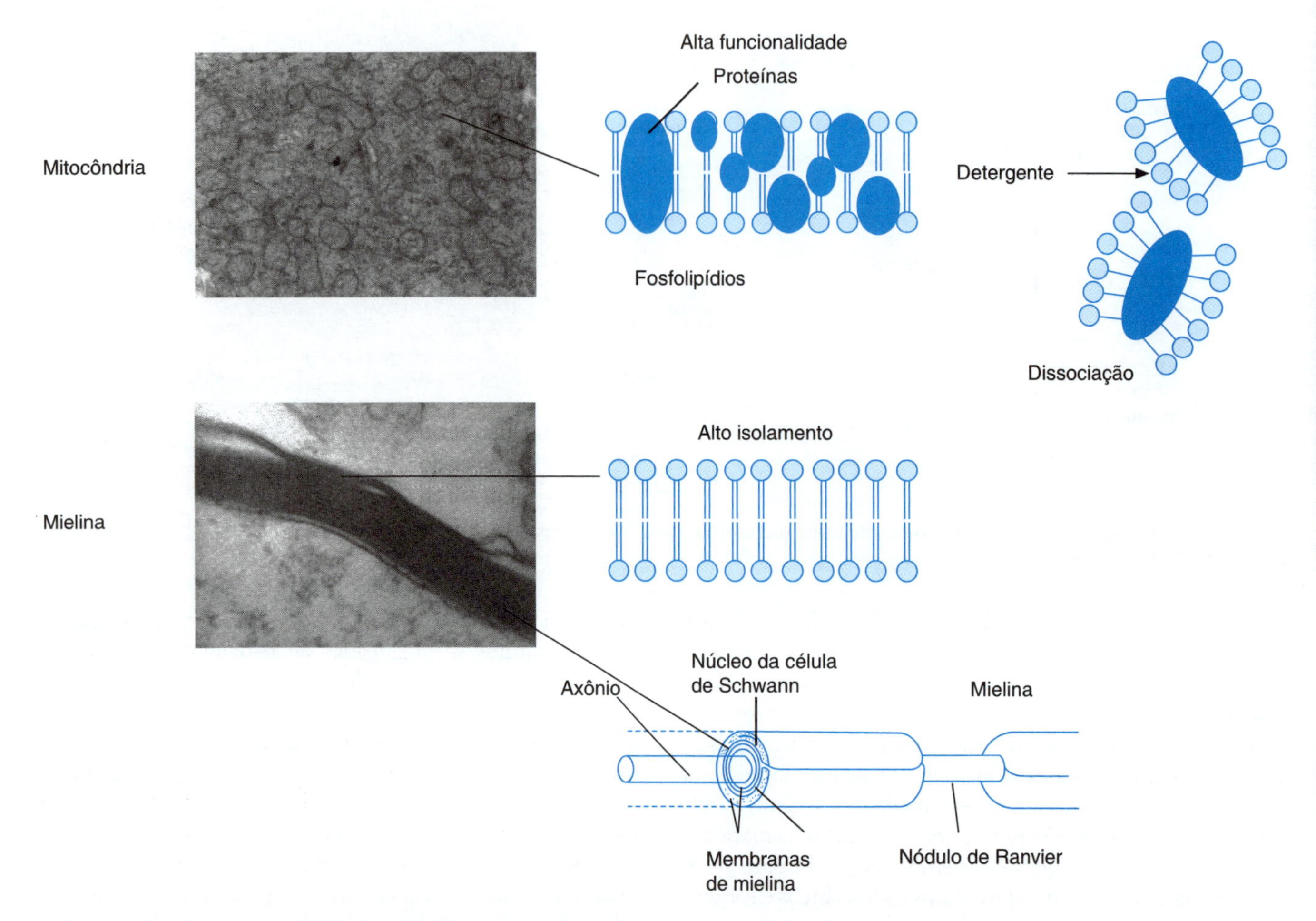

Figura 16-12. O conteúdo de proteínas das membranas indica sua função. Diagrama de um axônio nervoso periférico mielinizado, mostrando a formação de mielina da membrana plasmática de uma célula de Schwann e da membrana interna mitocondrial.

do citoesqueleto. A associação de uma proteína com a bicamada lipídica implica em uma série de alterações associadas à estrutura terciária desta. Essas alterações podem incluir a dobra de alguma região que, antes da interação com a membrana, estava desdobrada, assim como a formação de estruturas quaternárias ou complexos oligoméricos. A tabela 16-2 apresenta alguns exemplos de proteínas periféricas, incluído suas funções e estruturas.

Em alguns casos específicos, as proteínas de membrana podem apresentar lipídeos unidos covalentemente. Esta característica lhes permite ancorar-se à membrana, por este fato, para poder realizar sua extração, é necessário utilizar detergentes em condições similares à extração de proteínas integrais da membrana. Apesar desta última característica, este tipo de proteína é considerado como proteínas periféricas.

Carboidratos da membrana

Ainda que na natureza existam mais de cem tipos diferentes de monossacarídeos, são somente cerca de dez que se encontram presentes nas glicoproteínas e nos glicolipídeos das membranas em geral. Entre os principais estão: galactose, manose, L-fucose, glicose, glicosamina, galactosamina e ácido siálico; este último se encontra, geralmente, como grupo terminal, contribuindo de maneira importante à carga negativa líquida presente na superfície da membrana de mamíferos (figura 16-14).

Os glicolipídeos dos organismos superiores, revisados no capítulo 14, são derivados da esfingosina com um ou vários resíduos de açúcar. Nas glicoproteínas de membrana, uma ou mais cadeias de açúcar estão enlaçadas às cadeias laterais de serina, treonina ou asparagina da proteína, normalmente através de N-acetil-glicosamina ou N-acetil-galactosamina. A situação desses grupos de carboidratos nas membranas pode ser determinada por técnicas específicas de marcação. São sondas ou marcadores as lecitinas que são proteínas vegetais com alta afinidade para determinados resíduos de açúcar. Estes açúcares estão localizados na superfície externa das membranas plasmáticas. De fato, os resíduos de açúcar da membrana plasmática de todas as células de mamífero estudadas até agora se localizam exclusivamente na superfície externa.

Uma possível função dos grupos de carboidratos é

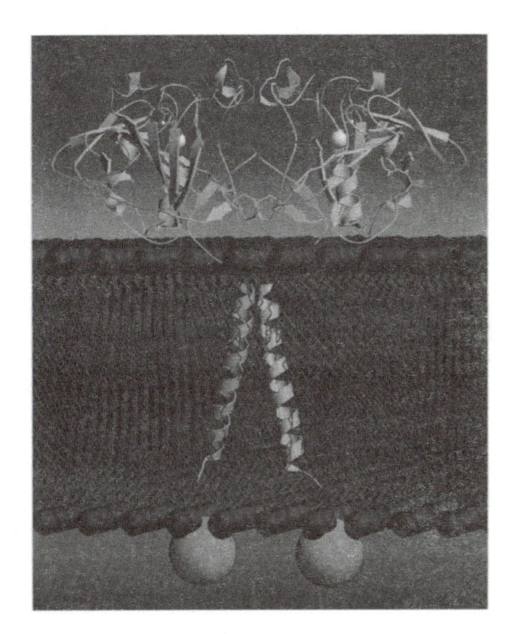

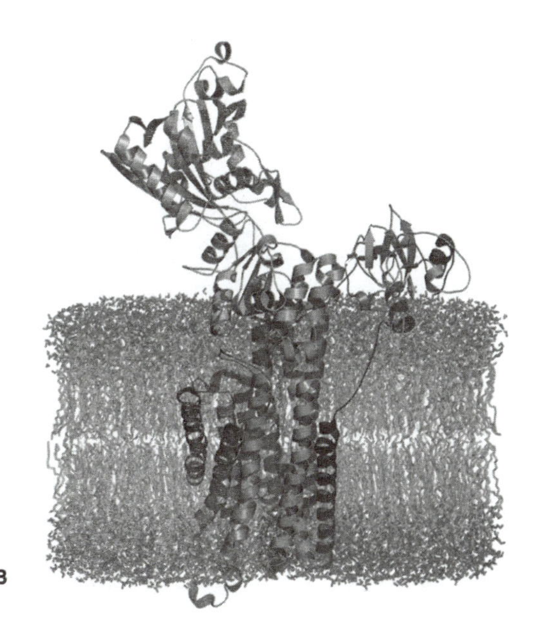

Figura 16-13. Exemplo de proteínas integrais da membrana: **A)** glicoforina com somente uma alça transmembranal, **B)** Bomba de cálcio com 10 alças transmembranais.

orientar as glicoproteínas nas membranas. Por serem os açúcares altamente hidrofílicos, a porção das glicoproteínas e glicolipídeos que os contêm, tenderá a situar-se na superfície da membrana mais do que no núcleo hidrocarbonado.

Os açúcares das superfícies celulares são importantes no **reconhecimento intercelular**. A interação de diferentes células para formar um tecido e a detecção de células estranhas pelo sistema imunológico dos organismos superiores são exemplos de processos que dependem do reconhecimento de uma superfície celular por outra. Os açúcares têm grandes possibilidades de diversidade estrutural, uma vez que a) os monossacarídeos podem enlaçar-se mutuamente através de vários grupos hidroxila; b) a união do C-1 pode ter configuração α ou ⇔; e c) é possível uma ampla ramificação. Certamente podem se formar muito mais oligossacarídeos diferentes com quatro açúcares, do que oligopeptídeos com quatro aminoácidos.

Considerando as características físico-químicas dos componentes da membrana, podemos explicar muitas de suas funções básicas (tabela 16-3) e provavelmente muitas das funções e propriedades das membranas biológicas ainda desconhecidas.

TRANSDUÇÃO DE SINAIS NA MEMBRANA CELULAR

Um bom número de moléculas extracelulares, incluindo os hormônios, os fatores de crescimento e os neurotransmissores, não entram na célula para iniciar suas ações biológicas, mas interagem com diferentes receptores na superfície des-

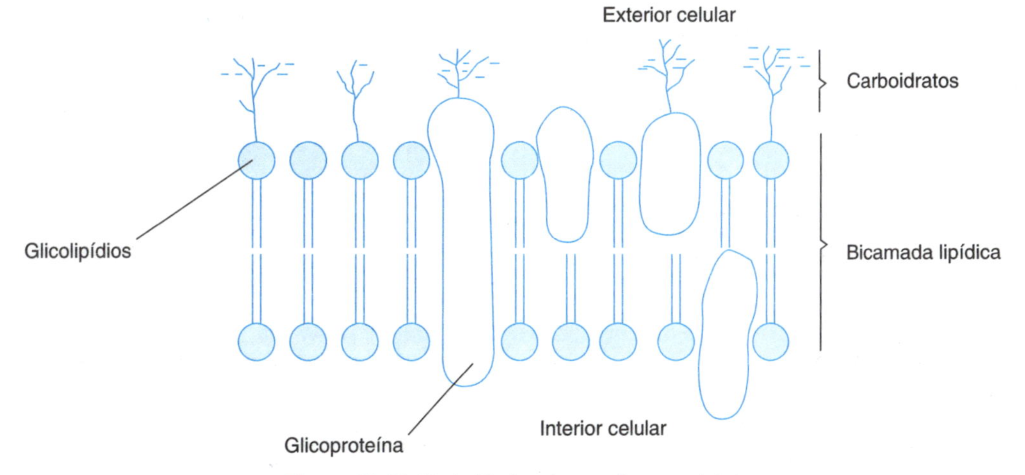

Figura 16-14. Carboidratos da membrana celular.

Tabela 16-1. Exemplos de proteínas intrínsecas de membrana

Proteína integral monotípica	Investigador que a caracterizou e ano da publicação
Ciclo-oxigenase	Kurumbal *et al.*, 1996
Monoamina oxidase A	Ma *et al.*, 2004
Peptídeoglicano glcosiltransferase	
Proteína transmembranal: estrutura b pregueada	
Porina	Weiss & Schulz, 1992
Porina OmpG monomérica	Subbaro & van der Berg, 2006
Transportador de fosfatos OprP	Moraes, 2007
Proteína transmembranal: estrutura em α-hélice	
Rodopsina	Murakami & Kouyama, 2008
Receptor β2-adrenérgico	Rassmussen, 2007
Receptor de acetilcolina	Unevin, 2005
ATPase Na^{+},K^{+}	Morth, 2007

tas. Estes receptores se unem às diferentes moléculas extracelulares, chamadas genericamente "ligantes", com alta especificidade e grande afinidade. A união desses ligantes induz uma alteração conformacional no receptor que o converte de uma forma inativa a uma forma ativa ou estado ativado. Uma vez ativado o receptor, direta ou indiretamente, como o poderia ser mediante fatores de acoplamento, a oligomerização das diferentes subunidades do receptor, ou também, mediante a associação com outra proteína, poderá ativar ou inibir uma cascata de eventos moleculares que levam à resposta biológica. Estes receptores, e as moléculas efetoras a eles associadas constituem a via de transdução de sinais.

Tabela 16–2. Exemplos de proteínas periféricas da membrana

Proteínas	Função
Fosfolipasas A2	Hidrólise da ligação do 2º ácido graxo dos fosfolipídios
Colesterol oxidase	Oxida e isomeriza o colesterol
Lipoxigenases	Catalisam a dioxigenação dos ácidos graxos
Esfingomelinase C	Fosfodiesterase que rompe uniões fosfodiester
Miotubularinas	Fosfatases lipídicas
Glucosiltransferases	Catalisam a transferência de açúcares formando uniões glicosídicas
Enterotoxinas	Toxinas bacterianas δ-endotoxinas Gramicidina
Toxinas de fungos	Antibióticos cíclicos
Venenos	Veneno de serpente Veneno de escorpião Conotoxinas Poneratoxinas de insetos

Tabela 16-3. Funções das membranas

- Limite das células individuais
- Limite das organelas intracelulares
- Adesão entre células
- Trocas gasosas
- Marco estrutural para enzimas, receptores, entre outros
- Difusão facilitada de açúcares, aminoácidos, entre outros
- Permeabilidade seletiva a íons
- Transmissão da excitação
- Secreção
- Mobilidade
- Formação de estruturas especializadas como desmossomas

A classificação dos diferentes receptores da superfície celular é apresentada na tabela 16-4. Esta classificação se baseia nos mecanismos moleculares de ativação das diferentes moléculas efetoras, enzimas ou canais iônicos. Na classe de tipo I, os receptores são efetores por si só e a união do agonista ativa diretamente a função do efetor. Na classe de tipo II, os receptores ativados se acoplam através de proteínas reguladoras que unem GDP, conhecidas como proteínas G, as quais ativam os diferentes receptores. Na classe de tipo III, os receptores ativados se associam e, portanto, ativam moléculas efetoras citosólicas.

Tabela 16-4. Classificação dos receptores de superfície

I. Proteína receptora como efetor

A) O efetor é um canal iônico
- **1.** Canal de sódio – [receptor de acetilcolina]
- **2.** Canal de cloro – [receptor de ácido γ-aminobulírico (GABA)]

B) O efetor é uma enzima
- **1.** Tirosina quinase –[fator de crescimento epidérmico (EGF); receptor de insulina]
- **2.** Quinase serina/treonina –[fator de crescimento tumoral β (TGF-β)]

II. Proteína receptora acoplada ao efetor mediante uma proteína G

A) O efetor é um canal iônico
- **1.** Canal de potássio [receptor purinérgico P2RY12]
- **2.** Canal de cálcio

B) O efetor é uma enzima
- **1.** Adenilciclase
  - **a)** Estimuladora –[receptor de tirotropina (TSH)]
  - **b)** Inibidora –[receptor de dopamina]
- **2.** Fosfolipase C específica de fosfoinosítideos
  - **a)** Estimuladora –[receptor de tirotropina (TSH)]
  - **b)** Inibidora –?

III. Proteína receptora ativa um efetor citosólico sem proteínas acopladoras

A) O efetor é uma enzima
- **1.** Tirosina quinase

Dentro dos colchetes são mencionados exemplos de cada um dos diferentes tipos de receptores.

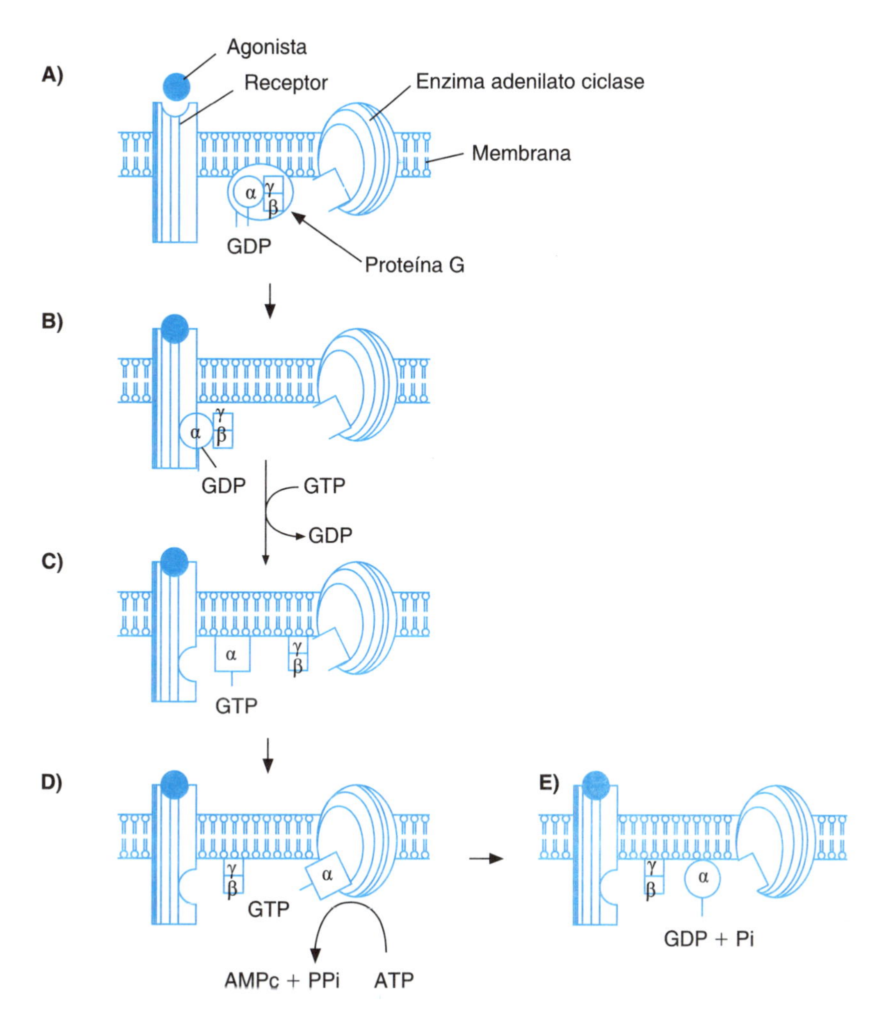

Figura 16-15. Sistema receptor/adenilato ciclase. **A)** Este sistema contém o receptor, a enzima adenilato ciclase e uma proteína moduladora chamada proteína G (a letra G significa que se une a nucleotídeos de guanina). Esta proteína é trimérica por ser formada pelas subunidades α, β e γ. **B)** A ligação de um agonista, como um hormônio, leva a união da proteína G ao receptor. A subunidade α, que já está unida a proteína G, pode aceitar o GTP no lugar do GDP. **C)** Ao ocorrer a união de GTP a subunidade α, as subunidades β e γ se dissociam do receptor, por sua vez, a subunidade v com GTP se dissocia do receptor. **D)** A subunidade α-GTP então se une à enzima adenilato ciclase, o que a ativa para poder converter o ATP em AMP cíclico e pirofosfato. **E)** Em vista de que a subunidade da proteína G tem atividade enzimática, esta hidrolisa o GTP em GDP + fosfato inorgânico. Nestas condições, as subunidades da proteína G se reassociam e o processo de ativação pode iniciar-se novamente.

Um sistema receptor acoplado à enzima adenilato ciclase, por exemplo, é constituído pelo receptor, a enzima e a proteína moduladora G. A proteína G é trimérica e é constituída por três subunidades, α, β e γ, onde a subunidade contém o sítio de ligação para o nucleotídeo de guanina (figura 16-15).

A união do agonista, que pode ser o glucagon, a adrenalina e os hormônios TSH ou ACTH, permite ao seu respectivo receptor que a proteína G se ligue ao complexo hormônio receptor, onde por sua vez a subunidade α da proteína G aceita o GTP e libera o GDP. Depois desta união, através de várias passagens intermediárias, a forma trimérica da proteína G e restaurada e o processo inicia novamente, sempre que o estímulo estiver presente (figura 16-15).

De forma interessante, uma família de diferentes subunidades α da proteína G foi identificada, onde algumas destas formas possuem atividade inibitória. Os diferentes membros desta família são denominados com Gs (estimuladoras), Gi (inibidoras) e Go (acoplados a canais iônicos e a toxina *pertussis*).

A superfamília de proteínas G engloba moléculas tão diversas como o fator de alongamento bacteriano EF-TU, e o produto de 21 kDa do proto-oncogene ras ($p21^{ras}$). A existência desta superfamília de proteínas G é um reflexo do grande número de sistemas reguladores que utilizam estas proteínas como parte de seu mecanismo de ação. As toxinas produzidas por algumas bactérias interagem com o sistema de transdução da adenilciclase, mediante um mecanismo chamado ADP-ribosilação. A figura 16-16 mostra a estrutura da poli (ADP-ribose) unida a um grupo carboxilo-terminal.

O *Vibrio cholerae*, agente causador da cólera, produz uma toxina que causa a ADP-ribosilação da subunidade αs, o que impede que esta se uma às subunidades da proteína G, β-γ, que por sua vez, permite que o sistema adenilciclase permaneça constantemente ativado. A toxina *pertussis*, produzida pela *Bordetella pertussis* e que causa a coqueluche, age através da ADP-ribosilação da subunidade αi, o que também permite que a enzima esteja constantemente ativada ao ser desativado seu mecanismo de ação inibitória.

Via do AMP cíclico

O AMP cíclico, ou AMPc, foi o primeiro mensageiro intracelular identificado, de maneira que as alterações em sua concentração constituem um elo na regulação de numerosa ações em vários tipos celulares. A enzima adenilato ciclase, unida a membrana plasmática, forma AMPc a partir do ATP, e a enzima fosfodiesterase, de localização citoplasmática, o degrada. Um aumento no conteúdo de AMPc facilita sua união às 2 subunidades reguladoras das proteína quinase A e sua posterior dissociação das respectivas unidades catalíticas, que por este meio passam de ativas para inativas. A proteína quinase A ativada, pode fosforilar os substratos, incluindo outras enzimas, por exemplo, a fosforilase quinase, proteínas reguladoras, fatores de transcrição e canais iônicos, como os de cálcio. Estas proteínas são inativadas mediante a desfosforilação catalizada por fosfatases (em alguns casos a desfosforilação pode ativar proteínas). A diminuição das concentrações das proteínas no citoplasma, são sinais que motivam as vias iniciadas pela presença de um conteúdo elevado de AMPc.

O mecanismo de ativação da proteína quinase A, mediante o AMPc, depende da capacidade de dissociação da subunidade catalítica das subunidades reguladoras. Quando a proteína quinase A é eluída em uma coluna de troca iônica, a atividade pode ser recuperada em duas frações. Cada uma consiste em heterotetrâmeros formado por duas subunidades reguladoras e duas subunidades catalíticas. O AMPc se une às subunidades e libera os monômeros cataliticamente ativos (figura 16-17).

Devido a transdução de sinais ser mediada por uma cascata de sucessos, estas vias exibem duas propriedades fundamentais para seu funcionamento normal: amplificação e regulação. A amplificação permite a um número limitado de receptores gerar uma resposta celular muito ampla, a qual ocorre devido a intervenção de enzimas, de canais iônicos ou de ambos como efetores, e a uma subsequente ativação da cascata realizada por moléculas mediadoras intracelulares. A figura 16-18 ilustra como a amplificação pode ocorrer em um sistema acoplado a proteínas G que usa um mensageiro secundário intracelular. Cada complexo receptor ligado ativa um ou vários efetores. Estes efetores ativados geram um bom número de segundos mensageiros, como o AMPc produto da adenilato ciclase, que por sua vez ativam proteínas quinases. Cada proteína quinase é capaz de fosofrilar um grande número de produtos moleculares, cada um dos quais contribui para a resposta celular. Por exemplo, no coração, um agonista β-adrenérgico ativado estimula mais de 10 moléculas através das proteínas G estimuladoras. Estas proteínas G ativadas estimulam a adenilato ciclase, a qual

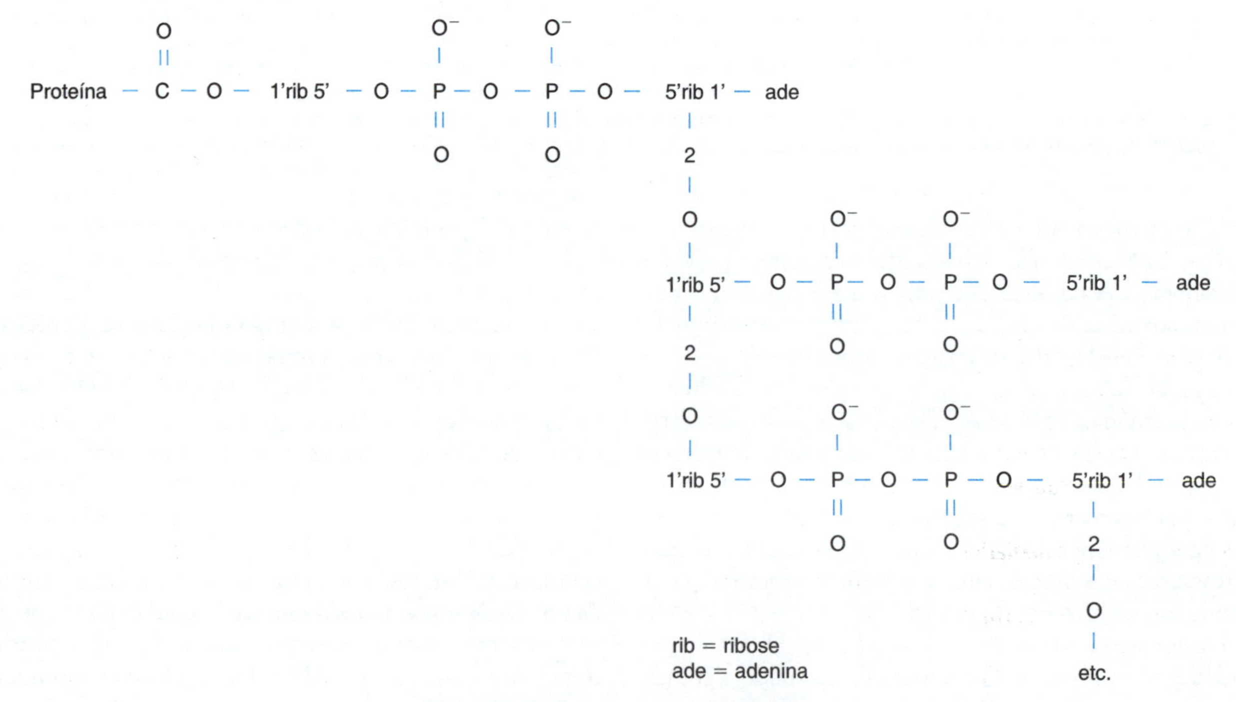

Figura 16-16. Estrutura da poli-ADP-ribose.

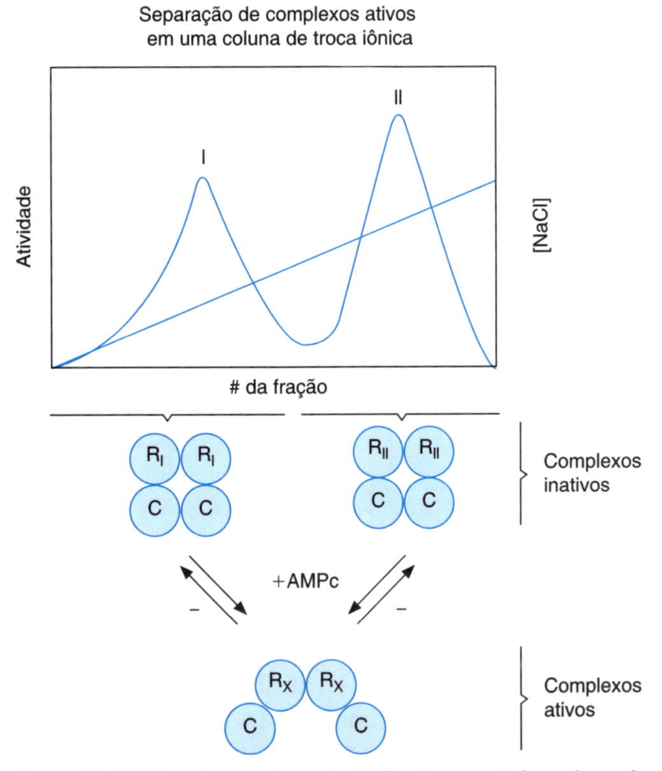

Figura 16-17. Mecanismo pelo qual o AMPc ativa a proteína quinase A.

gera muitas moléculas de AMPc, que estimulam canais de cálcio, o que permite influxo de íons de cálcio até o citoplasma. O AMPc estimula a proteína quinase dependente de AMPc e o cálcio a proteína quinase dependente de cálcio, a calmodulina, e a numerosos substratos, como enzimas e canais iônicos que serão fosforilados e, portanto, posteriormente ativados. O sinal continua propagando-se e se amplifica até que se obtenha a reposta final de contração muscular.

Os chamados segundos mensageiros são moléculas pequenas, como o Ca^{2+} e alguns metabólitos, que são rapidamente gerados e metabolizados. Seu incremento de concentração no citoplasma celular leva, por sua vez, à ativação de moléculas efetoras, como foi visto anteriormente. Na melhor das situações, estes segundos mensageiros podem ativar as proteínas quinases, seja de forma direta ou indireta. É importante que os diferentes fatores reguladores extracelulares, mediante sua ligação aos receptores, ao ativarem o mesmo sistema de transdução de sinais, pode produzir uma resposta distinta. Por exemplo, a adrenalina ativa os receptores β-adrenérgicos no coração, que leva ao aumento da frequência cardíaca, enquanto que a ativação destes mesmos receptores, pelo mesmo agonista no tecido adiposo leva ao aumento da degradação de lipídeos.

A ativação de proteínas quinases, que por sua vez fosforilam resíduos de serina e tirosina em diversas proteínas, é considerada como um dos mecanismos mais importantes na transdução de sinais como transmissores de informação (figura 16-19). Este mecanismo se encontra tipicamente nos domínios citoplasmáticos dos receptores para fatores de crescimento, como o de crescimento epidérmico (EGF) e o de crescimento derivado de plaquetas (PDGF) (figura 16-20).

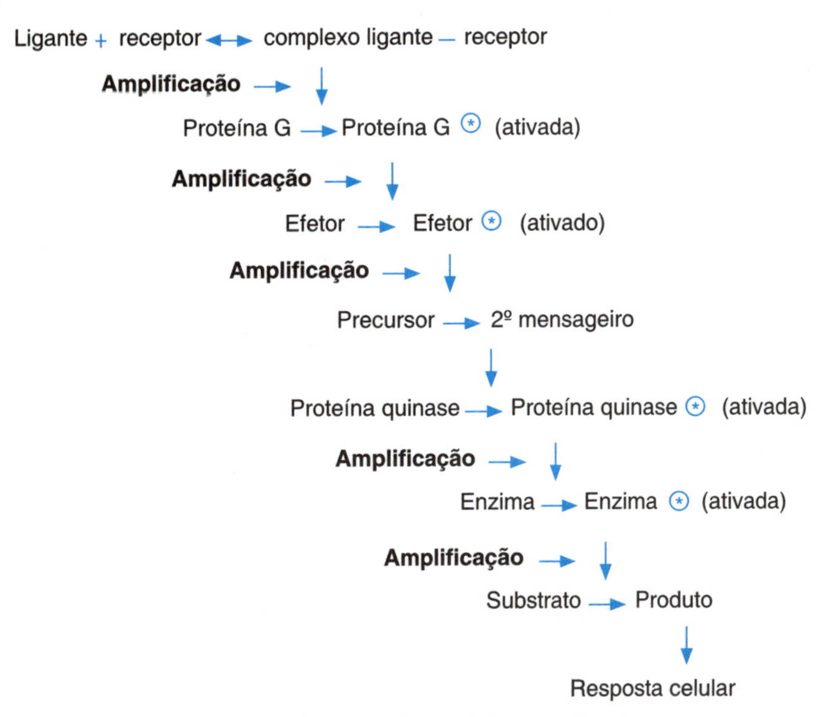

Figura 16-18. Cascata de amplificação do sinal.

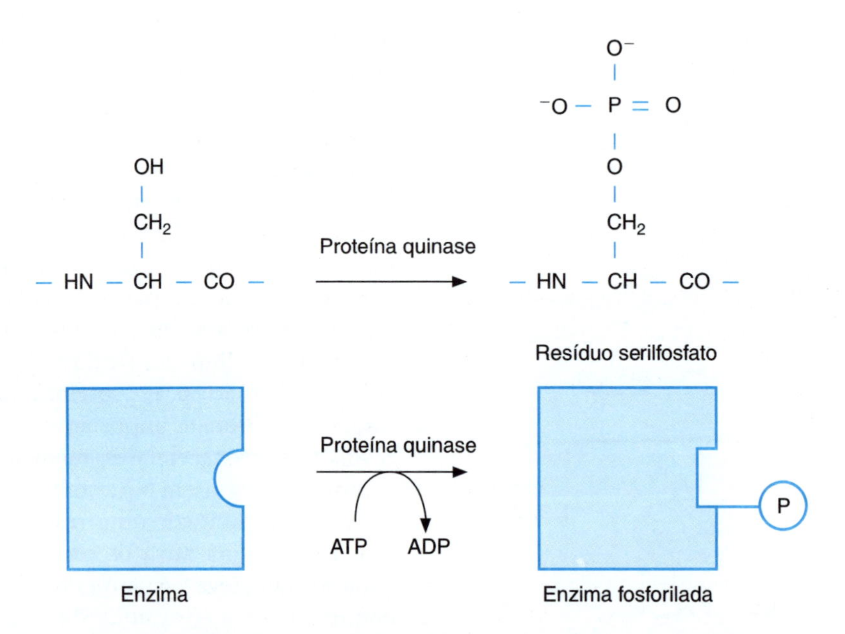

Figura 16-19. Ativação de proteínas quinase e fosforilação de proteínas.

Outra importante classe de proteínas tirosina quinases se relaciona com proteínas associadas a membranas, que constituem os produtos de diferentes proto-oncogenes. Estes receptores tirosina quinase foram classificados em três grupos: classe I, tipicamente representada pelo receptor EGF; classe II, o receptor da insulina, e; classe III, o receptor do PDGE.

Existem pelo menos três vias pelas quais os oncogenes podem provocar um contínuo estímulo do crescimento (figura 16-21): a) a proteína oncogênica atua como um fator de crescimento; b) o próprio produto do oncogêne pode mimetizar o receptor do fator de crescimento; e c) a proteína codificada pelo oncogêne desacopla diretamente a necessidade de um estímulo exógeno. O produto do oncogêne PP60c-src viral não apresenta a tirosina 527 e o sítio se encontra mutado com uma fenilalanina, isto permite aumentar sua habilidade de transformação em relação com o PDGF. No caso do

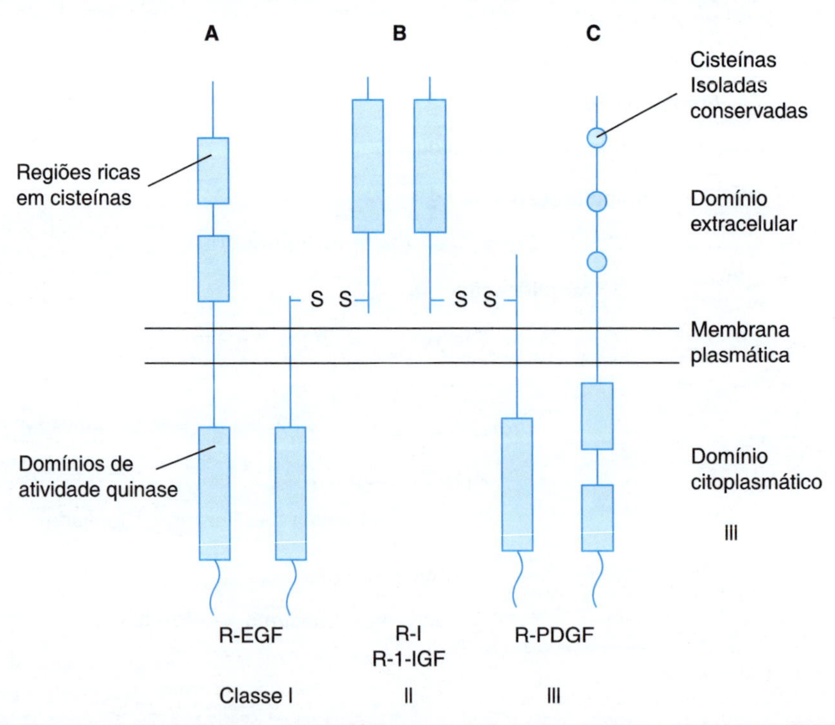

Figura 16-20. Classificação dos receptores de tirosina quinase: **A)** Receptor do fator de crescimento epidérmico (EGF). **B)** Receptor da insulina. **C)** Receptor do fator de crescimento derivado de plaquetas (PDGF).

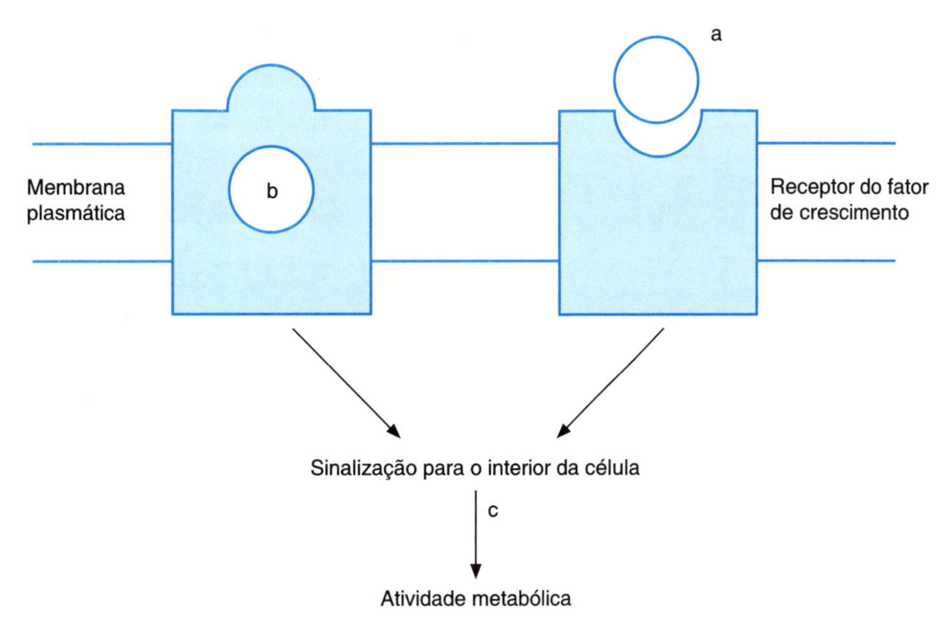

Figura 16-21. Estímulo do crescimento celular por oncogêneses.

produto PP60c-src sabe-se que a adição de ácido mirístico (CI4:0), chamada de miristocilação, é fundamental para a união do produto a membrana. O ácido mirístico esta ligado ao N-terminal, constituído por uma glicina do PP60c-src (figura 16-22).

Via metabólica dos fosfoinositídios

Na via metabólica dos fosfoinositídios, duas moléculas mensageiras secundárias são rapidamente formadas em quantidades equimolares mediante a hidrólise de um

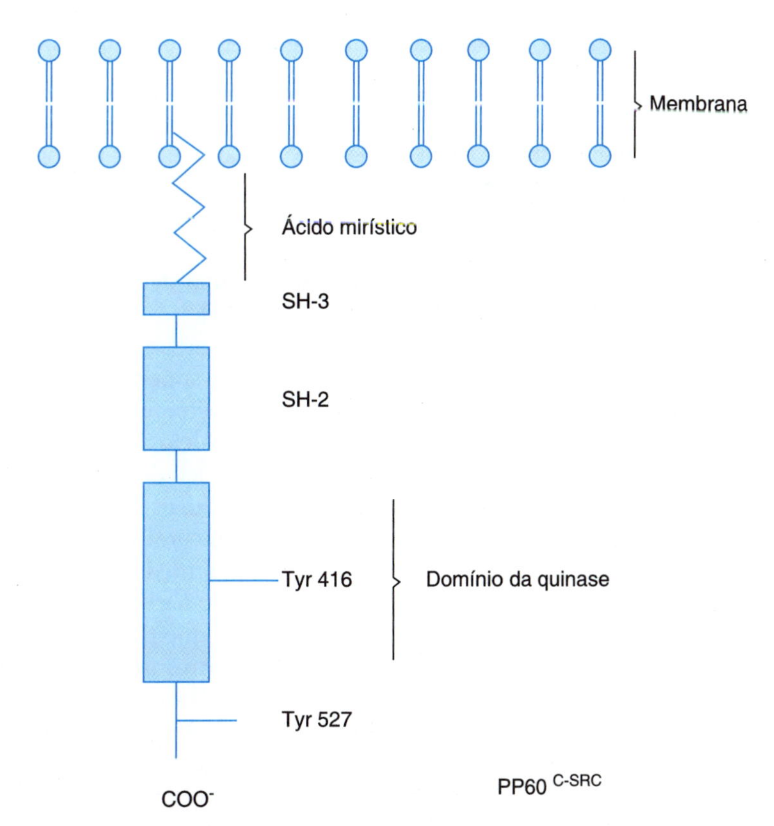

Figura 16-22. Produto PP60c-src do oncogênese SrC, como exemplo de uma proteína da membrana unida a esta através da adição de ácido mirístico ($C_{14:0}$) no terminal amino extremo da proteína. Estes tipos de proteínas são fosforilados nas tirosinas indicadas. Tyr, tirosina.

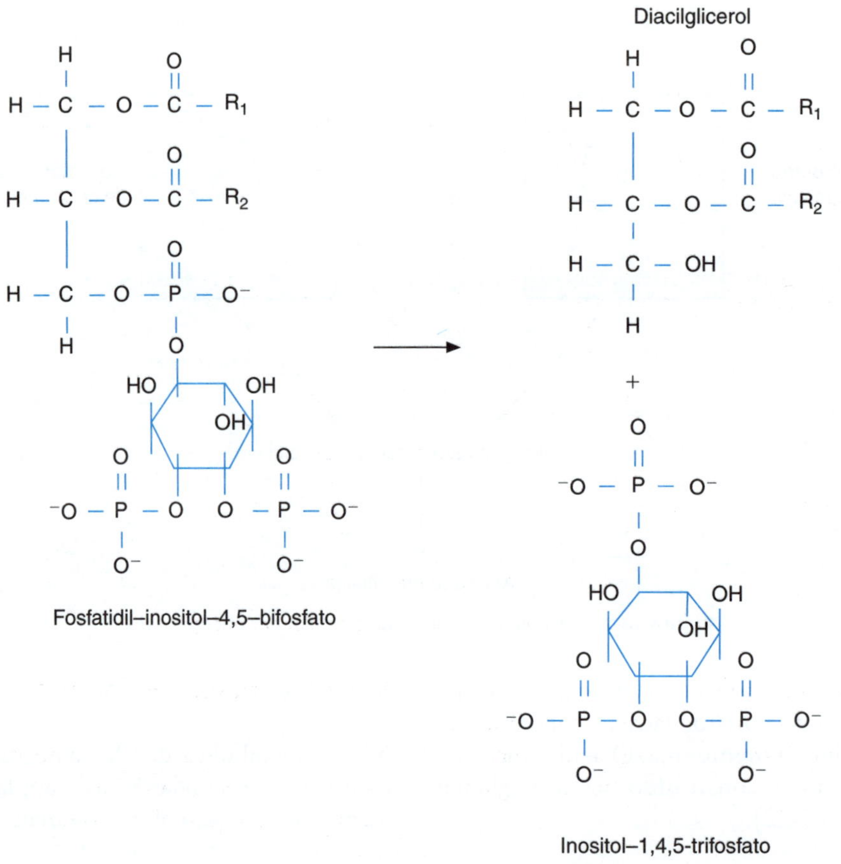

Fosfatidil–inositol–4,5–bifosfato

Diacilglicerol

Inositol–1,4,5-trifosfato

Figura 16-23. Metabolismo de fosfoinositídios. Reação catalisada pela fosfolipase C.

componente lipídico menor da membrana. Esta via pode ser iniciada por receptores que se acoplam a proteínas G, assim como a receptores de fatores de crescimento. A ativação da fosfolipase C, específica de fosfoinositídios, causa a hidrólise do fofatidil-inositol-4,5-bifosfato (PIP2) para gerar inosito-1-4,5-trifosfato (PIP3) e 1,2-diacilglicerol (DAG) (figura 16-23). O rápido aumento no conteúdo celular de cada um destes produtos ativa dois caminhos paralelos desta via metabólica. Por um lado, o PIP3 é fosforilado mediante a ação de uma proteína quinase específica, a inositol-1,3,4,5-tetraquisfosfato, na qual pode ativar canais de cálcio de superfície e depois desfosforilar a inositol-1,4-bifosfato, sem atividade biológica. O DAG é fosforilado mediante uma proteína quinase específica para se gerar ácido fosfatídico, o qual pode funcionar como uma molécula mensageira secundária, que é intermediária na síntese de muitos fosfolipídeos, incluindo o fosfatidil-inositol, o qual é fosforilado em duas etapas a PIP2, e que é desacilado mediante a ação de uma lípase específica, que libera ácido araquidônico, precursor dos eicosanoides.

A molécula PIP3 atua ligando-se a seu receptor no retículo endoplasmático, para liberar cálcio sequestrado neste e, portanto elevar a concentração do cálcio livre no citoplasma. Em condições basais, o cálcio livre citoplasmático é mantido em uma concentração de cerca de 100 nM (10^{-7} M), e na presença de um gradiente de cálcio livre extracelular de cerca de 10000 vezes maior, ou seja 1 mM (10^{-3} M).

Este fenômeno se completa mediante os efeitos combinados da superfície da membrana plasmática como uma barreira semipermeável e uma série de mecanismo que extraem cálcio do citoplasma para o espaço extracelular. Estas moléculas são a bomba de cálcio ou cálcio-ATPase, e os canais antiporte ou trocador sódio-cálcio.

O diacilglicerol que se forma, permanece na membrana celular, e mediante a ação coordenada com outros cofatores, como o cálcio e a fosfatidilserina, ativa a proteína quinase C, que pertence a família da serina. A proteína quinase C, fosforila um grande número de proteínas; por exemplo, na membrana plasmática fosforila o trocador sódio-hidrogênio, que regula o pH citoplasmático e também permite a ativação de outros processos.

A proteína quinase C também pode fosforilar diferentes fatores transcripcionais, os quais, de forma importante são capazes de regular a expressão gênica da célula.

FENÔMENO DE TRANSPORTE ATRAVÉS DAS MEMBRANAS

Difusão passiva e difusão facilitada

Considerando que o conteúdo químico das células é muito diferente do meio que a rodeia, a membrana plasmática apresenta um papel primordial na separação do meio interno celular do meio externo. Para poder pensar em um sistema que facilite a manutenção da vida, estas membranas devem permitir a passagem de substâncias nutritivas até o interior da célula, assim como de dejetos ao exterior, o que leva a conclusão de que as membranas biológicas possuem permeabilidade seletiva.

Devido às substâncias transportadas pela membrana serem tão diversas, não é surpreendente que existam várias maneiras de transporte. Foram descritos pelo menos quatro tipos diferentes de processos de transporte. O mais simples deles é a difusão passiva que atua, sem dúvida alguma, no transporte de água, oxigênio e ureia através da membrana. No transporte passivo, o gradiente de concentração de uma substância, criado entre dois compartimentos separados por uma membrana, define o movimento da substância. Neste caso, o grau de difusão é proporcional ao gradiente de concentração na área da membrana e ao grau de permeabilidade da membrana para esta substância; este transporte ocorre em geral com moléculas pequenas, não apresenta estereoespecificidade nem seletividade, é bidirecional e depende diretamente da temperatura (figura 16-24).

Se as moléculas passam através das membranas a uma velocidade diretamente proporcional ao gradiente de concentração destas moléculas, em particular levando em conta sua concentração em um ou outro lado da membrana, a explicação mais simples que podemos imaginar para entender o fenômeno é o da difusão simples, explicada pela lei de Fick:

$$J = \frac{D\beta}{l}(C_1 - C_2)$$

onde J é a velocidade do fluxo de um soluto através da membrana, D a difusão do soluto e β seu coeficiente de partição. Este último termo basicamente expressa a relação entre a quantidade do soluto que se encontra em solução e a concentração de soluto em contato direto com a membrana. C_1 e C_2 definem a concentração do soluto em cada lado da membrana e l é a espessura. No caso de transporte de solutos não carregados o transporte passivo ocorre exclusivamente por seu gradiente de concentração; no transporte de um soluto carregado, tanto o gradiente de concentração, como o gradiente elétrico (potencial de membrana) contribuem e devem ser considerados no cálculo.

A segunda forma de transporte é conhecida como difusão facilitada ou transporte mediado e será discutida mais adiante. Existe um tipo de transporte especial chamado pinocitose que depende da formação de pequenas

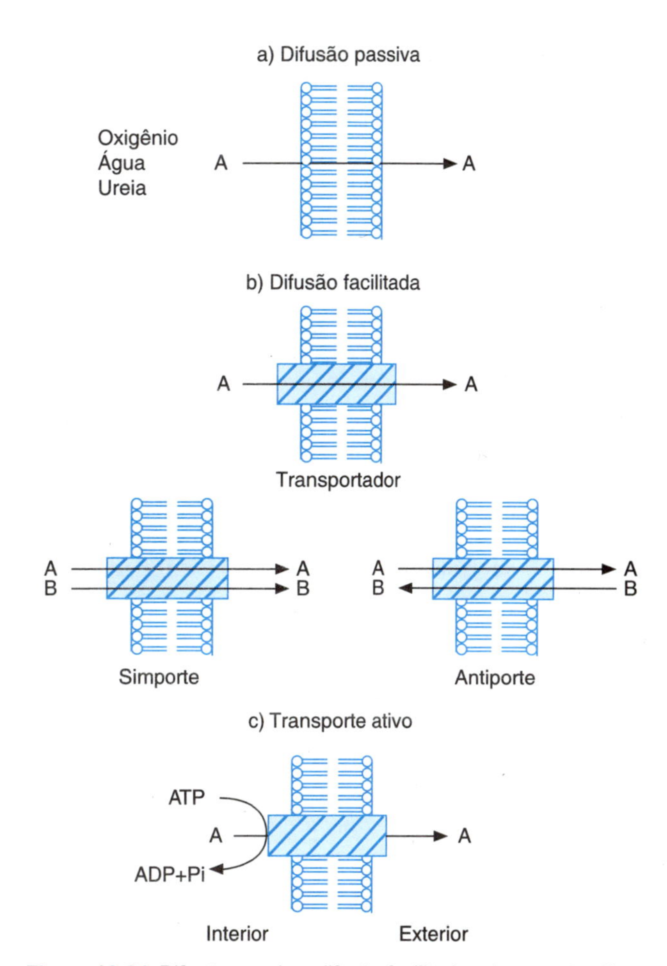

Figura 16-24. Difusão passiva, difusão facilitada e transporte ativo.

vesículas na membrana. O material que será transportado é englobado em uma pequena invaginação da membrana, a qual, mediante um processo de fusão da membrana é convertido em uma vesícula intracelular.

Equilíbrio de Donnan

Antes de iniciar qualquer discussão sobre a maneira em que os íons são transportados através das membranas das células vivas, é necessário considerar um princípio importante que regula a distribuição de íons que difundem através de qualquer membrana permeável a eles. Se um sal, como o KCl, e colocado em um dos compartimentos de um recipiente com dois compartimentos separados por uma membrana semipermeável, este sal eventualmente se difundirá através da membrana até alcançar o equilíbrio, onde a concentração de KCl nos dois compartimentos se iguala. Entretanto, quando um dos compartimentos contém um íon negativo não difusível pela membrana, o equilíbrio é alcançado de forma bem diferente. O importante neste caso é a sua carga e não o tamanho do íon. De fato, se não cruza a membrana, poderia ser uma proteína muito grande com carga negativa ou um ânion pequeno.

O tipo de distribuição obtido nestas condições de equilíbrio é chamado de equilíbrio de Donnan, em honra ao investigador que pela primeira vez apresentou uma teoria para explicá-lo. Como é mostrado na figura 16-25, o compartimento com o íon negativo não difusível conterá mais K^+ e menos Cl^- que o outro compartimento, quando é estabelecido o equilíbrio. As concentrações alcançadas nos compartimentos estão relacionadas pela seguinte equação:

$$[K^+]_1[Cl^-]_1 = [K^+]_2[Cl^-]_2$$

Esta equação expressa o fato de que, no equilíbrio, a velocidade de difusão do compartimento 1 para o compartimento 2 deve ser igual à velocidade de difusão na direção oposta. A equação se baseia também no suposto de que os íons devem cruzar a membrana em pares, para conservar a neutralidade elétrica. A probabilidade de K^+ e Cl^- se encontrem no mesmo ponto de qualquer lado da membrana, será igual ao produto das atividades dos dois íons. Se as quantidades de KCl adicionado e de ânion não difusível são conhecidas, é possível calcular a distribuição real de K^+ e Cl^- no equilíbrio.

Uma consequência da distribuição determinada pelo equilíbrio de Donnan é que a concentração total de soluto é sempre maior no compartimento que contem o íon não difusível e, como consequência, esse compartimento tem maior pressão osmótica. Na realidade, isto significa que os dois compartimentos da figura 16-25 estarão em equilíbrio somente se uma pressão equivalente a diferença de pressões osmóticas entre os dois compartimentos for aplicada ao compartimento 1. A pressão osmótica de uma solução e definida por:

$$\pi = [A]\,RT$$

sendo π a pressão osmótica, [A] a concentração total do soluto, r a constante dos gases, e T a temperatura absoluta.

É importante observar que os íons que compõem um sal difusível adotam uma difusão tipo Donnan em presença de qualquer espécie carregada não difusível. A carga da espécie impermeável à membrana pode ser positiva ou negativa, mas, conforme for a carga, difere o tempo de distribuição. Deve entender-se também que, para que se estabeleça uma distribuição tipo Donnan entre os íons de dois compartimentos separados por uma membrana, é essencial que a membrana seja permeável ao sal e que o movimento dos íons através dela alcance o equilíbrio. Portanto, não é possível estabelecer uma verdadeira distribuição de Donnan quando os íons cruzam a membrana em um sentido com mais facilidade do que em outro. Isto se aplica em particular às células viças, as quais tendem a transportar um determinado íon preferencialmente para dentro ou para fora da célula. Este movimento direcional significa que a membrana é de certa forma, impermeável ao íon transportado, e, como consequência, o íon transportado tende por si mesmo a produzir uma distribuição

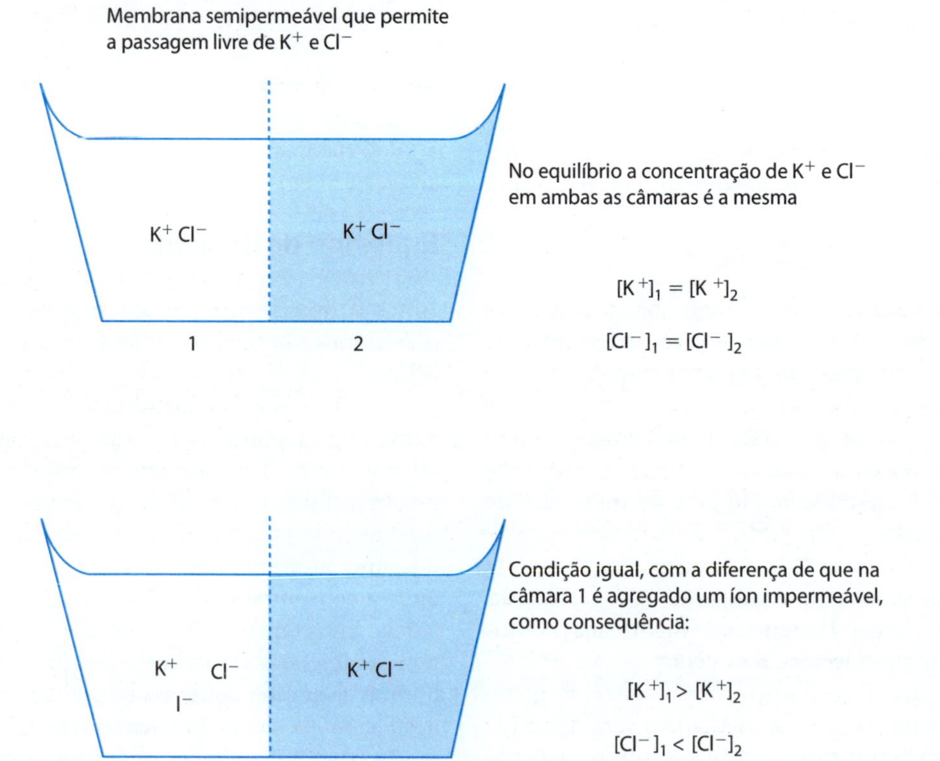

Figura 16-25. Equilíbrio de Donnan.

de Donnan das outras espécies difusíveis. Por exemplo, os eritrócitos humanos, como a maioria das células animais, transportam íons Na^+ para fora das células e íons K^+ para dentro, fazendo que as células tenham uma baixa concentração de sódio e alta concentração de potássio em relação ao plasma sanguíneo. Ainda que estes íons possam cruzar a membrana do eritrócito, sua distribuição desigual resulta mais do transporte do que de um efeito Donnan. Na realidade, a maior concentração interna de potássio e a maior concentração externa de sódio, junto com moléculas carregadas que não podem cruzar a membrana e que estão presentes tanto nos eritrócitos como no plasma, são responsáveis por um efeito tipo Donnan sobre os íons Cl^- e HCO^{3-} que são facilmente mais difusíveis. Entretanto, ressalta-se que as membranas biológicas são parcialmente impermeáveis para a maioria dos íons; são raros na natureza os exemplos de membranas que apresentam completa impermeabilidade ou que sejam completamente livres.

Além de causar uma diferença de pressão osmótica entre os lados da membrana, o efeito Donnan também produz um gradiente de potencial elétrico.

Difusão e lipídeos da membrana

Os fatores que afetam a difusão de um composto através da membrana são: sua solubilidade em lipídeos e o tamanho de sua molécula. Como regra geral, quanto mais hidrofóbico ou menos polar seja o composto, maior será o grau de difusão desta molécula. A velocidade de transporte depende da composição dos lipídeos da membrana e particularmente do comprimento de suas cadeias, assim como o grau de saturação das cadeias laterais dos ácidos graxos presentes nos fosfolipídeos. Os estudos que têm utilizado membranas artificiais (lipossomas) demonstram que o fluxo de um composto em particular, através da membrana, é proporcional a distância das cadeias de acilo dos fosfolipídeos, assim como seu grau de saturação. De maneira igual, o grau de difusão também é totalmente dependente da quantidade de colesterol adicionado nestes modelos de membranas.

Em pH neutro, as membranas apresentam uma carga negativa devido dos grupos polares na cabeça dos fosfolipídeos e das cadeias de oligossacarídeos da superfície. Portanto, o pH pode modular a permeabilidade das membranas mediante a atração de cátions ou a repulsão de ânions. Os íons, em geral, não cruzam de maneira automática as membranas por difusão simples, devido basicamente a sua carga e ao alto grau de hidratação, sendo hidrofílicos.

A permeabilidade da membrana também depende da temperatura. Quando os lipídeos da membrana esfriam, chega-se a um ponto onde estes já não apresentam um estado fluído e a permeabilidade da membrana fica restringida. A temperatura na qual este evento ocorre é denominada como temperatura de transição termotrófica, e ocorre quando o agrupamento dos fosfolipídeos da membrana passa de um tipo de cristal líquido para o estado mais rígido chamado cristalino. Para a maioria das membranas biológicas, este fenômeno ocorre entre 20 e 25 °C. Esta temperatura de transição depende da composição dos lipídeos da membrana em estudo. A temperatura de transição é baixa nas membranas que contém grande proporção de ácidos graxos insaturados e de cadeias curtas nos fosfolipídeos. As bactérias aumentam a proporção de ácidos graxos não insaturados em seus fosfolipídeos conforme a temperatura abaixa, com a finalidade de evitar esta transição de fase (figura 16-10).

Potencial eletroquímico

A distribuição dos íons através das membranas biológicas é um processo que pode resultar em proporções assimétricas das espécies transportadas; isto produz uma diferença de concentração e carga denominada gradiente de potencial eletroquímico ($\Delta\mu$). A diferença de potencial gerada pode ser utilizada pelos sistemas de transporte localizados nas membranas, para realizar trabalho, isto é, para mover íons através delas.

A força que determina que um íon (I) seja transportado de um lado (fase 1) para outro (fase 2) da membrana, é a diferença de potencial eletroquímico ($\Delta\mu_I$), que é definido como:

$$\Delta\mu_I, = RT \ln ([I]_2/[I]_1) + z_I F \Delta\phi$$

Onde: μ_I, energia livre/mol de substância pura; I, concentração do íon; Φ, potencial elétrico; F, constante de Faraday; z_I, carga do íon; R, constante geral dos gases; T, temperatura absoluta.

A difusão dos íons, do interior ao exterior da membrana, ou vice-versa, ocorre espontaneamente se a variação do potencial eletroquímico resultante é menor que zero.

Como exemplo, podemos utilizar o transporte de Ca^{2+} através da membrana plasmática contra o gradiente eletroquímico. Dado que a concentração de cálcio no exterior (1,8 nM) é maior que no interior (1×10^{-4} a 1×10^{-3} mM), o $\Delta\mu_{Ca}$ calculado, a partir das equações anteriores é o seguinte:

$$\Delta\mu_{Ca} = RT \ln ([Ca^{2+}]_2/[Ca^{2+}]_1) + Z_{Ca} F\Delta\Phi; \text{ para } [Ca^{2+}]_1 = 1 \times 10^{-4} \text{ mM}$$

e se obtêm:

$$\Delta\mu_{Ca} = RT \ln [1.8/1 \times 10^{-4}] + 2F(-60 \text{ mV}) = 3 \text{ Kcal/mol};$$

$$\text{e para } [Ca^{2+}]_1 = 1 \times 10^{-3} \text{ mM.}$$

$$\Delta\mu_{Ca} = 1.6 \text{ Kcal/mol}$$

Ao efetuar os cálculos lembre-se que:

$$F = 23.062 \text{ Kcal } V^{-1} \text{ mol}^{-1} \text{ e que } R = 1.87 \text{ cal mol}^{-1} K^{-1}$$

Como o $\Delta\mu_{Ca} > 0$, esta reação não procede espontaneamente. Os sistemas de transporte que a permitem são: A ATPase Ca^{2+} que em sua estrutura permite a passagem de Ca^{2+} simultâneo à hidrólise de ATP.

A reação global para o caso da ATPase-Ca^{2+} acoplada ao transporte se define pela soma das duas reações:

a) $[Ca^{2+}]_{in} \rightarrow [Ca^{2+}]_{2ext}$ $\Delta\mu = 3$ Kcal/mol
b) ATP → ADP + Pi $\Delta\mu = -7.4$ Kcal/mol
$[Ca^{2+}]_{int}$ + ATP → $[Ca^{2+}]_{ext}$ + ADP + Pi
$\Delta\mu = -4.4$ Kcal/mol

Onde apesar do $\Delta\mu_{Ca}$ ser <0 com -4,4 kcal/mol, é possível realizar o transporte.

Transporte mediado por transportador

No caso do transporte mediado por transportadores, quando ocorre o fluxo contra o gradiente de concentração, este aumenta indefinidamente; porém, chega ao máximo quando as moléculas da proteína transportadora estão totalmente saturadas (figura 16-26). As proteínas reguladoras do transporte presente na membrana recebem diversos nomes: **uniportes** quando transportam um soluto de um lado ao outro da membrana; outras proteínas operam como sistemas de cotransporte e são chamadas **simportes** se a passagem depende da passagem simultânea ou sequências de outro soluto na mesma direção; se a passagem ocorre em direção oposta, são chamados de **antiportes**. As **proteínas de canais** são proteínas conformadoras de canais aquosos verdadeiros por onde passam solutos de tamanho e carga determinados, de um lado para outro da membrana. Em contraposição, existem as proteínas transportadoras ou carreadoras, as quais se unem especificamente com solutos para serem cotransportadas através das membranas.

O transporte por difusão facilitada é similar ao de difusão simples, já discutido anteriormente. Na difusão facilitada o movimento também ocorre por gradiente de concentração, porém, a velocidade de transporte é muito mais rápida. A razão deste fenômeno é que as moléculas transportadas se movem graças a presença de transportadores nesta membrana, e a constante de difusão para o complexo molecular é maior que aquela para a molécula que será transportada. A glicose e muitos aminoácidos são moléculas muito hidrofílicas e, portanto, não se espera que cruzem facilmente a membrana por difusão simples, pois tais compostos necessitam de transportadores para realizar uma difusão facilitada. Esta última difere da simples porque a primeira mostra um alto grau de especificidade, devido a configuração estereoquímica do transportador. Um exemplo deste fenômeno é observado com o transporte de monossacarídeos no intestino delgado, onde a D-glicose e a D-galactose são rapidamente transportadas, enquanto que a D-manose e a 2-deoxi-D-glicose não são. Os requerimentos estruturais para o transporte destes açucares são um anel pirano, uma configuração D e m grupo hidroxila livre na posição 2. Se os grupos hidroxila em qualquer outra posição são bloqueados, o açúcar é transportado de qualquer maneira. A difusão facilitada pode ser inibida por compostos estruturais similares que competem pelos sítios de ligação na proteína transportadora na membrana e não requerem

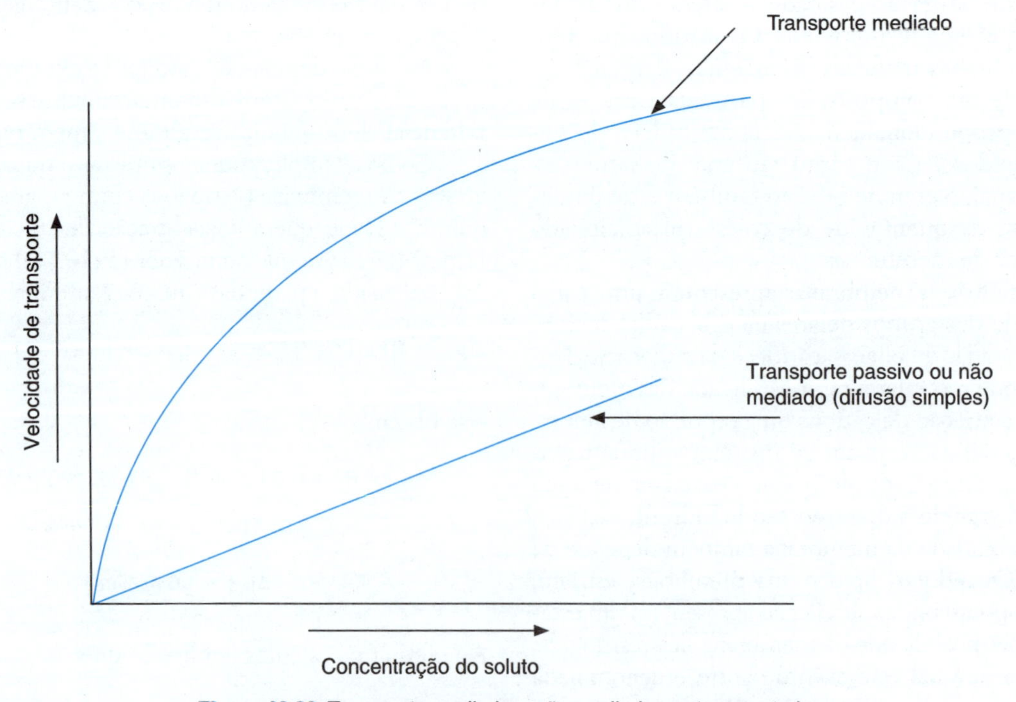

Figura 16-26. Transporte mediado e não mediado por transportador.

gasto de energia. Um exemplo é a inibição do transporte da D-glicose realizado pela D-galactose.

Transporte ativo

O transporte ativo utiliza um transportador e mostra muita das características da difusão facilitada, incluindo o alto grau especificidade de saturação a altas concentrações da substância química transportada. A diferença consiste no fato dos compostos serem transportados contra um gradiente de concentração; portanto, é necessário uma fonte de energia metabólica, que geralmente é obtida pela hidrólise do ATP (figura 16-27).

O transporte ativo que utiliza diretamente a energia de hidrólise do ATP e conhecido como ativo primário; talvez, o exemplo mais conhecido deste processo é o que mantém um nível baixo de sódio no interior da célula, comparando como o liquido extracelular. Esta baixa concentração e mantida mediante o bombeamento de sódio para o exterior da célula contra um gradiente de concentração; esta bomba é conhecida como bomba de sódio e potássio.

Alguns compostos também são transportados para a célula por um sistema chamado transporte ativo secundário, o qual consiste mais na utilização da energia produzida por um gradiente de concentração do que pela hidrólise do ATP. Dois exemplos deste fenômeno são: primeiro, a reabsorção da glicose no rin, a qual é direcionada por um gradiente de sódio mantido entre o interior e o exterior dos tubos renais graças a presença da bomba de sódio e potássio nestes túbulos; e segundo, na membrana da célula cardíaca onde o trocador Na^+/Ca^{2+} move ambos os íons de acordo com o funcionamento da bomba de sódio e potássio (figura 16-27).

Canais iônicos

Os canais iônicos são proteínas que atravessam a bicamada lipídica de uma membrana. O centro destas proteínas é um canal aquoso pelo qual os íons podem difundir. Sua velocidade de transporte unitário é alta, 0,6 a 12 x 10^7 íons por segundo. Seu coeficiente de temperatura Q_{10} é baixo, 1,2 a 1,4; este valor corresponde ao de difusão simples em solução aquosa e equivale a uma bar-

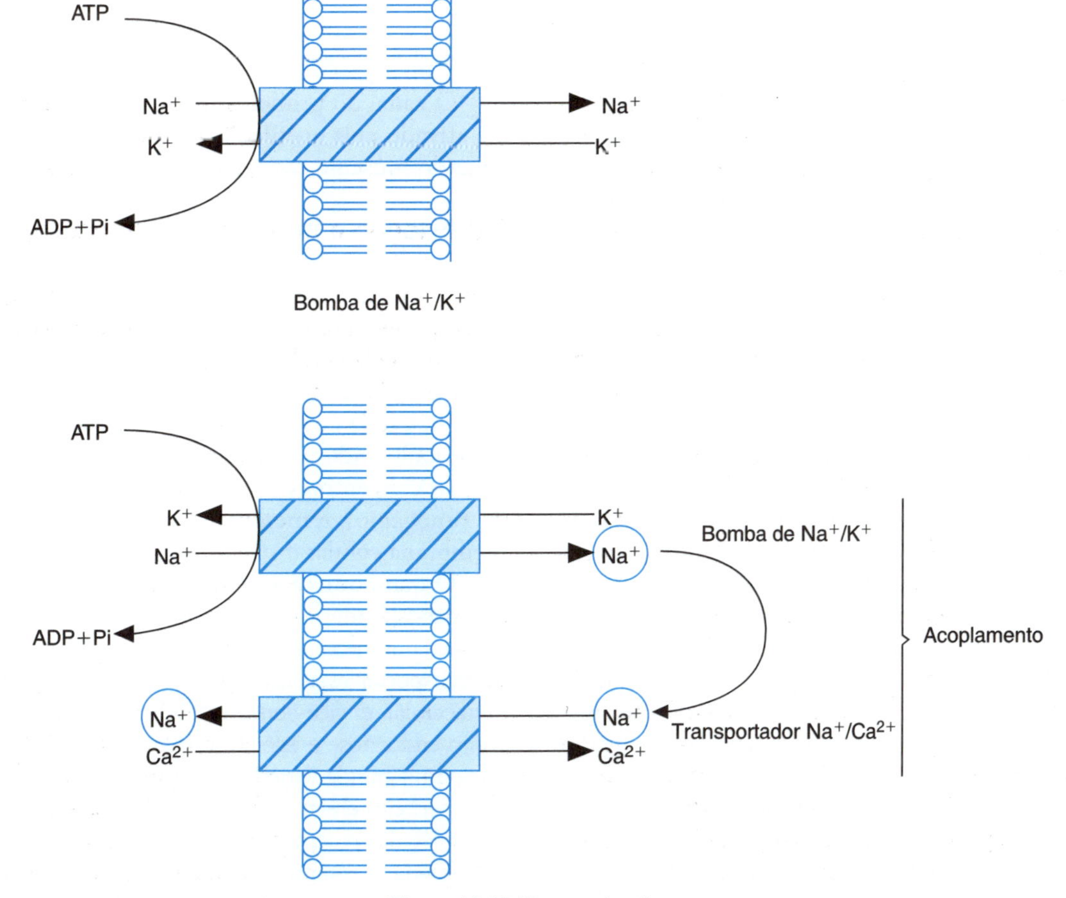

Figura 16-27. Transporte ativo.

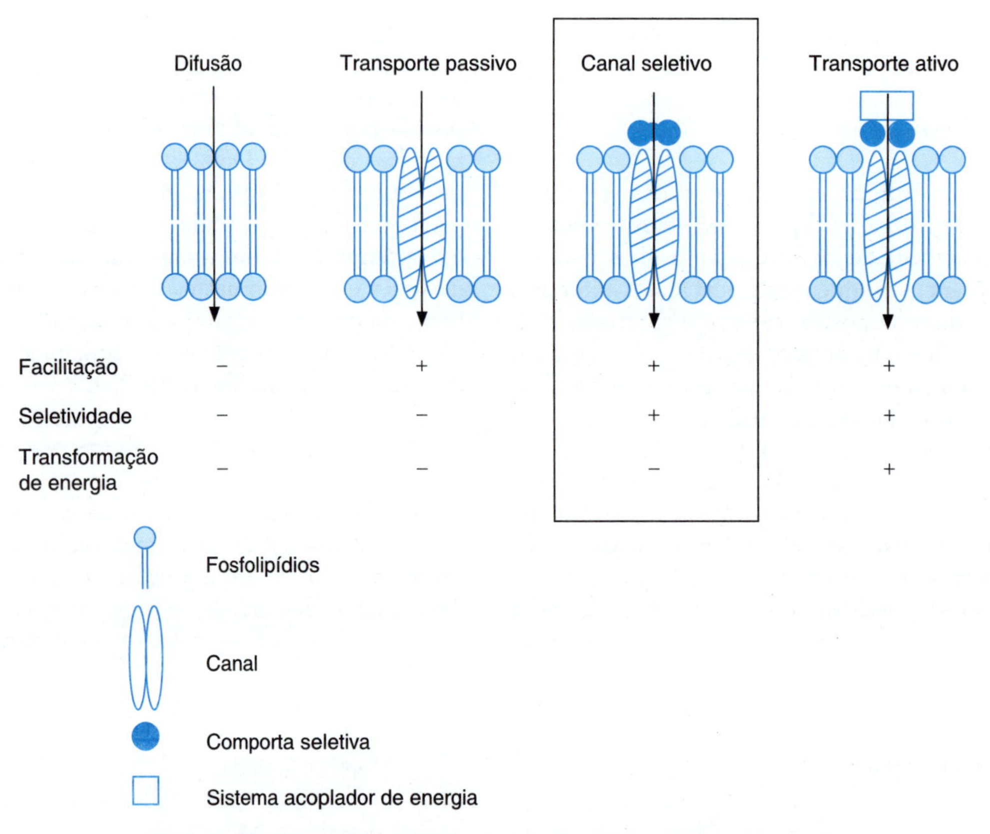

	Difusão	Transporte passivo	Canal seletivo	Transporte ativo
Facilitação	–	+	+	+
Seletividade	–	–	+	+
Transformação de energia	–	–	–	+

Figura 16-28. Os canais iônicos são proteínas que atravessam a membrana.

reira energética de somente 5 kcal/mol. Isto sugere que os canais não sofrem grandes alterações conformacionais durante o transporte de íons. Têm sítios de ligação para o íon em sua abertura e sua cinética é estável. Também possuem outras propriedades características das enzimas: são específicos para a passagem de determinados íons e podem ser inibidos competitivamente (figura 16-28)

De acordo com seu mecanismo de ativação, os canais podem dividir-se em dois tipos: a) canais dependentes de voltagem; b) canais operados por receptor. Os **canais dependentes de voltagem**, como o próprio nome indica, possuem um sensor de voltagem que permite a sua abertura ou fechamento em determinada voltagem, característico para cada canal. Entre os mais estudados estão os canais de Na^+, Ca^{2+} e Cl^-. Os **canais operados por receptor** são estruturas que permitem a passagem de íons de lado para outro da membrana, depois que um ligante (agonista) uniu-se ao seu receptor de membrana específico. No nível molecular, o receptor pode ser de dois tipos: a) fazer parte da estrutura proteica do canal; b) ser uma molécula distinta ao canal. No primeiro caso, a ligação do agonista com o sítio de ligação do receptor estabiliza o canal no estado aberto. No segundo caso, a união do agonista ao receptor dispara uma sequência de reações que resultam na formação ou liberação de um segundo mensageiro que ativa o canal.

O canal do primeiro tipo é o que foi mais estudado e é ativado pela acetilcolina (Ach) na junção neuromuscular do músculo esquelético (figura 16-29).

Exportação e importação de macromoléculas

Outra função da membrana é permitir a exportação de macromoléculas, como as albuminas e as lipoproteínas formadas pela célula hepática, ou as enzimas sintetizadas pelas glândulas digestivas; neste último caso, depois de ser sintetizada nos ribossomos, atravessam as membranas do retículo endoplasmático no nível do aparelho de Golgi e se concentram ali, de maneira compacta (grânulos de zimogênio); a membrana do grânulo se funde com a membrana celular e se abre ao exterior.

O transporte de macromoléculas através da membrana plasmática é um processo complexo; não obstante, foram estudados dois mecanismos pelos quais a célula pode ser capaz de transportar estas macromoléculas do exterior ao interior extracelular e vice-versa; estes fenômenos são conhecidos como endocitose e exocitose (figura 16-30). Em muitas células, uma grande variedade de moléculas e une a receptores na superfície celular e entram na célula como complexos macromoléculas/receptor através de regiões especializadas da membrana plasmática, chamadas cisternas ou poços fechados, os quais ao se separarem da membrana formam vesículas

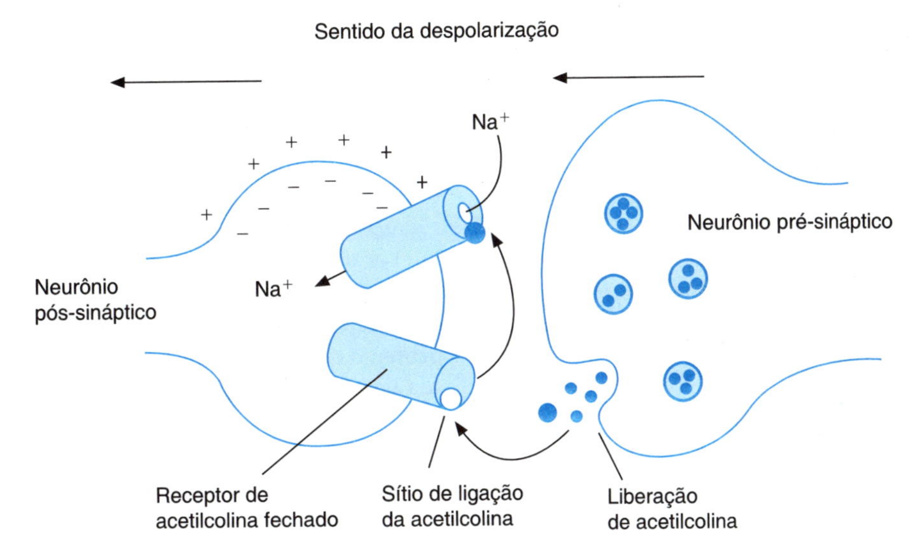

Figura 16-29. Receptores da acetilcolina na placa neuromuscular. Abertura e fechamento dos canais.

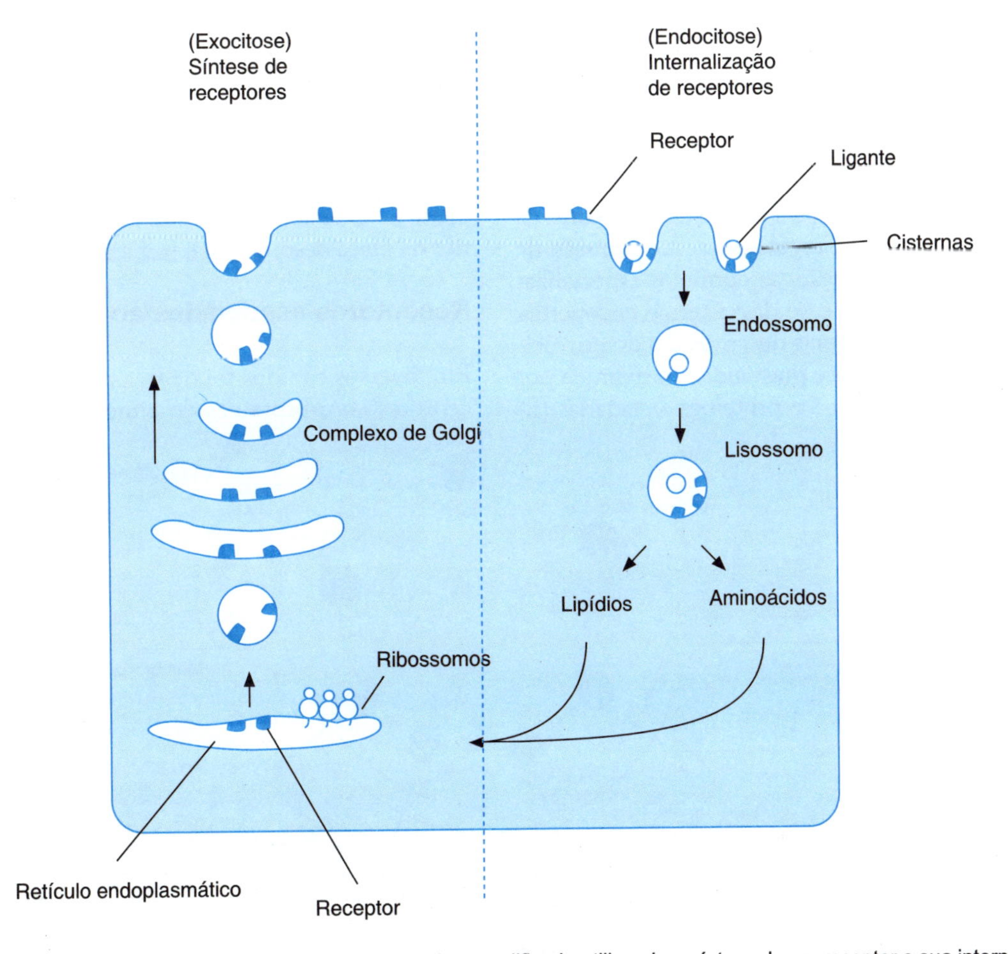

Figura 16-30. Processo de exocitose e endocitose. O processo é exemplificado utilizando a síntese de um receptor e sua internalização ao ser ocupado por um ligante.

de transporte recobertas de clatrina; este processo e nomeado endocitose mediada por receptor. Alguns receptores que são seletivamente sequestrados nestas vesículas são, por exemplo, o LDL (receptor para lipoproteínas de baixa densidade), o receptor para transferrina e o receptor para o fator de crescimento epidérmico. Os principais componentes das vesículas endocíticas da membrana plasmática, são a clatrina e um complemento de proteínas adaptadoras (AP-2). As clatrinas presentes no citosol permitem a formação das estruturas chamadas cisternas fechadas na membrana plasmática, ao interagir com os adaptadores (figura 16-31).

CITOESQUELETO DA MEMBRANA PLASMÁTICA

O citoesqueleto associado a membrana plasmática dá forma a célula e participa da junção a outras células; estabiliza e delimita domínios especializados na membrana, regula a locomoção celular e a resposta da célula a estímulos externos. São chamadas de citoesqueletos as proteínas da membrana que são insolúveis em detergentes, algumas das quais são: filamentos curtos de actina, proteínas de união da actina, espectrina,anquirina e vinculina, entre outras (figura 16-32). Devido a associação com elementos do citoplasma e da região extracelular, ao esqueleto da membrana foi atribuído um papel importante na regulação da transdução de sinais. É por isto que numerosos estudos estão concentrados em compreender as interações do citoesqueleto com a membrana plasmática. De interesse especial é a forma em que medeia ou inibe a adição de receptores da membrana, que participa na regulação da transmissão de sinais, assim como na formação de domínios especializados da membrana, como é o caso das cisternas encobertas.

Um dos primeiros sistemas descritos é o do eritrócito, visto que sua estabilidade e plasticidade é definida por sua rede de espectrina, actina e proteínas associadas (figura 16-4). Acredita-se que a espectrina é necessária para a estabilidade e a flexibilidade de muitos esqueletos de membrana. A ankirina, uma proteína globular monomérica de 205 kDa, que contém três domínios estruturais, conecta o domínio citoplasmático da banda 3 do eritrócito com o carboxi-terminal da β-espectrina.

Outro sistema que foi muito estudado é o das plaquetas; sua forma aplanada é mantida por seu esqueleto de membrana. Ainda que a espectrina e proteínas associadas estejam presentes, a filamina (ABP-280) é a principal proteína que une seu citoesqueleto com a membrana. Por sua vez, a distrofina está localizada no lado citoplasmático da membrana do sarcolema e nas junções neuromusculares, onde parece que une a membrana plasmática ao conjunto de filamentos de actina (figura 16-33).

As interações célula-célula são mediadas pela superfamília da caderinas, enquanto que a união ao substrato é mediada pelas integrinas, As caderinas medeiam a adesão célula-célula (uniões aderentes) em forma dependente de Ca^{2+}. Estas são glicoproteínas que atravessam uma vez a membrana plasmática e apresentam um domínio citoplasmático muito conservado que medeia a interação com pelo menos três proteínas citoplasmática chamadas α-, β-, γ-cateninas. Os desmossomos são sítios intercelulares que também medeiam a adesão célula-célula através das proteínas transmembranais desmogleína I e desmocolina I e II, incluídas na superfamília das caderinas. Entretanto, seu domínio citoplasmático é distinto, o que seguramente se deve ao fato dos desmossomos não estarem associados aos filamentos de actina, mas sim com filamentos intermediários na placa desmossomal (uma estrutura citoplasmática).

Receptores associados ao citoesqueleto

Em diversos estudos foi demonstrada a associação de receptores com proteínas do citoesqueleto da membrana.

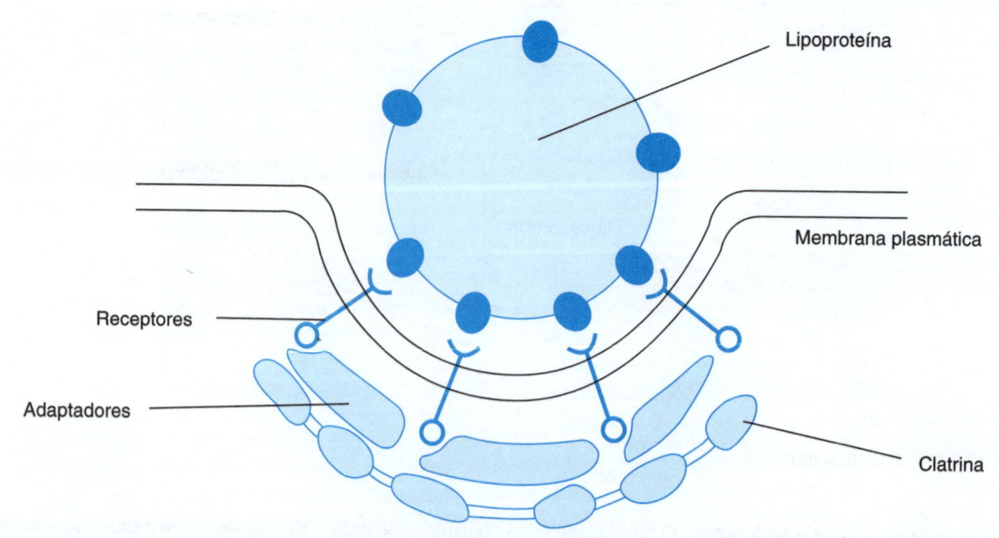

Figura 16-31. Formação de cisternas encobertas no processo de internalização de receptores.

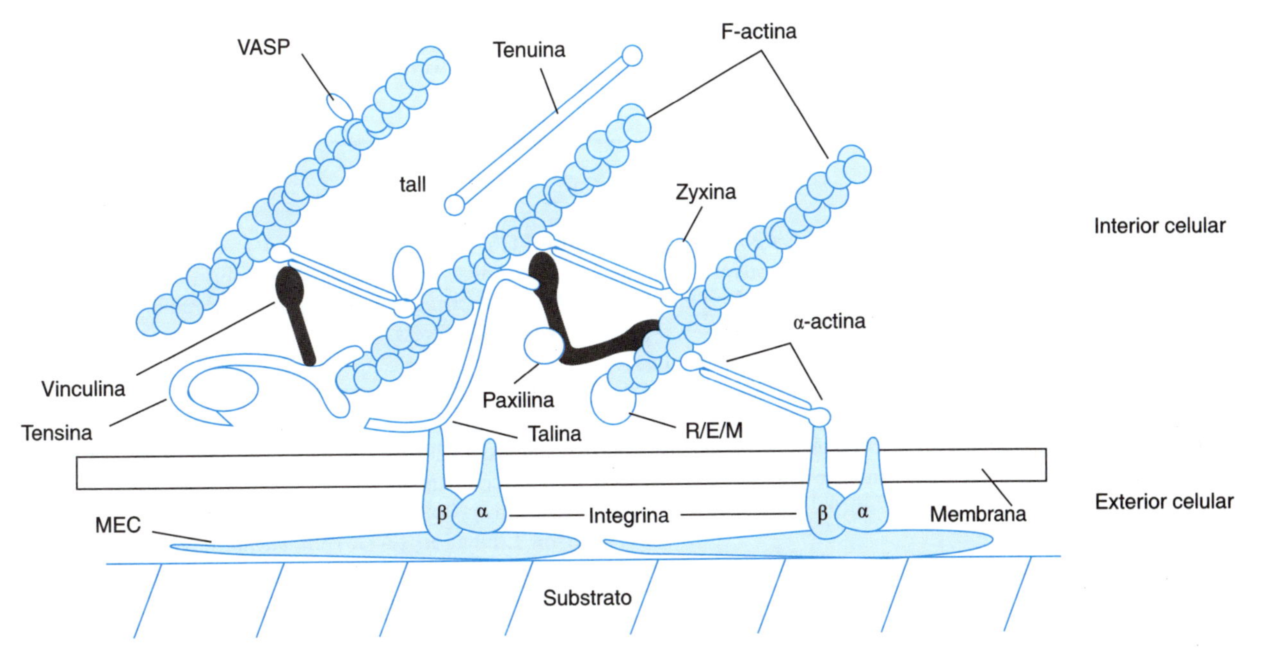

Figura 16-32. Elementos do citoesqueleto.

Alguns exemplos são; receptores β-adrenérgico, receptores IgE, receptor PDGF (Fo inglês, *Platelet-derived growth factor*), receptor FP (*N-formylpeptide*) e receptor EGF (do ingles, *epidermal growth factor*). Em todos estes casos indicam um possível papel regulatório das interações receptor-citoesqueleto, esqueleto membranoso. Um sistema que foi muito estudado é o do receptor EGF. Este é uma glicoproteína transmembranal de 170 kDa com um domínio intracelular tirosina quinase, onde a união do ligante EGF desencadeia uma série de eventos celulares que incluem o agrupamento dos receptores nas cisternas encobertas acelerando sua endocitose.

A agregação é um mecanismo importante, pelo qual alguns receptores com somente um domínio transmembranal transmitem o sinal à célula. Este mecanismo explica como a informação, iniciada pela união do ligante ao receptor, é transmitida através do domínio transmembranal, considerando que a estrutura deste domínio torna improvável que se possa realizar através de alterações conformacionais (mecanismos alostéricos). Um exemplo disto é o receptor PDGF, onde seu ligante corresponde a um dímero com dois sítios de ligação que promove o pareamento de dois receptores adjacentes e se fosforilem um ao outro (autofosforilação), trans-

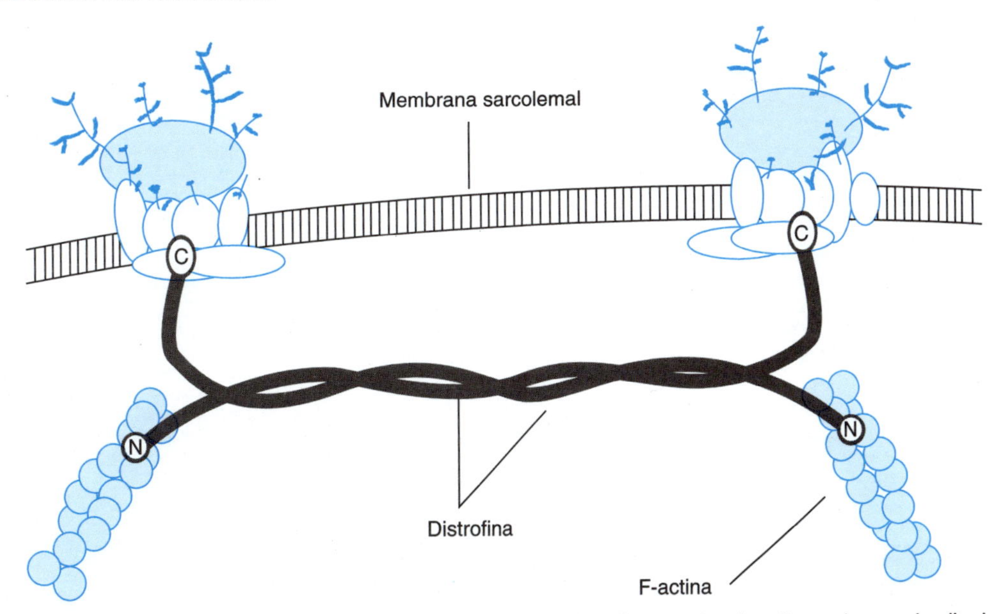

Figura 16-33. Localização da molécula distrofina no citoesqueleto. N e C indicam as terminações amino e caboxilo da distrofina.

mitindo assim o sinal. Outro caso é o do hormônio do crescimento humano, que apesar de ser monomérico pode entrecruzar dois receptores idênticos, formando um receptor homodímero.

REFERÊNCIAS

DeGrado WF,Gratkowski H, Lear JD: *How do helix-helix interactions help determine the folds of membrane proteins? Perspective from the study of homo-oligomeric hyelical bundles.* Protein Sci. 2003;12: 647-665.

Hubbell WL, McConnell HM: *Motion of steroid spin labels in membranas.* Proc. Natl. Acad. Sci. (USA) 1969;63: 16-22.

Hub JS, Salditt T, Rheinstädter MC, Groot BL: *Short range order and collective dynamics of DMPC bilayers. A comparison between molecular dynamics simulations, x-ray, and neutron scattering experiments.* Biophysical Journal 2007;93:3156-3168.

Melo RV, Cuamatzi TO: *Bioquímica de los processos metabólicos.* Barcelona: Ediciones Reverté, 2004.

Monnard P-A, Deamer DW: *Membrane self-assembly process: Steps toward the first cellular life.* The Anatomical Record 2002;268: 196-207.

Morris JG: *Fisicoquímica para biólogos.* Barcelona: Ediciones Reverté, 1993.

Singer SJ, Nicholson GL: *Fluid mosaic model of structure of cellmembrane,*Science 1972;175: 720-731.

Schrödinger E: *What is life?* Cambridge: Cambridge University Press, 1992.

Tanford Ch: *The hydrophobic effect: formation of micelles and biological membranes.* New York: John Wiley & Sons, 1980.

Yeagle P: *The structure of biological membranes.* Boca Ratón, Florida: CRC Press, 1992.

Páginas eletrônicas

González AM (2008): *Célula y biomembranas.* [En línea]. Disponible: http://www.biologia.edu.ar/botanica/tema7/7-1celula.htm [2009, abril 10]

Pearson Education (2007): *Biomembranes.* [En línea]. Disponible: http://www.phschool.com/science/biology_place/biocoach/biomembrane1/intro.html [2009, abril 10]

http://cellbio.utmb.edu/CELLBIO/membrane.htm

http://blanco.biomol.uci.edu/membrane_proteins_xtal.html

http://www.predictprotein.org/

http://www.disprot.org

http://bioinf.uab.es/aggrescan/

http://msu.martininform.com/PONDR_Run_Output.html

http://pdbtm.enzim.hu/

http://www.umass.edu/microbio/rasmol/bilayers.htm

Seção III

Transformações energéticas e moleculares

17

Introdução ao metabolismo

Enrique Piña Garza

Uma característica dos seres vivos é que podem trocar matéria e energia com seu meio. Todos os seres vivos recebem matéria e energia do meio que os rodeia e desprendem matéria e energia para este meio. A matéria é recebida na forma de moléculas (ou íons) úteis para gerar os constituintes celulares, por meio do processo da nutrição. Em 24 h, um indivíduo adulto, em repouso, reintegra ao meio uma quantidade de matéria igual a que recebe. A matéria que reintegra ao meio e a que não incorpora a suas próprias moléculas, ou melhor, a que não é capaz de proporcionar lhe energia para levar a cabo suas funções celulares.

CICLOS DO CARBONO E DO OXIGÊNIO

De pouco mais de 100 elementos químicos conhecidos no universo, somente cerca de 25 se encontram sistematicamente nos tecidos humanos; de modo que todos eles são indispensáveis para o funcionamento correto do organismo, 96% da massa corporal é formada por oxigênio, carbono, hidrogênio e nitrogênio (quadro 17-1). Nesta introdução ao metabolismo, será dada ênfase no carbono e oxigênio como exemplos do intercâmbio de matéria entre um ser vivo e seu meio. A combinação carbono-hidrogênio é tão abundante que, para fins práticos, ao referir-se ao intercâmbio de carbono dos seres vivos com seu ambiente implicitamente inclui-se o hidrogênio. No capítulo 20, *Metabolismo dos compostos nitrogenados*, menciona-se brevemente a intervenção do nitrogênio nos compostos fundamentais da vida celular, como as proteínas.

Sem incluir a água, a quase totalidade das moléculas dos seres vivos contém carbono; de fato, a química celular está baseada nos compostos de carbono. Se for incluída a água; o carbono e o hidrogênio, estes representam 28% do peso do corpo humano; se for excluída a água, o carbono constitui 50% e o hidrogênio 10% do peso corporal (quadro 17-1). Outra maneira de analisar a proporção de elementos nas células é comparando sua abundância relativa. De 100% de átomos presentes nos seres vivos, 48% correspondem a hidrogênio, 24% a carbono e 23% a oxigênio. Assim, 72% dos átomos que um ser vivo troca com seu ambiente são de carbono e hidrogênio; se for incluída a troca de oxigênio, atinge até 95%.

De acordo com a capacidade dos organismos para sintetizar ou não suas próprias moléculas, a partir de materiais inorgânicos, estes podem ser classificados em: **autótrofos e heterótrofos** (figura 17-1). Os **autótrofos** utilizam dióxido de carbono (CO_2) como fonte de carbono para construir

Quadro 17-1. Composição elementar aproximada do corpo humano

Elemento	% (peso úmido)	% (peso seco)
Oxigênio	65,0	20,0
Carbono	18,0	50,0
Hidrogênio	10,0	10,0
Nitrogênio	3,0	8,5
Cálcio	2,0	5,0
Fósforo	1,1	2,5
Potássio	0,35	1,0
Enxofre	0,25	0,8
Sódio	0,15	0,4
Cloro	0,15	0,4
Magnésio	0,05	0,1
Ferro	0,004	0,01
Cobre	0,00015	0,0004
Magnésio	0,00013	0,0003
Cobalto	0,00004	0,0001
Zinco	traços	traços
Molibdênio	traços	traços
Iodo	traços	traços

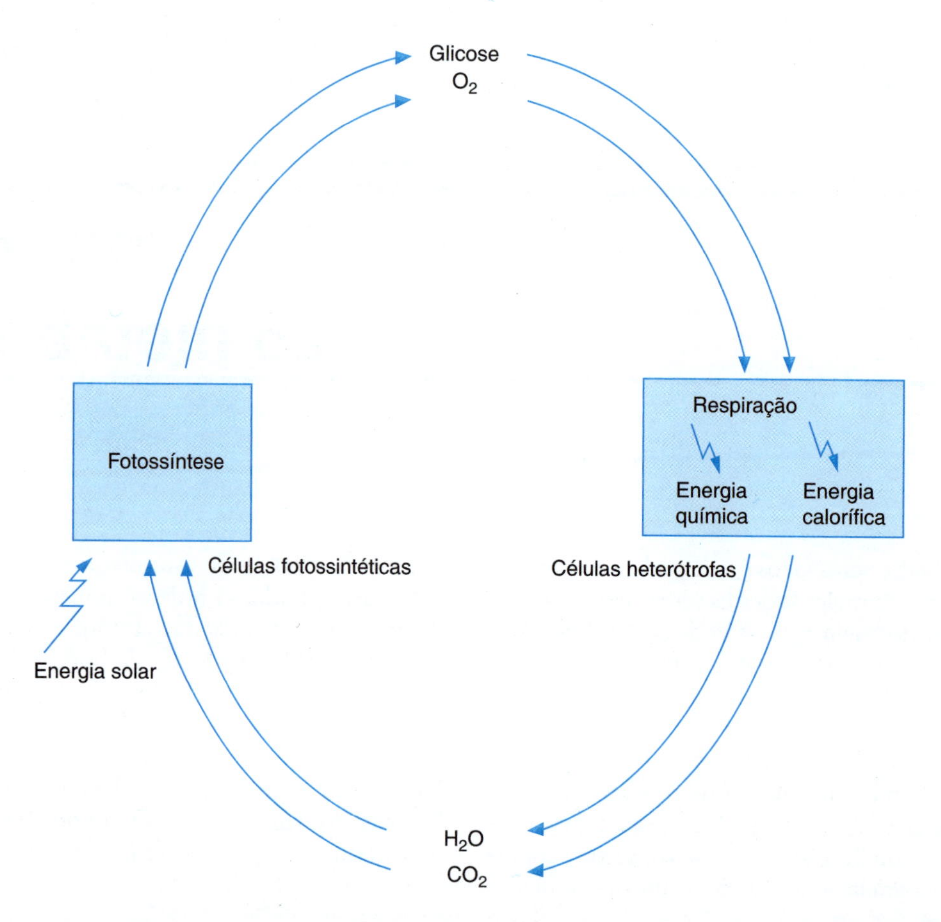

Figura 17-1. Ciclos do carbono e o oxigênio na natureza. O ciclo do carbono está esquematizado pelo dióxido de carbono (CO_2) e a glicose; nas células fotossintéticas, o CO_2, com a participação da água e com a contribuição da energia solar, se converte em glicose e se libera oxigênio; as células heterótrofas empregam a glicose e o oxigênio. A primeira como fonte de carbono e energia, o segundo como aceptor de elétrons; os produtos eliminados são água e CO_2, com os que se reinicia o ciclo. A figura também inclui o fluxo, no ciclo, de energia na natureza: inicia-se com a energia eletromagnética proveniente do sol, parte da mesma se usa na síntese da glicose e parte da energia da glicose se converte em energia química com capacidade de fazer trabalho. Em ambas as etapas, parte da energia se dissipa e não é capaz de efetuar trabalho.

os esqueletos de todas suas moléculas; como exemplo deste tipo de organismo, há as células fotossintéticas e algumas bactérias. Os **heterótrofos** obtêm o carbono na forma de moléculas complexas, como a glicose, tal como sucede com os animais superiores e a maioria dos microrganismos. Os autótrofos tendem a ser autossuficientes, enquanto que os heterótrofos dependem, para subsistir, das moléculas sintetizadas pelos autótrofos.

INTERCÂMBIO DE ENERGIA NOS SERES VIVOS

Os seres vivos também trocam energia com o meio. A energia é obtida do sol no caso dos autótrofos e, no caso dos heterótrofos, dos alimentos, e a usam para realizar todas as suas funções; parte da energia se dissipa como calor até o meio. Experimentalmente, sabe-se que a quantidade de energia recebida (na forma de luz ou de moléculas que ao oxidar-se liberam esta energia) é igual à quantidade de energia usada pela célula para suas funções, mais a quantidade de energia dissipada. No organismo, a energia que se dissipa não é útil para efetuar um trabalho, neste organismo, enquanto que parte da energia que recebe se usa para realizar um trabalho útil para o mesmo. Outro aspecto interessante sobre o manejo da energia dos seres vivos é a maneira em que deve ser considerada em relação com a segunda lei da termodinâmica. Esta lei estabelece que os sistemas tendam espontaneamente a um estado de equilíbrio, situação de máxima estabilidade (entropia), na qual a capacidade do sistema para efetuar um trabalho é mínima. Uma célula, de qualquer ser vivo, é um sistema isolado de equilíbrio, capaz de efetuar múltiplos trabalhos. Mas os seres vivos são sistemas termodinâmicos abertos nos quais há que incluir seu meio. Se considerarmos um ser vivo isoladamente, pareceria que ele não se cumpre a segunda lei da termodinâmica: trata-se de um ente instável e com energia armazenada para efetuar trabalho. No entanto, no ser vivo quando considerado dentro de seu meio, de acordo a segunda lei da termodinâmica; o conjunto ser vivo e o meio que o rodeia (inclusive o sol) tende à máxima entropia.

Pela maneira com que se aproveita a energia do meio, os seres vivos se classificam em dois grandes grupos (figura 17-1): os **fototróficos,** que aproveitam a energia da luz para convertê-la em energia química e a incorporam às moléculas em um processo denominado fotossíntese, e os **quimiotróficos**, que aproveitam a energia química desprendida pelos alimentos nas reações de oxidorredução e a utilizam nas funções celulares. Nos quimiotróficos, o principal processo para aproveitar a energia dos alimentos é a respiração celular. Na natureza, o metabolismo se estabelece como um conjunto de ciclos superpostos em que circulam diferentes elementos químicos integrantes dos seres vivos, exemplificados pelo carbono e o oxigênio. De maneira separada se representa o fluxo de energia, cuja origem é a enorme quantidade de energia eletromagnética proveniente do sol, da qual uma parte mínima se emprega no processo de fotossíntese para gerar glicose, que por sua vez se degrada e libera energia útil para realizar trabalho celular. Nota-se a dependência de um tipo de células com respeito à outra, e vice versa, tal como se ilustra na figura 17-1.

Dependendo de seu peso corporal e de sua atividade física, um adulto normal consume de 200 a 1.000 l de oxigênio em 24 h, que são eliminados na forma de H_2O e CO_2. No ciclo da natureza a fotossíntese e a respiração se complementam: a glicose e o oxigênio, produtos da fotossíntese, são utilizados na respiração, a qual gera o H_2O e o CO_2, indispensáveis para a fotossíntese.

METABOLISMO

O metabolismo é uma soma de todas as reações químicas efetuadas nas células. Uma ideia mais completa do metabolismo é a de uma atividade celular altamente coordenada, com intencionalidade e com orientação (vetorial), na qual intervêm múltiplos sistemas enzimáticos e na qual se troca matéria e energia com o meio. Ao metabolismo se atribuem quatro funções específicas:

1. Obter energia seja da luz solar ou dos alimentos.
2. Converter nutrientes em componentes celulares.
3. Converter estes componentes em macromoléculas próprias da célula.
4. Formar e degradar moléculas requeridas para funções celulares especializadas.

O metabolismo se divide em **anabolismo** e **catabolismo.** O anabolismo é a fase de síntese, em que se formam precursores e se unem para gerar os componentes da célula; é uma fase que requer energia química. O catabolismo é a fase de degradação. As grandes moléculas dos alimentos são fragmentadas e se oxidam e liberam energia. Parte desta energia se armazena na forma de moléculas de alta energia e são usadas na fase anabólica. A molécula por excelência, que transfere a energia química liberada no catabolismo até as reações próprias do anabolismo, é conhecida como trifosfato de adenosina ou ATP. O ATP serve de "ponte" energética entre o catabolismo, de onde se produz, e o anabolismo, de onde se consome. O aspecto central do metabolismo é surpreendentemente similar em todas as formas de vida.

CATABOLISMO

A figura 17-2 inclui um esquema do catabolismo dos alimentos pelos seres vivos. O componente mais abundante (de 60 a 95%) dos alimentos é a água, não incluída no esquema por duas razões: não se converte em entidades químicas mais simples nos organismos, e não libera energia para as funções celulares. Os três componentes sólidos principais (98%) dos alimentos ou macronutrientes são os carboidratos, os lipídeos e as proteínas —incluídos na figura— responsáveis de prover quase a totalidade da matéria e energia requerida para todas as funções celulares. Outros três ingredientes dos alimentos, não presentes na figura, são os ácidos nucleicos, as vitaminas e os íons; que são entidades químicas indispensáveis para a vida celular, independentemente da escassa energia que podem liberar em seu metabolismo (quadro 17-2).

Os carboidratos representam cerca de 50 a 60% dos alimentos sólidos do ser humano e quimicamente se identifica como polissacarídeos. Exemplos típicos são o amido e a celulose. Cerca de 20% dos alimentos sólidos são de proteínas, abundantes no leite, os ovos e as carnes e 20 a 30% restantes são de lipídeos, componentes primordiais dos azeites e as gorduras, cujo representante mais comum são os triacilglicerídeos (quadro 17-2).

A degradação dos polissacarídeos, das proteínas e dos lipídeos se realiza através de uma série de reações que se organizam em três etapas. Na primeira, as grandes moléculas são degradadas até seus monômeros. Os polissacarídeos originam monossacarídeos como a glicose; os lipídeos originam o glicerol, ácidos graxos e outras moléculas e as proteínas dão lugar aos aminoácidos. A energia que se libera ao se realizar esta dita etapa não é aproveitável para efetuar trabalho neste organismo.

Na segunda etapa, todo este grande número de pequenas moléculas formadas na primeira, é degradado a

Quadro 17-2. Composição aproximada dos alimentos que compõe a dieta humana

Macronutrientes	Dieta
Carboidratos	50 a 60%
Lipídeos	20 a 30%
Proteínas	20%
Ácidos nucleicos	≤ 1

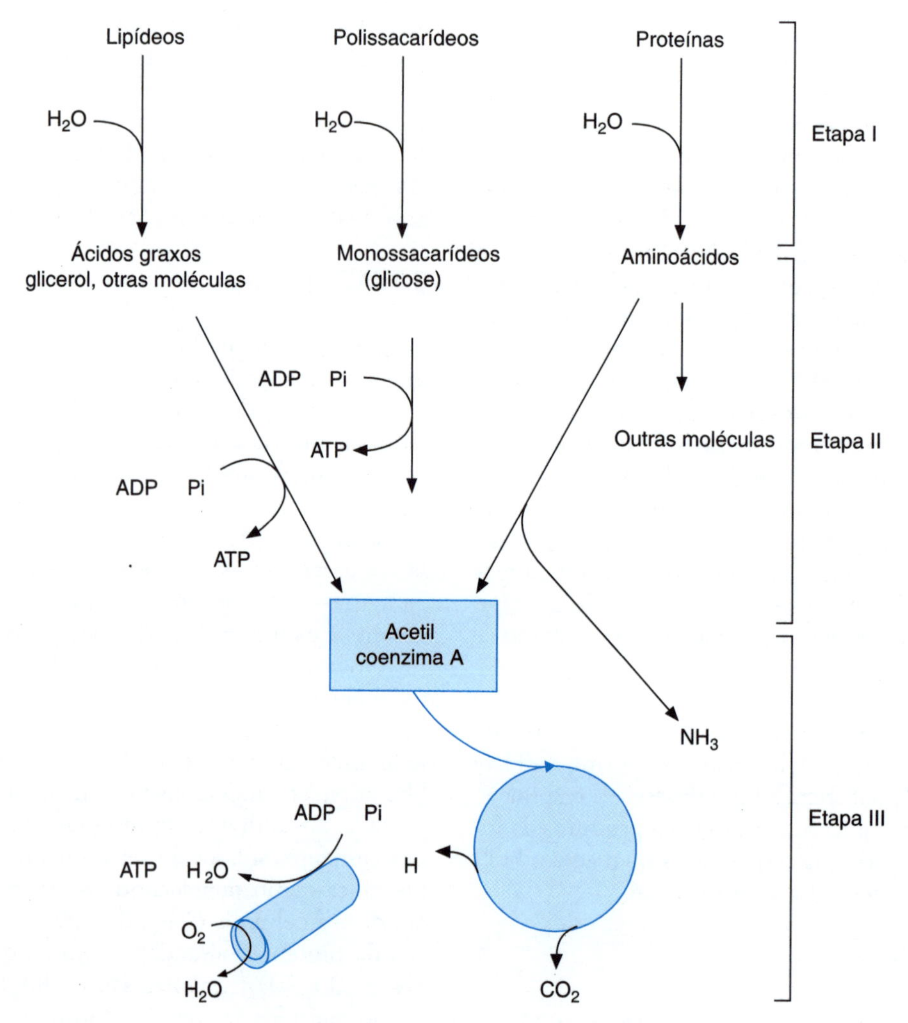

Figura 17-2. Esquema do catabolismo celular.

outras moléculas que desempenham um papel central no metabolismo. A tendência é convergir até a molécula chamada Acetil coenzima A (acetil-CoA). Durante esta segunda etapa se gera uma pequena quantidade de ATP.

Na terceira etapa se oxida a porção acetato (CH_3-COO) da molécula Acetil-CoA e se converte em água e dióxido de carbono. A maior produção de ATP obtida dos alimentos é gerada nesta terceira etapa.

Cada uma das flechas que estão na figura 17-2 se refere a um conjunto de reações químicas que em bioquímica são conhecidas como vias metabólicas. Assim, no homem, a conversão de polissacarídeos em monossacarídeos com a intervenção da água é conhecida como digestão dos carboidratos (figura 17-3), a qual ocorre no tubo digestivo. São várias as enzimas responsáveis pela digestão dos carboidratos e o principal produto formado é a glicose. De maneira similar, outro grupo de enzimas no tubo digestivo atua sobre as proteínas e as converte em aminoácidos; a via metabólica se identifica como digestão das proteínas. No caso dos lipídeos é mais complexo, mas ao menos para os triacilglicerídeos se pode falar da digestão dos lipídeos, para formar ácidos graxos e glicerol.

A conversão da glicose em Acetil-CoA se efetua na glicólise e na descarboxilação oxidativa do piruvato (figura 17-3). A transformação dos ácidos graxos em Acetil CoA ocorre em uma via denominada β-oxidação. A partir dos aminoácidos, a formação de várias moléculas, entre elas a Acetil CoA, compreende reações de transaminação e desaminação. Por sua vez, a conversão da acetila da Acetil CoA em dióxido de carbono e a produção de equivalentes redutores (NADH, $FADH_2$) se efetuam no ciclo do ácido cítrico. Finalmente, a via metabólica conhecida como fosforilação oxidativa é a principal responsável de gerar o ATP a partir do ADP e o fosfato (Pi), com a participação dos equivalentes redutores (NADH e $FADH_2$) e o oxigênio, formando, além disto, água (figura 17-3).

Os nomes de cada uma das vias metabólicas do catabolismo, assim como mais adiante se revisa para o anabolismo, são os títulos dos principais capítulos nos textos de bioquímica. Em cada capítulo é revisados a via em

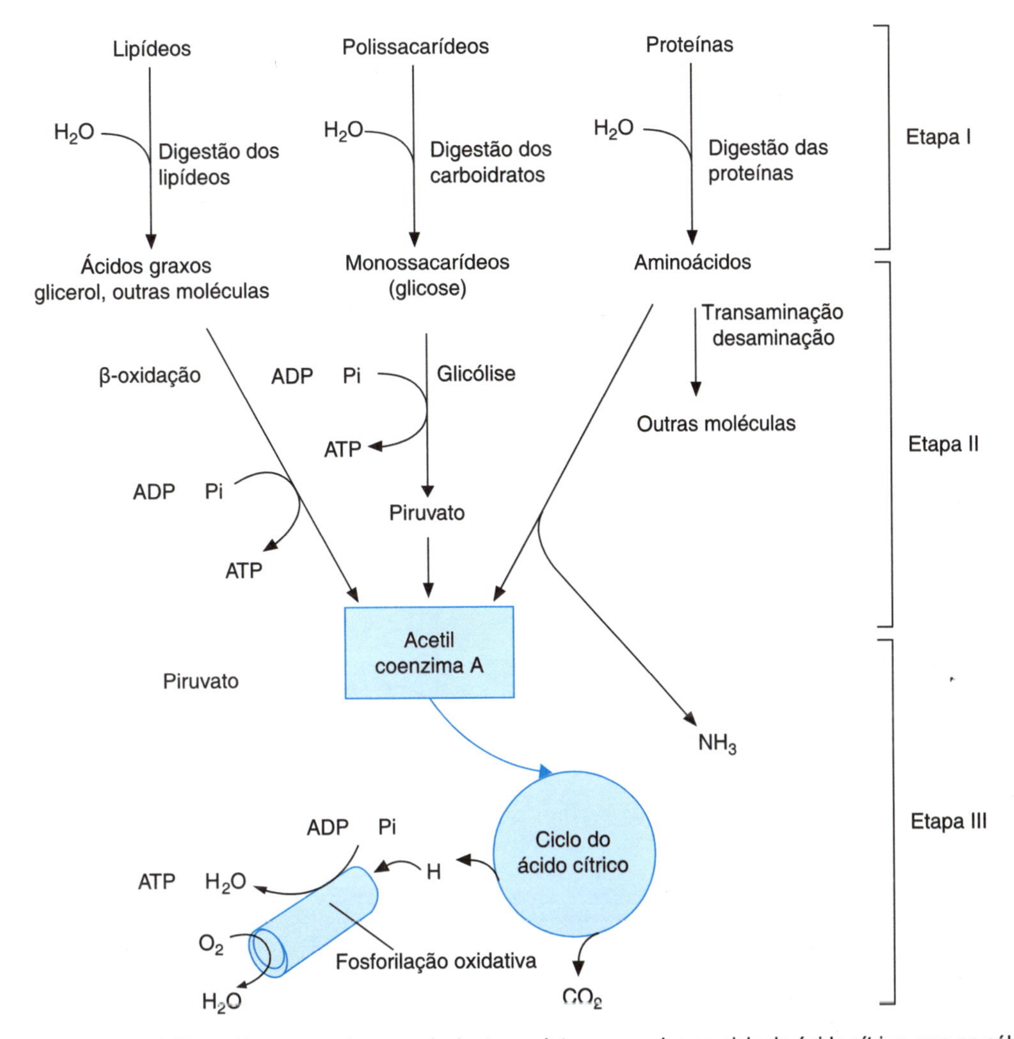

Figura 17-3. Principais vias catabólicas. H- representa os equivalentes redutores gerados no ciclo do ácido cítrico, que na célula são transportados como NADH ou $FADH_2$.

seu conjunto e os detalhes de cada uma das reações que as formam, os sítios de regulação e os de especial importância; por exemplo, naqueles em que se sintetiza ou se gasta ATP.

ANABOLISMO

O anabolismo também se pode estudar em três etapas (figura 17-4). No ciclo do ácido cítrico se geram pequenas moléculas precursoras, as quais se convertem, ao longo da etapa II nos blocos de construção (os monômeros) das macromoléculas próprias da célula. Finalmente, na etapa I estes monômeros são usados para gerar as macromoléculas. Nas três etapas anabólicas, especialmente na primeira, é necessária energia na forma de ATP.

Tal como foi ilustrado no esquema do catabolismo (figura 17-3), no caso do anabolismo, as flechas da figura 17-5 se referem a complexas vias metabólicas. Fica identificado o ciclo do ácido cítrico, que ao funcionar em seu aspecto anabólico provê de precursores para formar, através da etapa II, as seguintes moléculas (figura 17-5): a) glicose e a via chamada gliconeogênese; b) ácidos graxos e colesterol e a as vias que são conhecidas como lipogênese e colesterogênese, respectivamente, e c) com a participação do NH_3 se formam também os aminoácidos pelas reações de aminação e transaminação. A formação de outras moléculas a partir de aminoácidos está identificada, como as vias da síntese da ureia e a biossíntese de compostos nitrogenados.

Para a etapa I (figura 17-5), a união dos aminoácidos para formar proteínas é discutida no capítulo de biossíntese de proteínas. A conversão da glicose em glicogênio se chama glicogênese, e o armazenamento dos ácidos graxos com o glicerol para formar triacilglicerídeos e outros lipídeos se denomina síntese de gorduras neutras e síntese de fosfolipídeos, para nomear os mais importantes.

Um fato interessante é que as vias ou caminhos catabólicos não são o reverso dos anabólicos e vice-versa. Isto permite uma regulação independente de cada via. Com frequência, também as vias anabólicas e catabólicas ocor-

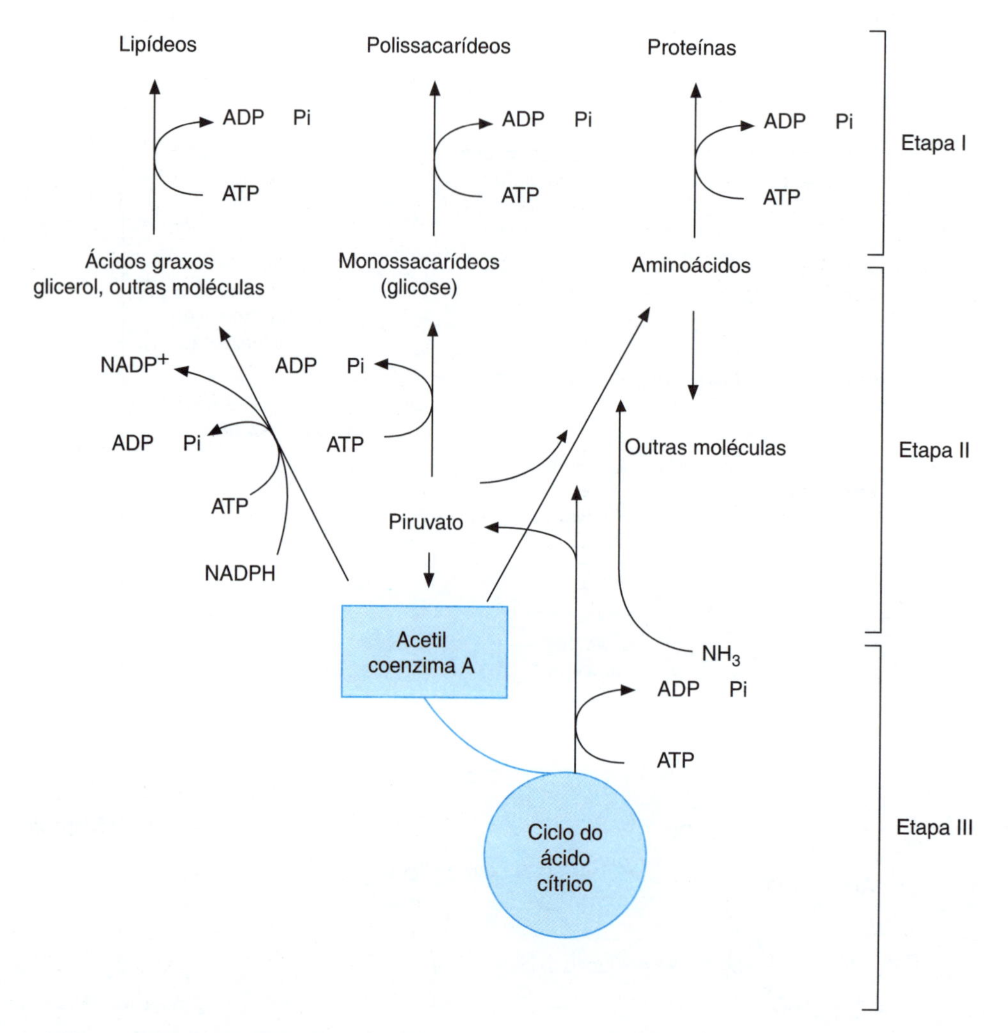

Figura 17-4. Vias anabólicas principais nos seres vivos. Alguns intermediários são convertidos em glicose através do ciclo do ácido cítrico, onde um de seus participantes se transforma em piruvato e este em glicose.

rem em lugares diferentes das células, das mitocôndrias e do citoplasma celular, por exemplo.

O esquema do metabolismo aqui exposto está resumido; é possível revisar os detalhes nos chamados mapas metabólicos, nos quais chegam a serem incluídas milhares de reações individuais. Estes mapas, por sua vez, resumem o trabalho de várias gerações de bioquímicos de todo o mundo.

REGULAÇÃO DO METABOLISMO

Uma característica importante do metabolismo, como atividade celular, é estar perfeitamente regulado, coordenado e integrado. Não obstante que no pequeno espaço ocupado por uma célula se executam simultaneamente centenas de reações e se observa uma coordenação e uma definida hierarquia dentro das vias metabólicas. Tudo isto supõe a existência de uma complexa rede de informações na célula. Nos seres multicelulares, a rede de informação se amplia. A coordenação e a harmonia não somente se estabelecem em cada célula, senão entre todas as células de um órgão e entre os distintos órgãos e tecidos.

Tanto a nível celular como ao nível do organismo, se dispõe de magníficos exemplos de moléculas informativas e de processos cuja essência é o passo de informação. A figura 17-6 ilustra o fluxo de informação no metabolismo de uma célula. Algumas das etapas, como a transferência de informação da molécula do RNA para dar a sequência de aminoácidos em uma proteína, representaram desafios importantes à imaginação dos investigadores. Além disto, a natureza conta com soluções de grande simplicidade e precisão.

Para fins práticos, o controle de metabolismo representa o controle de todas e cada uma das vias metabólicas e dos sistemas de regulação incluídos nas figuras 17-3 a 17-6. Cada via metabólica é uma unidade funcional que parte de um substrato e termina com a formação do produto final da via, inclusive a conversão química sucessiva de uma molécula em outra, até a formação do chamado produto final. Cada conversão química é catalisada por uma enzima e toda a via é regulada como uma unidade. Cada via meta-

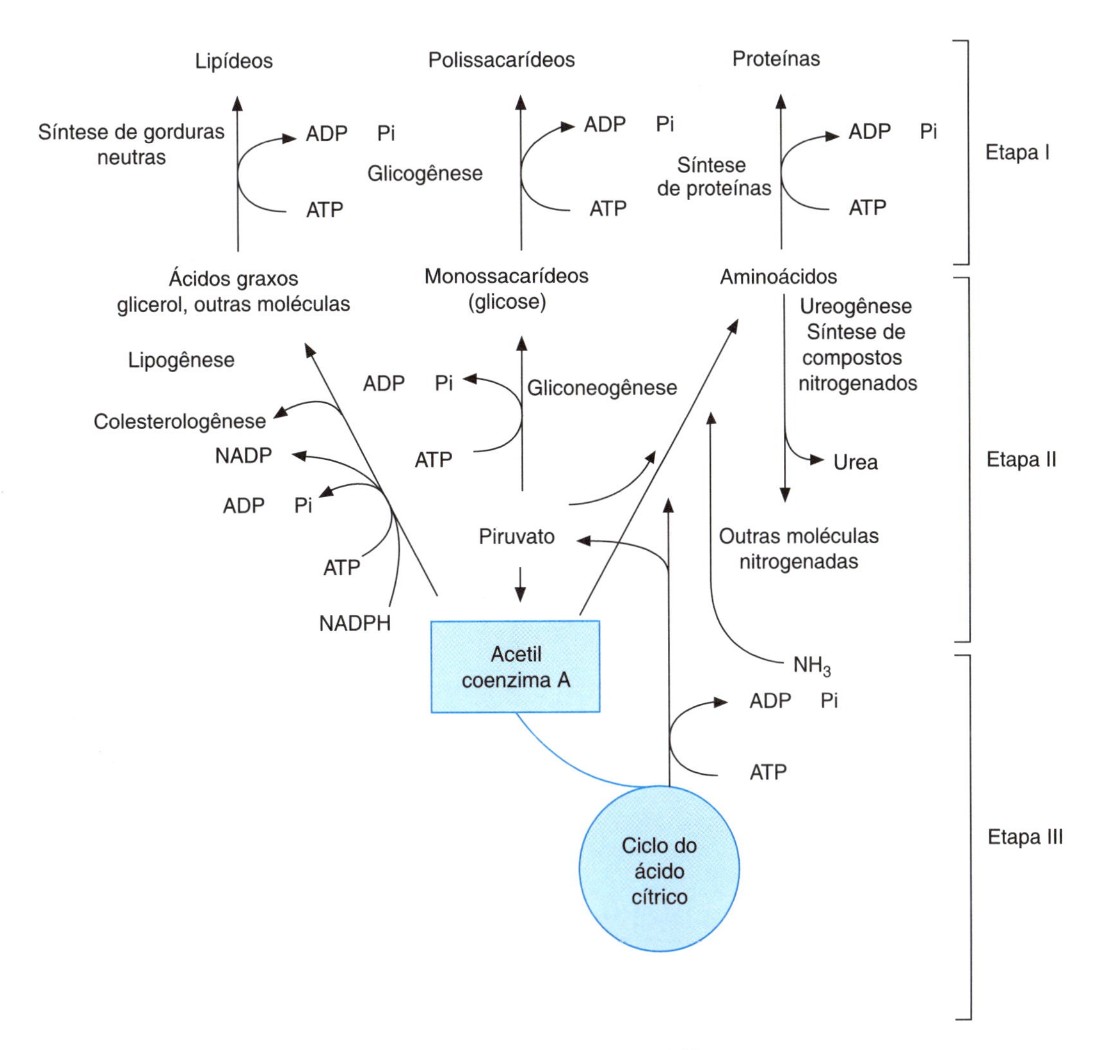

Figura 17-5. Principais vias anabólicas.

bólica tem uma ou várias enzimas-chave de cujo funcionamento depende o fluxo de moléculas dentro da via metabólica completa. Ao estudar cada via metabólica concreta é fundamental identificar as enzimas-chave, ou reguladoras, da funcionalidade completa da via. Cada via está organizada de tal forma que se as enzimas reguladoras operam de forma limitada, o resto das enzimas da via tentarão se ajustar a esta velocidade; mas se a enzima-chave catalisa rapidamente sua reação química, então a via trabalhará nesta velocidade. Cada enzima-chave terá, ao menos, um par de características: catalisará uma reação com uma troca de energia livre suficiente para que seja praticamente irreversível e será uma enzima cuja "atividade" seja facilmente controlável.

São três os fatores que regulam a "atividade" das enzimas-chave: a quantidade da enzima, a atividade catalítica da mesma e a disponibilidade de substrato. A quantidade de cada enzima se estabelece por um ligeiro balanço entre a velocidade de sua síntese e a velocidade de sua degradação. A velocidade de síntese das enzimas está regulada por dois dos processos anotados na figura 17-6, a transcrição e a tradução. A velocidade de transcrição dos genes é, na maioria dos casos, o principal sistema regulador da quantidade de uma enzima. No entanto, há casos em que para modificar a quantidade de uma enzima, e altera-se sua velocidade de degradação.

Ao revisar a atividade catalítica de cada enzima é conveniente distinguir dois aspectos. Primeiro, que a capacidade catalítica própria de uma enzima, a que se chama "turnover", corresponde ao número de moléculas de substrato convertidas em produto por uma molécula de enzima na unidade de tempo e sem limitação de substrato. O "turnover" pode ser desde 600 000/seg para a anidrase carbônica, até 0,5/seg para a lisozima. Segundo, que a atividade catalítica da enzima pode ser controlada de várias maneiras. Dois exemplos importantes são o controle alostérico e a modificação covalente reversível. O controle alostérico se refere ao fato de que a atividade enzimática aumente o diminua por um incremento na estrutura de uma molécula; o modulador alostérico, que se une a enzima, modifica sua conformação e com ela a velocidade da

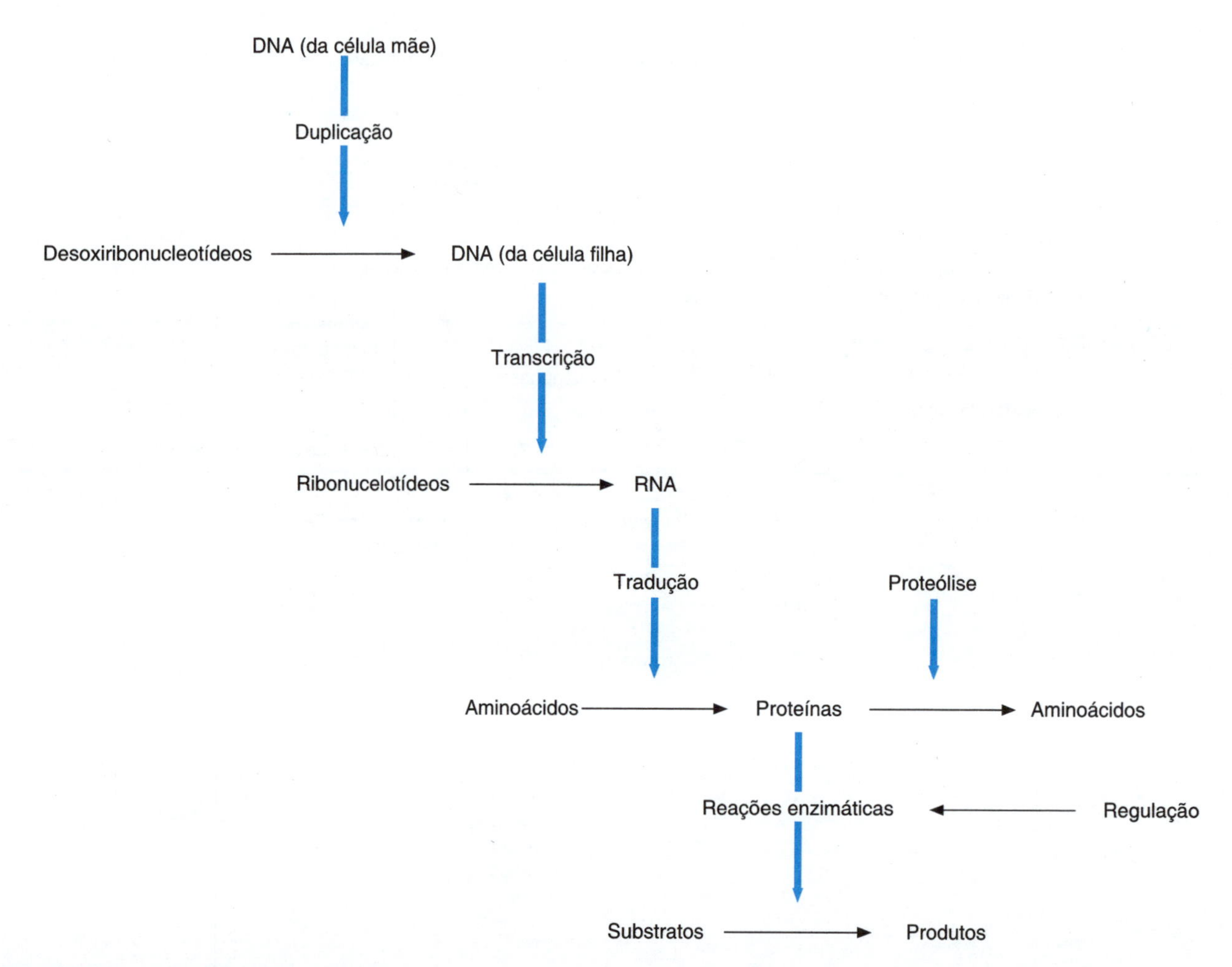

Figura 17-6. Fluxo de informação nos seres vivos. As flechas horizontais representam reações químicas. As flechas verticais indicam o fluxo de informação, isto é, que a informação contida na molécula está sendo passada à reação química no momento em que esta ocorre. O nome do processo de transmissão da informação está anotado em cada flecha vertical.

reação catalisada. É frequente que o modulador alostérico negativo (que inibe a velocidade da reação) seja o produto final de uma via metabólica, que ao se unir a uma enzima chave inibe sua atividade e, por fim, a da via metabólica completa, evitando desta forma a síntese exagerada do produto da via. Uma regulação similar pode ocorrer no caso da modificação covalente reversível. Neste, a enzima pode estar presente na célula e ser inativa, mas no momento em que se une covalentemente outra molécula, como o fosfato (H_2PO_4 -) em muitos exemplos, a enzima adquire toda sua atividade, e pode perdê-la ao ser eliminado o grupo fosfato. É como se existisse um interruptor de corrente que se acende ao unir o fosfato e se apaga ao liberá-lo. É comum que os hormônios ativem o desativem vias metabólicas por este caminho.

Os mecanismos que modificam a atividade catalítica das enzimas chave têm a vantagem de se instalar rapidamente e deixar de atuar, também com grande rapidez. Comparativamente, os mecanismos capazes de influir na quantidade da enzima são de instalação mais lenta e também o desaparecimento do efeito leva mais tempo. Sem dúvida, ambos os processos, modificação na atividade catalítica e na quantidade da enzima, podem ou não somar-se para dar uma resposta integral na "funcionalidade" da enzima chave em uma via metabólica.

A disponibilidade e o fluxo de substratos têm uma participação importante na regulação do metabolismo. A administração de grandes quantidades de alimento ativa de imediato a etapa I do catabolismo e mais tarde a etapa II (figura 17-2). A insulina promove a entrada de glicose em vários tipos de células com a que ativará seu consumo na etapa II do catabolismo (figura 17-2) e a etapa I do anabolismo (figura 17-4). Uma análise mais completa da integração do metabolismo se fará no capítulo 24, **Integração do metabolismo.**

ADAPTAÇÃO E HOMEOSTASE

As funções dos seres vivos estão direcionadas para a sobrevivência do indivíduo e a conservação da espécie no meio ambiente no qual se encontram. Isto ocorre devido à capacidade de adaptação do indivíduo e da espécie. Muitas das reações dos organismos vivos têm como objetivo contrabalançar as alterações do meio; devido a isto, no interior do organismo se produzem trocas mínimas. Assim, a modificação da temperatura, a concentração de íons, o aumento de acidez, etc., se compensam por uma série de mecanismos que tendem fazer o sistema retornarem ao estado normal. Tal é a essência do clássico enunciado de Bernard: "a constância do meio interior é a condição da vida livre e independente". Estes mecanismos de regulação interna receberam o nome de homeostase, que se caracteriza por a tendência a manter constante o meio interno através do controle de trocas.

REFERÊNCIAS

Alberts B, Bray D, Lewis J, Raff M, Roberts K,Watson JD: *Molecular biology of the cell.* 3rd ed. New York: Garland Publishing Inc., 1994.

Atkinson DE: *Cellular energy metabolism and its regulation.* New York: Academic Press, 1977.

Bender DA: *Introduction to Nutrition and Metabolism*, 3rd. ed. London: Taylor & Francis, 2002.

Devlin TM: *Bioquímica. Libro de texto con aplicaciones clínicas,* 5a. ed., Editorial Reverté, 2004.

Lozano JA, Galindo JD, García Borrón JC, Martínez Liarte: *Bioquímica y Biología Molecular,* 3a. ed., McGraw-Hill Interamericana, 2005.

Melo V, Cuamatzi O: *Bioquímica de los procesos metabólicos,* Ediciones Reverté, 2004.

Nelson DL, Cox MM: *Lehninger Principios de Bioquímica,* 4a. ed. Omega, 2006.

Newsholme EA, Start C: *Regulation in metabolism.* New York: Wiley, 1973.

Piña E: *Bioquímica en la biología contemporánea.* Peña A (compilador). México, Universidad Nacional Autónoma de México, 1983.

Smith C, Marks AD: *Bioquímica básica de Marks.* Un enfoque clínico. Ed. McGraw-Hill Interamericana, 2006.

Stryer L: *Biochemistry.* 4th ed. New York: W. H. Freeman, 1995.

Wiedermann N, Fraizer AE, Pfanner N: The protein import machinery of mitocondria. J Biol Chem 2004;27:14473.

Páginas eletrônicas

MSN Encarta (2009): Metabolismo. [En línea]. Disponible: http://es.encarta.msn.com/encyclopedia_761569250/Metabolismo.html [2009, abril 10]

the Kanehisa Laboratory Archive (2009): KEGG: Kyoto Encyclopedia of Genes and Genomes [En línea] Disponible: http://www.genome.jp/kegg/ [2009, mayo 05]

University of Arizona (2004): Metabolismo. [En línea]. Disponible: http://superfund.pharmacy.arizona.edu/toxamb/c1-1-1-4.html [2009, abril 10]

18

Metabolismo dos carboidratos

Alfonso Cárabez Trejo

Este capítulo trata do metabolismo dos carboidratos. Iniciamos com a absorção e digestão destes; posteriormente, são indicadas as conexões entre as vias metabólicas, as quais são revisadas mais adiante em detalhe. Por sua grande importância na história da bioquímica, a glicólise ocupa uma parte extensa do capítulo.

DIGESTÃO E ABSORÇÃO DOS CARBOIDRATOS

Os carboidratos da dieta compreendem cerca de 60% dos nutrientes (ao redor de 300g para um indivíduo que gasta 2.000kcal/dia) e são constituídos principalmente por polissacarídeos, como os amidos, a celulose e as dextrinas, assim como o dissacarídeo sacarose. No processo digestivo dos animais, os carboidratos são degradados até monossacarídeos simples, absorvíveis diretamente.

Digestão

A saliva, além de umedecer e lubrificar o bolo alimentar, contém a **amilase salivar**, ou ptialina, enzima com atividade de α-amilase que inicia a hidrólise do amido da dieta.

No duodeno é derramado o suco pancreático rico em **amilopsina** ou **amilase pancreática**; trata-se de uma α-amilase com pH ótimo de 7,1, que rompe ao acaso as ligações glicosídicas α-1,4 do amido, da dextrina e do glicogênio, liberando maltose e pequenos oligossacarídeos ramificados; para romper as ramificações é necessária a ação da **amilo 1,6-glicosidase**.

Os dissacarídeos dos alimentos são hidrolisados e convertidos a monossacarídeos devido à ação das dissacarases, como a maltase, a sacarase e a lactase, específicas da maltose, sacarose e lactose, respectivamente. Ao final tem-se na luz intestinal uma mistura de monossacarídeos: os ingeridos na dieta e os que são provenientes da degradação dos dissacarídeos e os polissacarídeos alimentares; entre eles dominam a glicose, a frutose e a galactose.

Degradação da celulose nos mamíferos

Os seres humanos precisam dos sistemas enzimáticos para degradar a celulose. Nos mamíferos com grandes cavidades digestivas – um rúmen muito desenvolvido ou um enorme ceco – como os ruminantes, o porco, o cavalo e outros, a flora bacteriana e os protozoários, em estreito contato com a celulose ingerida, a degradam por meio de enzimas celulases que liberam o dissacarídeo celobiose; esta é utilizada pelos microrganismos presentes no intestino, os quais produzem ácidos graxos de cadeia curta, como o acético e o propiônico que são absorvidos e utilizados pelos mamíferos.

Nos seres humanos, a celulose é uma parte indigerível dos alimentos e dá volume ao bolo fecal, desta maneira estimulando a motilidade intestinal; devido a isto, na medicina diversos polissacarídeos são utilizados como laxantes.

A celulose constitui a maior proporção da chamada fibra insolúvel dietética e é proveniente das frutas e vegetais. O câncer de cólon está vinculado com o baixo consumo de fibras insolúveis.

Absorção

A velocidade de absorção intestinal dos distintos monossacarídeos é variável, pois é regida tanto por processos de difusão facilitada como de transporte ativo; no primeiro caso, a velocidade de absorção é diretamente proporcional à concentração do monossacarídeo na luz intestinal e é independente das necessidades energéticas celulares; a frutose é absorvida por este mecanismo. No segundo caso, o transporte ativo ocorre contra o gradiente de concentração e depende do aporte energético celular; funciona para a galactose, a glicose e outros açúcares com uma configuração semelhante à destes. O transporte ativo da glicose ocorre simultaneamente com o transporte do Na^+; o transportador da glicose intestinal toma ambos da luz intestinal, através de sítios diferentes e os introduz nas células. Como a passagem do Na^+ obedece o gradiente, uma maior concentração de Na^+ no intestino, força sua entrada na célula intestinal e, consequentemente a de glicose. O Na^+ é posteriormente eliminado da célula intestinal em troca por K^+, que penetra em um processo que requer ATP. Uma parte da glicose se difunde até o sangue e outra parte é fosforilada.

O transporte ativo da glicose é inibido por: o glicosídeo cardíaco ouabaína, bloqueador da bomba que elimina Na^+ da célula; a florizina, que desloca o sódio do transportador, e certos compostos inibidores da respiração (cianeto) ou desacopladores da fosforilação oxidativa (dinitrofenol). A glicose é absorvida a uma velocidade média de 1g por kg de peso corporal por hora.

Em certas enfermidades congênitas existem deficiências de alguma enzima dissacaridases, especialmente da lactase, agente causador de quadros diarreicos graves.

VIAS METABÓLICAS DOS CARBOIDRATOS

Na figura 18-1 é apresentado um esquema das principais vias metabólicas dos carboidratos nos mamíferos.

1. **Digestão e absorção**. Uma vez efetuada a digestão no intestino, os monossacarídeos, através da circulação porta, atingem o fígado, onde uma porção é utilizada e o resto é distribuído por via sanguínea a todo o organismo.
2. **Fosforilação e interconversão de hexoses**. Ocorre na maioria das células; a galactose é convertida em galactose 1-fosfato e, ao final, todas as hexoses formam glicose 6-fosfato.
3. **Síntese de glicogênio**. O processo de síntese de glicogênio a partir de glicose é denominado glicogênese.
4. **Degradação do glicogênio**. A degradação do glicogênio tissular, ou glicogenólise, implica sua transformação a glicose 6-fosfato; no fígado, o processo termina formando glicose livre, a qual passa ao sangue.
5. **Conversão de glicose em piruvato: glicólise**. É a via degradativa mais importante, acompanhada da liberação de uma pequena quantidade de energia, parte da qual é armazenada no ATP.
6. **Gliconeogênese**. É a síntese de glicogênio ou de glicose a partir de compostos que não são carboidratos.
7. **Conversão de glicose em pentoses**. Esta via constitui o ciclo das pentoses e sua função é a de fornecer estas às células, pois são necessárias para a síntese dos ácidos nucleicos e coenzimas. Além disso, é uma via metabólica geradora de NADPH, indispensável para as reduções biossintéticas, como a síntese de ácidos graxos e esteroides.

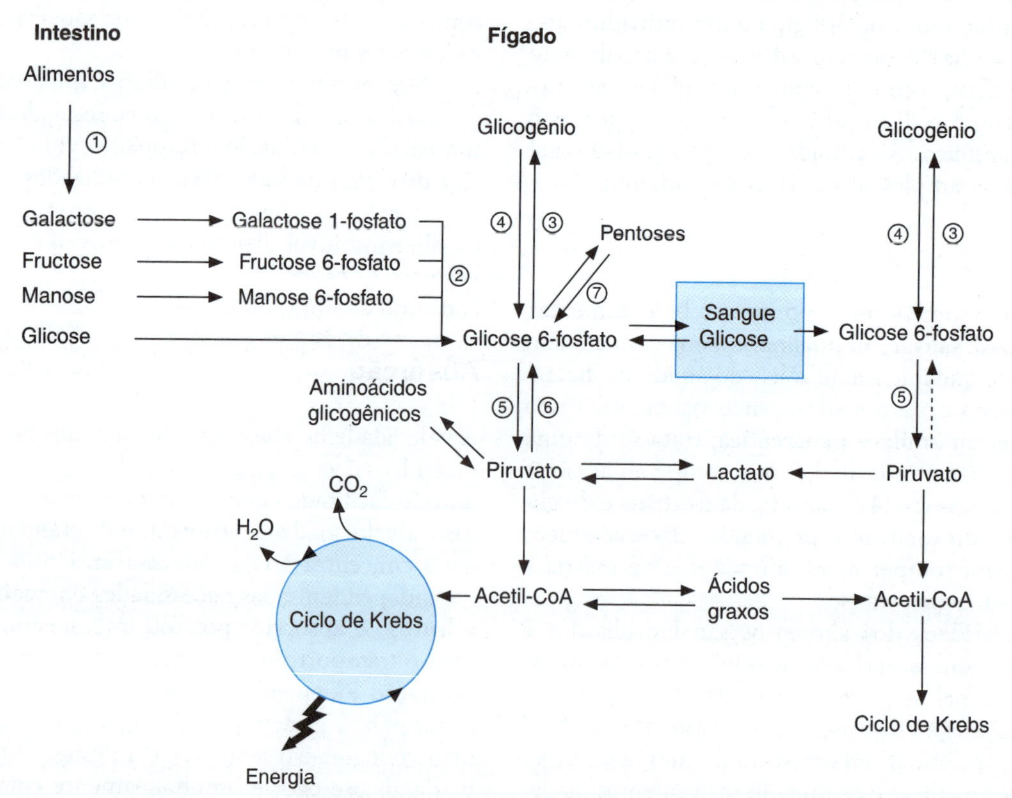

Figura 18-1. Principais vias metabólicas dos carboidratos nos mamíferos. O número 1 representa a digestão dos carboidratos e a absorção dos monossacarídeos; o 2 a interconversão de hexoses; o 3 a glicogênese; o 4 a glicogenólise; o 5 a glicólise; o 6 a gliconeogênese e o 7 a via das pentoses.

Interconexões do metabolismo dos carboidratos (figura 18-1). O glicerol é conectado à glicólise por um lado e com os triacilgliceróis por outro; os ácidos graxos são formados a partir do acetil da coenzima A proveniente do piruvato; este acetil pode ser oxidado no ciclo dos ácidos tricarboxílicos. Na figura está incluída a possível conversão dos aminoácidos glicogênicos em intermediários do ciclo dos ácidos tricarboxílicos ou em piruvato, o qual pode ser transformado em glicose 6-fosfato e em glicogênio.

ASPECTOS HISTÓRICOS

Entre 1854 e 1864, Louis Pasteur descobriu que a fermentação é produzida pelos microrganismos. Em 1897, Eduard Buchner demonstrou que o processo poderia ser realizado em um extrato de leveduras, isto é, em um sistema livre de células. Esta observação acabou com a crença de que a fermentação e outros processos biológicos eram produzidos por uma "força vital", propriedade inerente à matéria viva; após a observação de Buchner, a fermentação foi levada ao campo da química e constituiu o passo inicial para o enorme desenvolvimento da bioquímica como ciência.

Entre 1905 e 1910, Arthur Harden e William Young fizeram duas descobertas importantes: a) para que ocorra a fermentação é necessário fosfato inorgânico que é incorporado à frutose para formar frutose 1,6-bisfosfato, um importante intermediário metabólico da via; b) a diálise de extratos obtidos de levedura produz duas frações, ambas indispensáveis para que ocorra a glicólise: a não dialisável, termolábil, que chamaram de **zimase** e uma fração que passou a membrana de diálise e que era termoestável, à qual chamaram de **cozimase**. Posteriormente, foi demonstrado que a fração zimase era constituída por uma mistura de enzimas e que a fração de cozimase era uma mistura de coenzimas como NAD^+, ATP, ADP, além de íons e metais.

Em 1940, os esforços de numerosos investigadores culminaram com o estabelecimento da via completa da glicólise. Gustav Embden, Otto Meyerhof e Jacob Parnas, trouxeram informações importantes para estabelecer a via, motivo pelo qual a glicólise é conhecida também pelo nome de via de Embden-Meyerhof-Parnas. Outros investigadores, que também contribuíram com dados importantes para esclarecer o processo de fermentação, foram Carl e Gerti Cori, Carl Neuberg e Otto Warburg.

A glicose como substrato

A glicose nos vertebrados, incluindo o homem, é o carboidrato mais importante no sangue; nas plantas, a sacarose constitui 50% do açúcar de maior uso; a celulose é a moléculas mais abundante na natureza, é formada exclusivamente por glicose. Mais ainda, a via catabólica da glicose é o principal processo pelo qual são canalizadas numerosas substâncias e compostos que não são carboidratos e dos quais a célula extrai sua energia. Neste capítulo são analisadas as sequências metabólicas que são o coração do metabolismo celular em geral, e em particular a parte inicial da oxidação completa da glicose até CO_2 e H_2O, em um processo altamente exergônico com um $\Delta G^{\circ\prime}$de -686 kcal/mol:

$$C_6H_{12}O_6 + 6O_2 \longrightarrow 6O_2 + 6H_2O$$

A respiração é dependente de oxigênio, a fermentação não

A glicose como substrato oxidável tem que dispor de algum tipo de aceptor de elétrons, já que em sua ausência não ocorre à oxidação. Por exemplo, na reação anterior, o aceptor de elétrons é o oxigênio cuja presença define as condições do processo como aeróbicas. O catabolismo aeróbico da célula, que inclui a glicose e outros substratos, se chama no geral **respiração**.

A degradação celular de compostos para extrair seu conteúdo de energia na ausência de oxigênio, isto é, em condições anaeróbicas, se conhece como metabolismo anaeróbico ou **fermentação** e é identificada pelo principal produto final da via. Por exemplo, no caso da glicose no músculo, o produto final é o lactato, assim a via recebe o nome de **fermentação lática**; na levedura o produto final é o álcool, pelo que recebe o nome de **fermentação alcoólica**. Nestes processos fermentativos é necessário um aceptor externo de elétrons, no geral a coenzima NAD+ e são liberadas quantidades pequenas de energia, parte da qual na forma de ATP.

No caso da degradação celular da glicose nos mamíferos, especialmente em seu tecido muscular, se distingue uma etapa anaeróbica inicial e outra posterior que acontece em condições aeróbicas. A etapa anaeróbica corresponde à fermentação lática que foi mencionada no parágrafo anterior, a qual a maioria dos autores identifica com glicólise. O produto final da glicólise muscular é o lactato; no entanto, no músculo em repouso e na presença de oxigênio, o lactato é convertido em piruvato, o qual é degradado até H_2O e CO_2 em condições aeróbicas, no chamado ciclo dos ácidos tricarboxílicos ou ciclo de Krebs (figura 18-2). Se o músculo mantém seu estado de contração e não há oxigênio suficiente, o lactato formado passa ao sangue para seu uso por outros tecidos.

GLICÓLISE

A glicólise foi a primeira via metabólica observada em um extrato livre de células, descoberta de enorme impacto em princípios do século XX. As primeiras provas da unidade bioquímica nos seres vivos foram obtidas ao se constatar a semelhança entre a glicólise no músculo e a fermentação nas leveduras. Supõe-se que uma parte da glicólise foi a primeira via das células primitivas iniciadoras do processo

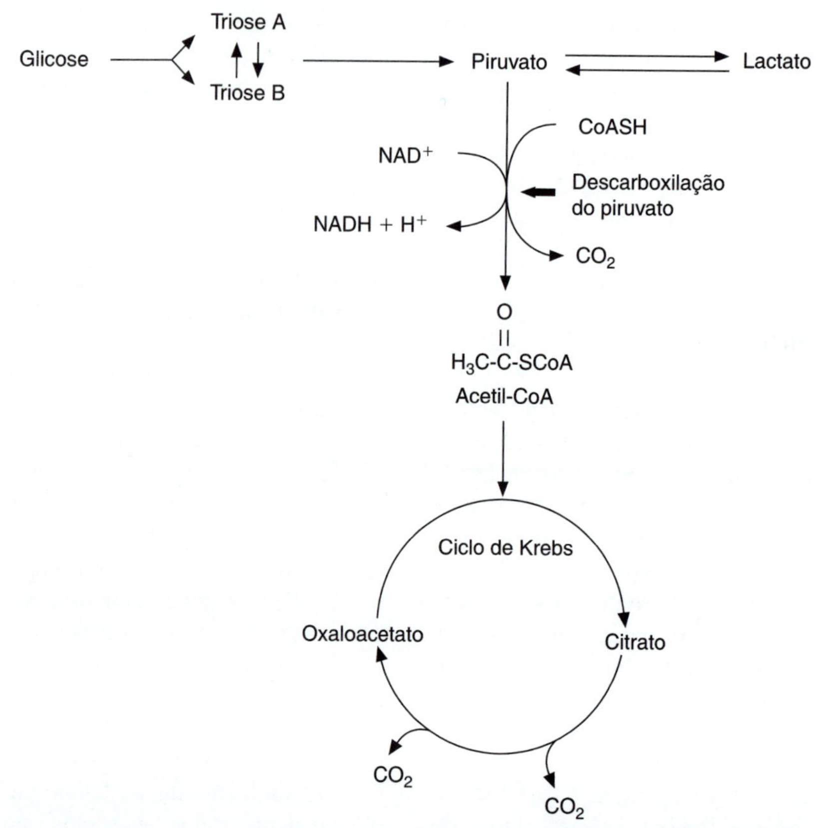

Figura 18-2. Esquema da conexão entre a glicólise e o ciclo de Krebs. Na parte superior é mostrado o resumo da glicólise, a qual pode produzir dois intermediários: o piruvato e o lactato, de acordo com as condições ambientais em que se encontrem as células. Na porção inferior é mostrado como se conecta a glicólise (metabolismo anaeróbico) com o ciclo de Krebs (metabolismo aeróbico) através do cetoácido de três átomos de carbono, o piruvato.

da evolução celular. A glicólise é, sem dúvida, uma das vias mais distribuídas do metabolismo energético, já que ocorre em quase todas as células, as aeróbicas, as anaeróbicas ou as facultativas. Nos mamíferos é realizada em 11 etapas que são resumidas na figura 18-3.

A essência do processo é sugerida por seu próprio nome, cuja etimologia grega é: *glicos*, que significa doce e *lisis* que significa quebrar ou degradar. Literalmente, glicólise significa a quebra de algo doce, o açúcar com que se inicia a via. A quebra à qual se refere o nome ocorre no passo GLU-4 (figura 18-3), ponto onde a molécula de seis átomos de carbono é "quebrada" em dois fragmentos de três átomos de carbono.

Preparação e quebra

Quando se observa a molécula de glicose, se aprecia melhor porque a fosforilação ocorre no carbono 6; o grupo hidroxila deste átomo pode reagir com um grupo fosfato para formar um **fosfoéster**; isto é, de fato, o primeiro passo que ocorre na glicólise (GLU-1), onde o ATP proporciona tanto o grupo fosfato como a energia para a reação de fosforilação, que é uma reação exergônica ($\Delta G^{\circ\prime}$= -4,0 kcal/mol). É importante assinalar que a ligação que se forma é uma ligação éster, enquanto que a do fosfato terminal do ATP é uma ligação fosfoanidro. A reação é exergônica, pelo que o equilíbrio da reação se desloca fortemente para a direita; no entanto, o conteúdo energético não é suficientemente alto para que a reação ocorra de maneira espontânea na velocidade requerida pelas células; não obstante, por meio de catálise enzimática, a reação é acelerada e praticamente toda a glicose que entra na célula é quase imediatamente convertida no seu derivado fosforilado.

Além de ativar a glicose para sua posterior degradação, a fosforilação assegura que a molécula de açúcar seja efetivamente sequestrada dentro da célula após sua entrada, devido ao grupo fosfato, altamente polar, que evita que a molécula de açúcar regresse através da membrana plasmática.

Uma rápida revisão da glicólise confirma que os intermediários entre a glicose (a que entra na célula atravessando a membrana plasmática) e o piruvato (composto que nos organismos aeróbicos deve atravessar a membrana mitocondrial para seu catabolismo) se encontram fosforilados.

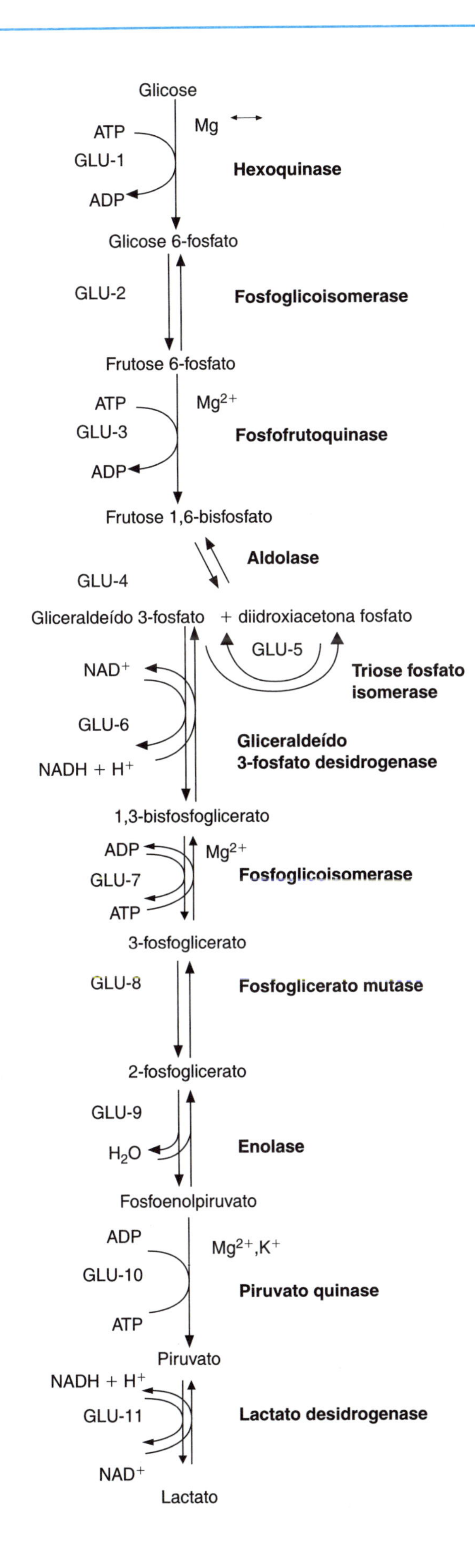

A seguinte reação da via implica na conversão da glicose (aldohexose) na cetohexose frutose 6-fosfato (reação GLU-2), que deixa livre o grupo hidroxila do carbono 1 para que seja fosforilado, da mesma forma como foi descrito para a reação do caso anterior; isto gera um açúcar bisfosforilado, a frutose 1,6-bisfosfato (GLU-3). A diferença de energia entre o anidrido do ATP e a união fosfoéster do carbono 1, produz uma reação altamente exergônica e quase irreversível na direção glicolítica ($\Delta G°' = -3{,}4$kcal/mol).

Em seguida, é feita a quebra da bisfosfohexose, reação que dá o nome à via metabólica. Esta reação reversível tem como resultado dois açúcares de três átomos de carbono, a diidroxiacetona fosfato e o gliceraldeído 3-fosfato (GLU-4); a quebra é catalisada pela enzima aldolase.

As duas trioses que se formam no passo GLU-4 compartilham da mesma relação, uma em relação à outra, como fazem a glicose 6-fosfato e a frutose 6-fosfato; por este motivo, não é surpreendente que a diidroxiacetona fosfato e o gliceraldeído 3-fosfato se interconvertam facilmente, como está destacado na reação GLU-5. Como o gliceraldeído 3-fosfato é o único composto realmente oxidável nas fases seguintes da glicólise, a interconversão destas duas trioses permite que a diidroxiacetona fosfato seja catabolizada por sua interconversão a gliceraldeído 3-fosfato.

A primeira fase da glicólise pode ser resumida da seguinte maneira:

$$\text{Glicose} + 2\,\text{ATP} \rightarrow 2\ \text{gliceraldeído 3-fosfato} + 2\,\text{ADP}$$

Oxidação acoplada à síntese de ATP

A oxidação do gliceraldeído 3-fosfato ocorre nas reações GLU-6 e GLU-7 da via glicolítica; isto é de especial importância, já que, em termos de rendimento energético da glicólise, estas reações representam o único sítio da via em que ocorre a oxidação de uma molécula, em condições anaeróbicas, com a liberação de energia suficiente para formas os 50% de ATP obtidos da conversão celular de glicose a lactato. Esta descoberta, feita por Warburg e colaboradores em 1938-39, pode ser considerada uma das mais importantes da bioquímica, já que foi a descrição de uma reação em que se demonstrou que a energia que é liberada pela oxidação de uma molécula orgânica se encontra acoplada à síntese de ATP.

Figura 18-3. Esquema mostrando as reações da glicólise. Cada passo metabólico que ocorre, até levar a molécula de glicose a lactato, é assinalado na figura como GLU e um dígito; (para explicação do mesmo veja o texto). Esta via metabólica ocorre em duas etapas; a primeira vai de GLU-1 até GLU-5, passos nos quais ocorre a quebra da molécula de glicose em dois compostos de três átomos de carbono ou trioses. Nesta fase é consumida energia na forma de duas moléculas de ATP (investimento energético). A segunda fase desta via produz quatro moléculas de ATP (rendimento energético).

Além disso, a reação GLU-6 tem importância porque o aceptor de elétrons é a coenzima NAD^+ que é convertida a NADH, o qual caso seja mantida a anaerobiose é usado na reação GLU-11 com a recuperação de NAD^+, com o objetivo de manter operando a glicólise ao fornecer NAD^+ para uma nova ração GLU-6. Na presença de oxigênio, o piruvato segue outro caminho e a reação GLU-11 não é realizada, motivo pelo qual o NADH formado na reação GLU-6 é convertido em NAD^+ mediante um sistema de lançadeira, que será revisado mais adiante neste capítulo.

A análise do mecanismo de oxidação do gliceraldeído 3-fosfato é a chave para compreender os aspectos essenciais do metabolismo energético da célula e um excelente exemplo para compreender como são associados os processos oxidativos e a síntese de ATP. A reação é uma das melhor compreendidas, de modo que cada passo pode ser explicado com base em princípios simples de química. Para a conservação de energia é básica a reação de acoplamento do passo oxidativo que ocorre na reação GLU-6, com a formação de uma ligação fosfoanidrido no carbono 1, produzindo-se o 1,3-bisfosfoglicerato, molécula que permite a síntese de um ATP na reação GLU-7, pela transferência direta de um fosfato de alta energia ao ADP.

O mecanismo de reação da **gliceraldeído 3-fosfato desidrogenase**, a enzima que catalisa a reação GLU-6, é mostrado na figura 18-4. Esta enzima é uma proteína tetramérica com um sítio catalítico em cada uma das subunidades que são idênticas entre si. No sítio ativo há uma cisteína, aminoácido chave para o mecanismo de reação, já que o grupo sulfidrila, que é nucleofílico, é o sítio de fixação da coenzima, o NAD^+. A sequência da reação se inicia com a ligação do substrato ao sítio ativo favorecido pela ligação do NAD^+, por meio de um ataque nucleofílico ao grupo carbonila do gliceraldeído 3-fosfato pela forma ionizada do grupo carbonila do grupo sulfidrila (primeiro passo da reação GLU-6 da figura 18-4). Esta reação liga covalentemente o substrato, por meio de uma ligação hemitioacetal à superfície da enzima. A carga positiva do grupo carbonila passa a ser menor do que quando está livre, com o que é facilitada a eliminação do íon hidreto (H^-), que ocorre no segundo passo da reação GLU-6; o aceptor do íon hidreto é o NAD^+, nucleotídeo que já se encontra ligado ao sítio ativo da enzima. Parte da energia livre deste processo oxidativo é conservada como uma **ligação tioéster** de alta energia (segundo passo da figura 18-4), por meio da qual a molécula oxidada se liga à enzima. O NADH se dissocia do sítio ativo e de imediato é substituído por outra molécula de NAD^+, a forma oxidada da coenzima (terceiro passo da reação, na figura 18-4); finalmente, o fosfato inorgânico ataca a ligação tioéster para formar a ligação fosfoanidrido de alta energia do 1,3-bisfosfoglicerato, molécula que deixa a enzima como produto da reação (quarto passo da reação, na figura 18-4).

Do ponto de vista energético, o aspecto essencial da sequência total é que uma reação termodinamicamente desfavorável, como é a formação de um anidrido entre o ácido carboxílico e o fosfato inorgânico, é impulsionada por uma reação termodinamicamente favorável, como é a oxidação de um aldeído. As duas reações são acopladas por um intermediário tioéster, composto que retém muito da energia livre da reação oxidativa, que de outra maneira seria liberada como calor. A ligação anidrido de alta energia é utilizada para formar o ATP da seguinte reação, GLU-7, catalisada pela fosfoglicerato quinase (figura 18-3).

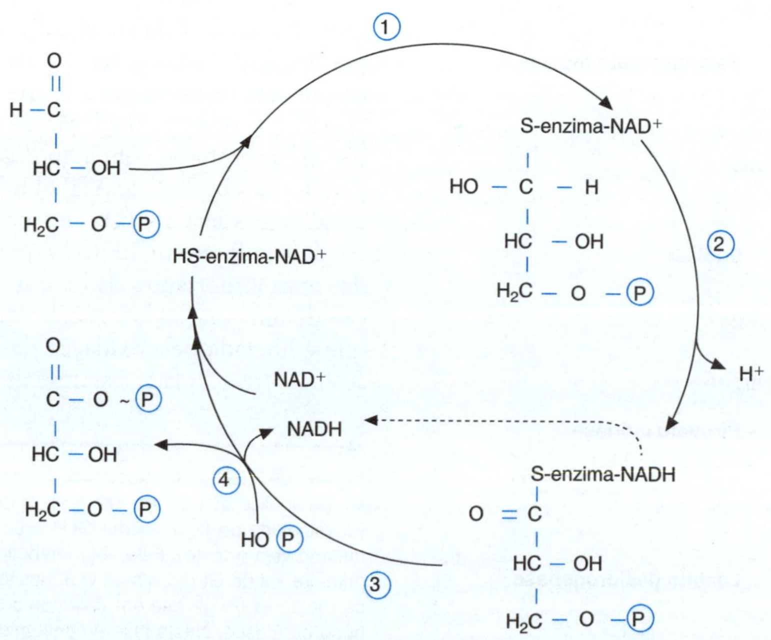

Figura 18-4. Reações GLU-6 da glicólise. Neste esquema é ilustrado como o gliceraldeído 3-fosfato se transforma em 3-fosfoglicerato, pela ação da enzima gliceraldeído 3-fosfato desidrogenase.

A produção direta de ATP, a partir de um composto fosforilado como o 1,3-bisfosfoglicerato, se chama **fosforilação ao nível do substrato**. Para resumir, a fosforilação ao nível do substrato das reações GLU-6 e GLU-7, é uma reação que pode ser escrita com uma estequiometria que leva em conta as duas moléculas de gliceraldeído 3-fosfato que são produzidas na primeira fase da glicólise (GLU-4), a partir de cada molécula de glicose.

$$2 \text{ gliceraldeído 3-P} + 2\ NAD^+ + 2\ ADP \longrightarrow$$
$$2 \text{ 3-fosfoglicerato} + 2\ NADH + 2H^+ + 2\ ATP$$

Como é concluído na equação, para cada molécula de glicose que entra nesta via metabólica, são produzidas duas moléculas de 3-fosfoglicerato, duas moléculas de NADH + H^+ e duas moléculas de ATP, estas últimas necessárias para a ativação inicial da molécula de glicose nas reações GLU-1 e GLU-3, as quais são recuperadas nas reações GLU-7, pelo que o rendimento líquido de ATP até este ponto é zero.

Até aqui foram revisadas 7 das 10 reações da glicólise que converteram uma molécula de glicose em duas moléculas de 3-fosfoglicerato, mas até esta etapa não foi obtido um rendimento líquido ou ganho de energia na forma de ATP, o que sim ocorre na fase final da via.

Síntese de piruvato e produção de ATP

A produção de outra molécula de ATP a partir do 3-fosfoglicerato depende do grupo fosfato do carbono 3, que neste ponto se encontra ligado como ligação fosfoéster com um conteúdo baixo de energia de hidrólise ($\Delta G^{o\prime}$= -3,3kcal/mol). Nesta última fase da glicólise, a ligação éster é convertida em uma ligação **fosfoenol** de alta energia, por meio de um rearranjo interno da molécula. Para isto, o grupo fosfato do carbono 3 é movido ao carbono 2 (GLU-8), seguido da eliminação de uma molécula de água do 2-fosfoglicerato, produzindo fosfoenolpiruvato (PEP). Ao se observar a molécula de PEP, se nota que ao contrário das ligações fosfoéster, seja a do 2- ou a do 3-fosfoglicerato, a ligação fosfoenol apresenta o que pode destacar-se como sua característica de ligação de alta energia, isto é, um grupo fosfato adjacente a uma ligação dupla; de fato, o PEP contém uma das ligações de transferência de fosfato de mais alta energia conhecidas nos sistemas biológicos, com um $\Delta G^{o\prime}$ de hidrólise de -14,8 kcal/mol.

Para compreender porque o PEP é um composto com tal nível de energia, deve destacar-se que o piruvato pode existir em duas formas: a **enol** e a **ceto**. O equilíbrio químico favorece a forma ceto, o que significa que é mais estável. O PEP que é gerado na reação GLU-9 não é convertido à forma ceto, já que quando sai a molécula de água do 2-fosfoglicerato, o piruvato é bloqueado na forma de enol pelo fosfato do carbono 2, que evita a transição (o termo químico apropriado é *tautomerização*) à forma ceto mais estável. O PEP é então, um composto de muito alta energia, já que além da energia usual, liberada quando o par extra de elétrons se encontra em máxima delocalização com relação às ligações P-O do fosfato, existe também a energia que é liberada pela tautomerização da forma enol à forma ceto do piruvato.

Para resumir a terceira fase da glicólise, pode-se escrever a reação total, novamente considerando a estequiometria das moléculas de três átomos de carbono derivados da glicose:

$$\text{2-fosfoglicerato} + 2\ ADP \longrightarrow 2 \text{ piruvato} + 2\ H_2O + 2\ ATP$$

Resumo da glicólise

Devido ao fato de que o ATP utilizado no inicio das reações (GLU-1 e GLU-3), é recuperado na primeira fosforilação (GLU-7), as duas moléculas de ATP formadas por moléculas de glicose na segunda fosforilação (GLU-10) representam o ganho líquido da via glicolítica. Este ganho se faz claro ao somar as 10 reações que ocorrem desde a glicose até o piruvato, que resumem as três fases da glicólise.

$$\text{Glicose} + NAD^+ + 2\ ADP + 2\ Pi \longrightarrow$$
$$2 \text{ piruvato} + 2\ NADH + 2H^+ + 2\ ATP + 2\ H_2O$$

Formação de lactato

A etapa final da glicólise anaeróbica muscular tem como produto final característico um composto orgânico de três átomos de carbono, o lactato, o qual é produzido em um processo de redução, onde os elétrons do NADH são transferidos diretamente ao grupo carbonila do piruvato com o uso da enzima **lactato desidrogenase**, que catalisa a reação (GLU-11). Nos mamíferos, a lactato desidrogenase é uma enzima tetramérica, com várias isoenzimas; as subunidades que a formam são de dois tipos: M (músculo estriado) e H (músculo cardíaco). As isoenzimas do coração são inibidas pelo piruvato, tornando o lactato o substrato preferencial no coração.

A sequência de rações glicolíticas, a partir de uma molécula de glicose, dá lugar a duas moléculas de NADH (reação GLU-6) e a duas moléculas de piruvato (reação GLU-10), cuja reação na presença da desidrogenase lática é a seguinte:

$$2 \text{ piruvato} + 2\ NADH + 2H^+ \longrightarrow 2 \text{ lactato} + 2\ NAD^+$$

A soma das duas últimas reações anotadas mostra o resumo das 11 reações (figura 18-3) que compreendem a glicólise anaeróbica:

$$\text{Glicose} + 2\ ADP + Pi \longrightarrow 2 \text{ lactato} + 2\ ATP + 2\ H_2O$$

Este processo fermentativo é a principal via metabólica na produção de ATP em numerosas bactérias e em algumas células animais que funcionam em condições anaeróbicas ou parcialmente anaeróbicas.

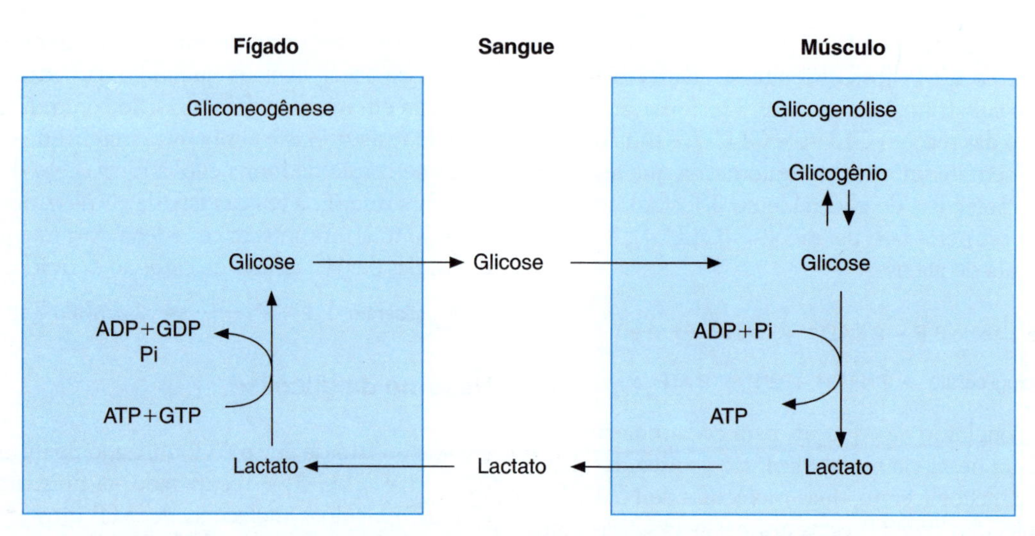

Figura 18-5. O esquema assinala a relação do metabolismo da glicose e do lactato no fígado e músculo. Este processo metabólico no qual participam estes dois tecidos diferentes é conhecido como ciclo de Cori; neste o lactato produzido a partir da glicose que se encontra na forma de glicogênio no músculo é manejado; este composto é convertido jogado por este tecido na circulação sanguínea. Ao chegar ao fígado é convertido em glicose que passa ao sangue para sua utilização por outros tecidos, como o muscular.

Por outro lado, a fermentação lática é muito importante do ponto de vista comercial, já que algumas das bactérias que realizam este processo metabólico são utilizadas na produção de queijos, iogurtes e outros alimentos obtidos da fermentação da lactose do leite. No caso do tecido muscular, o lactato produzido é transportado pelo sistema circulatório até o fígado, onde atua sobre o processo de **gliconeogênese**, que é a síntese de glicose a partir de precursores que não são carboidratos, por exemplo, o lactato; a via é descrita a seguir neste capítulo. A glicose proveniente do lactato pode sair do hepatócito até a circulação como fonte de material oxidável para outros tecidos, com o que se estabelece o chamado ciclo de Cori (figura 18-5).

Fermentação alcoólica

Esta é uma via alternativa ao processo de fermentação lática, observado nas leveduras mantidas em condições anaeróbicas e tem uma enorme importância comercial. O processo é iniciado com uma molécula de glicose e, através das 10 primeiras reações da glicólise anaeróbica (figura 18-3), são obtidas duas moléculas de piruvato e duas de NADH, de maneira muito similar a como foi descrito para o tecido muscular. Neste caso, o piruvato é descarboxilado para produzir um composto de dois átomos de carbono, o acetaldeído, que é convertido no aceptor de elétrons. A redução do acetaldeído produz o etanol, álcool do qual deriva o nome do processo. As reações que envolvem a produção de etanol são duas: a descarboxilação do piruvato e a redução posterior do acetaldeído; estas reações são catalisadas por duas enzimas diferentes.

Somando-se este processo redutor à conversão de glicose em duas moléculas de piruvato e duas moléculas de NADH chega-se ao seguinte resumo:

$$\text{Glucosa} + 2\,\text{ADP} + 2\,\text{Pi} \longrightarrow 2\,\text{etanol} + 2\,CO_2 + 2\,\text{ATP} + 2\,H_2O$$

A fermentação alcoólica tem importância econômica, já que é fundamental nos processos de panificação, na indústria cervejeira e na vinícola. Para a indústria de pães, a geração de CO_2 é o produto final importante; as células de levedura que são adicionadas à massa de farinha funcionam anaerobicamente, produzindo tanto CO_2 como etanol. O CO_2 acaba preso na massa, o que origina o aumento de volume característico; o etanol é eliminado durante o processo de cozimento e é o que contribui para dar o aroma do pão de forno. Na indústria cervejeira, tanto o CO_2 como o etanol são essenciais, já que o etanol é o produto base da cerveja e o CO_2 a torna gasosa. Na indústria do vinho e seus derivados destilados, a quantidade de etanol formado é definitiva; além disso, é essencial proteger o vinho bruto (mosto) do ar, já que os organismos que participam na produção do vinho, na presença de oxigênio continuam a oxidação do etanol e produzem vinagre ou ácido acético.

Outras opções fermentativas

Apesar de o lactato e o etanol serem os produtos de fermentação de maior importância econômica, não são as únicas vias fermentativas que têm os micro-organismos. Por exemplo, a **fermentação propiônica** converte o piruvato de maneira redutiva em propionato (CH_3-CH_2-COO^-), reação importante na produção do queijo suíço. Muitas bactérias também dão origem à fermentação do butilenoglicol, cujo produto final é o butirato (em parte responsável pelo odor das gorduras na manteiga), a acetona e o isopropanol. Todas as possibilidades de fermentação assinaladas são somente variações do tema comum: a reoxidação do NADH + H^+ por meio da transferência de seus elétrons a um aceptor orgânico.

Energética da glicólise

Um aspecto essencial de cada processo fermentativo é que não há um aceptor externo de elétrons envolvido na reação e que apenas há uma oxidação relativa de umas partes da molécula, em comparação com outras. Isto pode ser mais bem compreendido ao revisar as reações que foram apresentadas na fermentação do lactato e do etanol. Apesar do NAD+ atuar como um aceptor de elétrons na via, este composto é reciclado estequiometricamente e, portanto, não é incluído na reação com o objetivo de se obter um balanço energético. Como na fermentação não ocorre a oxidação completa da glicose, trata-se de um processo que libera quantidades limitadas de energia. No caso da fermentação lática, por exemplo, as duas moléculas de lactato que são produzidas a partir de uma molécula de glicose representam 639 das 686 kcal da energia livre presente em cada mol de glicose, já que a oxidação completa de lactato tem um $\Delta G^{o\prime}$ de -319,5 kcal/mol, o qual significa que aproximadamente os 93% (639 x 100 / 686) da energia livre original da glicose ainda se encontra contida nas moléculas produto da fermentação e, portanto, apenas é capaz de proporcionar uns 7% (47 kcal/mol) da energia livre potencial da glicose.

De onde vem esta energia? A oxidação de um aldeído a uma carboxila (a forma ácida) libera mais energia do que a necessária para reduzir uma cetona a um álcool; em termos da fermentação lática, isto significa que a quantidade de energia liberada da oxidação do gliceraldeído 3-fosfato a 3-fosfoglicerato (carboxila) (reações GLU-6 e GLU-7, figura 18-4), é maior do que a necessária para reduzir o piruvato a lactato (GLU-11); esta diferença em energia livre é a que permite a síntese líquida de ATP durante a fermentação. Explicado de outra maneira, o sistema NAD^+/NADH + H^+ ocupa uma posição intermediária, crítica em termos da energética das reações de oxidorredução, da mesma forma que o par ADP/ATP para as reações de transferência de fosfato. Isto permite que o NAD+ possa aceitar elétrons exergonicamente do gliceraldeído 3-P (GLU-6), enquanto segue assegurando a transferência subsequente de elétrons do NADH + H^+ ao piruvato, reação que também é exergônica. Os valores de $\Delta G^{o\prime}$ para ambas as reações são de fato -10,3 kcal/mol para a oxidação do gliceraldeído 3-fosfato pelo NAD+ e de -6,0 kcal/mol para a redução do piruvato, pelo NADH + H^+. Considerando as duas trioses que são obtidas a partir da glicose, o processo produz -32,6 (-10,3 x 2 + [-6,0 x 2]) kcal/mol, que corresponde aproximadamente a 70% da variação total de energia livre (47 kcal/mol) que ocorre durante a fermentação lática.

É interessante chamar atenção sobre o alto grau de eficiência que os organismos anaeróbicos têm para manejar e conservar uma parte importante das 47 kcal/mol, na forma de ATP. O rendimento de ATP é de duas moléculas de ATP por molécula de glicose. Se consideradas as variações de energia livre padrão, estas duas moléculas de ATP representam 14,6 kcal/mol (7,3 por molécula de ATP), o que significa uma eficiência de aproximadamente 31% (14 x 100/47). Este valor compara vantajosamente a maquinaria humana com qualquer outra feita pelo homem, que, em condições mais favoráveis, alcança uma eficiência de aproximadamente 25%. Se considerarmos que, nas condições celulares os valores de hidrólise do ATP são mais negativos que as 7,3 kcal/mol mencionadas, então a eficiência da conservação de energia pela maquinaria celular através da glicólise pode chegar até a 50%.

Substratos alternativos para a glicólise

Até agora se destacou a glicose como o substrato inicial da glicólise. Sim, é verdade que a glicose representa o substrato mais importante para a fermentação e a respiração de um grande número de organismos e tecidos, mas isto não quer dizer que seja o único, além do que para alguns tecidos, em certas circunstâncias, tem pouco significado do ponto de vista metabólico. Devido a isto, é válido perguntar quais são as principais moléculas alternativas para a glicólise e como a célula lida com estas. De início, deve-se estabelecer um princípio: sem importar a natureza química dos substratos, estes devem ser rapidamente transformados em uma molécula que possa ser incorporada a algum dos intermediários da via glicolítica. Para enfatizar este ponto, mais adiante neste capítulo, são consideradas duas classes de substratos alternativos diferentes, outros carboidratos simples e os carboidratos de armazenamento.

Regulação da glicólise

Um dos propósitos da via glicolítica é a produção de ATP, o que faz necessário que a via seja contínua e precisamente regulada para manter em equilíbrio o metabolismo energético celular. Esta regulação é realizada de duas maneiras: controlando a velocidade de conversão da glicose a lactato e regulando a quantidade de glicogênio que é transformado em glicose livre.

A principal reação que controla o fluxo de glicose pela glicólise é a reação GLU-3, catalisada pela **fosfofrutoquinase**, enzima **alostérica** que é inibida (moduladores negativos) pelo ATP e o citrato, substrato do ciclo de Krebs, e ativada (moduladores positivos) pelo AMP e o ADP e a frutose 2,6-bisfosfato, o que dá lugar a um ponto delicadamente sensível ao estado de equilíbrio energético da célula, definido como o quociente do par ATP/ADP. Quando na célula aumentam o ATP e o citrato, inibe-se a fosfofrutoquinase, acumulando-se frutose 6-fosfato e glicose 6-fosfato, com o que diminui a atividade da via glicolítica. Quando aumenta a concentração de frutose

2,6-bisfosfato, ADP ou AMP, a enzima é reativada diminuindo a concentração de Frutose 6-fosfato e de glicose 6-fosfato e o resultado é o aumento da entrada de substratos na via glicolítica. A reação na qual participa a fosfofrutoquinase é a primeira reação particular à via glicolítica, na qual os carboidratos são introduzidos de maneira irreversível ao processo degradativo, já que a glicose 6-fosfato e a frutose 6-fosfato são intermediários comuns a outras vias metabólicas da célula, de modo que os passos GLU-1 e GLU-2 (figura 18-3) são reações gerais que participam em uma diversidade de vias metabólicas de interconversão de hexoses.

Um aspecto interessante da regulação na via glicolítica é a dupla função do ATP na reação de fosforilação da frutose 6-fosfato (GLU-3). Por um lado, é um inibidor alostérico da enzima; por outro, é substrato para a fosforilação da frutose 6-fosfato. O anterior dá uma aparência de contradição, já que, ao aumentar os níveis de ATP, simultaneamente deveria aumentar a velocidade da reação catalisada pela enzima, e inibir-se a mesma reação devido à ação do ATP como inibidor alostérico. Esta situação é resolvida pela enzima já que seu sítio catalítico (sítio ativo da enzima) e o sítio efetor (sítio alostérico) diferem muito em suas afinidades pelo ATP. O sítio ativo tem uma alta afinidade (baixo Km) pelo ATP, enquanto que a afinidade do sítio efetor pelo ATP é baixa. Desta maneira, em baixas concentrações de ATP, a união do ATP ocorre com o sítio catalítico, mas não com o alostérico; deste modo a enzima permanece ativa e funcional. Em altas concentrações de ATP, o nucleotídeo se une ao sítio alostérico, inativando a enzima, o que converte no passo limitante da via glicolítica.

O efeito do nível de ATP sobre a cinética da fosfofrutoquinase é mostrado na figura 18-6. Em baixas concentrações de ATP, a dependência da velocidade sobre a concentração de substrato segue a cinética clássica de Michaelis-Menten, mas em concentrações altas de ATP, a curva de atividade enzimática é sigmoidal, o que, como se

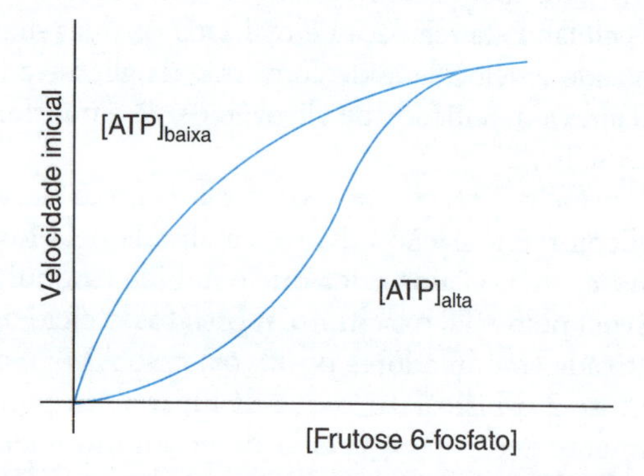

Figura 18-6. Gráfico que ilustra a atividade da fosfofrutoquinase na reação GLU-3. Como se pode observar, a cinética da enzima é dependente da concentração de ATP no meio. Em baixas concentrações, a enzima mostra um comportamento cinético do tipo Michaelis-Menten, enquanto que na presença de concentrações altas de ATP, a atividade cinética da enzima é do tipo sigmoidal.

discute no capítulo sobre os aspectos cinéticos da atividade as enzimas, se reconhece como característica distintiva de uma enzima com regulação alostérica.

Além de sua sensibilidade ao ATP, ADP e AMP, a fosfofrutoquinase é alostericamente inibida pelo citrato e pelos ácidos graxos. A sensibilidade ao citrato proporciona uma união regulatória de grande importância entre a glicólise e o ciclo dos ácidos tricarboxílicos, deste ciclo o ácido cítrico é o intermediário inicial. Este tipo de regulação assegura que os dois estágios da respiração sejam cuidadosamente regulados um em relação ao outro.

Quando a concentração de citrato aumenta por produção excessiva da via glicolítica, este se une à fosfofrutoquinase inibindo-a, com o que se assegura que a via esteja acoplada às necessidades celulares, baixando sua velocidade. De maneira semelhante, quando os ácidos graxos se encontram acessíveis para ser degradados e gerar ATP através do mecanismo metabólico da β-oxidação, a inibição da glicólise pelos ácidos graxos permite que a via se detenha, favorecendo a utilização destes para a formação de ATP.

O modulador alostérico positivo mais potente da **fosfofrutoquinase**, e com mais influência sobre a velocidade de fluxo de monossacarídeos através da glicólise, é a frutose 2,6-bisfosfato, a qual reverte a inibição produzida pelo ATP, aumenta a afinidade da enzima por seu substrato e ativa a glicólise. Por conseguinte, o estudo do conteúdo de frutose 2,6-bisfosfato é relevante. A frutose 6-fosfato e o ATP, na presença da enzima fosfofrutoquinase-2, formam a frutose 2,6-bisfosfato, enquanto que a **frutose 2,6-bisfosfatase** é a enzima que catalisa a conversão da frutose 2,6-bisfosfato em frutose 6-fosfato (figura 18-7). As reações enunciadas são de interesse por vários motivos. A quinase-2 é estimulada pela frutose 6-fosfato e a fosfatase-2 é inibida pela mesma frutose 6-fosfato; um aumento no conteúdo celular de frutose 6-fosfato, além de servir como substrato para a glicólise, assegura um aumento da frutose 2,6-bisfosfato, com o que também se ativa a glicólise. Mas talvez o dado mais interessante seja que a quinase-2 e a fosfatase-2 são a mesma proteína com atividades opostas; se esta está fosforilada tem atividade de fosfatase e degrada a frutose 2,6-bisfosfato; mas se está desfosforilada, mostra atividade de quinase e sintetiza a frutose 2,6-bisfosfato. O controle do estado de fosforilação da enzima bifuncional é hormonal, através do glucagon. A diminuição da concentração de glicose no sangue estimula as células das ilhotas de Langerhans do pâncreas e secreta glucagon na circulação. A ligação do glucagon aos seus receptores hepáticos aumenta o conteúdo de AMP cíclico, que através de uma cascata de reações, ativa a fosforilação da enzima com dupla atividade (figura 18-8). Tal enzima fosforilada atua como frutose 2,6-bisfosfatase e baixa os níveis de frutose 2,6-bisfosfato; por onde causa uma inibição da fosfofrutoquinase e da glicólise (figura 18-8). Ao diminuir esta última é favorecida a alternativa de que o glicogênio hepático

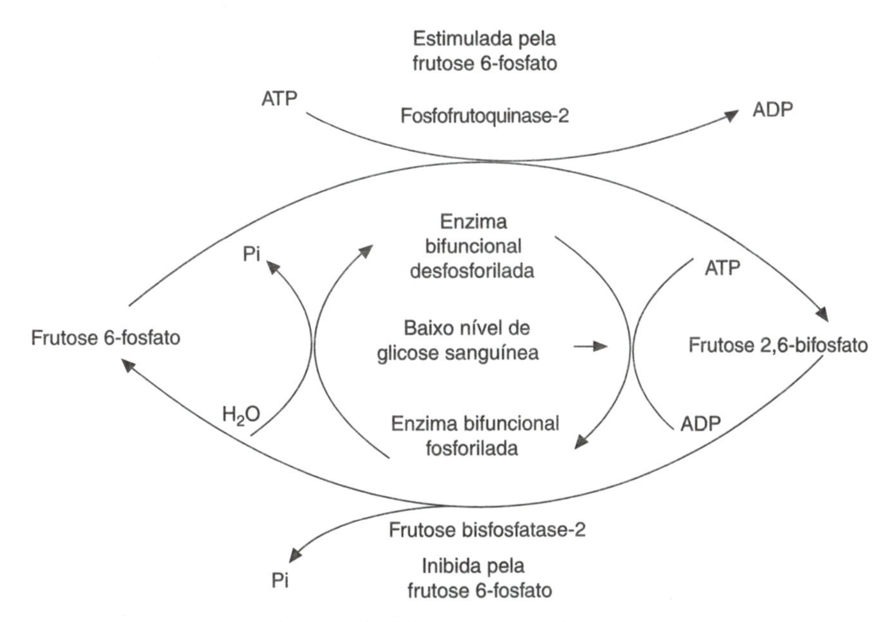

Figura 18-7. Controle do conteúdo metabólico de frutose 2,6-bisfosfato da glicólise. Um aumento no conteúdo de frutose 2,6-bisfosfato aumenta a velocidade da glicólise. O maior conteúdo de frutose 2,6-bisfosfato pode ser obtido como consequência de um aumento no conteúdo de frutose 6-fosfato, com o qual simultaneamente se inibe a atividade de frutose 2,6-bisfosfatase e se ativa a de fosfofrutoquinase-2; com isto aumenta-se o fluxo de monossacarídeos pela via glicolítica. É a mesma proteína que mostra duas atividades enzimáticas diferentes; quando se encontra fosforilada manifesta atividade de fosfatase, elimina o fosfato da frutose 2,6-bisfosfato e desaparece a ativação da fosfofrutoquinase-1, por onde, diminui a glicólise; se a proteína está desfosforilada, então tem atividade de quinase e sintetiza mais frutose 2,6-bisfosfato com um consequente aumento na atividade da fosfofrutoquinase-1 e um aumento na velocidade da glicólise. Trata-se de uma proteína bifuncional.

armazenado saia como glicose até a circulação e tenda a incrementar a concentração de glicose sanguínea.

GLICONEOGÊNESE

O processo glicolítico é irreversível; no entanto, em condições apropriadas, o lactato passa à glicose, isto é, ocorre a gliconeogênese. A glicólise e a gliconeogênese são vias metabólicas estreitamente relacionadas e, apesar de compartilharem sete reações, são diferentes em relação aos substratos, produtos, energia, regulação, etc. (quadro 18-1). Em condições fisiológicas, só funciona uma das duas vias, pois não haveria sentido que simultaneamente se convertesse a glicose em lactato e o lactato em glicose. As reservas de carboidratos satisfazem as necessidades fisiológicas por umas 24 horas. Em caso de jejum prolongado,

Quadro 18-1. Comparação entre a glicólise e a gliconeogênese nos mamíferos

	Glicólise	Gliconeogênese
Substratos	Glicose, glicogênio, outras hexoses e NAD^+	Piruvato, ATP, GTP e NADH (além de compostos geradores de piruvato, por exemplo, alanina)
Produtos	Piruvato, ATP e NADH (em anaerobiose: lactato ou glicerol e ATP)	Glicose, glicogênio, ADP, GDP e NAD+
Energia	Libera	Requer
Reações comuns	Sete reações da glicólise são comuns à gliconeogênese	
Reações particulares	De glicose a glicose 6-fosfato, de frutose 6-fosfato a frutose 1,6-bisfosfato, de fosfoenolpiruvato a piruvato (um passo)	De glicose 6-fosfato a glicose, de frutose 1,6-bisfosfato a frutose 6-fosfato, de piruvato a fosfoenolpiruvato (dois passos)
Sítios de regulação	Duas das reações particulares	Duas das reações particulares
Situação fisiológica na que opera	Abundante disponibilidade de carboidratos celulares. Estado pós-absortivo	Pouca disponibilidade de carboidratos celulares
Principal tecido onde ocorre	Músculo	Jejum
Fração subcelular onde se realiza	Exclusivamente o citosol	Fígado

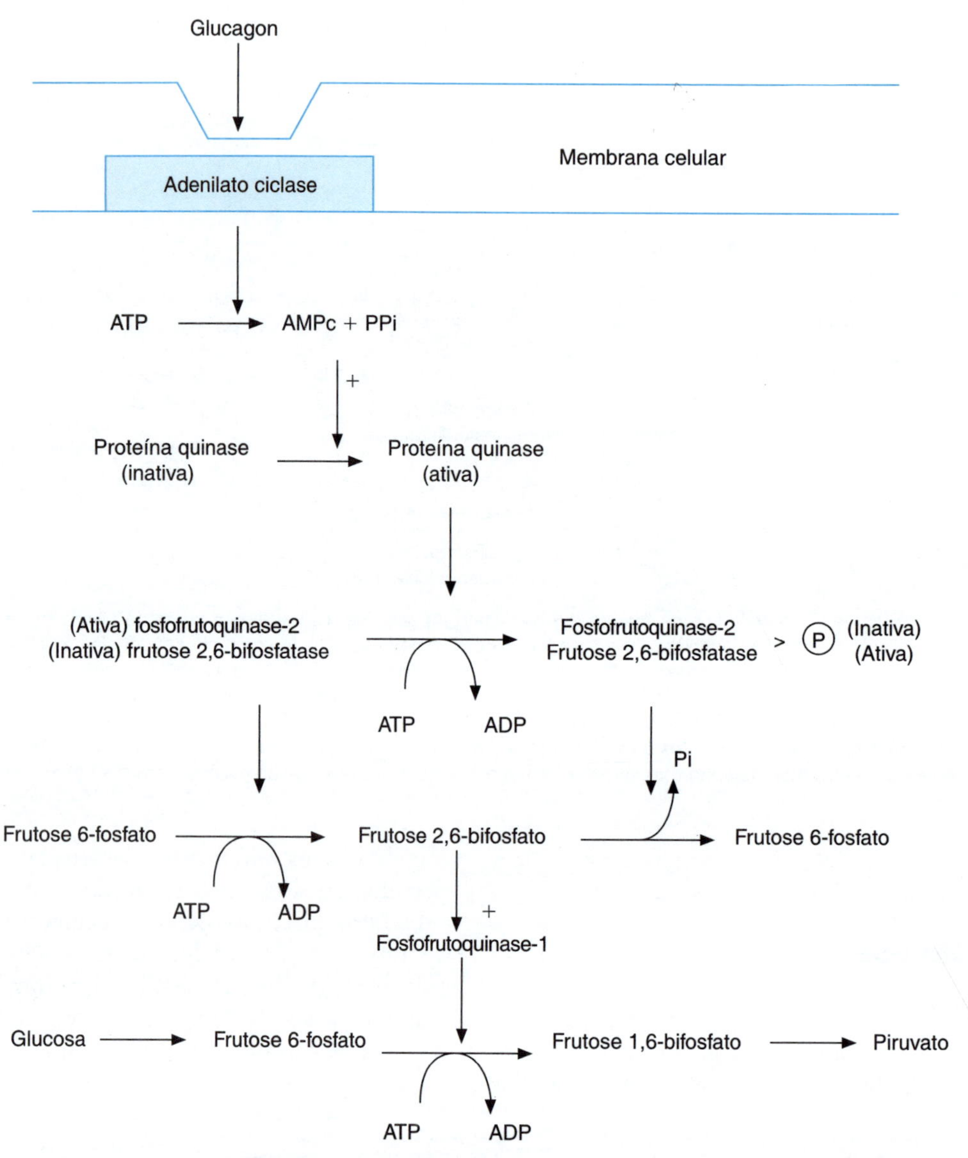

Figura 18-8. Mecanismo molecular do efeito inibitório do glucagon através do controle alostérico da frutose 2,6-bisfosfato sobre a glicólise. O hormônio, ao unir-se ao receptor, ativa a adenilato ciclase e aumenta a síntese de AMPc, o qual ativa uma proteína quinase específica. Tal proteína quinase ativa fosforila uma enzima bifuncional, que fosforilada tem atividade de frutose 2,6-bisfosfatase e transforma a frutose 2,6-bisfosfato em frutose 6-fosfato, com o que se reduz o conteúdo de frutose 2,6-bisfosfato e deixa-se de ativar a fosfofrutoquinase-1 que transforma a frutose 6-fosfato em frutose 1,6-bisfosfato, diminuindo o fluxo de monossacarídeos através da via glicolítica. Na figura, as flechas verticais representam ativação da reação destacada com flechas horizontais.

através da gliconeogênese se obtém a glicose para prover de energia as células, libera-se glicerol do tecido adiposo e, a partir do conteúdo de aminoácidos, são fornecidos os intermediários do ciclo dos ácidos tricarboxílicos.

De lactato a fosfoenolpiruvato

O lactato se converte primeiro a piruvato e este passa a fosfoenolpiruvato. A desidrogenase lática é abundante nos tecidos e, ainda o equilíbrio da ração está deslocado para a formação de lactato. A conversão de lactato em piruvato é reversível, sempre e quando exista NAD^+ suficiente no citosol da célula, que é onde ocorre a reação:

$$\begin{array}{c} COO^- \\ | \\ C=O \\ | \\ CH_3 \end{array} + NADH + H^+ \rightleftharpoons H-\begin{array}{c} COO^- \\ | \\ C \\ | \\ CH_3 \end{array}-OH + NAD^+$$

Piruvato Lactato

Como o conteúdo citosólico de NAD^+ é pequeno, quando o lactato que participa da gliconeogênese é muito, necessita-se de um sistema eficiente para transformar o NADH formado em novo NAD^+, que garanta a continuidade do processo. O mecanismo será estudado mais à frente quando for discutido o sistema de lançadeiras.

A reação GLU-10 (figura 18-3), que transforma o fosfoenolpiruvato e o ADP em piruvato e ATP, tem um $\Delta G^{o\prime}$= -7,5 kcal/mol, o que a torna praticamente irreversível nas condições da célula. Portanto, para que na rota gliconeogênica o piruvato seja convertido em fosfoenolpiruvato, é necessária outra via, capaz de ultrapassar tal barreira energética. O piruvato passa ao interior da mitocôndria, onde a enzima mitocondrial piruvato carboxilase adiciona CO_2 e o converte em oxaloacetato em uma reação dependente de biotina, ATP e acetil coenzima A (figura 18-9).

A biotina, vitamina do complexo B, atua como coenzima e se une ao CO_2 antes de transferi-lo ao piruvato; o ATP libera a energia para a reação. O oxaloacetato, para ser metabolizado nesta via, deve sair da mitocôndria; isto se consegue através de sua redução com NADH, transformando-se em malato; assim, passa ao citosol onde é oxidado com NAD^+ para regenerar o oxaloacetato e NADH, o que pode agudizar a necessidade de NAD^+, precisamente no citosol, para a transformação de quantidades grandes de lactato em piruvato. O resto da gliconeogênese continua no citosol (figura 18-10).

A fosfoenolpiruvato carboxiquinase descarboxila o oxaloacetato e transfere a este um fosfato do GTP para gerar fosfoenolpiruvato e GDP. Em conclusão, a fosforilação do piruvato para formar fosfoenolpiruvato gasta duas moléculas de alto conteúdo energético, uma de ATP e outra de GTP (figura 18-9), suficientes para ultrapassar a barreira energética mencionada.

De fosfoenolpiruvato a glicose 6-fosfato

São necessárias duas moléculas de fosfoenolpiruvato para serem convertidas em frutose 1,6-bisfosfato, graças à reversibilidade das reações de GLU-4 a GLU-9 (figura 18-3). O fluxo líquido no sentido da formação da frutose 1,6-bisfosfato aumenta conforme aumente o conteúdo de fosfoenolpiruvato, mas, além disso, é necessária abundância de ATP para reverter a reação do 3-fosfoglicerato a 1,3-bisfosfoglicerato, reação GLU-7 (figura 18-3). Assim, é indispensável o excesso de NADH para passar do 1,3-bisfosfoglicerato ao gliceraldeído 3-fosfato, reação GLU-6 (figura 18-3). Duas das reações mencionadas em parágrafos anteriores formam as quantidades importantes de NADH citosólico requeridas para a etapa GLU-6 no sentido da gliconeogênese; as duas reações são a conversão de lactato em piruvato e a de malato em oxaloacetato.

A transformação da frutose 1,6-bisfosfato em frutose 6-fosfato por meio da reação GLU-3 também representa uma barreira energética e é irreversível. No entanto isto é conseguido por outra reação e sem a formação de ATP. Desta forma, a conversão da frutose 1,6-bisfosfato no monofosfato é realizada pela atividade de uma fosfatase específica que libera fosfato inorgânico e frutose 6-fosfato no fígado, a qual se transforma em glicose 6-fosfato e finalmente em glicose livre, disponível como glicose sanguínea. Outra vez, é irreversível por razões energéticas a transformação da glicose 6-fosfato em glicose por meio da reação GLU-1 e com a participação do ATP. Uma glicose 6-fosfatase, presente no fígado, rins e tubo digestivo, transforma a hexose fosforilada em glicose livre. A ausência da glicose 6-fosfatase em tecidos, como o muscular, impede a disponibilidade direta de glicose sanguínea a partir da glicose 6-fosfato muscular. Os precursores da gliconeogênese estão incluídos na figura 18-10.

Equilíbrio energético da gliconeogênese

A gliconeogênese requer energia. Em resumo, são necessárias duas moléculas de lactato para formar uma de glicose; a soma global das reações da gliconeogênese é:

$$\text{2 lactato} + 4\,ATP + 2\,GTP + 4\,NADH + 4\,H^+ + 4\,H_2O \rightarrow \text{glicose} + 4\,ADP + 2\,GDP + 2\,NAD^+ + 6\,Pi + 2\,NADH + 2\,H^+$$

Como se pode notar, são necessárias mais moléculas de NADH do que as que são recicladas. Cada molécula de gli-

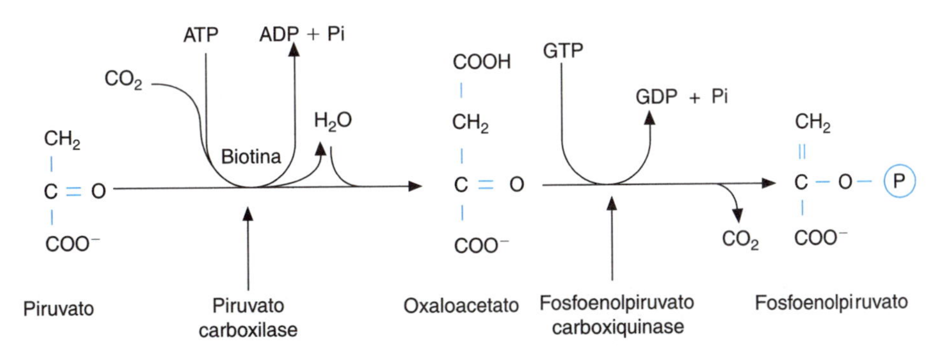

Figura 18-9. Formação de oxaloacetato e fosfoenolpiruvato a partir do piruvato.

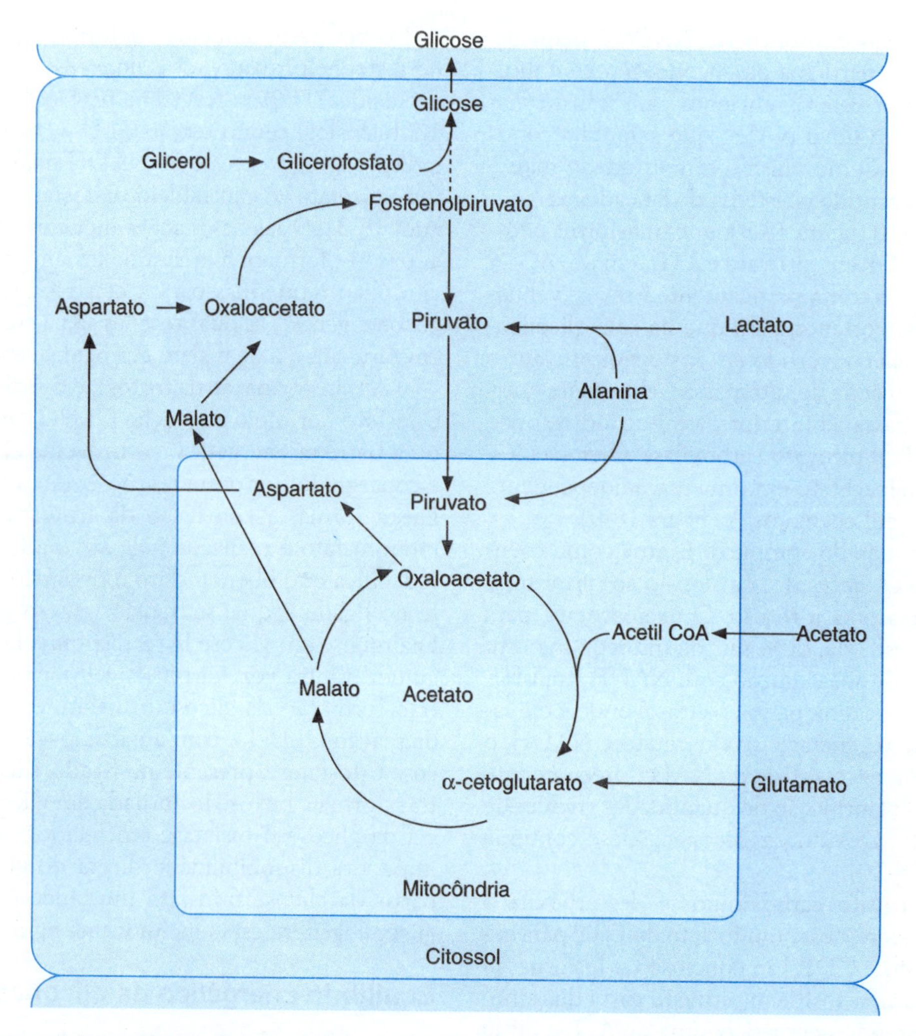

Figura 18-10. Vias gliconeogênicas no fígado. Os aminoácidos sofrem a transaminação correspondente e o glicerol é fosforilado com gasto de ATP.

cose formada estabelece um déficit de 2NADH + 2 H^+ que não se convertem em NAD^+. Como o NAD^+ e o NADH não atravessam a membrana mitocondrial é necessário uma "lançadeira" para introduzir os equivalentes redutores de cada NADH, isto é o hidreto H^-, ao interior da mitocôndria onde possam ser incorporados à cadeia respiratória.

O equilíbrio destas reações está deslocado para a direita, sempre quando a partir do NADH + H^+ se recicla o NAD^+; é um processo irreversível, como a glicólise, mas enquanto nesta são produzidas duas moléculas de ATP para cada glicose degradada a lactato, na gliconeogênese são gastas quatro moléculas de ATP e duas de GTP ao converter dois lactatos em uma glicose.

Outros substratos gliconeogênicos

A conversão de lactato em glicose é o caminho chave da gliconeogênese; no entanto, o lactato não é o único substrato da via. São considerados substratos da gliconeogênese os metabólitos que são convertidos em lactato ou em quaisquer outros intermediários da via (figura 18-10). Assim, a alanina, por transaminação origina piruvato. Os intermediários do ciclo dos ácidos tricarboxílicos se transformam em oxaloacetato, o qual pode ser convertido em glicose ou se forma por transaminação do aspartato. Os mamíferos não podem efetuar uma transformação líquida de ácidos graxos em glicose ou glicogênio; no entanto, o glicerol, componente de muitos lipídeos, pode ser convertido em glicose.

Regulação da gliconeogênese

A enzima chave da regulação da gliconeogênese é a piruvato carboxilase, cujo ativador alostérico indispensável é a acetil coenzima A. O acetato da acetil coenzima A é proveniente do piruvato; a acetil coenzima A é o inibidor alostérico de sua própria síntese e o alimentador por excelência do ciclo dos ácidos tricarboxílicos. Portanto, um conteúdo alto de acetil coenzima A provoca o funcionamento adequado do ciclo dos ácidos tricarboxílicos, impulsiona a conversão de piruvato em oxaloacetato e impede a formação de mais acetil coenzima A; a reação inicial da gliconeogênese é o primeiro sítio de sua regulação.

O segundo sítio e controle é o passo que vai da frutose 1,6-bisfosfato para frutose 6-fosfato. A frutose 1,6-bisfosfatase é inibida pelo AMP e a frutose 2,6-bisfosfato; ambos, por sua vez, estimulam o passo oposto, isto é, a síntese da frutose 1,6-bisfosfato. É uma regulação recíproca e coordenada; um aumento de ATP diminui a glicólise ao inibir o passo que vai da frutose 6-fosfato para a frutose 1,6-bisfosfato; como isto coincide com baixos níveis de AMP, se favorece a reação inversa própria da gliconeogênese. Ao contrário, um aumento de AMP estimula a glicólise ao ativar o passo que vai da frutose 5-fosfato para a frutose 1,6-bisfosfato e simultaneamente inibe a reação inversa, própria da gliconeogênese, catalisada pela fosfatase.

Papel dos hormônios na gliconeogênese

A insulina deprime a gliconeogênese ao reprimir a formação das enzimas do processo (piruvato carboxilase, fosfoenolpiruvato carboxiquinase, frutose 1,6-bisfosfatase e glicose 6-fosfatase) e facilita a glicólise. Ao contrário, os glicocorticoides, o glucagon e a adenalina induzem a síntese de tais enzimas e ativam a gliconeogênese.

Inter-relações dos órgãos na gliconeogênese

Nos mamíferos, o fígado e de maneira secundária os rins, são os órgãos em que se realiza a gliconeogênese. Outros tecidos, como o muscular e o adiposo, interferem, enviando, através do sangue, substratos apropriados para serem convertidos pelo fígado em glicose.

O primeiro processo identificado foi o ciclo do ácido lático ou **ciclo de Cori**, e compreende a série de reações para reciclar a glicose no fígado a partir do lactato muscular (figuras 18-5 e 18-11); a glicólise anaeróbica no músculo converte o glicogênio em lactato. A condição de anaerobiose no músculo, o excesso de lactato gerado e a ausência da piruvato carboxilase muscular, favorecem a passagem do lactato ao sangue, para ser captado pelo fígado, onde pela gliconeogênese, é convertido em glicose ou glicogênio. O glicogênio hepático pode gerar glicose sanguínea, mas o glicogênio muscular não libera glicose já que o músculo não tem glicose 6-fosfatase. Esta situação metabólica do músculo facilita que o piruvato capte um

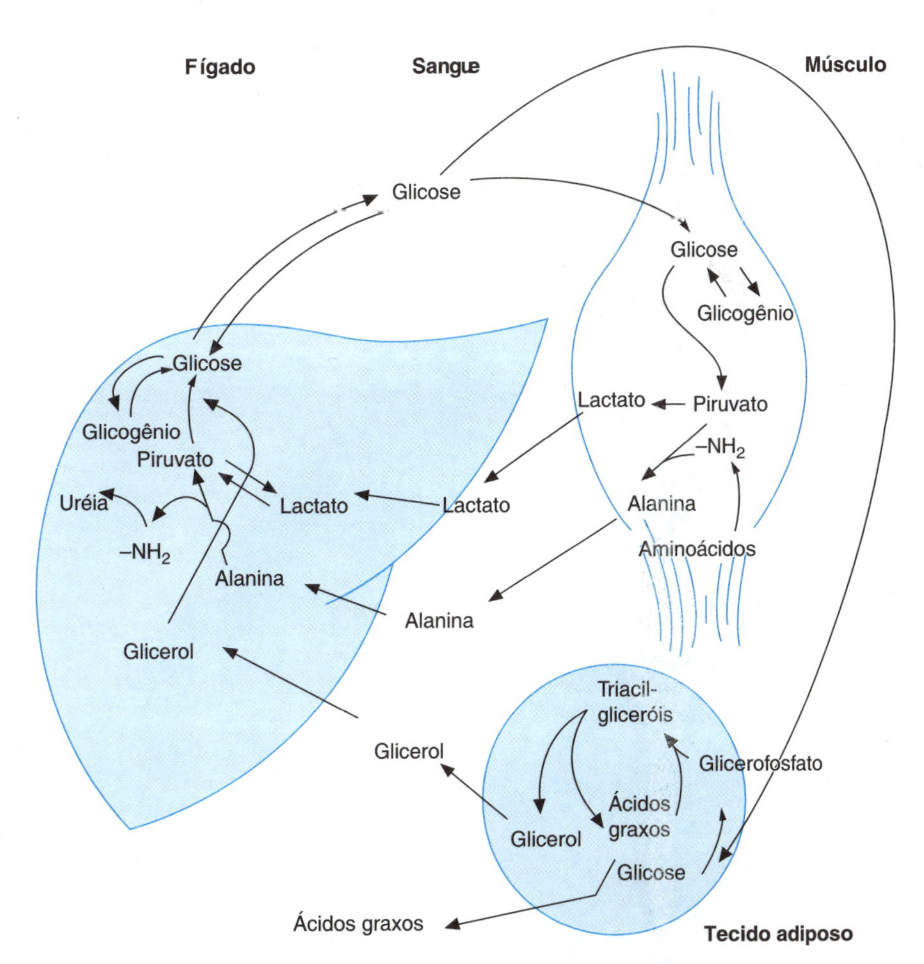

Figura 18-11. O metabolismo da glicose e substâncias associadas no músculo, fígado e tecido adiposo.

grupo amino, por transaminação, para ser convertido em alanina. Em condições fisiológicas, há um fluxo contínuo e líquido de alanina do músculo ao fígado, onde é desaminada e parcialmente transformada em glicose (figura 18-11).

O tecido adiposo libera de maneira contínua glicerol. Portanto, o glicerol formado pela degradação contínua dos triacilgliceróis armazenados nos adipócitos, sai para a circulação e é capturado pelo fígado para sua possível conversão em glicose (figura 18-11).

CATABOLISMO DE SUBSTRATOS DIFERENTES DA GLICOSE

Diversos tipos de açúcares diferentes da glicose são encontrados na natureza e podem ingressar nas células para serem metabolizados ou armazenados. A maioria são hexoses ou pentoses, ainda que predominem as primeiras. Cada um destes açúcares tem vias específicas que os incorporam à via glicolítica. A fosforilação das hexoses é realizada através de enzimas catalisadoras da transferência irreversível do fosfato do ATP. Existem dois tipos de enzimas; um tipo é a hexoquinase, com Km baixo para a glicose, pouca especificidade e amplamente distribuída; por exemplo, a hexoquinase do fígado fosforila a frutose, a manose e a glicose. O outro tipo é constituído por diferentes quinases, específicas para cada hexose, glicoquinase, galactoquinase, etc., com Km mais alto e presente apenas em certos tecidos.

A glicoquinase tem um Km de mais ou menos 10mM para a glicose (180mg por 100mL), valor fisiológico da concentração da glicose no sangue da veia porta e das células hepáticas, livremente permeáveis à glicose. Nesta situação, a velocidade com que a glicoquinase fosforila a glicose se ajusta automaticamente às variações na concentração da glicose circulante. O produto final, a glicose 6-fosfato, não inibe a glicoquinase, diferente do que é observado para a hexoquinase. A atividade de glicoquinase diminui de maneira notável nos hepatócitos no jejum ou no diabetes, isto é, quando não há carboidratos ou não podem ser aproveitados, e sobe novamente ao serem administrados alimentos ou insulina, hormônio indutor da síntese da glicoquinase no parênquima hepático. No músculo, o trabalho de fosforilação é realizado pela hexoquinase.

As isomerases específicas catalisam reversivelmente a conversão da glicose 6-fosfato em frutose 6-fosfato e desta em manose 6-fosfato. A conversão da galactose 1-fosfato (proveniente da fosforilação da galactose pela galactoquinase e o ATP) em glicose 6-fosfato e vice-versa, segue uma via mais complexa (figura 18-12). Na presença da galactose 1-fosfato uridiltransferase é catalisada uma reação de intercâmbio entre a molécula de glicose presente na UDP-glicose (difosfato de uridina de glicose) e a galactose 1-fosfato, produzindo UDP-galactose e glicose 1-fosfato; isto é, se transfere a molécula de galactose ao sítio que ocupava a glicose no nucleotídeo de uridina. A UDP-galactose formada é suscetível ao ataque de uma **epimerase**, cuja ação modifica a posição do OH e o H no carbono 4 do monossacarídeo e converte a galactose em glicose, a qual pode seguir qualquer de seus caminhos metabólicos.

Certos indivíduos não podem metabolizar a galactose e sofrem enfermidades hereditárias, galactosemias, devido a deficiências de alguma das três enzimas mencionadas antes, o que provoca aumento da galactose 1-fosfato e outros metabólitos no fígado, no olho e no cérebro, causa icterícia, cataratas e retardo mental.

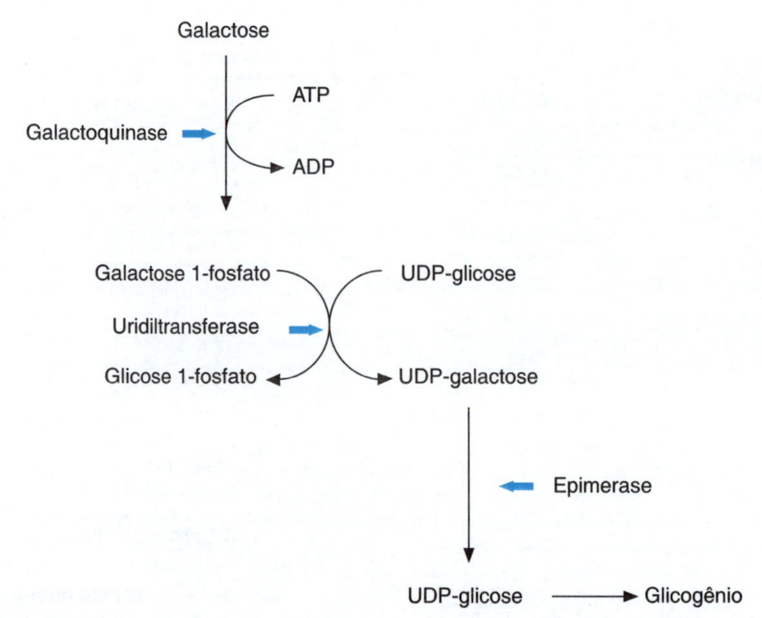

Figura 18-12. Metabolismo da galactose. A galactosemia mais conhecida é a devida à carência da uridiltransferase.

Conversão da glicose 6-fosfato em glicose

A glicose 6-fosfato só pode sair das células perdendo o fosfato. No fígado, no rim e no intestino, a glicose 6-fosfatase produz a hidrólise irreversível do éster para dar glicose e ortofosfato:

$$\text{Glicose 6-fosfato} + H_2O \rightarrow \text{glicose} + H_2PO_4^-$$

Portanto, existe um caminho para a fosforilação da glicose e outro distinto para sua desfosforilação. No músculo, como não existe glicose 6-fosfatase, a glicose 6-fosfato não é convertida em glicose.

A regulação da fosforilação das hexoses depende em grande parte da concentração do ATP; quando este diminui, diminui a fosforilação. Por outro lado, a utilização da hexose fosforilada favorece a fosforilação da hexose não fosforilada.

No caso do fígado, a fosforilação da glicose é aumentada quando aumenta a síntese da glicoquinase e este aumento aprece ser uma das ações mais importantes da insulina. A glicose tem grande facilidade para entrar no parênquima hepático, o que não ocorre no músculo e no tecido adiposo, pois aqui a insulina deve atuar sobre a membrana produzindo um aumento da permeabilidade à hexose.

Metabolismo do etanol

O etanol se origina como um produto final da fermentação em leveduras. O homem não forma etanol como um intermediário de seu metabolismo, mas tem uma enorme capacidade de oxidá-lo, apesar de que não constitui um alimento regular da dieta em todos os seres humanos. A maioria da população não ingere etanol e de nenhuma maneira este é necessário para a manutenção do estado de saúde adequado. Através da fermentação alcoólica intestinal, são produzidos 3g diários de etanol, mas o indivíduo viciado chega a consumir quantidades superiores aos 500g ao dia. Como, além disto, a oxidação do etanol libera 7kcal/g, para o indivíduo que o consome em excesso, o etanol pode chegar a ser sua única fonte de calorias. Nesta situação se diz que o etanol produz "calorias vazias": uma quantidade importante de calorias, não acompanhada pela presença de aminoácidos e nem vitaminas, portanto que não sintetizam as moléculas estruturais das células.

Quase todos os tecidos dispõem de enzimas com capacidade de oxidar o etanol; no entanto, ao ser consumido em excesso, o fígado é o principal órgão que o oxida. Foram descritos três sistemas enzimáticos que oxidam o etanol e que produzem acetaldeído: o da desidrogenase alcoólica, o sistema microssomal de oxidação do etanol (MEOS, por sua sigla em inglês) e o da catalase (figura 18-13). O único que

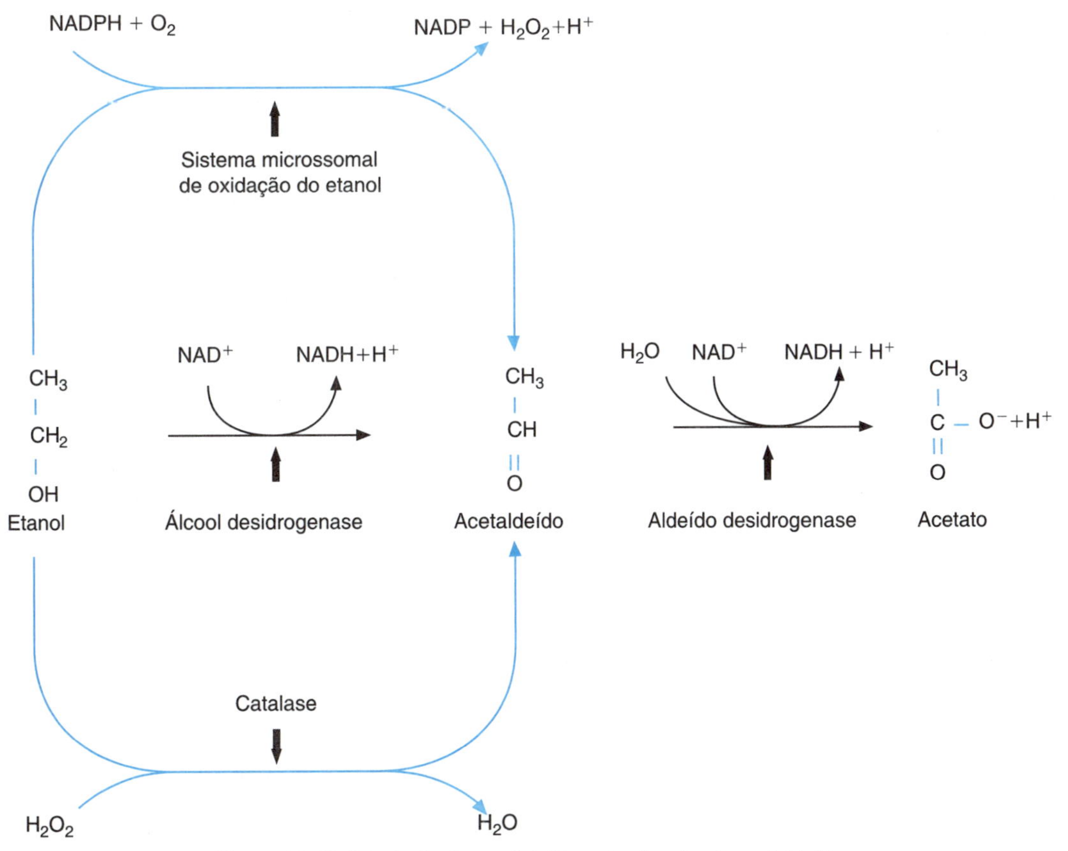

Figura 18-13. Principais vias metabólicas do etanol e do acetaldeído.

se comenta neste texto, por ser o mais importante, é o da desidrogenase alcoólica. Esta enzima se localiza no citosol do hepatócito, utiliza o NAD^+ como coenzima e forma NADH e acetaldeído. O acetaldeído, por ser um composto mais reativo que o etanol, foi relacionado à toxicidade associada ao consumo abundante de álcool. Tal acetaldeído penetra na mitocôndria e através outra oxidação catalisada pela acetaldeído desidrogenase, com a participação do NAD^+ (figura 18-13), é convertido em acetato, o qual se une à coenzima A e forma acetil coenzima A, para sua oxidação no ciclo de Krebs ou para a síntese de ácidos graxos.

É suficiente o conteúdo de álcool de uma cerveja, bebida em alguns minutos para converte todo o conteúdo de NAD^+ presente no citosol do hepatócito em NADH e comprometer por quase uma hora as reações citosólicas que requerem NAD^+; assim se observa que, em condições experimentais apropriadas, o etanol inibe a glicólise e a gliconeogênese. São várias as razões pelas quais isto ocorre. Em primeiro lugar, o número de moles de etanol em uma cerveja é várias vezes maior que o número de moles de NAD^+ contido no citosol do hepatócito. Em segundo lugar, a membrana celular e a mitocondrial são impermeáveis ao NADH, pelo que esta molécula, como tal, não pode atravessar a membrana mitocondrial e ser oxidada em seu sistema da cadeia respiratória. Em terceiro lugar, todas as desidrogenases presentes no citosol do hepatócito, cuja coenzima seja o NAD^+, compartilham do mesmo conteúdo de NAD^+ e competem por este; no caso em que todo o NAD^+ seja convertido em NADH, como acontece ao ser oxidado o conteúdo de etanol de uma cerveja, haverá uma limitação importante na velocidade das rações que necessitam do cada vez mais escasso conteúdo de NAD^+; exemplos importantes são a gliceraldeído 3-fosfato desidrogenase (figura 18-3, GLU-6), com o que será inibida a glicólise e as desidrogenases do lactato, malato e 3-glicerofosfato (figura 18-10), com o que se inibirá a gliconeogênese. Em quarto lugar e muito importante, a reciclagem do NAD^+ citosólico a partir do NADH citosólico; isto é, a oxidação do NADH no citosol do hepatócito para voltar a ter NAD^+, acontece em um processo denominado "lançadeira" que será revisado a seguir, mais lento em sua operação do que o da oxidação de uma carga do etanol contido em uma cerveja.

Como resultado do esgotamento do conteúdo de NAD^+ no citosol do hepatócito, também se limita a velocidade de oxidação do próprio etanol. Se se ingere uma segunda, e pior, uma terceira cerveja quando ainda não foi oxidado todo o etanol da primeira, o que ocorre é que aumenta a concentração do etanol no sangue e se aumenta mais à medida que se ingere mais, com o que se modifica o comportamento do indivíduo, por várias horas em função da quantidade de bebida, podendo chegar, inclusive, à morte.

Metabolismo do glicerol

Convém realizar o estudo do metabolismo do glicerol em separado; no fígado ou no tecido cardíaco, por um lado e no tecido adiposo, por outro. No tecido adiposo, o glicerol na forma de glicerofosfato, é obtido exclusivamente a partir da diidroxiacetona, intermediário da glicólise (figura 18-3, GLU-4 e GLU-5) por uma redução catalisada pela glicerofosfato desidrogenase e com o concurso do NADH (figura 18-14). Neste tecido, o glicerofosfato é utilizado primordialmente na síntese de triacilglicerídeos. Por sua vez, a hidrólise dos triacilglicerídeos armazenados no tecido adiposo dá origem a ácidos graxos e glicerol, sem o fosfato. O destino deste glicerol é sair do tecido adiposo para seu uso em outros tecidos, já que o adiposo carece da quinase que possa fosforilá-lo.

Tanto o fígado como o coração dispõe de uma glicerоquinase que na presença de ATP converte o glicerol, proveniente do tecido adiposo, em glicerofosfato. Além disso, ambos tecidos têm a capacidade enzimática para formar o glicerofosfato a partir da glicose através da glicólise e da glicerofosfato desidrogenase. O destino do glicerofosfato presente no coração pode ser para a síntese de uma diversidade de lipídeos ou para ser usado como combustível ao ser incorporado à glicólise, convertendo-se em diidroxiacetona fosfato e gerando NADH.

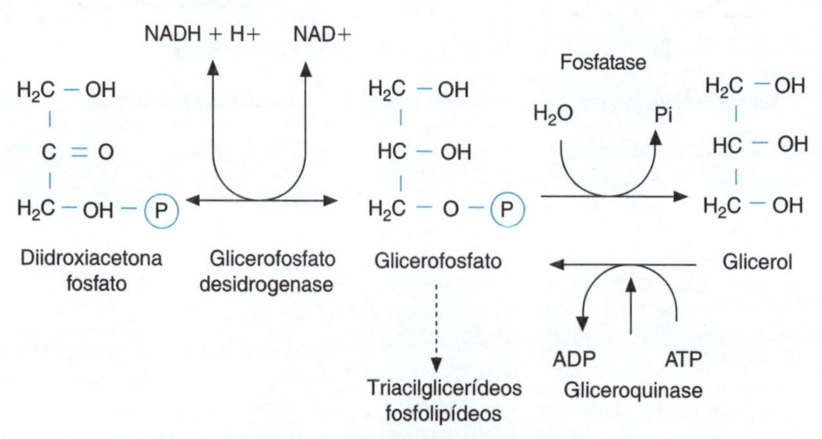

Figura 18-14. Metabolismo do glicerol.

Mas o fígado é o tecido no qual o glicerofosfato pode seguir maior número de diferentes vias metabólicas. Uma delas é a síntese de lipídeos. Outra é sua conversão em diidroxiacetona fosfato com o consumo de NAD^+ e a formação de NADH, e já como diidroxiacetona fosfato pode continuar a rota oxidativa da glicólise, ou também pode ser convertido em glicose. Uma alternativa mais é a oxidação direta do glicerofosfato por uma flavoproteína mitocondrial, com a participação de FAD e a formação de $FADH_2$ e diidroxiacetona fosfato, por uma reação diferente da catalisada pela glicerofosfato desidrogenase, dependente de NAD^+ (figura 18-14). A seguir são revisadas brevemente as três últimas alternativas.

A conversão de glicerol em glicose é um dos processos gliconeogênicos mais importantes do organismo; com um jejum de vários dias, até 70% da glicose formada pelo fígado pode vir do glicerol. Em tal situação se usará pouco glicerofosfato para sua oxidação e consumo pelo próprio hepatócito. A oxidação do glicerofosfato nas células hepáticas poderá ocorrer ao não haver um jejum prolongado, se realiza no citosol da célula e poderá ter duas alternativas; com um conteúdo alto de NAD^+ será via glicólise. Com um conteúdo baixo de NAD^+ e conteúdo alto de NADH, como acontece depois da ingestão de etanol, se oxidará via FAD e tenderá a aumentar o conteúdo de NAD^+ pelo seguinte mecanismo: o glicerofosfato presente no citosol, sem penetrar na mitocôndria, através de uma flavoproteína orientada para o citosol, oxidará tal glicerofosfato e formará diidroxiacetona fosfato; na ração, o FAD da flavoproteína de membrana será convertido em $FADH_2$, que ao continuar na cadeia respiratória mitocôndria cede os equivalentes redutores e recicla o FAD. Por sua parte, a diidroxiacetona fosfato recém-formada reagirá com o conteúdo alto de NADH e formará NAD^+ e de novo glicerofosfato, com o que poderá repetir-se o ciclo (figura 18-14). Desta forma, a oxidação mitocondrial do glicerofosfato é parte do sistema de "lançadeira" que participa na reciclagem do NAD^+ citosólico a partir do NADH. Observe que a lançadeira do glicerofosfato sacrifica uma ligação de alta energia para cada equivalente redutor introduzido na mitocôndria. Se o glicerofosfato se oxida via NAD+, a formação de NADH pode gerar três moléculas de ATP na cadeia respiratória; enquanto que, se é oxidado via FAD, o $FADH_2$ apenas dará lugar a duas moléculas de ATP.

Lançadeira

Dá-se este nome ao sistema que a célula hepática dos mamíferos usa para converter o NADH do citosol do hepatócito em NAD^+. Dito de outra forma trata-se do mecanismo molecular através do qual o NADH se desprende de seu equivalente redutor, do hidreto (H^-) que carrega. Trata-se de um sistema que opera continuamente, que é indispensável para manter o equilíbrio metabólico entre as diferentes vias localizadas no citosol do hepatócito. Sua velocidade é a adequada para ajustar as vias metabólicas normalmente presentes no fígado. Apenas a ingestão desordenada de metabólitos não formados pelo fígado, como pode ser o etanol, ocasiona alteração no equilíbrio metabólico e inibição não desejada de certas enzimas e vias completas.

Além do mecanismo mencionado para o glicerofosfato, foram descritos outros sistemas de lançadeira. Estes sistemas têm em comum as seguintes características: a) o hidreto contido no NADH é transferido a um metabólito que seja transportado através da membrana mitocondrial, com isto diminuindo o conteúdo de NADH e aumentando o conteúdo de NAD^+; b) os hidretos são transferidos ao interior da mitocôndria onde retornam ao NAD^+ mitocondrial para regenerar NADH, agora intramitocondrial, que é empregado como substrato na cadeia respiratória.

As figuras 18-15 e 18-16 incluem um resumo dos sistemas de lançadeira dos hidretos, o que é revisado neste texto. O oxaloacetato citosólico reage com o NADH e a desidrogenase málica para formar malato e NAD^+. O malato é transportado ao interior da mitocôndria onde ocorre a reação inversa à descrita no citosol; isto é, o malato e o NAD^+ na presença da desidrogenase málica mitocondrial formam oxaloacetato e NADH, cujos hidretos são consumidos na cadeia respiratória e regenera o NAD^+ mitocondrial. O oxaloacetato mitocondrial reage com o glutamato e em presença da transaminase glutâmico oxalacética forma aspartato e α-cetoglutarato. O aspartato sai da mitocôndria e no citosol volta a formar oxaloacetato em outra reação de transaminação, inversa à que acaba de ser descrita para a mitocôndria, tal como se indica na figura 18-15.

Outra alternativa para o oxaloacetato formado na mitocôndria (figura 18-16) é sua combinação com a acetil-CoA, na presença da **enzima condensante**, para formar citrato; este sai da mitocôndria e no citosol, com a participação da enzima ATP citrato liase, forma oxaloacetato e Acetil-CoA. Este oxaloacetato com NADH e a desidrogenase málica geram malato e NAD^+, o malato penetra na mitocôndria e assim introduz os hidretos e ao ser oxidado o malato com NAD^+, volta a gerar NADH e oxaloacetato, com o que mantém operando o sistema de lançadeira.

VIA COLATERAL DE OXIDAÇÃO DA GLICOSE: VIA DAS PENTOSES

Outra via degradativa da glicose é o ciclo das pentoses ou via oxidativa direta, presente no citosol celular. É independente das mitocôndrias e tem uma finalidade distinta à de obtenção de energia: proporciona pentoses e são gerados equivalentes redutores na forma de NADPH, para usá-los nos processos biossintéticos.

NA figura 18-17 se observa a dupla atividade desta via, em relação com a direção em que trabalha. Por um lado, a partir da glicose 6-fosfato, e no sentido do movi-

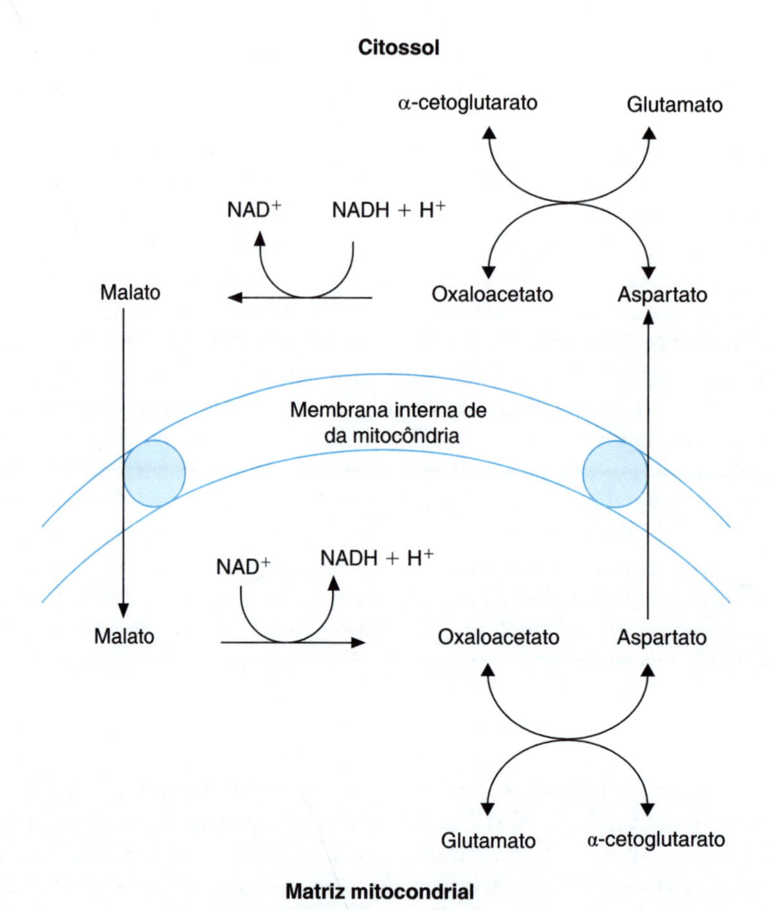

Figura 18-15. Metabólitos participantes em um sistema de lançadeira de hidretos no qual participam as transaminases.

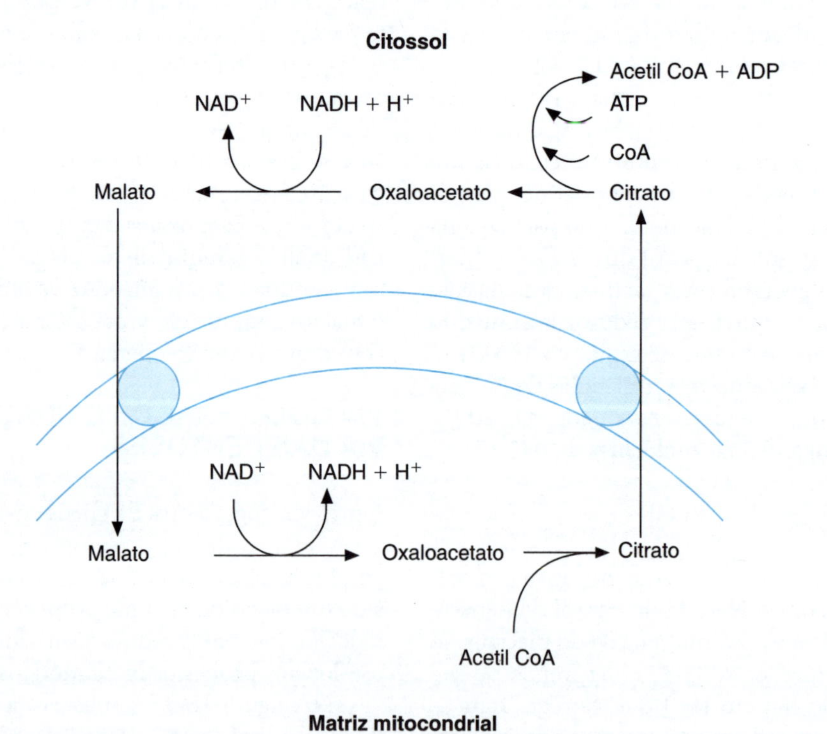

Figura 18-16. Metabólitos participantes em outro sistema de lançadeira de hidretos no qual participam a enzima condensante e a ATP citrato liase.

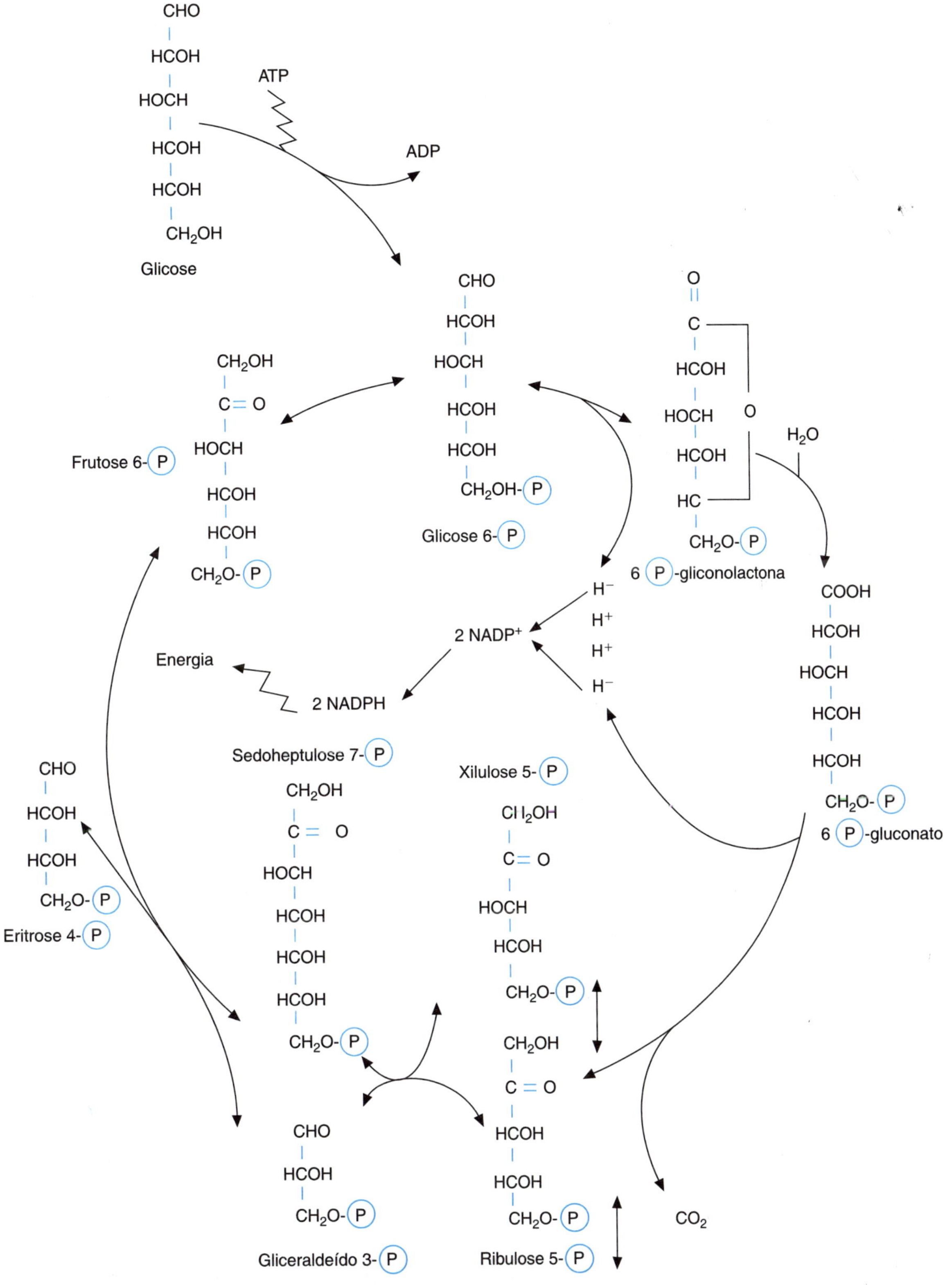

Figura 18-17. Via das pentoses.

mento dos ponteiros do relógio, o ciclo passa por fosfogliconato, pentoses, etc., até regenerar a glicose 6-fosfato. Funciona-se no sentido inverso dos ponteiros do relógio e neste caso a partir da frutose 6-fosfato, formam as pentoses, em cujo caso esta via metabólica não regenera o metabólito inicial, o ciclo é interrompido no passo oxidativo de descarboxilação, que apenas funciona na primeira direção.

Passos oxidativos

A glicose entra no ciclo como glicose 6-fosfato, em dois passos é oxidada, perde dois pares de hidrogênio e é descarboxilada para dar ribulose 5-fosfato (figura 18-17). O aceptor dos hidretos, H^-, em ambos os passos é o $NADP^+$, que se converte em NADPH. Nos glóbulos vermelhos, por exemplo, o NADPH gerado na reação anterior é empregado para formar glutationa reduzida, necessária para manter a integridade de sua membrana; a baixa de glutationa reduzida chega a causar hemólise em pessoas sensíveis ao medicamento antimalárico primaquina.

Formação de outras pentoses e conexão com a glicólise

A cetopentose ribulose 5-fosfato, por ação da isomerase correspondente, se equilibra com a aldose e a ribose 5-fosfato; ambas as formas, por sua vez, se equilibram com outro isômero, a xilulose 5-fosfato.

A transaldolase e a transcetolase estabelecem comunicação entre as pentoses fosforiladas e a via glicolítica. A **transcetolase**, em uma reação reversível, transfere segmentos de dois carbonos de uma cetose até um aldeído de uma aldose (figura 18-18), e dá origem a dois intermediários típicos da glicólise, a frutose 6-fosfato e o gliceraldeído 3-fosfato; estes, por sua vez, podem regenerar os compostos originais.

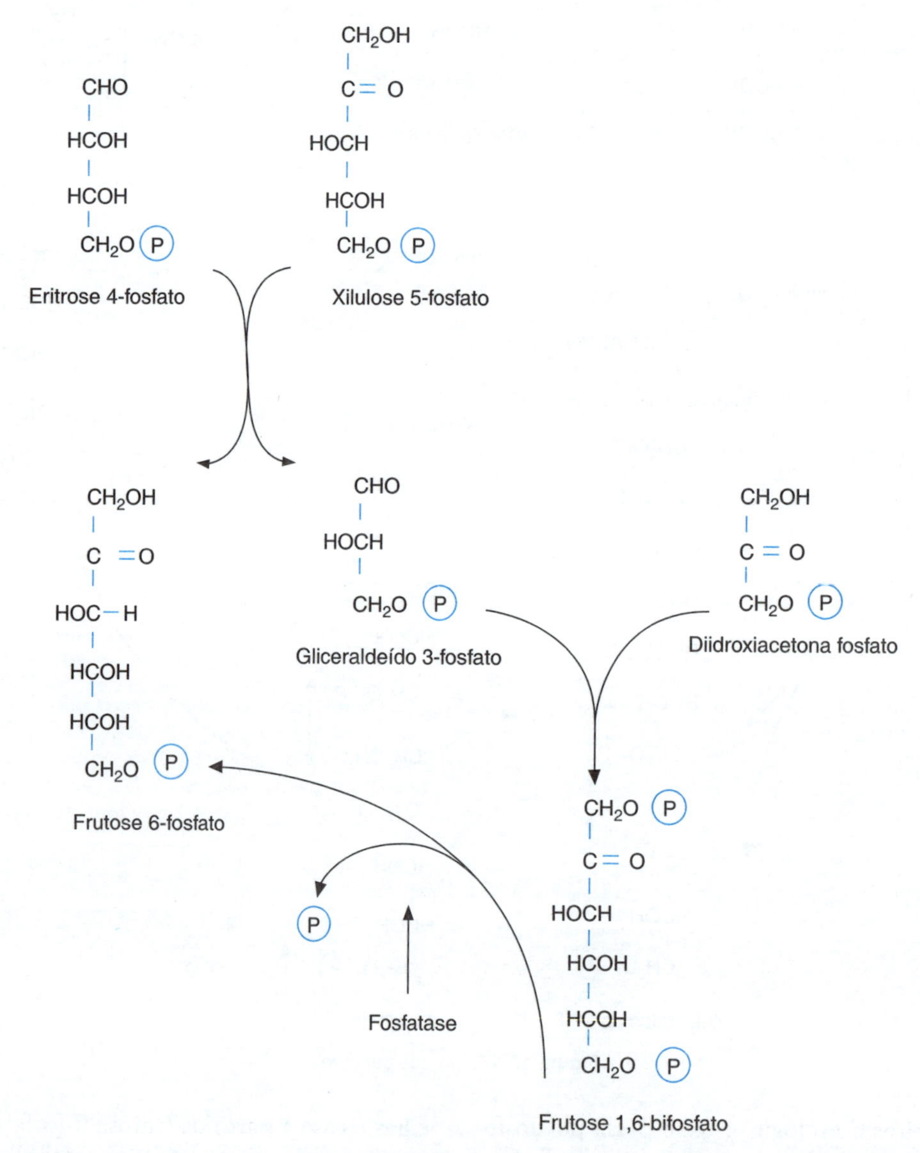

Figura 18-18. Regeneração da frutose 6-fosfato a partir de distintos metabólitos liberados na própria via das pentoses ou em outros passos metabólicos.

A **transaldolase** transfere reversivelmente um segmento de três carbonos, equivalente à diidroxiacetona, de uma cetose para uma aldose. A reação específica que catalisa a transaldolase, ao conectar o metabolismo das pentoses fosforiladas com a glicólise, se mostra na figura 18-17; a sedoheptulose 7-fosfato e o gliceraldeído 3-fosfato são convertidos em eritrose 4-fosfato e frutose 6-fosfato.

Substâncias alimentadoras e substâncias liberadas no ciclo

Os principais alimentadores do ciclo são a glicose 6-fosfato e a frutose 6-fosfato. Em algumas ocasiões, as pentoses e o gliceraldeído 3-fosfato podem alimentar a formação de hexoses.

As substâncias liberadas no ciclo são variáveis; quando este funciona em seu caminho oxidativo, se libera CO_2; em tal caso, ao serem realizadas as desidrogenações, se desprende NADPH, substância chave para os processos de síntese de ácidos graxos, colesterol, etc. Além disso, são liberadas pentoses, indispensáveis para a síntese de nucleotídeos, coenzimas e outros compostos.

Equilíbrio do ciclo

Com o ciclo funcionando com toda sua capacidade no sentido oxidativo, cada volta do ciclo implica na saída de uma molécula de CO_2, de um par de prótons (H^+) e de um par de hidretos (H^-), os quais ainda que transitoriamente passem por $NADP^+$ para formar NADPH, ao serem utilizados com outros fins (por exemplo, formação de ácidos graxos), e terminarão por serem desprendidos dos metabólitos e levados pela cadeia oxidativa até a formação de água. Portanto, são necessárias seis voltas do ciclo para liberar 6 CO_2 e 24 H (12 prótons e 12 hidretos) que formarão 12 H_2O, menos 6 que são consumidas no ciclo:

$$C_6H_{12}O_6 + 6\ O_2 \rightarrow 6\ CO_2 + 6\ H_2O$$

Ainda que estas transformações aconteçam com os metabólitos fosforilados, a igualdade é preservada e os fosfatos não são consumidos.

Regulação

As duas reações de desidrogenação do ciclo têm sua constante de equilíbrio fortemente deslocada para a oxidação dos substratos, o que as torna reações praticamente irreversíveis nas condições prevalentes na célula. Coincide na regulação do ciclo o fato de que há competição do NADP+ e do NADPH pelo sítio ativo da enzima, pelo que a relação de ambas as coenzimas, NADP+/NADPH, é decisiva para definir a proporção de glicose 6-fosfato através desta via. Em outras palavras, ao aumentar o conteúdo de NADP+, se favorece a oxidação da glicose 6-fosfato através do ciclo das pentoses; tal oxidação irá diminuir paulatinamente à medida que se forme mais NADPH. Por sua vez, o uso do NADPH com fins biossintéticos gerará mais NADP+, com o que se reativará o fluxo de carboidratos por esta via.

METABOLISMO DO GLICOGÊNIO

Apesar de a glicose ser o substrato celular por excelência, não é encontrada como tal em concentrações altas no interior das células, sendo armazenada como amido nos vegetais e como glicogênio nos animais. No indivíduo normal, o excesso de glicose circulante é armazenado em todas as células, e em primeira instância, como glicogênio; a síntese é mais ativa no fígado e nos músculos e ao diminuir-se sua capacidade de armazenamento, se ainda há excesso de glicose esta é armazenada como lipídeo, preferencialmente no tecido adiposo. Durante o período de jejum, o glicogênio armazenado gera a glicose com a qual foi formado, para ser o combustível celular e satisfazer as demandas energéticas de suas funções. A via de síntese é independente da via de degradação, arranjo que favorece o controle fino que existe no metabolismo deste composto.

Síntese de glicogênio. Glicogênese

Na via metabólica descrita por Leloir, o glicogênio se forma pela incorporação repetida de unidades de glicose, oferecida ao sistema na forma de UDP-glicose, a uma semente de glicogênio já formada, que não é menor do que quatro moléculas de glicose unidas entre si. O único alimentador da via glicogênica é a glicose 6-fosfato; nesta via se transfere o grupo fosfato da posição 6 da glicose 6-fosfato para a posição 1, formando-se a glicose 1-fosfato, reação catalisada pela fosfoglicomutase.

$$\text{Glicose 6-fosfato} \rightarrow \text{glicose 1-fosfato}$$

Em seguida é sintetizado o nucleotídeo uridina bisfosfato de glicose UDPG, pela enzima pirofosforilase do UDPG que utiliza glicose 1-fosfato e uridina trifosfato, UTP e, de forma reversível, libera UDPG e pirofosfato, PPi. Uma pirofosfatase quebra a ligação de alta energia do PPi, o converte em fosfato inorgânico (PPi $\rightarrow$ Pi + Pi) e impede a reversibilidade da reação catalisada. Em seguida, o UDPG, por ação da glicogênio sintase, cede o resíduo de glicose a uma molécula de glicogênio, onde é incorporada na posição α-1,4, único tipo de ligação glicosídica formada pela glicogênio sintase (figura 18-19).

A glicogênio sintase não pode introduzir moléculas de glicose em ligações α-1,6, que correspondem aos pontos de ramificação da molécula de glicogênio, pelo que é necessário a participação de outra enzima, a amilo 1,4

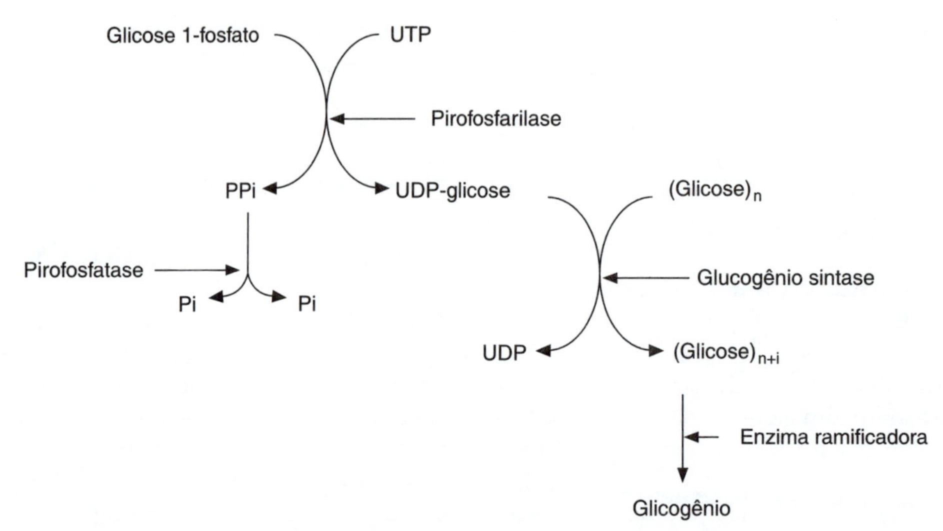

Figura 18-19. Síntese de glicogênio por meio da uridina difosfato de glicose (UDP-glicose).

→ 1,6 transglicosilase ou enzima ramificadora, que transporta seis ou sete unidades de amilose ao carbono 6 da glicose do extremo crescente (figura 18-20), pelo que a molécula de glicogênio nascente apresenta duas extremidades de crescimento. Ao multiplicar-se a ação da transglicosilase se multiplicam as extremidades de crescimento do polissacarídeo. A ramificação do glicogênio tem outro efeito importante, que é o aumento de sua solubilidade, além do que aumenta sua velocidade de síntese e, no momento certo, a degradação do próprio glicogênio.

Degradação do glicogênio. Glicogenólise

Como é mostrado na figura 18-21, a glicose é eliminada dos polissacarídeos de reserva de maneira escalonada; isto é, liberando unidades de glicose, pela hidrólise da ligação α-1,4, entre unidades de glicose sucessivas, com a participação de fosfato inorgânico, pelo que se libera o monossacarídeo fosforilado, a glicose 1-fosfato. O processo é uma fosforólise que é apresentada na figura 18-21. Tanto o glicogênio como o amido são hidrolisados de maneira similar por meio da ação das enzimas glicogênio fosforilase e fosforilase do amido, respectivamente. A fosforilase atua sobre o glicogênio até chegar próxima de uma ramificação, pois a ligação glicosídica α-1,6 detém sua ação. Aqui entra uma enzima com dupla atividade, por um lado de transferase desprende três das glicoses terminais da rama (figura 18-22) e as transfere, em ligação α-1,4 a outro ramo do glicogênio, e por outro, de amilo 1,6 glicosidase, hidrolisando na ausência de fosfato, o resíduo de glicose em posição 1,6 que persistiu aderido lateralmente à cadeia, a qual fica disponível para sua hidrólise por meio da fosforilase.

A glicose 1-fosfato liberada pela ação da fosforilase é convertida em glicose 6-fosfato pela enzima fosfoglicomutase, assim a glicose 6-fosfato entra na via glicolítica. É importante destacar que a glicose que é armazenada na forma de polímeros entra na via glicolítica como glicose 6-fosfato, sem a participação de ATP, requerido para a fosforilação inicial do açúcar livre. Consequentemente, é produzida uma molécula a mais de ATP quando a glicose é hidrolisada do polissacarídeo do que quando é obtida do açúcar livre, como monossacarídeo inicial. Os polissacarídeos apresentam uma

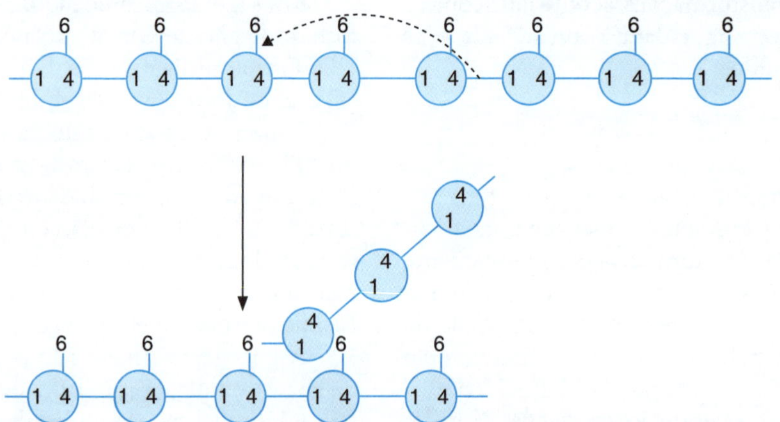

Figura 18-20. Forma de atividade da amilo (1,4 → 1,6) transglicosidase; a glicose atacada no carbono 1 muda sua inserção ao corpo da cadeia, da posição 1,4 para a posição 1,6.

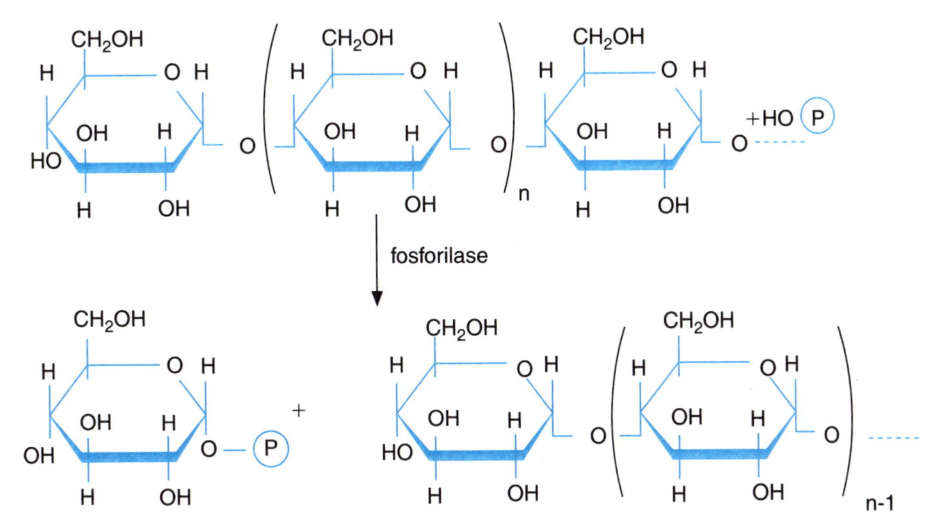

Figura 18-21. Degradação do glicogênio por meio da fosforilase.

forma de armazenamento de unidades de glicose mais alta de energia do que a contida no monossacarídeo livre.

Regulação da síntese e degradação do glicogênio

Em condições normais, a glicose é armazenada na forma de glicogênio, disponível para prover a energia requerida na atividade muscular, no jejum ou em situações de urgência. O glicogênio hepático e muscular, em um homem adulto jovem, é de uns 350g; a massa muscular com um peso de 35kg e menos de 1% de glicogênio contêm 250g e o fígado o resto.

O glicogênio muscular funciona como material de reserva para o exercício muscular; o glicogênio hepático libera glicose para a circulação.

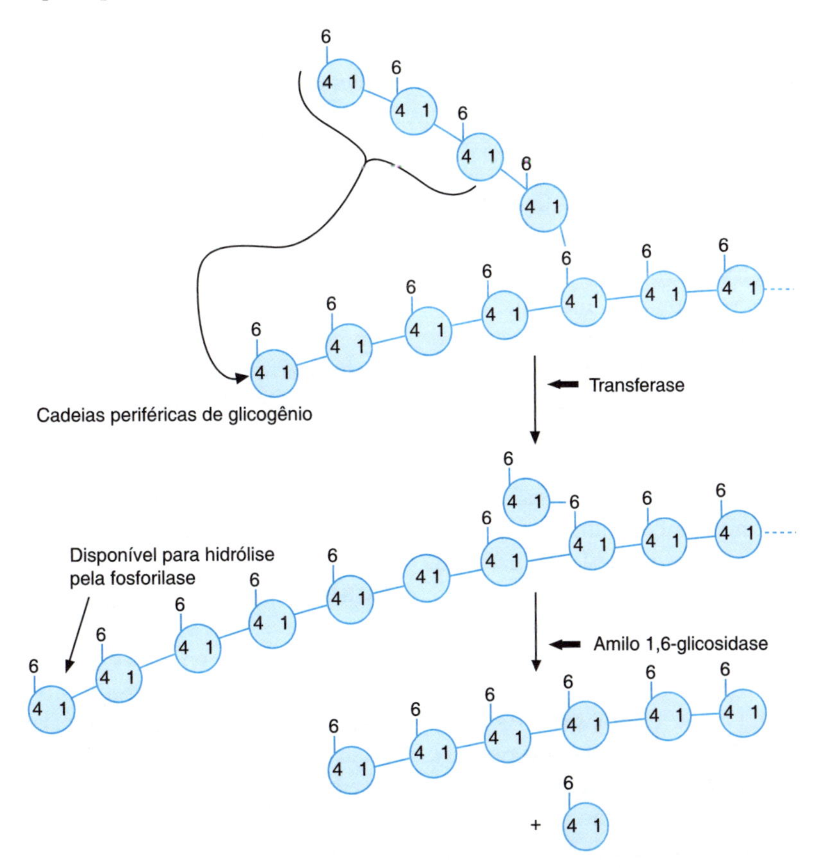

Figura 18-22. Degradação da molécula de glicogênio, participação da amilo 1,6-glicosidase.

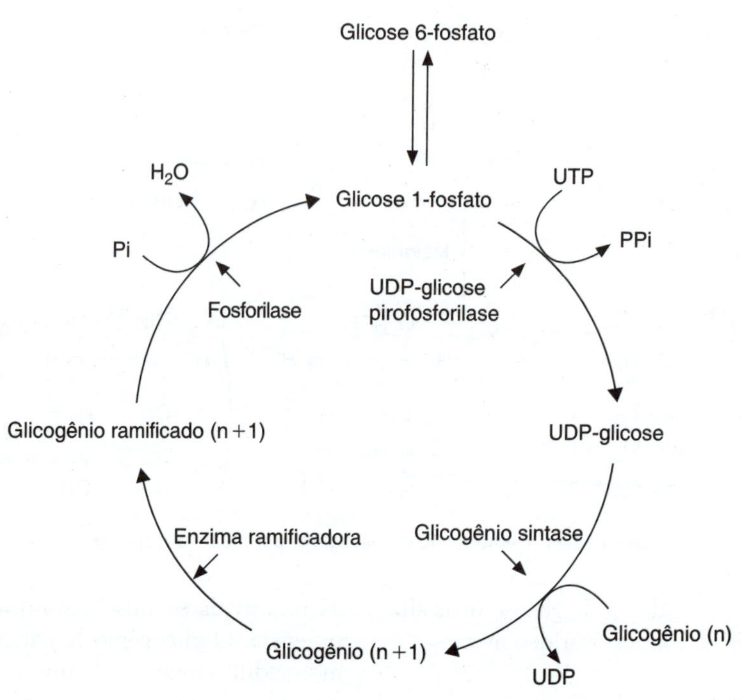

Figura 18-23. Esquema simplificado da conversão de glicose em glicogênio e de glicogênio em glicose. O metabolismo do glicogênio é representado como um ciclo unidirecional.

A existência de duas vias, uma para a síntese do glicogênio e outra para sua degradação (figura 18-23), permite sistemas de ajuste muito finos para o fluxo metabólico, sobretudo no fígado e nos músculos, dada a abundância de glicogênio em ambos estes tecidos.

A regulação da síntese e da degradação do glicogênio está condicionada à ativação ou inativação das enzimas chave do processo, dependentes, por sua vez, de fatores celulares locais ou da presença de compostos como os hormônios.

Glicogênio sintase. É uma enzima chave, reguladora da síntese do polissacarídeo. Existe em duas formas: a fosforilada ou glicogênio sintase e a inativa, fosforilada em vários sítios, geralmente em aminoácidos como a serina e a treonina. Esta fosforilação é realizada pela ação de uma proteína quinase, que adiciona fosfato em ligação Ester, sendo este último um dos poucos exemplos em que a fosforilação inativa um sistema biológico. Ainda que a glicogênio sintase b, por si mesma seja muito pouco ativa, pode ser estimulada por concentrações altas de glicose 6-fosfato. A outra forma da enzima é a desfosforilada ou glicogênio sintase a, que é ativa independentemente da concentração de glicose 6-fosfato. Quando ocorre ativação por glicose 6-fosfato, esta é do tipo alostérico; além disso, o efeito da glicose 6-fosfato é detido quando aumenta a concentração de UDP no citoplasma. As duas formas da glicogênio sintase são interconversíveis por enzimas com atividades opostas. Por um lado, as quinases da glicogênio sintase fosforilam a glicogênio sintase ativa e a tornam inativa e dependente de glicose 6-fosfato (figura 18-24); por outro, as fosfatases da glicogênio sintase eliminam o fosfato da forma inativa da glicogênio sintase e a convertem em sua forma ativa, não fosforilada (figura 18-24). Ao menos uma das quinases da glicogênio sintase se encontra na forma inativa, e se transforma na forma ativa na presença de AMPc.

O AMPc é formado a partir do ATP (figura 18-25) por ação da enzima adenilato ciclase, localizada na membrana plasmática da célula, como resposta à ligação de um hormônio (por exemplo, glucagon), ao receptor específico do hormônio. A participação do AMPc no metabolismo do glicogênio foi definida por Sutherland, quem descobriu que como produto da ativação da fosforilase por hormônios em um sistema livre de células, se produzia um composto termoestável, de baixo peso molecular, nucleotídeo de ribose e adenina, cuja identificação foi a do AMPc. O conhecimento de como este nucleotídeo participa no metabolismo do glicogênio se deve a E. Krebs e D. Walsh, que demonstraram a ativação de uma proteína quinase pelo AMPc; esta é a enzima que fosforila a fosforilase e a glicogênio sintase.

Fosforilase do glicogênio

A fosforilase é a enzima chave na regulação da glicogenólise. Esta enzima é diferente no fígado e no músculo. No fígado existe em duas formas (figura 18-26); a **fosforilase a** corresponde à forma mais ativa da enzima e a **fosforilase b** é a forma menos ativa da enzima. Na fosforilase a, a ativa, suas subunidades se encontram fosforiladas (fosfoserinas); enquanto que a relativa inatividade da forma b da enzima, se relaciona com a desfosforilação das seri-

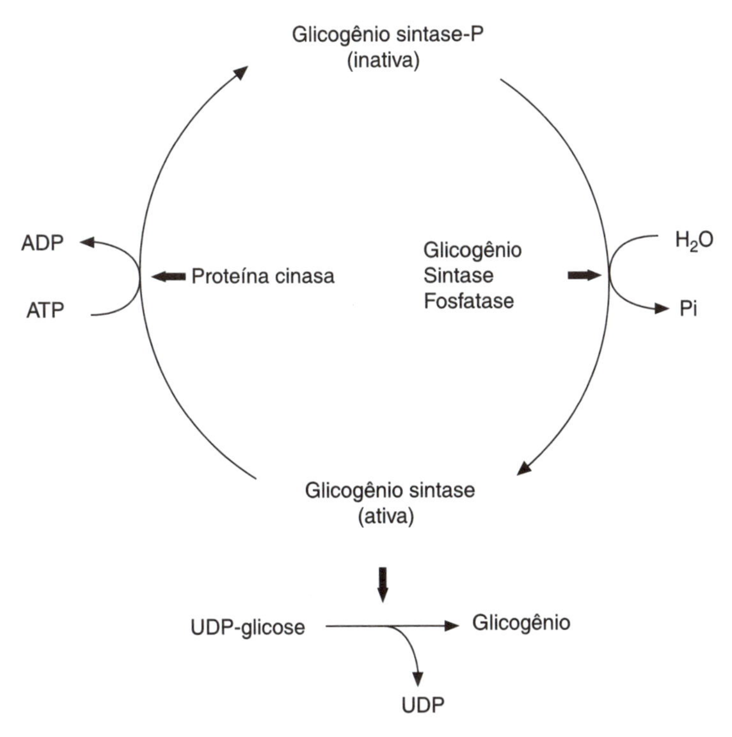

Figura 18-24. Processo de ativação e inativação do glicogênio sintase. O glicogênio sintase ativa se encontra desfosforilada e se origina a partir da forma inativa que está fosforilada. A passagem de fosforilada a desfosforilada é catalisada por uma fosfatase que é inibida com altas concentrações de glicogênio; esta inibição não é observada ao haver excesso de glicose 6-fosfato; sua passagem de desfosforilada a fosforilada é catalisada pela proteína quinase.

nas. A conversão da forma b à forma a da enzima requer a fosforilação a partir de ATP como doador dos grupos fosfato, ração catalisada pela enzima fosforilase quinase. Esta última, por sua vez, existe em duas formas, ativa e inativa; a conversão da forma inativa à forma ativa é uma reação catalisada pela enzima proteína quinase. A ativação da fosforilase quinase é afetada pela presença da molécula de 3´5´AMP cíclico (AMPc), cuja estrutura e síntese são mostradas na figura 18-25; esta é uma molécula reguladora muito importante nos sistemas de mamíferos, o qual levou a defini-la como um dos mais importantes segundos mensageiros celulares, termo que reconhece a primazia dos hormônios como primeiros mensageiros, mas destaca o papel do AMPc como mediador e potencializador do efeito dos hormônios. A concentração do AMPc na célula aumenta pela ação do glucagon, o qual pode indiretamente estimular a enzima adenilato ciclase responsável pela síntese do AMPc a partir do ATP.

Síntese e degradação do polissacarídeo glicogênio

A fosforilase do fígado e dos músculos difere do ponto de vista imunológico, mas tem em comum que ambas são dependentes de fosfato de piridoxal, que se liga à lisina 680 da enzima, molécula cuja função não é conhecida dentro da enzima, já que a redução com borohidreto de sódio da base de Schiff, com a que o fosfato de piridoxal se une à proteína, não ativa a enzima. Por cristalografia se sabe que o grupo fosfato do fosfato de piridoxal se localiza próximo do sítio ativo, sendo

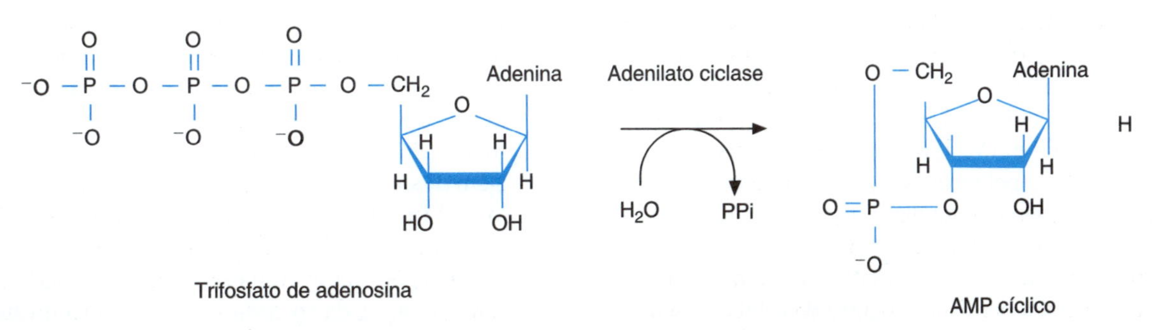

Figura 18-25. Síntese do AMP cíclico a partir de trifosfato de adenosina.

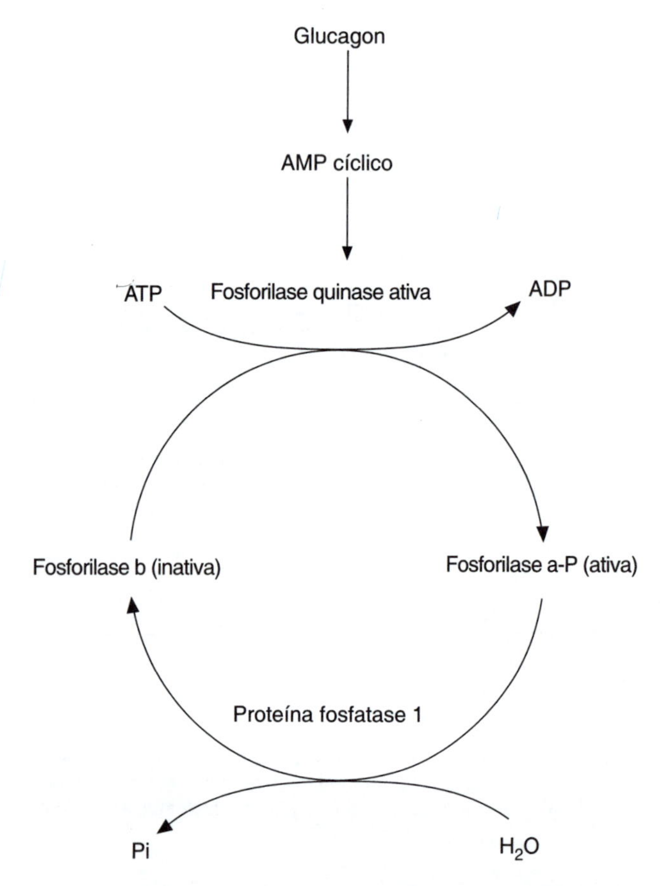

Figura 18-26. Ativação e inativação da fosforilase. Exemplifica-se o caso da fosforilase quinase, que é ativa devido à presença de AMP cíclico, o qual se formou como uma resposta ao estímulo por glucagon.

este um exemplo de "oportunismo" molecular no qual se usa o mesmo cofator para realizar atividades químicas diferentes. As duas enzimas são ativadas pela fosforilação de resíduos serina ou treonina. No tecido muscular, a fosforilase b, a inativa, é ativada quando existem concentrações altas de AMP, que alostericamente a modificam, enquanto que o ATP é um efetor alostérico negativo que a inibe por competição com o AMP. A ativação da fosforilase b é bloqueada pela glicose 6-fosfato já que se liga ao sítio do AMP. Em condições fisiológicas, a fosforilase b muscular é inativa pela inibição mediada por concentrações altas de ATP e de glicose 6-fosfato, condições que refletem uma carga energética alta. Quando diminui a concentração de ATP e glicose 6-fosfato se ativa a fosforilase b; isto é, sob condições energéticas baixas da célula. A forma ativa da enzima, a fosforilase a muscular, é completamente ativa, independentemente das concentrações de nucleotídeos (ATP e AMP) ou de glicose 6-fosfato. Quando o músculo se ativa pelo exercício, aumenta a concentração de AMP com a consequente diminuição do ATP, o que leva à ativação da enzima e degradação do glicogênio; isto unido à ausência da enzima glicose 6-fosfatase faz com que a glicose 6-fosfato liberada permaneça dentro da célula muscular e seja utilizada para obter a energia necessária.

A regulação da fosforilase hepática é diferente da observada para a enzima muscular, já que o AMP não tem efeito ativador e a forma ativa da enzima, neste caso, é inativada pela concentração de glicose, que ao alcançar certa concentração se une à enzima inativando-a, enquanto que não é sensível à concentração de AMP. A explicação destas diferenças de regulação é aparentemente o objetivo de cada enzima; no caso do músculo, a glicose liberada é utilizada pelas próprias células musculares, enquanto que no caso do fígado, a glicose liberada é exportada a outros tecidos, o que acontece em resposta à diminuição na concentração de glicose sanguínea.

Integração da síntese e degradação do glicogênio. Como recapitulação, é conveniente revisar a integração entre a síntese e a degradação do glicogênio hepático, mediado pelo AMPc como segundo mensageiro e pelas ações da glicogênio sintase e da fosforilase. A diminuição da glicose sanguínea pode ser o mecanismo desencadeante de um aumento na glicogenólise hepática e a correspondente inibição da glicogênese. A hipoglicemia ocasiona uma liberação de glucagon que, ao ligar-se a seus receptores hepáticos, leva a um aumento no conteúdo intracelular de AMPc, o que produz um aumento da proteína quinase com atividade para fosforilar, na presença de ATP, a glicogênio sintase e também a fosforilase. A fosforilação da glicogênio sintase inativa a enzima e abate a síntese de glicogênio. Simultaneamente, a fosforilação da fosforilase a ativa e aumenta a degradação do glicogênio presente (figura 18-27).

A fosforilase ativa, além de catalisar a degradação de glicogênio, controla a síntese do próprio glicogênio para inibir a atividade da fosfatase-1.

A fosfatase- 1 catalisa a desfosforilação de duas enzimas que têm um fosfato em sua molécula, a glicogênio sintase e a fosforilase, com esta eliminação do fosfato, a primeira das duas enzimas a glicogênio sintase se ativa, enquanto que a segunda das enzimas, a fosforilase, se inativa.

Papel dos hormônios

Os principais hormônios reguladores do glicogênio tecidual são os seguintes:

1. A **insulina** favorece a conversão da glicose em glicogênio quando a glicose sanguínea está elevada; o efeito da insulina é mais notável no músculo em relação com o fígado, talvez porque neste último a glicose entre livremente. A insulina promove a fosforilação da glicose e, além disso, ativa a glicogênio sintase, através do estímulo da fosforilação da sintase, simultaneamente inativa, também por desfosforilação, a fosforilase.

   As ações da insulina são em parte mediadas por uma ativação da fosfodiesterase. A fosfodiesterase é a enzima que converte o AMPc em AMP, ou seja,

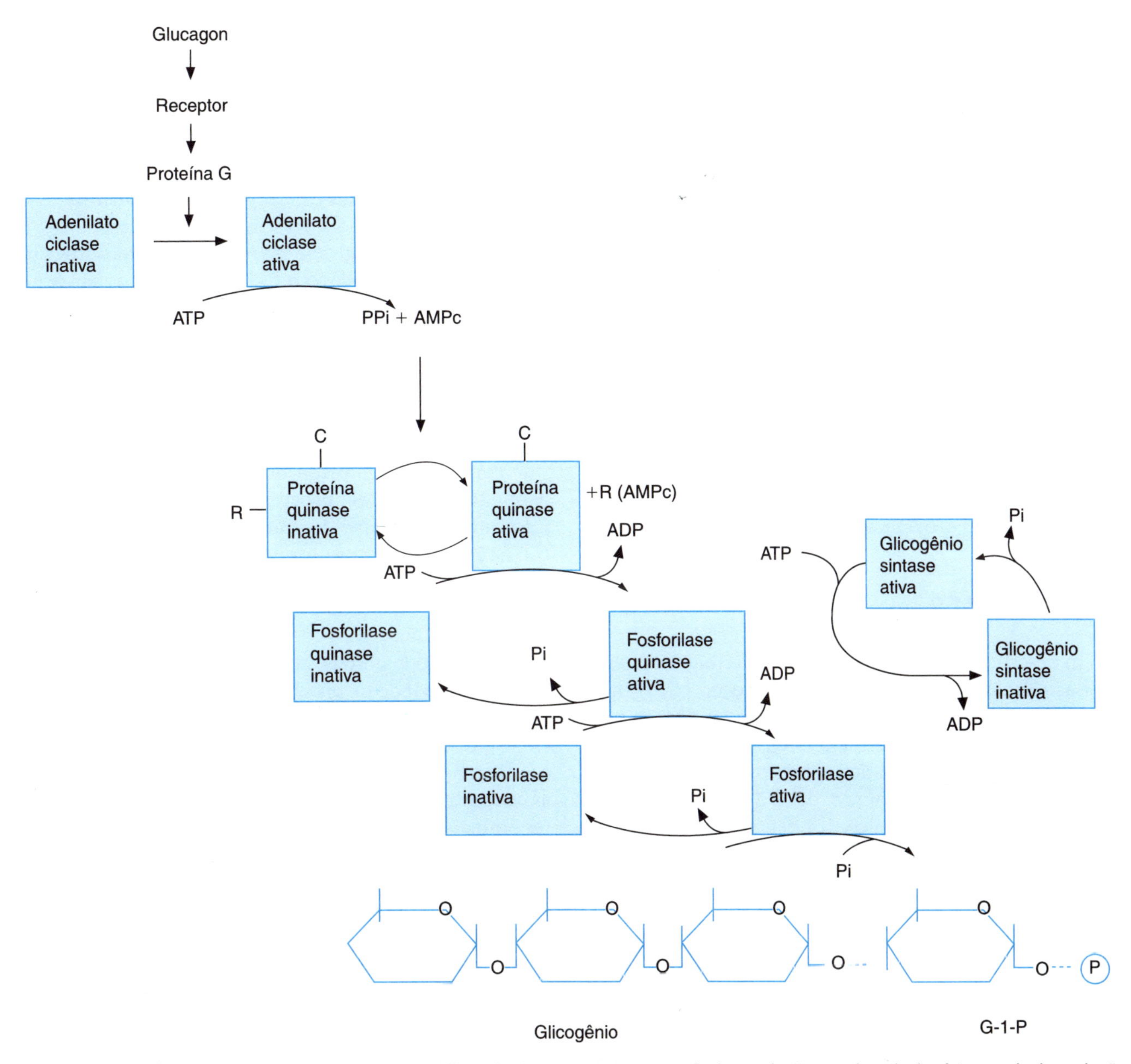

Figura 18-27. Mecanismo molecular do efeito glicogenolítico do glucagon, como exemplo de regulação coordenada da síntese e da degradação do glicogênio hepático. Trata-se de um sistema constituído por um hormônio; um complicado sistema de amplificação e uma resposta final (a liberação de glicose). Cada etapa do sistema de regulação representa uma multiplicação do sinal recebido. O glucagon se liga com um receptor específico da membrana celular, com o que ativa a adenilato ciclase e é formado AMPc. O AMPc atua sobre a proteína quinase, se liga ao peptídeo regulador (R) e o desprende do peptídeo C e assim aumenta sua atividade. A proteína quinase ativa, o peptídeo C, fosforila outra quinase (a fosforilase quinase) e ao fosforilá-la a torna ativa para que, por sua vez, fosforile a fosforilase, a converta em ativa e degrade o glicogênio. Simultaneamente, a mesma proteína quinase fosforila a glicogênio sintase e a inativa, com o que abate a síntese de glicogênio.

abaixa o conteúdo de AMPc (figura 18-25) e assim previne ou reverte suas ações.

2. **A adrenalina** promove em animais normais a conversão do glicogênio hepático em glicose, o qual produz hiperglicemia; o hormônio também favorece a transformação do glicogênio muscular em glicose 6-fosfato.

   Em geral, a ação hepática da adrenalina e das catecolaminas se inicia pelo estímulo dos alfa-receptores adrenérgicos, produzindo a seguinte sequência de fatos: mobilização de Ca2+ para o citosol, ativação de quinases e fosforilação da fosforilase b inativa que passa à sua forma ativa, simultaneamente à fosforilação da glicogênio sintase ativa para torná-la inativa.

3. O hormônio pancreático **glucagon** não atua sobre o glicogênio muscular, mas acelera a degradação do glicogênio hepático à glicose, por ativar a fosforilase

e desativar a glicogênio sintase; fenômenos devidos à fosforilação das enzimas desfosforiladas.

É interessante comparar as ações do glucagon e das catecolaminas sobre o glicogênio hepático. Ambos hormônios produzem glicogenólise pela ativação de umas enzimas e a inativação de outras; com o glucagon, o efeito é mediado principalmente pelo AMPc; com as catecolaminas, o efeito é mediado por Ca2+.

4. Os glicocorticoides suprarrenais **cortisol** e **corticosterona** promovem a conversão de aminoácidos em glicogênio hepático e glicose sanguínea, ao estimular a gliconeogênese e aumentar o glicogênio hepático através da ativação da glicogênio sintase.
5. Os hormônios da hipófise são antagonistas da insulina e inibem a utilização dos carboidratos; sua falta permite o domínio da insulina, o incremento do glicogênio tissular e a baixa da glicose sanguínea, favorecendo a oxidação do açúcar e o acúmulo de glicogênio.

GLICOGENOSES

Foram descritas as glicogenoses, raras enfermidades hereditárias relacionadas com o metabolismo do glicogênio; a primeira reconhecida por Von Gierke se denominou enfermidade glicogênica. Atualmente se distinguem oito variedades cujas características principais são resumidas no quadro 18-2; em algumas delas (enfermidades de McAdrle e de Hers) se encontra deficiência da fosforilase muscular e da fosforilase hepática, respectivamente; este fato é de interesse ao revelar diferente identidade de ambas fosforilases e seu controle genético independente.

INSULINA E DIABETES MELLITUS

A insulina é um hormônio proteico que é sintetizado nas células beta das ilhotas de Langerhans no pâncreas.

Os efeitos metabólicos da insulina são, entre outros, favorecer a entrada de glicose no músculo, em seus três tipos (estriado, liso e cardíaco), no tecido adiposo, nos leucócitos, na glândula mamária e na hipófise. Outros tecidos como o SNC, a mucosa intestinal, o cristalino, os nervos, os vasos sanguíneos e as células das ilhotas de Langerhans são livremente permeáveis à glicose. No fígado, a insulina não é necessária para a entrada de glicose nas células, mas é requerida para a ativação da enzima glicoquinase.

Por sua vez, o glucagon, outro hormônio proteico, também é sintetizado pelo pâncreas. Seu órgão alvo é o fígado. Enquanto que o papel da insulina é diminuir a concentração sanguínea de glicose, o glucagon tem o efeito contrário, aumentar a concentração de glicose sanguínea estimulando a glicogenólise no fígado e a lipólise no tecido adiposo.

A determinação da concentração de glicose sanguínea em um indivíduo normal, em jejum e depois de tomar uma quantidade grande de glicose ou de sacarose, seguida através do tempo, permite construir a curva normal de glicose circulante, curva de tolerância à glicose, a qual apresenta as características que são mostradas na figura 18-28. Quando as concentrações de glicose circulante se desviam dos valores normais, seja em tempo ou em concentração, isto é um indicativo de patologia, como se mostra na mesma figura.

Quadro 18-2. Glicogêneses

Tipo	Nome	De ciência e clínica
I	de Von Gierke	Glicose 6-fosfatase, hipoglicemia, cetose, hiperlipidemia, hepatomegalia; a glicogenólise não é estimulada por adrenalina ou glucagon
II	de Pompe	1,4-glicosidase, o coração é o órgão mais afetado, em outros casos se afeta o SNC
III	de Cori	Amilo 1,6-glicosidase, baixa resposta à adrenalina ou glucagon, hipoglicemia
IV	de Andersen	1,4-1,6-glicosidase, cirrose hepática
V	de MacArdle	Fosforilase do músculo aumenta o conteúdo de glicogênio no músculo, diminuição da lactato e piruvato sanguíneos depois do exercício intenso
VI	de Hers	Fosforilase do fígado, não se hidrolisa o glicogênio hepático
VII	de Tarui	Fosfofrutoquinase, parecida ao tipo V, diferente origem genética
VIII	--------	Atividade de fosforilase quinase hepática, hipoglicemia, hepatomegalia
IX	--------	Fosforilase quinase hepática, degeneração cerebral
X	--------	Proteína quinase dependente de AMP (em fígado e músculo), hepatomegalia, hipoglicemia e acidose

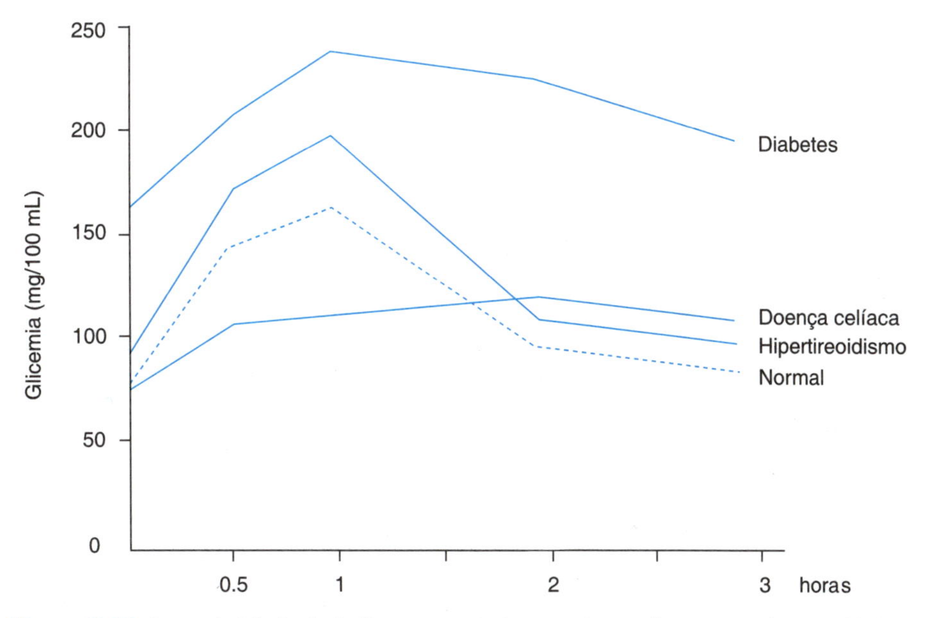

Figura 18-28. Curva de tolerância à glicose em estado normal e em diversos quadros patológicos.

Uma das principais causas de concentrações altas de glicose circulante é que não entra nos tecidos, o que tem diversas causas; mas principalmente se deve à diminuição da concentração de insulina ou à resistência a este hormônio, secretado pelas células das ilhotas de Langerhans no pâncreas, condição chamada de diabetes mellitus.

O diabetes mellitus é uma enfermidade de natureza complexa e multifatorial, que afeta o metabolismo de carboidratos, lipídeos e proteínas. Do diabetes mellitus existem dois tipos principais, sendo o que se inicia em idades jovens ou o diabetes juvenil e a que se apresenta no adulto; no primeiro caso, diminui de maneira muito importante a quantidade sintetizada do hormônio (em ocasiões sua concentração é menos de 5%), quando se requer o hormônio por aumento de glicose circulante, este não é secretado pelo pâncreas, pelo que é necessário administrá-lo. No diabetes do adulto, a concentração de insulina pancreática pode ser normal, e o que está alterado é o tempo de resposta do pâncreas, que aparentemente libera a insulina de maneira retardada; ou então os receptores da insulina na membrana plasmática da célula alvo se encontram diminuídos ou modificados, de maneira que não reconhecem a insulina.

As consequências metabólicas do diabetes do adulto são as seguintes:

1. Hiperglicemia e glicosúria, que persistem durante o jejum.
2. O glicogênio hepático diminui a níveis muito baixos. O glicogênio do músculo também diminui, mas em menor proporção.
3. A glicose ingerida e endógena não é incorporada às células insulino dependentes (músculo e tecido adiposo), sendo excretada pela urina.
4. O quociente respiratório diminui o que indica a utilização metabólica de outra fonte de energia diferente dos carboidratos.
5. Estimula-se a degradação das proteínas teciduais
6. A administração de glicose não reflete um aumento de piruvato e lactato, o que ocorre no indivíduo normal.
7. São produzidas grandes quantidades de corpos cetônicos, consequência da utilização de lipídeos como fonte de energia.
8. Junto com a perda de glicose e corpos cetônicos pela urina, se perdem grandes quantidades de água (poliúria) sais e prótons que levam a um estado de desidratação e agravam a acidose. A desidratação é compensada com a ingestão abundante de água (polidipsia).
9. Aumenta-se a mobilização de triglicerídeos e ácidos graxos, pelo que aumenta sua concentração no sangue, com o consequente aumento no risco de problemas vasculares.

Se a causa do diabetes é a carência de insulina e se não há resistência à insulina, a situação patológica se corrige pela injeção desta, a dose devendo ser cuidadosamente calculada, já que um excesso pode produzir um choque pela hipoglicemia consequente. A quantidade de insulina que o ser humano adulto normal sintetiza por dia é aproximadamente 2mg (45 unidades). No paciente diabético se utilizam entre 60 e 70 unidades ao dia.

Um dos problemas associados ao diabetes é o desenvolvimento de cataratas, as que são produzidas porque, ainda que se corrija a entrada de glicose nas células, esta é reduzida a sorbitol pela enzima aldose redutase. O sorbitol é uma molécula que não pode sair da célula e se acumula; se o sítio de acúmulo é o cristalino, este se torna opaco e produz a catarata. O acúmulo do sorbitol nos nervos produz a neuropatia diabética, e nos eritrócitos ao deslocar o 2,3-bisfosfoglicerato, faz com que diminua a capacidade destes para transportar gases. Outro grande problema associado ao diabetes é a patologia da membrana basal que se torna mais espessa. O problema nos capilares (microangiopatia) e no glomérulo renal (nefropatia diabética) é causa de estados terminais da enfermidade.

REFERÊNCIAS

Bender DA: *Nutritional Biochemistry of Vitamins,* 2nd ed. Cambridge University Press, 2003.

Beutler E: "Pumping" iron. The proteins. Science 2004;306: 2051.

Cabtree B, Newlsome EA: A Systematic approach to describing and analyzing metabolic control systems. Trends in Biochem Sci 1987;12:4-12.

De Fronzo RA, Ferrannini E: Regulation of hepatic glucose metabolism in humans. Diabetes Metabolism Rev 3: 415.

Devlin TM: *Bioquímica. Libro de texto con aplicaciones clínicas,* 5a ed., Editorial Reverté, 2004.

Devlin TM: *Textbook of Biochemistry,*Willey-Liss, 1992.

Hers HG, Hue L: Gluconeogenesis and Related Aspects of Glycolisis. Annu Rev Biochem 1983;52:617-653.

Lardy HP, Schrago E: Biochemical aspects of Obesity. Annu Rev Biochm 1990;59:689-710.

Lozano, JA, Galindo, JD, García Borrón JC, Martínez Liarte: *Bioquímica y Biología Molecular,* 3a ed., McGraw-Hill Interamericana, 2005.

Melo Ruiz, Cuamatzi TO: *Bioquímica de los processos metabólicos,* Ediciones Reverté, 2004.

Muirhead H, Watson H: Glycolitic enzymes from hexose to piruvate. Curr Opin Struct Biol 1992;2:870-876.

Nelson DL, Cox MM: *Lehninger Principios de Bioquímica,* 4a. ed., Omega, 2006.

Rawn DJ.: *Biochemistry,* Neil Patterson Plublishing, 1982.

Voet D,Voet G, Judith (Eds.): *Biochemistry,* 2nd ed., John Willey and Sons Inc., 1995.

Páginas eletrônicas

González S (2002): *Glucólisis.* [En línea]. Disponible: http://www.canalh.net/webs/sgonzalez002/Bioquimic/GLUCOL. htm [2009, abril 10]

Raisman JS, González A (2006): *Glucólisis.* En: Hipertextos del Área de la Biología. [En línea]. Disponible: http://fai.unne.edu.ar/biologia/metabolismo/met3glicolisis.htm [2009, abril 10]

19

Metabolismo dos lipídeos

Jaime Mas Oliva

DIGESTÃO E ABSORÇÃO DE LIPÍDEOS

Considerando que os lipídeos são insolúveis em água e que as enzimas digestivas são hidrossolúveis, a digestão destas moléculas ocorre em uma interface lipídeo-água. Portanto, a digestão destas moléculas está relacionada com a área de superfície dessa interface em combinação com a ação emulsificante dos sais biliares (figura 19-1). Estes sais, como por exemplo, o taurocolato e o glicolato de sódio, são eficientemente sintetizados no fígado e secretados à vesícula biliar. Ali se concentram e passam ao intestino, onde atuam como agentes emulsificantes durante a digestão e absorção pela parede intestinal de gorduras e vitaminas solúveis em gorduras. Estes agentes emulsificantes também interagem com diferentes enzimas hidrolíticas do intestino, mediante a formação de micelas. Um sistema muito eficiente de reciclagem permite que os ácidos biliares regressem ao sistema circulatório e fígado, onde são secretados mais uma vez, à vesícula biliar. As quantidades de ácidos biliares que escapam deste sistema de reciclagem são metabolizadas no intestino e finalmente excretadas com as fezes Neste ponto é verdadeiramente importante mencionar que esta é a única rota normal de excreção de colesterol do organismo, porque, como se pode observar da sua estrutura, estes ácidos são derivados fundamentalmente do esqueleto principal do colesterol (figura 19-1).

A hidrólise dos lipídeos complexos a lipídeos simples, por exemplo, os triglicerídeos e sua hidrólise a 1,2-diacilglicerol e 2-acilglicerol, se efetuam pela enzima lipase pancreática, que ao entrar em contato com a interface formada entre a água e o lipídeo aumenta de forma importante sua atividade hidrolítica. Este fenômeno se conhece como ativação interfacial. O sitio ativo da lipase pancreática presente no domínio N-terminal da enzima, em ausência das micelas mistas lipídeo/água, está coberto por uma região de 25 aminoácidos, que ao, entrar em contato com a interface lipídeo/água sofre um amplo arranjo estrutural para deixar o sitio ativo exposto (Figura 19-2).

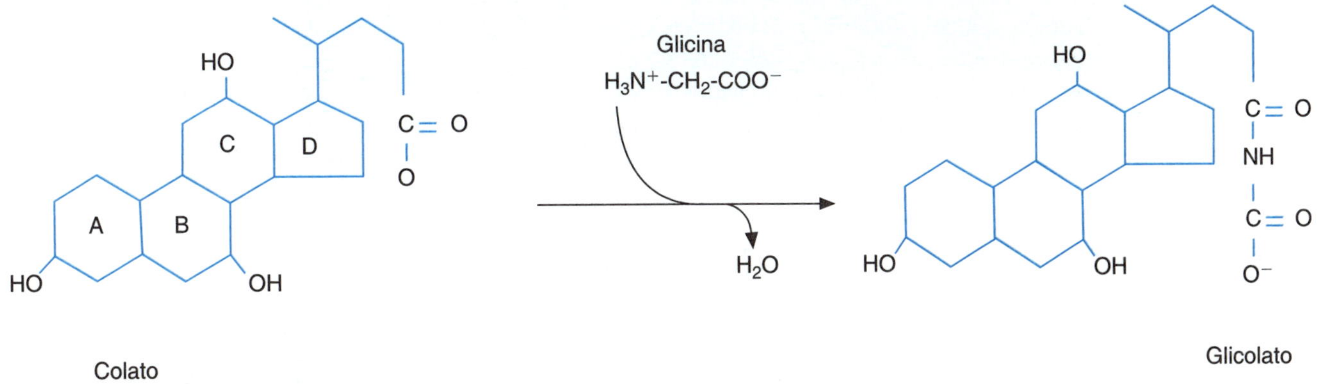

Figura 19-1. Sais biliares. O colato e o glicolato como ânions, que na presença dos cátions Na^+ ou K^+ formam os sais correspondentes.

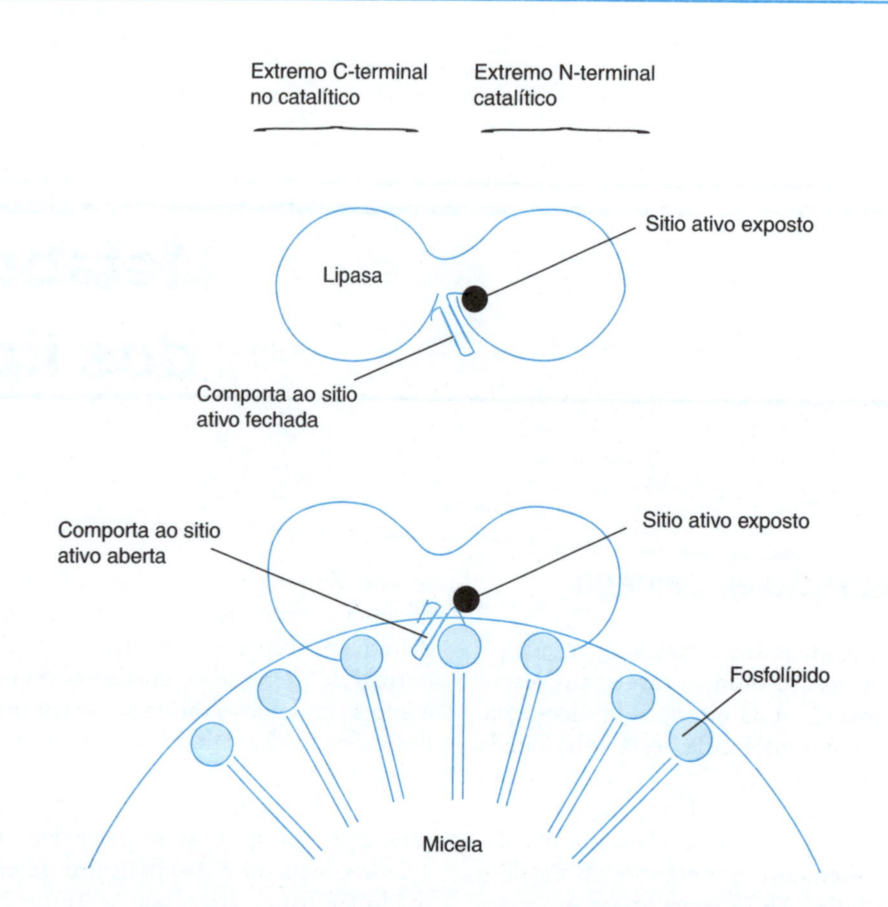

Figura 19-2. Mecanismo de ativação interfacial entre a lipase de acilgliceroles e uma micela de fosfolipídio.

Os fosfolipídeos, de igual forma, são hidrolisados pela fosfolipase A_2 pancreática para produzir o lisofosfolipídeo correspondente (figura 19-3), que apresenta uma potente ação detergente. Neste caso o mecanismo catalítico é muito diferente ao observado para a lipase, porque a enzima fosfolipase A_2 apresenta um canal hidrofóbico que lhe permite ao substrato o aceso direito ao sitio ativo da enzima (figura 19-4).

As gorduras da dieta são hidrolisadas a monoglicerídeos e ácidos graxos livres no intestino, depois são transportados por um processo dependente de energia ao interior dos enterócitos. Nestas células, os triglicerídeos são novamente formados no retículo endoplasmático liso.

As apo proteínas sintetizadas no retículo endoplasmático por sua vez são acopladas para formar agregados lipídicos ricos em triglicerídeos, que são quilomícrons armazenados no aparelho de Golgi. Estes quilomícrons são liberados por exocitose ao espaço intercelular, e levados pelo sistema linfático até o canal torácico, e finalmente desemboca na veia cava. Portanto, eles são conduzidos pelo sistema circulatório, onde a enzima lipoproteína lipase, presente nas células do endotélio vascular, hidrolisa até 80% dos triglicerídeos presentes nestas lipoproteínas, em um processo que requer a presença da apoproteína C-II, liberando ácidos graxos que são tomados pelos te-

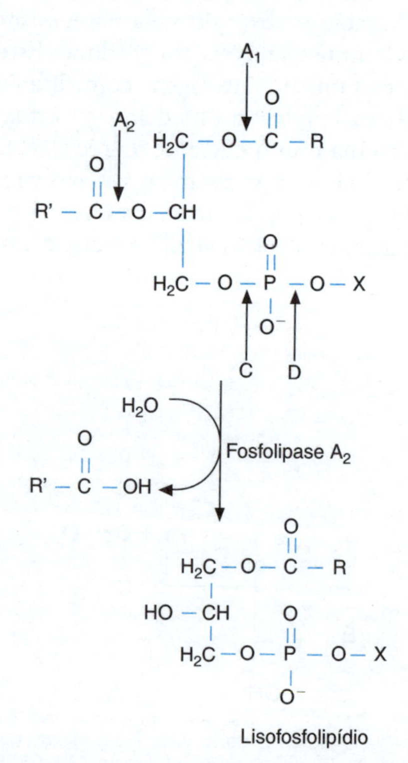

Figura 19-3. Distintos sítios de ação de diferentes fosfolipases ($A_{1,2}$, C e D). Na reação se ilustra a hidrólise pela fosfolipase A_2 para originar um lisofosfolipídeo.

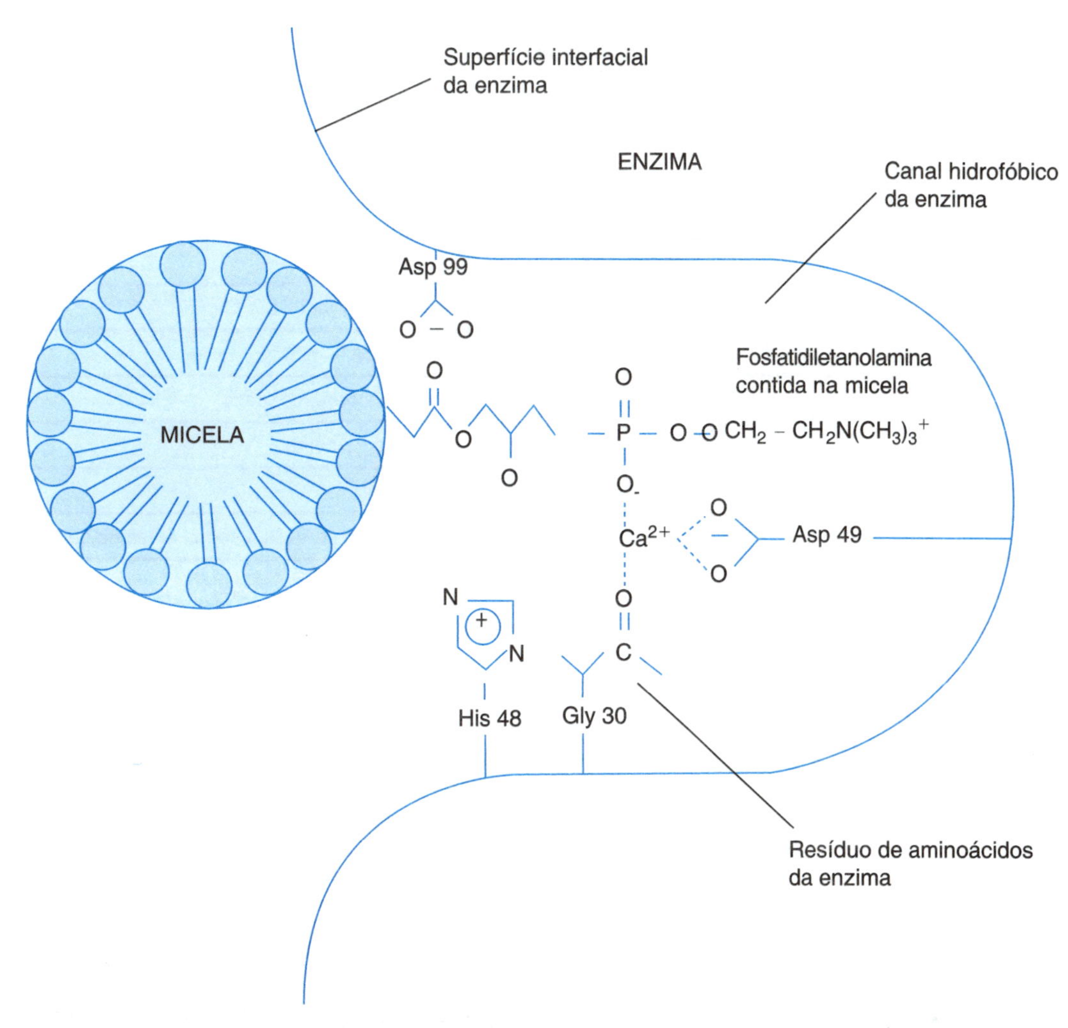

Figura 19-4. Modelo hipotético da interação entre a enzima fosfolipase A_2 e uma micela de fosfolipídios. O modelo está construído a partir da informação proporcionada por Scott y cols., Science 1990; 250: 1541.

cidos e oxidados como fonte de energia ou armazenados no tecido adiposo.

TRANSPORTE DE LIPÍDEOS NAS LIPOPROTEÍNAS

Foi proposto um modelo universal para a organização das lipoproteínas, que consiste em um núcleo não polar de ésteres de colesterol e triglicerídeos, rodeados por uma camada polar de proteínas, fosfolipídeos e colesterol. A composição e estrutura de todas as classes normais de lipoproteínas são consistentes com um modelo esférico de radio variável e núcleo lipídico não polar. Rodeando o núcleo se encontra uma mono camada de colesterol e fosfolipídeos. A interface lipídeo/água no modelo está ocupada pela cabeça dos fosfolipídeos e proteína.

Dentro desta proposta se considera que o colesterol se distribui entre as lipoproteínas por um equilíbrio termodinâmico baseado na curvatura da superfície da partícula; embora, também foi reportado que um aumento da relação ésteres de colesterol/triglicerídeos no núcleo, aumenta a distribuição do colesterol para a interface (figura 19-5).

Os componentes proteicos das lipoproteínas se denominam apoproteínas, as que, em a sua maioria, se conhece a sequência dos aminoácidos compartindo uma característica estrutural comum, devido à presença de hélices anfipáticas. O componente essencial desta estrutura consiste em uma α-hélice em que os aminoácidos hidrofílicos e hidrofóbicos estão justapostos de tal forma, que a metade hidrofóbica da cara da hélice se encontra exposta no sentido das cadeias dos ácidos graxos dos fosfolipídeos, enquanto que, a cara hidrofílica da hélice está exposta ao médio aquoso (figura 19-6). Além de seu papel estrutural estabilizando as lipoproteínas, as apoproteínas têm outras funções de grande importância em funções biológicas; em alguns casos estimulam enzimas lipolíticas específicas ou servem como ligantes para receptores específicos na superfície celular. Como se observa na figura 19-6, as estruturas helicoidais mostradas podem ser facilmente identificadas seguindo a numera-

Apolipoproteína	Peso molecular	Associação a partícula	Função
ApoA-I	28 331	HDL	ativação LCAT
ApoA-II	17 380	HDL	
ApoA-IV	44 000	quilomicrones, HDL	
ApoB-48	240 000	quilomicrón	
ApoB-100	513 000	VLDL, LDL	união do receptor LDL
ApoC-I	7 000	VLDL, HDL	ativação LCAT
ApoC-II	8 837	quilomicrón, VLDL,HDL	ativação lipoproteína lipase
ApoC-III	8 751	quilomicrón	Inibição lipoproteína
ApoD	32 500	VLDL,HDL	lipase
ApoE	34 145	quilomicrón, VLDL,HDL	internalização de VLDL y remanentes de quilomicrones

ção dos aminoácidos. Por exemplo, na apoproteína E, a estrutura helicoidal inicial com o aminoácido 265-F (hidrofóbico), 266-E (hidrofílico), 267-P (hidrofílico), 268-L (hidrofóbico), 269-V (hidrofóbico), para retornar, após de uma volta, a face hidrofóbica do peptídeo.

As lipoproteínas são classificadas de acordo com a densidade da solução salina na qual são separadas por ultracentrifugação. Isso ocorre porque cada classe de lipoproteínas é composta de diferente percentagem de lipídeos e proteínas. A composição diferente e a diferença de densidade entre lipídeos e proteínas explicam as características de flotação diferencial das lipoproteínas. Entre as de origem hepática se encontram as lipoproteínas de muita baixa densidade (VLDL), de densidade intermediária (IDL), de baixa densidade (LDL) e de alta densidade (HDL). As de origem intestinal são regularmente os quilomícrons, embora o intestino possa sintetizar também VLDL e HDL (figura 19-7A).

As lipoproteínas de maior tamanho são precisamente os quilomícrons, que apresentam diâmetro aproximado de 100 nm e uma densidade menor de 0.95 g/mL. São compostas de aproximadamente 99% de lipídeos, dos quais, 90% são triglicerídeos. As pequenas quantidades de proteína correspondem às apoproteínas B-48, A-I, A-II, A-IV e C. A apoproteína característica destas partículas é a apoproteína B-48 (corresponde aos 48% da fração amino terminal da apoproteína B-100), sintetizada unicamente pelo intestino

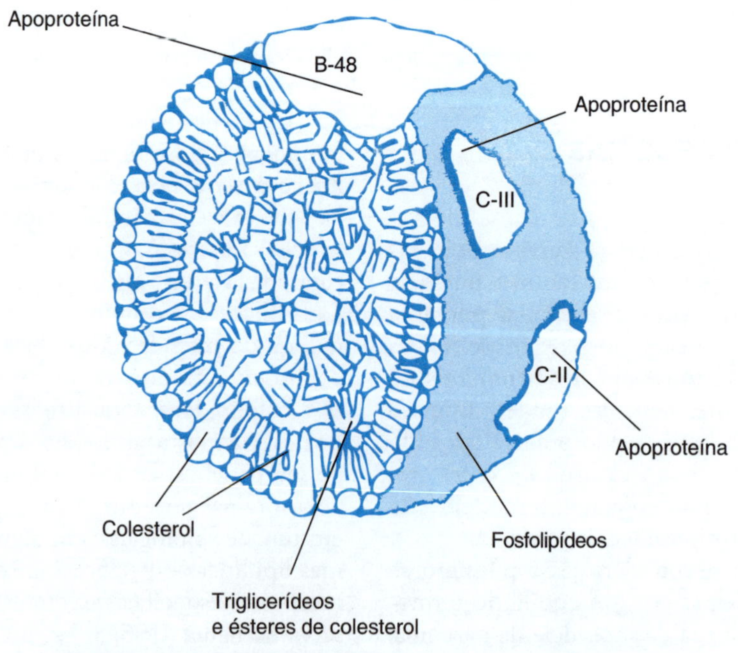

Figura 19-5. Associação de apoproteínas a partículas lipoproteicas.

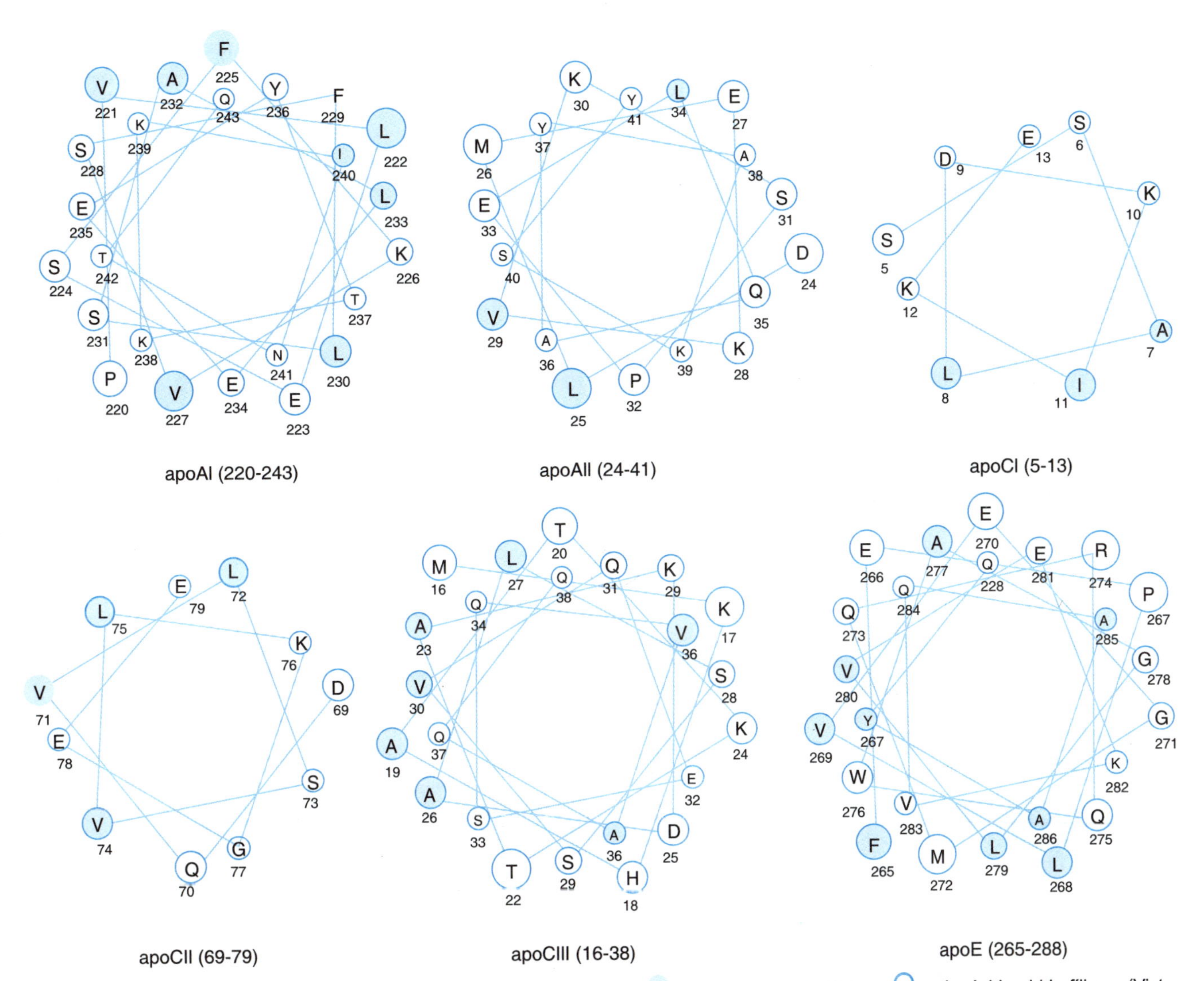

Figura 19-6. α hélices anfipáticas localizadas em diferentes apoproteínas: ● aminoácidos hidrofóbicos, ○ aminoácidos hidrofílicos. (Victor M.Bolaños-García, Manuel Soriano-García and Jaime Mas-Oliva (1997). Cetp and exchangeable apoproteins. Common features in lipid binding activity. Molecular and Cellular Biochemistry 175:1-10, Figure3. With kind permission of Springer Science and Business Media.

nos humanos, tornando-a a única apoproteína de quilomícrons e remanescentes de quilomícrons. Embora, ambas as apoB, a hepática e a intestinal, derivam do mesmo gene, as apoB-48, não se sintetizam mediante processamento alternativo do RNA ou por processamento proteolítico da cadeia polipeptídica. Essa apoproteína é o resultado de uma modificação única do RNA mensageiro que ocorre somente no intestino. Uma citosina troca por uma uracila, o que modifica o códon 2153 de um CAA por um códon de terminação UAA, produzindo uma proteína mais curta (apoB-48).

As lipoproteínas de muita baixa densidade (VLDL) têm uma densidade menor a 1.006 g/mL, um diâmetro de 30 a 70 nm, e estão constituídas de 10 a 12% por proteínas e 88 a 90% de lipídeos dos quais, aproximadamente, 55% são triglicerídeos, 20% colesterol e 15% fosfolipídeos (figura 19-7B). As apoproteínas incluem a B-100, a E, as C e pequenas quantidades de A-1. Sua proteína essencial e característica é a apoB-100, que tem uma cópia (figura 19-7B).

As lipoproteínas de baixa densidade (LDL) têm uma densidade entre 1.019 e 1.060 g/mL, e transportam a maior quantidade de colesterol nos humanos (as duas terceiras partes do colesterol plasmático total). Sua composição lipídica é de 35% de ésteres de colesterol, 12% de colesterol, 8% de triglicerídeos e 20% de fosfolipídeos; estes lipídeos constituem aproximadamente o 75% da molécula. Sua única cópia de apoB-100 constitui o 25% restante. A molécula de LDL é uma partícula esférica com 20 nm de diâmetro e a apoB-100 cruza em várias ocasiões a sua superfície (figura 19-7B). Devido a sua mobilidade eletroforética se lhes conhece também como lipoproteínas-β.

As lipoproteínas de alta densidade (HDL) têm um diâmetro entre 8 e13 nm, são as lipoproteínas menores com

Lipoproteína	Densidade (g/mL)	Composição (peso%) Proteína	Fosfolipídios	Colesterol libre	Colesterol esterificado	Biossíntese
Quilomicrón	< 1,006	2	9	1	3	85
VLDL	0,95-1,006	10	18	7	12	50
LDL	1,006-1,063	23	20	8	37	10
HDL	1,063-1,210	55	24	2	15	4

densidades maiores 1.08 g/mL e são constituídas, em cerca da metade de seu peso, pelas apoproteínas A e C; contêm 25% de fosfolipídeos, 16% de ésteres de colesterol, 5% de colesterol e 4% de triglicerídeos. Estas lipoproteínas possuem mobilidade eletroforética α.

O conteúdo dos diferentes lipídeos nas lipoproteínas é variável, desde sua secreção ao plasma até a sua ligação aos receptores que as retiram da circulação sanguínea As HDL são secretadas pelo fígado como partículas discoidais formadas por apo lipoproteínas e fosfolipídeos. Uma vez secretadas ao plasma, a ação da enzima **lecitina-colesterol aciltransferase** (LCAT) é imediata; utilizando colesterol livre produz ésteres de colesterol, que são armazenados no núcleo da lipoproteína dando a esta, um aspecto esferoidal. Estas lipoproteínas mantêm uma grande troca de colesterol livre e ésteres de colesterol com as VLDL e de colesterol livre com as membranas plasmáticas, que se considera como forma de eliminar colesterol da célula; por isso se lhe conhece no léxico popular como "colesterol bom". O colesterol "mau" é aquele que se encontra nas partículas LDL, que, ao contrário das HDL, depositam colesterol nos tecidos periféricos.

RECEPTORES DE LIPOPROTEÍNAS

As primeiras evidências da existência de receptores para lipoproteínas derivam dos trabalhos de Goldstein e Brown, que descreveram um receptor que une especificamente às LDL, e foi denominado inicialmente receptor LDL. Os ligantes deste receptor são as apoproteínas E e

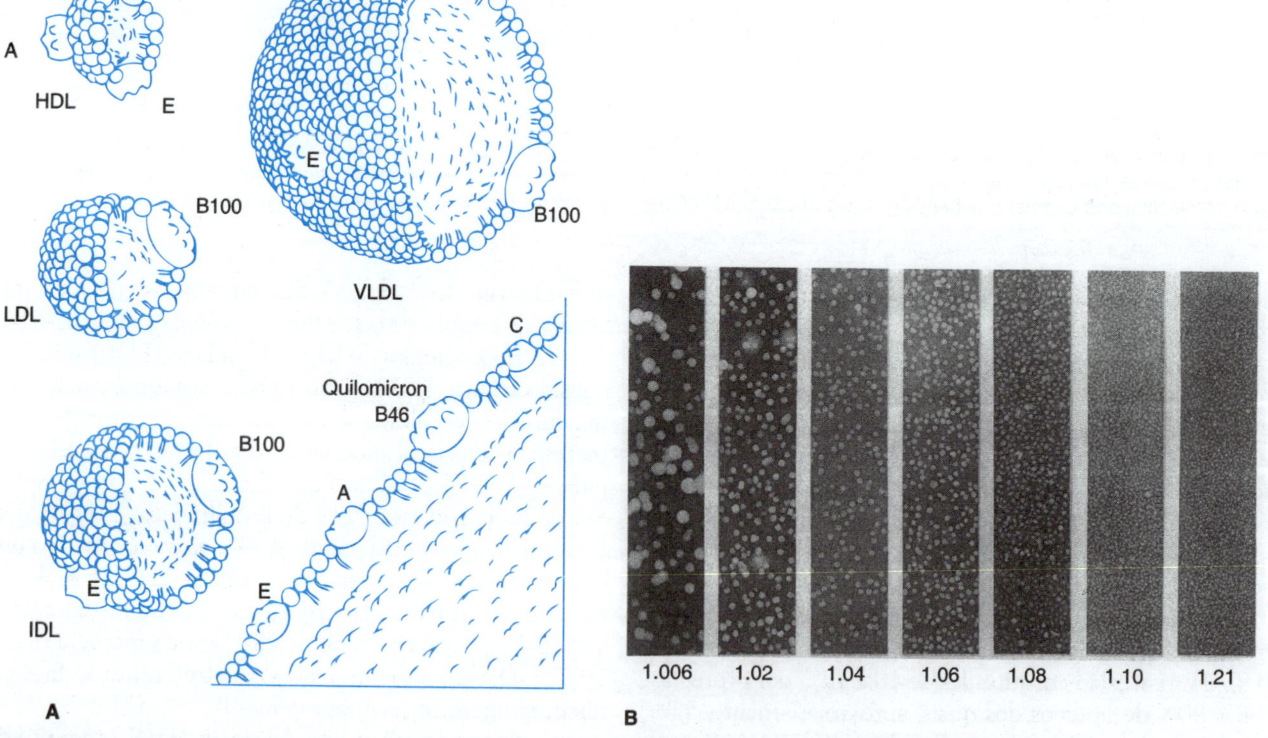

Figura 19-7. Classificação das lipoproteínas. **A)** Composição principal das apo lipoproteínas. **B)** Densidades de flotação (g/mL) mediante centrifugação diferencial das diferentes lipoproteínas (Dr. Jaime Mas Oliva. Instituto de fisiologia celular. UNAM.)

B-100, devido a isso, também se lhe conhece como receptor apoB/E; que além de se ligar às LDL liga-se às VLDL, IDL, β-VLDL, e incluso se ha reportado sua capacidade para ligar aos remanescentes dos quilomícrons mediante a apoE. Este receptor é uma glicoproteína transmembranal, com peso aparente de 164 000 daltons Sua estrutura foi determinada pela análise de sequência dos nucleotídeos do DNA e conta com cinco domínios (figura 19-8).

O primeiro domínio no extremo amino terminal está composto de 292 aminoácidos, nos quais, existe uma sequência de 40 aminoácidos repetida sete vezes; dentro de cada uma destas sequências se encontram sete cisteínas que formam pontes dissulfeto. Ele também contém grande quantidade de resíduos com carga negativa; este domínio se encontra na cara extracelular sendo responsável da ligação do ligante ao receptor, provavelmente mediante interação de seus resíduos com cargas negativas com os resíduos com cargas positivas (lisinas e argininas) dos ligantes. O segundo domínio tem aproximadamente 400 aminoácidos; e também é extracitoplasmático, tem 35% de identidade com a porção extracelular do precursor, para o fator de crescimento epidermal (EGF); embora se desconheça sua importância. O terceiro domínio se encontra imediatamente ao exterior da membrana e consta de 58 aminoácidos, entre os quais existem 18 resíduos de serina e treonina onde estão unidas as cadeias de carboidratos. O quarto domínio corresponde à região transmembranal, formada de 22 aminoácidos pouco conservados que é responsável de sua ancoragem a membrana. O quinto corresponde à fração carboxila terminal; é o único domínio citoplásmico da proteína, conta com 50 aminoácidos e a sua função é internalizar o complexo receptor/ligante. Este receptor é responsável pela união das duas terceiras partes das LDL circulantes; sua ligação às apoproteínas B/100 e apo E requer a presença de Ca^{2+}. O complexo

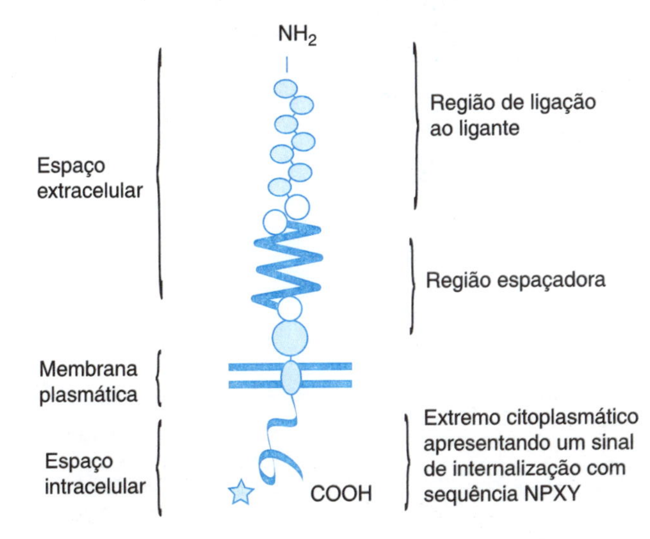

Figura 19-8. Receptor das partículas LDL (lipoproteínas de baixa densidade).

formado pela lipoproteína e receptor é internalizado mediante a formação de endossomos. A partir de estes se formam as vesículas endocíticas, onde a mudança do pH libera o receptor de seu ligante, este é degradado mediante a ação de enzimas lisossomais enquanto que, o receptor é reciclado até a membrana. Este circuito se completa cada 20 minutos e o receptor tem uma meia vida de dois dias (figura 19-9). O aumento da concentração de colesterol intracelular induz uma diminuição na transcrição deste receptor e a sua reciclagem à membrana. Com isso, as LDL não são eficientemente retiradas da circulação e a tendência é a elevação da concentração de colesterol no sangue. O receptor se encontra expressado na maioria dos grupos celulares, destacando a grande afinidade encontrada em células das glândulas suprarrenais, corpo lúteo do ovário, tendo estes tecidos a mais alta atividade por gramo de tecido. Contudo, devido ao peso do órgão, o fígado é aquele que expressa o maior número de receptores LDL.

Sabe-se que pacientes que sofrem de hipercolesterolemia familiar, doença autossômica dominante, na qual existem diferentes mutações no receptor fazendo-o não funcional, se encontraram valores normais de remanescentes de quilomícrons, o que supõe a existência de outro receptor para estas lipoproteínas, que inicialmente foram denominados como receptor de quilomícrons. Também, descobriu-se que a maior parte dos remanescentes de quilomícrons era retirada do plasma pelo fígado, sendo necessária a presença de apoE. A clonagem de uma proteína de superfície celular, que foi designada como proteína relacionada ao receptor LDL (LRP) pela sua homologia com o receptor LDL que liga e interioriza as lipoproteínas enriquecidas com apoE, e a ligação predominante no fígado de anticorpos monoclonais dirigidos contra LRP, sugerindo que esta molécula poderia ser o receptor de quilomícrons. Tem sido relatado que este receptor corresponde ao receptor da α_2-macroglobulina ativada em sítios diferentes.

O receptor LRP/α_2-macroglobulina é uma glicoproteína de aproximadamente 600 kDa, com uma cadeia pesada de 515 kDa e uma cadeia levede 85 kDa. Além disso, apresenta três repetições do receptor LDL, é encontrado em uma extensa variedade de tipos celulares, incluindo o fígado, cérebro e músculo (figura 19-10). A importância fisiológica deste receptor no metabolismo das lipoproteínas ainda é tema de estudo. Foi relacionado a um segundo possível receptor como o responsável da ligação dos remanescentes de quilomícron, e como receptor de asialoglicoproteínas. Este receptor se expressa exclusivamente no fígado e liga remanescentes de quilomícrons, asialofetuína e outras asialoproteínas. Diz-se que anticorpos dirigidos contra este receptor inibem a ligação de remanescentes de quilomícrons a membranas hepáticas, e que a ligação dos remanentes de quilomícrons é cem vezes mais efetivo que a ligação de LDL ao receptor da asialoglicoproteína. E de

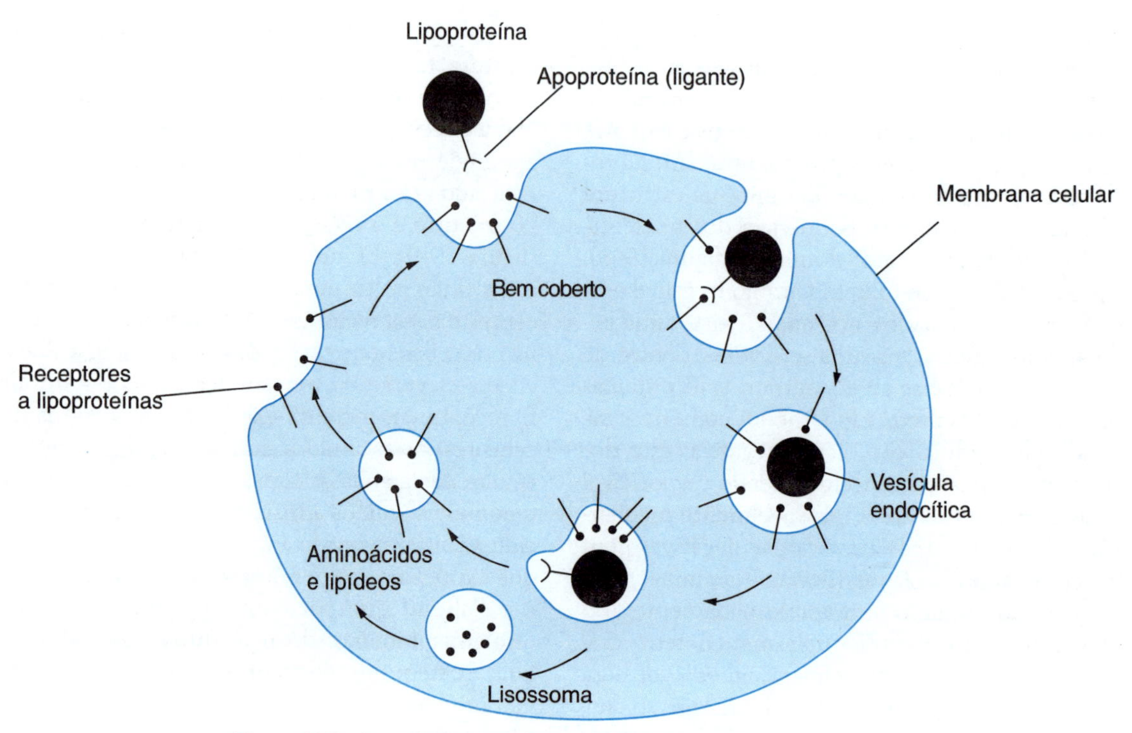

Figura 19-9. Internalização e reciclagem dos receptores a lipoproteínas.

interesse mencionar que este receptor não apresenta modulação em sua expressão pelas diferentes concentrações celulares de colesterol.

A maior parte dos receptores de superfície celular de mamíferos, que participam na adesão e sinalização, exibe duas características da união ligante/receptor: alta afinidade e estreita especificidade (somente se une a um ligante ou a uma classe de ligantes altamente relacionados). As propriedades da união do receptor LRP, assim como de um receptor recentemente caracterizado e chamado receptor lixeiro (do inglês scavenger) (figura 19-11), não fazem parte da característica de um receptor para um ligante, que tem dominado a análise da biologia dos receptores de superfície celular. A união de ligante aos receptores lixeiros (tipo I e II) e LRP se caracteriza pela alta afinidade, associada a uma muita baixa especificidade, isto é, um receptor para muitos ligantes. Como consequência, estes receptores reconhecem tanto a lipoproteínas como a ligantes não lipoproteínicos e parece que participam em uma amplia variedade de processos biológicos.

O receptor lixeiro foi descoberto no laboratório dos doutores M. Brown e J. Goldstein, em Dallas, em 1979. Estes investigadores e seus colegas já haviam descoberto os receptores LDL, e no momento do descobrimento do receptor lixeiro se encontravam examinando os diferentes possíveis mecanismos para o acúmulo de partículas VLDL, ricas em colesterol, na parede das artérias durante a formação da placa aterosclerótica. Uma das características precoce do desenvolvimento desta placa é o acúmulo

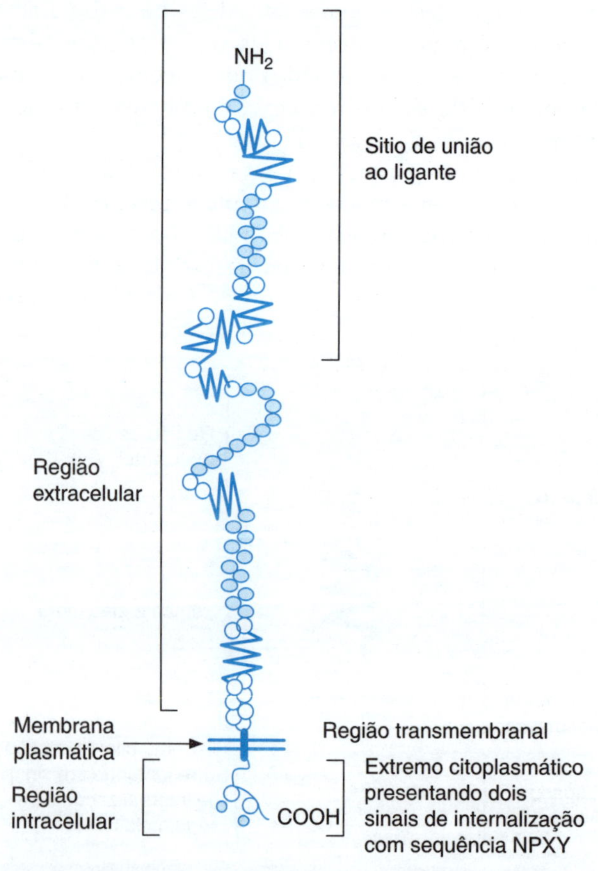

Figura 19-10. Receptor LRP (receptor acessório do receptor a partículas LDL).

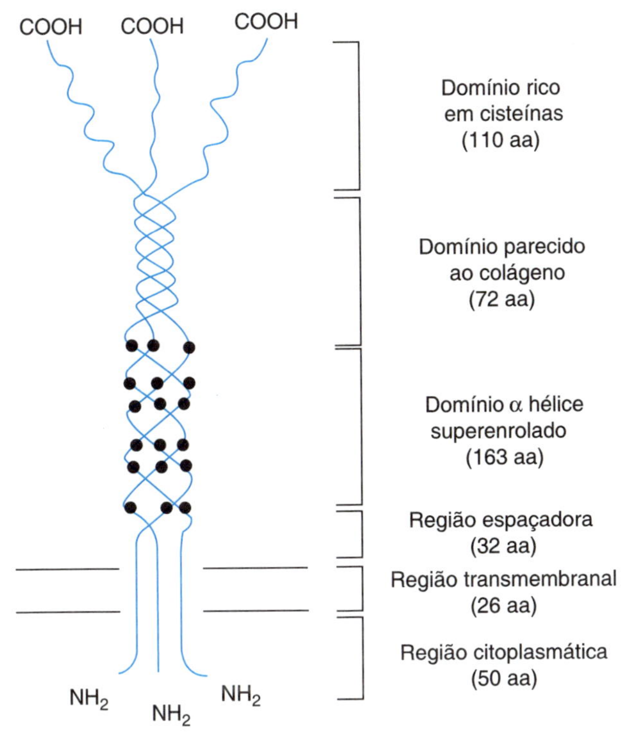

Figura 19-11. Receptor lixeiro.

de colesterol pelos macrófagos subendoteliais. A observação de que valores de VLDL plasmático elevado estão correlacionados com maior risco para o desenvolvimento da aterosclerose, sugeria que os receptores LDL podiam mediar a internalização de altas concentrações de colesterol através das partículas VLDL nestes macrófagos.

Porém, estudos relacionados, tanto in vitro como in vivo, indicaram que o receptor VLDL não é requerido e provavelmente não têm nenhuma relação com o acúmulo massivo de colesterol nos macrófagos durante a aterogênese. Portanto, foi sugerida a possibilidade da existência de mecanismos alternos requeridos para poder explicar as taxas elevadas de colesterol acumulados nos macrófago.

Foi assim, nestes macrófagos descobriram a existência de um receptor lixeiro que sim, podia mediar a endocitose de quantidades elevadas de lipoproteínas LDL quimicamente modificadas. Atualmente, se conhece que este receptor pode unir ligantes com muitas diferentes características: proteínas modificadas quimicamente como as lipoproteínas LDL acetiladas, lipoproteínas LDL oxidadas, albumina sérica/maleimida, polirribonucleotídeos, incluindo poli I e poli G, polissacarídeos como dextran sulfato, fosfolipídeos aniônicos como a fosfatidilserina, e polivinil sulfatos.

Embora, alguns destes ligantes, como ser as LDL acetiladas e o polivinil sulfato, não são moléculas que se apresentam em forma natural e, portanto não são fisiologicamente relevantes, pelo que se acredita que comportem muitas características estruturais com os diferentes ligantes naturais requeridos para a alta afinidade destes receptores (constantes de dissociação em rango nano molar).

METABOLISMO DOS TRIACILGLICERÍDEOS

Biossínteses dos ácidos graxos

Nos mamíferos, a síntese dos ácidos graxos, ou lipogênese, se realiza principalmente no fígado, mediante a sintetase dos ácidos graxos (figura 19-12), enzima do citosol formada por um dímero com dois polipeptídios idênticos. São de enorme interesse por que cada um deles possui 7 atividades enzimáticas diferentes e têm no centro do polipeptídio um segmento denominado proteína transportadora de acilos. Na sua estrutura se encontra uma fosfopanteteína, idêntica à da coenzima A e um grupo SH, ao qual se une o resíduo do ácido graxo que vai formando-se, por médio de sucessivos alongamentos, onde o doador de carbonos é a malonil CoA e o agente redutor NADPH (figura 19 -13). Resumindo, as 7 atividades enzimáticas, unidas ao transportador de acilos do polipeptídio em questão, catalisam a seguinte reação.

$$\text{acetil-CoA} + 7\ \text{malonil-CoA} + 14\ \text{NADPH} + 14\ H^+ \rightarrow \text{palmitato} + 14\ \text{NADP}^+ + 8\ \text{CoA} + 7\ CO_2 + 6\ H_2O$$

Qualquer mudança posterior do ácido graxo acontece fora do complexo da sintetase.

Síntese da malonil coenzima A

A substância chave da lipogênese é a malonil coenzima A, alimentadora da via. Forma-se pela ação da acetil coenzima A carboxilasa, que contém biotina, vitamina com capacidade para receber e ceder CO_2 em uma reação dependente de ATP. A enzima favorece a carboxilação da biotina e a transferência do carboxilo à acetil coenzima A. A fosforização da carboxilase por uma cinase diminui a sua atividade, recuperável no caso de perder os fosfatos pela ação de uma fosfatase específica, onde os processos de fosforização e desfosforização são influenciados pela insulina, glucagon e adrenalina. Na sua forma ativa, a carboxilase é estimulada pelo citrato e principalmente pela coenzima A, enquanto que a palmitoil coenzima A e ácidos graxos são poderosos inibidores. Convém mencionar que um de seus substratos, a acetil coenzima A, se sintetiza preferentemente na mitocôndria e como tal não pode sair através da sua membrana. Nos mamíferos, a principal fonte da acetil coenzima A que se incorpora à síntese dos ácidos graxos procede da descarboxilação oxidativa do piruvato na mitocôndria, proveniente da glicólise ou dos aminoácidos, glicogênicos ou cetogênicos.

Um organismo em condições de gasto energético elevado tende ao consumo de suas reservas –carboidratos e lipídeos– e à oxidação total da acetil coenzima A no ciclo dos ácidos tricarboxílicos. Pelo contrário, em caso de abun-

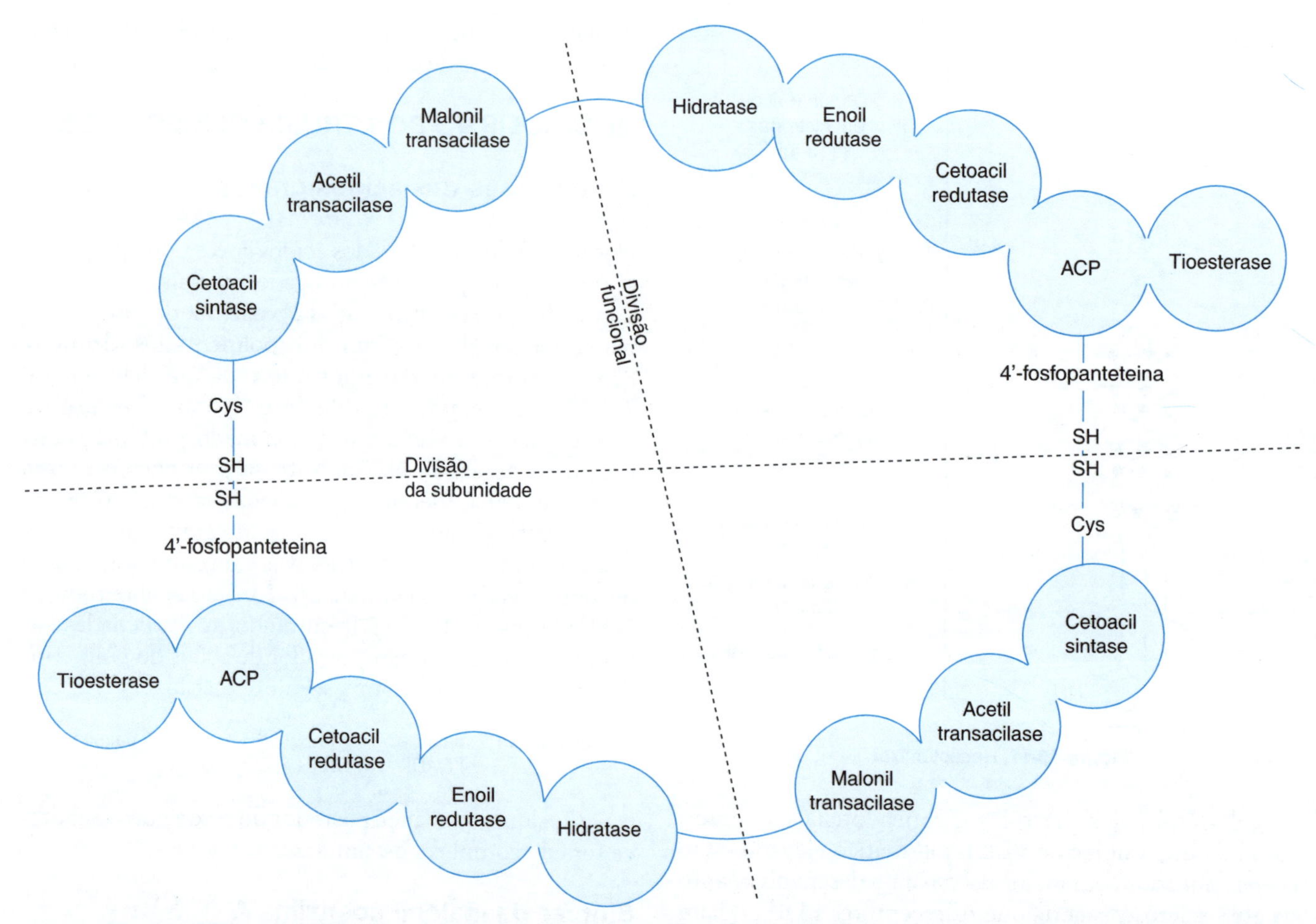

Figura 19-12. Sintetases dos ácidos graxos. A proteína funcional nos mamíferos é um dímero que contém, em cada um de seus monômeros, as 7 atividades enzimáticas incluídas na figura, além da proteína transportadora de acilos (ACP, do inglês *acyl carrier protein*). Notasse no esquema que as 4 primeiras reações são catalisadas pelas atividades enzimáticas localizadas em uma das subunidades e que as 3 últimas reações são catalisadas pelas atividades enzimáticas da outra subunidade. Portanto, se requerem ambos monômeros para produzir duas cadeias de acilo, de forma simultânea.

dância de alimento, todas as fontes de acetil coenzima A, especialmente a glicose, via piruvato, aumentam a síntese de ácidos graxos. A capacidade dos animais para transformar os carboidratos em gorduras é muito importante e não sucede o mesmo em caso contrário, à da transformação de gordura em carboidratos. Não existe conversão neta de gorduras em carboidratos, porque o consumo de uma molécula de acetil coenzima A em cada volta do ciclo de Krebs, se acompanha do desaparecimento de 2 C, ou seja, o equivalente da acetil coenzima A introduzida nele. Ademais, ao ser irreversível a conversão do piruvato em acetil coenzima A, se impede a única possibilidade nos animais de gerar carboidratos a partir de gorduras.

A seguinte etapa consiste na saída do acetil unido à coenzima A mitocondrial. Com a participação da **citrato sintetase,** o acetato se une ao oxalacetato formando citrato, o qual sai da mitocôndria. No citosol, o citrato ativa à acetil coenzima A carboxilase e ao fragmentar-se o citrato por médio da **citrato liase,** o ATP e coenzima A, gera acetil coenzima A, precisamente o substrato da carboxilasa e o oxalacetato, que posteriormente será utilizado para produzir NADPH (figura 19-14).

Fontes de NADPH para a síntese dos ácidos graxos

A adição de um fragmento de dois carbonos a um radical acilo implica o custo de introduzir os equivalentes redutores de duas moléculas de NADPH (figura 19-13). Existem pelo menos duas vias metabólicas muito ativas na produção de NADPH promovidas pela oxidação da glicose. Uma das vias é o ciclo das pentoses, onde a oxidação da glicose 6-fosfato e da 6-fosfogluconato libera diretamente NADPH (figura 18-17). A oxidação da glicose 6-fosfato por esta via é inibida pela palmitoil coenzima A. A outra via depende da saída do citrato da mitocôndria e da formação de oxalacetato, que e reduzido a malato pela desidrogenase málica, onde o malato se converte em uma fonte de NADPH pela ação da enzima málica (figura 19-15).

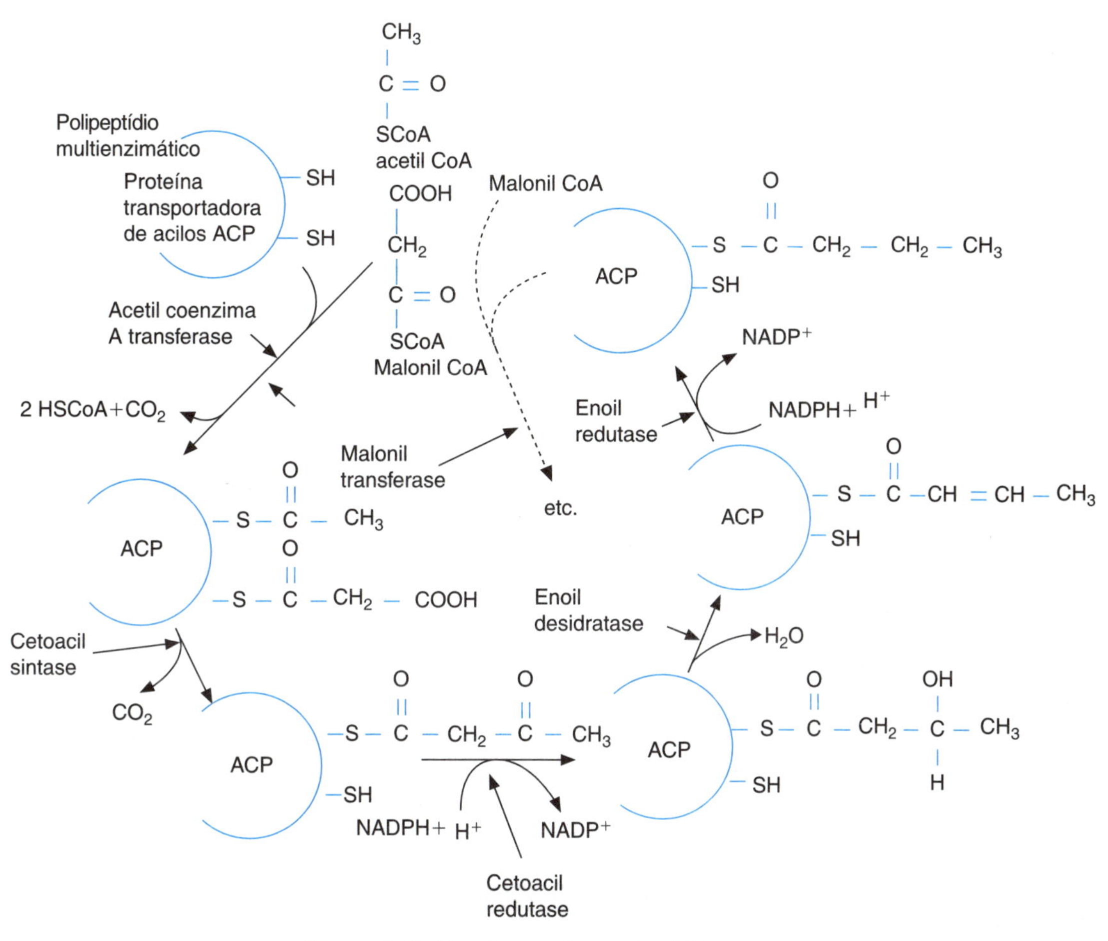

Figura 19-13. Reações na síntese dos ácidos graxos.

O piruvato originado penetra na mitocôndria, onde se converte em um dos precursores do citrato e sai de novo da mitocôndria. Assim, o piruvato, com prévia descarboxilação, é convertido em acetil coenzima A ou é carboxilado e convertido a oxalacetato.

Síntese dos ácidos graxos não saturados

A transformação do ácido esteárico, C18: 0, em ácido oleico, C18: 1, e a do ácido palmítico, C16: 0, em palmitoleico, C16:1, é processo comum em todo ser vivente.

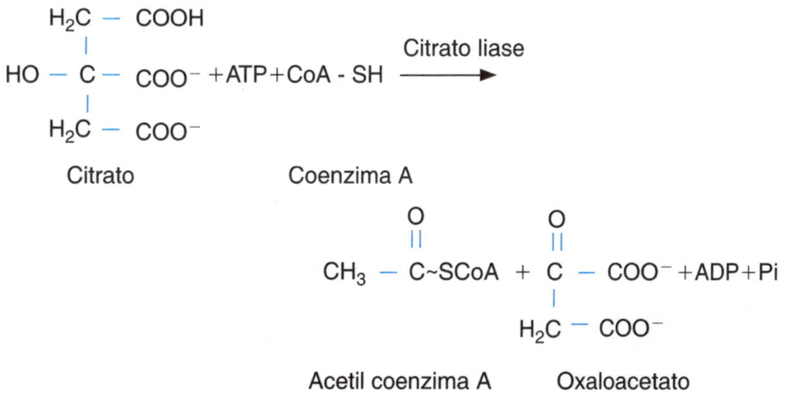

$$\underset{\text{Citrato}}{\begin{matrix} H_2C - COOH \\ | \\ HO - C - COO^- \\ | \\ H_2C - COO^- \end{matrix}} + ATP + \underset{\text{Coenzima A}}{CoA\text{-}SH} \xrightarrow{\text{Citrato liase}} \underset{\text{Acetil coenzima A}}{CH_3 - \overset{O}{\overset{\|}{C}}{\sim}SCoA} + \underset{\text{Oxaloacetato}}{\begin{matrix} \overset{O}{\overset{\|}{C}} - COO^- \\ | \\ H_2C - COO^- \end{matrix}} + ADP + Pi$$

Figura 19-14. Reação catalisada pela citrato liase.

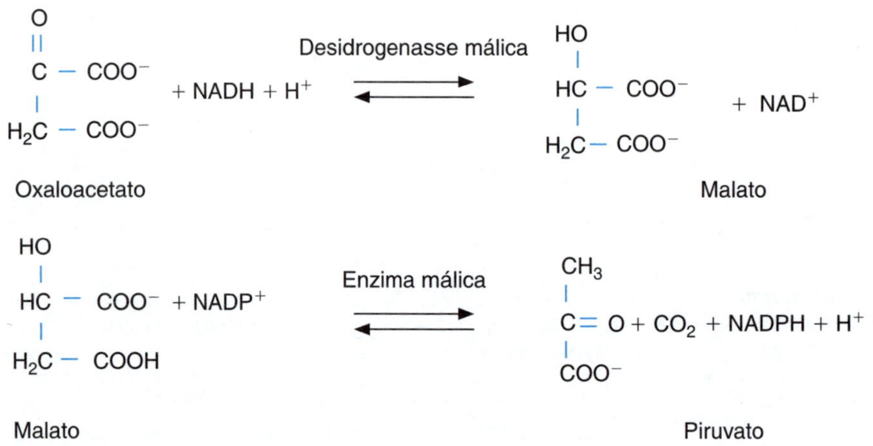

$$\underset{\text{Oxaloacetato}}{\overset{\displaystyle O}{\underset{\displaystyle H_2C - COO^-}{\overset{\|}{C} - COO^-}}} + NADH + H^+ \xrightleftharpoons{\text{Desidrogenasse málica}} \underset{\text{Malato}}{HO{-}HC - COO^- \,|\, H_2C - COO^-} + NAD^+$$

$$\underset{\text{Malato}}{HO{-}HC - COO^- \,|\, H_2C - COOH} + NADP^+ \xrightleftharpoons{\text{Enzima málica}} \underset{\text{Piruvato}}{CH_3{-}C{=}O{-}COO^-} + CO_2 + NADPH + H^+$$

Figura 19-15. Sequência das reações catalisadas pela desidrogenasse málica e a enzima málica. Um dos produtos importantes é o NADPH.

Trata-se de uma redução catalisada por uma oxigenase em presença de O_2 e NADPH.

Em geral, os organismos animais não podem sintetizar os ácidos graxos "essenciais" ou poliinsaturados (linoleico e linolênico) com duplas ligações entre o CH3 terminal e o carbono da posição 7.

Biossíntese dos triacilglicerídeos

Na formação dos triacilglicerídeos intervêm diversos precursores. O primeiro é o α-glicerofosfato obtido a partir de: a) glicerol mais ATP em uma reação catalisada pela glicerocinase, e b) da diidroxiacetona fosfato, proveniente da glicólise por meio da desidrogenase do glicerofosfato e NADH (figura 19-16). O α-glicerofosfato com a participação de uma acil transferase recebe sucessivamente dois radicais de ácidos graxos, provenientes de duas moléculas de acil coenzima A e gera ácido fosfatídico (figura 19-17).

Na seguinte reação, uma fosfatase converte o ácido fosfatídico em 1,2-diacilglicerídio e em seguida, outra molécula de acil coenzima A cede seu resíduo de ácido graxo ao OH livre do diacilglicerídeo para formar o triacilglicerídeos ou gordura neutra (figura 19-18).

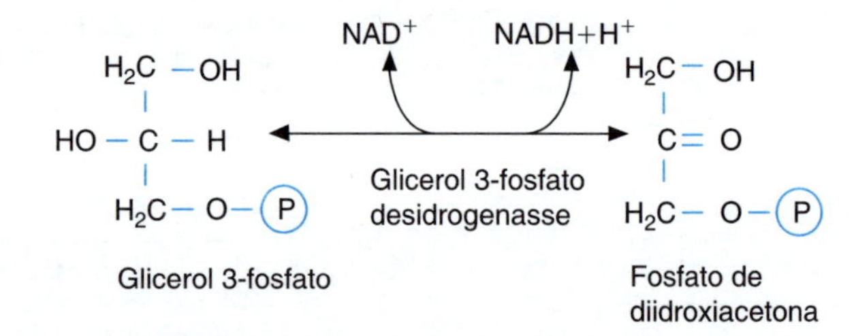

Figura 19-16. Biossíntese do glicerofosfato a partir do fosfato de dihidroxiacetona.

Equilíbrio entre a síntese e a degradação

O equilíbrio depende, em primeiro lugar, do balanço energético e calórico geral do individuo. Qualquer ingestão de carboidratos, lipídeos ou proteínas, acima das necessidades imediatas, tende à biossíntese dos ácidos graxos e triacilglicerídeos e a seu armazenamento. Pelo contrário, em jejum, o gasto energético implica em um consumo inicial dos carboidratos, glicose ou glicogênio; mas, se o gasto persiste sem aporte de alimento adicional, a obtenção de energia dependerá da oxidação dos ácidos

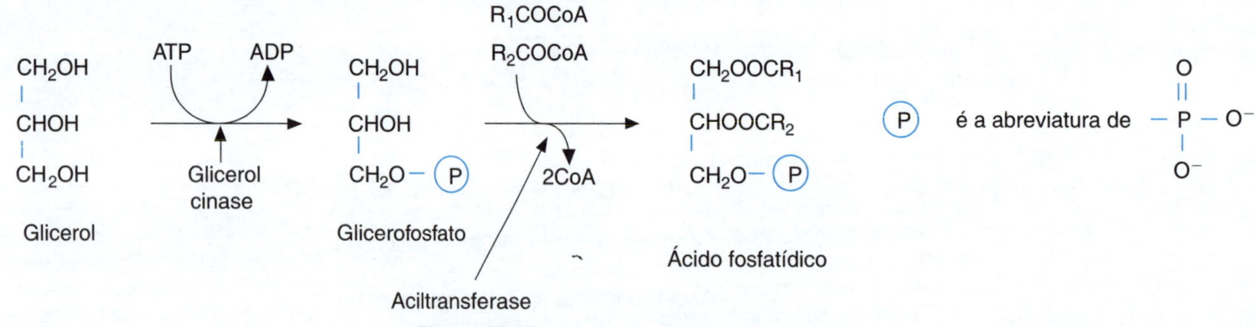

Figura 19-17. Biossíntese do ácido fosfatídico.

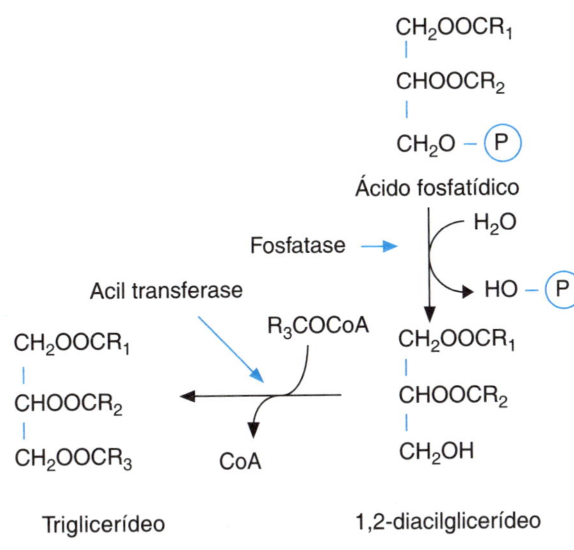

Figura 19-18. Biossíntese dos triacilglicerídeos.

graxos nas mitocôndrias. Os únicos ácidos graxos em que o consumo ou síntese não se relacionam com a falta ou excesso de calorias da dieta são os poliinsaturados.

No quadro 19-1 se apresentam o aspecto comparativo dos mecanismos celulares que impedem a atividade simultânea de ambas às vias metabólicas.

Degradação dos triacilglicerídeos

Os triacilglicerídeos se degradam na maioria dos tecidos, começando com a liberação dos ácidos graxos e glicerol através de suas formas de diacil e monoacilglicerídeos. A reação completa é a seguinte

$$\begin{array}{l} 2HC-O-\overset{\overset{O}{\|}}{C}-R \\ R'-\overset{\overset{O}{\|}}{C}-O-CH \\ 2HC-O-\overset{\overset{O}{\|}}{O}-R'' \end{array} \xrightarrow{3H_2O} \begin{array}{l} 2HC-OH \quad HOOC-R \\ HC-OH + HOOC-R' \\ 2HC-OH \quad HOOC-R'' \end{array}$$

Vale ressaltar duas características do tecido adiposo, o tecido com maior conteúdo de triacilglicerídeos. Por um lado, as lipases que as hidrolisam são sensíveis aos hormônios; ou seja, o glucagon e epinefrina, através de seus respectivos receptores e segundos mensageiros, estimulam a atividade das lipases e promovem a saída de ácidos graxos e glicerol. Por outro lado, o tecido adiposo carece da cinase específica para fosforilar o glicerol; portanto, o glicerol resultante da hidrólise dos triacilglicerídeos sai da célula e passa ao sangue, sendo captado pelo fígado, coração e outros tecidos que, com a participação do glicerol cinase e ATP, forma glicerofosfato. Se o glicerofosfato passa a fosfato de diidroxiacetona, se incorpora à glicólise.

Subtração de fragmentos de 2 C: β-oxidação

A oxidação total dos ácidos graxos a H_2O e CO_2 se realiza por várias vias, o mais importante é o da β-oxidação. Consiste em uma série gradual de oxidações e mudanças químicas que se efetuam no carbono β ou segundo carbono após o grupo COOH.

Quadro 19-1. Estudo comparativo entre a oxidação e biossíntese de triacilglicerídeos

Condição	Oxidação	Biossíntese
Jejum	Estimulada	Inibida
Ingestão abundante de alimentos	Inibida	Estimulada
Necessidades energéticas na célula	Insatisfeito	Satisfeito
Valores de ATP intracelulares	Ocorre quando tendem a diminuir	Realizam-se quando tendem a aumentar
Localização intracelular	Mitocôndria	Citosol
Tipo de transportador de acilos	Coenzima A	Proteína transportadora de acilos
Forma de destino do fragmento de 2 carbonos	Acetil CoA	Malonil CoA
Carregador de equivalentes redutores	FAD e NAD^+	$NADPH^+$
Resposta ao citrato		É importante, a estimula
Resposta à Palmitoil CoA		É importante, a inibe
Participação do glicerofosfato	Oxida-se ao invés da glicose	Forma-se ao ser oxidada a glicose

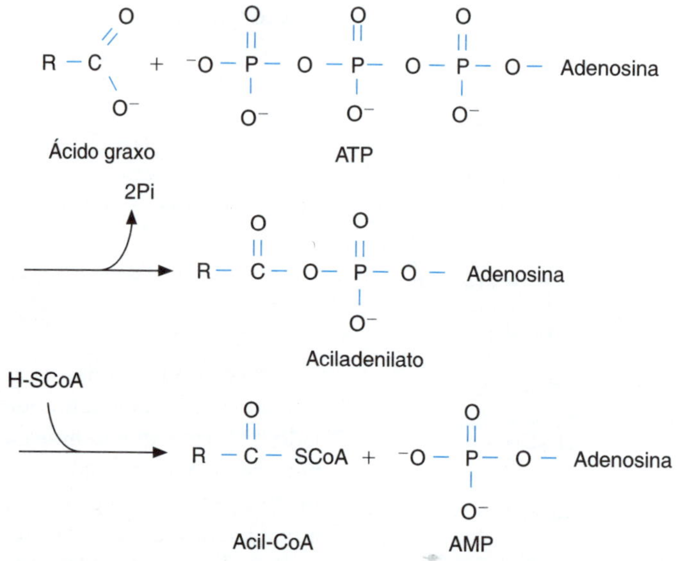

Ácido graxo + ATP

2Pi

Aciladenilato

H-SCoA

Acil-CoA + AMP

Figura 19-19. Ativação dos ácidos graxos. A reação se faz irreversível quando o pirofosfato é hidrolisado em duas moléculas de fosfato inorgânico.

Na reação inicial ou de ativação do ácido graxo participam, ademais de um ácido graxo, uma tioquinase específica, a coenzima A, o ATP é magnésio. Nesta, parte da energia liberada na hidrolise do ATP se usa para estabelecer uma ligação entre o grupo carboxílico do ácido graxo e a molécula de coenzima A (figura 19-19).

Na reação, o ATP se transforma em AMP mais pirofosfato (PPi). A nova agrupação acil coenzima A tem uma união tio éster, equivalente ao de uma união de alta energia. Uma pirofosfatase hidrolisa o PPi em Pi + PI e impede a reversibilidade da reação.

Assim, na ativação de um ácido graxo se consumem, a rigor, duas ligações de alta energia, porque o ATP se transforma em AMP e duas moléculas de fosfato inorgânico (figura 19-19).

A ativação do ácido graxo se realiza fora das mitocôndrias e sua oxidação no interior. Os ácidos graxos ativados, com mais de 10 carbonos na sua molécula, requerem de um transportador, carnitina, para atravessar a membrana mitocondrial. O fenômeno depende de uma **acil transferase** localizada na membrana mitocondrial; o grupo acilo da acil coenzima A passa à carnitina e forma acil carnitina, que no interior da membrana, pela ação de outra **acil transferase,** transfere o acilo a uma molécula de coenzima A intramitocondrial e regenera a acil coenzima A (figura 19-20).

Numa rara doença inata do metabolismo, acontece forte dor muscular depois do exercício ou da ingestão de dietas ricas em lipídeos. Estas situações requerem da oxidação eficiente dos ácidos graxos no músculo; como a enzima ativadora dos ácidos graxos é normal, o problema parece residir no traslado dos ácidos até o interior da mitocôndria, porque a administração de carnitina é útil para diminuir as moléstias.

Na matriz mitocondrial a acil coenzima A se oxida por meio de uma **acildeshidrogenase,** flavoproteína acoplada ao FAD para gerar enoil coenzima A e FADH2 (figura 19-21), que cede seus equivalentes redutores à cadeia respiratória. A enoil coenzima A é hidratada pela ação da **enoil-CoA hidratase,** na dupla ligação do enoil unido à coenzima A, fixando-se no OH da H_2O no carbono β, para produzir a hidroxiacil coenzima A (figura 19-21). A continuação ocorre outra oxidação; o hidroxiacilo, na presencia de uma **hidroxiacil deshidrogenase,** com NAD^+ como coenzima, gera NADH e a correspondente cetoacil coenzima A (figura 19-22). Como sucede com o NADH gerado na mitocôndria, este cede seus equivalentes redutores à cadeia respiratória mitocondrial. A cetoacil coenzima A recém-formada perde dois de seus carbonos; a enzima **tiolase,** na presencia de uma molécula de coenzima A, catalisa a reação onde se rompe a ligação entre o segundo e terceiro carbono da cetoacil coenzima A (figura 19-22), de modo que se libera acetil coenzima A e o radical acilo, agora com dois carbonos a menos, que fica unido à nova molécula de coenzima A que entra na reação. Na figura se apresenta a existência de um acilo, com dois carbonos menos, mais ainda ativados, para seguir com os ciclos de oxidação e fragmentação já descritos. Os dois carbonos desprendidos estão disponíveis para sua oxidação total no ciclo dos ácidos tricarboxílicos, ou para a síntese de corpos cetônicos ou colesterol.

Assim, um ácido graxo de 16 carbonos gera 8 moléculas de acetil coenzima A mediante 7 "ciclos" de oxidações, liberando cada um, um acetil coenzima A, exceto o último, onde o acilo de 4 carbonos, ao ser oxidado, se fragmenta em duas moléculas de acetil coenzima A.

Aspectos energéticos

No curso do processo degradativo ocorre a quebra sucessiva da molécula do ácido graxo em porções de dois

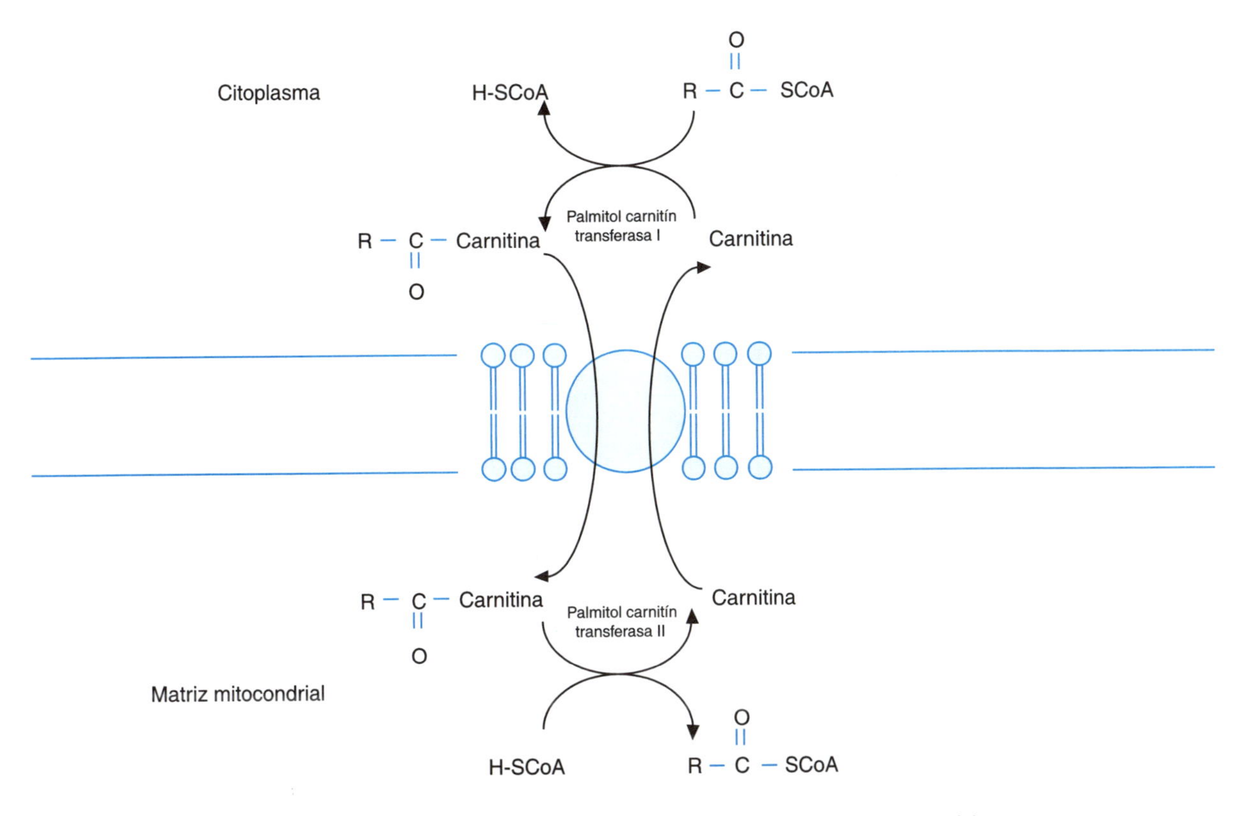

Figura 19-20. Função da proteína carreadora de carnitina e aciltransfereses participantes.

carbonos e a oxidação do fragmento de 2 C, como acetil, no ciclo do ácido cítrico; a energia liberada se contabiliza como segue: cada acetil que se gera através das desidrogenações do ácido graxo produz 5 moles de ATP. O acetil, incorporado ao ciclo do ácido cítrico, produz um total de 12 moles mais de ATP. Deste total devem subtrair se os 2 ~ (P) empregados em ativar o ácido graxo na primeira fase do processo.

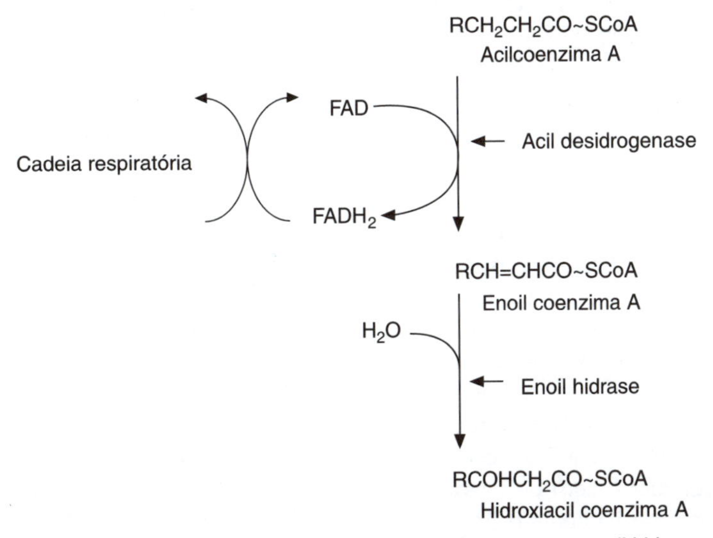

Figura 19-21. Reações catalisadas pela acil desidrogenase e enoil hidrase.

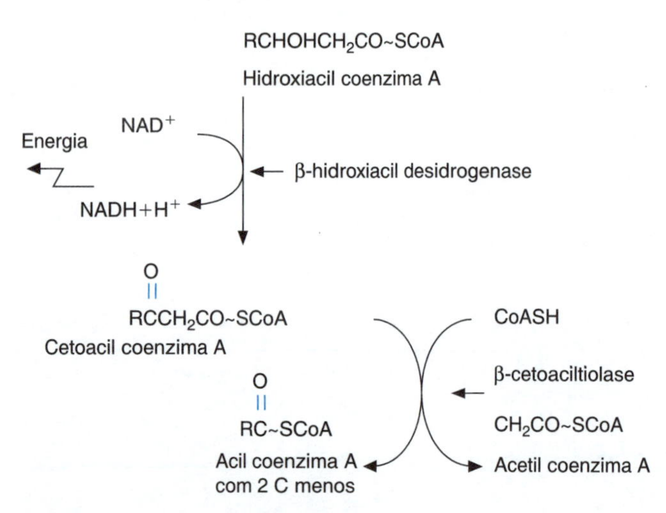

Figura 19-22. Reação da hidroxiacil coenzima A desidrogenase e da cetotiolase para a síntese de acetil-CoA.

Tomando como exemplo o ácido esteárico, de 18 C, se tem:

Quebra do ácido esteárico em 9 acetil, ou seja, 8 processos de β-oxidação	
5 ~ (P) por acetil	40 ~ (P)
Nove acetil oxidados no ciclo de Krebs	
12 ~ (P) por acetil	108 ~ (P)
Total	148 ~ (P)
Menos 2 ~ (P) da ativação inicial, total final	146 ~ (P)

A equação geral do processo para o ácido esteárico é:

$$C_{18}H_{36}O_2 + 26\ O_2 \rightarrow 18\ H_2O + 18\ CO_2 + (146 \sim (P))$$

A oxidação completa de um mol (284 g) de ácido esteárico libera 2 600 kcal. A energia captada na forma de ATP equivale a 1 095 kcal, o seja cerca de 40% da energia total, equivalente à eficiência na oxidação do ácido graxo. O anterior significa que de 100% da energia liberada na oxidação do ácido estearico, 40% se utiliza para sintetizar ATP, é dizer, em energia útil para os distintos tipos de trabalho celular.

Corpos cetônicos

O fígado, órgão chave do metabolismo dos lipídeos é o principal produtor dos corpos cetônicos. Em condições normais, a oxidação hepática dos ácidos graxos é incompleta, portanto aparecem o acetoacetato e seus derivados, 3-hidroxibutirato e acetona, chamados genericamente corpos cetônicos. O acetoacetato se transforma em β-hidroxibutirato por meio da desidrogenase correspondente. A acetona se forma por descarboxilação espontânea do acetoacetato (figura 19-23). Os corpos cetônicos saem do fígado e são oxidados pelos outros tecidos, especialmente pelo músculo. Principalmente, o acetoacetato provém da partição da 3-hidroxi- 3-metil glutaril coenzima A, metabólito chave na via da biossíntese do colesterol; o seja, uma encruzilhada metabólica permite dirigir esse metabólito à síntese de colesterol ou a de corpos cetônicos. Na produção de acetoacetato se libera, ademais, acetil coenzima A.

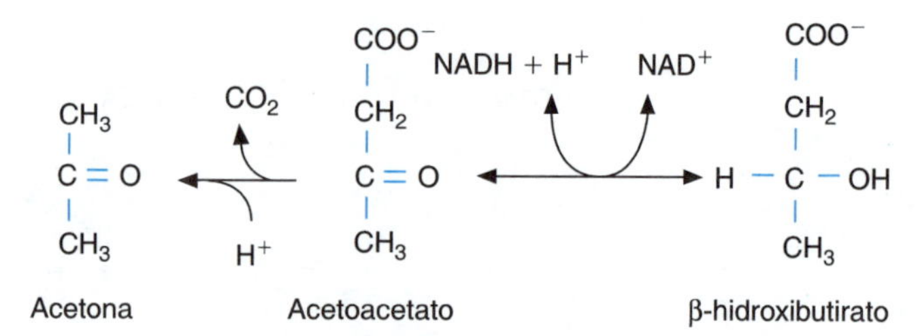

Figura 19-23. Corpos cetônicos.

No fígado, quando se forma acetoacetil coenzima A, a enzima deacilase a converte em acetoacetato livre mais coenzima A. Por outra parte, a capacidade do fígado para ativar o acetoacetato, e formar acetoacetil coenzima A é muito baixa; o resultado neto é uma produção de acetoacetato maior daquela que o fígado pode oxidar, e que posteriormente passa à circulação Normalmente, os corpos cetônicos circulantes são de aproximadamente 1 mg por 100 mL, correspondente a uma continua síntese de alguns tecidos e degradação de outros.

No tecido muscular a situação é oposta à do fígado, existem pelo menos duas enzimas muito ativas que unem à coenzima A com o acetoacetato para iniciar a sua oxidação. Uma delas é a tioforase, catalisadora do passo da coenzima A do succinato ao acetoacetato (figura 19-24), a outra é a acetoacetato tiocinase. Nos tecidos periféricos, a acetoacetil coenzima A se fragmenta em duas moléculas de acetil coenzima A que é oxidada no ciclo dos ácidos tricarboxílicos.

Em indivíduos em jejum prolongado ou em diabéticos não controlados aparece o quadro de cetose, pelo aumento da formação de corpos cetônicos com elevação de suas concentrações no sangue (cetonemia) e sua aparição na urina (cetonuria).

Causas da Cetose

O aumento na oxidação hepática de ácidos graxos, com a consequente elevação da produção de corpos cetônicos pelo mesmo fígado, é a principal causa da cetose. Porém, a capacidade oxidativa dos corpos cetônicos pelos tecidos extra-hepáticos se satura a uma concentração de 12 μmoles/L.

Na regulação da formação dos corpos cetônicos se consideram três etapas. A primeira é a oxidação dos ácidos graxos pelo fígado. Com uma dieta adequada, a oxidação dos ácidos graxos no fígado forma uma quantidade pequena de corpos cetônicos que facilmente são oxidados no tecido muscular. À medida que aumenta a proporção de ácidos graxos oxidados pelo fígado, aumenta a formação

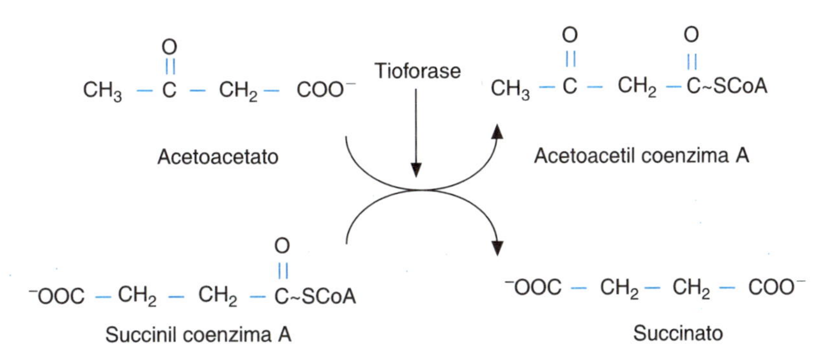

Figura 19-24. Conversão da succinil CoA à acetoacetil CoA mediante a tioforase.

de corpos cetônicos, de maneira que qualquer causa que movimente ácidos graxos à circulação favorece sua oxidação hepática e consequentemente a produção de corpos cetônicos. A ingestão de uma dieta com quantidades exageradas de ácidos graxos, diabetes não controlada ou jejum prolongado, são condições que elevam a disponibilidade de ácidos graxos no sangue, sua oxidação no fígado e a síntese de quantidades importantes de corpos cetônicos.

A segunda etapa se refere ao destino do ácido graxo presente no citosol do hepatócito. Uma vez ativado o ácido graxo e convertido em acil-CoA pode seguir dois caminhos diferentes: a) esterificação com o glicerofosfato para formar triacilgliceróis, ou b) incorporação à mitocôndria para sua oxidação e formação de corpos cetônicos. Favorece-se a segunda alternativa pelo mecanismo que se explica a continuação. A via para a incorporação do acilo da CoA à mitocôndria inclui sua transferência à carnitina para formar acil-carnitina e assim, atravessar a membrana mitocondrial. A enzima que transfere o acilo, **a carnitina palmitoil transferase,** é inibida pela malonil--CoA. A sua vez, a molonil-CoA se eleva ao houver síntese de ácidos graxos, situação que não se observa no fígado de um indivíduo com diabetes ou jejum prolongado. Portanto, o baixo pool de malonil-CoA permite a incorporação do acilo dos ácidos graxos à mitocôndria para sua posterior oxidação e formação de corpos cetônicos.

A terceira etapa na regulação da formação dos corpos cetônicos acontece no interior das mitocôndrias dos hepatócitos. A acetil-CoA gerada na β-oxidação se converte em corpos cetônicos ou é oxidada no ciclo de Krebs. Aparentemente, a quantidade de ATP gerada no ciclo dos ácidos tricarboxílicos é o principal sinal para definir o destino da acetil-CoA. À medida que se oxida mais acetil-CoA no ciclo, se eleva o pool de ATP, o que inibe esse ciclo; mas como se continua formando mais acetil-CoA, se canaliza o excesso do mesmo, precisamente à formação de corpos cetônicos. Também é sugerido que o ciclo de Krebs diminui sua velocidade operacional devido a uma diminuição no oxalacetato, molécula com a qual se une a acetil-CoA para iniciar o ciclo de Krebs. A diminuição no oxalacetato poder-se-ia dever a outras vias diferentes, por exemplo, a gliconeogênese ou a transaminação. A administração de glicose e seu uso nas células elevam rapidamente o pool de oxalacetato, acelera a oxidação de acetil-CoA pelo ciclo de Krebs e evita a formação hepática de mais corpos cetônicos, ao mesmo tempo em que acelera a oxidação dos próprios corpos cetônicos nos tecidos extra-hepáticos.

METABOLISMO DOS FOSFOLIPÍDEOS

Biossíntese dos glicerofosfolipídeos. A partir de moléculas relativamente disponíveis em forma constante, para que ocorra a biossíntese dos fosfolipídeos se requer de glicerol, ácido fosfórico, ácidos graxos e bases nitrogenadas como colina, serina, esfingosina, etanolamina, entre outros. Por não serem sintetizados pelo organismo, os ácidos graxos essenciais são em certas espécies o inositol, devem estar presentes na dieta, pré-formados para ser incorporados aos fosfolipídeos. Na síntese dos fosfolipídeos é indispensável a "ativação" das moléculas participantes. Em algumas ocasiões se ativa o diacilglicerídeo, em forma do ácido fosfatídico, ao unir-se com a citidina trifosfato (CTP) (figura 19-25). O CDP diacil glicerol reage com a serina, inositol ou fosfatidil glicerol, por meio das enzimas específicas correspondentes, para formar três tipos distintos de fosfolipídeos:

CDP-diacilglicerol + serina → fosfatidilserina + CMP
CDP-diacilglicerol + inositol → fosfatidilinositol + CMP
CDP-diacilglicerol + fosfatidilglicerol → cardiolipina + CMP

Outro tipo de ativação é a da fosforilação da base nitrogenada, que reage com o CTP e o diacilglicerídeo para gerar o fosfolipídeo correspondente (figura 19-26). Os fosfolipídeos já formados podem converter se uns em outros, por exemplo;

fosfatidiletanolamina + serina ↔ fosfatidilserina + etanolamina
fosfatidiletanolamina + 3 R–S – CH_3 ↔ cardiolipina + CMP

No segundo caso, o doador de metilos é a S adenosil metionina.

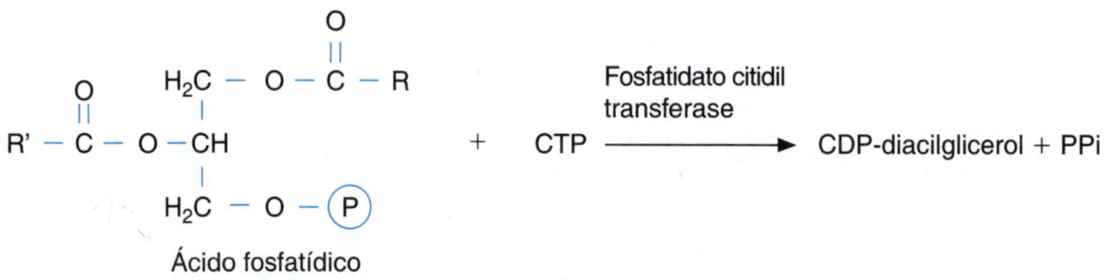

Ácido fosfatídico + CTP —(Fosfatidato citidil transferase)→ CDP-diacilglicerol + PPi

Figura 19-25. Formação de um precursor dos fosfolipídeos.

Biossíntese dos esfingolipídeos e dos esfingoglicolipídeos

A única classe de fosfolipídeo que contém a molécula ceramida (N-acil-esfingosina) como sua porção hidrofóbica é a esfingomielina, um importante lipídeo estrutural das membranas celulares nervosas. A principal via de síntese desta molécula acontece através da doação do grupo fosfocolina da fosfatidilcolina à N-acilesfingosina (figura 19-27).

A grande maioria dos esfingolipídeos é constituída pelos esfingoglicolipídeos, que apresentam unidades de carboidrato associadas a suas cabeças polares. Como se revisou no capítulo 14, as principais classes de esfingoglicolipídeos são os cerebrosídeos e gangliosídeos.

A biossíntese da N-acilesfingosina acontece em quatro reações a partir da palmitoil-CoA e serina. A enzima **3-citoesfingonina sintase dependente** de fosfato de piridoxal catalisa a condensação da palmitoil- CoA com a serina para produzir a 3-citoesfingonina (figura 19-28). A **redutase da 3-citoesfingonina** dependente da redução do NADPH catalisa a formação da esfingosina, também chamada de esfingonina.

Através da transferência de um grupo acilo da acil-CoA que catalisa a **CoA transferase** se forma a deidroceramida, que, mediante uma redução dependente de FAD, da origem à molécula de ceramida (figura 19-29).

Os cerebrosídeos principalmente representados pelos glicocerebroídeos e galactocerebrosídeos, são sintetizados mediante a adição de unidades glicosídicas ativadas com UDP das diferentes hexoses, à molécula de ceramida.

Os ganglosídeos são sintetizados mediante uma série de glicosiltransferases que catalisam a transferência de unidades galactosil da galactose ativada com UDP à molécula ceramida, através de uniões β-(1,4) para formar o glicolipídeo precursor chamado lactosil ceramida. A partir deste precursor, os ganglosídeos GM se formam com a adição de moléculas de ácido N-acetilneuramínico ou ácido siálico ativadas com CMP. As adições sequênciais a GM3 das unidades N-acetilgalactosamina e galactose ativadas se obtém na síntese dos gangliosídeos GM2 e GMl (figura 19-30).

METABOLISMO DO COLESTEROL

Biossíntese

A biossíntese do colesterol se realiza pela união de 18 fragmentos de 2C, em forma de acetil coenzima A, através

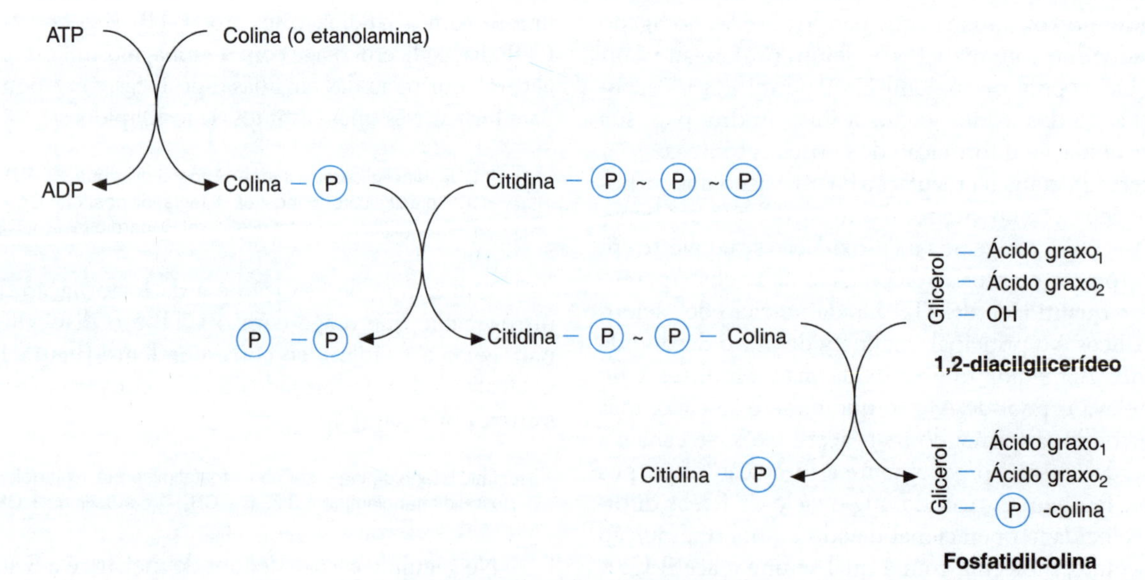

Figura 19-26. Síntese de um fosfolipídio.

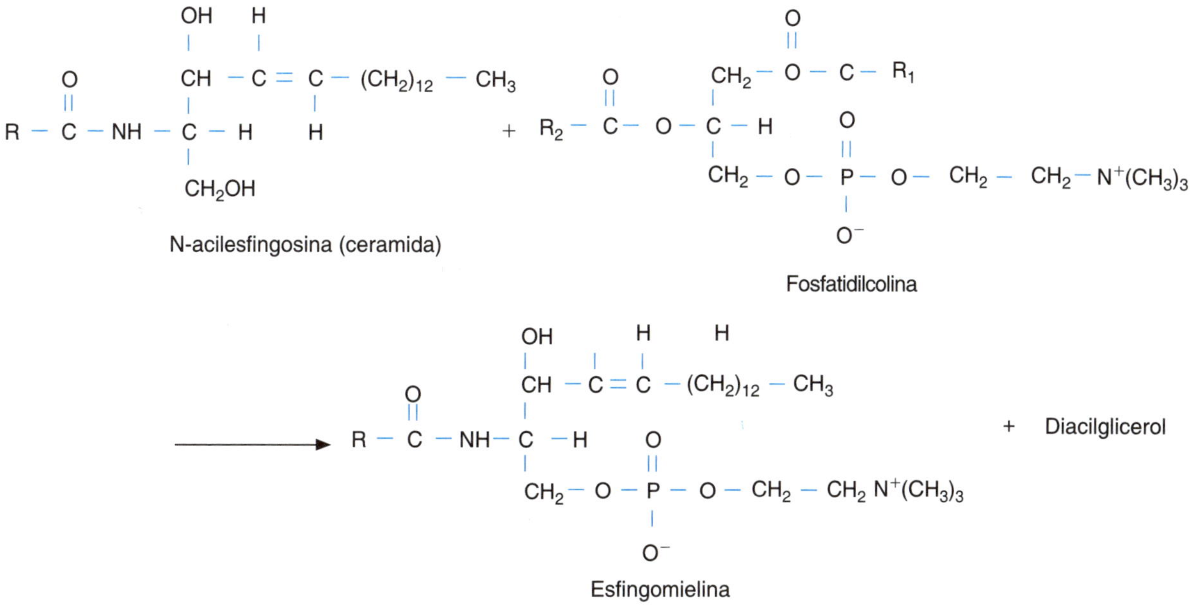

$R-C(=O)-NH-CH(CH_2OH)-CH(OH)-CH=CH-(CH_2)_{12}-CH_3$

N-acilesfingosina (ceramida)

$+$

$CH_2(-O-C(=O)-R_1)-CH(-O-C(=O)-R_2)-CH_2-O-P(=O)(O^-)-O-CH_2-CH_2-N^+(CH_3)_3$

Fosfatidilcolina

$\longrightarrow$

$R-C(=O)-NH-CH(CH_2-O-P(=O)(O^-)-O-CH_2-CH_2\,N^+(CH_3)_3)-CH(OH)-CH=CH-(CH_2)_{12}-CH_3$ + Diacilglicerol

Esfingomielina

Figura 19-27. Síntese da esfingomielina.

de três etapas: a primeira, até o mevalonato; a segunda, do mevalonato ao esqualeno e a terceira, do esqualeno ao colesterol. A maneira descrita a seguir é a dos mamíferos.

Síntese do mevalonato

Duas moléculas de acetil coenzima A se combinam em uma reação catalisada pela tiolase para produzir acetoacetil

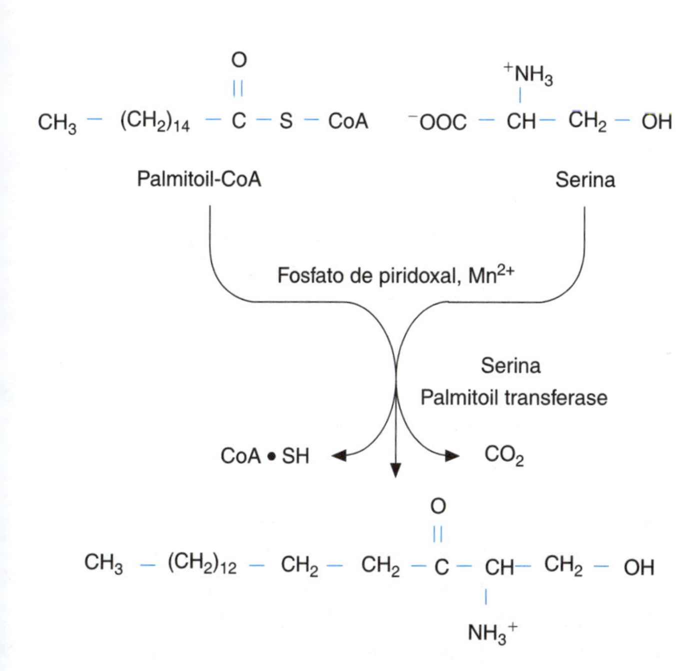

Figura 19-28. Síntese de cetoesfingonina como intermediário na síntese de ceramidas.

coenzima A, de 4C; esta, a sua vez, se combina com outra acetil coenzima A para formar uma unidade de 6C, a 3-hidroxi-3-metilglutaril coenzima A (figura 19-31); na mitocôndria, este composto forma corpos cetônicos e no citosol, gera colesterol. Em bactérias e plantas, a 3-hidroxi-3-metilglutaril coenzima A é precursora de esteroides e de outros derivados poliisoprenoides ubiquinonas e vitamina K.

O seguinte passo na síntese do colesterol é a formação do mevalonato, a partir da 3-hidroxi-3-metilglutaril coenzima A, através da ação da **3-hidroxi-3-metilglutaril coenzima A redutase** (figura 19-32). Este passo é o principal sitio da regulação da biossíntese do colesterol.

Mediante uma série de fosforilações seguidas da descarboxilação do composto fosforilado intermediário, se sintetiza a unidade isoprénica ativa de isopentenil pirofosfato, ou também, pirofosfato de isopentenilo. A estrutura deste composto lhe permite, sem necessidade de utilizar mais ATP, condensar-se em unidades de 15 e 30 carbonos (figura 19-33).

Em principio uma molécula de pirofosfato de isopentinilo se isomeriza a pirofosfato de dimetil-alilo, que se condensa com pirofosfato de isopentenilo. A sua vez isso também ocorre com uma segunda molécula de pirofosfato de geranilo, que mediante uma nova reação de condensação produz pirofosfato de farnesilo.

A molécula pirofosfato de farnesilo, ao ter a capacidade de rotação libre, forma os anéis básicos A e B do núcleo dos esteroides. Caso o processo continue, se formará um hidrocarboneto de cadeia longa conformado por duas moléculas de pirofosfato de farnesilo denominado esqualeno.

Mediante a ação de oxigenases, a estrutura de esqualeno através da migração de grupos metilo, forma o

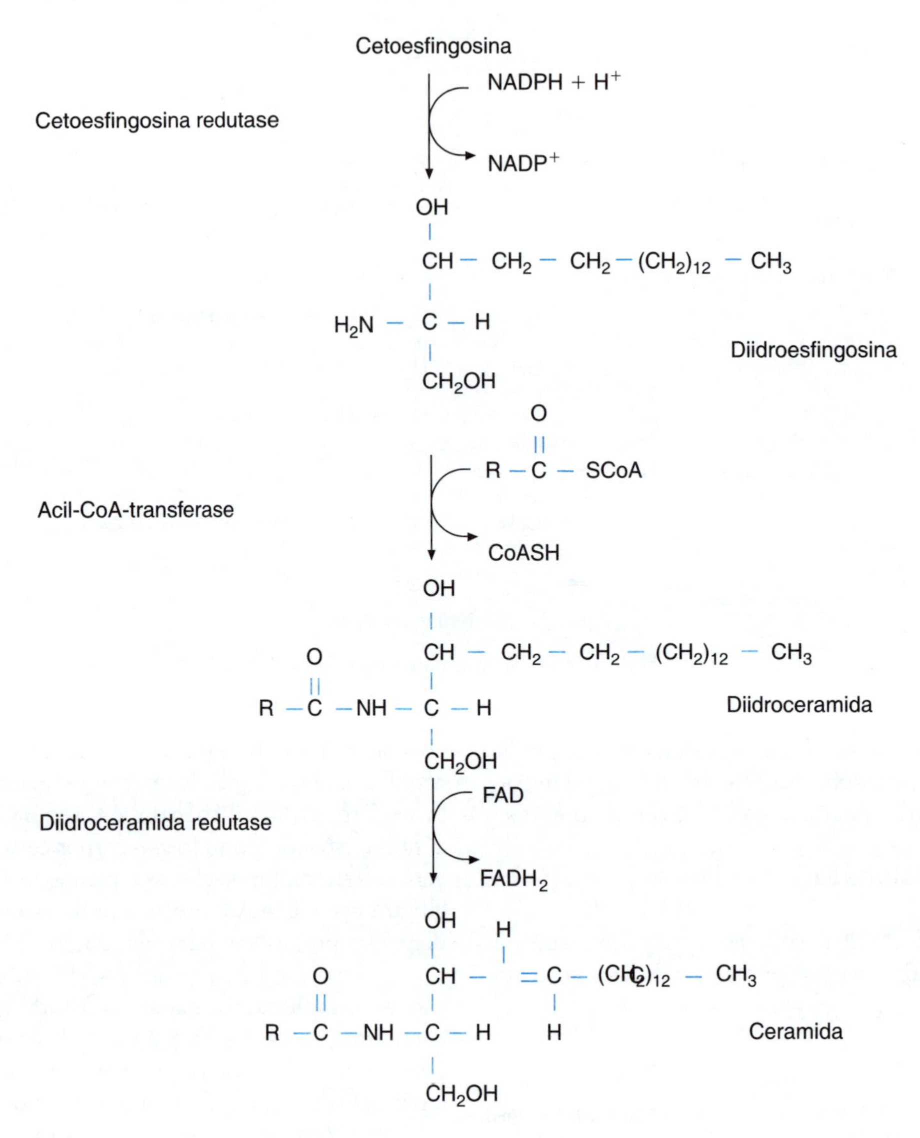

Figura 19-29. Síntese da ceramida.

primeiro composto esteroide desta via, conhecido como lanosterol (figura 19-34).

Etapa final

A última etapa se inicia com a ativação do esqualeno com O_2 e NADPH, para formar epóxido de esqualeno cíclico ou lanosterol, por meio de uma ciclase. A continuação, o lanosterol perde três grupos metilo, uma das duplas ligações é reduzida com NADPH e a outra dupla ligação migra, para formar finalmente o colesterol (figura 19-35).

O esqualeno é intermediário participante desta etapa e se encontra unido à "proteína carreadora de esteroides ou de esqualeno"; essa união facilita a reação, em um ambiente aquoso, do esqualeno e os esteroides insolúveis em água, com as moléculas hidrossolúveis que os modificam. Unido à proteína, o colesterol pode ser convertido a hormônios e ácidos biliares, ou bem incorporado a lipoproteínas e membranas celulares onde atua como lipídeo estrutural e como regulador da atividade de certas enzimas.

Regulação da síntese do colesterol

Nos seres humanos, o intestino e fígado são os órgãos mais importantes na síntese do colesterol. O organismo sintetiza de 1.0 a 1.5 g de colesterol por dia, ou seja, 3 a 4 vezes más que o conteúdo de colesterol de uma dieta normal, de uns 300 mg por dia. Porém, o sistema de síntese do colesterol tem um mecanismo regulador dependente, em parte, da quantidade de colesterol absorvida no intestino; quando o colesterol dietético é baixo, a sua síntese no organismo aumenta e o oposto sucede em caso contrário; assim, há uma tendência a manter a concentração de colesterol em um nível relativamente constante.

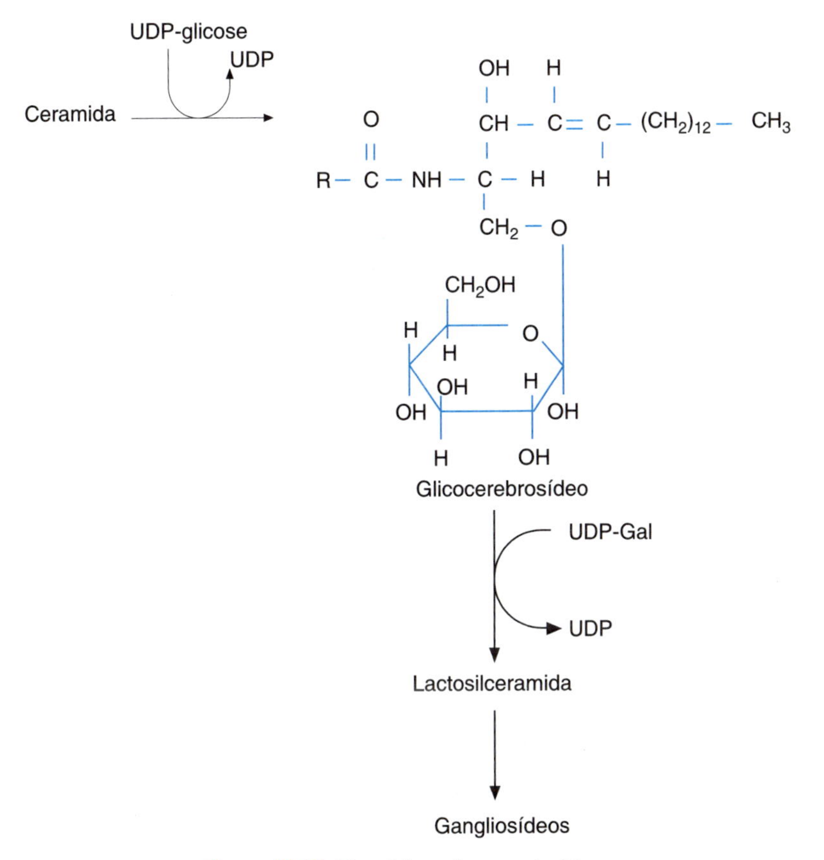

Figura 19-30. Biossíntese dos ganglosídeos.

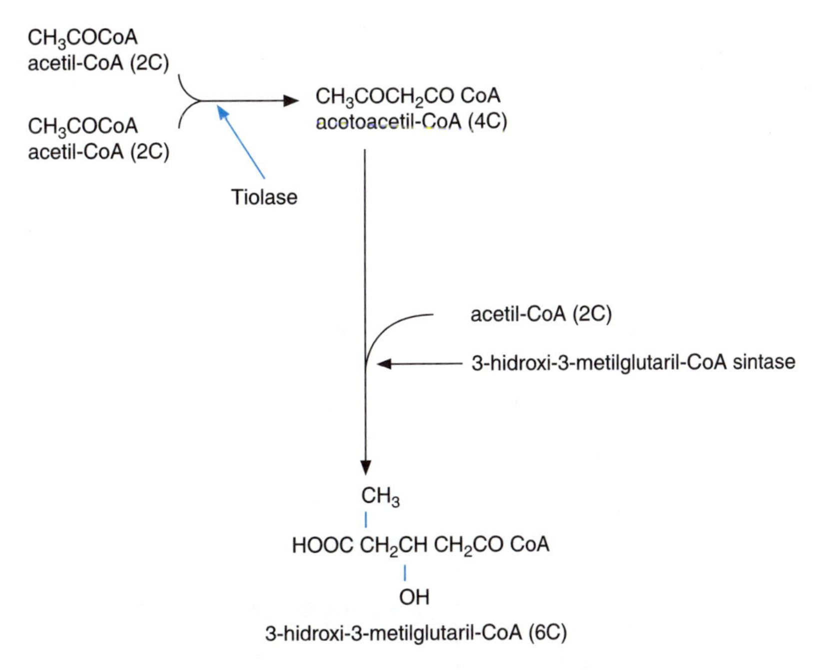

Figura 19-31. Síntese da 3-hidroxi-3-metilglutaril CoA.

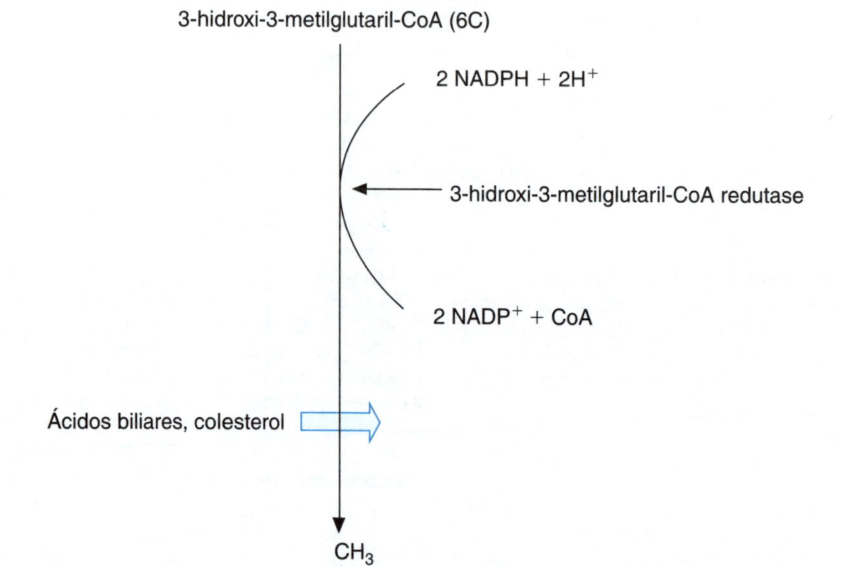

Figura 19-32. Biossíntese do mevalonato.

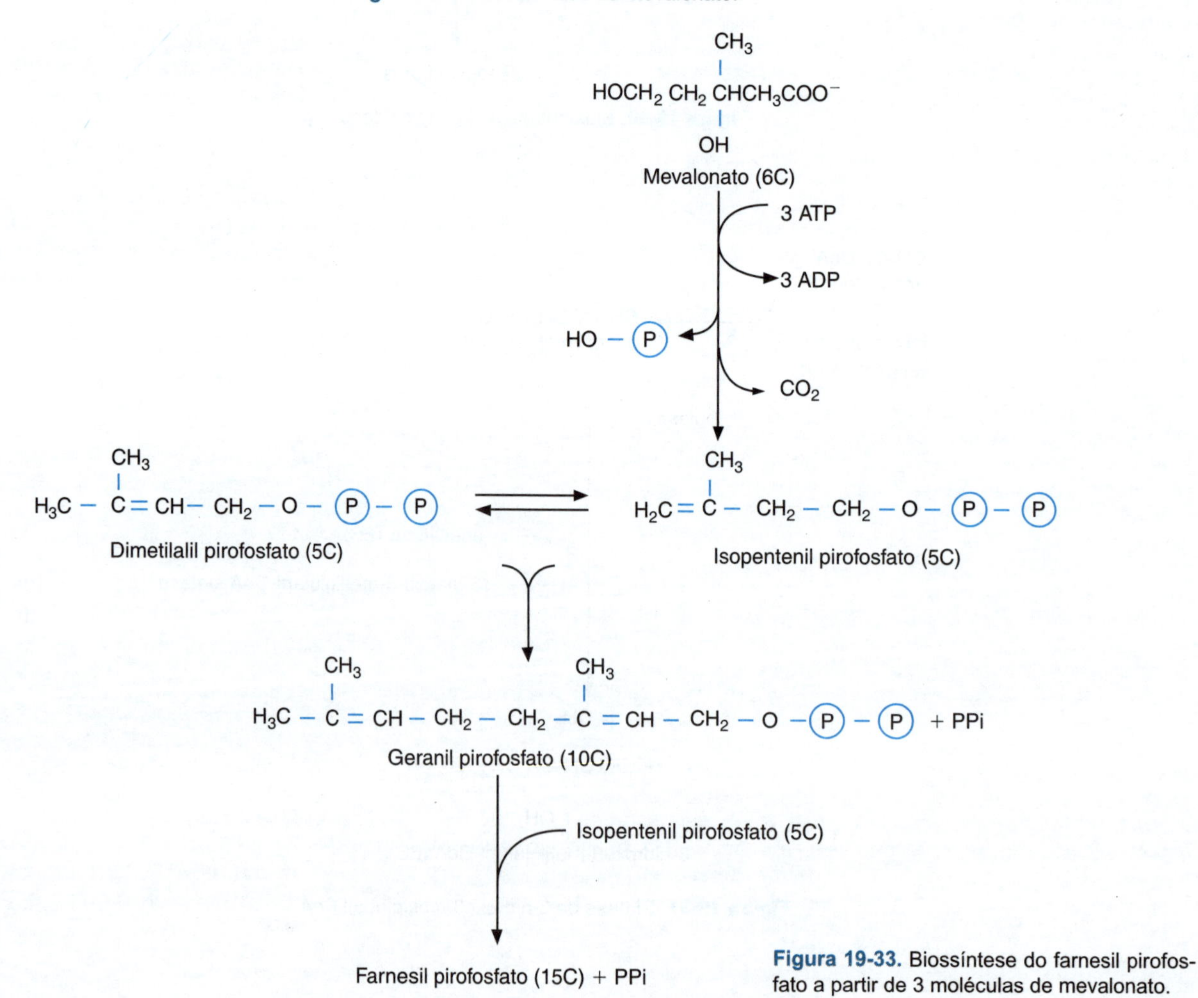

Figura 19-33. Biossíntese do farnesil pirofosfato a partir de 3 moléculas de mevalonato.

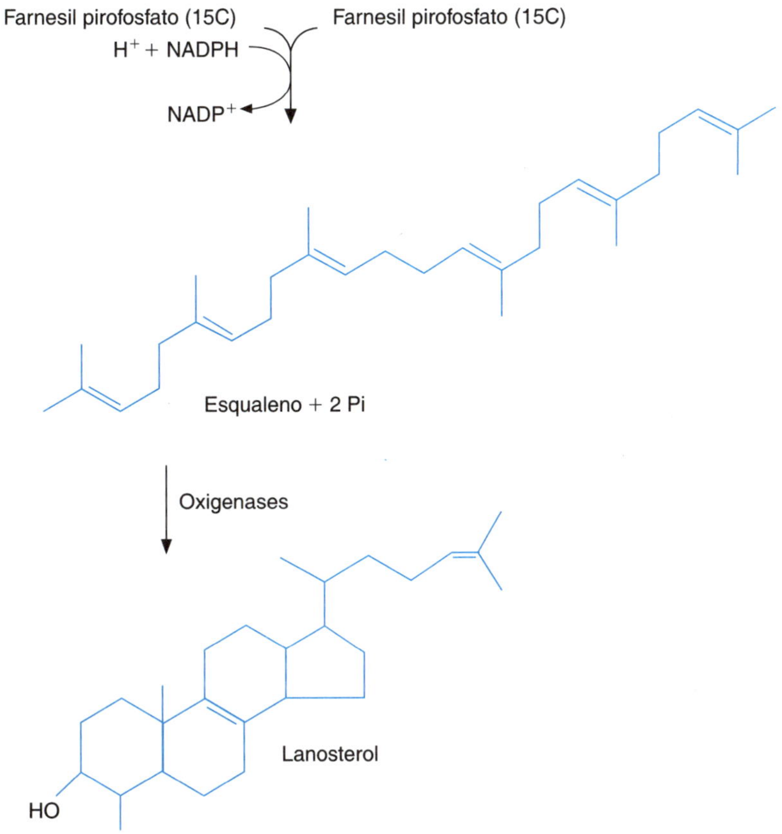

Farnesil pirofosfato (15C)
Farnesil pirofosfato (15C)
H^+ + NADPH
$NADP^+$
Esqualeno + 2 Pi
Oxigenases
Lanosterol
HO

Figura 19-34. Biossíntese do lanosterol a partir de 2 moléculas de farnesil pirofosfato.

Lanosterol
NADPH + H^+ + O_2
$NADP^+$
H_2O
HO

Colesterol

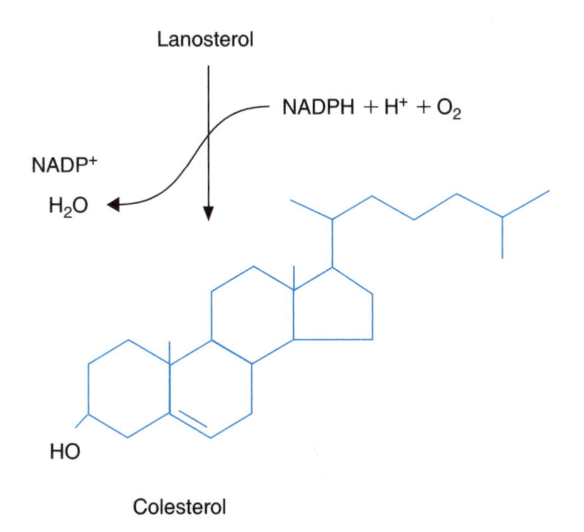

Figura 19-35. Últimas etapas na formação do colesterol.

O sitio primário na regulação da biossíntese do colesterol é a formação de mevalonato, catalisado pela 3-hidroxi-3-metilglutaril coenzima A redutase. Este existe nas suas formas ativa e inativa, convertíveis uma em outra pelos processos de fosforilação, mediados pelo AMP cíclico e desfosforilação. A síntese da enzima diminui com o aumento do colesterol no sangue, de estrógenos e de sais biliares, deprimindo assim, a síntese do próprio colesterol. De igual forma, o glucagon, os glicocorticoides e jejum a diminuem. Contrariamente, insulina e hormônios tireoidianos aumentam a atividade da redutase.

Outro fator que influi na quantidade de colesterol sintetizado são os ácidos graxos da dieta. O colesterol sérico tende a aumentar com dietas nas quais dominam os ácidos graxos saturados; de aí, a recomendação de consumir alimentos ricos em ácidos graxos poliinsaturados.

REFERÊNCIAS

Devlin TM: *Bioquímica. Libro de texto con aplicaciones clínicas*, 5ta. ed., Editorial Reverte, 2004.

Feng L, Prestwich GD: Functional lipidomics. Boca Raton, FL: CRC Press-Taylor & Francis Group, 2006.

Fran KN: *Metabolic Regulation: A Human Perspective*, 2dn ed., Blackwell Science, 2003.

Halpern MJ. Ed: *Lipid metabolism and its pathology.* New York, Plenum Press, 1995.

Hemming FW, Hawthorne JN: *Lipid analysis.* Oxford, Bios. Scientific Publishers, 1996.

Lozano JA, Galindo JD, García Borrón JC, Martínez Liarte: *Bioquímica e Biología Molecular*, 3ra ed., McGraw-Hill Interamericana, 2005.

Mas J: *Diagnóstico molecular en medicina.* 2ª ed. El Manual Moderno, 2007.

Melo V, Cuamatzi TO: *Bioquímica de los processos metabólicos*, Ediciones Reverté, 2004.

Moffat RJ, Stamford (eds.): *Lipid metabolism and Health.* New York: CRC Press, 2005.

Nelson DL Cox MM: *Lehninger Principios de Bioquímica*, 4ª ed., Omega, 2006.

Spiller GA: *Lipids in human nutrition.* Ed. Boca Ratón, CRC Press, 1996.

Vance DE, Vance J: *Biochemist of lipids. Lipoproteins and Membranes.* Amsterdam: Elsevier, 1996.

Páginas eletrônicas

Vázquez E (2003): *Oxidación de ácidos grasos.* [En línea]. Disponible: http://laguna.fmedic.unam.mx/~evazquez/0403/oxidacion%20acidos%20grasos.html [2009, abril 10]

Home Page. The Metabolic Pathways of Biochemistry. 26 de mayo 2007 <http://www.gwu.edu/~mpb/betaox.htm>.

Instituto de Química, UNAM. Home Page. Bioquímica e biologia molecular en línea. 23 de mayo 2007 <http://laguna.fmedic.unam.mx/~evazquez/0403/oxidacion%20acidos%20grasos.html>.

School of medicine, Indiana University. The medical Biochemistry. Page, 21 de enero 2008. <http://themedical biochemistrypage.org/home.html>.

European Lipidomics Initiative. 21 de enero 2009. <http://lipidomics.net>

Wormser H: Lipoprotein metabolism. 21 de enero 2009. http://wiz2.pharm.wayne.edu/biochem/lipoprotein.ppt

20

Metabolismo dos compostos nitrogenados

Enrique Piña Garza

O metabolismo dos compostos nitrogenados é um dos temas mais extensos e variados da bioquímica. Aqui somente foram analisados os seguintes aspectos de seu metabolismo nos mamíferos: digestão das proteínas, metabolismo dos aminoácidos, síntese de ureia e utilização dos aminoácidos em outros compostos nitrogenados. Não são revisados neste texto, apesar da importância que tem nas plantas e nos microrganismos, o processo da fixação de nitrogênio atmosférico através de sua redução a íons amônio, NH_4^+.

DIGESTÃO DAS PROTEÍNAS

A digestão das proteínas consiste em sua degradação, através de um processo de hidrólise, a polipeptídios, tri e dipeptídeos e a aminoácidos.

Digestão gástrica

O suco gástrico é um líquido aquoso que contém ácido clorídrico, HCl, pequenas quantidades de outros ânions e cátions, a enzima proteolítica **pepsina** e a glicoproteína **mucina**. Nas crianças, o suco gástrico contém uma enzima que coagula o leite, a **renina**. No adulto existem pequenas quantidades de **lipase.** A superfície do estômago se protege do ácido clorídrico e das enzimas proteolíticas pela mucina do muco gástrico, a qual, além de ter ação amortecedora, inibe a atividade da pepsina.

Regulação da secreção gástrica

A secreção gástrica se inicia por um mecanismo nervoso através do nervo vago; seu estímulo principal é a ingestão de alimentos (figura 20-1).

A acetilcolina é o neurotransmissor do nervo vago e se une aos receptores colinérgicos das células parietais; a interação acetilcolina-receptor se traduz em um estímulo da secreção gástrica por um mecanismo parcialmente mediado pelo Ca^{2+}. Existe outro potente mecanismo estimulador da secreção gástrica, a **gastrina**, hormônio polipeptídico que se produz no estômago. Os estímulos fisiológicos mais importantes para a liberação da gastrina são os aminoácidos e proteínas da dieta; o inibidor fisiológico da secreção da gastrina é o aumento da acidez do suco gástrico.

A secreção gástrica é inibida, entre outras substâncias, pela **colecistocinina** e a **somatostatina,** ambos os peptídeos produzidos no próprio tubo digestivo.

Ácido clorídrico

As células parietais das glândulas gástricas secretam HCl em uma concentração aproximada de 0,16 mol/L, ou seja um milhão de vezes mais alta que a do plasma. O mecanismo da síntese de ácido clorídrico está resumido na figura 20-2.

O metabolismo da célula parietal gera dióxido de carbono, CO_2, o qual se soma o CO_2 proveniente do sangue; o CO_2 se une à água em uma reação catalisada pela enzima anidrase carbônica e forma ácido carbônico, H_2CO_3; este se dissocia em prótons, H^+, e íon bicarbonato, HCO_3^-; os prótons são secretados para o lúmen do estômago por um mecanismo de troca que introduz K^+ até a célula mediante a energia proporcionada pela hidrólise do ATP; o HCO_3^-

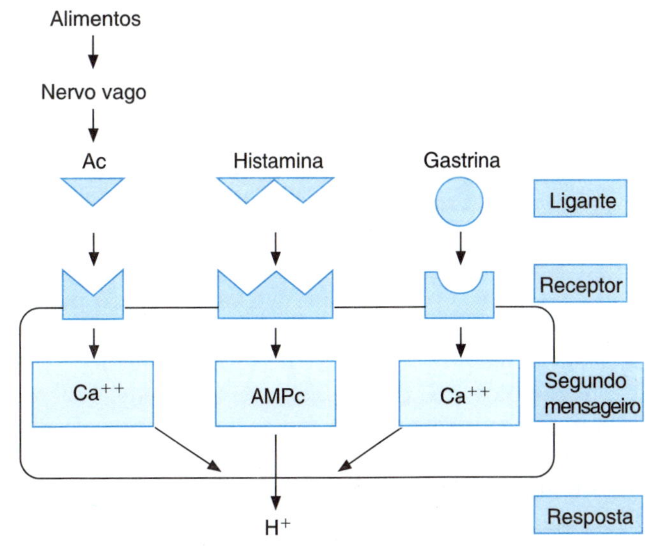

Figura 20-1. Estimulação da secreção gástrica nas células parietais (Ac: acetilcolina).

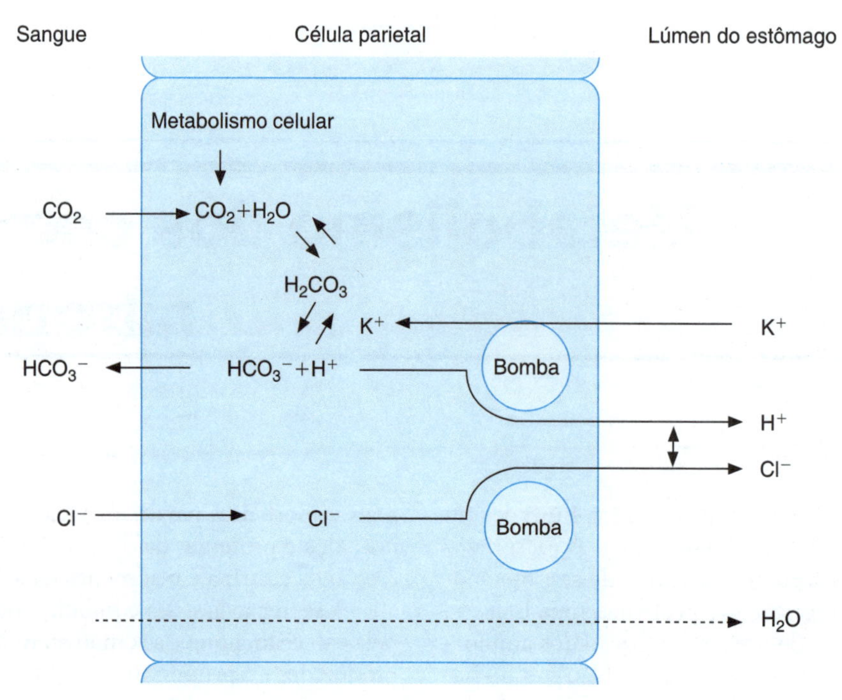

Figura 20-2. Processos participantes na secreção de ácido pelas células parietais.

passa ao sangue pela troca do íon cloreto, Cl^-, o qual penetra a célula parietal e através de um processo ativo, é transportado até luz intestinal. A "bomba" de Cl^- requer energia e está acoplada à de prótons e dá origem a uma maior carga negativa na luz intestinal, pois a saída de Cl^- não é compensada pela entrada de outro ânion (figura 20-2).

O HCl proporciona o meio ácido adequado para a ação da **pepsina**.

Enzimas do suco gástrico

O pepsinogênio, ao entrar em contato com o HCl, é convertido em pepsina por meio da subtração de vários peptídeos do pepsinogênio, entre eles um de caráter básico, constituído por 42 aminoácidos. Uma vez formada a pepsina, a reação se converte em autocatalítica, devido a que a pepsina ativa converte o pepsinogênio em pepsina.

A pepsina é uma **endopeptidase** que ataca diversas ligações peptídicas não terminais, sendo mais fácil atacar as próximas da tirosina, da fenilalanina e do triptofano.

Esta enzima trabalha mais eficientemente entre pH 1 e 2. Além disto, este baixo pH serve para desnaturar as proteínas, ativa o precursor inativo da pepsina, o pepsinogênio e provoca, no duodeno, a excreção de **secretina,** substância que provoca o fluxo de suco pancreático.

A **renina** é uma enzima que coagula o leite; é secretada na forma inativa de pró-renina, que se ativa em pH ácido. A renina atua sobre a caseína do leite e a transforma em uma substância solúvel, paracaseína; em presença de Ca^{2+}, esta, se converte em paracaseína insolúvel, ou seja, em coágulo. Nas crianças, a renina facilita a ação das enzimas proteolíticas sobre o leite coagulado.

Secreção do suco pancreático

A secreção do suco pancreático se regula por via nervosa e por via hormonal; ambas as vias atuam sinergicamente (figura 20-3). O nervo vago intervém na secreção pancreática através de seu neurotransmissor, a acetilcolina, a qual estimula a secreção das enzimas contidas no suco pancreático. A proporção relativa das distintas pró-enzimas e enzimas do suco pancreático permanecem constante.

A **secretina** e a **colecistoquinina** são hormônios reguladores da secreção do suco pancreático. A acidificação da porção superior do duodeno, ao entrar em contato com o suco **gástrico,** é o estímulo para a liberação de secretina, um polipeptídio de 27 aminoácidos. A secretina viaja do duodeno ao pâncreas por via sanguínea, onde provoca um aumento de AMP cíclico e estimula a liberação de um suco pancreático com baixa concentração de enzimas, mas com o conteúdo normal de eletrólitos (figura 20-3).

Os ácidos graxos e os monoacilgliceróis resultantes da digestão de lipídeos presentes na parte superior do intestino delgado são o principal estímulo para a liberação, neste sítio, do hormônio **colecistoquinina,** polipeptídio com 33 resíduos de aminoácidos. A colecistoquinina estimula a secreção de enzimas do suco pancreático e potencializa o efeito estimulante da secretina; o cálcio é o mediador da ação da secretina.

É importante mencionar a potencialização entre os dois hormônios e o neurotransmissor (figura 20-3): a secretina aumenta os efeitos da acetilcolina e da colecistoquinina e, a sua vez, a colecistoquinina estimula os efeitos das outras duas moléculas.

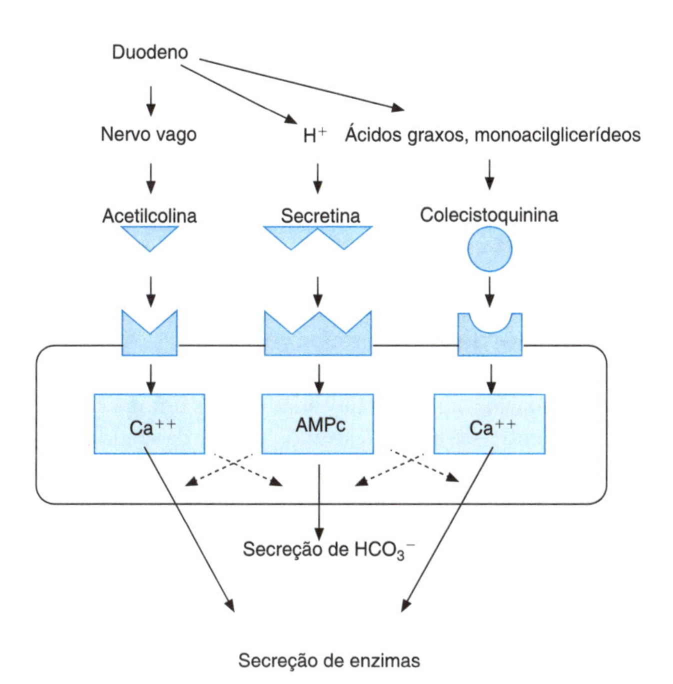

Figura 20-3. Estimulação da secreção pancreática. As linhas pontilhadas indicam um efeito sinérgico.

O suco pancreático é um líquido incolor com pH ao redor de 8 e uma concentração total de materiais inorgânicos parecida a do plasma, com exceção do bicarbonato de sódio, cuja concentração é três vezes maior no suco pancreático.

O suco pancreático contém as seguintes enzimas participantes na digestão das proteínas:

Tripsina. É secretado como o precursor inativo, o tripsinogênio, e é ativado pela enzima enteropeptidase. Uma vez formada a tripsina, esta ativa o resto do tripsinogênio em uma reação autocatalítica. Seu pH ótimo é de 8; é uma endopeptidase que age de maneira especial nas ligações em há a arginina e a lisina.

Quimotripsina. É produzida pelo pâncreas em forma de quimotripsinogênio inativo, é ativado pela tripsina. Além de sua atividade proteolítica, mostra grande capacidade para coagular o leite, é uma diferença em relação à tripsina, que não o coagula. É uma endopeptidase que age geralmente nas ligações peptídicas onde há a tirosina, a fenilalanina, o triptofano e a metionina.

Carboxipeptidase. É uma exopeptidase capaz de hidrolisar a última ligação peptídica da extremidade da cadeia que tem a carboxila livre; tem maior atividade quando o resíduo é de fenilalanina, triptofano, tirosina ou leucina.

Digestão intestinal

As glândulas intestinais produzem um suco alcalino, com muco, uma fosfatase alcalina e a enzima **enteropeptidase;** esta última converte especificamente o tripsinogênio em tripsina, a uma velocidade 2 000 vezes maior que quando a tripsina atua sobre o tripsinogênio. Os produtos de hidrólise das proteínas na luz do intestino penetram no interior das células como aminoácidos ou oligopeptídeos, onde estes últimos se convertem em aminoácidos por ação de um conjunto de enzimas peptidases e aminopeptidases.

As peptidases são, especificamente, tripeptidases e dipeptidases que fragmentam os tripeptídeos e dipeptídeos em seus dois ou três aminoácidos componentes. As **aminopeptidases** são exopeptidases, portanto agem e separam os aminoácidos da extremidade da cadeia com o grupo amino livre. Em condições fisiológicas, a veia porta coleta o sangue enriquecido com os produtos da absorção intestinal e os leva ao fígado, o qual recebe como produtos da absorção das proteínas, principalmente aminoácidos, uma pequena proporção de peptídeos e ocasionalmente proteínas.

Absorção dos produtos da digestão das proteínas

Vários sistemas para o transporte dos L-aminoácidos ao interior da célula intestinal são conhecidos, assim como para os aminoácidos neutros, os básicos e ácidos, os iminoácidos, a glicina, a cisteína e os β-aminoácidos. São sistemas de transporte ativo, dependentes de energia e mediados por um carreador. Os aminoácidos são transportados da luz intestinal à célula junto com o íon sódio, Na^+; a concentração de Na^+ é maior na luz intestinal, fator que favorece a entrada do aminoácido na célula. Além disto, uma adenosintrifosfatase degrada o ATP e a energia liberada é acoplada à eliminação de Na^+ do interior da célula à luz intestinal, à troca de K^+ que passa em sentido oposto. Este mecanismo mantém baixa a concentração intracelular de Na^+ e mantém ativo o sistema de transporte dos aminoácidos.

É conhecida uma via de transporte dos oligopeptídeos da luz intestinal até as células, que inclui o cotransporte com o Na^+, semelhante à descrita para os aminoácidos, e outra utilizada por oligopeptídeos de maior tamanho com a hidrólise do peptídeo no interior das células, seguida do transporte dos aminoácidos resultantes da hidrólise.

Em condições normais, através do mecanismo da pinocitose, algumas proteínas podem passar da luz intestinal à circulação; tal é o caso das globulinas presentes no colostro, absorvidas pelos filhotes de diferentes mamíferos, e outras proteínas, que ao serem absorvidas pelos seres humanos, podem dar origem a problemas clínicos como "alergia alimentícia", urticária, asma e outros sintomas. Alguns peptídeos resultantes da hidrólise incompleta do glúten lesionam a mucosa intestinal diminuindo a absorção de certos produtos da digestão; esta parece ser a causa do espru não tropical nos adultos e da doença celíaca nas crianças. As epidemias de cólera são conhecidas desde a antiguidade; a diarreia é o sintoma sobressalente do quadro clínico na cólera. Agora se conhece grande parte do mecanismo molecular responsável pela diarreia: a bactéria *Vibrio cholerae* e diversas cepas de bacilos enterotoxigênicos, comuns em nosso meio, secretam uma enterotoxina, a qual se combina com um receptor das células epiteliais do intestino, desencadeando a perda excessiva de íons e líquidos pelo intestino.

ESTADO DINÂMICO DAS PROTEÍNAS

Durante muito tempo se pensou que os organismos animais adultos sustentavam sua estrutura constante graças a pequenas modificações para compensar o desgaste natural.

Na realidade, os aminoácidos absorvidos no intestino são incorporados de maneira contínua nas proteínas tissulares, independente do estado de nutrição geral do animal. Existe a síntese e a degradação constantes das proteínas, ambas com semelhante magnitude, com o resultado de uma estrutura e massa estáveis e o equilíbrio das funções corporais.

A magnitude total da renovação de proteínas no homem é considerável; um adulto normal de 70 kg de peso sintetiza e degrada ao dia, em média, uns 80 g de proteína, compostos obviamente por outros tantos gramas de aminoácidos, cifra parecida à proporcionada diariamente pela dieta; por outra parte, a quantidade total de aminoácidos nos líquidos tissulares é de aproximadamente 30 g; todos estes dados são indicadores da impressionante e contínua mobilização, associada a um balanço efetivo.

Estudos feitos com aminoácidos radioativos têm permitido medir a renovação das proteínas e expressar em tempos de "vida média", ou seja, o tempo requerido para substituir a metade das moléculas do composto em questão. Nos mamíferos a proteína muscular tem uma vida média de 24 a 30 dias, a hepática de 35 dias e a de colágeno é maior de 300 dias.

São conhecidas as vidas médias individuais de muitas proteínas tissulares. Assim, no fígado de ratos, a vida média varia entre os 11 minutos para a ornitina descarboxilase e 19 dias para a isoenzima V da desidrogenase láctica.

O conceito de "pool" metabólico

A administração de aminoácidos marcados com isótopos de C, N, o S demonstra a existência de fenômenos de distribuição e intercâmbio dos grupos marcados com os similares de outros aminoácidos; isto ocorre na maioria dos tecidos e compreende tanto a fração proteica como a não proteica. Por tal motivo se pensou na existência de uma espécie de armazenamento, denominada "pool", que representa a fração disponível de modo imediato para seu uso metabólico pelas distintas células do organismo. A diversidade de "pool" depende do tipo de sustâncias consideradas; é possível aceitar um "pool" geral de aminoácidos, ou um "pool" de grupos amino, que podem passar de um aminoácido a um cetoácido (esqueleto desaminado de um aminoácido) ou a outros compostos, como um "pool" de triptofano, de histidina ou de qualquer aminoácido em particular; finalmente, poderia-se considerar um "pool" de nitrogênio, para satisfazer as necessidades específicas ou gerais para a formação de proteínas ou de compostos nitrogenados de importância fisiológica. Com rigor, em diversos casos, o nitrogênio de excreção pode proceder diretamente de outros compostos, relacionados indiretamente com o "pool" geral do nitrogênio; esta complexidade não é estranha si pensarmos em um sistema tão heterogêneo como o organismo dos mamíferos.

Intercâmbio dos aminoácidos entre os diferentes órgãos

A concentração sanguínea de cada um dos aminoácidos se mantém dentro de limites estreitos, apesar da grande carga de aminoácidos recebida depois da ingestão de proteínas. Portanto, o organismo conta com mecanismos ativos para captar ou doar aminoácidos de acordo com as condições metabólicas. Os principais órgãos encarregados de manter a constante concentração dos aminoácidos circulantes são o trato digestivo, o fígado, o músculo, os rins e o cérebro.

Pela veia porta, os aminoácidos absorvidos alcançam o fígado, onde alguns são retidos e outros liberados para a circulação. Os aminoácidos ramificados (valina, isoleucina e leucina) constituem menos de 20% dos aminoácidos ingeridos, mas compreende pelo menos 60% do total de aminoácidos liberados pelo fígado e captados pelo tecido muscular (figura 20-4), lugar onde são metabolizados. Enquanto o fígado libera aminoácidos ramificados, simultaneamente recebe um pequeno aporte, mas contínuo de alanina do próprio músculo e dos rins. O músculo também gera glutamina ao rim e ao trato digestivo e valina para o cérebro.

Em um jejum de mais de 12 horas se estabelece uma situação diferente de intercâmbio de aminoácidos entre os órgãos. O músculo gera aminoácidos a outros tecidos. Do total de aminoácidos que são liberados pelo tecido muscular, 50% correspondem a alanina e glutamina; o primeiro é captado pelo fígado, o segundo pelos rins e trato digestivo (figura 20-5). Por sua vez, o fígado recebe a alanina proveniente do trato digestivo; assim como alanina e serina de origem renal.

METABOLISMO DOS AMINOÁCIDOS

As principais vias do metabolismo dos aminoácidos nos mamíferos são as seguintes (figura 20-6):

1. **Absorção e distribuição dos aminoácidos.** Este aspecto foi revisado nos parágrafos prévios onde se fez notar a contribuição dos aminoácidos da dieta à reserva interna de aminoácidos. Também foi revista a enorme mobilidade dos aminoácidos entre os distintos tecidos, dependendo da situação nutricional do organismo.
2. **Caminhos metabólicos comuns.** São reações comuns para todos os aminoácidos que são levados a sua desaminação, para produzir um resíduo desaminado e amônia, NH_3. Os resíduos desaminados são intermediários me-

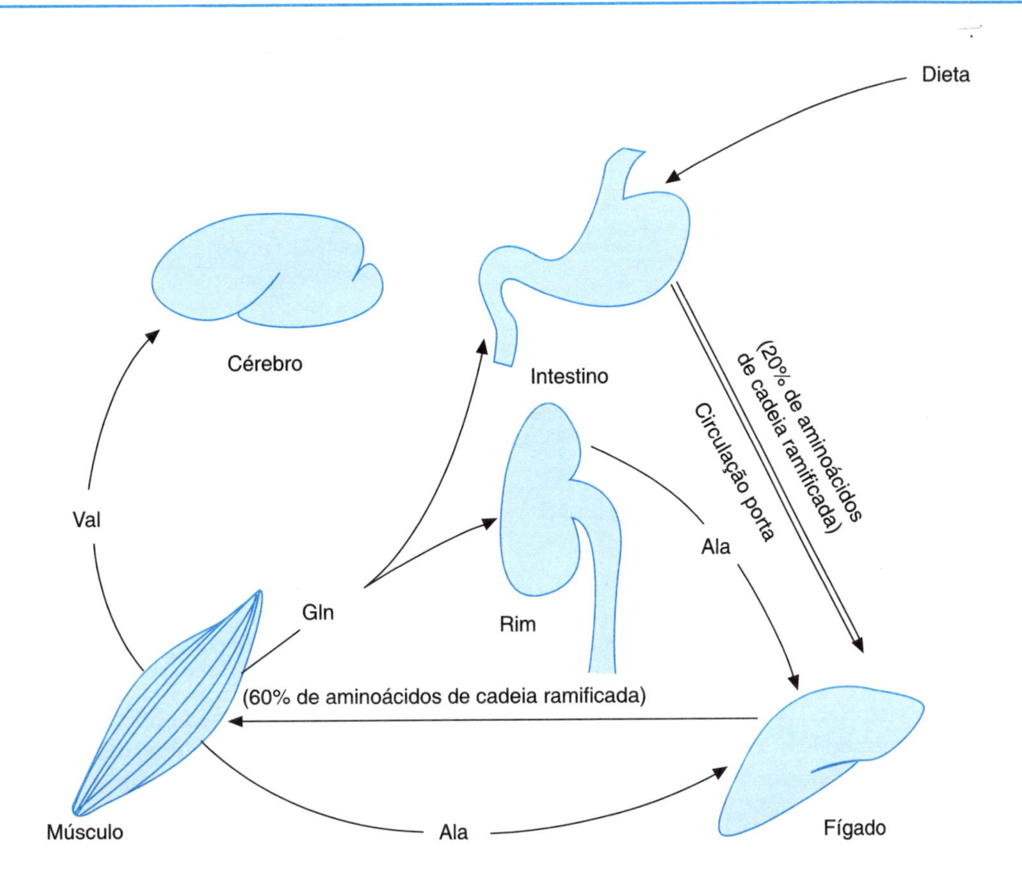

Figura 20-4. Intercâmbio de aminoácidos entre os órgãos no período pós-prandial imediato. Alanina, Ala; valina, Val; glutamina, Gln.

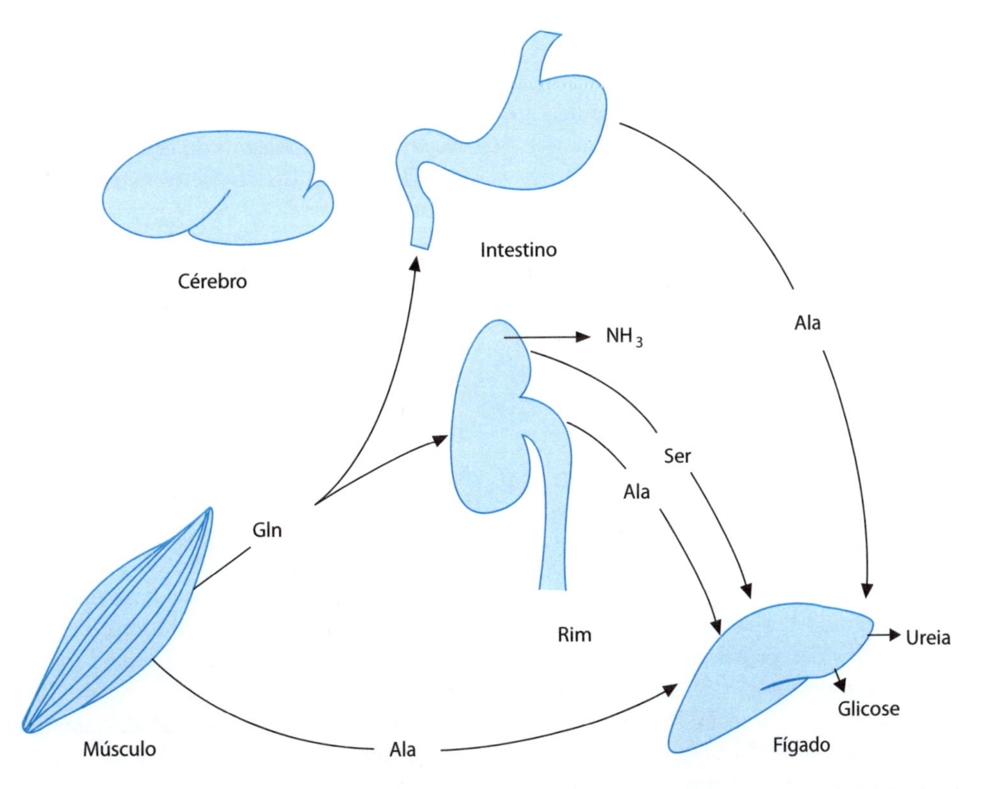

Figura 20-5. Intercâmbio de aminoácidos no período pós-absortivo nos seres humanos. Observa-se a importância da alanina no processo. Alanina, Ala; valina, Val; glutamina, Gln; serina, Ser.

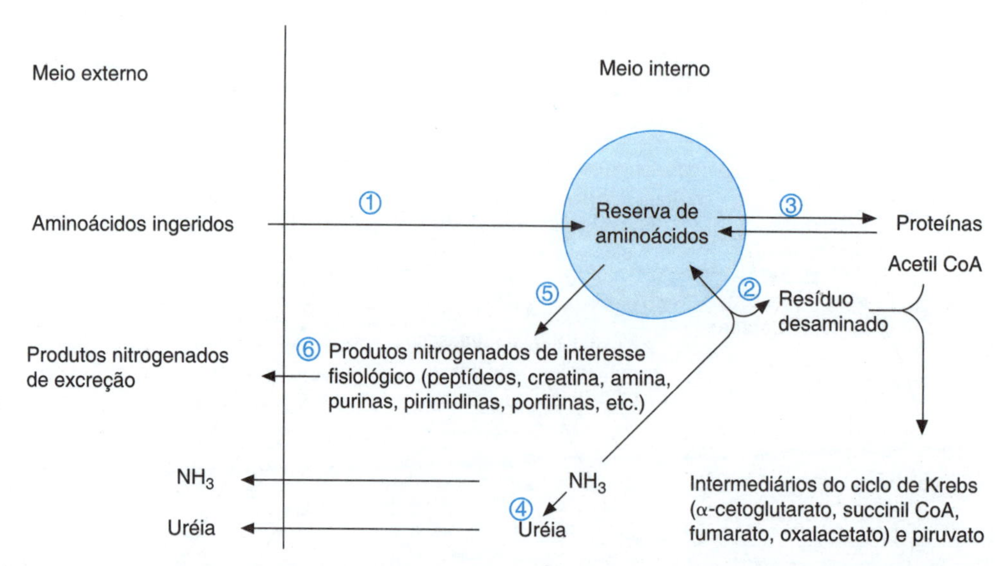

Figura 20-6. Metabolismo dos aminoácidos e seus produtos nos mamíferos. O conjunto de tecidos integra uma grande variedade de aminoácidos em contínua renovação: **1)** absorção e distribuição dos aminoácidos; **2)** caminhos metabólicos comuns; **3)** síntese e degradação de proteínas; **4)** síntese de ureia; **5)** transformação dos aminoácidos em produtos metabólicos de importância fisiológica; e **6)** produtos de eliminação.

tabólicos de outras vias, como ocorre no ciclo de Krebs. Entre os caminhos metabólicos comuns também é incluída a síntese de aminoácidos, exclusivamente quando ocorre pela aminação de um resíduo desaminado.

3. **Síntese e degradação das proteínas tissulares.** Quantitativamente, o principal objetivo dos aminoácidos contidos no "pool" é a síntese de proteínas, processo que se revisa com detalhe no capítulo 29.
4. **Síntese da ureia a partir de NH_3 e CO_2.**
5. **Produtos nitrogenados de interesse fisiológico.** Os aminoácidos também se transformam em substâncias distintas de interesse fisiológico; alguns deles se descarboxilam e formam aminas; uns aminoácidos se convertem em outros ou formam parte de sustâncias nitrogenadas como o núcleo porfirínico, a taurina, peptídeos ativos, compostos pigmentados, vitaminas e hormônios como o da tiroide ou da medula adrenal, etc.
6. **Produtos nitrogenados de eliminação**. São moléculas provenientes dos produtos nitrogenados de interesse fisiológico, por exemplo, o ácido úrico das bases púricas ou a creatinina da creatina.

Caminhos metabólicos comuns

Distinguem-se fundamentalmente os seguintes:

Transaminação. A administração de um aminoácido com nitrogênio isotópico vai seguida da aparição deste nitrogênio em numerosos aminoácidos das proteínas tissulares; quer dizer, o organismo utiliza o nitrogênio de um aminoácido para a síntese de outros. Esta reação geral de passagem de nitrogênio de um a outro aminoácido se denomina transaminação e nela participam um aminoácido e um cetoácido.

Nas reações de transaminação é importante a presença da **piridoxina** ou vitamina B6 em suas formas ativas de piridoxal fosfato ou de piridoxamina fosfato. O aminoácido reage com o piridoxal fosfato para formar um cetoácido e piridoxamina fosfato; esta cede o grupo amino a outro α-cetoácido, invertendo as reações (figura 20-7).

As reações de transaminação mais frequentes são aquelas em que participa o α-cetoglutarato, cuja aminação produz glutamato. Por conseguinte, quase todos os aminoácidos podem ceder grupo o amino ao α-cetoglutarato, através de uma reação de transaminação para formar o cetoácido correspondente e glutamato. Assim, o glutamato ocupa um papel central ao redor do qual giram as reações de transaminação e o metabolismo do grupo amino (figura 20-8).

Também foram demonstradas reações de transaminação, presididas por enzimas específicas, para quase todos os aminoácidos; incluindo para os que possuem o grupo amino em posição β, γ e δ, como ocorre com a glutamina e a asparagina. No entanto, alguns α-aminoácidos, como a lisina e a treonina e os iminoácidos, não participam nas reações de transaminação.

Desaminação dos aminoácidos. Nos tecidos dos mamíferos existem enzimas desaminantes dos L-aminoácidos, sendo muito específicas as da lisina, da serina, da treonina e da cisteína. A desaminação inicial da asparagina e da glutamina não envolve o grupo amino do carbono e sim o grupo amida. Como exemplo, temos a desaminação da glutamina, reação irreversível para fins práticos, e muito importante para a formação de amônio a nível renal (página 429).

A desaminação crucial no fígado dos mamíferos é a do glutamato, catalisada pela **deshidrogenase glutâmica,** enzima de distribuição universal acoplada ao NAD^+ (figura 20-9):

Transdesaminação. As reações de desaminação e de tran-

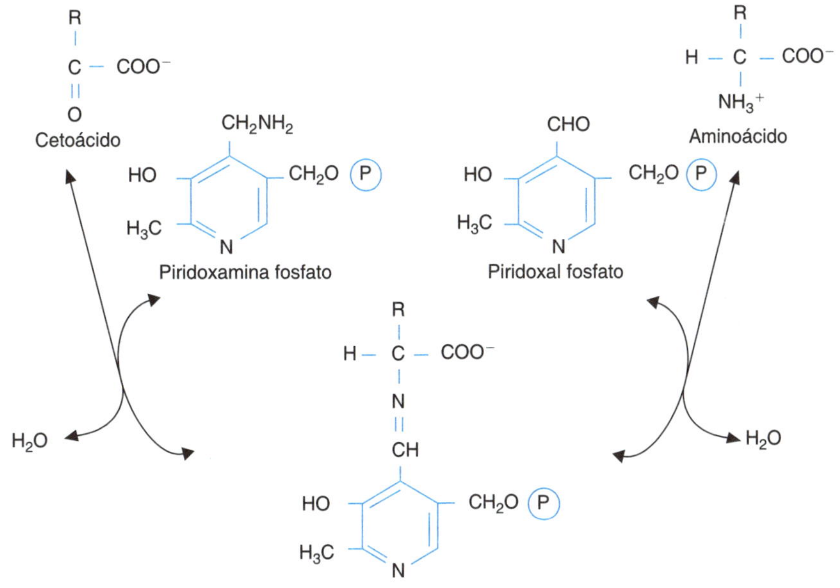

Figura 20-7. A intervenção do piridoxal fosfato no processo de transaminação. O grupo amino do aminoácido é recebido pelo piridoxal fosfato e forma uma base de Schiff que se converte em piridoxamina fosfato. A reação é totalmente reversível.

saminação podem funcionar acopladas: o grupo amino de um aminoácido é transferido por transaminação com o α-cetoglutarato, assim, forma o cetoácido correspondente e em seguida o glutamato sofre ação da desidrogenase glutâmica para formar na sequência o α-cetoglutarato e o íon amônio (figura 20-10):

Síntese dos aminoácidos

Os aminoácidos são classificados em **essenciais e não essenciais.** Isto depende se podem ou não ser sintetizado por um organismo em quantidades adequadas e assim sustentar seu crescimento normal e seu bom estado. Os seres humanos adultos requerem, em sua dieta, a presença de 8 aminoácidos essenciais (quadro 20-1), pois carecem do maquinário enzimático para formá-los; a rigor, não podem sintetizar o cetoácido correspondente; se o cetoácido é disponível, através do processo de transdesaminação, forma-se o aminoácido; o caso da treonina e da lisina é uma exceção, pela falta das transaminases específicas.

Nas crianças se adicionam à lista a histidina e a arginina. Os aminoácidos essenciais são sintetizados a partir de H_2O, CO_2 e NH_3 por micro-organismos e plantas. As vias de sua síntese se encontram em textos especializados e não serão revisados nesta obra.

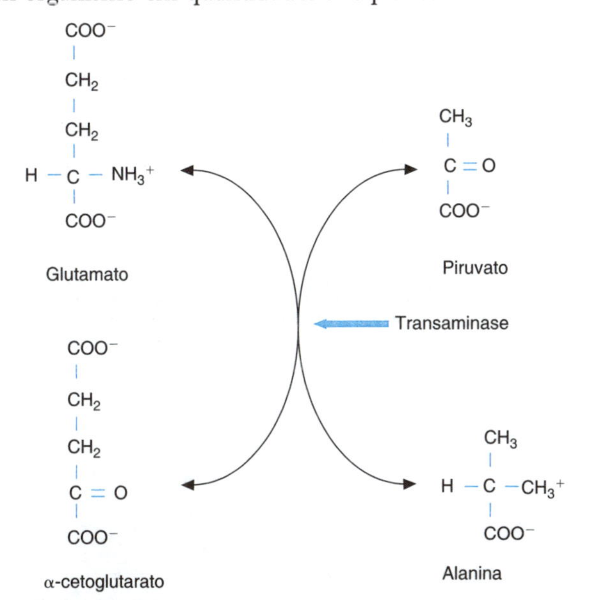

Figura 20-8. Exemplo de uma reação de transaminação em que participa o glutamato.

Biossíntese dos aminoácidos não essenciais. Convém aqui ter como ponto de referência do metabolismo celular o ciclo dos ácidos tricarboxílicos ou ciclo de Krebs (capítulo 22). A figura 20-11 mostra os intermediários e alimentadores do ciclo, precursores de seis dos aminoácidos não essenciais: o glutamato, a glutamina, a prolina, o aspartato, a asparagina e a alanina, assim como de outros quatro aminoácidos estreitamente associados ao manejo da glicose pelas células: a alanina, a serina, a glicina e a cisteína. Não está incluído na figura a biossíntese da tirosina, aminoácido não essencial, a partir de um aminoácido essencial, a fenilalanina.

A desidrogenase glutâmica catalisa a conversão do α-cetoglutarato e o NH_4^+ no glutamato. A glutamina se forma principalmente no fígado e nos rins, a partir do glutamato, por meio da glutamina sintetase (página 430).

$$\text{Glutamato} + \text{ATP} + NH_4^+ \rightarrow \text{glutamina} + \text{ADP} + \text{Pi} + H^+$$

$$\begin{array}{l} COO^- \\ | \\ CH_2 \\ | \\ CH_2 \quad + NAD^+ + H_2O \\ | \\ H - C - NH_3^+ \\ | \\ COO^- \end{array} \quad \xrightleftharpoons[]{\text{Desidrogenase glutâmica}} \quad \begin{array}{l} COO^- \\ | \\ CH_2 \\ | \\ CH_2 + NADH + H^+ + NH_4^+ \\ | \\ C = O \\ | \\ COO^- \end{array}$$

Glutamato $\qquad$ α-cetoglutarato

Figura 20-9. Reação de desaminação catalisada pela desidrogenase glutâmica.

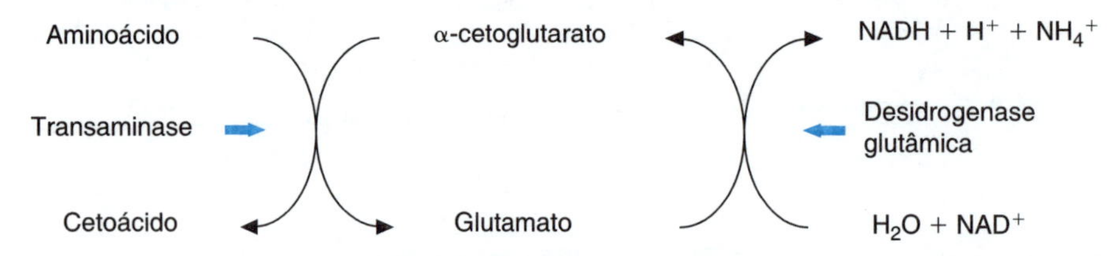

Figura 20-10. Reação de transaminação.

Nesta reação se forma como intermediário o glutamil fosfato; a enzima é regulada alostericamente. Nos mamíferos, a síntese de glutamina se dá a partir de α-cetoglutarato e dos NH_4^+, é parte dos mecanismos disponíveis para o manejo do radical amônio, NH_4^+, obtido a partir da protonação da amônia, NH_3. A glutamina não tem a toxicidade do amônio, mas pode apresentá-la com facilidade. A glutamina é hidrolisada pela **glutaminase,** abundante nos rins, que produz glutamato e amônia (figura 20-12). O NH_3 liberado nos rins pela glutaminase serve para eliminar H^+ na forma de NH_4^+ (Veja **Regulação do equilíbrio ácido base,** capítulo 4).

O glutamato também é precursor da prolina, em uma sequência de reações com dois intermediários e participação do ATP, do NADH e do NADPH. O produto final, o aminoácido prolina, abundante nas proteínas estruturais como o colágeno; é convertido em outro aminoácido, a hidroxiprolina, sintetizado a partir da prolina presente na cadeia polipeptídica. A síntese do aspartato se realiza a partir do oxalacetato em uma reação de transaminação com o glutamato. Trata-se de um exemplo típico de reações acopladas de transdesaminação:

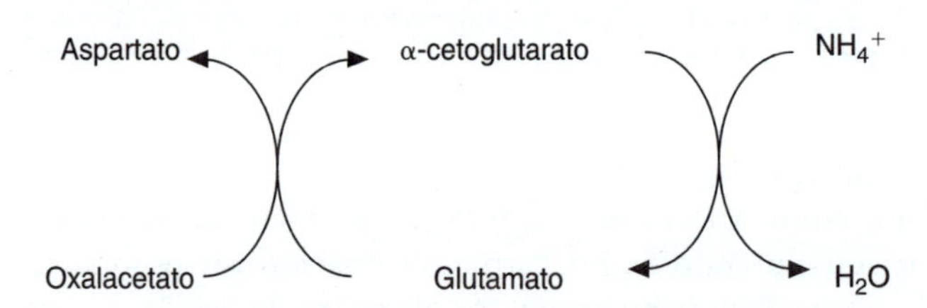

O aspartato, na presença de NH_4^+, ATP e por meio da **asparagina sintetase,** forma a asparagina (figura 20-11).

Em outra série parecida de reações de transaminação, onde se substitui oxalacetato por piruvato, se forma a alanina.

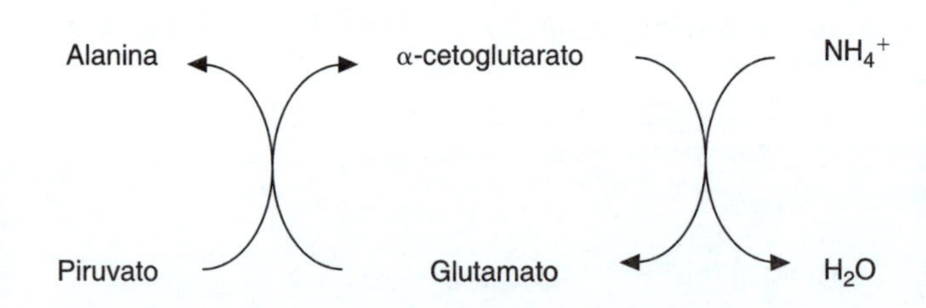

Quadro 20-1. Necessidade de aminoácidos para um homem de 70 kg de peso (Rose)

Aminoácido	Necessidade diária em gramas (a necessidade mínima poder ser metade desta cifra)	Relação entre os diversos aminoácidos; triptofano=1
Triptofano	0,5	1
Fenilalanina	2,2	4,4
Lisina	1,6	3,2
Treonina	1,0	2,0
Valina	1,6	3,2
Metionina	2,2	4,4
Leucina	2,2	4,4
Isoleucina	1,4	2,8

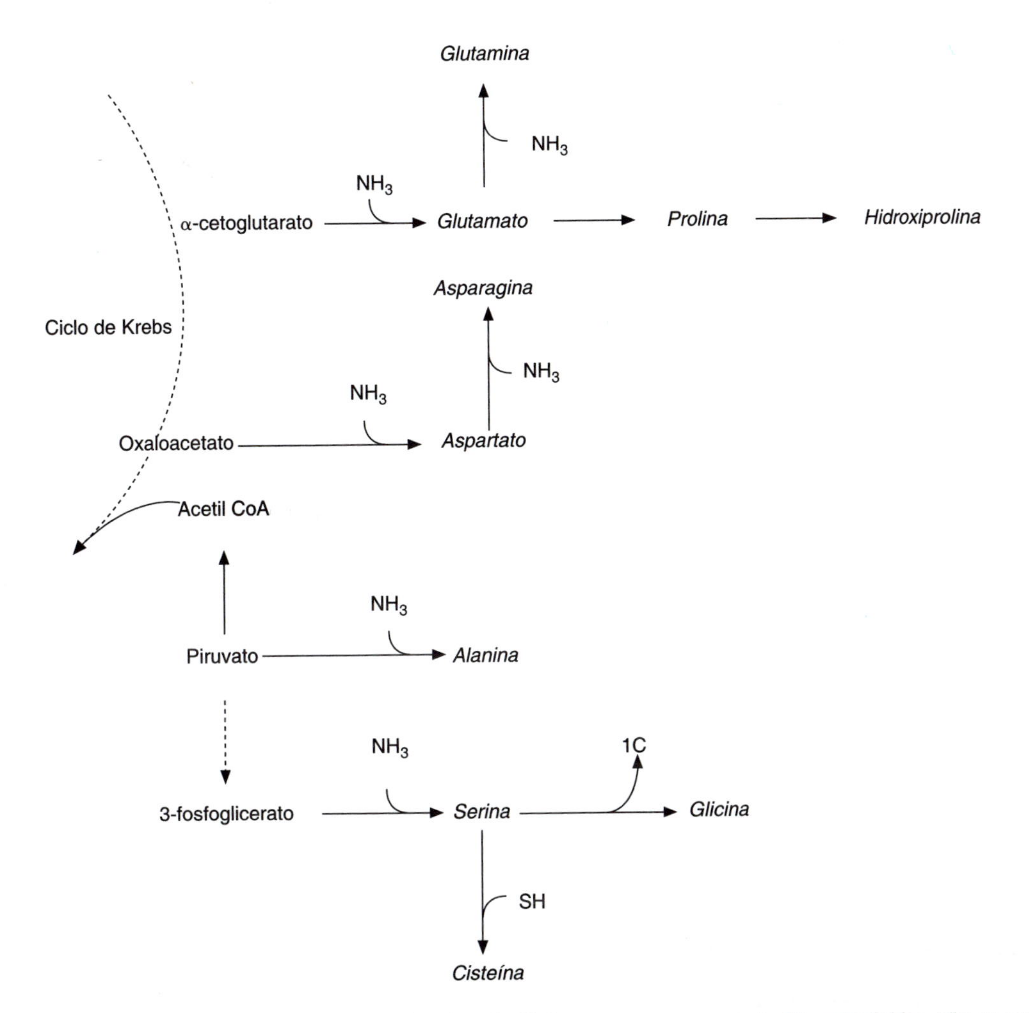

Figura 20-11. Intermediários da degradação da glicose e do ciclo de Krebs como procursores de 10 aminoácidos não essenciais (na figura estão indicados em itálico).

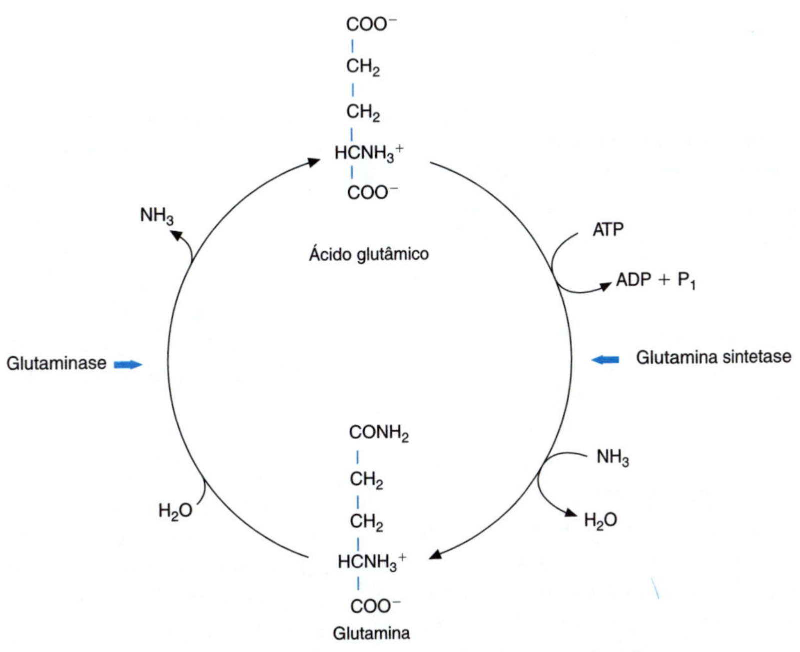

Figura 20-12. Síntese e degradação da glutamina.

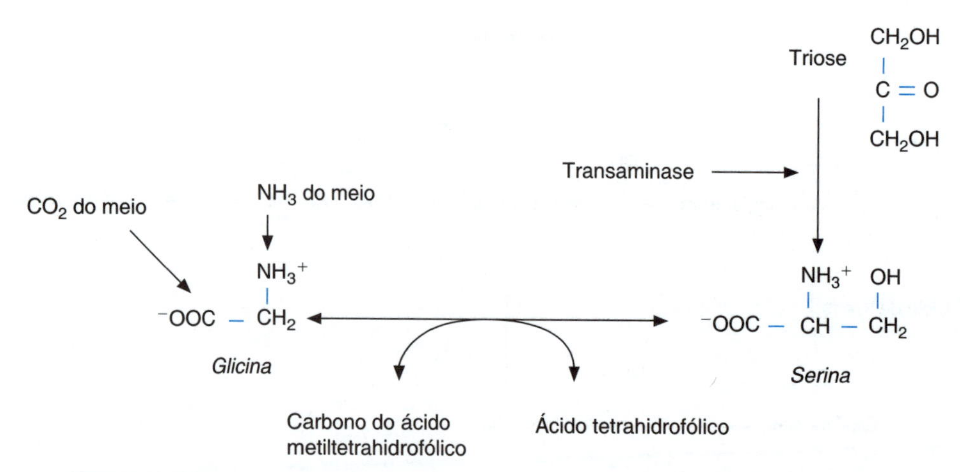

Figura 20-13. Síntese da glicina e da serina. A síntese da glicina ocorre a partir dos precursores anotados na figura em uma reação na qual participa o NADH.

A serina é sintetizada através da aminação de uma triose, por meio de uma transaminase; a glicina pode vir da serina em uma reação cuja coenzima é o ácido tetrahidrofólico, ou se forma diretamente com CO_2, NH_4^+ e ácido metilentetrahidrofólico (figura 20-13).

A serina, por sua vez, pode gerar cisteína (figura 20-11), sendo o aminoácido essencial metionina, em sua forma ativa de S-adenosil metionina, a fonte de enxofre.

Finalmente, a síntese da tirosina depende da presença do aminoácido essencial fenilalanina:

$$\text{fenilalanina} + NADPH + H^+ + O_2 \rightarrow \text{tirosina} + NADP^+ + H_2O$$

Degradação dos aminoácidos

O estudo da degradação dos aminoácidos compreende a análise dos caminhos seguidos pelos resíduos desaminados dos aminoácidos e, por outra parte, a conversão do NH_4^+ em ureia.

Utilização do resíduo desaminado. O resíduo desaminado dos aminoácidos pode tomar um dos dois caminhos: voltar a ser aminado para se reconverter em aminoácido, ou transformar-se em moléculas mais simples, que desembocarão finalmente no ciclo de Krebs. Para seu estudo podem ser agrupadas como segue:

1. **Aminoácidos glicogênicos e cetogênicos.** Quando os aminoácidos proporcionam material conversível em glicose se denominam glicogênicos; se formam corpos cetônicos, são denominados cetogênicos. Em condições fisiológicas a maior parte dos aminoácidos são glicogênicos e somente alguns são cetogênicos.

   Os aminoácidos glicogênicos são convertidos em piruvato, α-cetoglutarato, succinil CoA fumarato e oxalacetato (figura 20-14), antes de originar a glicose. Os aminoácidos cetogênicos são convertidos em acetil CoA ou em acetoacetil CoA e mais tarde em corpos cetônicos. Em ambos os casos sua utilização final depende das condições metabólicas que a célula está neste momento.
2. **Aminoácidos conversíveis em piruvato.** Sete aminoácidos são convertidos em piruvato (figura 20-15), o qual, por sua vez, serve para dar origem ao acetato de acetil-CoA.

   A glicina se transforma primeiro em serina (figura 20-13), e ao desaminar-se, forma o piruvato; a treonina, com quatro carbonos, é fracionada à metade e forma glicina e acetaldeído.
3. **Aminoácidos conversíveis em α-cetoglutarato.** A desaminação de glutamato, com a desidrogenase glutâmica, forma diretamente o α-cetoglutarato, em uma das reações mais importantes do metabolismo dos aminoácidos. Além disto, cinco aminoácidos se transformam facilmente em glutamato: a glutamina, a prolina, a histidina, a ornitina e a arginina (figura 20-16).

   A arginina é transformada em ornitina; esta forma semialdeído glutâmico, através de uma transaminação de sua amina do carbono 6; a continuação, devido à oxidação do semialdeído glutâmico, forma glutamato.
4. **Aminoácidos conversíveis em oxalacetato.** Somente dois aminoácidos chegam ao ciclo de Krebs através do oxalacetato: a asparagina e o aspartato. A desaminação da asparagina para dar aspartato é uma desaminação direta específica. O aspartato, em reações acopladas de transaminação, gera amônio e oxalacetato.
5. **Aminoácidos conversíveis em succinil CoA.** A valina, a metionina e a isoleucina convergem até um metabolito comum, a propionil CoA; posteriormente se convertem em succinil CoA (figura 20-14) através de complexos mecanismos que incluem, dependendo de cada caso, desmetilações, desaminações e a união com a coenzima A.
6. **Aminoácidos conversíveis em fumarato.** A fenilalanina e a tirosina possuem nove carbonos em sua molécula; a primeira se transforma em tirosina, a qual se desamina e se descarboxila. Dos oito carbonos restan-

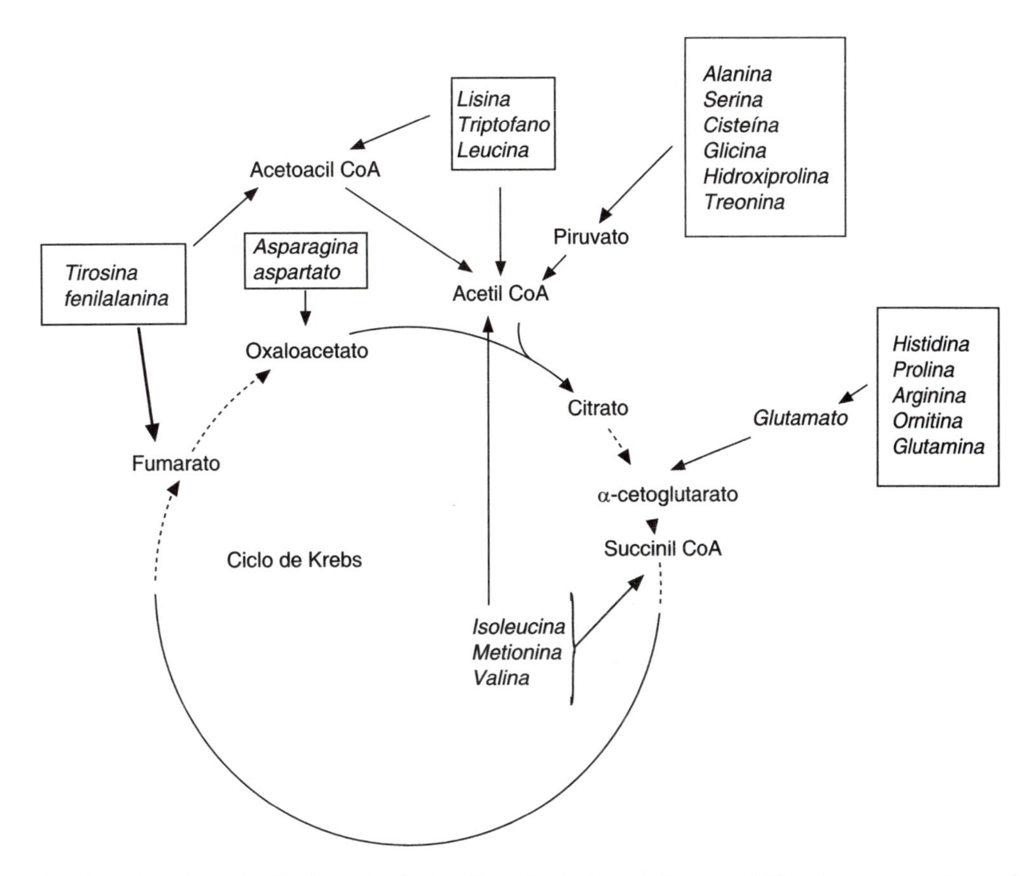

Figura 20-14. Destino do resíduo desaminado dos aminoácidos. Os aminoácidos, em letras em itálico, foram agrupados em função do destino comum dos resíduos desaminados. Observa-se que os resíduos desaminados de todos os aminoácidos convergem até o ciclo de Krebs.

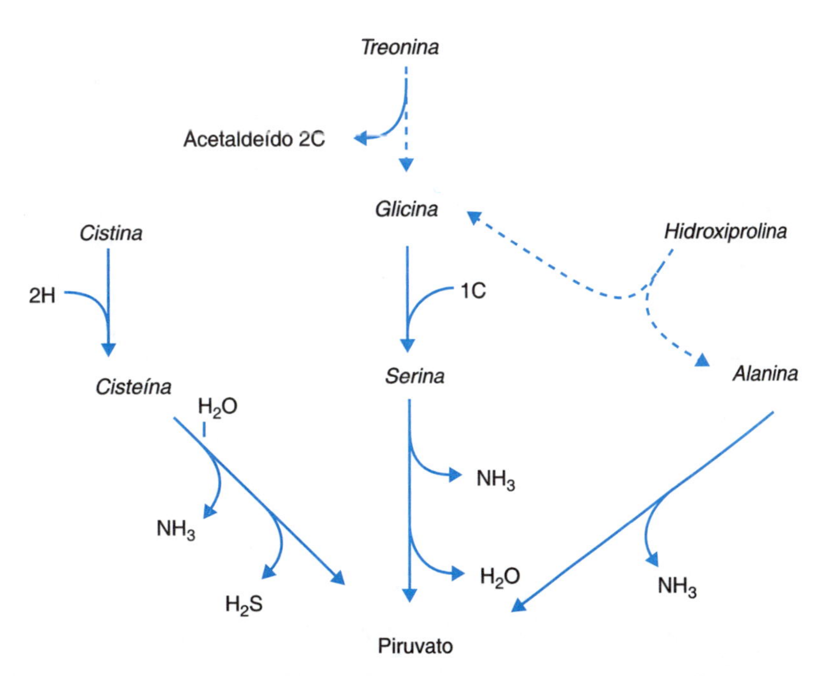

Figura 20-15. Aminoácidos (em letras em itálico na figura) cujo resíduo desaminado se converte em piruvato. As linhas contínuas indicam reações catalisadas por uma única enzima. As linhas descontínuas se referem a vias metabólicas onde participam várias enzimas e diferentes metabólitos; unicamente foram esquematizadas as vias e não foi feito o balanceamento das reações. Assim, por exemplo, na redução de uma molécula de cistina se obtém duas de cisteína.

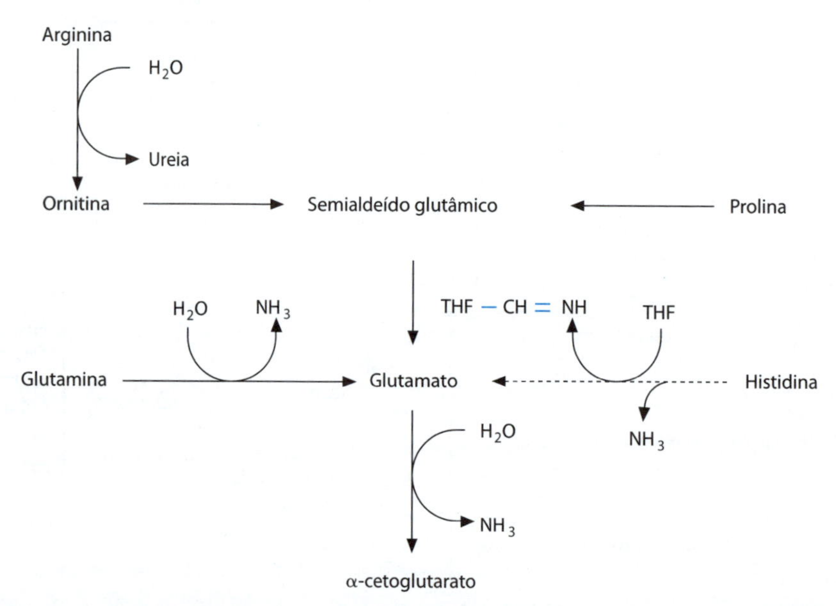

Figura 20-16. Aminoácidos (em letras em itálico na figura) cujo resíduo desanimado é convertido em α-cetoglutarato. Na reação de histidina a glutamato o -CH=NH é captado pelo ácido tetrahidrofólico (THF).

tes, quatro formam uma molécula de fumarato (glicogênico), o os outros quatro, em combinação com a coenzima A, geram o acetoacetil CoA (cetogênico); deste modo, a fenilalanina e a tirosina podem ser aminoácidos glicogênicos e cetogênicos (figura 20-14).

7. **Aminoácidos conversíveis em acetil CoA.** A lisina, a leucina e o triptofano, não se transformam facilmente em intermediários do ciclo de Krebs, mas sim em acetoacetil CoA o acetil CoA (figura 20-14). A acetoacetil CoA, em união com outra molécula de coenzima A, se transforma em duas moléculas de acetil CoA; ou melhor, perdendo a coenzima A, é convertido em acetoacetato. De todos os aminoácidos, a leucina é o mais cetogênico (figura 20-17), pois sua desaminação e descarboxilação produz o derivado de um ácido de seis C (hidroximetilglutaril CoA), que posteriormente se fragmenta em acetoacetato e acetil CoA. A lisina é menos cetogênica e somente dá lugar a uma molécula de acetoacetil CoA (figura 20-14) e duas moléculas de CO_2. Por último, o triptofano é relativamente o menos cetogênico dos três aminoácidos. Contém 11 carbonos e, destes, quatro terminam em uma molécula de acetoacetil CoA, duas em uma molécula de acetil CoA, 4 como CO_2 e uma como formiato.

Destino do grupo amino. O caminho transaminativo ou desaminativo termina, direta ou indiretamente, na liberação da amônia, a qual, é fixada ao glutamato para formar glutamina, intervém na síntese de ureia, ou participa na gênese de estruturas nitrogenadas de importância fisiológica.

A formação de ureia é muito rápida e eficiente; este processo permite dispor de grandes quantidades de amônia (concentrações de 1:30 000 no sangue podem ser letais para os mamíferos) para formar ureia, que é praticamente inerte e facilmente eliminável. Além disto, da amônia provém dos aminoácidos, no tubo digestivo a ação das bactérias intestinais sobre diversos aminoácidos produz amônia; esta circula a través da veia porta ao fígado para formar ureia. A quantidade de amônia presente no sangue do sistema porta hepático é muito mais elevada que a existente na circulação geral. Quando, por modificações funcionais ou anatômicas do fígado, a circulação do sistema porta não

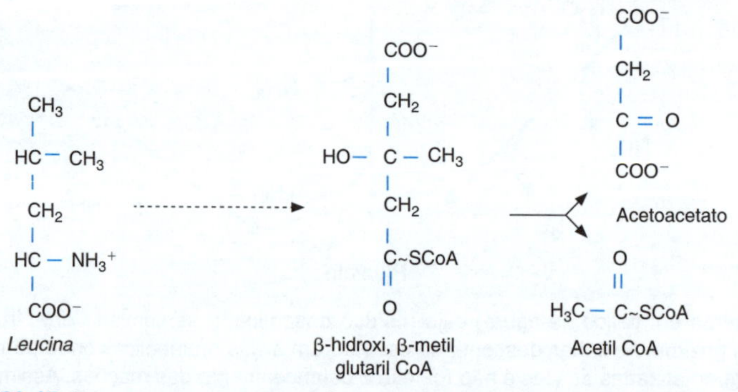

Figura 20-17. Esquema da transformação do aminoácido leucina em corpos cetônicos.

passa por este órgão, pode aumentar a quantidade de amônia na circulação. Como esta tem grande afinidade pelo sistema nervoso, provoca sérios transtornos; este quadro de excesso de amônia no sangue se relaciona com o quadro clínico do coma hepático.

Formação de ureia: o ciclo de Krebs-Henseleit ou da ornitina

O fígado é o principal órgão onde se forma a ureia; a citrulina, a ornitina e a arginina, promovem a formação de ureia; a enzima arginase hidrolisa a arginina e a converte em ornitina e ureia.

A amônia obtida pela desaminação dos aminoácidos, através da desidrogenase glutâmica, é o substrato da carbamoilfosfato sintetase; enzima que, junto com o CO_2 e o ATP, catalisa a formação do carbamoilfosfato, o fornecedor por excelência do ciclo da ureia. A reação ocorre em várias etapas e necessita de N-acetil glutamato como modulador alostérico positivo:

$$NH_4^+ + CO_2 + 2ATP + H_2O \longrightarrow H_2N\text{-}\overset{\overset{O}{\|}}{C}\text{-}O\text{-}PO_3H_2 + 2ADP + Pi$$

carbamilfosfato

O gasto de duas moléculas de ATP desloca consideravelmente o equilíbrio da reação para a direita e força a síntese de carbamoilfosfato (figura 20-18).

A ornitina é convertida diretamente em citrulina pela união do carbamoilfosfato à ornitina, na reação de transcarbamilação. A citrulina é, portanto, uma carbamoilornitina, cuja síntese se realiza na mitocôndria, de onde sai para o citosol para continuar o ciclo (figura 20-18).

A formação de arginina é um processo mais complexo que requer a presença de aspartato, ATP e Mg_2^+. Primeiro se forma argininosuccinato por condensação (em presença de ATP e Mg_2^+) da citrulina e o aspartato. O argininosuccinato se fragmenta em arginina e fumarato, e entra no ciclo de Krebs o que permite a regeneração do aspartato (figura 20-18).

Finalmente, a arginase hidrolisa a arginina em ureia e ornitina, a qual fica disponível para penetrar na mitocôndria e iniciar o ciclo aceitando outro carbamoilfosfato (figura 20-18).

Dada a toxicidade e a necessidade de manejar concentrações muito variáveis de NH_4^+, o ciclo da formação da ureia mostra grande capacidade de ajuste, pudendo, de acordo com a dieta, formar e eliminar a cada 24 horas, em condições normais, de 5 a 50 g de ureia. Os mecanismos de ajuste podem ser lentos, pois requerem de 3 a 4 dias para instalar-se, dependendo da quantidade de enzimas presentes; ou rápidos e instalados em minutos sob controle hormonal; neste caso se necessita do maior aporte de substratos, sobretudo de N-acetil glutamato, modulador alostérico positivo da *carbamoil fosfato sintetase* que forma carbamoilfosfato, alimentador do ciclo.

Devido ao fato de que o NH_4^+ é o metabólito alimentador do ciclo da ureia, é importante ressaltar suas principais fontes de origem, em especial a glutamina (figura 20- 12). A alanina também é um doador de NH_4^+ em um ciclo de transporte onde participam tanto o músculo como o fígado; a alanina sai do músculo e é captada pelo fígado, que a desamina e gera piruvato, o qual, através da gliconeogênese se converte em glicose.

Esta é liberada pelo fígado e é utilizada no músculo (figura 20-19), onde ocorre o processo inverso ao descrito no fígado, pois a glicose é convertida em piruvato e libera energia; ao ser aminado, o piruvato, se transforma em alanina a qual sai do músculo para encerrar o ciclo que se resume na figura 20-19. Em resumo, a amônia gerada no tecido muscular é transportada ao fígado onde se forma a ureia.

A formação da ureia é um processo com um alto custo de energia já que na síntese de uma molécula de ureia se gasta, pelo menos, quatro ligações de alto conteúdo energético; isto assegura a irreversibilidade do processo. Assim, a equação geral é:

$$NH_4^+ + CO_2 + \text{aspartato} + H_2O + 3ATP \longrightarrow$$
$$\text{ureia} + \text{fumarato} + 2ADP + 2Pi + AMP + PPi$$

São conhecidos alguns quadros clínicos por bloqueios parciais no ciclo da ureia. Estes se caracterizam por hiperamonemia, retardo mental, vômitos e aversão a alimentos ricos em proteínas. Para melhora do quadro devem ser diminuídas as proteínas da dieta e se administram os cetoácidos correspondentes aos aminoácidos essenciais, pois estes, a serem aminados, diminuem a hiperamonemia.

Coma hepático

Trata-se de um quadro clínico que decorre de um dano hepático agudo ou crônico, como na cirrose; é uma encefalopatia caracterizada por graves transtornos neurológicos relacionados com a absorção no intestino, de diversas substancias tóxicas (NH_4^+, metionina, mercaptanos, ácidos graxos de cadeia curta, etc.) que, ao não serem metabolizados pelo fígado doente, acumulam-se no cérebro. Geralmente o NH_4^+ se encontra elevado nos pacientes com insuficiência hepática. Os fatores predisponentes mais comuns são o sangramento gastrointestinal, que aumenta a produção de NH_4^+ e outras substâncias nitrogenadas no cólon; outro fator é o incremento na ingestão de proteínas na dieta. A toxicidade da amônia parece residir em provocar, no fígado e o cérebro, uma diminuição do α-cetoglutarato. O excesso de amônia contribui a deslocar para a direita a reação catalisada pela desidrogenase glutâmica:

$$NH_4^+ + \alpha\text{-cetoglutarato} + NADH + H^+ \longrightarrow$$
$$\text{glutamato} + NAD^+ + H_2O$$

Ao diminuir o α-cetoglutarato, diminui-se também o ritmo de atividade do ciclo de Krebs, assim como o das

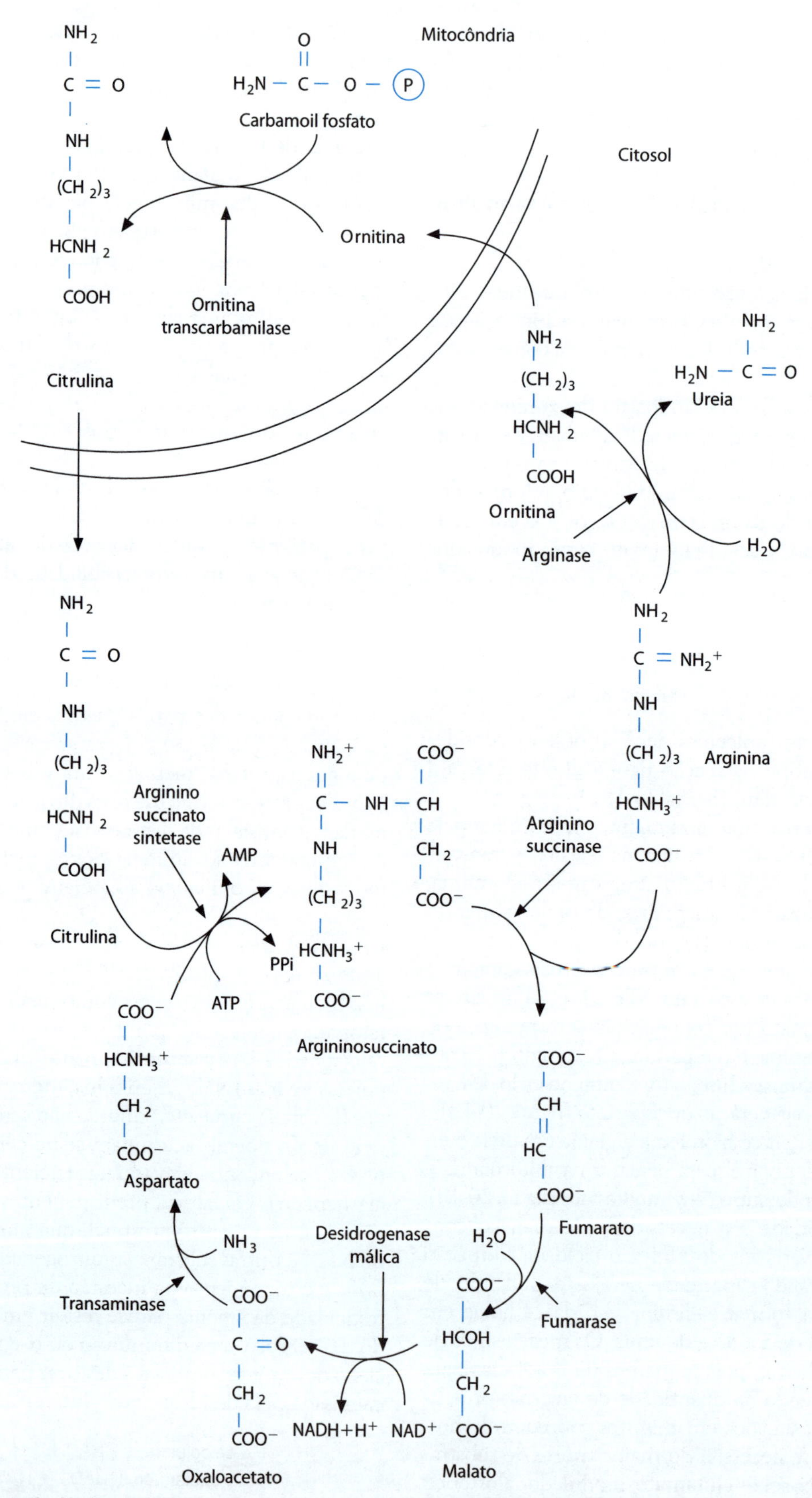

Figura 20-18. Ciclo da ureia. No fígado dos mamíferos, o caminho metabólico para a formação da ureia se localiza nos dois compartimentos, a mitocôndria e o citosol. Este ciclo, por sua vez, integra-se com o ciclo de Krebs para a reconstituição do aspartato, doador da NH_3^+, a partir do fumarato produzido pela arginino succinase.

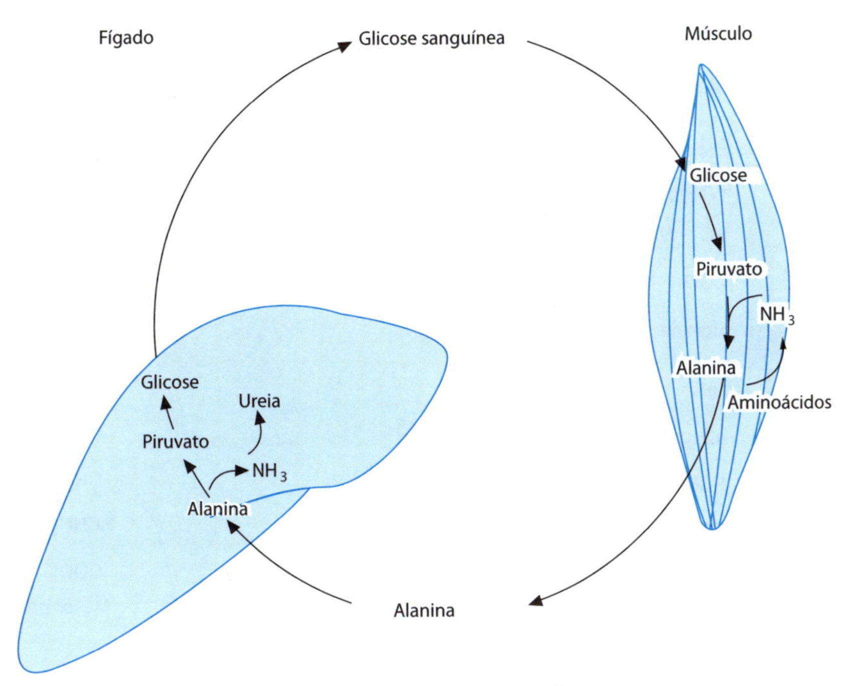

Figura 20-19. Ciclo da alanina-glicose.

oxidações de substratos nas células, o que acarreta uma grave inibição da respiração no cérebro e um aumento na produção de corpos cetônicos pelo fígado.

Utilização dos aminoácidos

Os aminoácidos participam da formação das seguintes substâncias nitrogenadas muito importantes fisiologicamente:

Bases púricas e pirimidínicas

No capítulo 21 serão apresentados a biossíntese dos anéis púrico e pirimidínico.

Creatina

A creatina presente no músculo, no cérebro e no sangue, e seu derivado fosforilado ou fosfocreatina, e a creatinina, sua forma de excreção, formam um grupo de substâncias que resultam muito importantes na bioquímica e na medicina.

A biossíntese da creatina (figura 20-20) inclui a combinação das moléculas de três aminoácidos, a glicina, a arginina e a metionina. A primeira reação compreende a passagem do grupo amidina da arginina para a glicina, para formar glicociamina ou ácido guanidoacético, o qual recebe uma metila da metionina. O derivado fosforilado da creatina ou fosfocreatina é um composto de alta energia onde se armazena a energia derivada do ATP.

A forma de excreção da creatina é seu anidrido interno ou creatinina, eliminada na urina em quantidades de 1 a 2 g diários. No sangue, a creatinina alcança cifras de 1 a 2 mg por 100 mL e pode elevar quando existem obstruções urinárias ou perturbações da função renal. Seu aumento no sangue acima de 5 mg por 100 mL indica, em geral, um funcionamento renal deficiente, de mau prognóstico.

Heme

Mais adiante se analisará com detalhes a síntese do heme.

Etanolamina e colina

A etanolamina forma parte dos fosfatídeos do tipo da cefalina, a colina entra na constituição das lecitinas e a serina na das fosfatidil serinas. A serina, ao ser descarboxilada, produz etanolamina; esta, por sua vez, é mono, di e trimetilada sucessivamente, até formar a trimetiletanolamina, quer dizer, a colina. A colina necessita da metionina para as metilações.

Substâncias pigmentadas

A fenilalanina e a tirosina são precursoras de substâncias pigmentadas, de cor escura, muito abundantes nos animais, como as melaninas. No processo de sua formação, a tirosinase oxida a tirosina a deidroxifenilalanina ou dopa; o produto oxidado desta é o dopacromo. Finalmente se forma uma série de quinonas que se polimerizam (figura 20-21).

Nos seres vivos, as melaninas se apresentam unidas a proteínas, formando as melanoproteínas. Os melanosarcomas são tumores capazes de sintetizar melanina; os pacientes com melanomas apresentam melanúria. De modo oposto, a falta de melanina produz o albinismo, doença congênita caracterizada pela falta de pigmento na pele e nos apêndices cutâneos.

Vitaminas: síntese de niacina a partir de triptofano

A degradação do triptofano nos mamíferos é muito com-

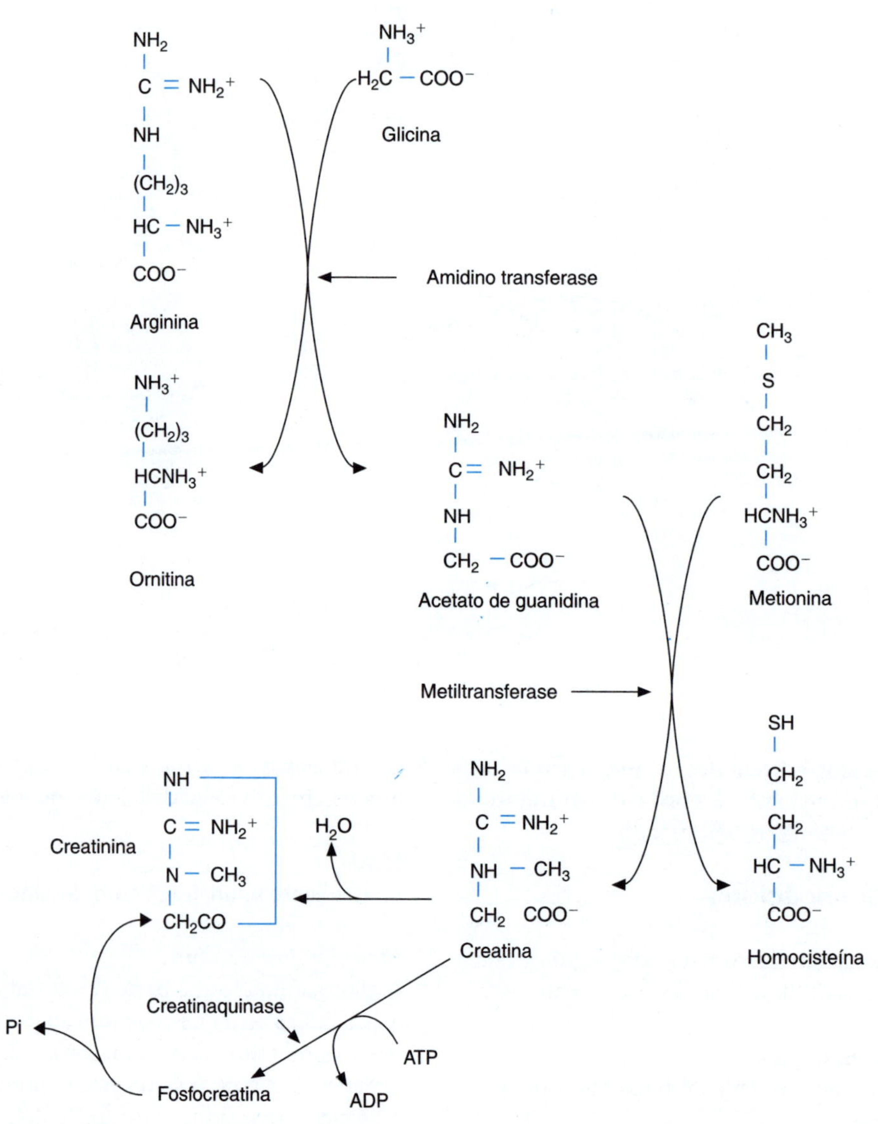

Figura 20-20. Biossíntese da creatina. São ilustradas, sua forma de armazenamento de alta energia, a fosfocreatina e seu produto de excreção urinária, a creatinina. A metionina e a homocisteína não foram representadas em sua forma ativa, de S-adenosil metionina e S-adenosil homocisteína, respectivamente, que são as formas como na realidade participam na reação.

plexa. A maior parte se elimina na forma dos derivados de indol ou do ácido quiurênico. O triptofano pode abrir seu anel benzênico (figura 20-22) e fechá-lo em outra posição, adotando a estrutura do ácido nicotínico ou niacina, vitamina do complexo B.

Peptídeos

A síntese de peptídeos pequenos como a oxitocina, a vasopressina ou o glutatião ocorre de maneira direta; por exemplo, a síntese do glutatião se efetua em duas etapas a partir de seus três aminoácidos componentes: o glutamato, a cisteína e a glicina; cada etapa implica na formação de uma união peptídica, com energia proporcionada pelo ATP:

glutamato + cisteína + ATP ⟶ γ-glutamilcisteína + ADP + Pi

γ-glutamilcisteína + glicina + ATP ⟶ glutatião + ADP + Pi

Transmissores intercelulares

Os mais importantes são de tipo nervoso ou hormonal:

1. **Neurotransmissores.** São pequenas moléculas difusíveis que são secretadas nas sinapses, que são sítios especializados onde ocorre o contato de duas células; uma libera o neurotransmissor, que viaja até a outra célula da sinapse ocasionando uma troca elétrica em sua membrana. Assim, os neurotransmissores geram sinais de uma célula a outra. Destacam-se os seguintes:
Acetilcolina. É formada a partir da colina e do acetato da acetil CoA; uma vez que atuou sobre os receptores colinérgicos, é destruída pela ação da enzima acetilcolinesterase. Alguns inseticidas do tipo do DDT se unem à acetilcolinesterase e a inibem. Desta maneira, detém-se a destruição da acetilcolina, permitindo-a continuar

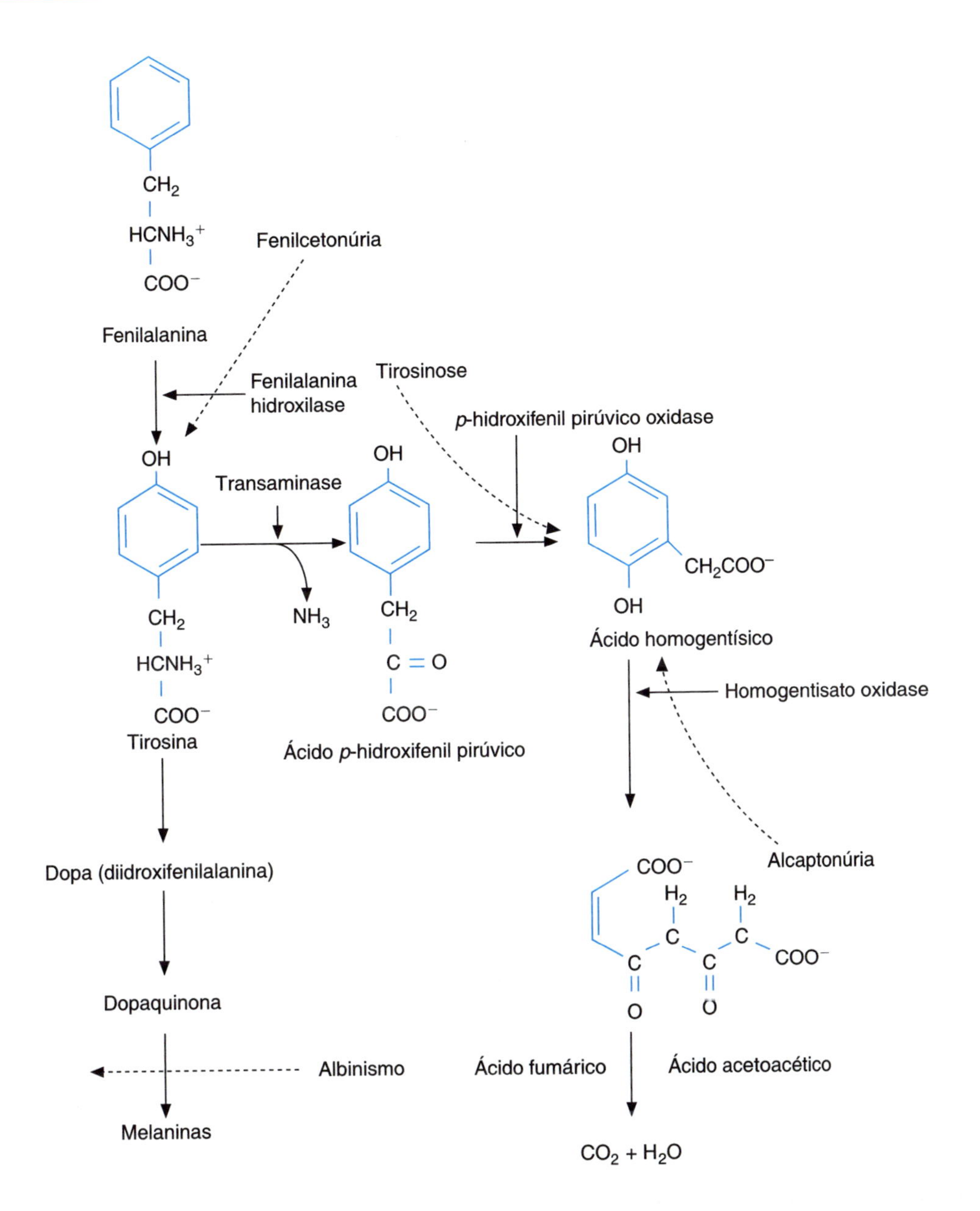

Figura 20-21. Esquema dos sítios de bloqueio metabólico em alguns quadros de "erros inatos do metabolismo" dos aminoácidos aromáticos. O bloqueio, assinalado com as flechas de traços interrompidos, pode consistir na falta absoluta da enzima. No caso do albinismo se assinala de uma maneira general o bloqueio entre as dopaquinonas e as melaninas.

nas células musculares que recebem sinais dos neurônios, ocasionando um estado de contração persistente dos músculos e finalmente a paralisia do inseto.

Catecolaminas. São aminas secretadas pela medula adrenal e pelas terminações dos nervos adrenérgicos. As mais importantes são a dopamina, a norepinefrina e a epinefrina, as quais são derivadas dos aminoácidos fenilalanina e tirosina.

A formação das catecolaminas com atividade hormonal, a norepinefrina e a epinefrina (noradrenalina e adrenalina), depende da transformação da tirosina a 3,4-diidroxifenilalanina (dopa), depois a dopamina, para finalmente oxidar-se e formar norepinefrina (figura 20-23); o grupo metil terminal da epinefrina vem da S-adenosil metionina (figura 20-26).

Serotonina. Um potente agente neuroumoral é a serotonina ou 5-hidroxitriptamina; é um vasoconstrictor poderoso, estimulador do músculo liso e da atividade cerebral.

A serotonina se forma a partir do triptofano e é degradada pela monoamino oxidase a ácido 5-hidroxiindolacético (figura 20-24). A enzima monoamino oxidase é importante porque a serotonina estimula a atividade cerebral; pelo contrário, sua carência determina um efeito depressor.

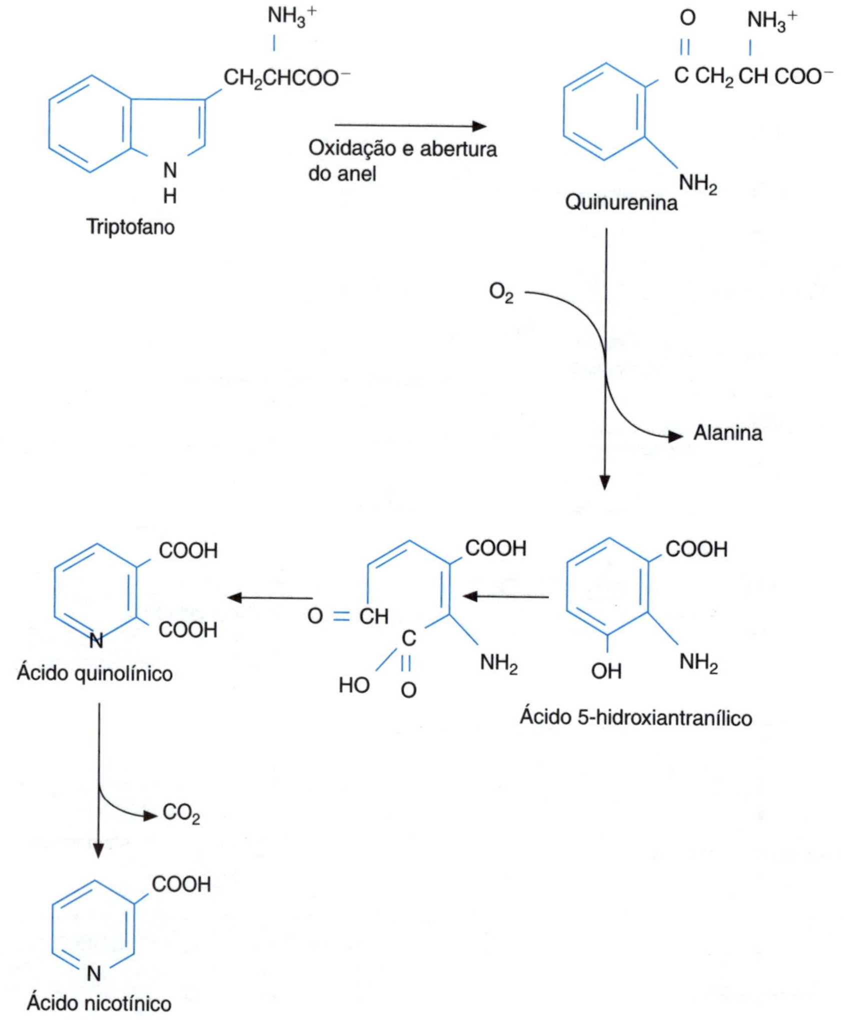

Triptofano

Oxidação e abertura do anel

Quinurenina

O_2

Alanina

Ácido 5-hidroxiantranílico

Ácido quinolínico

CO_2

Ácido nicotínico

Figura 20-22. Biossíntese do ácido nicotínico a partir de triptofano. Este processo é o mais comum nos tecidos dos animais superiores.

Existem fármacos inibidores da monoamino oxidase, que impedem a destruição da serotonina e, portanto, aumentam os efeitos nervosos de estimulação. Desta maneira existem fármacos depressores, como a reserpina, que danifica os estoques de serotonina, reduzindo a quantidade de serotonina, e deprimindo a atividade do sistema nervoso. Do mesmo modo, os agentes do tipo da mescalina, da dietilamida do ácido lisérgico e certos fatores presentes nos "cogumelos alucinogênicos", parecem atuar por fenômenos de antagonismo sobre o consumo normal de serotonina.

O carcinoide maligno ou argentafinoma, produtor de quantidades exageradas de serotonina, se apresenta com transtornos vasomotores, diarreia e espasmo dos músculos lisos dos brônquios entre outros. Nestes casos são encontradas concentrações muito altas de serotonina e seu metabolito, o ácido 5-hidroxiindolacético no sangue, devido a uma excessiva formação de serotonina produzida pelo triptofano.

Histamina. É produzida pela descarboxilação da histidina e é armazenada, sobretudo nos mastócitos. Não parece ser um transmissor no sistema nervoso central, mas atua em outros sítios do organismo. Está envolvida em fenômenos anafiláticos e alérgicos. Assim, a histamina causa distensão dos capilares, edema local e aumento do leito vascular, o que pode provocar mal estar geral e inclusive choque.

γ-aminobutirato. É produzido pela descarboxilação do glutamato; atua no sistema nervoso central como um transmissor de tipo inibidor. A alanina e a glicina atuam também como transmissores do tipo inibidor.

2. **Hormônios.** Existem hormônios como os da hipófise anterior, o glucagon e a insulina com estrutura de grandes polipeptídios; além disto, existem hormônios polipeptídicos pequenos, como a oxitocina e a vasopressina da hipófise posterior; existe também o caso especial dos hormônios da tiroide, formados a partir do aminoácido tirosina.

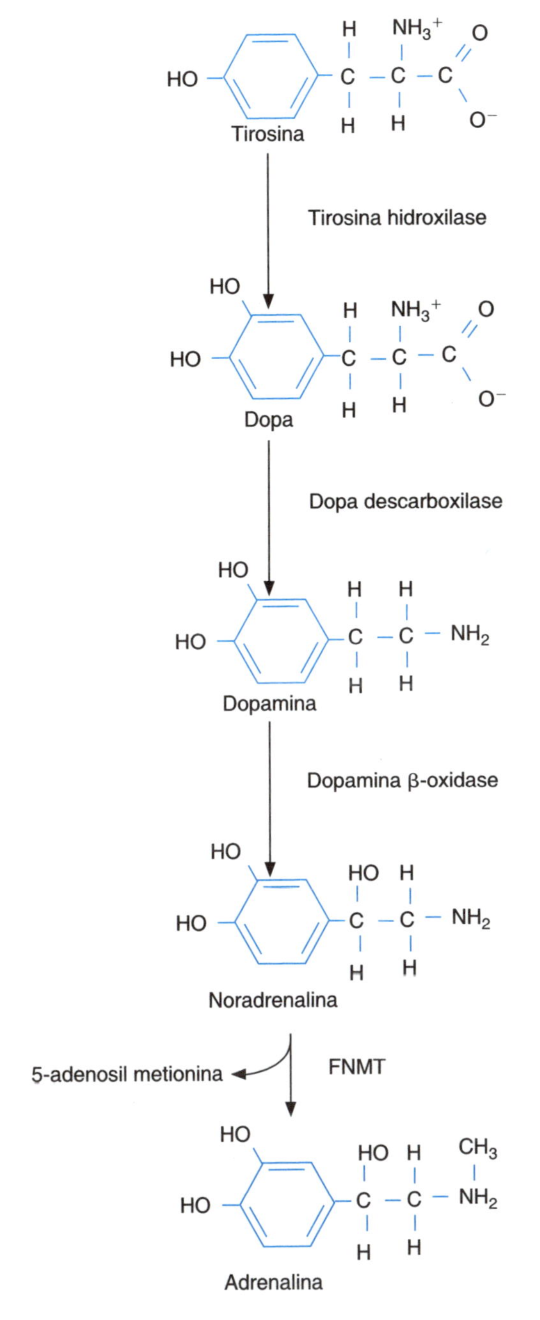

Figura 20-23. Biossíntese de catecolaminas: noradrenalina e adrenalina. FNMT: Feniletanolamina N-metil transferase.

Contribuição dos aminoácidos ao metabolismo dos fragmentos de um carbono

Diversos aminoácidos, no curso de seu metabolismo, formam fragmentos de 1 carbono (1 C), nome inapropriado consagrado pelo costume. São radicais constituídos por um carbono em distintos graus de oxidação, desde o oxidado como o formiato (-HC=O) até o reduzido como o metil ($-CH_3$), todos eles metabolizáveis pelas células.

Papel do ácido fólico e da S-adenosil metionina

Os radicais de 1 C não estão livres nas células e são transportados por dois tipos de coenzimas, a mais importante é o ácido fólico em sua forma ativa, como ácido tetrahidrofólico e a S-adenosil metionina. O doador mais comum de fragmentos de 1 C é a serina (figura 20- 25). Os fragmentos de 1 C são usados para a síntese de moléculas de importância biológica, como as purinas e a timina. É muito importante o papel do ácido fólico na síntese das bases púricas; sua carência produz transtornos nas células de multiplicação rápida, como as da medula óssea. Daí a relevância dos antifolatos, que são compostos antagonistas da ação biológica do ácido fólico, e seu uso para bloquear a síntese de purinas nas leucemias.

Nos mamíferos, a maioria das metilas vem da dieta na forma do aminoácido essencial metionina, ou melhor, da base colina. No entanto, tal como se esquematiza na figura 20-25, a síntese do $-CH_3$, de novo, nos seres dotados desta capacidade, ocorre pela redução do ácido N^5,N^{10}-metilentetrahidofólico, por meio de uma enzima acoplada ao NADH. Em seguida, a passagem do metil até a S-adenosil homocisteína, ocorre em uma reação enzimática necessita da vitamina B12. O eixo do metabolismo dos grupos metil nas células é a S-adenosil metionina; sua síntese e metabolismo estão resumidos na figura 20-26. Deve ter em mente: a) a união $-S^+\sim CH_3$ pertence a um composto de "alta energia" e facilita a metilação dos aceptores de metilas; e b) os aceptores de metilas são metabólitos que formam um grupo de moléculas de grande interesse como a creatina, a norepinefrina, a colina entre outras.

Destino final dos fragmentos de 1 C

Além de intervir nos processos de captação ou expulsão de 1 C, os grupos metil ou formil podem oxidar-se por completo até formar CO_2; em experimentos realizados com compostos marcados, foi demonstrado que a metila da metionina é eliminada, em parte, por via respiratória como CO_2.

CO_2 como fragmento de 1 C

A reação inicial de fixação de CO_2 na fotossíntese é o melhor exemplo de participação de fragmentos de 1 C, como CO_2, aos carboidratos; esta reação não acontece nos mamíferos. Nestes, os casos melhor conhecidos de fixação de fragmentos de 1 C, em forma de CO_2, são os da formação de oxalacetato a partir de fosfoenolpiruvato (veja Reversibilidade da via glicolítica), a transformação da acetil CoA em malonil CoA, a reação de carboxilação do piruvato e sua conversão a malato e a formação dos anéis de purina e pirimidina, nos quais tanto o C6 do anel purínico como o C2 do pirimidínico provém do CO_2, sendo no primeiro caso uma incorporação direta a partir do HCO_3^- presente no meio, e no segundo caso, a síntese de carbamoilfosfato a partir do CO_2 mais NH_4^+ que, desta maneira, poderá ser incorporado em numerosos compostos.

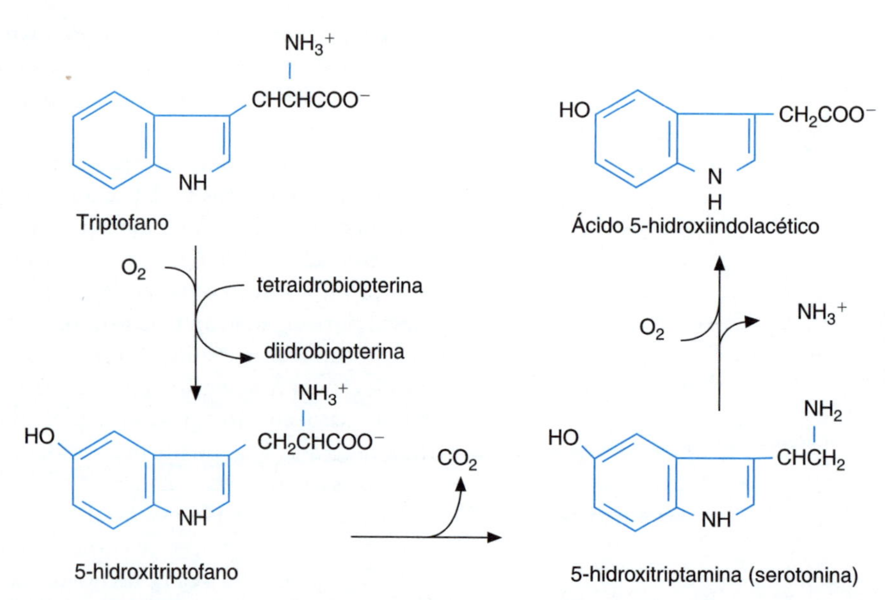

Figura 20-24. Formação de serotonina a partir de triptofano. O metabólito posterior à serotonina é o ácido 5-hidroxiindolacético, um dos principais metabólitos de excreção desta via.

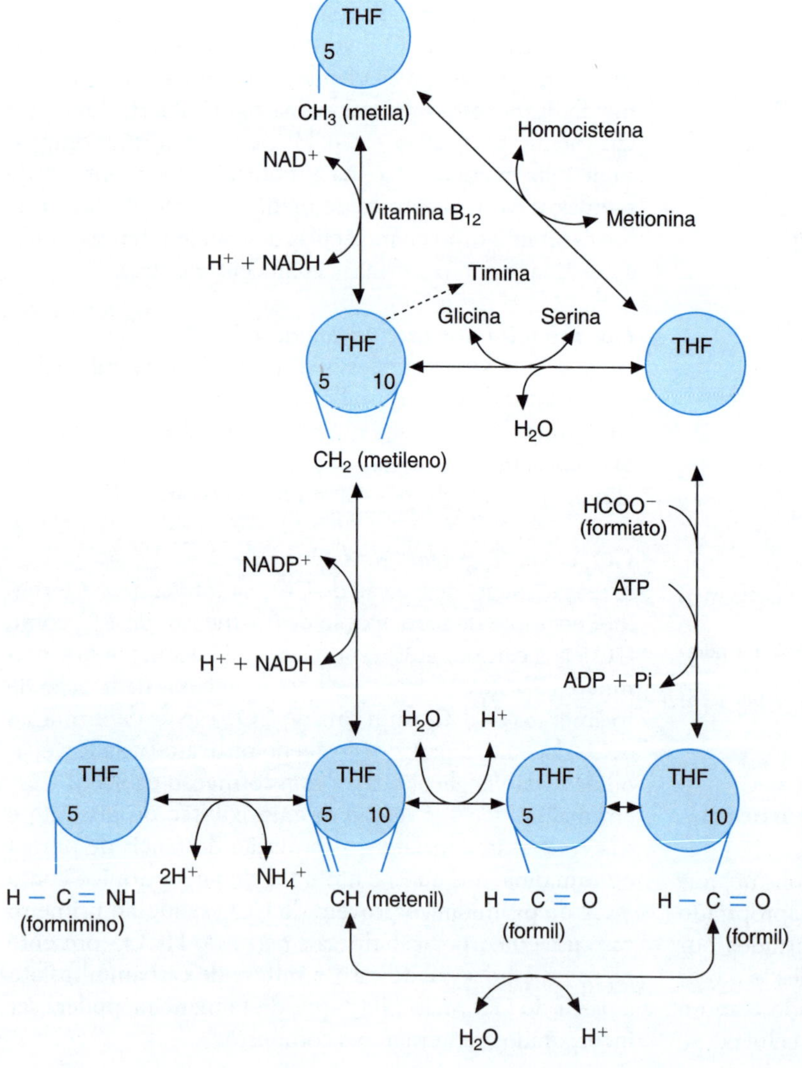

Figura 20-25. Manejo dos distintos fragmentos de um carbono (1 C) por meio do ácido tetrahidrofólico (THF). Os fragmentos de 1 C foram dispostos em 3 níveis em sentido horizontal, de acordo ao seu grau de oxidação, acima o mais reduzido em forma de metil e abaixo o mais oxidado na forma de formil (e outras estruturas equivalentes em seu grau de oxidação). O número 5 ou 10 abaixo da abreviatura THF se refere ao número de nitrogênios do ácido tetrahidrofólico, ao qual se une o fragmento de 1 C.

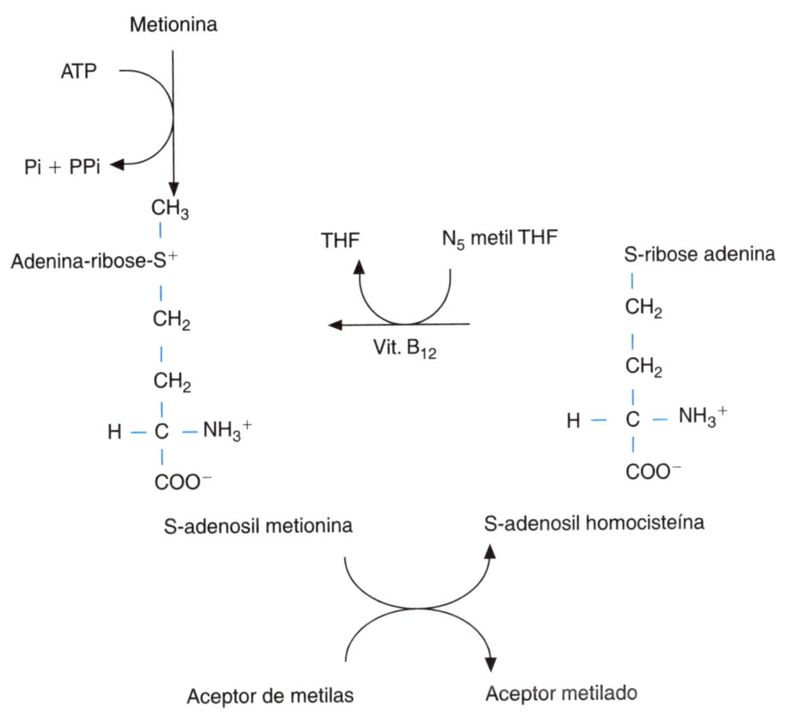

Figura 20-26. Metabolismo dos grupos metil por intermédio da S–adenosil metionina.

METABOLISMO DAS PORFIRINAS

Síntese das porfirinas. O núcleo porfirínico se forma a partir da succinil CoA, a qual se ume o carbono α da glicina para formar o α-amino-β-cetoadipato e posteriormente δ-amino-levulinato, através de uma descarboxilação catalisada pela sintetase do δ-aminolevulinato, enzima reguladora da biossíntese de porfirinas no fígado dos mamíferos e cuja coenzima é o piridoxal fosfato (figura 20-7).

Este é um ponto de encruzilhada metabólica; a concentração de duas moléculas de δ-aminolevulinato, com perda de duas moléculas de água e sua condensação, dando lugar ao porfobilinogênio, primeiro precursor do núcleo pirrólico. O δ-aminolevulinato é desaminado convertendo-se em α-cetoglutaraldeído; o carbono eliminado entra no metabolismo dos fragmentos de 1 C e para fechar o ciclo, o resíduo de 4 carbonos forma novamente o succinato (figura 20-27).

Ao sintetizar o porfobilinogênio da maneira descrita ficam como cadeias laterais do núcleo pirrólico, um grupo acetato —CH_2COO—, e um propionato, —CH_2CH_2COO—; da união de 4 moléculas com estas substituições são obtidos os uroporfirinogênios de tipo I ou III. Quando se descarboxila o grupo acetato se obtêm os grupos metil, CH_3, e os uroporfirinogênios são convertidos em coproporfirinogênios.

A descarboxilação e a oxidação consecutiva destes estabelece a estrutura dos protoporfirinogênios para formar a protoporfirina 9 (figura 20-28).

Nos vegetais existem sistemas similares aos demonstrados para a síntese do anel porfirínico; a clorofila contém uma porfirina com magnésio como metal.

Alterações da biossíntese e o metabolismo das porfirinas

É considerada anormal a excreção excessiva da porfirina na urina (porfirinúria). A protoporfirina nas fezes provém da presença de sangue no tubo digestivo.

A porfirina mais comum na urina e nas fezes é a coproporfirina e pode aumentar nas intoxicações por chumbo, assim como pelo alcoolismo agudo, as doenças hepáticas, entre outras patologias.

Existem "erros inatos do metabolismo", denominados genericamente porfirias e anemias hemolíticas com destruição exagerada de hemoglobina, nos quais os valores de coproporfirinas são muito elevados.

Degradação das porfirinas
Pigmentos biliares

Metabolismo pigmentário. O glóbulo vermelho é destruído aproximadamente 120 dias depois de sua formação; entre seus componentes encontra-se o heme, que ao perder o ferro dá lugar aos pigmentos biliares, substâncias coloridas excretadas pela bile. As células do sistema retículo endotelial catabolizam cerca de 6 g de hemoglobina por dia e geram ao redor de 250 mg de bilirrubina, o pigmento biliar mais característico.

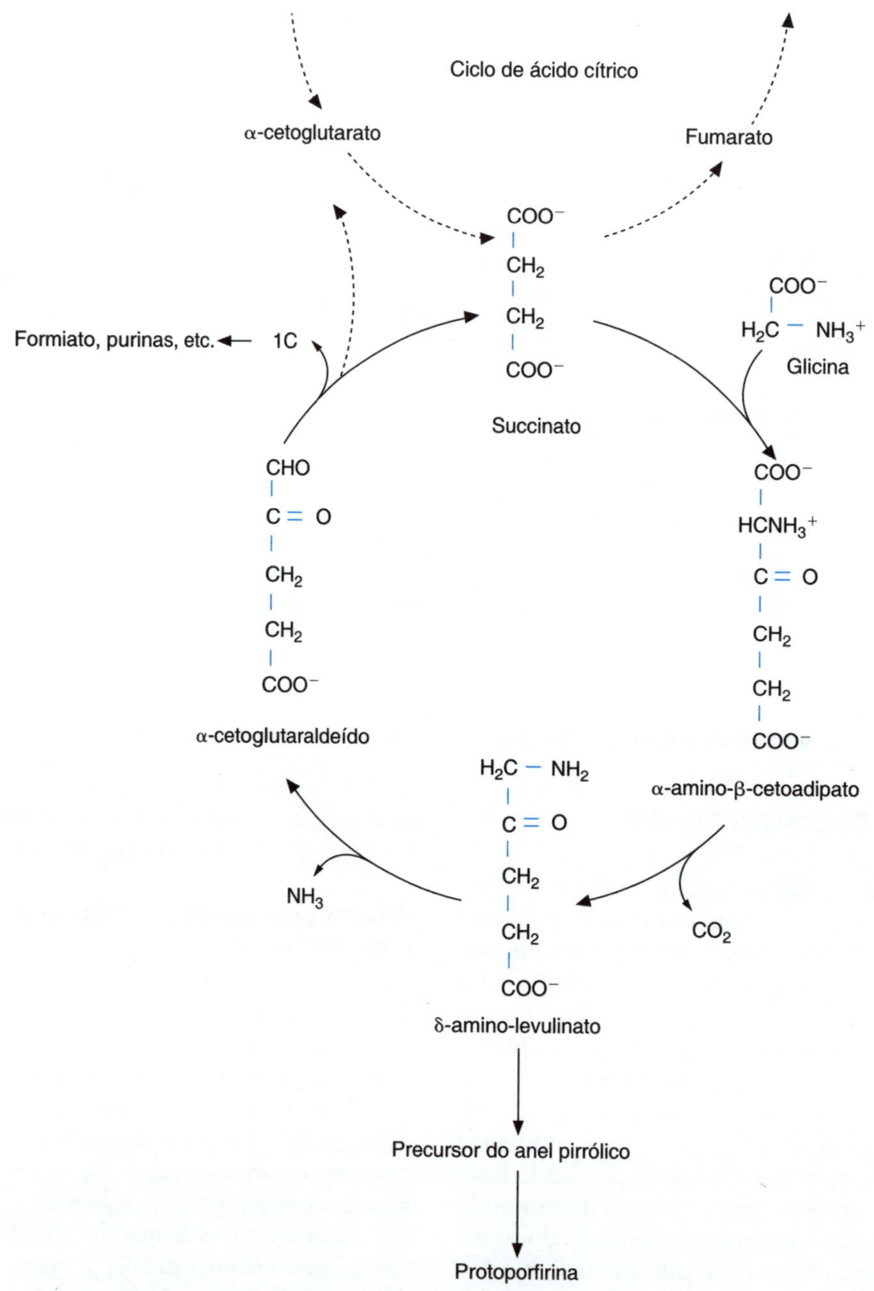

Figura 20-27. Ciclo de succinato-glicina e suas relações com o metabolismo das porfirinas. Na realidade o succinato inicia o ciclo na forma de succinil CoA.

Na figura 20-29 são apresentados os principais passos da formação dos pigmentos; o processo ocorre por ação de enzimas microssomais onde se reduz o heme com NADPH e são introduzidos 3 moles de oxigênio, para abrir o anel porfirínico em nível de uma das pontes α-meteno (entre os pirróis I e II), liberar Fe_3^+ e monóxido de carbono, CO, e formar a biliverdina; esta se reduz a bilirrubina com a participação de mais NADPH. A bilirrubina gerada sai das células é formada, e devido a sua baixa solubilidade em água, é transportada por via sanguínea unida à albumina. Esta bilirrubina corresponde à chamada, na prática clínica, bilirrubina indireta, por necessitar de álcool para sua extração e formar um complexo colorido com o diazorreativo de Ehrlich; as concentrações sanguíneas da bilirrubina indireta —0,5 a 1,0 mg por 100 mL— são indicadores da destruição globular constante e do transporte de bilirrubina de diferentes células até o fígado.

A bilirrubina indireta é captada pelo fígado onde é conjugada com duas moléculas de glicuronato.

A glicuronil transferase catalisa a passagem do glicuronato, presente na uridina difosfato de glicuronato, até o propionato das bilirrubinas (figura 20-30); forma-se primeiro

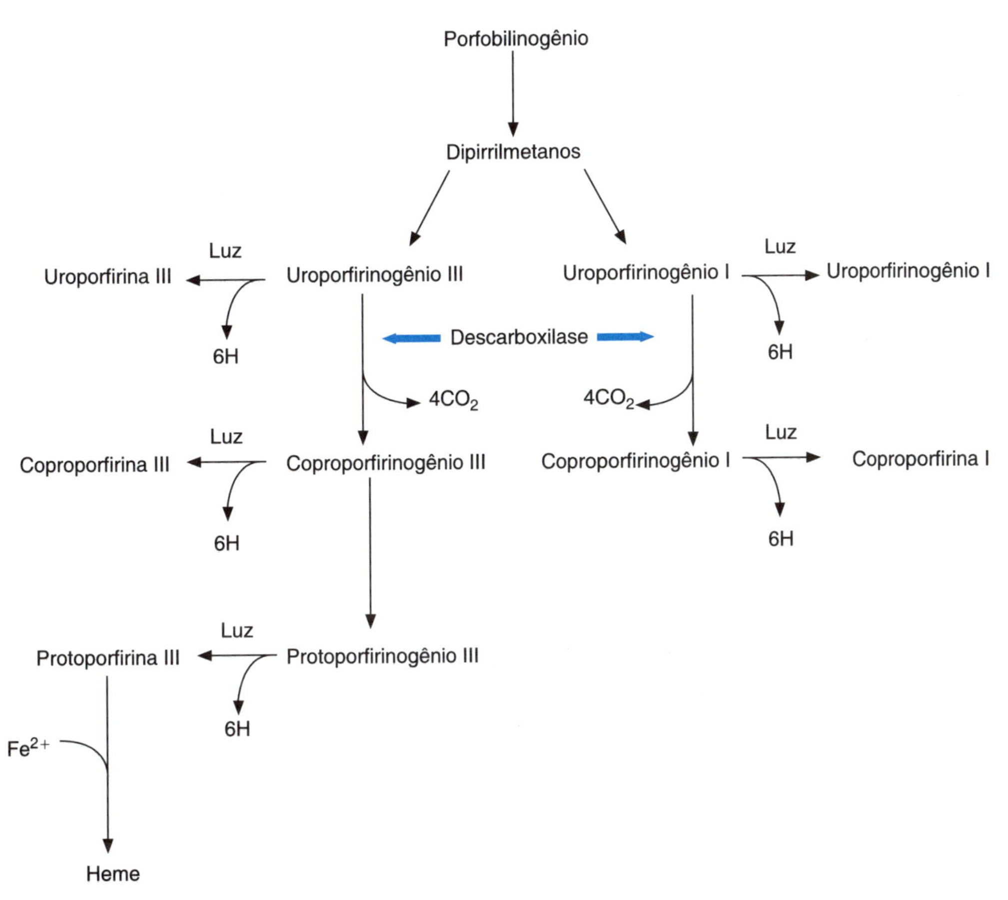

Figura 20-28. Caminhos metabólicos para a formação das porfirinas através do porfobilinogênio.

o monoglicuronato e depois o diglicuronato de bilirrubina, que é solúvel em água e secretado por um processo ativo até a bile para chegar ao intestino. Em condições normais, uma pequena quantidade de bilirrubina conjugada com glicuronato passa para a circulação e constitui a bilirrubina direta (0,25 mg por 100 mL de sangue), chamada assim por ser dotada de coloração com ajuda do diazorreativo sem a necessidade de ser extraído com álcool. No intestino, o glicuronato de bilirrubina, por ação das enzimas da flora bacteriana, perde as duas moléculas de glicuronato e é reduzido a mesobilirrubinogênio incolor, que pode ser convertido em urobilinogênio (estercobilinogênio). Parte deste último é oxidado até urobilina (estercobilina) e eliminado com as fezes, mas outra parte é absorvida novamente no intestino e chega ao fígado para ser re-excretado na bile.

O escurecimento das fezes quando estão expostas ao ar se deve à oxidação do urobilinogênio a urobilina. Quando no todo o urobilinogênio reabsorvido é captado pelo fígado, como ocorre em certa proporção nas pessoas normais, e incluso quando há transtornos do funcionamento hepático, passa para a circulação geral e se excreta pelos rins como tal ou como urobilina.

A excreção cotidiana de pigmentos pela urina é de 1 a 2 mg e de cerca de 250 mg por via intestinal. Na urina contribui a dar a cor amarela característica deste líquido.

Icterícia

O aumento da bilirrubina no soro causa a icterícia, ou seja, a coloração amarela das mucosas e da pele. Existem três tipos fundamentais de icterícia: a) a hemolítica, devida à destruição excessiva de glóbulos vermelhos b) a hepatocelular, devida à lesão das células hepáticas; e c) a obstrutiva, causada pela alteração mecânica das vias biliares. Nas icterícias hemolíticas, a capacidade catabólica do sistema reticuloendotelial para formar bilirrubina não conjugada predomina sobre a capacidade do fígado para conjugá-la e, portanto, há um aumento de bilirrubina indireta, que é eliminada pela bile e as fezes, as quais mostram coloração mais escura. Como a bilirrubina indireta é insolúvel em água, não aparece na urina; este tipo de icterícia se chama acolúrica (sem bile na urina). A superprodução de bilirrubina é característica nos quadros de anemia hemolítica congênita ou adquirida, assim como na transfusão de sangue incompatível. Nas crianças há o quadro de hemólise por incompatibilidade do fator Rh, que provoca a doença hemolítica do recém-nascido, com acúmulo de pigmento biliar no tecido nervoso (*kernicterus*), que é muito grave.

Na obstrução das vias biliares é habitual que o fígado conjugue com o ácido glucurônico a bilirrubina produzida em quantidades normais. A icterícia por obstrução se

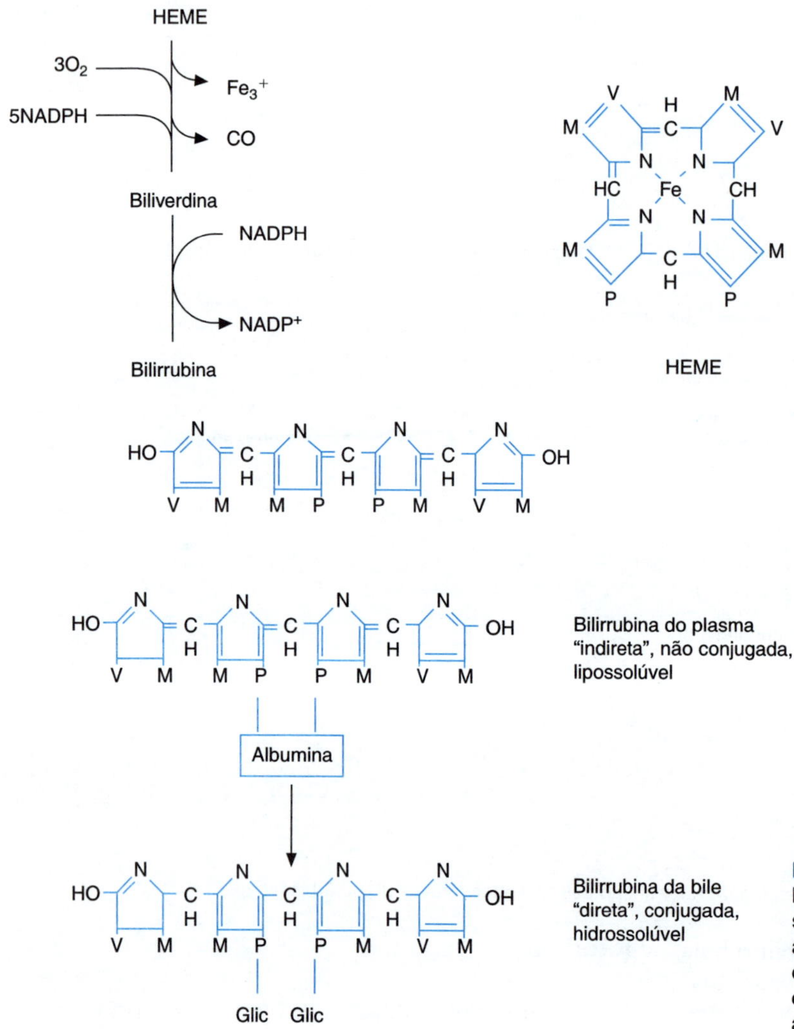

HEME

$3O_2$ → Fe_3^+

5NADPH → CO

Biliverdina

NADPH → $NADP^+$

Bilirrubina

HEME

Bilirrubina do plasma "indireta", não conjugada, lipossolúvel

Albumina

Bilirrubina da bile "direta", conjugada, hidrossolúvel

Glic Glic

Figura 20-29. Degradação da heme da hemoglobina a bilirrubina. Quando existe bilirrubina de reação direta no soro, está na mesma forma que a da bile, mas está ligada à albumina. O grupo Glic nas fórmulas representa o radical glicuronídeo que permite a solubilidade do composto e as letras M, V, e P os grupos metil CH_3, vinil,-CH=CH_2 e ácido propiônico, -CH_2CH2COOH, respectivamente.

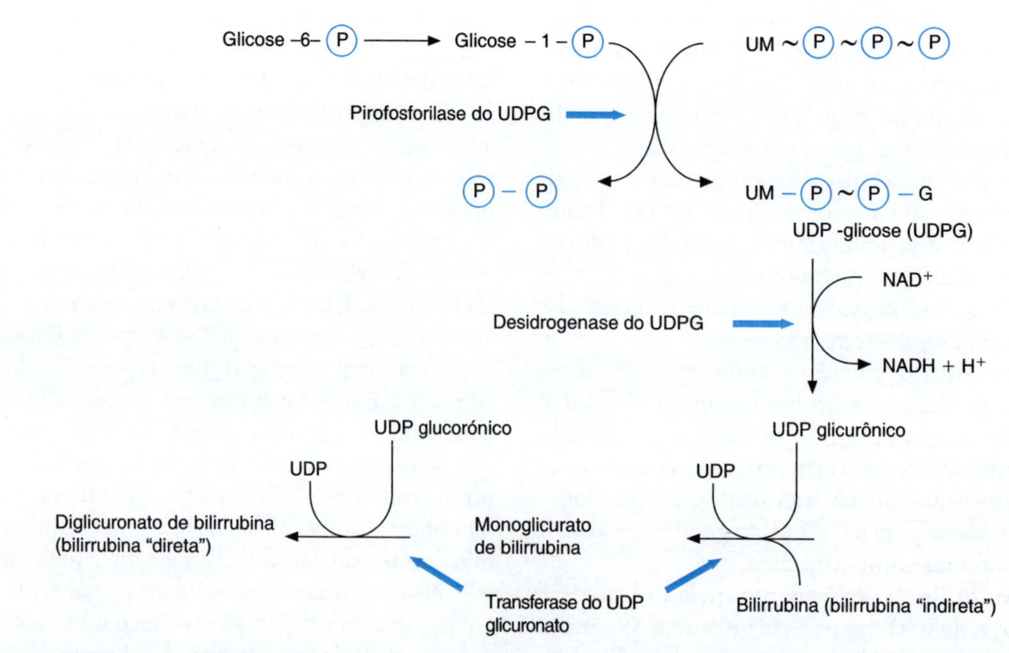

Figura 20-30. Metabolismo do ácido glicurônico em relação com a biossíntese de um complexo solúvel da bilirrubina.

manifesta quando não ocorre excreção da maior parte da bile, neste caso, aumenta a bilirrubina direta no sangue -até 40 e 50 mg por 100 mL-, a qual, por ser solúvel, aparece na urina em quantidades exageradas dando uma cor café de diferentes tonalidades (colúria). Com a falta de pigmentos biliares nas fezes, estas adquirem uma cor café claro ou esbranquiçado (acolia).

Finalmente, na icterícia hepatocelular, há diminuição da capacidade para conjugar a bilirrubina com o ácido glucurônico e ocorre um aumento de bilirrubina indireta no soro. Também aumenta a concentração de bilirrubina direta, já que a alteração nos hepatócitos representa um tipo de obstrução funcional e não é possível eliminar através da bile toda a bilirrubina conjugada com o ácido glucurônico. O urobilinogênio fecal diminui pela baixa eliminação de bilirrubina, mas o urinário pode aumentar pela impossibilidade do parênquima hepático para deter o urobilinogênio absorvido no intestino. Se há parada da saída de pigmentos, o quadro parece de tipo obstrutivo.

REFERÊNCIAS

Devlin TM: *Bioquímica. Libro de texto con aplicaciones clínicas,* 5ta. ed., Editorial Reverté, 2004.

Frank KN: Metabolic Regulation: A Human Perspective. 2nd ed., Blackwell Science, 2003.

Grisolia S, Báguena R, Mayor F (Eds.): *The uréia cycle.* Wiley, 1976.

Lozano JA, Galindo JD, García Borrón JC, Martínez Liarte: *Bioquímica y Biología Molecular,* 3ra ed., McGraw-Hill Interamericana, 2005.

Melo V, Cuamatzi TO: *Bioquímica de los procesos metabólicos,* Ediciones Reverté, 2004.

Murray RK, Granner DK, Mayes PA, Rodwell VW: *Harpers biochemistry,* 24a ed., Appleton & 1996

Nelson DL, Cox MM: *Lehninger Principios de Bioquímica,* 4a ed., Omega, 2006.

Scriver CR, Beaudet AL, Sly WS, Valle D (eds.): *The metabolic basis of inherited disease.* 6ª. ed., McGraw-Hill, 1989.

Smith C, Marks, AD: *Bioquímica básica de Marks. Un enfoque clínico,* Ed. McGraw-Hill Interamericana, 2006.

Páginas eletrônicas

Universidad de La Habana (2007): *Metabolismo de los compuestos nitrogenados.* [En línea]. Disponible: http://fbio.uh.cu/metabol/Metabolismo_compuestos_nitrogenados.htm [2009, abril 10]

Universidad Nacional del Centro de Perú (2007): Metabolismo de compuestos nitrogenados. [En línea]. Disponible: http://www.uncp.edu.pe/Facultades/Industrias/descargas/METABOLISMO%20DE%20COMPUESTOS%20NITROGENADOS.pdf [2009, abril 10]

21

Metabolismo dos nucleotídeos

Enrique Piña Garza

Os nucleotídeos possuem numerosas funções metabólicas. O ATP, por exemplo, é o doador e distribuidor universal de energia nos sistemas biológicos; o AMP cíclico é um mediador importante das respostas hormonais. Certos nucleotídeos formam parte de coenzimas (NAD, coenzima A, FAD, entre outras) ou são intermediários dos compostos de alto peso molecular DNA e RNA. Neste capítulo apresentamos a síntese e a degradação dos nucleotídeos.

Nucleotídeos da dieta. Os ácidos nucleicos da dieta são degradados no tubo digestório por ação das ribonucleases e desoxirribonucleases de origem pancreática. Os nucleotídeos são degradados pelas nucleotidases, liberando o nucleosídeo e o fosfato terminal, os quais são absorvidos no intestino.

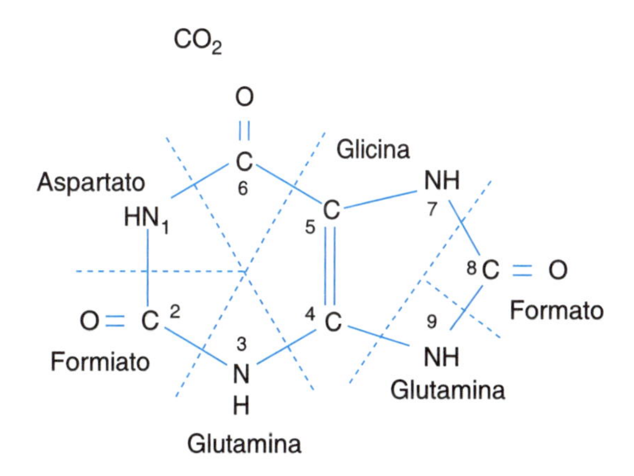

Figura 21-1. Precursores do anel purínico.

METABOLISMO DOS RIBONUCLEOTÍDEOS QUE CONTÉM BASES PÚRICAS

Biossíntese

O organismo não depende das purinas e as pirimidinas pré-formadas, presentes nos alimentos, já que estas podem ser sintetizadas a partir de outros componentes celulares; os seres humanos que recebem dietas sem purinas não há problema, tal é o caso das crianças alimentadas com leite carente de purinas.

Os precursores do anel purínico são os aminoácidos ou seus derivados, além do dióxido de carbono presente no meio (figura 21-1). O composto inicial é sintetizado por ação da **5- fosforribosil 1-pirofosfato sintetase** a partir de ribose 5-fosfato e ATP. Depois, de maneira sucessiva, são acrescentados um nitrogênio da glutamina, a glicina, o formiato a partir do ácido fólico, um novo nitrogênio a partir de glutamina e logo uma desidratação que origina o fechamento do anel de cinco átomos, e forma um intermediário chamado ribonucleotídeo de 5-aminoimidazol (figura 21-2). É importante mencionar que nos vertebrados, a síntese do ribonucleotídeo de 5-aminoimidazol a partir da fosforribosilamida se realiza por uma única cadeia peptídica que manifesta quatro atividades catalíticas diferentes, a saber: incorporação de glicina, formilação, incorporação do NH_2 da glutamina, desidratação e fechamento do anel.

Uma vez formado o ribonucleotídeo de 5-aminoimidazol continua a síntese do anel das purinas com duas reações, ambas catalisadas por um único polipeptídeo, uma de carboxilação a partir de CO_2 livre e outra de união do aminoácido aspartato, com os que se forma o ribonucleoídeo de 5-aminoimidazol 4-N-succinocarboxamida (figura 21-3). A este último composto se une ao NH_2 do aspartato e é eliminado como fumarato, o restante deste aminoácido; o polipeptídeo que catalisa a reação unicamente tem esta atividade (figura 21-3). Para formar a inosina monofosfato (IMP) se realizam outras duas reações, uma de formilação, com a participação do ácido tetrahidrofólico, e outra de desidratação e fechamento do anel de seis átomos (figura 21-3). A semelhança de casos anteriores, estas duas últimas reações, para a formação do IMP, é efetuada por um polipeptídio com duas atividades catalíticas diferentes.

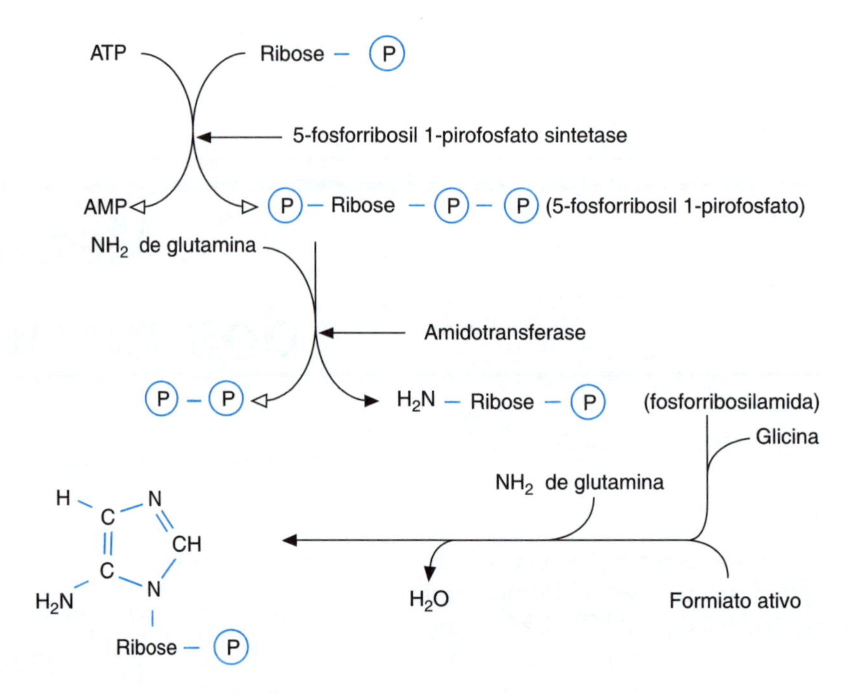

Figura 21-2. Etapas iniciais na biossíntese dos ribonucleotídeos que contém o anel purínico.

Nos vertebrados um feito importante na biossíntese dos ribonucleotídeos com anel purínico é a participação de três enzimas multifuncionais. Foram descritas algumas vantagens destas enzimas catalisadoras de reações em sequência; evitam-se as reações colaterais quando os substratos são canalizados de um sítio catalítico ao seguinte; além disto, a síntese é coordenada e se assegura a configuração do composto final.

A partir do IMP se formam os demais mononucleotídeos por conversões de uma base em outras; assim, o

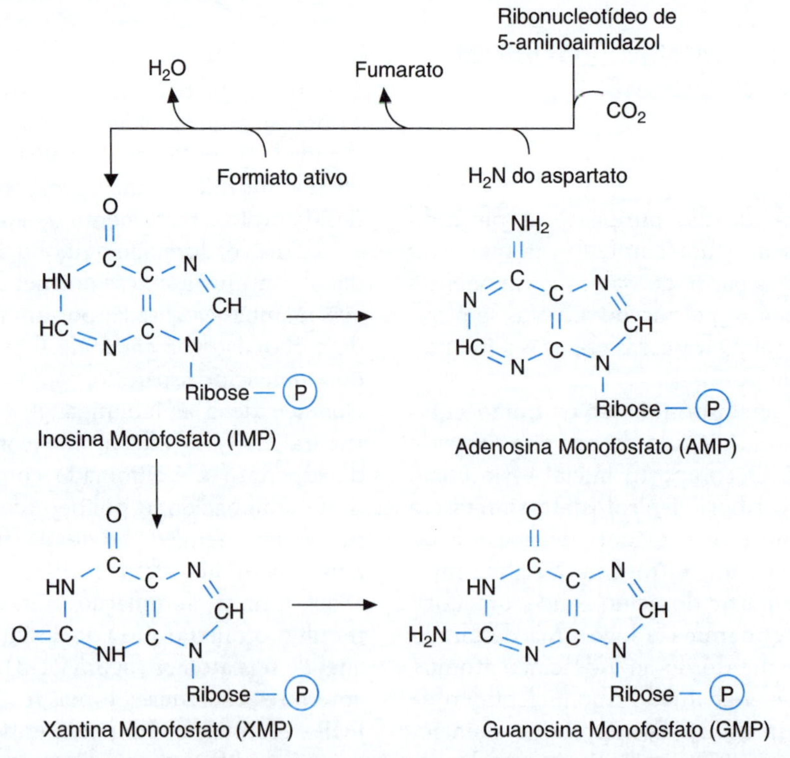

Figura 21-3. Etapas finais na biossíntese dos ribonucleotídeos que contém o anel purínico.

AMP se origina da aminação do grupo 6 do IMP (figura 21-3).

O fígado, além de sintetizar as purinas necessárias para seu próprio metabolismo, se encarrega de formar as purinas para células como os eritrócitos e alguns leucócitos, incapazes de sintetizá-las; assim, o cérebro depende em parte das purinas formadas pelo fígado.

No caminho da biossíntese das purinas, existe um sistema autorregulador de retroalimentação com inibição por produto final. O ATP, o ADP e os nucleotídeos correspondentes de guanina e inosina (figura 21-4) inibem fortemente a enzima **amidotransferase**, que catalisa a união do grupo amido da glutamina a 5-fosforribosil 1-pirofosfato, para liberar dois fosfatos e produzir a 5-fosforribosilamida. Se o consumo destes nucleotídeos diminui, há inibição da enzima reguladora dos primeiros passos da síntese; quando se requer em maior quantidade, a enzima é desinibida para possibilitar novamente a biossíntese correspondente.

Existem outros sítios de regulação; assim, o ATP promove a formação dos derivados guanílicos, e o GTP a dos derivados adenílicos; além disto, tanto o AMP como o GMP impede sua própria síntese (figura 21-4). Para o tratamento de algumas neoplasias se utilizaram antimetabólitos inibidores da biossíntese dos nucleotídeos ou de suas bases púricas; por exemplo, os antagonistas do ácido fólico impedem a entrada do carbono proveniente da biossíntese do anel purínico. A azaserina e a desoxinorleucina inibem as reações onde participa a glutamina, especialmente no passo em que esta inicia a síntese do anel.

Outro mecanismo para regular a biossíntese das purinas é a própria regulação metabólica exercida pelo "pool" de 5-fosforribosil 1-pirofosfato, devido a diferenças entre sua síntese e sua utilização. Quando seu "pool" diminui, isto afeta a síntese das bases púricas e das bases pirimidínicas e, inclui a recuperação das bases púricas. Pelo contrário, quando seu "pool" aumenta, promove-se a síntese e também a recuperação das bases nitrogenadas. Daí a importância do equilíbrio entre a formação e a utilização do 5-fosforribosil 1-pirofosfato. Um exemplo disto é quando na gota se encontra aumentado o ácido úrico e simultaneamente o 5-fosforribosil 1-pirofosfato, o qual poderia intervir de maneira importante no mecanismo produtor da doença.

Ciclo de nucleotídeos de purinas no tecido muscular

Um fato importante no tecido muscular é a transformação do AMP em IMP por ação da **AMP desaminase,** cuja ação no dito tecido coincide com uma atividade muito baixa da **desidrogenase glutâmica,** enzima chave na desaminação dos aminoácidos e a produção de NH_4. Para compensar a baixa atividade da **desidrogenase glutâmica, a AMP desaminase** desempenha o papel da desidrogenase. Segundo o esquema da figura 21-5, o IMP resultante da desaminação do AMP reage com o aspartato para gerar AMP através do adenil succinato; o resultado para cada volta do ciclo é à entrada de um aspartato e a saída de um fumarato e um NH_4, equivalente à desaminação de um aminoácido.

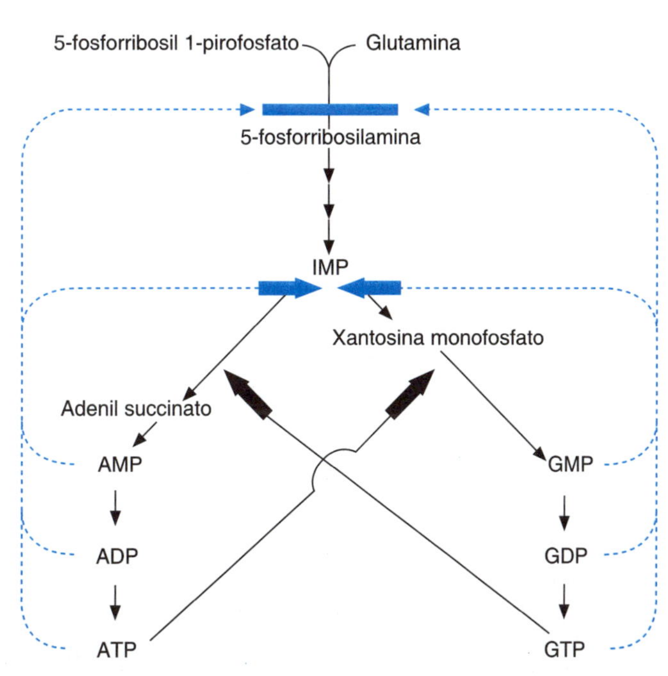

Figura 21-4. Etapas enzimáticas da regulação na biossíntese de ribonucleotídeos com bases púricas. As linhas descontínuas assinalam o sítio de inibição dos diferentes nucleotídeos. As linhas contínuas indicam o sítio de estimulação das etapas correspondentes.

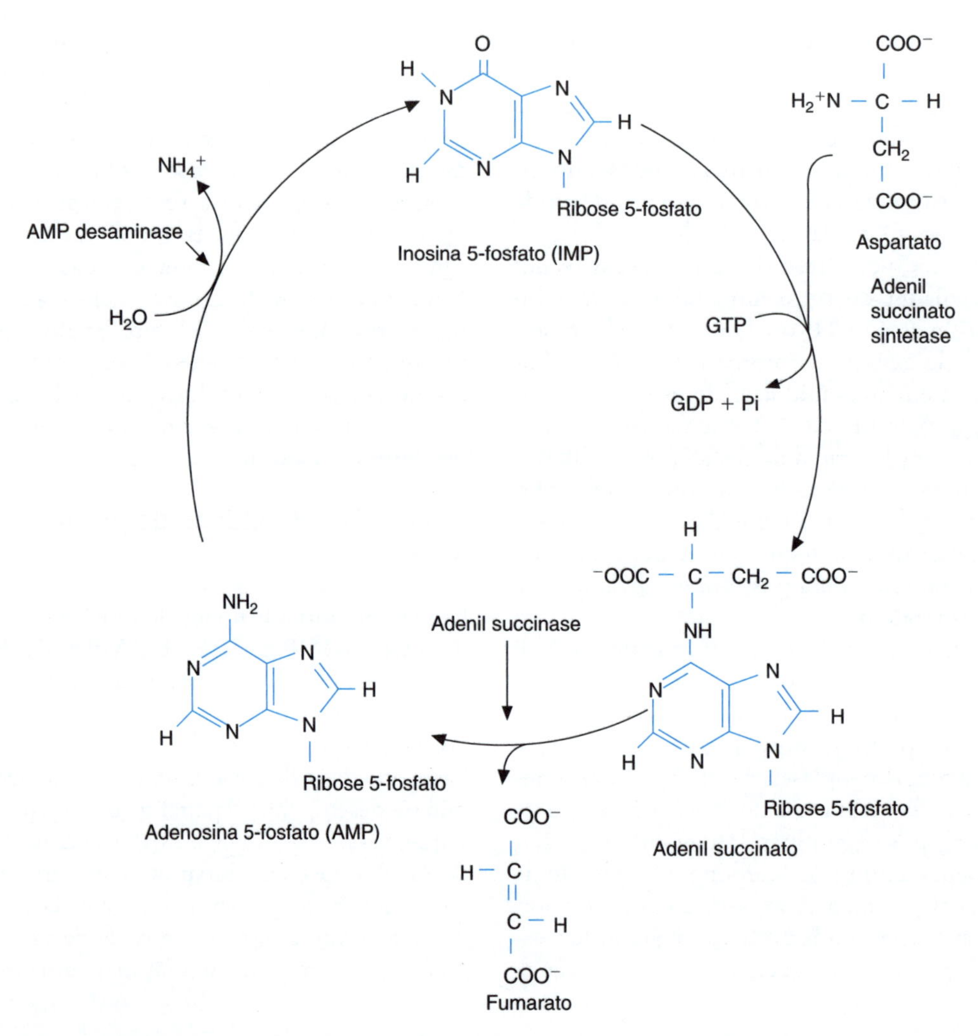

Figura 21-5. Ciclo dos nucleotídeos de purina no tecido muscular. O funcionamento do ciclo tem como resultado a desaminação do aspartato e sua conversão em fumarato e NH_4^+.

Catabolismo das purinas

Através de reações de hidrólise, os nucleotídeos perdem seus grupos fosfatos e se convertem em mononucleotídeos como o AMP, GMP o IMP, ou também em nucleosídeos sem fosfato. O nucleosídeo de adenosina é desaminado por sua desaminase e se converte em inosina. Os nucleosídeos se hidrolisam em ribose e em bases livres.

Eventualmente, as purinas livres ou mesmo os nucleosídeos (figura 21-6) terminam por transformar-se na base hipoxantina, sobre a qual atua a xantina oxidase ou xantina desidrogenase e a transforma em xantina; a guanina também se converte em xantina pela ação desaminativa da guanase.

A xantina é oxidada pela própria xantina oxidase que a converte em ácido úrico, principal produto final do catabolismo purínico na espécie humana (figura 21-6).

A quantidade de ácido úrico formado depende da ingestão dietética de purinas e da velocidade do catabolismo das purinas endógenas, ou seja, as formadas no interior do organismo.

Em situações normais se formam 5 g de purinas por dia e somente 0,5 g são convertidas em ácido úrico; no entanto, a maior parte das purinas formadas é recuperada, como é descrito mais a frente.

Excreção do ácido úrico

O ácido úrico sanguíneo é filtrado no glomérulo e parcialmente reabsorvido no túbulo renal, mas também secretado de maneira ativa nos túbulos. Alguns fármacos como os salicilatos e o cincófeno bloqueiam a reabsorção do ácido úrico. Em certas condições clínicas (neoplasias, leucemias, processos infecciosos), a eliminação do ácido úrico aumenta. A administração de esteroides suprarrenais também incrementa a quantidade de ácido úrico excretado, por aumento do catabolismo purínico.

Em ocasiões, o ácido úrico se precipita na urina e forma cálculos renais, o qual se deve a sua baixa solubilidade; esta pode aumentar se alcalinizando a urina, já que o ácido úrico, ionizado em forma de urato, tem maior solubilidade.

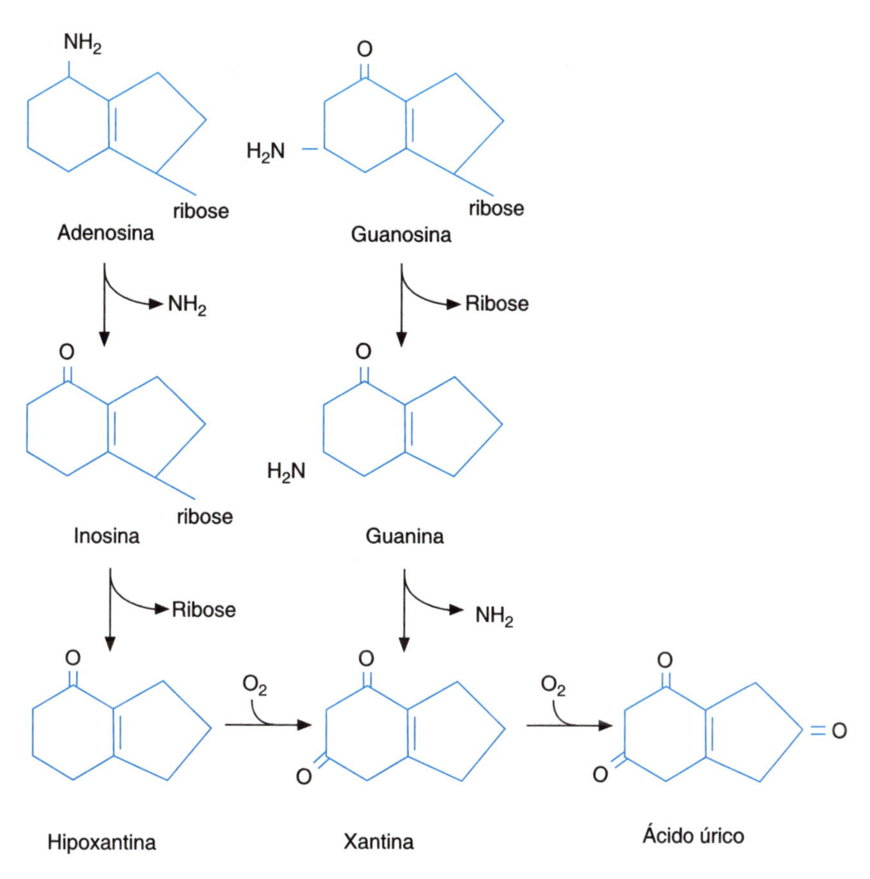

Figura 21-6. Catabolismo das purinas até a formação de ácido úrico. Para simplificar a figura e colocar ênfase nas etapas de degradação, foram omitidos os N dos anéis e algumas das ligações duplas.

Gota

A gota é uma doença caracterizada pela presença de altas concentrações de uratos no sangue e na urina; com frequência, os uratos se depositam nas articulações e geram uma inflamação ou tofo gotoso, que causa intensas dores. A gota é a consequência de um erro metabólico hereditário, por um defeito da 5-fosforribosil 1-pirofosfato sintetase (figura 21-2) ou da guanina (hipoxantina) fosforribosil transferase, o que produz uma superprodução de purinas.

METABOLISMO DOS RIBONUCLEOTÍDEOS COM BASES PIRIMIDÍNICAS

Biossíntese

Como no caso das purinas, a formação das bases pirimidínicas se faz a partir de fragmentos pequenos. Na figura 21-7 se mostra a síntese do anel: a aspartato transcarbamilase une o aspartato, o qual proporciona os C4, C5 e C6 mais o N1, com o carbamoil fosfato, que proporciona o N3 e o C2, para produzir o carbamoil aspartato; este se sintetiza no citosol por ação de uma carbamoil fosfato sintetase distinta da mitocondrial que participa na síntese da ureia. O fechamento do anel acontece mediante uma desidratação catalisada pela dihidro-orotase, de modo que se forma o dihidro-orotato. As três enzimas anteriores estão unidas covalentemente em um polipeptídeo e formam uma enzima multifuncional denominada CAD, pelas iniciais de cada uma das três enzimas integrantes.

O dihidro-orotato se converte em orotato com a intervenção do NAD e de uma desidrogenase. A conversão do orotato em UMP se realiza por outra enzima multifuncional que catalisa duas reações, a formação de orotidilato pela união do orotato ao 5-fosforribosil 1-pirofosfato e a descarboxilação do orotidilato para produzir UMP (figura 21-7).

As formas de nucleosídeos ou nucleotídeos de pirimidinas permitem a interconversão de um em outros; a aminação da base uracila converte este em citosina, o que permite formar o citidina monofosfato (CMP). Os derivados metilados, como a timina ou a metilcitosina, se sintetizam com a participação do formiato "ativo", fonte do novo carbono, como se indica mais adiante. A regulação do caminho biossintético das pirimidinas se exerce principalmente sobre a aspartato transcarbamilase, que se inibe pelo produto final, a citidina trifosfato, CTP; a regulação da via depende, portanto, da concentração de CTP.

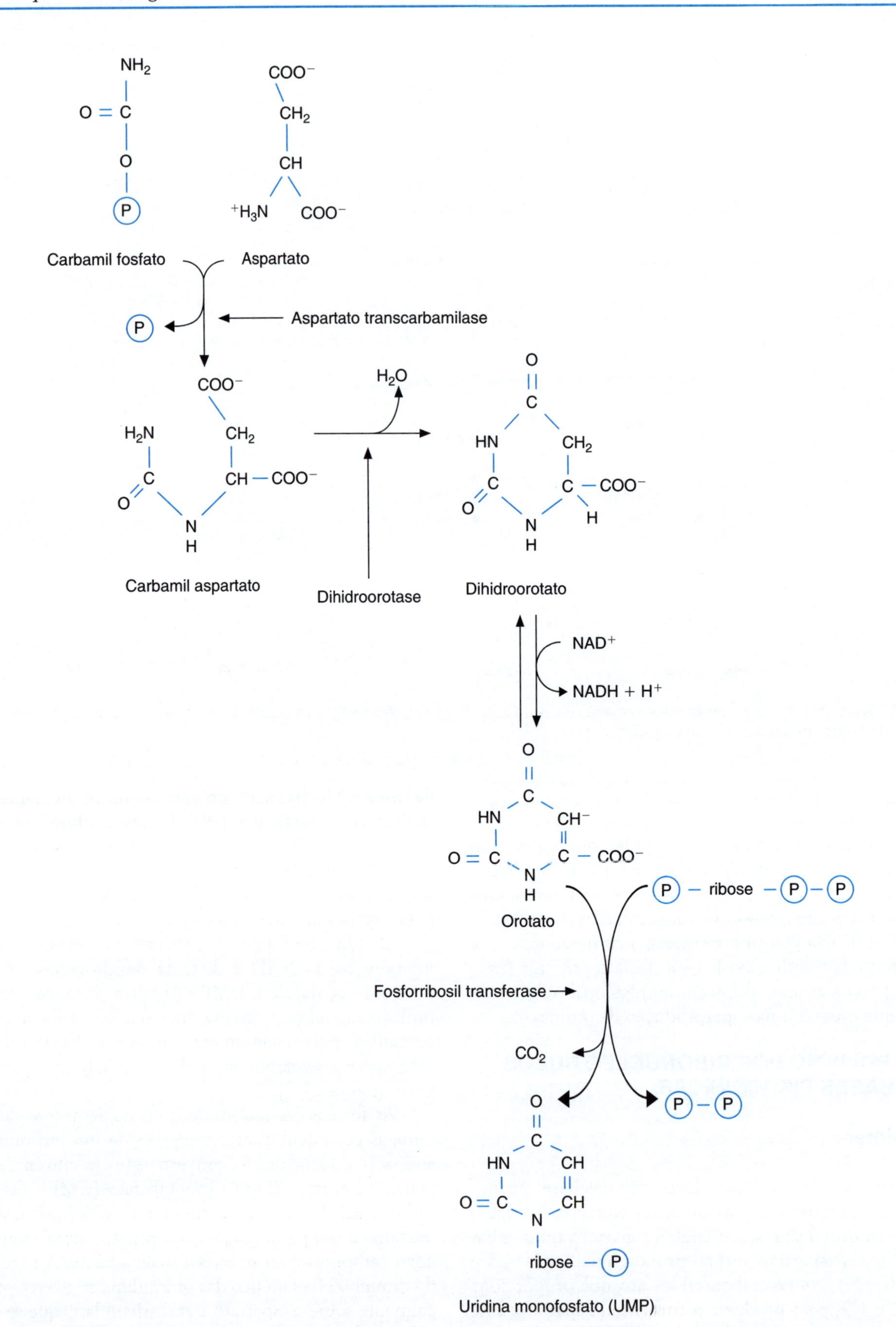

Figura 21-7. Síntese do anel pirimidínico. Somente é mostrada a formação da uridina monofosfato, primeiro metabólito sintetizado, a partir da qual são feitas as modificações no anel pirimidínico para formar as outras bases.

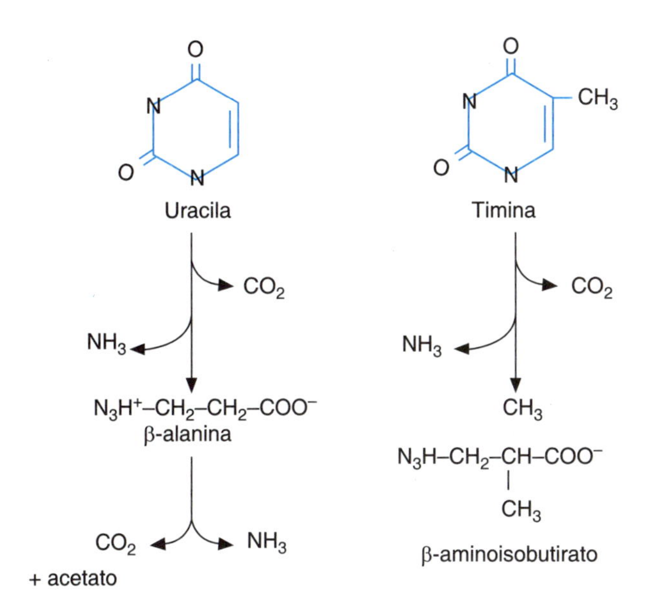

Figura 21-8. Principais caminhos catabólicos das bases pirimidínicas.

A aspartato transcarbamilase é a enzima de regulação alostérica mais estudada; de fato, com esta se iniciou a análise do fenômeno de inibição por retroalimentação, devido a mudanças alostéricas da enzima. Na *E. coli*, o CTP atua como modulador alostérico negativo sobre uma enzima que possui uma cadeia polipeptídica para o sítio ativo e outra cadeia polipeptídica distinta para o sítio alostérico.

Foram sintetizados derivados dos ribonucleotídeos de pirimidinas para utilizá-los como antimetabólitos, entre os que se destacam são os derivados halogenados, o 5-fluorouracil ou o ácido 5-fluoro-orótico, os quais produzem uma inibição na síntese do RNA. Ao unir a base halogenada com uma desoxirribose fosforilada, obtiveram-se os primeiros agentes antivirais específicos conhecidos, por exemplo, a 5-fluordesoxiuridina.

Degradação das pirimidinas

Em geral, a uracila se converte em β-alanina que se fragmenta em NH_3, CO_2 e acetato. A timina e a citosina seguem caminhos metabólicos complexos para alcançar sua degradação total, ou para formar β-aminoisobutirato que é excretável pela urina (figura 21-8).

SÍNTESE DOS DESOXIRRIBONUCLEOTÍDEOS

Em todas as espécies estudadas, os desoxirribonucleotídeos se formam a partir dos ribonucleotídeos já completos; se trata de uma redução na qual o ribonucleotídeo perde o oxigênio unido ao carbono 2 da ribose e gera a desoxirribose, sem afetar a base ou os fosfatos unidos à pentose.

A reação se inicia com algum dos quatro nucleosídeos difosfatos, ADP, GDP, UDP o CDP, que se reduzem ao correspondente desoxianálogo por um sistema multienzimático, de acordo com uma reação (figura 21-9) na qual os elétrons necessários para a redução do ribonucleotídeo são doados pelo NADPH a uma proteína, a tiorredoxina, possuidora de uma ligação dissulfeto, a qual ao reduzir-se enzimaticamente, fica com dois grupos SH. Estes reduzem diretamente ao ribonucleotídeo e o convertem em desoxirribonucleotídeo a tiorredoxina fica oxidada formando uma ligação dissulfeto que se reduz novamente pelo NADPH.

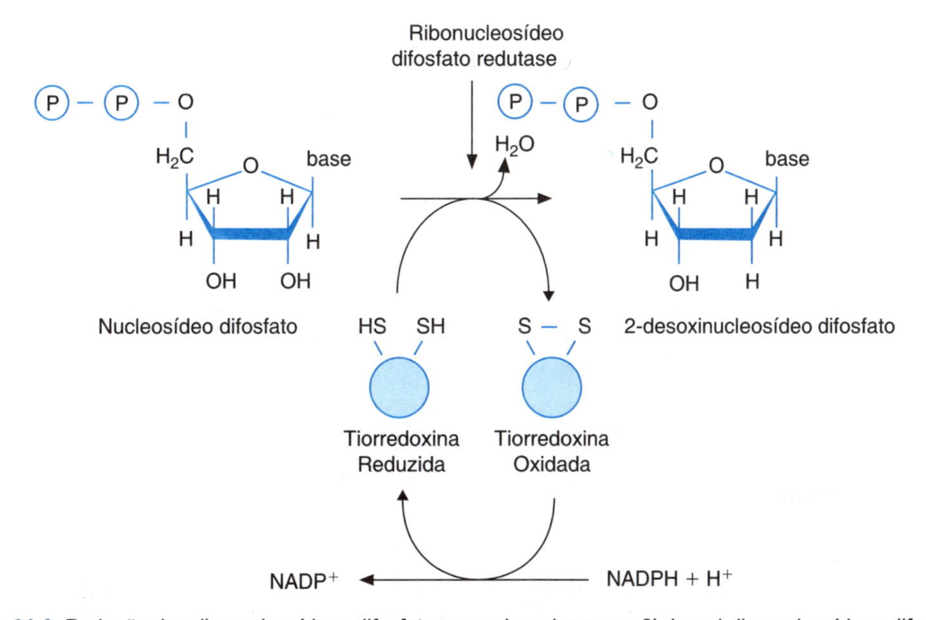

Figura 21-9. Redução dos ribonucleosídeos difosfatos para dar origem aos 2'-desoxirribonucleosídeos difosfatos.

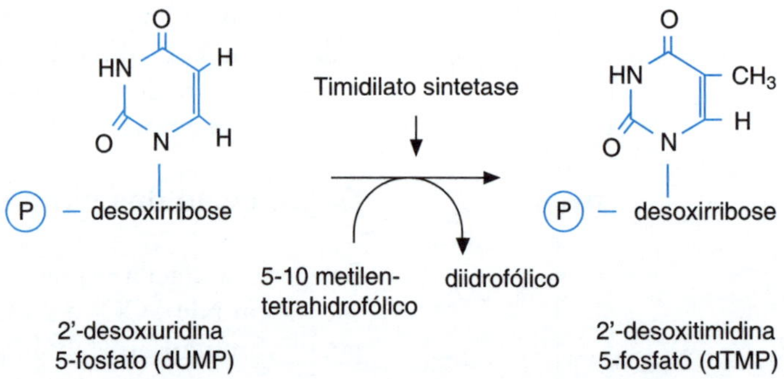

Timidilato sintetase

5-10 metilen-tetrahidrofólico → diidrofólico

2'-desoxiuridina 5-fosfato (dUMP) → 2'-desoxitimidina 5-fosfato (dTMP)

Figura 21-10. Biossíntese do desoxirribonucleotídeo com timina a partir da desoxiuridina fosfato e com a contribuição de uma metila cedida pelo ácido fólico.

Biossíntese dos fosfatos de desoxitimidina

Para a síntese do DNA são necessários desoxirribonucleotídeos com timina, cuja síntese se realiza a partir do desoxi-UMP, o qual recebe a metila de um derivado do ácido fólico em uma reação catalisada pela timidilato sintetase (figura 21-10). Este passo biossintético é sensível às substâncias do grupo dos antifólicos, muito usados nas leucemias. Estes fármacos impedem a doação de metilas por parte do ácido fólico e bloqueiam a síntese do dTMP e, consequentemente, a de DNA.

Regulação da biossíntese dos desoxirribonucleotídeos

A regulação reside na reação de redução já estudada (figura 21-11). Atuam como moduladores positivos o ATP, o dGTP e o TTP, dependendo do tipo de ribonucleotídeo convertido em desoxirribonucleotídeo; o dATP funciona como o modulador negativo geral da reação.

Reparação das bases

A formação e a degradação dos ácidos nucleicos alcançam, no estado normal, uma situação de equilíbrio. Quando os mamíferos ingerem dietas escassas em proteína se produz uma diminuição na concentração do RNA, a qual parece refletir o estado metabólico geral do citoplasma. Nestas condições, uma mudança, não altera consideravelmente a síntese de DNA, o que está relacionado às funções de reprodução celular, de modo que este último somente aumenta quando se duplicam os cromossomos.

Uma proporção importante de bases, especialmente as púricas, mas também as pirimidínicas, e que incluem as que se absorvem integramente no tubo digestivo, o que se liberam no curso do metabolismo tissular, são reutilizadas para formar nucleotídeos sem ser sintetizadas desde o principio pelo caminho assinalado. Neste caso, a base correspondente reage com o 5-fosforribosil 1-pirofosfato para produzir o nucleotídeo mais pirofosfato (figura 21-12).

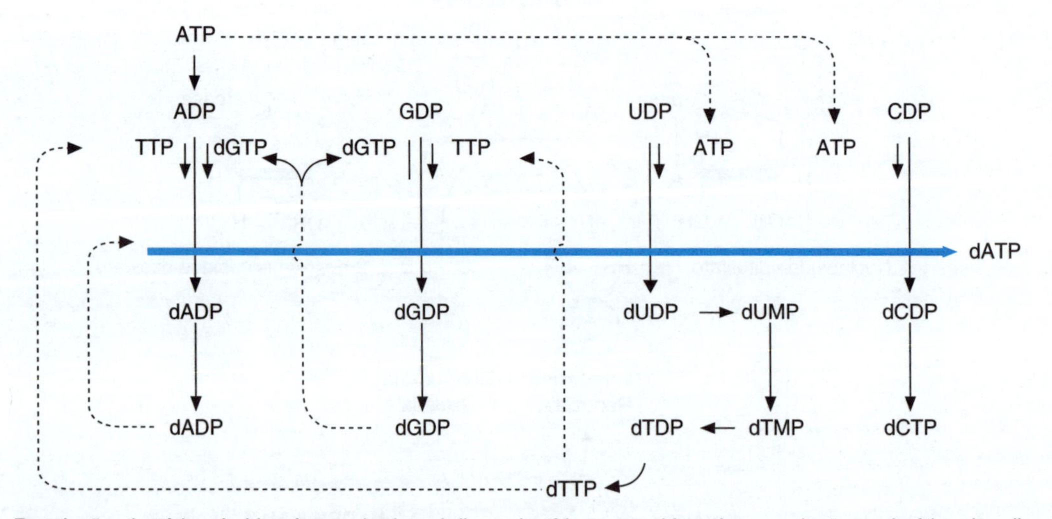

Figura 21-11. Regulação alostérica da biossíntese de desoxirribonucleotídeos exercida sobre a redução enzimática dos ribonucleotídeos. A flecha azul indica os sítios de inibição alostérica exercida pelo dATP, o qual funciona como inibidor geral. O ATP, o dGTP e o TTP ativam, como moduladores positivos, os sítios assinalados pelas flechas pequenas contínuas.

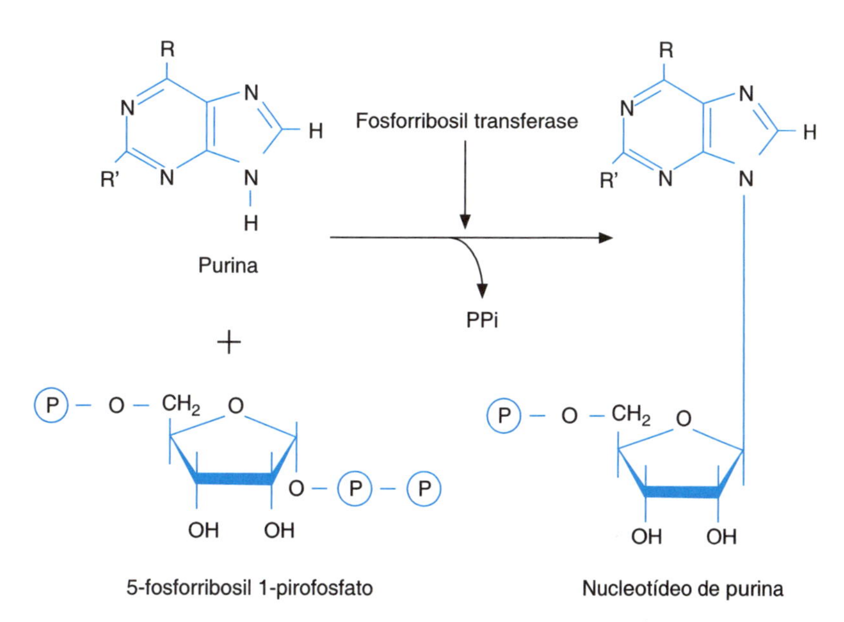

Figura 21-12. Reação inicial para a reutilização das bases.

A recuperação das bases púricas biossintetizadas no homem é importante; em condições normais, cerca de 90% das purinas formadas é recuperado, fato cujo significado se aprecia no estudo da doença congênita conhecida como síndrome de Lesch-Nyhan. Neste quadro falta uma das enzimas que intervém na reutilização das purinas, a guanina (hipoxantina) fosforribosil transferase, que catalisa a seguinte reação:

guanina + 5– fosforribosil 1–pirofosfato ⇄ GMP + PPi
ou ou
(hipoxantina) (IMP)

Ao não reutilizar-se a hipoxantina nem a guanina, ambas é convertida em ácido úrico, aumentando a concentração de uratos no sangue e urina, e aparece o quadro clínico da gota, com depósito de uratos nos rins, além de uma diversidade de sintomas e sinais neurológicos.

REFERÊNCIAS

Bender DA: *Introduction to Nutrition and Metabolism,* 3a. ed. London: Taylor & Francis, 2002.

Devlin, T.M: *Bioquímica. Libro de texto con aplicaciones clínicas,* 5a. ed. Barcelona: Editorial Reverté, 2004.

Ganong F William: *Fisiología médica,* 20a. ed. México: Editorial El Manual Moderno, 2007.

Kornberg A, Baker TA: *DNA replication.* 2nd. ed. New York:W. H. Freeman, 1992.

Liarte: *Bioquímica y Biología Molecular,* 3a. ed. McGraw-Hill Interamericana, 2005.

Melo, V, Cuamatzi, O: *Bioquímica de los procesos metabólicos.* Barcelona: Ediciones Reverté, 2004.

Nelson DL, Cox MM: *Lehninger Principios de Bioquímica,* 4a. ed. Barcelona Omega, 2006.

Smith C, Marks AD: *Bioquímica básica de Marks. Un enfoque clínico.* Ed. McGraw-Hill Interamericana, 2006.

Stryer L: *Biochemistry.* 4th. ed. New York: W. H. Freeman, 1995.

Weber G, Nagai M, Natsumeda Y, Ichikawa S, Nakamura H, Eble JN, Jayaram HN, Zhen WN, Paulik E, Hoffman R et al.: Regulation of the novo and salvage pathways in chemotherapy. Adv Enzyme Regul 1991;31:45-67.

Páginas eletrônicas

King WM (2009): *Nucleotide metabolism.* En: The medical Biochemistry [En línea]. Disponible: http://themedicalbiochemistrypage.org/nucleotide-metabolism.html [2009, abril 24]

Rensselaer Polytechnic Institute (2002): Nucleotides: their synthesis and degradation. En: Molecular Biochemestry [En línea]. Disponible: http://www.rpi.edu/dept/bcbp/molbiochem/BiochSci/sbello/nucleotides.htm [2009, abril 24]

Vázquez-Contreras E (2003): Biosíntesis y degradación de nucleótidos. En: Bioquímica y biología molecular en línea. [En línea]. Disponible: http://laguna.fmedic.unam.mx/~evazquez/0403/nucleotidos.html [2009, abril 24]

22

Ciclo dos ácidos tricarboxílicos

Edmundo Chávez Cosío

Em 1937, Szent-Gyorgy se baseou nos resultados obtidos mediante experimentos realizados com extratos de tecidos e com organismos intactos para formular um ciclo que chamou de ciclo do ácido succínico. Seus estudos demonstraram que o ácido succínico e outros ácidos semelhantes de quatro carbonos pareciam atuar facilitando a oxidação do ácido pirúvico. Quase ao mesmo tempo, Krebs propôs uma série mais complexa de reações a que chamou de ciclo do ácido cítrico. Ainda que muitas observações conduzissem à sua teoria, o fato que influenciou de maneira categórica foi a produção de α-cetoglutarato quando se adicionava piruvato a extratos preparados de músculo peitoral de pombo.

O que hoje chamamos de ciclo de Krebs (ciclo dos ácidos tricarboxílicos ou ciclo do ácido cítrico) é um moinho metabólico ao qual confluem os lipídeos e os aminoácidos para serem oxidados a CO_2 e H_2O, com a produção de NADH e ATP (figura 22-1). Em 1948 Kennedy e Lehninger demonstraram que as enzimas encarregadas de catalisar as transformações dos distintos metabólitos do ciclo se encontram na matriz mitocondrial, exceto a succinato desidrogenase, que forma parte da cadeia respiratória e se localiza na membrana interna da mitocôndria. Como mostra a figura 22-1, o ciclo se inicia com a união de uma molécula de 4 C, o oxaloacetato, a uma molécula de 2 C, o resíduo acetil da acetil-CoA. Dado que se trata de um ciclo de reações, a molécula resultante, o citrato, de 6 C, deve transformar-se em outros intermediários do ciclo, perdendo por descarboxilação duas moléculas de CO_2, para regenerar o oxaloacetato de 4 C; isto permite ao ciclo funcionar de maneira contínua sempre que seja alimentado por acetil-CoA. Outro fato que deve ser observado é o número de átomos de hidrogênio que possuem os metabólitos iniciadores do ciclo; por exemplo, o oxaloacetato tem 2 hidrogênios e o resíduo acetil da acetil-CoA 3 hidrogênios. Ao unirem-se formarão o citrato, com 5 hidrogênios, portanto devem existir desidrogenações em cada volta do ciclo, com o objetivo de regenerar o oxaloacetato, que como foi dito, tem 2 hidrogênios. Em resumo, em cada volta do ciclo são consumidos 1 mol de acetil-CoA e são produzidos 2 moles de CO_2, 3 pares de hidretos e 2 prótons. Estes últimos são transferidos até o O_2 através da cadeia respiratória; quase a metade da energia liberada nas reações é conservada na forma de ATP.

DESCARBOXILAÇÃO DO PIRUVATO

A formação de acetil-CoA por descarboxilação oxidativa do piruvato é catalisada por um sistema complexo, constituído por pelo menos três enzimas independentes, a piruvato desidrogenase, a lipoil transacetilase e a diidrolipoil desidrogenase. Cinco coenzimas fazem parte do complexo: tiamina pirofosfato, ácido lipoico, coenzima A, FAD e NAD^+.

A enzima desidrogenase pirúvica é formada por 24 subunidades com peso molecular de 96 kDa cada uma e tem como coenzima a tiamina pirofosfato (TPP). A atividade desta enzima é regulada por processos de fosforilação e desfosforilação. A fosforilação, por uma proteína quinase dependente de ATP, a inativa; enquanto que a desfosforilação, por uma fosfatase que requer cálcio, a estimula. A inibição da piruvato desidrogenase por fosforilação indica que quando os níveis de ATP estão em excesso, devido a uma alta atividade do ciclo de Krebs e da cadeia respiratória, o aporte de acetil-CoA para alimentar o ciclo deve diminuir. Ao contrário, se a concentração de ATP é limitante, então a enzima é desfosforilada; com isto se forma mais moléculas de acetil-CoA a partir do piruvato, o qual acelera o ciclo de Krebs e, portanto aumenta o aporte de hidrogênios para a fosforilação oxidativa.

A enzima lipoil transacetilase está no centro do sistema, é composta por 24 subunidades com um peso molecular de 70kDa cada. Cada subunidade contem três moléculas de lipoato, além da coenzima A.

A enzima diidrolipoil desidrogenase é constituída por 12 subunidades, cada uma tendo um peso molecular de 56 kDa; suas coenzimas são FAD e NAD^+.

O passo inicial na sequência de reações é a união do piruvato à tiamina pirofosfato, coenzima da desidrogenase (figura 22-2A); o resultado é a eliminação de CO_2 e a

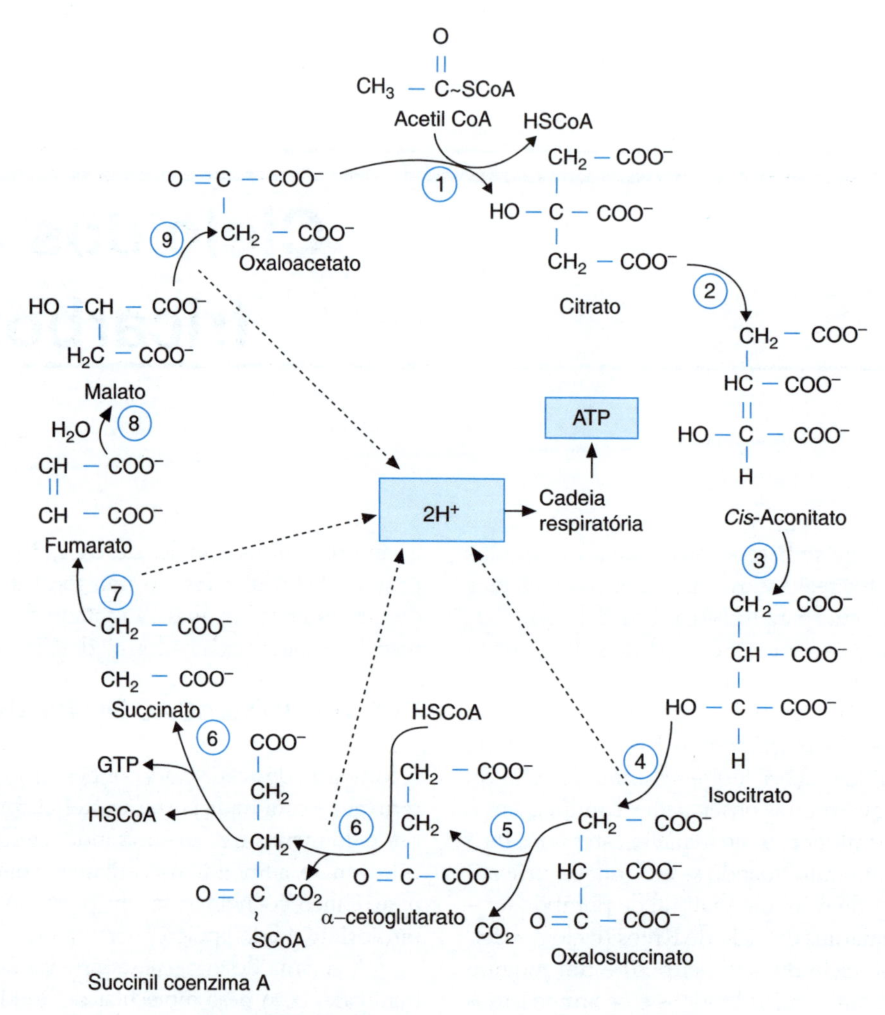

Figura 22-1. Sequência de reações no ciclo de Krebs.

formação do intermediário hidroxietiltiamina pirofosfato. O grupo hidroxietilo reage com o dissulfeto do ácido lipoico (figura 22-2B), que por sua vez está unido ao ε-amino de um resíduo de lisina da proteína diidrolipoil transacetilase. O resultado desta reação é a redução da ponte dissulfeto a dois tióis e a ligação éster a um deles, do acetil proveniente da descarboxilação do piruvato. O passo seguinte é a transferência do acetil ao grupo sulfidrila da CoA, formando-se acetil-CoA, que é liberado do complexo. A regeneração da ponte dissulfeto do ácido lipoico acontece mediante sua oxidação por FAD unido à diidrolipoil desidrogenase (figura 22-2C); o $FADH_2$ resultante é oxidado pelo NAD^+ unido à enzima, com o que se forma NADH + H^+, o qual por sua vez transfere o hidreto à cadeia respiratória, para a síntese de ATP.

O acetil-CoA é um metabólito que se encontra em uma encruzilhada metabólica. É originado, como já se viu, de fontes diversas: a glicose, os ácidos graxos e inclusive vários aminoácidos (figura 22-3). Seus destinos principais são condensar-se com o oxaloacetato para formar citrato, unir-se com outra molécula de acetil-CoA para iniciar a síntese de ácidos graxos, de colesterol ou para a formação de corpos cetônicos. Neste capítulo interessa estudar o acetil-CoA como molécula alimentadora do ciclo de Krebs, cujo primeiro passo é a síntese de citrato.

SÍNTESE DE CITRATO

A síntese deste ácido tricarboxílico (reação 1, figura 22-1) é catalisada pela enzima citrato sintase; o equilíbrio da reação está mais deslocado no sentido da síntese do citrato. O mecanismo de síntese sugere que o $-CH_3$ do resíduo acetil da acetil-CoA se une ao grupo carbonila do oxaloacetato (figura 22-4); o citroil CoA formado é um intermediário de vida média muito curta que libera citrato e CoA e esta última volta a ser utilizada na descarboxilação oxidativa do piruvato.

SÍNTESE DE ISOCITRATO

Como se mencionou anteriormente, o objetivo principal do ciclo de Krebs é a obtenção de energia mediante a desidrogenação (oxidação) dos substratos.

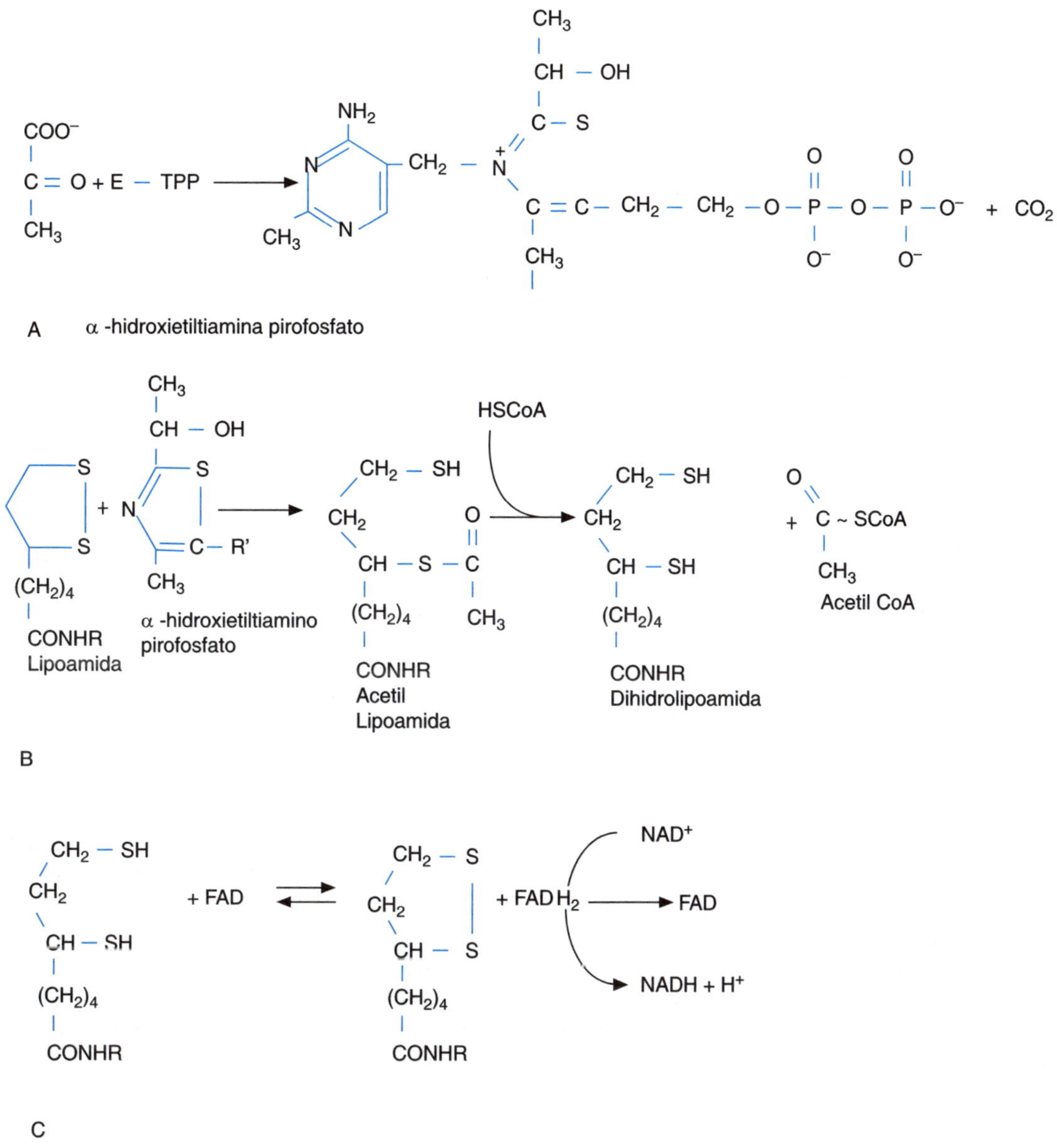

$$\mathrm{CH_3{-}CO{-}COO^-} + \mathrm{E{-}TPP} \longrightarrow \alpha\text{-hidroxietiltiamina pirofosfato} + \mathrm{CO_2}$$

A α -hidroxietiltiamina pirofosfato

Lipoamida + α -hidroxietiltiamino pirofosfato ⟶ Acetil Lipoamida; Acetil Lipoamida + HSCoA ⟶ Dihidrolipoamida + Acetil CoA

B

Dihidrolipoamida + FAD ⇌ Lipoamida + $\mathrm{FADH_2}$; $\mathrm{FADH_2}$ + $\mathrm{NAD^+}$ ⟶ FAD + NADH + $\mathrm{H^+}$

C

Figura 22-2. A, B e C. Descarboxilação do piruvato.

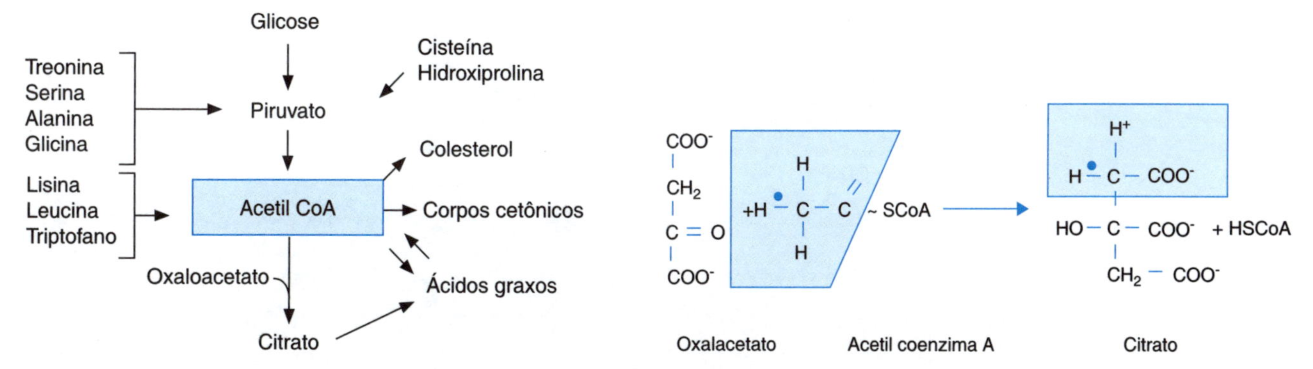

Figura 22-3. Caminhos metabólicos que convergem e divergem da acetil coenzima A.

Figura 22-4. Síntese de citrato, condensação de oxaloacetato e acetil-CoA.

Se a estrutura química do citrato é analisada, observa-se que não é possível subtrair-lhe dois átomos de hidrogênio, pois deve-se levar em conta que o número de valência para o carbono é de 4 e para o oxigênio é de 2. Portanto, o citrato deve ser transformado em uma molécula que seja capaz de ceder 2 H, o isocitrato; este metabólito resulta da mudança de posição da hidroxila. No entanto, antes deve formar-se o cis-aconitato como intermediário. A enzima encarregada da transformação do citrato é a aconitase (figura 22-1, reações 2 e 3); esta enzima, isolada do coração de suínos é formada por duas subunidades e cada uma contém um átomo de ferro. A atividade desta enzima é inibida pelo trans-aconitato e o fluoracetato; de fato, este último se transforma em fluorocitrato que é verdadeiro inibidor. Seu sítio catalítico possui um centro ativo assimétrico, ao qual se une o citrato para ser desidrogenado de maneira estereoespecífica (figura 22-5); a catálise resulta em um equilíbrio entre o citrato, cis-aconitato e isocitrato. O primeiro passo é a remoção de uma molécula de água do citrato e a formação de uma dupla ligação, que resulta na formação do cis-aconitato, o seguinte passo é a reincorporação de água a este substrato, o que resulta na localização do grupo hidroxila em uma nova posição; este novo composto é o isocitrato, o qual é suscetível a desidrogenação.

SÍNTESE DE Α-CETOGLUTARATO

A oxidação do isocitrato é realizada pela enzima isocitrato desidrogenase (reaçãoe 4 e 5 da figura 22-1). Existem dois tipos destas desidrogenases, uma delas tendo como coenzima NAD^+ e a outra $NADP^+$. A enzima que depende de NAD^+ tem localização mitocondrial e requer Mn^{2+}, porém este metal pode ser substituído por Mg^{2+}; tem 4 sítios ativos onde se fixam 4 moléculas de NAD^+ e 4 moléculas de isocitrato. Sua atividade é estimulada por ATP e citrato e inibida por NADH. A isoenzima, que tem como coenzima $NADP^+$ está localizada na mitocôndria e no citosol; também requer Mn^{2+} para sua atividade.

Nas mitocôndrias a maior parte do isocitrato é oxidado pela enzima dependente de NAD^+. A primeira fase da reação é a transformação do isocitrato até o intermediário oxalosuccinato mais NADH. A segunda fase é a descarboxilação não oxidativa do oxalosuccinato, que resulta na formação do α-cetoglutarato. Este substrato representa um sítio comum no metabolismo dos carboidratos e dos aminoácidos. Por exemplo, a transaminação, ou desaminação oxidativa do glutamato resulta na formação de α-cetoglutarato; inversamente, o α-cetoglutarato na presença do íon amônio, NH^{4+}, pode por sua vez ser transformado em glutamato.

SÍNTESE DE SUCCINATO

O α-cetoglutarato é transformado em succinato (reação 6, figura 22-1) mediante um mecanismo oxidativo parecido com a descarboxilação do piruvato. A enzima α-cetoglutarato desidrogenase é formada por um complexo de 3 enzimas, E1, E2 e E3. Os cofatores são os mesmos que para a piruvato desidrogenase: TPP, lipoato, FAD, NAD^+ e coenzima A. O processo se inicia com a união do α-cetoglutarato à tiamina pirofosfato, gerando α-hidroxi-γ-carboxipropiltiaminpirofosfato; o resíduo de 4 carbonos é transferido à enzima que contem ácido lipoico, formando-se o complexo succinil-lipoil-enzima. O succinil é transferido à coenzima A e a diidrolipoamida é oxidada por NAD^+. A succinil-CoA formada é um inibidor competitivo da reação, a CoA é eliminada pela succinato tioquinase e a energia liberada é captada no GTP (figura 22-6); esta reação é um exemplo de fosforilação em nível do substrato. Na presença de ADP e a enzima nucleosídeo fosfoquinase, o GTP, eventualmente se transforma em ATP e o succinato resultante se metaboliza a fumarato.

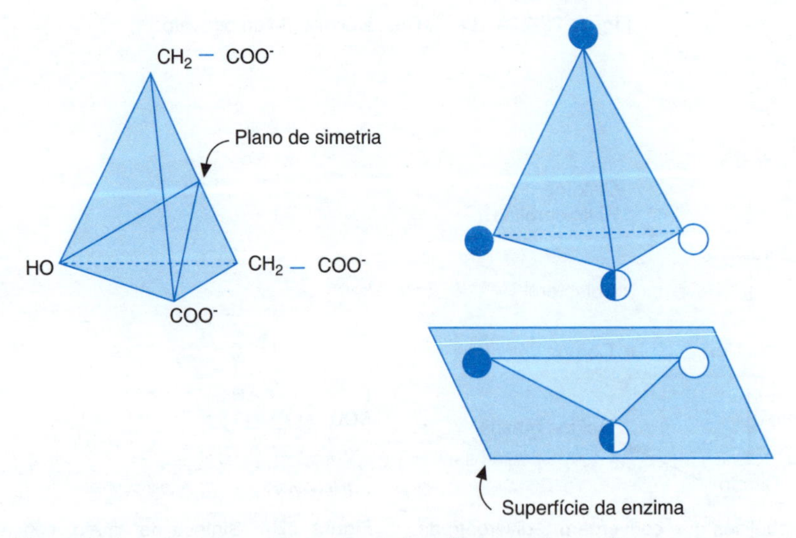

Figura 22-5. Assimetria em três pontos de fixação do citrato ao sítio ativo da enzima.

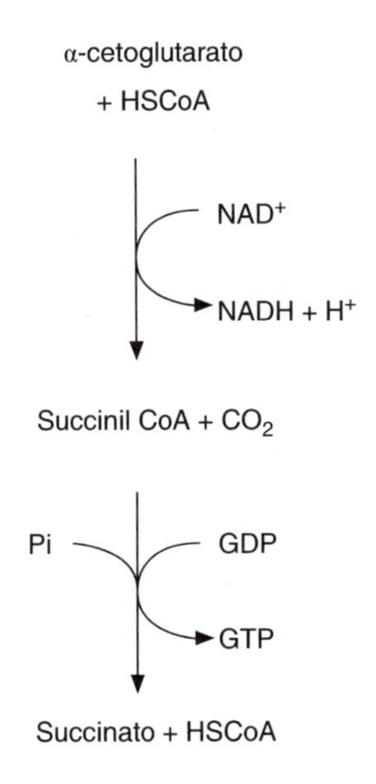

Figura 22-6. Síntese de succinato.

SÍNTESE DE FUMARATO

A oxidação do succinato a fumarato é realizada pela enzima succinato desidrogenase (reação 7, figura 22-1). Esta enzima se encontra na membrana interna da mitocôndria, contem 3 centros de reação ferro-enxofre e uma molécula de FAD unida covalentemente. A oxidação do succinato resulta no fumarato e $FADH_2$, o qual transfere seus hidrogênios à coenzima Q da cadeia de transporte de elétrons, para serem utilizados na síntese de 2 moléculas de ATP.

SÍNTESE DE MALATO

A formação do malato (reação 8, figura 22-1), ocorre pela hidratação do fumarato, catalisada pela enzima fumarase, que é composta por 4 subunidades idênticas.

SÍNTESE DE OXALOACETATO

A regeneração do oxaloacetato a partir do malato (reação 9, figura 22-1) é devida à atividade da enzima malato desidrogenase, cuja coenzima é o NAD^+. Esta reação, cujo equilíbrio está deslocado para o malato, fecha o ciclo.

REGULAÇÃO DO CICLO

A regulação das reações que ocorrem no ciclo de Krebs, seja seu estímulo ou inibição, se exerce mediante a relação entre as concentrações intramitocondriais de ATP/ADP ou AMP, $NADH/NAD^+$, succinil-CoA/CoA e acetil-CoA/CoA. Se as concentrações do metabólito no numerador são altas a velocidade do ciclo será inibida, já que nestas condições, a célula conta com um valor energético suficientemente elevado. Ao contraio, se os valores do denominador são altos e, portanto a relação diminui, a velocidade do ciclo aumenta para contribuir com o aporte energético necessário (figura 22-7).

A enzima piruvato desidrogenase, que catalisa a primeira reação do ciclo, é inibida de maneira competitiva por ATP, NADH e acetil-CoA; por exemplo, durante a β-oxidação dos ácidos graxos a concentração relativa dos metabólitos citados se encontra elevada e a piruvato desidrogenase é inibida marcadamente. Além disso, como se mencionou antes, esta enzima é regulada pelas concentrações de Ca^{2+} livre na matriz mitocondrial.

A síntese do citrato é o passo limitante da velocidade do ciclo de Krebs. A enzima citrato sintase é inibida parcialmente por NADH e succinil-CoA. No entanto, a velocidade da reação depende de maneira direta dos níveis de oxaloacetato. Se a relação malato/oxaloacetato é alta, a enzima é inibida.

A atividade da enzima isocitrato desidrogenase é inibida por ATP e NADH, enquanto é ativada por ADP e AMP. I isocitrato é um efetor positivo e sua união facilita a união de outros efetores à enzima. Em relação à enzima α-cetoglutarato desidrogenase, sua atividade é estimulada pelo AMP e fixação deste metabólito à enzima diminui o Km para o substrato por um fator de 10. O NADH e a succinil-CoA são inibidores da enzima. A enzima succinato desidrogenase é inibida fortemente pelo oxaloacetato e o ADP protege desta inibição.

OBTENÇÃO DE ENERGIA NO CICLO

No ciclo de Krebs existem três segmentos nos quais a desidrogenação de substratos está acoplada à formação de NADH (quadro 22-1): de isocitrato a α-cetoglutarato, de α-cetoglutarato a succinil-CoA e de malato a oxaloacetato. A oxidação de 1 mol de NADH pela cadeia respiratória resulta na síntese de 3 moles de ATP. Um mol mais de ATP é obtido mediante fosforilação no nível do substrato na transformação de succinil-CoA a succinato. A oxidação de succinato a fumarato pela succinato desidrogenase depende de FAD e origina 2 moles de ATP.

Considerando o anterior, se resume que o consumo de uma molécula de acetil-CoA pelo ciclo de Krebs tem um rendimento energético de 12 moléculas de ATP. Se partirmos do piruvato, então o rendimento aumenta 15, já que a oxidação deste metabólito até acetil-CoA produz 1 mol de NADH + H^+, cuja oxidação pela cadeia respiratória gera 3 moles de ATP.

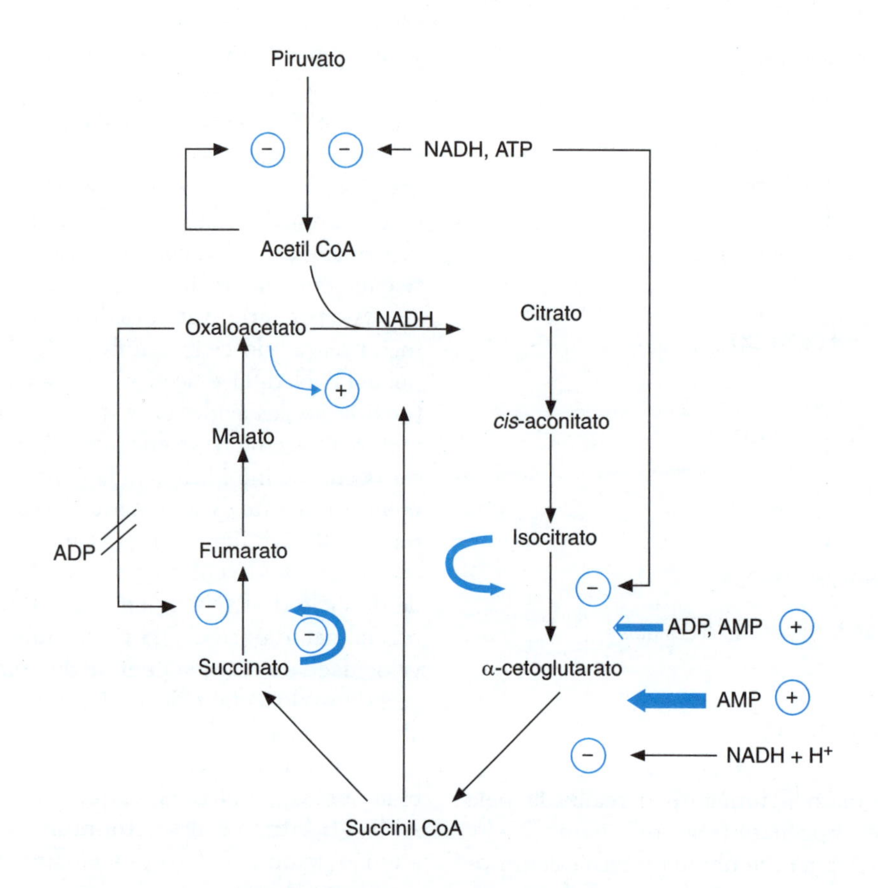

Figura 22-7. Regulação do ciclo de Krebs.

SÍTIOS DE ENTRADA DE AMINOÁCIDOS NO CICLO DE KREBS

A entrada ao ciclo de Krebs dos 20 aminoácidos que formam as proteínas se distribui da seguinte maneira (quadro 22-2): 10 deles são convertidos a acetil-CoA através do piruvato ou do acetoacetil-CoA, 5 são convertidos a α-cetoglutarato e 3 a succinil-CoA; os dois restantes, fenilalanina e tirosina são oxidados por duas vias onde uma parte de seu resíduo hidrocarboneto se transforma em acetil-CoA e a outra em fumarato.

ANAPLEROSE

Como foi descrito, o ciclo do ácido cítrico é a via principal para obter equivalentes redutores que servem para a síntese de ATP. Além disso, este ciclo proporciona também

Quadro 22-1. Segmentos do ciclo de Krebs nos quais se obtêm energia

Segmento	Coenzima		Moles de ATP
Isocitrato ⇒ a-cetoglutarato	NADH		3
α-cetoglutarato ⇒ succinil CoA	NADH		3
malato ⇒ oxaloacetato	NADH		3
succinato ⇒ fumarato	FADH		2
			11
Fosforilação ao nível do substrato ATP ⇒ ADP			1
		Subtotal	12
piruvato ⇒ acetil CoA	NADH		3
		Total	15

Quadro 22-2. Aminoácidos que se transformam em distintos metabólitos que são oxidados no ciclo de Krebs

Piruvato	Acetil CoA	Acetoacetil CoA	Oxalacetato
Alanina	Isoleucina	Fenilalanina	Aspartato
Cisterna	Leucina	Tirosina	Asparagina
Glicina	Triptofano	Leucina	
Serina		Triptofano	
Treonina		Lisina	

Fumarato	Succinil CoA	a-cetoglutarato
Tirosina	Isoleucina	Glutamato
Fenilalanina	Metionina	Arginina
	Valina	Histidina
		Glutamina
		Prolina

esqueletos de carbono para a construção de outras biomoléculas. Por exemplo, a succinil-coenzima A é utilizada como estrutura básica na síntese de porfirinas; da mesma forma que alguns aminoácidos derivam do oxaloacetato ou do α-cetoglutarato (quadro 22-2). Como o ciclo proporciona moléculas precursoras de outros metabólitos, que não fazem parte deste, deve existir um mecanismo anaplerótico (em grego anaplerose significa preencher, restaurar) que restitua os metabólitos desviados para outras vias. Por exemplo, se levarmos em conta que o ciclo se inicia com a união da acetil-coenzima A ao oxaloacetato, ao ser utilizado este último para a síntese de aspartato, diminuiria sua concentração e a velocidade do ciclo se tornaria muito lenta e inclusive este pararia se novo oxaloacetato não fosse formado por outro mecanismo, distinto do de oxidação do malato. Isto acontece pela carboxilação do piruvato pela enzima piruvato carboxilase:

$$\text{Piruvato} + CO_2 + \text{ATP} + H_2O \longrightarrow \text{oxalacetato} + \text{ADP} + \text{Pi} + 2\text{H}$$

Como as principais enzimas fixadoras de CO_2, a piruvato carboxilase tem como coenzima a biotina. A fixação de CO_2 acontece da seguinte maneira:

$$\text{Biotina-enzima} + \text{ATP} + HCO_3^- \longleftrightarrow CO_2\text{-biotina-enzima} + \text{ADP} + \text{Pi}$$

$$CO_2\text{-biotina-enzima} + \text{piruvato} \longleftrightarrow \text{biotina-enzima} + \text{oxalacetato}$$

IMPORTÂNCIA INTRÍNSECA DO CICLO DOS ÁCIDOS TRICARBOXÍLICOS

O estudo do ciclo de Krebs traz grande conhecimento; as enzimas celulares não assumem uma posição por acaso, mas estão orientadas de forma definida na organização celular, de tal modo que atuam como uma unidade. O acoplamento de uma série de enzimas, como as do ciclo de Krebs, que operam sequêncialmente sobre um substrato determinado, aumenta a eficiência do processo total. Entende-se que se a livre difusão é a responsável para que um intermediário metabólico seja transferido de um sítio ativo ao seguinte, então deve ser vantajoso colocar estes sítios o mais próximo possível. No entanto, esta refinada organização torna também mais suscetível à célula, já que ao inibir-se uma enzima paralisa-se toda a via metabólica.

Com o estudo do ciclo de Krebs, se pode entender melhor a importância que este tem no aporte energético para os processos celulares. É inquestionável que, de longe, o rendimento energético disponível através desta via metabólica é maior do que o obtido por meio da glicólise. Sabendo-se que um dos combustíveis indiretos do ciclo de Krebs é o oxigênio, já que as moléculas de NADH e $FADH_2$ finalmente se unem ao próprio oxigênio (capítulo 23), pode-se explicar a insuficiência contrátil produzida durante a anoxia, subsequente ao infarto agudo do miocárdio, ou a morte cerebral seguida da trombose em uma artéria subaracnoidea.

REFERÊNCIAS

Beutler E: "Pumping" iron. The proteins. Science 2004;306:2051.

Devlin TM: Bioquímica. *Libro de texto con aplicaciones clínicas*, 53 ed., Editorial Reverté, 2004.

Dowben RM: *General physiology. A molecular approach* New York, Harper and Row, 1969.

Ganong F: *Fisiología médica*, 20a ed., México: EI Manual Moderno, 2002.

Laguna J, Piña E: *Bioquímica*. 5a ed., México: EI Manual Moderno, 2002.

Lozano JA, Galindo JD, García Borrón JC, Martínez

Liarte: *Bioquímica y Biología Molecular*, 3a ed., McGraw-Hill lnteramericana,2005.

Melo RV, Cuamatzi TO: *Bioquímica de los processos metabólicos*, Ediciones Reverté, 2004.

Nelson DL y Cox MM: *Lehninger Principios de Bioquímica*, 4a ed., Omega, 2006.

Smith C, Marks, AD and Lieberman: *Bioquímica básica de Marks. Un enfoque clínico*, McGraw-Hill Interamericana, 2006.

Voet D, Voet JG: *Biochemistry.* 2nd ed., New York, John Wiley and Sons, 1995.

White A, Handler P, Hill RL, Lehman IR: *Principios de bioquímica*. 6a ed., McGrawHill, 1983.

Páginas eletrônicas

Vázquez E (2003): *Oxidación de ácidos grasos.* [En línea]. Disponible: http://laguna.fmedic.unam.mx/~evazquez/0403/generalidades%20krebs.html [2009, abril 10]

Meyertholen E (2006): *The Krebs cycle.* En: General Biochemistry. [En línea]. Disponible: http://www.austincc.edu/emeyerth/krebs.htm [2009, abril 10]

(2006): Krebs cycle. En: World of Biology. [En línea].Disponible: http://www.bookrags.com/research/krebscycle- wob [2009, abril 10]

23

Oxidações biológicas e bioenergética

Edmundo Chávez Cosío

Quando pela primeira vez se escuta a palavra *energia*, podem acontecer duas coisas; talvez se pense em algo intangível, difícil de definir, ou talvez se pense em algo muito tangível como o petróleo e os alimentos. Se pensarmos nos alimentos, pode ser que a seguinte pergunta seja feita: Por que estes têm energia? A resposta é que para formar as moléculas que os constituem foi necessária energia. Por exemplo, para formar uma ligação C-C são necessários aproximadamente 80kcal/mol. A seguinte pergunta poderia ser feita: Como e de onde foi obtida a energia para formar esta ligação? A resposta é: através da fotossíntese que, por sua vez, utiliza a energia radiante do sol. Disto surge que os alimentos proporcionam energia devido ao fato de que durante seu metabolismo são rompidas ligações, como por exemplo, a antes citada C-C e são liberados os 80kcal/mol que foram gastos para formá-la. Agora surge outra pergunta: Como deve ser liberada a energia dos alimentos para que seja usada diretamente nas atividades celulares? A resposta é: preferencialmente na forma de ATP. Outra pergunta mais: Como se forma o ATP? Neste capítulo se tratará de dar a resposta correta. Basta aqui destacar que isto acontece pelo consumo de alimentos através das rotas presentes nas células. Assim se sabe que 90% das necessidades energéticas das células animais e vegetais, assim como de diversos microrganismos procariontes são fornecidas através da oxidação de substratos, cujos elétrons são transferidos através de um sistema membranar formado por enzimas, que realizam processos de oxidorredução e que geralmente têm como aceptor final o oxigênio molecular. Os 10% restantes são fornecidos pela glicólise anaeróbica (capítulo 17).

Neste capítulo também são abordados, brevemente, os sistemas de transporte através da membrana mitocondrial dos principais ânions e cátions que a atravessam. Tais sistemas são indispensáveis para o adequado funcionamento mitocondrial responsável pela síntese de ATP.

POTENCIAL REDOX

A oxidação é definida como a perda de hidrogênios ou elétrons, enquanto que a redução é definida como o ganho de hidrogênio ou elétrons. Por exemplo

1. Perda ou ganho de um elétron

$$Fe^{2+} \underset{red}{\overset{ox}{\rightleftharpoons}} Fe^{3+} + 1e^-$$

Íon ferroso (Reduzido) — Íon férrico (oxidado)

2. Perda ou ganho de hidrogênios:

$$CH_3{-}CH(OH){-}COO^- \underset{red}{\overset{ox}{\rightleftharpoons}} CH_3{-}C(=O){-}COO^- + 2H$$

Lactato (Reduzido) — Piruvato (Oxidado)

Sempre que hidrogênios ou elétrons são perdidos deve-se dispor de um aceptor, isto significa que se um substrato é oxidado, o outro deve ser reduzido; portanto, o substrato oxidado se comporta como o agente redutor e o substrato reduzido se comporta como o agente oxidante. Dois metabólitos que reagem entre si, desta maneira reversível, formam um sistema de oxidorredução chamado também de sistema redox. Muitos sistemas biológicos constituem sistemas redox; por exemplo, as enzimas oxidantes, que contêm coenzimas como FAD ou $NAD(P)^+$, e os citocromos, que contêm o grupo heme.

Considerando que em um sistema redox existe transferência de elétrons, uma solução que o contenha constitui a metade de uma pilha galvânica e pode afetar o potencial elétrico de um eletrodo que entre em contato com a solução (figura 23-1).

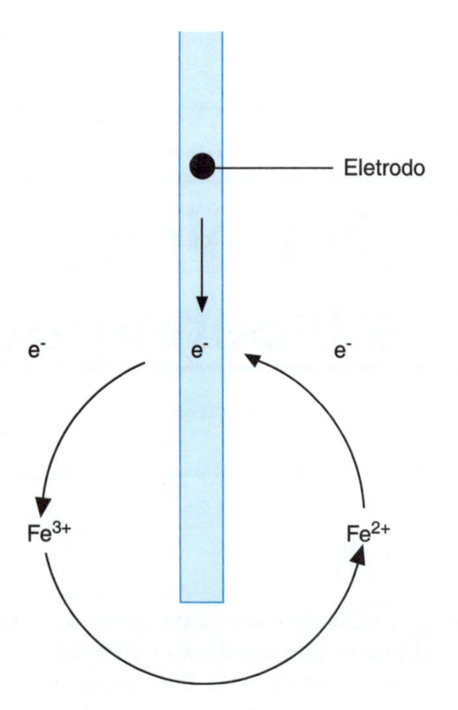

Figura 23-1. Fluxo de elétrons através de um eletrodo devido ao sistema.

O oxidante terá tendência a separar elétrons do eletrodo, enquanto que a tendência do redutor será ceder elétrons ao eletrodo. Como resultado, o eletrodo adquirirá um potencial elétrico que dependerá do sistema redox.

Para medir a tendência do oxidante em separar elétrons do eletrodo, se estabelece um circuito elétrico completo através de uma ligação adequada entre a solução que contém o sistema redox e outra solução provida de seu próprio eletrodo, o qual deve ter um potencial conhecido; se entre as duas soluções é intercalado um voltímetro, pode-se estimar a diferença de potencial entre ambos os sistemas (figura 23-2).

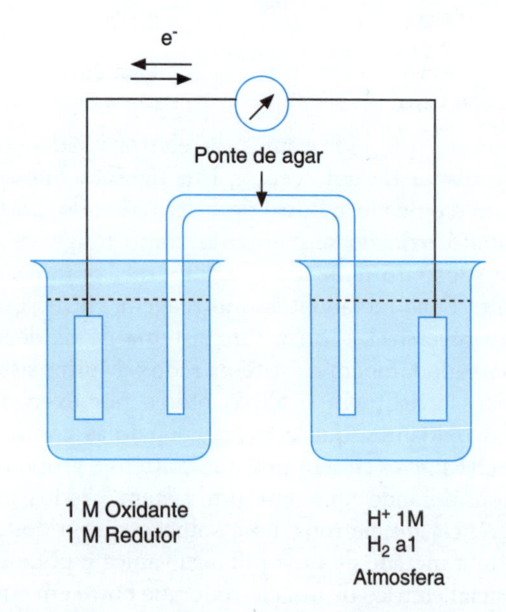

Figura 23-2. Duas meias células para medir o potencial redox.

Para calcular o potencial redox (E°) de uma solução, se utiliza a seguinte equação:

$$E^{o} = E + \frac{RT}{nF} \log \frac{[\text{oxidante}]}{[\text{redutor}]}$$

onde E é uma constante característica de determinado sistema redox e, portanto seu valor pode ser variável; R é a constante universal dos gases; T a temperatura absoluta; n o número de elétrons que são transferidos e F equivale a um Faraday (96.500 coulombs).

O conhecimento do potencial redox serve para estabelecer a capacidade que um composto tem para receber ou doar elétrons. Aqueles compostos que tenham um potencial redox com valores muito negativos, ou menos positivos, tendem a ceder elétrons a aqueles compostos que tenham valores menos negativos ou mais positivos.

RELAÇÃO ENTRE O POTENCIAL REDOX E AS VARIAÇÕES DE ENERGIA LIVRE

Se os valores do potencial redox em condições padrão (E°) dos sistemas envolvidos são conhecidos, é possível calcular a variação de energia livre quando um sistema reage com outro sistema, se é utilizada a seguinte equação:

$$\Delta G^\circ = -nF\,\Delta E^\circ$$

onde ΔG° é a variação de energia livre em condições padrão, isto é, quando os componentes do sistema se encontram em um meio de reação a uma concentração de 1,0M, pH 7,0 e 25°C; n é o número de elétrons transferidos; F é igual a 23.062 calorias, o equivalente calórico do faraday; e ΔE° é a diferença de potencial redox entre os componentes do sistema. Por exemplo, se consideramos que o potencial redox do NADH é igual a -0,32 volts (V) e o do oxigênio é de +0,820 V, podemos deduzir que os 2 elétrons serão transferidos, através de intermediários, do NADH por ter um potencial muito negativo, ao oxigênio, por ter um potencial muito positivo. Além disso, aplicando a equação anterior podemos calcular o ΔG° da seguinte maneira:

$$\Delta G^\circ = -2 \times 23\,062 \times 1.14$$

Portanto:

$$\Delta G^\circ = -52.6 \text{ kcal/mol}$$

Levando-se em consideração que a passagem de 2 elétrons gera a síntese de 3 moléculas de ATP, cujo ΔG° é igual a 7,3kcal/mol, são armazenadas 7,3 x 3 = 21,9 kcal das 52,4 que são liberadas. Portanto, o rendimento da cadeia respiratória é de 42%. Esta porcentagem é melhor, com grande vantagem, do que a mais eficiente máquina construída com a tecnologia mais avançada.

Devemos especificar que a cadeia respiratória se encontra na membrana interna da mitocôndria. A permeabilidade através desta membrana é altamente seletiva, inclusive partículas tão pequenas com os H+ não podem cruzá-la a menos que seja por meio de um canal específico. O espaço intermembranas contém como enzimas características a carnitina acil tranferase e a adenilato quinase. Na matriz mitocondrial estão localizadas principalmente as enzimas do ciclo de Krebs, com exceção da succinato desidrogenase, que se encontra situada na membrana interna. Na matriz também se encontram as enzimas da beta-oxidação dos ácidos graxos, algumas enzimas do ciclo da ureia e da biossíntese do grupo heme. Também na matriz mitocondrial se encontra o DNA e a maquinaria complementar necessária para a síntese de proteínas. A figura 23-3 mostra um esquema do fracionamento mitocondrial, com algumas das características de cada fração.

O número de mitocôndrias contido em cada célula é muito variável. Por exemplo, na ameba gigante *Chaos chaos* há 500 mil mitocôndrias, uma célula hepática contem ao redor de mil mitocôndrias, enquanto que um miócito cardíaco tem muito menos; isto é compensado com a extensão da superfície da membrana interna. Calcula-se que a membrana interna de mitocôndrias isoladas de um grama de tecido miocárdico tenha uma superfície de $50m^2$. Isto é muito importante já que a membrana interna contém a maquinaria necessária para a síntese do ATP e, sem dúvida, o coração requer um elevado aporte energético. Deve-se notar que, segundo cálculos feitos levando-se em conta uma ingestão calórica normal, a velocidade de síntese de ATP e a porcentagem que representam as mitocôndrias nos tecidos, um adulto de 70kg pode chegar a sintetizar e degradar o equivalente a seu próprio peso, na forma de moléculas de ATP, a cada 24 horas.

CADEIA RESPIRATÓRIA

O papel da cadeia respiratória ou de transporte de elétrons é o de receber equivalentes redutores, na forma de hidretos ou elétrons, provenientes dos metabólitos e, eventualmente, transferi-los ao oxigênio molecular. Os aspectos importantes desta cadeia que devem ser estudados são: a) sua natureza química; b) a sequência de seus componentes e c) os sítios de entrada dos equivalentes redutores.

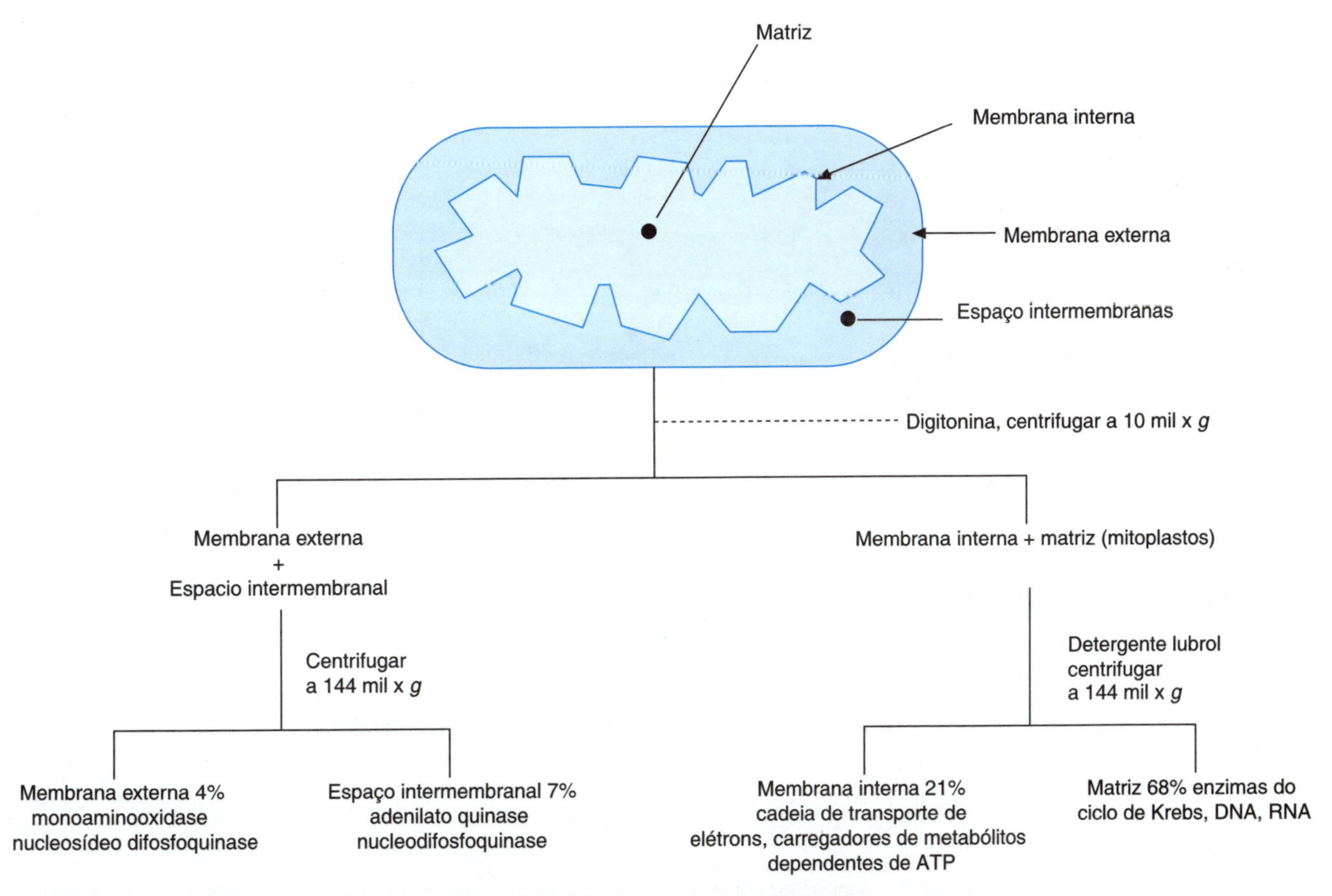

Figura 23-3. Fracionamento das mitocôndrias.

A estrutura química dos grupos prostéticos e cofatores que participam do fluxo de hidretos, elétrons e hidrogênios se relaciona com os derivados da nicotinamida como o NAD+ e o NADP+; as flavinas como o FAD e FMN; as quinonas como a coenzima Q e o grupo heme como o que está nos citocromos. A concentração dos distintos constituintes da cadeia respiratória está listada no quadro 23-1.

A sequência das enzimas da cadeia respiratória foi estabelecida medindo-se os potenciais redox, utilizando-se inibidores específicos e fracionando a membrana interna para determinar se os complexos obtidos estavam de acordo com os dados do potencial redox. Uma representação esquemática da cadeia respiratória, considerando-se os valores de E°, é ilustrada na figura 23-4.

Os complexos nos quais se divide a cadeia respiratória foram estabelecidos por Hateffi e colaboradores (figura 23-5) no laboratório de Green, da Universidade de Wisconsin. Utilizando desoxicolato como detergente, foi possível o fracionamento da membrana interna em cinco complexos. Três deste pertencem à via principal do transporte de elétrons, um quarto é uma flavoproteína que não se encontra na rota principal do fluxo de elétrons e o quinto forma o sistema de síntese de ATP.

Quadro 23-1. Concentração dos constituintes da cadeia respiratória presentes em mitocôndrias de coração bovino

Constituintes	mmol/g proteína
Citocromo a	0,80
Citocromo a_3	1,13
Citocromo b	0,60
Citocromo c + c_1	0,65
FMN	0,08
FAD	0,26
Coenzima Q	3,8
Ferro	8,85 X 10^{-3}
Cobre	1,43 X 10^{-3}

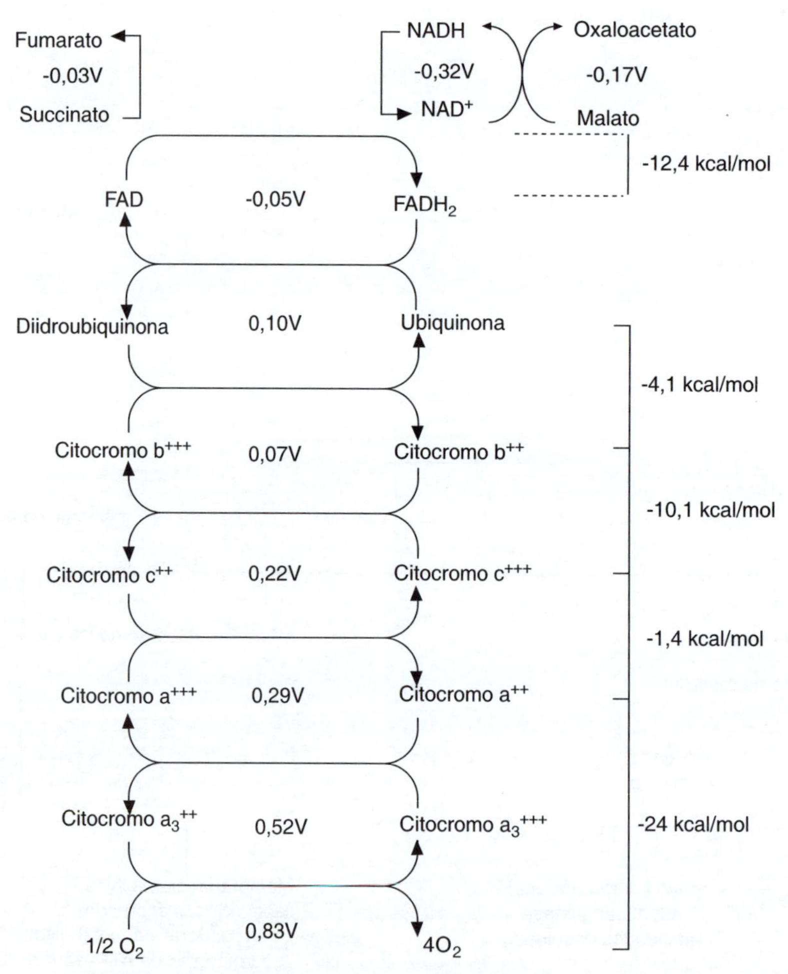

Figura 23-4. Representação esquemática da organização sequencial da cadeia de transporte de elétrons. São indicados os valores aproximados dos potenciais redox (E°) e os valores de ΔG para as reações correspondentes.

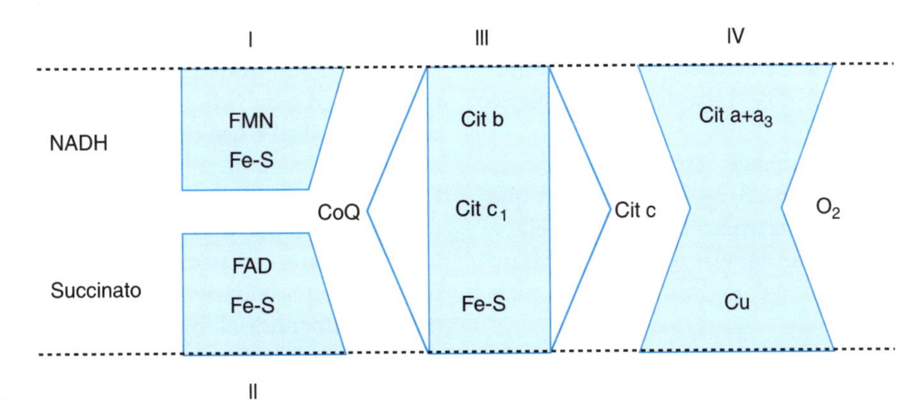

Figura 23-5. Complexos mitocondriais I a IV que constituem a cadeia respiratória mitocondrial.

O complexo I é constituído pela NADH/ubiquinona óxido-redutase; a transferência de elétrons neste complexo é inibida pela rotenona, $K_{0,5}$ = 0,033nmol/mg de proteína, e o amital, $K_{0,5}$ = 3,2 x10^{-4}M, e é estimulada pelo K^+. O sítio de oxidação do NADH se encontra na face interna da membrana interna. Se levarmos em consideração que a membrana interna é impermeável ao NADH, este complexo I deve oxidar os equivalentes redutores que provém das desidrogenações dos substratos do ciclo de Krebs e da beta-oxidação dos ácidos graxos, ambos localizados na matriz mitocondrial. Estruturalmente o complexo I contém FMN, Fe não hêmico e enxofre ácido-lábil; a estequiometria varia de 1:2:2 a 1:18:28, dependendo do tipo de mitocôndrias. Estes grupos se encontram situados em um macropolímero de 25 cadeias polipeptídicas.

O complexo II é constituído pela succinato/ubiquinona óxido-redutase. A enzima succinato desidrogenase, que forma quase a totalidade deste complexo, é um tetrâmero de 140kDa, seu grupo prostético é FAD e além destes tem dois centros ferro-enxofre. O sítio ativo da desidrogenase succínica se encontra na face interna da membrana interna. Portanto, em mitocôndrias íntegras, o succinato deve ser gerado na matriz, ou então ser transportado até este espaço para sua oxidação. A enzima desidrogenase succínica é inibida pelo oxaloacetato com um $K_{0,5}$ de 1,5 x 10^{-6}M e pelo malonato, $K_{0,5}$ = 2,8 x 10^{-5}M.

O complexo III ou ubiquinona/citocromo c óxido-redutase se encontra em um ponto crucial na cadeia respiratória, já que recebe hidrogênios e cede eletros AL seguinte complexo; portanto é um sítio de bombeamento de prótons para o exterior da mitocôndria. Este complexo multimérico, com peso molecular de 240kDa, é formado por 10 monómeros, tem como coenzima a coenzima Q e além destes, 3 centros de oxidorredução formados por um complexo 2Fe-S e os grupos heme b_{562}, b_{566} e c. O citocromo c é uma proteína pequena, de 13kDa, que se encontra do lado citosólico da membrana interna; este citocromo é reduzido artificialmente por ascorbato e tetrametil parafenilen-diamina (TMPD). É solubilizado da membrana utilizando-se concentrações altas de sais como o KCl. A corrente eletrônica neste complexo é inibida pelo antibiótico antimicina, $K_{0,5}$ = 5 x 10^{-6}M.

O ciclo da coenzima Q

A figura 23-6 mostra o ciclo da ubiquinona. A CoQ (Q) é reduzida pelo complexo I ou II a UQH_2, ubiquinol; esta espécie reduzida bombeia um próton até o exterior transformando-se no radical HQ°; esta molécula cede um elétron ao citocromo e o próton restante também é bombeado para o citosol, regenerando-se CoQ.

A reação pode ser expressa de maneira resumida pela seguinte equação:

$$QH_2 + 2\,H^+_{int} + 2\,C_{ox} \Rightarrow Q + 4\,H^+_{ext} + 2\,C_{red}$$

na qual C_{ox} e C_{red} se referem ao citocromo c oxidado e reduzido.

A atividade próton-motriz do complexo bc_1 converte a energia livre disponível da reação de transferência de elétrons em um gradiente eletroquímico de prótons.

O complexo IV compreende os citocromos a e a3, que formam a oxidase terminal, citocromo c oxidase. Este complexo é formado por 6 a 13 subunidades e além dos dois grupos heme, contém dois átomos de cobre iô-

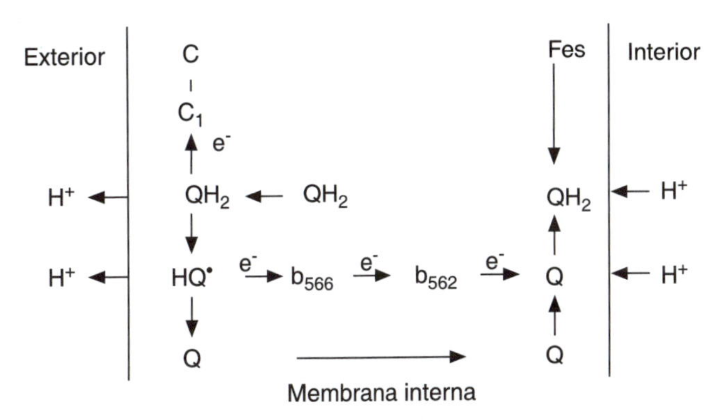

Figura 23-6. O ciclo redox da coenzima Q.

nico que são necessários para a função redox da enzima. A citocromo oxidase é inibida por cianeto, azida ou monóxido de carbono. A figura 23-7 resume a participação dos 4 complexos estudados.

Os experimentos de Chance, com inibidores do transporte de elétrons (quadro 23-2) estabeleceram que aquelas enzimas que se encontram no início da cadeia se encontram mais reduzidas que aquelas que se encontram do lado mais próximo do oxigênio, as quais estão mais oxidadas (figura 23-8).

A enzima ATP sintase

A enzima ATP sintase (F_1F_0-ATPase) é uma enzima multimérica localizada na membrana interna da organela. É composta pelo domínio catalítico hidrofóbico F1 composto pelas subunidades α, β,γ, δ e ε, com uma estequiometria igual a 3, 3, 1, 1 e 1 respectivamente e unida por um *core* central e um periférico a um domínio hidrofóbico, embebido na membrana interna conhecido como F_0, formado pelas subunidades a, b, c, d, e, F6 e A6L. A síntese de ATP a partir de ADP e fosfato está acoplada, por um mecanismo rotatório, à passagem de prótons gerados pelo processo oxidativo, do espaço intermembranas até a matriz mitocondrial, o que move a rotação da subunidade c do domínio F_0 e o core do domínio F_1, formado pelas subunidades γ, ao redor da qual se encontram as três subunidades α e as três subunidades β, que apresentam uma conformação distinta e diferentes afinidades para os nucleotídeos, impostas pela assimetria do *core* central.

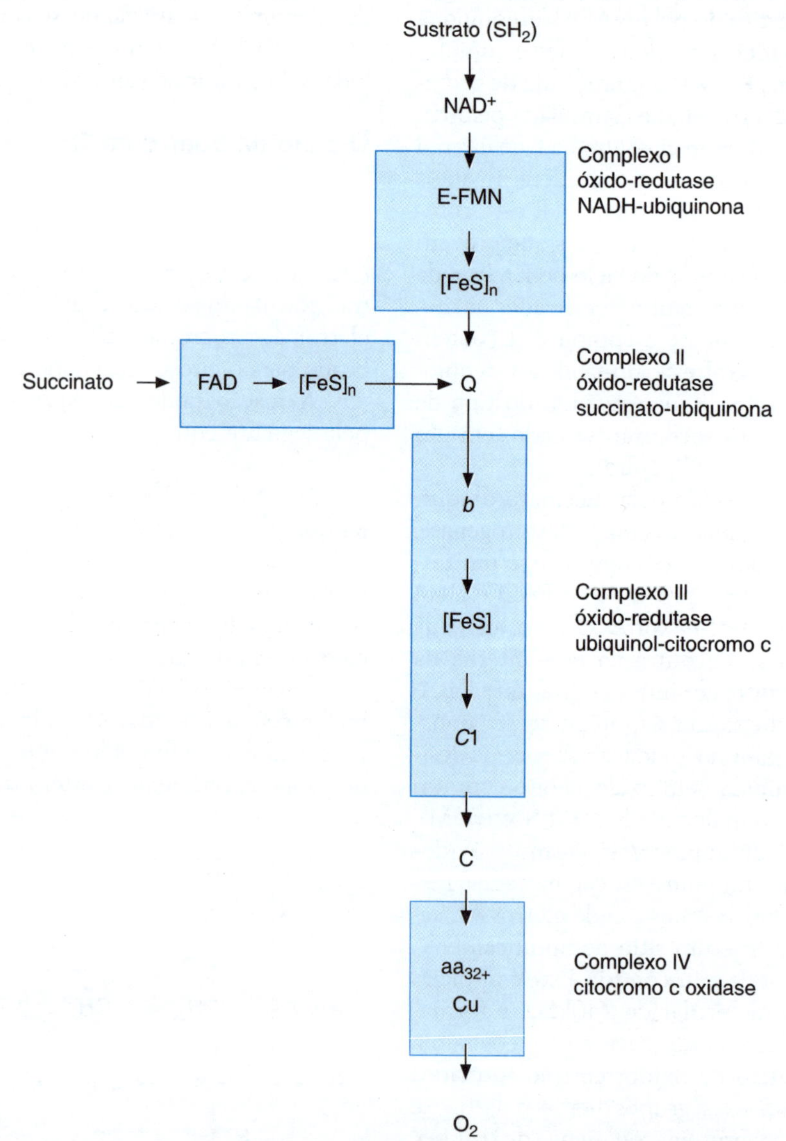

Figura 23-7. Como são destacados, os hidrogênios são cedidos pelos metabólitos às enzimas desidrogenase que contêm NAD^+ ou FAD, os quais são convertidos a NADH + H^+ e $FADH_2$ respectivamente. O NADH + H^+ é por sua vez oxidado pela NADH desidrogenase, enquanto que o $FADH_2$ da desidrogenase succínica transfere seus hidrogênios à coenzima Q. Esta coenzima deposita H^+ no exterior e os elétrons reduzem o cit b. Os citocromos c1, c e aa32 são reduzidos e oxidados sucessivamente e ao final os elétrons reduzem o oxigênio.

Quadro 23-2. Alguns dos compostos que afetam a fosforilação oxidativa

Composto	Efeito	Sítio de ação
Rotenona, amital	Inibem a passagem de elétrons	NADH desidrogenase
Antimicina	Inibem a passagem de elétrons	Complexo b, c1
Malonato	Inibem a passagem de elétrons	Desidrogenase succinica
CO, CN^-, azida	Inibem a passagem de elétrons	Citocromo oxidase
ATR, CAT, BK	Inibe o transporte de ADP e ATP	Adenina nucleotídeo translocase
Oligomicina	Inibe o transporte de H^+	Canal de H^+ em F_0 Membrana interna
DNP, CCCP, valinomicina, gramicidina	Inibem a síntese de ATP e estimulam o consumo de oxigênio	F1 ATPase
aurovertina	Inibe a síntese de ATP	

Duas das subunidades catalíticas β_{DP} e β_{TP} se ligam a ATP ou ADP; no entanto a ligação ao sitio β_{DP} é mais forte e é na qual ocorre à catálise. A terceira subunidade catalítica, conhecida como β_E, forçada pela curvatura do *core* central para uma conformação aberta ou vazia, tem uma baixa afinidade pelo nucleotídeo. Durante a síntese de ATP, a rotação do *core* central no sentido dos ponteiros do relógio, modifica a conformação das subunidades β e a cada 360° de rotação se produz a síntese de três moléculas de ATP. O mecanismo rotatório da F_1-ATPase é inibido pela ligação de duas moléculas do antibiótico aurovertina B que se unem simultaneamente às subunidades β_E e β_{TP}. A efrapeptina inibe a rotação unindo-se à subunidade β_E. O inibidor natural IF1 se liga à interface catalítica entre β_{DP} e a subunidade α e faz contato com as subunidades β_{TP} e α. O antibiótico oligomicina inibe a ATPase impedindo a passagem de prótons através da F_0.

Como dado interessante deve ser mencionado que estudos recentes demonstraram, utilizando-se anticorpos monoclonais, que as subunidades α, β da F_1 estão presentes na superfície de células endoteliais do cordão umbilical e que servem de ligação para a angiotensina, que é um fragmento proteolítico do plasminogênio e um potente antagonista da angiogênese e inibidor do fator de crescimento tumoral. Também se deve mencionar que a formação das cristas mitocondriais depende da dimerização da F_1-ATPase.

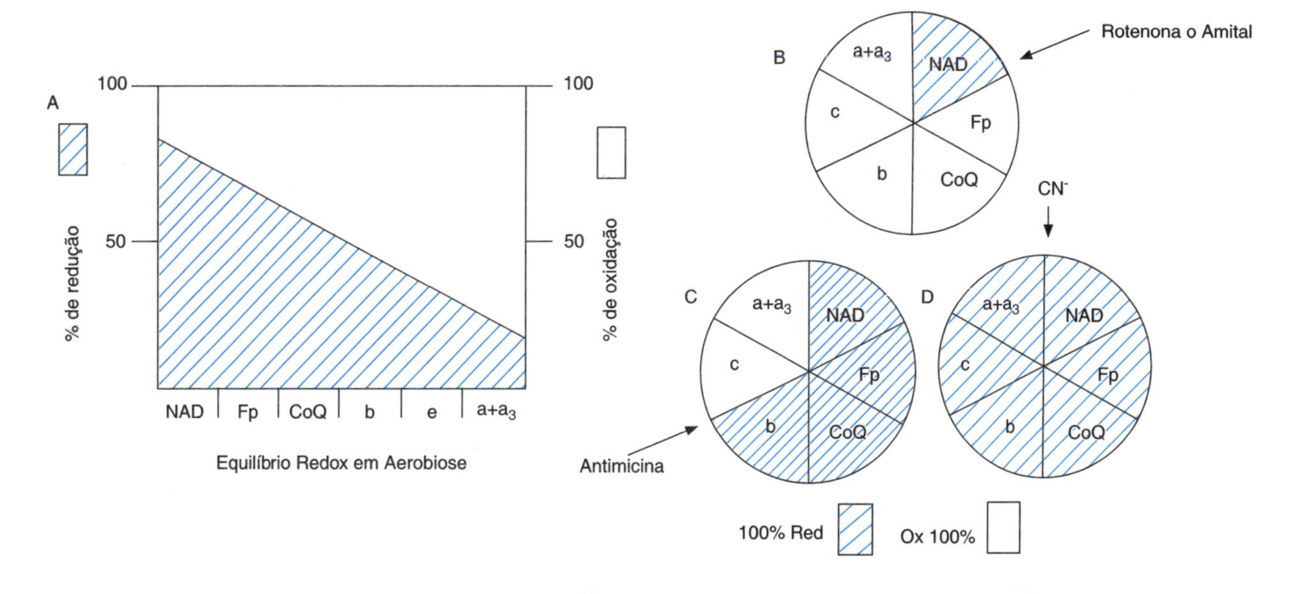

Figura 23-8. Estado redox em mitocôndrias, em condições controle e em presença de inibidores.

FOSFORILAÇÃO OXIDATIVA

Em 1940 Kalckar na Dinamarca e Belitzer na União Soviética descobriram que, quando vários intermediários do ciclo de Krebs eram oxidados por um extrato de tecido, desaparecia o fosfato inorgânico e aparecia ATP. Estudos subsequentes demonstraram que ao ser inibida a respiração por cianeto se bloqueava a síntese de ATP. Concluiu-se então, que a síntese de ATP está acoplada à oxidação de substratos. Também neste ano, Belitzer descobriu que o número de moléculas de ATP formadas por átomos de oxigênio consumido era ao menos dois. Deste então, a relação entre ATP sintetizado e oxigênio consumido se conhece como P/O. Em 1943, através de engenhosos experimentos, Severo Ochoa demonstrou que a relação P/O é igual a 3 quando se oxida um substrato por uma enzima NAD^+-dependente. Loomis e Lipman, em 1948, descobriram que a formação de ATP era inibida pelo 2,4-dinitrofenol, enquanto que a respiração era estimulada. Lardy e seus colaboradores, em 1958, descobriram que o antibiótico oligomicina inibia a respiração associada à fosforilação do ADP e que o dinitrofenol era capaz de reverter tal inibição. Estes experimentos serviram como base para o estabelecimento de intermediário hipotéticos de alta energia e para postular a "hipótese química". Em 1954 Chance e Williams utilizaram um espectrofotômetro de feixe duplo, construído pelo primeiro, para estudar os pontos de maior oxidação e redução na cadeia respiratória ao adicionar distintos inibidores (figura 23-8).

O CONTROLE RESPIRATÓRIO

De acordo com Britton Chance, quando as mitocôndrias são suspendidas em um meio no qual existe uma alta concentração de substratos, fosfato e oxigênio, se encontram em um estado metabólico chamado estado 4 e a respiração é lenta. Ao adicionar-se ADP se induz a síntese de ATP e se aumente a velocidade do transporte de elétrons e, portanto o consumo de oxigênio; a este estado metabólico se chama estado 3, e permanece assim até que se consuma o ADP adicionado (figura 23-10). A relação entre o estado 3 e 4 se chama **controle respiratório**, e quanto maior seja o seu valor se deduz que as mitocôndrias estejam mais bem acopladas; isto é, o consumo de oxigênio está mais acoplado à síntese de ATP. Quando se considera a quantidade de ADP adicionado em relação à quantidade de oxigênio consumido, o valor resultante é chamado ADP/O. Quando se oxidam substratos que entram na cadeia respiratória no sítio um, isto é no nível de NADH, o valor da relação ADP/O é aproximadamente 3 e quando se oxida o succinato o valor é de cerca de 2.

HIPÓTESE QUIMIOSMÓTICA

Durante o período de 1961 e 1966, Peter Mitchell enfatizou que em mitocôndrias ou cloroplastos não ocorria a síntese de ATP quando não existia espaço membranoso fechado. Sugeriu que os prótons formados durante o transporte de elétrons eram transferidos pelos componentes da cadeia respiratória à parte externa da membrana interna mitocondrial. O gradiente de pH resultante e o potencial elétrico da membrana serviria para que a ATPase formasse ATP. A esta hipótese Mitchel chamou de "quimiosmótica". A distribuição assimétrica dos prótons dos lados da membrana interna dá lugar a um gradiente eletroquímico de prótons ($\Delta\mu H^+$). Este desequilíbrio gera um poderoso impulso para igualar a concentração de prótons de ambos os lados da membrana e voltar ao equilíbrio, isto é, que os prótons regressem à matriz. O anterior constitui a força próton-motriz, a qual, junto com a força para igualar o potencial elétrico estabelecido pela desigual distribuição de íons diferentes dos prótons e situados em ambos os lados da membrana interna mitocondrial, impulsionam a energia necessária para a síntese de ATP.

Dois postulados principais serviram como base para esta hipótese. O primeiro deles foi que os componentes da cadeia de transporte de elétrons deveriam estar orientados na membrana interna, de tal maneira que se favoreceria a formação de um gradiente de prótons. Ou seja, que o sítio catalítico das enzimas desidrogenases se localize na face interna da membrana interna, enquanto que o sítio de liberação de prótons se localize na face externa da membrana interna. O segundo postulado da hipótese foi que o gradiente de prótons e/ou eletroquímico formado, estivesse acoplado à síntese de ATP. Isto é, os prótons devem regressar até a matriz mitocondrial pelo fator transmembranar F_0. O mecanismo molecular da síntese de ATP ainda é motivo de estudos.

A hipótese de Mitchell foi apoiada por diversos experimentos, entre eles se sobressaíram três. O primeiro efetuado por Mitchell e Moyle, demonstrou que o fluxo de elétrons na cadeia respiratória está acoplado à saída de prótons e que os desacopladores diminuem o gradiente de prótons. O experimento consistiu em dar um pulso de oxigênio a uma suspensão de mitocôndrias que continha no meio de incubação um substrato oxidável, e detectar a concentração de H^+ no meio através de um eletrodo de pH (figura 23-11). A oxidação do substrato, em presença de oxigênio, produz um aumento na concentração de prótons fora das mitocôndrias, a qual diminui, conforme se consome o oxigênio fornecido. Ao se adicionar um desacoplador, os prótons regressam rapidamente ao interior da mitocôndria, mas sem que ocorra síntese de ATP (figura 23-11). Outro experimento importante foi o que demonstrou que, na ausência de substratos, e com a adição de inibidores da cadeia respiratória, podiam-se sintetizar ATP ao estabelecer-se um gradiente artificial de prótons através da adição do ionóforo valinomicina em um meio de incubação carente de potássio. Ao adicionar-se valinomicina a mitocôndrias incubadas em um meio com pH ácido, o antibiótico depleta as mitocôndrias do conteúdo de

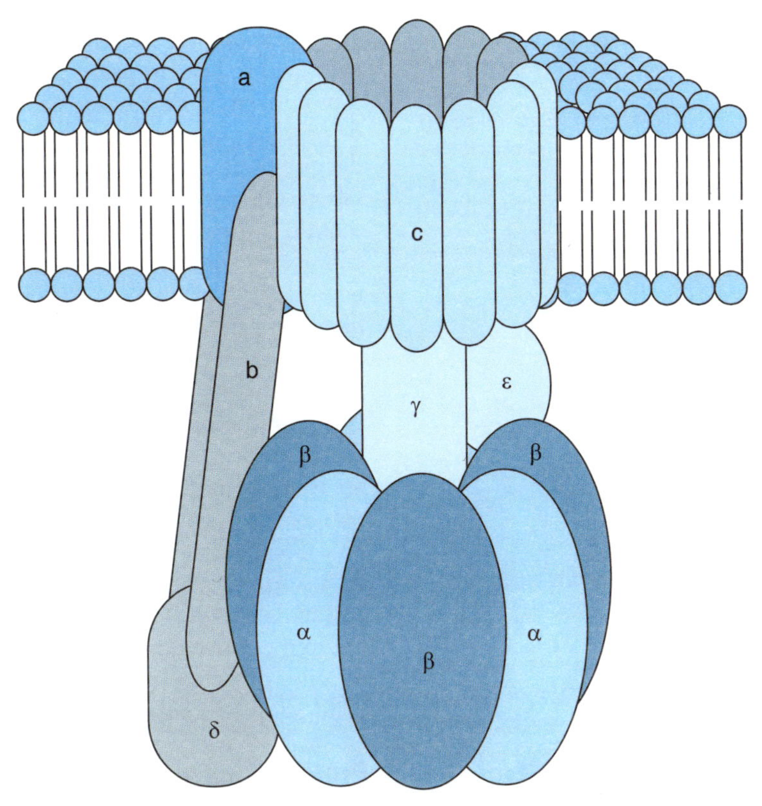

Figura 23-9. Sintetase mitocondrial de ATP. Fator de acoplamento F_0F_1.

K^+ interno; isto cria um gradiente transmembranar negativo no interior, que faz com que os prótons penetrem através do complexo F0 e sejam utilizados para a síntese de ATP (figura 23-12). Um experimento espetacular foi o efetuado por Racker e Stoeckenius em vesículas de fosfolipídeos de soja, reconstituídas com F_1F_0-ATPase de coração de boi e a enzima bacteriorrodopsina de *Halobacterium halobium*. Ao dar um pulso de luz sobre a bacteriorrodopsina, esta transporta H^+ ao interior da vesícula, que são eliminados através da ATP sintase. Se o meio externo contém ADP e fosfato, se forma ATP (figura 23-13). Deve-se notar que o sistema carecia das enzimas da cadeia respiratória.

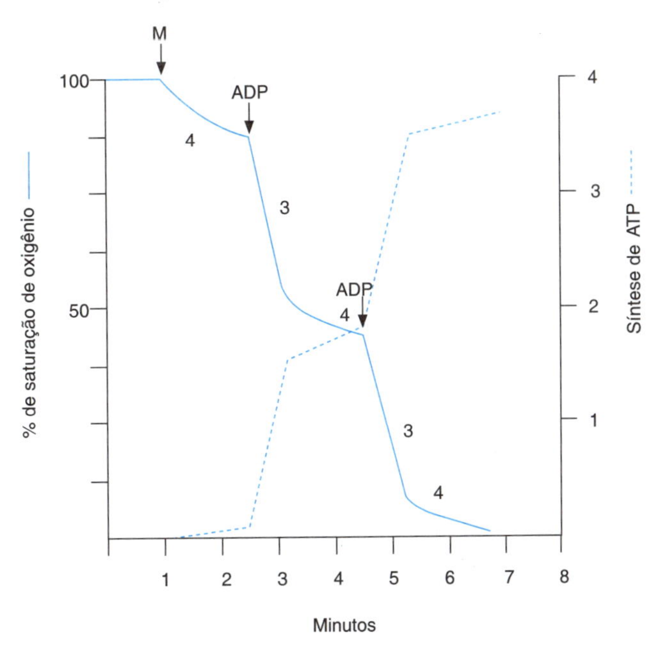

Figura 23-10. Controle respiratório exercido pelo ADP. Os números ao lado dos traços indicam o estado metabólico mitocondrial.

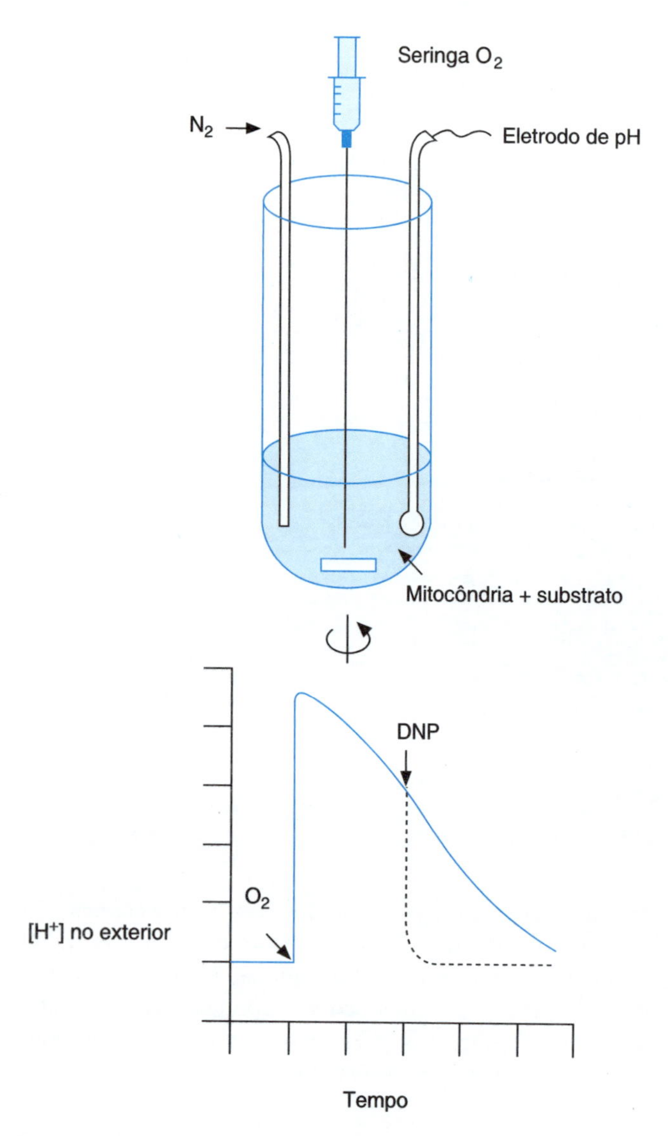

Figura 23-11. Formação de um gradiente de prótons derivado do consumo de oxigênio. DNP se refere ao desacoplador 2,4-dinitrofenol.

DESACOPLAMENTO DA FOSFORILAÇÃO OXIDATIVA

De acordo com a hipótese quimiosmótica, a síntese do ATP requer que os prótons localizados no exterior mitocondrial regressem até a matriz, através do segmento membranar F_0 da ATP sintase. Se os prótons regressam por outra via o potencial transmembranar é diminuído sem que haja síntese de ATP. Existem compostos que transportam prótons através de membranas e recebem o nome de protonóforos (figura 23-14); entre estes o mais comum é o 2,4-dinitrofenol (DNP), e o carbonil cianeto trifluoro metoxifenilhidrazona, FCCP. Dado que a cadeia respiratória se encarrega de construir o potencial e o protonóforo de destruí-lo, se estabelece uma competição que resulta em um aumento na velocidade do consumo de oxigênio. O anterior desconecta o transporte de elétrons da fosforilação do ADP, motivo pelo qual se fala em desacoplamento e aos compostos que o promovem se dá o nome de desacopladores. O gradiente de prótons pode ser formar também pela hidrólise do ATP; daí que os desacopladores estimulam a hidrólise deste metabólito, fazendo com que a enzima F_1-ATPase funcione em sentido contrário ao de síntese. Da facilidade com que um composto cede seu próton e abandona a membrana de maneira desprotonada, com sua carga negativa deslocalizada, depende para que tal composto seja um bom desacoplador. Isto significa que sua eficiência tem relação direta com seu pK, quanto maior seja o valor de seu pK, menor será a concentração necessária do composto para que desacople. Outra propriedade que devem ter os desacopladores é a de ser solúveis na fase hidrofóbica da membrana. Em outras palavras, os desacopladores são ácidos fracos e hidrofóbicos.

Como foi citado anteriormente, o desacoplamento da fosforilação oxidativa é provocado, artificialmente, pela adição de compostos carreadores de H+. No entanto, existe um mecanismo fisiológico de desacoplamento, às custas de uma proteína localizada na membrana interna mitocondrial que é conhecida como proteína desacopladora.

Proteína desacopladora

A proteína desacopladora é um transportador de H+ que é expressa em vários tipos de mitocôndrias. Tem muita semelhança com o transportador de adenina nucleotídeo, sua massa relativa é de 32kDa e se liga a GDP com alta afinidade, KD > 106M; a ligação do GDP bloqueia a passagem de H+ e favorece a formação de um potencial transmembrana, negativo no interior. No entanto, enquanto a translocase ADP/ATP tem como função o aporte de energia livre para o citosol, a proteína desacopladora, ao regressar os prótons externos, dissipa a energia livre formada pela cadeia respiratória na forma de calor.

TRANSPORTE DE METABÓLITOS EM MITOCÔNDRIAS

A membrana interna mitocondrial é seletivamente permeável; portanto, o transporte de certos metabólitos, ânions (figura 23-15) e cátions (figura 23-16), se realizam através de carreadores específicos, alguns dos quais foram isolados e caracterizados.

O transporte de adenina nucleotídeos

O transporte de ADP e ATP através da membrana são realizados pela adenina nucleotídeo translocase. Esta proteína tem um peso molecular de 32kDa e funciona como um dímero. Cada um destes é composto por 298 aminoácidos; os estudos de hidropatia sugerem que cruza 6 vezes a membrana interna. Do lado externo da mito-

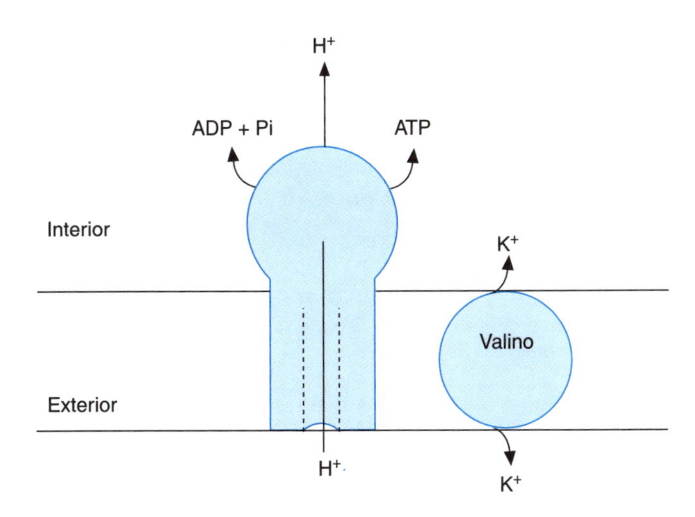

Figura 23-12. Síntese de ATP induzida pela formação de um gradiente negativo interno, causado pela saída de K^+ por valinomicina.

côndria, o citosólico, a afinidade para o ADP é maior que para o ATP. Sua atividade é inibida pelo atractilosídeo, o carboxiatractilosídeo e o ácido bongkréquico.

As propriedades de assimetria da translocase foram estabelecidas através do uso dos inibidores. Os sítios de fixação para o carboxiatractilosídeo e atractilosídeo se encontram no lado citosólico do carreador, enquanto que o sítio de fixação do ácido bongkréquico se encontra do lado interno da mitocôndria ou lado da matriz.

Fisiologicamente, a translocase troca uma molécula de ADP_{ex} por uma de ATP_{int}. O K_m é de $1^{-10}\mu M$ para o ADP e $150\mu M$ para o ATP; a maior afinidade pelo ADP que pelo ATP, adicionados do lado externo das mitocôndrias, significa que a translocase está desenhada para incorporar ADP à matriz e uma vez fosforilado, retirá-lo na forma de ATP. A $V_{máx}$ para ADP ou ATP é de 150 a 200nmol/min/mg. Este carreador é o mais abundante na membrana interna, representando aproximadamente 18% das proteínas totais.

O transporte de fosfato

É realizado por uma molécula dimérica, cada um dos monômeros tendo um peso molecular de 33kDa. Este sistema transporta também arsenato com alta afinidade. O K_m para o fosfato é de 2mM em mitocôndrias do coração; é inibido pelo reagente para grupos sulfidrilo, mersalil, a uma concentração de 12nmol/mg de proteína; isto é devido a que o transportador tem um grupo –SH em seu sítio ativo. Este carreador de fosfatos, assim como a translocase, cruza 6 vezes a membrana interna.

O transporte de α-cetoglutarato

Assim como o transporte de ADP/ATP e o de fosfato, o transporte de α-cetoglutarato se realiza através de uma proteína já caracterizada completamente. Tem um peso mole-

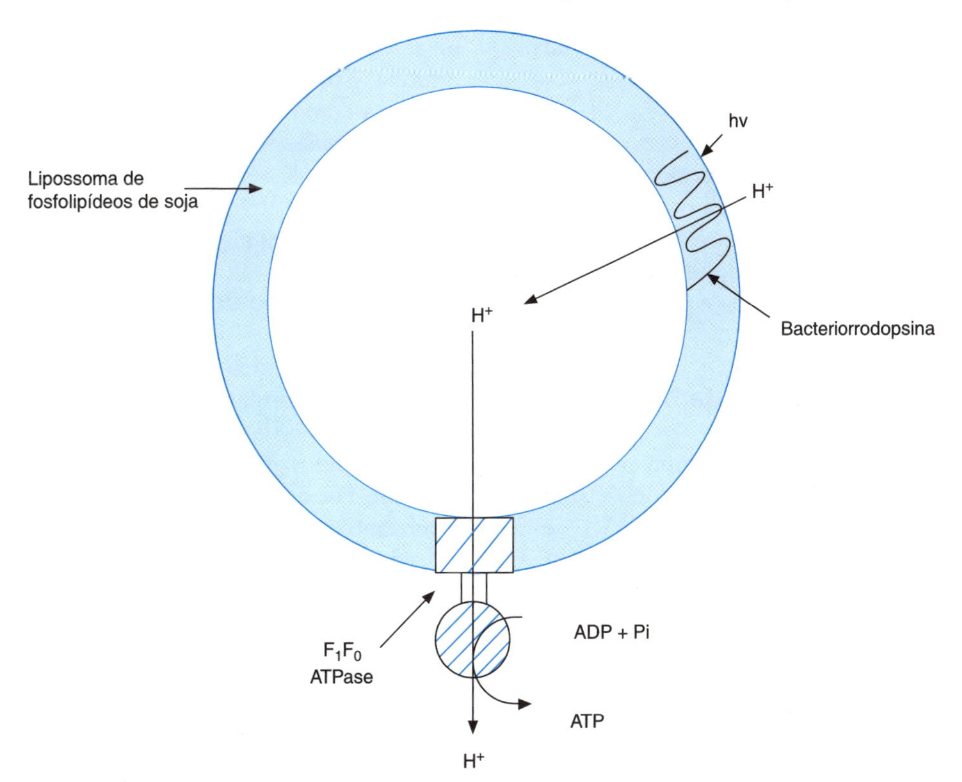

Figura 23-13. Síntese de ATP induzida por um gradiente de prótons através de um pulso de luz (indicado na figura com hv), em seu sistema reconstituído.

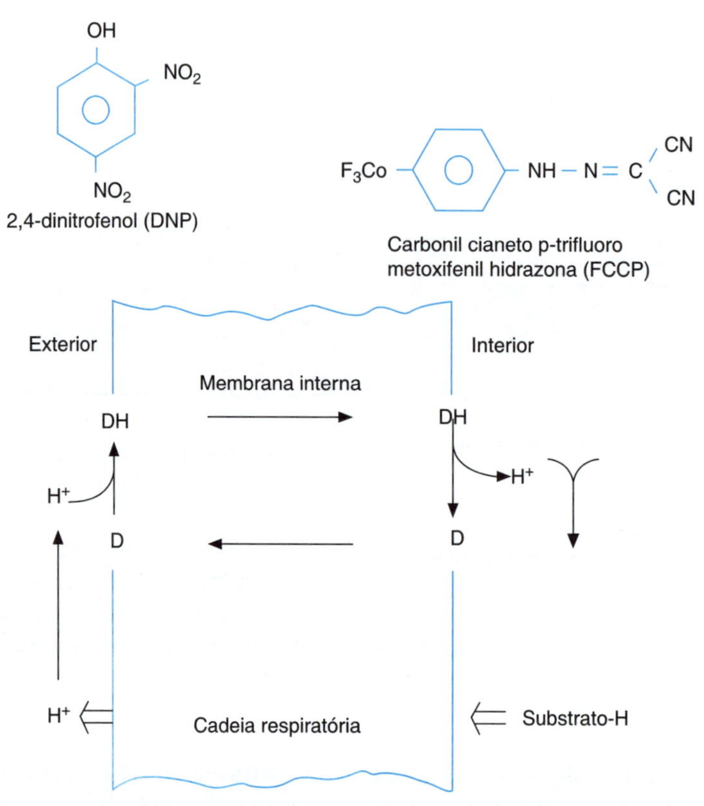

Figura 23-14. Transporte de prótons por desacopladores através da fase lipídica da membrana. Estrutura química de dois deles. DH se refere à forma protonada do desacoplador e D à forma desprotonada.

cular de 30kDa com 6 domínios hidrofóbicos que cruzam a bicamada lipídica; sua $V_{máx}$ é de 43nmol/min/mg e o K_m é de 50µM. Sua atividade é inibida pela N-etilmaleimida.

O transporte de piruvato

É dependente de uma proteína carreadora com um peso molecular de 28-32kDa, que acumula o ânion piruvato em cotransporte com um H^+. Sua $V_{máx}$ é de 32nmol/min/mg e seu K_m é de 5µM. A cinética deste transportador é inibida por mersalil, N-etilmaleimida e pelo ácido 2-ciano-4-hidroxicinâmico.

O transporte de aspartato e glutamato

Este transporte é responsabilidade de uma proteína de 31kDa que troca aspartato por glutamato, cuja atividade é inibida também por N-etilmaleimida. A $V_{máx}$ é de 9-30nmol/min/mg de proteína e o K_m é de 4mM. Esta proteína pode transportar também ao glutamato, junto com o H^+, em direção à matriz mitocondrial.

O transporte de ornitina

O transporte de ornitina à matriz mitocondrial é necessário para a síntese de ureia. No interior das mitocôndrias, a ornitina fixa carbamil fosfato e é transformada em citrulina, a qual abandona a mitocôndria por um transportador específico. O transporte de ornitina requer um ânion permeante, como o fosfato, para neutralizar a carga positiva da ornitina. Este metabólito também pode ser transportado por troca com H^+; portanto é um transporte que não gera cargas elétricas, é eletroneutro. Sua V_{max} é de 8,3nmol/min/mg e seu K_m é de 1mM. Como apresenta um grupo tiol em seu sítio ativo, a cinética deste transportador é inibida por reagentes para grupos sulfidrila como o mersalil.

O transporte de ácidos graxos

A beta-oxidação dos ácidos graxos tem lugar na matriz mitocondrial, portanto estes metabólitos devem ser transportados através da membrana interna. Antes de seu transporte, os ácidos graxos são ativados pela enzima acil-CoA sintetase. Por sua vez, os derivados acil-CoA formados são o substrato da enzima carnitina acil transferase I, que fixa o resíduo acil à hidroxila da carnitina no espaço intermembranas libera a coenzima A. O complexo acil carnitina é transportado até a matriz por um mecanismo de difusão facilitada pelo carreador acil-carnitina/carnitina; a $V_{máx}$ do transporte é de 5nmol/min/mg e o K_m é de 5,3mM. O transporte de acil-carnitina é inibido por mersalil e N-etilmaleimida. No interior da mitocôndria o ácido graxo é novamente ativado pela carnitina acil transferase II que o liga à coenzima A.

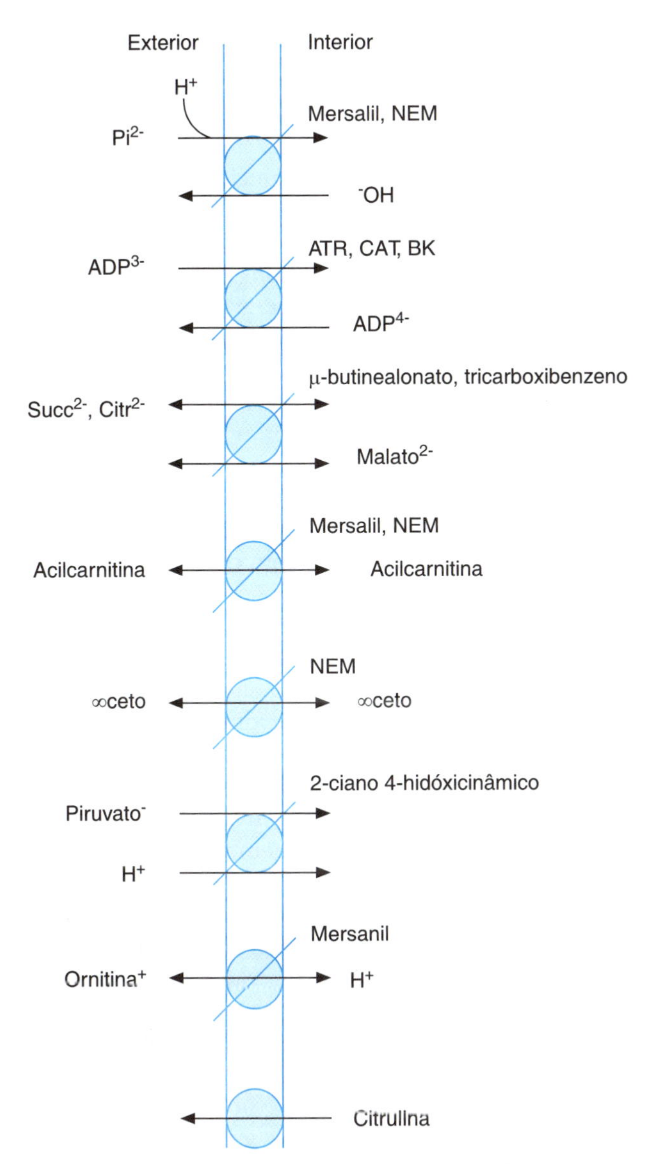

Figura 23-15. Transporte de metabólitos através da membrana interna. Abreviaturas: NEM, n-etilmaleimida; ATR, atractilosídeo; CAT, carboxiatractilosídeo; BK, ácido bongkréquico; Pi, fosfato inorgânico.

O transporte de ácidos tricarboxílicos

O sistema de transporte para citrato é constituído por um dímero; cada uma das subunidades tem um peso molecular de 20kDa. Este carreador catalisa também o intercâmbio de citrato por malato. A $V_{máx}$ para o transporte de citrato é de 338μmol/min/mg de proteína e seu K_m é de 280μM. Sua atividade é inibida pelo ácido tricarboxibenzeno.

O transporte de ácidos dicarboxílicos

O sistema para transporte de ácidos dicarboxílicos faz trocas de malonato, malato e succinato, além de fosfato. Este sistema não foi bem caracterizado e foram purificadas três proteínas com pesos moleculares de 28, 34 e 36

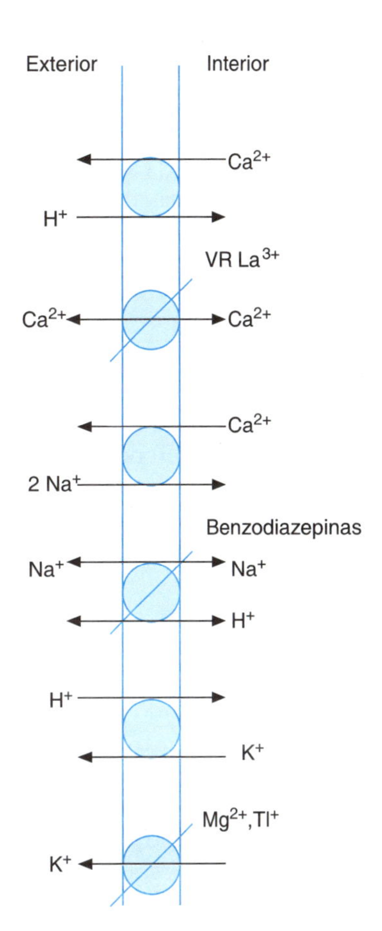

Figura 23-16. O transporte de cátions através da membrana interna mitocondrial. Abreviatura: VR, vermelho de rutênio.

kDa. A atividade deste transporte depende da presença de grupos – SH livres em seu sítio ativo, já que se inibe por p-cloromercuribenzoato e mersalil. A $V_{máx}$ para a troca de malato por succinato é de 136nmol/min/mg, enquanto que o K_m é de 5mM.

O transporte de ácidos dicarboxílicos para dentro e para fora da mitocôndria é um mecanismo indireto que serve para transportar equivalentes redutores, já que a membrana interna é impermeável tanto ao NAD(P)H como à sua forma oxidada.

TRANSPORTE DE CÁTIONS EM MITOCÔNDRIAS

O transporte de cálcio

O transporte de cálcio através da membrana interna mitocondrial se realiza através de três mecanismos, um sistema uniportador para a entrada e dois trocadores, um Ca^{2+}/H^+ e outro Ca^{2+}/Na^+, para a saída (figura 23-16). O acúmulo de cálcio na matriz depende de seu gradiente eletroquímico e do estabelecimento de um potencial negativo interno. Este sistema de transporte não foi caracterizado; no entanto, como é inibido de maneira seletiva pelo vermelho de rutênio, com um $K_{0,5}$ de 30nM, se propõe que seja uma glicoproteína. O Km para o cálcio é de 1-100μM e a $V_{máx}$ é de 600nmol/min/mg de proteína. Em mitocôndrias de tecidos excitáveis, o cálcio sai da matriz através de sua troca por Na^+, em uma estequiometria de 1:2, enquanto que em outro tipo de mitocôndrias, por exemplo, de fígado, o cálcio sai por troca com um H^+.

O transporte de potássio

O potássio penetra na matriz mitocondrial através de um uniportador específico que é inibido competitivamente por tálio e Mg^{2+}; a $I_{0,5}$ para o Mg^{2+} é de 12mM. O transporte deste cátion é estimulado por reagentes para grupos sulfidrila como o mersalil. A saída do potássio é realizada por um trocador K^+/H^+ que é sensível à diciclohexilcarbodiimida.

O transporte de sódio

O transporte de entrada de sódio é realizado através de dois mecanismos, um deles sendo através de um uniportador e o outro através de um trocador Na^+/H^+ (Figura 23-16). A saída de sódio é também por um intercâmbio eletroneutro Na^+/H^+. Este trocador foi caracterizado e se sabe que é uma proteína de 80kDa.

O quadro 23-3 resume as características dos diversos sistemas de transporte localizados na membrana interna da mitocôndria.

ANTIBIÓTICOS IONÓFOROS

Existe uma ampla gama deste tipo de compostos; alguns deles são produzidos por micro-organismos e outros através de síntese química no laboratório. Os mais representativos são a valinomicina e a gramicidina, para cátions monovalentes, e o A23187 e o X573-A o lasalócido, para cátions divalentes. Em 1965 Pressman descobriu que a valinomicina e a gramicidina desacoplavam a fosforilação oxidativa quando no meio de incubação existia K^+ ou Na^+. Este desacoplamento se devia ao acúmulo intramitocondrial dos cátions induzido pelo antibiótico, de tal maneira que a energia é utilizada para o transporte dos cátions e não para a síntese de ATP. Pressman cunhou o termo ionóforo, que significa carreador de íons. Experimentos subsequentes demonstraram que a valinomicina é um carreador móvel que forma complexos com o K^+, mas não com o Na^+, solubilizando-o na fase lipídica da membrana. A valinomicina é um dodecapeptídeo cíclico, cujo exterior é hidrofóbico enquanto o interior é hidrofílico com cargas negativas que servem para ligar o K^+.

A gramicidina é um antibiótico não cíclico, decapeptídico, que transporta o sódio e o potássio formando túneis através da fase hidrofóbica das membranas. Sabe-se que duas moléculas de gramicidina se acomodam de forma helicoidal através da membrana para a formação do túnel. Os compostos A23187 e X537-A mobilizam Ca^{2+} e Mg^{2+}, entre outros cátions divalentes; são antibióticos carboxílicos não cíclicos e nem peptídicos; o grupo carboxila é o sítio de ligação para o cátion. Nos compostos cíclicos, a seletividade para os cátions é determinada pelo raio iônico e o diâmetro interno do antibiótico. O movimento dos cátions, ajudado pelos ionóforos, através da membrana interna mitocondrial é efetuado a favor de seu gradiente de concentração e do estabelecimento de um potencial negativo interno.

Quadro 23-3. Sistemas de transportes específicos nas mitocôndrias

Metabólito	Processo de Transporte	Inibidor
	Antiportadores	
Fosfato	$Fosfato^-/OH^-$	Mersalil, NEM
ADP/ATP	ADP^{3-}/ATP^{4-}	ATR, CAT, BK
Ácidos tricarboxílicos	Citrato/malato	Tricarboxibenzeno
Ácidos dicarboxílicos	Malato/citrato	Butilmalato
Malato	Malato/fosfato	Fenilsuccinato
Alfa-cetoglutarato	Alfa-cetolmalato	NEM
Glutamato	Glutamato/aspartato	NEM
Cálcio e estrôncio	Ca^{2+}/H^+	Vermelho de rutênio
Potássio e sódio	K^+/H^+ e Na^+/H^+	Mg^{2+}
	Uniportadores	
Glutamato	Glutamato	Avenaciolida
Cálcio e estrôncio	$Ca2^+$	Vermelho de rutênio, La^{3+}
Ornitina	Ornitina	Mersalil, NEM

Abreviaturas: NEM, n-etilmaleimida; ATR, atractilosídeo; CAT, carboxiatractilosídeo; BK, ácido bongkréquico; Pi, fosfato inorgânico

SÍNTESE DE CREATINAFOSFATO

A atividade da enzima creatinafosfoquinase nas mitocôndrias de músculo é relevante, sua concentração no plasma tem um valor diagnóstico e prognóstico importante. Esta enzima se encontra na face externa da membrana interna mitocondrial e se encarrega de sequestrar o ATP, que sai da matriz através da translocase de adenina nucleotídeos, e o transforma em creatina fosfato que é um reservatório de fosfato de alta energia. A creatina fosfato é transformada novamente em ATP por outra creatino fosfoquinase que é encontrada nas miofibrilas. A concentração elevada de creatina quinase no plasma é uma prova que determina a gravidade de uma lesão isquêmica no miocárdio.

PROCESSOS METABÓLICOS MITOCONDRIAIS ALTERNATIVOS À FOSFORILAÇÃO OXIDATIVA

Apesar de se aceitar de maneira geral que a principal função das mitocôndrias seja a produção de energia na forma de ATP, nestas organelas subcelulares se realizam outras funções bioquímicas não menos importantes, como a formação de pregnenolona e a hidroxilação de esteroides, assim como a extensão dos ácidos graxos, a síntese de porfirina, a síntese de citrulina e outras funções descritas no quadro 23-4.

O GENOMA MITOCONDRIAL

O DNA mitocondrial é uma molécula circular que contém a informação suficiente, em 16.569 pares de nucleotídeos, para construir 37 genes; 13 deles servem para codificar proteínas da cadeia de oxidorredução e do sistema ATPase. Das 25 subunidades do complexo I o DNA_{mit} codifica 7 delas. Uma proteína, das 9 que formam o complexo III é codificada por este DNA, assim como 3 do complexo IV e 2 da ATP sintase.

Nos últimos tempos têm sido identificadas diversas enfermidades causadas por mutações no DNA mitocondrial. Estas enfermidades estão associadas a um amplo espectro de manifestações clínicas, incluindo cegueira, surdez, demência, insuficiência cardíaca e renal, assim como debilidade muscular.

Dois tipos de mutações por substituição de aminoácidos dão lugar a duas classes de fenótipos associados com problemas oftalmológicos e neurológicos conhecidos como neuropatia óptica hereditária de Leber e debilidade neurogênica muscular, ataxia e retinite pigmentosa. A neuropatia óptica hereditária é uma cegueira causada por destruição do nervo óptico, na qual a visão central é perdida em ambos os olhos, mas permanece funcional na periferia. A mutação está localizada no nucleotídeo 11.778 e muda o aminoácido 340 na proteína ND4; a mudança é de arginina para histidina. Oito mutações adicionais podem estar implicadas, mas é suficiente a mutação no nucleotídeo 11.778 para o surgimento do problema.

Quadro 23-4. Processos bioquímicos, distintos da fosforilação oxidativa, nos quais participam as mitocôndrias

Processo	Tipo de mitocôndria
Síntese de porfirina	A maioria das mitocôndrias
Síntese de citrulina	Fígado (precursor da ureia)
Lipogênese	Fígado (aporte de citrato)
Cetogênese	Fígado
Gliconeogênese	Fígado
Formação de pregnenolona	Córtex adrenal, cérebro
Hidroxilação de esteroides	Placentária, gônadas e glândulas suprarrenais
Síntese de proteínas	A maioria das mitocôndrias
Geração de calor	Tecido adiposo marrom
Fosforilação de glicose	Cérebro (hexoquinase)
Reciclagem de NAD	Tecidos glicolíticos
Efeito Pasteur	Tecidos glicolíticos
Efeito crabtree	Tecidos glicolíticos
Formação da matriz óssea (fosfato de cálcio)	Osteócitos

A epilepsia mioclônica é causada por uma mutação no nucleotídeo 8.344. As manifestações clínicas desta enfermidade vão aparecendo de maneira progressiva e aumentam sequêncialmente desde aberrações eletrofisiológicas, cegueira, demência, insuficiência respiratória e cardiomiopatias.

É importante observar que a maioria dos problemas associados a alterações no DNA mitocondrial aparecem em indivíduos idosos. Isto sugere que ao longo da vida há deleções no genoma mitocondrial; por exemplo, quando se analisa a porcentagem de perdas no nucleotídeo 4.977 contra a aparição de isquemia do miocárdio, se observa que segue uma relação linear; isto é porque ao aumentar a idade, aumenta o número de microdeleções no DNA_{mit} e por fim o número de infartos. Nestes casos, as mutações no DNA_{mit} afetam a estrutura das subunidades da citocromo oxidase e portanto o consumo de oxigênio.

RELEVÂNCIA DO ESTUDO DA BIOENERGÉTICA NA MEDICINA

Existem múltiplos exemplos nos quais uma modificação no metabolismo energético está entre as causas para um estado patológico. Alguns destes exemplos são citados a seguir.

Câncer

O fenótipo mais comum das células cancerosas é sua alta velocidade glicolítica. Por muitos anos se acreditou que a respiração mitocondrial estava inibida e, portanto não competia, com eficiência, com a glicólise pelo ADP e o fosfato. No entanto, as mitocôndrias das células cancerosas têm uma fosforilação oxidativa normal, ainda que o conteúdo de mitocôndrias por célula seja menor em relação às células normais. Portanto, de certa forma, a respiração nas células tumorais é menor.

Por outro lado, foi demonstrado que as mitocôndrias de células malignas têm um DNA anormal (dímeros concatenados), o que sugere certa participação do aparato genético mitocondrial na carcionogênese.

Deficiência vitamínica

A deficiência de riboflavina produz efeitos inibitórios na respiração mitocondrial, já que algumas das enzimas que contém FAD como grupo prostético se encontra na cadeia respiratória.

Hipertermia maligna

A inalação de anestésicos voláteis, como o halotano, pode desencadear esta patologia caracterizada por uma marcada elevação na temperatura. Sugere-se que pode ser causada por um acúmulo grande de cálcio nas mitocôndrias.

Hipo e hipertireoidismo

A literatura biomédica está cheia de relatos de destacam efeitos dos hormônios tireoidianos na estrutura e função das mitocôndrias. Entre eles estão: a. desacoplamento da fosforilação oxidativa; b. estimulo da síntese de proteínas mitocondriais; e c. aumento na permeabilidade inespecífica ao Ca^{2+}.

Estudos sobre o crescimento de mitocôndrias

Uma das maneiras que as mitocôndrias têm para responder aos transtornos metabólicos é aumentando seu tamanho. Por exemplo, foram encontradas mitocôndrias gigantes, > 10μm, em hepatócitos de ratos submetidos a uma dieta deficiente em riboflavina ou vitamina d. Foram encontrados também mitocôndrias gigantes na microcefalia, diabetes e na desnutrição.

Fibrose cística

Esta enfermidade genética, letal na primeira década de vida, se caracteriza, entre outras muitas anomalias, por um aumento excessivo do cálcio em mitocôndrias isoladas de fibroblastos de pacientes com fibrose cística. O acúmulo expressivo de cálcio produz inibição da fosforilação oxidativa.

Auto anticorpos contra mitocôndrias

As enfermidades autoimunes produzem anticorpos contra antígenos localizados em diferentes tecidos. Foram estudados amplamente os anticorpos dirigidos contra a cardiolipina, o fosfolipídeo característico da membrana interna de mitocôndrias de coração, assim como também os anticorpos dirigidos contra o transportador de adenina nucleotídeos. A presença destes anticorpos inibe o transporte de elétrons na cadeia respiratória e o transporte de ADP e ATP.

ESTRESSE OXIDATIVO

O estresse oxidativo é causado por um desequilíbrio entre a produção de espécies reativas derivadas do oxigênio (ROS) e a capacidade de um sistema biológico para destoxificar de maneira rápida os ROS ou reparar o dano que estes produzem nos fosfolipídeos e proteínas membranares. No ser humano, o estresse oxidativo está envolvido no envelhecimento e algumas enfermidades como Parkinson, diabetes e Alzheimer. Também se considera que esteja vinculado com enfermidades cardiovasculares, já que a oxidação das LDL é precursora de placas ateromatosas no endotélio vascular. No entanto, as espécies reativas podem ser benéficas já que são utilizadas pelo sistema imune para destruir organismos patogênicos. O principal sítio produtor de ROS está nos complexos I e III da cadeia de transporte de elétrons das mitocôndrias. As espécies reativas são o ânion superóxido (°O_2^-), o radical hidroxila (°OH), o peróxido de hidrogênio (H_2O_2) e o peroxinirito ($OONO^-$). Outras enzimas capazes de produzir superóxido são a xantina oxidase, NADPH oxidase e o citocromo P450. Os metais como o ferro, cobre, cromo, vanádio e cobalto são capazes de catalisar reações que produzem ROS. AS reações mais importantes são a de Fenton e a reação de Haber-Weiss, que dão lugar à formação de radicais hidroxila e peróxido de hidrogênio. Os antioxidantes celulares melhor estudados são as enzimas superóxido dismutase, catalase e glutationa peroxidase.

TRANSIÇÃO DE PERMEABILIDADE E APOPTOSE

Durante um processo de isquemia, diminuição do aporte sanguíneo em um tecido como o coração, o tratamento imediato é restabelecer o fluxo sanguíneo e por fim a oxigenação tissular. Este procedimento se efetua através do implante de um tubo, chamado Stent, na coronária ou então através da instalação de uma ponte arterial. Apesar de estes procedimentos oxigenarem novamente o miocárdio, a entrada abrupta do oxigênio produz a formação de ROS e um estresse oxidativo que se conhece como dano por reperfusão. O alvo principal das ROS são as mitocôndrias, as quais simultaneamente acumulam cálcio de maneira expressiva. Isto faz com que se abra um poro intermembranas inespecífico nas mitocôndrias e como resultado a permeabilidade seletiva se torne não seletiva, este processo sendo conhecido como transição da permeabilidade. O poro inespecífico é um complexo proteico formado por diferentes proteínas, entre elas a adenina nucleotídeo translocase, a porina ou VDAC e a ciclofilina D; ainda que também tenham sido propostas outras proteínas como formadoras do poro, como a hexoquinase mitocondrial e a creatina fosfoquinase (figura 23-17). Este poro é ativado pelo carboxiatractilosídeo, inibidor da translocase de ADP/ATP e inibido seletivamente pelo imunossupressor ciclosporina A.

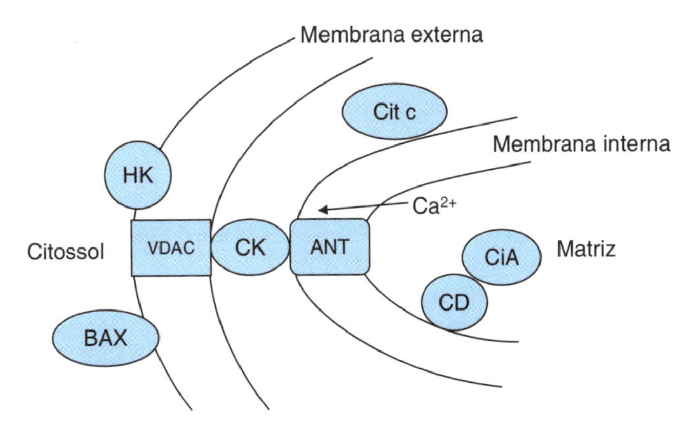

Figura 23-17. Poro transmembranar inespecífico. HK = hexoquinase; ANT = adenina nucleotídeo translocase; cit c = citocromo c; CD = ciclofilina D; CiA = ciclosporina A; CK = creatinoquinase; VDAC = *voltage dependent anion channel.*

A apoptose (figura 23-18), ou morte celular programada é indispensável para o desenvolvimento normal de um organismo. No entanto, pode contribuir para exacerbar processos patológicos. Existe uma via extrínseca e uma via intrínseca para a indução da apoptose. As mitocôndrias estão envolvidas na via intrínseca através da transição da permeabilidade. A sobrecarga de Ca^{2+} é o gatilho que dispara esta via. Ao abrir-se o poro inespecífico se libera o citocromo c; a liberação desta proteína através da membrana mitocondrial externa ocorre através de um poro formado pela oligomerização das proteínas da família Bcl-2 como Bax e Bak. Estas proteínas são determinantes para controlar a vida e morte celular e alguns de seus membros Bcl-2 e Bcl-X inibem a apoptose, enquanto que outros como Bax e Bak a induzem. O citocromo c é liberado da mitocôndria devido ao processo de transição da permeabilidade e uma vez no citosol ativa um complexo proteico chamado de apoptossoma que por sua vez ativa as caspases efetoras como a caspase-3, o que desencadeia as últimas fases da apoptose. A via mitocondrial pode conectar-se também com a via de receptores de morte, já que uma vez ativada a caspase-8 por tais receptores, esta caspase ativa a proteína Bid, o que provoca a abertura do poro de transição mitocondrial. A apoptose também é estimulada pelas proteínas SMAC/DIABLO (segundo ativador mitocondrial de caspases/inibidor direto da proteína apoptótica IAPS), liberadas da mitocôndria. Ao inibir-se a IAPS que é uma proteína que inibe a ativação da pró-caspase 3, se estimula a apoptose.

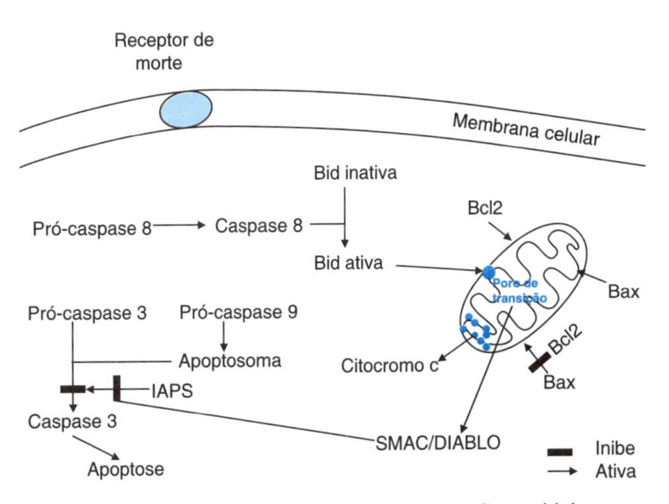

Figura 23-18. Vias apoptóticas externa e mitocondrial.

REFERÊNCIAS

Conn MJ *et al.*: Cytochrome P450: Nature´s most versatile biological catalyst. Annu Rev Pharmacol Toxicol 2005;4:1.

Devlin TM: *Bioquímica. Libro de texto con aplicaciones clínicas,* 5a ed., Editorial Reverté, 2004.

Ganong F: *Fisiología médica,* 20a ed., El Manual Moderno, México, 2007.

Laguna J, Piña E: *Bioquímica.*4a ed. México, Salvat, 1990.

Lozano JA, Galindo JD, García Borrón JC, Martínez Liarte:*Bioquímica y Biología Molecular,* 3a ed., McGraw--Hill Interamericana, 2005.

Melo RV, Cuamatzi TO: *Bioquímica de los processos metabólicos,* 4a ed., Ediciones Reverté, 2004.

Nelson DL y Cox MM: *Lehninger Principios de Bioquímica,* 4a ed., Omega, 2006.

Racker E: *A New look at mechanims in bioenergetics.* Londres: Acad. Press, 1976.

Smith C, Marks AD: *Bioquímica Básica de Marks. Un enfoque clínico,* Ed. McGraw-Hill Interamericana, 2006.

Voet D, Voet JG: *Biochemistry.* 2nd ed., New York: John Wiley Biochem 1992;61:1175-1212.

Páginas eletrônicas

Fernández JM (1998): *Apuntes de Bioquímica del Ejercicio.* [En línea]. Disponible: http://www.ugr.es/~gebqmed/libind.html [2009, abril 10]

Universidad de La Habana (2007): *El Metabolismo energético.* [En línea]. Disponible: http://fbio.uh.cu/metabol/ Metabolismo_energetico.htm [2009, abril 10]

24

Integração do metabolismo

Enrique Piña Garza

Quando são avaliados os hábitos alimentares de diferentes indivíduos e de distintos povos, são observadas enormes variações que podem ser compatíveis com um adequado estado de saúde. Alguns povos têm como base de sua alimentação o arroz, em outros predominam os peixes e em outros mais predominam as carnes e o leite. Em um mesmo indivíduo, a ingestão de alimentos pode variar amplamente em sua quantidade, assim como na proporção dos três principais tipos de alimentos ou macro nutrientes: carboidratos, lipídeos e proteínas. Sem dúvida, para manter a adequada sobrevivência de cada organismo, estes dispõem, além do conjunto de vias metabólicas descritas nos capítulos anteriores, de um eficiente e preciso sistema de adaptação, integração, regulação e coordenação do metabolismo. Este capítulo oferece um resumo dos principais sistemas de integração do metabolismo, especialmente orientado aos mamíferos.

METAS

Uma célula ou um ser humano intercambiam continuamente matéria e energia com o meio que os rodeia. Ao ser suspendido este intercâmbio, desaparece esta propriedade que chamamos de vida. Uma das condições para manter e perpetuar a vida é a conservação da homeostasia, ou seja, a constância do meio interno dentro de limites muito estreitos. Tal homeostasia é o resultado de múltiplos sistemas de ajuste; não é a ausência de mudanças, mas uma situação de equilíbrio dinâmico. A constância do meio interno nos seres vivos contrasta com as mudanças contínuas no meio que os rodeia; portanto, todos os seres vivos dispõem de um conjunto de mecanismos de adaptação para integrar e dar harmonia ao metabolismo e conseguir a homeostasia. Os organismos mais adaptados ao seu meio, os que melhor integram seu metabolismo e alcançam a homeostasia, são os que sobrevivem. A meta da integração metabólica individual, desde o organismo unicelular até o homem, é a sobrevivência.

O desenho de novas formas de integração metabólica, ao longo de centenas de milhares de anos na Terra, seguramente foi de enorme importância na evolução das espécies. Desta maneira, na natureza, no nível das espécies, a meta da integração metabólica pode ser concebida como a capacidade de adaptação ao meio, o que se traduz em um maior número de cópias de DNA ou maior número de indivíduos da espécie.

NÍVEIS DE INTEGRAÇÃO

É claro que os mamíferos contam com um sistema de adaptação a seu meio e de integração metabólica mais complexa do que as bactérias. Ainda que a análise detalhada das semelhanças e diferenças em tais sistemas faça ver que os princípios gerais de integração do metabolismo são similares em todas as células, nos organismos pluricelulares são observados maiores níveis de complexidade.

Como motivo de estudo, o nível mais simples de integração metabólica é o da via metabólica isolada. Não se trata somente da regulação da atividade de uma enzima, mas da operação integral da via. De fato, em vários capítulos deste livro foi revisada a regulação metabólica de cada uma das vias, assim como das condições adequadas para que esta via funcione de maneira completa e integral.

A informação tem importância, pois os resultados obtidos experimentalmente para tal via, por exemplo, a identificação das enzimas chave (capítulo 17), dos moduladores, ativadores do requerimento ou liberação de energia, entre outros, permitem analisar a integração da mesma com um maior nível de complexidade, como o que se observa na célula integra e inclusive no organismo como um todo.

O seguinte nível de integração é apreciado nas organelas celulares. Um exemplo ilustrativo é o estudo da fosforilação oxidativa nas mitocôndrias isoladas de alguns tecidos de mamíferos (capítulo 23). A integração da fosforilação oxidativa ao metabolismo mitocondrial ou celular requer, além dos componentes da cadeia respiratória, de uma fonte de equivalentes redutores, de um alto conteúdo de ADP mitocondrial e de uma membrana interna da mitocôndria impermeável aos prótons.

O nível subsequente inclui a célula. A integração do metabolismo celular é um dos grandes tópicos de estudo na biologia atual. Uma porção deste capítulo está dedicada a este.

Pode-se estudar a integração metabólica no nível dos tecidos, ou também de órgãos. No primeiro caso, trata-se de um conjunto de células da mesma estirpe onde a integração metabólica é influenciada por proteínas intercelulares do tipo das caderinas e talvez pela presença de um meio que banha as células e as comunica entre si. No segundo caso, trata-se de um conjunto de células de diferente estirpe, tal como ocorre no fígado dos mamíferos. Aqui é preciso adicionar as moléculas mensageiras, que levam informação às células adjacentes e o meio de comunicação entre as células como participantes da integração metabólica.

O outro nível de integração metabólica amplamente estudada é o do organismo completo. Ao final do capítulo, este é abordado em detalhe.

Por último, é importante considerar que na integração metabólica do indivíduo completo, os sistemas de integração do metabolismo estabelecidos em todos os níveis assinalados se somam e se encontram funcionando ativamente e interagindo.

PRINCÍPIOS GERAIS NA REGULAÇÃO DE VIAS METABÓLICAS

Se por um lado a integração de cada via metabólica completa é única e exclusiva, há vários princípios gerais que se repetem e coadjuvam a regulação e posterior integração de cada uma das vias. No capítulo 17 são detalhados os seguintes princípios gerais que se aplicam à regulação das vias metabólicas: o fluxo de metabólitos nas vias metabólicas depende em boa medida da "funcionalidade" das enzimas chave de cada via, que por sua vez é função da quantidade de enzima, da atividade catalítica das mesmas (controlada em parte por moduladores alostéricos e modificadores covalentes reversíveis) e, da disponibilidade de substrato.

Ao estudar os moduladores alostéricos que atuam como inibidores ou ativadores das enzimas chave nas diversas vias metabólicas, chama atenção a constância com que vários deles interferem. O quadro 24-1 oferece exemplos ilustrativos que são comentados com maior detalhe na seguinte seção deste capítulo.

Complexos multienzimáticos. Algumas das vias metabólicas mostram uma organização das enzimas que a constituem na forma de complexos multienzimáticos. Um bom exemplo é o da biossíntese dos ácidos graxos. O substrato, precursor de um ácido graxo, é incorporado covalentemente a um "braço móvel" que apresenta, ordenadamente, a várias enzimas da via, cada uma das quais catalisa uma modificação química. Desta forma, os intermediários não são liberados ao citosol para que ocorra a seguinte etapa dentro da via de síntese, mas se mantêm sequestrados no complexo, com o que se facilita a síntese do composto final. Tudo se parece com uma fábrica montadora de automóveis: a linha de produção transporta o veículo, ao qual se vão adicionando as partes até formar o produto final.

O exemplo da síntese dos ácidos graxos não é o único. Existem outros mais simples, como o da biossíntese das bases púricas e pirimídicas (capítulo 21), ou muito mais complexos, como a biossíntese das proteínas (capítulo 30). Em todos eles, o complexo multienzimático oferece vantagens em relação à rapidez e eficácia do processo, o qual contribui para a regulação e integração das vias metabólicas.

INTEGRAÇÃO NO NÍVEL CELULAR

Talvez a primeira premissa sobre a integração do metabolismo celular seja a coordenação entre os processos anabólicos e catabólicos. Uma vez estabelecida esta coordenação, a segunda premissa de integração definirá algumas características do catabolismo. Que tipo de combustível se usa? Que via metabólica tem preferência? Para o anabolismo a pergunta seria: O que sintetiza?

O desenho do metabolismo celular, revisado no capítulo 17, orienta sobre as soluções empregadas pelas células na coordenação e integração de seu metabolismo. Assim, é claro que as vias catabólicas são distintas das anabólicas, o que facilita uma regulação diferencial e maior integração; a via catabólica dos carboidratos ou dos lipídeos é distinta da via anabólica de tais compostos.

A função primordial das vias catabólicas é a oxidação dos substratos, derivados dos carboidratos, lipídeos ou aminoácidos, para gerar NADH, $FADH_2$ e ATP, a moeda energética celular. A função do anabolismo é formar as moléculas próprias da célula a partir de um pequeno número de moléculas precursoras, com o concurso do NADPH e do ATP. Observe que os equivalentes redutores gerados durante o catabolismo são o NADH e o $FADH_2$, enquanto que durante o anabolismo se utiliza o NADPH, o que auxilia na melhor coordenação e integração metabólica. Além disso, como já foi mencionado no capítulo 17, o ATP é a ponte de ligação entre o catabolismo onde é gerado e o anabolismo onde é usado; a síntese de moléculas próprias das células (glicogênio, lipídeos especializados, proteínas, RNA, DNA, entre outras) somente pode ocorrer se houver ATP disponível.

Neste sentido, parece lógico que moléculas como o

Quadro 24-1. Principais moduladores fisiológicos das vias metabólicas em um hepatócito

Principais vias catabólicas	Enzima limitante	Inibidor(es)	Ativador(es)
Glicogenólise	Fosforilase		AMP cíclico, Ca^{2+}
Glicólise	Fosfofrutoquinase	AMP cíclico, ATP, citrato, ácidos graxos, corpos cetônicos	Frutose 2,6-bisfosfato, AMP, ADP
Oxidação do piruvato	Piruvato desidrogenase	Acetil-CoA, NADH, ATP, ácidos graxos, corpos cetônicos	CoA, NAD+, ADP, piruvato
Via das pentoses	Glicose 6-fosfato desidrogenase	NADPH	$NADP^+$
β-oxidação		NADH, ATP, malonil-CoA	Oxaloacetato, NAD^+, ADP
Oxidação de corpos cetônicos		Oxaloacetato	Acetil-CoA
Ciclo dos ácidos tricarboxílicos	Citrato sintase	ATP, acil-CoA de cadeia longa	ADP
Cadeia respiratória		NADH, $FADH_2$	NAD^+, FAD
Fosforilação oxidativa	ATP sintase	ATP	ADP
Proteólise			
Desaminação	Desidrogenase glutâmica	GTP, ATP	GDP, ADP
Vias anabólicas			
Glicogênese	Glicogênio sintase	AMP cíclico, Ca^{2+}	
Gliconeogênese	Piruvato carboxilase Frutose 1,6-bisfosfatase	ADP	Acetil-CoA
Lipogênese	Acetil-CoA carboxilase	Acil-CoA, AMP cíclico	Citrato, ATP, NADPH, acetil-CoA
Síntese de colesterol	Hidroximetilglutaril-CoA redutase	Colesterol, mevalonato, ácidos biliares	ATP
Síntese de proteínas		GDP, ADP, cetoácidos	ATP, GTP, aminoácidos
Ureogênese	Carbamil fosfato sintetase		N-acetil glutamato, ATP

ATP, o NADH e outras incluídas no quadro 24-1, funcionem como sinais que inibem vias metabólicas responsáveis por sua produção, ou então que ativem vias metabólicas encarregadas da biossíntese de compostos próprios das células. De maneira recíproca, um excesso no conteúdo de moléculas como o ADP, o NAD+ e outras (quadro 24-1), funciona como sinais de carência de energia para a síntese de compostos próprios das células, que ativam vias que formam mais ATP e NADH, e inibem vias metabólicas que os consomem. Uma análise das moléculas que são apresentadas no quadro 24-1, em função das rotas metabólicas das quais participam, permite concluir que se trata de dois grupos de compostos que dão sinais opostos; por um lado, a satisfação das demandas energéticas celulares e por outro lado, a insatisfação destas. No primeiro grupo está o ATP e os substratos que com facilidade podem gerar este e, no outro, se encontram o ADP e outras moléculas que são acumuladas quando aumenta o ADP e diminui o ATP. As moléculas que são mencionadas no quadro 24-1 são as mais representativas na coordenação dos processos anabólicos e catabólicos. Veja também que cada molécula sinal tem seu par, no qual se converte com grande facilidade; por exemplo, NAD+ e NADH, ou também a coenzima A, acetil coenzima A, e enquanto um membro do par é sinal de insatisfação energética celular, o outro é sinal de satisfação energética celular.

Existe outra conexão entre os processos catabólicos e anabólicos, que auxilia na coordenação de ambas as vias no nível celular. As moléculas produzidas ao longo do catabolismo são os blocos que são utilizados no anabolismo para a síntese de moléculas próprias da célula. Em realidade, trata-se de vários precursores com os quais a célula chega a formar centenas e milhares de compostos próprios. Um excelente exemplo é o dos aminoácidos e proteínas. O catabolismo das proteínas dá lugar a 20 aminoácidos, blocos precursores com os quais a célula, em uma etapa posterior e com suficiente energia disponível, chegam a formar suas próprias proteínas: centenas de cópias idênticas de milhares de proteínas distintas entre si.

O exemplo ilustra a precisão e simplicidade da solução e a coordenação e integração do metabolismo.

Compartimentalização celular

As células dos eucariotos contêm numerosas organelas, que foram estudadas no capítulo 1. Nas organelas membranosas, a membrana que os limita constitui um eficaz sistema que intervém no controle e organização do metabolismo. A maioria das membranas das organelas representa verdadeiras barreiras que regulam o trânsito de moléculas e íons. Existe um conjunto de moléculas pequenas como a água, o O_2 e o CO_2 que passam através das membranas celulares, em função de sua concentração relativa em ambos os lados de ditas membranas. Há outras moléculas e um grande número de íons que não atravessam livremente as membranas celulares e para fazê-lo necessitam de sistemas de transporte, de natureza proteica, imersos na estrutura lipídica da membrana, que catalisam sua passagem através da barreira. O quadro 23-3 inclui uma lista de alguns sistemas de transporte situados nas mitocôndrias. Estes sistemas são específicos para o metabólito que transportam e têm direcionalidade ou vetorialidade, já que permitem o fluxo do metabólito em um sentido, mas não no outro. Outra característica de alguns destes sistemas de transporte é a de estar acoplados à hidrólise do ATP; ou seja, necessitam da energia liberada pelo ATP para realizar o trabalho de transporte. É claro que para metabólitos que somente passam através de uma membrana por meio de um sistema de transporte, como os do quadro 23-3, a compartimentalização celular é um eficiente meio e controle do metabolismo.

Outro aspecto da compartimentalização celular se refere ao fato de que os metabólitos, enzimas e coenzimas das principais vias metabólicas, com enorme preferência, se localizam em um compartimento celular específico; por exemplo, a oxidação dos ácidos graxos ocorre na mitocôndria, assim como o ciclo dos ácidos tricarboxílicos e a fosforilação oxidativa. A glicólise, a via das pentoses e a síntese dos ácidos graxos ocorrem no citosol. A gliconeogênese, a síntese de ureia e as lançadeiras do NADH requerem a participação de ambos componentes.

Os sistemas proteicos para o transporte de moléculas através das membranas participam ativamente na integração metabólica. Uma molécula estar em um compartimento celular ou em outro, determina o seu destino final. Um exemplo com interesse médico, relativo à integração metabólica pela presença de transportadores nas membranas, é o transporte de ácidos graxos para o interior da mitocôndria e as consequências de uma deficiência em tal transporte. Se o ácido graxo se localiza no citosol é esterificado, mas se está na mitocôndria é oxidado. Uma deficiência da célula muscular em seu sistema de carnitina para transportar os ácidos graxos ao interior da mitocôndria para sua oxidação se traduzirá em um conjunto de manifestações clínicas, que incluem dor e contraturas musculares depois de realizar exercício físico, ou arritmias no músculo cardíaco.

Estado nutritivo da célula

Uma vez consolidado que o fluxo de substratos através de uma via metabólica depende principalmente da funcionalidade das enzimas chave da via (quantidade e atividade catalítica), é conveniente esclarecer a influência da disponibilidade de substrato em algumas das vias. Seria o caso de células com uma rica provisão de glicose, em comparação com outras com escassa disponibilidade do monossacarídeo. No primeiro caso, com a regulação estabelecida pela enzima limitante da via, o excesso de glicose, simplesmente pela lei da ação das massas, tenderá a aumentar o fluxo de substratos pela própria via glicolítica. Outro caso similar pode ser o do déficit de oxigênio para a cadeia respiratória em uma célula muscular sujeita a contrações vigorosas e continuadas. O metabolismo se ajustará e aumentará a quantidade de glicose degradada pela via glicolítica, em comparação com a oxidada através do ciclo do ácido cítrico e a cadeia respiratória, em caso de haver limitação no acesso ao oxigênio.

Quantidade de coenzimas e co-substratos

Um fator adicional na regulação e integração do metabolismo é a pequena quantidade de coenzimas e co-substratos que formam parte essencial do metabolismo celular. Em outras palavras, a concentração de coenzimas e co-substratos é pequena; por exemplo, a de ATP + ADP + AMP não excede 10mM, caso similar sendo a de NAD^+ + NADH, $NADP^+$ + NADPH ou de coenzima A + acetil coenzima A. sua concentração efetiva é menor porque nenhuma das moléculas do parágrafo anterior atravessa livremente as membranas subcelulares. Assim, a glicólise pode diminuir notavelmente se cai a concentração de NAD^+ no citosol de um hepatócito, o qual é indispensável para a oxidação das trioses fosforiladas na própria glicólise (figura 18-3), com a conseguinte formação de NADH. Como se observa no exemplo exposto, a mesma via glicolítica dispõe de um mecanismo para regenerar NAD^+ a partir do NADH recém-formado. Na realidade, há uma enorme reciclagem, acoplada a um delicado equilíbrio, que permite a reutilização contínua e controlada das coenzimas e co-substratos participantes no metabolismo. Recordemos que em condições de exercício muscular intenso, um adulto pode gerar 40Kg de ATP a cada 24h; no entanto, a concentração celular de ATP se mantém com flutuações muito pequenas ao longo do dia.

Além disso, deve-se considerar que a concentração das coenzimas e co-substratos escolhidos como exemplo, funcionam nas vias metabólicas da célula como reguladores da atividade das enzimas chave e, portanto, como reguladores do fluxo de substratos para cada uma das respectivas vias.

De maneira que se o NAD+ dá um sinal em uma via, o NADH dá o sinal oposto; de forma similar, o ATP dá um sinal oposto à regulação dada pelo ADP ou o AMP. Em conclusão, é a relação matemática do par de coenzimas, NAD+/NADH, por exemplo, que com maior fidelidade permite finos ajustes em algumas das diferentes vias metabólicas.

Regulação das vias metabólicas no nível celular

Para a ótima sobrevivência das células, deverão coordenar-se todas suas vias metabólicas. O quadro 24-1 oferece de maneira simplificada e sem necessitar de muitos detalhes, o sistema de coordenação das principais vias metabólicas de um hepatócito isolado. Por motivos de simplificação e para facilitar sua análise, foi omitida a participação de outros tecidos e a influência dos hormônios. No quadro são agrupadas as grandes vias metabólicas em catabólicas e anabólicas. Para cada uma das vias anotadas se especifica a enzima que controla o fluxo em maior porcentagem e em seguida os moduladores fisiológicos mais importantes que tendem a inibir ou a ativar a via em questão. No caso das vias anabólicas de síntese de ureia e de proteínas, foram adicionados os substratos como inibidores e ativadores. O quadro apresenta um resumo de quase um terço dos capítulos deste livro. Uma análise cuidadosa de tal quadro permite ver a uniformidade e coerência nos sistemas de regulação das enzimas chave das grandes vias.

Encruzilhadas metabólicas

Certos metabólitos compartilham de duas ou mais vias metabólicas, isto é, trata-se de uma encruzilhada metabólica. Por sua importância, aqui são revisados três metabólitos que participam em encruzilhadas metabólicas, a saber: a glicose 6-fosfato, o piruvato e a acetil coenzima A. A figura 24-1 resume a intervenção dos três metabólitos anotados e o mais importante que deve ser destacado, são os fatores celulares que asseguram o fluxo de tais moléculas no concerto do metabolismo geral. Como se pode ver a seguir, o destino de uma molécula em uma encruzilhada metabólica é definido pela regulação da "funcionalidade" (quantidade e atividade catalítica) das enzimas.

A glicose 6-fosfato é formada por três caminhos: na fosforilação da glicose que penetra a célula, como parte da glicólise; na degradação do glicogênio armazenado, uma etapa da glicogenólise; ou então, na conversão de lactato, glicerol ou alanina, devido à gliconeogênese. O consumo da glicose 6-fosfato inclui quatro rotas principais; através da glicólise até gerar piruvato ou lactato, por meio do ciclo das pentoses, para formar NADPH e pentoses, seu armazenamento via gliconeogênese para incrementar a reserva de glicogênio ou sua conversão à glicose e escape da célula, com a prévia eliminação do fosfato esterificado.

Um excesso na disponibilidade de glicose extracelular tende a favorecer a formação de glicose 6-fosfato e as vias de sua utilização. Se o conteúdo de ATP celular é alto, inibe-se a degradação glicolítica da glicose 6-fosfato e se favorece seu armazenamento como glicogênio. Se simultaneamente ao conteúdo aumentado de ATP, também se aumenta a disponibilidade de lactato, piruvato, glicerol ou alanina, se favorece a gliconeogênese, assim como a síntese de glicose 6-fosfato mais glicogênio. Por haver um excesso de NADP+ sobre o NADPH se destina uma porção da glicose 6-fosfato para formar NADPH e pentoses. No caso de uma diminuição nos valores celulares de ATP, predomina a glicogenólise, conversão de glicogênio em glicose 6-fosfato e glicose. A conversão da glicose 6-fosfato em glicose, por meio de uma fosfatase, não ocorre em certas células, devido à carência da fosfatase, enquanto que em outras a existência da fosfatase tem distinta função reguladora, tal como se analisa no ciclo de Cori (figura 18-5) e na última parte deste capítulo.

O piruvato vem principalmente da glicose 6-fosfato e do lactato, através da glicólise, e também através do ciclo das pentoses. A degradação dos triacilglicerídeos permite a formação de glicerol e ácidos graxos, o glicerol podendo se incorporar à glicólise e podendo ser uma fonte de piruvato. Ainda, pode-se obter piruvato por meio de reações de transaminação e desaminação da alanina e outros aminoácidos (capítulo 20). O destino mais importante do piruvato é sua descarboxilação e conversão a acetil CoA. Esta reação é irreversível, o que tem um enorme significado metabólico; os carboidratos e os aminoácidos podem ser convertidos em acetil CoA, mas esta última não pode se transformar em carboidratos e aminoácidos.

A descarboxilação do piruvato para formar a acetil CoA é cuidadosamente regulada, acontecendo quando há déficit de ATP celular, ou um excesso de carboidratos oxidáveis e uma concomitante síntese de lipídeos. O outro destino do piruvato é sua carboxilação e conversão a oxaloacetato para posteriormente formar glicose pela via gliconeogênica. Esta via ocorre quando há ATP suficiente na célula.

A acetil CoA é gerada nas grandes vias metabólicas: a glicólise e posterior descarboxilação do piruvato e a β-oxidação. Pouco depois da ingestão de alimentos se favorece a síntese de acetil CoA através da glicólise. Em situação de jejum prolongado, a fonte de acetil CoA é a β-oxidação. O destino da acetil CoA inclui sua oxidação através do ciclo dos ácidos tricarboxílicos, ou ciclo de Krebs, via que prevalece ao haver carência celular de ATP. Ao contrário, quando os níveis de ATP na célula estão altos, a acetil CoA pode ter outros destinos metabólicos, como a síntese de ácidos graxos ou a síntese de corpos cetônicos e por último colesterol. A formação de corpos cetônicos é favorecida quando existe alguma limitação na oxidação de substratos pela via do ciclo de Krebs e quando a β-oxidação está muito ativada.

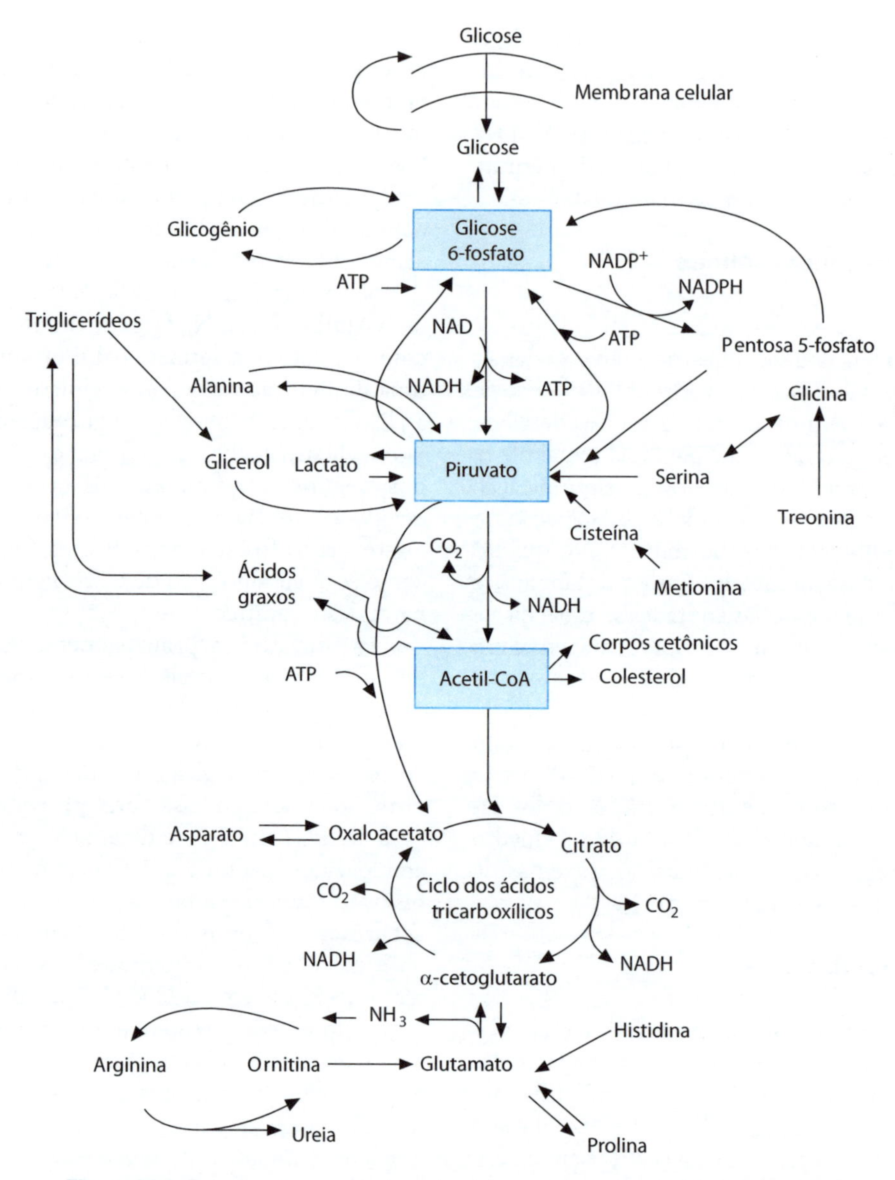

Figura 24-1. Relações das principais moléculas que integram o metabolismo celular.

ESPECIALIZAÇÃO METABÓLICA DOS TECIDOS

Um tópico fundamental da integração metabólica de um vertebrado é a especialização metabólica dos diferentes tecidos. Tal especialização contribui para uma melhor adaptação do indivíduo ao seu meio. Assim, um vertebrado pode receber uma gama de sinais mais ampla do seu entorno e pode se defender melhor das agressões circundantes. A adaptação metabólica tem outras vantagens; dispõe de células especializadas em degradar alimentos, outras em armazenar lipídeos, outras em converter a energia química em movimento, algumas de suporte, outras de comunicação e assim sucessivamente. Há um grande grupo de células responsáveis pela integração e organização hierárquica em benefício do conjunto. A anarquia conduz à morte.

Já puderam ser estudadas as características metabólicas de centenas de diferentes tipos de células e aqui se revisa brevemente o padrão metabólico de destaque do cérebro, fígado, tecido muscular e tecido adiposo. Observem as diferenças no padrão metabólico, assim como a complementação que se manifesta entre tais tecidos e as vantagens que mostram ao organismo como um todo.

Fígado

Com exceção dos lipídeos, o restante dos nutrientes já hidrolisados e absorvidos no intestino, passam pelo fígado antes de atingir a circulação geral. A concentração de glicose, aminoácidos e etanol é mais baixa no resto da circulação geral do que na veia porta, a qual recolhe os materiais absorvidos no intestino e os leva ao fígado.

O anterior mostra a capacidade dos hepatócitos para metabolizar de primeira mão uma proporção importante dos alimentos absorvidos. Este fato, junto com o padrão metabólico exclusivo do fígado que é resumido a seguir, dá a este órgão um papel central nas interações metabólicas entre os diferentes tecidos.

No período pós-absortivo imediato, o fígado converte quantidades importantes de glicose em glicogênio; uma quarta parte da dieta diária de carboidratos pode ser armazenada no fígado como glicogênio, o que equivale a cerca de 100g de carboidratos e representa umas 400kcal. Duas horas depois da ingestão de alimentos, quando baixa a concentração de glicose no sangue, o glicogênio hepático é degradado paulatinamente em glicose, a qual é liberada na circulação. Além disto, o fígado tem uma enorme capacidade gliconeogênica; isto é, converte o lactato proveniente dos músculos, o glicerol proveniente do tecido adiposo e a alanina também dos músculos, em glicose, a qual passa para a circulação (figura 24-2). Deste modo, o fígado é o principal provedor e exportador de glicose sanguínea em períodos de jejum. A glicose produzida é utilizada como material oxidável por outros tecidos e esta contribuição do fígado é fundamental para o benefício de todo o organismo.

Em relação aos aminoácidos, o fígado também tem um papel essencial. Os aminoácidos da dieta e os que são provenientes de diferentes tecidos, especialmente dos músculos, ao chegar às células hepáticas, estão sujeitos a um de dois processos: são utilizados para a síntese de novas proteínas ou sofrem um processo de transaminação e desaminação, com o concurso da desidrogenase glutâmica. Os produtos da reação, no segundo caso, são os cetoácidos dos correspondentes aminoácidos e o íon amônio, NH_4^+. Os cetoácidos são empregados no fígado, através do ciclo de Krebs, para satisfazer suas próprias demandas energéticas.

O íon NH_4^+ é o substrato inicial para a síntese de ureia. O fígado é o responsável pelo total da ureia sintetizada em um mamífero e representa o mais importante e abundante metabólito do catabolismo das proteínas e aminoácidos.

Com relação ao metabolismo dos lipídeos, a participação do fígado é mais complexa. Ao aumentar os lipídeos no sangue, parte deles são captados pelo tecido adiposo e outros chegam ao fígado. A avalanche de lipídeos da dieta coincide com a disponibilidade de outros substratos oxidáveis e comumente com a satisfação das demandas ener-

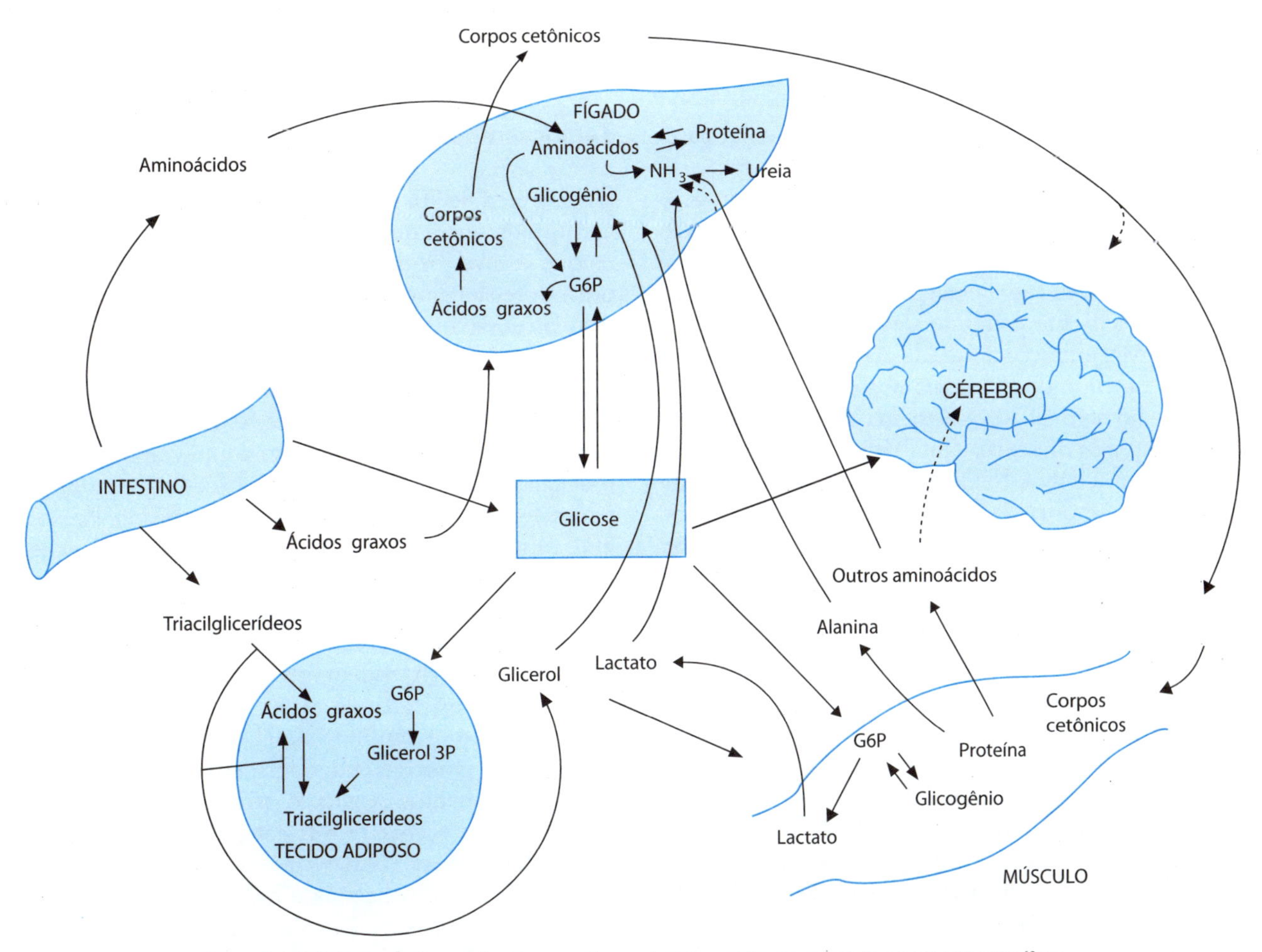

Figura 24-2. Interconexões moleculares entre os tecidos mais representativos em um mamífero.

géticas celulares. Em tais condições, um alto conteúdo de malonil-CoA inibe a aciltransferase da carnitina, diminui a incorporação de ácidos graxos à mitocôndria e, portanto, os ácidos graxos são esterificados e incorporados às lipoproteínas de muito baixa densidade (VLDL) e assim, são exportados do fígado. Os abundantes triacilglicerídeos das VLDL são os principais precursores dos ácidos graxos captados pelo tecido adiposo para a síntese de gorduras neutras, o mais importante reservatório de material energético no homem (figura 24-2).

Em situação de jejum, o fígado capta o glicerol e os ácidos graxos liberados pelo tecido adiposo. Como foi dito anteriormente, o glicerol é transformado em glicose. Os ácidos graxos são incorporados à mitocôndria, devido ao fato de que existe uma alta atividade da aciltransferase da carnitina ocasionada por um baixo conteúdo de seu inibidor, o malonil-CoA, consequência da insatisfação das demandas energéticas celulares. Na mitocôndria hepática, os ácidos graxos são convertidos em corpos cetônicos. A escassa capacidade hepática para oxidar os corpos cetônicos facilita sua exportação para serem usados como substratos oxidáveis em outros tecidos, particularmente os músculos.

Músculos

Em um adulto sem sobrepeso, os músculos representam quase a metade de seu peso corporal e se o indivíduo realiza uma atividade moderada, seu tecido muscular gasta cerca de metade da energia consumida em 24 horas.

O padrão metabólico dos músculos difere em situação de repouso ou no de contração ativa. Quando o tecido muscular é contraído ativamente, a via metabólica preferencial para satisfazer as demandas energéticas é a glicólise, a qual se manifesta com um conjunto de características muito apropriadas para a função do tecido. Assim, depois de uma refeição, o conteúdo de glicogênio nos músculos é de 1%, mas em um homem de 70Kg de peso corporal, que possui uns 30Kg de tecido muscular, o total de glicogênio muscular é de 300g, equivalente a 1.200kcal. Em consequência, esta situação assegura no tecido muscular uma alta quantidade de glicogênio, um dos substratos iniciais da glicólise. Outra das características da glicólise muscular é que falta a glicose 6-fosfatase, a enzima que hidrolisa a glicose 6-fosfato e a converte em glicose livre e fosfato inorgânico. Desta maneira, o músculo, diferente do fígado, não exporta glicose ao sangue e apenas a consome. A glicose 6-fosfato presente no interior da célula muscular é armazenada como glicogênio, ou consumida na glicólise, mas não é transformada em glicose livre. Uma característica mais da glicólise no músculo é a facilidade com que o piruvato, derivado da própria glicólise, é convertido em lactato, já que há uma diminuição do consumo de piruvato no ciclo de Krebs devido ao deficiente aporte de oxigênio na cadeia respiratória mitocondrial. Ao ocorrer esta deficiência relativa de oxigênio, a energia indispensável para a contração muscular vem da glicólise, sempre e quando se mantenha funcionando a via devido a um adequado aporte de substrato e pela contínua conversão do piruvato em lactato, o qual assegura a oxidação do NADH em NAD^+, este último requerido para a oxidação inicial das trioses na própria glicólise. Por sua vez, o lactato é liberado pelas células musculares até a circulação sanguínea e desde ai, ao fígado, para sua conversão em glicose, que outra vez usa o músculo para manter-se em atividade. Ao mesmo tempo que o tecido muscular libera lactato, também libera quantidades importantes de alanina, que no fígado se converte em glicose.

Ao esgotar-se o glicogênio muscular se aprecia o estado de fadiga, o qual frequentemente coincide com o jejum e a tendência ao repouso. Nesta situação de repouso, os substratos preferencialmente usados no tecido muscular são os ácidos graxos. Os corpos cetônicos também podem ser usados como substratos oxidáveis pelo tecido muscular. No músculo cardíaco, os corpos cetônicos são consumidos preferencialmente, em comparação com a glicose.

Na figura 24-2 se aprecia a complementariedade e integração entre os tecidos hepático, muscular e adiposo. O primeiro libera glicose que é usada pelos outros tecidos. O muscular libera lactato e alanina que o tecido hepático converte em glicose. Como se verá no seguinte parágrafo, o tecido adiposo libera glicerol para sua conversão em glicose no fígado.

Tecido adiposo

Um homem de 70kg tem de 10 a 15kg de tecido adiposo, constituído quase que exclusivamente por triacilglicerídeos que equivalem de 90.000 a 135.000 kcal. Trata-se de um impressionante depósito de combustível metabólico disponível para o organismo. O tecido adiposo não sintetiza os ácidos graxos que incorpora aos triacilglicerídeos. Tais ácidos graxos são provenientes da dieta ou são sintetizados no fígado a partir de carboidratos. Em ambos os casos, chegam ao tecido adiposo como componentes dos triacilglicerídeos dos quilomicrons ou de algumas lipoproteínas, formadas pelo intestino ou pelo fígado. Pouco depois da ingestão dos alimentos, ocorre uma avalanche de ácidos graxos em direção ao tecido adiposo, a qual cessa em umas 3 ou 4 horas após a refeição.

O glicerol, ao qual se esterificam os ácidos graxos para formar os triacilglicerídeos, ser origina no tecido adiposo exclusivamente a partir da glicose, sempre e quando exista um aporte alto e contínuo de glicose ao tecido adiposo, situação que coincide com enorme frequência com a ingestão de alimentos. A glicose, através da glicólise, forma nos adipócitos o glicerol 3-fosfato, ao qual se unem três ácidos graxos para formar os triacilglicerídeos. Durante o jejum, diminui a glicemia e baixa a disponibilidade de glicose no tecido adiposo, pelo que se bloqueia a síntese de glicerol 3-fosfato. Neste estado de jejum, as lípases do adipócito hidrolisam os triacilglicerídeos para formar glicerol e três ácidos graxos. Se há um conteúdo suficiente de glicerol 3-fosfato, os ácidos graxos são reesterificados e armazenados na forma de triacilglicerídeos. Se não há glicerol 3-fosfato suficiente, são liberados do tecido adiposo tanto o glicerol como os ácidos graxos. Os ácidos graxos não esterificados são insolúveis em água e ao serem liberados pelos adipócitos se unem à albumina sérica, a qual os transporta a outros tecidos, como fígado ou músculo, por exemplo, onde são usados com fins energéticos.

O padrão metabólico do glicerol é muito interessante no adipócito, já que este carece da quinase que o fosforila, com a participação de ATP, e o transforma em glicerol 3-fosfato. A quinase está presente em muitas outras células; por exemplo, a hepática, a qual depois de fosforilá-lo o converte em glicose, que é exportada à circulação. Em resumo, no adipócito, o glicerol 3-fosfato é sintetizado a partir de glicose e a falta de gliceroquinase dá ao glicerol 3-fosfato um papel importante como regulador da reesterificação de ácidos graxos; além disto, condiciona o adipócito a liberar glicerol, de forma contínua, em situação de jejum.

Ainda que não seja aparente, o tecido adiposo é um tecido metabolicamente muito ativo. Considere um período de 24 horas no qual os triacilglicerídeos são armazenados no tecido adiposo como consequência da ingestão de lipídeos e carboidratos. Em um momento posterior, uma quantidade equivalente de lipídeos que foram armazenados, são paulatinamente liberados para serem utilizados como fonte energética por uma variedade de células diferentes dos adipócitos. Em 24 horas, o peso corporal do indivíduo normal quase não muda, mas em um dado momento, armazena lipídeos, que são liberados em quantidade equivalente, posteriormente. Os aumentos ou diminuições do peso corporal, devidos ao maior ou menor depósito de triacilglicerídeos no tecido adiposo, resultam de uma prolongada perda do equilíbrio mencionado.

Cérebro

Com um peso não maior do que 1,5kg em um indivíduo de 70kg, o cérebro consome, em 24 horas, cerca de 120g de glicose, equivalentes a 480kcal. Como o cérebro quase não armazena glicose como glicogênio, terá que utilizar a glicose sanguínea para satisfazer suas necessidades energéticas. Como resultado, o cérebro consome quase 60% da glicose do corpo no estado de repouso. Durante um jejum prolongado por vários dias, ou no caso de diabetes mal controlada, - situações nas quais aumenta a produção hepática de corpos cetônicos -, o cérebro pode usar, com fins energéticos, os corpos cetônicos, substituindo parcialmente o consumo de glicose.

Na figura 24-2, são observadas as interdependências dos metabólitos entre os três tecidos revisados anteriormente, sendo o hepático, o muscular e o adiposo. Os metabólitos formados por alguns tecidos são usados por outros, e ainda que no fígado predomine uma função de "serviço", é fácil detectar a interdependência metabólica em benefício da integração das funções do organismo. No caso do cérebro, como grande consumidor de glicose, se apreciaria uma aparente situação não equitativa, com o consumo preferencial de glicose, sem proporcionar em troca outro substrato energeticamente útil. É óbvio que o cérebro contribui para a organização e integração metabólica de uma maneira altamente especializada e de grande hierarquia, como será visto na última parte deste capítulo.

REGULAÇÃO HORMONAL

O sistema endócrino é formado por um conjunto de glândulas que sintetizam diversos hormônios, cuja função é coadjuvar a coordenação entre os distintos tecidos de um organismo, para manter a constância do meio interno ante os estímulos ambientais. Recebe o nome de hormônio toda substância produzida por um tecido do organismo, a qual, através da circulação, alcança e modifica as funções de tecidos distantes, tecidos "alvo".

O número de moléculas que atualmente satisfazem de maneira plena a definição que acaba de ser dada para hormônios é enorme. Basta destacar aqui a leptina, formada no tecido adiposo e que atua sobre o sistema nervoso central, os nucleosídeos de adenosina e inosina, liberados pelo tecido muscular e que modificam o metabolismo do fígado.

Dada à amplitude de um campo em contínuo crescimento, neste livro são listadas e revisadas unicamente a função de alguns hormônios que são sintetizados pelo hipotálamo ou então por típicos tecidos glandulares e que modificam de maneira importante o metabolismo geral. Assim, não são revisados os hormônios por tecidos que não são primordialmente glandulares, como o tecido adiposo ou o muscular, por exemplo. Também não será revisada a ação de fatores tróficos.

De acordo com suas características gerais, se divide os hormônios em dois grupos (quadro 24-2). Um é formado pelos esteroides, o calcitriol, os retinoides e as iodotironinas. São apreciadas as seguintes características gerais: a) são insolúveis em água e solúveis em solventes orgânicos, pelo que requerem uma proteína transportadora no plasma; b) sua vida média é relativamente longa, desde algumas horas até vários dias; c) seu receptor celular está localizado intracelularmente e o mediador que exerce a função fisiológica é o complexo receptor-hormônio; d) são inativados funcionalmente ao formarem um derivado que os solubiliza em água.

Os hormônios do outro grupo são derivados de aminoácidos, catacolaminas, polipeptídeos, proteínas ou glicoproteínas. As características gerais deste segundo grupo incluem: a) são solúveis em água; b) não requerem uma proteína sérica para seu transporte; c) sua vida média é

Quadro 24-2. Classificação de alguns hormônios por suas características gerais descritas no texto. Os hormônios do grupo II foram agrupados em função do segundo mensageiro que geram

Grupo I	Grupo II	
	AMP cíclico	**Cálcio, fosfatidilinositol ou ambos**
Andrógenos	Catecolaminas α_2-adrenérgicas	Hormônio liberador de gonadotropina (Gn-RH)
Calcitriol (1,25[OH]$_2$-D$_3$)	Catecolaminas β-adrenérgicas	Catecolaminas α-adrenérgicas
Estrógenos	Hormônio adrenocorticotrópico (ACTH)	Oxitocina
Glicocorticoides	Hormônio antidiurético (ADH)	Fator de crescimento derivado de plaquetas (PDGF)
Mineralocorticoides	Glucagón	Colecistoquinina
Progestinas	Lipotropina (LPH)	Hormônio liberador de tirotropina (TRH)
Hormônios tireoideanos (T_3 e T_4)	Hormônio luteinizante (LH)	Gastrina
Retinoides	Hormônio estimulador de melanócitos (MSH)	Hormônio antidiurético (ADH, vasopressina)
	Hormônio paratireoideano (PTH)	
	Gonadotropina coriônica humana (hCG)	
	Hormônio liberador de corticotropina (CRH)	
	Hormônio foliculoestimulante (FSH)	
	Somatostatina	
	Hormônios acoplados a receptores com atividade de tirosina quinase	
	Somatomamotropina coriônica (CS)	
	Fator de crescimento similiar a insulina (IGF-I, IGF-II)	
	Eritropoietina (EPO)	
	Fator de crescimento epidérmico (EGF)	
	Fator de crescimento nervoso	
	Fator de crescimento fibroblástico (FGF)	
	Fator de crescimento derivado de plaquetas (PDGF)	
	Hormônio do crescimento (GH)	
	Prolactina (PRL)	
	Insulina	

Todas as abreviaturas indicadas são derivadas de suas siglas em inglês.

de minutos e são inativados funcionalmente por proteólise ou por outro mecanismo de degradação do hormônio; d) o receptor hormonal está situado na membrana plasmática e e) o mediador é um segundo mensageiro, do tipo do AMP cíclico, cálcio ou o produto de hidrólise de fosfoinositídeos, entre outros.

De todas as características anotadas para os hormônios, a de que atuam através de um receptor é a de maior importância funcional. O receptor é uma molécula proteica que se complementa estruturalmente com o hormônio. Ao interagir com o hormônio, se inicia a resposta fisiológica. O receptor é altamente estéreo-específico e não se encontra distribuído em todas as células; o anterior que dizer que a resposta a cada hormônio apenas se dá nas células que possuem o receptor. Outra característica importante dos hormônios é o tipo de segundo mensageiro que é gerado como resposta inicial ao hormônio. No quadro 24-2 são agrupados os hormônios de mamíferos, em função do segundo mensageiro que formam.

Qualquer que seja o segundo mensageiro, este tem propriedades importantes: é produzido intracelularmente e modula o fluxo de metabólitos das vias existentes. Em resumo, um hormônio pode ser definido como um sinal extracelular que provoca uma resposta específica, modificando a velocidade do fluxo das vias metabólicas. Um aspecto complementar, mas importantíssimo do ponto de vista da coordenação e integração do metabolismo completo do indivíduo, é que a liberação de hormônios ou primeiros mensageiros é uma resposta também específica de uma glândula, com a capacidade de sintetizar um hormônio. Por exemplo, as células β do pâncreas liberam a insulina como resposta ao aumento da glicose sanguínea.

ORGANIZAÇÃO DO SISTEMA ENDÓCRINO NOS MAMÍFEROS

Nos mamíferos, os dois sistemas de coordenação e regulação, o nervoso e o endócrino, se encontram estreitamente relacionados; a estrutura mais importante de união entre eles é o hipotálamo.

Na figura 24-3 se esquematiza a organização hierárquica entre o hipotálamo, a hipófise e os hormônios, cuja liberação está estreitamente associada à primeira estrutura.

Há outros hormônios menos ligados ao controle hipotalâmico: o paratormônio, a calcitonina, a insulina, o glucagon, a adrenalina e a noradrenalina.

O hipotálamo conta com dois grandes canais de informação, o nervoso (estímulos exteroceptivos, visuais, olfativos, térmicos, psicológicos entre outros) e o metabólico (estímulos interoceptivos, concentração de hormônios, pH, temperatura, hidratação, conteúdo de sais entre outros), os quais determinam a formação e a saída dos fatores liberadores que atuam sobre a hipófise.

Os "fatores liberadores" são sintetizados no hipotálamo, chegam à hipófise por via sanguínea e modulam a liberação dos hormônios hipofisários (quadros 24-3).

Dos estímulos interoceptivos, o dos níveis dos próprios hormônios circulantes reveste a maior importância, de acordo com sua concentração, podem inibir ou estimular a saída dos fatores liberadores que determinam sua própria formação.

Além disto, existe um alto grau de interconexão entre os mesmos hormônios. No organismo íntegro, numerosos hormônios atuam sobre o mesmo sistema; por exemplo, sobre as funções uterinas ou mamárias, o nível de glicemia, entre outros. Por outro lado, cada hormônio pode ser ativado ou inibido por outros hormônios.

Mas a grande conclusão, em relação com a participação dos hormônios no sistema nervoso, é a enorme coordenação e sincronia que se manifesta em suas respostas integradas e finais. O objetivo de adaptar mais e melhor o organismo ao meio que o rodeia é amplamente satisfeito.

A seguir são descritas as ações fisiológicas de destaque de alguns hormônios menos ligados ao controle hipotalâmico, que contribuem para a integração metabólica em um indivíduo. Foram selecionadas as cinco seguintes por sua grande participação no armazenamento ou consumo de carboidratos, lipídeos e proteínas: insulina, catecolaminas, glucagon, cortisol e hormônios tireoidianos.

Insulina

O aumento da glicose sanguínea, de alguns aminoácidos e fármacos, assim como o estímulo do sistema parassimpático estimulam a liberação pancreática de insulina. A presença de insulina no plasma é observada depois da ingestão de alimentos. A insulina favorece a síntese de glicogênio nos tecidos muscular e hepático, a síntese de lipídeos no tecido adiposo e a síntese de proteínas em vários tecidos, em especial o muscular. Atua de diversas maneiras nos diferentes tecidos, independentemente de que seu segundo mensageiro seja uma cascata de reações desencadeada por proteínas quinase. Assim, nos músculos e nos adipócitos, a insulina promove a entrada de glicose e com isto sua oxidação, o que satisfaz as demandas energéticas celulares e aumenta o conteúdo de metabólitos provenientes da glicose; nos músculos, a glicose 6-fosfato e o aumento do conteúdo de ATP estimulam a síntese de glicogênio e simultaneamente inibem sua degradação. No tecido adiposo aumenta o conteúdo de ATP e de glicerol 3-fosfato, além de receber grandes quantidades de ácidos graxos da dieta e de sua síntese hepática, o que resulta em uma maior síntese de triacilglicerídeos. Nos músculos também é aumentada a incorporação de certos aminoácidos à célula, por meio da insulina, o que junto com a satisfação das necessidades energéticas, favorece a síntese de proteínas e inibe sua degradação.

No fígado, o hormônio em questão aumenta a síntese da glicoquinase e, com ele, a conversão intra-hepática da glicose em glicose 6-fosfato, a partir da qual se satisfaz o conteúdo celular de ATP e se aumenta a síntese de glicogê-

Quadro 24-3. Fatores hipotalâmicos que regulam a liberação de hormônios hipofisários nos mamíferos

Fator	Hormônio afetado
Liberador de hormônio adrenocorticotrópico	Adrenocorticotropina
Liberador de hormônio foliculoestimulante	Foliculoestimulante
Liberador do hormônio do crescimento	Somatotropina
Inibidor do hormônio do crescimento	Somatotropina
Liberador do hormônio luteinizante	Luteotropina
Liberador da prolactina	Prolactina
Liberador do hormônio tireotrópico	Tireotropina
Liberador do hormônio estimulante dos melanócitos	Melanotropina
Inibidor do hormônio estimulante dos melanócitos	Melanotropina

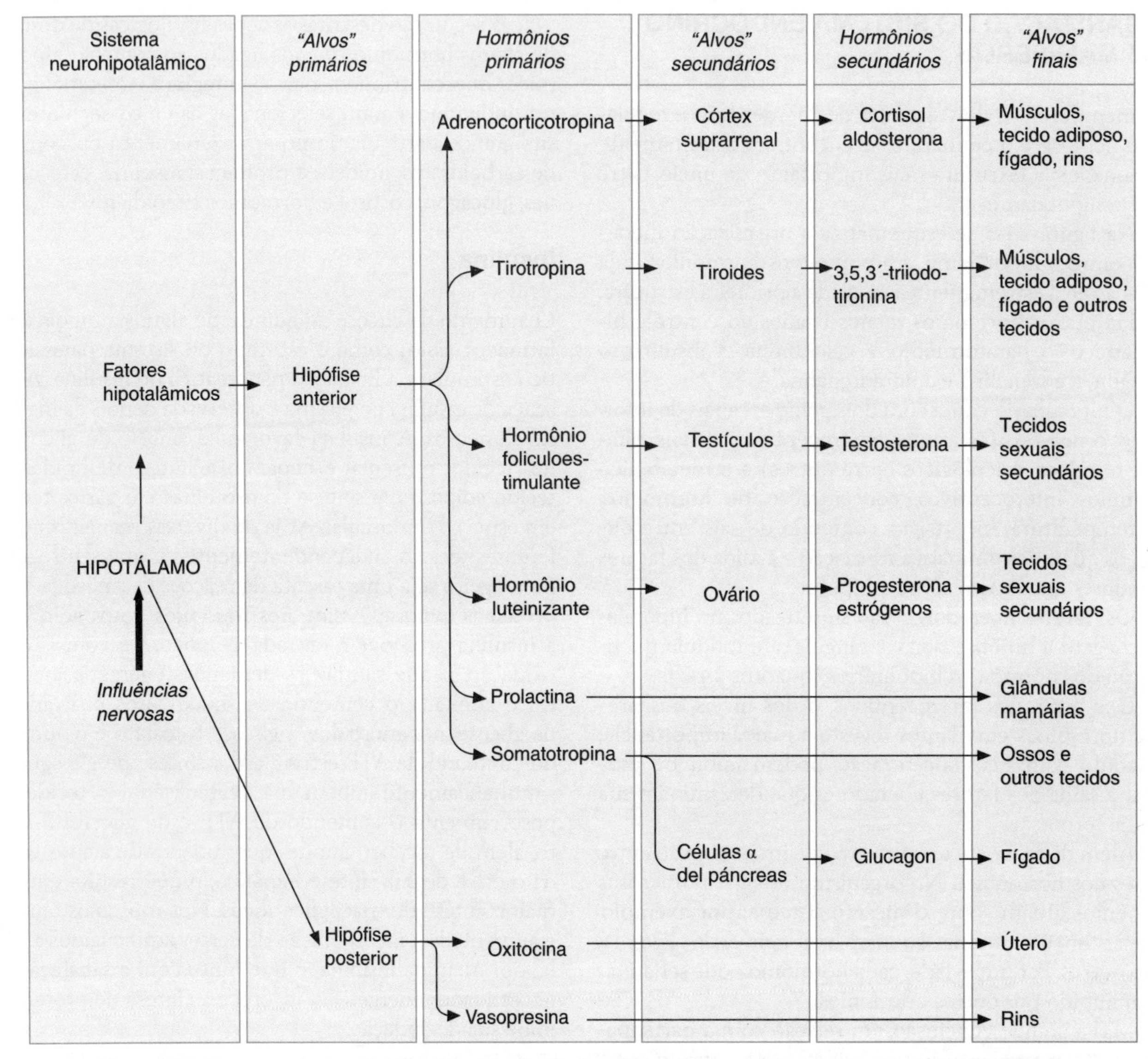

Figura 24-3. Esquema da organização para a regulação da secreção de hormônios sob o comando do hipotálamo.

nio, ácidos graxos e proteínas. Ao ser estimulada a síntese de proteínas, diminui a formação e eliminação de ureia.

Catecolaminas

Trata-se da adrenalina e noradrenalina, secretadas nas terminações nervosas dos nervos do sistema simpático e na medula das glândulas suprarrenais. As catecolaminas são liberadas como uma resposta imediata a uma situação de emergência, como pode ser, entre outras, ganhar uma competição ou a diminuição da glicose sanguínea. As catecolaminas via AMP cíclico ou cálcio como segundo mensageiro, atuam em muitos tecidos, ocasionando respostas particulares, mas cuja soma dá uma resposta integrada no indivíduo. Por exemplo, um susto forte ocasionará a liberação de catecolaminas e as seguintes respostas nos diferentes tecidos com os receptores ao hormônio: aumento na força e frequência das contrações cardíacas, aumento no tônus vascular arterial, aumento na intensidade e frequência dos movimentos respiratórios, ativação da lípase do tecido adiposo, liberação de glicerol e ácidos graxos na circulação, degradação de glicogênio muscular e liberação de lactato; assim como, em menor proporção, degradação do glicogênio hepático e liberação da glicose, também ao sangue. Em conjunto, o organismo se dispõe a "lutar ou fugir", e o fará com vantagem ao dispor de distintos substratos para solucionar melhor suas necessidades energéticas, dispor de mais oxigênio para a mais completa e rápida oxidação dos substratos e de uma melhor comunicação entre seus tecidos pela via sanguínea ao aumentar a frequência cardíaca e o tônus vascular. De maneira complementar, a adrenalina inibe a secreção de insulina e estimula a secre-

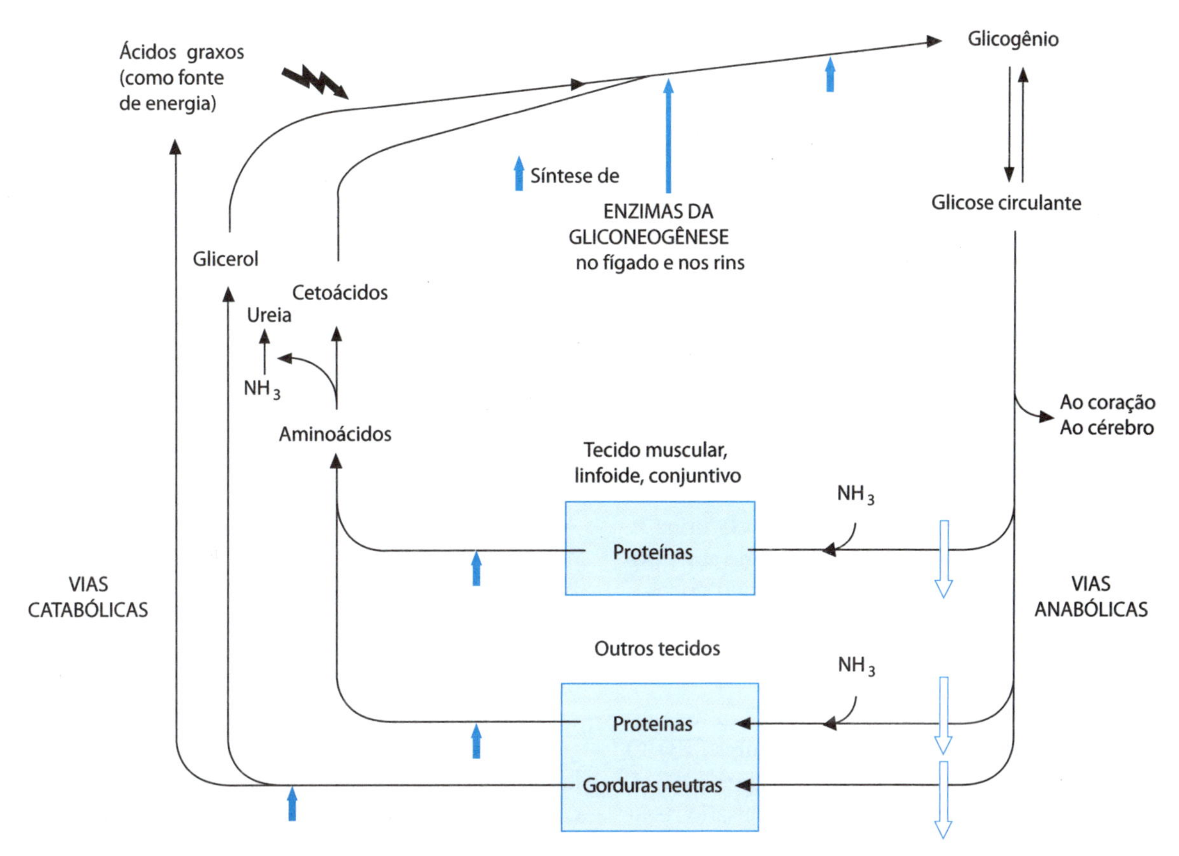

Figura 24-4. Resumo da ação dos glicocorticoides no metabolismo de carboidratos, lipídeos e proteínas. As flechas azuis indicam os fluxos estimulados e as flechas com fundo branco os fluxos inibidos. Nota-se uma ação catabólica nos tecidos periféricos que condiciona uma ação anabólica no tecido hepático.

ção de glucagon. Em conjunto, a resposta integral é um estupendo exemplo de coordenação metabólica e funcional.

Glucagon

É formado nas células α do pâncreas e é liberado ao diminuir a concentração da glicose no sangue. Atua principalmente no fígado e, em menor proporção, no tecido adiposo, através de uma cascata de reações iniciada pelo AMP cíclico, como segundo mensageiro. No hepatócito, a resposta final à ação do glucagon é um importante aumento na exportação de glicose. Esta resposta final é o resultado de um conjunto de ações iniciadas pelo glucagon, que no fígado incluem estimulo da degradação de glicogênio, ativação da síntese de glicose a partir do lactato e de aminoácidos, os quais são desaminados e favorecem uma maior síntese de ureia; inibição da glicólise e, por fim, inibição hepática na produção de piruvato e na atividade da acetil-CoA carboxilase, o que se associa a uma inibição na síntese de ácidos graxos.

Nas células do tecido adiposo, o glucagon ativa a lípase e estimula a lipólise, com a imediata liberação de glicerol e ácidos graxos. Em resumo, o glucagon fornece às células, diretamente ou através da circulação, material oxidável no momento em que diminui a glicose sanguínea.

Cortisol

O cortisol é um esteroide que é liberado do córtex das glândulas suprarrenais como resposta a uma situação de estresse. É um hormônio do grupo I, pelo que o complexo hormônio-receptor promove a síntese específica de proteínas no nível do núcleo celular. Ao aumentar a quantidade de uma ou várias enzimas chave, se modifica a velocidade de fluxo de metabólitos através de uma ou mais vias metabólicas. O hormônio adrenocorticotrópico, de origem hipofisária, é o estímulo para a formação e liberação de cortisol, o qual produz um conjunto de ações em diferentes tecidos alvo, mas aqui são resumidas apenas aquelas estreitamente ligadas ao metabolismo intermediário (figura 24-4). No fígado, o cortisol tem um efeito anabólico, facilitado pelas ações do glucagon e das catecolaminas no próprio fígado e pelos efeitos promotores do cortisol sobre o catabolismo nos tecidos periféricos. Para o caso do cortisol, os tecidos periféricos compreendem os músculos, o tecido adiposo e o linfoide, nos quais inibe a utilização de glicose, a glicólise, a síntese de proteínas e estimula a lipólise (aumenta a ação lipolítica das catecolaminas e do hormônio do crescimento) e da degradação das proteínas assim como dos ácidos nucleicos.

O resultado é o aumento da glicose sérica, já que esta penetrou nos tecidos e também um aumento no soro, de ácidos graxos, aminoácidos e nucleosídeos mobilizados a partir dos tecidos periféricos. O fígado utiliza estes materiais para exercer o efeito anabólico do cortisol. Em concreto, o hormônio estimula a síntese da fosfoenolpiruvato carboxiquinase, a enzima limitante da gliconeogênese; desta maneira, ativa tal via metabólica. Os ácidos graxos dos tecidos periféricos fornecem a energia para a conversão do glicerol e dos aminoácidos em glicogênio hepático e glicose sanguínea; como simultaneamente se inibe sua utilização nos tecidos periféricos, se obtém uma fraca hiperglicemia e um aumento da disponibilidade da glicose para o cérebro e coração. A conversão de aminoácidos em glicogênio aumenta a formação da ureia, cuja maior perda pela urina causa um balanço nitrogenado negativo. Ao aumento da eliminação de ureia pela urina se soma um estímulo da formação de uratos devido ao aumento do catabolismo das nucleoproteínas nos tecidos periféricos.

Hormônios tireoidianos

Os principais hormônios tireoidianos são a 3,5,3´,5´-tetraiodotironina ou tiroxina (T4) e a 3,5,3´-triiodotironina (T3). O fator inicial na produção dos hormônios tireoidianos é o estímulo originado pela tirotropina, hormônio hipofisário regulado pela presença dos próprios hormônios tireoidianos e por um fator hipotalâmico. Quando os hormônios tireoidianos se ligam aos receptores nucleares, ativam a síntese de RNA e o resultado líquido é um aumento na síntese de proteínas. Em concreto, aumenta a concentração tissular de citocromos e da glicerofosfato desidrogenase mitocondrial. O hormônio tireoidiano estimula também a produção de somatotropina. Os hormônios tireoidianos são indispensáveis para a formação e o crescimento normal dos tecidos. O efeito tireoidiano sobre a maturação e a diferenciação tissular é reconhecido com facilidade na metamorfose dos anfíbios; nos girinos sem tireoides não crescem os membros e nem perde sua cauda. Por outro lado, um excesso de T3 bloqueia a síntese de proteínas e produz um balanço nitrogenado negativo.

Nos tecidos submetidos à ação dos hormônios tireoidianos se observa um aumento na produção de calor, devido ao maior consumo de oxigênio na utilização dos substratos oxidáveis. Este efeito é atribuído à ativação da ATPase mitocondrial acoplada à bomba de Na^+/K^+; a diminuição do ATP celular e o aumento concomitante do ADP constituem o sinal para estimular a fosforilação oxidativa e, com ele, a utilização de substratos e o consumo de oxigênio; as doses tóxicas dos hormônios tireoidianos produzem um desacoplamento da fosforilação oxidativa.

Os hormônios T3 e T4 também aumentam a absorção intestinal de glicose e a utilização da glicose circulante; é produzida assim uma curva de tolerância à glicose com hiperglicemia inicial e um exagerado consumo posterior do carboidrato. O aumento dos hormônios tireoidianos provoca diminuição do colesterol circulante, efeito que desaparece ao diminuir o T3 e T4.

REFERÊNCIAS

Alberts B, Bray D, Lewis J, Raff M, Roberts K, Watson JD: *Molecular biology of the cell.* 3rd ed., Garland, 1994.

Brodsky B, Persikov AV: Molecular structure of the collagen triple helix. Adu Prot Chem 2005; 70:301.

Chen D, Zhao M, Mundy GR: Bone morphogenetic proteins. Growth facrt 2004;22:233.

Devlin TM: *Bioquímica. Libro de texto con aplicaciones clínicas,* 5a ed., Editorial Reverté, 2004.

Lozano, JA, Galindo, JD, García Borrón, JC, Martínez Liarte: *Bioquímica y Biología Molecular,* 3a ed., McGraw-Hill Interamericana, 2005.

Melo RV, Cuamatzi TO: *Bioquímica de los processos metabólicos,* Ediciones Reverté, 2004.

Murray RK, Granner DK, Mayes PA, Rodwell VW: *Harper's biochemistry.* Appleton & Lange, 1996.

Nelson DL y Cox MM: *Lehninger Principios de Bioquímica,*4a ed.,Omega, 2006.

Newsholme EA, Leech AR: *Biochemistry for the medical sciences.* Wiley, 1983.

Smith C, Marks, AD: *Bioquímica básica de Marks. Un enfoque clínico,* Ed. McGraw-Hill Interamericana, 2006.

Stryer L: *Biochemistry.* 4th ed., Freeman, 1995.

Biochemistry and Molecular Biology Education. Publicación de la Internacional Union of biochemistry (trimestral), 1973. http://www3.interscience.wiley.com/journal/122288004/grouphane/home.html

Boletín de educación bioquímica. México (trimestral), 1982. http://computo.sid.unam.mx/Bioquimical

La Recherche. Editado mensualmente por la Société d'Éditions Scientifiques, París. Traducida al español y publicada con El título: Mundo científico. Ed. Fontalba, Barcelona.

Mensaje bioquímico. Publicación del Departamento de Bioquímica, Facultad de Medicina, Universidad Nacional Autónoma de México. México (anual), 1978. http://bq. unam. mx/mensajebioquimico

Scientific American. Publicado por Scientific American, Inc., Nueva York (mensual). The FASEB Journal Publicación oficial de la Federation of American Societies for Experimental Biology. Bethesda (mensual), 1987. http:// www. scientificanamerican.com/

Trends in biochemical sciences. Publicado para la Intemational Union of Biochemistry, por Elsevier (mensual), 1976. http://www.sciencedirect.com/science/journal/09680004

Páginas eletrônicas

Universidad de Santiago de Compostela (2007): Regulación del metabolismo. [En línea]. Disponible: <http://usc.es/fac_bioloxia/programas 2ciclo/regulacion_del_metabolismo. htm> [2009, abril 10]

Nelson D, Cox M (2007): Presentaciones Power Point del libro de Bioquímica de Lehninger. [En línea]. Disponible: http://laguna.fmedic.unam.mx/lenpres [2009, abril 10]

Seção IV

Os genes e sua expressão

25

Introdução à biologia molecular

Fernando López Casillas

Muitos anos depois, diante do pelotão de fuzilamento, o coronel Aureliano Buendía haveria de recordar aquela tarde remota em que seu pai o levou a conhecer o gelo.

Gabriel García Márquez
Cem Anos de Solidão

A fidelidade que os seres vivos têm em seu programa desenvolvimento, em seu comportamento bioquímico e em seu aspecto físico resulta de uma intrincada rede de controles que os mantêm em uma aparente constância morfológica e funcional. Esta rede tem maleabilidade suficiente para lhes permitir enfrentar com sucesso as exigências de seu ambiente em mudança. Uma parte fundamental desta rede homeostática dos seres vivos é composta de mecanismos genéticos, que não apenas contribuem para a homeostase, mas também lhes permite transmiti-la a seus descendentes, mantendo assim a aparente constância das espécies biológicas. Este capítulo descreve as bases químicas destes mecanismos genéticos e o que atualmente se conhece sobre seus modos de operação. Ele também discute como esse conhecimento forneceu ferramentas poderosas para compreender o desenvolvimento de doenças, para a criação de novas técnicas de diagnóstico e terapêutica, e para o surgimento da biotecnologia.

FENÓTIPO, GENÓTIPO E EPIGÊNESE

A descrição morfológica ou funcional de um organismo vivo em qualquer ponto do seu desenvolvimento é o fenótipo desse organismo. Quando o anatomista detalha a forma ou posição relativa de órgãos e células que formam um indivíduo ou uma espécie biológica, quando o fisiologista estuda o funcionamento elétrico ou químico destes órgãos, ou quando o patologista descreve as alterações que esses órgãos apresentam na doença, tudo o que se está fazendo é uma descrição fenotípica. O genótipo é definido como o conjunto de instruções, ou genes, contidos no seu material genético hereditário; ou seja, a **informação** contida nas sequências de ácido desoxirribonucleico (DNA) que é transmitida de geração em geração entre os membros de uma espécie. Este conjunto de instruções é enorme, mas finita predeterminação das possibilidades fenotípicas de um organismo. O conteúdo genotípico de uma célula do fígado e de um neurônio de um mesmo indivíduo é equivalente, no entanto, estas células mantêm uma acentuada diferença fenotípica que é atribuída, em grande parte, pela ativação de partes do genótipo celular indispensáveis para manter essa diferença. Definimos, em geral, os fatores epigenéticos como influências ou eventos que não estão escritos no material genético herdado dos seres vivos, mas que modificam seus fenótipos. Os fenômenos epigenéticos podem determinar, em um determinado momento, a maneira de expressar as instruções dos genótipos e, portanto, o fenótipo do indivíduo. Enquanto nos capítulos subsequentes serão enfatizados e discutidos predominantemente os determinantes genotípicos do fenótipo, é muito importante que o estudante não se esqueça da existência e da importância dos fatores epigenéticos. Por exemplo, os fatores ambientais, entre os quais poderíamos incluir a poluição, são fatores epigenéticos que modulam o fenótipo de forma significativa. Outro caso ilustrativo da importância dos fatores epigenéticos é o exemplo clássico da associação do tabagismo com determinados tipos de câncer de pulmão. Seria de pouca utilidade discutir se o genótipo ou os fatores epigenéticos são mais importantes para o estabelecimento do fenótipo; ambos são, de fato, interligados.

HERANÇA: MENDELIANA, NÃO MENDELIANA E POLIGÊNICA

Uma característica do genótipo é sua hereditariedade. Em 1865, Mendel descreveu um tipo de hereditariedade que apresentam certas variedades de ervilhas. Ele identificou alguns traços fenotípicos que são transmitidos de uma forma previsível nessas plantas e concluiu corretamente que essas características são herdadas de forma previsível, porque são determinada por fatores genéticos, que são segregados de maneira independente, ou seja, os genes se transmitem de pais a filhos como unidades de herança individual. De suas observações, Mendel concluiu que as ervilhas têm uma herança genética dupla. Assim, são organismos diploides, em que existem duas cópias ou alelos do gene causando uma característica fenotípica. Em organismos diploides, cada cópia alélica provém de cada um dos progenitores. Mendel também postulou que, frequentemente, uma dessas cópias em particular pode ser dominante sobre sua contraparte herdada do outro progenitor. Quando na descendência se encontra um alelo recessivo de um gene e um dominante, o fenótipo observado nesta combinação **heterozigótica** corresponde ao tipo dominante. Para o surgimento de um fenótipo recessivo é essencial à transferência, por ambos os pais, de uma combinação **homozigótica** de alelos recessivos. Claramente, a combinação homozigótica de alelos dominantes resultará em um fenótipo dominante. As interpretações que Mendel deu às suas observações provaram ser corretas para um tipo de herança que é agora chamado de "mendeliana", precisamente por se manifestar da maneira pela qual Mendel a descreveu. Neste caso, uma característica fenotípica é determinada pelo efeito de duas cópias alélicas de um gene, cada uma delas com diferentes graus de dominância, que são herdadas de membros de uma família de uma maneira matematicamente previsível (Figura 25-1).

O fato de que existam variantes dominantes e recessivas em um gene implica a existência de formas alternativas cada traço genotípico. Em geral, é verdade que um mesmo gene possa ter muitas formas diferente ou variante. A estas variantes chamamos alelomórficas, variantes alélicas ou, simplesmente, alelos. Em uma espécie ou população determinada, podem existir múltiplas variantes alélicas para um determinado gene. No entanto, entre toda essa gama possível de alelos, apenas dois, e não mais do que dois, são presentes em um indivíduo em particular. Estes são os alelos que foram herdados do pai e da mãe, respectivamente. A identificação de paternidade com métodos genéticos se baseia neste fato. Na prática, apenas alelos com alta variabilidade dentro de uma população, ou seja, altamente polimórficos, são úteis para este tipo de análise.

Existem outros tipos de herança que não seguem as regras mendelianas. Um exemplo clássico é descrito por Barbara McClintock, na década 1940-1949, ao estudar a coloração dos grãos de milho. McClintock identificou características fenotípicas que não estavam em conformidade com o padrão mendeliano e sugeriu que os genes causais esse fenótipo deviam ser "móveis", ou seja, ao contrário de genes que seguem uma segregação mendeliana, não tinham uma residência fixa ou locus no genoma ou cromossomos, tornando-se impossível prever sua hereditariedade com base nas regras mendelianas. Estudos subsequentes mostraram que esta mobilidade era devida ao "transposição" ou mudança de posição que estes genes apresentam, devido a eventos de recombinação do DNA.

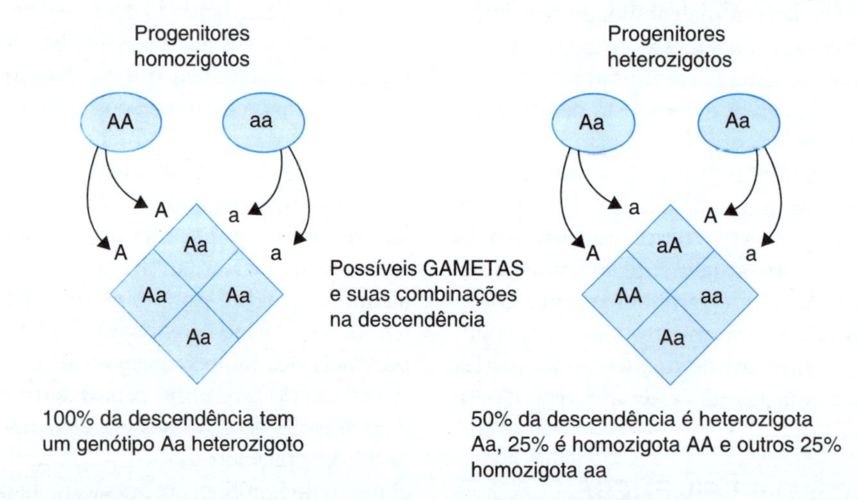

Figura 25-1. Esquema de herança mendeliana monogênica. Os organismos diploides contêm duas cópias alélicas de cada gene. Estes alelos podem ser altamente variáveis ou polimórficos e apresentar dominância de um em relação aos outros. No exemplo ilustrado, o alelo A é dominante sobre o alelo a, de modo que tanto um organismo homozigoto AA, quanto um heterozigoto Aa, terão o fenótipo conferido pelo alelo A. Em contrapartida, um organismo homozigoto aa terá o fenótipo conferido pelo alelo a. Os gametas ou células reprodutivas nestes organismos têm conteúdo haploide, ou seja, apenas uma cópia alélica. A união dos gametas restaura o conteúdo diploide do organismo. Os progenitores homozigotos têm apenas uma variante alélica em seus gametas, enquanto os progenitores heterozigotos apresentam gametas com uma ou outra variante alélica. Neste exemplo, os descendentes de progenitores heterozigotos Aa têm sempre uma distribuição de frequência de AA= 25%, aa= 25% e Aa= 50%. A coreia de Huntington, uma doença incapacitante causada pela degeneração do sistema nervoso central, é herdada de forma monogênica dominante e autossômica. O gene responsável pela doença de Huntington está localizado no braço curto do cromossomo 4, um cromossomo somático. Eles são chamados genes autossômicos por serem localizados em um dos 22 cromossomos somáticos. Por não residir em um algum dos cromossomos de sexo XY, são herdados de forma independentemente do sexo. O alelo variante do gene que causa a doença Huntington é herdado conforme o padrão mendeliano aqui ilustrado para o alelo A. Como resultado, os alunos podem inferir por que os descendentes de um pai heterozigoto (Aa) e uma mãe homozigota (aa) têm 50% de chance de desenvolver a doença de Huntington.

Outro tipo de herança de grande relevância médica é a chamada herança poligênica. Um grande número de doenças, entre as quais asma, diabetes e hipertensão, têm um componente genético poligênico. Diz-se que uma característica fenotípica é poligênica quando é determinada por mais do que um único gene. Nos exemplos de herança mendeliana discutida acima, o traço genotípico é monogênico, ou seja, apenas um gene, não importa quantas variantes alélicas possa ter, determina a característica fenotípica. No caso da herança poligênica, vários genes diferentes, cada um com suas respectivas variantes alélicas, contribuem para o fenótipo. Geralmente, os genes que contribuem para um caráter poligênico se comportam de acordo com o padrão mendeliano. No entanto, a sua identificação é complicada pelo envolvimento de outros genes no fenótipo. Por esta razão, se tornou mais fácil identificar os genes causadores de doenças monogênicas, como a Doença de Huntington (Figura 25-1), e só recentemente começa a identificação dos genes envolvidos em doenças poligênicas.

O DNA, ÁCIDO DESOXIRRIBONUCLEICO, É O MATERIAL GENÉTICO

É notável que o trabalho de Mendel e sua postulação das unidades de transmissão genética, os genes, tenham sido realizados sem a necessidade de postular uma base química para os genes. Com o desenvolvimento da bioquímica no início do século XX, se considerava que apenas moléculas tão versáteis quanto as proteínas poderiam fornecer a diversidade química que os genes deveriam exigir, ou seja, pensou-se que os genes eram proteínas. A grande variedade dos blocos de construção das proteínas, 20 aminoácidos em uma ampla gama de combinações, dá origem a uma variedade de formas, tamanhos e as propriedades físico-químicas. Tudo isto sugeria que as proteínas possuíam as informações suficientes para constituírem o material genético. A análise das macromoléculas celulares não revelava outros compostos capazes de tal variedade informativa. De fato, o DNA parecia um candidato improvável por ser uma macromolécula das mais monótonas; com apenas quatro blocos de construção (A, C, G, T) e muito limitado em suas propriedades físico-químicas. Apenas em 1944, com experimentos de transformação genética de bactérias *Streptococcus pneumoniae* realizados por Avery, MacLeod e McCarthy, o DNA passou a ser considerado o substrato químico dos genes. Esta bactéria tem um fenótipo claramente distinguível, com a cepa que causa pneumonia em animais experimentais, a cepa patogênica, formando colônias lisas quando cultivada em laboratório. Em contraste, a variante não patogênica desta bactéria forma colônias rugosa. A incubação da cepa rugosa com DNA purificado da cepa lisa a "transformava" em uma cepa lisa e patogênica, essa transformação era hereditária aos descendentes das bactérias transformadas. Apenas o DNA, e nenhum outro composto bioquímico purificado da cepa lisa, foram capazes de ter esta capacidade "transformante". Esta e outras evidências experimentais semelhantes demonstraram que, apesar de sua "monotonia" bioquímica, o DNA era o substrato físico da hereditariedade. A determinação da estrutura tridimensional do DNA por Watson e Crick, em 1953, revelou como é que esta macromolécula pode ter esta capacidade. Não importa que apenas quatro blocos de construção constituam esta macromolécula polimérica, a chave encontra-se em duas propriedades do polímero.

A primeira propriedade é a sequência em que são dispostos os blocos. A segunda é que essa sequência existe em duas cópias complementares, que juntas formam uma cadeia dupla. Se os computadores com um alfabeto de apenas dois pontos (binário) pode lidar com quantidades inimagináveis de informações, e certos seres humanos conseguiram escrever com apenas 27 letras obras como Cem Anos de Solidão, não é despropositado imaginar que o DNA possa conseguir "escrever" textos genotípicos complexos com apenas quatro "símbolos".

DOGMA CENTRAL DA BIOLOGIA E POLÍMEROS INFORMACIONAIS

O esquema já tradicional do dogma central da biologia molecular indica relações funcionais e hierárquicas entre os polímeros informacionais: o DNA, o RNA e as proteínas (Figura 25-2). A designação de informacionais se deve ao fato de que essas moléculas contêm as informações essenciais para as funções celulares. A relação é hierárquica porque a informação flui unidirecionalmente a partir do DNA, o portador do genótipo. O dogma resume como a célula utiliza as informações genotípicas. Durante a **duplicação** do DNA, a molécula é copiada para que, depois de cada mitose, as células filhas tenham um genótipo completo. Para que esta informação genotípica possa ser utilizada, a célula deve iniciar um processo de decodificação do genótipo que chamamos expressão gênica. Esta expressão consiste no processo de **transcrição** do DNA em RNA e no uso de diferentes variedades de RNA para a **tradução** das informações contidas em um código ou chave, cujas letras são os nucleotídeos em ácidos nucleicos para um código ou chave cujas letras são os aminoácidos nas proteínas. As relações funcionais entre DNA, RNA e proteínas são refletidas nas suas propriedades estruturais, que determinam a forma ou o mecanismo pelo qual a informação genotípica flui para, ou se converte em informação fenotípica. Portanto, é de se esperar que o DNA, o RNA e as proteínas compartilhem uma similaridade ou equivalência entre eles claramente definida em suas estruturas. Como explicado a seguir, um requisito essencial para esta equivalência reside na linearidade e direcionalidade dos polímeros informacionais.

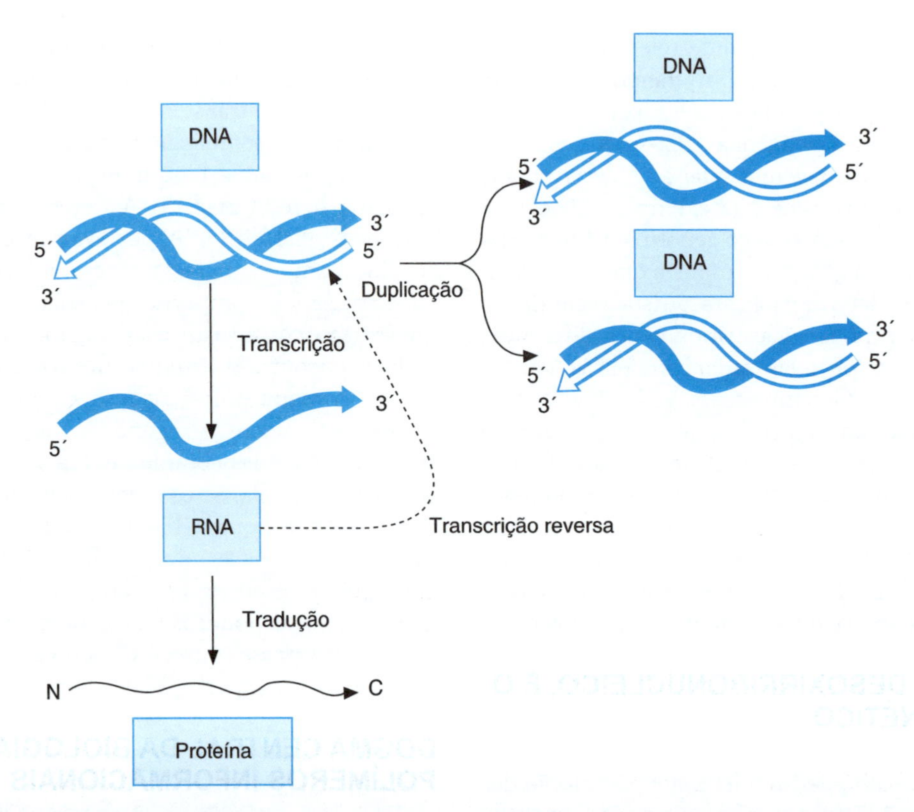

Figura 25-2. O dogma central da biologia molecular e os polímeros informacionais. O DNA dupla fita é o portador da informação genotípica. Através da duplicação do DNA, as células filhas adquirem uma cópia completa do genótipo, que é colocado em uso pelo processo chamado de **expressão gênica**. Durante a expressão do gene, há um fluxo de informações que é a transcrição do DNA em RNA e sua **tradução** em proteínas. Durante este fluxo, se mantém uma correspondência entre a linearidade e a direcionalidade dos polímeros informacionais. Embora exista uma única direção no fluxo de informações (setas sólidas), existem vírus que têm cromossomos constituídos de RNA, que, para sua propagação e expressão devem ser convertidos em DNA por um processo chamado **transcrição** reversa (seta pontilhada).

LINEARIDADE, DIRECIONALIDADE E CORRESPONDÊNCIA DOS POLÍMEROS INFORMACIONAIS

O DNA, substrato físico-químico da hereditariedade, é uma macromolécula polimérica de nucleotídeos dispostos em uma sequência linear. Neste aspecto estrutural, o DNA, o RNA e as proteínas se assemelham, pois os três são macromoléculas poliméricas lineares que podem ser imaginados como fitas sem ramificações. Como em qualquer fita ou corrente comum, o DNA, o RNA e as proteínas são compostos de ligações, ou monômeros, ou blocos de construção. No entanto, a natureza bioquímica desses monômeros é completamente diferente. No caso dos ácidos nucleicos, DNA e RNA, os monômeros que compõem as suas cadeias são desoxirribonucleotídeos e ribonucleotídeos, respectivamente; no caso das proteínas, são os 20 aminoácidos diferentes. Apenas quatro nucleotídeos diferentes compõem os ácidos nucleicos, os nucleotídeos contendo adenina (A), citosina (C), guanina (G) e timina (T) para o DNA; adenina (A), citosina(C), guanina(G) e uracila (U) para o RNA. Esta diferença na bioquímica das moléculas informacionais obriga a uma tradução rigorosa durante a expressão gênica; rigor que se manifesta na correspondência linear que os polímeros informacionais guardam entre si durante a transcrição e a tradução (Figura 25-3).

Outra diferença fundamental entre esses polímeros é que o DNA existe como uma fita dupla, enquanto o RNA e as proteínas existem em fita simples. Essa diferença permite que o DNA, mas não o RNA ou as proteínas, seja a molécula portadora do genótipo. As duas fitas de DNA são **cópias complementares** de si mesmas, o que lhe permite reproduzir uma a partir da outra. Esta capacidade de duplicar a si mesmo, que é essencial para a função do DNA como material hereditário, não existe nem no RNA nem nas proteínas. Algo em comum entre os polímeros informacionais é que podem ser conceituados como línguas. Como o português ou outras línguas, a linguagem do DNA, RNA e proteínas pode transmitir informações ao organizar de forma ordenada suas letras (monômeros) em palavras (genes e polipeptídeos) que, ao serem decifradas, nos transmitem um conteúdo que pode ser tão complexo quanto Cem Anos de Solidão ou o fenótipo de um organismo vivo. Assim como são fundamentais a ordem e a direção linear em que estão dispostas as letras que você

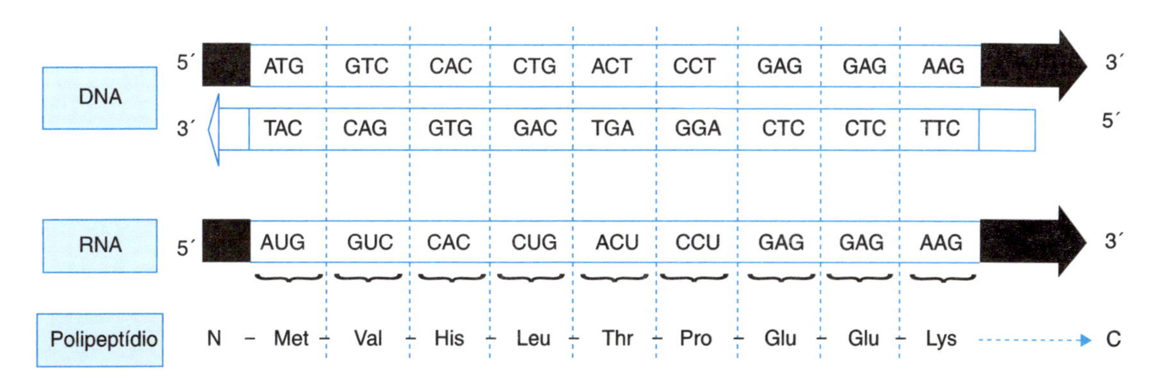

Figura 25-3. Colinearidade dos polímeros informacionais. A correspondência linear das sequências dos polímeros informacionais se ilustra aqui com um fragmento da sequência nucleotídica do gene da cadeia β da hemoglobina humana. O DNA é composto por duas hélices ou fitas que têm sequências complementares entre si. Durante a transcrição é sintetizado um RNA que tem uma sequência idêntica (exceto pelo uso de U em vez de T) a uma das fitas do DNA transcrito. Durante a tradução do RNA, grupos de três bases de nucleotídeos (triplets ou códons) são utilizados para codificar cada um dos aminoácidos da proteína traduzida.

está lendo agora, são igualmente fundamentais a ordenação e a direcionalidade das sequências de monômeros nos polímeros informativos. Disto depende a correta leitura dos textos genotípicos contidos no DNA e sua correta tradução fenotípica por meio da linguagem das proteínas. Nos capítulos que se seguem, este conceito fundamental será um tema recorrente. Por ora, basta dizer que como as palavras em português devem ser lidas da esquerda para a direita, as "palavras" do DNA e do RNA são lidas a partir de uma extremidade chamada 5' para uma outra chamada de 3' e que "as palavras da linguagem proteína" são lidas de um extremo chamado amino-terminal para o extremo carboxi-terminal do polipeptídeo. Esta direcionalidade das sequências é essencial para compreender e traduzir as palavras escritas na linguagem do DNA para palavras equivalentes na língua do RNA e daí para as palavras correspondentes na língua das proteínas. Esta tradução é baseada no fato das sequências monoméricas dos polímeros informacionais seguirem um ordenamento preciso e uma direcionalidade linear. As correspondências lineares entre essas sequências são mantidas durante a tradução destas diferentes línguas de 5' para 3' que correspondem a N-terminal para C-terminal.

Uma característica importante dos polímeros informacionais consiste em ter, continuando com a analogia da linguagem, regras de sintaxe e pontuação. Devido a suas diferenças estruturais, estas regras são específicas para cada uma dessas "línguas poliméricas". Por exemplo, o genótipo completo da *Escherichia coli* (E. coli), uma bactéria que normalmente vive no trato digestório dos mamíferos, está contido em uma única molécula circular com 4,64 milhões de pares de bases do DNA (de cerca de $3.0x10^9$ daltons de peso molecular). Nesta gigantesca molécula genômica estão escritos os 4 435 genes de E. coli. A grande maioria desses genes é expressa como cadeias polipeptídicas que têm, em média, 180 a 900 aminoácidos (de $2x10^4$-10^5 daltons de peso molecular, em média). Para cada uma dessas proteínas, existe um intermediário molecular, o RNA mensageiro, que é copiado a partir do gene correspondente localizado em algum lugar do DNA cromossômico. Estes fatos implicam duas coisas: a) que na molécula de DNA coexistem uma multiplicidade de genes, arranjados um após o outro em uma longa fila, como parágrafos do livro que você está lendo, e b) que no DNA devem existir elementos de pontuação que estabeleçam os limites entre um gene e outro, assim como as instruções que permitem a sua expressão seletiva, de acordo com as necessidades homeostáticas do organismo. Para uma correta e eficiente expressão gênica, ou seja, para criação de um fenótipo adequado, a célula deve reconhecer os elementos de pontuação e as instruções que estão no DNA. Na verdade, poderíamos dizer que os capítulos seguintes são dedicados a explicar como a célula e os organismos leem estes elementos de pontuação, usando e preservando a direcionalidade e a ordenação das sequências poliméricas que são repertórios genotípicos.

AS SEQUÊNCIAS INSCRITAS NOS POLÍMEROS INFORMACIONAIS SÃO MUTÁVEIS

Pelo fato de estarem sustentados por linguagens químicas baseadas em uma ordem sequêncial dos monômeros dentro um polímero, os genótipos estão sujeitos a alterações. Estas podem incluir substituição de um monômero por outro, ou a eliminação ou a repetição um segmento de monômeros. Estas alterações genotípicas podem se refletir em mudanças fenotípicas. Voltando à analogia linguística, podemos imaginar como uma mutação na citação de Garcia Márquez no início deste capítulo, pode resultar, ou não, em uma mudança significativa na nossa interpretação desse texto. Por exemplo, uma substituição de um g por um p na palavra final "gelo" tem um enorme efeito sobre o significado e intenção texto. Embora a substituição de um s por um z na primeira palavra "muitos" certamente ofender a ortografia, não impediria a compreensão do texto e a reconhecê-lo

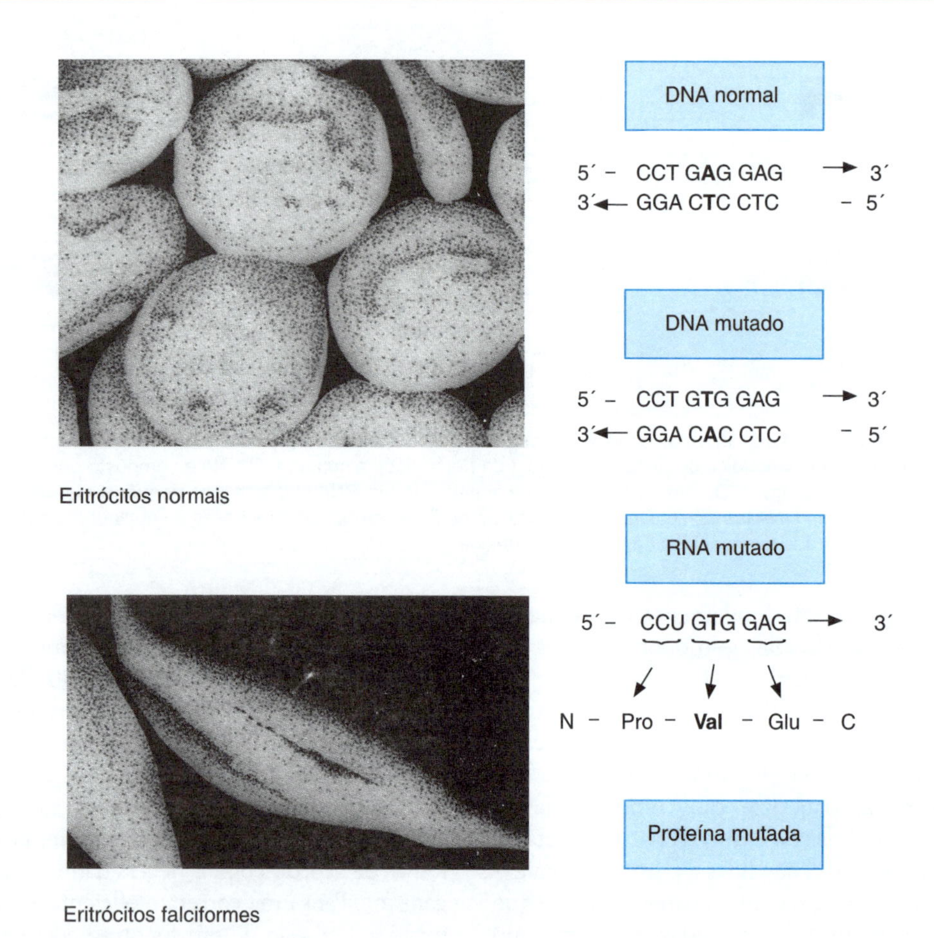

Figura 25-4. Mutações no genótipo podem causar graves alterações fenotípicas. Devido à colinearidade que existe entre DNA e RNA, uma mutação em que um A é substituído por um T no gene da cadeia β de hemoglobina humana origina um RNA mutado, que quando traduzido pode causar mudanças na sequência polipeptídica. O caso ilustrado aqui corresponde à chamada hemoglobina S, em que um ácido glutâmico da cadeia β é substituído por uma valina no produto final da tradução (compare com a Fig. 25-3). Esta substituição leva a defeitos estruturais e funcionais graves na hemoglobina. Pacientes que sofrem desta mutação têm anemia falciforme, assim chamada pela característica morfologia de foice que os eritrócitos adotam quando diminui a pressão do oxigênio sanguíneo.

como parte de Cem Anos de Solidão. De modo semelhante, as alterações genotípicas, que são chamadas, em geral, de mutações, têm diferentes graus de efeito fenotípico, desde aqueles incompatíveis com a vida, até os mais inócuos. Por exemplo, a mutação que consiste na **substituição** de um único nucleotídeo na sequência do gene da cadeia β da hemoglobina causa a substituição correspondente de um aminoácido do polipeptídio. Essas alterações se manifestam fenotipicamente como a doença conhecida como anemia falciforme (Figura 25-4). Em contrapartida, outras mutações, que poderiam ser de uma extensão ainda maior do que uma substituição de nucleotídeos pode passar despercebida a nível fenotípico. Este tipo de mutações, que não se manifestam fenotipicamente, são conhecidas como **silenciosas**.

Uma característica do DNA, resultado de suas propriedades bioquímicas, como discutido nos capítulos seguintes, é sua mutabilidade espontânea e inevitável. Estas mutações são parte essencial e inevitável do que chamamos vida. Esta mudança contínua, que é, em princípio, aleatória e pode ser fenotipicamente silenciosa é o mecanismo pelo qual as espécies evoluem. Ela também é o mecanismo através do qual surge a variabilidade individual, ou polimorfismo genético, nos membros das diferentes espécies e suas doenças hereditárias. Deve ficar claro para o aluno a tremenda relevância que tem a mutabilidade genotípica na evolução das espécies e na diversidade individual que existe em cada uma delas. Paradoxalmente, as células e os organismos desenvolveram, graças a evolução, um repertório de enzimas que está constantemente lutando para manter as alterações genotípicas ao mínimo. Este repertório enzimático está continuamente verificando a fidelidade com que ocorre a duplicação do DNA e a expressão gênica. O paradoxo é que tais mecanismos de verificação desenvolveram uma alta, mas não absoluta, eficiência, precisamente devido às mutações que estão tentando evitar. Isto ocorre, pois as mutações espontâneas são testes da natureza em que alternativas genotípicas/fenotípicas são testadas em relação às situações preexistentes que lhes deram origem. Estas novas alternativas são testadas por meio da seleção natural. Se essas alternativas são refletidas na melhor adaptação do organismo dentro de um contexto ambiental em particular, irão substituir o original. Se refletidas em um pior ajuste, tenderão a desaparecer. Em qualquer caso, contribuem para a variabilidade dos indivíduos dentro de uma espécie. Esta variabilidade que, graças a seleção natural resulta em indivíduos e novas espécies cada vez melhor adaptados ao seu ambiente.

IMPORTÂNCIA DO ESTUDO DAS BASES QUÍMICAS DA HEREDITARIEDADE

Nas quase cinco décadas que se passou desde a determinação da estrutura tridimensional do DNA, por Watson e Crick, assistiu-se a um rápido avanço na compreensão dos processos bioquímicos das moléculas informacionais resumidas no "dogma". Isto nos deu a capacidade de manipular e decifrar os genes. Hoje sabemos o conteúdo genotípico, ou **genoma** completo, de diversas espécies, incluindo a nossa. Foram identificados vários genes envolvidos em doenças hereditárias dos seres humanos e já se começa a desenvolver métodos de "terapia gênica"; isto é, para reverter as mutações que ocorre neles e restaurar a sua estrutura e função normais. Atualmente, a possibilidade de manipulação dos genes permitiu o desenvolvimento de produtos elaborados a partir de "DNA recombinante" e nos deu os "milagres" da biotecnologia. Por exemplo, foi possível identificar o gene da insulina humana e forçar sua expressão em bactérias como a E. coli, da qual se pode obter, em benefício dos diabéticos, grandes quantidades de um produto que anteriormente só poderia ser purificado a partir do pâncreas humano. E este é apenas o começo de um estágio onde o conhecimento e a utilização de moléculas informacionais mudará radicalmente a qualidade de vida humana, talvez na mesma proporção que, há quase um século, o fez a introdução da energia elétrica nossas atividades cotidianas. Para nenhum estudante de qualquer disciplina biológica essa revolução passará despercebida. Na verdade, seria altamente recomendável que participasse dela.

REFERÊNCIAS

Bender DA: Nutritional Biochemestry of Vitamins, 2nd. ed. Cambridge University Press, 2003.

Burtis CA, Aswood ER: *Tietz Fundamental of Clinical Chemistry,*5th. ed. Saunders, 2001.

Dawkins R: *The blind watchmaker* 11th. ed. Colection Austral,Espasa Calpe, 1990.

Devlin TM: Bioquímica. Libro de texto con aplicaciones clínicas, 5a. ed. Barcelona Editorial Reverté, 2004.

García Marquez G: *Cien años de soledad.* New York: W. W. Norton & Co., 1996.

Lozano JA, Galindo JD, García Borron JC, Martinez Liarte: *Bioquímica y Biología Molecular,* 3a. ed. México: McGraw-Hill Interamericana, 2005.

Melo RV, Cuamatzi TO: *Bioquímica de los processos metabólicos,* Barcelona: Ediciones Reverté, 2004.

Nelson DL y Cox MM: *Lehninger Principios de Bioquímica,* 4a.ed. Barcelona: Omega, 2006.

Smith C, Marks AD: *Bioquímica básica de Marks. Un enfoqueclínico, México:* McGraw-Hill Interamericana, 2006.

Watson JD, Tooze J: *The DNA story, a documentary history of gene cloning.* San Francisco: WH. Freeman and Company, 1981.

Páginas eletrônicas

Cristol SM (2009): *Molecular Vision* [Online]. Disponível em: http://www.molvis.org/molvis/ [2009, março 27]

Lodish H, Berk A, Zipursky SL, Matsudaira P, Baltimore: *National Center for Biotechnology Information.* Em: Molecular Cell Biology [Online]. Disponível em: http://www.ncbi.nlm.nih.gov/books/bv.fcgi?highlight=molecular,cell,biology&rid=mcb[2009, março 27]

Rockefeller University Press (2009): *The Journal of Cell Biology* [Online]. Disponível em: http://jcb.rupress.org/ [2009, março 27]

Nature Publishing Group (2009): *Nature cell biology* [Online]. Disponível em: http://www.nature.com/ncb/journal/v11/n3/index.html#af [2009, março 27]

New York University Scientific Visualization Center (2009): *MathMol Library* [Online]. Disponível em: http://www.nyu.edu/pages/mathmol/library/library.html [2009, março 27]

Sullivan J (2006): *Cell Biology.* En: Cells alive! [Online]. Disponível em: http://www.cellsalive.com/toc_cellbio.htm [2009, março 27]

University of Texas Medical Branch (2009): *Cell Biology Graduate Program* [Online]. Disponível em: http://cellbio.utmb.edu/CELLBIO/ [2009, março 27]

26

Estrutura química dos ácidos nucleicos

Fernando López Casillas

Os ácidos nucleicos são macromoléculas celulares, originalmente chamadas assim pelo seu tamanho, pela sua reação ácida e sua localização nuclear. Hoje sabemos que a localização destas moléculas é mais ampla. O ácido desoxirribonucleico (DNA) reside principalmente no núcleo, nas mitocôndrias e cloroplastos de **organismos eucarióticos**, enquanto o ácido ribonucleico (RNA) tem uma distribuição ainda mais ampla; é encontrado também no citoplasma e associado com o retículo endoplasmático. A lógica desta distribuição celular encontra-se nas funções celulares dos ácidos nucleicos. O DNA, permanente portador das informações genotípicas celulares, pode determinar o fenótipo celular a partir do interior do núcleo graças à transcrição da sua informação em RNA, moléculas efêmeras que viajam para outros compartimentos celulares a fim de executar as instruções genotípicas nelas transcritas. Esta compartimentalização celular dos ácidos nucleicos não existe nos **organismos procarióticos**, que não possuem um núcleo celular. A compartimentalização dos ácidos nucleicos afeta a forma como os genes são expressos nestes dois tipos de organismos. Por exemplo, a tradução de RNA em proteínas em procariotos é realizada simultaneamente à transcrição do DNA, enquanto em eucariotos, transcrição e tradução são fisicamente e temporalmente separados pela membrana nuclear. As mitocôndrias e cloroplastos, não apresentam compartimentalização de seus ácidos nucleicos, assemelhando-se mais à situação dos procariotos.

NUCLEOTÍDEOS: BLOCOS DE CONSTRUÇÃO DOS ÁCIDOS NUCLEICOS

Os ácidos nucleicos são polímeros construídos por monômeros chamados nucleotídeos. Por sua vez, um nucleotídeo consiste de uma pentose, uma base nitrogenada e um fosfato. Nos nucleotídeos que constituem o RNA, a pentose é a ribose e, no caso do DNA, é a 2' desoxirribose, ou seja, uma ribose que não tem o grupo OH na posição 2. Desta distinção no carbono 2' surgem as diferenças químicas fundamentais entre DNA e RNA. Exemplo delas é a extrema sensibilidade que o RNA tem à hidrólise alcalina, a qual se deve à presença de OH na posição 2. As pentoses dos ácidos nucleicos existem em seus isômeros cíclicos, ou seja, são furanoses. Por convenção, os carbonos do anel furânico são chamados de 1' a 5', como mostrado na Figura 26-1. Nesses anéis furânicos, os quatro primeiros carbonos e o oxigênio da pentose estão em uma disposição muito próxima a um plano, ao qual pode ser atribuída uma orientação arbitrária acima ou abaixo do plano. O carbono na posição 5' e a hidroxila da posição 1' estão localizados acima deste plano hipotético. Em contraste, as hidroxilas nas posições 2' e 3' no RNA, e 3' no DNA, permanecem abaixo desse plano. A união de uma base nitrogenada com uma pentose é chamada nucleosídeo. A base nitrogenada é ligada ao carbono 1' da pentose, o qual está acima do plano da ribose. Há cinco diferentes bases nitrogenadas nos ácidos nucleicos: adenina, guanina e citosina, que são encontrados tanto no DNA quanto no RNA; a timina, presente apenas no DNA, e a uracila, que é encontrada ape-

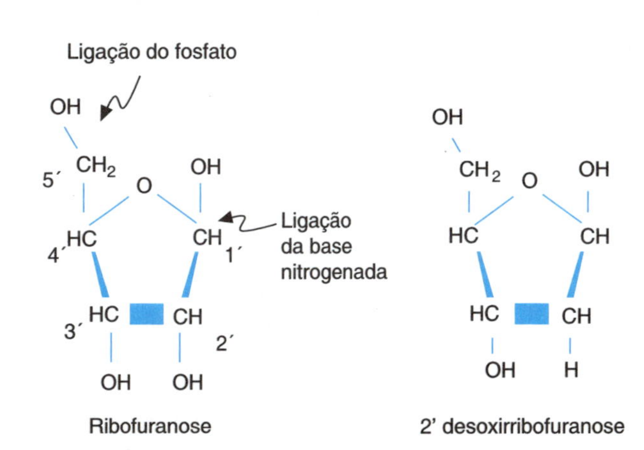

Figura 26-1. Pentoses dos ácidos nucleicos. A ribofuranose está presente no ácido ribonucleico (RNA) e a desoxirribofuranose no ácido desoxirribonucleico (DNA).

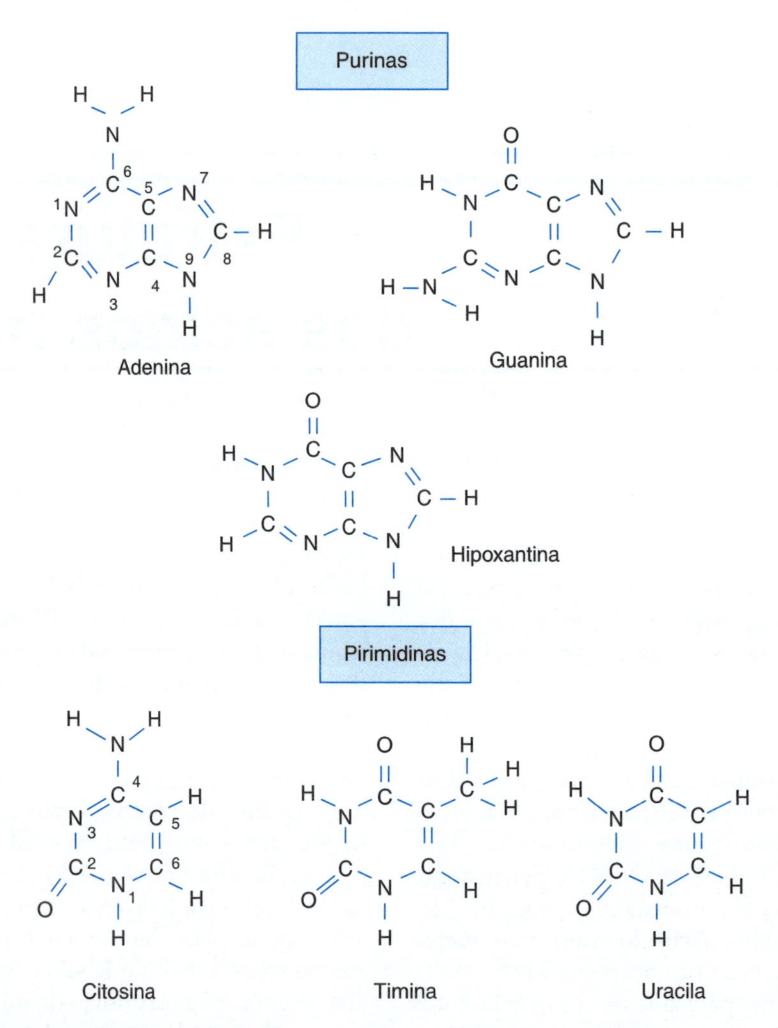

Figura 26-2. Bases nitrogenadas dos ácidos nucleicos. Por convenção, os átomos que constituem os anéis púricos e pirimidínicos são numerados como mostrado. A hipoxantina é um intermediário do metabolismo das purinas, e, normalmente, não é encontrada no DNA ou RNA.

nas no RNA. Quimicamente, essas bases nitrogenadas são compostas heterocíclicos (anéis com dois ou mais tipos de átomos), do tipo das purinas (adenina e guanina) ou das pirimidinas (citosina, uracila e timina). Por convenção, os átomos que formam os anéis de purina e pirimidina são numerados como mostrado na Figura 26-2. Observe que em um nucleosídeo os átomos do anel da base nitrogenada podem se distinguir, sem ambiguidade, dos átomos do anel da pentose, pois estes últimos tem o sufixo "linha"; por outro lado, os átomos que formam a base nitrogenada não tem a nomenclatura "linha" (Figura 26-3). Os nomes dos nucleosídeos derivam de suas bases nitrogenadas correspondentes (Tabela 26-1). Uma propriedade dos anéis de purina e pirimidina é sua planaridade, ou seja, todos os átomos do heterociclo podem se estender por um plano. Assim, um nucleosídeo é formado por duas estruturas planas, a pentose e a base nitrogenada. Esses componentes planares apresenta uma orientação relativa perpendicular entre si, que determina a geometria no espaço do polímero de DNA dupla-fita (Figuras 26-3 e 26-6 C).

Ao incorporar um fosfato, o nucleosídeo é convertido em um nucleotídeo e, assim, adquire a sua natureza ácida. O grupo fosfato está ligado à pentose do nucleosídeo por uma ligação fosfoéster. Nos ácidos nucleicos, apenas as hidroxilas nas posições 3' e 5' participam nestas ligações. Assim, em princípio, podem existir nucleotídeos 5' ou 3' dependendo da posição em que foi unido o grupo fosfato (Figura 26-4). No entanto, na natureza é mais frequente encontrar nucleotídeos 5' do que nucleotídeos 3'. Isto se deve a razões enzimáticas; durante a biossíntese dos nucleotídeos, os produtos finais levam o fosfato na posição 5' e as enzimas que transferem os grupos fosfato entre os diferentes nucleotídeos o fazem utilizando a posição 5'. Lembre-se que as transações bioenergéticas do ATP ocorrem com os fosfatos na posição 5'.

Devido à possibilidade do fosfato formar múltiplas ligações éster, dois ou até três fosfatos, unidos por ligações fosfodiéster, podem estar presentes em um nucleotídeo. Na figura 26-4, ilustra-se o nucleosídeo adenina e

Tabela 26-1. Nomenclatura dos nucleosídeos e nucleotídeos mais abundantes

Base (+ pentose) =	Nucleosídeo (+ fosfato) =	Nucleotídeo	
Adenina (+ ribose)	Adenosina (+ 1 fosfato em 5')	AMP	5' monofosfato de adenosina o ácido adenílico
	Adenosina (+ 2 fosfato em 5')	ADP	5' difosfato de adenosina o ácido difosfoadenílico
	Adenosina (+ 3 fosfato em 5')	ATP	5' trifosfato de adenosina o ácido trifosfoadenílico
Adenina (+ desoxirribose)	Desoxiadenosina (+ 1 fosfato em 5')	dAMP	5' monofosfato de desoxiadenosina
	Desoxiadenosina (+ 2 fosfatos em 5')	dADP	5' difosfato de desoxiadenosina
	Desoxiadenosina (+ 3 fosfatos em 5')	dATP	5' trifosfato de desoxiadenosina
Citosina (+ ribose)	Citidina (+ 1 fosfato em 5')	CMP	5' monofosfato de citidina o ácido citidílico o
	Citidina (+ 2 fosfatos em 5')	CDP	5' difosfato de citidina o ácido difosfocitidílico
	Citidina (+ 3 fosfatos em 5')	CTP	5' trifosfato de citidina o ácido trifosfocitidílico
Citosina (+ desoxirribose)	Desoxicitidina (+ 1 fosfato em 5')	dCMP	5' monofosfato de desoxicitidina
	Desoxicitidina (+ 2 fosfatos em 5')	dCDP	5' difosfato de desoxicitidina
	Desoxicitidina (+ 3 fosfatos em 5')	dCTP	5' trifosfato de desoxicitidina
Guanina (+ ribose)	Guanosina (+ 1 fosfato em 5')	GMP	5' monofosfato de guanosina o ácido guanílico
	Guanosina (+ 2 fosfatos em 5')	GDP	5' difosfato de guanosina o ácido difosfoguanílico
	Guanosina (+ 3 fosfatos em 5')	GTP	5' trifosfato de guanosina o ácido trifosfoguanílico
Guanina (+ desoxirribose)	Desoxiguanosina (+ 1 fosfato em 5')	dGMP	5' monofosfato de desoxiguanosina
	Desoxiguanosina (+ 2 fosfatos em 5')	dGDP	5' difosfato de desoxiguanosina
	Desoxiguanosina (+ 3 fosfatos em 5')	dGTP	5' trifosfato de desoxiguanosina
Timina (+ desoxirribose)	Timidina (+ 1 fosfato em 5')	TMP	5' monofosfato de timidina o ácido timidílico
	Timidina (+ 2 fosfatos em 5')	TDP	5' difosfato de timidina o ácido difosfotimidílico
	Timidina (+ 3 fosfatos em 5')	TTP	5' trifosfato de timidina o ácido trifosfotimidílico
Uracila (+ ribose)	Uridina (+ 1 fosfato em 5')	UMP	5' monofosfato de uridina o ácido uridílico
	Uridina (+ 2 fosfatos em 5')	UDP	5' difosfato de uridina o ácido difosfouridílico
	Uridina (+ 3 fosfatos em 5')	UTP	5' trifosfato de uridina o ácido trifosfouridílico
Hipoxantina (+ ribose)	Inosina (+ 1 fosfato em 5')	IMP	5' monofosfato de inosina o ácido inosínico
	Inosina (+ 2 fosfatos em 5')	IDP	5' difosfato de inosina o ácido difosfoinosínico
	Inosina (+ 3 fosfatos em 5')	ITP	5' trifosfato de inosina o ácido trifosfoinosínico

seus três possíveis nucleotídeos 5'. A nomenclatura dos nucleotídeos deriva dos nucleosídeos correspondentes e devem indicar a posição (5' ou 3') e o número (mono, bi e tri) de grupos fosfato (Tabela 26-1).

NUCLEOTÍDEOS LIVRES DE IMPORTÂNCIA BIOQUÍMICA

Além de serem os constituintes dos ácidos nucleicos, os nucleotídeos e seus derivados estão envolvidos em outros importantes eventos bioquímicos celulares. Em seguida são mencionados apenas alguns deles. O ATP, a "moeda" bioenergética celular, fornece a energia livre para a catálise de várias reações biossintéticas. Na verdade, as proporções intracelulares de ATP, ADP e AMP servem para medir o "nível energético" celular e, com isso, regular coordenadamente várias vias metabólicas. O AMP é um dos nucleotídeos do FAD (dinucleotídeo de flavina e adenina), NAD (dinucleotídeo de nicotinamida adenina) e do NADP (fosfato de dinucleotídeo de nicotinamida e adenina), coenzimas envolvidas nas reações de oxidorredução. O AMP também é o nucleotídeo presente na coenzima A (nucleotídeo de adenina derivado do ácido pantotênico, uma vitamina) envolvida na "ativação" de grupos acila. Nucleotídeos derivados da uridina funcionam como transportadores dos açúcares com os quais se formam os carboidratos complexos, como glicogênio e cadeias de polissacarídeos que servem para modificar as proteínas transmembrana e secretoras. A substituição do GDP por GTP e sua posterior hidrólise a GDP servem para controlar a atividade de proteínas reguladoras de cascatas de sinalização intracelular. Os mononucleotídeos cíclicos, como o AMP cíclico (AMPc, figura 26-4), são importantes reguladores metabólicos. Em eucariotos, o

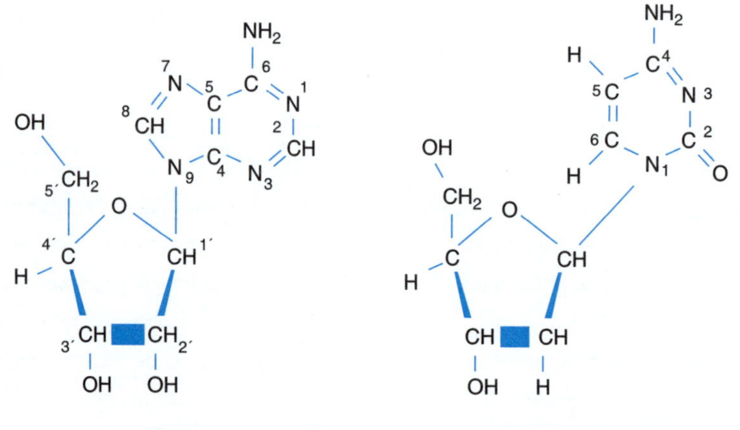

Figura 26-3. Os nucleosídeos são formados por uma pentose e uma base nitrogenada. Dependendo da pentose que os constitui, os nucleosídeos são ribonucleosídeos ou desoxirribonucleosídeos. Em ambos os casos, a união da base nitrogenada sempre ocorre na posição 1' da pentose, como ilustrado nestes dois exemplos.

AMPc funciona como segundo mensageiro de hormônios, ativando as cinases de proteínas dependentes de AMPc. Nas células procarióticas, o AMPc coordena uma resposta ao estresse catabólico ativando a transcrição de determinados genes.

OS NUCLEOTÍDEOS USAM SEUS GRUPOS FOSFATO PARA FORMAR POLÍMEROS

A capacidade de fosfato para formar ligações fosfodiéster também permite conectar dois ou mais mononucleotídeos em cadeias poliméricas, como ilustrado na Figura 26-5. Na natureza, durante a síntese de ácidos nucleicos, o fosfato da ligação fosfodiéster é doado por um 5' trifosfonucleotídeo, que reage com o grupo OH livre da posição 3' de um outro nucleotídeo. Durante a formação dessa ligação é liberada uma molécula de pirofosfato. A energia liberada pela hidrólise do pirofosfato é o custo bioenergético de adicionar um elo nesta corrente, ou monômero, durante a polimerização ou síntese de ácidos nucleicos. Com cada nova adição, o trifosfonucleotídeo que será adicionado se une ao grupo OH livre localizado na posição 3' do nucleotídeo aceptor. Devido a isso, no DNA a extremidade 5' está geralmente fosforilada e a extremidade 3' tem uma OH livre.

Apesar do RNA ter grupos OH nas posições 3' e 2', a síntese de RNA na natureza ocorre exclusivamente pela adição de nucleotídeos à hidroxila localizada na posição 3', conforme ilustrado na Figura 26-5. Assim, os polinucleotídeos de DNA e RNA tem o mesmo arcabouço químico constituído pelos seguintes átomos: P-O-C (5 ')-C (4')-C (3')-O, que se repete tantas vezes quanto o número de mononucleotídeos no polímero. Deve-se salientar que neste arcabouço só participam três carbonos da pentose, o que é independente do fato da posição 2' estar hidroxilada ou não. Os átomos da pentose que não fazem parte deste arcabouço servem de ligação entre as bases nitrogenadas e o arcabouço. Deste modo, as bases nitrogenadas estão ligadas ao carbono 1' e funcionam exclusivamente como cadeias laterais variáveis do polímero. Isto guarda uma analogia com o arcabouço de polipeptídeos. Lembremos que este arcabouço é composto pelo nitrogênio do grupo amino, o carbono α e o carbono do grupo carboxila dos aminoácidos que constituem o polipeptídeo. Nos polipeptídeos, os grupos químicos característicos dos 20 aminoácidos diferentes se ligam ao carbono α e permanecem como cadeias laterais do esqueleto estrutural. Nos ácidos nucleicos, as quatro bases nitrogenadas possíveis também permanecem como cadeia lateral variável de uma estrutura quimicamente constante.

De maneira análoga aos polipeptídeos, os átomos que formam o arcabouço dos ácidos nucleicos servem para determinar a direcionalidade desses polímeros lineares. Em polipeptídeos, a direcionalidade é definida da extremidade amino livre para a extremidade carboxi livre. Nos ácidos nucleicos, a direcionalidade é definida da extremidade 5' do arcabouço para sua extremidade 3'. Este direcionalidade permite identificar quimicamente, sem ambiguidade nenhuma, o polímero. Cada polímero é único, não apenas pela identidade dos seus monômeros, mas também pela sequência em que estão inseridos na estrutura. Por exemplo, o polipeptídeo definido pelos aminoácidos: metionina (M), alanina (A), asparagina (N), treonina (T), ácido glutâmico (E) e leucina (L), e dispostos na ordem, amino-M-A-N-T-E-L-carboxila, é distinguível do polipeptídeo formado pelos mesmos cinco

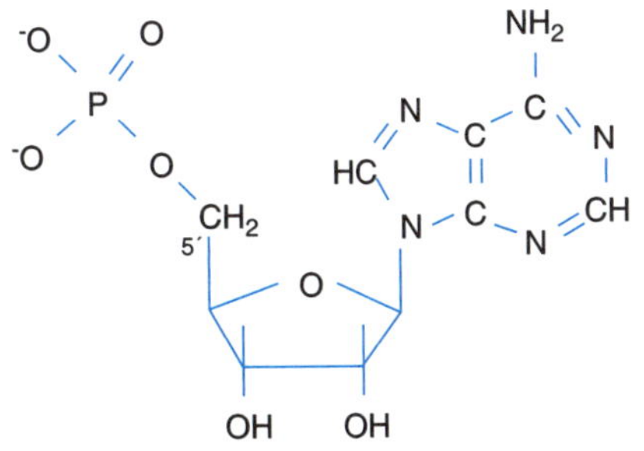

5´fosfoadenosina, ou AMP,
ou 5' monofosfato de adenosina

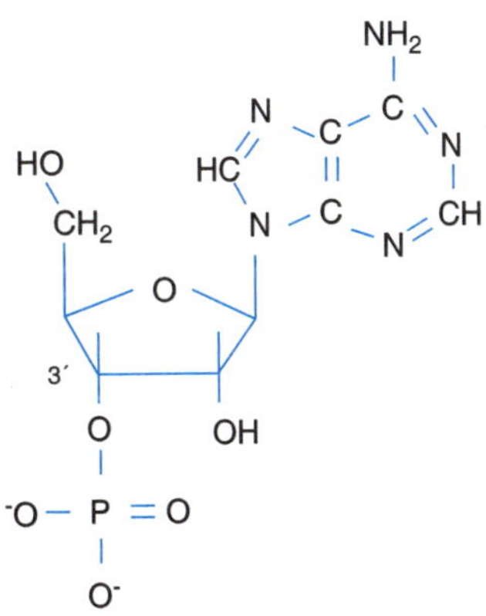

3´monofosfato de adenosina

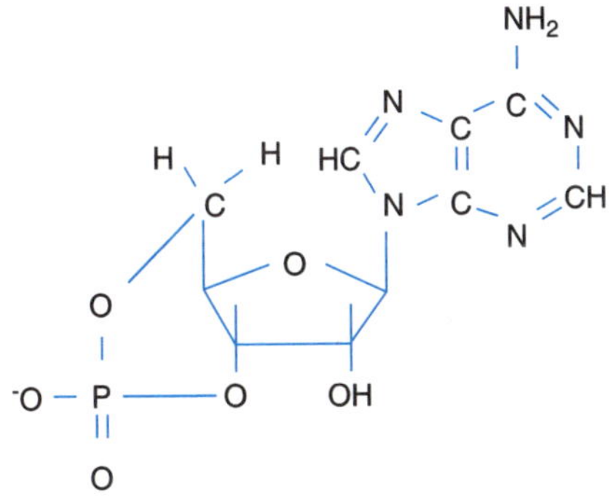

AMP cíclico
5´,3´monofosfato de adenosina

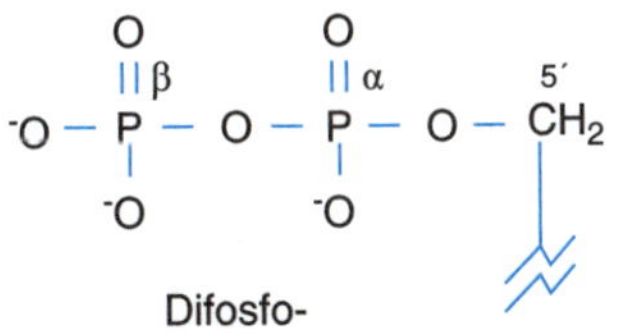

Difosfo-

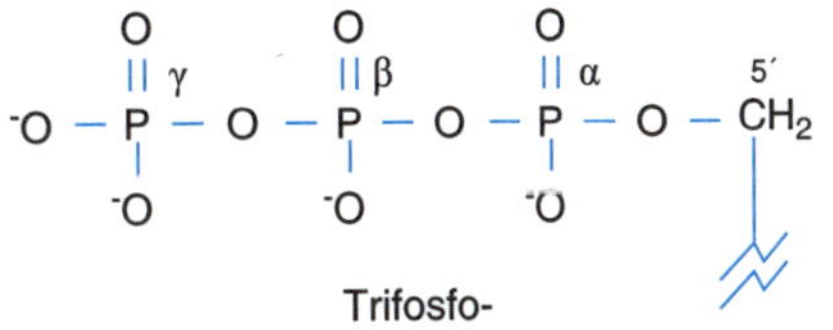

Trifosfo-

Figura 26-4. Os nucleotídeos são compostos por um nucleosídeo e um fosfato. A ligação fosfoéster pode ser estabelecida com a OH das posições 3' ou 5'. Nos nucleotídeos chamados "cíclicos", o fosfato é duplamente ligado à pentose. No caso do AMP cíclico, um único fosfato estabelece duas ligações fosfoéster, uma com a OH da posição 5', e outra com a posição 3' da riboadenosina. Quando dois ou três grupos fosfato se ligam à pentose, o nucleotídeo resultante é denominado difosfo ou trifosfonucleotídeo, respectivamente.

aminoácidos, mas dispostos em outra ordem: amino-M-E-N-T-A-L-carboxila. No caso dos ácidos nucleicos, um polímero de DNA definido como 5'-C-A-G-A-T-A-3', é distinguível do hexanucleotideo 5'-T-A-C-A-G A-3', que é composto pelos mesmos nucleotídeos, mas com sequência ou ordem diferente. A célula e seu repertório enzimático reconhecem com grande precisão esta identidade de composição e sequência dos polímeros informacionais. Na verdade, esta identidade é fundamental para seu funcionamento como macromoléculas que armazenam e expressam informações genotípicas.

AS CADEIAS DO DNA FORMAM UMA DUPLA HÉLICE

Ao contrário do RNA, que é uma cadeia simples de polinucleotídeos, o DNA consiste em duas cadeias ou hélices de polinucleotídeos que se pareiam entre si formando o que chamamos de dupla hélice do DNA. Devido aos ângulos que se formam entre os átomos que formam seu arcabouço, os polinucleotídeos do DNA tendem a formar uma estrutura helicoidal quando se pareiam. Nesta dupla hélice, os arcabouços de fosfato-desoxirribose de cada cadeia, com suas cargas aniônicas, ficam situados no exterior e as bases nitrogenadas ficam entre as duas cadeias (Figura 26-6). Na verdade, as fitas das hélices ficam mantidas juntas por interações não covalentes que se formam entre suas bases nitrogenadas. As pontes de hidrogênio que se estabelecem entre alguns hidrogênios e átomos eletronegativos das bases nitrogenadas são parte dessas interações. O pareamento das bases nitrogenadas por meio das pontes de hidrogênio é ilustrado na figura 26-6. Este pareamento ocorre exclusivamente entre uma purina e uma pirimidina. Os pareamentos que se observam na dupla-fita de DNA são quase sempre entre adenina e timina, e entre citosina e guanina. Isso explica satisfatoriamente porque no DNA de todos os organismos analisados, as quantidades molares de adenina são sempre iguais às de timina e as de guanina são iguais às de citosina (chamada regra de equivalência de Chargaff). Note que o par guanina e citosina estabelece três pontes (G ≡ C), enquanto o par adenina e timina forma apenas duas pontes (A = T). Isso se traduz em uma maior coesão ou estabilidade para o par G ≡ C do que para o par A = T. Apesar da diferença no número de pontes de hidrogênio, as dimensões do par G ≡ C e do par A = T, medidas a partir do carbono 1' das desoxirriboses através dos quais se juntam ao arcabouço, são quase idênticas (1,085 nm). Como resultado, as estruturas das cadeias permanecem

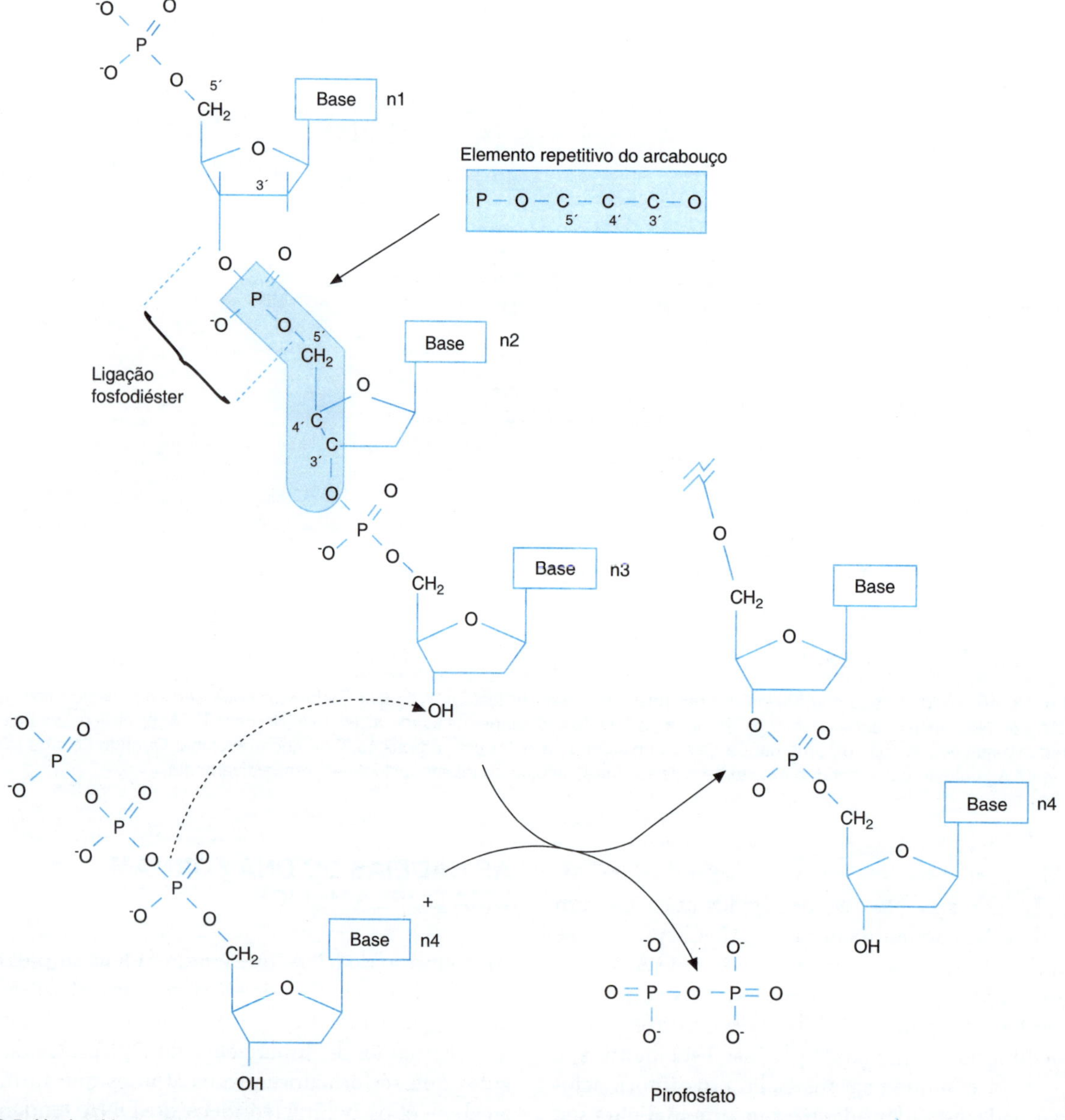

Figura 26-5. Nucleotídeos são os monômeros dos ácidos nucleicos. O arcabouço constitutivo dos polinucleotídeos é formado por átomos da pentose e do fosfato, e é o mesmo para DNA e RNA. Esta figura ilustra a forma como se adiciona, pela extremidade OH livre 3' da sequência de polinucleotídeos 5'-P-(n1) - (n2) - (n3)-OH3', o trifosfonucleotídeo (n4).

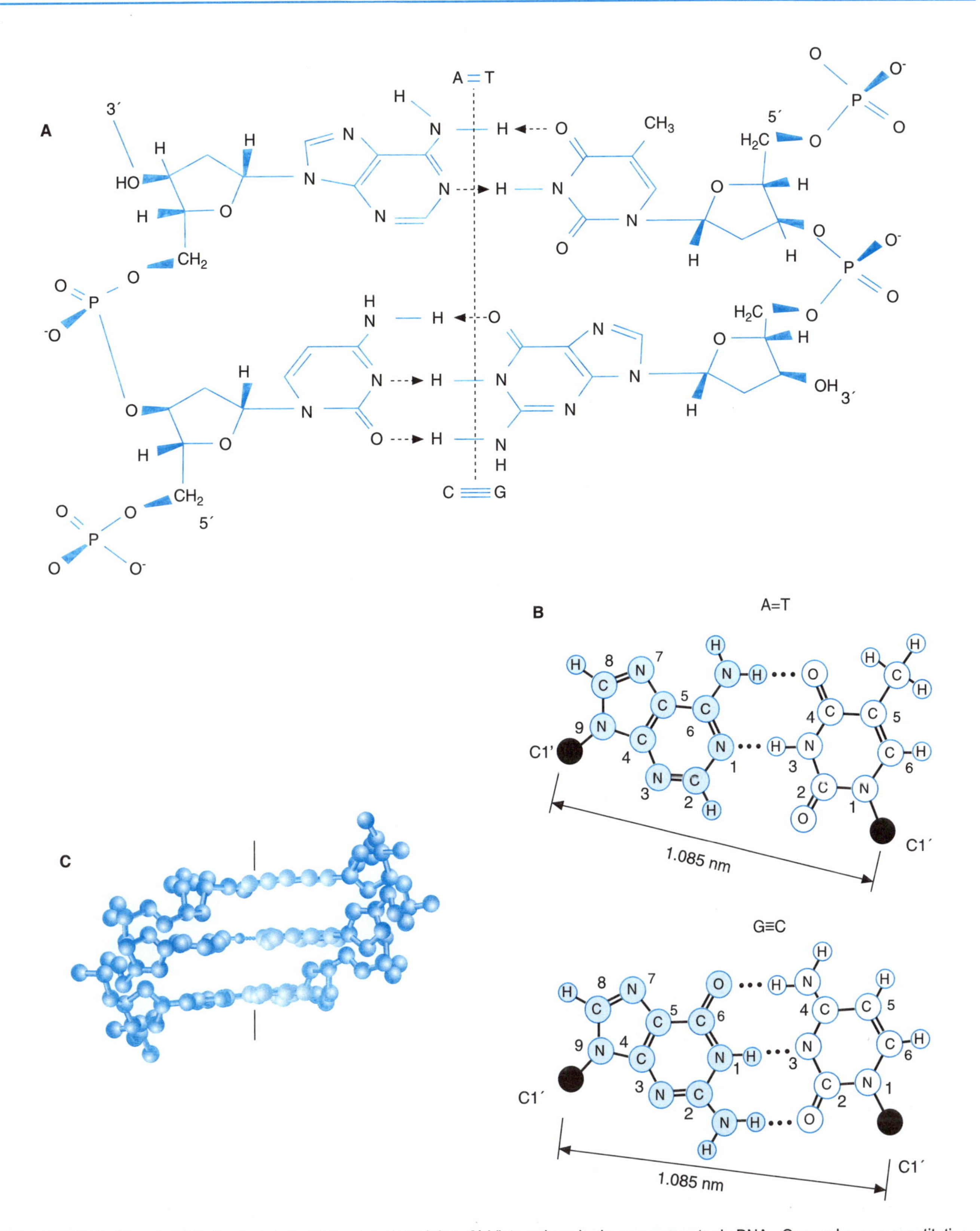

Figura 26-6. As fitas de DNA são complementares e antiparalelas. **A)** Vista aplanada de um segmento de DNA. Os arcabouços constitutivos destes polinucleotídeos complementares têm orientações antiparalelas, ou seja, enquanto uma segue a orientação 5' à 3' a outra fita, pareada a esta, orienta-se na direção oposta, 3' à 5'. No interior destes arcabouços estão os pares de bases complementares A=T e C ≡T. **B)** Pontes de hidrogênio do tipo Watson-Crick que são comumente observadas no DNA. As distâncias entre os carbonos 1' das estruturas são as mesmas, independentemente do par de bases. **C)** Visão tridimensional de um segmento de DNA. Note a orientação relativa, quase perpendicular, dos anéis planos do par de bases nitrogenadas com relação às pentoses do arcabouço e ao eixo da dupla-hélice.

equidistantes entre si ao longo da hélice, dando-lhe um aspecto cilíndrico com um diâmetro uniforme de 2 nm. Se as bases pareadas no interior das hélices são diferentes de A = T ou C ≡ G, a espessura da hélice pode sofrer distorção. Por exemplo, o pareamento entre duas purinas causaria um aumento das distâncias entre as fitas, provocando uma "protuberância" na hélice. Estas distorções permitem que certas proteínas reconheçam um pareamento anômalo e iniciem o processo de "reparação" (Veja Reparação do DNA no capítulo 27).

AS DUAS FITAS DE DNA SÃO COMPLEMENTARES E ANTIPARALELAS

O pareamento e enrolamento das duas fitas da dupla-hélice de DNA dependem da complementaridade em suas sequências e ocorrem de forma antiparalela. A primeira característica é fácil de entender, pois depende do pareamento entre os pares de base: G ≡ C e A=T. Cada posição A da fita poderá se parear com sua base complementar T. Da mesma forma, um grupo de bases com a sequência 5'-GAATTC-3 'em uma fita exigirá, para se parear, a sequência complementar 3'-CTTAAG-5' na outra fita. A segunda característica, a antiparalelidade, indica que as direções que cada uma das duas fitas de DNA corre são opostas. Isto é, que uma das fitas está disposta ao longo do eixo da hélice com uma orientação 5'→ 3' e que sua cadeia complementar o faz com a direção oposta, 3 '→ 5' (Figura 26-6). Na natureza, as cadeias de DNA sempre são dispostas de forma complementar e antiparalela. Assim, no exemplo acima, a direção desses hexanucleotídeos é a seguinte:

1ª cadena (referencia)

```
5'—p—G—p—A—p—A—p—T—p—T—p—C—OH—3'
     |||     ||     ||     ||     ||     |||
3'—OH—C—p—T—p—T—p—A—p—A—p—G—p—5'
```

2ª cadena (complementaria)

Note que, se invertermos a direção da segunda fita de 5'-GAATTC-3 ' para 5'-CTTAAG-3', já não é possível seu pareamento de forma antiparalela com a primeira fita 5'-GAATTC-3'; ou seja, as fitas já não são mais complementares. Assim, apenas as fitas que tenham complementaridade de bases quando se pareiam de forma antiparalela podem formar uma dupla-hélice. Esta propriedade da dupla-hélice do DNA é essencial para sua função biológica, pois determina que uma sequência tenha uma contrapartida única e inequívoca. A sequência de nucleotídeos em uma fita é determinada implicitamente pela sequência da sua cadeia complementar. Graças a isso, cada uma das fitas de DNA serve como modelo de referência para orientar a duplicação fidedigna de sua cadeia complementar. Além disso, graças a essa complementaridade e antiparalelidade, uma fita simples de DNA identifica de forma específica sua fita complementar. Nesta capacidade de identificação das fitas complementares se baseia a análise dos genes através de técnicas de hibridização.

ESTRUTURA TRIDIMENSIONAL DA DUPLA-HÉLICE DO DNA

Os estudos cristalográficos de Franklin e Wilkins, bem como sua análise por Watson e Crick, serviram para propor um modelo tridimensional para a estrutura de dupla-hélice do DNA. O principal tipo de hélice que o DNA forma na natureza é chamado de conformação B (Figura 26-7). Outras conformações, também helicoidais, que o DNA pode assumir in vitro são a conformação A e a Z. Ainda não está claro qual a relevância funcional dessas conformações. Especula-se que certas regiões reguladoras da expressão gênica poderiam adotar, para a sua função, a conformação Z, uma hélice alongada de rotação para esquerda. Na conformação B, a hélice DNA tem a forma de um cilindro comprido com um diâmetro 2 nm. Cada par de bases contribui para o comprimento da hélice em 0,34 nm e a faz girar 36° no sentido horário. Este giro faz com que, ao alongar a fita, os pares de bases serão deslocados por um fator de 36 graus com relação ao par vizinho, e a cada 10 pares de bases haja uma volta completa (360°) em torno do eixo da hélice. O arcabouço, constituído de pentoses e fosfatos, com suas cargas negativas, fica por fora da hélice e gira ao longo do eixo, em sentido horário. Os anéis purínicos e pirimidínicos de cada par de bases estão localizados no interior da hélice, alinhados em um único plano. Este plano, que inclui o par de bases e suas pontes de hidrogênio, situa-se de forma quase perpendicular ao eixo de rotação da hélice. O empilhamento dos pares de bases permite uma interação eletrônica do tipo de forças de van der Waals entre os anéis, que contribui para a estabilidade da hélice.

O cilindro imaginário que é a dupla-hélice de DNA é flexível e tem relevos na sua superfície. Ainda que o espaço que separa as fitas de DNA seja constante, o eixo de rotação da hélice não está perfeitamente centrado entre as bases pareadas. Este eixo é deslocado à frente da linha imaginária que une os carbonos 1' pelos quais as bases estão ligadas ao arcabouço. Isso faz com que, ao girar, a hélice vá esculpindo em seu exterior um sulco maior e um sulco menor. Esses sulcos correspondem aos espaços da hélice que não são cobertos pelo esqueleto pentose-fosfato. Constituem áreas por onde determinados tipos de proteínas podem interagir com o DNA mediante o reconhecimento de sequências específicas de nucleotídeos. Através desses sulcos, os átomos das bases nitrogenadas (que definem as sequências de DNA) apresentam locais específicos de contato e interação com moléculas exteriores à hélice. Não importa que as bases nitrogenadas estejam alojadas no

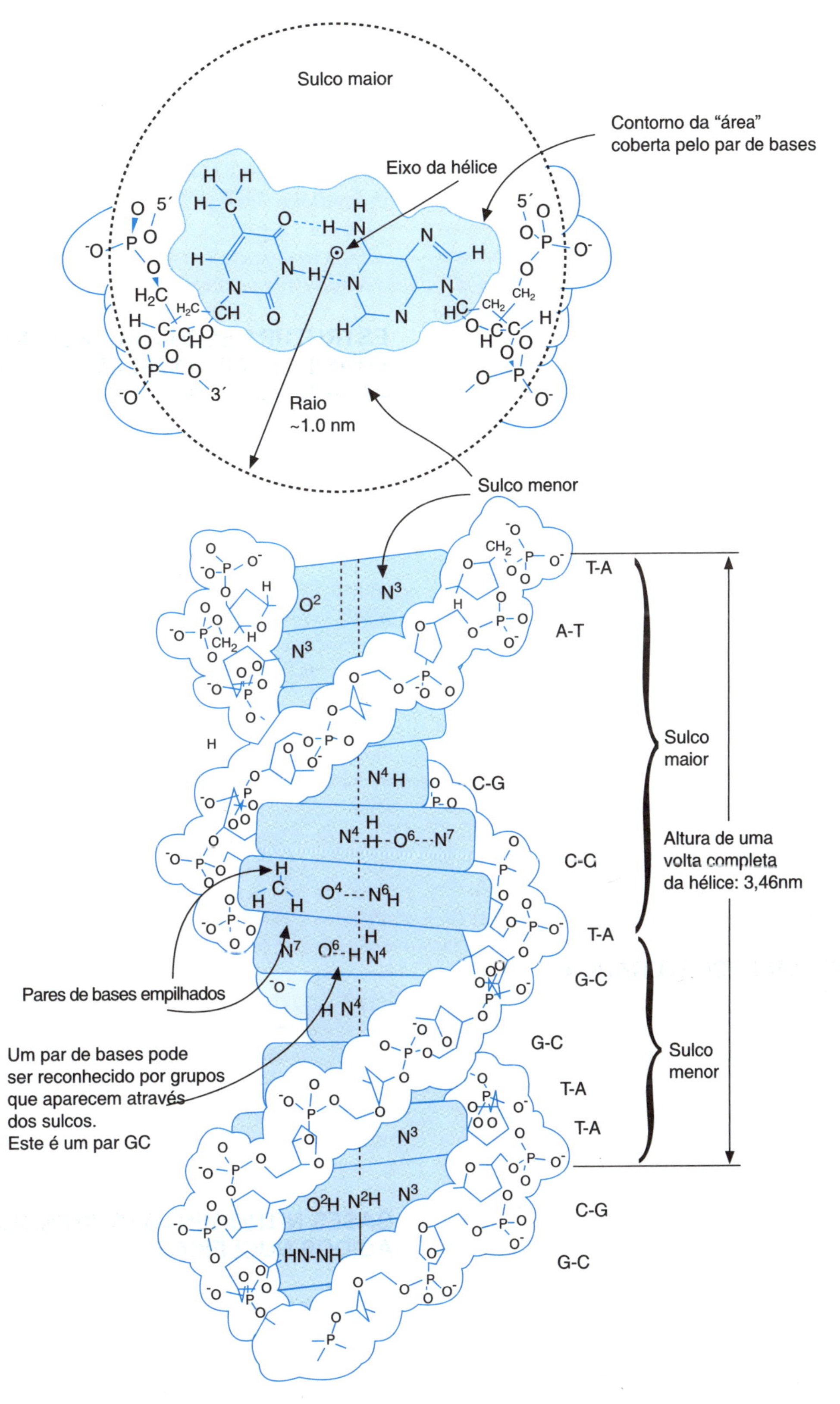

Figura 26-7. A dupla-hélice do DNA na conformação tipo B. **A)** Corte transversal e perpendicular à direção do eixo da dupla- hélice. A seção resultante enfatiza que a superfície da hélice não está completamente coberta pela estrutura de pentoses e fosfatos. As porções descobertas esculpem os sulcos maiores e menores que são claramente visíveis na vista lateral. **B)** Vista lateral da dupla-hélice. São necessários 10 pares de base para obter-se uma volta completa da hélice. Por convenção, dizemos que a direção desse giro é para a direita, ou destra. Apesar das bases nitrogenadas estarem empilhadas no interior da hélice, alguns de seus átomos aparece entre as lacunas deixadas pelos sulcos.

interior da dupla-hélice, os sulcos são os locais de acesso a elas; são locais de importância crucial para a maquinaria enzimática e outras proteínas reguladoras "lerem", através deles, as sequências de nucleotídeos do DNA responsáveis pela especificidade da interação.

As interações DNA /proteína são de importância primordial em muitos processos, tais como a transcrição, a duplicação e o reconhecimento das enzimas de restrição. As interações DNA/proteína que são dependentes da sequência de nucleotídeos são sempre mediadas pelos contatos atômicos que ocorrem através dos sulcos do DNA. As **endonucleases de restrição** são enzimas que quebram as ligações fosfodiéster em ambas as fitas de DNA que contenham o seu sítio de corte. No caso da EcoRI, a sequência 5'GAATTC3' é o sítio de reconhecimento e a ligação fosfodiéster hidrolisada situa-se entre 5'GA. A EcoRI é uma enzima dimérica em que uma das suas subunidades identifica a sequência 5'GAATTC3' e a outra subunidade identifica a sequência complementar. Note-se que, neste caso, como no de outras endonucleases de restrição, a sequência de reconhecimento é **palindrômica**. Chamamos de palíndromo a frase ou palavra que diz o mesmo quando lido da esquerda para a direita ou da direita para a esquerda ("anilina", "A grama é amarga"). No caso da linguagem do DNA, a sequência é palindrômica quando as fitas complementares tem a mesma sequência, ao serem ambas lidas na direção 5'→ 3'. Veja que o exemplo que usamos alguns parágrafos acima para usar discutir o antiparalelismo e complementaridade do DNA é o palíndromo que a EcoRI reconhece e hidrolisa (consulte a página 420). O reconhecimento da EcoRI e seu sítio de corte são altamente específicos, o que é possível graças aos contatos estabelecidos pela enzima e as bases que aparecem através do sulco maior da sequência 5'GAATTC3'.

O DNA PODE SER DESNATURADO E RENATURADO

O pareamento entre duas fitas complementares e antiparalelas de DNA está mediado exclusivamente por forças não covalentes, por isso pode ser rompido por meios físicos relativamente simples, como o aquecimento acima da temperatura de 80°C. A essa temperatura, em soluções aquosas, as pontes de hidrogênio das duas fitas de DNA são quebradas, provocando a separação das fitas. Este processo de separação é chamado de **desnaturação**. Ao baixar a temperatura, as fitas simples desnaturadas podem voltar a se ligar com seu DNA complementar, reconstituindo o DNA original. Este processo de reunião das fitas é chamado de **renaturação**. Devido à complementaridade das sequências das fitas de DNA, o processo de renaturação é altamente específico. Se uma mistura de DNAs de diferentes sequências é desnaturada, durante o processo de renaturação apenas serão reassociadas inequivocamente as fitas complementares. Essa reassociação pode ser parcial e ocorrer entre DNAs diferentes, desde que suas fitas contenham certo grau de complementaridade entre suas sequências. No entanto, a reassociação perfeita só é observada quando as fitas têm complementaridade de 100% das suas sequências. A capacidade do DNA de ser desnaturado e renaturado permitiu o desenvolvimento de metodologias, como a análise por Southern Blot e a reação em cadeia da polimerase (PCR), úteis na análise específica de genes. Estas técnicas, baseadas na complementaridade das fitas de DNA serão discutidas em mais detalhes nos capítulos 27 e 28, respectivamente.

ESTRUTURA SECUNDÁRIA DO RNA: FITAS DUPLAS COMPLEMENTARES E ANTIPARALELAS

Embora o RNA difira estruturalmente do DNA por ter um OH na posição 2' e usar a base uracila em vez da base timina, as semelhanças existentes entre eles são importantes. O DNA e o RNA são polímeros muito semelhantes, ambos têm o mesmo esqueleto de pentose-fosfato e tem bases nitrogenadas que funcionam como cadeias laterais variáveis, ligadas à posição 1' do arcabouço. Essa semelhança se estende à capacidade do RNA de formar, assim como o DNA, estruturas de duas fitas poliméricas. Para sua formação, estas estruturas também seguem as regras de complementaridade das bases e a antiparalelidade na orientação das fitas. No caso do RNA, as purinas e pirimidinas que formam os pares de base são G ≡ C e A= U, com 3 e 2 pontes de hidrogênio, respectivamente. Quando se forma um RNA de dupla-fita, a estrutura também é helicoidal de giro destro, semelhante, mas não idêntica, à conformação B do DNA. Na verdade, uma fita simples de DNA pode formar uma dupla hélice híbrida (DNA / RNA) com uma fita única de RNA, sempre que houver algum grau de complementaridade entre suas sequências. No entanto, o RNA se associa mais com outro RNA, ou com outra região de si mesmo, com suficiente complementaridade para formar uma dupla hélice estável. De fato, a atividade biológica do RNA ribossômico e do RNA de transferência depende em grande parte da estrutura secundária que adquirem graças ao auto pareamento parcial do polirribonucleotídeo (figuras 30-5 e 30-6 no capítulo A Tradução: síntese biológica das proteínas).

BASES NITROGENADAS "MENORES" NOS ÁCIDOS NUCLEICOS

Os ácidos nucleicos também contêm algumas bases raras, que derivam a partir das quatro bases nitrogenadas comumente encontradas nos mesmos. Normalmente, essas bases raras resultam de alterações químicas que ocorrem nas bases convencionais existentes no polinucleotídeo.

Os RNAs de transferência (Figura 30-5) podem ser constituídos, em até 20% de suas sequências, por bases "**menores**" ou **modificadas**. Geralmente, essas modificações ocorrem pós-transcricionalmente, isto é, após a transcrição do RNA. Exemplos destas bases são a pseudo-uridina (ψ), na qual a uracila liga-se à ribose através do carbono 5, em vez de do usual carbono 1; ou dihidrouridina (hU), na qual os carbonos 5 e 6 da uracila contém dois átomos de hidrogênio e estão unidos por uma única ligação covalente. As outras bases modificadas no tRNAs são derivados metilados das bases convencionais. Estas metilações foram observadas em várias posições dos anéis púricos e pirimidínicos (Bases m^2G, m^5G, m^1A, etc., na Figura 30-5), assim como o OH da posição 2' da ribose (bases Cm e Gm, na Figura 30-5). Embora, aparentemente, nenhuma destas modificações químicas ser essencial para a correta estrutura ou função do tRNA *in vitro*, sabemos que as bactérias incapazes de realizar estas modificações proliferam de maneira deficiente em relação às suas variantes normais ou selvagens, sugerindo uma importância *in vivo* das bases modificadas.

No DNA, as bases menores mais comuns são a 5-metil-citosina e a N^6-metil-adenina. A introdução do grupo metil ocorre após a duplicação do DNA, em forma específica na sequência e, portanto, em uma pequena proporção de bases citosina e adenina. Em geral, a **metilação do DNA** serve para introduzir "etiquetas químicas" que permitem a discriminação estrutural e funcional das fitas de DNA.

Nas bactérias, estas "etiquetas" permitem a discriminação do DNA próprio do DNA proveniente de um bacteriófago invasor, mediante os sistemas de restrição/modificação. A EcoRI, uma endonuclease de restrição, faz parte deste sistema de reconhecimento e proteção do DNA bacteriano. Quando a sequência de reconhecimento 5'GAATTC3' se encontra metilada nas adeninas ou citosinas, o corte nucleolítico pela EcoRI não ocorre. As cepas de E. coli que têm o sistema de restrição/modificação do tipo de EcoRI metilam sua sequência 5'GAATTC3' e, desta maneira, podem degradar seletivamente o DNA do bacteriófago que não tem essa metilação e deixar intacto seu próprio DNA, que, por sua vez, é metilado. Este tipo de metilação também permite que as bactérias diferenciem as cadeias maternas (metiladas) que foram utilizadas como molde para a síntese das fitas filhas recém-sintetizadas, que ainda carecem de metilação. Esta distinção é de grande importância, permitindo reparar erros (mutações) que ocorreram durante a síntese, utilizando-se o molde materno como a referência correta original.

No caso das células eucarióticas, a única base metilada do DNA é a 5-metil-citosina. Esta metilação também ocorre em determinados padrões de sequência, geralmente em um dinucleotídeo 5'-CG-3'. Funcionalmente, a metilação em eucariotos serve para regular a expressão do gene. Devido a um estado diferente de metilação, alguns genes, ou alelos específicos de outros, se comportam ou são reconhecidos pela máquina transcricional de maneira diferente. Um alto grau de metilação (hipermetilação) em suas sequências regulatórias pode impedir sua transcrição. A metilação está envolvida também na identificação da origem materna ou paterna de certos alelos. Por exemplo, os embriões de camundongo apenas transcrevem o alelo paterno, que não está metilado, do gene que codifica o IGF-II (insulin-like growth factor II), um fator autócrino de regulação da proliferação da célula. Nestes animais, o alelo de origem materna deste gene, que está metilado, não é expresso. Ainda se desconhecem os mecanismos pelos quais estes padrões de regulamentação da metilação do DNA são estabelecidos durante a gametogênese e desenvolvimento embrionário.

REFERÊNCIAS

Devlin TM: *Bioquímica. Libro de texto con aplicaciones clínicas,* 5a. ed. Barcelona: Editorial Reverté, 2004.

Lewin B: *Genes V.* Oxford: Oxford: University Press, 1994.

Lozano JA, Galindo JD, García Borrón JC, Martínez Liarte: *Bioquímica y Biología Molecular,* 3a. ed. México: McGraw-Hill Interamericana, 2005.

Metzler DE: *Biochemistry, the chemical reactions of living cells.* 2nd. ed. New York: Academic Press, 2003.

Melo RV, Cuamatzi TO: *Bioquímica de los processos metabólicos.* Barcelona: Ediciones Reverté, 2004.

Murray K, Robert *et al*: *Harper. Bioquímica Ilustrada,* 17a. ed., México: El Manual Moderno, 2007.

Nelson DL, Cox MM: *Lehninger Principios de Bioquímica,* 14a. ed. Barcelona: Omega, 2006.

Smith C, Marks AD: *Bioquímica básica de Marks. Un enfoque clínico.* México: McGraw-Hill Interamericana, 2006.

Van Meer G, Sprong H: Membrane lipids and vesicular traffic. Curr Opin Cell Biol 2004;16:373.

Páginas eletrônicas

Baggot J (1997): *Nucleic acids.* [Online]. Disponível em: http://library.med.utah.edu/NetBiochem/nucacids.htm [2009,abril 10]

Carpi A (2003): *Nucleic acids.* [Online]. Disponível em: http://www.visionlearning.com/library/module_viewer.php?mid=63 [2009, abril 10]

Herráez A: *Complementos de Bioquímica y Biología Molecular.* Em: Biomodel [Online]. Disponível em: http://biomodel.uah.es [2009, mayo 07]

King MW (2009): *DNA synthesis.* [Online]. Disponible: http://themedicalbiochemistrypage.org/dna.html [2009,abril 10]

Krieger M (1996): *Nucleic acids.* Em: CHEMystery. [Online]. Disponível em: http://library.thinkquest.org/3659/orgchem/nucleicacids.html [2009, abril 10]

27

Genomas e cromossomos

Fernando López Casillas

Nos capítulos anteriores explicou-se que os genótipos dos organismos vivos estão quimicamente constituídos por sequências de ácidos nucleicos, geralmente DNA, cuja expressão na forma de moléculas de RNA e proteínas, determina de maneira importante seus fenótipos. No presente capítulo discute-se o modo nos quais os genótipos estão construídos e fisicamente organizados. A história menciona que a primeira análise física dos genótipos dos organismos eucarióticos consistiu na determinação por técnicas microscópicas de seu **cariótipo**, ou seja, o catálogo e descrição dos seus cromossomos. Os cromossomos eucarióticos são as unidades físicas compostas de DNA e proteínas, nas quais o material genético está organizado dentro das células. Durante a metáfase, uma etapa da mitose celular, as unidades cromossômicas se condensam e podem ser observadas em microscópio óptico usando colorações histológicas especiais. O número e a morfologia dos cromossomos assim detectados se organizam em cariótipos, os quais são característicos de cada espécie (figura 27-1). Graças às ferramentas experimentais da biologia molecular, hoje em dia podemos definir muitos cromossomos, e mesmo genomas completos, em relação de suas sequências nucleotídicas. Atualmente, com os dados das sequências completas e análises do genoma humano é possível esquadrinhar com grandes detalhes a informação contida nos cromossomos e, com isso, ter ferramentas poderosas para o diagnóstico e estudo de doenças hereditárias.

O GENOMA É O CONJUNTO DE GENES E SEQUÊNCIAS QUE REGULAM SUAS EXPRESSÕES

O **genoma** é o material genético completo de um organismo, ou seja, a sequências de nucleotídeos que contém o repertório genotípico, onde esta codificada a informação necessária para a expressão de seu fenótipo. É importante antecipar que, apesar da ênfase funcional desta definição, nos genomas eucarióticos existe uma grande quantidade de sequências de nucleotídeos aparentemente sem utilidade que, no entanto, contribui para o tamanho absoluto do genoma. Voltando à analogia da linguagem que tem sido utilizada nos capítulos anteriores, pode-se dizer que o "genoma" de uma obra literária seria o texto onde está escrito as informações necessárias para compreendê-lo. No caso de *Cem Anos de Solidão*, suas 860.000 letras constituiriam um "genoma" de 860.000 caracteres. A leitura completa deste permite compreender seu conteúdo integral e intenção da obra literária (o seu "fenótipo"). A analogia linguística também pode ser estendida à linearidade do texto. O genoma contém uma sequência linear na qual os genes estão dispostos um após o outro, da mesma maneira em que os parágrafos de um livro estão organizados um após o outro, ou as canções de uma fita cassete musical são registradas uma após a outra. Os **genes** são segmentos do genoma, ou seja, porções da sequência de nucleotídeos contendo informações suficientes para a expressão de um **produto gênico** (figura 27-2). Um gene é um fragmento discreto do genoma com informação suficiente para constituir uma unidade funcional, que, quando posta em ação (expressão gênica), ou seja, transcrita, ela aciona os eventos moleculares que levam a formação do produto gênico codificado por esse gene em particular. Implícito nesta definição de gene está o conceito de **unidade transcricional**, como a parte do mesmo que é copiada ou transcrita em forma de RNA. A transcrição é o evento inicial indispensável para a expressão de qualquer gene, independentemente do produto gênico final ser um polipeptídio ou um RNA; em qualquer caso, o gene consiste de sequências reguladoras da sua transcrição e de sequências que são transcritas.

bp = pares de bases; kpb: kilo pares de base, ou mil bp, ou 10^3 pb = Kb: kilo base, ou mil pares de base; Mb ou Mp: mega pares de bases, ou um milhão de pb, ou 10^6 pb = Mb: mega base ou um milhão de bp; Gb o Gpb: giga pares de bases, ou um bilhão de pb, o 10^9 pb = Gb: giga bases ou um bilhão de pb

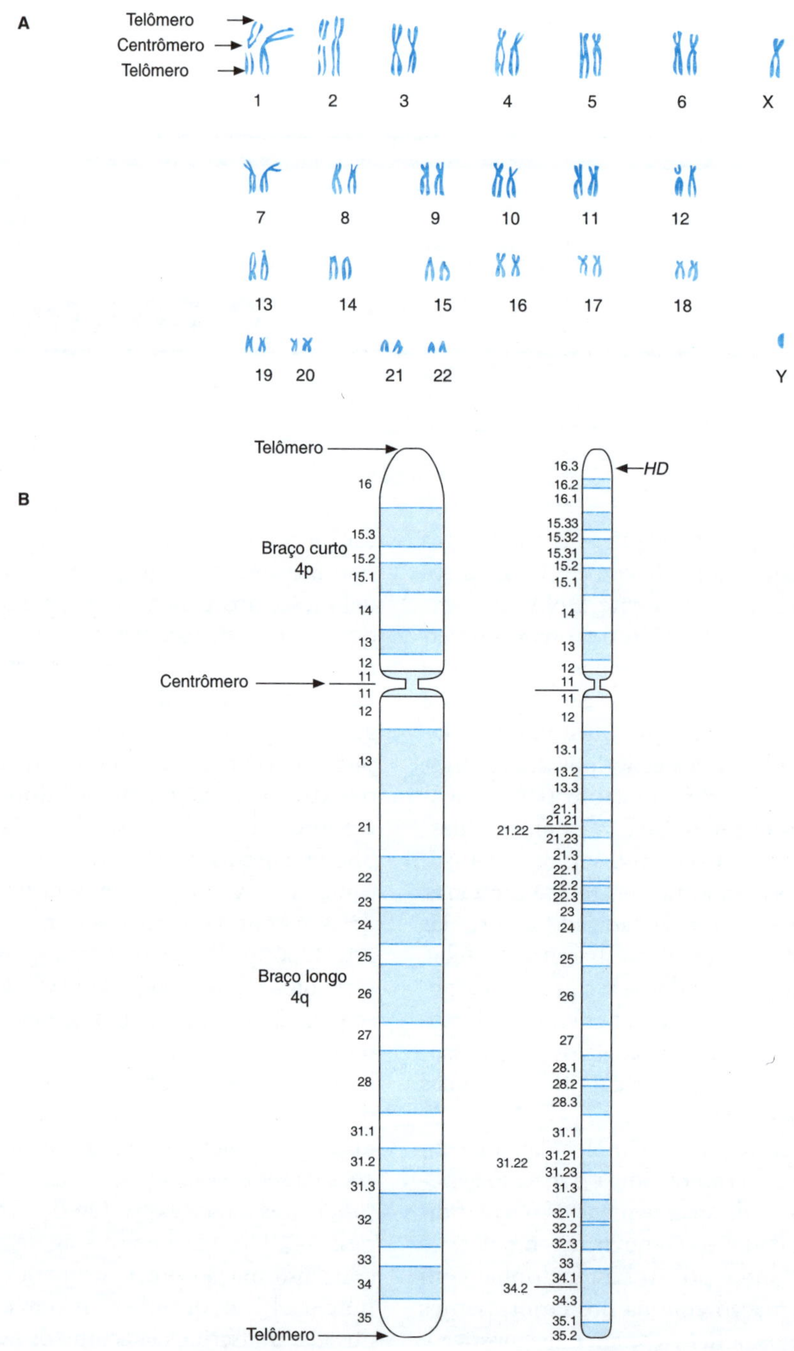

Figura 27-1. Cariótipo humano do sexo masculino e ideograma do cromossomo 4. **A.** Os cromossomos humanos condensados durante a metáfase têm um aspecto característico identificável pelo tamanho, forma e padrão de coloração, permitindo sua classificação em 23 pares homólogos, 22 são cromossomos somáticos ou autossômicos e um par corresponde aos cromossomos sexuais (XY masculino, XX feminino). Nesta fase da mitose cada cromossomo é visto como um par de **cromátides irmãs,** unidas pelo centrômero. Os braços do cromossomo, p (braço curto) e q (braço longo), se estendem para cada lado do centrômero, terminando nas extremidades cromossômicas ou telômeros. **B.** Quando corados com corantes específicos, os cromossomos em metáfase revelam claramente zonas distinguíveis por corar-se mais ou menos, chamadas bandas. O Padrão de bandas G (por terem sido obtidos com o corante Giemsa) de uma cromátide do cromossomo humano 4 é mostrada em dois ideogramas com diferentes níveis de resolução. É chamado ideograma a representação esquemática do cromossomo a partir do qual se podem fazer medições. Em um ideograma as bandas são numeradas a partir da região centromérica. Para designar uma banda em particular, devem ser mencionados: o número do cromossomo, o braço, a região a qual pertence e o número da região. Algumas bandas em destaque são utilizadas para assinalar regiões específicas dos cromossomos, nas quais podem ser encontradas outras bandas. Por exemplo, o braço longo (q) do cromossomo 4 tem três principais regiões (1, 2 e 3) separadas pelas bandas 4q21 e 4q31; dentro da primeira região se encontram as bandas 4q11, 4q12 e 4q13. As subdivisões de uma banda são denominadas, adicionando-se ao nome da banda original um novo dígito precedido de um ponto decimal. O gene (HD), cuja mutação da origem a doença de Huntington está localizado na banda 4p16.3, ou seja, cromossomo 4, braço curto, região 1 (esta braço só tem uma região principal), banda de 6, sub-banda 3.

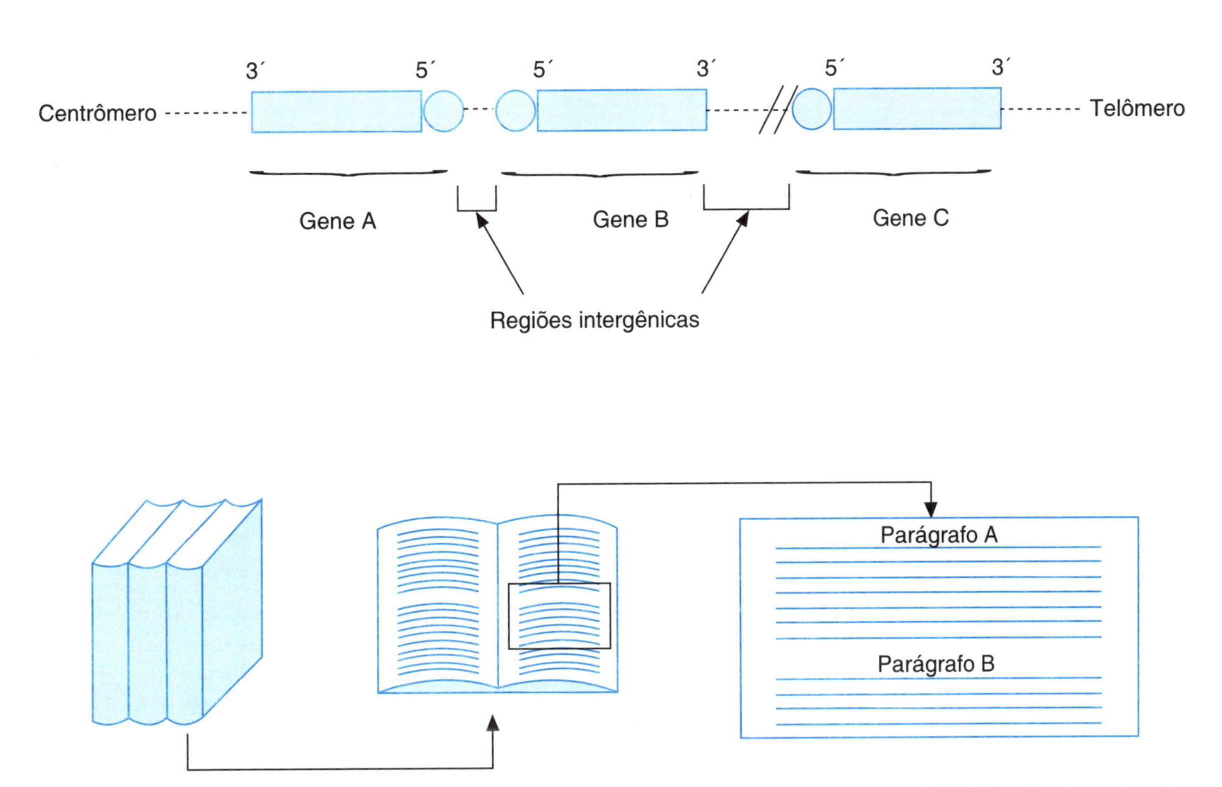

Figura 27-2. O genoma como uma grande biblioteca. O genoma é o conjunto de genes e fragmentos de DNA localizados entre eles. De forma semelhante ao parágrafo de um livro, os genes são seções da sequência de nucleotídeos do genoma com informações suficientes para codificar um produto gênico. Os genes hipotéticos A, B e C, mostrados na figura estão separados por regiões não codificadoras (linhas pontilhadas), as quais podem ser muito curtas, como nas bactérias ou muito grandes como nos mamíferos. O gene inclui não só a região transcrita (retângulos), mas também as regiões vizinhas (círculos) que contêm os elementos reguladores da atividade de gene. Note-se a orientação 5'.

Dito de outra forma, os genes incluem também a região que o transcreve, são as sequências não transcritas, geralmente localizadas na extremidade 5' da unidade transcricional, que regulam a correta e oportuna expressão do gene. É importante notar que as sequências regulatórias não são exclusivas da transcrição; também há eventos regulatórios pós-transcricional, como amadurecimento ou processamento dos transcritos primários, e sua eventual tradução (no caso dos mRNA), localização e longevidade, os quais são mediados por sequências geralmente incluídas no RNA transcrito. A importância das sequências regulatórias da expressão gênica se manifesta nos **pseudogenes**. Alguns genes funcionais têm cópias não funcionais, pseudogenes, com as quais estão estruturalmente e evolutivamente relacionados. A falta de atividade dos pseudogenes são devido a mutações nas sequências regulatórias da transcrição, as quais diminuíram ou eliminaram completamente a expressão do produto gênico final. A origem dos pseudogenes, e em geral das famílias de genes (funcionais ou não), tem sido atribuída a eventos de duplicação gênica, que podem ocorrer por recombinação ou troca meiótica desiguais (Figura 26-3). Quando isso acontece, um dos cromossomos recombinados fica com duas cópias do gene e outro sem nenhuma. Os genes duplicados, que inicialmente são idênticos e, portanto, redundante para a célula, acumulam mutações em suas sequências nucleicas ao longo do tempo, o que pode causar: 1) divergência que lhes dá identidade e funções próprias, 2) que uma das cópias duplicadas se converta em um pseudogene (figura 26-4). Outro tipo especial de pseudogene pode ser originado pela transcrição reversa do mRNA e sua reintegração ao genoma.

A ATIVIDADE DE CADA GENE DO GENOMA ESTÁ FINAMENTE REGULADA

Um gene funcional pode ser imaginado como o pacote de informações necessárias e suficientes para a correta expressão e função desse produto gênico em particular. Esta informação é usada cada vez que a célula requer esse produto gênico. No entanto, nem todos os genes possíveis, presentes no genoma são utilizados ou expressos por uma célula ao mesmo tempo. Na verdade, cada linhagem celular em um organismo multicelular, como o *H. sapiens*, só utiliza ou expressa alguns genes, o suficiente para lhe determinar seu fenótipo característico dentro do organismo. Para selecionar exatamente quais genes devem estar ativos em um momento, lugar e circunstância determinados pelo ambiente, a célula utiliza as regiões ou elementos reguladores da expressão gênica. Essas sequências reguladoras estão finamente coordenadas por uma rede intra e extracelulares de sinais que determinam

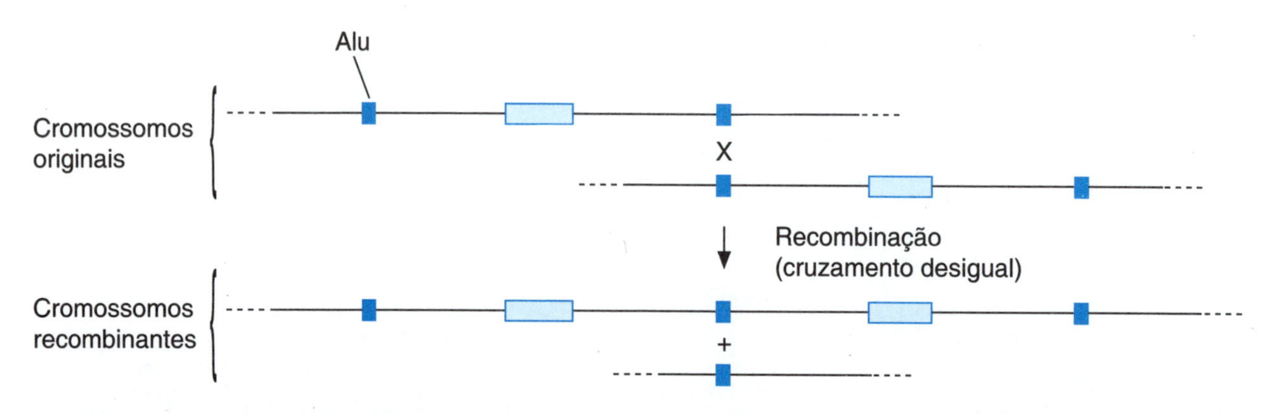

Figura 27-3. Duplicação gênica. As famílias multigênicas são originadas através da duplicação gênica, a qual ocorre por um cruzamento desigual durante a meiose. Na figura, cada cromossomo original tem um gene (retângulo), que está localizado próximo de sequências repetitivas do tipo Alu. Devido à alta similaridade da sequência, as regiões Alu podem recombinar-se erroneamente durante a meiose (mostrado na figura como um deslocamento relativo dos cromossomos), gerando um cromossomo com dois e outro sem nenhum dos genes.

o padrão de expressão gênica para cada linhagem celular. A atividade seletiva dos genes da família β-globulina durante a ontogênese é um bom exemplo dessa coordenação (figura 27-4). Os padrões de expressão gênica são autorregulados e sensíveis às influências extracelulares, portanto, a modulação da expressão gênica é uma resposta celular aos desafios ambientais. Quando examinados sob o microscópio os aspectos tão diferentes que têm um neurônio e um hepatócito apesar de ambas as células conterem exatamente a mesma informação genômica, confirma quão precisa e seletiva é a regulação gênica.

OS GENOMAS TAMBÉM PODEM ESTAR CONSTITUÍDOS DE RNA

Em geral, os genomas são compostos de DNA. No entanto, existem certos vírus chamados de RNA porque seus genomas são compostos por este ácido nucleico. Um passo essencial no ciclo de vida desses vírus é a transcrição de seu genoma em DNA. Esta cópia genômica de DNA poderá então ser duplicada e expressa geneticamente, utilizando o repertório enzimático da célula hospedeira. Desta maneira, os vírus de RNA podem proliferar e propagar-se. Devido a este tipo de transcrição de RNA em DNA seguir uma direção oposta ao fluxo geral da informação ditada pelo "Dogma central" da biologia molecular (Figura 25-2), é chamado de **transcrição reversa** e os vírus de RNA que a utilizam são conhecidos como **retrovírus**. Um grande número de vírus que causam doenças como câncer e HIV são retrovírus.

OS GENOMAS PODEM SER HAPLOIDES, DIPLOIDES OU POLIPLOIDES

As células somáticas humanas são diploides, ou seja, cada uma delas tem uma herança genética dupla, Assim, cada um dos cromossomos humanos se encontram duplicados em todas as células somáticas. No entanto, este não é o caso de outros organismos vivos. Em geral, os procariontes têm genótipos contidos em genomas unitários ou haploides. Embora um grande número de organismos eucariontes tenha genomas diploides, existem eucariontes com genoma haploide, como certos fungos, entre eles os que produzem a penicilina. Também existem eucariontes, como as plantas, cujos genomas podem ser poliploides, isto é, que tem mais de duas cópias de cada informação genética.

Na diploidia considera-se que cada célula contém dois genomas haploides. Assim, em cada célula diploide existem duas cópias, ou alelos, de cada gene. É importante lembrar que essas cópias alélicas não têm que ser idênticas entre si. Geralmente, as células diploides utilizam ambas as cópias. Se uma delas esta inativa, a célula poderá sobreviver se a outra cópia alélica for funcional. Um organismo de genoma haploide, como uma bactéria, não seria viável se um dos seus genes essências para a vida fosse inativado por mutação. Ao contrario, para causar a mesma letalidade em um organismo de genoma diploide, é necessário inativar as duas cópias alélicas do gene vital. A exceção a essa regra é chamada **dominância negativa**, na qual, apesar de existir um alelo funcional, a inativação do outro alelo provoca uma perda total ou parcial da função codificada por esse gene. Geralmente, a dominância negativa ocorre em genes cujos produtos fazem parte das "maquinarias", celulares compostas por distintos produtos genéticos, em que um "pedaço decomposto" prejudica a função de todo o mecanismo.

Em organismos diploides só as células somáticas possuem dois reservatórios genotípicos. Os gametas (as células reprodutivas) de organismos diploides eucariotos são haploides. Quando o ovulo é fecundado por um espermatozoide, a junção de complementos haploides dos gametas reconstitui o conteúdo diploide típico das células somáticas eucarióticas.

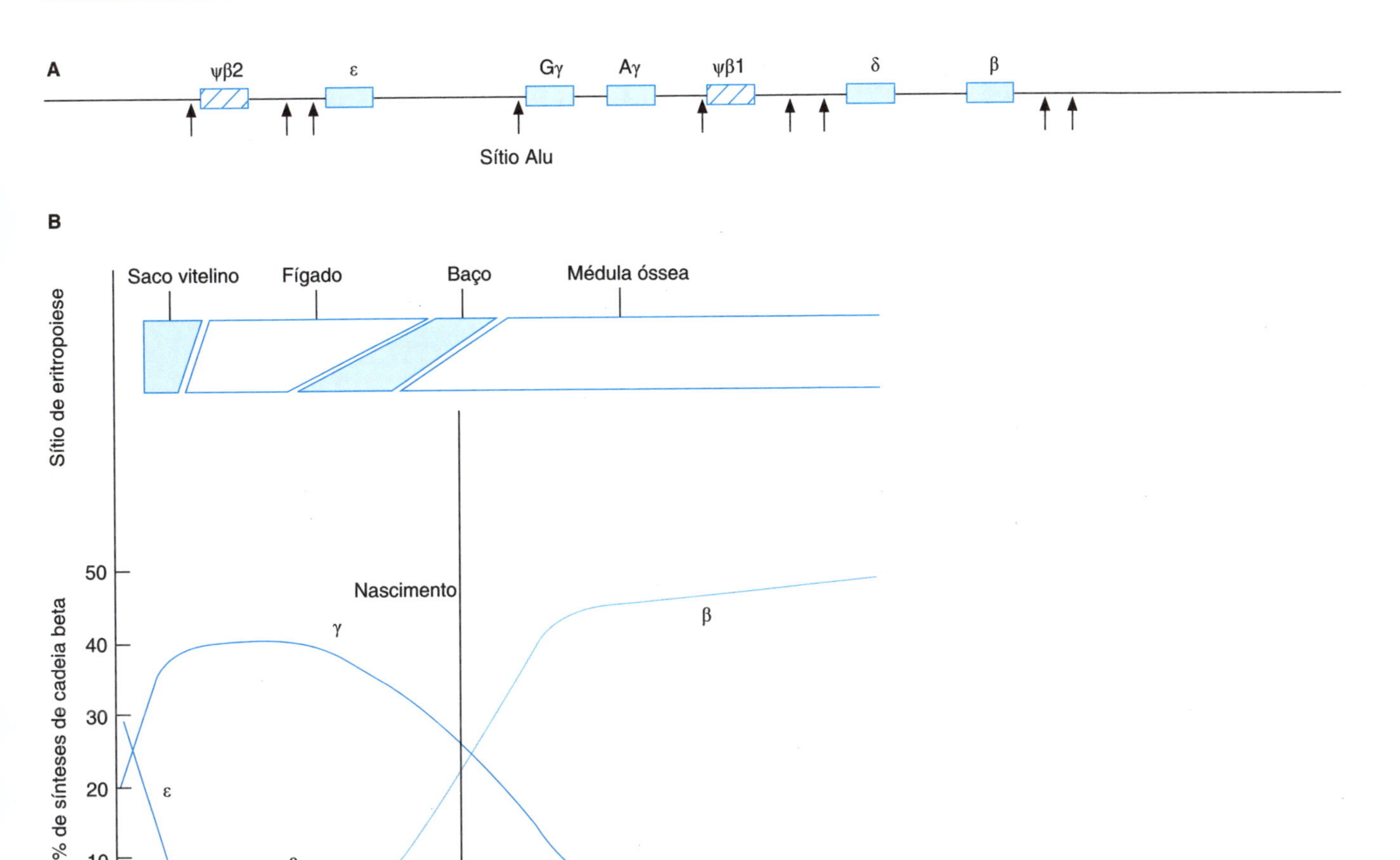

Figura 27-4. A atividade no lócus dos genes da subunidade β da hemoglobina humana está finamente regulada. **A**) A cadeia β pode ser codificada por cinco diferentes genes (retângulos azuis) que constituem a família genética da β-globulina, toda situado em aproximadamente 80.000 pares de base (pb) do cromossomo 11. Além disso, dos cinco genes ativos, existem na mesma região, dois pseudogenes (retângulos com diagonais) e algumas sequências de tipo Alu (setas). **B**) A atividade de cada gene da família de β-globina varia de forma ordenada, por isso dizemos que está regulada durante ontogênese. Nas primeiras semanas de vida embrionária, os tecidos hematopoiéticos expressam o gene ε. Após oito semanas o gene γ é o mais ativo. Poucas semanas antes do nascimento, o gene γ começa a desligar, simultaneamente com o início da expressão do gene β, e continua ativo na hemoglobina durante toda vida adulta.

OS GENOMAS PODEM SER CIRCULARES OU LINEARES E ESTAR PRESENTE EM UM OU MAIS CROMOSSOMOS

Os genomas haploides dos procariontes, como as bactérias, geralmente únicos e circulares, ou seja, estão compostos por uma única molécula de DNA cujas extremidades estão unidas, entre si formando um cromossomo em anel. Os cromossomos bacterianos não estão compartimentados em uma organela celular, nem adotam as características morfológicas dos cromossomos eucarióticos. Ao contrário dos organismos procariontes, os genomas dos eucariotos estão divididos em diversos cromossomos que residem no núcleo da célula. O DNA dos cromossomos eucarióticos são moléculas compridas, com extremidades livres denominadas telômeros. Estes cromossomos adotam as características morfológicas dos cariótipos, devido à associação do DNA com proteínas da cromatina (ver adiante). O conteúdo ou equivalente haploide do genoma humano consiste em 3.3 Gp, ou seja, 3.300 bilhões de pares de bases, distribuídos em 22 autossomos e um conjunto de cromossomos sexuais X e Y. Devido à sua condição diploide, o cariótipo de células humanas revela que há uma total de 46 cromossomos, divididos em 23 pares (figura 26-1). Com exceção dos cromossomos sexuais, X e Y, cada um dos outros 22 pares, chamados autossomos, ou cromossomos somáticos têm conteúdos genéticos equivalentes, embora não sejam idênticos, porque há variantes alélicas (capítulo 25). O cariótipo mostrado na figura 26-1 corresponde a uma célula somática

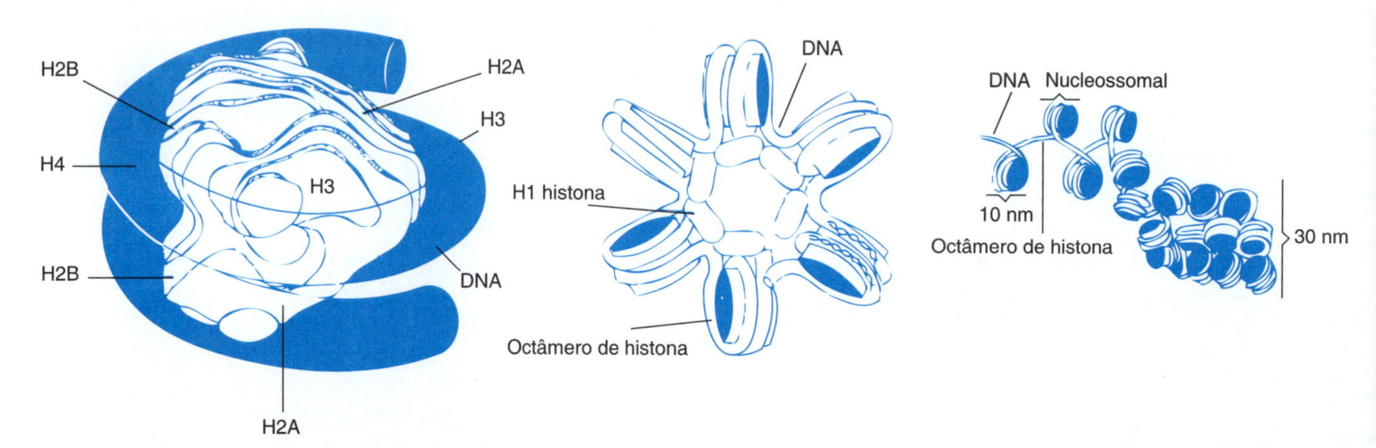

Figura 27-5. Os nucleossomas se enrolam formando solenoides. **A)** modelo tridimensional de um nucleossomo. O DNA se enrola ao redor de um octâmero de histona, formando o nucleossomo, uma estrutura quase esférica 10 nm de diâmetro. **B)** Os nucleossomos unem-se como contas em um rosário, enrolando-se em um solenoide. Como mostrado na imagem ao longo de seu eixo longitudinal, o solenoide é composto por seis nucleossomos por volta e tem uma espessura de 30 nm. As histonas H1 estão localizadas no centro solenoide e ajudam a estabilizá-lo. **C)** Na visão lateral, o solenoide mostra-se parcialmente desenrolado pelo lado esquerdo.

masculino em metáfase, de modo que em cada cromossomo se observa um par de **cromátides irmãs** unidas pelo centrômero. A existência de duas cromátides irmãs por cromossomo se deve ao fato de que na metáfase as célula tornam-se tetraploide pois o DNA genômico se duplicou e, nas fases seguintes da mitose, as cromátides segregaram para cada uma das células filhas, restaurando a diploidia própria das células somáticas.

Finalmente, é importante mencionar que em células eucarióticas existem organelas subcelulares com genomas próprios, os quais se diferem claramente dos genomas nucleares que foram revisados nas seções anteriores. Por exemplo, as mitocôndrias possuem um genoma circular com cerca de 15.000 pb que codifica aproximadamente uma dúzia de genes que são expressos nessa organela e cujos produtos participam de suas funções. Apesar de não serem incluídos como parte do genoma (termo que normalmente é reservado para o material genético nuclear), os genes mitocondriais são essenciais para o bom funcionamento celular. Isto fica demonstrado pelo fato de existirem doenças humanas causadas por mutações de genes mitocondriais.

A NECESSIDADE DE UM EMPACOTAMENTO EFICIENTE DOS GENOMAS

Em comparação com os genomas de organismos vivos, o "genoma" de *Cem Anos de Solidão* é de um tamanho modesto. O genoma da *E. coli*, o organismo procariótico protótipo, consiste de 4,64 X 10^6 pb e do *H. sapiens* de 3.3 X 10^9 pb. Se as sequências nucleotídicas que compõem os genomas da *E. coli* e dos seres humanos, fossem publicados na forma de letras impressas em livros de tamanho comparáveis a *Cem Anos de Solidão*, ocupariam cerca de 5 e 3.800 volumes, respectivamente. Para se ter uma ideia dessas grandezas, imaginemos que, se cada um destes volumes hipotéticos tivessem uma espessura de 2,5 cm, o genoma da *E. coli* ocuparia uma prateleira 12,5 centímetros de comprimento, enquanto que o do *H. sapiens* necessitaria de uma prateleira de 95 metros de comprimento.

Uma sequência de 3.3 Gpb de DNA, em conformação B, formaria uma dupla hélice de aproximadamente 1.12 metros de comprimento (0.34 nm / bp X 3.3 X 10^9 pb). Considerando que as células humanas em média têm um diâmetro de 10 a 30 μm, pode se estimar que o comprimento do genoma humano seja equivalente a mais de 100 000 vezes o diâmetro da célula em que ele reside. Mesmo o menor dos cromossomos humanos, o cromossomo 21, teria um comprimento 6.000 vezes maior (4.5 X 10^7 pb X 0.34 nm / bp X 1.5 cm) do que se observa em qualquer cromossomo em metáfase (cerca de X 2.5 μm). As células eucarióticas devem possuir mecanismos muito eficientes para acomodar ou "empacotar" seus genomas dentro de seus núcleos. O problema de empacotamento cromossômico não é exclusivo das células eucarióticas. Não obstante seu tamanho menor, o cromossomo de *E. coli* também tem um comprimento (1,6 mm de circunferência) que seja superior a 800 vezes o comprimento da bactéria (2 μm), necessitando também de um sistema eficiente de empacotamento intracelular. Além da desproporção de comprimento, outro grande obstáculo importante para a compactação intracelular do DNA são as cargas elétricas negativas dos fosfatos que compõem a estrutura desoxirribose-fosfato. O cromossomo de *E. coli* se associa a poliaminas como a espermidina e espermina e proteínas chamadas H-NS, que devido ao seu caráter básico neutralizam as cargas negativas do DNA. Adicionado à neutralização de cargas, o DNA cromossômico bacteriano atinge um maior compactação devido ao superenrolamento mediado pelas topoisomerases. (capítulo 28).

HISTONAS, NUCLEOSSOMOS, CROMATINA E CROMOSSOMOS

O DNA de cromossomos eucarióticos também atinge um empacotamento eficiente, neste caso intranuclear, através do superenrolamento e neutralização de cargas negativas. Essa compactação se dá através da associação DNA cromossômico com proteínas básicas, em blocos de empacotamento primários, os nucleossomos, os quais por sua vez são agrupados em unidades de maior complexidade estrutural, até chegar a constituir o que ao microscópio se observa como cromatina e cromossomos. A cromatina, que resulta da associação de **histonas** e outras proteínas com o DNA, têm vários graus de compactação. O microscópio eletrônico revela que no núcleo celular existem duas classes de cromatina, a **eucromatina** e a **heterocromatina**. A eucromatina, que é pouco condensada, é o local onde estão localizados os genes com maior atividade transcricional. Enquanto que a heterocromatina geralmente inclui as regiões de DNA cromossômico com pouca ou nenhuma atividade transcricional, o que explica o alto grau de condensação.

As proteínas estruturais mais abundantes que compõem a cromatina são as histonas, das quais existem cinco tipos chamados H1, H2A, H2B, H3 e H4. As histonas são proteínas básicas, cuja sequência polipeptídica é altamente conservada, mesmo em organismos tão diferentes como plantas e animais, o que enfatiza sua importante função celular. Se fizermos uma digestão parcial do DNA presente na cromatina, usando baixas concentrações de enzimas do tipo endonucleases obteremos estruturas quase esféricas, de 10 nm de diâmetro, os **nucleossomos**, os quais constituem a unidade mínima de empacotamento do DNA genômico (figura 27-5A). Cada nucleossomo é um octâmero composto de um par de cada uma das histonas H2A, H2B, H3 e H4, as quais se associam formando uma estrutura cilíndrica sobre a qual se enrolam um segmento de DNA de 146 pb, comprimento suficiente para dar aproximadamente duas voltas ao octâmero de histona. A digestão nucleolítica parcial ocorre principalmente sobre as partes do DNA cromossômico acessíveis, que não estão em contato próximo com o octâmero de histonas, ou seja, sobre os segmentos de DNA que conectam um nucleossomos com o outro. Antes da digestão, cerca de 200 pb do DNA intacto encontram-se enrolados em cada nucleossomo, os quais estão ligados entre si, dando a aparência de um rosário com uma interminável sucessão de contas. O DNA disposto nesta arrumação sob a forma de rosário se empacota em unidades de maior complexidade estrutural, sendo o primeiro delas um solenoide, com seis nucleossomos para cada volta da espiral. Com este novo enrolamen-

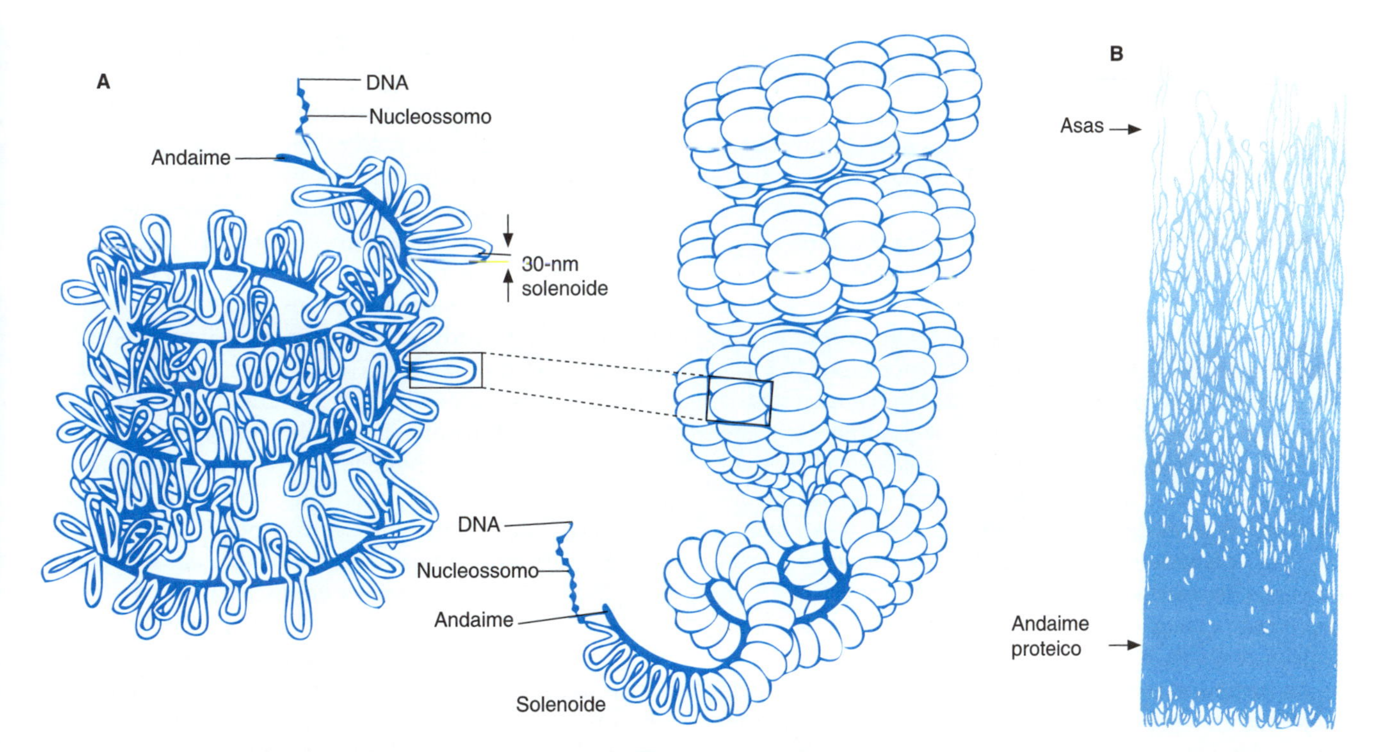

Figura 27-6. Anatomia de um cromossomo. **A**) Modelo da estrutura de um cromossomo humano. O solenoide no qual se enrola o nucleossomo adere-se a um andaime proteico, o qual serve para um maior grau de enrolamento, que pode chegar a ser muito compacto como nos cromossomos em metáfase. **B**) O solenoide apenas se adere ao andaime cromossômico em determinados pontos da adesão. Se eliminarmos as histonas de um cromossomo em metáfase, mantendo o DNA aderido ao andaime proteico (grade eletro densa localizada na parte inferir deste esquema), podemos observar como se adere o DNA. Note-se que os fios de DNA não se apresentam com extremidades livres, mas como asas que começam e terminam no mesmo ponto do andaime proteico.

to, a cromatina assume a forma de um filamento de 30 nm de diâmetro, no qual cada nucleossomo é estabilizado por uma histona H1, que se liga à superfície o nucleossomo, sobre a área que dá na direção do interior dos filamentos (figura 27-5B e C). Durante a metáfase, estes filamentos de 30 nm são dobradas sobre uma matriz de proteínas não histônicas, o **andaime cromossômico**, formando asas que vão de 10 a 100 Kbp (kilopares de bases, mil bp) de DNA (figura 27-6). A cromatina dobrada sobre este andaime pode enrolar se em solenoides cada vez maiores, a ponto de ser visível em microscópio óptico como os cromossomos definidos em um cariótipo.

Além das proteínas que compõem o nucleossomo e o andaime cromossômico, existem outras proteínas associadas com a cromatina, entre elas cabe mencionar a topoisomerase II (indispensável para desenrolar o DNA durante a replicação genômica), os fatores reguladores da transcrição e outras de alto peso molecular cujas funções ainda são desconhecidas. Ainda que seu conjunto proteico seja menos abundante que as histonas, sua gama de funções ultrapassam o aspecto puramente estrutural destas e sugere, que há eventos regulatórios da duplicação do DNA e da expressão gênica que ocorrem na cromatina. Por exemplo, foram encontradas enzimas capazes de introduzir grupos acetil nas histonas, mecanismo pelo qual são postulados que regula o grau de empacotamento da cromatina e, consequentemente, o grau de atividade transcricional de genes associados com a região da cromatina acetilada. Um exemplo extremo de como o nível de empacotamento da cromatina desempenha um papel crucial na atividade transcricional de determinados genes é a inativação de um dos dois cromossomos X em células humanas femininas. O cromossomo X inativo se condensa a tal grau em que pode ser visto como uma partícula nuclear (Corpúsculo de Barr) em interfase.

É interessante mencionar que a inativação (e posterior compactação) de um dos cromossomos X se estabelece de forma aleatória durante a embriogênese. Uma vez que uma célula embrionária tem um de seus cromossomos X inativos, este permanece inativo nas células-filhas resultantes de subsequentes divisões. Isso faz com que as mulheres sejam um mosaico genético, em que algumas células têm ativos genes do cromossomo X herdado da mãe, enquanto outras terão ativos genes do cromossomo X de origem paterna.

Em conclusão, um cromossomo eucariótico é definido molecularmente como uma dupla hélice de DNA linearmente comprido (até 7,5 cm, com 2-3 X 10^8 pb, no cromossomos mais compridos), cuja associação com proteínas histônicas e de outros tipos que permitem compactar-se em uma estrutura de tamanho menor que o diâmetro celular. Esta estrutura tem propriedades morfológicas (telômero, centrômero e bandas de coloração **sui generis**, figura 27-1), que permitem uma descrição cariotípica muito antes do que a descrição molecular no que concerne ao mapa genético e sequência de nucleotídeos.

A MAIORIA DOS PRODUTOS GENÉRICOS FINAIS SÃO PROTEÍNAS: "UM GENE, UMA ENZIMA"

Efetivamente, como a maioria dos genes possuem produtos genéticos proteicos, quando se pensa em um gene se pensa imediatamente em uma proteína codificada. Na verdade, a proposta clássica **"um gene, uma enzima"**, destaca essa percepção. Esta teoria de Beadle e Tatum, investigadores pioneiros da genética molecular de bactérias, se originou de sua descoberta de que a inativação de um gene refletia na perda de um passo em alguma via metabólica, devido à inativação de uma enzima codificada por esse gene. Atualmente é sabido que em termos estritos a proposta não é correta, pois nem todos os produtos gênicos polipeptídicos são enzimas, além de existirem genes cujo produto gênico final é um RNA. No entanto, o mérito da frase "um gene, uma enzima" consiste em lembrar-nos que a imensa maioria das instruções inscritas no genoma é realizada por "polipeptídios trabalhadores" os quais constroem as células, contribuindo, portanto com apoio estrutural ou de modulação (catalítico ou de outro tipo) das suas funções. Mediante as atividades biológicas das proteínas, as células regulam suas funções, incluindo a seletividade transcricional, cujo resultado final é "escolha" de uma das muitas possibilidades fenotípicas registrada no genoma.

ANATOMIA MOLECULAR DE UM GENE

Minimamente, um gene consiste em uma unidade transcricional que inclui as regiões reguladoras da transcrição, geralmente localizadas nas extremidades 5' região de transcrição (figuras 27-7 e 27-8). Todos os genes de organismos vivos se adéquam a esta regra; no entanto, os eucariontes e os procariontes apresentam diferenças significativas na concepção de seus genes e seus mRNA. Os genes cujos produtos finais são proteínas, produzem transcritos denominados RNA mensageiros (mRNA), que eventualmente são lidos ou traduzidos em polipeptídios nos ribossomos. Os mRNA possuem sequências de nucleotídicas reguladoras da tradução, as quais permitem a correta iniciação (em uma trinca 5' AUG 3') e terminação (em uma das três possíveis trincas de terminação) da tradução (capítulo 30). As sequências compreendidas entre a trinca de iniciação e a de terminação delimitam o **quadro aberto de leitura** (ou **ORF** do inglês *open reading frame*), ou seja, a porção de RNA mensageiro que é traduzida pelo ribossomo (figura 27-7). Nas extremidades do ORF, se encontram **regiões não traduzidas** (ou **UTR** do inglês *untranslated region*), a região 5'-UTR e a região 3'-UTR. Estas regiões não traduzida contribuem para a seleção adequada da trinca de iniciação (5'- UTR) e a permanência ou estabilidade mRNA na célula (3'-UTR).

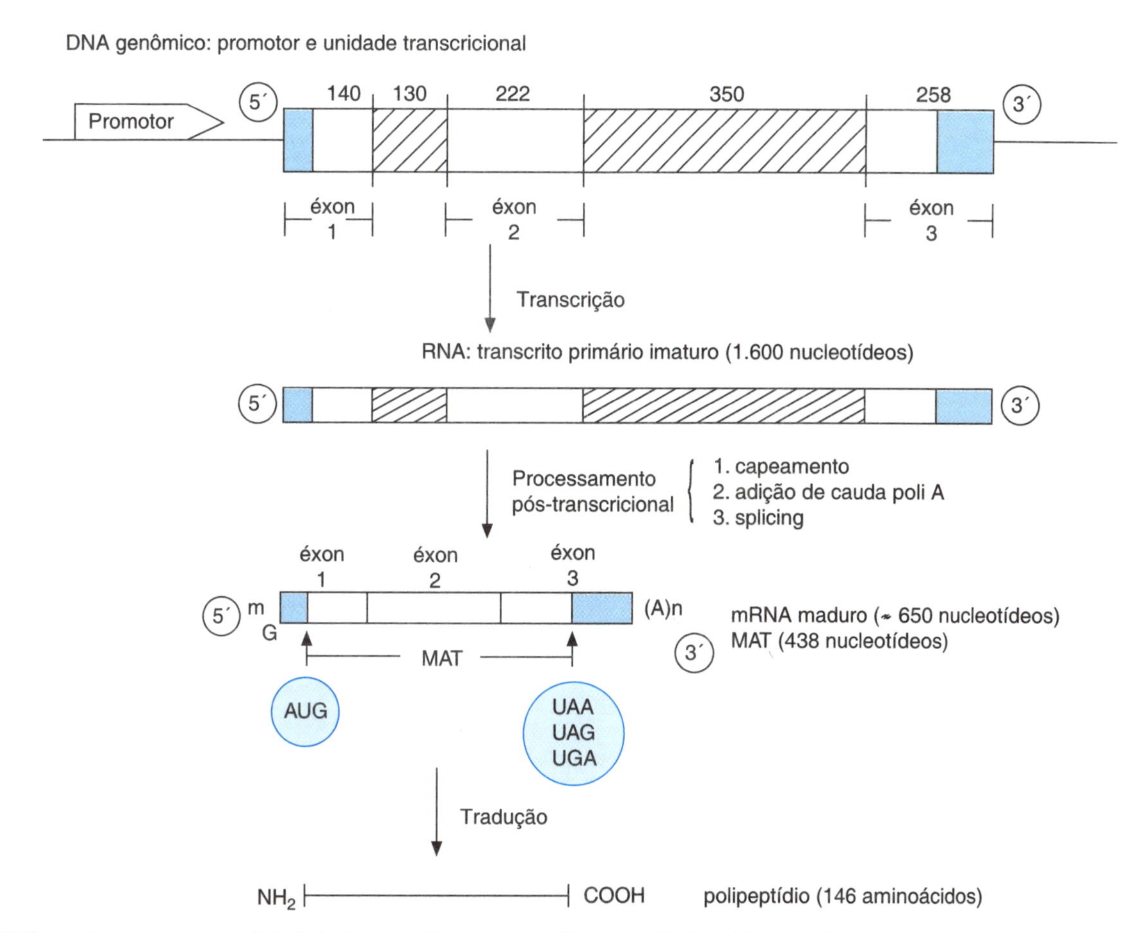

Figura 27-7. Anatomia do gene cadeia β da hemoglobina humana. Na extremidade 5 'da unidade transcricional localizam-se as sequências promotoras da transcrição (promotor). A posição relativa do promotor determina o ponto onde inicia a transcrição. O transcrito primário (1600 nucleotídeos) é a copia em RNA das sequências de uma região do DNA genômico que incluem os éxons e íntrons (retângulos com diagonais). O transcrito primário é modificado por três tipos principais de processamento pós-transcricional, a adição do *cap* na extremidade 5 ', a adição da cauda de poli-A na extremidade 3' e a eliminação dos íntrons (*splicing*) para produzir um RNA mensageiro ativo (mRNA). O mRNA maduro é um pouco mais comprido do que a soma dos exons, devido à adição da cauda poli-A. Limites importantes no mRNA maduro são os sinais para o inicio (AUG) e para terminação da tradução (UAA, ou UAG, ou UGA), os quais delimitam as regiões não traduzidas (sombreadas em cinza) e o quadro aberto de leitura (ORF). *ORF* da sigla em Inglês (*Open Reading Frame*), é a região do mRNA decifrada pelo ribossomo durante a tradução para gerar a proteína codificada no gene.

Em geral, as unidades de transcrição dos eucariotos são **monocistrônicas**, ou seja, produzem mRNA que codifica apenas um polipeptídio (figura 27-7), enquanto que as unidades transcricionais procarióticas codificam vários produtos polipeptídicos, que são traduzidos a partir de um único mRNA (figura 27-8). Em geral, essas proteínas estão relacionadas entre si por pertencerem a uma via metabólica particular, de modo que quando se ativa a unidade de transcrição são traduzidas a partir delas todas as enzimas necessárias para chegar ao final da via. A este tipo de transcrito com múltiplos *ORF* damos o nome de **mRNA policistrônico**, e ao conjunto de genes que estão sob o controle da mesma região reguladora de transcrição chamamos **operon** (figura 27-8).

Outra diferença substancial é que os RNA mensageiros eucarióticos são transcritos inicialmente como moléculas precursoras que se submetem a uma série de mudanças, ou processamento para se tornarem mensageiros funcionais (figura 27-7 e capítulo 29). A parte fundamental deste processamento é o encurtamento do transcrito primário, devido à eliminação de fragmentos, chamados **íntrons**, os quais não contribuem para a função do RNA maduro e são eliminados por um processo de cortar e colar conhecido como **junção** ou *splicing*. Durante o *splicing*, além de se remover os íntrons são unidos os **exons**, os quais são as partes do transcrito primário que persistem no RNA maduro. Como se observa na figura 27-7, é através do *splicing* que a célula escolhe com precisão (com relação aos nucleotídeos) quais exons formarão um RNAm maduro. A importância desta escolha é que assim se determina a constituição do quadro de tradução e, portanto, a sequência do polipeptídio codificado no mRNA. Assim, *splicing* é um ponto de regulação da expressão genética, pois graças a seleção ou exclusão específica de exons, mecanismo chamado *splicing* **alternativo**,

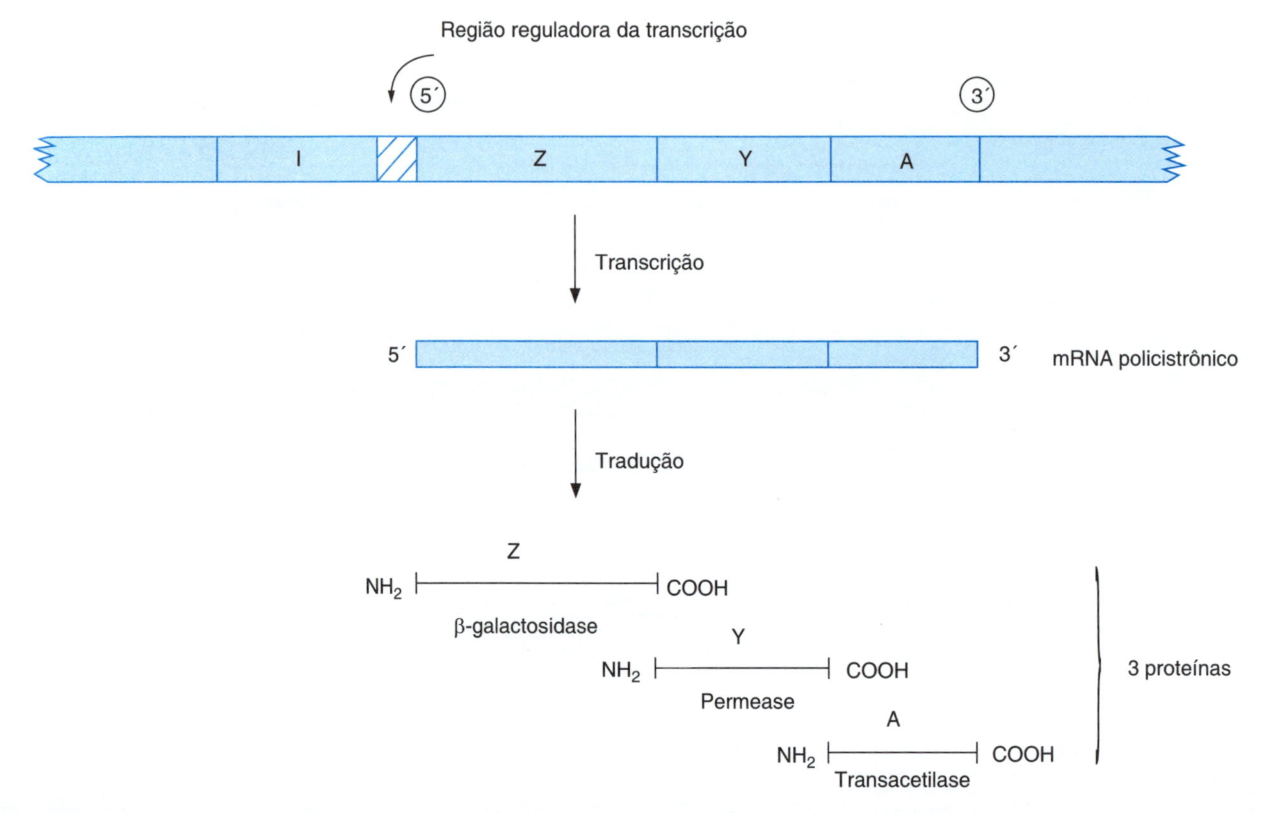

Figura 27-8. O operon da lactose de *E.coli* produz um mRNA policistrônico. Três genes compõem o operon da lactose: o gene *lacZ* (β-galactosidase, que quebra a lactose em glicose e galactose), *LacY* (permease da lactose, o que permite o transporte de lactose para o interior da bactéria) e *LacA* (transacetilase de tiogalactosideos, cuja função é desconhecida). A transcrição deste operon esta sob o controle da mesma região reguladora. O mRNA transcrito é policistrônico, pois inclui os quadros aberto da tradução para cada uma das três proteínas codificadas no operon.

pode se gerar **mRNA alternativos** que codificam proteínas com diferentes sequências de aminoácido. Este importante mecanismo dá versatilidade e amplia o repertório genômico eucariótico em geral, e muito particularmente nos seres humanos, pois permite que a partir de um mesmo gene se expressem diferentes proteínas.

Para fins práticos, o *splicing* só ocorre em eucariotos, pois as sequências intrônicas são privativas destes organismos. Salvo certas exceções esporádicas, onde os genes procarióticos carecem de introns, ou seja, a sequência codificadora da unidade de transcrição é uma sequência continua, sem porções que sejam removidas pós-transcricionalmente por *splicing*.

O TAMANHO DOS GENOMAS NÃO É PROPORCIONAL AO NÚMERO DE GENES QUE ELES SCONTÊM

Quantos genes são necessários para formar um organismo? Qual é o tamanho mínimo necessário do genoma de um dado organismo? As respostas a estas perguntas expõem questões biológicas fundamentais, como a organização estrutural e funcional dos genomas, e quais são os genes que distinguem uma espécie da outra. Intuitivamente, pode-se supor que quanto mais alto se encontre na escala filogenética, um organismo necessitará de mais genes para determinar o seu genótipo e, portanto, de genomas maiores para acomodá-los. Os dados da tabela 26-1 indicam que essa hipótese está parcialmente correta. A média do número de genes em procariontes varia entre 1.000 e 4.000. Organismos mais complexos como as leveduras (eucariontes unicelulares) ou do nematódo C. *elegans*, têm entre 6.000 e 20.000 genes. Embora inicialmente haviam-se previsto até 100.000 genes para os vertebrados, incluindo o ser humano e o rato, atualmente se pensa que o número de genes em grupo filogenético não exceda 30.000, como revelou a sequência do genoma humano. O aumento no número de genes tem uma baixa correlação com o tamanho físico do genoma em que residem. Quando se fala de tamanho físico dos genomas, que se expressa em pares de bases, se fala do chamado **complemento** ou **genoma haploide** (ou seja, o *valor de* C), a fim de torná-los comparáveis com organismos de diversas ploidias genômicas. Por exemplo, no caso de organismos diploides como *H. sapiens*, quando se fala do tamanho do seu genoma haploide é de 3.3 bilhões de pb, estamos falando apenas de um suplemento haploide, ou seja, metade do número total pb que encontramos em uma célula somática humana.

O quadro 27-1 mostra que há uma disparidade entre o número de genes e o tamanho do genoma. Isto é

Quadro 27-1. Números aproximados de genes e tamanho do genoma em diferentes organismos

Grupo filogenético	Espécie	Genes	Genoma haploide em milhões de pb
Procariotos	*Haemophilus influenzae*	1 743	1.83
	Escherichia coli	4 435	4.64
Leveduras	*Saccharomyces cerevisiae*	5 860	12.1
Artrópodes	*Drosophila melanogaster*	20 000	90.01
Nematódeos	*Caenorhabditis elegans*	23 000	100.0
Cordados	*Homo sapiens*	29 000	3 300
	Mus musculus	27 000	3 300
Plantas	*Arabidopsis thaliana*	33 000	120

mais acentuado em determinados grupos taxonômicos, tais como anfíbios, que podem chegar a ter genomas desproporcionalmente grandes para seu número de genes. Na verdade, é muito comum achar que o tamanho do genoma haploide não tem uma correlação direta nem com o número de sequências úteis (genes) que contém, nem a posição filogenética das espécies; a esta disparidade chamamos de **paradoxo do valor C**. Esse paradoxo resulta de diferentes densidades de genes por genoma que existem nos organismos biológicos, e sugere que a quantidade absoluta de DNA de um genoma excede o mínimo necessário para codificar os seus genes. Os dados do quadro 27-1 indicam que o repertório genético dos organismos listado está alojado no genoma de diferentes tamanhos. Uma simples divisão nos diz que, enquanto na *E. coli* se aglomeram, em média, um gene por 1000 pares bases, na levedura convivem um gene por 2.000 pb e nos seres humanos habitam confortavelmente um gene para cada 100 000 pb.

Uma possível explicação para esta discrepância seria supor que os genes nos vertebrados são 50 vezes maiores do que em eucariotos unicelulares, ou seja, o que exigiria 50 vezes mais pares de base para sua codificação. No entanto, o tamanho médio dos genes eucarióticas (excluindo introns) não é muito diferente. O tamanho médio da região de codificação é 1340 pb nos genes humanos, de 1311 pb no verme e de 1497 pb na mosca. Tendo em vista que não há variações significativas no tamanho "útil" (sequências codificadoras) e seus genes, outra deve ser a razão que explica a diferença significativa no tamanho dos seus genomas.

Embora o tamanho médio das regiões reguladoras de transcrição e os íntrons em vertebrados são superiores que em invertebrados, essa diferença também não explica o paradoxo do valor de C.

A menor densidade genética dos genomas de vertebrados, comparada com a dos procariotos e dos eucariotos unicelulares se deve a duas principais razões: há uma grande distância entre os genes (distribuição com folga das unidades de transcrição), e a presença de sequências transcricionalmente inertes e repetitivas em seus genomas. No genoma bacteriano, o espaço entre um par de genes é muito pequeno, e no genoma humano, os espaços intergenéticos podem ser várias vezes maiores do que no mRNA maduro que o codificam (figura 27-4A). A maior parte do espaço intergenético em vertebrados está ocupado por aquilo que poderia ser considerada "lotes genômicos inúteis." Graças ao sequenciamento do genoma humano hoje se sabe que pelo menos 70% de sequências correspondem a esses "lotes inúteis" que não codificam genes e não têm função conhecida e confirmam que o "tamanho absoluto" dos genomas eucarióticos superam seu "tamanho funcional".

OS GENES DOS rRNA SÃO CÓPIAS MÚLTIPLAS COM ALTA ATIVIDADE TRANSCRICIONAL

Praticamente nada novo foi revelado nas análises do genoma sobre os genes que codificam os RNA ribossômicos (rRNA), porque eles não foram ainda sequenciados. Isso porque o critério de exclusão de clones para sequenciar, na fase inicial do projeto genoma humano era ter repetições em tandem, que era justamente a forma na qual se dispõem os genes que codificam esses RNA. Espera-se que as fases finais de refinamento e conclusão das sequências possam fornecer informações detalhadas sobre esses genes.

Os genes humanos que codificam rRNA se dispõem em múltiplas cópias praticamente idênticas entre si e que codificam o mesmo produto gênico final. As cópias desses genes estão dispostas em tandem, uma atrás do outra, como vagões de trem, orientados na mesma direção. Cada cópia constitui uma unidade transcricional independente com seu próprio promotor. Estima se que existam cerca de 200-300 cópias de genes do 5S rRNA. Os outros rRNA humanos, os rRNA 18S, 5.8S e 28S, estão agrupados em um único gene que produz um transcrito primário, o pré-rRNA, a partir do qual mediante um processamento pós-transcricional especializado, se obtém formas maduras e funcionais desses rRNA (capítulo 29). Estima-se, que no ser humano existam entre 150-250 cópias do gene que codifica o pré-rRNA. A razão desse projeto "multicópia" em genes de rRNA é que seus produtos genéticos são necessários em grandes quantidades para satisfazer as necessidades estruturais das células em proliferação. Por exemplo, uma célula embrionária, se que duplique a cada 24 horas, requer uma produção clara de cerca de 5 milhões de novos ribossomos, os quais são necessários para a atividade transcricional por saturação de pelo menos 100 cópias do gene rRNA precursor. Uma célula que não tivesse múltiplas cópias destes genes, não poderia adquirir os ribossomos suficientes para manter este ritmo de divisão celular. E interessante observar que os genes das histonas, os quais também são necessários em quantidades igualmente aumentadas nestas células, também estão repetidos seguindo o desenho multicópias, semelhante ao do rRNA.

AS SEQUÊNCIAS REPETITIVAS SÃO FÓSSEIS VIVOS

Qual é a natureza das sequências que constituem os componentes das cinéticas rápida e intermediária observadas nos experimentos de reassociação do DNA humano? A explicação aceita é de que esses componentes têm uma complexidade ou diversidade de sequências muito pobre, porém que está fortemente representada, ou seja, que é altamente repetida no genoma. Com a análise da sequência do genoma humano foi confirmada estas hipóteses e identificados os diferentes tipos de sequências que formam esta grande parte do genoma. As sequências repetitivas do genoma são muitas vezes consideradas como "DNA lixo" inúteis ou de pouco interesse. Essa avaliação é inevitável quando se considera que outras espécies, como o peixe baiacu (*T. nigroviridis*) têm genomas perfeitamente funcionais, com poucas sequências repetidas. No entanto, é uma avaliação errada. As sequências repetidas transformou o genoma graças a sua capacidade de mover-se para diferentes regiões do mesmo. Estas alterações incluem rearranjos que criam ou modificam genes existentes. Além disso, graças às sequências repetidas, podem ser feitas análises da evolução humana, são as "evidências paleontológicas", verdadeiros fósseis vivos onde foram registrados eventos de mutação e seleção natural. Com base na sua semelhança, é possível reconhecer as gerações de repetições que surgiram em uma mesma época. Ao observar como essas sequências variam com relação ao progenitor original, podem ser rastreados seus destinos ao longo de milhões de anos de evolução, em diferentes espécies ou em diferentes regiões do genoma de uma mesma espécie. Além disso, como será discutido mais tarde, fornecem marcadores genéticos de grande utilidade para o diagnóstico médico. As sequências repetidas que têm sido encontradas no genoma humano dividem-se nos seguintes grupos: repetições intercaladas ou dispersas (*interspersed repets*), retrotransposons de genes celulares, repetições de sequência simples (SSR, por sua sigla em Inglês: *Simple Sequence Repeats*) e duplicações segmentarias.

OS MICROSSATÉLITES E MINISSATÉLITES SÃO REPETIÇÕES DE SEQUÊNCIAS SIMPLES (SSR)

As repetições de sequências simples consistem de repetições em tandem (perfeitas ou minimamente imperfeitas) de sequências oligoméricas curtas. Quando a unidade de repetição de SSR é pequena, 1 a 13 bases é denominada microssatélites. Ao contrario, quando a unidade de repetição é maior, de 14 a 500 bases, é denominada minissatélites. O nome histórico de "satélite" deriva de que este DNA foi purificado pela primeira vez como uma banda satélite, que separava-se claramente do restante do DNA genômico, quando este era submetido à ultracentrifugação. As SSR compõem cerca de 3% do genoma humano e estão distribuídas em todos os cromossomos. Os mais frequentes são os microssatélite dinucleotídicos do tipo $(AC)_n$ e $(AT)_n$, onde *n*, corresponde ao número de vezes que se repete, podendo variar entre 10 e 60 vezes. Existem duas classes de minissatélites, os que residem em um *lócus* gênico único e os que estão presentes em múltiplos loci. Um dos primeiros exemplos caracterizados de minissatélites de *loci* múltiplos é a chamada **sonda de DNA 33.6**, composta por 54 repetições da sequência (AGGGCTGGAGG), que tem sido observada em dezenas de *loci* no genoma humano.

A grande importância do SSR reside em que o número de vezes que se repetem representa uma grande variabilidade nas populações humanas (polimorfismo). Suas qualidades polimórficas e repetitivas os tornam marcadores ou pontos de referencia genômicos que tem sido extraordinariamente útil para estabelecer mapas com os quais se podem localizar genes relacionados a doenças e para o diagnóstico genético na medicina forense (ver abaixo). Por exemplo, a sonda 33,6 é utilizada nos tribunais legais da Inglaterra para a identificação genotípica dos indivíduos.

O POLIMORFISMO ALÉLICO PERMITE ESTABELECER PADRÕES DE COSSEGREGAÇÃO GENÉTICA

Embora seja verdade que ainda é desconhecida a utilidade ou função das sequências repetitivas do genoma humano, elas têm auxiliado, juntamente com os SNP (por sua sigla em inglês *single nucleotide polymorphisms*, ver capítulo 31) para estabelecer **marcadores genéticos polimórficos**, tem sido de fundamental importância para: 1) a identificação genotípica dos indivíduos (impressão digital genotípica), 2) identificação dos genes envolvidos ou responsáveis por certas doenças genéticas e 3) o estabelecimento de mapas genéticos humanos, como os usados pelo consórcio internacional para orientar o projeto para sequenciamento do genoma humano.

Por que um marcador genético deve ser polimórfico para servir a estes fins? Um marcador genético não polimórfico, ou seja, que não apresentasse variabilidade entre os indivíduos de uma espécie, não seria útil para estabelecer árvores genealógicas, pois sendo igual em todos os indivíduos é impossível saber de que progenitor foi herdado. Ao contrário, um marcador genético, ou para fins práticos de qualquer característica fenotípica que seja polimórfico (tais como a cor ou a forma das ervilhas de Mendel) torna-se rastreável e útil para a genética (de pouco ajuda a Mendel teria sido o estudo das características fenotípicas que não variassem na população de ervilhas).

O estudo genealógico simultaneamente de um marcador polimórfico conhecido (cujo "domicílio genômico" é conhecido) juntamente com uma característica fenotípica (tais como a existência de uma doença hereditária), permite estabelecer um valor de correlação ou cosegregação de ambos os parâmetros. Em termos gerais, uma alta cosegregação (*linkage* ou ligação do marcador e da característica hereditária estudada) indica que tanto o gene como marcador genético são muito próximos no genoma. Como a localização do marcador é conhecida, abre-se a possibilidade de localizar o gene responsável por uma característica que está vinculada. Este tipo de análise molecular, combinada com uma rigorosa genética clássica e outros

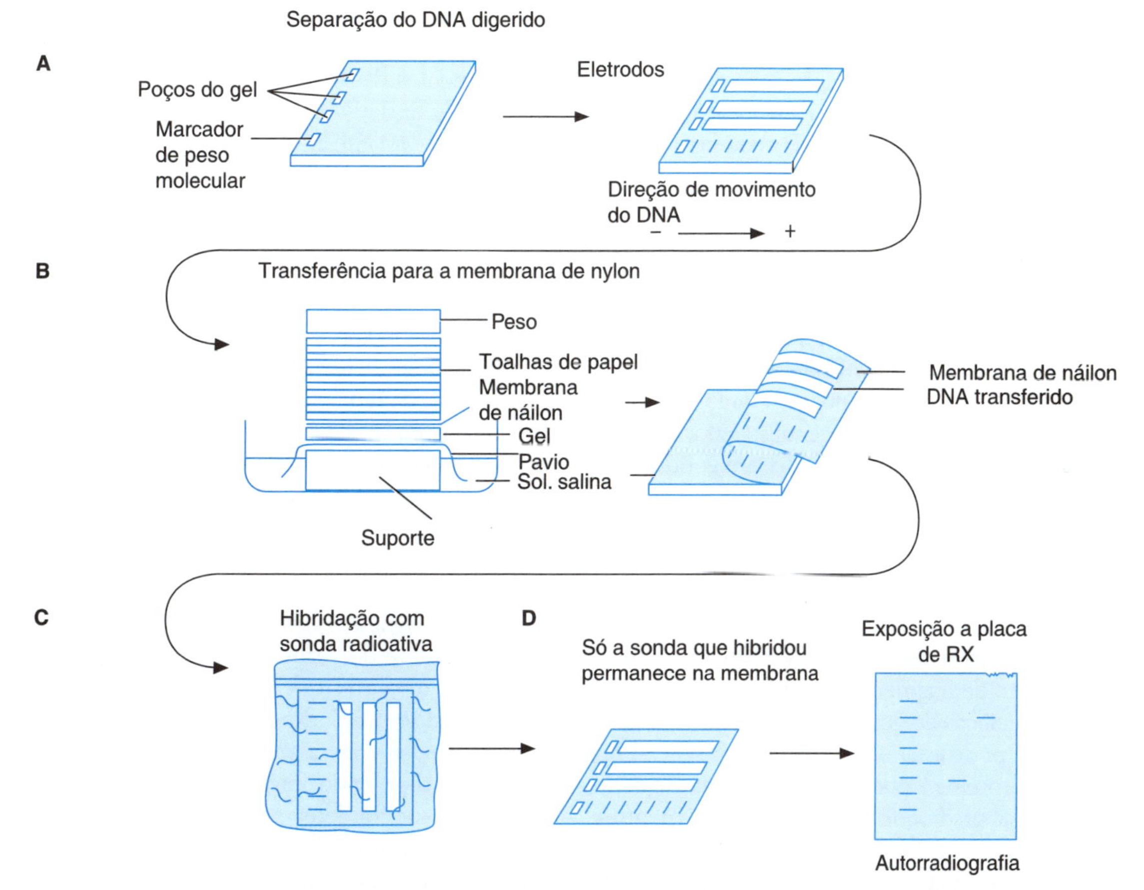

Figura 27-9. Análise dos ácidos nucleicos, transferências do tipo Southern e Nothern. Mesmo em misturas altamente complexas de ácidos nucleicos, a presença e o tamanho de um em particular pode ser determinada por meio de hibridização em matrizes sólidas. A técnica foi inicialmente descrita para o DNA por um investigador chamado Southern, de onde veio o nome de "Southern blot". A mesma técnica adaptada para RNA ficou conhecida como "Northern blot". **A)** A mistura de ácidos nucleicos é separada por eletroforese em gel de agarose no qual as amostras migram em um campo elétrico de forma inversamente proporcional ao seu tamanho, os menores migram rapidamente e as maiores avançam uma curta distância no gel. Em um dos poços do gel correm moléculas de tamanhos conhecidos que são usados para calcular o tamanho das amostras; **B)** Os ácidos nucleicos são transferidos do gel para uma matriz sólida, que é geralmente um papel de nitrocelulose ou náilon, onde eles são imobilizados, preservando o padrão de separação obtido no gel. Antes da transferência, os ácidos nucleicos devem ser desnaturados, de modo que as sequências de nucleotídeos fiquem acessíveis a hibridação seguinte; **C)** A matriz é separada do gel e incubada com uma sonda (também previamente desnaturada) de DNA marcado radioativamente, a qual contém as sequências complementares ao ácido nucleico o qual se deseja identificar. Durante a incubação, a sonda encontra e hibridiza de forma especifica com o seu complemento na matriz; **D)** O resto da sonda é lavado, de modo que só permaneçam as sondas especificamente hibridizadas. A matriz lavada é exposta a um filme para raio-X, revelando assim a posição e, o tamanho do fragmento contendo a sequência da sonda (autorradiografia).

estudos citogenéticos, permitiu no passado a façanha de localizar e clonar genes causadores de doenças hereditárias, como a coreia de Huntington, a fibrose cística e a distrofia muscular hereditária, só para citar algumas. Agora, com o sequenciamento do genoma humano, o número de marcadores polimórficos conhecidos e localizados no genoma aumentou consideravelmente, o que deve facilitar a identificação de genes cujas mutações são responsáveis por doenças humanas hereditárias.

A TRANSFERÊNCIA E ANÁLISE DO TIPO SOUTHERN PERMITEM DETECTAR *LOCI* POLIMÓRFICOS

A partir da discussão na seção anterior, é fácil perceber que conhecer as vantagens dos polimorfismos do genoma é tão importante quanto a nossa capacidade de detectá-los, porque só assim podemos construir arvores genealógicas necessárias para os de estudos cosegregação. Para fins práticos, existem dois tipos de polimorfismo: os *de sequência*, ou seja, mutações em algum(s) nucleotídeo(s) da sequência, como no caso do SNPs e os de comprimento de um lócus específico do genoma, como é o caso da variação do número de vezes que se repete um DNA satélite pertencente a este lócus em particular. As duas técnicas de laboratório mais utilizadas para a detecção de polimorfismos são a análises do tipo Southern (figura 27-10) e a reação em cadeia da polimerase, mais conhecida como PCR por sua sigla em Inglês (ver capítulo 28 para obter uma explicação da PCR).

Em uma análise típica do DNA genômico por meio da técnica de Southern, inicialmente, o DNA é digerido, com uma endonuclease de restrição (p, ex., a EcoRI), que fará com que o DNA intacto, inicialmente de alto peso molecular (>100 Kbp), quebre-se em um conjunto de fragmentos de tamanhos muito diferentes, variando em intervalos de alguns pb até mil deles. Como o corte com a EcoRI é específico (figura 26-8), o corte do mesmo DNA sempre produzirá um mesmo conjunto de fragmentos, cada um deles conterá loci ou regiões específicas do genoma. Por exemplo, o gene de uma proteína X pode estar em um fragmento de 8 kbp, ao passo que uma proteína Y poderia estar em um fragmento de 3 kbp. Para saber de que tamanho é o fragmento e onde está localizado um gene Z, é realizada a hibridização com uma sonda de DNA correspondente a esse gene Z, que contenha uma marca distinguível, por exemplo, um isótopo radioativo. Para que essa hibridação seja informativa, é necessário separar os diferentes componentes ou fragmentos de DNA digerido, em função do seu tamanho, por meio da eletroforese em gel de agarose, em seguida, transferi-los e imobilizá-los em uma matriz sólida (figura 27-9). Uma vez fixos na matriz, o conjunto de fragmentos serão incubados com a sonda radioativa do gene Z, a qual se reassociará e se hibridizará com a sua sequência complementar de forma específica. O excesso de sonda é lavado, de modo que só permaneçam sondas hibridizadas a uma sequência específica que está fixa na matriz. A matriz lavada será utilizada para expor a uma placa de raios-X, revelando assim a posição e, portanto, o tamanho do fragmento contendo as sequências sonda Z. Em geral, denominamos analise ou transferência tipo Southern aos experimentos nos quais o DNA digerido é separado por tamanho, transferidos e hibridizados com uma sonda específica (figura 27-9).

Para ilustrar como se utiliza a técnica de Southem para detectar variantes polimórficas, imaginemos um locus hipotético no genoma, que chamaremos de *locus* T, para o qual existam duas variantes alélicas, T_1 e T_2. Definimos o alelo T_1, como aquele no qual existem três sítios de reconhecimento para a endonuclease de restrição EcoRI, separados entre si por segmentos de DNA de 4 e 7 Kb, e com um minissatélite entre o segundo e terceiro sítios EcoRI (figura 27-11). Suponhamos ainda que tenhamos sondas específicas A e B, que reconhecem os genes A e B, localizados entre sítios EcoRI no fragmentos de 4 e 7 Kb, respectivamente. A análise do tipo Southem de DNA genômico, cortado com EcoRI, que contém esta variante alelica T_1, revelaria um fragmento 7 Kb, quando usada a sonda B e 4 kbp quando usada a sonda A. Se uma variante polimórfica da sequência *locus* T estivesse mutado em apenas uma base que eliminasse o segundo o sitio de EcoRI (como no alelo T_2 da figura 27-10), esta se revelaria na análise do tipo Southern como um fragmento de 11 kbp, tanto com a sonda A como com a sonda B. Este tipo de polimorfismo que é detectado pela presença ou ausência do local de clivagem de uma enzima restrições são conhecidos como "polimorfismo de comprimento do fragmento de restrição, ou, resumidamente RFLP (por sua sigla em Inglês, *Restriction fragment length polymorphism*)".

Os polimorfismos de comprimento também podem ser detectados pela análise Southern. Voltando ao exemplo lócus hipotético T, suponhamos que as variantes alélicas T_3, T_4 e T_5 distingue-se da variante T_1 por ter repetido um número diferente de vezes o minissatélite localizado entre o segundo e terceiro sítios de corte da EcoRI. Se fosse esse o caso, a análise por Southern do DNA digerido com EcoRI e identificados com a sonda B, revelaria diferentes tamanhos para o segundo fragmento EcoRI. Este tipo de polimorfismo que foi detectado pela variabilidade múltipla do tamanho de um fragmento de restrição é conhecido como "polimorfismo no número de repetições em tandem", resumidamente VNTR (por sua sigla em Inglês, *Variable number of tandem repeats*). Como o próprio nome indica, este tipo de polimorfismo decorre da grande variabilidade que pode existir no número de vezes que se repetem os elementos constitutivos dos micro e minissatélites. Por isso, os polimorfismos VNTR geralmente são polimorfismos com muitas variantes alélicas, em contrapartida, o RFLP só pode existir em duas formas alélicas, a que tem o sítio de restrição e a que não tem. Como a variação da VNTR em uma população é muito maior do que a de RFLP, os primeiros

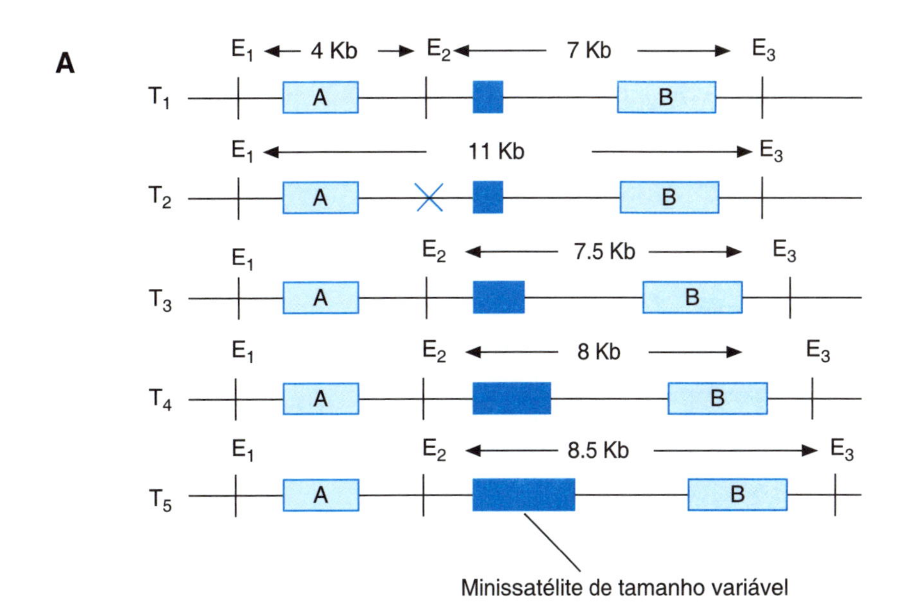

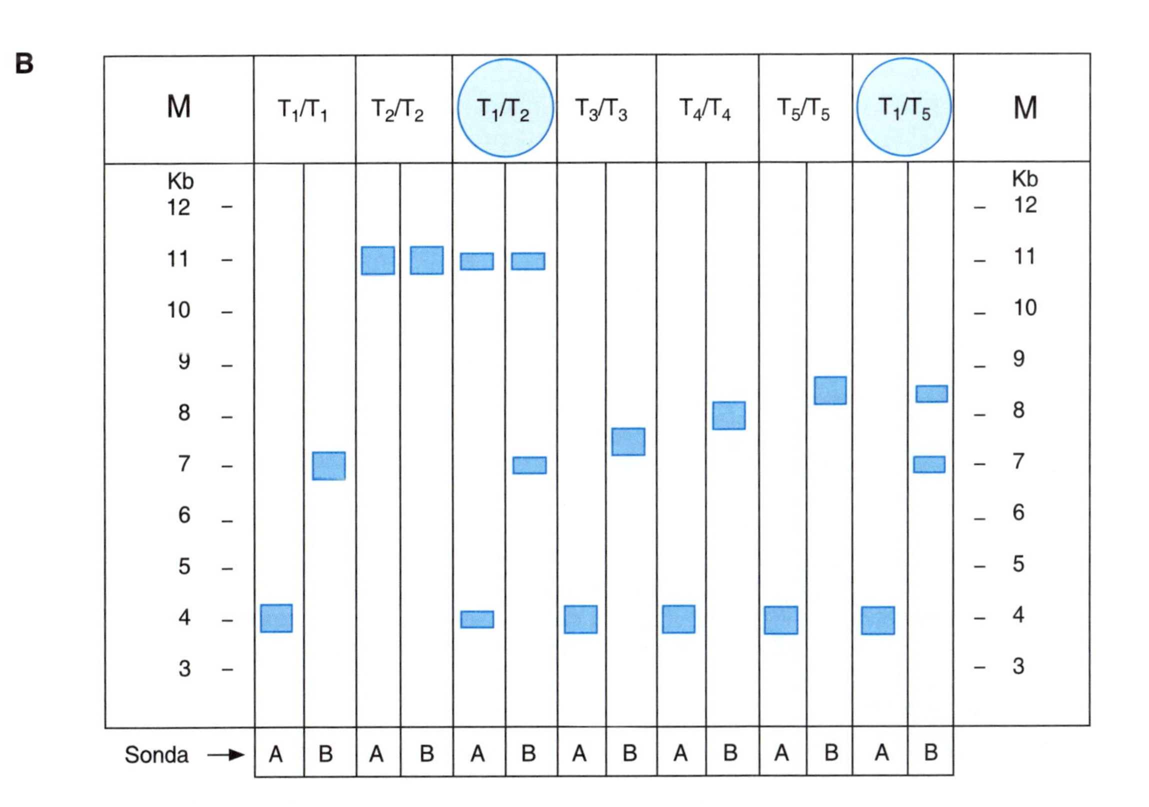

Figura 27-10. Polimorfismos genéticos, e RFLP e o VNTR. **A**) Diagrama do *lócus* hipotético T e de suas variantes alélicas T_1, T_2, T_3, T_4 e T_5 discutidos no texto. Os três sítios da EcoRI estão indicados como E_1, E_2 e E_3, no alelo T_2 o sitio E_2 está ausente. Os genes A e B (retângulos) reconhecidos pelas sondas A e B estão localizados, respectivamente, nos fragmentos de 4 e 7 Kb obtidos por digestão do DNA com EcoRI. Entre E_2 e E_3 encontra se um microssatélite (retângulo preto), cuja variação de tamanho causa um polimorfismo (VNTR) detectável com a sonda B. **B**) Resultado esquemático de analises do tipo Southern (com sondas A ou B) do DNA genômico homozigoto ou heterozigoto para o locus T, como indicado na parte superior da autorradiografia. Os marcadores de peso molecular correram nos poços rotulados como M (marcador de tamanho molecular) e seu tamanho são expressos em kbp. As Variações no tamanho das bandas visualizadas nos homozigotos T_1 e T_2 são exemplos de RFLP, enquanto as variações vistas nos homozigotos T_1, T_3, T_4 e T_5 são exemplos de VNTR. Note-se que no DNA heterozigoto, a intensidade do sinal nas autorradiografias é cerca de metade do que é observado para os DNA homozigotos. (M = marcador de tamanho molecular).

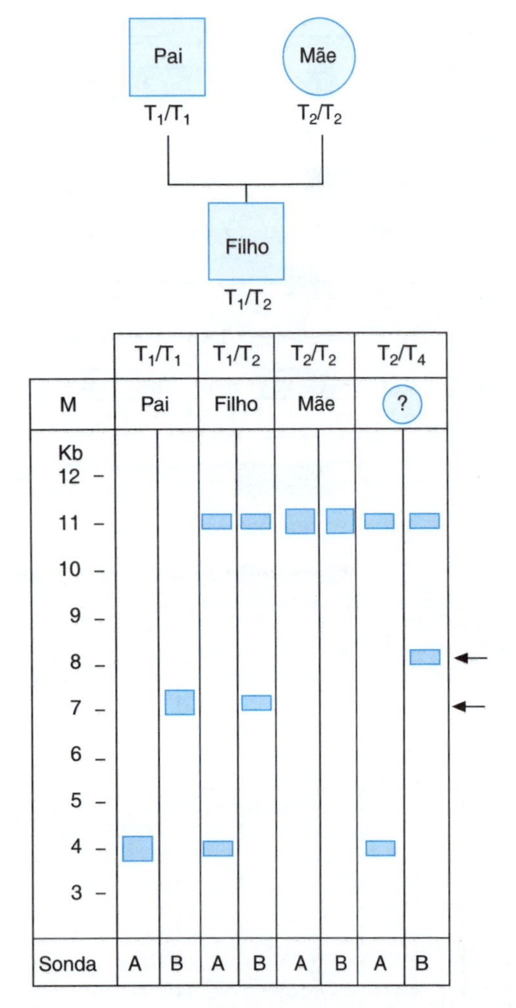

Figura 27-11. Herança mendeliana dos marcadores polimórficos. Exemplo de árvore genealógica e o padrão esperado para a análise tipo Southern para uma família com polimorfismos no locus hipotético T, discutido no texto. O DNA marcado com a interrogação corresponde a um suposto filho da família (figura 27-10 para a explicação dos alelos e outros símbolos). A posição das bandas alélicas diagnosticadas T_2 e T_4 indicadas com as setas.

são mais úteis para estabelecermos identidade genotípica ou impressões digitais genotípicas.

A UTILIDADE DOS MARCADORES POLIMÓRFICOS NA MEDICINA LEGAL E FORENSE

A detecção de polimorfismos genéticos através das técnicas de biologia molecular tem proporcionado uma nova ferramenta para a análise dos genes que são herdados com um padrão mendeliano (figura 24-1). Por exemplo, imaginemos o caso de um casal onde o pai é homozigoto para o alelo T_1 e a mãe é homozigota para alelo T_2; se o locus T encontra-se em um autossomo, seria de esperar que todos os descendentes desse casal sejam heterozigotos T_1/T_2 e, portanto, apresentem RFLP inequivocamente característicos (figura 27-11). Se algum filho do casal apresentar um padrão alélico T_2/T_4, por exemplo, seria razoável supor que o suposto pai não é o pai biológico da criança, pois quem o for deveria ser pelo menos heterozigoto para o alelo T_4. De forma simplificada, esta é a maneira como se realizam os testes de paternidade com base na análise de DNA. Como pode ser visto facilmente, estes testes são conclusivos para descartar a paternidade de um possível pai; no entanto, não o são para atribuir, com exatidão. Isso ocorre porque o alelo avaliado, o alelo T_4 do exemplo acima, pode estar presentes em muitos indivíduos da população. Usando mais de um marcador polimórfico, ou seja, a análise de vários loci que sejam polimórficos, ajudam a reduzir estas incertezas, mas nunca eliminá-las completamente. Seguindo com nosso exemplo, se o alelo T_4 está presente em apenas 10% da população, isto eliminaria 90% dos homens dessa população como potenciais pais biológicos. Se combinássemos os resultados da análise de quatro alelos que, como T_4 tiveram uma frequência de 10%, então poderíamos eliminar 99,99% da população. Embora esta valor seja muito próximo a 100%, em termos práticos, ainda tem um alto grau de incerteza. Em uma cidade como a cidade do México e suas áreas periféricas, com pelo menos 5 milhões de homens em idade reprodutiva, o pai biológico poderia ser um em 500 indivíduos (0,01% deste grupo populacional) que por pura probabilidade deve possuir os quatro alelos diagnósticos. É por isso que para estabelecer uma "impressão digital genotípica" individual e inequívoca é necessário identificar, caracterizar e utilizar uma vasta gama de marcadores polimórficos de alta variabilidade. O uso de minissatélites multiloci, como a sonda 33,6 é altamente informativo, porque em uma análise tipo Southem podem revelar dezenas de loci simultaneamente. No entanto, ainda hoje, a identificação positiva de indivíduos através da análise de DNA permanece tendo apenas um valor de probabilidade, cujo grau de segurança depende do número e da variabilidade dos marcadores polimórficos utilizados na análise.

REFERÊNCIAS

Baltimore D: Our genome unveiled. *Nature* 2001; 409: 814-816.

Craig Venter J *et al.*: The sequence of the human genome. *Science* 2001; 291: 1304-135 1.

Devlin TM: *Bioquímica. Libro de texto con aplicaciones clínicas,* 5a. ed., Editorial Reverté, 204.

García MG: Cien años de soledad. 11th ed., Colección Austral, Espasa Calpe, 1990.

International Human Genome Sequencing Consortium. Initial sequencing and analysis of the human genome. Nature 2001; 409: 860-921.

Lodish H, Baltimore D, Berk SA, Zipursky L,Matsudaira P, Darnell J: *Molecular cell biology.* 3a. ed., New York, Scientific American Books, 1995.

Lozano JA, Galindo JD, García Borrón JC, Martínez Liarte: *Bioquímica y Biología Molecular,* 3a. ed., McGraw-Hill Interamericana, 2005.

Melo RV, Cuamatzi TO: *Bioquímica de los processos metabólicos,* Ediciones Reverté, 2004.

Nelson DL, Cox MM: *Lehninger Principios de Bioquímica,* 4a. ed., Omega, 2006.

Revista de Investigación Clínica 2001; vol. 53(4): 294-310, presenta cuatro editoriales que discuten la relevancia de la publicación del genoma humano.

Smith C, Marks AD: *Bioquímica básica de Marks. Un enfoque clínico,* McGraw-Hill Interamericana, 2006.

Schroder M, Kaufm RJ: The mammalian protein unfolded responsed. Ann Rev Biochem 25; 74:73.

Trent RJ: *Molecular medicine. An introductory text for students.* Edinburgh, churchill Livingstone, 1993.

Wiedemann N, Fraizer AE, Pfanner N: The protein import machinery of mitocondria. J Biol Chem 2004; 279:14473.

Páginas eletrônicas

Johnson V (2004): *Chromosomes.* En: Geetics. [En línea]. Disponível: http://www.usd.edu/med/som/genetics/curriculum/ 1CHROM1.htm [2009, abril 10]

MedlinePlus Enciclopedia Médica (2009): *Cromosomas.* [Em línea]. Disponível: http://www.nlm.nih.gov/medlineplus/spanish/ency/article/002327.htm [2009, abril 10]

Universidad de Purdue (2008): *Modelo analógico para los educadores*

del genoma. [En línea]. Disponível:

http://www.entm.purdue.edu/extensiongenomics/Game/spanish/genomics. html [2009, abril 10]

28

Duplicação dos genomas

Fernando López Casillas

Uma parte essencial do fenômeno que chamamos de vida é a constância que os genomas mantêm, de geração em geração, isto é, a transmissão fidedigna dos genomas de pais a filhos. Esta transmissão requer a cópia fiel do DNA dos progenitores para sua herança aos descendentes. Esta cópia precisa dos genomas, que também ocorre cada vez que uma célula se divide, é realizada com tal fidelidade que permite a preservação dos fenótipos que reconhecemos e catalogamos taxonomicamente como as diversas espécies biológicas. O fenômeno da divisão celular e da duplicação dos genomas são fenômenos estreitamente entrelaçados. Nas células eucarióticas, a mitose e a duplicação do genoma ocorrem alternadamente durante as fases do **ciclo celular**, de acordo com um complexo sistema de regulação que é sensível a múltiplos sinais extracelulares e ao estado de diferenciação celular. Igualmente complexa é a rede dos mecanismos que asseguram a fidelidade com que o DNA é copiado e reparado, em caso de erros ou danos causados por agentes físicos e químicos.

A perda ou falha destes sistemas pode causar patologia tais como o câncer. O estudo contemporâneo da oncogênese se encontra estreitamente ligado ao estudo dos mecanismos que controlam a duplicação do genoma, seu reparo e o ciclo celular.

Este capítulo inicia com uma descrição geral das enzimas que sintetizam o DNA, as polimerases de DNA e de como elas são parte indispensável da maquinaria multiproteica responsável pela duplicação do genoma. Segue com uma discussão acerca das mutações e lesões do genoma e dos mecanismos celulares que evoluíram para corrigi-las. Finalmente, se discute como a metodologia do DNA recombinante se nutriu vastamente do conhecimento originado do estudo das enzimas envolvidas na duplicação do DNA, dando lugar a técnicas como a reação em cadeia da polimerase (melhor conhecida como PCR, por sua sigla em inglês), que revolucionaram o diagnóstico molecular de diversas enfermidades humanas.

A DUPLICAÇÃO É SEMICONSERVATIVA

Quando Watson e Crick postularam a estrutura da dupla-hélice de DNA, também propuseram um mecanismo para sua cópia ou duplicação, no qual cada uma das fitas do DNA serve de molde ou planta para copiar uma nova fita complementar ao molde original. As mesmas propriedades estruturais que determinam os pareamentos de bases G-C e A-T poderiam ser usadas para ditar a sequência da fita copiada. Experimentos posteriores descobriram que as polimerases de DNA (as enzimas que sintetizam o DNA) têm propriedades catalíticas que apoiam a proposição de Watson e Crick, e explicam o mecanismo básico deste processo de cópia. Não obstante, em seu momento, a proposição deixou no ar o questionamento sobre o processo ser conservativo ou semiconservativo; isto é, se ao finalizar a duplicação, um dos DNA conservava as duas fitas velhas e o outro as duas fitas recém-sintetizadas (modelo conservativo), ou se os DNA duplicados tinham uma fita nova associada a uma fita velha (modelo semiconservativo). Esta questão atualmente poderia parecer trivial, mas na sua época foi um problema difícil, que foi resolvido com o experimento de Meselson e Stahl (figura 28-1), o qual demonstrou que a duplicação é semiconservativa.

AS POLIMERASES FUNCIONAM SEGUINDO REGRAS

A síntese biológica do DNA segue um par de regras gerais, que são também aplicáveis à transcrição, isto é, à síntese biológica do RNA (figura 28-2):

1. O DNA sintetizado tem uma sequência complementar e antiparalela à de um molde preexistente de DNA de **fita simples**.
2. A direção da polimerização, isto é, de como cresce o polímero sintetizado, sempre é 5´→3´.

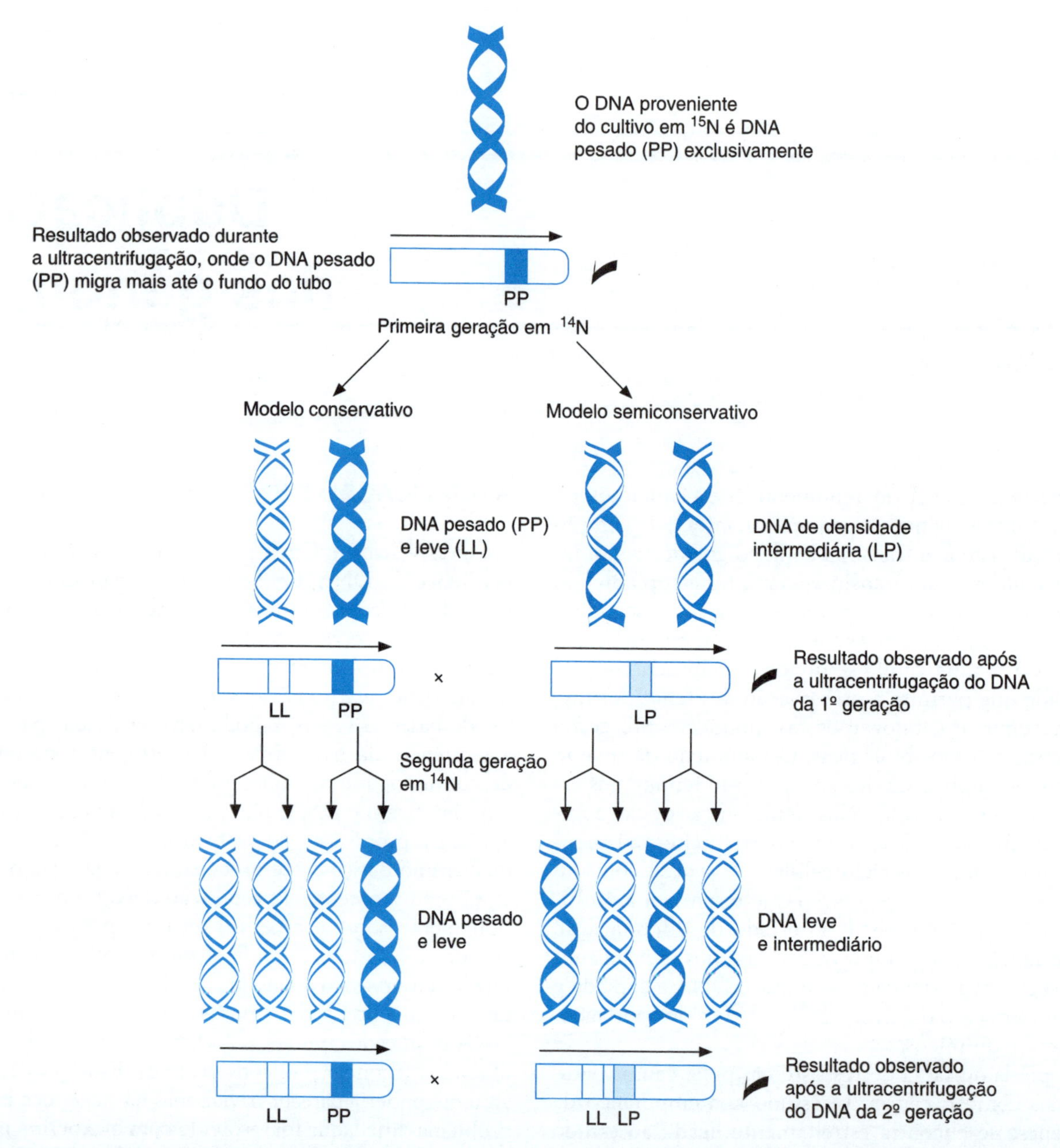

Figura 28-1. Experimento de Meselson e Stahl. Culturas de *E. coli* cresceram por várias gerações em uma fonte de ^{15}N, o isótopo "pesado" do nitrogênio comum ou "leve" (^{14}N), de modo que o DNA bacteriano foi sintetizado exclusivamente com átomos de ^{15}N e por ele, adquiriu uma densidade maior do que a do DNA normal (^{14}N). Esta diferença de densidade permitiu a separação dos DNA pesados (PP) e dos leves (LL), através de ultracentrifugação. As células cultivadas em ^{15}N foram transferidas a um meio com nitrogênio leve, de modo que as gerações seguintes mostrariam dois tipos de DNA no primeiro ciclo de duplicação, um pesado (PP) e o outro ligeiro (LL). Ao contrário, se a duplicação fosse semiconservativa, o DNA apareceria como um híbrido de uma densidade intermediária entre o pesado e o leve (LP), pois uma das fitas da dupla hélice teria ^{14}N (a fita recém-sintetizada) e sua complementar ^{15}N (a fita materna ou original). Este último foi o resultado observado (LP). Em um segundo ciclo de duplicação foram obtidos bandas, uma correspondente ao DNA de densidade intermediária e a outra ao DNA leve (LL), tal como previa o modelo semiconservativo. Em nenhuma geração posterior à troca pelo nitrogênio leve foi observado um DNA pesado, o qual deveria coexistir com o DNA leve segundo o modelo conservativo. Destes resultados se concluiu que a duplicação do genoma de *E. coli* é semiconservativa. Experimentos de desenho similar permitiram concluir que todos os organismos duplicam seu DNA de maneira semiconservativa.

As enzimas capazes de efetuar uma síntese polinucleotídica dependente de um molde preexistente se denominam **polimerases**, e sempre constroem o novo polímero que inicia na extremidade 5´ e termina com a extremidade 3´. As polimerases que sintetizam uma fita nova de DNA a partir de um molde de DNA são as DNA polimerases e as que sintetizam uma cadeia de RNA a partir de um molde de DNA são as RNA polimerases. Em geral, as DNA polimerases participam da duplicação do genoma e as RNA polimerases de sua transcrição. O fato de que as

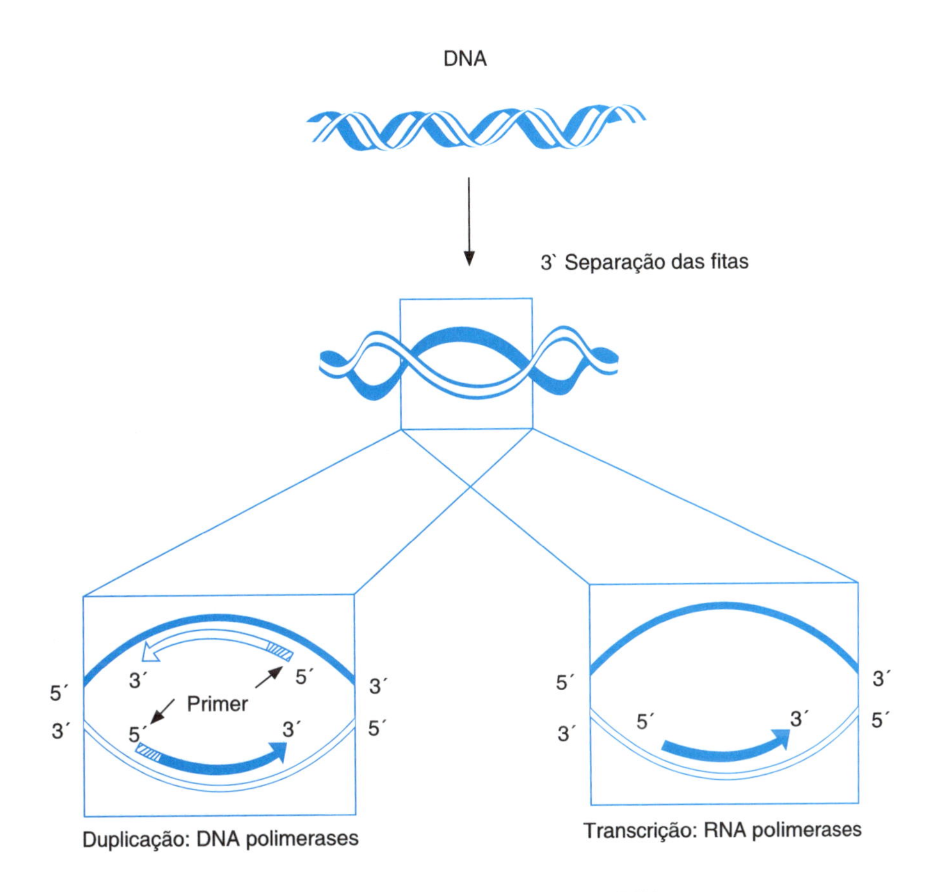

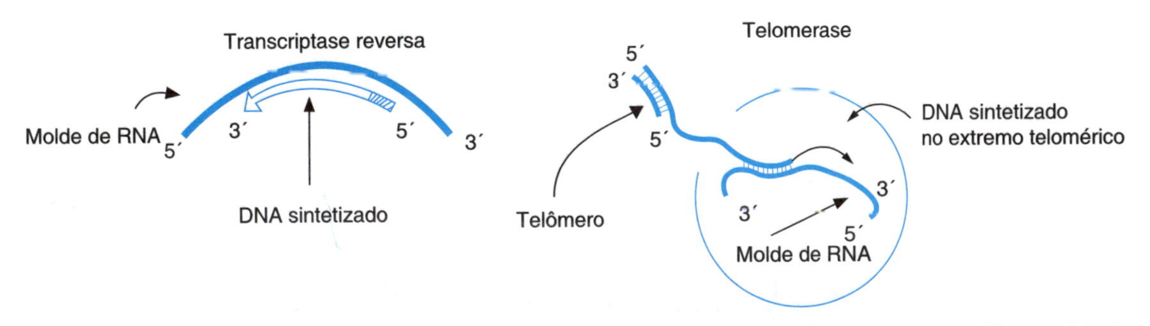

Figura 28-2. Polimerases e síntese dos ácidos nucleicos. As polimerases sintetizam a fita complementar de um molde preexistente, que pode ser DNA ou RNA. A transcriptase reversa e a telomerase são polimerases que sintetizam DNA usando um molde de RNA. Quando o molde é DNA, a dupla-hélice se abre para permitir a ação da polimerase. Para iniciar a polimerização, as polimerases que sintetizam DNA requerem um primer pareado ao molde, enquanto que as polimerases que sintetizam RNA podem iniciar a síntese sem necessidade de um primer. Todas as polimerases catalisam a extensão ou elongação do polímero na direção 5´→ 3´.

polimerases usam um molde de fita simples implica que um passo prévio da duplicação e da transcrição do DNA é a separação das cadeias que formam a dupla-hélice.

Uma diferença substancial entre as polimerases de DNA e as de RNA é que as segundas iniciam a síntese do polímero diretamente do molde preexistente, enquanto que as primeiras requerem um **primer** para o início da síntese do nucleotídeo. O primer é um oligonucleotídeo de RNA ou DNA que forma parte indispensável do substrato sobre o qual atuam as DNA polimerases (veja mais adiante).

A transcriptase reversa e a telomerase são dois exemplos excepcionais de polimerases de DNA que sintetizam uma fita de DNA usando um molde de RNA em vez de um molde de DNA, razão pela qual são conhecidas como **polimerases de DNA dependentes de RNA** (figura 28-2). Estas polimerases também seguem a regra de polimerizar seguindo a direção 5´→3´, sobre um molde preexistente (RNA neste caso) e usando um primer. A transcriptase reversa é indispensável para converter os genomas de RNA dos retrovírus em genomas de DNA, enquanto que a telomerase serve para manter a integridade das extremidades teloméricas dos **cromossomos eucarióticos**.

AS POLIMERASES DE DNA ATUAM SOBRE UM PRIMER COM UM OH LIVRE NA POSIÇÃO 3´

A reação de polimerização catalisada por uma DNA polimerase prototípica é ilustrada na figura 28-3. O substrato sobre o qual atuam as DNA polimerases consiste em um molde de DNA de fita simples, ao qual se pareou um primer complementar e que tem um grupo hidroxila na posição 3´. Este 3´OH reage com o fosfato α de um desoxirribonucleotídeo trifosfato ou dNTP (neste caso, um dNTP pode ser dATP, dCTP, dGTP ou dTTP), formando uma nova ligação fosfodiester. O monômero adicionado proporciona um novo OH na extremidade 3´, que pode reagir com outro dNTP. Uma propriedade importantíssima desta reação é que a polimerase seleciona o dNTP que deve adicionar, de acordo com as regras de pareamento de Watson e Crick. Por exemplo, adiciona um dATP somente se a base do molde é um T, ou somente adiciona um dGTP se no molde há um C. Esta rigorosa seleção faz com que a cadeia que se vai sintetizando seja complementar ao molde copiado.

Um requisito importante para a reação de polimerização é a presença do OH livre na extremidade 3´ do primer. Se este grupo OH falta, a reação de polimerização é parada, pois o seguinte dNTP não pode formar a ligação fosfodiester. Esta propriedade foi explorada pelo método de sequenciamento de DNA, conhecido como o de "terminação da cadeia", no qual, para deter a polimerização, se agrega à mistura de reação, uma pequena quantidade de um dideoxinucleotídeo, isto é, um desoxirribonucleotídeo trifosfato que não tem o OH nas posições 2´ e 3´(veja mais adiante o tema sequenciamento de DNA).

A DNA POLIMERASE I DE *E.COLI* TAMBÉM É UMA EXONUCLEASE DUPLA

Além de catalisar a reação de polimerização 5´→3´, a DNA polimerase I de *E. coli* catalisa duas reações de exonuclease, nas quais são eliminados mononucleotídeos, seja na extremidade 3´da cadeia de DNA que esta sendo polimerizada (exonuclease 3´→ 5´) ou na extremidade

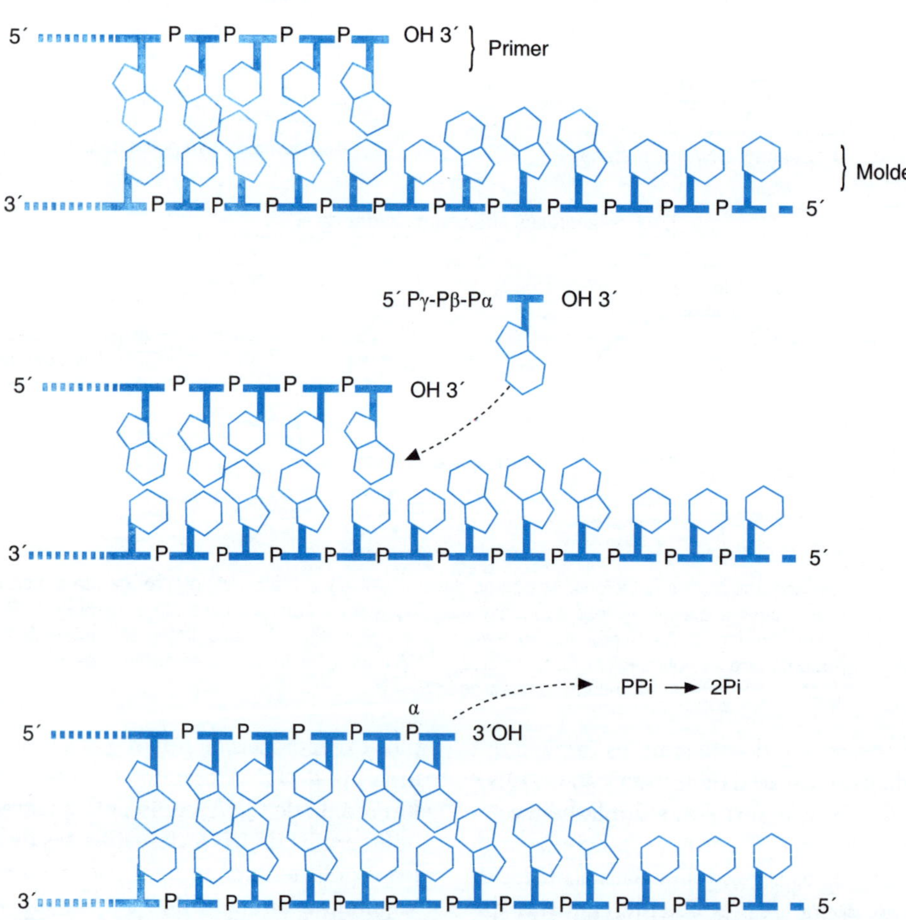

Figura 28-3. A polimerização dos ácidos nucleicos é realizada na direção 5´→3´. A DNA polimerase requer um primer que proporcione uma OH livre na extremidade 3´ da fita que está sendo polimerizada. O desoxirribonucleotídeo que é adicionado a esta extremidade deve ter um trifosfato em sua posição 5´ e deve ser complementar com a seguinte base do molde. Já que esta reação cria uma ligação fosfodiéster entre o 3´OH do primer e o fosfato 5´alfa do nucleotídeo entrante, a direção em que o primer cresce é 5´→3´. O pirofosfato (PPi), um produto da reação que se origina dos fosfatos β-γ do nucleotídeo polimerizado, é eventualmente hidrolisado a dois fosfatos. Durante a transcrição, as RNA polimerases também adicionam ribonucleotídeos de modo semelhante, ainda que não necessitem de um primer para iniciar a síntese.

5´ de uma fita pareada ao molde que está sendo copiado (exonuclease 5´→3´). A exonuclease 5´→3´ pode eliminar uma porção da cadeia de um DNA que contenha uma **fragmentação**, deixando um buraco de fita simples na dupla-hélice. Chama-se **fragmentação** (também conhecida por seu nome em inglês, nick) a descontinuidade na armação ribose-fosfato de uma das fitas do DNA, devido à ruptura ou falta de uma ligação fosfodiéster (figura 28-4). Geralmente, a fragmentação demarca ou separa, por um lado, uma cadeia de DNA com uma extremidade 5´ fosforilada e, por outro, uma cadeia de DNA cuja extremidade 3´ tem um OH livre. Como será explicado mais adiante, as fragmentações do DNA são reparadas pelas ligases de DNA ou DNA ligases. Como a exonuclease 5´→3´ da DNA polimerase I atua em concerto com sua atividade de polimerase 5´→3´, o buraco deixado pela primeira serve como molde para a segunda. Neste caso, a exonuclease 5´→3´ elimina nucleotídeos pela extremidade 5´da fragmentação, enquanto que a polimerase 5´→3´, usando como primer o OH presente na extremidade 3´ da fragmentação, os ressintetizar. O efeito líquido é que a cadeia eliminada pela exonuclease 5´→3´ é imediatamente ressintetizada pela polimerase 5´→3´ (figura 28-4). Esta ação aparentemente ociosa da DNA polimerase I é de grande importância fisiológica, pois é indispensável para eliminar o primer de RNA presente na extremidade 5´ dos fragmentos de Okazaki, intermediários metabólicos da duplicação, como é exposto mais adiante. No laboratório de pesquisa, esta atividade coordenada de exonuclease 5´→3´ e de polimerase 5´→3´ é utilizada para introduzir nucleotídeos marcados radioativamente em uma sonda de DNA de fita dupla, através de um método que tem o nome críptico de tradução de fragmentação *(nick translation)*. Para esta reação, primeiro se deve gerar uma fragmentação no DNA a ser marcado, através de digestão com uma endonuclease inespecífica. Ao agregar a DNA polimerase I e seus substratos e cofatores (Mg^{++} e dNTPs, alguns destes marcados radioisotopicamente, por exemplo, com 32P no fosfato α), a exonuclease 5´→3´ atua sobre a extremidade 5´e a polimerase 5´→3´ sobre a extremidade 3´da fragmentação, destruindo o DNA original, mas o ressintetizando imediatamente como DNA radioativo. Devido à destruição e síntese simultânea, a fragmentação original aparentemente se desloca ou se traslada em direção 5´→3´, de onde vem o nome de "nick translation". O importante desta substituição é que a cadeia nova, além de ser radioativa, terá a mesma sequência que a cadeia original, pois foi copiada a partir de seu molde complementar. Desta maneira, pode-se marcar *in vitro* fragmentos de DNA, que depois poderão ser usados

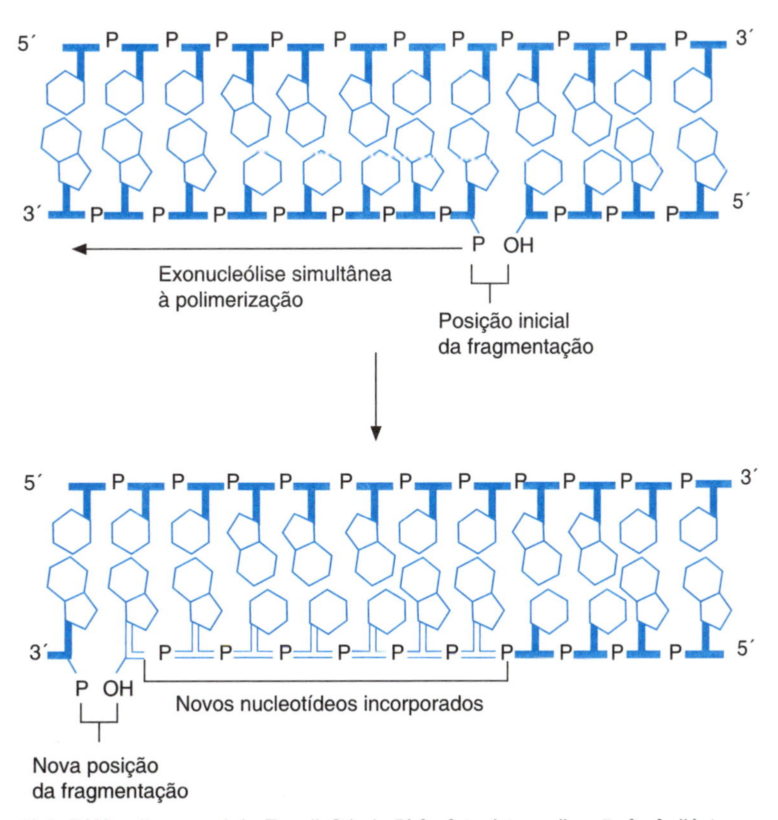

Figura 28-4. Exonuclease 5´→3´ da DNA polimerase I de *E. coli*. O lado 5´-fosfato de uma ligação fosfodiéster rompida (fragmentação ou "nick", veja o texto) é degradado pela atividade exonuclease 5´→3´ da DNA polimerase I, deixando um buraco que é preenchido pela atividade de polimerase 5´→3´ da mesma enzima, a qual usa como primer o 3´OH da fragmentação. Devido ao fato de a DNA polimerase I restituir a fita que está degradada, a fragmentação parece deslocar-se, daí o nome de traslado de fragmentação, ou como se conhece em inglês "nick translation".

como **sondas** rastreáveis em experimentos de hibridização (veja Analises do tipo Southern, capítulo 27).

A EXONUCLEASE 3´→5´ DA DNA POLIMERASE I AUMENTA A FIDELIDADE DA DUPLICAÇÃO

A atividade de exonuclease 3´→5´ da DNA polimerase I de *E.coli* em particular e de todas as polimerases em geral, tem um importantíssimo papel na fidelidade com que se copia a fita molde. A fidelidade de síntese de uma polimerase carente da atividade exonuclease 3´→ 5´, medida pelo número de nucleotídeos incorporados que não correspondem à sequência complementar ao molde, é de um nucleotídeo errado para cada 100.000 nucleotídeos polimerizados (10^{-5}), uma fidelidade muito boa. No entanto, uma polimerase intacta exibe uma melhor fidelidade de cópia, cometendo em média cinco erros para cada 10.000.000 de nucleotídeos (5×10^{-7}). Quando a polimerase detecta que o pareamento entre a base recém-adicionada à extremidade 3´ do primer e a cadeia molde não é a correta, a exonuclease 3´→ 5´ elimina a base recém adicionada, dando à polimerase uma nova oportunidade para adicionar a base correta (figura 28-5). Este mecanismo de vigilância molecular está em operação cada vez que um nucleotídeo é incluído no polímero em crescimento e ajuda à prodigiosa precisão de cópia da polimerase. Por esta razão, a atividade de exonuclease 3´→ 5´ é conhecida também como atividade "corretora da síntese" (por seu nome em inglês *proof-readind*).

As polimerases que carecem de exonuclease 3´→ 5´ são mais susceptíveis a introduzir erros durante a síntese

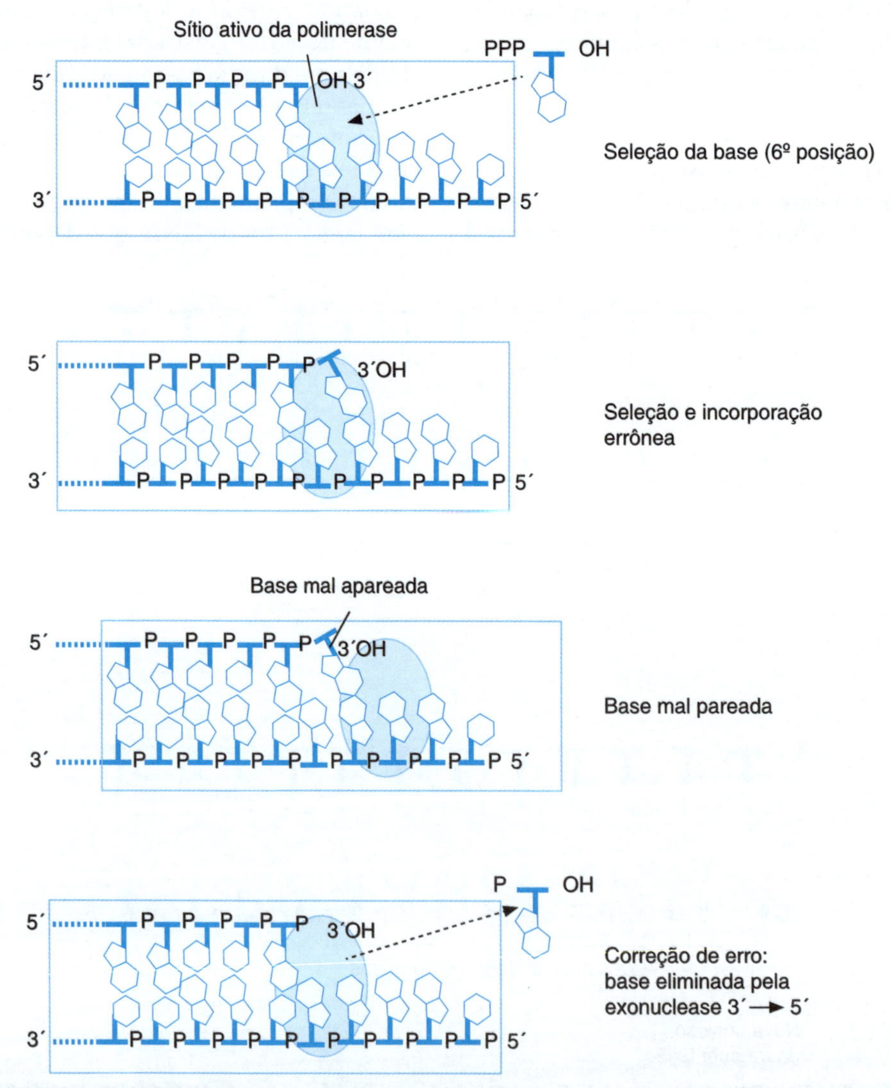

Figura 28-5. A exonuclease 3´→5´ da DNA polimerase I verifica sua fidelidade de síntese. Se o nucleotídeo incorporado não pareia de acordo com as regras de Watson-Crick, a exonuclease 3´→5´ o elimina, com o que a polimerase tem uma segunda oportunidade para incorporar o nucleotídeo correto. Ainda que este seja um eficiente sistema de correção de erros na síntese do DNA, não é suficiente para diminuir estes a um grau em que a sobrevivência bacteriana não esteja comprometida. Para isto são indispensáveis os sistemas de reparo do DNA.

Quadro 28-1. As subunidades e complexos da DNA polimerase III de E. coli

A montagem de todas as subunidades listadas (completo Pol III´ mais o dímero de subunidade β) compõe a holoenzima Pol III*

Subunidade	Função	Complexos montados		
α	Polimerase de DNA			
ε	Exonuclease 3´→ 5´	Centro catalítico		
θ	Estimula a exonuclease		Pol III'	
τ	Dimeriza ao centro catalítico e o liga ao complexo g			
γ	Liga ATP			Pol III*
δ	Se liga a β			
δ'	Liga γ com β	Complexo $\gamma\delta$		
χ	Se liga às ssb			
ψ	Liga χ com γ			
β	Pinça de ancoragem ao DNA			

do DNA. Em geral, existe uma diferença de duas ou três ordens de magnitude entre as fidelidades das polimerases com e sem atividade de exonuclease 3´→ 5´. Parte da grande mutabilidade que tem o genoma do HIV, o retrovírus causador da AIDS, se deve ao fato de sua transcriptase reversa, a DNA polimerase dependente de RNA com que copia seu genoma, carecer de exonuclease 3´→ 5´.

OUTRAS DNA POLIMERASES DE *E. COLI*

Além da DNA polimerase I, *E. coli* possui outras duas polimerases de DNA, a II e a III. As três DNA polimerases possuem atividade de síntese 5´→ 3´e de exonuclease 3´→ 5´, mas só a I tem a atividade de exonuclease 5´→ 3´. A importância funcional de cada polimerase pode ser apreciada a partir do fenótipo que resulta de sua inativação por mutação de seus genes.

A perda da DNA polimerase I afeta a eficiência do reparo do DNA (veja Reparo do DNA) e somente quando a mutação destrói sua atividade exonuclease 5´→ 3´ se reduz a viabilidade da bactéria. Isto se deve a que a exonuclease 5´→ 3´ da DNA polimerase I é necessária para a eliminação dos primers de RNA ou fragmentos de Okazaki. A perda da DNA polimerase II não tem efeitos letais para E. coli; ao contrário, a carência de DNA polimerase III é incompatível com a sobrevivência da bactéria, pois é a enzima responsável por duplicar o genoma.

Diferente das DNA polimerases I e II é que são compostas por uma única cadeia polipeptídica, a DNA polimerase III é formada por 10 polipeptídeos, cada um com diversas atividades catalíticas (figura 28-6 e quadro 28-1), que se unem em um complexo multiproteico, capaz de polimerizar à fantástica velocidade de 800pb por segundo, o que contribui para explicar que a duplicação do genoma de *E. coli* pode ser completada em apenas 40 minutos. As DNA polimerases responsáveis pela duplicação dos genomas de outras espécies são muito mais lentas. Por exemplo, a do camundongo o faz a 35pb por segundo; isto somado ao fato de que o genoma murino é muito maior que o bacteriano, fazendo com que a fase de duplicação do DNA do ciclo celular nos vertebrados demore em média de 8 a 12 horas.

DUPLICON E SÍTIOS DE ORIGEM DA DUPLICAÇÃO

A atividade das três DNA polimerases não é suficiente para completar a duplicação do cromossomo de *E. coli*. Devido às propriedades estruturais do DNA e aos requisitos que devem ter os substratos das DNA polimerases, outras atividades enzimáticas são necessárias para efetuar a duplicação do genoma. Por exemplo, para o acesso inicial e a ação subsequente das polimerases de DNA, as fitas da dupla hélice devem se separar e desenovelar o que é uma grave alteração topológica do DNA.

Por estas razões, o estudante não deve confundir a síntese do DNA com a duplicação do genoma celular. O sítio de origem da duplicação é o lugar do cromossomo onde se separam as cadeias da dupla-hélice e se monta inicialmente a maquinaria enzimática responsável pela duplicação. Em *E. coli* (chamado oriC) corresponde a uma região rica em adeninas e timinas de aproximadamente 240pb, cuja sequência nucleotídica é reconhecida em forma específica pelas proteínas DnaA, que ao ligar-se, causam a abertura da dupla-hélice justo nesta região do cromossomo (figura 28-7). A separação das fitas pela

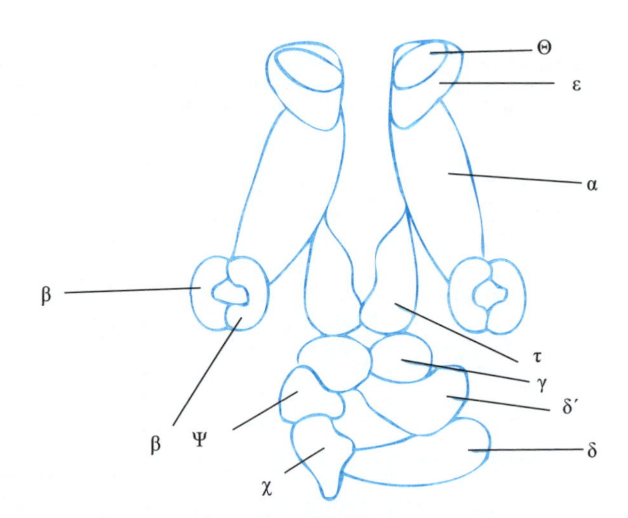

Figura 28-6. Modelo estrutural do complexo Pol III* de *E.coli*. As subunidades da DNA polimerase III se associam em complexos de distintas hierarquias funcionais (quadro 28-1). Na figura se ilustra o complexo Pol III*, o qual consiste de um complexo Pol III* (dois centros catalíticos unidos por um dímero de subunidades τ) e um complexo γδ. Um dos centros catalíticos polimeriza a fita líder e o outro a fita descontínua. Durante a polimerização, cada um dos centros catalíticos tem associado um dímero β que confere alta atividade. Esta é uma propriedade das polimerases que se refere ao número de nucleotídeos que são incorporados na fita sintetizada antes que a enzima se dissocie do substrato que está sintetizando. Em média, o complexo Pol III* polimeriza tão somente uma dezena de nucleotídeos e se solta do substrato; a adição da subunidade β a transforma em uma enzima de alta atividade, a holoenzima, que somente se desprende do seu substrato em média uma vez a cada meio milhão de nucleotídeos polimerizados. A razão desta maior atividade é que o dímero das subunidades β forma um anel ao redor do DNA que está sendo duplicado e literalmente encadeia o sítio catalítico ao seu substrato. O anel β permanece associado continuamente ao centro catalítico encarregado pela fita líder. Ao contrário, cada vez que se termina um fragmento de Okazaki da fita descontínua, o anel de subunidades β se desmonta, se dissocia do centro catalítico e se associa novamente ao início da polimerização de um novo fragmento de Okazaki. O complexo γδ serve como montador e desmontador do dímero β na fita descontínua. Em média, cada célula de *E. coli* tem 10 holoenzimas da DNA polimerase III, que são suficientes para duplicar o cromossomo. Este baixo número de enzimas é explicado por várias razões, como a existência de somente um sítio de origem da duplicação no cromossomo bacteriano, que determina um máximo de duas forquilhas ativas de duplicação, assim como a alta velocidade de polimerização e atividade desta enzima poderosa.

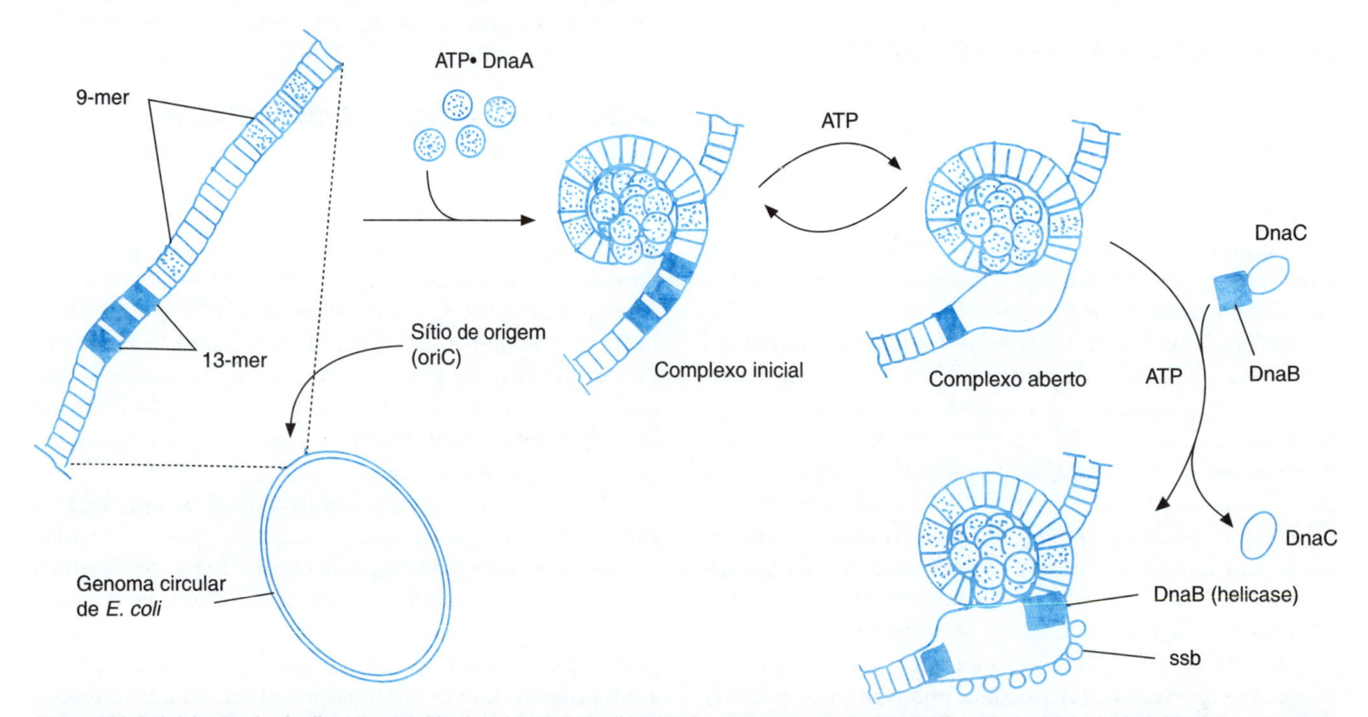

Figura 28-7. Iniciação da duplicação no sítio de origem. A duplicação do cromossomo anelar de *E. coli* começa em um sítio único chamado origem *oriC*, que contém blocos de nucleotídeos ricos em T e A espaçados por 3 segmentos de 13 resíduos (13-mer) e 4 de 9 (9-mer). A união das proteínas DnaA no *oriC* causa a abertura da dupla hélice e permite a entrada do complexo proteico DnaC/DnaB e das proteínas ssb, as quais, respectivamente, estendem a abertura inicial e impedem a reassociação das cadeias separadas. A DnaC tem como função carregar a DnaB, a helicase, às forquilhas onde será montado o primossomo e eventualmente o replicossomo.

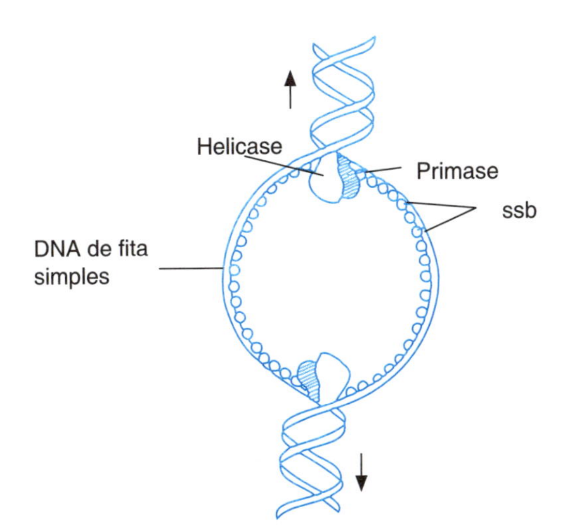

Figura 28-8. A abertura da bolha de duplicação pelas helicases e as proteínas ssb. Além de abrir o DNA, a helicase permite que a primase tenha acesso às fitas despareadas na forquilha, sobre as quais sintetiza o oligonucleotídeo de RNA, que servirá de primer para a síntese das fitas líder e descontínua pela DNA polimerase III. Como em cada uma das forquilhas da bolha ocorre isto, a duplicação é bidirecional a partir do sítio oriC.

proteína DnaA, justo no sítio de origem, é o passo que inicia a duplicação do genoma bacteriano. É também um exemplo característico de um par *cis-trans* em ação, no qual, o sítio oriC é o elemento cis e a proteína DnaA, o elemento trans. A estratégia de combinar elementos regulatórios em pares *cis-trans* é usada eficaz e frequentemente pela célula para regular o metabolismo dos ácidos nucleicos (capítulo 29).

O cromossomo circular de *E. coli* tem um único sítio de origem da duplicação, a partir do qual o cromossomo se duplica em sua totalidade. A inserção deste elemento regulador em outro DNA circular, ainda que seja totalmente alheio a *E. coli*, lhe confere a capacidade de ser duplicado pela maquinaria celular desta bactéria. Os sítios de origem contêm a informação necessária e suficiente para desencadear a duplicação do DNA. Assim se define como **duplicon** o fragmento de DNA com um sítio de origem que seja reconhecido pela maquinaria enzimática de um dado organismo, permitindo que este DNA se duplique.

Na definição de duplicon estão incluídos os sítios onde termina a duplicação. De acordo com esta definição, os cromossomos bacterianos são, em geral, duplicons únicos. Ao contrário, os cromossomos dos organismos eucarióticos são compostos por múltiplos duplicons, cada um com seus respectivos sítio de origem e terminação. Isto se deve ao fato que a maior longitude destes cromossomos obriga a utilização de múltiplos sítios de origem de replicação para poder completar rapidamente sua duplicação.

FORQUILHA DE DUPLICAÇÃO, REPLICOSSOMO E SÍTIOS DE TERMINAÇÃO

A separação da dupla-hélice de DNA, causada pelas proteínas DnaA no sítio de origem da duplicação, permite a união da proteína **DnaB** às fitas separadas (figuras 28-7 e 28-8). A DnaB é uma **helicase**, que estende ainda mais a abertura na hélice do DNA. As helicases são enzimas que se deslocam sobre o DNA de fita simples, hidrolisando ATP e utilizando a energia liberada para desenrolar mais a dupla-hélice. A tendência do DNA de se reassociar é impedida pela ligação de proteínas que têm afinidade pelo DNA de fita simples, que são conhecidas como proteínas ssb (por sua sigla em inglês *single-stranded binding proteins*).

Esta abertura do DNA no sítio de origem é observada ao microscópio eletrônico como uma estrutura oval ou uma bolha embebida no cromossomo bacteriano (figura 28-9). As duas extremidades desta bolha ou estrutura oval constituem as "forquilhas de duplicação", sítio onde se montam os complexos enzimáticos responsáveis pela síntese do DNA. Estes complexos enzimáticos, tam-

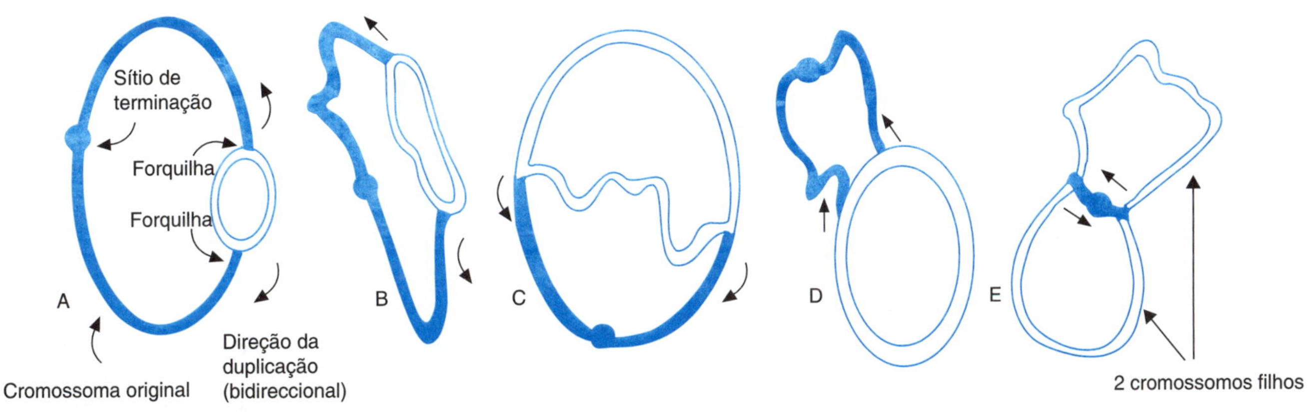

Figura 28-9. Esquema do processo de formação da "estrutura θ" durante a duplicação do cromossomo de *E. coli*. A bolha de duplicação aparece como um pequeno anel dentro da circunferência do anel que é o cromossomo bacteriano. **A)** Ao avançar a duplicação, o anel menor aumenta de tamanho enquanto que o anel original diminui. **B)** No ponto intermediário se forma uma estrutura que se assemelha à letra θ grega. **C)** Eventualmente, o anel original parece desaparecer, pois cada uma de suas fitas se vai incorporando aos cromossomos filhos. **D, E)** Neste ponto, as duas forquilhas de duplicação estão muito próximas ao sítio de terminação.

bém chamados de **replicossomos**, incluem além da DNA polimerase III, outras enzimas e proteínas encarregadas de outras funções, como será discutido mais adiante. No caso do cromossomo ou duplicon de *E. coli*, ambas as forquilhas de duplicação são funcionais, pelo que a duplicação acontece de forma bidirecional a partir do sítio de origem. Já que o cromossomo de *E. coli* é um anel, o movimento dos replicossomos montados em ambas forquilhas faz com que se reencontrem na extremidade do cromossomo diametralmente oposta ao sítio oriC. Nesta zona do cromossomo existem dois sítios de terminação aos quais se ligam as proteínas chamadas **Tus**, que servem para deter as helicases e, com isto, o avançar do replicossomo, com o qual se termina a duplicação.

MONTAGEM DO REPLICOSSOMO E FRAGMENTOS DE OKAZAKI

Além de sua função como helicase, a proteína DnaB serve para facilitar a associação da **primase**, também chamada proteína **DnaG**, com o DNA da fita simples. A primase sintetiza um primer de RNA, de aproximadamente 9 a 12 ribonucleotídeos de longitude, complementar ao DNA de fita simples exposto pela helicase. Por sua ação concertada, em ocasiões se chama de **primossomo** o complexo formado pela helicase e a primase. A síntese do primer ocorre em ambas as fitas das forquilhas de duplicação, gerando quatro substratos, dois em cada forquilha, sobre os que atuam duas holoenzimas da DNA polimerase III (figura 28-10). Observe que, devido ao fato de a polimerase sintetizar exclusivamente na direção 5´→ 3´ e ao fato de que os primers têm orientações 5´→ 3´ opostas, em cada uma das forquilhas, a síntese das cadeias novas ocorre com direções opostas. A polimerização de uma das novas fitas, a **fita líder**, avança na direção em que a forquilha se abre, enquanto que a outra, a **fita descontínua**, cresce na direção oposta. Apesar de a direção em que crescem a fita líder e a descontínua ser oposta, ambas são sintetizadas por apenas uma DNA polimerase III. Isto é possível já que a DNA polimerase III é um complexo multiproteico, disposto de forma aproximadamente simétrica, com dois centros catalíticos, cada um dos quais polimeriza uma nova fita de DNA, ambas seguindo a regra da direcionalidade 5´→ 3´ (figura 28-10). Uma consequência disto é que um dos centros catalíticos sintetiza a fita líder, em forma contínua, seguindo a direção que avança a forquilha de duplicação (figura 28-11). Ao contrário, a fita descontínua é polimerizada pelo outro centro catalítico de forma *descontínua;* isto é, em fragmentos de aproximadamente 1.000 pb, os quais são unidos pela ação da

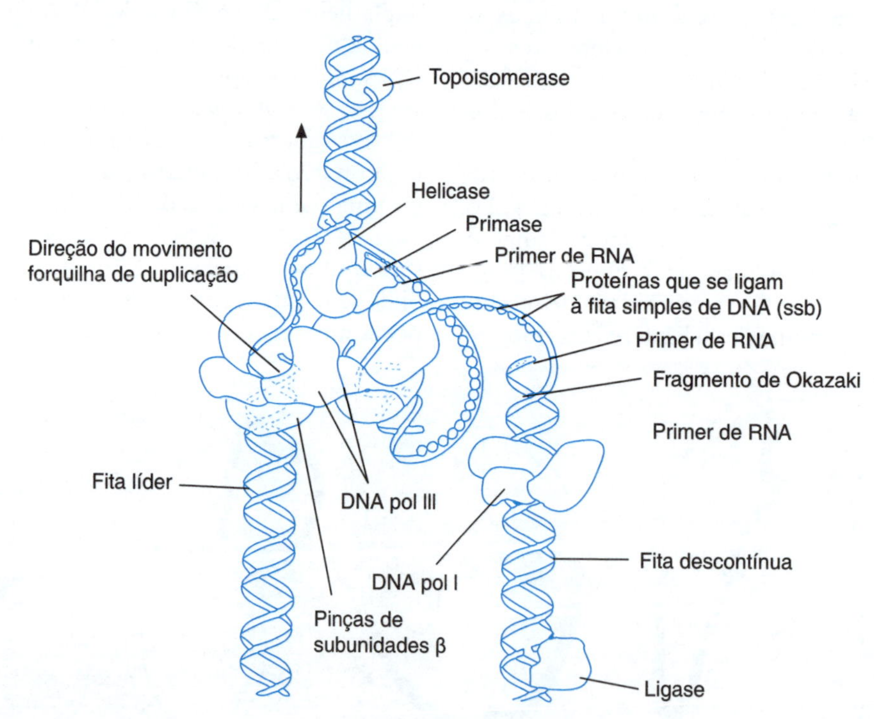

Figura 28-10. O replicossomo é montado na forquilha de duplicação. Para que a holoenzima da DNA polimerase III possa duplicar ambas as fitas na forquilha de duplicação, devem estar presentes muitas outras proteínas às quais em conjunto são conhecidas também como "replicossomo". Este conjunto inclui o primossomo (helicase mais primase), que abre o caminho e sintetiza os primers dos fragmentos de Okazaki; a topoisomerase II que desenrola o DNA situado à frente da forquilha, o qual é retorcido devido à separação da dupla-hélice; as proteínas ssb que mantêm estendido o DNA de fita simples gerado pela helicase; Por último, a DNA polimerase I e a ligase de DNA, cujas ações coordenadas eliminam os primers dos fragmentos de Okazaki, preenchem os buracos e unem os fragmentos para dar continuidade à fita descontínua. Nesta figura se ilustra apenas uma das forquilhas da bolha de duplicação. Um replicossomo semelhante é montado na outra forquilha, causando a bidirecionalidade da duplicação.

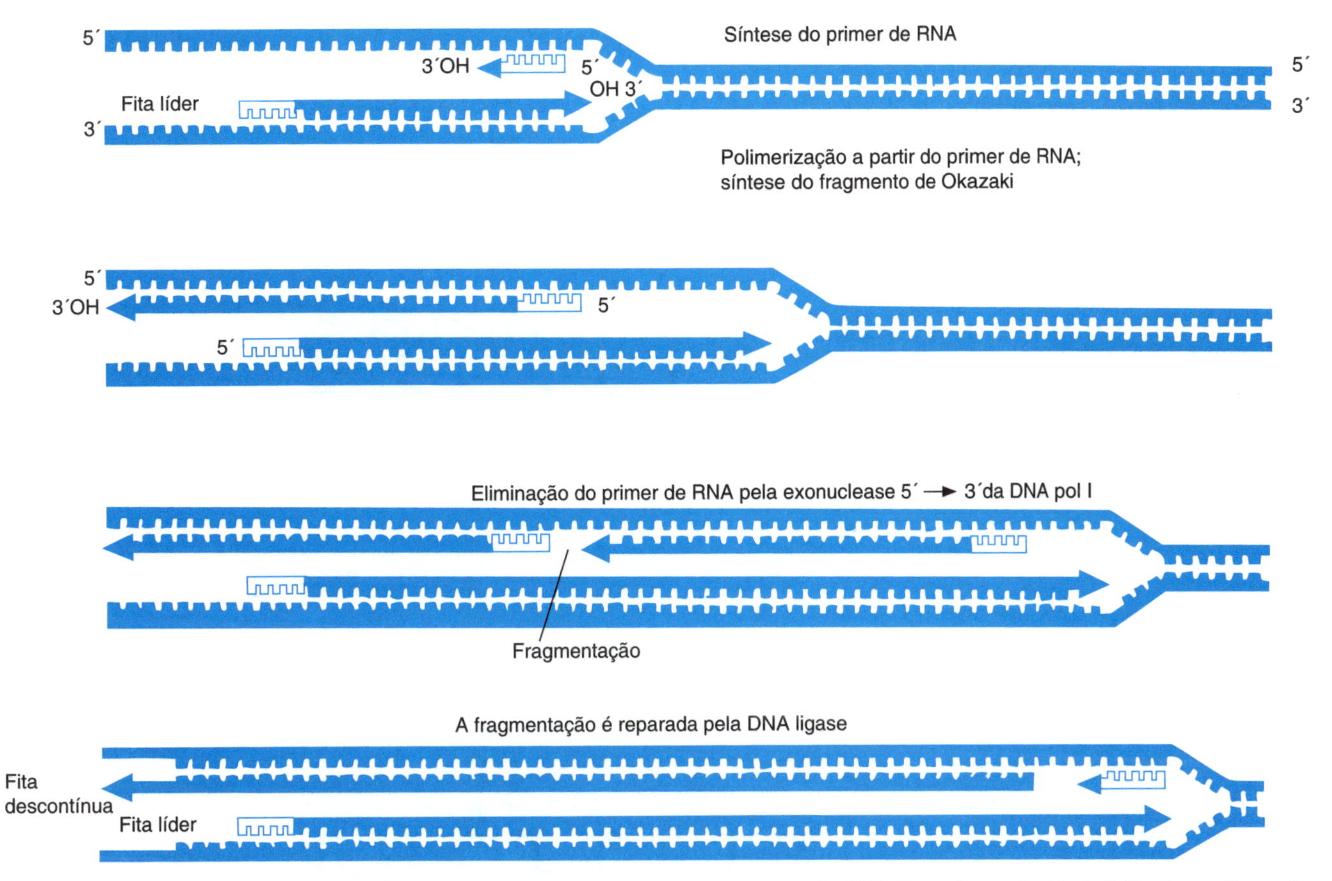

Figura 28-11. Os fragmentos de Okazaki são ligados pela DNA polimerase I e a ligase de DNA. Para dar continuidade à fita descontínua são ligados os fragmentos de Okazaki. Para isto é necessário eliminar o primer de RNA, gerado pela primase, e que foi usado pela DNA polimerase III. Estes primers de RNA são eliminados pela atividade exonuclease 5´→3´ da DNA polimerase I. Esta mesma enzima emprega como primer a extremidade 3´OH do fragmento de Okazaki imediatamente anterior, para preencher o buraco deixado por sua atividade exonuclease 5´→3´. Depois destas ações da DNA polimerase I, resta apenas uma fragmentação (nick) separando estes dois fragmentos de Okazaki contíguos. A DNA ligase, ao formar uma ligação fosfodiéster, fecha a fragmentação e os reúne em uma cadeia contínua de DNA.

DNA polimerase I e a **ligase de DNA**. Estes trechos de DNA são conhecidos como fragmentos de Okazaki, em homenagem a Reiji Ikazaki, o investigador japonês que os descobriu. Cada um destes fragmentos se inicia com a síntese de um primer de RNA pela primase, pelo que a extremidade 5´ dos fragmentos de Okazaki sempre contém bases de RNA, as quais são eliminadas e substituídas por DNA graças à atividade exonuclease 5´→ 3´ da DNA polimerase I, em uma reação semelhante à da *nick translation* descrita anteriormente. Para terminar de ligar os fragmentos de Okazaki, a ligase de DNA reestabelece a ligação fosfodiéster, fechando com isto a "fragmentação" que separa dois fragmentos contíguos, dando-lhe continuidade à fita descontínua (figuras 28-11 e 28-12). Devido à maneira com que se duplica o DNA, sintetizando a fita líder de forma contínua e a fita descontínua em fragmentos separados que depois são reunidos, se diz que o processo da duplicação é semi-descontínuo. A ação concertada da DNA polimerase I e da ligase de DNA é de vital importância para *E. coli*, pois é indispensável para a reunião dos fragmentos de Okazaki. Além disto, tem também um papel central em diversos sistemas e reparo do DNA lesado, como será discutido mais adiante.

A TOPOISOMERASE II SEPARA OS CROMOSSOMOS BACTERIANOS DUPLICADOS

Durante a duplicação do cromossomo bacteriano ocorrem alterações na topologia do DNA. Uma delas é o superenovelamento positivo que ocorre devido à abertura da dupla-hélice, causado pela helicase na forquilha de duplicação durante a polimerização e a outra é a concatenação dos cromossomos recém duplicados ao finalizar a duplicação (figura 28-13). Ambas alterações são aliviadas pela ação da **topoisomerase tipo II**, também chamada girase do DNA. Esta enzima corta ambas as cadeias de um DNA, mantendo fixas as extremidades cortadas e move, através destes, um segmento do DNA. Depois desta etapa, as cadeias do DNA voltam a se unir. O efeito líquido desta elaborada re-

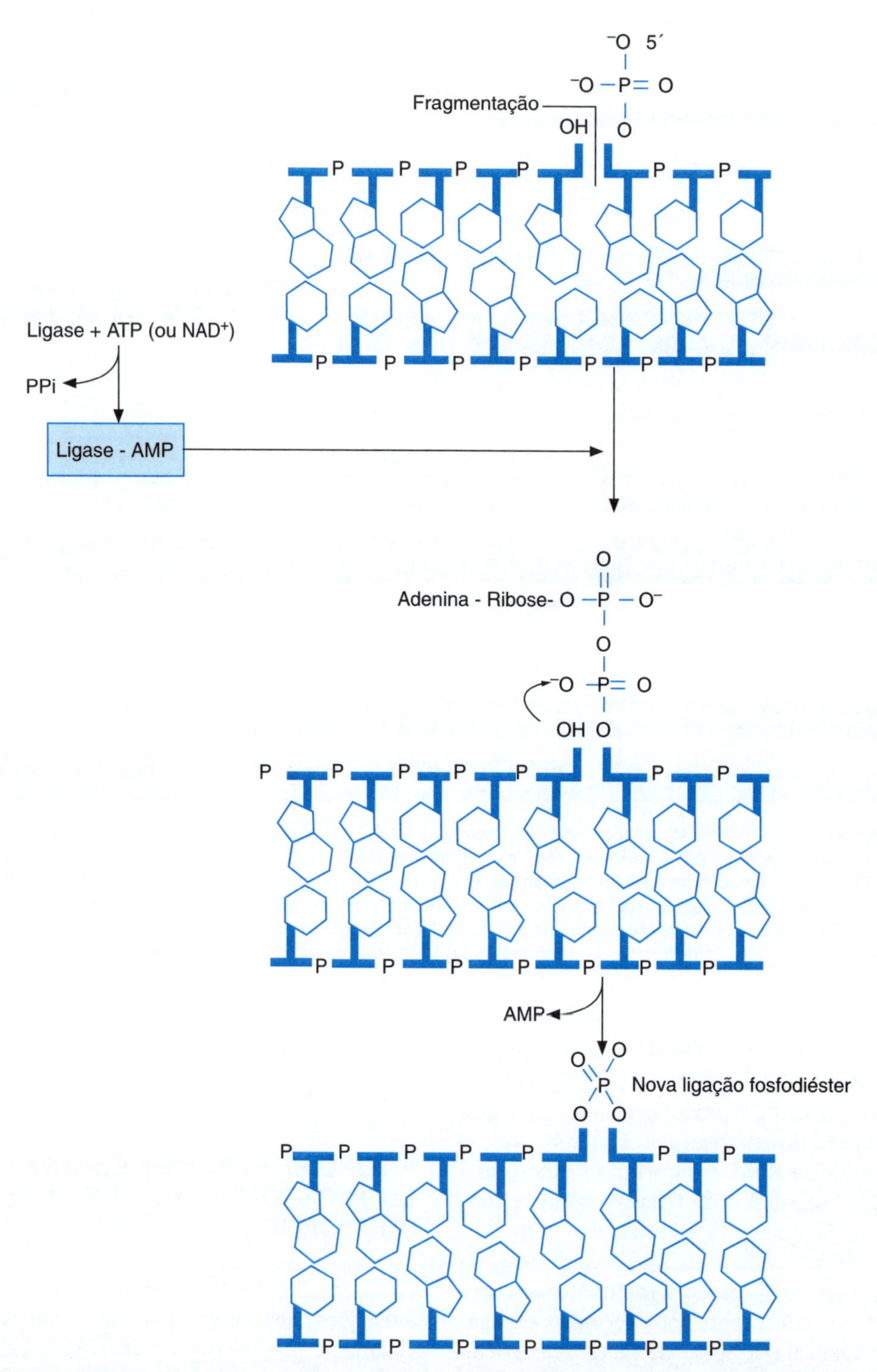

Figura 28-12. A reação da DNA ligase. As ligases de DNA restituem a ligação fosfodiéster de duas cadeias de DNA adjacentes. Para isto é necessário que a extremidade 5´de uma das cadeias esteja fosforilada e que a outra tenha um OH livre na posição 3´. A enzima bacteriana usa NAD⁺, em vez de ATP, para gerar um intermediário ligase-AMP, a partir do qual o AMP se liga ao fosfato 5´, criando um intermediário que é atacado pelo 3´OH da cadeia adjacente, com o que se restitui a ligação fosfodiéster e o AMP é liberado.

ação é a separação ou desconcatenação dos cromossomos recém duplicados. Tal separação é indispensável para que cada uma das células filhas receba um dos cromossomos duplicados. Além da topoisomerase II, *E. coli* possui outra topoisomerase, a tipo I, cuja reação difere da tipo II pois só corta uma das cadeias do DNA (introduz uma fragmentação) e aproveita esta ruptura para desenrolar as fitas da dupla-hélice umas das outras. Ainda que a topoisomerase

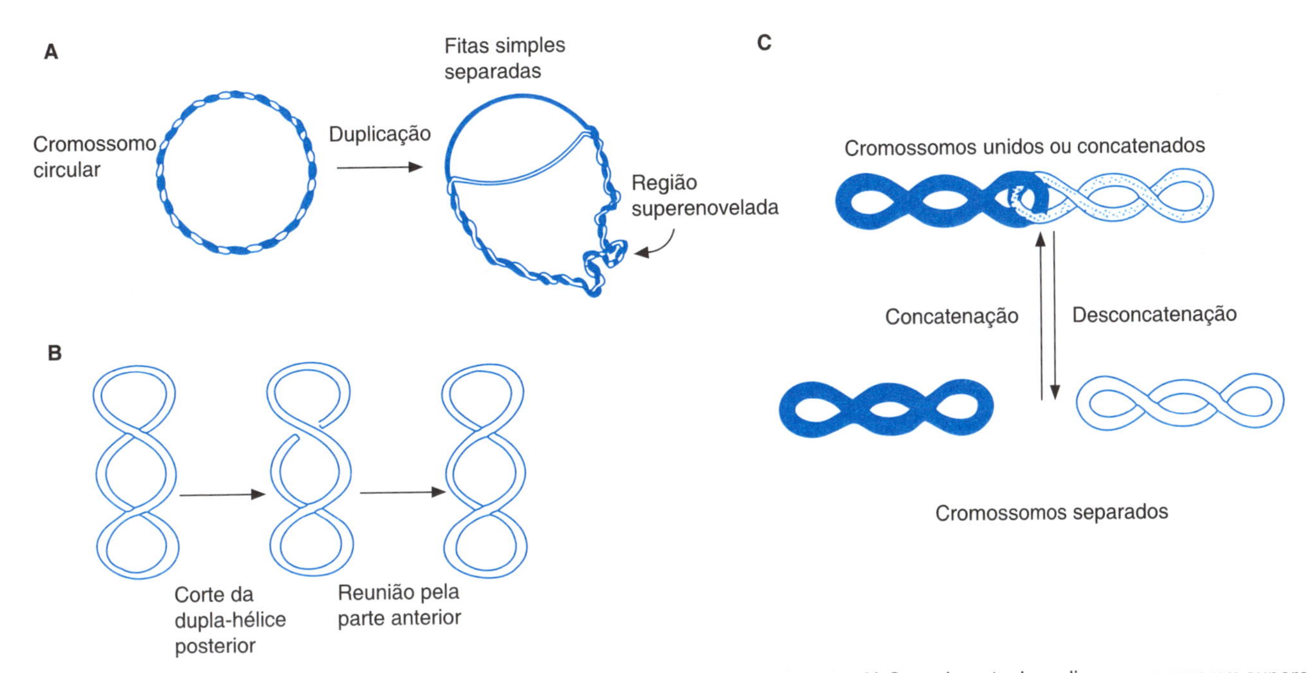

Figura 28-13. A topoisomerase II relaxa e desenrola o DNA bacteriano durante a duplicação. **A)** O movimento do replicossomo gera um superenovelamento positivo do duplo-hélice do DNA situado à frente da forquilha de duplicação. **B)** Esta alteração topológica do DNA é remediada ou relaxada pela topoisomerase II, também chamada DNA girase, permitindo com isto a duplicação completa do cromossomo. Para desenrolar a fita de DNA à frente da forquilha, a girase rompe temporariamente a dupla-hélice e faz passar por esta abertura outra seção do DNA, liberando com isto parte da torsão. O efeito líquido da reação da girase é introduzir superenovelamento negativo que compense o positivo criado pela helicase. **C)** outra ação da topoisomerase II é a de separar os cromossomos ao final da duplicação.

I seja indispensável para a viabilidade de *E. coli*, possivelmente por sua capacidade para manter o cromossomo em um estado topológico funcional, não participa da duplicação do DNA bacteriano. Os organismos eucarióticos também possuem topoisomerases com função semelhante durante a duplicação de seus genomas.

DUPLICAÇÃO DO DNA EM EUCARIOTOS

Ainda que a maquinaria responsável pela duplicação dos cromossomos eucarióticos não se conheça tão bem como nos procariotos, se sabe que, apesar de certas diferenças, em ambos os organismos a duplicação ocorre sob os mesmos princípios enzimáticos gerais. No cromossomo eucariótico existem múltiplos duplicons; isto é, a duplicação se inicia em múltiplos sítios, a partir dos quais são ativadas forquilhas de duplicação bidirecionais, com suas respectivas fitas líder e descontínua. Por exemplo, se calcula que nas células murinas existam cerca de 25.000 duplicons, cujos sítios de origem estão separados entre si por aproximadamente 150.000pb. Outra diferença notável é que em procariotos como *E. coli*, uma única polimerase sintetiza ambas cadeias, enquanto que nos eucariotos, a fita líder é sintetizada pela polimerase δ e a fita descontínua pela polimerase α. Estas polimerases se deslocam juntas na forquilha de duplicação a velocidades muito menores que a DNA polimerase III de *E. coli*. Nos diversos eucariotos em que esta velocidade foi medida, é de 500 a 3.500pb por minuto, entre uma e duas ordens de magnitude mais lenta do que em *E. coli*. As polimerases de eucariotos também aceleram sua atividade, devido à proteína PCNA (por suas siglas, *proliferating cell nuclear antigen*), a qual tem papel equivalente à subunidade beta da DNA polimerase III.

A INTEGRIDADE DOS CROMOSSOMOS EUCARIÓTICOS DEPENDE DA TELOMERASE

O fato de que os cromossomos eucarióticos sejam DNA lineares e não circulares, como os cromossomos bacterianos, traz o risco de que a duplicação de seus genomas seja incompleta. Quando a forquilha de replicação chega a uma extremidade de um cromossomo linear, o replicossomo se desfaz sem ter sintetizado a última porção da cadeia descontínua. Se o restante desta fita não é reposto, em cada ciclo de duplicação o cromossomo perde porções que eventualmente podem conter sequências indispensáveis para a viabilidade celular (figura 28-14A). A telomerase é a enzima que ao estender as extremidades 3´dos telômeros se antecipa a esta perda cromossômica (figura 28-14). A telomerase é uma DNA polimerase dependente de RNA, na qual o molde de cópia é um pequeno segmento de RNA que tem a peculiaridade de residir na enzima. Os moldes das telomerases possuem sequências particulares que estão no sítio ativo da enzima e cujas cópias complementares são somadas de forma repetitiva

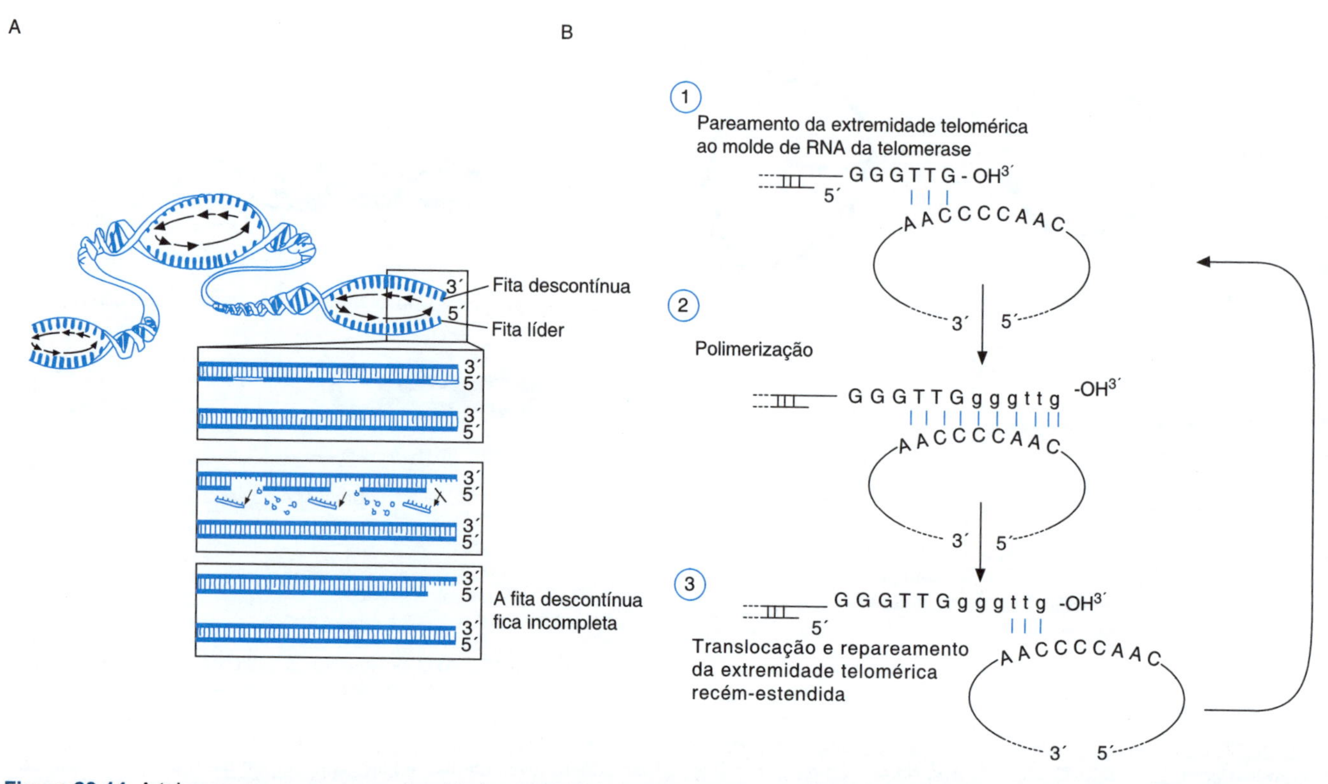

Figura 28-14. A telomerase preserva as extremidades teloméricas. **A)** Por serem moléculas de DNA linear, os cromossomos eucariotos perderiam parte de suas extremidades teloméricas em cada ciclo de duplicação. **B)** A célula antecipa e evita esta perda graças à telomerase, que estende a extremidade 3´do telômero antes da duplicação. A telomerase é uma polimerase de DNA dependente de RNA, que traz seu próprio molde copiado no sítio catalítico. Este molde é usado em múltiplas ocasiões, pois depois de cada ciclo de polimerização, a extremidade 3´do telômero se recoloca sobre o molde (translocação), para ser estendida outra vez. Estes ciclos de polimerização/translocação são repetidos várias vezes, gerando as longas e repetidas sequências que caracterizam os telômeros.

na OH livre da extremidade 3´ do DNA do telômero. Estes moldes têm sequências específicas, o que faz com que as extremidades teloméricas sempre tenham sequências características da espécie, por exemplo, no ser humano o telômero consiste na sequência $(5'TTAGGG3')_n$, repetida em média 2.000 vezes (n = 2.000). A adição destas extensões na extremidade telomérica ocorre antes da duplicação, o que faz que as sequências perdidas pela síntese incompleta da fita descontínua apenas sejam teloméricas, as quais serão restituídas antes do seguinte ciclo de duplicação (figura 28-14).

No geral, as células que estão proliferando ativamente, como as embrionárias, as germinativas (produtoras dos gametas) e um grande número de células tumorais, contenham telomerase, enquanto que as células somáticas, que não estão em proliferação, não a tenham. Isto levou a sugerir que um requisito para propagação de sucesso de um tumor seja a ativação da enzima telomerase, o que permite às células tumorais se dividirem indefinidamente sem sofrer encurtamentos letais de seus cromossomos. Por este motivo que atualmente nos laboratórios de pesquisa se explora a possibilidade de que a inibição da atividade da enzima telomerase sirva como um tratamento contra o câncer.

A SÍNTESE E SEGREGAÇÃO DO DNA SE ALTERNAM DURANTE O CICLO CELULAR

A diferença fisiológica mais importante que existe entre a duplicação genômica de procariotos e eucariotos é a de sua coordenação temporal com a divisão celular. *E. coli* pode duplicar seu cromossomo em apenas 40 minutos, se seus requisitos nutricionais são satisfeitos, otimamente, coisa que acontece no laboratório quando é cultivada em meios ricos. Nestas condições, a velocidade de divisão celular pode ser tão rápida como 20 minutos. Para compensar a discrepância temporal entre duplicação cromossômica e divisão celular, a célula bacteriana inicia ciclos de duplicação antes da divisão. Isto explica porque estas células, em um dado momento, podem iniciar a duplicação de um cromossomo ainda quando este não tenha terminado de duplicar, nem segregado às células filhas. Para fins práticos, este fenômeno jamais ocorre nas células eucarióticas, as quais têm uma estrita alternância entre a duplicação genômica e a divisão celular. Esta alternância assegura que cada célula resultante da divisão celular receba exatamente uma unidade genômica completa, nem mais nem menos. AS células eucarióticas mantêm esta estrita ordem temporal entre a duplicação e

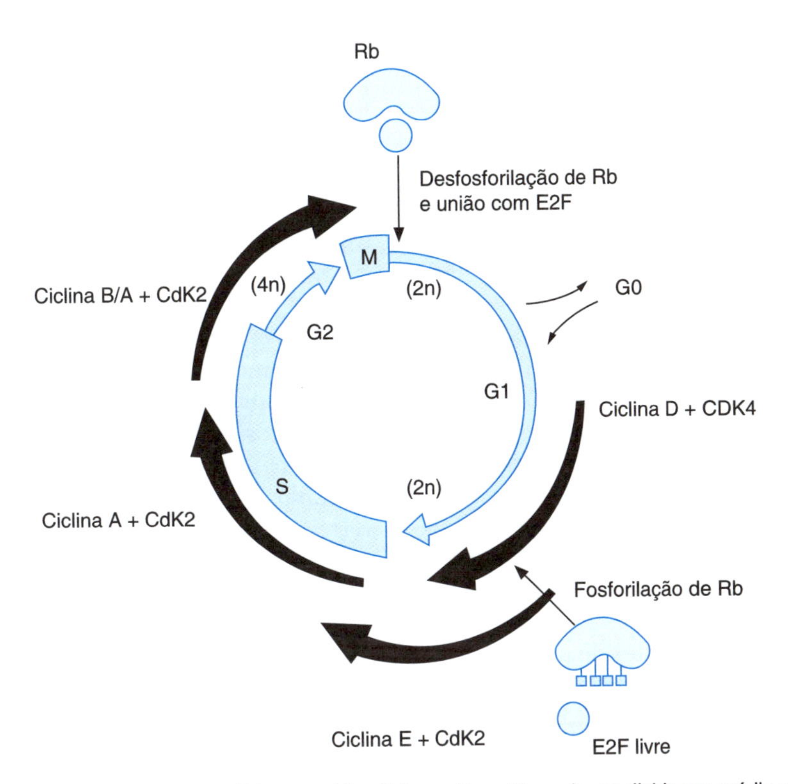

Figura 28-15. Ciclo celular. Quando uma célula eucariótica somática típica está proliferando, se divide em média a cada 18-24 horas, seguindo uma série ordenada de eventos bioquímicos e citológicos que são denominados "ciclo celular". Apenas uma mínima parte do ciclo corresponde à mitose (M), na qual são observadas as mudanças celulares visíveis ao microscópio e que terminam com a divisão da célula mãe em duas células filha. Antes da mitose, o conteúdo genômico é tetraploide (4n) devido à duplicação genômica ocorrida durante a fase S. As fechas pretas e sua espessura representam a aparição e os níveis relativos das ciclinas, as subunidades reguladoras das quinases de proteínas chamadas "cdk", as quais ao fosforilar certas proteínas chave, como o produto do gene do retinoblastoma, Rb, coordenam a atividade bioquímica do ciclo celular. Por exemplo, a fosforilação de Rb pelo complexo cdk4/ciclina D1 é necessária para que se desmonte o complexo Rb/E2F. Uma vez liberado, o fator ativador da transcrição E2F estimula a expressão de genes necessários para iniciar e executar a fase S.

a divisão, graças aos eventos bioquímicos que regulam o ciclo celular (figura 28-15).

As células eucarióticas que estão em proliferação têm uma série de mudanças morfológicas que são repetidas ciclicamente, seguindo um padrão bem definido, que constituem o chamado **ciclo celular.** Do ponto de vista morfológico, o ciclo tem uma fase de notória atividade nuclear, a **mitose**, durante a qual os cromossomos se condensam e se segregam a cada uma das células filhas e outra fase, a **interfase**, durante a qual o núcleo parece estar inativo, pois não se observam mudanças tão notórias como os da mitose. Esta aparente inatividade é enganosa, pois durante a interfase há um período, a chamada fase S, de intensa atividade bioquímica nuclear, que é responsável por duplicar o material genético. Quando a célula entra em mitose, o genoma já foi duplicado (número tetraploide, 4n), permitindo que cada uma das células filhas receba uma unidade genotípica completa (2n ou diploide). A alternância temporal entre a divisão celular e a duplicação de seu genoma permite dividir o ciclo celular em quatro etapas ou fases: M, a mitose, S, a síntese de DNA (durante a qual ocorre a duplicação do genoma) e as duas fases intermediárias que separam a M de S, as chamadas G1 e G2 (G por ser a inicial de seu nome em inglês: gap).

Os mecanismos bioquímicos que regulam a passagem de uma fase a outra do ciclo celular dependem dos níveis absolutos e das atividades relativas de um grupo de proteínas quinases chamadas cdk (por sua sigla em inglês: cyclin dependent kinases). As proteínas fosforiladas por estas quinases são as responsáveis por iniciar as mudanças necessárias para a divisão celular, tais como a duplicação do genoma, durante a fase S, ou a segregação dos cromossomos durante a fase M. Tal como diz seu nome, estas quinases de proteínas requerem para sua ativação associar-se com subunidades reguladoras chamadas ciclinas, já que seus níveis celulares variam com as fases do ciclo celular. Existem complexos específicos cdk/ciclinas que promovem a passagem da fase G1 à S e da fase G2 para a M. Por exemplo, se requer a presença de um complexo ativo ciclina B/cdk2 para a transição G→M e de complexos ativos cdk4/ciclina D e cdk2/ciclina E para a transição G1→S. Através da atividade das cdk, a célula controla sua atividade proliferativa, isto é, sua permanência, entrada ou saída do ciclo celular. Existem dois mecanismos principais para regular a atividade das cdk, uma é controlar os níveis das ciclinas e o outro é dado por proteínas inibidoras dos complexos cdk/ciclina. Por exemplo, a fosforilação do produto do gene do retinoblastoma (Rb), mediada pelo complexo cdk4/ciclina D, é indispensável para a iniciação da fase S. A proteína p16 se associa ao complexo cdk4/ ciclina D e inibe a cdk, com o que se impede a fosforilação de Rb e, portanto, a célula para em G1 e S. Os níveis das ciclinas também são controlados pela ativação e sua degradação, a qual é mediada pelo proteassoma, em um processo proteolítico que é desencadeado quando a célula terminou a mitose e que depende da modificação das ciclinas com ubiquitina. Se a células é estimulada por fatores de crescimento celular durante a fase G1, estas ciclinas voltam a ser sintetizadas e a células pode iniciar outro ciclo de divisão. Se não existe este estímulo, a célula acumula proteínas inibidoras dos complexos cdk-4/ciclinas D e cdk2/ciclina E, que a impede de iniciar a fase S, desviando-a para um estado de repouso ou saída do ciclo celular, que é conhecido como fase G ou de quiescência. A relevância do estrito controle do ciclo celular se manifestou pela descoberta, em certos tipos de câncer, de formas mutantes de proteínas que regulam o ciclo celular. Por exemplo, em quase todos os tipos de câncer estudados foram encontradas alterações ou mutações em ao menos um dos genes de p16, cdk4, ciclina D e/ou Rb.

MUTAGÊNESE: TAUTOMERIA E OUTROS AGENTES MUTAGÊNICOS

A informação armazenada no DNA, na forma de sequências nucleotídicas, pode sofrer alterações que chamamos *mutações.* Estas alterações de sequência podem ser substituições de uma base por outra, eliminação (deleção), ou inserção de uma base ou sequência de bases. Estas trocas de sequência podem ser substituições de uma base por outra, eliminação (deleção), ou inserção de uma base ou sequência de bases. A eliminação e a inserção se distinguem das substituições de base pela adição ou perda líquida de uma ou mais bases na sequência original do DNA. Quando as substituições são de uma purina por outra purina ou de uma pirimidina por outra pirimidina, são chamadas de **transições. Transversão** é quando uma purina substitui uma pirimidina e vice-versa. As mutações podem ter ou não repercussões fenotípicas, dependendo se afetam a sequência de um gene ou de suas regiões reguladoras (figura 25-4). A criação de mutações pode ser um processo espontâneo ou induzido por algum agente químico ou físico. Em muitos casos, as células detectam as mutações e são capazes de revertê-las (veja *Reparo do DNA lesado*); no entanto, se isto não acontece, a mutação persiste no genoma dos descendentes da célula mutante inicial (figura 27-16).

Grande parte das mutações espontâneas se deve à **tautomerização** das bases nitrogenadas. A correta complementaridade do DNA depende das pontes de hidrogênio que são estabelecidas pelos pares de bases G-C e A-T. Os grupos envolvidos nestas pontes de hidrogênio podem sofrer alterações que afetam sua capacidade para formar os pareamentos convencionais, dando lugar a pareamentos "incorretos ou ilegítimos" dos quais podem ser derivadas mutações no DNA.

A tautomeria é um tipo de isomeria com bases nitrogenadas e que consiste na redistribuição dos hidrogênios e das ligações duplas de suas estruturas heterocíclicas. Os pareamentos A-T e C-G convencionais do tipo de Watson e Crick são estabelecidos entre os isômeros tautoméricos mais frequentes das bases. Ainda que ocorra com uma frequência extremamente baixa, estes tautômeros podem ser convertidos espontaneamente nas formas tautoméricas ilustradas na figura 28-17. Por exemplo, a habitual forma amino da adenina pode converter-se na forma imino, na qual um dos hidrogênios do grupo amino na posição 6 se muda, momentânea e reversivelmente, ao nitrogênio da posição 1. Apesar da rapidez desta mudança, enquanto a adenina existe na forma tautomérica imino, pode formar duas pontes de hidrogênio com a citosina, estabelecendo um pareamento ilegítimo A-C. Do mesmo modo, uma timina pode passar de sua forma tautomérica habitual ceto a sua rara forma enol (figura 28-17), permitindo um pareamento ilegítimo com guanina (T-G). Se estes pareamentos ilegítimos ocorrem

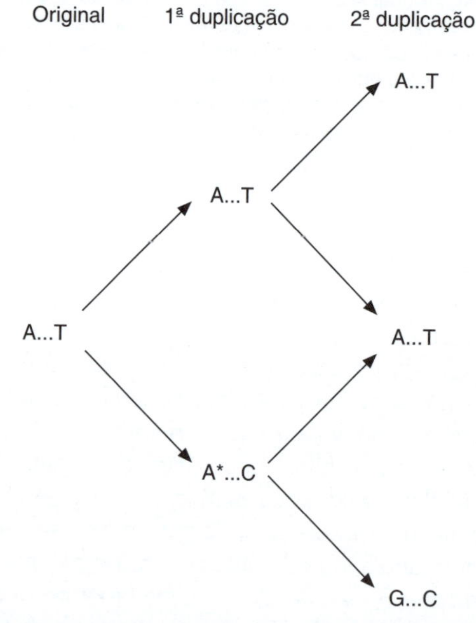

Figura 28-16. Uma base mal incorporada durante a duplicação pode ocasionar uma transição de bases. Durante a duplicação, um nucleotídeo pode ser incorporado incorretamente no DNA por diversos mecanismos. Na figura se ilustra um C pareando com A*, uma forma tautomérica rara da adenina. Este pareamento anômalo A* = C afeta somente um dos DNA duplicados na primeira geração. Habitualmente este tipo de erro é reparado depois da duplicação. Se isto não ocorre, no seguinte ciclo de duplicação, um dos DNA formados terá um par G=C em lugar do par original A=T. Devido ao fato que a forma tautomérica A* é menos frequente e reverte à forma da adenina que no geral se pareia com T, o outro DNA produzido na segunda geração não apresentará a transição ao par G=C.

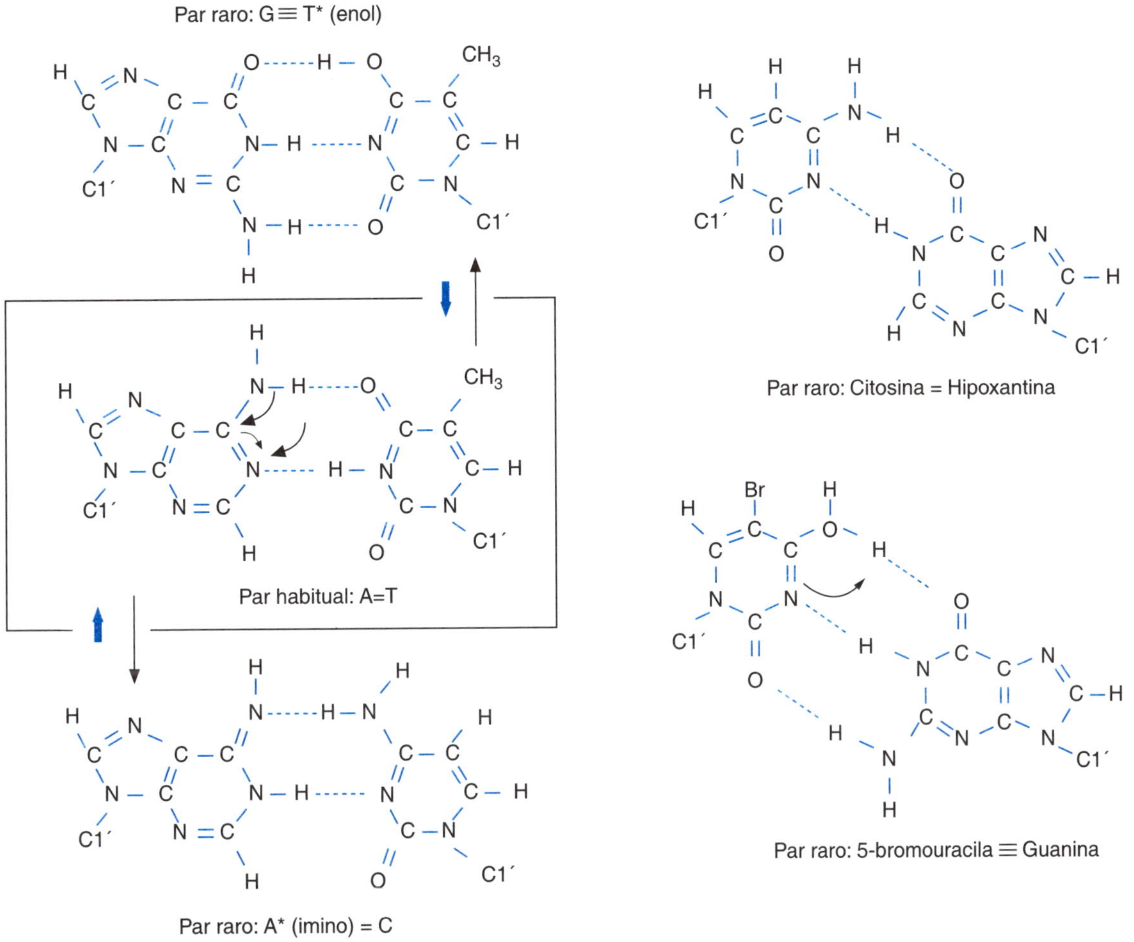

Par raro: G≡T* (enol)

Par habitual: A=T

Par raro: A* (imino) = C

Par raro: Citosina = Hipoxantina

Par raro: 5-bromouracila ≡ Guanina

Figura 28-17. A tautomeria, os análogos de bases e a modificação química das bases podem ocasionar mutações. Os pareamentos incorretos de pares de bases que geram mutações podem ser devidos a vários mecanismos, como a tautomeria espontânea e reversível das bases, ilustrada aqui pelo equilíbrio entre as formas amino e imino da adenina e o das formas enol e ceto da timina. Observe que o tamanho das flechas indica qual é a forma mais frequente do par tautomérico. B) Um mecanismo mais é a desaminação de certas bases, como é o caso ilustrado aqui, no qual a forma desaminada da adenina, a hipoxantina, pareia preferencialmente com a citosina. C) Outro mecanismo é a presença de "análogos de bases", isto é, bases muito parecidas às normais que são incorporadas durante a duplicação, como é o caso da 5-bromouracila, que é usada no lugar da timina.

no momento da duplicação do DNA, serão copiados na cadeia recém-sintetizada e, se não são corrigidos, os ciclos subsequentes de duplicação os fixarão permanentemente no DNA e causarão mudanças ou mutações das sequências genotípicas originais (figura 28-16). Nestes exemplos, a mutação ocorrida pertence ao tipo da transição de bases, pois está se substituindo uma purina por outra purina (A → G, no primeiro exemplo), ou uma pirimidina por outra pirimidina (T → C, no segundo exemplo).

Note que, apesar de que tenha ocorrido por vias distintas, em ambos exemplos o efeito final dos pareamentos ilegítimos será a mutação de um A-T por um G-C.

De maneira semelhante, certos **análogos químicos das bases nitrogenadas** podem causar mutações pelo mecanismo dos pareamentos ilegítimos. A 5-bromouridina (BrU) é um análogo da timina que durante a duplicação pode ser incorporada no lugar da timina, criando um par A-BrU. A presença do átomo de bromo no lugar que corresponderia ao grupo metila da timina, propicia pareamentos ilegítimos BrU-G com mais alta frequência que os T-G. Isto se deve ao fato que o átomo de bromo é mais eletronegativo que o grupo metila, com o qual a forma tautomérica enol do BrU é mais estável e frequente que a forma enol da timina (figura 28-17C). A 2-amino-purina, um análogo da adenina, pode parear ilegitimamente com a citosina. Tanto a 2-amino-purina como o BrU causam transições de base.

Compostos químicos como a hidroxilamina e o ácido nitroso também causam transições de base devido à **desaminação oxidativa** dos grupos amino da adenina e citosina. Esta reação causa a conversão dos grupos amino da adenina e da citosina em grupos ceto, convertendo-os em hipoxantina e uracila, respectivamente, o que permite estabelecer pareamentos ilegítimos com citosina (em vez de timina) e com adenina (em vez de guanina) (figura 28-17B).

Os **agentes alquilantes**, como a mostarda nitrogenada e o dimetil sulfato, podem causar substituições de base do tipo das **transversões.** Estes agentes reagem com o nitrogênio da posição 7 das purinas, ocasionando sua eliminação do DNA. O buraco deixado pela despurinização permite a introdução ao acaso de qualquer base durante a duplicação. Além das transversões, os agentes alquilantes também causam transições de base. Por exemplo, a guanina pode ser metilada a O-6-metilguanina, a qual pareia com a a timina em vez da citosina, o que eventualmente provoca uma transição G → A. É importante destacar que a perda de purinas ou **despurinização** do DNA também ocorre de maneira espontânea. A perda de bases nitrogenadas do DNA deixa sítios desocupados ou livres na estrutura de fosfato-desoxirribose do DNA, chamados sítio AP (apurínicos e/ou apirmidínicos). O fato de que os sítios AP raramente chegam a causar mutações com manifestações fenotípicas, fala eloquentemente dos sistemas de reparo do DNA.

Outros agentes mutagênicos, como a laranja de acridina e a proflavina, causam **inserções** ou **perdas** de bases. Estes agentes se assemelham às bases nitrogenadas por serem moléculas heterocíclicas planas. Devido a isto se intercalam entre as bases do DNA e causam distorções que durante a duplicação do DNA propiciam a inclusão anômala de bases de forma independente ao molde copiado.

O TESTE DE AMES DETECTA AGENTES MUTAGÊNICOS

Em vista de que muitos agentes químicos podem causar mutações, é desejável ter um teste biológico que detecte esta potencialidade em um composto químico, pois ainda que não exista uma correlação inequívoca de causa e efeito, muitos compostos mutagênicos também são oncogênicos, isto é, são capazes de provocar câncer. Para isto, Bruce Ames inventou a simples e econômica prova que leva seu nome, a qual mede a capacidade mutagênica de um composto determinando sua potencia para reverter uma mutação de fácil avaliação. Para o **teste de Ames**, se utiliza uma cepa de *Salmonella* que é auxotrófica para a histidina, isto é, que não pode proliferar se não se administra este aminoácido no meio de cultivo, já que tem um defeito genético na via biossintética da histidina. Quando se expõe a compostos mutagênicos, esta cepa pode adquirir uma segunda mutação no gene defeituoso capaz de compensar e reverter o defeito inicial, de tal maneira que agora a bactéria possa sintetizar histidina e reproduzir-se em meios carentes desta. Os resultados do teste de Ames são medidos contando o número de colônias que aparecem após dois dias de cultivo em um meio carente de histidina e que foram expostas ao potencial composto mutagênico. A grande vantagem do teste está no fato de que em uma única placa de Petri se podem testar muito rapidamente milhões de bactérias, isto é, milhões de trocas mutagênicas potenciais (figura 28-18).

REPARO DO DNA LESADO

Além dos agentes mutagênicos descritos anteriormente, o DNA genômico está exposto a múltiplos agentes físicos que também lesam sua estrutura. Um exemplo bem conhecido é a radiação ultravioleta (UV), a qual, dependendo da intensidade de exposição, pode causar desde grandes perdas cromossômicas, até a simples dimerização de pirimidinas contíguas no DNA. Outros tipos de lesão ao DNA são ilustrados na figura 28-19. Devido ao fato que estas alterações do DNA atentam contra sua função como repositório da informação genética, não é de se surpreender que a evolução tenha dotado os organismos com mecanismos eficientes para reparo. Ainda que em *E.*

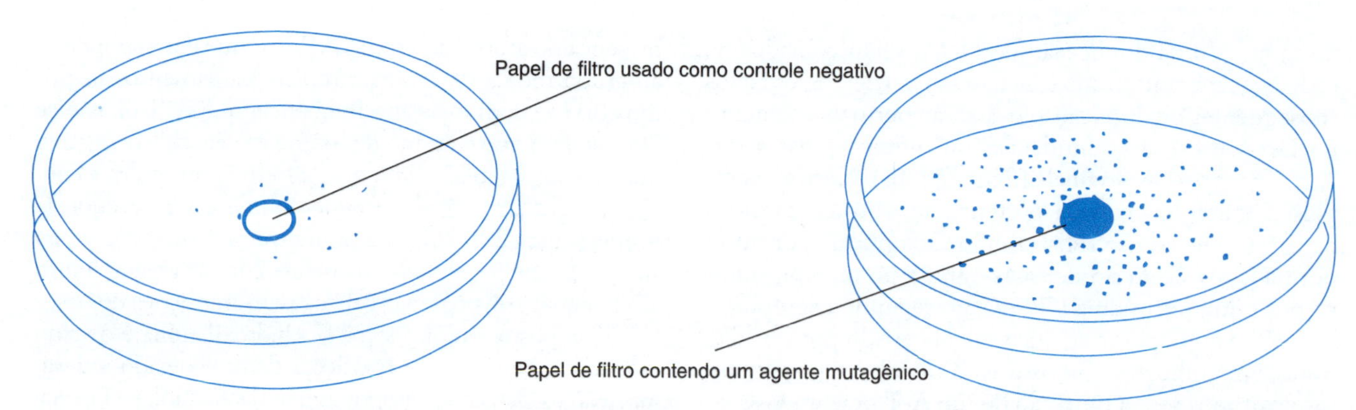

Figura 28-18. Teste de Ames. As placas de Petri têm um meio seletivo carente de histidina, pelo que somente as bactérias capazes de sintetizar este aminoácido podem crescer nele. Ambas as placas foram semeadas com 10^9 bactérias que têm um gene da via biossintética da histidina deficiente e foram cultivadas por dois dias. A placa da esquerda é o ensaio controle, que mostra algumas colônias bacterianas, cujo número revela as bactérias que reverteram espontaneamente e adquiriram de novo a capacidade para sintetizar histidina. Na placa da direita, na qual foi colocado um papel de filtro impregnado com um composto químico a ser analisado, cresceram muito mais colônias que na placa controle, indicando que tal composto é mutagênico.

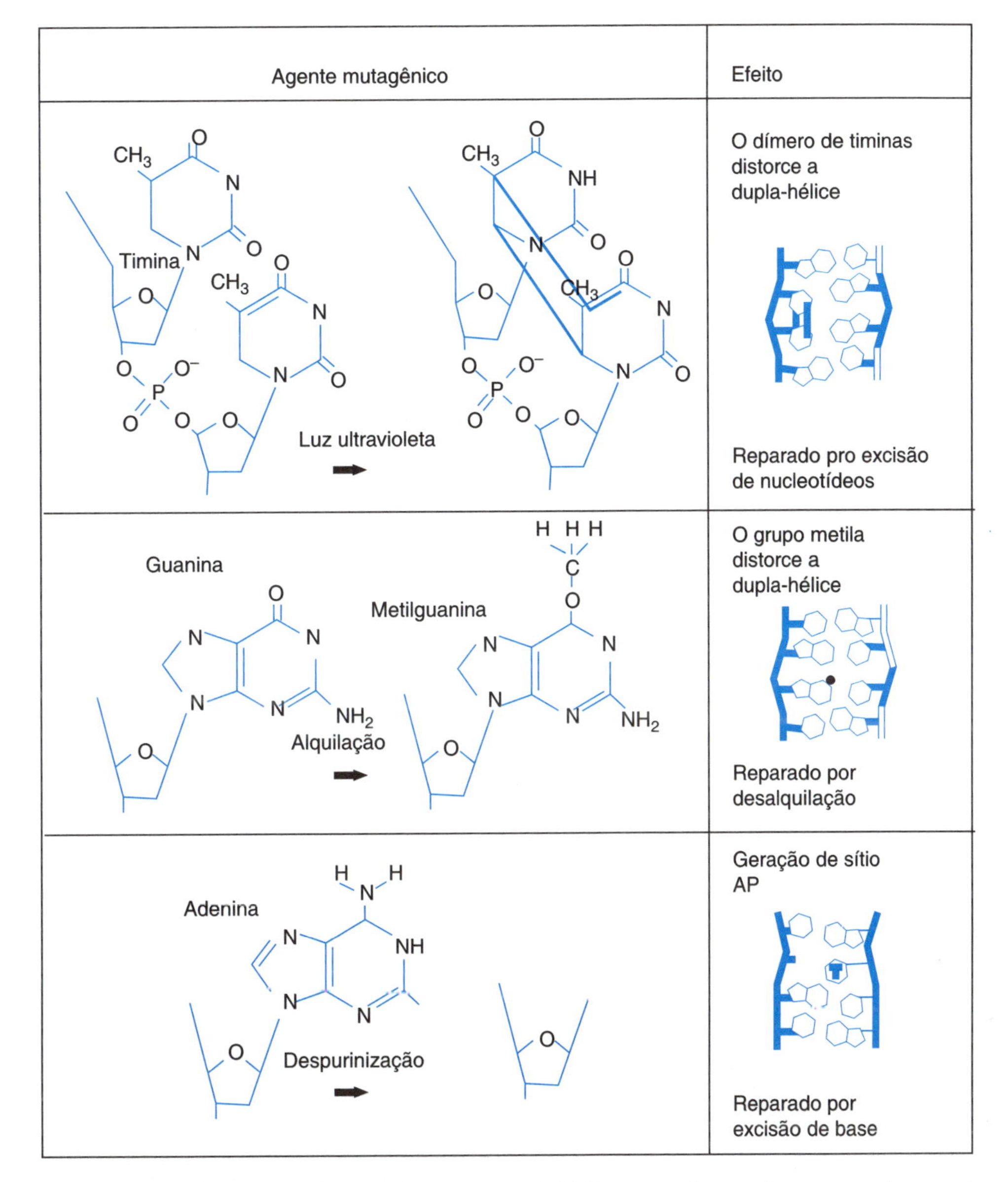

Figura 28-19. Lesões no DNA que alteram sua estrutura. Certas lesões do DNA, provocadas por diversos agentes, ocasionam distorções da dupla-hélice que são reconhecidas e ativam os sistemas de reparo.

coli tenham sido estudados extensamente os mecanismos de reparo de DNA, existem em todos os organismos e se classificam em **reparo direto**, nos que simplesmente se reverte a reação que ocasionou a lesão, e em **reparo por excisão**, nos que as bases ou nucleotídeos lesados são eliminados e ressintetizados.

Exemplos de reparo direto é a foto-reativação que repara os dímeros de timina causados pela radiação UV e a eliminação dos grupos metila introduzidos por agentes alquilantes na guanina (O-6-metilguanina). Em *E. coli*, a reação de foto-reativação é catalisada pela fotoliase, enzima que não existe nos seres humanos. De fato, nos seres humanos, a foto-reativação não existe e os dímeros pirimidínicos são reparados por **excisão.** Porém, as metil transferases, que revertem a metilação da O-6-metilguanina, estão presentes em procariotos e eucariotos, incluindo os humanos.

O reparo por excisão é um mecanismo mais geral para remediar diversas alterações do DNA, tais como os dímeros de timina ou bases incorretamente pareadas. Este mecanismo enzimático consiste em três passos consecutivos: a) a identificação do DNA lesado, b) a extirpação da parte lesada, seja a única base nitrogenada afetada ou o grupo de nucleotídeos onde se localize o dano, e c) a restituição do DNA extirpado ou cindido. Esta restituição é realizada por uma DNA polimerase (a DNA polimerase I no caso de *E. coli*) e uma DNA ligase, e se usa a cadeia intacta do DNA como molde de cópia.

Um exemplo de reparo por excisão de uma base é a eliminação de uracilas do DNA. Para isto, primeiro a ura-

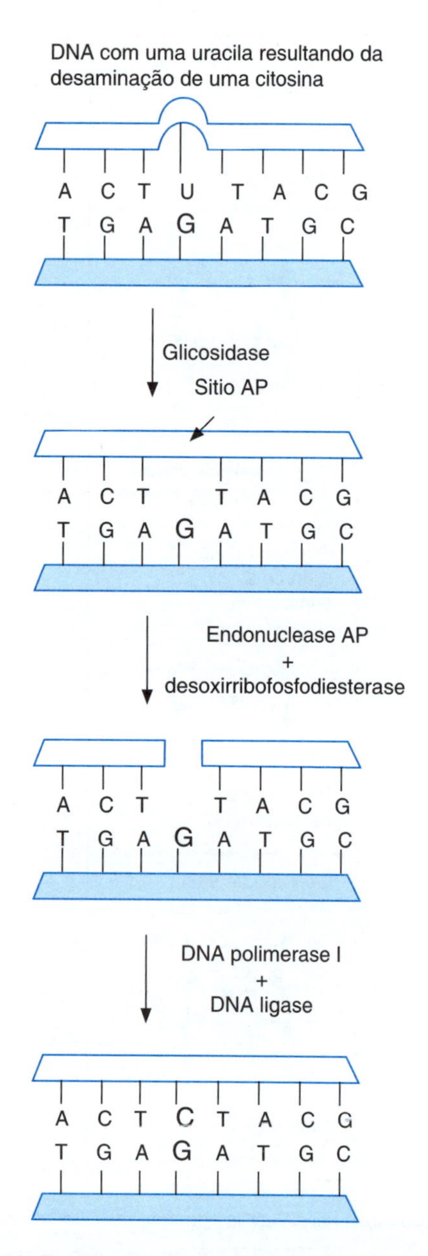

Figura 28-20. Reparo por excisão de bases. A formação de uracila pela desaminação da citosina é reparada pelo sistema de excisão de bases. A uracil-DNA glicosidase origina um sítio AP que é alvo da endonuclease AP, a qual elimina o resto do nucleotídeo, isto é, a fosfodesoxirribose. O buraco gerado é preenchido pela DNA polimerase I e a ligação fosfodiéster são regeneradas pela DNA ligase.

cila é liberada do DNA, por uma **uracil-DNA-glicosidase**, que rompe a ligação covalente formada entre a base nitrogenada e o carbono 1´ da desoxirribose, deixando com isto um sitio **AP** no DNA. Como foi mencionado na seção de mutagênese, se define como sítio AP (apurínico e/ou apirimidínico) aos sítios da armação de fosfato-desoxirribose do DNA que carecem de uma base nitrogenada. Os sítios AP são o alvo da ação concertada da **endonuclease AP** e uma desoxirribofosfodiesterase, que rompem a cadeia do DNA e eliminam a desoxirribose. O buraco resultante é preenchido pela DNA polimerase I, a qual adiciona o nucleotídeo correto, isto é, o que tem a base complementar à fita antiparalela. Finalmente, a ação da DNA ligase reestabelece a ligação fosfodiéster faltante, com o que a dupla-hélice fica restituída à sua condição original (figura 28-20). As reações finais desta modalidade de reparo por excisão de bases, a partir da endonuclease AP, são as que se utilizam para reparar a depurinação espontânea que foi mencionada em seções anteriores.

Outra modalidade muito comum de reparo por excisão é a que repara os dímeros de timina. No entanto, neste caso não se elimina apenas uma base nitrogenada, mas um segmento de 12 ou 13 nucleotídeos que inclui o dímero de timina. Em *E. coli* foram identificados os produtos de três genes, denominados uvr porque sua ausência ou defeito fazem com que a bactéria seja muito sensível à radiação UV, que induz esta reação de reparo. Em um primeiro passo, o produto gênico de uvrA localiza a distorção do DNA devida ao dímero de timina, atraindo as proteínas uvrB e uvrC a este sítio de lesão. Estas proteínas, com atividade nucleolítica, atuam sobre uma das fitas do DNA, rompendo as ligações fosfodiéster que delimitam o oligonucleotídeo onde se encontra o dímero, o qual é separado do DNA pela ação de uma helicase que o despareia da fita complementar (figura 28-21). Devido à sua capacidade nucleolítica, o complexo uvrABC também é chamado de **excinuclease**. Como em todos os mecanismos de reparo por **excisão,** o passo final consiste na restituição da cadeia cindida, no caso de *E. coli*, por ação da DNA polimerase I e da ligase de DNA. O reparo por *excisão* de nucleotídeos também opera em organismos eucarióticos. Em leveduras foi identificado um grupo de genes análogos ao sistema uvr bacteriano, denominado RAD, devido a que quando estão mutados, fazem com que a levedura seja mais sensível aos efeitos das radiações. É importante fazer notar que no ser humano há também genes homólogos a uvr e a RAD, cujos defeitos estão associados a diversas enfermidades, como o xeroderma pigmentoso, enfermidade genética caracterizada pela hipersensibilidade à radiação UV e pela aparição de tumores malignos na pele exposta à radiação solar.

Um terceiro tipo de reparo por excisão de nucleotídeos consiste na eliminação de nucleotídeos incorretamente pareados durante a duplicação e que não foram detectados e corrigidos pela atividade corretor a exonuclease 3´→ 5´das DNA polimerases. Em *E. coli* a detecção e excisão do oligonucleotídeo que contém a base mal pareada é efetuada pelas proteínas chamadas MutL, MutS e MutH, as quais funcionam de forma parecida ao complexo da **excinuclease** uvr (figura 28-22). A proteína MutS identifica a base incorretamente pareada e recruta até este ponto do DNA as proteínas MutL e MutH. A atividade endonucleolítica de MutH corta a fita onde reside a base mal pareada permitindo com isto que MutL e MutS, em colaboração com

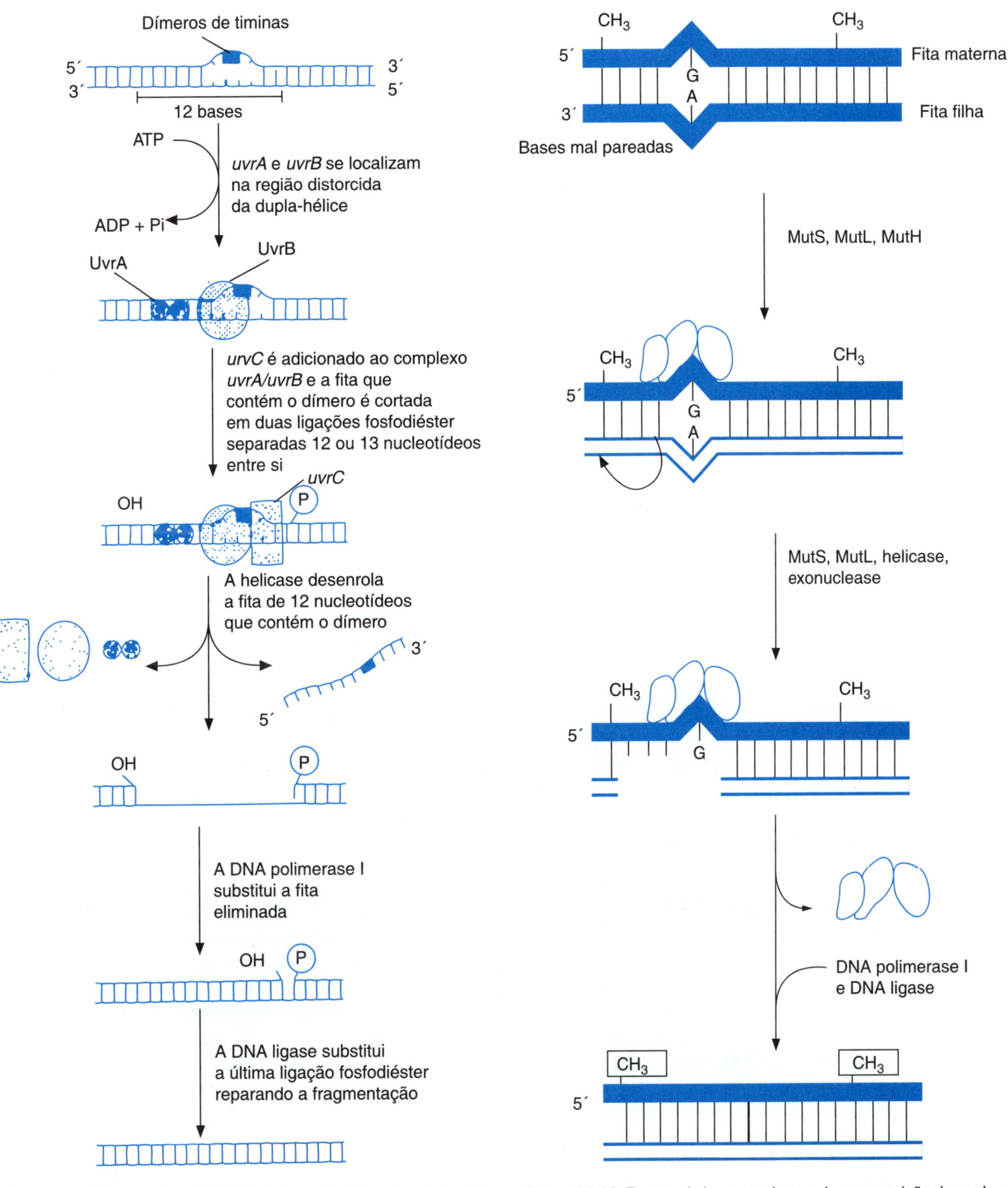

Figura 28-21. Reparo de dímero de timina pela uvr excinuclease. As proteínas uvr A, B e C formam um complexo no sítio distorcido pelo dímero de timina. Este complexo tem uma atividade endonucleolítica que corta um oligonucleotídeo de 12 ou 13 resíduos que incluem o dímero. Este oligonucleotídeo é separado da dupla-hélice por uma helicase e o buraco é preenchido pela DNA polimerase I, e a cadeia do DNA é unida pela ligase.

Figura 28-22. Reparo de bases mal pareadas por excisão de nucleotídeos. O sistema de reparo de *E. coli* no qual participam as proteínas mutS, L e H identifica bases que foram mal pareadas durante a duplicação e as corrige mediante a excisão de nucleotídeos da cadeia não metilada. Este sistema reconhece a fita metilada (CH_3) como a materna e em consequência como a correta, daí que seja usada para ressintetizar a cadeia lesada.

uma exonuclease e uma helicase, eliminem a região do DNA que inclui a base incorretamente pareada. Por último, a DNA polimerase I e a ligase restituem o DNA ao seu estado original. Em seres humanos este modo de reparo do DNA também existe, e vale destacar que os genes humanos homólogos a MutS e MutL estão envolvidos em um tipo muito comum de câncer de cólon hereditário, o chamado HNPCC (por sua sigla em inglês *hereditary non-polyposis colorectal cancer*). Aproximadamente a metade de todos os casos de HNPCC têm defeitos no gene humano homólogo a MutS, e o resto dos casos têm mutações em algum dos três genes humanos homólogos a MutL. Estas descobertas demonstraram a grande relevância que têm os mecanismos de reparo do DNA e sugerem que, quando são defeituosos, a célula acumula alterações no genoma que eventualmente afetam genes envolvidos no controle da proliferação celular, manifestando-se com a aparição de neoplasias.

Finalmente, é importante mencionar que, para o reparo por excisão, a célula define qual é a fita normal e a qual é a mutada. Nos casos dos dímeros de timina ou dos sítios apurínicos, isto não representa maior dificuldade. No entanto, quando a alteração do DNA se deve a bases mal pareadas durante a duplicação genômica, existe o dilema de distinguir qual é a sequência original correta e qual é a mutada. Este dilema é resolvido em *E. coli* graças à metilação do DNA, efetuado pelos sistemas de restrição e modificação que servem à célula para distinguir o DNA próprio do estranho (capítulo 25, veja a seção de Bases menores). Já que as metilações ocorrem depois de terminada a duplicação, existe um lapso no qual o DNA está hemimetilado, isto é, a cadeia recém sintetizada carece de grupos metila e a cadeia velha está metilada. Esta diferença determina que durante o reparo se tome a cadeia metilada como a correta, a qual serve de molde para ressintetizar o fragmento extirpado ou excisado da cadeia nova não metilada.

P53 E O PREPARO GENÔMICO EM EUCARIOTOS

Nas células eucarióticas, a lesão ao DNA genômico, principalmente o causado por perdas devidas a radiações γ e ultravioleta ou a recombinação cromossômica incompleta, desencadeiam a ativação e o acúmulo de um fator transcricional chamado de p53. Este fator, é uma proteína nuclear de aproximadamente 53kDa, que forma um complexo homotetramérico, que se une às sequências reguladoras da transcrição de certos genes. Em condições de estresse celular, p53 ativa respostas celulares que conduzem, seja à interrupção do ciclo celular na transição $G1 \rightarrow S$, permitindo um reparo do DNA lesado, ou a morte celular programada ou **apoptose**. p53 interrompe o ciclo celular ao aumentar a transcrição de p16, um inibidor do complexo cdk-4/ciclina D1. Outros genes, cujas proteínas estão envolvidas diretamente no reparo de DNA, também são ativados por p53, com o que esta interrupção do ciclo celular dá tempo à célula de reparar a lesão genômica antes de iniciar sua duplicação. Por esta função é que, em ocasiões, p53 é chamado de "guardião do genoma". O efeito apoptótico de p53 é importante para sua função como proteína supressora de tumor, já que quando o DNA celular sofre um dano demasiado extenso ou quando a célula já tem previamente ativados alguns oncogêneses, a indução de apoptose costuma ser o efeito de p53. Desta maneira, a célula lesada é auto eliminada antes de converter-se em um tumor maligno.

CLONAGEM DE GENES E TECNOLOGIA DO DNA RECOMBINANTE

A **tecnologia do DNA recombinante** permitiu a análise dos genes e de suas atividades no nível da sequência nucleotídica, assim como sua manipulação para obter novos produtos biotecnológicos, os quais revolucionaram as indústrias farmacêutica, química e de alimentos, entre outras. Um grande número das ferramentas que permitiram o desenvolvimento desta tecnologia foi produto do estudo da maquinaria enzimática, responsável pela duplicação do DNA. Por exemplo, a possibilidade de cortar especificamente moléculas de DNA de distintas fontes para depois ligá-las entre si, criando moléculas híbridas ou recombinantes, cujas sequências nucleotídicas podem ser logo decifradas e utilizadas, se deve, respectivamente, ao uso das enzimas de restrição, as ligases de DNA e as polimerases de DNA.

Um passo indispensável para o estudo de genes específicos é sua separação dos outros muitos que compõem o genoma, objetivo que não se pode atingir com as técnicas bioquímicas convencionais de purificação. Devido ao fato que os genes são formados por DNA, um material bioquimicamente homogêneo, não é possível separar um gene particular de outro usando os procedimentos físico-químicos utilizados para a purificação das proteínas. A separação e purificação de genes são conseguidas mediante a clonagem molecular. A **clonagem** é o estabelecimento de **clones**, isto é, de linhagens celulares puras nas quais todos os membros são geneticamente idênticos pelo fato de descenderem de um único ancestral comum. As colônias bacterianas são exemplos de clones que os microbiologistas isolam mediante a diluição e ressemeadura de misturas bacterianas (figura 28-23).

Para clonar um gene, é necessário ligar o fragmento de DNA que o contém com um **vetor de clonagem**, isto é, um DNA que funciona como duplicon e que pode se multiplicar em um organismo hospedeiro adequado. Os plasmídeos são um tipo de vetor de clonagem em bactérias, que consistem de um DNA circular, com um sítio de origem de duplicação e um "marcador selecionável". Este marcador pode ser, por exemplo, um gene que confere resistência a antibióticos às bactérias transformadas, isto é, às bactérias que adquiriram o plasmídeo. Com este novo caráter fenotípico, as bactérias podem ser diluídas e semeadas em meios

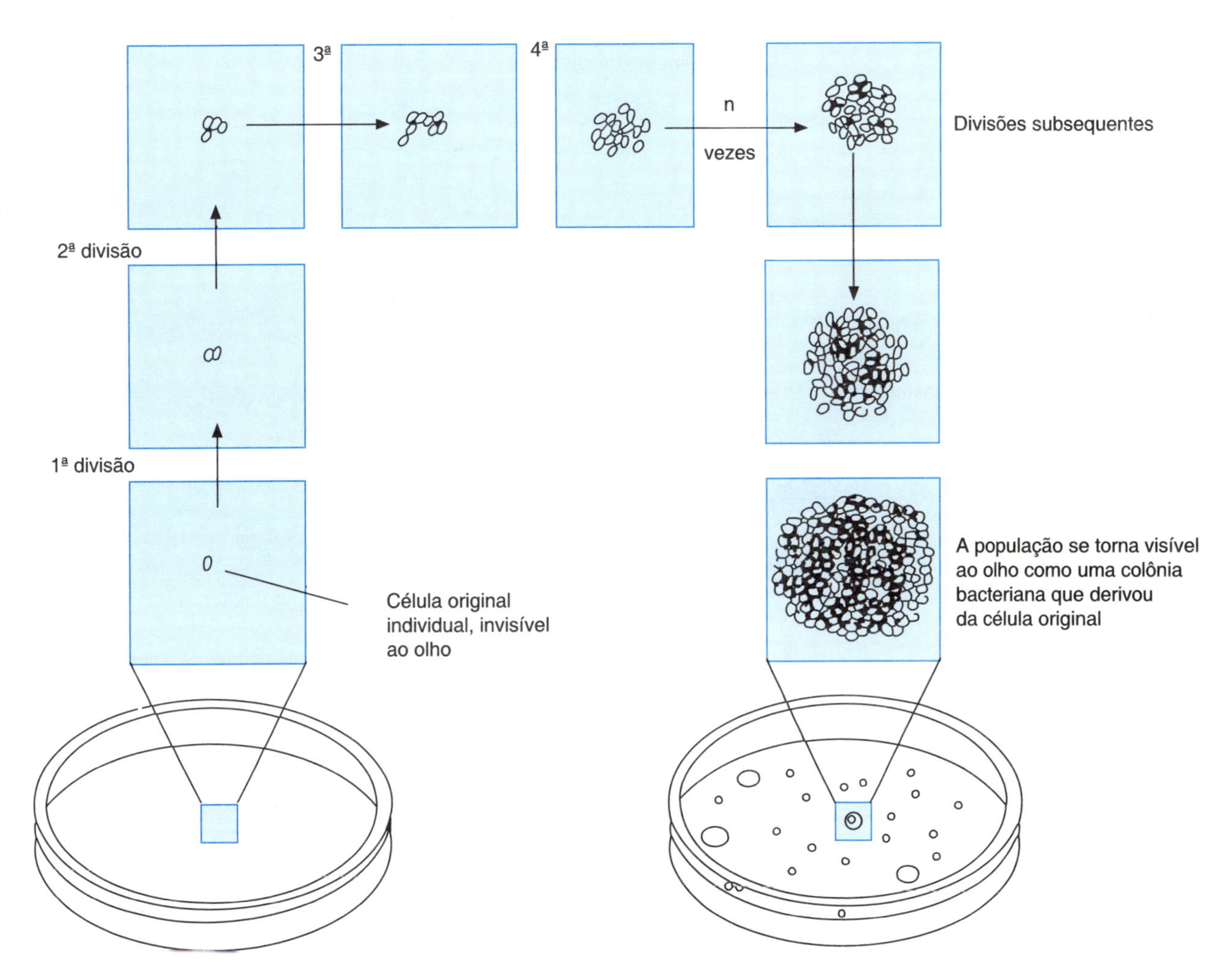

Figura 28-23. A clonagem de cepas ou clones bacterianos é feita por diluição. Se um cultivo bacteriano é diluído suficientemente, chega-se a ter concentrações celulares que permitem semear bactérias individualmente em uma placa de Petri. Uma só bactéria pode dividir-se até produzir uma colônia de bactérias, todas elas idênticas entre si e derivadas da original. Se diz que esta colônia é uma população clonal da bactéria original.

de cultivo que tenham o antibiótico em questão, com o qual são obtidos clones independentes. Se assim como mostra a figura 28-24, o DNA insertado ou ligado em cada plasmídeo contém uma sequência distinta, cada colônia gerada com a transformação será um clone molecular de genes (ou fragmentos de genes) independentes.

Além dos plasmídeos, foram desenhados outros vetores que permitem a clonagem de fragmentos de DNA de grande tamanho, situação que é desejável quando se tenta obter uma coleção de clones que representem genomas completos. Idealmente, nestas coleções, melhor conhecidas como **genotecas** ou **bibliotecas genômicas,** cada uma das sequências nucleotídicas que compõem o genoma deveria estar presente em ao menos um dos clones que formam a biblioteca. Com estas genotecas é possível identificar e sequenciar todos os genes que constituem um genoma, objetivos contemplados em projetos como o do Genoma Humano (capítulo 27). Exemplos destes vetores de clonagem são o genoma do bacteriófago lambda (vírus que infecta as bactérias) e os cromossomos artificiais da levedura ou YAC (por sua sigla em inglês: yeast artificial chromosome), nos quais é possível clonar fragmentos de DNA de 20kbp e até milhões de bases, respectivamente. Apesar de sua diversidade, um denominador comum de todos os vetores de clonagem é o fato de serem duplicons. No caso do bacteriófago, o DNA a ser clonado se liga no genoma do vírus e no caso dos YAC, se liga com um segmento do DNA da levedura que contenha minimamente um sítio de origem de duplicação, um centrômero (necessário para a segregação mitótica do cromossomo artificial) e um telômero.

SEQUENCIAMENTO DO DNA

Uma vez clonado o gene pode ser amplificado graças ao fato de ser parte do vetor, o qual é, afinal, um duplicon independente do genoma do hospedeiro. Os plasmídeos, por exemplo, por serem de menor tamanho que o cromossomo bacteriano, podem ser separados deste último

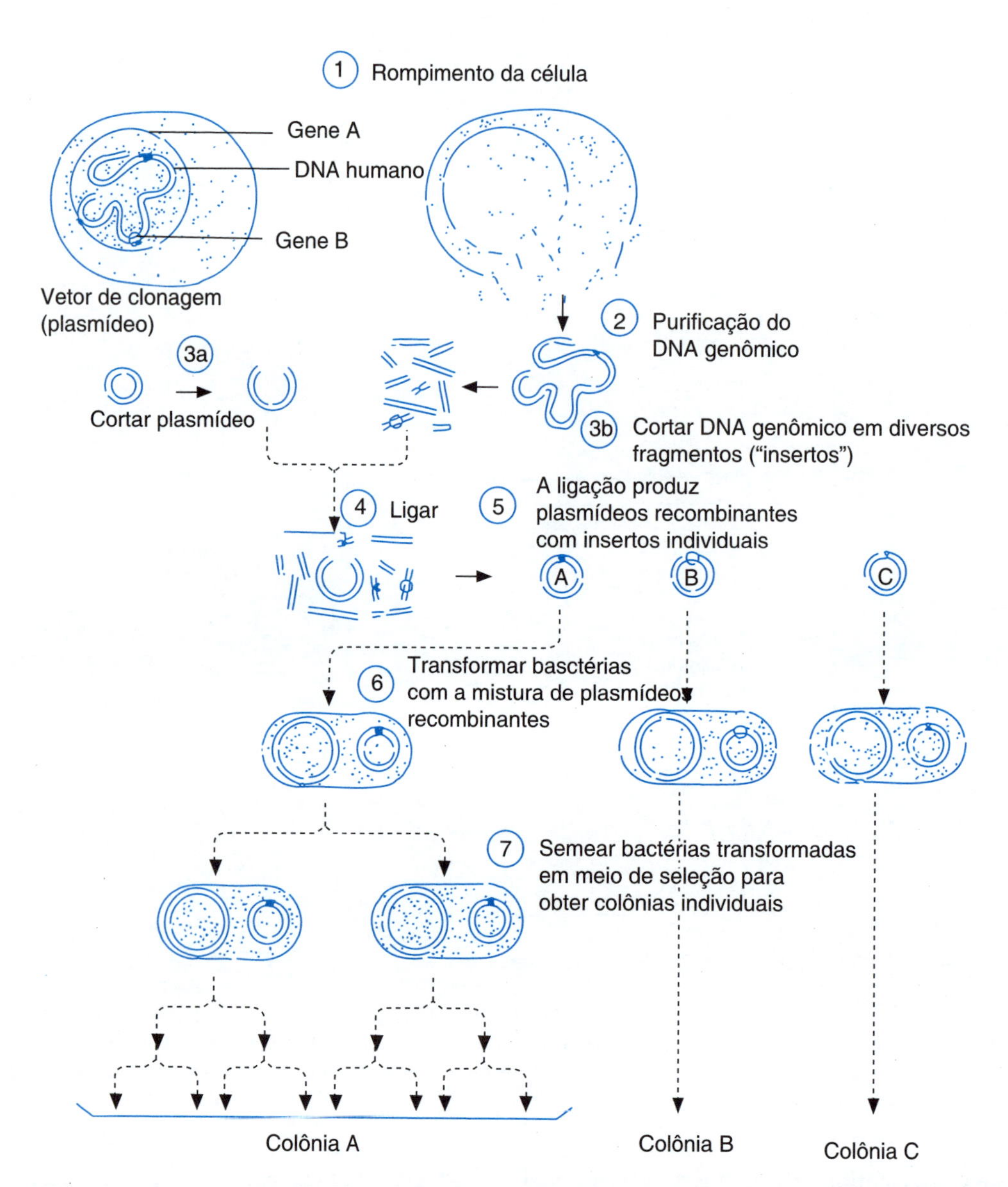

Figura 28-24. Os vetores de clonagem permitem estabelecer clones moleculares. O DNA de um organismo pode ser purificado dos outros componentes celulares (passos 1 e 2), mas um gene em particular só pode ser purificado através da clonagem molecular. Para isto, é necessário cortar o DNA com endonucleases de restrição para gerar uma coleção de fragmentos, os quais são ligados ao vetor de clonagem (passos 3, 4 e 5). Cada plasmídeo que se tenha ligado a um fragmento de DNA se denomina recombinante e o conjunto de todos eles forma uma biblioteca que pode ser propagada em um hospedeiro onde o vetor recombinante possa ser replicado. O conjunto de plasmídeos da biblioteca é transferido às bactérias para sua propagação (passo 6). Os vetores de clonagem devem ter ao menos uma característica que confira alguma vantagem seletiva ao hospedeiro. A maioria dos plasmídeos têm genes que fazem com que as bactérias transformadas adquiram resistência aos antibióticos, ampicilina neste exemplo (Amp^r). Esta característica seletiva permite que as bactérias que contêm o plasmídeo possam crescer e estabelecer colônias/clones em um meio de cultivo que tenha o antibiótico (passo 7). Idealmente, espera-se que esta coleção de colônias ou clones contenha todas e cada uma das possíveis sequências do DNA original, de maneira que em buscas subsequentes o gene de interesse possa ser identificado. Uma das maneiras mais usadas para identificar genes específicos é a hibridização com sondas de DNA desenhadas a partir de sequências aminoacídicas da proteína que se deseja estudar (capítulo 29).

por meios físicos, com o que se obtém cópias puras e enriquecidas do gene neles clonado. O DNA clonado nos plasmídeos pode ser utilizado para diversos fins, um deles é o de determinar sua sequência nucleotídica.

O método atualmente mais usado para sequenciar DNA é o de Sanger, também chamado de método da "terminação da cadeia". Este engenhoso método, que valeu a Sanger seu segundo prêmio Nobel, consiste em alterar o substrato de uma DNA polimerase dependente de DNA para que termine prematuramente a polimerização (veja as polimerases de DNA que atuam sobre o primer com um OH livre na posição 3´). Ao DNA a ser sequenciado se pareia um primer, o qual é elongado pela polimerase na presença de um dos quatro possíveis dideoxinucleotídeos (ddNTP), o qual, ao ser incorporado, termina de maneira prematura a elongação, pois ao

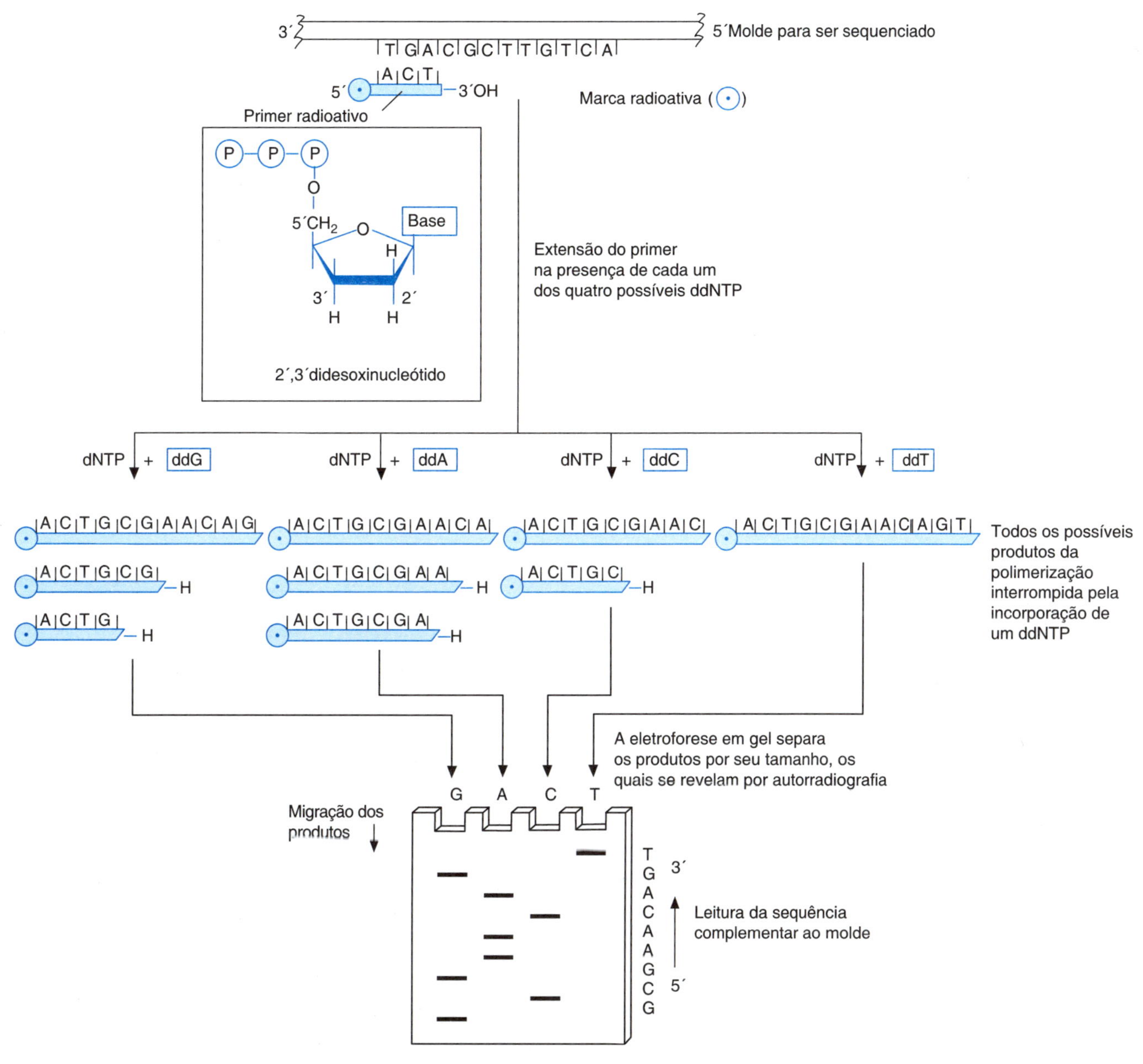

Figura 28-25. Método de Sanger para o sequenciamento dos ácidos nucleicos. Este método se baseia na terminação prematura da reação da DNA polimerase, devido à incorporação de um didesoxirribonucleotídeo (ddNTP). Um primer marcado radiativamente se pareia com uma sequência vizinha à que se quer sequenciar. A mistura de DNA, primer radioativo pareado, os dNTPs e os outros substratos da polimerase são divididos em quatro tubos, cada um com um ddNTP distinto. A reação de polimerização é iniciada ao ser adicionada a polimerase. Na mistura final de reação, a proporção de dNTP e ddNTP causa a terminação das síntese de DNA, isto é, detém a elongação do primer radioativo em todos os possíveis sítios complementares a cada um dos ddNTP. Isto gera uma série de produtos de elongação do primer cujo tamanho preciso, determinado por eletroforese e autorradiografia, revela os sítios da sequência ocupados por cada um dos quatro nucleotídeos.

faltar o grupo OH na posição 3´, impede a adição de mais nucleotídeos (figura 28-25). Desta maneira, a elongação da cadeia termina justamente na base complementar ao ddNTP incorporado. O número de nucleotídeos (tamanho) que o primer original tenha aumentado é determinado pela posição precisa da base complementar ao ddNTP que terminou a elongação. Esta reação de elongação se faz com cada um dos ddNTPs, de tal forma que cada reação conterá fragmentos (produzidos pela elongação interrompida do primer) cujos tamanhos únicos indicarão a posição de um nucleotídeo específico na sequência do molde. O tamanho destes fragmentos pode ser determinado se o primer ou os nucleotídeos usados estavam marcados radiativamente, com o que aos seres separados em gel de poliacrilamida, poderão ser revelados, por meio de autorradiografia. A migração relativa das bandas visí-

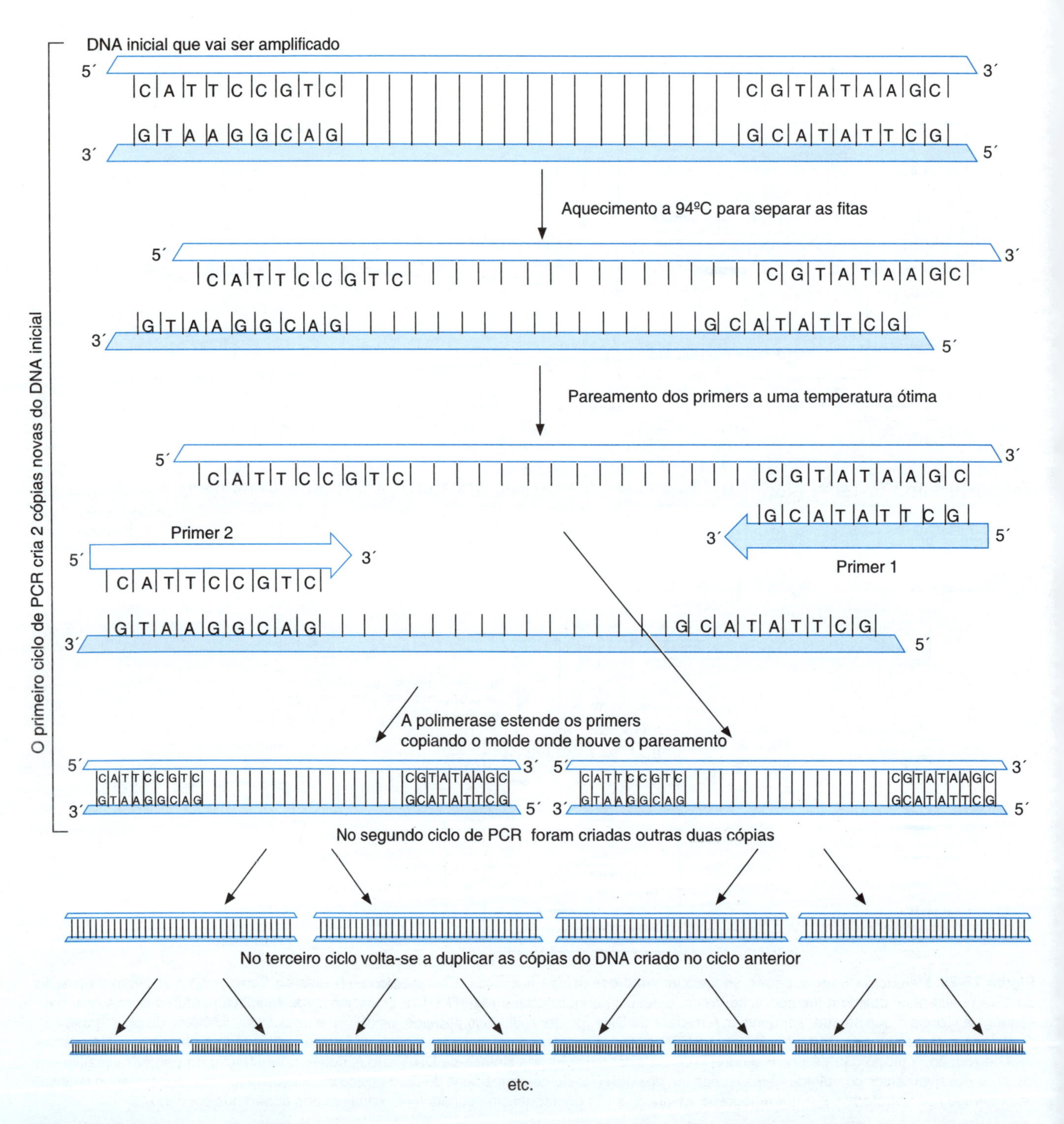

Figura 28-26. O PCR permite amplificar regiões específicas de um DNA. Devem ser desenhados dois oligonucleotídeos complementares que flanqueiam a região do DNA que se quer amplificar, os quais servem como primers para a reação da DNA polimerase. As extremidades 5´ destes oligonucleotídeos definem os limites do fragmento de DNA que é amplificado. Como primeiro passo, o DNA é desnaturado por aquecimento (94ºC), ao baixar a temperatura, os primers pareiam com suas sequências complementares. A polimerase estende ou elonga estes primers, sintetizando duas novas moléculas de DNA dupla fita que também contém as sequências a serem amplificadas. Um segundo ciclo de desnaturação, pareamento dos primers e síntese pela polimerase, duplica o número de moléculas de DNA dupla fita com as sequências a serem amplificadas. Cada ciclo subsequente duplica o DNA, de modo que a amplificação continua de forma exponencial. Observe que conforme avança o número de ciclos de amplificação, apenas a região delimitada pelos primers é a que se amplifica. As cadeias do DNA original constituem uma fração desprezível do DNA amplificado após 30 ciclos, enquanto que o produto principal da amplificação tem o tamanho justo da região do DNA compreendida entre as extremidades 5´ dos primers.

veis no filme de raios X permite determinar a sequência do DNA que serviu como molde para a polimerização.

REAÇÃO EM CADEIA DA POLIMERASE (PCR)

A amplificação específica de fragmentos de DNA é possível graças à **reação em cadeia da polimerase**, melhor conhecida como PCR (por sua sigla em inglês, *polymerase chain reaction*). A especificidade desta reação se baseia no requisito das polimerases de DNA de empregar um primer pareado a um molde preexistente de DNA, de fita simples. Se forem desenhados dois primers, cada um deles complementar a uma das fitas do DNA, este pode ser amplificado pela ação da polimerase (figura 28-26). Estes primers, sintetizados *in vitro*, são oligonucleotídeos, isto é, moléculas de DNA de fita simples, cujas sequências e tamanhos (comumente entre 20 e 30 bases) são otimizados para um pareamento específico com o DNA que se quer amplificar. Na PCR a amplificação é realizada seguindo os passos que a seguir são descritos.

1. O DNA a ser amplificado é misturado com os primers de oligonucleotídeo, dNTPs e Mg^{++} (todos os quais são adicionados em concentrações muito maiores do que o DNA).
2. A mistura é aquecida à 94°C para desnaturar o DNA.
3. Ao baixar a temperatura da mistura, os primers se pareiam com as cadeias separadas do DNA. Ao chegar à temperatura de pareamento ótima, os primers se hibridizam exatamente nos sítios do DNA cujas sequências são complementares.
4. A adição da polimerase neste ponto permite a elongação dos primers pareados, resultando em duas cópias do DNA original. Estas cópias, ainda que parciais, incluem as sequências de pareamento dos primers, pelo que é possível repetir os passos de 2 a 4, gerando com cada repetição mais do mesmo DNA.

A repetição deste procedimento permite a análise exponencial das sequências do DNA original localizadas exatamente entre as extremidades 5´ dos primers. O uso de polimerases de DNA resistentes à desnaturação térmica (ou termoestáveis) permitiu a automatização deste procedimento, pois não é necessário adicionar polimerase fresca a cada passo de polimerização. As polimerases deste tipo foram purificadas a partir de microrganismos termófilos, isto é, que habitam em sítios onde as temperaturas podem chegar aos 100°C, como são os gêiseres.

A possibilidade de amplificar especificamente fragmentos de DNA permitiu o desenvolvimento de novos procedimentos diagnósticos e forenses. Por exemplo, a detecção de certas mutações pontuais associadas a enfermidades hereditárias, assim como a identificação e tipificação de marcadores polimórficos do tipo dos VNTR, foram simplificados graças à amplificação por PCR. Isto se deve ao fato que esta técnica nos dá informação com amostras mais escassas de DNA e em tempos mais curtos do que se poderia obter com a análise tipo Southern, a clonagem e o sequenciamento do DNA.

REFERÊNCIAS

Austin CP: The impact of the completed human genome sequence on the development of novel therapeutics for human disease. Annu Rev Med 2004;55:1.

Devlin TM: *Bioquímica. Libro de texto con aplicaciones clínicas,* 5a ed., Editorial Reverté, 2004.

Lewin B: *Genes V*, Oxford: University Press, 1994.

Lodish H, Baltimore D, Berk A, Zipursky SL, Matsudaira P, Darnell J: *Molecular cell biology.* 3a ed., Scientific American Books, New York, 1995.

Lozano JA, Galindo JD, García Borrón JC, Martínez Liarte: *Bioquímica y Biología Molecular,* 3a. ed., McGraw-Hill Interamericana, 2005.

Melo RV, Cuamatzi TO: *Bioquímica de los processos metabólicos,* Ediciones Reverté, 2004.

Nelson DL, Cox MM: *Lehninger Principios de Bioquímica,* 4a ed., Omega 2006.

Old RW, Primrose SB: *Principles of gene manipulation, an introduction to genetic engineering.* Blackwell Scientific Publications, Oxford, 1989.

Smith C, Marks AD: *Bioquímica básica de Marks. Un enfoque clínico,* McGraw-Hill Interamericana, 2006.

Watson JD, Gilman M,Witkowski J, Zoller M: *Recombinant DNA.* 2a ed., New York, Scientific American Books, 1992.

Weinshiboum R: Inheritance and rug response. N Engl J Med 2003;348:529.

Páginas eletrônicas

Lynch M (2002): *Genomics: Gene duplication and evolution.* En: Science. [En línea]. Disponible: http://www.sciencemag.org/cgi/content/summary/297/5583/945 [2009, abril 10]

Bowers J *et al.* (2007): *Fates and consequences of gene duplications.* [En línea]. Disponible: http://www.plantgenome.uga.edu/ploid.html [2009, abril 10]

ISCID Encyclopedia of Science and Philosophy (2005): *Gene duplication.* [En línea]. Disponible: http://www.iscid.org/encyclopedia/Gene_Duplication [2009, abril 10]

29

Transcrição dos genes

Fernando López Casillas

Nos capítulos anteriores foi discutida a organização estrutural dos ácidos nucleicos considerando-se sua função como ferramentas para o armazenamento e perpetuação da informação genética. Neste capítulo são descritos os mecanismos pelos quais a célula extrai e usa essa informação para gerar e manter as estruturas e funções dos seres vivos. O primeiro passo para o uso da informação genética é a **transcrição** do DNA em moléculas de RNA. As diversas classes de RNA são fundamentais para a **tradução** dessas mensagens genéticas em polipeptídeos, as moléculas que são a base estrutural e funcional dos organismos biológicos. A transcrição dos genes e sua tradução são os passos bioquímicos que constituem a **expressão gênica**. É importante diferenciar a expressão gênica da duplicação genômica, pois diferem substancialmente na natureza de seus produtos e em seus objetivos funcionais. Enquanto a duplicação ocorre uma vez a cada divisão celular, os genes se expressam com uma frequência peculiar, relacionada à demanda da fisiologia celular. Na verdade, um aspecto distinto dos diversos tipos celulares e tecidos é o repertório seletivo de genes que se mantêm ativos e inativos. Outra diferença é que a duplicação está otimizada para reproduzir, com a maior fidelidade possível, as moléculas perenes, os genomas. Por isso a existência de múltiplos sistemas para a verificação da síntese do DNA e sua reparação. Por sua vez, a expressão gênica produz moléculas de duração efêmera, o RNA e as proteínas. Graças a esta característica temporal ou passageira, os produtos da expressão gênica não necessitam ser cópias 100% fiéis do que está codificado no genoma, e geralmente requerem um elaborado "processamento" ou "maturação" antes de serem completamente funcionais. Além disso, as concentrações celulares dos RNA e das proteínas estão em um **equilíbrio dinâmico** (*steady state*), mantido pelo nível de expressão de genes específicos e que é alterado ou "regulado" para adaptar as células às demandas do meio ao seu redor. Estas demandas são de diversas modalidades, como variações hormonais, processos de diferenciação celular e de desenvolvimento ontogenético, resposta a agentes patógenos, entre outras demandas.

Os distintos pontos de regulação da expressão gênica, assim como os mecanismos moleculares envolvidos serão discutidos em maior detalhe no capítulo 31. Entretanto, não é necessário chegar a tal detalhamento para que o leitor reconheça que a regulação da expressão gênica seja um ponto crítico na fisiologia celular e tecidual. Do êxito ou fracasso da complexa rede regulatória da expressão gênica depende a saúde ou a doença da célula e do organismo como um todo.

REGIÕES PROMOTORAS E REGULADORAS DA TRANSCRIÇÃO

A transcrição do DNA em RNA é efetuada pelas RNA polimerases. Da mesma forma que as DNA polimerases, estas utilizam um molde da cadeia senso do DNA a partir da qual sintetizam, na direção 5´→ 3´, a cópia complementar ao molde. Diferentemente da síntese de DNA pelas DNA polimerases, a polimerização do RNA começa sem a necessidade de um iniciador e, portanto a seleção do sítio de início é um passo importante na transcrição. Os sinais para o início da transcrição estão escritos em forma de sequências de nucleotídeos de DNA. As RNA polimerases e os fatores acessórios da transcrição são moléculas de natureza proteica que reconhecem estas sequências como os sítios onde devem se acoplar para formar os complexos de iniciação da transcrição. A sequência nucleotídica mínima suficiente para iniciar a transcrição se denomina **região promotora** e as outras que contribuem positiva ou negativamente para a atividade do promotor, se consideram **regiões reguladoras** da transcrição. Estes sinais são relativamente simples em procariotos, mas podem ser extremamente elaborados em eucariotos; entretanto, praticamente em todos os casos se encontram localizados flanqueando a região 5´ do gene cuja transcrição regulam. Embora a transcrição em eucariotos e procariotos seja diferente em alguns aspectos moleculares e no grau de complexidade, ambas opera

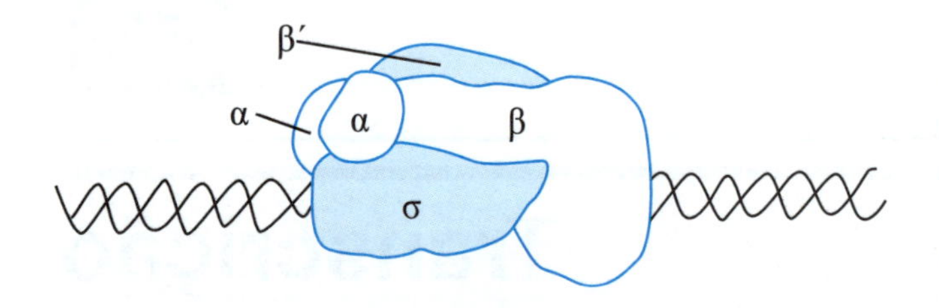

Figura 29-1. RNA polimerase da *E. coli* É composta por uma subunidade σ e um centro catalítico formado por duas subunidades α, uma β e uma β\`. Na *E. coli* se encontram cinco distintos tipos de subunidades σ, todos com a mesma função, mas com diferente especificidade ao promotor. Por exemplo, a subunidade σ^{70} chamada assim, pois seu peso molecular é de 70 kilodaltons é a que se encontra mais frequentemente na RNA polimerase e é a que transcreve a maior parte dos genes bacterianos. Por outro lado, outra variedade de subunidade σ, a σ^{32} se especializou em transcrever os genes induzidos quando a bactéria é submetida a um choque térmico (*heat shock*).

sob uma mesma estratégia. O passo inicial, indispensável e geralmente determinante do nível de transcrição de um determinado gene, é a união da RNA polimerase ao promotor do gene, o que determina um **complexo de iniciação** da transcrição. O próximo passo é a formação da "bolha de transcrição", uma abertura das fitas de DNA próxima ao promotor, que permite o início da polimerização e posteriormente sua continuação, na chamada **elongação** do transcrito primário. Por último, este processo termina através de diversos mecanismos de **terminação** da transcrição.

RNA POLIMERASE E PROMOTORES DE *E.COLI*

Diferentemente dos organismos eucarióticos, que tem três distintos tipos de RNA polimerase, *E. coli* possui ape-

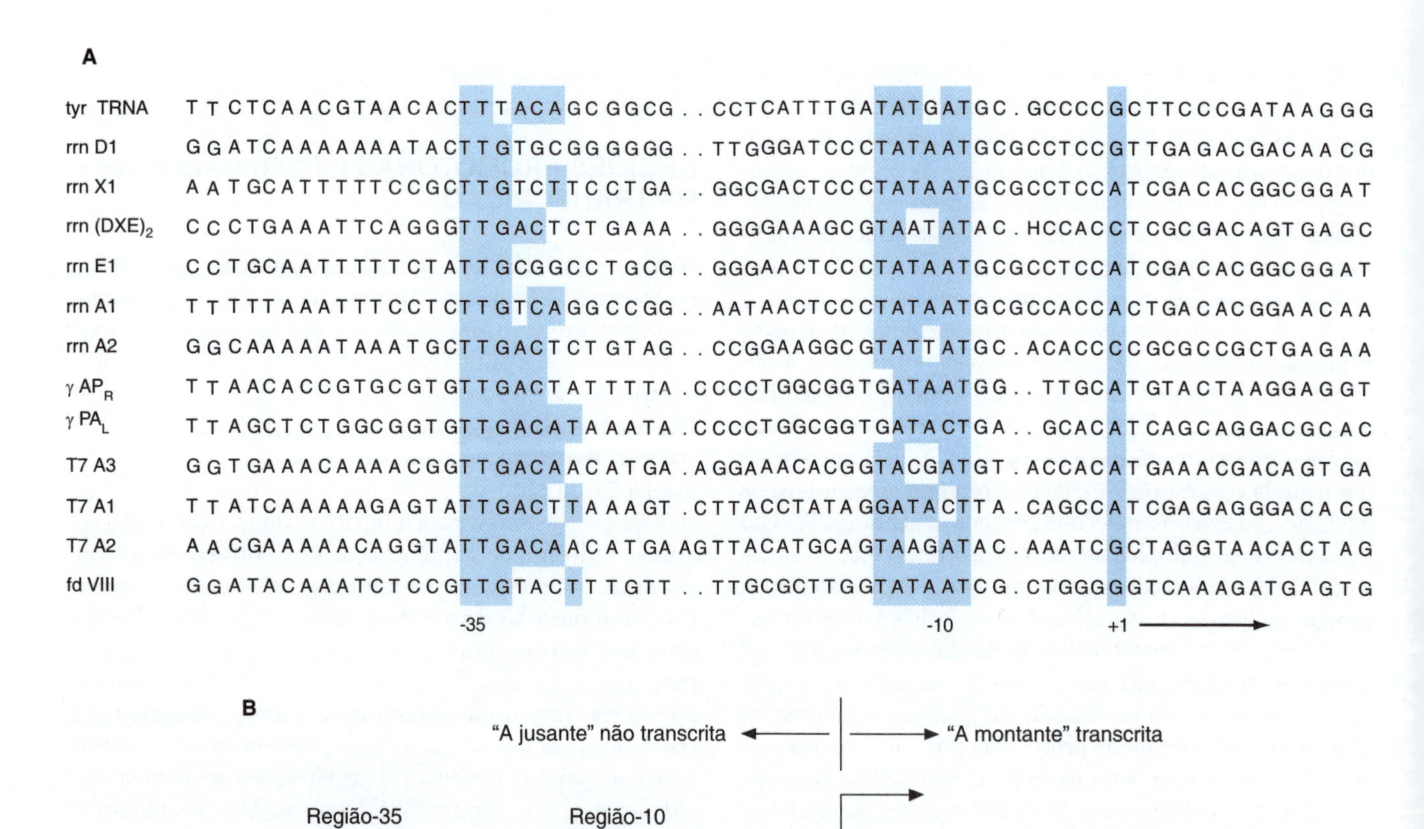

Figura 29-2. Sequência consenso dos promotores de E. coli. **A)** As sequências que precedem o sítio de iniciação da transcrição (posição+1) de diversos genes em E. coli foram alinhadas e comparadas. Existem dois grupos localizados na posição -10 e -35, cujas sequências são muito semelhantes entre si e definem uma sequência majoritária ou de consenso. **B)** A sequência consenso mostrada é a que reconhece a polimerase com uma subunidade σ^{70}. É importante esclarecer que o promotor é formado por DNA dupla fita, e que sua atividade promotora depende de ambas, ainda que aqui tenha sido ilustrada apenas uma das sequências. Por convenção a fita que sempre se ilustra e transcreve é chamada de **fita codificadora** (vide texto).

nas uma enzima com esta atividade. A RNA polimerase bacteriana está constituída por duas subunidades α, uma β e outra β'. Estas quatro subunidades formam o centro catalítico da enzima, o qual se une fracamente ao DNA e pode iniciar a transcrição de forma errônea e inespecífica. A RNA polimerase bacteriana também possui uma subunidade variável, chamada σ, cuja função é identificar os promotores dos genes, para aumentar e tornar específico o sítio de iniciação da transcrição. Em *E. coli* existem cinco subunidades σ, sendo a σ^{70} a mais comum (figura 29-1). Quando uma subunidade σ se liga ao centro catalítico, a ligação da RNA polimerase torna-se mais forte, mas principalmente se torna mais específica aos promotores, garantindo a correta e completa transcrição dos genes. Para que a transcrição dos genes da *E. coli* ocorra de forma adequada, cada um deles deve ter um promotor que seja reconhecido por uma das distintas subunidades σ.

A clonagem molecular de um grande número de genes E. coli permitiu comparar as sequências nucleotídicas que circundam o sítio de iniciação da transcrição e dessa forma definir os requisitos mínimos para um promotor. Na figura 29-2 os promotores de vários genes foram alinhados, utilizando como referência o sítio de iniciação da transcrição (posição +1), e suas sequências foram então comparadas. Esta comparação revela que certas bases se apresentam com maior frequência em algumas posições. Existem dois grupos localizados na posição -10 e -35 (isto é, localizadas 10 e 35 nucleotídeos na direção 5´, ou como comumente dito, "a jusante" do sítio +1), cujas sequências são muito parecidas entre si, definindo assim a **sequência consenso** dos promotores usados pela RNA polimerase bacteriana. Tem sido observado, que quanto mais uma sequência se pareça à uma sequência consenso, esta funcionará como um promotor forte. Ao contrário, quanto mais esta seja diferente da sequência consenso, o promotor será mais fraco, ou poderá perder toda a atividade promotora.

A sequência consenso ilustrada na figura 29-2 é reconhecida pela subunidade σ^{70}. Ainda que semelhantes, existem diferenças nas sequências consenso reconhecidas por outras subunidades σ. Desta forma, a RNA polimerase bacteriana pode adquirir, dependendo de sua subunidade σ, especificidade para transcrever apenas certos grupos de genes.

INICIAÇÃO DA TRANSCRIÇÃO BACTERIANA

Quando a RNA polimerase encontra um promotor, a interação entre a subunidade σ e o promotor faz com que a polimerase pare nesta região e forme um **complexo de iniciação fechado**, chamado assim porque as fitas de DNA permanecem pareadas. O complexo de iniciação se abre quando a RNA polimerase separa aproximadamente 17 pares de bases do DNA, expondo a fita molde e formando a primeira ligação fosfodiester do DNA transcrito. Por definição, o primeiro nucleotídeo que é transcrito corresponde à posição +1 do gene. Todos os nucleotídeos localizados "a montante" da posição +1, isto é em direção 3`, recebem uma numeração positiva e são incluídos no transcrito primário, enquanto os nucleotídeos "a jusante" de +1, isto é em direção 5`, recebem uma numeração negativa. Frequentemente, o primeiro nucleotídeo do RNA transcrito é um ATP ou um GTP, com o qual sua extremidade 5´ consiste em um trifosfato de A ou G. Depois de haver polimerizado aproximadamente 10 ribonucleotídeos, a subunidade σ se separa do centro catalítico, o qual continua polimerizando o transcrito primário, processo que também se denomina **elongação** (figura 29-3).

A CADEIA CODIFICADORA E O TRANSCRITO SÃO CORRESPONDENTES

Em um determinado gene, seja ele de origem procariótica ou eucariótica, das duas fitas de DNA apenas uma serve como molde para a RNA polimerase. A outra , por definição é chamada de fita **não codificadora**, fita **menos** (-) ou fita **antisense**. A fita complementar ao molde se denomina fita **codificadora** ou **mais** (+) ou fita **sense**. Observar que a sequência nucleotídica da cadeia codificadora é idêntica à do RNA transcrito, claro com o diferente uso de bases e pentoses que existe entre o RNA e o DNA. Devido esta identidade é comum escrever apenas a sequência da fita codificadora quando se apresenta a sequência de um gene. Este padrão, também usado neste texto, simplifica a escrita e descrição das peculiaridades de um gene, por exemplo, as sequências dos fragmentos nas posições -10 e -35 do promotor bacteriano estão definidos com referência à sequência da fita codificadora. A despeito desta convenção, o aluno deve se lembrar que ambas fitas, uma dupla hélice, constituem o promotor.

OS PROMOTORES NÃO DISCRIMINAM O GENE CUJA TRANSCRIÇÃO PROMOVEM

Para que o promotor possa transcrever um gene em particular é necessário que esteja na mesma molécula de DNA, exatamente em seu flanco 5´. Além disso, deve ter a **orientação correta** na cadeia codificadora do gene. No caso do promotor bacteriano típico ilustrado na figura 29-2, tal orientação se determina pela posição relativa das sequências nucleotídicas nas posições -10 e -35 e pelo número de bases que separam tais fragmentos. O fato de que a posição +1 da fita codificadora seja o primeiro nucleotídeo transcrito é consequência da orientação do promotor. Experimentalmente, é possível mudar a posição do promotor na fita codificadora ou mudá-lo para a fita não codificadora, alterando-se o sítio de iniciação da transcrição ou a determinação da fina codificadora, respectivamente. Por exemplo, a translocação dos fragmentos -10 e -35 para a fita não codificadora, respeitando a posição relativa entre eles, equivale a orientar o promotor na direção oposta no mesmo DNA, o

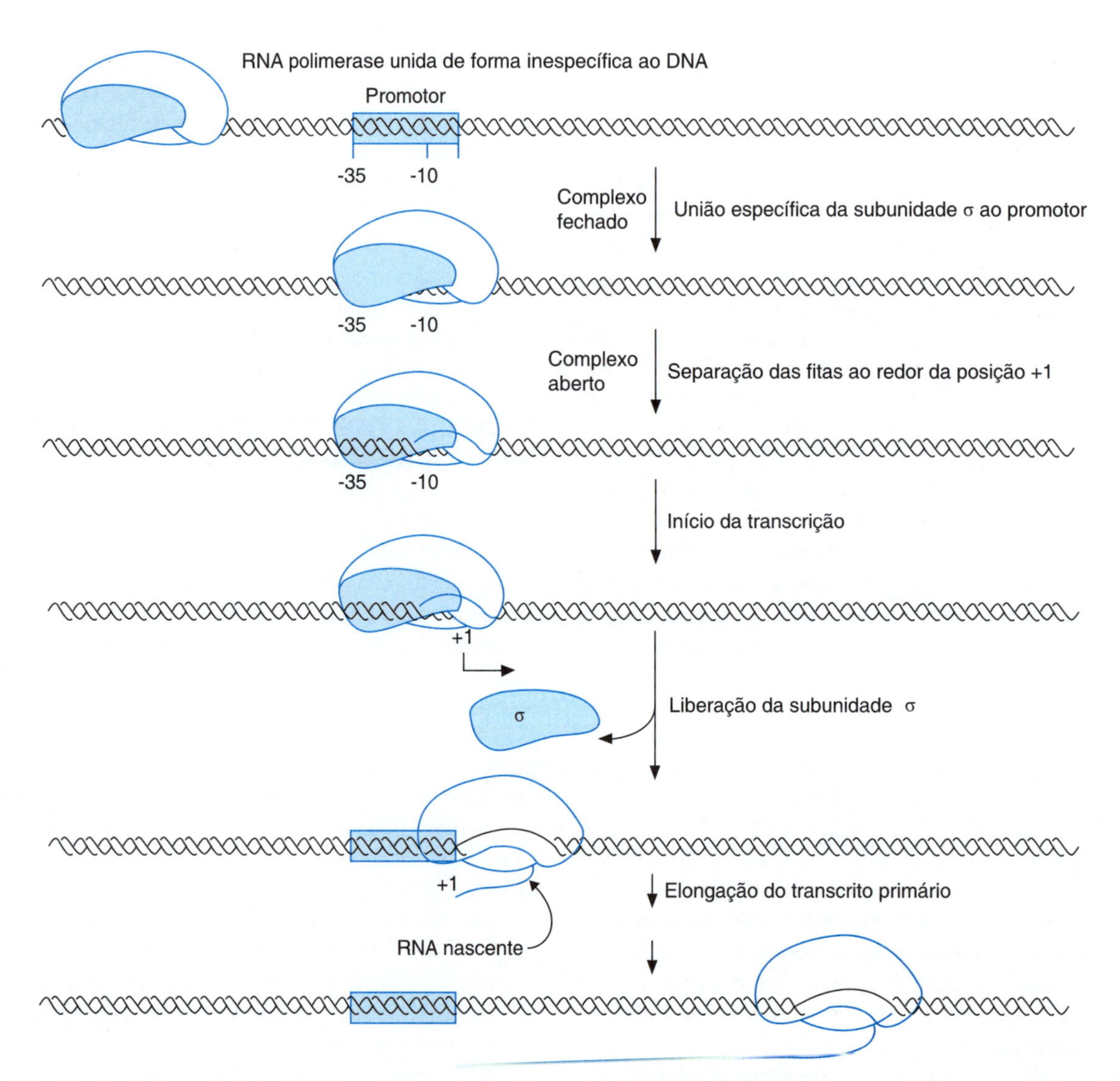

Figura 29-3. O início da transcrição pela RNA polimerase de *E. coli*. A subunidade σ da RNA polimerase reconhece as posições -35 e -10 da sequência nucleotídica do promotor e faz com que a polimerase se ligue e se oriente neste ponto, em um complexo de iniciação da transcrição "fechado". Esta orientação e posicionamento da polimerase determina que a transcrição comece a partir da posição +1. Para isso, a polimerase separa as fitas de DNA, formando uma "bolha" de aproximadamente 15 pares de bases ao redor da base +1 e começa a polimerizar, na direção 5´→ 3´, os ribonucleotídeos complementares à fita não codificadora do DNA. Os dois primeiros nucleotídeos polimerizados correspondem aos complementares das posições +1 e +2. Uma vez iniciada a polimerização, a subunidade σ se libera do centro catalítico, o qual continua a elongação, isto é, a polimerização do RNA transcrito. Durante a elongação, a polimerase se desloca ao longo do DNA mantendo separadas aproximadamente 17 pares de bases.

que resulta em uma reorientação da atividade do promotor, invertendo os papeis das fitas codificadoras e não codificadoras. Esta mudança faz com que se produza um transcrito primário diferente do que habitualmente se transcreveria com este promotor (figura 29-4).

Este tipo de experimentos revela uma propriedade adicional e geral de todos os promotores procarióticos ou eucarióticos: a de ser indiferentes ao segmento de DNA cuja transcrição promove. Isto explica o por que, na grande maioria dos promotores (com exceção dos promotores da RNA polimerase III eucariótica, como será discutido posteriormente), suas sequências nucleotídicas funcionais (como as posições -10 e -35 do promotor bacteriano) estão localizadas fora do DNA que transcrevem, em seu flanco 5´. Esta propriedade pode ser utilizada para forçar a transcrição de genes em circunstâncias que não são fisiológicas ou habituais.

Em biotecnologia, se utiliza esta propriedade dos promotores para expressar genes de forma **heteróloga**, isto é, em organismos onde habitualmente não são expressos. Por exemplo, o gene da insulina humana foi expresso em bactérias, utilizando promotores bacterianos, os quais transcrevem um RNA que ao ser traduzido pelos ribossomos bacterianos produz a proteína humana. Para se conseguir isto é necessário construir e oferecer à bactéria um DNA recombinante híbrido, no qual o DNA que codifique a insulina humana esteja sob o controle (a jusante) de um promotor bacteriano.

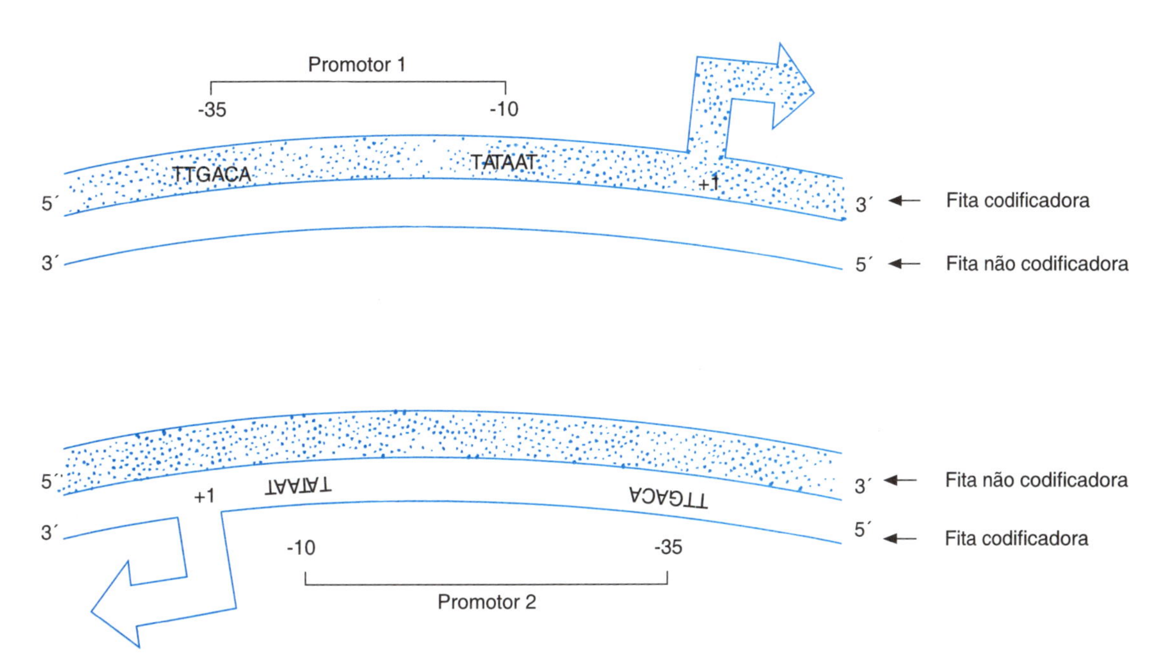

Figura 29-4. A orientação do promotor determina a fita de DNA que é transcrita. Dependendo da posição relativa das posições -10 e -35 do promotor bacteriano (compare os desenhos de cima e de baixo), a polimerase se orienta de maneira a transcrever uma ou outra fita de DNA. Assim, a orientação da sequência de consenso do promotor determina a fita de DNA que servirá como fita codificadora e aquela que será a fita não codificadora. No exemplo ilustrado, as duas fitas de DNA poderiam ser transcritas se tivessem promotores orientados em forma oposta. Experimentalmente, é possível colocar um promotor em qualquer DNA de maneira que o DNA fosse transcrito pela polimerase que reconheça e funcione com esse promotor. Isto tem permitido a expressão heteróloga de genes recombinantes (vide texto).

ELONGAÇÃO DA TRANSCRIÇÃO BACTERIANA

Uma vez que a subunidade σ tenha sido separada, o centro catalítico da RNA polimerase continua a polimerização, isto é, a elongação do RNA transcrito. Para isto, conforme avança a polimerase mantem aberta a dupla hélice do DNA por um espaço de 17 pares de bases, o que constitui a chamada "bolha de transcrição", a qual vai se fechando logo após a passagem da polimerase (figura 29-5). O **RNA nascente** emerge da bolha de transcrição e caso seja um RNA mensageiro pode ser usado imediatamente para a tradução. Antes de sair, os 12 nucleotídeos recém-polimerizados se mantem momentaneamente ligados à fita não codificadora, formando uma hélice híbrida de RNA/DNA de 12 pares de bases. Esta hélice híbrida, de aproximadamente uma volta de longitude, é de crucial importância para manter a elongação; seu desaparecimento causa a término da transcrição. A RNA polimerase bacteriana é muito produtiva (veja capítulo 28 sobre produtividade) e sua velocidade de síntese é de 50 nucleotídeos por segundo. De fato, a transcrição é 100% feita pela mesma enzima, ou seja, que uma só enzima começa e termina o transcrito. A RNA polimerase bacteriana, semelhante às RNA polimerases eucarióticas, não corrigem as bases que sintetizam, pois não tem atividade de exonucleases 3´→ 5´. Assim, a fidelidade da transcrição seja em média de um erro para cada 10^4 ou 10^5 nucleotídeos transcritos; isto é aproximadamente 10^5 vezes mais erros que os cometidos durante a duplicação.

TÉRMINO DA TRANSCRIÇÃO BACTERIANA

Devido à proximidade que há entre diferentes genes no genoma bacteriano, o término da transcrição deve ser muito preciso para não deixar de fora segmentos do operon que se esteja transcrevendo, nem incluir sequências de genes pertencentes à operons vizinhos. Para terminar a transcrição é necessário dissociar o híbrido de RNA/DNA presente na bolha de transcrição, o que faz com que a RNA polimerase não tenha substrato sobre o qual

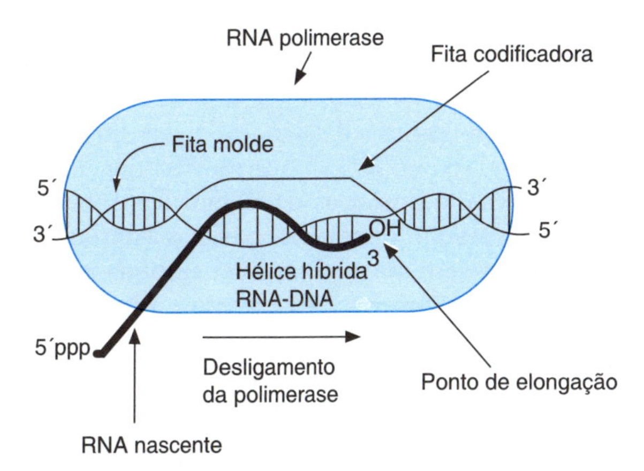

Figura 29-5. Elongação da transcrição. Na bolha de transcrição se mantem ligados 12 nucleotídeos do RNA transcrito à fita não codificadora, o que permite a continuidade da polimerização. Observar que o RNA transcrito cresce pela adição de novos nucleotídeos na extremidade 3` do RNA, seguindo as regras de pareamento de Watson-Crick e seguindo a direção 5´→ 3´.

atuar e abandone a fita molde, a qual novamente pareia com a fita codificadora, e fechando a bolha de transcrição.

Em *E. coli* há dois tipos de terminação, uma delas é conhecida como **dependente de ro**, pois está mediada pelo fator proteico *ro* (p), e a outra, chamada de **independente de ro**, que se deve à formação de uma estrutura secundária codificada na sequência nucleotídica do RNA nascente, ocorre sem necessidade de fatores adicionais.

As extremidades 3´ dos RNA cuja transcrição termina em forma independente de *ro* contêm um segmento de várias uridinas contiguas, as quais são precedidas por sequências auto complementares ricas em Gs e Cs, que podem aparecer formando uma estrutura secundária de **tronco** e **alça**. Esta estrutura é gerada espontaneamente enquanto o RNA transcrito sai da bolha de transcrição, dando lugar a um sinal que detém a polimerase momentaneamente. Ao mesmo tempo, o segmento de uridinas participa no híbrido RNA/DNA da bolha de transcrição, ou seja, permanece pareado com as adeninas da fita molde a partir da qual foram transcritas. Como este híbrido é pouco estável, se separa espontaneamente, determinando que o RNA abandone a bolha, terminando a transcrição (figura 29-6).

Estima-se que ao menos a metade dos genes da *E. coli* utilize o outro mecanismo da terminação da transcrição; o mediado por *ro* (p). *Ro* é uma proteína hexamérica que se une ao RNA nascente. Os requisitos estruturais para a união de ro ao RNA ainda não estão bem caracterizados. Entretanto, se sabe que não está mediado por uma sequência consenso linear. Uma vez ligada ao RNA, utiliza a hidrólise do ATP para deslizar-se até a extremidade 3´ do transcrito. Ao alcançar a bolha de transcrição *ro* promove a dissociação do híbrido de RNA/DNA, terminando a transcrição (figura 29-7).

ELEMENTOS REGULADORES *Cis* E FATORES QUE ATUAM NO *Trans*

Um conceito frequentemente encontrado no metabolismo dos ácidos nucleicos é que uma ação metabólica específica ocorre graças à colaboração entre sítios ou **regiões** no DNA (ou no RNA), que são reconhecidas por fatores geralmente proteicos ou ribonucleoproteicos. A sequência nucleotídica presentes nestas regiões determinam que o fator em questão se uma e que sua ação metabólica ocorra justamente nesse ponto e não em outro. Estes sítios de reconhecimento nos ácidos nucleicos são conhecidos como **elementos reguladores** e funcionam em *cis*, enquanto que as proteínas e os complexos ribonucleoproteicos que os reconhecem são chamados de **fatores reguladores** que funcionam em *trans*. No capítulo anterior e neste são descritos exemplos de como um par *cis-trans* determina uma função dos ácidos nucleicos ou é mediador de uma ação sobre eles. Os sítios de origem *ori*C, discutidos no capítulo 28, são os elementos em *cis* e as proteínas DNA são os fatores em *trans*, determinantes do início da duplicação em *E. coli*. Mais um exemplo de par *cis-trans* é a interação do promotor (elemento em *cis*) com a subunidade σ (fator em *trans*), que regulam o início da transcrição em *E. coli*. Nestes exemplos, o elemento cis é um DNA dupla fita e o fator trans é uma proteína. Nestes casos, a especificidade do reconhecimento do par *cis-trans* se deve a interações dadas a um nível molecular e atômico que existe entre as bases que compõem o DNA e certos aminoácidos das proteínas. Graças à precisão com que se dão estas interações é que se observa a especificidade de fatores e sequências. Um exemplo ilustrativo é a interação do repressor de lambida, fator em trans, e seu operador, o elemento cis (capítulo 31).

O elemento cis também pode ser um RNA e o fator trans uma partícula ribonucleoproteica, isto é, composta por RNA e proteínas. Um exemplo deste último caso são as snRNP que constituem o spliciossomo, no qual a especificidade da interação *cis-trans* é dada pelo aparecimento de bases que ocorre entre os RNA envolvidos (figura 29-16). Outros exemplos serão vistos adiante, pois para fins práticos, não há evento no metabolismo dos ácidos nucleicos que não envolva uma ação associada de um elemento em cis com seu fator em trans. Uma propriedade dos elementos reguladores em *cis* é a de ter sequências nucleotídicas muito semelhantes a um padrão ou **sequência consenso**, a qual é característica e indispensável para a função metabólica regulada por este tipo de elementos. É denominada consenso, pois aparece como a sequência mais frequente depois de se comparar por alinhamento muitas sequências que determinam a mesma função. Por exemplo, os promotores bacterianos reconhecidos pela subunidade σ são muito parecidos entre si, com pequenas variações de sequência, porém em geral permitem defini-la como prototípica ou consenso, que é preferencialmente usada para esta função (figura 29-2). Este tipo de análise é muito útil para o estudo da estrutura e função dos ácidos nucleicos, pois a sequência de um gene ou DNA recém-descoberto pode ser comparada com a do consenso que foram previamente determinadas experimentalmente, e dependendo do grau de semelhança que tenha com elas, pode-se predizer funções específicas para o gene recém-descoberto. Estas análises dão pistas ao investigador da natureza e função do novo gene e do tipo de experimentos a serem desenvolvidos com ele.

OS EUCARIOTOS POSSUEM TRÊS DIFERENTES RNA POLIMERASES

Enquanto todas as diferentes classes de RNA dos procariotos são transcritas por uma só RNA polimerase, nos eucariotos a transcrição é feita de forma especializada por três polimerases, as RNA polimerases I, II e III; todas elas presentes no núcleo celular. Por exemplo, a RNA

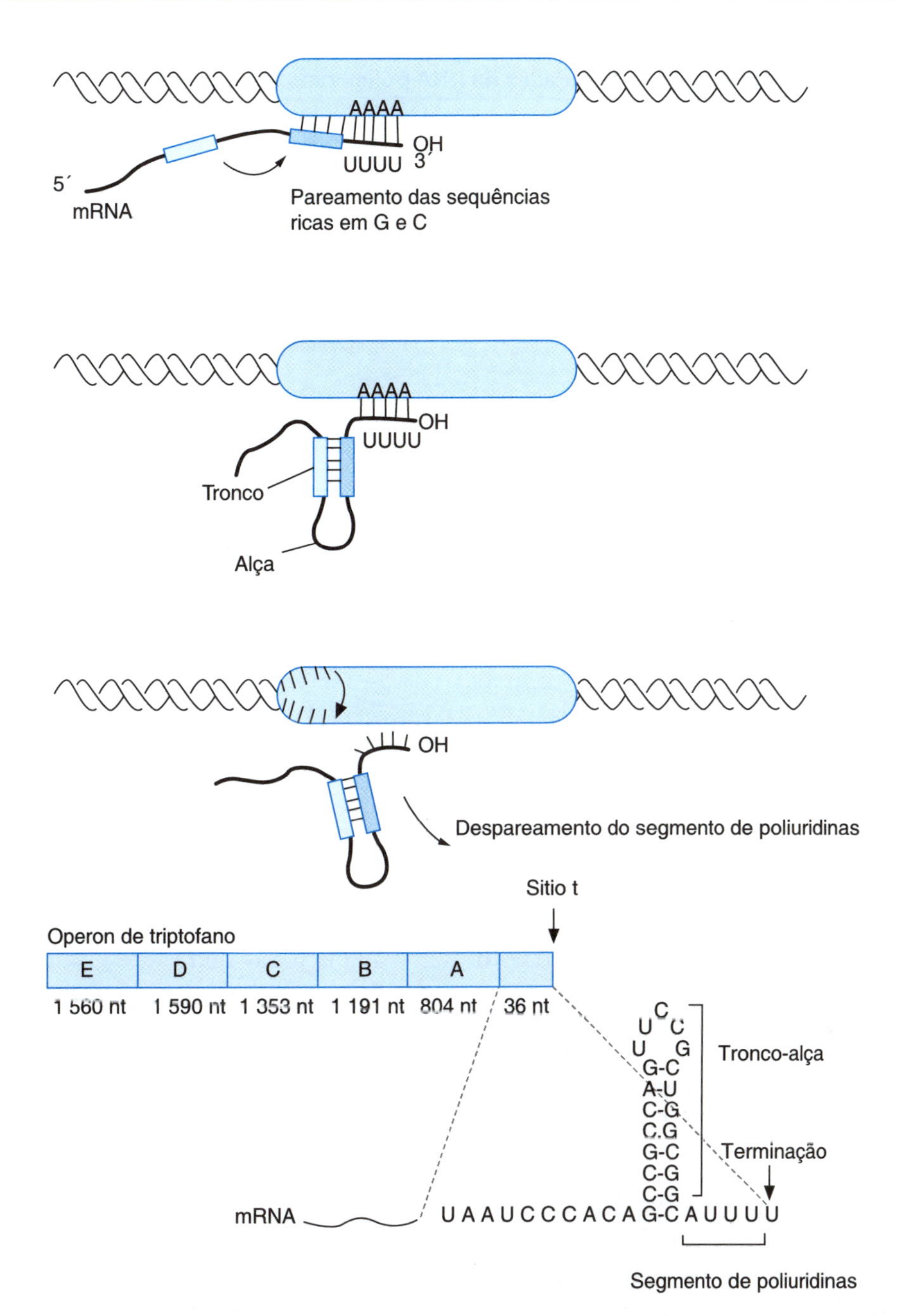

Figura 29-6. Término da transcrição independente de *ro*. O término da transcrição do operon do triptofano (*trp*) é independente de *ro* e é mediado por uma sequência de 36 nucleotídeos presentes na extremidade 3´do último gene do operon (*trp*A). Estes nucleotídeos têm sequências simétricas e auto complementares que formam uma estrutura de tronco e alça exatamente antes de um segmento rico em uridinas. O tronco e alças forçam a polimerase a realizar uma pausa, durante a qual o segmento de uridinas se dissocia da fita molde e abandona a bolha de transcrição.

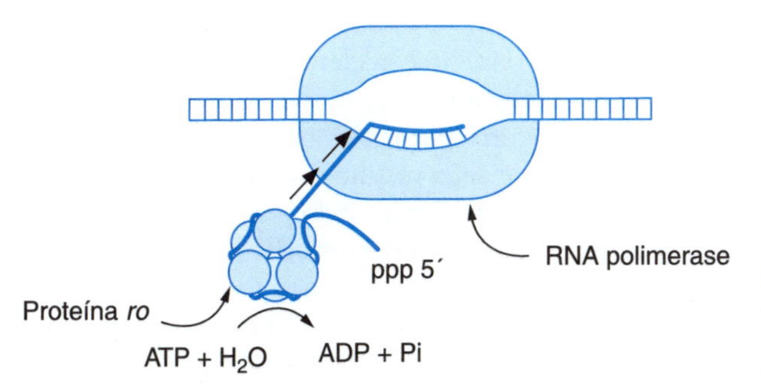

Figura 29-7. Término da transcrição dependente de *ro*. A união de *ro* a certas sequências da extremidade 3´do RNA nascente *estimula a atividade* de ATPase de *ro*. Graças a isto, *RO* migra até a bolha de transcrição, onde perde o pareamento com a hélice híbrida de RNA/DNA.

Quadro 29-1. Subunidades da RNA polimerase de *S. cerevisiae*

Cada uma das três RNA polimerases da levedura *S. cerevisiae*, um organismo eucariótico unicelular muito usado na investigação da transcrição, é composta por mais subunidades que a polimerase bacteriana. As quatro subunidades que compõem o centro catalítico tem semelhança com as subunidades equivalentes da polimerase bacteriana. Além do centro catalítico, existem subunidades específicas e comuns para cada uma das três polimerases. Os nomes de cada subunidade indicam sua presença em cada uma das polimerases: A = I, B = II e C = III, e seu peso em kilodaltons. Uma propriedade que distingue as três classes de polimerases eucarióticas é o distinto grau com que são inibidas pela α-amanitina (uma potente toxina do fungo venenoso *Amanita phalloides*); enquanto a atividade da RNA polimerase II é completamente abolida, a tipo I é resistente a esta toxina

RNA polimerase	I	II	III
		Subunidades do centro catalítico	
Equivalente à β'	A190	B220	C160
Equivalente à β	A135	B150	C128
Equivalentes à α	AC40 y AC19	(B44)2	AC40 y AC19
Sensibilidade à α-amanitina	Insensível	Alta	Baixa
	Subunidades específicas		
	A49, A43, A34.5,	B32, B16, B12.6,	C82, C53, C37,
	A14, A12.2	B12.5	C34, C21, C25,
			C11
	Subunidades comuns		
	(ABC27)2, ABC23, ABC14.5, ABC10 , ABC10b		

polimerase I transcreve especificamente o precursor dos RNA ribossomais 18S, 5.8S e 28S o que explica porque essa polimerase se encontra especificamente no nucléolo, pois é o sítio onde se agrupam os ribossomos (vide figura 29-22 e a seção correspondente). A RNA polimerase III transcreve o gene do RNA ribossômico 5S, todos os genes dos RNA de transferência e alguns tipos de RNA pequenos. A RNA polimerase II transcreve os precursores de todos os RNA mensageiros, assim como outras espécies de RNA nucleares de tamanho pequeno (*small nuclear RNA* ou snRNA) que formam parte do spliceossomo (veja figuras 29-16 e 27-17 na seção correspondente). À despeito da especialização de funções das RNA polimerases de eucariotos, em termos catalíticos são como as de procariotos, isto é, reconhecem regiões promotoras e não necessitar de inicializadores para começar a transcrição, polimerizam na direção 5´→ 3´ e sintetizam a cópia complementar da fita não codificadora ou antisense do gene transcrito.

O amplo estudo bioquímico e genético das RNA polimerases da levedura de cerveja, *Saccharomyces cerevisiae*, mostrou um estrutura mais complexa que a RNA polimerase bacteriana; entretanto existem certas semelhanças entre elas. Por exemplo, as polimerases de eucariotos também tem um centro catalítico formado por quatro subunidades que são equivalentes às subunidades α, β e β´ bacterianas (quadro 29-1). A função das outras subunidades ainda não está bem determinada, algumas delas são indispensáveis para a viabilidade da levedura e a alteração ou falta das que não são indispensáveis produz organismos que proliferam lentamente. Ainda que menos conhecidas, sabe-se que as RNA polimerases de outros eucariotos, incluindo o ser humano, tem grande semelhança funcional e estrutural com as de leveduras.

A discussão sobre este extenso tema da estrutura dos eucariotos foge dos objetivos deste texto, porém é importante mencionar uma característica relevante das polimerases tipo II. A subunidade maior de todas as RNA polimerases tipo II já estudadas (que corresponde à subunidade B220 da levedura) tem em sua extremidade carboxi um heptapeptideo repetitivo, cuja sequência consenso é Tyr-Ser-Pro-Thr-Ser-Pro-Ser. Na B220, este peptapeptideo é repetido por 26 vezes, sendo que nas polimerases dos mamíferos tais repetições podem chegar a 52 vezes e na de outros organismos o heptapeptideo se repete um número intermediário de vezes. Estas repetições constituem o que se denomina de domínio CTD (domínio carboxi-terminal) das RNA polimerases tipo II, que é indispensável para a atividade da enzima. Por exemplo, uma levedura cujo CTD seja menor que 10 repetições não sobrevive. O domínio CTD tem um papel regulador durante o início e aceleração da polimerização. Esta função está relacionada com sua sequência polipeptídica peculiar e ocorre por modificação covalente, fosforilação, de alguns de seus resíduos. O domínio CTD das polimerases que estão se acoplando em um complexo de iniciação se encontra ainda desfosforilado, enquanto que nas polimerases que estão em plena etapa de elongação, as serinas e algumas tirosinas do CTD estão fosforiladas.

Como será descrito adiante, o domínio CTD é uma

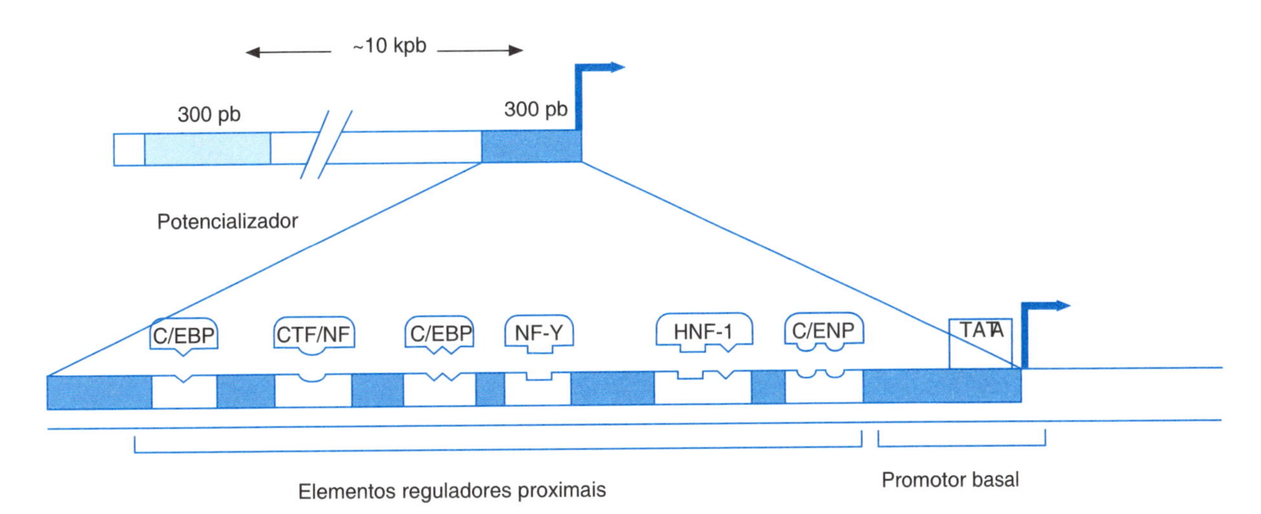

Figura 29-8. Esquema típico de um gene eucariótico. No gene se observa tanto a unidade transcricional como as regiões reguladoras da transcrição. Estas últimas são de dois tipos funcionalmente distintos: o promotor basal e as regiões ou elementos reguladores específicos. O primeiro é reconhecido pela maquinaria geral da transcrição e os segundos pelos fatores ativadores específicos da transcrição (transativadores). Como exemplo, podemos citar o gene da alumina do camundongo. No fígado, preferentemente na vida pós-natal, este gene requer a ação concomitante de um grande número de elementos reguladores e transativadores para que a RNA polimerase II o transcreva de forma específica, alguns deles tão distantes como o potencializador. Durante a vida embrionária, embora os elementos em *cis* estejam presentes, a falta dos fatores adequados determina que este gene não se transcreva.

região da polimerase onde atuam as quinases, presentes nos fatores gerais da transcrição de eucariotos.

PROMOTORES DA RNA POLIMERASE II

Assim como a polimerase bacteriana, para iniciar a transcrição as RNA polimerases eucariotas também reconhecem sequências ou regiões promotoras específicas, ainda que de maior complexidade. Uma das diferenças significativas entre um gene de eucarioto e um de procarioto reside no formato de suas regiões reguladoras da transcrição. O pequeno espaço intergênico presente nos procariotos determina uma redução e simplicidade de tais regiões, enquanto em eucariotos não há esta restrição, podendo incluir porções mais extensas do DNA, inclusive distando milhares de pares de bases do sítio de iniciação da transcrição. A figura 29-8 ilustra o **promotor basal**, bem como outras **regiões ou elementos reguladores** (em *cis*) da transcrição. A região promotora basal é o sítio no qual a RNA polimerase II e os **fatores gerais da transcrição** se acoplam para formar um complexo de pré-iniciação. A velocidade e frequência com que se forma este complexo determina o nível de expressão e depende da presença de **fatores ativadores específicos da transcrição** (transativadores). Estes funcionam reconhecendo e unindo-se aos elementos reguladores próximos ao promotor basal, constituindo pares *cis-trans* que são específicos para um determinado gene ou família de genes em particular. Os elementos reguladores geralmente se localizam na região 5` dos genes; existem em número variável e podem estar próximos ou distantes da posição +1. No caso do gene murino da albumina, existem pelo menos quatro diferentes sítios e fatores, que em conjunto determinam a expressão específica no fígado durante a vida pós-natal; um deles, o elemento chamado potencializador (*enhancer*), se encontra a uma distância de 10 kpb do sítio de início da transcrição (figura 29-8). Devido à sua grande importância reguladora da expressão gênica, os fatores específicos da transcrição serão discutidos em maior detalhe no capítulo 31.

Em resumo, foram identificados três tipos de sequências nucleotídicas que funcionam como promotores basais da RNA polimerase II: a sequência TATA (TATA *box*), o iniciador, e as ilhas CpG, sendo a primeira a melhor caracterizada. A sequência consenso do TATA *box* é constituída por sete bases muito conservadas TATA(A/T)A(A/T) que se localizam entre -25 e -35, isto é, de 25 a 35 nucleotídeos na extremidade 5` da posição +1 (figura 29-9). Observar que com exceção às diferentes localizações em relação à posição +1, a sequência TATA e a região -10 dos promotores da *E. coli* tem sequências muito parecidas. A maior parte dos genes cujo promotor basal é um TATA box corresponde a genes que apresentam grande expressão e geralmente são indutíveis, isto é, que sua transcrição pode ser ativada. Qualquer alteração da sequência consenso TATA(A/T)A(A/T) diminui drasticamente a transcrição do gene.

A sequência consenso do promotor basal, chamado **iniciador** é composta por um heptanucleotídeo rico em pirimidinas, Pir-Pir-A-N-(T/A)-Pir-Pir, que se localiza no sítio de iniciação da transcrição. Os genes cujo promotor basal é o iniciador começam sua transcrição no primeiro A da sequência consenso (posição +1); além disso, a pirimidina da posição precedente (-1) comumente é um C.

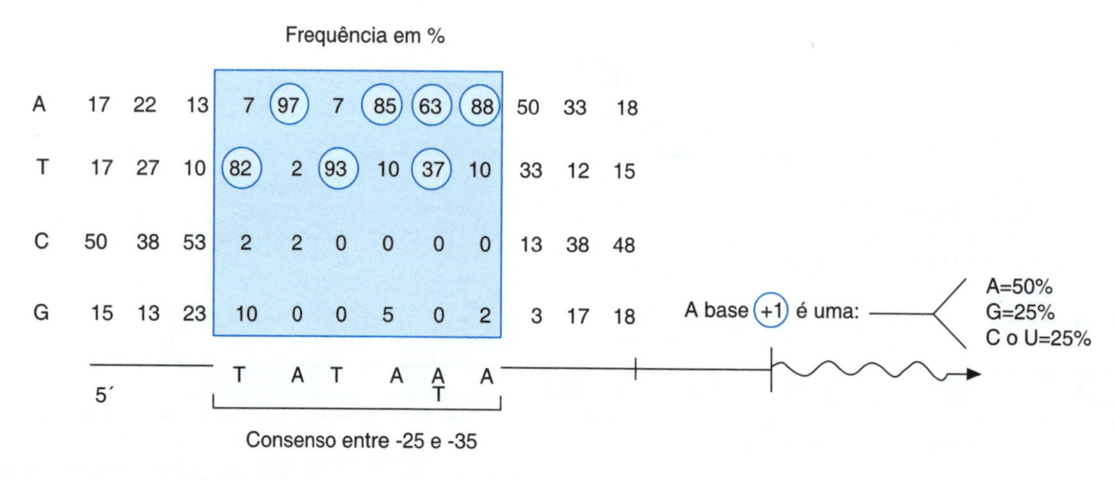

Figura 29-9. TATA Box, um tipo de promotor basal da RNA polimerase II. A figura ilustra a sequencia consenso TATA e a frequência, expressa em porcentagem de 60 genes comparados, sendo que cada uma das quatro bases aparecem em cada posição.

Um terceiro tipo de genes eucariotos, que não possuem TATA *box* nem iniciador, utilizam regiões ricas em C e G como promotores de sua transcrição. Em geral, este tipo transcreve de forma constitutiva e moderada, comumente correspondendo a genes que codificam enzimas do metabolismo intermediário, razão pela qual são chamados de genes de manutenção doméstica celular (*house-keeping genes*). Estas regiões ricas em C e G estão constituídas preferencialmente por repetições do dinucleotídeo 5´ CpG 3´, o qual é muito raro no genoma de eucariotos. Na verdade, quando aparecem grupos repetitivos deste dinucleotídeo, estes se diferenciam claramente do resto das sequências genômicas, razão pela qual são chamados de "ilhas CpG". A presença de uma ilha CpG é um forte indício de que há um gene, cujo início da transcrição está localizado entre 100 ou 200 bases na extremidade 3´ da mesma. Uma peculiaridade que também distingue este tipo de promotores basais é que seu sítio de iniciação não é tão rígido, apresentando heterogeneidade na iniciação, isto é, podem utilizar diversas posições +1, porém todas elas em um espaço não maior que 10 pares de bases.

MAQUINARIA GERAL DA TRANSCRIÇÃO EUCARIÓTICA

Para a grande maioria dos genes eucarióticos, o início da transcrição é o passo determinante de seu nível de expressão; desta forma, não é surpresa que existam complexas maquinarias proteicas dedicadas a auxiliar às RNA polimerases neste importante passo da expressão gênica. Na verdade, as RNA polimerases de eucariotos não são capazes de se unir espontaneamente ao DNA, nem mesmo iniciar a transcrição; para isto necessitam do auxílio de um conjunto de proteínas conhecidas como TF (*transcription factors*) ou "fatores gerais da transcrição". Os TF são o equivalente funcional da subunidade σ bacteriana e de forma simplista tem uma única função: recrutar a RNA polimerase ao promotor basal, permitindo a formação de um complexo de pré-iniciação, a partir do qual se faça a transcrição. É importante ressaltar que os TF são fatores gerais das polimerases, que não devem ser confundidos com os **transativadores**, ou fatores ativadores da transcrição de genes específicos mencionados anteriormente e que serão discutidos no capítulo 31.

Os TF tem especificidade por uma polimerase em particular. Assim, a abreviatura "TFIIH", por exemplo, identifica o "fator transcricional H" da RNA polimerase II. Comumente, os TFII juntamente com a RNA polimerase II são denominados como **aparelho geral da transcrição**, embora o aluno deva saber que cada polimerase também tem seu "aparelho geral", isto é, seus próprios TF. Na próxima sessão discutiremos como os TFII atuam sobre promotores do tipo TATA *box* para iniciar a transcrição, que é a situação melhor estudada de iniciação da transcrição em eucariotos.

A INICIAÇÃO DA TRANSCRIÇÃO PELA RNA POLIMERASE II REQUER OS TFII

O primeiro passo essencial para a transcrição mediada pela RNA polimerase II é a formação ou composição de um complexo de pré-iniciação sobre o TATA *box* (ou algum outro promotor basal). Este complexo multiproteico é constituído por diversos TFII, os quais se agrupam de forma progressiva e ordenada sobre a região do TATA *box* até formar um complexo de pré-iniciação (figura 29-10). A proteína que inicia a formação do complexo é a *proteína de união ao TATA box* ou TBP (*TATA binding protein*). A TBP é o componente do *TFIID* mínimo e indispensável para a identificação do *TATA box* . O quadro 29-2 resume a composição e funções dos diferentes TFII. Além da TBP, o TFIID é composto por outras subunida-

Quadro 29-2. Composição e funções dos TF II

Os dados apresentados se referem aos TFII humanos; não obstante, no rato, na mosca da fruta *(Drosophila melanogaster)* e na levedura *(Saccharomyces cerevisiae)* há fatores homólogos, o que reforça a grande conservação evolutiva, tanto estrutural como funcional que os TFII têm em eucariotos

Fator		nº de subunidades	Peso molecular (kDa)	Funções
TFIID:	TBP	1	38	Reconhecimento do TATA Box; estabilizador da união de TBP
	TAF	12	15 a 250	Reconhecimento de outros promotores basais: estabilizador da união de TBP
TFIIA		3	12,19,35	Estabilizador da união de TBP e TAF
TFIIB		1	35	Recrutamento de TFIIF e da RNA polimerase II, orientando-a ao sítio de iniciação (posição +1)
TFIIF		2	3.074	Pré-agrupamento com a RNA polimerase II, impede suas interações inespecíficas com o DNA
TFIIE		2	3.457	Recrutamento e modulação das atividades enzimáticas do TFIIH
TFIIH		9	35 a 89	Atividades de helicase, ATPase e quinase: forma a bolha de transcrição (separa as fitas do DNA); fosforila o CTD, liberando a RNA polimerase do sítio de iniciação, dando lugar ao começo da elongação

des, os chamados fatores associados à TBP ou *TAF (TBP-associated factors)*. Em condições *in vitro*, a união da TBP com o TATA *box* não requer a presença dos TAF, nem do TFIIA; entretanto, em condições fisiológicas, estes fatores favorecem tal união. O conceito atual é que mediante a estabilização da união TBP, os TAF e TFIIA auxiliam o primeiro passo da formação de complexos de pré-iniciação em promotores basais outros que não o TATA *box*.

Num segundo passo, o TFIIB se une à TBP e ao DNA localizado à montante, isto é, na direção da extremidade 3´do TATA *box* em relação à posição +1. Esta orientação é determinante do sítio de iniciação da transcrição, pois em um passo seguinte o complexo formado pela RNA polimerase II e o TFIIF (previamente associados) se unem ao complexo através de suas interações com TFIIB. Mediante estas interações proteína-proteína, a RNA polimerase fica posicionada sobre o que será o sítio de iniciação +1. No passo seguinte, TFIIE se une ao complexo mediante contatos específicos com o TFIIF e a RNA polimerase II. O passo final é a união do TFIIH ao complexo, o qual ocorre pela interação do TFIIH com o TFIIE e com a RNA polimerase II. Esta última incorporação completa o chamado complexo de pré-iniciação, do tipo "fechado", que cobre o segmento de DNA ainda pareado onde se ligou, e que se entende desde o TATA *box* até a posição +30 (figura 29-10).

Na presença de nucleosídeos trifosfato (NTPs), o complexo fechado se abre pela ação da TFIIH helicase, a qual possui também uma atividade intrínseca de ATPase, necessária para separar as fitas de DNA. Depois que os primeiros nucleotídeos se polimerizam, a atividade da TFIIH quinase fosforila a CTD da RNA polimerase II, o que determina que se rompam suas interações com o TBP e com o TFIIB. Ao liberar-se da região do promotor basal, a forma fosforilada da polimerase, associada ao TFIIF, continua a elongação do transcrito primário. Uma vez que a polimerase se deslocou do complexo de iniciação, este se desfaz.

Apenas o TFIID e o TFIIA permanecem unidos ao TATA *box*, enquanto os demais TFII ficam livres e podem ser reutilizados na formação de outro complexo de pré-iniciação. Ao terminar a elongação, uma fosfatase de proteínas retira os grupos fosfato do CDT da polimerase II, permitindo sua participação em uma nova etapa da transcrição.

Dentre todos os TFII, o TFIIH tem um papel predominante no início da transcrição; achados recentes indicam que sua relevância biológica também se extende aos processos de reparo do DNA. Ao menos duas das nove subunidades que compõe o TFIIH, a ERCC3-XPB e a ERCC2-XPD, são homólogos humanos dos genes *RAD25* y *RAD3* da levedura, respectivamente. Os genes *RAD* participam do reparo do DNA por excisão de nucleotídeos (capítulo 28). Salienta-se que certas mutações nos genes ERCC mencionados são responsáveis pelo reparo deficiente que se observa em pacientes com xeroderma pigmentoso. Estes achados indicam que ainda há muito para ser elucidado sobre a relevância médica do TFIIH em particular e dos TFII em geral.

ELONGAÇÃO E TERMINAÇÃO DA TRANSCRIÇÃO PELA RNA POLIMERASE II

Ainda que haja evidência experimental de que a elongação possa ser, para um reduzido número de genes, um ponto de regulação de sua expressão, muito pouco se sabe sobre os mecanismos que regulam este passo

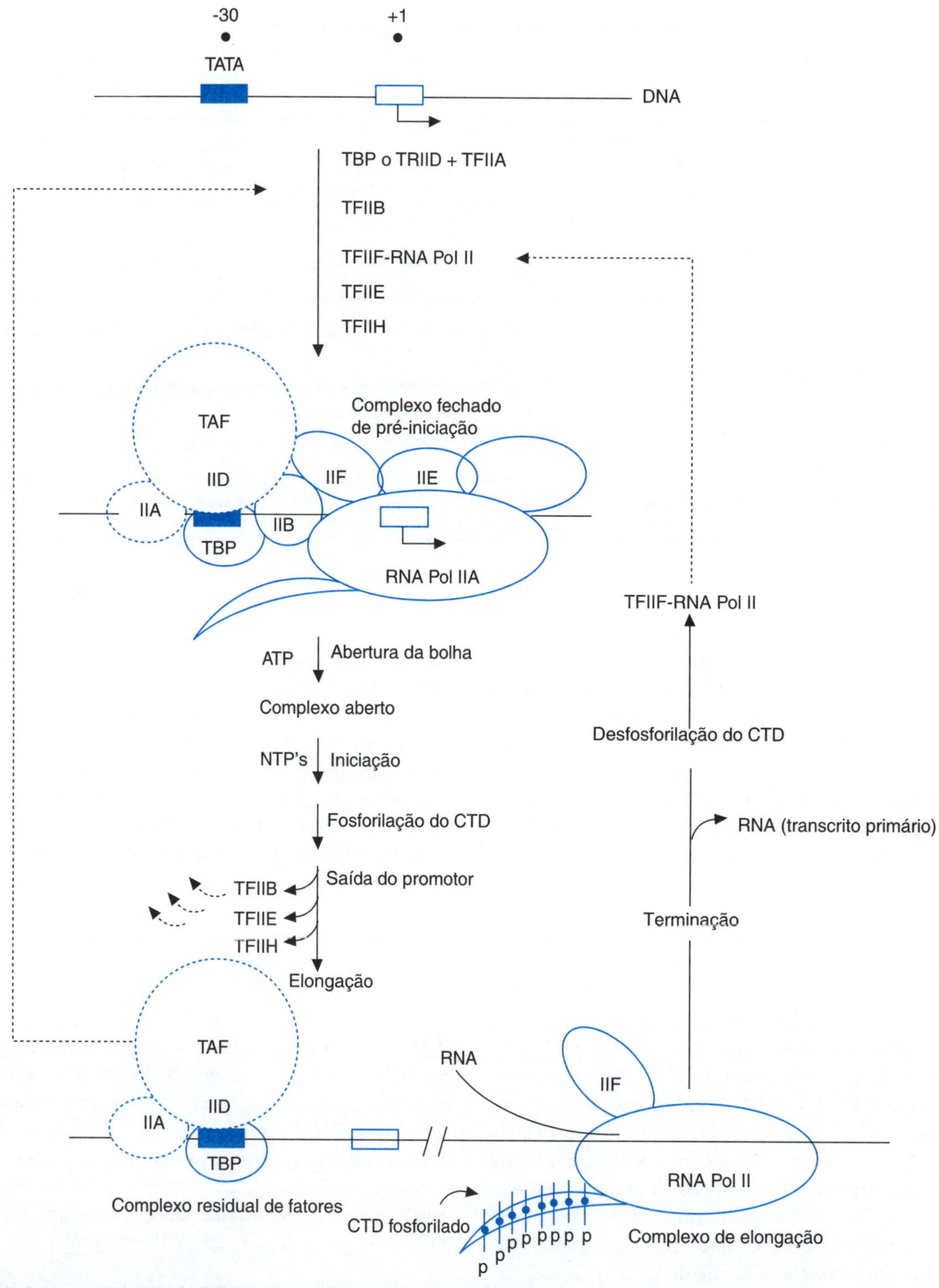

Figura 29-10. Complexo de pré-iniciação da RNA polimerase II. O complexo de pré-iniciação é formado pela união sequencial e ordenada dos distintos TFII. As atividades de helicase e de ATPase do TFIIH representam um passo crucial da conversão do complexo fechado em aberto, isto é, na abertura da bolha de transcrição. A atividade da TFIIH quinase fosforila o CTD da RNA polimerase II, permitindo que esta se desligue do promotor e se inicie a elongação do transcrito primário.

da transcrição. Também é escassa a informação sobre os mecanismos que regular a terminação da transcrição dos genes de eucariotos. Por exemplo, não está claro como é que a RNA polimerase II pode elongar transcritos de milhares de nucleotídeos (existem genes de eucariotos com dezenas e até centenas de milhares de pares de bases de comprimento) e ser capaz de reconhecer precisamente qual é o último exon que deve transcrever.

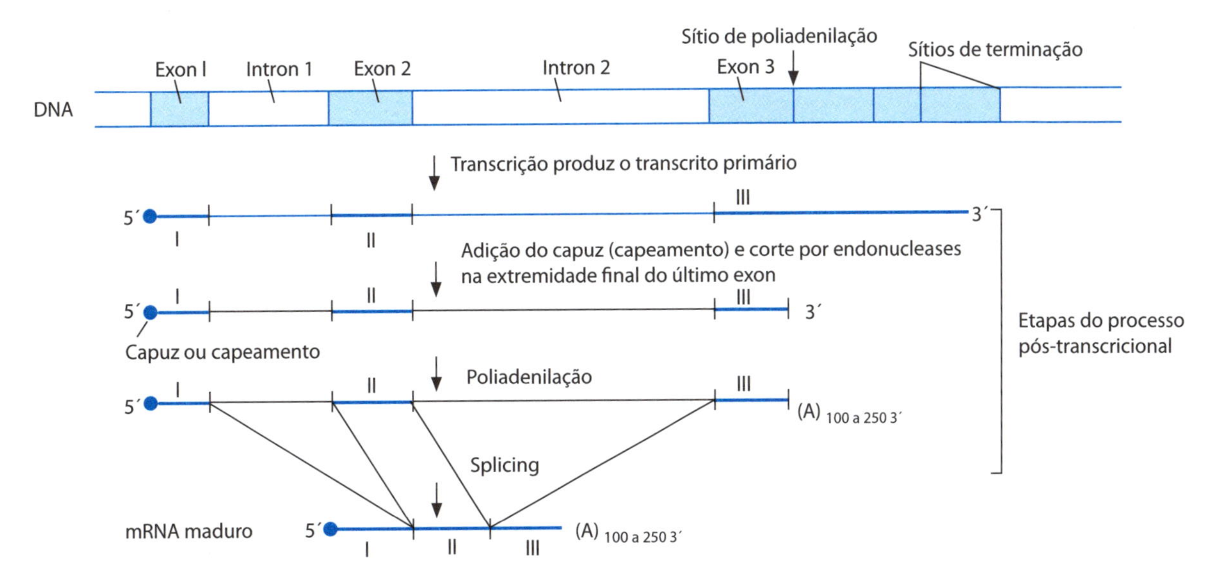

Figura 29-11. Três tipos principais de processamento dos precursores dos RNA mensageiros eucarióticos. Para produzir um RNA mensageiro funcional, a célula eucariótica processa ou modifica os transcritos primários, isto é, os precursores ou pré RNAm, produzidos pela RNA polimerase II. A adição de um "capuz" (vide figura 29-12) ocorre na extremidade 5´do pré RNAm, isto é, o primeiro nucleotídeo do primeiro éxon. Aproximadamente a 500 a 2000 nucleotídeos da extremidade 5´, no sítio de terminação da transcrição quase no extremo final do último éxon, ocorre a adição das cadeias de poliadeninas. Finalmente, durante o processo de emenda ou *splicing* ocorre a eliminação dos íntrons, concomitante com a emenda dos éxons.

A investigação destes tópicos é intensa, em especial agora que se descobriu que o HIV, agente causal da SIDA, requer para a expressão correta de seus genes uma proteína chamada Tat. Os vírus mutantes, deficientes em Tat, são incapazes de transcrever completamente seus genes. Tat é um fator que se une ao transcrito viral nascente e à RNA polimerase II da célula infectada e promove a "antiterminação", isto é, impede a terminação prematura da transcrição viral.

É interessante observar que fatores com atividade de "antiterminação" equiparáveis à Tat, também são usados por bacteriófagos (vírus que infectam as bactérias) para superar sinais de terminação presentes no genoma do bacteriófago (capítulo 31).

PROCESSAMENTO DOS RNA MENSAGEIROS NOS EUCARIOTOS

Uma das características distintas dos RNA mensageiros de eucariotos é que requerem uma substancial modificação do transcrito primário antes de servir como RNAm funcionais, isto é, antes de promoverem a tradução de proteínas. Estas modificações ocorrem no núcleo e em conjunto se conhecem como **processamento pós-transcricional** do transcrito primário.

Diferentemente dos procariotos, nos quais o transcrito primário é usado para a tradução conforme vai saindo da bolha de transcrição, nos eucariotos o transcrito primário permanece associa a proteínas durante sua permanência e processamento nuclear; constituindo as chamadas partículas ribonucleoproteicas heterogêneas ou hnRNP (*heterogeneous Ribo Nucleoprotein Particles*). Devido ao fato de que o transcrito primário constitui a porção de RNA das hnRNP, também recebem o nome de **hnRNA**, isto é, RNA nuclear heterogêneo.

As três principais modificações pós-transcricionais que ocorrem no hnRNA consistem em: a) a modificação da extremidade 5` pela adição de uma estrutura chamada "capuz", b) a modificação da extremidade 3` pela adição de 100 a 250 nucleotídeos de adenina, chamadas coloquialmente de "cadeia de poli-A", c) a eliminação dos introns com o "corta e cola" dos exons mediante um processo chamado **emenda**, também conhecido por seu nome original em inglês: *splicing*. Para fins práticos, quase todos os RNAm de eucariotos sofrem estes três tipos de processamento pós-transcricional (figura 29-11). Outro tipo de processamento pós-transcricional que ocorre apenas em poucos RNAm é a **permuta de bases**.

ADIÇÃO DO CAPUZ AO PRECURSOR DO RNA MENSAGEIRO

As extremidades 5´ dos transcritos primários produzidos pela RNA polimerase II, que em sua maioria são os precursores dos RNAm ou pré RNAm, são modificados imediatamente após sua síntese, mediante a adição de uma metilguanosina e, em algumas espécies, de grupos metila

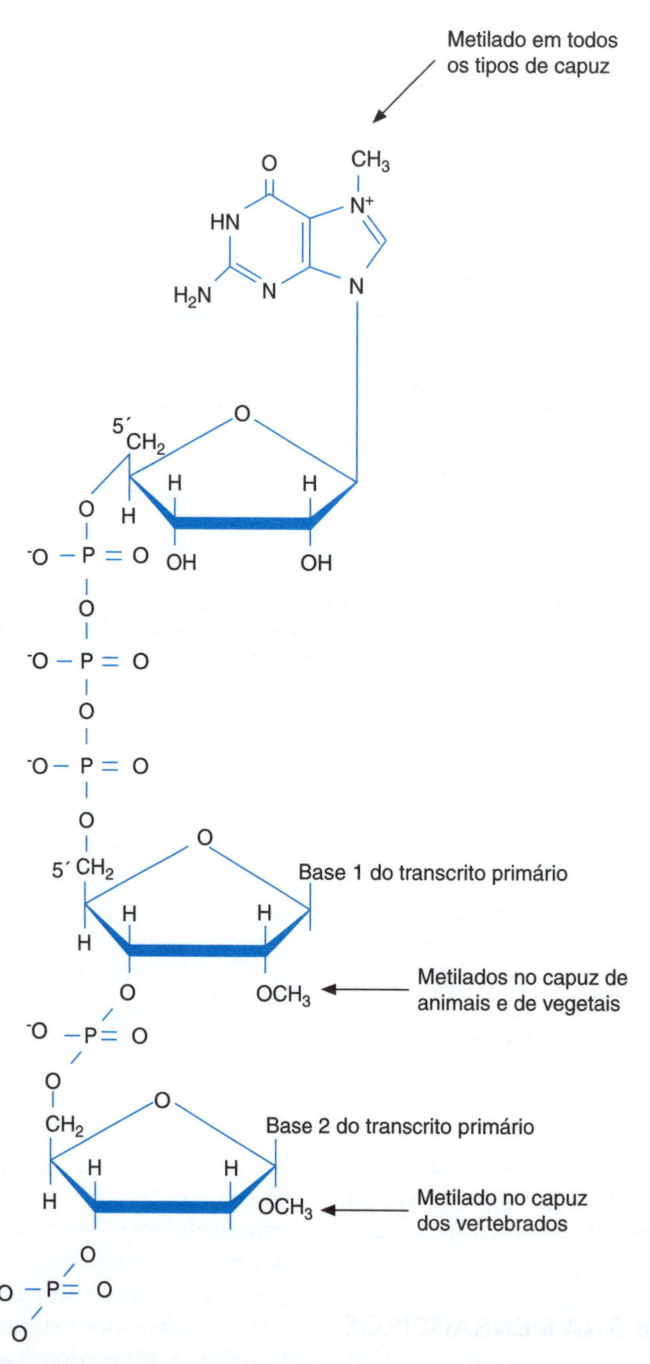

Figura 29-12. Estrutura do capuz 5´dos RNAm eucarióticos. A estrutura mínima do capuz, que se observa em levedura, consiste em um 7-metilguanilato unido ao primeiro nucleotídeo dos transcritos primários produzidos pela RNA polimerase II. Observe que esta ligação covalente difere de maneira significante da típica ligação fosfodiester da estrutura central, pois é a ligação trifosfato que conecta os carbonos 5´dos nucleotídeos ligados. Em organismos superiores, a estrutura do capuz é ainda mais elaborada. Nas células de animais e vegetais, o OH da posição 2´da ribose do primeiro nucleotídeo se encontra metilada. A ribose do segundo nucleotídeo também está metilada em vertebrados.

nas riboses dos primeiros nucleotídeos. A estrutura resultante se chama "capuz" (figura 29-12).

O capuz tem importantes funções biológicas. Confere estabilidade aos RNA mensageiros, pois impede sua degradação por 5´ exoribonucleases. Além disso, é necessário para o transporte dos RNAm até o citoplasma, sendo essencial para sua ótima tradução.

POLIADENILAÇÃO DO RNA MENSAGEIRO

Exceto os mensageiros de histonas, todos os RNAm de eucariotos possuem na extremidade 3´ uma cadeia de poliadeninas, que pode ser de até 250 nucleotídeos de comprimento. Esta "cadeia de poli-A" não está codificada no gene e se adiciona aos pré-RNAm após

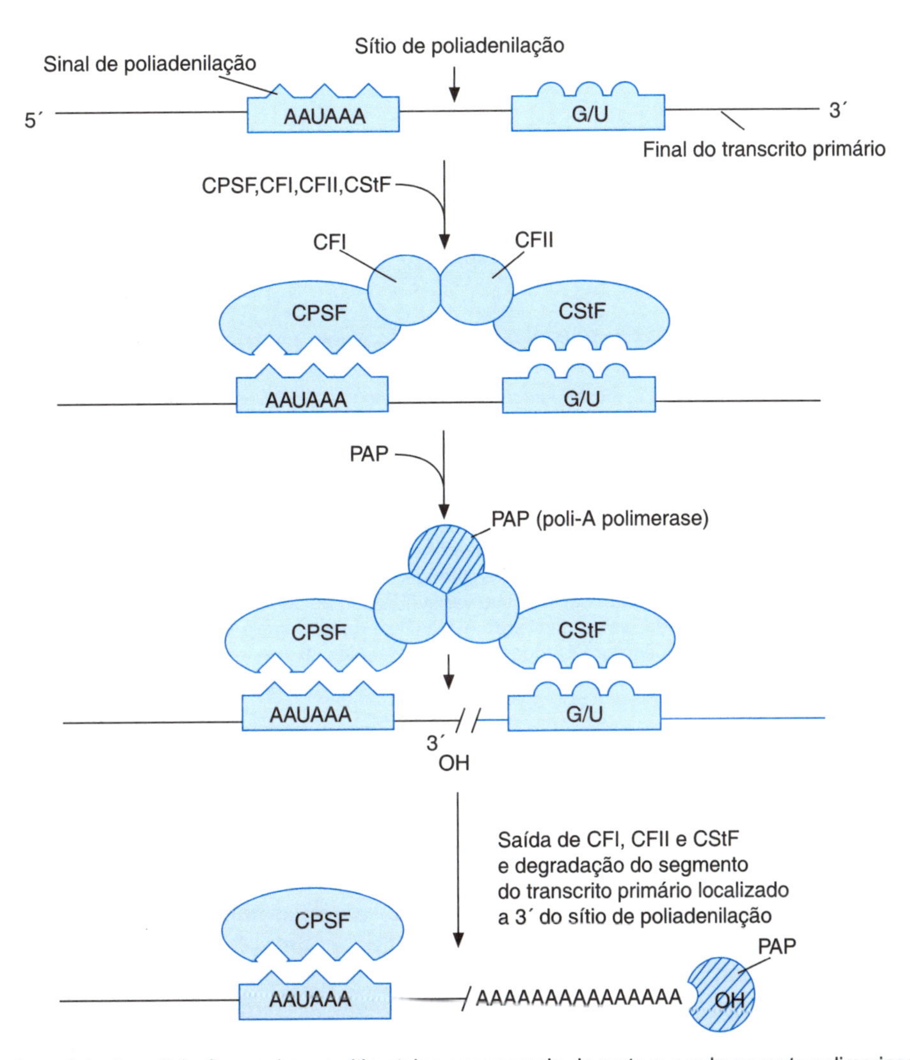

Figura 29-13. Adição da cadeia de poli-A. O complexo multiproteico encarregado do corte e a subsequente polimerização da cadeia de poli-adeninas na extremidade 3´do transcrito primário se acopla de forma sequencial, sendo a união do CPSF ao sinal de poliadenilação, AAUAAA, o passo inicial e determinante para a reação (vide texto).

sua transcrição. Inclusive aos pré RNAm dos vírus que estejam infectando à célula. Esta modificação da extremidade 3` do transcrito primário ocorre depois que tenha sido transcrito o último exon, em um ponto localizado a uma distância aproximada de 0,5 a 2,0 Kpb antes do sítio de terminação da transcrição. Nessa região do transcrito se encontra um "sinal de poliadenilação", que consiste em uma sequência AAUAAA, que funciona como um elemento regulador em *cis*, que é reconhecido por um fator proteico chamado CPSF (*clivage and polyadenylation specificity factor*), encarregado de se ligar ao complexo multiproteico que executa a reação. Aproximadamente a 50 nucleotídeos na extremidade 3´ do sinal de poliadenilação, existe outro elemento secundário rico em guaninas e uracilas, sem sequência consenso específica, que permite a associação de outro fator (CStF) que ajuda a estabilizar o complexo responsável pela reação. A ligação de SPSF e CStF permite o agrupamento de outros quatro fatores, os quais como primeiro passo da reação de poliadenilação, cortam o transcrito primário a uma distância de 10 a 15 nucleotídeos para a extremidade 3´ da sequência AAUUAAA. Este corte endonucleotídico deixa um OH livre na extremidade 3` do RNAm, que serve de substrato para uma enzima chamada poli-A polimerase (PAP), que adiciona a cauda de poli-A (figura 29-13).

É totalmente desconhecida a função biológica da cauda de poliadeninas. Parece ter um papel importante na vida média do mensageiro, isto é, em sua duração na célula. A cauda de poli-A dos RNAm de maior vida média é degradada de maneira mais lenta. Quando um RNAm perde a cauda de poli-A, geralmente é destruído. Também foi postulado que o tamanha da cauda de poli-A permite à célula "estimar a idade" do RNAm e "calcular" quantas vezes foi traduzido.

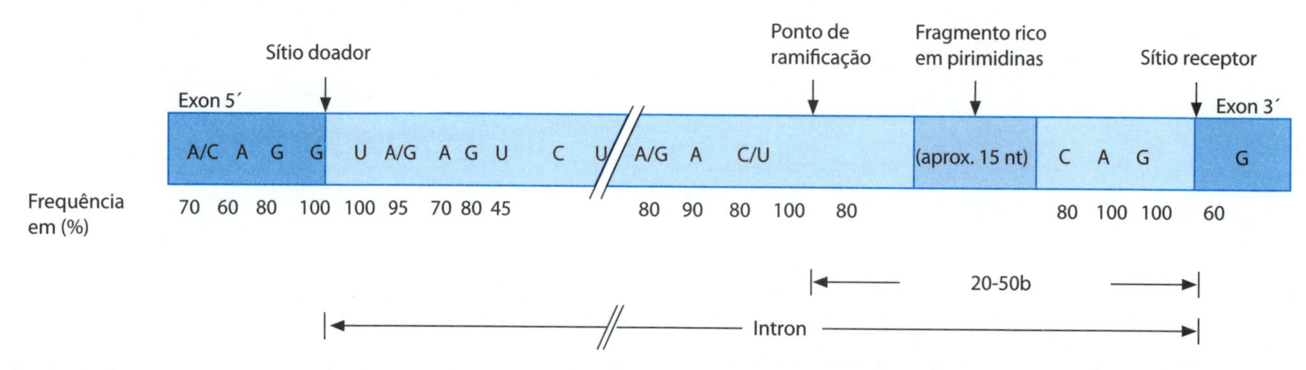

Figura 29-14. Sequências consenso doador e receptor. As sequências de nucleotídeos das extremidades de um intron (retângulo tracejado cinza-claro) são altamente conservadas. A figura mostra a frequência (expressa em porcentagem), de certas bases que aparecem nos limites entre exons e introns. Devido ao seu papel durante a reação de emenda, a sequência de consenso da região 5' do intron foi chamada "doadora", e a extremidade 3' "receptora". Nota-se que existem dinucleotídeos invariáveis nas duas sequências, doadora e receptora, o que define precisamente os limites do intron, na extremidade 5', dinucleotídeo GU, e na extremidade 3', dinucleotídeo AG. O nucleotídeo adenina do sítio de ramificação também é invariável. As ligações fosfodiéster que ligam os dinucleotídeos GU e AG aos exons vizinhos e a OH na posição 2' do sítio de ramificação (setas), estão envolvidas nas reações de transesterificação ilustradas na figura 29-16. Nota-se que o local de ramificação está localizado próximo do receptor, de 20-50 nucleotídeos, do dinucleotídeo AG. O tamanho do intron pode ser muito variável, aquele que determina a divisão entre os sítios doador e receptor, também é muito variável. A porção do intron que separa os sítios doador e de ramificação/receptor não está envolvido na reação de emenda. Vale ressaltar que a análise da sequência do genoma humano identificou que apesar de 98% das sequências de genes utilizarem as sequências GU (doador) e AG (receptor), 0,76% utilizam GC/AG e uma minoria de 0,1% usa AT/AC como doador/receptor.

SPLICING OU EMENDA DO RNA MENSAGEIRO

Foi uma grande surpresa para todos os biólogos moleculares descobrir que os genes de eucariotos são descontínuos; isto é, que seus transcritos primários (os pré RNAm) contem segmentos (os introns) que são eliminados e não são necessários para a função dos RNA maduros. A reação mediante a qual se eliminam os introns e se juntam os exons se conhece como emenda ou *splicing*. O *splicing* deve ser efetuada com precisão de 100%, pois ao contrário poderiam ser gerados mensageiros com quadros de leitura errôneos (capítulo 30). Para um *splicing* adequado é necessário duas sequências consenso que estejam nos limites do íntron e que definem os sítios precisos onde ocorrerá o *splicing*. Para cada íntron existe uma pequena sequência consenso "doadora" e outra "aceptora". A primeira se localiza próximo do limite entre o íntron e o exon que está na extremidade 5´ e a segunda se localiza no limite entre o íntron e o exon que está na extremidade 3´ (figura 29-14). Nem a sequência nucleotídica, nem o número de nucleotídeos que separa o doador do aceptor são importantes para o *splicing*. Portanto, se as sequências consenso do doador e do aceptor forem mantidas nos limites de um íntron, a *splicing* dos exons separados por este íntron ocorrerá corretamente. Em condições experimentais, testando um pré RNAm sintético cuja sequência doadora é de um gene e a aceptora de outro gene, o *splicing* dos exons é adequada, desde que tais sequências sejam semelhantes às de consenso.

Quando os genes contem mutações que afetam ou criam novas sequências consenso doadoras e aceptoras do *splicing*, esta pode ser abolida ou realizar-se de uma maneira anômala. Observe que um troca ou mutação na sequência doadora ou aceptora pode alterar a sequência do RNAm emendado, alterando o quadro de leitura para a tradução, com isso determinando também uma proteína alterada. Estas alterações ou mutações podem por sua vez inativar a proteína, causando enfermidades. De fato, muitas enfermidades genéticas humanas se devem a mutações que prejudicam o *splicing*; por exemplo, calcula-se que 25% das talassemias, um tipo de anemia hereditária, se deve a mutações nos genes da hemoglobina, que alteram o correto *splicing* dos RNAm destes genes. No exemplo da figura 29-15, uma mutação de ponto, isto é, a troca de uma única base no íntron 1 do gene da β-globulina, gera um novo sítio aceptor mais próximo do sítio doador. O uso deste novo sítio aceptor resulta em um RNAm anômalo que inclui os últimos 19 nucleotídeos do íntron 1, que nunca apareceriam no RNAm normal. Estes 19 nucleotídeos não só alteram o quadro de tradução normal iniciado no exon 1, mas também introduzem prematuramente um códon de terminação da tradução que resulta em uma β-globulina truncada não funcionante, causadora da talassemia.

A REAÇÃO DE EMENDA OCORRE NOS SPLICEOSSOMOS

A reação de emenda consiste de duas **transesterificações** consecutivas, nas quais o número de ligações fosfodiester do pré RNAm não muda, apenas se rearranjam (figura 29-16). As transesterificações do *splicing* desfazem duas ligações fosfodiester, que unem o íntron aos seus exons vizinhos; porém geram outros dois, o que agora une os dois exons e a ligação fosfodiester 2´-5´ que une a extremidade 5´ do íntron com o ponto de ramificação. Desta forma, o íntron não é elimi-

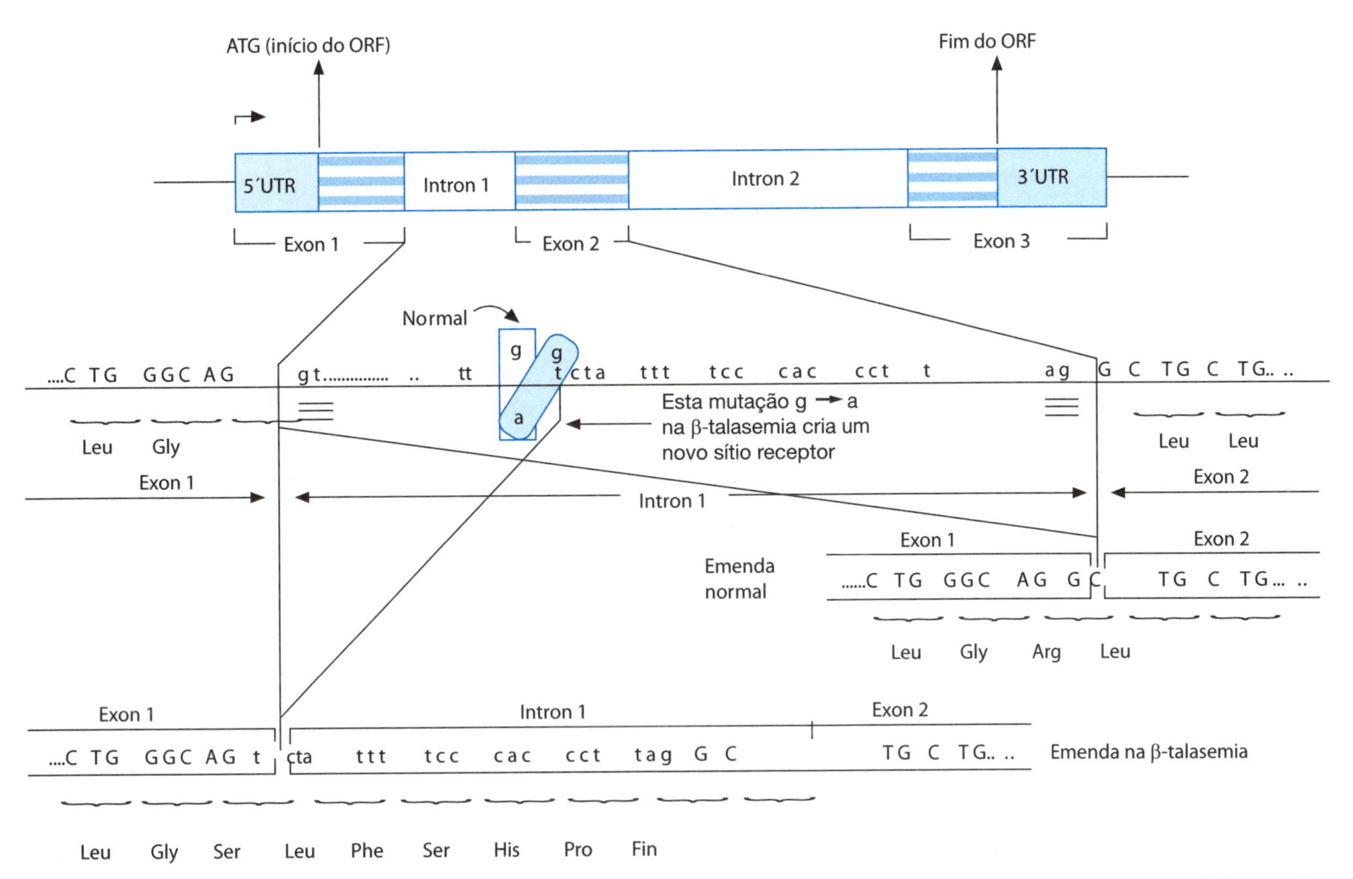

Figura 29-15. Mutações que alteram a emenda do gene β-globulina humana podem causar talassemias. O gene humano β-globulina contém dois introns que separam o inicio da tradução do mRNA. No gene normal para emenda do exon 1 com exon 2 foram utilizadas sequências doadoras e receptoras indicadas por um tríplete sublinhado. Em contraste, quando o intron apresenta a mutação G → A, ocorre por emenda alternativa que inclui 19 nucleotídeos que são normalmente removidas com o intron (letras minúsculas). Estes nucleótidos adicionais alteraram o fragmonto de tradução resultando em uma proteína mutada, não só terminando a tradução prematuramente, mas também adicionando a sua carboxila terminal um pentapeptídeo anômalo ao da β-globulina padrão.

nado como um fragmento linear, mas como uma estrutura que por sua forma peculiar é chamada de "laço" ou *lariat*. Como curiosidade, segundo o dicionário American Heritage, o termo inglês *lariat* deriva do espanhol "la reata" (de lazar).

A reação de emenda é catalisada por uma estrutura nuclear chamada **spliceossomo**. Este termo é um neologismo a partir do original em inglês: *spliceosome*, a estrutura onde se efetua o *splicing*. O spliceossomo é uma estrutura macromolecular de localização nuclear, constituída por partículas ribonucleoproteicas de tamanho pequeno (**snRNP** do inglês, *small nuclear ribonuclear particles*), que por sua vez são constituídas por RNA nucleares de tamanho pequeno (**snRNA** do inglês, *small nuclear RNA*) e um número ainda não bem determinado de proteínas. Algumas destas como a Sm, foram caracterizadas pois são os antígenos reconhecidos por alguns tipos de anticorpos "antinucleares", presentes no soro de pacientes com enfermidades autoimunes, como o lúpus eritematoso sistêmico. As cinco distintas partículas que formam o spliceossomo são as snRNP U1, U2, U4, U5 e U6, chamadas U, por conterem snRNA que são ricos em uracila. Alguns destes snRNA, os presentes em U1, U2, U4 e U5, são transcritos pela RNA polimerase II e necessitam a adição do capuz em sua extremidade 5` o qual serve para migrar ao citoplasma, onde encontram suas proteínas correspondentes e já acoplados como snRNP, voltam ao núcleo.

A atividade catalítica dos spliceossomos é determinada pelos RNA das snRNP que o compõem. As sequências nucleotídicas dos U snRNA são as responsáveis pela catálise e pela precisão do *splicing*. Por exemplo, a extremidade 5´ dos snRNA U1 e U2 tem complementaridade com os sítios doador e de ramificação do pré RNA mensageiro, respectivamente, o que lhes permite ancorar às snRNP correspondentes (figura 29-17). Este reconhecimento e ligação, mediados pela complementaridade de bases entre os snRNA U1 e U2 e o pré RNAm, é o primeiro passo no processo de emenda. Em um passo posterior, as snRNP U4, U6 e U5, interagem com as snRNP U1 e U2, formando o conglomerado completo que constitui o spliceossomo (figura 29-18), no qual as regiões doadoras e de ramificação/aceptoras permanecem próximas uma à outra. No spliceossomo já montado, ocorre uma organização dos pareamentos de bases, cujo resultado é que os exons que serão emendados ficam adjacentes e próximos ao par formado pelos snRNA U6 e U2 (figura 29-18).

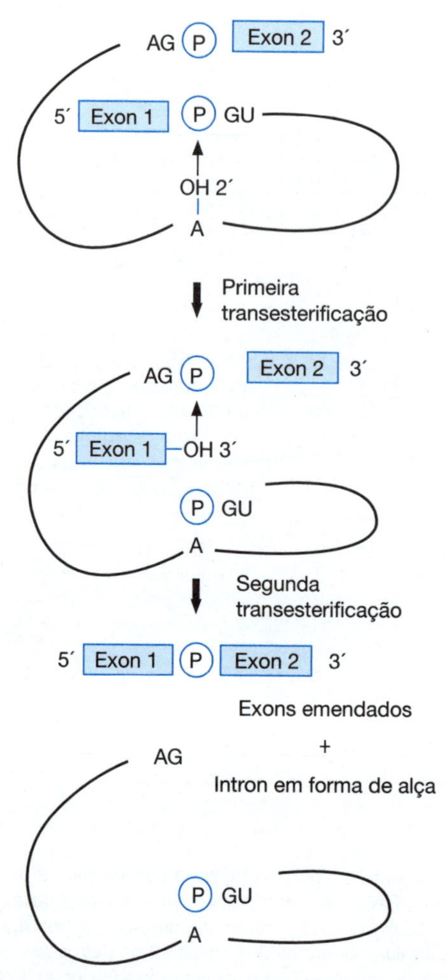

Figura 29-16. A reação de emenda é uma dupla transesterificação. Durante a reação de emenda não há ganho nem perda de ligações fosfodiésteres (indicadas como círculos com um P), só mudam de lugar mediante duas reações consecutivas de transesterificação. Na primeira, o fosfato da extremidade 5' do intron forma uma ligação fosfodiéster com a OH 2' livre no nucleotídeo (A) do ponto de ramificação, deixando uma OH livre na extremidade 3' do exon 1 (que está do lado 5' do intron). Na segunda, esta nova OH livre se liga ao fosfato da ligação fosfodiéster que une o intron com o exon 2 (que está do lado 3' do intron). A segunda transesterificação produz a ligação fosfodiéster que reúne os dois exons. O intron se libera como uma estrutura circular, chamada lariat ou alça, na qual sua extremidade 5' esta ligada covalentemente por ligação fosfodiéster via 2'-5', com o ponto de ramificação.

Estando orientados desta maneira, os snRNA U6 e U2 catalisam as reações de transesterificação ilustradas na figura 29-16. Uma vez realizada o *splicing*, o RNAm sai do spliceossomo, o qual se desmonta e libera o fragmento do laço. Ao final, o laço é degradado até nucleotídeos livres por diversas RNAases nucleares; entre elas uma que pode agir na ligação 2´- 5´ do ponto de ramificação. As diversas snRNP que constituem o spliceossomo estão em contínua reciclagem, iniciando novos ciclos de montagem para gerar um novo spliceossomo que emende outro par de exons (figura 29-18).

A AUTOEMENDA E OS RNA COM ATIVIDADES CATALÍTICAS

Embora os snRNA das snRNP sejam os responsáveis pela catálise da reação de emenda, o fato de que alguns anticorpos obtidos de pacientes com lúpus, como os anti-Sm, podem bloqueá-la indica que as proteínas das snRNP também tem um papel necessário, porém não bem conhecido, durante o *splicing*. Na verdade, na levedura existem pelo menos 100 genes, isto é, aproximadamente 1,5% dos genes deste organismo, cujos produtos são proteínas necessárias para o *splicing*. Portanto, o papel principal do RNA no *splicing* está plenamente confirmado pela existência de certos tipos de RNA que podem efetuar a reação de emenda de forma auto catalítica, independente de proteínas! Este achado inesperado mostrou que o RNA é uma molécula muito versátil, que além de controlar a informação genética, pode ter propriedades catalíticas. Esta descoberta é um dado de grande apoio à noção de que o RNA foi uma macromolecular primordial nas fases inicias da origem da vida. Com a posterior aparição do DNA e das proteínas, moléculas muito mais eficientes para o armazenamento da informação genéti-

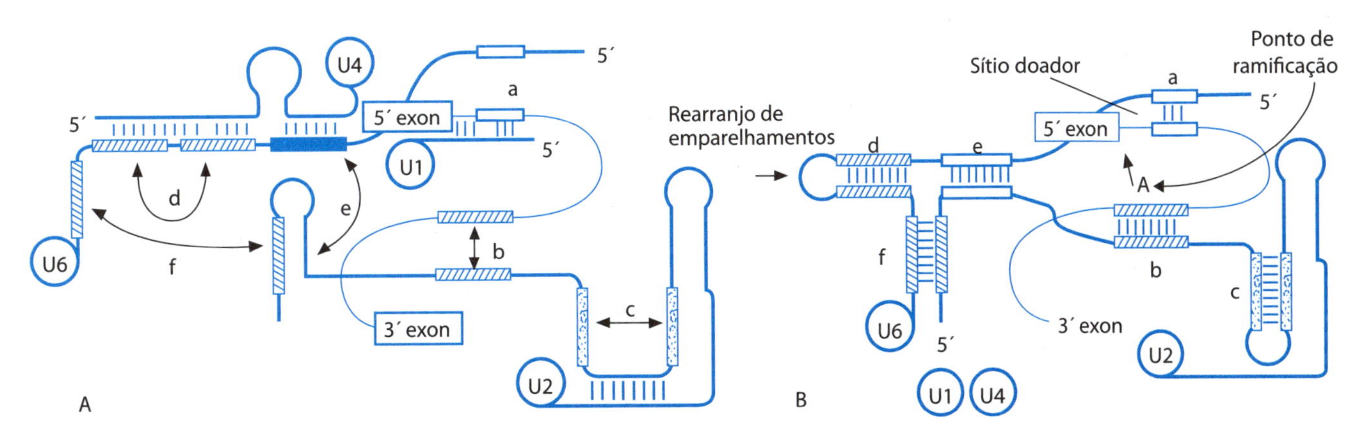

Figura 29-17. O RNAsn do espliceossomo aproxima e emenda os exons vizinhos. Como um passo anterior para as reações de transesterificação que ocorrem durante a emenda, os exons devem aproximar-se. Isto se dá através de emparelhamento de bases que ocorre entre o RNAsn U1 e RNAsn U2 com os pontos de ramificação e doador / receptor do RNAm precursor. A) O espliceossomo é completamente montado, quando o complexo pré-formado pelo RNPsn U4/U6 se liga ao RNPsn U5 U 1 e ao RNPsn U2 já ligado ao pré-RNAm. Em seguida, os rearranjos que ocorrem no emparelhamento de bases, alguns dos quais são indicados com setas que formam alças e troncos (minúsculas). O U2 snRNA associados com o snRNA U6, faltando o emparelhamento original do U6 e snRNA U4 teve que introduzir o B espliceossoma. Assim, o RNAsn U6, que é o catalisador transesterificações ARN, aproxima os locais doadores e ramificação / receptor. Também o RNAsn U 1 é deslocado do local doador, deixando o RNAsn U5 colocar em contiguidade os exons a serem unidos.

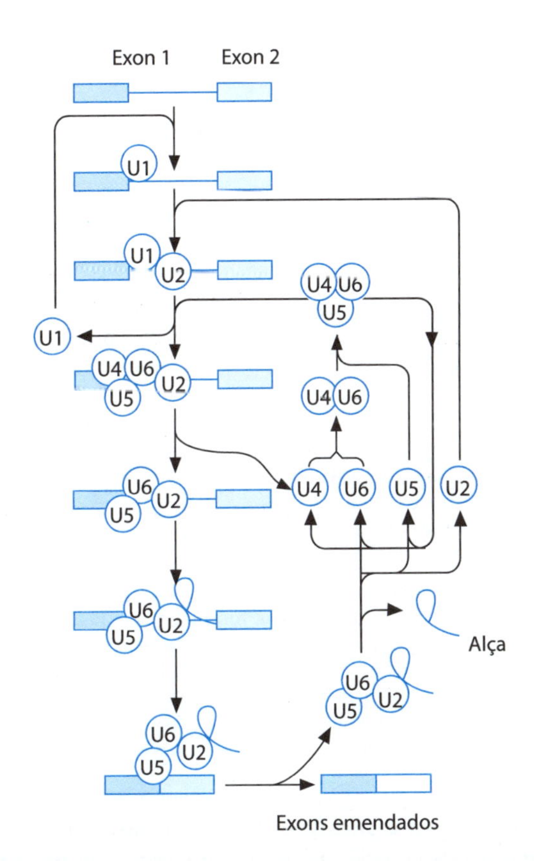

Figura 29-18. O ciclo catalítico das RNPsn do espliceossomo. De uma maneira semelhante aos TFII se unem de forma sequencial por múltiplos ciclos de formação do complexo de pré-iniciação da transcrição (figura 29-10), as RNPsn do espliceossoma se agrupam e desagrupam cada vez que ocorre uma emenda. Depois que ocorre a reação, as RNPsn desagrupadas podem participar novamente na emenda de outro par de exons.

ca e para a catálise enzimática, respectivamente, o RNA deixou seu papel central e a bioquímica evoluiu para a forma que hoje conhecemos.

As reações de auto emenda também ocorrem mediante as transesterificações, análogas às que ocorrem no spliceossomo, porém em vez de catalisadas pelos snRNA das snRNP, são catalisadas pelos introns. Assim, no caso da auto emenda, os introns são os responsáveis por sua própria eliminação e do *splicing* do exons adjacentes. Existem duas categorias ou grupos de introns capazes de realizar o *splicing* auto catalítica que se distinguem pelo nucleotídeo que são alvo da primeira reação de transesterificação. Os do grupo II utilizam a A do ponto de ramificação, como acontece no *splicing* do spliceossomo. Por outro lado, os do grupo I utilizam um nucleotídeo de G livre, que não está presente na sequência do íntron, mas sim um que é mantido no sítio ativo graças à estrutura secundária que adota o íntron durante a autocatálise (figura 29-19). Em organismos biológicos contemporâneos os introns autocatalíticos do grupo I foram descobertos pela primeira vez nos precursores do RNA ribossômico (pré RNAr) do protozoário *Tetrahymena thermophila*. Posteriormente foram também encontrados nos pré RNAr de outros organismos unicelulares, em genes mitocondriais de cogumelos, em alguns pré RNAm de certos bacteriófagos e em alguns precursores de RNAt de bactérias. Estes dois últimos exemplos são os únicos casos em que se descobriram introns e reações de *splicing* nos organismos procariotos. Os introns auto catalíticos do grupo II são mais raros; são encontrados em alguns genes mitocondriais e cloroplásticos de cogumelos e plantas.

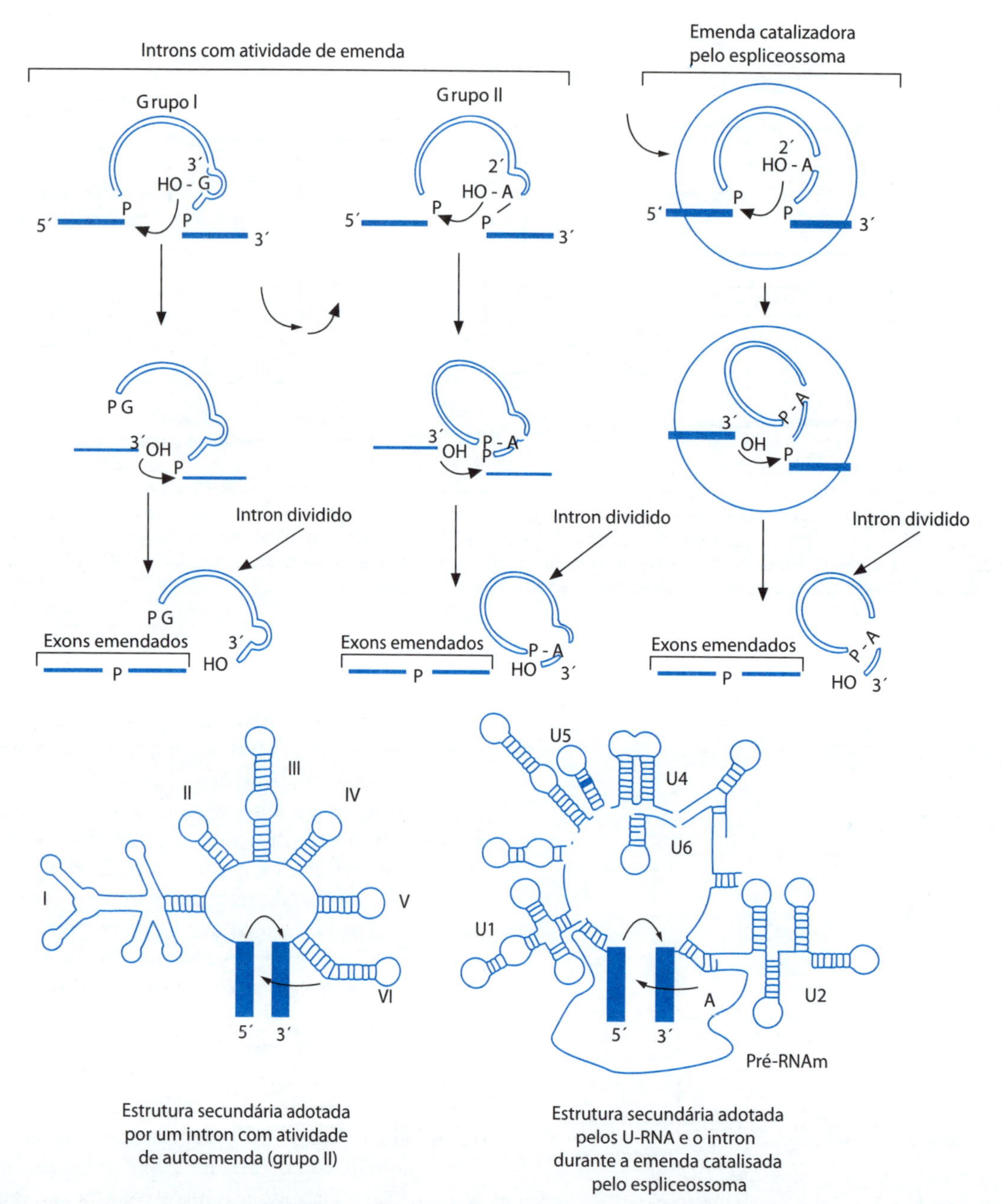

Figura 29-19. Introns com emenda autocatalítica. Os introns autocatalíticos do grupo I efetuam a primeira transesterificação sobre um nucleotídeo de guanina (G), que não está codificado na sequência nucleotídica do intron. Esta G tem as mesmas funções que o nucleotídeo de adenina do ponto de ramificação, presente na sequência dos introns autocatalíticos do grupo II e nos introns processados pelo espliceossoma. As estruturas secundárias dos introns autocatalíticos têm papéis fundamentais para a reação de emenda em ambos os grupos. As estruturas secundárias que adotam os introns do grupo II se assemelham muito às adotadas pelo RNAsn no espliceossoma. Por isso, tem sido postulado que foi a partir da autoemenda de introns do grupo II, que originaram os espliceossomas de emenda. De acordo com essa ideia, as funções autocatalíticas de introns do grupo II foram estabelecidas no RNAsn do espliceossoma, oque pode ser amplamente aplicado a introns de diversos genes.

O *SPLICING* ALTERNATIVO COMO UMA FONTE DE VARIABILIDADE E REGULAÇÃO DA EXPRESSÃO GÊNICA

Embora a precisão do mecanismo de *splicing* seja surpreendente, é ainda mais surpreendente saber que as células podem fazê-lo de maneira seletiva, elegendo um ou outro dentre vários exons possíveis. A esta opção de realizar o *splicing* especificamente de um exon, dentre vários disponíveis, se denomina *splicing* **alternativo**. A importância do *splicing* alternativo é sua capacidade de aumentar o "repertório genético", pois a partir de um gene a célula pode expressar proteínas com diferente estrutura e função. Isto é possível já que um mesmo RNAm ou transcrito primário se processa em duas ou mais variantes de RNAm maduros, cujas composições exonicas são diferentes. Ao serem traduzidos, estes RNAm habitualmente produzem proteínas com diferentes sequências polipeptídicas e, devido a isto, diferentes funções. O *splicing* alternativo é bastante frequente e se calcula que pelo menos 35% dos genes humanos possuem *splicing* alternativo. Durante a expressão do gene da fibronectina ocorrem exemplos notáveis do uso do *splicing* alternativo (figura 29-20).

A fibronectina, um componente importante da matriz extracelular do tecido conectivo, é uma glicoproteína de alto peso molecular, secretada por fibroblastos, epitélios e outros tipos celulares de organismos multicelulares. Além desta fibronectina presente na matriz extracelular, existe uma forma secretada pelo hepatócito, que se encontra em altas concentrações no plasma sanguíneo. A fibronectina plasmática é muito mais solúvel que a fibronectina da matriz extracelular, que se deposita na matriz em forma de fibrilas. A fibronectina é uma proteína composta de vários domínios estruturais que se repetem ao longo desta e que estão codificados no gene por exons separados. As diferenças que existem entre os dois tipos de fibronectina são determinadas pela presença ou ausência de dois domínios em particular, os EIIIA e EIIIB (figura 29-20). A presença destes resulta do *splicing* alternativo dos exons que os codificam, o qual ocorre de duas maneiras possíveis; no fígado se exclui os exons que codificam a EIIIA e EIIIB, enquanto em outras células como os fibroblastos, eles estão incluídos no RNAm maduro da fibronectina. O fato de que o *splicing* alternativo sirva para "construir" proteínas com "módulos" estruturais e funcionais específicos, reforçou a ideia de que os exons são unidades genéticas mínimas, que a natureza usou como blocos de construção para o desenho de genes complexos.

Em geral, o splincing alternativa ocorre de maneira seletiva em tipos celulares ou tecidos, nos quais se supõe que haja fatores proteicos (ou talvez ribonucleoproteicos), que estão presentes exclusivamente neles e que são os que determinam (ou bloqueiam) o spliceossomo ao exon preferido nessa célula ou tecido. No capítulo 31 se descreve como mediante uma "cascata" de *splicing* alternativos, a mosca da fruta determina seu sexo.

PERMUTA DE BASES DO RNA MENSAGEIRO

Um caso especial e pouco frequente de processamento do RNAm é chamado **permuta de bases** (ou edição), cujo nome em inglês é *RNA editing*. Durante a permuta de bases, um RNAm maduro sofre uma troca em uma ou várias de suas bases, alterando com isso a sequência nucleotídica do RNA. Esta troca pode afetar os trincas (*triplets*) ou códons do RNAm e manifestar-se como uma troca na sequência da proteína codificada (capítulo 30). Um exemplo de permuta de bases é a conversão enzimática, por desaminação de um C em um U, no RNAm

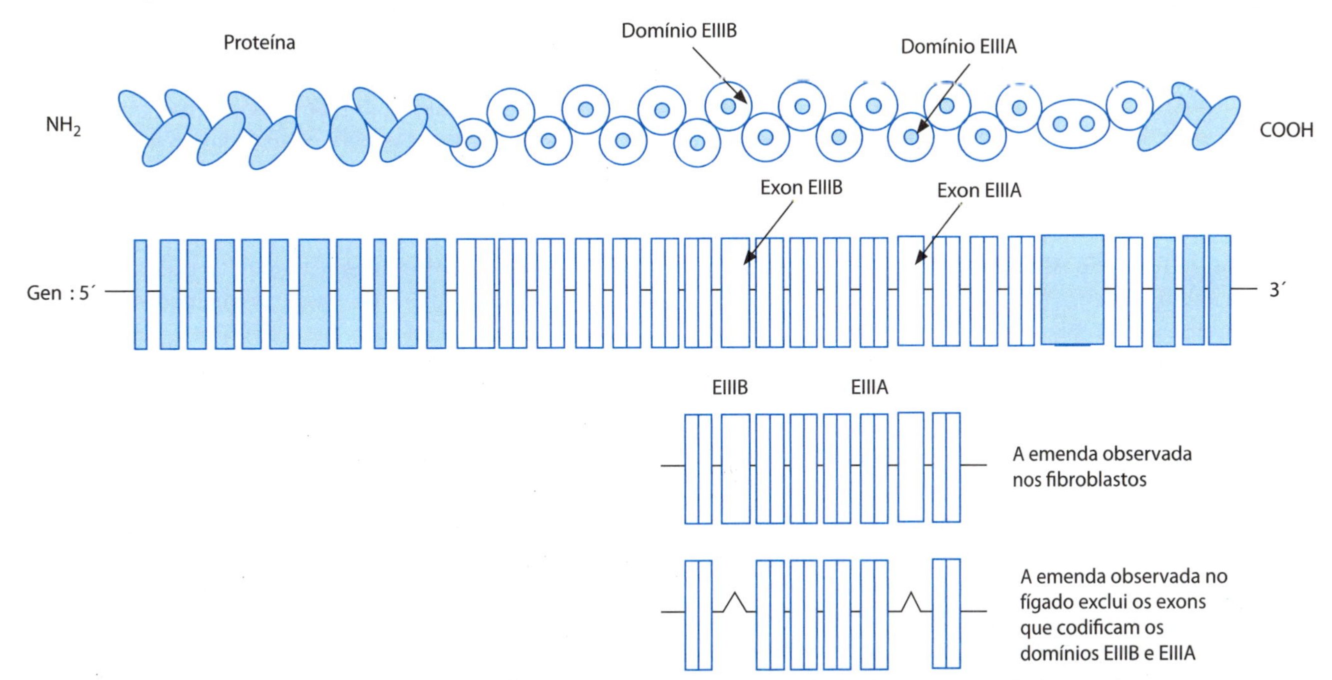

Figura 29-20. Mediante a emenda alternativa de seu RNAm, há geração de variantes funcionais da fibronectina. Diferentes linhagens celulares secretam para o meio extracelular a fibronectina, uma proteína composta de três tipos de domínios proteicos repetitivos (elipses e círculos na proteína). Cada um destes domínios está codificado no gene por exons separados (retângulos no gene), os quais se emendam de forma alternativa. Por exemplo, enquanto a maioria das células produzem um RNAm que contém os exons que codificam os domínios EIIIB y EIIIA, o hepatócito emenda um RNAm que não contém. Isto determina que a fibronectina produzida no fígado tenha propriedades estruturais e funcionais distintas da fibronectina produzida nos fibroblastos (vide o texto).

da apolipoproteina B (apoB), uma proteína envolvida no transporte sanguíneo de lipídeos. Esta mudança determina que o códon original CAA (glutamina) se converta em um sinal para a terminação da tradução (trinca UAA), de modo que quando o mensageiro corrigido é traduzido, produzirá uma proteína, a apoB-48, apenas 240 kDa (2152 aminoácidos), menor que a proteína codificada pelo RNAm original, a apoB-100, de 512 kDa (4536 aminoácidos). A apoB-48 carece da porção carboxi-terminal, que é responsável pela ligação ao receptor da LDL (*low density lipoprotein*, vide capítulo 19), sendo funcionalmente diferente da apoB-100. A desaminase que produz essa troca de bases se encontra no epitélio do intestino delgado e não no fígado; embora o gene se expresse em ambos tecidos, a forma apoB-100 predomina no fígado e a apoB-48 no intestino.

O NUCLÉOLO, A RNA POLIMERASE I E A SÍNTESE DOS RNA RIBOSSÔMICOS E DO RIBOSSOMO

Não obstante o indiscutível papel dos RNAm na expressão gênica, quando se considera sua contribuição à população total de RNA celulares, representa apenas uma minoria. Os RNA ribossômicos (RNAr) e transportadores (RNAt), produtos da transcrição das RNA polimerases I e III, são os tipos de RNA mais abundantes na célula. Em média em uma célula eucariótica típica, 85% do RNA é ribossômico, 10% é RNA transportador e os outros 5% se distribuem entre os RNAm e outros tipos diversos de RNA, que incluem por exemplo, os snRNA de spliceossomo.

Os RNAr são componentes ribonucleicos do ribossomo, a partícula subcelular ribonucleoproteica onde se efetua a tradução dos RNAm. O ribossomo eucariótico é composto por uma subunidade maior (60S) e uma subunidade menor (40S). A subunidade maior contem três molecular de RNA ribossômico, o 28S, o 5,8S e o 5S, enquanto a subunidade menor contem um só RNAr, o 18S. Para uma discussão mais ampla da estrutura e função do ribossoma, consulte o capítulo 30.

Com exceção do RNAr 5S que é transcrito pela RNA polimerase III (vide a próxima sessão), os outros três RNA ribossômicos eucarióticos são produtos da RNA polimerase I, a RNA polimerase nucleolar. A única função da RNA polimerase I é a de transcrever o pré RNAr, isto é, o transcrito primário precursor das formas maduras e funcionais dos RNAr 28S; 5,6S e 18S. O gene que codifica o pré RNAr se encontra repetido nos genomas de eucariotos, em forma de grupos multicópias (capítulo 27). O genoma humano contem aproximadamente 150 a 250 cópias do gene do pré RNAr, organizadas em tandem, orientadas na mesma direção 5` → 3`. Cada uma destas cópias é uma unidade transcricional que inclui as sequências do RNAr 18S; 5,8S e 28S, colocadas nesta ordem e separadas por regiões espaçadoras (figura 29-21). Como todos os transcritos de eucariotos, o pré RNAr também sobre um processamento pós-transcricional, que consiste na metilação do transcrito primário e na eliminação das regiões espaçadoras. Ainda que a ordem da eliminação dos espaçadores varie em cada espécie, esta é realizada no nucléolo pelo snRNA nucleolares, mediante cortes endonucleotídicos específicos que ao final separam cada um dos RNAr. As proteínas ribossômicas, previamente sintetizadas no citoplasma, penetram no nucléolo e interagem com sequências específicas do pré RNAr. Esta associação ajuda a dar precisão aos cortes endonucleotídicos e permite que os RNAr saiam de seu processamento já associados às proteínas com as quais constituem as subunidades ribossômicas (figura 29-22). A outra modificação pós-transcricional que ocorre no pré RNAr é a metilação de muitas de suas bases e riboses. Esta metilação ocorre nos mesmos nucleotídeos dos pré RNAr de diferentes espécies de eucariotos, e persiste nos RNAr maduros, o qual sugere que sejam de importância para a função dos RNAr. Ao menos parecem ser indispensáveis para o corte e eliminação dos espaçadores do pré RNAr, etapas que se detêm caso o pré RNAr não esteja metilado.

A RNA POLIMERASE III E A TRANSCRIÇÃO DOS RNAT, RNAR 5S E OUTROS RNA

Várias espécies de RNA pequenos são transcritas pela RNA polimerase III, tais como o RNA 5S ribossômico, todos os RNAt, o snRNA da snRNP U6 do spliceossoma e o RNA 7S das partículas de reconhecimento do peptídeo sinal, envolvido na migração co-traducional de certas proteínas ao retículo endoplasmático. Uma peculiaridade dos genes transcritos pela RNA polimerase III é a de conter promotores "internos", isto é, localizados não no flanco 5´da unidade transcricional, mas sim dentro dela. Por exemplo, observou-se que os genes que codificam os diversos RNAt, dentro da região que é transcrita, existem dois blocos de 11 pares de bases, as chamadas caixa A e caixa B, indispensáveis para que a RNA polimerase III inicie a transcrição. Depois da transcrição, as sequências das caixas A e B correspondem aos nucleotídeos que formam as alças D (diidrourinida) e ψ (pseudouridina) do RNAt maduro, sequências estruturais muito conservadas e funcionalmente importantes do RNAt (figura 29-23). Esta característica dos genes dos RNAt é um exemplo de como a natureza "economiza" recursos pois se servindo de uma mesma estrutura é capaz de realizar várias funções; neste caso, as sequências das caixas A e B dirigem a transcrição dos genes dos RNAt e determinam a estrutura secundária indispensável para a atividade biológica dos RNAt.

De forma análoga, as interações que ocorrem entre os promotores da RNA polimerase II com a proteína que se une ao TATA *box* (a TBP) e outros TFII, as sequências das caixas A e B do promotor dos RNAt são reconhecidas

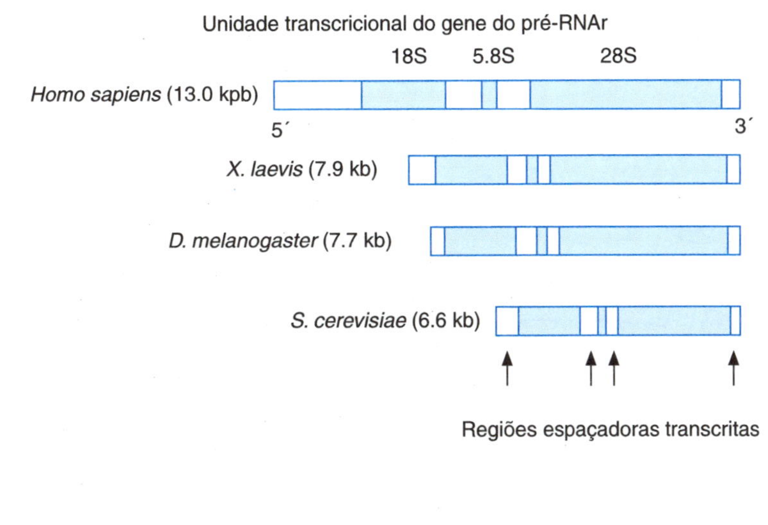

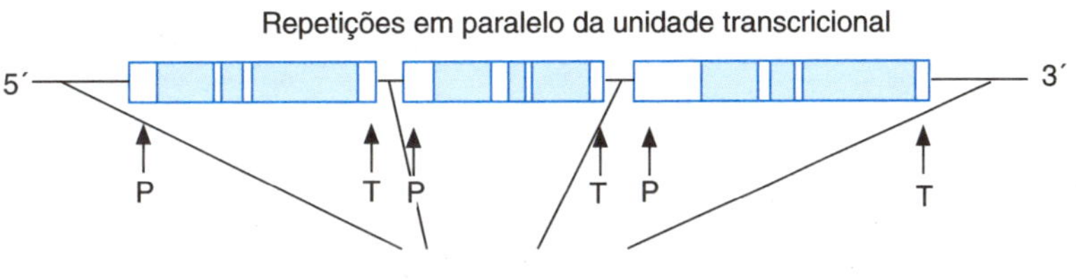

Figura 29-21. Organização da unidade transcricional do pré-rRNA de eucariotas. A figura mostra o desenho geral do gene precursor dos RNAr nos eucariotas. Em todos os casos, o transcrito primário contém da extremidade 5' a 3' as sequências dos RNAr 18S, 5.8S y 28S (blocos escuros), separadas por "espaçadores" (blocos brancos), cujos tamanhos variam segundo a espécie. Nos flancos de cada uma das unidades transcricionais do conglomerado multicópia, se encontram as regiões promotoras (P) e terminais (T) da transcrição. Note que a disposição no tandem e a idêntica orientação do promotor permitem que todas as unidades transcricionais possam ser transcritas simultaneamente, seguindo a mesma orientação 5' → 3'.

pelo fator transcricional TFIIIC, o qual faz parte da maquinaria de transcrição da RNA polimerase III e é indispensável para que se forme o complexo de iniciação. Para os outros genes transcritos pela RNA polimerase III são necessários fatores transcricionais adicionais que servem de fatores adaptadores para a ligação do TFIIIC ao promotor. Por exemplo, no caso do promotor do gene do 5S RNAr, o fator TFIIIA reconhece sequências promotoras do gene, também internas, permitindo o recrutamento, primeiro do TFIIIC e depois dos outros fatores do complexo de iniciação da RNA polimerase III. Algo que ilustra o muito que ainda temos que aprender sobre os mecanismos de transcrição é o fato surpreendente e inexplicável de que apesar dos genes transcritos pelas RNA polimerases I e III necessitarem do TATA *box*, os complexos de iniciação dessas RNA polimerases requerem a TBP.

De forma semelhante, o gene do precursor do RNAr, os genes dos diversos RNAt também existem como grupos multicópias no genoma humano e seus transcritos primários também passam por um extenso processamento pós-transcricional (figura 29-23). Os precursores do RNAt (pré RNAt) habitualmente perdem de 30 a 40 nucleotídeos que não se encontram no RNAt maduro. Por exemplo, todos os pré RNAt tem na extremidade 5´ uma sequência de bases que é eliminada pela atividade endonuclease da ribonuclease P (RNAse P), que é uma enzima ribonucleoproteica, cujo RNA, o RNAM1 é a parte catalítica da enzima. Em condições experimentais *in vitro*, o RNAM1 pode cortar o pré RNAt na ausência de sua parte proteica. Alguns pré RNAt contem um íntron menor, geralmente localizado no que será a alça do anticódon. Estes introns são eliminados por um tipo de *splicing* bioquimicamente diferente do spliceossomo e dos introns auto catalíticos dos grupos I e II. O *splicing* dos pré RNAt não ocorre por uma dupla transesterificação, mas sim por cortes endonucleotídicos simultâneos que liberam o íntron, seguidos de uma completa reação de ligação que une os dois exons. A diferença muito importante é que o *splicing* dos RNAt é catalisado por proteínas e não por RNA, como nos tipos de *splicing* descritos anteriormente. Outra troca pós-transcricional é a troca dos nucleotídeos da extremidade 3´ pelo trinucleotídeo CCA, que é característico de todos os RNAt maduros. Finalmente, deve-se mencionar a modificação pós-transcricional de certas bases, que dão lugar às chamadas bases menores dos RNAt (capítulo 26).

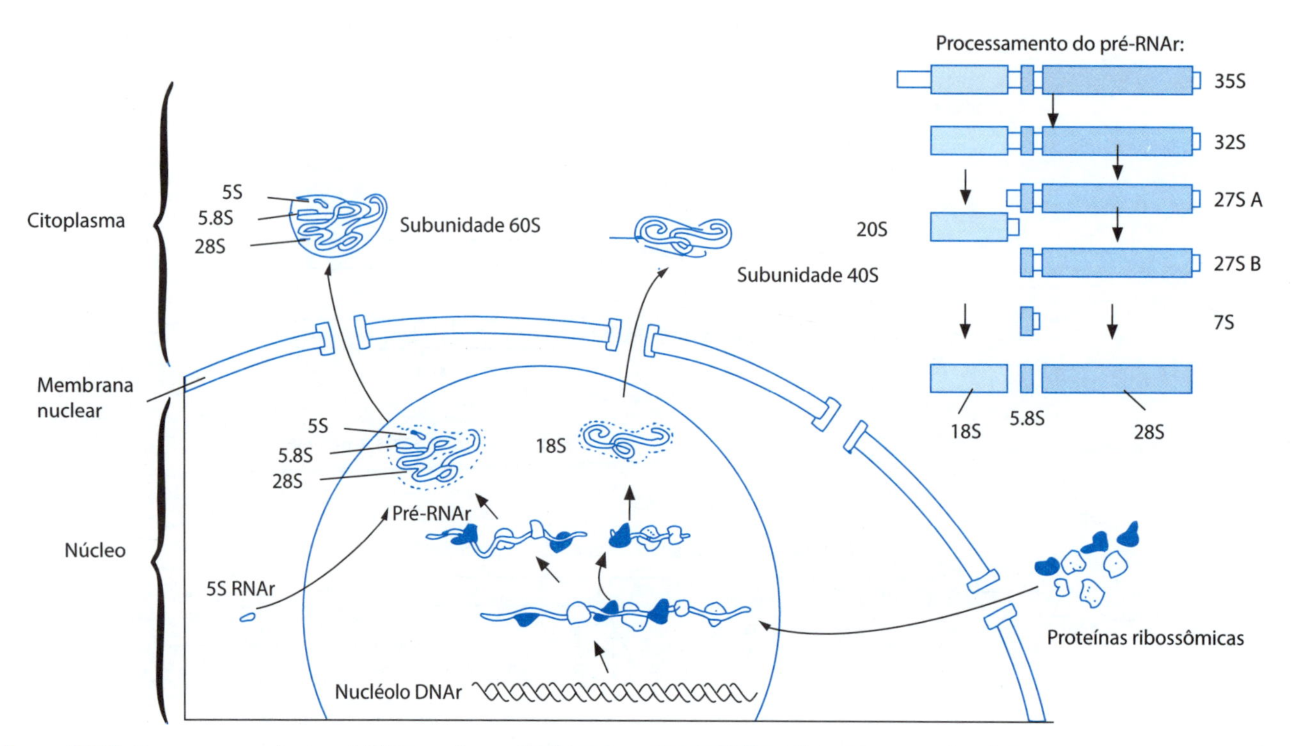

Figura 29-22. O processamento do pré-RNAr e a formação do ribossomo eucariótico. O agrupamento dos ribossomos ocorre no nucléolo e é realizada de forma concomitante a transcrição do pré-RNAr pela RNA polimerase I, que produz um transcrito primário de 35S, o pré-RNAr. As proteínas ribossômicas migram de seu sítio de síntese, o citoplasma, até o nucléolo, onde se associam com o pré-RNAr e ajudam no processamento. Pela catálise mediada pelas RNPrsn nucleolares específicas, as regiões espaçadoras o pré-RNAr são eliminadas, uma por uma, até a liberação dos RNAr maduros, que assumem lugar definitivo nas subunidades maior e menor do ribossomo. Finalmente, a subunidade maior se incorpora ao RNAr 5S, que é sintetizado fora do nucléolo pela RNA polimerase III, e cada uma destas subunidades são transportadas para o citoplasma, onde encontram-se os RNAm maduros, associando-se para formar um ribossomo ativo.

AS BIBLIOTECAS DE CDNA SÃO COLEÇÕES REPRESENTATIVAS DOS RNAM CELULARES

Devido aos processos de transcrição e *splicing*, os RNAm são versões abreviadas e filtradas da informação genética, sem introns nem "DNA lixo" (capítulo 27). Ao menos em relação aos genes cujos produtos são proteínas, pode-se considera que uma população de RNAm é uma versão "resumida" e "útil" da informação do genoma, ainda que limitada exclusivamente aos genes que se expressam na célula ou tecido de onde provem essa população de RNAm. Esta última limitação também é uma vantagem, pois se se pudessem catalogar (com sua respectiva sequência nucleotídicas) todos os RNAm, desde os mais abundantes até os mais raros que uma célula ou tecido produzirem em um dado momento, poderíamos saber quais são os genes mínimos necessários para manter o fenótipo desta célula ou tecido específico. A princípio, a comparação destes catálogos poderia revelar quais genes são os que determinam as diferenças fenotípicas de grande transcendência biológica e médica, como as que existem entre uma célula cancerosa e outra normal, ou entre um neurônio e uma célula glial, ou entre um linfócito inativo e um ativo, para exemplificar algumas possibilidades.

Hoje em dia há um grande esforço cientifico para gerar estes catálogos de populações completas de RNAm, chamadas "bibliotecas de EST" (*expressed sequenced tags*). Além disso, estes "catálogos" serão de grande utilidade para a identificação inequívoca dos genes na sequência do genoma humano.

Um passo indispensável para gerar estes catálogos é a clonagem molecular dos RNAm, para o qual é indispensável converter cada um deles para sua cópia de DNA de cadeia dupla, chamada **cDNA** ou **DNA complementar** (ao RNAm). Esta conversão dos RNAm em suas copias de cDNA é um passo obrigatório para poder liga-los e multiplica-los nos vetores de clonagem que hoje dispomos. O nome que se dá a estas coleções de clones de cDNA, derivados dos RNAm de uma célula ou tecido em particular, é **bibliotecas de cDNA**. Para a purificação dos RNAm, fração minoritária do RNA celular total, e sua eventual conversão a cDNA, se utiliza uma de suas modificações pós-transcricionais, a cadeia de poliadenina da extremidade 3´ (figura 29-24). Uma biblioteca de cDNA ótima e ideal é aquele em que estão representados todos os RNAm da amostra inicial, pois este seria o catálogo completo de seus RNAm. As bibliotecas de EST são bibliotecas de cDNA, nas quais

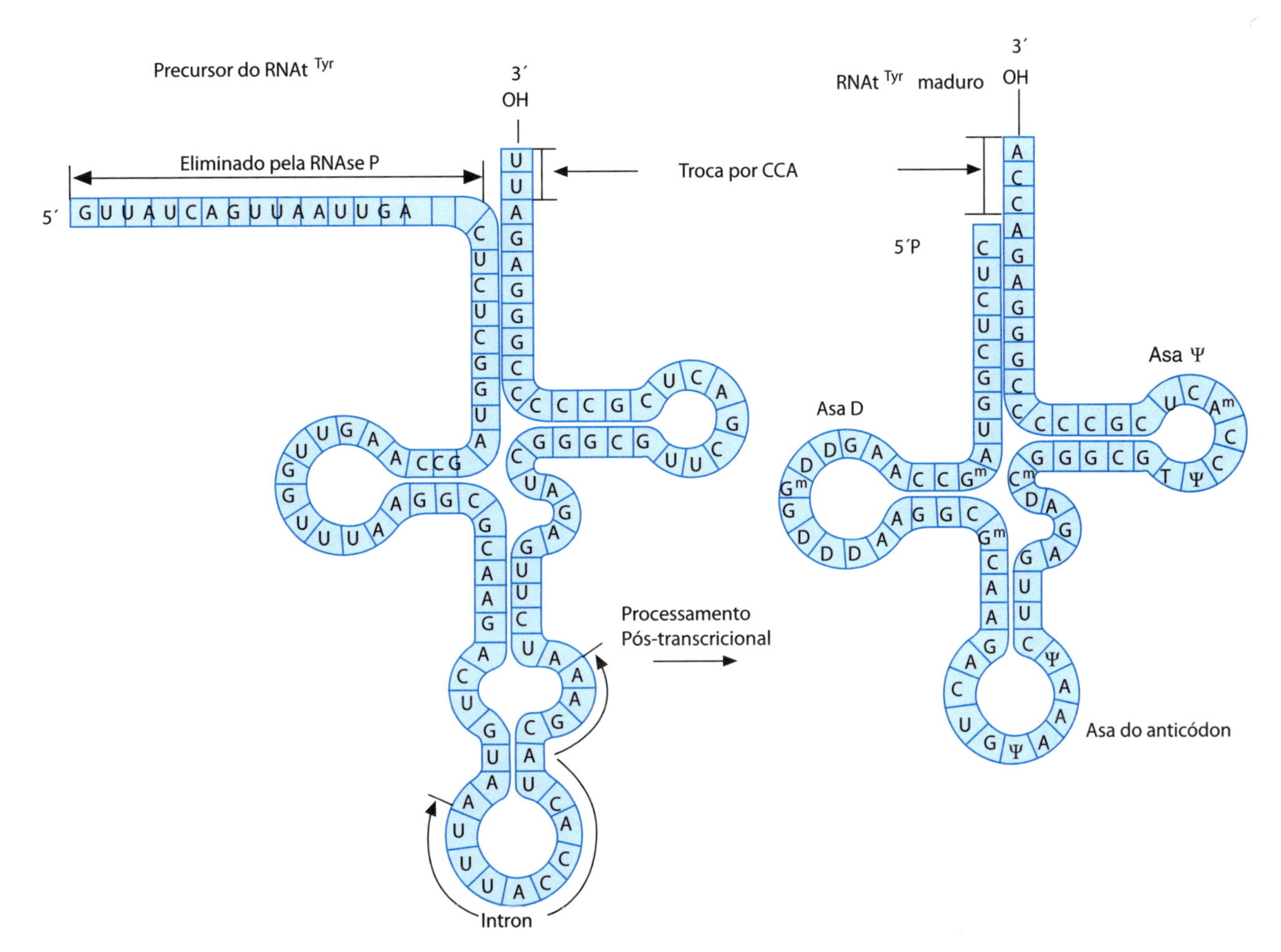

Figura 29-23. Processamento do pré-RNAt da tirosina. A figura ilustra as diferentes mudanças pós-transcricionais dos precursores dos RNAt, exemplificados com o pré-RNA da tirosina (pré-RNAt Tyr). A forma madura do RNAt (RNAt Tyr) está à direita e seu precursor à esquerda da figura. Na asa do anticódon, na forma precursora, existe um intron de 14 nucleotídos que são eliminados. Os primeiros 16 nucleotídos da extremidade 5' do precursor também são eliminados e o dinucleotídeo UU da extremidade 3' é substituído pelo trinucleotídeo CCA, que é característico de todos os RNAt maduros.

todos os clones foram sequenciados por suas extremidades. Esta sequência são arquivadas em bases de dados, que podem ser considerados como um catálogo de todos os genes (conhecidos e desconhecidos) expressos no tecido ou célula de onde foi extraído o RNAm usado para a síntese do cDNA.

Um desafio ainda maior é o de identificar cada um dos clones da biblioteca ou o clone de um RNAm em particular. Para isto, tem se usado variadas e engenhosas técnicas de triagem ou busca, dentre elas a clonagem por expressão e a hibridação com sondas de DNA. Em ambos os casos, o investigador se vale da informação previamente obtida a respeito da proteína cujo RNAm/cDNA de interesse para a clonagem. Por exemplo, para a hibridação, pode-se utilizar um DNA sintético cuja sequência tenha sido inferida a partir da sequência polipeptídica da proteína. Para a clonagem por expressão é necessário a construção da biblioteca de cDNA em um **vetor de expressão** (genética). Estes tipos de vetores são possíveis graças ao uso heterólogo de promotores das RNA polimerases. Quando os vetores de expressão são multiplicados em um hospedeiro adequado, também transcrevem e traduzem o cDNA que possuem clonados, produzindo a proteína codificada neste cDNA. Já que as bibliotecas construídas em vetores de expressão produzem as proteínas codificadas nos cDNA clonados, estas podem ser identificadas, seja com anticorpos previamente obtidos contra a proteína, ou ainda melhor, testando sua atividade biológica. Esta última abordagem, a clonagem por expressão fazendo buscas mediante ensaios biológicos tem permitido a clonagem de genes de grande relevância médica, por exemplo, as interleucinas, fatores tróficos mediadores da resposta imunológica, entre outras.

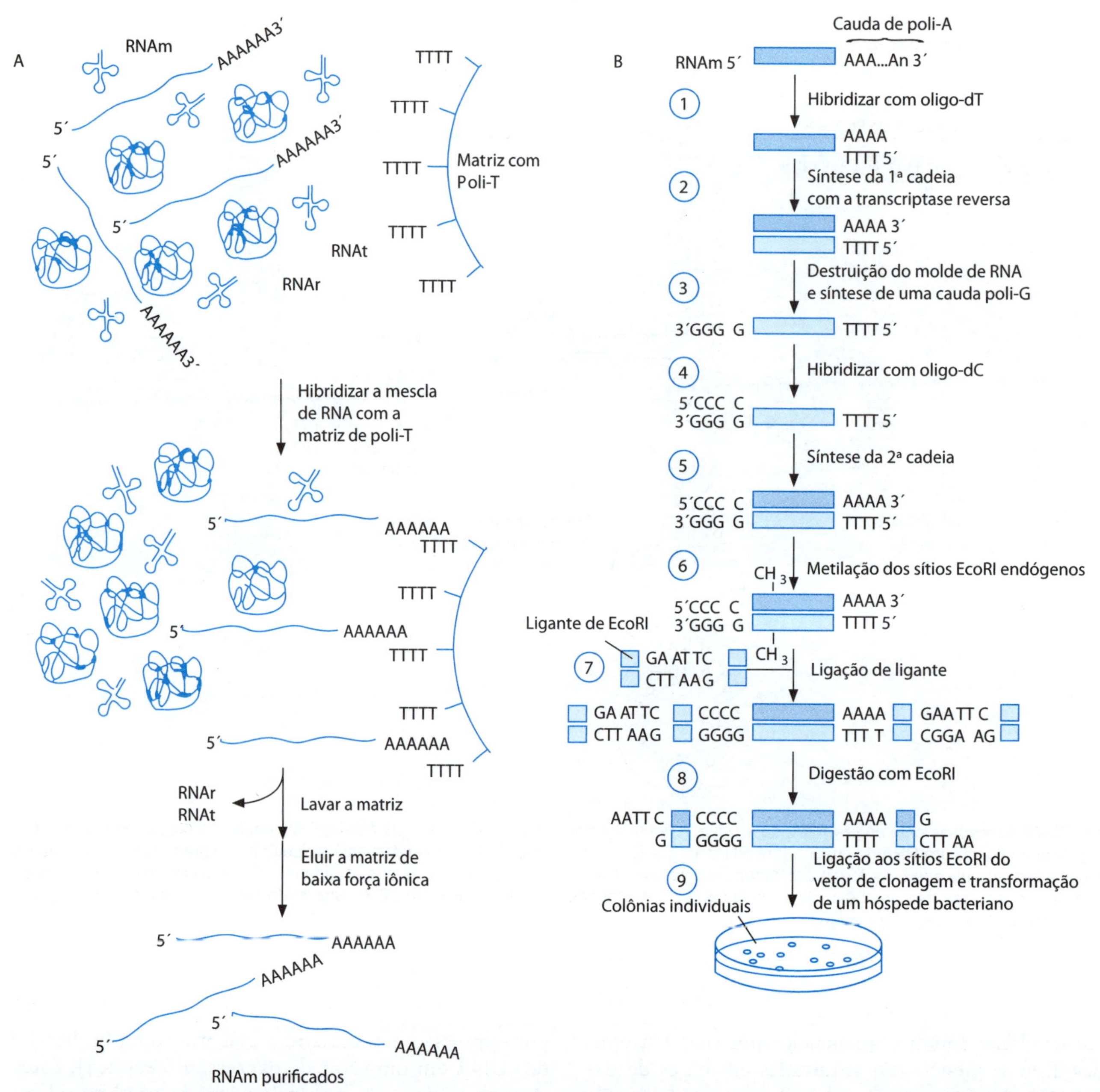

Figura 29-24. Bibliotecas de cDNA. A) A purificação dos RNAm se dá facilmente através das caudas de poli-A que este tipo de RNA tem em suas extremidades 3'. Para isso, é utilizada uma matriz sólida que une covalentemente um oligonucleotídeo de politimidinas (oligo-dT), complementário às caudas de poli-A. Ao passar uma mescla de RNA celular total, só os RNAm aparelham-se aos oligo-dT, enquanto os outros RNA são eliminados as se lavar a matriz. Finalmente, uma mudança de salinidade faz com que os RNAm se separem dos oligo-dT e possam ser utilizados na síntese do DNA complementar (cDNA). B) Para converter o RNAm em seu cDNA utiliza-se a transcriptase reversa, que é uma polimerase de DNA dependente de RNA (vide capítulo 28). Con um iniciador de oligo-dT (passos 1 a 2) uma cadeia de DNA, que é complementar ao RNAm, é gerada. Esta primeira cadeia de DNA serve de molde para a síntese de uma segunda cadeia, sendo necessário a introdução de uma "cauda" de poli-G na extremidade 3' da primeira cadeia (passo 3). Esta cauda de poli-G serve para o emparelhamento um iniciador de oligo-dC, a partir do qual é sintetizada segunda cadeia (passos 4 e 5). Neste ponto, o RNAm está completamente convertido em seu DNA complementar, sendo a segunda cadeia correspondente à sequência do RNAm original, ou seja, a cadeia codificadora. Para poder ligar este DNAc em um vetor de clonagem (que pode ser um vetor de expressão, vide texto), é necessário que suas extremidades sejam compatíveis com os sítios de restrição do vetor. Para isso, primeiro são necessários fragmentos curtos de DNA (ligantes) que contém os sítios de reconhecimento de uma endonuclease de restrição, geralmente o EcoRI. Ao cortar o vetor e o DNAc (com seus ligantes já ligados) com EcoRI, são produzidos extremidades compatíveis para ligação do DNAc e do vetor (passos 7 e 8). Levando-se em conta que os DNAc sintetizados nos passos anteriores poderiam conter sítios EcoRI endógenos, é necessário "bloqueá-los" antes de adicionar a EcoRI. Isto ocorre com a metilação dos sítios EcoRI internos com a metilase EcoRI, fazendo com que ela se torne resistente à digestão pela endonuclease EcoRI (passo 6) uma vez que o vetor e o DNAc estão ligados, esta nova molécula de DNA recombinante se propaga em um hospedeiro adequado (passo 9).

REFERÊNCIAS

Beutter E: "Pumping" iron: The proteins. Science 2004;306: 2051.

De la Cruz EM, Ostap EM: Relating biochemistry and function in the myosin superfamily. Curr Opin Cell Biol 2004; 16:61.

Devlin TM: *Bioquímica. Libro de texto con aplicaciones clínicas,* 5a. ed. Barcelona: Editorial Reverté, 2004.

Drlica K: *Understanding DNA and gene cloning, a guide for the curious*, 2nd. ed. New York: John Wiley and Sons, 1992.

Lodish H, Baltimore D, Berk A, Zipursky SL, Matsudaira P, Darnell J: *Molecular cell biology,* 3nd. ed. New York: Scientific American Books, 1995.

Nelson DL, Cox MM: *Lehninger Principios de Bioquímica,* 4a. ed. Barcelona: Omega, 2006.

Sharp PA: Split genes and RNA splicing, Nobel lecture. *Cell* 1994;77:805-815.

Smith C, Marks AD, Lieberman: *Bioquímica básica de Marks. Un enfoque clínico.* Barcelona: Ed. McGraw-Hill Interamericana, 2006.

The RNA polymerase II transcriptional machinary. Número especial del Trends in Biochemical Sciences, *Elsevier Trends Journals*, 1996.

Páginas eletrônicas

Diwan, JJ, Bello SC (2009): *Molecular Biochemistry II* [Enlínea] Disponible: http://www.rpi.edu/dept/bcbp/molbiochem/BiochSci/Molbioch2/mb2index.htm [2009, marzo11]

Eastern Michigan University (2003): *Genes and Transcription* [En línea] Disponible: http://www.emunix.emich.edu/~rwinning/genetics/transcr.htm [2009, marzo 11]

Kimball, JW (2008): *Gene Expression: Transcription.* En: Kimball's Biology Pages [En línea]. Disponible: http://users.rcn.com/jkimball.ma.ultranet/BiologyPages/T/Transcription.html [2009, marzo 11]

University of Utah (2009): *Transcribe and Translate a Gene,Genetic Science Learning Center* [En línea] Disponible:
http://learn.genetics.utah.edu/content/begin/dna/transcribe/ [2009, marzo 11]

University of Wisconsin System (2006): *Transcription* [Enlínea]. Disponible: http://bioweb.uwlax.edu/GenWeb/Molecular/Theory/Transcription/transcription.htm [2006,abril 14]

Zamudio, Teodora (2005): *La transcripción y la traducción.* En:Regulación Jurídica de las Biotecnologías Equipo de docência e investigación UBA-Derecho [En línea]. Disponible: http://www.biotech.bioetica.org/clase1-14.htm[2009, marzo 11]

30

A tradução: síntese biológica das proteínas

Fernando López Casillas

Para usar a informação armazenada no genoma e transcrita nos RNA mensageiros (RNAm) é indispensável sua conversão ou tradução em polipeptídios. No estudo dos polímeros informacionais, se denomina **tradução** o processo mediante o qual a sequência nucleotídica dos RNAm é usada para a síntese de polipeptídios. Esta síntese acontece nos ribossomos, maquinarias macromoleculares compostas de diversas proteínas e RNA ribossômicos (RNAr). No ribossomo, e com o auxilio dos RNA transportadores (RNAt), é onde as sequências dos RNAm são utilizadas para determinar as sequências dos polipeptídios sintetizados. Neste capítulo será discutido como estas três espécies de RNA e vários fatores proteicos associados provocam a tradução.

TRADUÇÃO DA INFORMAÇÃO CODIFICADA NAS SEQUÊNCIAS DE ÁCIDOS NUCLEICOS

No capítulo 25 se enfatizou que a informação genética contida na sequência nucleotídica do DNA flui, usando como intermediários os RNAm, até as proteínas, mantendo uma **colinearidade e direcionalidade** de sequências (figuras 25-3 e 25-4). Durante a transcrição se mantém a colinearidade de sequências do DNA ao RNA existindo uma correspondência entre os quatro desoxirribonucleotídeos do DNA e os quatro ribonucleotídeos do RNA; a sequência do RNA transcrito corresponde à da cadeia codificadora do DNA (figuras 29-3 e 29-4). Já que tanto o DNA como o RNA estão compostos só de quatro distintos monômeros, a correspondência entre as suas sequência é de 1 a 1, a um desoxirribonucleotídeo corresponde um ribonucleotídeo: dA → A, dC → C, dG→ G e dT →U. A situação é muito diferente entre o RNAm e as proteínas, o alfabeto químico do primeiro é de quatro nucleotídeos, enquanto o alfabeto das segundas é de 20 aminoácidos. Além de não existir uma correspondência 1 a 1 entre os números de seus possíveis blocos constituintes, existe outra diferença relevante - sua distinta natureza química. Assim, para converter a informação dos ácidos nucleicos em proteínas, a célula deve efetuar uma complicada tradução, na qual se requer uma molécula adaptadora que "interprete" ambas as linguagens: o **RNA de transferência ou transportador** (RNAt). Além disso, é necessário um código ou dicionário que traduza sequências codificadas, combinando as quatro bases do RNA, em sequências escritas com os 20 aminoácidos. Este código, ou dicionário é chamado **código genético.**

O CÓDIGO GENÉTICO É CONSTITUÍDO DE 64 TRIPLETES OU CÓDONS

Para produzir um código que especifique inequivocamente a relação entre as quatro bases do RNA e os 20 distintos aminoácidos, é preciso estabelecer combinações de sequência de ao menos três nucleotídeos. Quando se combina as quatro bases do RNA em arranjos de três, obtém-se 64 combinações (4 x 4 x 4 = 64). Com arranjos de dois nucleotídeos se produzem unicamente 16 distintas combinações (4 x 4 = 16), as quais são insuficientes para definir sem ambiguidade os 20 aminoácidos; assim o código genético se baseia em 64 trincas ou **códons.** Estas trincas consistem de três nucleotídeos, cujas sequências se escrevem na direção 5' → 3', e cada um deles tem uma tradução inequívoca em alguns aminoácidos ou sinal de terminação da síntese das proteínas (quadro 30-1). Ao existir 64 possíveis códones que excedem o número mínimo requerido de 20 existiriam a possibilidade de que só 20 códons fossem úteis e que os outros 44 não codificassem nenhum aminoácido. O fato é que essas 44 trincas adicionais são usadas para codificar repetidamente alguns aminoácidos e proporcionar os sinais de terminação da tradução. Devido à existência de redundância de códigos para certos aminoácidos, isto é, que alguns aminoácidos são codificados por mais de um códon, se diz que há **degeneração** do código genético. Por exemplo, para cada um dos aminoácidos leucina, arginina e serina existem

Quadro 30-1. O Código genético

Primeira posição (Extremidade 5')	Segunda posição U	C	A	G	Terceira posição (Extremidade 3')
U	Phe	Ser	Tyr	Cys	U
	Phe	Ser	Tyr	Cys	C
	Leu	Ser	Terminação	Terminação	A
	Leu	Ser	Terminação	Trp	G
C	Leu	Pro	His	Arg	U
	Leu	Pro	His	Arg	C
	Leu	Pro	Gln	Arg	A
	Leu	Pro	Gln	Arg	G
A	Ile	Thr	Asn	Ser	U
	Ile	Thr	Asn	Ser	C
	Ile	Thr	Lys	Arg	A
	Met[1]	Thr	Lys	Arg	G
G	Val	Ala	Asp	Gly	U
	Val	Ala	Asp	Gly	C
	Val	Ala	Glu	Gly	A
	Val	Ala	Glu	Gly	G

[1]O códon AUG constitui o sinal de iniciação da tradução e também codifica as metioninas internas da proteína.

seis códons diferentes (quadro 30-1). O código para outros aminoácidos tem menor grau de degeneração.

Por exemplo, existem quatro distintos códons para cada um dos seguintes aminoácidos: valina, prolina, treonina, alanina e glicina. Enquanto a metionina e o triptofano só têm um códon, sendo os únicos aminoácidos para os quais não há degeneração no código genético. É importante mencionar que três códons, UAA, UAG e UGA, não codificam aminoácidos, mas sim, **sinais de terminação** (ou *stop*). Durante a tradução, estas trincas são interpretadas como um sinal de que a síntese da proteína em construção chegou ao seu final, isto é, que não se devem acrescentar mais aminoácidos.

Quando existem vários códons para um mesmo aminoácido, suas sequências não são ditadas ao acaso. Por exemplo, só a terceira posição dos quatro códons que codificam a glicina exibe variação: GG$\underline{\text{U}}$, GG$\underline{\text{C}}$, GG$\underline{\text{A}}$ e GG$\underline{\text{G}}$. De fato, poder-se-ia dizer que na trinca GGN (na qual N pode ser qualquer uma das quatro bases do RNA), que codifica a glicina, só as duas primeiras bases determinam a especificidade para este aminoácido. Situação semelhante se observa para os aminoácidos com códons redundantes, as duas primeiras posições do códon são as mais relevantes para a especificidade do aminoácido codificado. O fato de que para muitos destes a terceira posição de seus códons possa apresentar variabilidade tem a vantagem evolutiva de minimizar os danos que uma mutação poderia ocasionar. Uma transição de bases que na qual se troca o códon CCU por CCC seria uma **mutação silenciosa;** isto é, que não afetaria a estrutura primaria da proteína codificada por esse gene, pois ambos os códons, o original e o mutado, se traduzem como prolina. No caso da hemoglobina mutante, fator causal da anemia de células falciformes (figura 25-3), a mutação ocorre na segunda posição do códon GAG, mudando-o para GUG, trinca que introduz uma valina no lugar onde seria encontrado um glutamato, o que gera uma mudança grave que afeta as propriedades bioquímicas da hemoglobina.

ENTRE OS CÓDONS NÃO HÁ SOBREPOSIÇÃO NEM MARCAS DE PONTUAÇÃO

Com a informação do código genético e da sequência nucleotídica de um RNAm (geralmente inferida de seu DNAc, figura 29-24), pode-se deduzir a estrutura primaria da proteína codificada nesse RNAm. Porém, para isso é necessário considerar certas propriedades universais do processo da tradução: 1) a síntese do polipeptídio se inicia com sua extremidade amino e termina com sua extremidade carboxila; 2) o RNAm é traduzido na direção 5 → 3', ou seja, o quadro aberto de tradução (ou de leitura)

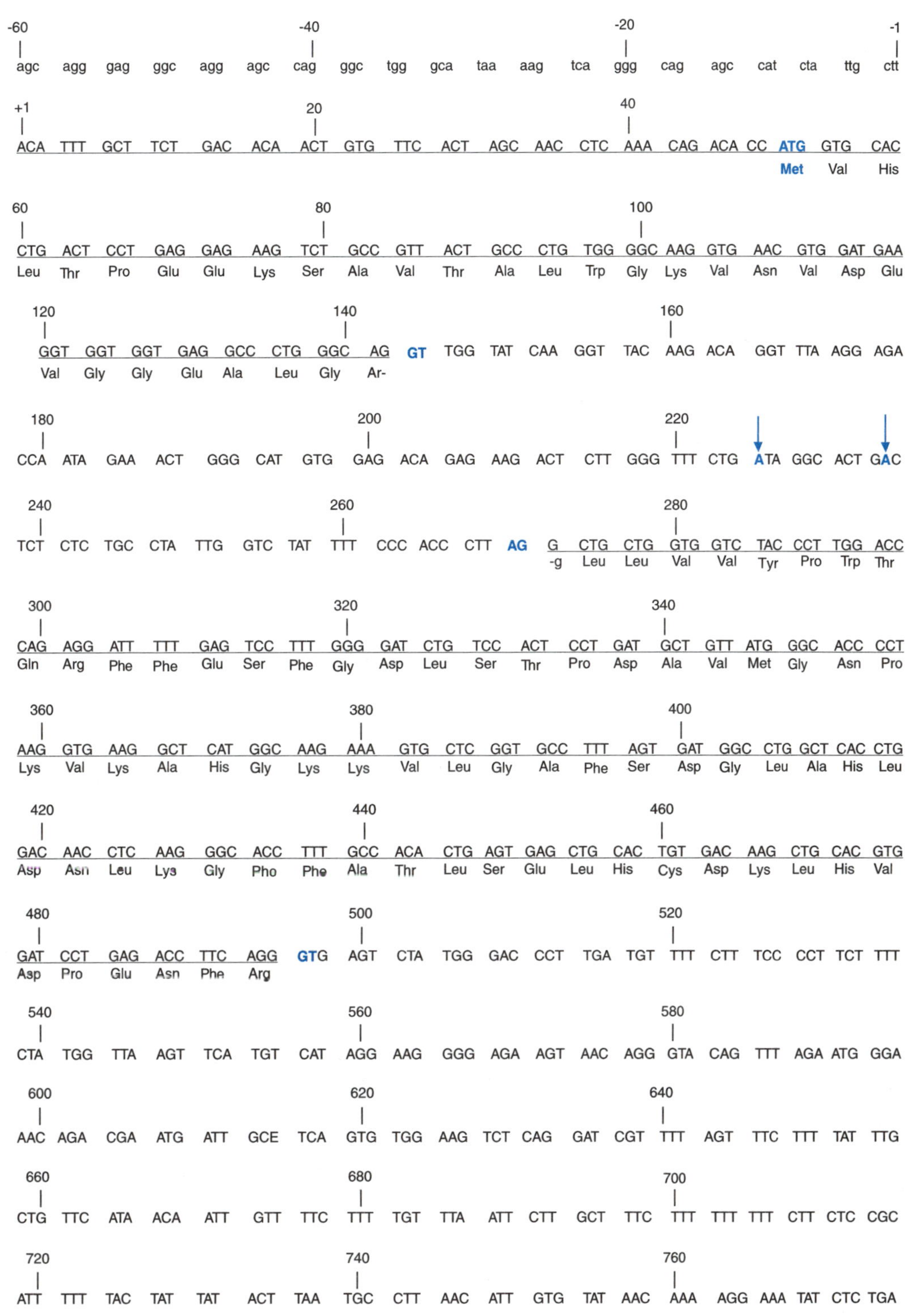

Figura 30-1. Transcrito primário da cadeia β da hemoglobina humana. Esta sequência corresponde ao gene da cadeia β da hemoglobina humana, cuja transcrição inicia com a base da posição +1. Incluindo a +1, todos os nucleotídeos que se seguem a esta posição até o nucleotídeo 1606, sítio onde termina a transcrição, formam o transcrito primário (maiúsculas), também chamado precursor do RNAm (pré RNAm) da cadeia β da hemoglobina. As bases que antecedem +1 constituem parte do promotor e, igual a todas as bases que se seguem depois de 1606, são partes não transcritas do gene. O pré RNAm contém três éxons (sublinhados) e dois íntrons, os quais são eliminados durante o *splicing* para dar lugar à forma madura do RNAm (figura 30-2). Observe que nas extremidades 5' e 3' dos íntrons se localizam os dinucleotídeos GU e AG, sequências consenso dos sítios doadores e reptores, respectivamente, do *splicing* (capítulo 29). As bases A que se localizam em uma sequência ótima para funcionar como sítios de ramificação (figura 29-14) estão nas posições 226 e 236 no primeiro íntron e na posição 1313 no segundo, estando assinaladas com flechas. Uma sequência consenso para a poliadenilação de pré RNAm se localiza nos nucleotídeos 1582 a 1590 e estão assinaladas com asteriscos. Debaixo das sequências dos éxons estão alinhados os aminoácidos que ordenam o quadro de leitura do que será o RNAm maduro.

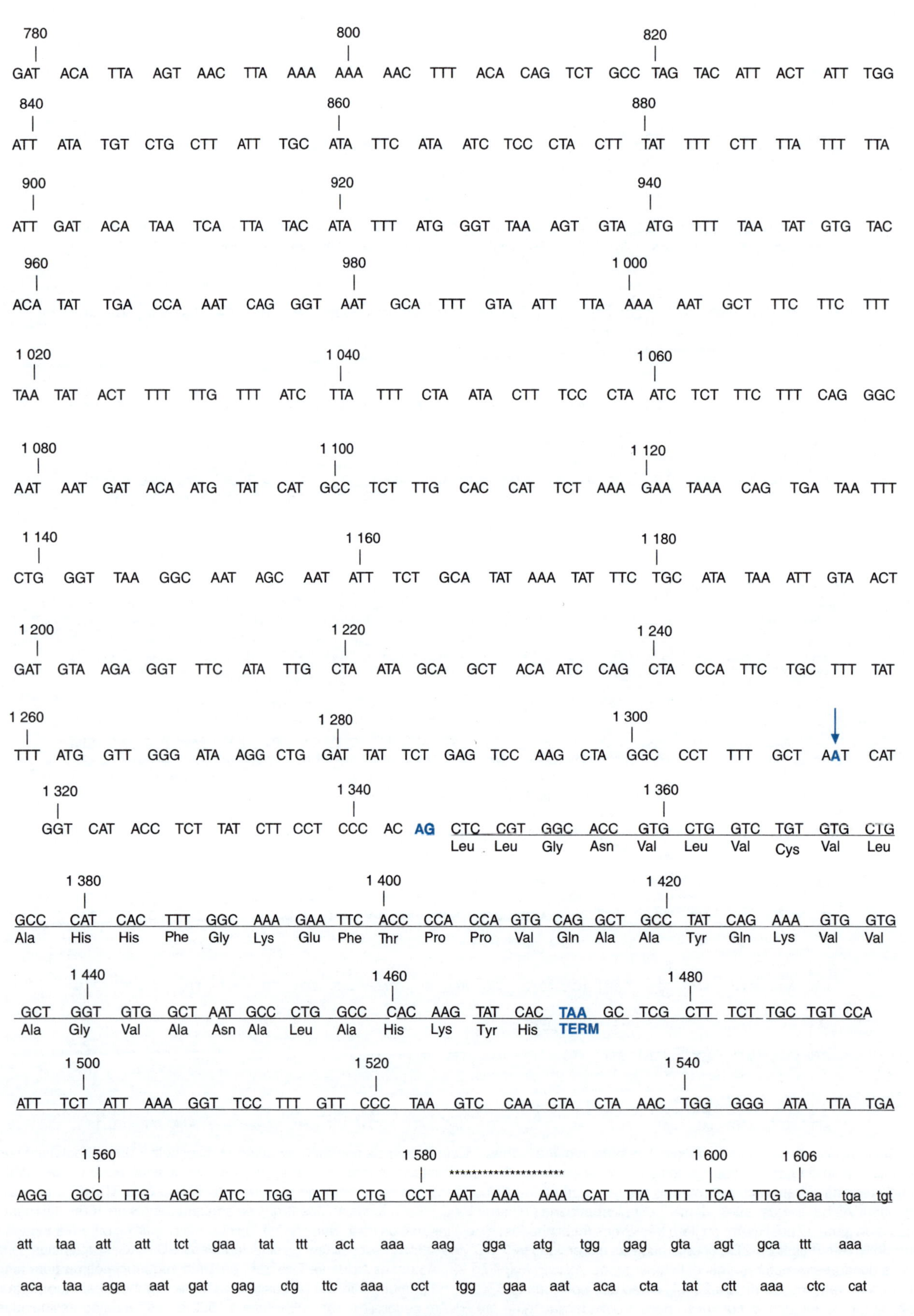

Figura 30-1. Continuação.

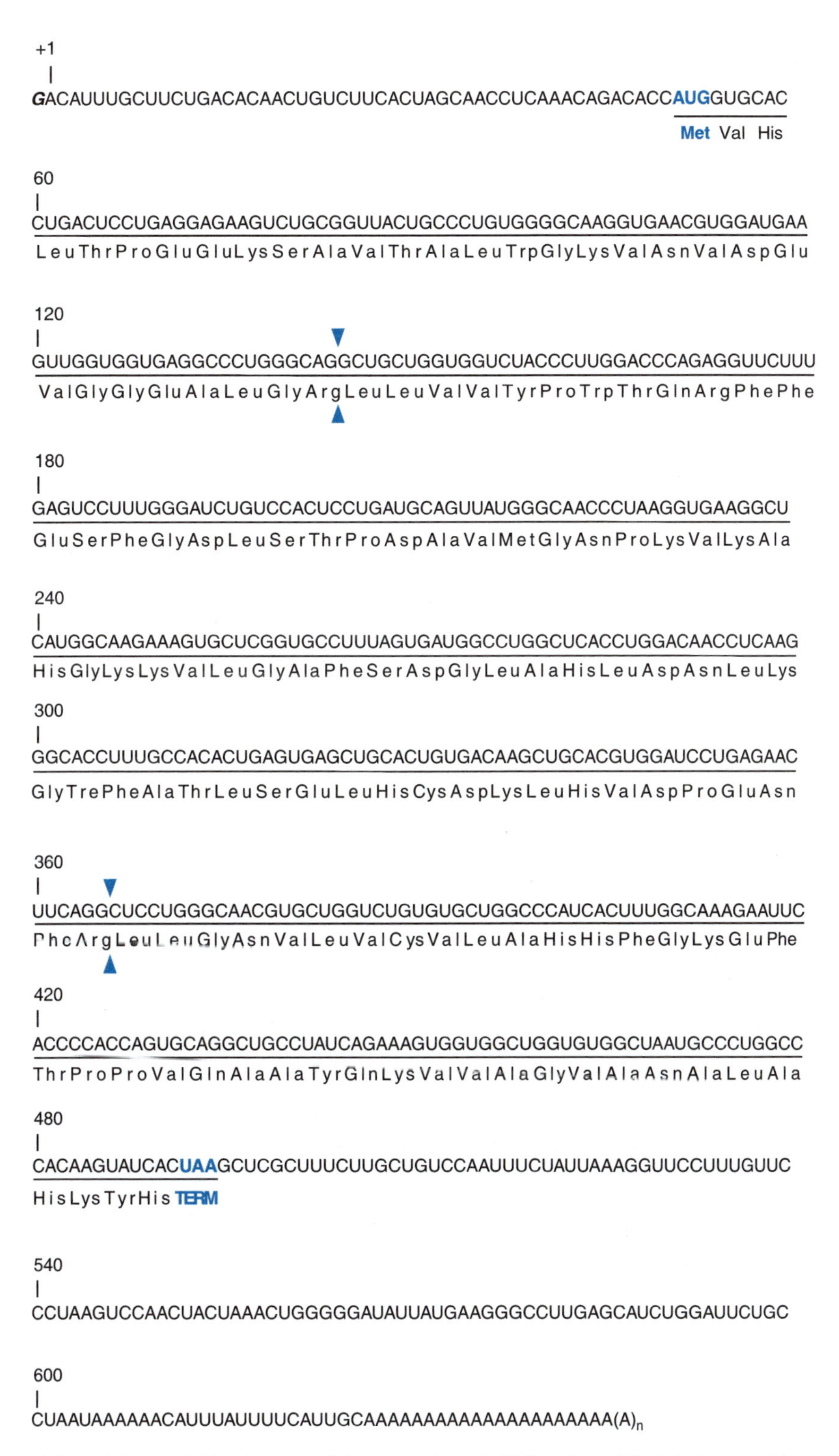

Figura 30-2. RNAm da cadeia β da hemoglobina humana. A forma madura do RNAm da cadeia β da hemoglobina, que se origina à partir do precursor que se ilustra na figura 30-1, é o resultado dos processos de maturação dos RNAm eucarióticos: a adição de um capuz, da "cadeia de poliadeninas" (An) e a eliminação dos íntrons (*splicing*). Então o RNAm maduro fica mais curto que o pré RNAm e contém bases não transcritas, como a G modificada na extremidade 5' (o capuz), que precede o primeiro nucleotídeo transcrito (+1), e a sequência de poliadeninas na extremidade 3' (capítulo 29). A cadeia β da hemoglobina inicia sua tradução com o primeiro tríplete AUG (nucleotídeos 51, 52 e 53), que corresponde ao início do quadro de leitura (sublinhado), a partir do qual o ribossomo "lerá" a sequência do RNAm em blocos de 3 nucleotídeos, os códons, até encontrar um tríplete de terminação (neste exemplo: a UAA localizado em 492-494), com o que se termina ou fecha o quadro de leitura. As sequências do RNAm localizadas fora do quadro de leitura se chamam "extremidades não traduzidas" do RNAm; do lado 5' da AUG inicial está a extremidade 5' não traduzida e do lado 3' da UAA final se encontra a extremidade 3' não traduzida.

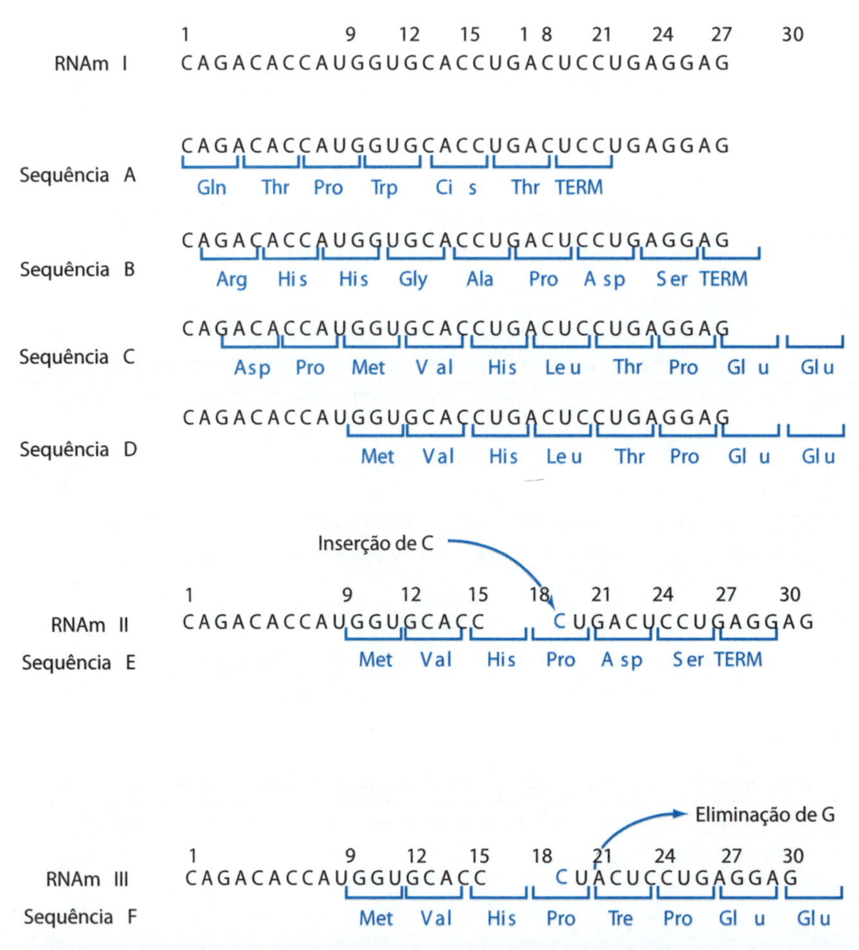

Figura 30-3. Um RNA mensageiro poderia "ser lido" em três diferentes quadros de tradução. Tendo em vista que durante a tradução os nucleotídeos são lidos em blocos de três, um RNAm tem três possíveis quadros de leitura, cada um codifica proteínas diferentes. Se o RNAm I é traduzido a partir de seu primeiro nucleotídeo, o peptídeo sintetizado teria a sequência A, em vez disso, se a tradução se iniciar com o segundo ou terceiro nucleotídeo, os peptídeos resultantes teriam as sequências B e C, respectivamente. Contudo, só um dos possíveis quadros de leitura é funcional, e este deve iniciar com um códon AUG. No exemplo ilustrado, o quadro funcional começa com o tríplete AUG (bases 9-11) e o peptídeo produzido tem a sequência D. Uma mutação por inserção de base pode mudar o quadro de leitura, como está ilustrado no RNAm II, que se difere do RNAm I pela inserção de um C na posição 19. Estes tipos de mutações geralmente resultam em proteínas mutantes. Por exemplo, o RNAm II codifica o peptídeo E, que tem uma sequência iniciada como em D mas que é terminada como em B, fenômeno que se denomina "pulo do quadro de leitura". Neste exemplo, a proteína mutada (E) difere da selvagem (D) a partir do ponto de inserção da base, e também, termina prematuramente, gerando uma proteína truncada na qual falta a extremidade carboxila terminal da proteína selvagem, pois o novo quadro de tradução contém um sinal de terminação (bases 27 a 29). Observe que uma segunda mutação, agora por perda de uma base, poderia compensar a primeira. Se o gene que transcreve o RNAm II sofre uma segunda mutação, que ocasione a perda do G da sua posição 21, será produzido agora um RNAm com duas mutações (o RNAm III) que se "compensam" mutuamente, pois produzem uma proteína quase idêntica à selvagem (D), possivelmente funcional. O peptídeo traduzido a partir do RNAm III (F) só se difiere do selvagem (D) porque o quarto aminoácido é uma prolina em vez de uma leucina, uma troca que é muito menos drástica que a observada no peptídeo produzido pelo RNAm II (E).

tem uma orientação 5'→ 3'; 3) o códon de iniciação é geralmente AUG (embora exista exceções, pouco frequentes a esta regra), e 4) os códons são traduzidos sem sobreposição nem espaços ou marcas de pontuação entre eles; isto é, trinca após trinca, até encontrar um sinal de terminação. Um exemplo é mostrado nas figuras 30-1 e 30-2, nas quais se ilustram as sequências nucleotídicas do precursor (ou transcrito primário) e do RNAm maduro, da cadeia β da hemoglobina humana, respectivamente. O pré RNAm está composto de três exons, e dois introns com um total de 1606 bases (observar também a figura 27-4), enquanto que o RNAm maduro que resulta da junção dos três exons é só de 624 nucleotídeos, que codificam uma proteína de 147 aminoácidos (a proteína madura tem 146 resíduos, veja adiante). Neste exemplo, a síntese de cadeia β da hemoglobina começa com o primeiro códon AUG presente no RNAm, cuja posição determina qual das três possíveis sequências de trincas contidas no RNAm será a utilizada pelo ribossomo para sintetizar a proteína. O fato de que o primeiro AUG seja o códon inicial do quadro aberto de leitura (nucleotídeos 51, 52 y 54, figura 30-2), também determina que uma

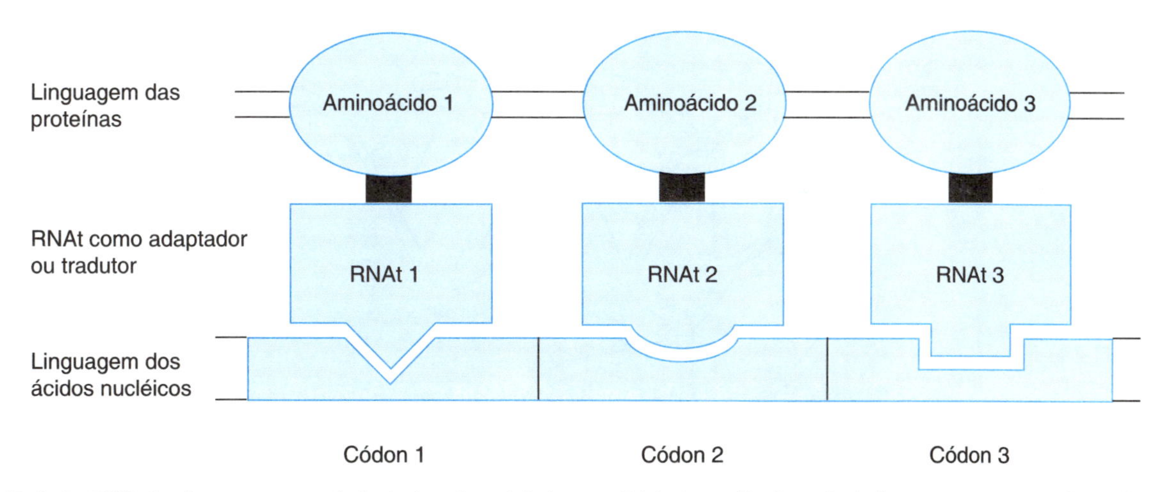

Figura 30-4. Os RNAt funcionam como os "adaptadores" postulados por Crick. As moléculas adaptadoras propostas por Crick deveriam ser capazes de reconhecer especificamente os códons do RNAm e, desta forma, carrear os aminoácidos ao sítio ribossômico onde serão incorporados à proteína no processo de tradução. A interação com o RNAm é por pareamento das bases do códon com o anticódon e se realiza no ribossomo durante a tradução. A ligação específica do aminoácido ao seu correspondente RNAt é feita pelas sintetases do aminoacil-RNAt e ocorre antes da tradução.

metionina seja o resíduo da extremidade amino terminal, isto é, o primeiro aminoácido do polipeptídio sintetizado. Depois do AUG inicial, o seguinte códon que se lê é GUG (valina), o terceiro é CUG (leucina), o quarto é ACU (treonina), etc., assim, ate chegar à trinca UAA (nucleotídeos 492 a 494, figura 30-2), que é um sinal de terminação da síntese do polipeptídio. É importante mencionar que, tanto em procariotos como em eucariotos, frequentemente a metionina inicial do peptídeo recém-sintetizado é eliminada após a tradução, de forma que a extremidade amino terminal da proteína madura não seja a metionina. Por exemplo, na cadeia de hemoglobina, o resíduo amino terminal é a valina codificada pelo segundo códon do quadro aberto de leitura. Note-se que a "leitura" do quadro aberto de tradução (também conhecido como **quadro aberto de leitura,** tradução literal de seu nome em inglês: *open reading frame* ou *ORF*) se faz por trincas contiguas ou adjacentes, sem deixar de ler bases entre eles, nem usar bases de maneira aleatória. A tradução prossegue desta forma até encontrar uma trinca de terminação. A eleição do quadro aberto de leitura é importante, pois dependendo de qual dos três possíveis grupos de trincas seja o traduzido, um RNAm poderia dirigir a síntese de três distintos polipeptídios tal como se ilustra na figura 30-3. Contudo, o habitual é que só o quadro aberto de leitura que se inicie com a trinca AUG seja utilizado para a síntese polipeptídica. Nos RNAm monocistrônicos de eucariotos, esta AUG é geralmente a primeira disponível no RNAm. No caso dos RNAm policistrônicos de procariotos, cada proteína provém de um quadro aberto de leitura distinto, cada um com AUG inicial e sua trinca de terminação final, e todos eles com uma orientação 5' → 3' (figura 27-5).Posteriormente neste

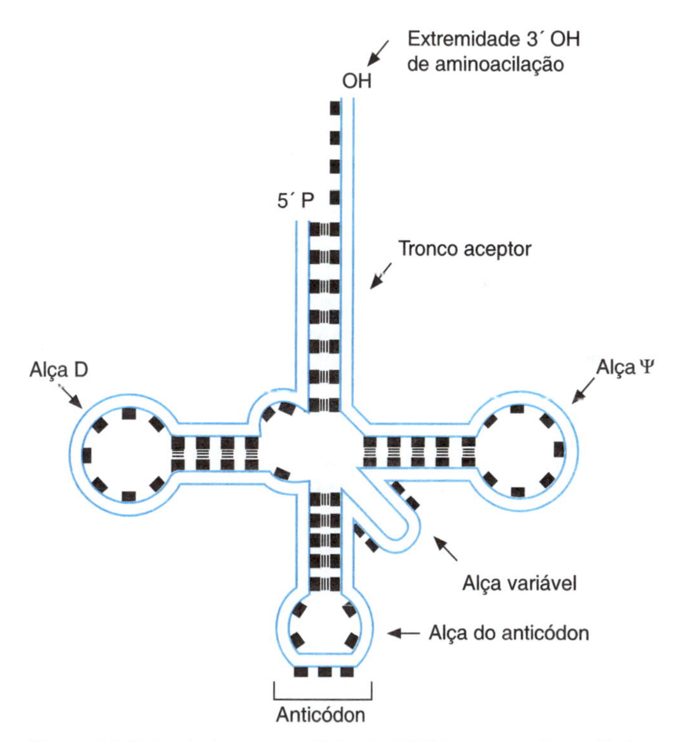

Figura 30-5. A estrutura secundária dos RNA transportadores. Todos os RNAt adotam uma estrutura secundária similar, que é chamada coloquialmente de "trevo", a qual está mantida por pareamentos de bases. Este "trevo" consiste de quatro troncos e três alças, denominadas alça D (por ter dihidrouridina), alça ψ (por ter eudouracil) e a alça do anticódon. O tronco chamado "receptor do aminoácido" está formado pelas extremidades 5' e 3' do RNAt, deste último derivam os quatro nucleotídeos finais da extremidade 3',em cujo OH livre se une covalentemente ao aminoácido correspondente ao RNAt. Alguns RNAt têm uma "alça variável" localizada entre os troncos das alças ψ e do anticódon.

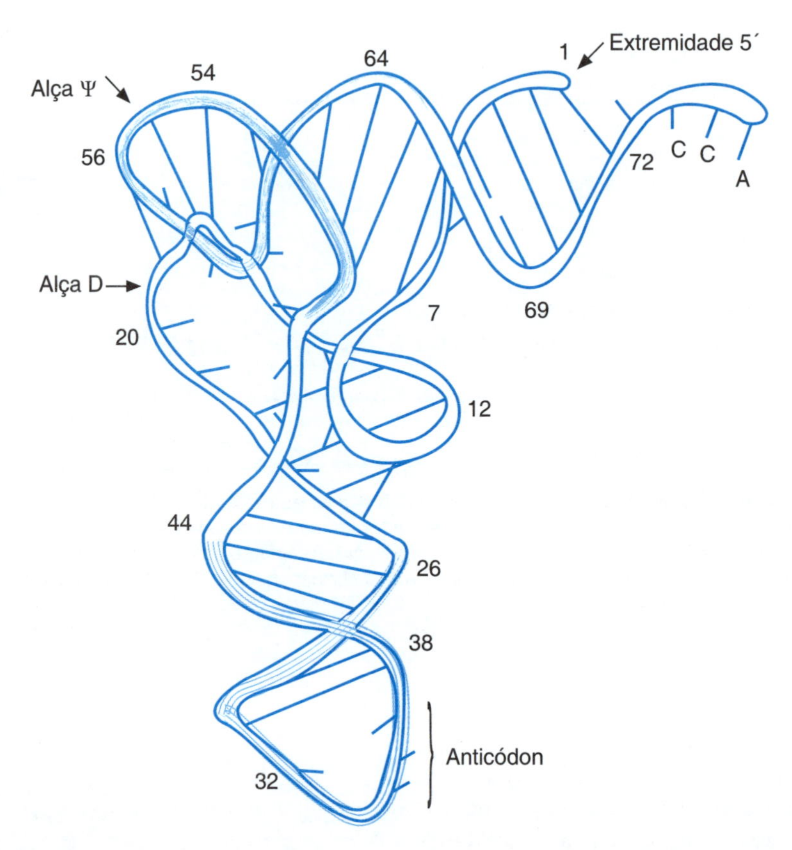

Figura 30-6. A estrutura terciária do RNA transportador da fenilalanina. O RNAt^{Phe} adota uma complexa estrutura tridimensional na qual os troncos formam dois segmentos de dupla hélice (semelhantes ao DNA de conformação A), de aproximadamente 10 pares de bases, que estão dispostos entre si formando um angulo de cerca de 80º, o qual lhe da sua característica em forma de "L". Observe que um dos segmentos da dupla hélice é constituído pelos troncos receptor do aminoácido e a alça ψ, mientras que os outros segmentos formam os troncos do anticódon e da alça D. Esta disposição faz com que o tríplete do anticódon e o aminoácido fiquem nas extremidades distantes da "L". Apesar dos pareamentos convencionais que formam os troncos e as alças, existem outros, formados por pontes de hidrogênio diferentes dos típicos de Watson e Crick. Estes pareamentos não convencionais são indispensáveis para a estabilização dessa estrutura terciária e ocorrem entre bases pertencentes a alças e troncos distantes. No RNAt^{Phe} existem 9 dessas interações, só uma (G19 C56) consiste em um pareamento convencional. Esta complexa estrutura é muito semelhante às que se observa nas proteínas globulares e que permite aos RNAt se acoplarem em uma estrutura muito compacta, onde a maior parte das bases são inacessíveis ao citosol, exceto a alça do anticódon e a extremidade 3', o aceptor do aminoácido.

capítulo será discutido o mecanismo pelo qual é selecionado, entre os muitos tripletes AUG que podem existir em um RNAm, o triplete que inicie o quadro aberto de leitura funcional para a síntese polipeptídica. Igualmente importante é que o quadro aberto de leitura não se perca nem mude, isso poderia ocorrer por mutações no gene (figura 25-4). Por exemplo, uma mutação da cadeia β da hemoglobina, na qual se insira um nucleotídeo extra no quarto códon (figura 30-3, RNAm II), mudaria a sequência do peptídeo traduzido a partir do quarto aminoácido, e o pior é, que como o sétimo códon é um sinal de terminação, a síntese terminaria prematuramente.

A DEGENERAÇÃO DO CÓDIGO GENÉTICO SIGNIFICA UMA PERDA DE INFORMAÇÃO

Uma consequência notável da degeneração do código genético é uma perda de informação no fluxo da informação genética durante o passo da tradução. Isso se reflete na impossibilidade de predizer com precisão a sequência nucleotídica de um RNAm a partir da sequência da proteína. O inverso não acontece (exemplo da figura 30-2), pois a sequência de uma proteína pode ser deduzida sem ambiguidades a partir da sequência de seu RNAm (veja o cDNA, figura 29-24 e texto correspondente). O leitor pode reconhecer este efeito da degeneração do código genético calculando o número e/ou as sequência dos possíveis RNAm que poderiam codificar o seguinte peptídeo: Met-Ala-Leu-Trp.

O CÓDIGO GENÉTICO É PRATICAMENTE UNIVERSAL

Hoje em dia sabe-se que a maior parte dos organismos vivos utiliza o código genético ilustrado no quadro 30-1. Não obstante, existem certas exceções relevantes, como é o caso dos genes mitocondriais. As mitocôndrias possuem genomas circulares pequenos, cerca de 15000 pares

Quadro 30-2. Pareamentos permitidos pela hipótese "oscilatória"

Primeira base do anticódon	Terceira base do anticódon
C	G
A	U
U	A o G
G	U o C
I	U, C o A

de bases de DNA que codificam algumas das proteínas mitocondriais (entre 10 e 20) e são independentes dos genomas nucleares discutidos amplamente no capítulo 27. Para sua expressão, os genes mitocondriais também são transcritos e traduzidos, mas empregam RNA polimerases e ribossomos localizados na mesma mitocôndria. Os RNAm destes genes contém alguns tripletes, que são lidos no ribossomo mitocondrial de maneira diferente daquela ditada pelo código genético "padrão" ou normal (quadro 30-1). As diferenças observadas em certas mitocôndrias, entre elas as dos mamíferos, consistem em utilizar o triplete UGA para codificar o triptofano ao invés de terminar a síntese do polipeptídio; ler o triplete AUA como metionina ao invés de isoleucina e os tripletes CUN como treonina ao invés de leucina, e ao final, utilizar os tripletes AGA e AGG como sinais de terminação ao invés de servir como códons para a arginina. Estas variantes ao código padrão devem ser consideradas caso se deseje expressar um gene mitocondrial com a maquinaria utilizada pelos genes nucleares. Salvo as exceções mitocondriais mencionadas, o código é praticamente universal, pois é utilizado para a tradução de todos os genes de localização nuclear dos organismos eucariotos. A quase universalidade do código genético inclui não só plantas e animais, mas também as espécies procarióticas estudadas e os eucariotos unicelulares, como a levedura. Este fato permitiu a expressão heteróloga de genes em espécies tão distintas como *E. Coli* e *H. sapiens.* O estudante deve lembrar que hoje em dia, graças à tecnologia do DNA recombinante, a insulina humana empregada no tratamento do diabetes é produzida em bactérias, as quais transcrevem o cDNA da insulina humana (colocada sob o controle de promotores bacterianos) e o traduzem com sua maquinaria ribossômica, aceitando as regras do código genético.

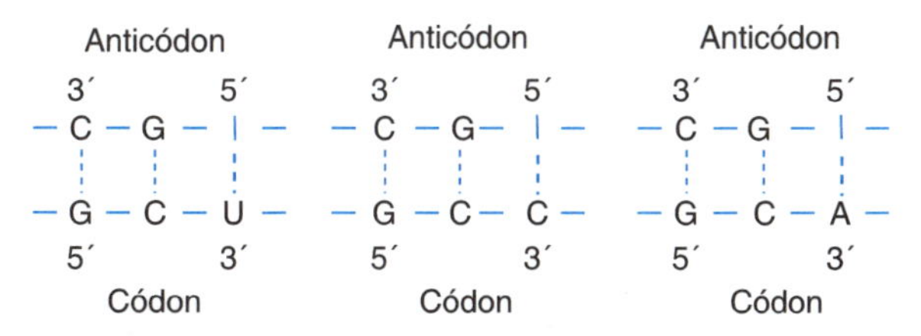

Figura 30-7. Pareamentos do anticódon IGC do RNAt^{Ala}. Devido à possibilidade de "oscilação", a primeira posição (I) do anticódon do RNAt^{Val} pode parear com a última posição de três dos quatro códons da valina.

O RNA DE TRANSFERÊNCIA, INTÉRPRETE ESSENCIAL PARA TRADUZIR A INFORMAÇÃO CONTIDA NOS RNA MENSAGEIROS

Se o código genético é um dicionário que estabelece equivalências entre a "linguagem" dos ácidos nucleicos (combinações de nucleotídeos) e o das proteínas (sequência de aminoácidos), a molécula "bilíngue", capaz de utilizar este dicionário e de ler ambas as linguagens é o RNA transportador (RNAt). A existência dos RNAt foi antecipada em 1955 por Francis Crick, o mesmo que descobriu a dupla hélice do DNA, que postulou a existência de uma molécula "adaptadora", que durante a síntese ribossômica das proteínas transporta os aminoácidos correspondentes a cada códon do RNAm (figura 30-4). A necessidade de uma molécula adaptadora surge da incapacidade do RNAm de interagir especificamente com cada um dos 20 aminoácidos, o que o impossibilita de ligá-los de uma **forma direta** a cada um dos tripletes. Desta forma, foi postulada a existência de uma molécula intermediária que estabeleceria, de forma simultânea, interações específicas com cada um dos códons do RNAm e com os aminoácidos correspondentes a cada códon. Para realizar sua função adaptadora, os RNAt participam em dois processos críticos para a tradução das proteínas: 1) a interação do **códon** e **anticódon**, e 2) a **ativação** ou **aminoacilação** dos RNAt. O primeiro processo permite "ler", isto é, decodificar, a sequência de tripletes do quadro aberto de leitura do RNAm e o segundo, permite transportar o aminoácido correto durante a síntese do polipeptídio. Nas sequências de todos os RNAt existem três nucleotídeos contíguos que formam o triplete chamado anticódon, com o qual estabelecem contatos específicos com os códons do RNAm. A interação do códon e o anticódon é dada pelo pareamento complementar e antiparalelo desses três pares de bases; por exemplo, o códon da metionina, AUG, pareia com seu anticódon CAU, presente em seu correspondente RNAt, da seguinte maneira:

posição do códon: 1ª 2ª 3ª

mRNA 5' N — N — N — N — N — A — U — G — N — N — N — N — N 3'

tRNA 3' N — N — N — N — N — U — A — C — N — N — N — N — N 5'

posição do anticódon: 3ª 2ª 1ª

Como explicado mais adiante, este pareamento fraco, que só ocorre e se estabiliza no ribossomo, é o único determinante da correta leitura do RNAm. Por esta razão, a maquinaria ribossômica verifica detalhadamente a precisão

Primeira reação

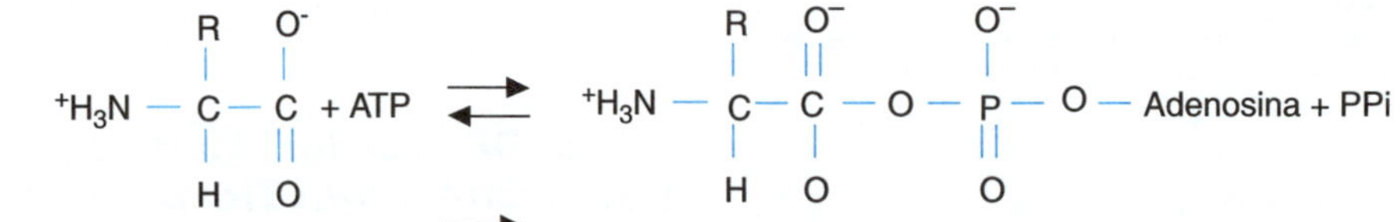

$$^{+}H_3N-\underset{H}{\overset{R}{C}}-\underset{\|\atop O}{\overset{O^-}{C}} + ATP \rightleftharpoons {}^{+}H_3N-\underset{H}{\overset{R}{C}}-\underset{O}{\overset{O^-}{C}}-O-\underset{\|\atop O}{\overset{O^-}{P}}-O-\text{Adenosina} + PPi$$

Aminoácido + ATP ⇌ Aminoacil-adenilato (aminoacil-AMP) + pirofosfato

Segunda reação

Aminoacil-AMP + RNAt ⇌ Aminoacil-RNAt + AMP

Soma das reações:

Aminoácido + ATP + RNAt ⇌ Aminoacil-RNAt + AMP + PPi

Soma das reaçções mais hidrólise do pirofosfato:

Aminoácido + ATP + RNAt + H_2O ⟶ Aminoacil-RNAt

Figura 30-8. Reação catalizada pelas aminoacil-RNAt sintetases.

dos pareamentos entre os códons do RNAm e os anticódons dos RNAt. A ativação de cada RNAt é também importante e particularmente específica, e consiste na união de cada aminoácido com seu próprio e particular RNAt. Como só o reconhecimento códon-anticódon determina a correta tradução do RNAm, a ativação dos RNAt deve ser inequívoca; pois uma vez que um aminoácido se liga a um RNAt em particular, este será considerado como o autêntico aminoácido para esse RNAt. Como se descreve adiante, a ativação de cada RNAt é feita por uma aminoacil-RNAt sintetase específica. As sintetases dos aminoacil-RNAt devem ser capazes de reconhecer especificamente um RNAt e seu aminoácido correspondente. Por exemplo, a triptofanil--$RNAt^{Trp}$ sintetase deve ligar exclusivamente o triptofano com o $RNAt^{Trp}$ (o RNAt com o anticódon CCA). Se por alguma razão esta adição não fosse a correta, por exemplo, se o $RNAt^{Trp}$ tivesse sido acoplado ou ativado com a prolina, criando o anômalo prolil-$RNAt^{Trp}$, cada vez que fosse lido um códon para o triptofano, o prolil-RNAtTrp levaria prolina ao ribossomo, provocando a incorporação desta em todos os sítios onde deveria haver triptofano.

AS ESTRUTURAS TRIDIMENSIONAIS DOS RNAT SÃO CRUCIAIS PARA SUAS FUNÇÕES

Os RNAt são moléculas relativamente pequenas, de 60 a 95 nucleotídeos, muitos dos quais sofrem extensas modificações pós transcricionais que originam as chamadas "bases raras" (capítulo 26). Os estudos cristalográficos do RNAt da fenilalanina da levedura revelou que os RNAt são moléculas com um complexo e característico desenho tridimensional, de grande importância para sua função biológica (figuras 30-5 e 30- 6). Os RNAt adotam uma forma espacial semelhante a um tubo dobrado como um "L", de 2 a 2.5 nm de espessura e 6 nm de comprimento em cada perna do L. Em um extremo se localiza o sitio de união do aminoácido e no outro a sequência do anticódon. Esse desenho é crucial para as interações e os movimentos do RNAt pelos sítios T, A, P e E do complexo ribossômico, como se discute mais adiante.

A DEGENERAÇÃO DO CÓDIGO GENÉTICO PERMITE A OSCILAÇÃO ENTRE O CÓDON E O ANTICÓDON

O fato de que certos RNAt podem reconhecer mais de um códon levou a Francis Crick a propor a hipótese "oscilatória" (do inglês, *wobble*). Segundo esta hipótese (atualmente bem confirmada), algumas bases na terceira posição do códon podem parear de maneira imperfeita, isto é, com certo "jogo ou oscilações", com bases na primeira posição do anticódon (quadro 30- 2). Por exemplo, o anticódon de um dos $RNAt^{Ala}$ (um RNAt para a alanina) da levedura tem a sequência GC. O nucleosídeo da primeira posição deste anticódon é a inosina (I), que tem como base nitrogenada à hipoxantina (figura 26-2 e quadro 26-1).

Note-se que o ITP não é utilizado durante a transcrição deste $RNAt^{Ala}$; a base que inicialmente aparece nessa posição no transcrito primário é a adenina, que é convertida após a transcrição em hipoxantina mediante um processo de desaminação oxidativa, dando origem à inosina monofosfato (I), o nucleotídeo funcional neste RNAt maduro.

Quando o nucleotídeo I ocupa a primeira posição do anticódon, chamada **posição de oscilação do anticódon,** pode parear com um C, U ou A presente na terceira posição do códon, a chamada **posição de oscilação do**

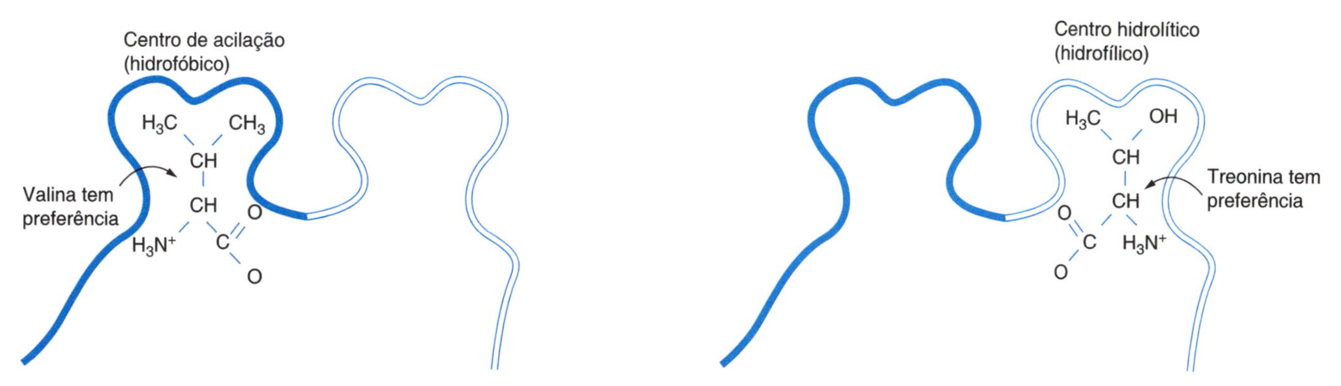

Figura 30-9. A sintetase do valil-RNAt tem dois sítios catalíticos. O sítio de acilação, por sua natureza hidrofóbica, favorece a formação de valil-RNAt^{Val}. Ao contrário, o sítio hidrolítico, por sua natureza hidrofílica, favorece a hidrólise de treonil-RNAt^{Val} formado incorretamente.

códon (figura 30-7 e quadro 30-2). De forma similar, um G na posição de oscilação do anticódon permite ao RNAt reconhecer igualmente os códons com um U ou C na sua posição de oscilação. Situação análoga para o U na primeira base do anticódon e A ou G na terceira base do códon. Note que a oscilação é possível graças à degeneração do código genético, pois se apresenta só com códons sinônimos; isto é, que codificam para o mesmo aminoácido, os quais diferem exatamente na terceira posição do códon. Por exemplo, os códons XYU e XYC (onde X e Y são, respectivamente, o primeiro e segundo nucleotídeos do códon) sempre são sinônimos, enquanto que os códons XYA e XYG o serão com frequência. A oscilação também tem o efeito de economizar o número de RNAt requerido para traduzir os 61 códons que codificam para aminoácidos.

Em principio, o número mínimo suficiente de RNAt necessário para ler esses 61 códons é de 31, pois devido à oscilação alguns RNAt reconhecem vários códons sinônimos. Porém, as células possuem mais de 31 RNAt, pois ao menos para o códon da metionina (AUG) existem dois distintos RNAt, um especializado em ler o AUG inicial do quadro aberto de leitura e outro para ler os AUG das metioninas internas do peptídeo (ver a secção dedicada ao *Mecanismo de inicio da tradução)*.

Finalmente, como se explica posteriormente neste capítulo, não existem RNAt que "leiam" os tripletes de terminação.

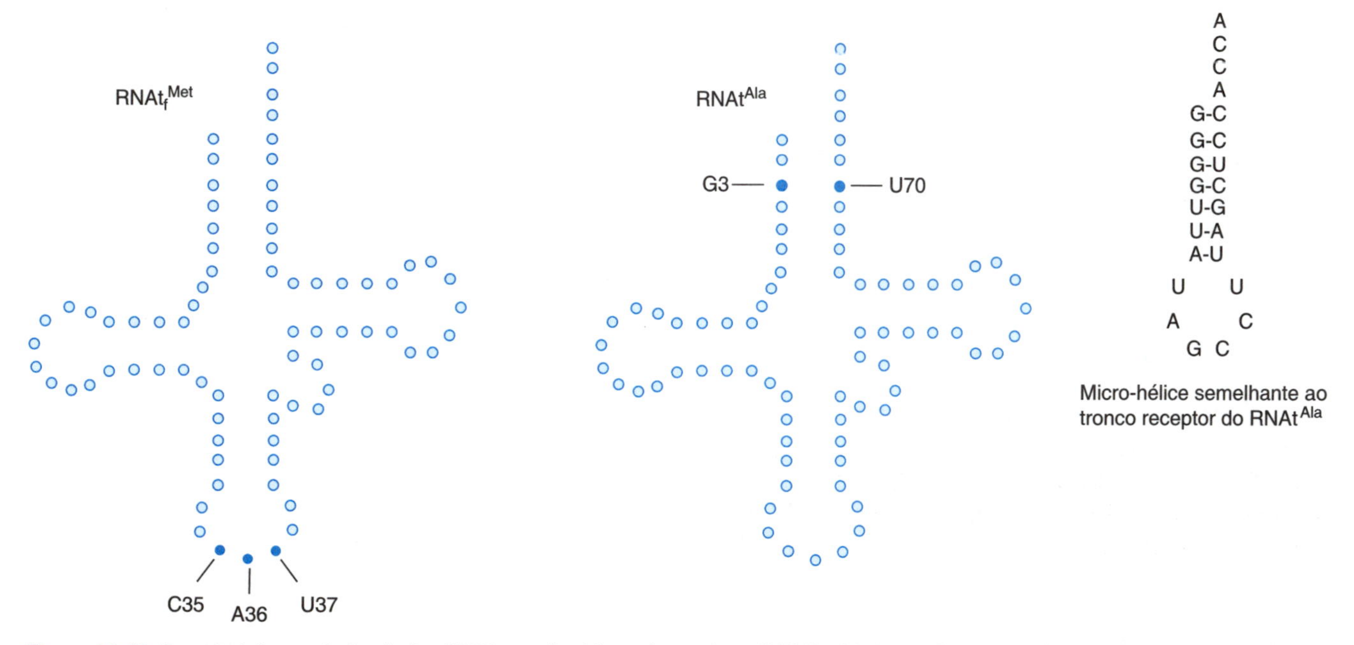

Figura 30-10. Características estruturais dos RNAt reconhecidos pelas aminoacil-RNAt sintetases. São mostradas as diferentes características estruturais que determinam a especificidade com que as respectivas sintetases reconhecem os diferentes RNAt.

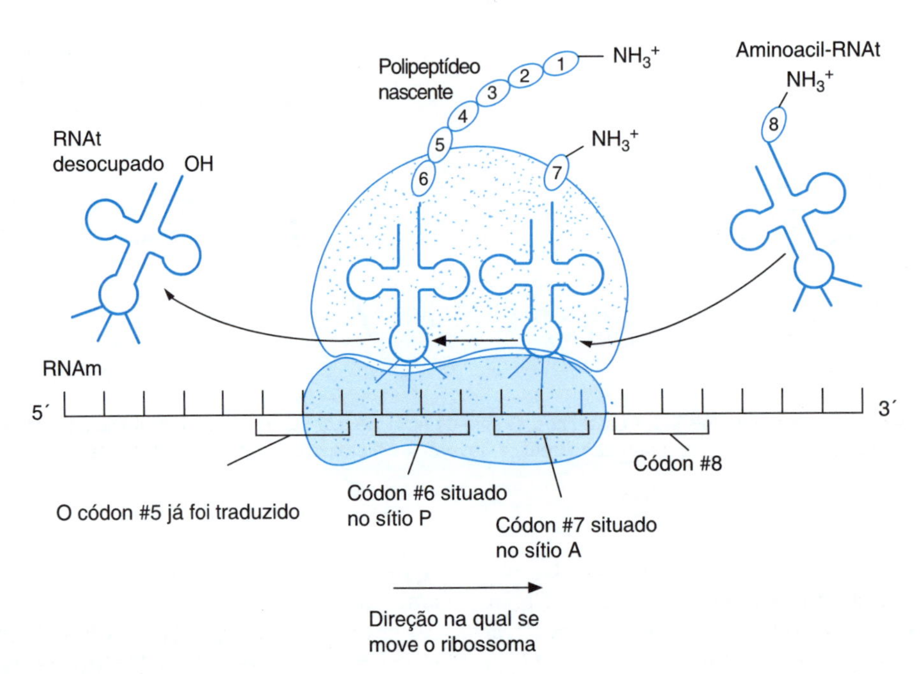

Figura 30-11. O ribossomo é o sítio onde se traduzem os RNAm. No ribossomo, os aminoacil- RNAt correspondentes aos códons contíguos do RNAm se colocan um ao lado do outro, orientando-se de tal maneira que seus aminoácidos ficam no sítio ativo da peptidil-transferase ribossômica. Com a formação da ligação peptídica, o ribossomo catalisa uma série de movimentos ou translocações, mediante os quais o RNAt desocupado abandona o ribossomo e o RNAm se desloca três nucleotídeos (um tríplete), permitindo que o códon seguinte fique em posição de interagir com seu aminoacil-RNAt.

A REAÇÃO DE AMINOACILAÇÃO DOS RNAT OCORRE EM DUAS ETAPAS

A formação dos aminoacil-RNAt, também conhecida como a ativação ou ligação dos RNAt com seus aminoácidos correspondentes, ocorre pelas aminoacilt RNA sintetases.

A reação catalisada por estas enzimas ocorre em duas etapas. A primeira consiste na formação de um intermediário ativado, o aminoacil-AMP, que permanece fortemente unido à sintetase por meio de interações covalentes. Na segunda etapa, o aminoacil do aminoacil--AMP é transferido ao grupo hidroxila 3' da extremidade 3' do RNAt (algumas sintetases utilizam o OH da posição 2') (figura 30-8).

Embora esta reação seja reversível ($\Delta GO°'$ ♠ zero), a formação dos produtos é favorecido pela hidrólise do pirofosfato, por isso, o gasto energético da união de um aminoácido ao seu RNAt para formar o aminoacil-RNAt é de duas ligações fosfato de alta energia.

AS AMINOACIL-RNAT SINTETASES SÃO ENZIMAS MUITO PRECISAS, COM MECANISMOS DE CORREÇÃO QUE VERIFICAM A ESPECIFICIDADE DA UNIÃO DO AMINOÁCIDO AO RNAT

As sintetases dos aminoacil-RNAt são enzimas que discriminam corretamente o aminoácido e o RNAt que deve ser unido. Esta precisão é indispensável para a síntese correta do peptídeo codificado pelo RNAm, pois uma vez que o RNAt é ativado, a incorporação do aminoácido ao polipeptídio sintetizado obedece só às instruções ditadas pela interação códon-anticódon. A precisão das sintetases é obtida por dois mecanismos: uma alta discriminação por seus substratos, que lhes permite fixar o par aminoácido-RNAt correto, e sua capacidade de corrigir o erro quando um par incorreto é formado. A maior parte das aminoacil-RNAt sintetases possuem esta capacidade corretora, que consiste da hidrólise do aminoacil-AMP o do aminoacil-RNAt incorretos. Esta correção é energeticamente dispendiosa, pois ocorre depois de ter gasto duas ligações fosfato de alta energia do ATP (figura 30-8). Poucos aminoácidos, como a tirosina, têm uma cadeia lateral inconfundível para suas sintetases, pelo que não requerem nem tem esta função corretora; não obstante, a maioria das sintetases as requer. Por exemplo, a sintetase do RNAt ^{Ile} pode, devido à semelhança entre isoleucina y valina, catalisar as vezes (1 vez de cada 200) a formação do intermediário valil-AMP. Quando isso ocorre, a presença do RNAt^{Ile} causa a hidrólise da valil--AMP ao invés de transferir o grupo valil à extremidade 3' do RNAt^{Ile}. Essa atividade hidrolítica pode ser considerada como uma transferência do aminoacil a uma molécula de água ao invés de uma molécula de RNAt. A possibilidade de que esta hidrólise também ocorra com a isoleucil-AMP é reduzida devido a que o sitio hidrolítico da sintetase é do tamanho exato para acomodar a valil-AMP, mas, suficientemente pequeno para impedir a entrada da isoleucil--AMP. Outras sintetases como a valil-RNAt sintetase, cujo

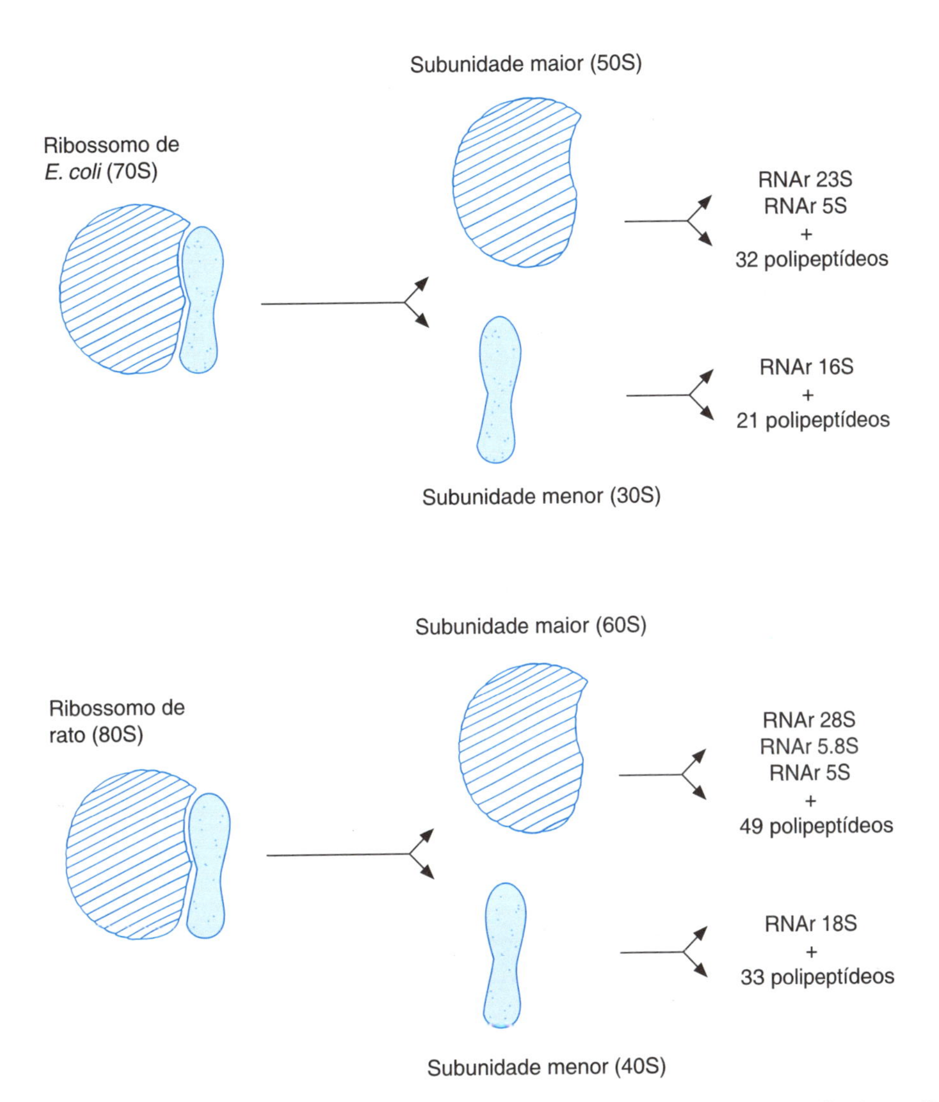

Figura 30-12. As subunidades ribossômicas, ainda que possuindo um desenho funcional e estrutura semelhantes, exibem diferenças entre espécies procariotas e eucariotas.

aminoácido específico poder-se-ia confundir com outros por suas semelhanças em tamanho (a treonina neste caso), os distinguem usando outras propriedades químicas. A valil-RNAt sintetase tem dois sítios catalíticos adjacentes, um é o sítio de acilação do RNAt ^{Val} e outro é um sitio para a hidrólise do RNAt acilado incorretamente (p. ex., com treonina). O sitio hidrolítico é hidrofílico, enquanto seu sitio de acilação é hidrofóbico, diferença que dirige à treonil-tRN^{Val} para o sitio hidrolítico e favorece a formação da valil-RNAt ^{Val} (figura 30-9).

AS AMINOACIL-RNAT SINTETASES ESCOLHEM O RNAT CORRETO DISCRIMINANDO DIVERSAS CARATERÍSTICAS ESTRUTURAIS DO RNAT

Como descrito na seção precedente, o primeiro passo da ativação dos RNAt, a formação do intermediário amino-acil-AMP tem uma alta especificidade, de forma tal que está sujeito à verificação e em caso necessário, à correção. Igualmente importante é a seleção do RNAt correto durante a segunda parte da reação. Como se pode supor, uma das regiões determinantes desta seleção pode ser o anticódon. A sintetase da metionil-RNAt^{Met} é um exemplo de sintetase que utiliza exclusivamente o triplete do anticódon (CAU) para reconhecer seu RNAt específico. De fato, foi demonstrado em experimentos que se a sequência dos anticódons dos RNAt^{Trp} e RNAt^{Val}se muda para CAU, a sintetase acrescenta metionina com a mesma eficiência como se fosse seu substrato autêntico (RNAtMet). Não obstante, algumas sintetases ignoram o anticódon e estabelecem seu reconhecimento em outras regiões dos RNAt. Um exemplo deste caso é a sintetase do alanil-RNAt^{Ala} que reconhece exclusivamente o par de bases G3-U70, localizado no tronco aceptor do RNAt^{Ala}. Inclusive, em condições experimentais, esta sintetase pode se ligar a alanina

Quadro 30–3. Composição de proteínas e RNAr ribossômicos em um eucarioto (rato) e em um procarioto *(E. coli)*

E. coli	Ribossomo	Subunidade menor	Subunidade maior
Coeficiente de sedimentação	70S	30S	50S
Massa	2 520 kDa	930 kDa	1 590 kDa
RNA		16S, (1 542 nucleotídeos)	23S, (2 904 nucleotídeos), 5S, (120 nucleotídeos)
Massa de RNA	1 664 kDa	560 kDa	1 104 kDa
Proporção da massa total	66%	60%	70%
Proteínas		21 polipeptídios	32 polipeptídios
Massa de proteína	857 kDa	370 kDa	487 kDa
Proporção de massa	34%	40%	30%
Rata	**Ribossomo**	**Subunidade menor**	**Subunidade maior**
Coeficiente de sedimentação	80S	40S	60S
Massa	4 420 kDa	1 400 kDa	2 820 kDa
RNA		18S, (1 874 nucleotídeos)	28S, (4 718 nucleotídeos) 5.8S, (160 nucleotídeos) 5S, (120 nucleotídeos)
Massa de RNA	2 520 kDa	700 kDa	1 820 kDa
Proporção da massa total	60%	50%	65%
Proteínas		33 polipeptídios	49 polipeptídios
Massa de proteína	1 700 kDa	700 kDa	1 000 kDa
Proporção de massa	40%	50%	35%

a uma "micro-hélice" composta pelos 24 nucleotídeos que compõem o tronco aceptor do RNAt ^{Ala} (figura 30-10). Finalmente, também existem sintetases, como a glutamil--RNAt^{Glu}, fenilalanil-RNAt^{Phe} e aspartil-RNAt^{Asp} sintetases, que baseiam seu reconhecimento do RNAt interagindo simultaneamente com bases localizadas no anticódon e outros troncos e alças do RNAt.

O RIBOSSOMO É A MAQUINARIA MACROMOLECULAR ONDE SE CONSTROEM AS PROTEÍNAS

Embora o desenho geral da tradução se baseie em princípios extremadamente simples e particulares, isto é, em um processo de instruções específicas para cada proteína escrita nos tripletes do seu RNAm e decifradas pelos aminoacil-RNAt, seu inicio requer de uma maquinaria não menos específica, mas sim muitíssimo mais complexa: o ribossomo. A complexidade do ribossomo não é gratuita, pois é a partícula subcelular onde ocorrem todos os passos do processo da tradução, a iniciação, a elongação e a terminação do novo peptídeo.

Durante a iniciação se acoplam as duas subunidades ribossômicas, dando origem ao RNAm e metionil RNAt iniciador, que ao se parear ao triplete AUG, determina o quadro aberto de leitura.

A elongação consiste em ciclos repetitivos, nos quais os demais códons do RNAm são traduzidos, um cada vez. Durante cada um destes passos repetitivos vão sendo acrescentados, um a um e pela extremidade carboxila, os aminoácidos da proteína nascente. Em cada ciclo de elongação, a maquinaria ribossômica deve garantir que os pareamentos códon-anticódon sejam os corretos, pois estas interações ocorrem de forma tal que os aminoacilos dos RNAt pareados se situam no sítio da peptidil-transferase, a atividade encarregada de ligá-los mediante uma ligação peptídica. Além disso, o ribossomo deve garantir que as interações códon anticódon ocorram ordenadamente, para que cada códon seja lido exatamente no momento que lhe corresponda dentro do quadro aberto de leitura, sem sobreposição nem saltos. Para conseguir isso, o ribossomo funciona como um motor molecular onde os RNAm e RNAt se deslocam ou translocam de forma precisa, e sincrônica (figura 30-11). Depois de cada rea-

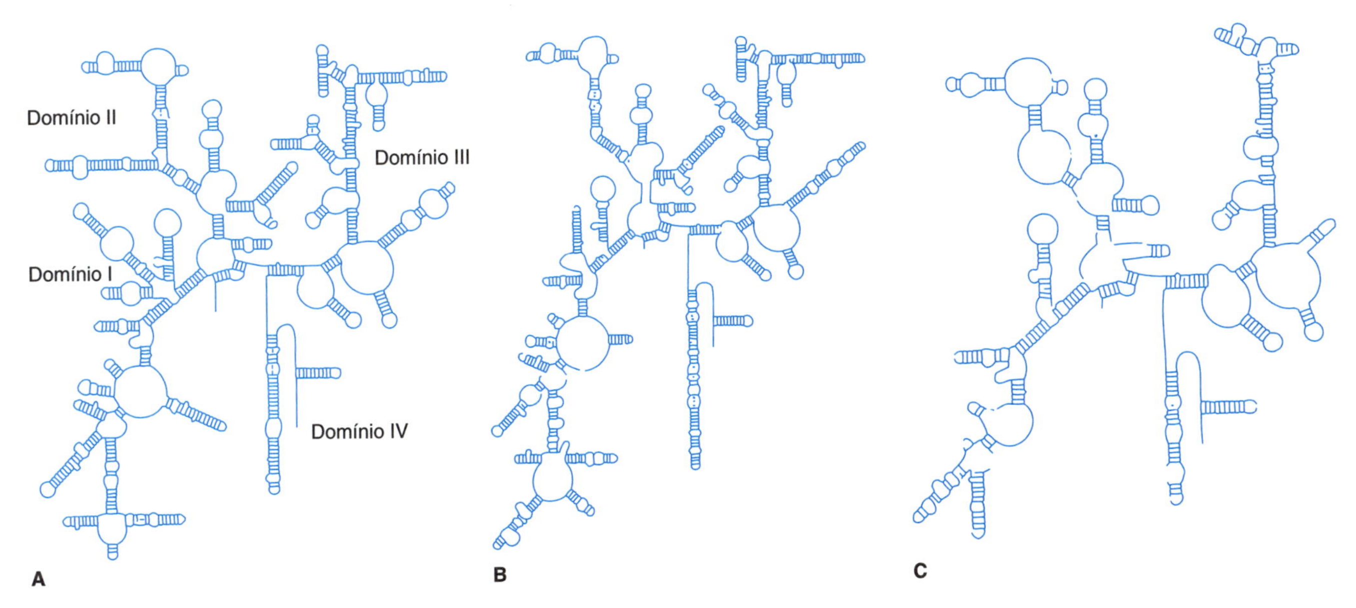

Figura 30-13. As estruturas secundárias do RNAr das subunidades menores são muito conservadas. Estruturas secundárias preditas para o RNAr das subunidades menores dos ribossomas de *E. coli* **A)**, de levedura **B)** e da mitocôndria bovina **C)**. Observar que o formato de quatro domínios independentes está conservado nestas espécies.

ção da peptidil-transferase, o RNA descarregado sai do ribossomo e o RNAm percorreu três nucleotídeos, permitindo que o seguinte códon interaja com seu aminoacil-RNAt correspondente e que o ciclo de elongação se repita até encontrar um triplete de terminação. Esse último determina a terminação da tradução, pois ao apresentar desocupado o sitio de entrada dos aminoacil-RNAt (lembre que não há RNAt que reconheça o triplete de terminação) o ribossomo libera o peptídeo sintetizado e as subunidades se separam.

COMPOSIÇÃO DOS RIBOSSOMOS

Os ribossomos de todas as espécies estudadas são formados por duas subunidades, uma grande e outra pequena, que tem uma composição particular de RNAr e proteínas (figura 30-12). O ribossomo de *E. coli*, um dos mais estudados, é uma partícula esférica de aproximadamente 2500 kilo Daltons de peso molecular e 20 nm de diâmetro, composta por vários RNA ribossômicos (RNAr) e diversas proteínas, em uma proporção de massas de 2 a 1, respectivamente. Embora o desenho geral dos ribossomos procarióticos e eucarióticos seja semelhante, existem algumas diferenças entre eles. Por exemplo, a subunidade grande do ribossomo eucariótico contém três moléculas de RNA ribossômicos, 28S RNAr, 5,8S RNAr e a 5S RNAr, tendo tamanho relativo de 60S, enquanto a subunidade equivalente do ribossomo procariótico só tem dois RNAr, 23S e 5S, é de menor tamanho, de 50S (quadro 30-3). Para designar essas partículas e os RNA que as compõem utiliza-se seu tamanho, medido em experimentos de ultracentrifugação e expresso em unidades de sedimentação, chamadas Svedberg (S). As unidades Svedberg refletem varias propriedades das macromoléculas como seu tamanho, densidade e conformação tridimensional. Por exemplo, se os RNA ribossômicos eucarióticos (livres de proteínas ribossômicas) são separados por ultracentrifugação, o 28S RNAr sedimentará mais rápido que os outros RNAr, permitindo sua purificação. Posteriormente, através de experimentos de clonagem e sequenciamento nucleotídico, pode-se medir o tamanho absoluto dos RNAr (quadro 30-3). A pesar das diferenças que existem entre ribossomos procarióticos e eucarióticos, suas semelhanças estruturais são mais relevantes, pois evidenciam semelhanças funcionais no processo de tradução. Por exemplo, as estruturas secundárias dos RNAr das subunidades pequenas estão muito conservadas evolutivamente, isto é, tem um alto grau de semelhança entre espécies filogeneticamente distantes (figura 30-13). O fato que a estrutura secundária que adotam esses RNAr - que consistem em quatro domínios independentes que conferem às subunidades pequenas sua forma e flexibilidade características - seja tão semelhante, mesmo entre espécies diferentes como bactérias e leveduras, indica que as engrenagens da maquinaria ribossômica operam em um mesmo desenho funcional nas espécies viventes.

Uma pergunta que surge ao observarmos à rica e diversa composição dos ribossomos é relativa à importância funcional de cada um de seus componentes.

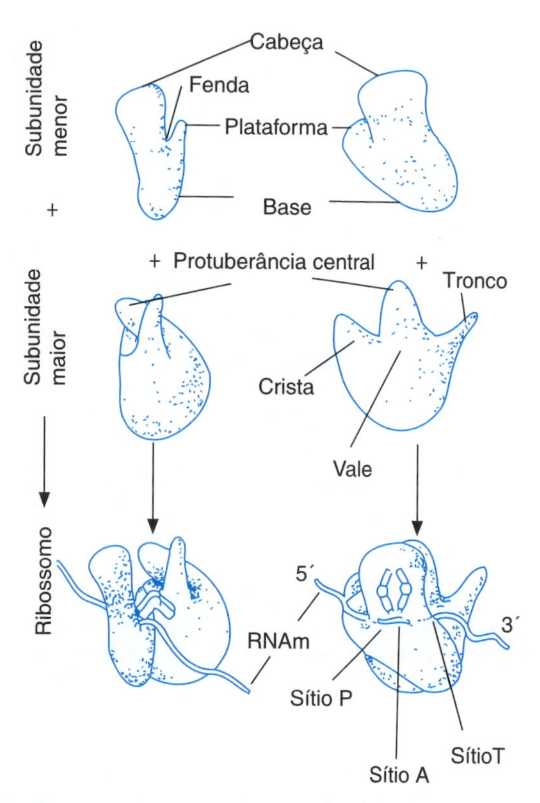

Figura 30-14. Estrutura tridimensional do ribossomo de *E coli*. Podem-se observar as distintas faces das subunidades separadas e reunidas. A vista da face inferior mostra o conjunto das duas subunidades, assim como a posição do RNAm sobre a plataforma e no fundo da fenda da subunidade menor. O sítio onde ocorre o pareamento códon-anticódon se localiza no fundo da fenda, isto é, na porção dos sítios A e P formada pela integração da subunidade menor. Entre a protuberância central e o tronco da subunidade maior se encontra o chamado sítio T, que é onde o complexo EF-Tu•GTP•aminoacil-RNAt faz o contato inicial com o ribossomo, antes que o EF-TU e o aminoacil-RNAt se dissociem e este último entre no sítio A. Nesta mesma região está localizada a atividade estimuladora da GTPase dos fatores EFTU e EF-G. Para mais detalhes vide texto.

Anos atrás, se pensava que as proteínas ribossômicas fossem responsáveis pela atividade catalítica da tradução, enquanto os RNAr tinham papel secundário, somente de suporte estrutural. Com o descobrimento dos RNA autocatalíticos (capítulo 29), foram consideradas outras possibilidades. Hoje, sabe-se que os RNAr e não as proteínas ribossômicas, tem papel fundamental e indispensável na tradução. Várias observações experimentais, algumas delas mencionadas a seguir, apoiam esta última afirmação. Por exemplo, o RNAr 23S é indispensável para a atividade da peptidiltransferase. Por outro lado, os ribossomos carentes da maioria de suas proteínas retêm essa atividade catalítica. Uma sequência do RNAr 23S, conservada em diversas espécies, interage com a extremidade 3' do RNAt e participa da atividade da peptidiltransferase. A integridade do RNAr 16S é indispensável para a tradução, bastando a ruptura de uma só de suas ligações fosfodiéster (mediada pela nuclease bacteriana colicina E3, por exemplo) para deter a tradução. Sequências consenso no RNAr 16S servem para localizar o códon inicial dos quadros abertos de leitura dos RNAm policistrônicos bacterianos. Finalmente, a maioria dos antibióticos que bloqueiam a tradução atuam interferindo com os RNAr e não com as proteínas ribossômicas.

ESTRUTURA DO RIBOSSOMO

A estrutura fina tridimensional do ribossomo não foi ainda determinada; porém, combinando os resultados obtidos por diversas metodologias, principalmente a reconstrução de imagens de microscópio eletrônico, foi possível estabelecer as fendas maiores observadas em sua forma espacial (figura 30-14). Cada subunidade tem uma forma característica. As três proeminências da subunidade grande, a crista, a protuberância central e a haste, se reúnem no centro da subunidade formando uma fenda pouco profunda sobre a face que vê a subunidade pequena. Por cima desta fenda, em uma região, formada pela crista, o vale e a parte da protuberância central, se encontra a peptidil transferase. Na vizinhança da peptidil transferase se inicia um túnel de 10 nm de comprimento e 2,5 nm de diâmetro, que atravessa a subunidade grande e se e abre em sua face oposta, lugar por onde o peptídeo nascente sai do ribossomo. Quando a subunidade pequena se une com a grande são criados os **sítios A (aminoacil)** e **P (peptidil)** do ribossomo que, como se discutirá a seguir, são os locais por onde transitam os RNAt durante a tradução. Pelo lado da subunidade pequena, a fenda ajuda a formar os sítios A e P, enquanto que a subunidade grande contribui com parte da crista, o vale e parte da protuberância central da subunidade grande (os mesmos elementos onde reside a peptidil transferase). A disposição estrutural dos sítios A e P permite que os RNAt efetuem sua função "adaptadora" de forma adequada, pois os orienta de forma tal que, por um lado, efetuam as interações códon-anticódon na porção constituinte da subunidade pequena e, por outro lado, apresentam o aminoacil ao sitio ativo da peptidil transferase, na porção constituinte da subunidade grande.

INICIAÇÃO DA TRADUÇÃO NO *E. COLI*

Nesta e nas seguintes seções são descritos os mecanismos moleculares da tradução em *E. coli*, o modelo melhor estudado. Felizmente, os ribossomos eucarióticos funcionam sob os mesmos mecanismos gerais, portanto serão discutidas apenas as diferenças relevantes em uma seção posterior. Uma propriedade em comum é a necessidade de fatores proteínicos acessórios, necessários para a ótima execução das três etapas da tradução. Os fatores de iniciação (IF), de elongação (EF) e de terminação (RF) são proteínas citoplasmáticas, algumas delas as proteínas G

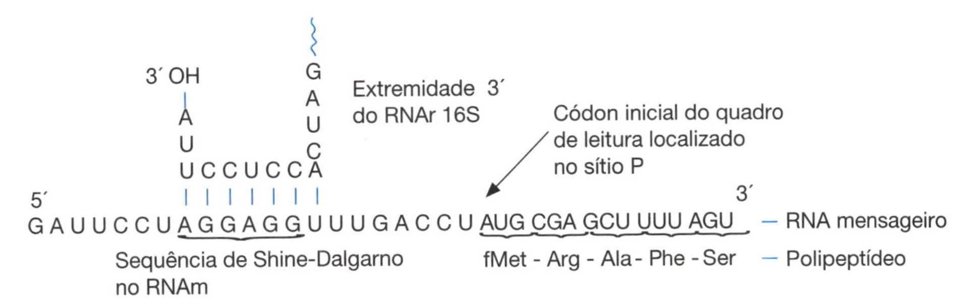

Figura 30-15. A sequência de Shine-Dalgarno precede os quadros de leitura dos RNAm da *E. coli.* Aproximadamente 10 nucleotídeos antes do códon AUG está localizada uma sequência rica de purinas, a sequência de Shine-Dalgarno, que tem complementariedade com algumas bases da extremidade 3' do RNAr 16S que se localizam sobre a plataforma e próximas da fenda da subunidade ribossômica menor.

(que unem nucleotídeos de guanina), que embora não participem diretamente na formação da ligação peptídica, promovem, aceleram e contribuem para a precisão da tradução, devido sua associação temporal com o ribossomo.

De forma similar ao que acontece na transcrição, o passo de iniciação da tradução é o mais lento e limitante na determinação da velocidade com que os RNAm são traduzidos. A iniciação consiste em compor um **complexo de iniciação 70S,** composto por um ribossomo funcional (70S) no qual o RNAt iniciador se localiza no sitio ribossômico P, pareado com o códon inicial do quadro aberto de leitura. A precisão desta associação é fundamental para a tradução do gene transcrito no RNAm, pois implica a identificação correta do triplete AUG que abre o quadro de leitura. Nos RNAm bacterianos existe uma sequência de bases, chamada **sequência consenso de Shine-Dalgarno,** que precede o triplete inicial AUG e a distingue das outras do tipo AUG que se encontrem dentro ou fora do quadro aberto de leitura. Esta sequência funciona unindo o RNAm com a subunidade pequena do ribossomo, de forma que o códon AUG iniciador ocupa o que será o sitio **P** (figura 30-15). Esta união se deve ao pareamento de bases da sequência de Shine-Dalgarno com uma região do RNAr 16S, com a qual é complementar; por isso a sequência de Shine-Dalgarno também é chamada de **sitio de ligação ao ribossomo** ou rbs (pelas sua sigla em inglês, *ribosomal binding site*). Este pareamento somente ocorre quando a subunidade 30S está dissociada da 50S. O fator IF-3 participa deste passo da iniciação de duas maneiras: promove o pareamento destas sequências e mantém as subunidades dissociadas, pois sua ligação à subunidade 30S impede que esta se associe novamente com uma subunidade 50S livre, o que geraria um ribossomo 70S não funcional. Em um passo seguinte, o aminoacil-RNAt iniciador, o formil metionil-RNAtf, pareia com o códon AUG do RNAm unido à subunidade 30S. Para isso é necessário o F-2•GTP, isto é, do fator IF-2 associado à GTP. A presença do IF-1 completa e estabiliza o chamado **complexo de iniciação 30S,** que fica constituído pelos três fatores de iniciação, o GTP, o RNAm, o RNAt iniciador e a subunidade 30S (figura 30-16). A subsequente saída do IF-3 permite a união da subunidade 50S com a 30S. A presença da subunidade grande estimula a atividade da GTPase do IF-2, causando a hidrólise do GTP em GDP + fosfato, que por sua vez facilita a saída do IF-2 e IF-1, fazendo com que seja montado o **complexo de iniciação 70S** (figura 30-16). A região da subunidade 50S, que estimula a atividade da GTPase de diversos fatores da tradução, está localizada na haste (figura 30-14). Nesta região se localizam as proteínas L7 e L12, assim como alguns domínios do RNAr 23S, como a alça sensível à toxina sarcina, elementos estruturais que contribuem à atividade estimuladora da GTPase. Como se expõe mais adiante, outros fatores da tradução, como o EF-Tu, EF-G e possivelmente também o RF-3, são proteínas G com atividade da GTPase, indispensável para sua função sendo estimulada pela mesma região da subunidade 50S.

AS PROTEÍNAS NASCENTES DE *E. coli* TEM FORMIL-METIONINA EM SUA EXTREMIDADE AMINO

O fato de que o aminoacil-RNAt utilizado para a iniciação da tradução bacteriana seja exclusivamente o N-formil-metionil-RNAtf, permite que todas as proteínas recém-sintetizadas tenham formilmetionina em sua extremidade amino terminal. Entretanto, esta metionina modificada nem sempre permanece na proteína, pois em reações após a tradução às vezes se perde o formil (por uma enzima desformilase) e/ou a formilmetionina (enzima aminopeptidase). Isso explica o fato de que aproximadamente metade das proteínas de *E. coli* apresentam em sua extremidade amino um resíduo distinto da metionina, geralmente o resíduo codificado pelo segundo códon. A perda da metionina inicial também pode acontecer nos eucariotos (nestes organismos a metionina não está formilada); por exemplo, as cadeias β e maduras da hemoglobina humana têm como resíduo amino terminal o aminoácido codificado pelo segundo códon do quadro aberto de leitura. Em *E. coli,* a formação do N formil metionil-RNAtf ocorre pela formilação do metionil-RNAtf (figura 30-17), o qual deve ser distinguido do metionil-RNAt, pois embora ambos RNAt

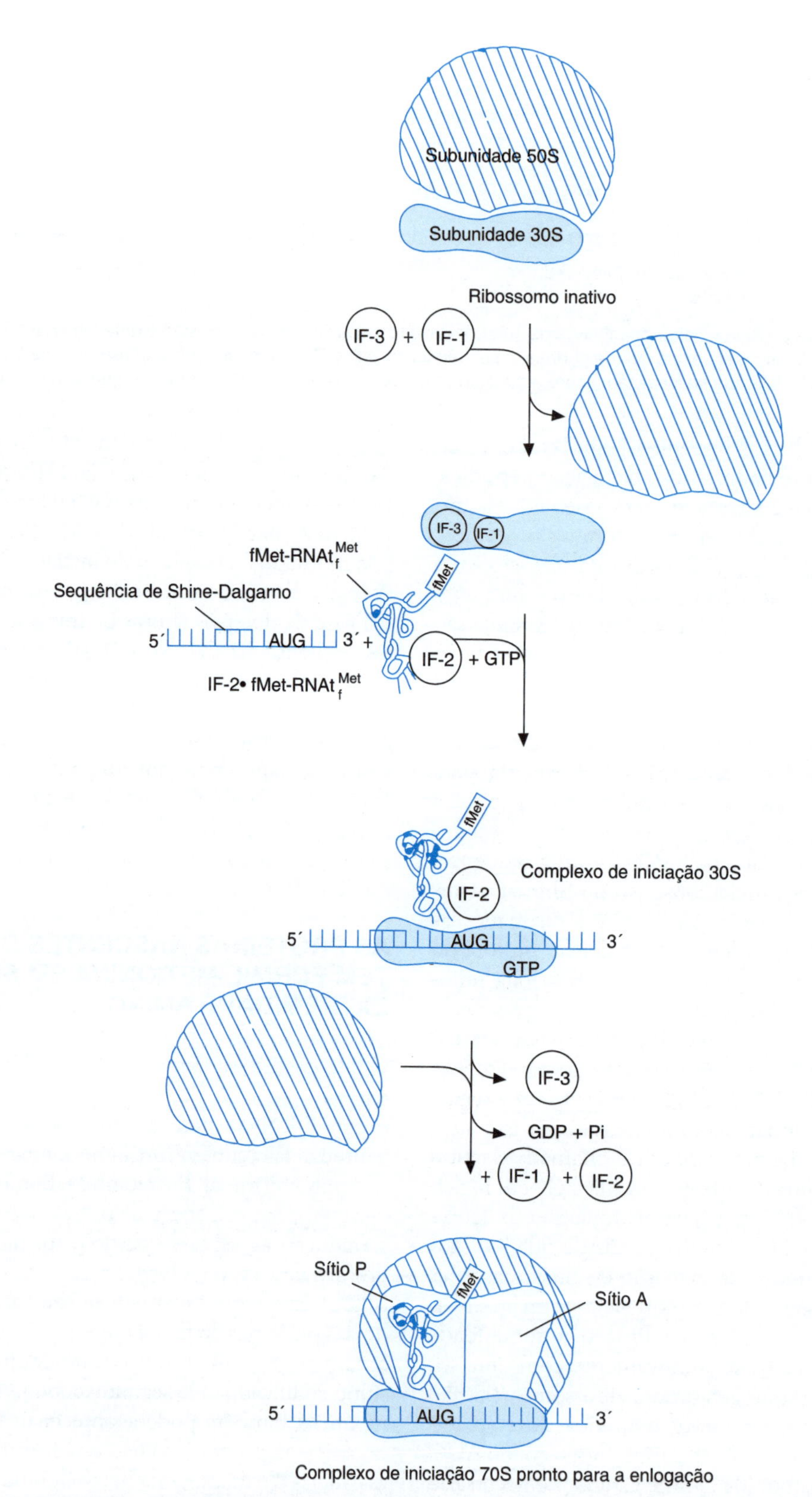

Figura 30-16. Os complexos de iniciação da tradução em *E. coli.* Guiadas pelos fatores de iniciação (FI), as subunidades 30S e 50S se juntam em um ribossoma ativo, no qual o aminoacil-RNAt iniciador, o formilmetionil-RNAt$_f$, se aloja no sítio P ribossômico e faz o pareamento com o códon inicial do quadro de leitura do RNAm. Este arranjo molecular é obtido com a formação do complexo de iniciação 70S, que é o ponto de início da elongação. Ao finalizar cada ciclo de elongação este arranjo se desfaz, com a ressalva de que o peptídeo nascente, ancorado ao sítio P ribossômico como o peptidil-RNAt, terá um resíduo a mais e o RNAm terá deslocado três nucleotídeos, colocando o seguinte códon para ser traduzido no sitio A.

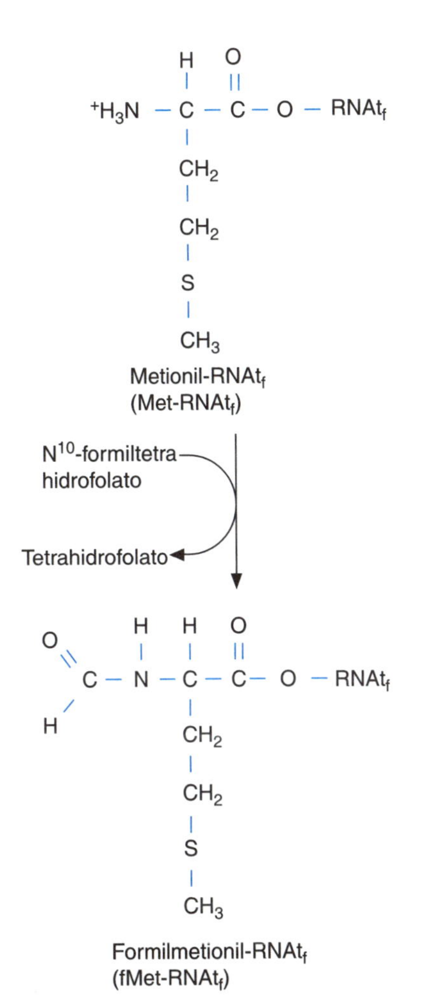

Figura 30-17. Síntese do formilmetionil RNA$_f$t. O aminoacil-RNAt utilizado exclusivamente para a iniciação da tradução é o N-formilmetionil- RNA$_f$t sintetisado a partir do metionil- RNA$_f$t, por uma reação de formilação catalizada por uma transformilase que utiliza o N10-formiltetrahidrofolato como doador de grupos formilas.
Esta transformilase não atua sobre o metionil-RNAt$_m$, usada para leitura dos códons AUG internos do quadro de leitura.

tenham um anticódon complementar à AUG e ambos sejam aminoacilados pela mesma sintetase, certas diferenças de sequência fazem com que a formilase só reconheça como substrato o primeiro. Estas diferenças também permitem que o IF-2 interaja exclusivamente com o N- formil-metionil-RNAt$_f$ e ignore os outros aminoacil-RNAt. O inverso acontece com o fator de elongação EF-Tu, que não reconhece o N-formil-metionil-RNAt$_f$ sendo incapaz de ser utilizado na tradução de metioninas internas do peptídeo nascente (ver adiante).

ELONGAÇÃO DA TRADUÇÃO EM *E. coli*

A elongação consiste na polimerização do peptídeo nascente, em uma forma que depende do molde ou "template" oferecido pelo RNAm a uma velocidade de 40 resíduos por segundo, isto é, um resíduo cada 25 milésimos de segundo. Uma vez encaixado o complexo de iniciação 70S (figura 30-16), começa um ciclo de elongação que pode dividir-se em três etapas principais como lustrado na figura 30-18: (1) a entrada do aminoacil-RNAt complementar ao códon situado no sitio A. (2) a formação da ligação peptídica, reação da peptidiltransferase que transfere o grupo peptidil localizado no sítio P ao grupo amino do aminoacil-RNAt recém-admitido ao sítio A, e (3) a translocação dos RNAt e o RNAm, desocupando o sítio A e deslocando o novo peptidil-RNAt ao sítio P, em um movimento que arrasta o RNAm e posiciona o seguinte códon no sítio A. As etapas 1, 2 e 3 ocorrem de forma mais elaborada do que mostrado na figura 30-18, durante seu trânsito pelo ribossomo os RNAt estabelecem interações "híbridas" com os sítios A e P, cujo objetivo é não perder a sequência de leitura dos tripletes do quadro aberto de leitura. Nas seções seguintes serão explicados os passos sucessivos que ocorrem durante a elongação e em maior detalhe as interações híbridas, ilustradas de forma esquemática na figura 30-19.

A ENTRADA DO AMINOACIL-RNAT AO SÍTIO A DETERMINA A FIDELIDADE DA TRADUÇÃO

A elongação começa com a entrada do aminoacil-RNAt ao sítio A de um ribossomo recém unido (o complexo de iniciação 70S) ou recém saído de um ciclo de elongação (figura 30-16). Esta entrada é catalisada pelo fator EF-Tu, que apresenta várias funções importantes; sendo uma delas a de proteger a lábil ligação éster de alta energia dos aminoacil-RNAt. Quando o GTP está associado ao EF-Tu (EF-Tu•GTP), o fator tem uma afinidade incrementada pelos aminoacil-RNAt. Devido à alta concentração celular de EF-Tu (5% das proteínas de *E. coli*), praticamente todos os aminoacil-RNAt recém-sintetizados são imediatamente sequestrados e protegidos em complexos EF-Tu•GTP•aminoacil RNAt, que se ligam a um sítio vizinho ao sitio A ribossômico, chamado de sítio T (figura 30-14), em uma posição tal que a alça do anticódon do aminoacil tRN-A pode entrar no sitio A e interagir com o códon aí disponível (figura 30-19 C). Esta interação, que é reversível e pode continuar enquanto o EF-Tu não hidrolise seu GTP, tem o propósito de "explorar" e assegurar que o par códon-anticódon seja o correto. A forma EF-Tu•GDP, que resulta da atividade da GTPasa do EF-Tu, tem afinidades muito reduzidas pelo aminoacil-RNAt e pelo sítio T do ribossomo, ocasionando a dissociação do complexo, com a saída do EF-Tu-GDP e a entrada definitiva do aminoacil-RNAt ao sítio A (figura 30-19 E). É importante assinalar que, uma vez que o EF-Tu é dissociado, o aminoacil-RNAt fica inserido no sitio A, independente de ser o par códon-anticódon correto ou não. Em vista do anterior, fica claro que o tempo de "exploração" do códon, que precede a hidrólise do GTP,

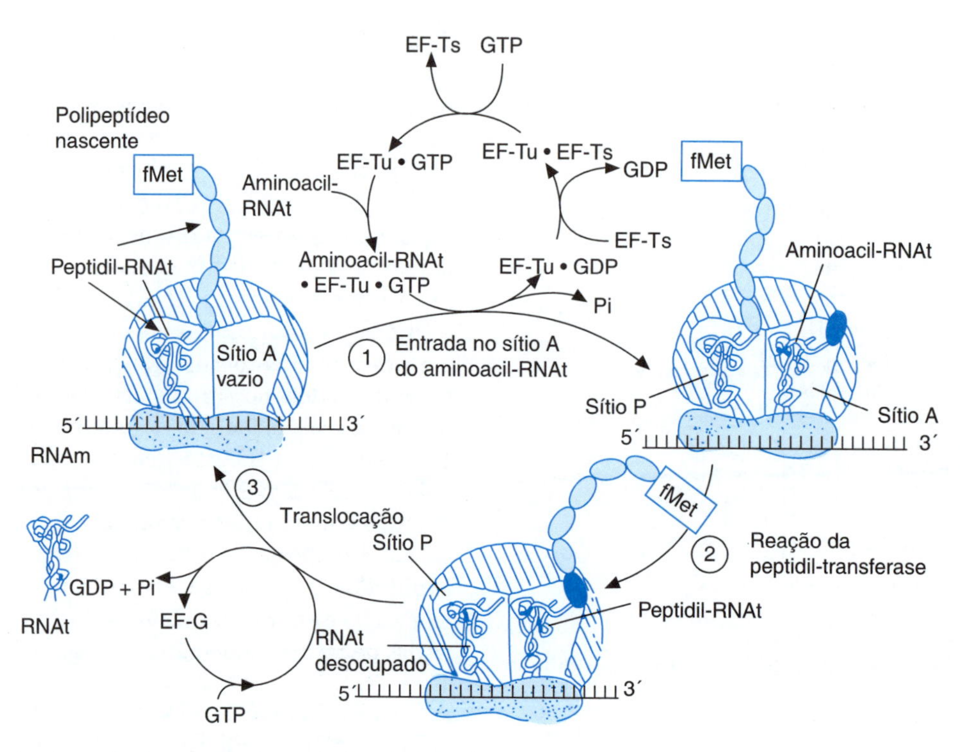

Figura 30-18. Ciclo de elongação durante a tradução da *E. coli*. Um ciclo de elongação inclui: 1) a entrada do aminoacil-RNAt complementar ao códon situado no sítio A; 2) a reação da peptidil-transferase, e 3) a reação de translocação que desocupa o sítio A, deslocando o peptidil-RNAt ao sítio P e levando ao RNAm para que o códon seguinte ocupe o sítio A. Os passos 1 e 3 estão catalizados, respectivamente, pelos fatores EF-Tu e EF-G, que são proteínas G com atividade de GTPase, que utilisam a hidrólise do GTP para lhes dar aceleração e precisão. O GDP gerado deve ser trocado por um GTP para restituir a estes fatores suas formas ativas. A figura 30-19 mostra detalhadamente os passos que ocorrem em cada uma das etapas da elongação.

é um dos mecanismos que asseguram a fidelidade da tradução (os outros são a interação códon-anticódon e a especificidade das aminoacilRNAt sintetases). Este mecanismo depende do "relógio molecular" do EF-Tu, que mede tempos baseando-se na velocidade com que ocorre a reação de GTPase. Por exemplo, um aminoacil-RNAt incorreto não estabeleceria um pareamento códon-anticódon estável e perdurável, pelo que abandona o ribossomo antes que ocorra a reação da GTPase. Ao contrário, o aminoacil-RNAt correto permanecerá pareado com o códon, "esperando" o tempo necessário (vários milésimos de segundo) à reação da GTPase. A relação entre a fidelidade da tradução e o relógio molecular do EFTu foi demonstrado experimentalmente. Por exemplo, compostos análogos do GTP, não hidrolisáveis, que reduzem a velocidade da GTPase, aumentam de modo considerável a fidelidade da tradução; isto é, diminuem o número de resíduos errôneos incorporados à proteína sintetizada.

O custo deste aumento na fidelidade é que as proteínas t demoram mais para serem sintetizadas, afetando as demais atividades celulares. É por isso que as células chegaram a um ajuste ou "compromisso" entre velocidade e fidelidade, em que ambos se mantém em níveis ótimos compatíveis com o bem-estar celular. Este arranjo permite que os ribossomos dos organismos contemporâneos tenham uma frequência de erros (ε) de 10^{-4}, isto é, um erro para cada 10000 aminoácidos incorporados.

Para calcular a probabilidade (p) de que uma proteína, com um número n de resíduos, seja traduzida sem erro se utiliza este valor de, e a seguinte fórmula:

$$p = (1 - \varepsilon)^n$$

Por exemplo, uma proteína de 1000 aminoácidos, a uma frequência de erros de 10^{-4}, tem uma probabilidade de 0,9048 de estar livre de erros de tradução. Certamente, uma proteína de menor tamanho tem melhores probabilidades de ser sintetizada sem erros. Entretanto, estes valores são altos quando se comparam com a grande fidelidade da síntese do DNA observada durante a duplicação, sendo evidente que a célula toma mais cuidado na síntese de seu genoma que na de moléculas efêmeras como o RNA e as proteínas. Para restaurar a atividade do EF-Tu•GDP gerado com a entrada do aminoacil-RNAt ao sítio A, é necessário substituir o GDP pelo GTP. Para isso é necessário outro fator da elongação o **EF-Ts,** que tem atividade intercambiadora de nucleotídeos de guanina. O EF-Tu•GDP se associa ao EF-Ts, em um complexo em que o EF-Ts faz com que o EF-Tu libere GDP e receba um GTP. O EF-Tu•GTP tem muito menor afinidade

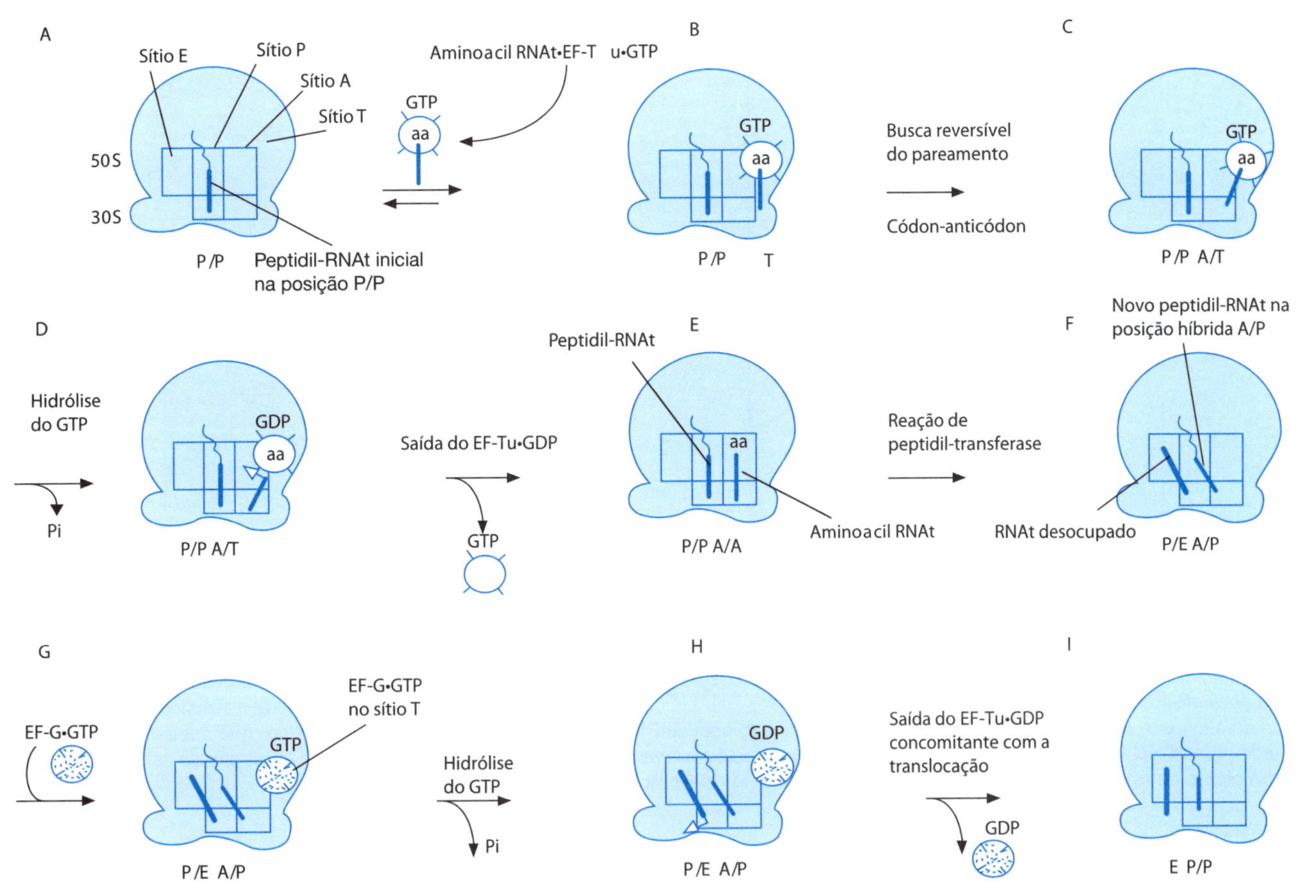

Figura 30-19. Eventos e atividades moleculares que ocorrem durante a elongação. O diagrama mostra o modelo de sítios híbridos da elongação, no qual os RNAt estabelecem interações "híbridas" com os sítios ribossômicos durante as etapas da elongação. Por exemplo, depois da reação da peptidil-transferase (F), o novo peptidil-RNAt se posiciona na região híbrida A/P, estabelecendo contato simultâneo com os sítios A e P. Vide o texto.

pelo EF-Ts, o que determina sua separação deste último, restituindo um EF-Tu ativo; isto é, um EFTu• GTP com alta afinidade para os aminoacil-RNAt e que pode participar em um novo ciclo de elongação (figura 30-18).

A ATIVIDADE DE PEPTIDILTRANSFERASE DA SUBUNIDADE 50S CATALISA A FORMAÇÃO DA LIGAÇÃO PEPTÍDICA

Uma vez que o aminoacil-RNAt ocupa o sítio A (figura 30-19 E), seu radical aminoacil fica próximo do radical peptidil do peptidil-RNAt que ocupa o sítio P, ambos no sítio ativo da peptidil transferase (figura 30-14). A reação catalisada pela peptidiltransferase (figura 30-20) é termodinamicamente favorável e não requer gasto de ligações de alta energia, pois seu custo energético foi pago com antecedência durante a ativação do RNA pela sintetase do aminoacil-RNA. Por outro lado, a entrada do aminoacil-RNAt no sítio A, e a reação de translocação que se segue à da peptidiltransferase, consomem cada ligação de alta energia, pois os fatores de elongação que as catalisam, EF-Tu e EF-G, são proteínas G com atividade GTPase, as que rompem o GTP em GDP mais fosfato.

A translocação se inicia espontaneamente, pois ao terminar a reação da peptidiltransferase os produtos da reação ficam em posições híbridas. O peptidil- RNAt recém formado fica na posição A/P; sua extremidade peptidil ocupa o sítio P, enquanto sua extremidade anticódon permanece pareada ao RNAm no sitio A.

O RNAt desocupado também fica em uma posição híbrida, denominada P/E; sua extremidade 3', agora com um OH livre, ocupa o sítio de saída E *(Exit)*, enquanto sua extremidade anticódon permanece pareada ao RNAm no sítio P (figura 30-19 F).

O EF-G•GTP CATALISA O PASSO FINAL DA REAÇÃO DE TRANSLOCAÇÃO

O ciclo de elongação se completa com os dois passos finais da translocação: 1) os RNAt que ficaram nas posições híbridas A/P (o peptidil-RNAt) e P/E (o RNAt descarregado) passam às posições P/P e E, respectivamente (figura 30-19 I), com isso se desocupa o sítio A; e 2) o RNAm se movimenta junto com o peptidil- RNAt até a posição

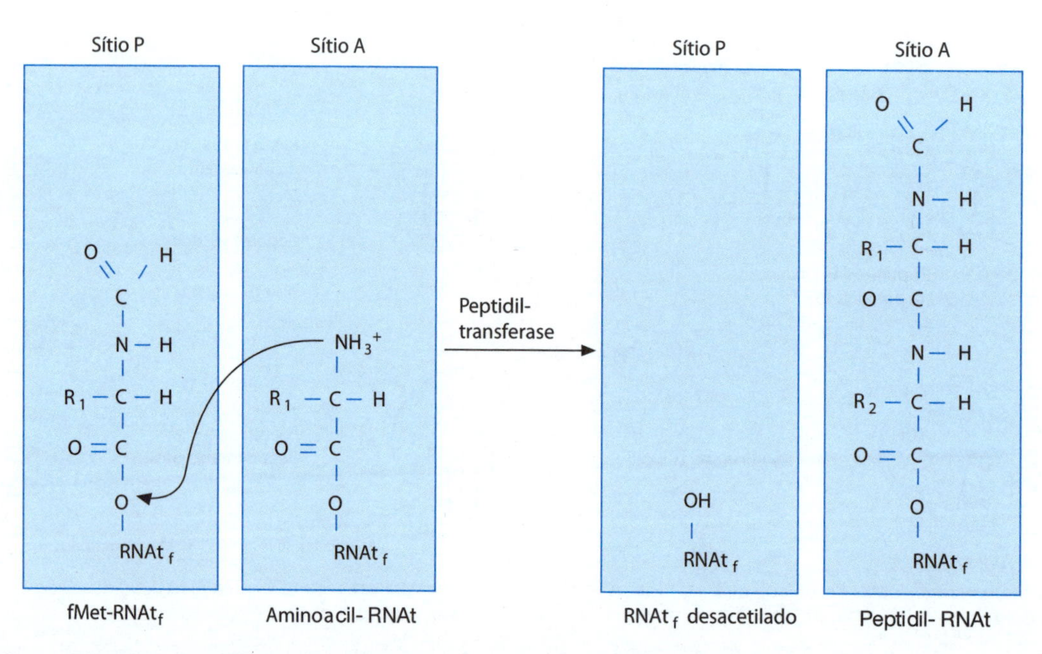

Figura 30-20. Reação da peptidil-transferase. A formação da nova ligação peptídica é catalisada pela peptidil-transferase, atividade do sítio P, especificamente de sua porção constituida pela subunidade ribossômica maior. Nesta reação, o nitrogênio do grupo amino do aminoacil-RNAt se liga nucleofilicamente ao carbono do grupo éster do peptidil-RNAt. Como resultado desta reação, o grupo peptidil é transferido para o grupo amino do aminoacil-RNAt, assim sendo convertido em um novo peptidil-RNAt, com maior tamanho (em um resíduo) que o anterior, enquanto o RNAt do peptidil-RNAt inicial fica desocupado. Observe que neste exemplo em particular, está ilustrada a primeira reação da peptidil-transferase, que ocorre entre o formil-metionil-RNAt$_f$ inicial e do 2° aminoacil-RNAt pareado ao 2° códon do quadro de leitura.

P, em um deslocamento de exatamente três nucleotídeos na direção 5', assim, o seguinte códon do quadro aberto de leitura fica disponível no sítio A. A terminação de um ciclo de elongação coincide com o começo do seguinte, pois a união do complexo EF-Tu•GTP•aminoacilRNAt ao sítio T, que inicia o ciclo seguinte, permite que o RNAt, desocupado no ciclo anterior, abandone o sítio E.

As etapas da translocação mencionadas acima, requerem a união do complexo EF-G•GTP ao sítio T ribossômico, assim como, a atividade GTPase do EFG. Mediante a hidrólise de seu GTP, o EF-G catalisa estas etapas de translocação, empregando mecanismos ainda não bem conhecidos e que provavelmente dependem de mudanças conformacionais do ribossomo.

De maneira semelhante ao EF-Tu, o EF-G•GDP que se gerou durante a translocação tem menor afinidade pelo ribossomo, e se dissocia dele. Como qualquer outra proteína G, para a reativação do EFG• GDP é necessário substituir GDP pelo GTP. Notar que tanto o EF-Tu como o EF-G se unem ao mesmo sítio do ribossomo, muito próximo da região da haste da subunidade 50S onde se localiza a atividade estimuladora de GTPases (figura 30-14), o que contribui e possivelmente participa nas reações catalisadas por estes fatores. Além disso, o fato de ocupar um sítio comum explica o porquê à união destes fatores seja mutuamente excludente, assegurando também que os passos da elongação aconteçam em forma ordenada e cíclica.

TERMINAÇÃO DA TRADUÇÃO EM *E. coli*

A terminação da tradução ocorre quando o triplete de terminação (UAA, UAG ou UGA) aparece no sitio A. Como não existe RNAt que reconheça estes tripletes, o sitio A é ocupado pelos fatores da terminação ou da liberação (RF pela sua sigla em Inglês, *Releasing factors*), os que reconhecem os códons de terminação. O RF-1 reconhece o triplete UAA e UAG, enquanto o RF-2 reconhece UGA e UAA. Na presença de um terceiro fator associado ao GTP, o RF-3•GTP, os RF-1 e RF-2 ocupam o sitio A e permitem que a peptidiltransferase catalise a transferência do peptidil à molécula de água, que equivale a hidrolisar a ligação éster que o liga ao RNAt e liberar o peptídeo de sua ancoragem ribossômica. Por mecanismos ainda poucos conhecidos, depois desta hidrólise as subunidades do ribossomo se separam deixando livres RNAm e o último RNAt desocupado. Possivelmente, a hidrólise do GTP do RF-3 ajuda a catalisar estes passos.

OS POLISSOMOS REVELAM A MÚLTIPLA TRADUÇÃO SIMULTÂNEA DE UM MESMO RNAm

É importante mencionar que a tradução pode se iniciar em um RNA que esteja sendo traduzido. Como aproximadamente 80 nucleotídeos do RNAm são cobertos pelas subunidades do ribossomo, e como o RNAm se

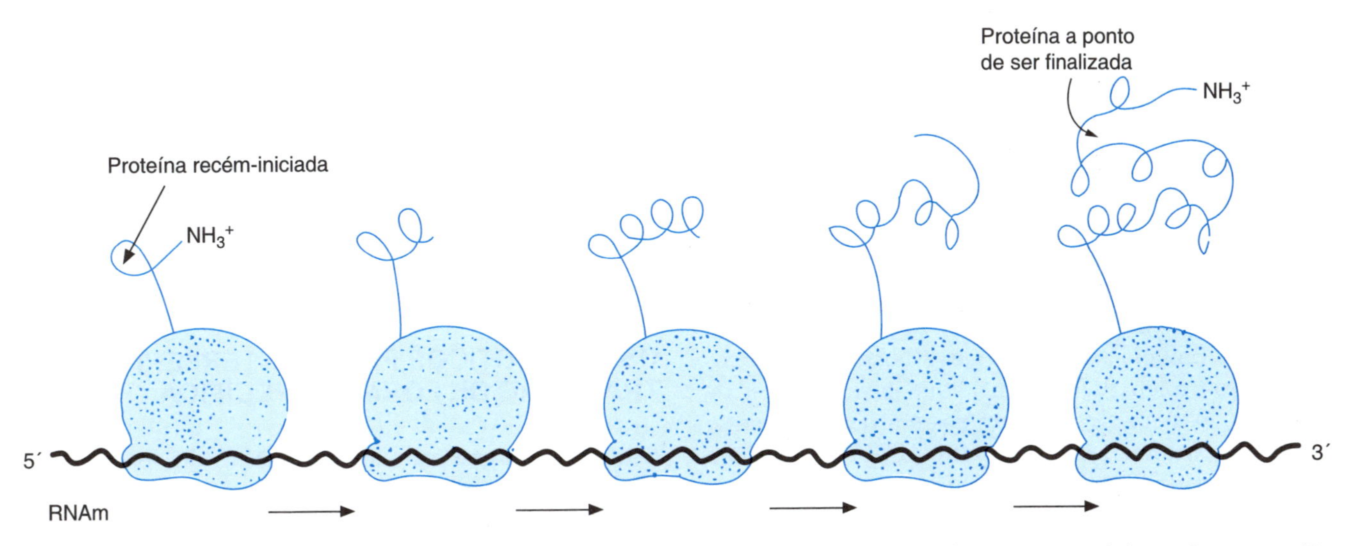

Figura 30-21. Polirribossomos ou polissomos. O polissomo é constituído de um RNAm com vários ribossomos associados a ele, que o estão traduzindo simultaneamente. Cada ribossomo terá um grau diferente de avanço na tradução, os mais próximos à extremidade 3' do RNAm estão mais próximos do término da síntesis do peptídeo e vice-versa. As flechas indicam a direção na qual os ribossomos avançam sobre o RNAm.

desloca durante a translocação, é de esperar que após a polimerização de pelo menos os primeiros 27 aminoácidos (80/3 = 26.6) permita que o códon de iniciação se encontre novamente fora do ribossomo, sendo possível que um segundo ribossomo funcional se arranje ao redor dele. Isto ocorre frequentemente tanto nos procariotos como nos eucariotos, determinando que sobre um mesmo RNAm existam vários ribossomos ativos, os que se encontram unidos ao RNAm como as contas de um terço. Este aglomerado de ribossomos sobre um mesmo RNAm se denomina **polirribossomo** ou simplesmente **polissomo** (figura 30-21).

OS PASSOS DA TRADUÇÃO NOS RIBOSSOMOS DOS EUCARIOTOS SÃO SEMELHANTES AOS DE *E. coli*

Embora a tradução seja semelhante em todas as espécies viventes, existem certas diferenças entre procariotos e eucariotos que devem ser destacadas. Nos eucariotos, a síntese não se inicia com formilmetionina, é sim, metionina. Entretanto, os eucariotos também tem um RNAt especializado na iniciação, o RNAti, às vezes também chamado RNAtf porque a transformilase bacteriana pode formilar sua forma ativada, o metionil-RNAt i, *in vitro*

Outra diferença importante é que para identificar o códon AUG de inicio, e começar a tradução, se utilizam sinais e mecanismos diferentes. Os RNAm eucarióticos não possuem uma sequência de Shine-Dalgarno, e a identificação do códon AUG inicial se baseia em um mecanismo diferente do pareamento com o RNAr da subunidade pequena. Nos eucariotos, o primeiro triplete AUG do RNAm é aquele que geralmente é utilizado como o códon de iniciação para síntese da proteína. Assim, estes desenvolveram um complexo mecanismo, denominado de *scanning* ou varredura, para encontrar esse primeiro triplete AUG. Para isso, primeiro se une, na extremidade 5' do RNAm, um complexo composto pela subunidade 40S ribossômica, o metionil- RNAti associado ao fator eIF-2•GTP (o fator de iniciação eucariótico 2, o F-2, é o equivalente funcional do IF-2 de *E. coli*), os fatores eIF-3 e eIF-4 e as CBP (do inglês, *cap binding proteins)*, fatores acessórios proteínicos que se unem ao capuz da extremidade 5' dos RNAm eucarióticos). Este complexo

Quadro 30-4. Antibióticos inibidores da síntese de proteínas

Antibiótico	Ação
Estreptomicina e outros aminoglicósidos	Inibem a iniciação e originam uma leitura errônea do RNAm (em procariotos)
Tetraciclina	Une-se à subunidade 30S e inibe a união dos aminoacil-RNAt (em procariotos)
Cloranfenicol	Inibe a atividade peptídeo transferase da subunidade ribossômica 50S (em procariotos)
Cicloeximida	Inibe a atividade peptídeo-transferase da subunidade ribossômica 60S (em eucariotas)
Eritromicina	Une-se à subunidade 50S e inibe a translocação (em procariotos)
Puromicina	Provoca a terminação prematura da fita por atuar como um análogo do aminoacil-RNAt (em procariotos e eucariotos)

parte da extremidade 5' do RNAm e inicia uma corrida ao longo deste em busca do primeiro triplete AUG, processo em que se utilizam várias ligações de alta energia proporcionadas pelo ATP. Quando o fator eIF-3 encontra o primeiro triplete AUG, a metionil-RNAti é pareada. A subsequente hidrólise do GTP do eIF-2, processo facilitado pelo eIF- 5, provoca a dissociação de todos os fatores da iniciação, o que origina um complexo de iniciação 40S, que se une à subunidade 60S para formar o complexo de iniciação 80S, com o qual se iniciam os ciclos de elongação. Embora na maioria dos RNAm eucarióticos o primeiro triplete AUG é aquele que inicia a síntese de proteínas, existem alguns exemplos em que o processo de *scanning* ignora e selecciona outro AUG mais próximo da extremidade 3' del RNAm. Quando isso ocorre, geralmente o AUG ignorado não se localiza dentro da chamada **sequência consenso de Kozak,** definida como: 5' ACCAUGG 3'. Quando um triplete AUG (sublinhado) é rodeado das bases que formam a sequência de Kozak quase sempre é usado para iniciar a tradução. Por outro lado, qualquer triplete AUG cujas bases adjacentes difiram de forma importante da sequência de Kozak, tem probabilidade muito alta de serem ignoradas durante o processo de *scanning* ou varredura. A elongação da tradução eucariótica também é catalisada pelas proteínas G. Os equivalentes funcionais eucarióticos dos fatores de *E. coli* (entre parênteses) são: EF1 α (EFTu), EF1 $\beta\gamma$ (EF-Ts) e EF2 (EF-G). Ao final, nos eucariotos só existe um fator de terminação, o eRF, que reconhece os três tripletes de terminação.

OS ANTIBIÓTICOS PODEM INTERFERIR NA TRADUÇÃO DE FORMA ESPECÍFICA

Um grande número de antibióticos usados para o tratamento das doenças infecciosas causadas por bactérias exercem seus efeitos antimicrobianos por inibir especificamente a tradução na bactéria, sem afetar a tradução das células humanas. O estudo destes antibióticos e dos mecanismos responsáveis por esta inibição proporcionou ferramentas indispensáveis para analisar e compreender os mecanismos moleculares da tradução (Quadro 30-4).

REFERÊNCIAS

Devlin T.M: *Bioquímica. Libro de texto con aplicaciones clínicas.* 5ta. ed. Editorial Reverté, 2004.

Kornblitntt, et al.: Multiple links between transcription and splicing. RNA 2004;10:1489.

Lewin B: *Genes VI.* Oxford University Press, Oxford, 1997.

Lodish H, Baltimore D, Berk A, Zipursky SL, Matsudaira P,Darnell J: *Molecular cell biology.* 3rd ed. New York: Scientific American Books, 1995.

Lozano JA, Galindo JD, García Borrón JC, Martínez Liarte: *Bioquímica y Biología Molecular.* 3ra ed., McGraw-Hill Interamericana, 2005.

Melo RV, Cuamatzi TO: *Bioquímica de los processos metabólicos.* México: Editorial Reverté, 2004.

Nelson DL, Cox MM: *Lehninger Principios de Bioquímica.* 4a. ed. Omega, 2006.

Reed R, Cheng H: TREX SR proteins and export of mRNA. Curr Opin Cell Biol 2005; 172:69.

Wilson KS, Noller HE: Molecular movements inside the translational engine. Cell 1998; 92: 337-349.

Páginas eletrônicas

Zamudio T (2005): *2. La transcripción y la traducción.* En: Regulación Jurídica de las Biotecnologías. [En línea]. Disponible: http://www.biotech.bioetica.org/clase1-14.htm [2009, abril 24]

31

Regulação da expressão gênica

Fernando López Casillas

Implícito no termo "regulação da expressão gênica" está a noção de que as células utilizam seu repertório genético de forma seletiva, da mesma maneira que os estudantes de medicina utilizariam a biblioteca de sua escola. Ainda que esta contenha obras que englobem todo o conhecimento médico, os estudantes de primeiro ano seguramente se limitarão a consultar ("transcrever e traduzir") os textos ("genes") dedicados às matérias básicas como anatomia, bioquímica, entre outras; enquanto que os estudantes de anos avançados vão recorrer aos textos de medicina interna, cirurgia e outros. Sua seletividade de textos será ditada por suas necessidades acadêmicas vigentes; mal faria o estudante de primeiro ano, que tendo que passar no exame departamental de bioquímica, passasse as horas estudando otorrinolaringologia. De forma igualmente pragmática, as células utilizam somente uma fração dos genes de seu genoma, aquela que lhes permite responder com sucesso às suas necessidades fisiológicas, as quais variam com as mudanças do entorno. Por exemplo, uma bactéria que cresce em um meio de cultivo mínimo terá que produzir as enzimas que lhe permitem sintetizar os aminoácidos a partir dos nutrientes limitados proporcionados por este meio. Se tais aminoácidos estão presentes no meio de cultivo, a bactéria não gastará energia para colocar em ação as vias para sua síntese. Nos organismos eucarióticos multicelulares, as "necessidades fisiológicas" são muito mais complexas do que nos procariotos, e incluem entre outras muitas, as derivadas de uma lesão ou enfermidade, de uma mudança na dieta ou o ataque por um micro-organismo, as relacionadas com o desenvolvimento embrionário, etc. É claro que nem todas as respostas às modificações no entorno celular requerem uma mudança no padrão de expressão gênica. Muitas respostas ocorrem rapidamente, às vezes em frações de segundo, modificando a atividade dos componentes celulares disponíveis; por exemplo, o abrir e fechar canais iônicos membranares para regular a atividade elétrica de circuitos neuronais. No entanto, muitas das respostas são mediadas por modificações no padrão de expressão genética, que ocorrem em intervalos relativamente longos (minutos a dias) e, podem ser momentâneos ou definitivos. Neste capítulo serão discutidas as estratégias moleculares que as células utilizam tanto procariontes quando eucariontes, para regular a expressão de seus genes.

A REGULAÇÃO DA EXPRESSÃO GÊNICA OCORRE EM NÍVEIS DISTINTOS

Por expressão gênica se entende a série de ocorrências que conduzem à síntese de algum produto gênico, geralmente um polipeptídeo. Estas ocorrências constituem o fluxo da informação genética, que inclui os seguintes passos: a transcrição do gene, o processamento do transcrito primário em um mRNA funcional e sua eventual tradução em uma proteína (figura 25-2). Ainda que alguns autores considerem as modificações pós-traducionais (localização em compartimentos subcelulares, glicosilação, ativação proteolítica de zimogênios, fosforilação de certos resíduos, para mencionar alguns exemplos) e a degradação seletiva de algumas proteínas como parte da regulação da expressão, estas não serão discutidas neste capítulo.

Em princípio, cada um dos passos que vão da transcrição do DNA à síntese da proteína pode estar regulado. Dependendo do tipo de organismo e do gene em questão, a regulação da expressão gênica dependerá, em maior ou menor grau, de alguns destes passos. Por exemplo, nos organismos procariontes o processamento pós-transcricional de seus mRNA é praticamente inexistente, portanto a transcrição e a tradução são os níveis de regulação principais.

Por sua vez, os organismos eucariontes regulam extensamente a expressão de seus genes no nível do processamento de seus transcritos primários, como ocorre com o *splicing* alternativo (figura 29-11). Outra oportunidade de controle muito importante nos eucariotos ocorre na cromatina, isto é, pelo grau de empacotamento de seu DNA genômico em nucleossomos e outros arranjos cromossômicos.

Apesar dos múltiplos níveis de regulação da expressão gênica, o ponto predominante de controle, tanto em eucariotos como em procariotos, é o **transcricional**. Isto é reminiscente do que ocorre com outras vias biossintéticas, nas quais o passo inicial é o que regula e limita todo o processo (a transcrição no caso da expressão gênica), de tal maneira que, quando os produtos finais não são necessários, se evitam passos biossintéticos posteriores que sejam energeticamente custosos (o processamento dos transcritos primários e a tradução, neste caso). Na década entre 1970 e 1979 eram poucos os modelos experimentais de regulação da expressão gênica bem conhecidos, hoje os casos são incontáveis. No presente capítulo apenas serão discutidos os exemplos clássicos e representativos, de forma a transmitir ao estudante a importância do tema. Novamente, como ocorreu em capítulos anteriores, a bactéria *E. coli* proporcionou muitos dos melhores exemplo, tais como o funcionamento do operon da lactose e a decisão dos processo lítico ou lisogênico do bacteriófago λ, ambos os paradigmas do controle transcricional procariótico, razão pela qual serão discutidos de forma detalhada. Felizmente, os ensinamentos daí derivados serão aplicáveis e de utilidade para entender a regulação de outros genes, ainda em um organismo como o humano. Jacques Monod, um dos cientistas mais brilhantes do século XX, quem formulou os conceitos da alosteria, do mRNA e do operon, enfatizou isto com uma frase que, ainda que imprecisa no detalhe particular, é correta no geral: "*O que é certo para a* Escherichia coli, *é certo para o elefante*."

DA "ADAPTAÇÃO" ENZIMÁTICA À "INDUÇÃO" ENZIMÁTICA

Em 1942, Monod observou que quando a *E. coli* era cultivada em um meio cuja fonte de carbono fosse glicose mais outro composto, como o sorbitol ou a lactose, o cultivo exibia duas fases de crescimento logarítmico, separadas por um período sem proliferação (figura 31-1). Este experimento proporcionou um poderoso modelo de estudo, que foi habilmente explorado por Monod e muitos outros investigadores para assentar as bases da regulação da transcrição procariótica. Na presença simultânea de glicose e alguma outra fonte de carbono, como a lactose, a bactéria somente consome a fonte alternativa quando a glicose se esgota. Durante o período intermediário sem proliferação, as bactérias, se "adaptam" para usar a segunda fonte de carbono. Em princípio, esta "adaptação" poderia dever-se à ativação de formas precursoras inativas das enzimas encarregadas pela fermentação da fonte adicional de carbono ou a sua síntese *de novo*. Em condições basais, a célula bacteriana somente possui o repertório enzimático glicolítico, o qual explica a utilização preferencial e constitutiva da glicose. Quando a glicose foi consumida, sempre e quando haja no meio outra fonte de carbono, a bactéria recorre às enzimas que lhe permitam aproveitá-la. Uma das enzimas indispensáveis para a fermentação da lactose é a β-galactosidase, que rompe a ligação glicosídica que une os monômeros do dissacarídeo (figura 31-2).

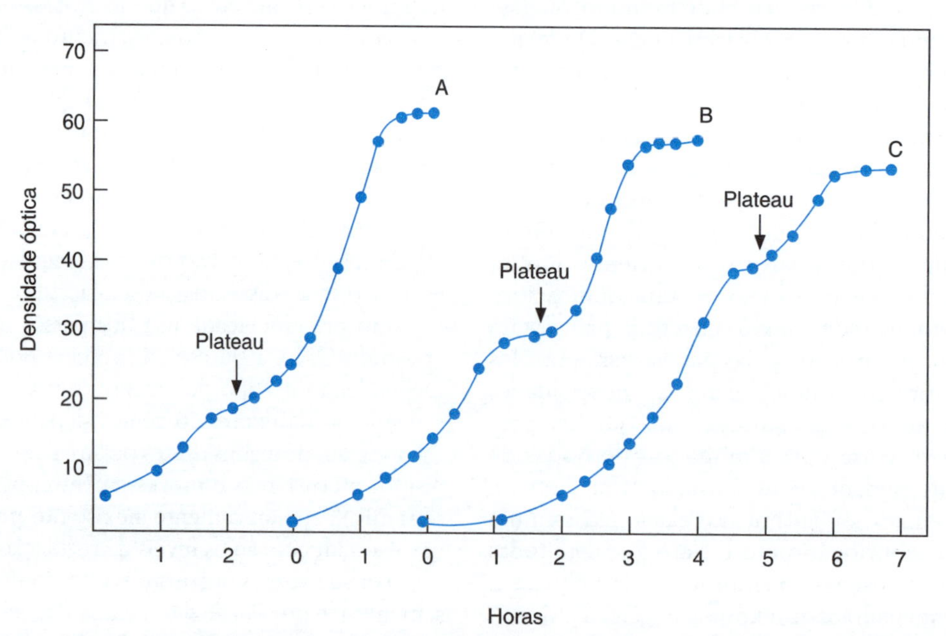

Figura 31-1. Crescimento diáuxico de *E. coli*. Células de *E. coli* cultivadas previamente em um meio mínimo, foram transferidas, no tempo zero, a meios com glicose e lactose nas seguintes proporções: 1/3 (A), 1/1 (B) e 3/1 (C), nos quais continuaram sua proliferação. Nos tempos indicados, se determinou a densidade óptica do cultivo, a qual é proporcional à quantidade de bactérias presentes no mesmo. As curvas de proliferação indicam que as bactérias começam a proliferar de forma logarítmica, chegam a uma fase de crescimento nulo (plateau), que dura aproximadamente uma hora, após a qual recobram seu crescimento até chegar a um segundo plateau final, devido ao esgotamento dos nutrientes do meio. Observe a correlação entre a quantidade inicial de glicose e o aumento no qual aparece o primeiro plateau.

Monod e colaboradores demonstraram que em condições basais, esta enzima é praticamente inexistente e que a *E. coli* somente a sintetiza quando a lactose está presente em um meio de cultivo carente de glicose. Isto quer dizer: a lactose funciona com um indutor capaz de estimular a produção da β-galactosidase. De maneira importante, outras duas enzimas também são induzidas simultaneamente pela lactose, a permease de lactose que aumenta a entrada da lactose na bactéria e a tiogalactosídeo transacetilase. Tais resultados indicaram que este fenômeno, chamado de "adaptação" enzimática, era na realidade uma "indução" enzimática, pois dependia da síntese *de novo* destas enzimas e não de uma "ativação" de enzimas preexistentes. Algumas ferramentas experimentais valiosas para o estudo deste fenômeno foram os substratos artificiais e os compostos indutores artificiais ou "gratuitos" da β-galactosidase. Os indutores gratuitos são análogos do indutor natural, mas que diferente deste não são hidrolisados pela β-galactosidase, pelo que podem manter um estado de indução constante. Os substratos artificiais permitem facilmente detectar e quantificar a enzima, já que seus produtos de reação são coloridos (figura 31-2).

A INDUÇÃO ENZIMÁTICA É REGULADA GENETICAMENTE

Outra ferramenta fundamental para entender a indução enzimática foi a geração de bactérias com um fenótipo Lac⁻ "lactose menos"; isto é, que eram incapazes de fermentar a lactose. O fato de que empregando compostos mutagênicos com os descritos no capítulo 28 foram obtidos estes tipos de bactérias, indicava que a causa do fenótipo Lac⁻ estava na mutação dos genes que codificam as enzimas responsáveis pela fermentação da lactose, o gene lacZ da β-galactosidase e/ou o gene lacY da permease. Uma deficiência do gene da transacetilase (lacA) não causa um fenótipo Lac⁻, pois esta enzima não participa do catabolismo da lactose; de fato, até o momento se desconhece sua função. A nomenclatura usada para descrever os mutantes Lac⁻ se baseia em identificar o fenótipo para cada uma das três enzimas indutíveis por lactose. Por exemplo, as variantes Lac⁻ que não produzem a β-galactosidase na presença do indutor, mas sim a permease, são denominadas $lacZ^-$, Y^+; as deficientes em ambas as enzimas são denominadas $lacZ^-$, Y^-. Obviamente, as mutantes afetadas no gene da transacetilase (lacA-) são Lac^+; isto é, que são silvestres em relação à fermentação da lactose. Experimentos de mapeamento genético demonstraram que estes genes estão ligados no genoma bacteriano; de fato, são contíguos e estão ordenados na forma Z →Y→A (figura 31-3), constituindo os **genes estruturais** do que hoje se conhece como um típico operon bacteriano (figura 27-5).

No entanto, os experimentos de mutagênese revelaram outro tipo de bactérias mutantes muito mais interessantes, as quais expressavam constitutivamente as três enzimas; isto é, que sua síntese não requeria o indutor.

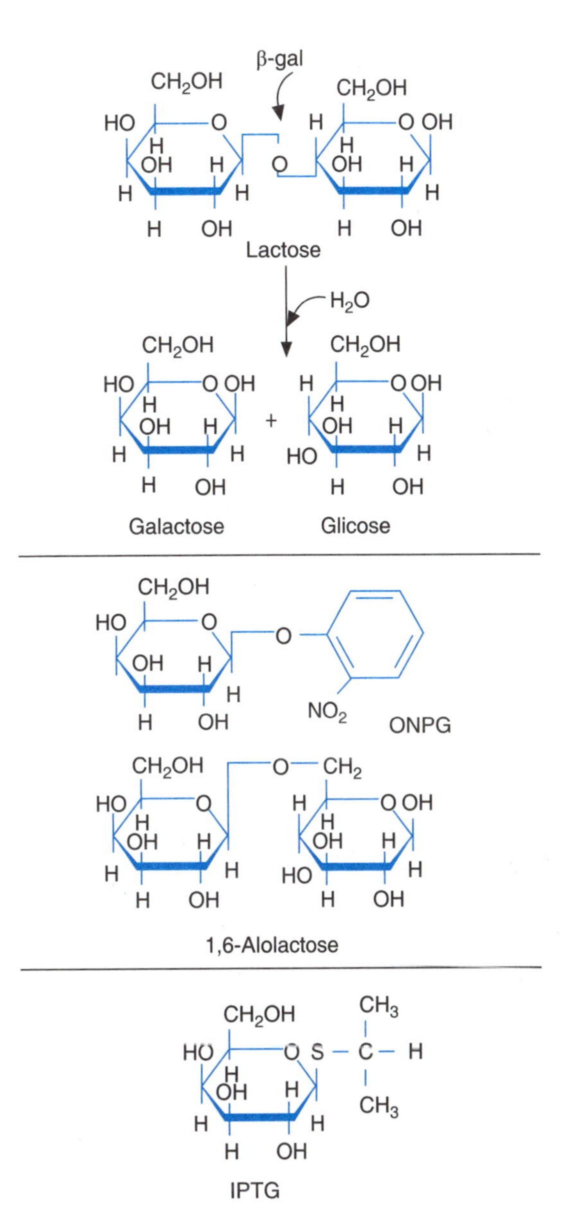

Figura 31-2. Estrutura dos substratos e indutores da β-galactosidase (β-gal). A β-galactosidase hidrolisa a ligação β-glicosídica (ponta de flecha) que une a galactose e a glicose, os constituintes da lactose. Dois substratos artificiais incolores da β-galactosidase têm sido de grande utilidade para detectar e quantificar colorimetricamente esta enzima. Quando a β-galactosidase rompe as ligações β-glicosídicas do ONPG (ortonitrofenil- β-galactosídeo) e o X-gal (5-bromo-4-cloro-3-indolil- β-D-galactosídeo), os produtos da reação são galactose e compostos de intensa coloração, o orto-nitrofenol (amarelo) e o 5-bromo-4-cloro-3-indol (azul), respectivamente. A β-galactosidase também pode isomerizar a ligação glicosídica da lactose, dando lugar ao dissacarídeo 1,6-alolactose, o qual é o autêntico indutor natural do operon da lactose. O composto isopropil- β-D-tiogalactosídeo (IPTG) é um análogo não hidrolisável da lactose que serve como um indutor artificial ou "gratuito" do operon.

Estes mutantes, que se denominaram $LacI^-$ (em contraposição as bactérias silvestres indutíveis $LacI^+$), tinham deficiente um gene distinto (lacI) dos genes estruturais que afetava a expressão normal destes.

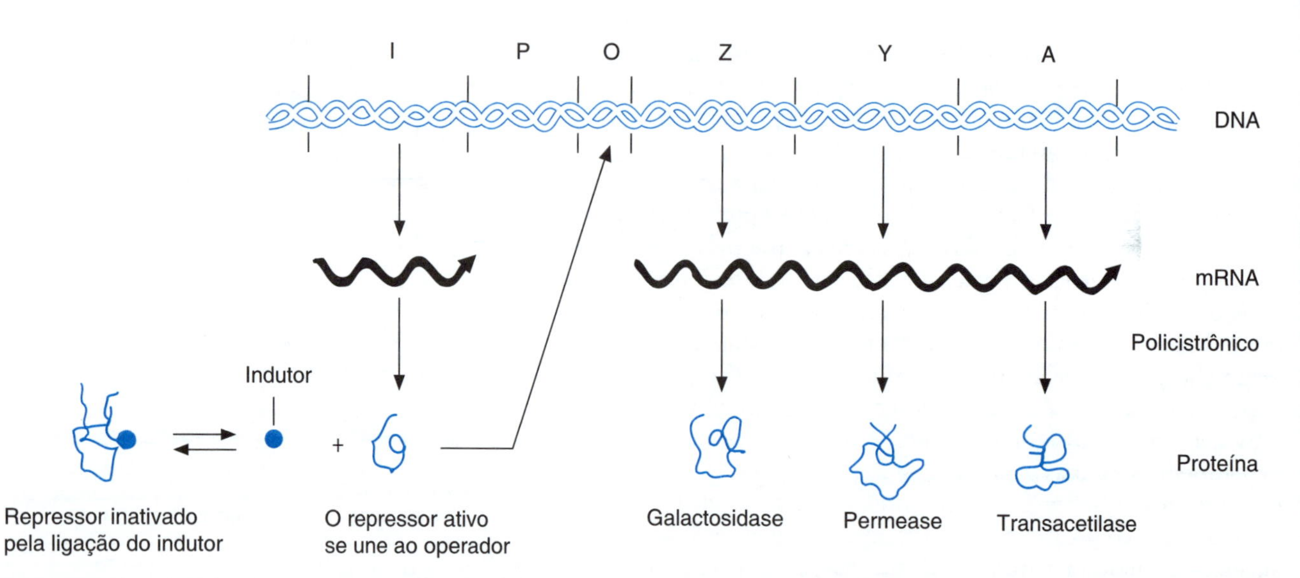

Figura 31-3. O operon da lactose de *E. coli*. Os três genes estruturais do operon da lactose codificam a β-galactosidase (lacZ), a galactosídeo permease (lacY) e a tiogalactosídeo transacetilase (lacA). A função da permease é acelerar o transporte da lactose ao interior da bactéria. A função da transacetilase não é conhecida. Estes genes são transcritos conjuntamente em um mRNA policistrônico. A região reguladora do operon se localiza na extremidade 5´dos genes lacZYA e é composta pelo sítio de ligação da polimerase, o promotor (P), o sítio de ligação do repressor, o operador (O) e o sítio de ligação de CAP (do inglês, *catabolite activator protein)*, um fator regulador positivo do promotor (figura 31-8). O gene vizinho à extremidade 5´do operon da lactose é lacI, o qual codifica o **repressor lac**, um fator regulador negativo do promotor. LacI é um gene independente do operon da lactose e é transcrito por seu próprio promotor de forma constitutiva (veja o texto).

LacI CODIFICA UMA PROTEÍNA REPRESSORA DA TRANSCRIÇÃO DE lacZYA

Em princípio, a mutação de LacI+ a LacI- poderia ser devida à presença de um "indutor endógeno", que liberasse as células da necessidade de lactose, o indutor natural. No entanto, a busca bioquímica de tal molécula foi infrutífera. A descoberta da **conjugação** ou "sexualidade" bacteriana na década entre 1950 e 1959 permitiu o experimento que descartou completamente a ideia do "indutor endógeno". Durante a **conjugação bacteriana**, uma cepa denominada "macho" ou Hfr (high frequency of recombination) transfere uma cópia de seu genoma (que ainda que possa ser completa, geralmente não é) a uma cepa receptora denominada "fêmea" (F^-). Esta transferência faz com que a cepa F^- se converta, ao menos momentaneamente, em um organismo (parcial ou totalmente) diploide (denominado merozigoto), que possui duas cópias dos genes doados (uma própria e a outra da cepa Hfr). Conjugando cepas silvestres com mutantes Lac^-, Monod e colaboradores demonstraram que lacI codificava um "fator difusível", muito provavelmente uma proteína repressora, que podia desligar a expressão de lacZYA. O experimento que Pardee, Jacob e Monod fizeram consistiu em conjugar uma cepa Hfr (doadora) de genótipo $lacI^+$, Z^+, Str^s e Tsx^s com uma cepa F^- (receptora) de genótipo $lacI^-$, Z^-, Str^r, Tsx^r e determinar se o fenótipo Lac do merozigoto era indutível ou constitutivo (figura 31-4). Antes e durante a conjugação, estas cepas haviam sido cultivadas sem indutor, pelo que careciam totalmente da β-galactosidase. Observe que ainda que a cepa receptora F^- era $lacI^-$, também era $lacZ^-$, por isso qualquer aumento da β-galactosidase no merozigoto se originaria do gene lacZ silvestre do doador. Também, como o doador era $lacI^+$, tal aumento deveria requerer um indutor. Se o fenótipo LacI- dependesse de um indutor endógeno, este estaria presente na célula receptora, o que resultaria na síntese constitutiva de β-galactosidase no merozigoto. O resultado do célebre experimento "PaJaMo" (chamado assim por seus autores Pardee, Jacob e Monod) foi que o genc $lacZ^+$ do doador, ao entrar na célula receptora, foi expresso brevemente e em menos de uma hora sua expressão parou ou foi reprimida (círculos brancos na figura 31-4). Ao contrário, na presença de um indutor exógeno, esta repressão não ocorreu e a β-galactosidase continuou acumulando-se (círculos azuis na figura 31-4). Esta conduta do merozigoto indicou que a cepa receptora F-, inicialmente lacI- (constitutiva), se havia convertido em lacI+ (indutível), com a qual a presença de um indutor endógeno foi descartada. A interpretação que Monod e seus colaboradores deram a este experimento foi que a breve expressão constitutiva de lacZ se devia à falta de uma molécula repressora, provavelmente uma proteína, a qual seria sintetizada a partir do gene $lacI^+$ silvestre, aproximadamente uma hora depois de haver sido transferido às células da cepa F^- (receptoras). Ainda postularam, textualmente, que este repressor exercia seu efeito negativo sobre lacZYA "inibindo a transferência de informação destes genes a suas respectivas proteínas" (hoje chamaríamos de "expressão gênica" a mencionada "transferência de informação"). Também postularam que os indutores, como a

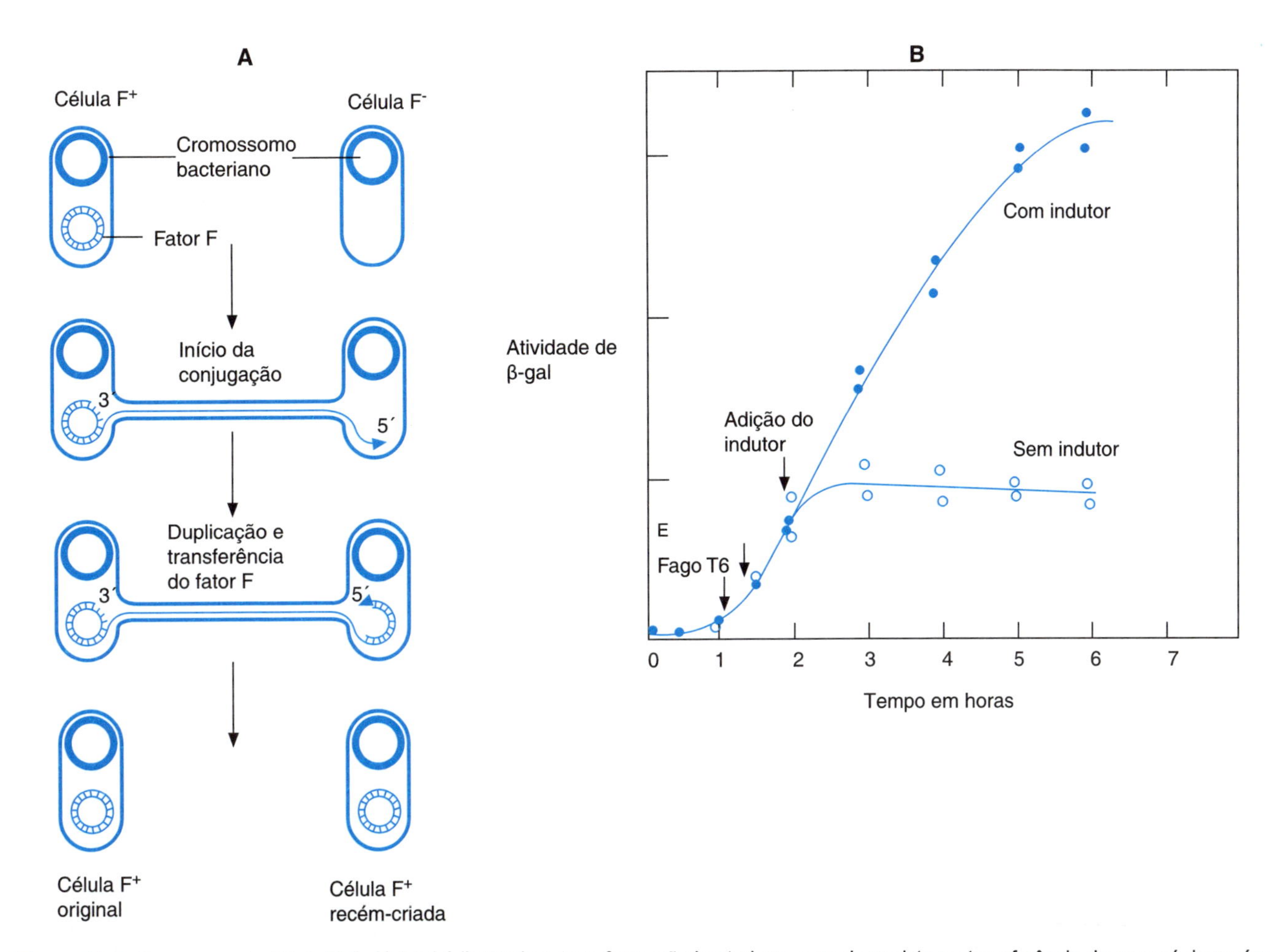

Figura 31-4. O experimento "PaJaMo". **A)** Aqui é ilustrada a transformação bacteriana, a qual consiste na transferência de uma cópia recém-duplicada de um fator episssomal F a uma célula receptora carente do fator (F-). A conjugação bacteriana ocorre de acordo com mecanismos semelhantes; a diferença é que durante a conjugação o material genético transferido, é uma cópia recém-duplicada do cromossomo da célula doadora (Hfr). Ao transferir uma réplica do genoma da cepa doadora (Hfr), a cepa receptora (F^-) se converte em um merozigoto; isto é, um organismo temporariamente diploide para os genes transferidos. A transferência completa do genoma do doador é um evento que, dependendo de cada cepa em particular, sempre se inicia e termina no mesmo ponto do cromossomo e dura aproximadamente 100 minutos. Devido a estas propriedades, os primeiros mapas genômicos de *E. coli* que foram obtidos por conjugação empregavam os minutos como unidades de referência para a localização dos genes. **B)** a indução de β-galactosidase foi medida em distintos momentos depois da conjugação entre uma cepa de *E. coli* Hfr (doadora) de genótipo $lacI^+$ Z^+ Str^s e outra cepa F^- (receptora) de genótipo $lacI^-$, Z^-, Str^r, Tsx^r. A adição de estreptomicina e bacteriófago T6 assegura que somente sobrevivam as bactérias merozigotas resultantes da conjugação, pois a cepa doadora é sensível à estreptomicina (Str^s) e à infecção por T6 (Tsx^s). A quantidade de β-galactosidase foi determinada na presença (círculos azuis) e ausência (círculos brancos) de um indutor artificial, o qual foi adicionado em um momento em que as bactérias Hfr já haviam sido destruídas pela estreptomicina e o bacteriófago T6. (Obtida em Pardee AB *et al.* J Mol Biol 1959; 1:165).

lactose ou o IPTG, exerciam seu efeito indutor ao neutralizar ou inativar a ação do repressor e que as mutantes $LacI^-$ são constitutivas devido à falta de um repressor funcional e não à presença de um indutor endógeno. Ainda que este repressor devesse estar presente na célula doadora do experimento PaJaMo, não passava à célula receptora, já que o DNA é a única molécula do doador que é transferido ao receptor durante a conjugação. Experimentos posteriores confirmaram a suposição inicial de que o produto do gene lacI era uma proteína repressora do operon da lactose, o agora chamado "repressor de lac". No entanto, a purificação e caracterização bioquímica de tal repressor não foi possível até o final da década de 60. Enquanto isso, Monod e seus colaboradores usaram novamente experimentos genéticos para atacar outra pergunta de grande relevância, identificar o alvo celular sobre o qual atuava o repressor.

O OPERADOR DE lac É UM ELEMENTO REGULADOR EM "cis"

Em 1961, Jacob e Monod publicaram um artigo transcedental onde propunham um modelo que explicava o mecanismo da indução das enzimas responsáveis pela fermentação da lactose. Neste trabalho, postularam uma série de ideias revolucionárias. Primeiro, que a transcrição dos genes estruturais lacZYA era regulada de maneira

Quadro 31-1. O experimento de Jacob e Monod que explica a função de laço

Experimento No.	Constituição genotípica	β-galactosidase (*lacZ*)		Galactosídeo transacetilase (*lacA*)	
		Sem indutor	Com indutor	Sem indutor	Com indutor
1	$LacI^+,Z^+,A^+$	0,1	100	1	100
2	$LacI^-,Z^+,A^+$	100	100	90	90
3	$LacI^-,Z^+,A^+/F(LacI^+,Z^+,A^+)$	1	240	1	270
4	$LacIS,Z^+,A^+$	0,1	1	1	1
5	$LacIS,Z^+,A^+/F(LacI^+,Z^+,A^+)$	0,1	2	1	3
6	$LacOC,Z^+,A^+$	25	95	15	100
7	$LacO^+,Z^-,A^+/F(LacOC,Z^+,A^-)$	180	440	1	220
8	$LacIS,O^+,Z^+,A^+/F(LacI^+,OC,Z^+,A^+)$	190	219	150	200

Em experimentos de transformação semelhantes aos descritos na figura 31-4, Jacob e Monod determinaram as quantidades de β-galactosidase e de galactosídeo transacetilase nos diploides obtidos. Os genótipos das cepas receptoras e das cepas doadoras (F´) são indicadas em cada situação (veja explicação no texto). Ainda que, a princípio, se trate também de um intercâmbio "sexual" de material genético entre duas bactérias de "sexos opostos", estes experimentos de transformação diferem da conjugação porque a cepa doadora não transfere uma cópia de seu genoma, mas a cópia de um plasmídeo, o chamado fator de fertilidade F´. O fator F´ é um DNA epissomal, independente, circular e de menor tamanho que o cromossomo bacteriano, com o qual se pode dotar a bactéria de tantos genes quantos seja possível acomodar nele. De fato, muitos genes que conferem às bactérias resistência aos antibióticos são trocados entre elas, através da transformação plasmideal (Extraído de Jacob F, Monod J. *J Mol Biol* 3: 318; 1961).

coordenada pelo produto do gene lacI, o **repressor de lac.** Segundo, que os genes estruturais, junto com outro importante gene regulador, o **operador de lac, lacO**, formavam uma unidade reguladora, o **operon.** Terceiro, que este operador era um alvo do repressor e que ambos funcionavam coordenadamente, estabelecendo um *switch* que podia ligar ou desligar a transcrição dos genes estruturais. Este *switch* estava ligado quando o operador se encontrava livre do repressor e estava desligado quando estava unido a este; isto é, se o repressor estava unido ao operador, a transcrição do mRNA dos genes do operon era detida, prevenindo a síntese de suas respectivas enzimas (figura 31-3). Ainda, propuseram um mecanismo para explicar como o indutor podia determinar o estado funcional do *switch*; a união do indutor ao repressor impedia a união deste último com o operador, devido ao fato que o repressor era uma **proteína alostérica** cuja afinidade pelo operador mudava (neste caso, diminuía) ao interagir com um **modificador alostérico**, o indutor.

Os experimentos cruciais do artigo de Jacob e Monod consistiram em determinar a indutibilidade e/ou a constitutividade dos genes lacZ e lacA, quando estavam presentes em merodiploides momentâneos obtidos da **transformação** de bactérias de diversos genótipos de Lac (quadro 31-1). A transformação bacteriana se assemelha à conjugação, pois consiste na introdução de material genético (DNA, não necessariamente cromossômico), em geral um plasmídeo, que neste caso contém genes da região lacI-lacZYA. Nestes experimentos, Jacob e Monod ensaiaram um novo tipo de mutantes constitutivos cujos efeitos no fenótipo dos diploides demonstravam que sua constitutividade era de uma natureza muito diferente da das mutantes $LacI^-$, indicando a existência de um novo gene regulador, o operador de lac, lacO. Nas linhas 1 e 2 do quadro 31-1, são mostrados os resultados que poderiam ser esperados para bactérias haploides (não transformadas) com genótipo $lacI^+$ e $lacI^-$, respectivamente, e silvestres nos genes lacZ e lacA. Na ausência do indutor, a bactéria lacI+ (linha 1) tem níveis de β-galactosidase e transacetilase apenas detectáveis, os quais aumentam 1.000 e 100 vezes, respectivamente, na presença do indutor. Por sua vez, a bactéria $lacI^-$ (linha 2), tem níveis máximos de β-galactosidase e transacetilase sem necessidade do indutor. O diploide do experimento da linha 3 confirma o experimento PaJaMo (figura 31-4), pois a transferência do gene $lacI^+$ silvestre é dominante sobre $lacI^-$ e torna indutíveis os genes lacZ e lacA diploides, sem importar se residem no plasmídeo da cepa doadora ou no genoma da receptora. Observe que neste experimento os níveis induzidos de β-galactosidase e transacetilase duplicam os valores observados nos experimentos anteriores, devido à dose genética dupla do diploide. O experimento da linha 4 mostra o fenótipo da mutante $lacI^s$ (super-repressora), na qual o repressor tem uma afinidade diminuída pelo indutor, razão pela qual, ainda na presença do indutor, não permite a indução enzimática. O efeito de $lacI^s$ é dominante sobre o silvestre $lacI^+$, tal como demonstram os resultados do experimento da linha 5, pois um diploide $lacI^+/lacI^s$ segue sendo super-reprimido. Experimentos como os mostrados nas linhas 4 e 5, empregando as mutantes $lacI^s$, apoiavam a proposta de que o produto do gene lacI era um fator proteico "difusível" que atuava em *trans* dos genes estruturais do operon (veja o capítulo 29, para uma revisão geral dos elementos reguladores cis/trans). A nova mutante constitutiva, lacO^c, usada nos experimentos 6 e 8, diferia de lacI$^-$ em dois aspectos; primeiro, não abolia totalmente a ação do repressor e somente atuava em "cis", ou seja, seu efeito era dominante somente sobre os genes estruturais situados na mesma molécula de DNA onde lacO^c residia.

De forma haploide lacO^c somente é parcialmente constitutiva (linha 6) e de forma diploide (linha 7), apenas faz parcialmente constitutiva a β-galactosidase (lacZ+ acompanha a lacO^c no plasmídeo F). O experimento ilustrado na linha 8 mostra que, ainda na presença do super-repressor (lacI^s), lacO^c segue conferindo constitutividade parcial aos genes estruturais, sugerindo que o defeito de lacO^c converta o operador em um *switch* que está continuamente ligado, ainda na presença do super-repressor.

O OPERON DA LACTOSE DE *E. COLI*, UM PARADIGMA NA REGULAÇÃO DA EXPRESSÃO GÊNICA

Com seu artigo de 1961, Jacob e Monod definiram as bases do controle da transcrição bacteriana. Praticamente todos os postulados e predições deste artigo foram confirmados no nível molecular. As conclusões de Jacob e Monod, que hoje em dia poderiam parecer obvias, tiveram o grande mérito de terem sido atingidas quando ainda não se havia decifrado o código genético, nem se sabia da existência do mRNA, nem se recusava ainda a ideia errônea de que a cada gene correspondia um ribossomo, o qual era especializado na síntese de uma proteína em particular (a hipótese chamada "um gene - um ribossomo – uma proteína"). De fato, graças ao trabalho e às ideias de Monod e seus colaboradores, se desenvolveu o conceito da regulação alostérica e a viso dos genes como unidades transcricionais, reguladas, produtoras de moléculas efêmeras, os RNA mensageiros, capazes de "transferir a informação dos genes às suas respectivas proteínas".

Em sua definição atual, o **operon** é uma unidade transcricional regulada, composta ao menos por uma região reguladora, formada por um operador e um promotor e de vários genes estruturais que são transcritos simultaneamente na forma de um mRNA policistrônico. O operador funciona como o componente em "cis" de um *switch* genético, que colabora com um fator regulador em *trans* para regular a transcrição dos genes estruturais. Geralmente, este fator regulador em *trans* é uma proteína que se une a sequências nucleotídicas específicas do operador, controlando assim a união da RNA polimerase ao promotor. Estas proteínas reguladoras habitualmente são alostéricas, isto é, sua capacidade de unir-se ao operador depende de um "modulador alostérico" que, como é o caso do operon da lactose, pode ser um indutor ou ativador da transcrição. Para obter estes efeitos, as sequências do operador usualmente se sobrepõem ou coincidem com as sequências do promotor. Em consequência, isto pode ocasionar, como no caso do repressor lac, que a união da proteína repressora bloqueie a união da RNA polimerase. Por este motivo se diz que o operon da lactose tem **controle negativo**, pois a união da proteína reguladora ao operon impede a transcrição. Para liberar este bloqueio, é necessária a união do indutor à proteína repressora, união que causa uma mudança alostérica no repressor que se desliga do operador, deixando livre o acesso à RNA polimerase (figura 31-5).

Outro operon que também é regulado por um sistema ou *switch* de controle negativo é o do triptofano. Este operon é constituído pelos 5 genes, cujos produtos são enzimas que participam na biossíntese do aminoácido triptofano a partir de seu precursor, o corismato. A transcrição deste operon também é bloqueada com uma proteína alostérica repressora. No entanto, neste caso, a forma ativa do repressor é a que está unida ao modulador alostérico, o triptofano, o qual funciona com um **co-repressor** (figura 31-6). Esta é uma diferença notável com o repressor da lactose, o qual é inativado na presença do modulador alostérico. Assim pois, quando a *E. coli* dispõe de suficiente triptofano, a transcrição do operon deste aminoácido é reprimida, e apenas quando os níveis de triptofano são reduzidos, o repressor é liberado do co-repressor e são produzidas as enzimas encarregadas da biossíntese do triptofano. Em uma seção posterior se discutirá como, mediante um mecanismo regulador adicional, a atenuação, a bactéria controla finamente a biossíntese deste aminoácido, com máxima economia metabólica regulada no nível da expressão gênica.

UM OPERON TAMBÉM PODE SER REGULADO COM UM "*SWITCH* GENÉTICO" DE "CONTROLE POSITIVO"

Os exemplos da seção precedente, os operons da lactose e do triptofano, pertencem ao tipo de regulação que se denomina "controle negativo", pois a proteína reguladora, ao unir-se ao operador, impede a transcrição. No entanto, usando também elementos reguladores *cis/trans*, a bactéria pode regular a transcrição positivamente. Neste caso, a proteína reguladora, ao unir-se ao operador, em vez de bloquear promove a união da RNA polimerase ao promotor, de onde vem sua denominação como "proteína ativadora". Para obter este efeito, as regiões operadoras estão próximas do promotor, mas sem sobreposição com ele, de modo que quando a proteína ativadora se ligue a elas "colabora" com o promotor para recrutar a RNA polimerase em um complexo de iniciação da transcrição. Esta colaboração é mediada por interações proteína-proteína que ocorrem entre a RNA polimerase e a proteína ativadora, preferencial-

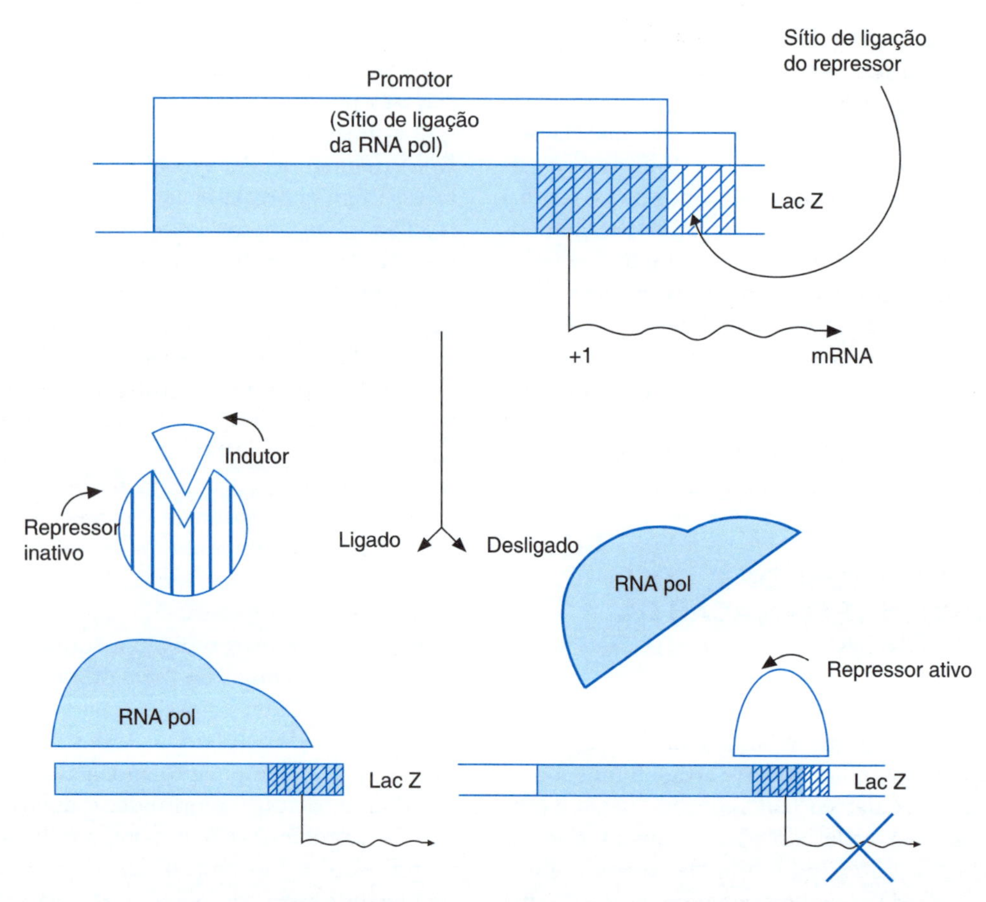

Figura 31-5. O operon da lactose é um *switch* genético negativo e indutível. A transcrição dos genes estruturais do operon da lactose é regulada de maneira negativa e indutível pelo repressor e o indutor. Este *switch* genético é ligado quando o indutor se une à proteína repressora, a qual adota uma conformação que a impede de ligar-se ao operador (retângulo listrado), deixando livre o acesso da RNA polimerase ao promotor (retângulo sombreado). A falta do indutor desliga o *switch*. Sem o indutor, a conformação da proteína repressora muda, de tal maneira que agora pode se unir ao operador, bloqueando com isto a ligação da RNA polimerase ao promotor.

mente quando ambas estão unidas à região reguladora do operon. Como poderia se esperar, o controle positivo é empregado pela bactéria para ativar **promotores fracos;** isto é, aqueles que têm uma sequência nucleotídica pouco parecida com a sequência consenso para a ligação da RNA polimerase (veja seção correspondente no capítulo 29). Em geral, as proteínas que realizam o controle positivo compensam a baixa afinidade da RNA polimerase pelos promotores fracos, com o qual aumentam a frequência com que pode ser iniciada a transcrição nestes promotores. Estas proteínas ativadoras também são proteínas alostéricas, cuja ligação a seu operador é regulada por um modulador alostérico. De forma semelhante ao controle negativo, a união do modificador alostérico às proteínas reguladoras positivas, pode forçar uma conformação que lhes permita ou venha a impedir, dependendo do caso, a união ao operador (figura 31-7). Nas seguintes seções será discutido como uma proteína ativadora (CAP) associada a seu coativador (AMPc) regula positivamente a transcrição do operon da lactose.

O CONTROLE POSITIVO DO OPERON DA LACTOSE E A "REPRESSÃO CATABÓLICA"

Ainda na presença do indutor, a máxima expressão do operon da lactose só é alcançada na ausência de glicose no meio de cultivo, observação descrita por Monod como o "efeito glicose". É interessante que este não é exclusivo da fermentação da lactose, já que a glicose também inibe a síntese das enzimas necessárias para a utilização de outros carboidratos, como a arabinose, a galactose e a maltose. Outra descoberta importante dos anos 50 do século passado foi que o efeito glicose não era mediado diretamente pela glicose. Quando as bactérias mutantes, que não metabolizavam glicose, eram cultivadas em meios com glicerol, a indução da β-galactosidase era insensível à presença de glicose. Estas mutantes metabolizam o glicerol, o qual entra na via glicolítica como gliceraldeído 3-fosfato, em um passo posterior ao defeito genético que lhes impede de realizar a primeira metade da glicólise e, portanto utilizar a glicose. Destes resultados foi inferido (erroneamente) que o "efeito glicos"

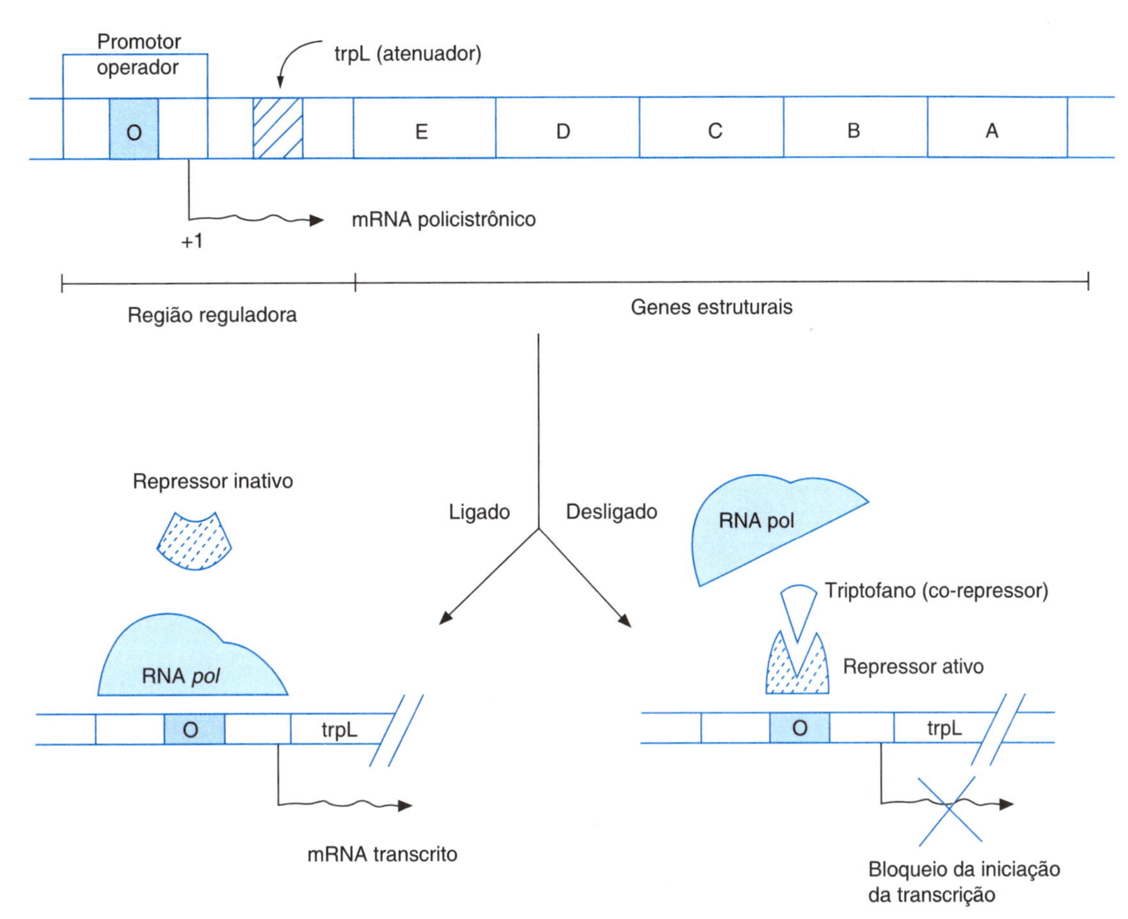

Figura 31-6. O operon do triptofano regula a transcrição por dois mecanismos distintos. A transcrição dos genes estruturais do operon do triptofano (trpEDCBA) é regulada de maneira negativa pelo repressor de trp. Como no caso do operon da lactose, o operador de trp se sobrepõe ao promotor, de tal maneira que quando o repressor está ligado, bloqueia o acesso da RNA polimerase, desligando a transcrição. No entanto, diferente do operon da lactose, a forma ativa do repressor de trp é a que tem ligado o modulador alostérico, neste caso o aminoácido triptofano. O triptofano funciona como um co-repressor, que ao ligar-se à proteína repressora lhe permite ligar-se ao operador (retângulo sombreado). Este *switch* genético se liga na ausência de triptofano, já que nesta condição o repressor adota uma conformação que lhe impede de unir-se ao operador, permitindo o acesso da RNA polimerase ao promotor. Outro mecanismo que regula a transcrição dos genes estruturais do operon do triptofano é a "atenuação". Observe que na região reguladora existe um elemento regulador adicional: o atenuador, que faz parte da região líder (trpL) que precede os genes estruturais no mRNA policistrônico. O atenuador controla a transcrição completa ou parcial (com ou sem os genes estruturais) dos genes do operador (figura 31-12 e a seção correspondente no texto).

era devido a um metabólito produzido durante o catabolismo da glicose; portanto, que o nome fosse trocado por "repressão catabólica". Hoje ainda se emprega o nome para se referir a este fenômeno, apesar de que se sabe que não é repressão, nem está mediado por um catabólito da glicose. A repressão catabólica é devida a um fenômeno de controle positivo, mediado por um coativador, o AMP cíclico, e pela proteína ativadora, chamada indistintamente de CAP ou CRP (por sua sigla em inglês, *catabolite activator protein* ou *cyclic AMP receptor protein*). Na extremidade 5´ do promotor lac, sem sobrepor-se com ele, se encontra a região onde CAP se liga (figura 31-8). Esta interação somente ocorre quando CAP tem unido um modificador alostérico, o AMP cíclico, o qual funciona com seu coativador. A união do complexo CAP-AMP cíclico favorece a união da RNA polimerase ao fraco promotor de lac, o qual tem um baixo nível basal de transcrição. Graças a sua interação com a RNA polimerase, a presença de CAP-AMP cíclico na vizinhança do promotor favorece e estabiliza a ligação da polimerase com o promotor. Os sítios onde ocorre esta interação proteína-proteína foram localizados em certos resíduos de aminoácido em CAP e na subunidade a da polimerase. Este efeito de recrutamento da polimerase bacteriana por CAP é semelhante ao efeito que têm os fatores gerais da transcrição eucariótica no recrutamento da RNA polimerase II ao sítio do promotor (veja seção correspondente no capítulo). A repressão catabólica aparenta ser uma repressão devido ao fato que o AMP cíclico se mantém em uma baixa concentração, enquanto a célula dispõe de glicose, que é mais rápida e facilmente metabolizável que a lactose. Quando a glicose se esgota, a concentração celular de AMP cíclico aumenta a níveis que favorecem a formação do complexo CAP-AMP cíclico e, portanto o aumento na transcrição do operon da lactose. Através da repressão catabólica, a célula

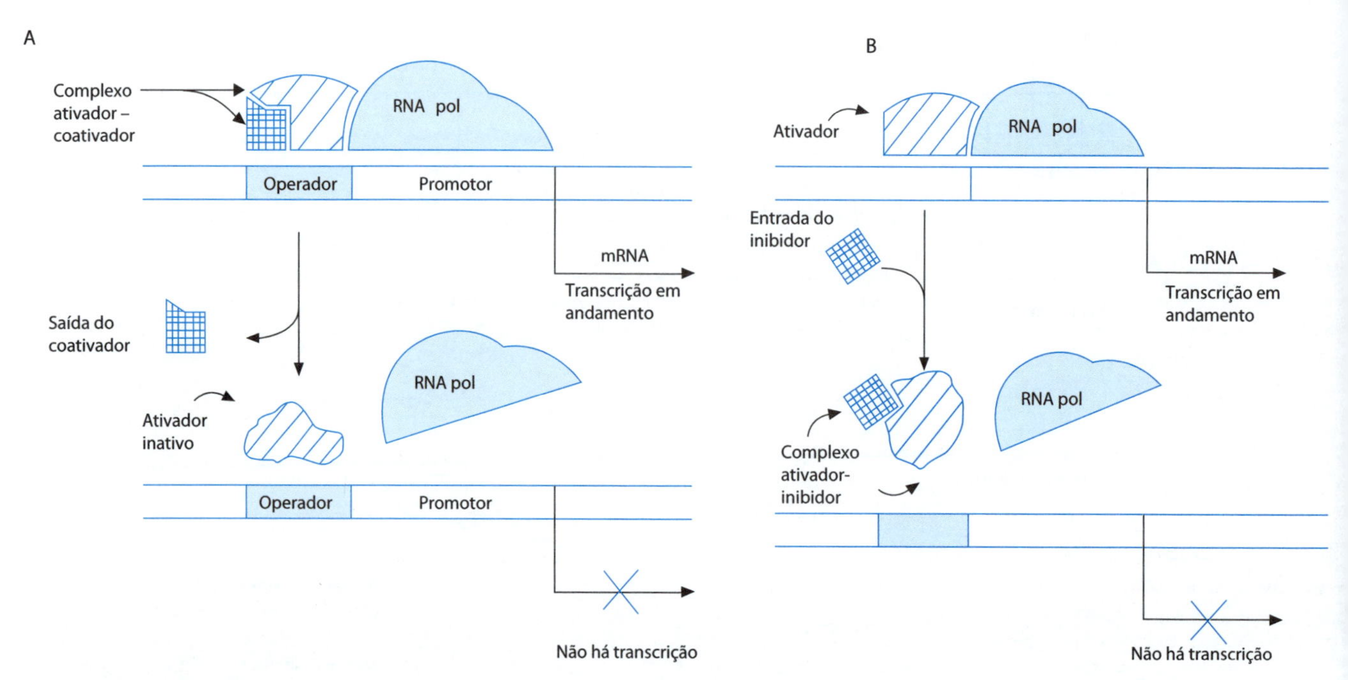

Figura 31-7. Regulação positiva em um operon. As proteínas mediadoras do controle positivo da transcrição são denominadas proteínas "ativadoras" e realizam sua função unindo-se a regiões operadoras contíguas ao promotor, com o qual promovem a ligação da RNA polimerase ao promotor, propiciando a formação de um complexo de iniciação da transcrição. A união do modulador alostérico à proteína ativadora pode: A) promover sua ligação ao operador ("coativador"); ou B) pode impedi-la ("inibir"), resultando, respectivamente, na ativação ou na inibição da transcrição. Um exemplo de como funciona uma proteína ativadora (CAP) e seu coativador (AMP cíclico) é apresentado no operon da lactose.

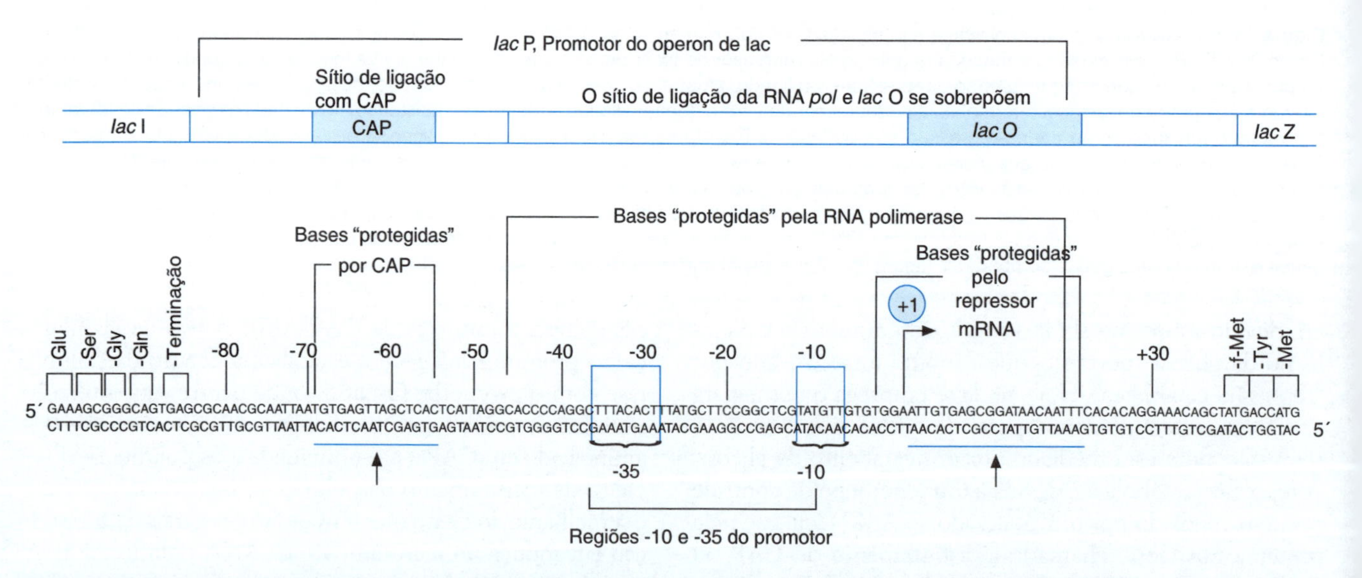

Figura 31-8. A sequência nucleotídica da região reguladora do operon da lactose. Somente 122 pares de bases separam o códon AUG inicial do gene lacZ (localizado 39 nucleotídeos a jusante do início da transcrição, +1), do triplete de terminação (UGA) do gene lacI (localizado 87 nucleotídeos a montante de +1). Neste pequeno trecho de DNA (apenas 12 voltas da dupla-hélice) se localizam todos os elementos reguladores em "cis" que controlam a expressão do operon da lactose. Os elementos -10 e -35 do promotor não se ligam ao consenso ótimo da RNA polimerase; por isso é um promotor com baixa atividade basal. Entre as posições +1 e +21 do operon se localiza o operador de lac (lacO), sequências nucleotídicas que constituem laço têm simetria rotacional binária centrada sobre as bases na posição +11 (o eixo de simetria é indicado com uma flecha e as bases palindrômicas estão sublinhadas). Observe que esta região se sobrepõe com a região de ligação da RNA polimerase, de tal modo que a ligação do repressor e a polimerase são mutuamente exclusivos. Pelo contrário, a região de ligação CAP não se sobrepõe com a da polimerase. Observe que esta região também tem uma sequência com simetria binária centrada entre as posições -61 e -62. Os dois operadores acessórios centrados sobre as posições -82 e +412 também têm simetria rotacional binária e ainda que não sejam idênticos em sequência ao operador principal, podem ligar-se ao repressor de lac (veja o texto).

bacteriana (que geralmente "vive o dia", ou o minuto para ser mais preciso) se assegura de que, enquanto tenha glicose disponível, não se gaste energia na indução de enzimas para a utilização de outra fonte de carbono, ainda eu esteja disponível no meio de cultivo.

O OPERON DA LACTOSE É CONTROLADO POR UM *SWITCH* GENÉTICO ALTAMENTE EFICIENTE

A falta de glicose não é suficiente para a transcrição do operon da lactose, pois, além disto, este requer a lactose no meio de cultivo, o que é coerente com a otimização metabólica de E. coli, pois não gasta energia na indução de enzimas para a utilização de um carboidrato ausente no meio de cultivo. O "elegante" desenho do operon da lactose, com os dois tipos de controle, positivo e negativo, é o que permite esta "inteligente" utilização de recursos metabólicos. Em condições basais não induzidas, permanece praticamente inativo, pois o repressor bloqueia o já naturalmente fraco promotor (figura 31-9A). No entanto, este baixo nível de atividade basal permite manter algumas moléculas de β-galactosidase que são suficientes para catalisar a isomerização da lactose em 1,6-alolactose, e assim gerar o indutor natural do operon da lactose (figura 31-2). Em condições basais não induzidas, a concentração celular da proteína repressora, ainda que baixa (aproximadamente 10 moléculas por célula), é suficiente para manter desligado o operon da lactose. Estas baixas concentrações do repressor também permitem que algumas moléculas de alolactose sejam suficientes para abolir a repressão do operon. O gene que codifica para o repressor lac, lacI, é contíguo ao operon da lactose; no entanto, é uma unidade transcricional independente, sob o controle de seu próprio promotor, o qual tem uma atividade constitutiva que mantém níveis constantes do repressor. Se existe 1,6-alolactose disponível, as poucas moléculas do repressor estarão associadas ao indutor, e por isso, em uma conformação inativa, incapaz de ligar-se ao operador, deixando livre o promotor lac. Nestas condições, a transcrição do operon aumenta, mas ainda é baixa, devido à pobre atividade intrínseca de seu promotor (figura 31-9B). Somente quando a glicose tenha sido consumida e aumentam os níveis do AMP cíclico, é que se forma o complexo CAP-AMP cíclico, o qual se une à região reguladora do operon, compensando a deficiência intrínseca do promotor e ocasionando a máxima atividade transcricional deste (figura 31-9C). Nestas circunstâncias extremas, a β-galactosidase pode constituir até 7% das proteínas da bactéria.

INTERAÇÕES MOLECULARES DO REPRESSOR E OPERADOR Lac

Existem vários métodos experimentais que permitem determinar as sequências ou sítio do operon onde se ligam as proteínas reguladoras; no entanto, uma das primeiras técnicas é o ensaio de "proteção de nucleases". Por exemplo, se um DNA que contém as sequências do operador de lac é incubado primeiro com o repressor lac (na ausência do indutor), e depois com uma enzima desoxirribonuclease (DNase) que degrade o DNA, somente um fragmento de 24 pares de bases, situado na posição +11, resiste à digestão da DNAse (figura 31-8), permitindo sua purificação posterior e sequenciamento. Esta resistência se deve a que, ao ligar-se ao operador, a proteína repressora obstrui a DNAse, protegendo com isto as sequências com as que interagem. Daí que muitas vezes se faça referência ao sítio de ligação de uma proteína reguladora como a região "protegida" por este fator. Esta proteção também implica em um contato íntimo entre os elementos *cis* e *trans*, o que foi confirmado no nível atômico para várias proteínas reguladoras, entre elas o repressor lac.

Em 1966 foi publicada a estrutura tridimensional do repressor lac, com o que foi explicado em nível molecular, como interage o operador e como ocorre a mudança conformacional na ligação do indutor. O repressor de lac é uma proteína homotetramérica (154,5 kDa) e cada monômero é constituído de 360 aminoácidos (38,6 kDa), os quais se dobram em quatro regiões funcionais. Estas regiões, da extremidade amino terminal à carboxi, são: 1) a "cabeça" ou região de ligação ao DNA do operador (resíduos 1-45); 2) a "dobradiça" (resíduos 46-62); 3) a região central ou medular, onde se liga o indutor (resíduos 63-324); e 4) a região de tetramerização (resíduos 325-360). As duas primeiras alfa-hélices do repressor de lac formam uma estrutura chamada "HTH" (do nome em inglês? Helix-Turn-Helix), o qual interage com as bases do operador, encaixando-se literalmente em seu sulco maior. Os motivos estruturais do tipo HTH estão presentes em muitas outras proteínas reguladoras e são os responsáveis pela união destas proteínas com seu DNA alvo (figura 31-19).

No caso do repressor lac, a ligação ao operador é estabilizada ainda pela interação dos resíduos da dobradiça, os quais formam uma alfa-hélice que se encaixa no sulco menor do operador. É importante notar que, em correspondência com a simetria rotacional binária do operador, o repressor de lac se une de forma dimérica, estabelecendo contatos simétricos com o operador. De fato, é frequente observar que os elementos reguladores em *cis* têm simetria rotacional binária e que as formas funcionais de suas correspondentes proteínas reguladoras são dímeros (figuras 31-8 e 31-19). Apesar de bastar um dímero do repressor de lac para ligar-se ao operador e assim bloquear a entrada da RNA polimerase, o fato de que o repressor de lac possa formar um tetrâmero (ligação de dois dímeros) sugere que este estado oligomérico é importante para sua função. As formas mutantes do repressor que não podem se tetramerizar, não atingem o estado máximo de repressão.

A Condições basais não indutoras: glicose presente, AMPc baixo, lactose ausente, transcrição praticamente abolida

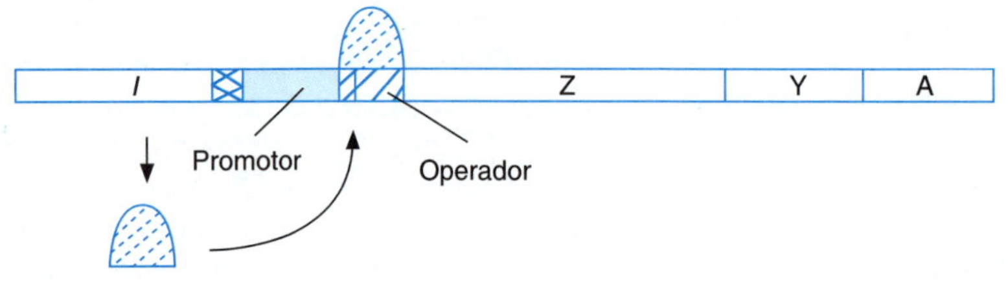

Repressor ligado ao operador

B Glicose presente, AMPc baixo, lactose presente, transcrição ativa mas em baixo nível

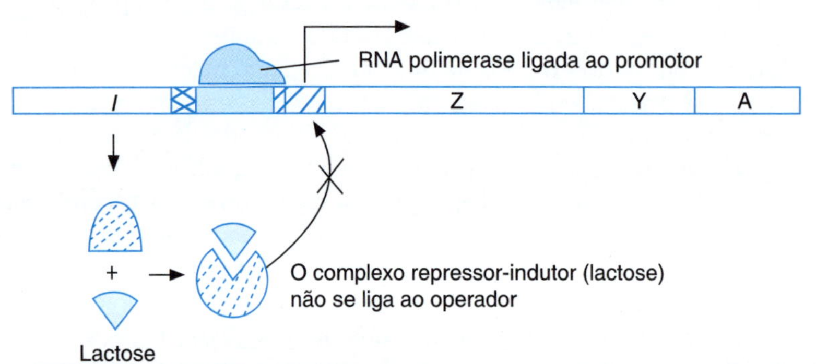

Lactose

C Condições de expressão ótima: glicose ausente, AMPc elevado, lactose presente, transcrição no seu máximo

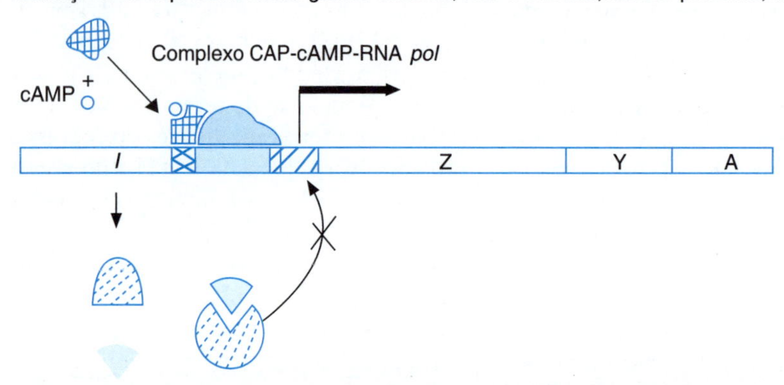

Figura 31-9. O controle negativo e positivo fazem do operon da lactose um *switch* genético altamente eficiente. A atividade transcricional do operon da lactose é finamente regulada por uma proteína repressora (o produto de lacI) e uma ativador (CAP). **A)** Em condições basais não indutoras, o operon está silencioso, devido ao bloqueio do promotor por parte do repressor. **B)** a presença do indutor libera este bloqueio e permite a baixa atividade do fraco promotor de lac. **C)** a máxima atividade transcricional é alcançada quando a carência de glicose se traduz em altos níveis de AMPc, o qual se associa com CAP formando um complexo que se une à região reguladora do operon, otimizando a ligação da RNA polimerase.

Estas descobertas explicam porque, além do operador principal, existem dois operadores acessórios situados nas posições -82 e +412; a ligação simultânea do tetrâmero com o operador principal e com um dos acessórios dificultaria ainda mais a iniciação da transcrição.

O INDUTOR MUDA A CONFORMAÇÃO DO REPRESSOR

Nos anos 60, Monod e colaboradores propuseram que o repressor do operon da lactose era uma proteína alostérica, que dependendo da presença ou ausência do indutor poderia adotar duas conformações, uma sem e outra com a capacidade de ligar-se ao operador, respectivamente. Esta proposta, apoiada anteriormente por evidências experimentais muito diversas, ao final foi confirmada ao ser determinada a estrutura tridimensional do repressor, tanto na forma ligada ao indutor, "forma induzida", como na sua forma livre do indutor e ligada ao operador "forma reprimida".

A comparação entre os dois isômeros conformacionais do repressor indica que a ligação do indutor desencadeia uma série de movimentos que são propagadas até a extremidade amino da proteína, afetando as regiões responsáveis pela ligação com o DNA (figura 31-10). Estas mudanças conformacionais são semelhantes às que ocorrem durante a oxigenação da hemoglobina, na qual há uma rotação relativa de um dímero αβ sobre o outro, que se inicia quando o oxigênio ligado causa um deslocamento da histidina proximal (na posição cinco da coordenação) aproximando-a do plano do anel porfirínico do grupo heme.

O MECANISMO DE ATENUAÇÃO DA TRANSCRIÇÃO REGULA A SÍNTESE DOS AMINOÁCIDOS NOS PROCARIOTOS

Em uma seção prévia foi explicado como a ligação do aminoácido triptofano ao repressor do operon do triptofano (produto do gene trpR) da *E. coli* permite a união do repressor ao operador (trpO), com o qual se bloqueia a transcrição do operon e se detém a produção das enzimas responsáveis pela síntese deste aminoácido (figura 31-6). No entanto, este não é o único mecanismo regulador deste operon. O trabalho de Charles Yanofsky e seus colaboradores levou à descoberta de outro novo modo de regulação em procariotos, chamado de **atenuação**. Eles observaram que, quando as cepas trpR- (mutantes que transcrevem constitutivamente o operon devido à inativação do repressor) era cultivada na presença de triptofano, não expressavam os níveis máximos de RNAm do operon, coisa que deveria ocorrer se o controle negativo mediado pelo repressor fosse o único modo de controlar este operon. De fato, nestas cepas trpR$^-$ a expressão máxima do operon só é obtida na ausência do triptofano, chegando a ser quase 10 vezes mais do que pode ser obtido quando este aminoácido está disponível.

O mecanismo da atenuação é possível graças à falta de compartimentalização da transcrição nos procariotos, que permite que a transcrição e a tradução sejam praticamente simultâneas; pois o RNAm que está sendo transcrito está disponível para sua imediata tradução. Depois de que a extremidade 5′ do RNAm do operon do triptofano foi transcrita, se inicia a tradução do primeiro gene, trpL, que codifica para o chamado "peptídeo líder". Este é um polipeptídeo pequeno, de 14 aminoácidos, dois dos quais são triptofano (figura 31-11). Se a tradução do peptídeo líder ocorre sem contratempos, a transcrição do operon é terminada prematuramente ao ser gerada uma estrutura secundária no transcrito primário, o **tronco atenuador,** o qual funciona como um sinal de terminação independente de *Ro* (veja terminação da transcrição procariótica no capítulo 29). Em vez disso, se as quantidades de triptofano são limitadas, a bactéria não gera suficiente triptofanil tR-

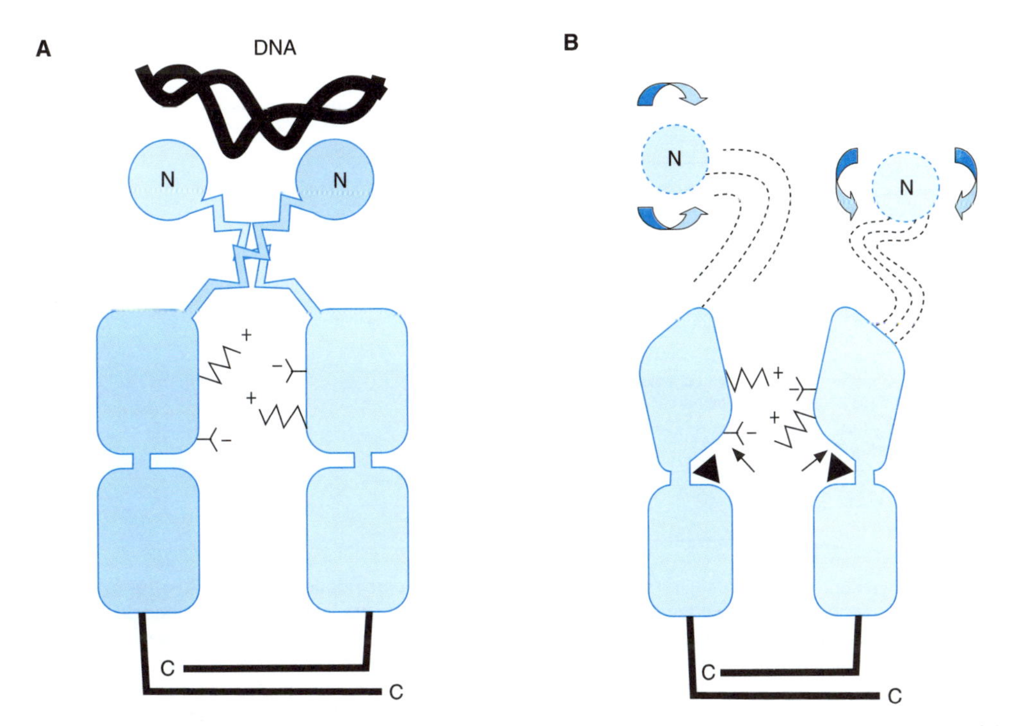

Figura 31-10. Mudanças conformacionais no dímero repressor de lac causados pelo indutor. Quando o repressor está ligado ao DNA do operador, forma a estrutura estável ilustrada em A, a qual se desestabiliza e se perde ao se ligar o indutor (triângulo negro). Este último causa uma mudança conformacional que afeta principalmente o domínio amino da parte central do repressor. Tal mudança desliza as superfícies de interação entre os dímeros e se transmite até os resíduos localizados na extremidade amino da proteína, causando um deslocamento (com respeito ao domínio carboxila) das regiões amino-terminais dos monômeros que conformam o dímero. Este deslocamento, estabilizado por novas pontes salinas que se estabelecem entre as superfícies de interação entre os dímeros, tem o efeito de desencaixar do DNA as hélices da "cabeça" e da "dobradiça", dando lugar à dissociação do repressor e do operador. B. Além disto, a saída da hélice da dobradiça do sulco menor do DNA do operador tem o efeito de desbaratá-lo, contribuindo para a diminuída afinidade do repressor pelo DNA do operador.

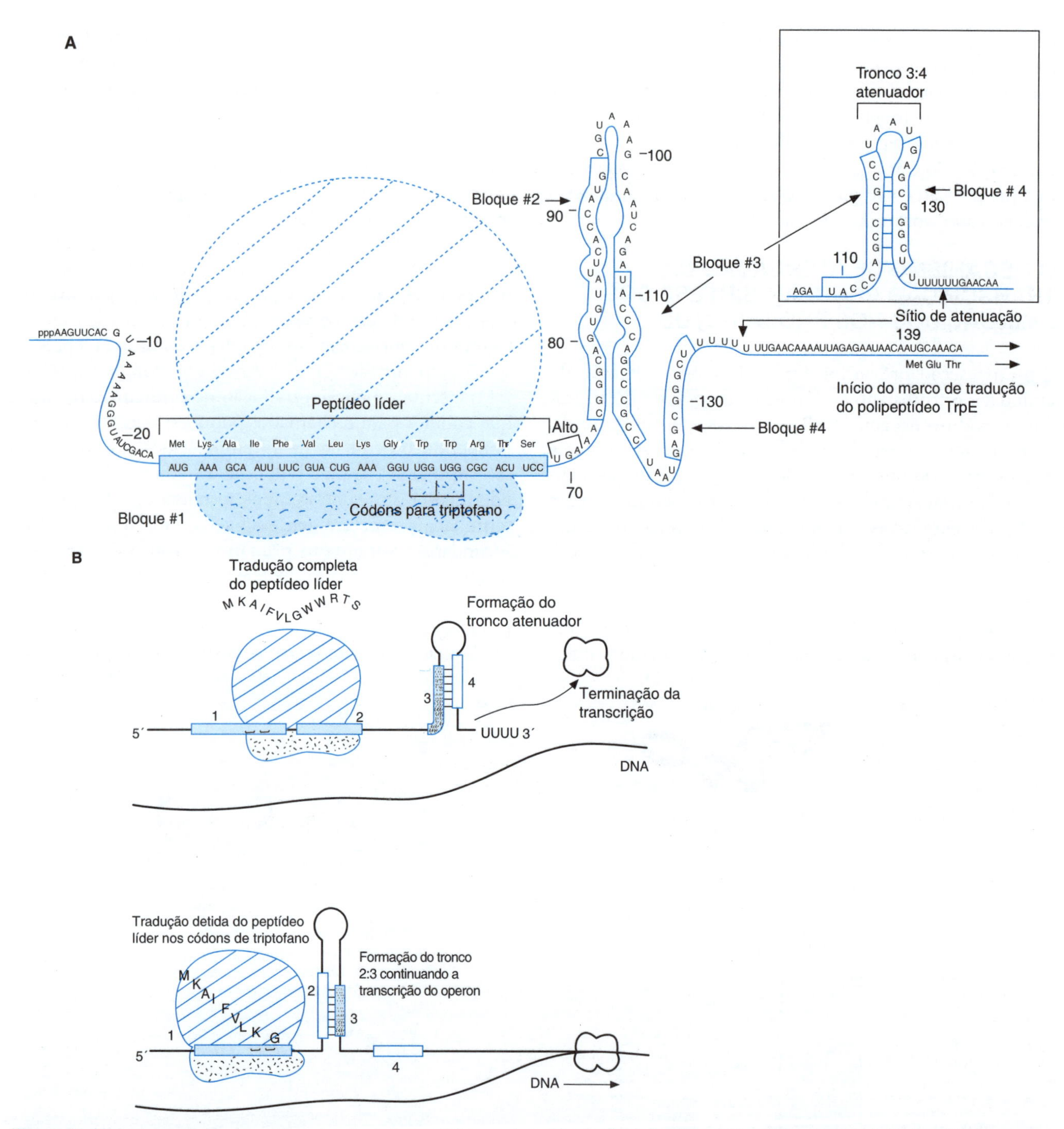

Figura 31-11. A atenuação é uma antiterminação da transcrição acoplada à tradução do peptídeo líder. **A)** A extremidade 5´ do mRNA do operon do triptofano possui uma região reguladora (trpL) composta por 4 blocos de sequência nucleotídica (numerados de 1 a 4). O primeiro bloco corresponde a um marco aberto de tradução menor, que codifica para o peptídeo líder, o qual antecede o primeiro gene estrutural do operon (trpE). O peptídeo líder consiste de 14 aminoácidos, dois dos quais são triptofano. Depois do marco de tradução do peptídeo líder seguem outros 3 blocos, cujas sequências são complementares , pelo que podem parear-se adotando estruturas secundárias do tipo tronco e asa. O bloco 2 pode parear-se com o bloco 3, formando o tronco 2:3. O 3 também pode parear-se com o 4 formando o tronco 3:4 (veja quadro). Devido ao fato de que necessitam de um bloco em comum, o 3, a formação dos troncos 2:3 e 3:4 é mutuamente exclusiva; isto é, quando se forma o primeiro não se forma o segundo e vice-versa. Observe que o tronco 3:4, também chamado de tronco atenuador, constitui um típico sinal de terminação da transcrição do tipo independente de ro, isto é, um tronco rico em pares G-C e seguido de um trecho rico em Us (
28). **B)** A formação do tronco atenuador e a consequente terminação da transcrição do operon só são possíveis quando o bloco 2 fica sequestrado dentro da um ribossomo que esteja traduzindo o peptídeo líder. Se a tradução do peptídeo líder se detivesse nos códons UGG-UGG que codificam para seus triptofanos, as sequências do bloco 2 não chegariam a entrar no ribossomo, com o qual se forma o tronco 2:3 em vez do tronco 3:4, o que permite que a transcrição continue até os genes estruturais do operon. De fato, esta pausa do ribossomo ocorre quando falta o triptofanil-tRNA^{Trp}, o qual por sua vez ocorre se a bactéria não dispõe de triptofano.

NA^{Trp} para sustentar a tradução do peptídeo líder. Neste último caso, o ribossomo parará nos códons que codificam para os dois triptofanos do peptídeo líder, dando tempo para que se forme uma estrutura secundária, o tronco 2:3, que impede a formação do tronco atenuador. Quando isto acontece, a transcrição não termina no atenuador, mas continua até os genes estruturais do operon, dando lugar à produção de enzimas da via biossintética do triptofano. A atenuação é um mecanismo que aumenta a sensibilidade e a capacidade de regulação do operon do triptofano e o torna mais eficiente do que seria possível se só existisse o controle negativo mediado pelo repressor. Este mecanismo é comum nos operons biossintéticos de outros aminoácidos. Por exemplo, 7 dos 15 resíduos do peptídeo líder produzido pelo operon da fenilalanina, são fenilalaninas, enquanto que o peptídeo líder do operon de histidina tem 7 histidinas contíguas. O mecanismo de atenuação é tão eficiente que, com a exceção do operon do triptofano, os operons dos outros aminoácidos são regulados exclusivamente através da atenuação.

NO CICLO DE VIDA DO BACTERIÓFAGO λ, A DECISÃO LISE/LISOGENIA DEPENDE DE UM *SWITCH* GENÉTICO

A decisão entre a lise ou a lisogenia, que ocorre quando a *E. coli* é infectada pelo vírus bacteriófago λ, é um exemplo muito bem estudado de como os *switches* genéticos podem controlar processos biológicos mais complexos. O bacteriófago λ, também chamado de "fago lambda", é representante de uma classe de vírus, os bacteriófagos, que infecta bactérias e pode destruí-las. É constituído por uma molécula de DNA de fita dupla, **o genoma viral,** que está envolta por um capsídeo formado por aproximadamente 15 proteínas, as quais o protegem e facilitam a infecção do hóspede. A infecção, durante a qual o genoma viral é injetado no citoplasma bacteriano, tem dois possíveis resultados: a lise ou a lisogenia da célula infectada. A lise ocorre quando o genoma viral, utilizando a maquinaria enzimática do hóspede, expressa um conjunto de genes, o **programa de expressão lítica,** que conduzem à produção de aproximadamente 100 novas partículas virais infecciosas que destroem a célula, são liberadas ao meio e podem repetir o ciclo infeccioso. Para que ocorra a outra alternativa, a lisogenia se deve expressar um conjunto de genes distintos, **o programa de expressão lisogênica**, o qual conduz à integração do genoma do bacteriófago λ no cromossomo da célula infectada, chamando-se agora de **pró-fago e lisógeno** (ou célula lisogênica), respectivamente (figura 31-12). O estado lisogênico pode durar indefinidamente até que haja uma situação de perigo para a bactéria. Estas situações de perigo, geralmente ambientais como a radiação ultravioleta (UV), geram sinais moleculares que o pró-fago utiliza para "colocar-se a salvo" e abandonar o lisógeno. A lisogenia se mantém graças à expressão de apenas um gene do pró-fago, o gene cI, cujo produto é uma proteína reguladora, o **repressor de λ,** o qual mantém desligado o programa de expressão lítica. Para isto, o repressor do fago λ funciona simultaneamente como um regulador negativo e positivo por um lado. Por um lado, mantém desligados os genes do programa lítico e por outro promove a expressão de seu próprio gene cI. Deve-se notar que o nome do repressor de λ é o que tradicionalmente identifica o produto do gene cI, além de também ser um regulador positivo, função descoberta posteriormente à repressora. O controle positivo do gene cI por seu próprio produto genético é finalmente calibrado para manter o repressor nos níveis justos que perpetuem o estado lisogênico e permitam, se for necessário, a ativação sem demora do programa lítico. Em média, existem aproximadamente 100 moléculas do repressor de λ para cada lisógeno, as quais são suficientes inclusive para imunizar ou proteger o hospedeiro da infecção por outro bacteriófago. A indução do programa lítico ocorre quando o repressor de λ é inativado, o que termina com sua regulação negativa, permitindo a expressão do gene chamado cro, que é indispensável para a iniciação do programa lítico. O produto gênico de cro é a proteína Cro, a qual é um regulador estritamente negativo que reprime a expressão do repressor de λ, com o qual assegura o estabelecimento do ciclo lítico. Simplificando, se pode dizer que a decisão lise/lisogenia depende de um *switch* genético, que tem dois possíveis estados; em um o gene do repressor de λ está ligado e o gene da proteína Cro está desligado (lisogenia), e no outro, o gene do repressor de λ está desligado e o gene de Cro está ligado (lise). Na seção seguinte será discutido como o repressor de λ e Cro, proteínas reguladoras diméricas, ao interagir especificamente com regiões operadoras no DNA do pró-fago, determinam o estado deste *switch* genético.

OS MECANISMOS E COMPONENTES DO *SWITCH* GENÉTICO DETERMINANTE DA LISE/LISOGENIA

Os promotores dos genes cI e cro, chamados P_{RM} (do inglês, Promoter of Repressor Maintenance, promotor da manutenção do repressor) e P_R (do inglês Promoter Right, promotor direito), respectivamente, estão juntos, sem sobreposição e em orientação em direções opostas na região reguladora responsável pela manutenção do estado lisogênico (figura 31-13). Na mesma região do genoma do bacteriófago λ se localiza a região operadora direita, O_R, formada por três operadores, O_R3, O_R2 e O_R1, os quais se sobrepõem de maneira muito particular com P_{RM} e com PR. Enquanto que O_R2 se sobrepõe parcialmente com ambos promotores, O_R1 o faz exclusivamente com P_R, e O_R3 unicamente com P_{RM}. Estes operadores são elementos *cis* de 17 pares de bases, com simetria rotacional binária, que funcionam como sítios de ligação para as formas diméricas das proteínas reguladoras Cro e o repressor de λ. Suas

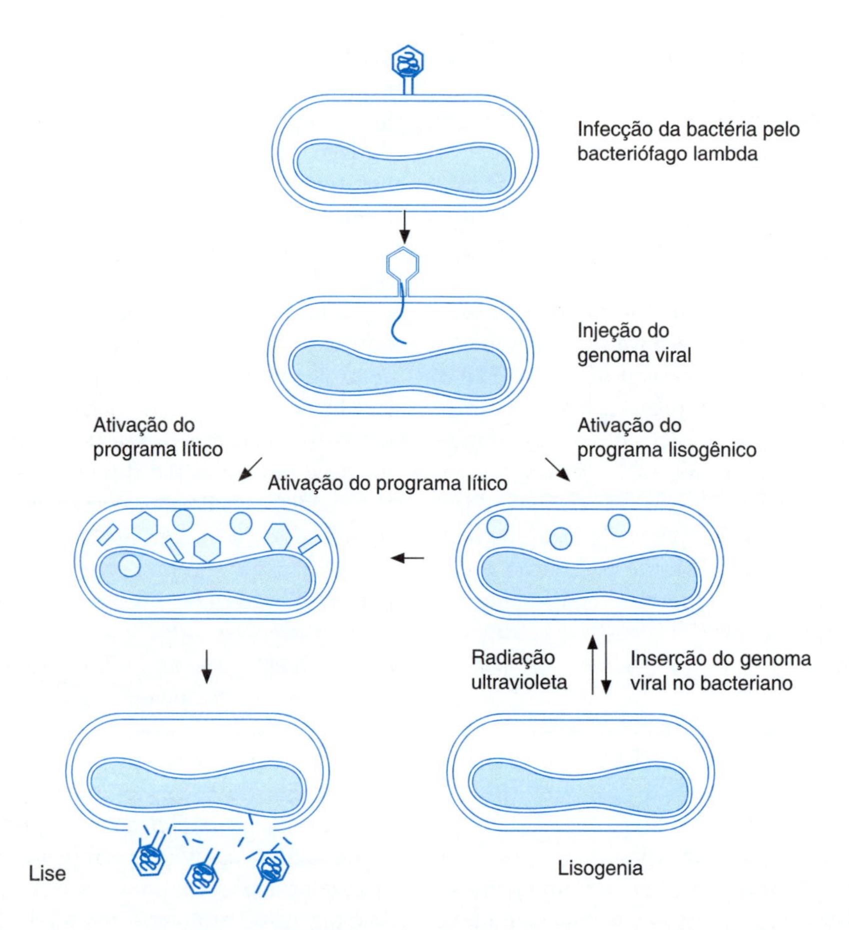

Figura 31-12. O ciclo lítico ou lisogênico do bacteriófago lambda. No estado lisogênico o genoma viral se integra ao cromossomo bacteriano, ficando em um estado de latência, no qual somente um dos genes virais, o gene cI, que codifica para o repressor de lambda, se expressa. Certos estímulos ambientais, como a radiação ultravioleta, podem causar a indução do ciclo lítico, no qual o genoma viral se separa do genoma bacteriano e expressa os genes que lhe permitem produzir novas partículas virais e lisar o hóspede.

sequências nucleotídicas são muito parecidas, mas não idênticas, devido ao qual o repressor de λ e Cro têm distintos graus de afinidade por estes. O repressor de λ se une a OR com esta preferência: $O_R1 > O_R2 = O_R3$, enquanto que Cro o faz em ordem inversa: $O_R3 > O_R2 = O_R1$. A afinidade intrínseca de O_R1 pelo repressor de λ é 10 vezes maior que a de O_R2, o que implicaria que, a baixas concentrações do repressor de λ, o único operador ocupado seria O_R1 e teria que aumentar 10 vezes a concentração do repressor para ter igualmente ocupados O_R2 e O_R3. No entanto, o fato é que nas concentrações do repressor de λ presentes em um lisógeno, tanto OR1 como OR2 estão igualmente ocupados. Isto se deve à **cooperatividade positiva** com que o repressor λ se une a O_R2; ou seja, quando uma molécula do repressor de λ se liga a OR1, as probabilidades de que agora outra molécula repressora se ligue ao O_R2 vizinho aumentam tanto que a ocupação de O_R2 é praticamente simultânea à ocupação de O_R1. Este defeito cooperativo é mediado por um mecanismo de interação proteína-proteína, semelhante ao usado por CAP-AMP cíclico para promover a união da RNA polimerase ao fraco promotor de lac. O efeito desta cooperatividade é que O_R1 e O_R2 sempre estarão ocupados pelo repressor e que somente quando a concentração deste aumente muito mais, os três operadores serão ocupados. Esta peculiar maneira de como O_R se satura determina a atividade dos promotores P_{RM} e P_R. Ainda em muito baixas concentrações do repressor de λ, a transcrição do gene cro estará desligada, pois seu promotor, o P_R, estará bloqueado devido à sua sobreposição, total com O_R1 e parcial com O_R2 (figura 31-13B). Ao contrário, nesta situação, a atividade de P_{RM} não somente é possível, mas está aumentada pelo controle positivo do repressor de λ. Novamente, mediante contatos proteína-proteína, a presença de uma molécula do repressor de λ no OR2 aumenta a frequência com a que a RNA polimerase transcreve o gene cI, aumentando os níveis do repressor de λ. Se este aumento é suficientemente grande, a concentração do repressor de λ chega ao ponto de que OR3 é ocupado, com o que agora PRM fica bloqueado, parando a produção do repressor de λ (figura 31-13C). Este último efeito negativo garante que os níveis do repressor de λ não aumentem excessivamente, o que, como se discutirá adiante, pode ser um lastro que dificulte a indução lítica. Em resumo, o repressor de λ, dependen-

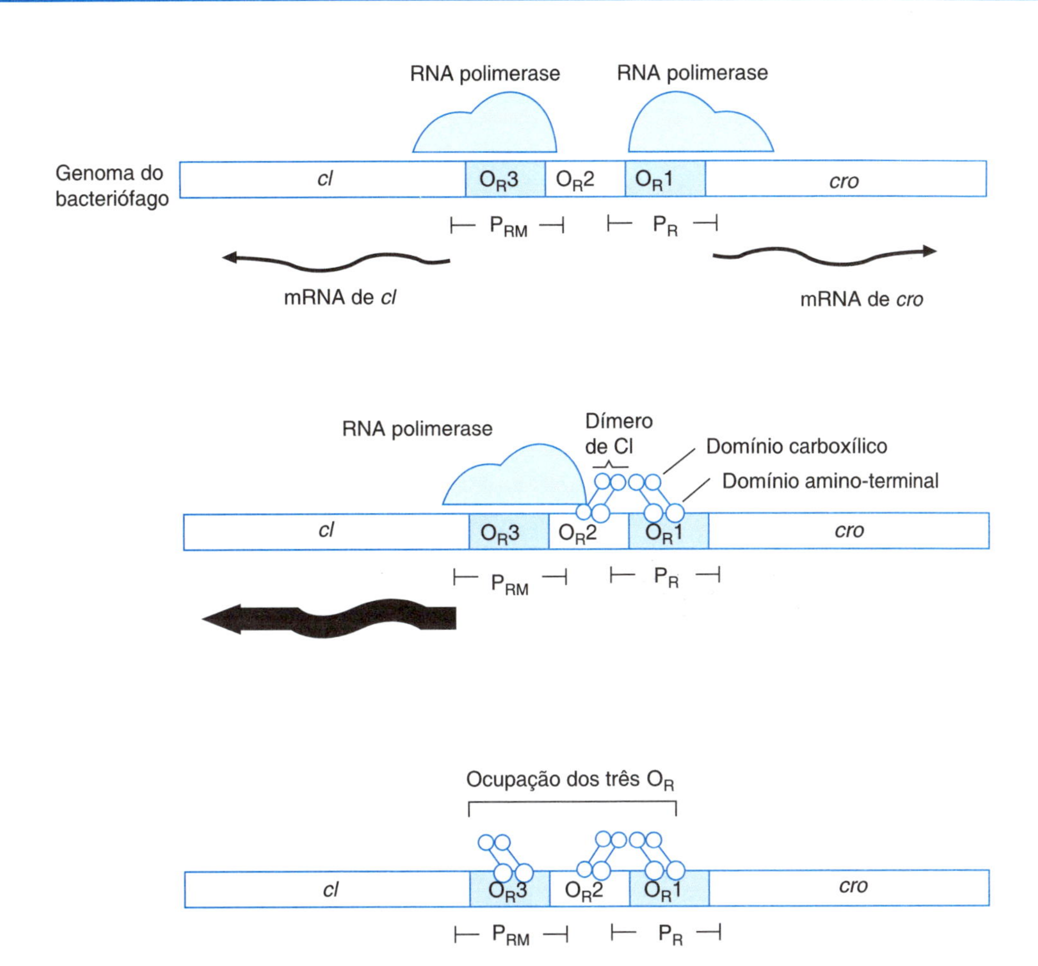

Figura 31-13. A região reguladora dos genes cI e cro é responsável pela manutenção da lisogenia. Os genes cI e CRO transcrevem a partir dos promotores chamados P_{RM} e P_R, respectivamente, os quais estão orientados em direções opostas (o P_{RM} para a esquerda e o P_R para a direita). Estes promotores se sobrepõem com três regiões operadoras, O_R3, O_R2 e O_R1, as quais são sítios de ligação para os produtos dos genes cI e cro, isto é, para o repressor lambda e para Cro. Enquanto que O_R2 se sobrepõe parcialmente com ambos promotores, O_R1 o faz exclusivamente com P_R e O_R3 unicamente com P_{RM}. Este arranjo implica que a ocupação de O_R1 impede exclusivamente a ligação da RNA polimerase ao P_R, enquanto que a ocupação de O_R3 impede especificamente a transcrição a partir do P_{RM}. Esta região reguladora faz parte de uma região maior e complexa que controla a expressão de outras proteínas reguladoras (figura 31-14).

do de sua concentração, tem 3 efeitos reguladores: reprime a transcrição de cro, ativa a de seu próprio gene e, em concentrações elevadas, também reprime esta última. Este mecanismo de autocontrole de cI permite manter os níveis do repressor de λ em um equilíbrio dinâmico, que pode preservar indefinidamente o estado lisogênico.

O ESTABELECIMENTO DO ESTADO LISOGÊNICO

Apesar de sua vital importância para a manutenção do estado lisogênico, o gene cI, que codifica para o repressor de λ, não é o primeiro gene viral que é expresso depois da entrada do genoma do bacteriófago λ. Posterior à infecção, os primeiros genes do fago que são transcritos pela RNA polimerase do hospedeiro são cro e N, cujas transcrições iniciam e terminam em seus respectivos promotores, P_R e P_L, e sítio de terminação T_R e T_L. Os RNAm que resultam desta transcrição são curtos e monocistrônicos; servem para a tradução das proteínas reguladoras Cro e N, as quais põem em funcionamento os programas lítico e lisogênico. Observe que, nas etapas precoces da infecção se iniciaram ambos os programas, e dependendo das condições ambientais, a infecção terminará em lise ou lisogenia do hospedeiro. Além dos genes cro, N e cI, outros genes do bacteriófago λ, como cII, cIII e Q, têm papeis importantes na decisão lise/lisogenia. A figura 31-14 mostra a localização relativa destes genes com respeito à cI e cro, assim como os promotores que são usados para sua expressão. A proteína N é um regulador positivo da expressão dos genes cII e cIII; no entanto, diferente de outras proteínas mediadoras de controle positivo, como CAP e o repressor I, que aumentam a iniciação da transcrição, N o faz através de um mecanismo de **antiterminação da transcrição.** A proteína N impede que a transcrição termine nos sítios T_R e T_L, com o qual os RNAm que são sintetizados a partir de P_R e P_L são de maior tamanho e incluem outros genes, isto é, se tornam policistrônicos. A maneira com N efetua esta

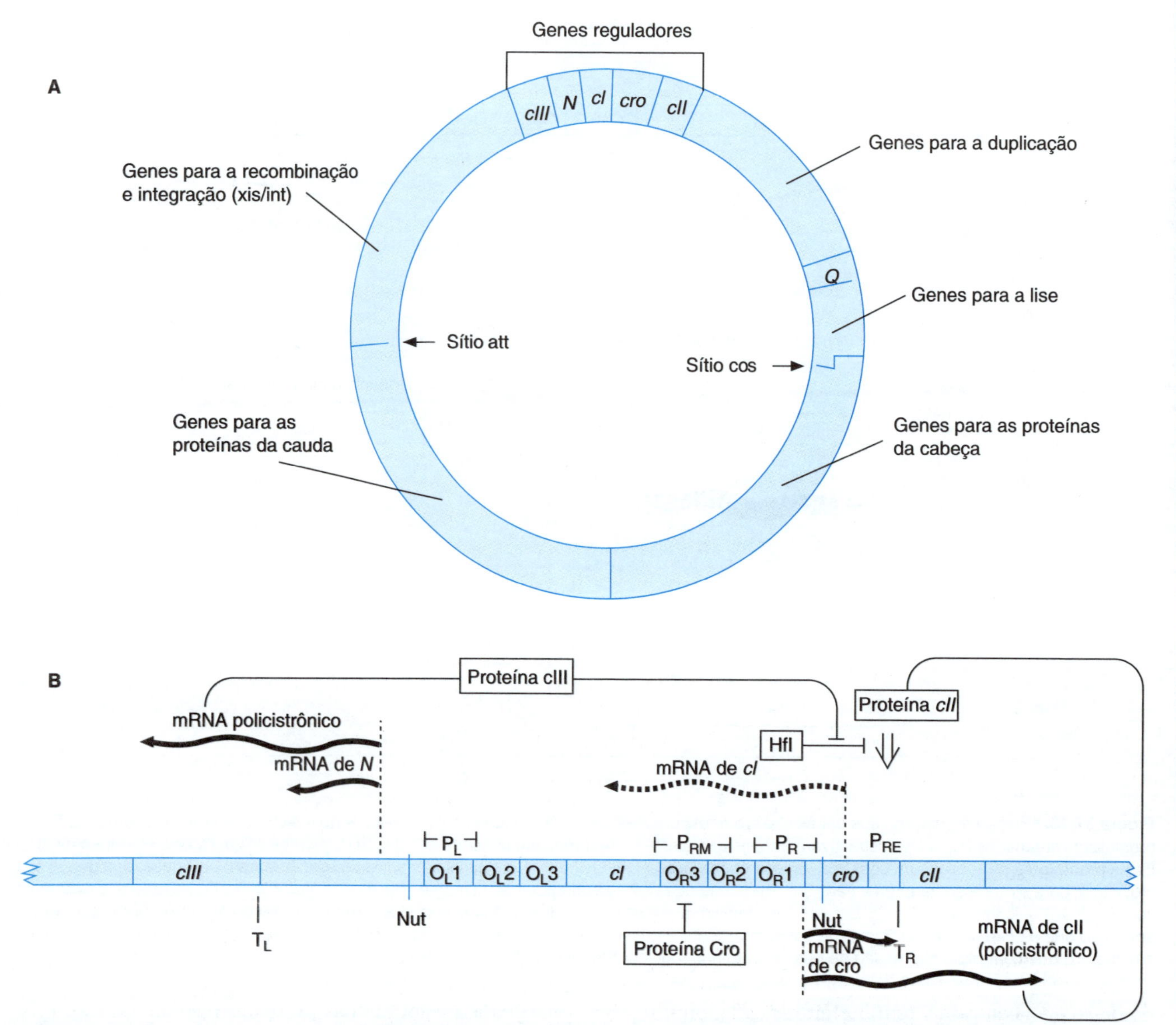

Figura 31-14. O estabelecimento do estado lisogênico. **A)** Na partícula infecciosa, o genoma do bacteriófago lambda é uma molécula linear de DNA de dupla fita, que ao entrar no hospedeiro forma uma molécula circular ao unir suas extremidades coesivas (cos). Opostamente ao sítio cos se encontra o sítio att, utilizado para a inserção (ou liberação) do genoma viral ao (ou do) cromossomo bacteriano. O genoma do bacteriófago lambda contém vários tipos de genes: reguladores (cl, cro, cll, clll, N e Q) estruturais (os que codificam para as várias proteínas da cabeça de da cauda do fago), de recombinação (entre estes int e xis, que codificam as proteínas que catalisam a inserção e a liberação do cromossomo bacteriano) e os responsáveis por duplicar o genoma do bacteriófago lambda e lisar a bactéria, ambos parte do programa lítico. **B)** Os genes reguladores do bacteriófago lambda estão sob o controle de distintos promotores. O promotor P_L transcreve para a esquerda, gerando um mRNA que pode ser curto e monocistrônico (N), mas que quando a proteína N se une ao sítio Nut, se torna longo e policistrônico (N, clll, xis, int). De forma semelhante, o promotor P_R pode originar um mRNA monocistrônico (cro) ou um policistrônico (cro, cll, O, PQ), dependendo de se N está unido a Nut. A proteína N tem uma ação antiterminadora da transcrição. Na ausência de N, a transcrição a partir de P_L e P_R termina nos sítios T_L e T_R; em troca, quando N se liga aos sítios Nut (há um em cada um dos genes N e cro), a RNA polimerase ignora estes sinais de terminação e gera os mRNA policistrônicos. Além do promotor P_{RM}, o gene cl pode ser transcrito a partir do promotor P_{RE}, o qual gera um mRNA (linha pontilhada) que inclui o marco de tradução do repressor e sequências antisense de cro, as quais, ao parear complementarmente com o mRNA de cro, inibem a tradução desta proteína. Os promotores P_R e P_L contêm operadores que, ao serem reconhecidos pelo repressor lambda e pela proteína Cro (O_R1-3 e O_L1-3), bloqueiam sua função.

antiterminação ainda não é bem conhecida, mas se sabe que, para sua função, N tem que ligar-se a elementos *cis,* chamados sítio Nut (do inglês, *N utilization*), situados em meio aos genes N e cro. A presença de N em um sítio Nut ocasiona que a RNA polimerase se modifique e se torne imune ao sinal de terminação dos sítios T_R e T_L, que são encontrados a jusante de Nut. Deste modo, na presença de N, o transcrito que é produzido a partir de P_L inclui N, cIII e os genes encarregados da integração do genoma do bacteriófago λ no cromossomo de *E. coli;* enquanto o transcrito que é produzido a partir de P_R inclui cro, cII, os genes que ativam a duplicação do genoma viral e o gene Q, um mediador do programa lítico tardio. Até este ponto, ambos os programas genéticos se desenvolvem de forma paralela e o estabelecimento da lise ou da lisogenia dependerá de qual dos dois predomine, o que por sua vez depende da abundância relativa da proteína codificada pelo gene cII. Quando os níveis do produto de cII são baixos, o programa lítico predominará; pois, como se discutirá em seguida, a concentração do repressor de λ não atingirá os níveis necessários para estabelecer a lisogenia.

O produto do gene cII, a proteína CII, é um ativador clássico positivo que promove o ciclo lisogênico, ao estimular a transcrição do gene do repressor de λ (cI) e do gene int, cujo produto catalisa a integração do genoma viral ao cromossomo do hospedeiro. CII estimula a transcrição de cI atuando em um promotor distinto de P_{RM} neste caso, o promotor P_{RE} (do inglês, *Promoter of Repressor Establishment*, promotor do estabelecimento do repressor), o qual se localiza à direita de *cro*, mas que produz um RNAm que inclui o gene cI (figura 31-14, linha pontilhada). O leitor deve recordar que o P_{RM} é um promotor fraco, que requer a presença do repressor de λ no sítio O_R2 para que seja utilizado eficientemente; daí que a produção inicial do repressor seja a partir de outro promotor que não requeira a existência prévia do repressor. Se a síntese do repressor de λ se mantém suficientemente alta durante esta fase da infecção, os promotores P_L e P_R se desligam, ficando ativo unicamente o promotor P_{RM}. A proteína do gene int que tenha sido sintetizada antes que se desligue P_R terá sido suficiente para a integração do genoma viral, estabelecendo-se o estado lisogênico.

Além de seu efeito direto como regulador positivo dos genes *cI* e *int*, a proteína CII favorece a lisogenia de uma maneira indireta. Ao estimular a transcrição a partir do promotor P_{RE}, CII gera um RNA com sequências **antisense** ao RNAm de *cro*, que dificultam sua tradução. O promotor P_{RE} orienta a RNA polimerase para que transcreva na direção contrária ao promotor P_R, com o que se produz um transcrito, que além de conter as sequências com sentido de *cI*, inclui as sequências antisense de *cro*. Dito de outra maneira, os transcritos produzidos por PR e PRE contêm fragmentos correspondentes ao gene *cro*, cujas sequências são complementares e antiparalelas, as quais podem parear-se em um RNA de fita dupla que sequestra as sequências necessárias para a tradução de *cro*. Desta maneira, a expressão do gene *cro*, cujo produto promove o programa lítico, diminui. Este mecanismo regulador da expressão gênica procariótica, o RNA antisense, inspirou estratégias que resultaram de sucesso para impedir seletivamente a expressão de genes em organismos eucarióticos, incluindo o humano. É possível bloquear a produção da proteína codificada em um RNAm alvo através da administração de ácidos nucleicos antisense, os quais devem ter sequências que sejam complementares ao RNAm que se quer inutilizar. Estes ácidos nucleicos antisense podem ser fragmentos de DNA de cadeia simples sintetizados *in vitro* (oligonucleotídeos), os quais são administrados exogenamente; ou então RNAm antisense, os quais são gerados a partir de DNAs recombinantes que são transcritos pela célula onde são introduzidos.

A DECISÃO LISE/LISOGENIA É SENSÍVEL ÀS CONDIÇÕES AMBIENTAIS DO HOSPEDEIRO

Já que a proteína CII é requerida para o estabelecimento do estado lisogênico, a concentração celular que CII pode alcançar nas etapas precoces da infecção é crucial para a decisão lise/lisogenia. Uma diminuição de CII permitirá a lise, enquanto que um aumento promoverá a lisogenia. A proteína CII é sensível à degradação por Hfl (do inglês, *High Frequency of Lysogeny*), a qual é uma protease bacteriana cuja atividade depende do estado metabólico celular. Quando a *E. coli* está em meios ricos, a atividade de Hfl é alta; mas quando a célula está em condições de carência nutricional, a atividade da protease é baixa, daí que nestas duas situações a degradação de CII é muito ou pouca, respectivamente. A função da proteína CIII também favorece a lisogenia, pois protege a CII da degradação por Hfl. Todo este tipo poderia ser interpretado como os princípios de uma estratégia oportunista, se a célula dispõe dos meios suficientes, o bacteriófago λ aproveita esta abundância para propagar-se entrando no ciclo lítico; por sua vez, se a situação nutricional do hospedeiro é pobre, o fago não é exposto ao risco de uma expressão incompleta de seus genes e prefere entrar em um estado de latência (a lisogenia) e esperar junto com seu hospedeiro, tempos melhores (ou de urgência, como em resposta a SOS discutida na seguinte seção) para escapar liticamente do lisógeno. A proteína CII é um "sensor" do estado metabólico celular cuja concentração celular serve para desligar ou ligar os programas de expressão gênica alternativos. Este é um exemplo de como um programa gênico se pode submeter a sinais ambientais.

Se os níveis de CII são baixos, a produção do repressor de λ não é suficiente para instalar a lisogenia, com o que a infecção terminará em lise. Igualmente, se os níveis do repressor de λ caem subitamente, se dispara a indução lítica do pró-fago. O programa lítico é assegurado através da expressão sustentada de *cro*, cuja proteína inutiliza o promotor P_{RM} e eventualmente também aos promotores P_L e P_R, desligando os genes precoces da infecção (Cro se liga aos operadores O_R e O_L e desliga estes promotores). No entanto, antes que isto aconteça, a expressão dos genes *N*, *xis/int*, da duplicação e Q, terá ocorrido em níveis suficientes para iniciar a lise. Neste ponto, as proteínas Xis/Int já terão liberado o pró-fago (se se trata de uma indução lítica), as proteínas Oe P já terão ativado a duplicação do genoma viral e a proteína Q estará em concentrações suficientes para promover a expressão dos genes "tardios" da infecção. O produto do gene Q é um regulador positivo que culmina no ciclo lítico através de um efeito de antiterminação da transcrição, semelhante ao da proteína N. A proteína Q antitermina especificamente o transcrito do promotor P'_R, o qual se situa à direita do gene Q. Quando o transcrito de P'_R é antiterminado por Q, se estende até os genes mediadores da lise bacteriana, assim como os que sintetizam as proteínas estruturais que constituem o capsídeo viral (as proteínas da cabeça e da cauda do fago).

A INDUÇÃO DO ESTADO LÍTICO E A RESPOSTA SOS

A indução do ciclo lítico em um lisógeno é um exemplo de "parasitismo molecular", através do qual o bacteriófago λ utiliza em seu benefício os mecanismos de sobrevivência de seu hospedeiro. Quando a *E. coli* se expõe a radiações UV que lesam seu genoma, se inicia a chamada **resposta SOS**, cuja parte medular consiste na expressão de um grupo de 10 a 20 genes que permitem o reparo do dano e a sobrevivência. Normalmente, a transcrição de todos estes genes (entre eles os da excinuclease uvrABC, encarregada pelo reparo dos dímeros de timina, veja capítulo 26) se encontra reprimida por LexA, uma proteína dimérica, reguladora negativa da transcrição. LexA é um repressor que pode inibir simultaneamente a todos os genes que compõem a resposta SOS, graças ao fato de existirem cópias de seu operador sobrepondo os promotores destes genes. É importante destacar que LexA também tem uma atividade proteolítica latente, despertada pela forma ativada da proteína RecA. A função normal de RecA é a recombinação e o reparo do DNA; no entanto, por mecanismo não bem compreendidos, esta proteína sofre uma ativação quando há dano ao DNA cromossômico. Como consequência da ativação de RecA, LexA se converte em uma protease capaz de se auto digerir, o que ocasiona a perda de sua função repressora e com isto a desrepressão dos genes de resposta SOS. Este mecanismo, desenhado para ativar um programa de expressão gênica complexo e diverso, que permite a *E. coli* afrontar uma situação de estresse ambiental (as radiações UV), é aproveitado pelo pró-fago de λ para escapar da bactéria lisogênica em perigo. Isto é possível devido ao fato de o repressor de λ também ser substrato da atividade proteolítica de LexA, a qual corta o repressor pela metade, separando o domínio de ligação ao operador do domínio de dimerização, com o qual se inutilizam suas funções reguladoras e se muda o *switch* genético de λ até o estado lítico (figura 31-15).

A INDUÇÃO EFICIENTE DO ESTADO LÍTICO, UMA CONSEQUÊNCIA DO COMPORTAMENTO COOPERATIVO

Uma característica desejável em um *switch* genético que regule estados de diferenciação alternativos, como os estados lítico e lisogênico, é que sejam suficientemente estáveis para

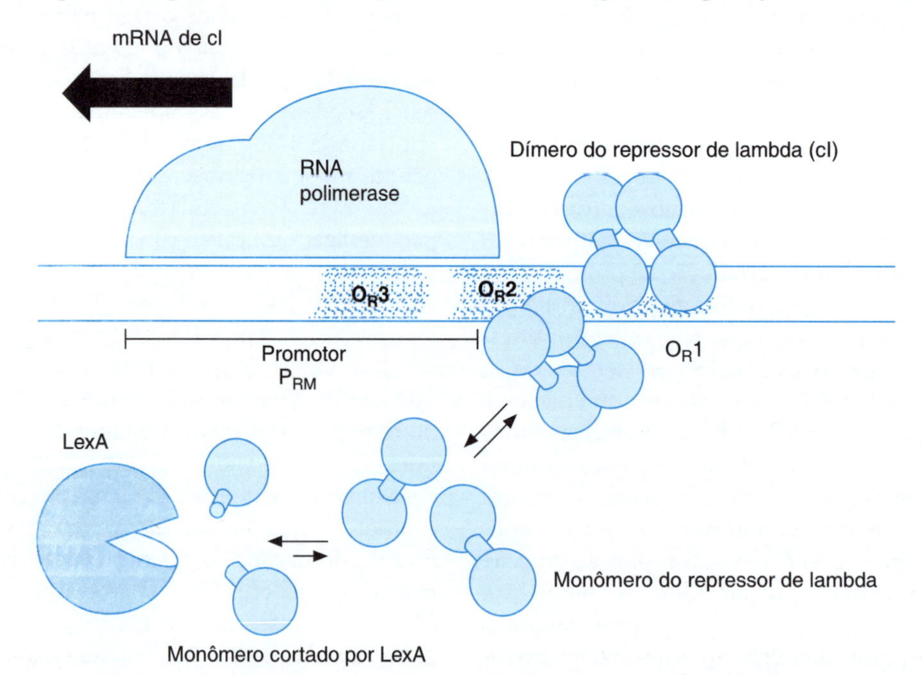

Figura 31-15. Inativação do repressor de lambda por LexA. A atividade proteolítica de LexA corta o repressor lambda na porção que une o domínio de ligação ao operador e o de dimerização. A ligação de alta afinidade ao operador requer a forma dimérica do repressor, pois cada um dos domínios de ligação entre em contato com um hemi-sítio do operador (figura 31-19). Ao separar-se do domínio de dimerização, o domínio de ligação fica em um estado monomérico de muito baixa afinidade, o qual deixa livres os sitos operadores. Esta diminuição das formas ativas (diméricas) do repressor de lambda, por sua vez, diminui a ativação do P_{RM}, baixando ainda mais os níveis do repressor de lambda. Se a diminuição chega a níveis suficientes que permitam a transcrição de cro a partir de P_R, o programa lítico é ativado.

manter um dos estados; mas que sejam sensíveis e rápidos para mudar ao estado alternativo quando seja necessário. No caso do *switch* gênico do bacteriófago λ, tem-se estas características graças às interações proteína-proteína nas quais o repressor participa especificamente; a associação de seus monômeros em dímeros ativos, a sua interação com a RNA polimerase no P_{RM}, mediadora de seu autocontrole positivo muito especialmente; a maneira cooperativa com que se une ao O_R2. Como a ligação do repressor de λ a O_R2 é cooperativa, ainda uma ligeira diminuição do repressor funcional (por exemplo, a mediada pela atividade proteolítica de LexA) pode afetar grandemente o grau de repressão de P_R, permitindo uma rápida e eficiente indução do programa lítico. A figura 31-16 mostra que a atividade de P_R responde à concentração do repressor de λ de uma maneira sigmoidal, muito semelhante à maneira como a hemoglobina se liga ao oxigênio. Nas concentrações em que o repressor de λ se encontra na célula lisogênica, não existe síntese da proteína Cro, pois praticamente toda a transcrição a partir de P_R está reprimida (~ 99,7%). Para que se sintetize o suficiente de Cro para desencadear o programa lítico, o promotor P_R deve ser desreprimido pelo menos a 50% de sua atividade ótima. Isto se atinge quando a concentração de repressor λ ativo no lisógeno diminui à quinta parte (aos 20%), o qual é factível com a atividade proteolítica de LexA que se alcança durante a resposta SOS (porém esta protease somente tem uma atividade moderada contra o repressor). Se a ligação do repressor de λ ao O_R2 não fosse cooperativa, seria necessário uma diminuição muito maior (de duas ordens de magnitude) do repressor para obter o mesmo nível de desrepressão, o qual faria que a resposta fosse muito menos eficiente, em detrimento da sobrevivência do pró-fago. Neste caso, a atividade de P_R mudaria com a concentração do repressor de λ de uma maneira hiperbólica, de maneira muito semelhante à mioglobina, uma proteína que, diferente da hemoglobina se liga ao oxigênio de uma maneira não cooperativa. Mecanismos moleculares, como os exibidos pelo repressor de λ e outros componentes de seu *switch* genético, permitem que com uma ligeira alteração na atividade de uma proteína reguladora se obtenham mudanças da magnitude e velocidade requeridos para ativar ou desativar eficientemente um programa de expressão gênica. É por isto que estes mecanismos são utilizados não somente por outros bacteriófagos que infectam a outros organismos procariotos, mas também por genes reguladores da diferenciação e do desenvolvimento embrionário de organismos eucariotos superiores.

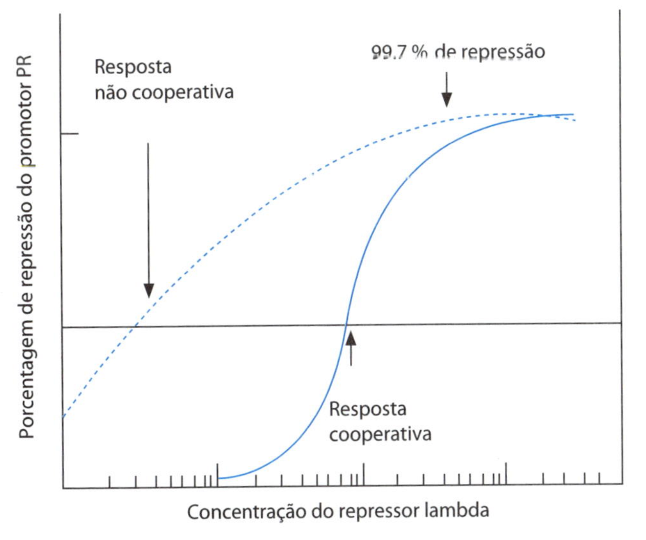

Figura 31-16. A repressão de P_R pelo repressor de lambda. A porcentagem de repressão do promotor P_R responde à concentração do repressor de lambda com uma resposta sigmoidal (curva contínua). No caso hipotético de que a ligação do repressor lambda ao operador O_R2 não fosse cooperativa, o grau de repressão teria uma modalidade hiperbólica (curva pontilhada). Neste último caso, para diminuir em 50% a repressão de P_R, seria necessário diminuir a concentração do repressor de lambda ao menos 100 vezes, enquanto que no primeiro, com uma diminuição de 5 vezes se obtém o mesmo grau de desrepressão. Observe que a escala de concentração do repressor de lambda é expressa de forma logarítmica.

COMO AS PROTEÍNAS REGULADORAS "LEEM" AS BASES DO DNA

As interações das proteínas reguladoras com a sequência nucleotídica de seus elementos cis são altamente específicas, ao grau que a mutação de uma base apenas poder reduzir drasticamente a função do par cis/trans, como é o caso das mutações no operador da lactose que, não serem reconhecidas pelo repressor, ocasionam o fenótipo constitutivo lacO^c. No capítulo 25 se discutiu outro exemplo desta alta especificidade de sequência, o sítio de reconhecimento da enzima de restrição EcoRI (figura 26-8). Um requisito indispensável para lograr tal especificidade é que as proteínas reguladoras "saibam ler", sem errar, as sequências nucleotídicas do DNA. Ainda que se pudesse supor o contrário, para esta "leitura" não é necessário abrir a dupla hélice do DNA, já que as proteínas reguladoras reconhecem as bases do DNA, identificando certos padrões de átomos e grupos funcionais que são acessíveis desde os sulcos maiores e menores do DNA. Como se pode observar na figura 31-17A, nas bordas de seus anéis as bases do DNA têm alguns átomos e grupos funcionais que estão expostos ao exterior da dupla hélice através do sulco maior e que conformam padrões particulares para cada par de bases (G-C, C-C, A-T, T-A). Por exemplo, o par G-C exibe primeiro o N_7 e o O unido ao C6 da guanina (ambos potenciais aceptores de ligações por pontes de hidrogênio), seguidos do H livre (potencial doador para uma ponte de hidrogênio) do grupo amino unido a C4 e do H de C5 da citosina.

Este padrão distingue o par G-C do par A-T, pois este último exibe um padrão diferente que inclui o grupo hidrofóbico metila da timina (figura 31-17A).

Em um DNA de dupla fita, um par G-C e um par C-G podem ser distinguidos, pois a pesar de exibir os mesmos grupos funcionais, estes se ordenam de forma invertida (figura 31-17B).

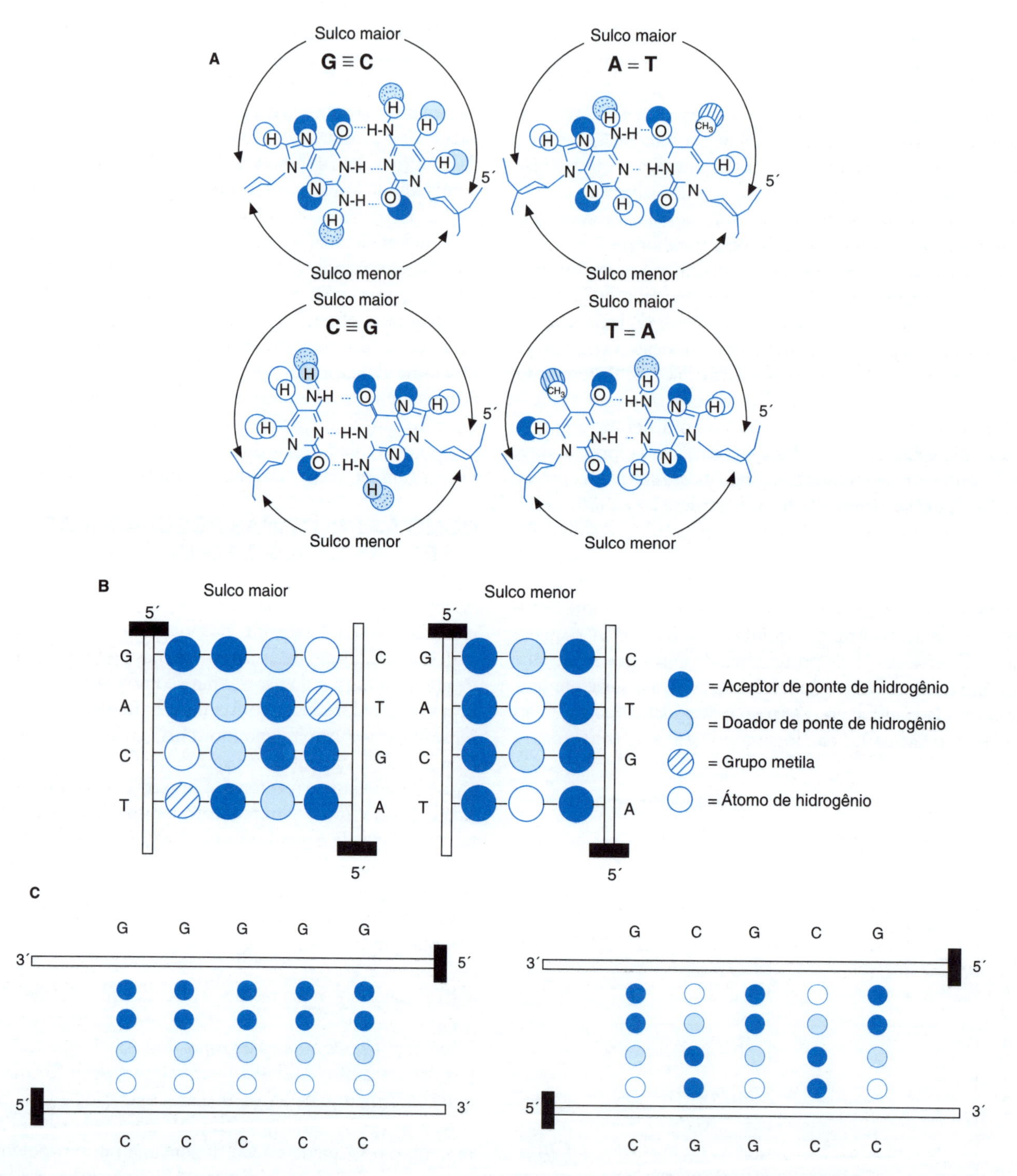

Figura 31-17. As sequências do DNA podem ser lidas através dos sulcos maiores e menores. **A)** Certos átomos e grupos funcionais, presentes nas bases nitrogenadas, aparecem pelos sulcos da dupla-hélice do DNA, formando padrões ou códigos inequívocos de reconhecimento molecular. O tipo de grupos funcionais acessíveis através dos sulcos é identificado pelos tons de sombreado nos halos que os rodeiam. **B)** os átomos e grupos funcionais destes padrões são capazes de estabelecer interações não covalentes; por exemplo, os N_7 da adenina e da guanina, assim como os O unidos ao C_6 da guanina e ao C_4 da timina, podem funcionar como aceptores em ligações por pontes de hidrogênio (sombreado azul). Por sua vez, os H livres dos grupos amino unidos ao C_4 da citosina e ao C_6 da adenina, podem funcionar como doadores em ligações por pontes de hidrogênio (sombreado azul claro). O grupo metila da timina (círculos hachurados) pode estabelecer interações não polares através do sulco maior. Os padrões ou arranjos destes grupos funcionais identificam os pares de bases de maneira inequívoca somente desde o sulco maior. Observe que um par G-C não pode ser distinguido de um par C-G quando se olha a partir do sulco menor. Por isso é mais comum que as proteínas reguladoras se unam a suas sequências específicas pelo lado do sulco maior do DNA. C) Usando combinações destes padrões de reconhecimento molecular, as sequências do DNA podem ser "lidas" sem ambiguidade a partir do sulco maior, tal como se ilustra para DNAs de sequência: 5´-GGGGG-3´ e 5´- GCGCG-3´.

Com estes padrões de grupos funcionais, "visíveis" dos sulcos maiores, uma sequência nucleotídica fica identificada sem ambiguidade. Por exemplo, compare o padrão combinado que mostraria um DNA cuja sequência fosse 5´-GGGGG-3´ e outro de sequência 5´-GCGCG-3´ (figura 31-17C). Estes padrões servem para que certos grupos funcionais da proteína reguladora estabeleçam ligações não covalentes com as bases do DNA (figura 31-18). Com uma combinação suficientemente grande de grupos funcionais no DNA, que interajam especificamente com grupos funcionais da proteína reguladora, é possível alcançar uma grande especificidade de ligação ou reconhecimento de um elemento *cis* com seu elemento *trans*.

Um exemplo de tais interações, a união do repressor de λ ao O_R1, será discutido amplamente na seguinte seção.

A UNIÃO DO REPRESSOR DE λ A SEUS OPERADORES É MEDIADA PELA CONFORMAÇÃO HTH

As proteínas CI (o repressor de λ) e Cro proporcionam um bom exemplo, a nível molecular, de como a interação de um par *cis/trans* obtém sua alta especificidade. Estas proteínas interagem com distintos graus de afinidade com os operadores O_R1, O_R2 e O_R3, cada um dos quais é formado por 17 pares de bases de DNA, cujas sequências são quase palindrômicas. Por exemplo, a sequência do O_R1 tem simetria rotacional binária (imperfeita) centrada sobre o par G-C que ocupa a posição 9 (destacada por um rombo na figura 31-19A); isto é, se a sequência for girada 180° sobre este par de bases, a sequência obtida será muito próxima da original. Se a simetria fosse perfeita, como é o caso da sequência de reconhecimento da enzima de restrição EcoRI (figura 26-8), a sequência seria palindrômica e seria indistinguível depois da rotação. No caso de O_R1 somente as bases indicadas por um ponto na figura 31-19A ficam em posições idênticas depois da rotação. Observe que cada metade do O_R1 poderia ser vista com um hemi-sítio, isto é, como um segmento de DNA do qual existem duas cópias que se juntam "cabeça com cabeça", justo no par G-C da posição 9. Este tipo de arranjo também é denominado "repetição invertida" dos hemi-sítios. A presença de hemi-sítios repetidos nos elementos cis geralmente implica que suas proteínas reguladoras se unam a eles de forma dimérica, como é o caso da proteína CI, do repressor de lac e dos receptores para hormônios esteroidais. Uma variante deste desenho molecular é quando o elemento cis é formado por hemi-sítios repetidos em forma "discreta", isto é, "cabeça com cauda", como acontece com os sítios de ligação do receptor do ácido retinoico, o qual pertence à superfamília dos receptores nucleares dos hormônios esteroidais (figura 31-26).

O repressor de λ e a proteína Cro se unem de forma dimérica aos operadores O_R1 e O_R3 através da interação não covalente do O_R com o domínio de "ligação ao DNA", presente em cada um dos monômeros da proteína. As es-

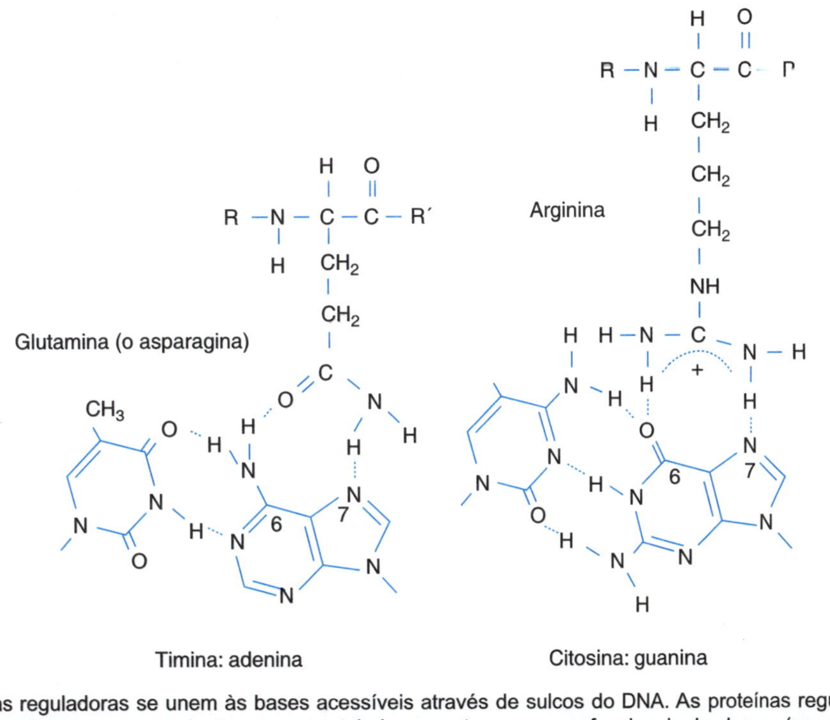

Glutamina (o asparagina)

Arginina

Timina: adenina

Citosina: guanina

Figura 31-18. As proteínas reguladoras se unem às bases acessíveis através de sulcos do DNA. As proteínas reguladoras se unem a seus elementos cis através das interações não covalentes que se estabelecem entre os grupos funcionais das bases (acessíveis através dos sulcos do DNA, figura 31-17) e grupos funcionais dos aminoácidos. A figura ilustra as pontes de hidrogênio que podem formar um par A-T com uma glutamina ou uma asparagina, ou um par G-C com uma arginina. A combinação de várias destas interações serve para acoplar especificamente uma sequência nucleotídica com a superfície de contato ou união de uma proteína reguladora, como se ilustra na figura 31-19.

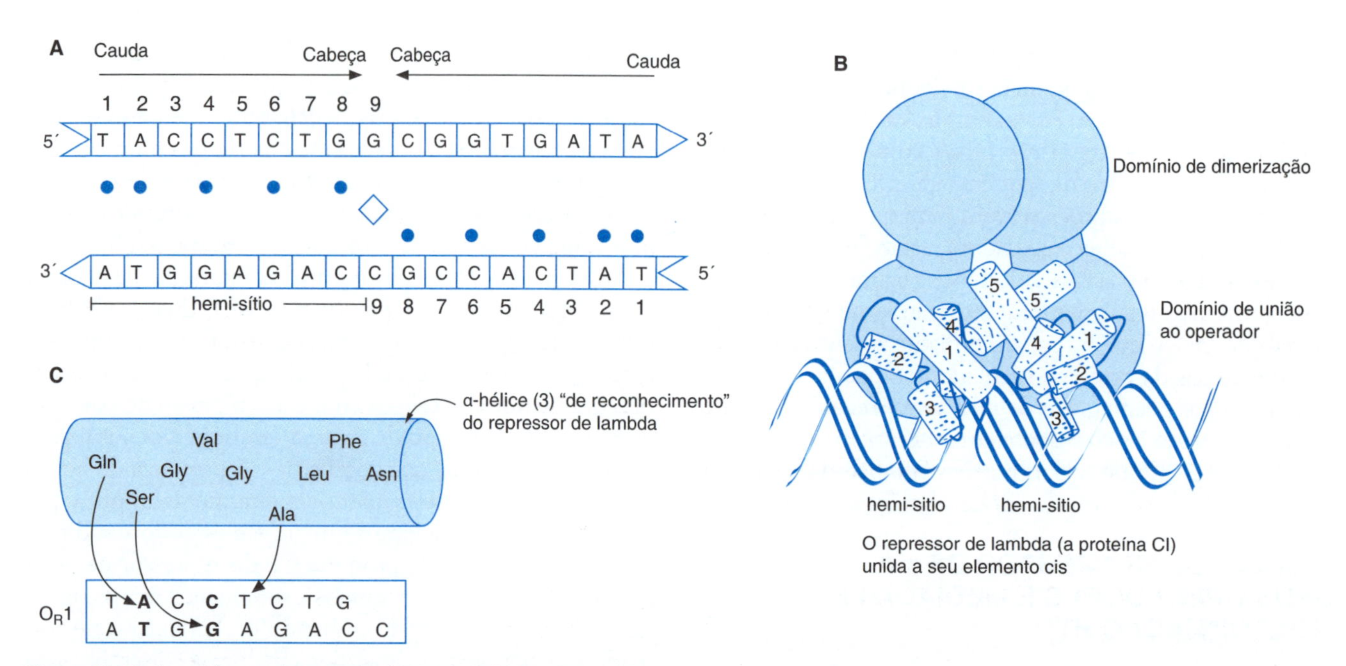

Figura 31-19. Os motivos estruturais "helix-turn-helix" são responsáveis pela união das proteínas CI (o repressor lambda) e Cro a seus operadores. A) A sequência nucleotídica do O_R1 revela que é formado por dois hemi-sítios com simetria rotacional binária, os quais estão repetidos de forma invertida, em um arranjo do tipo "cabeça com cabeça". De forma semelhante, os outros O_R e os O_L têm arranjos cabeça com cabeça. B) Modelo estrutural do dímero de CI unido a seu operador. Observe que o repressor de lambda (CI) tem dois domínios, representados aqui como duas bolas unidas por um cilindro. O domínio amino-terminal é o que se une ao operador, enquanto que o outro domínio é o responsável pela dimerização. A proteína Cro é mais simples, pois somente contém um domínio que serve simultaneamente para a união ao operador e para a dimerização da proteína. O domínio de ligação ao DNA destas proteínas adota uma conformação denominada HTH (helix-turn-helix), que é responsável pelo reconhecimento específico do operador. C) Certos aminoácidos da alfa-hélice número 3, pertencentes ao domínio HTH, fazem contato com bases específicas dos hemi-sítios do operador, o que explica a seletividade na ligação de cada O_R para com Cro ou com o repressor de alfa.

truturas tridimensionais dos domínios de união ao DNA do repressor e Cro unidos a seu O_R de alta afinidade revelaram a presença de uma característica estrutural crítica para esta união, que se denomina "hélice-giro-hélice", ou HTH, do inglês: helix-turn-helix (figura 31-19B). A estrutura HTH consiste em duas alfa-hélices ligadas por alguns resíduos não estruturados, os quais permitem que estas girem uma com respeito à outra. A maneira como os motivos HTH reconhecem a seus elementos *cis* é muito semelhante em todas as proteínas reguladoras que os possuem, uma das duas hélices do motivo HTH, a chamada "hélice de reconhecimento" (as hélices número 3 no caso de CI e Cro), se encaixa no sulco maior do hemi-sítio do operador, enquanto que a outra hélice (as hélices número 2, no caso de CI e Cro) se cruza sobre a primeira, estabilizando sua união com o hemi-sítio. No caso de CI e Cro, certos aminoácidos das alfa hélices número 3 são as responsáveis por interagir com cada um dos hemi-sítios que constituem seus operadores (figura 31-19C). Por exemplo, as cadeias laterais da glutamina e a serina, presentes tanto em CI como em Cro, interagem com as posições 3 e 6/7 do O_R3; o qual explica porque, apesar de ambas as proteínas poderem se unir com estes operadores, o fazem com uma preferência diferente. Observe que apesar de haver um motivo HTH em cada monômero do repressor de λ (ou de Cro), é necessária a foram dimérica da proteína para que se ligue eficientemente ao O_R. No dímero, o HTH de cada monômero reconhece de forma quase simétrica a cada um dos hemi-sítios do O_R.

Muitas proteínas reguladoras utilizam a conformação HTH para mediar suas interações com os elementos *cis* no DNA; por exemplo, este é o caso do repressor de lac. Recordando do dito por Monod acerca da *E. coli* e do elefante, é importante mencionar que em organismos eucarióticos o motivo HTH também é usado amplamente e um exemplo prototípico são as proteínas como **homeodomínios**. Estas são importantes mediadoras do desenvolvimento embrionário em praticamente todos os organismos metazoários (incluindo o humano) e foram identificados originalmente como os produtos dos loci **homeóticos**, responsáveis pela segmentação corporal durante a embriogênese da mosca da fruta *D. melanogaster.* **As homeobox** são domínio de ao redor de 60 aminoácidos, presentes nas proteínas com homeodomínios, conformados por três alfa hélices em uma disposição típica dos motivos HTH. Estas *box* ou domínios homeóticos servem para a união das proteínas homeóticas às regiões do genoma onde exercem sua ação ativadora da transcrição de genes envolvidos no desenvolvimento embrionário.

Nas proteínas com homeodomínios, assim como nas outras proteínas reguladoras que os têm, o motivo HTH é só uma parte do domínio de ligação ao DNA. No caso do repressor de λ, este domínio é composto por 5 alfa-hélices, enquanto que no caso de Cro são 3 alfa-hélices e 3 folhas beta-pregueadas (figura 31-19B). Deve-se observar que para a função da conformação HTH, a estrutura primária não é tão importante como a estrutura secundária. Quando a conformação HTH é claramente definida, esta confere funcionalidade ao domínio da ligação ao DNA, razão pela qual pode ser considerado como uma unidade funcional independente do resto da proteína. De fato, as proteínas reguladoras, eucarióticas e procarióticas, que usam os motivos HTH para se unir a seus elementos *cis*, só se parecem entre si na região que delimita este motivo, mas não no resto da proteína.

OUTRAS CONFORMAÇÕES DE PROTEÍNAS REGULADORAS QUE PARTICIPAM NA LIGAÇÃO AO DNA

Além do motivo HTH, as proteínas reguladoras podem se unir ao DNA usando outros motivos ou desenhos estruturais. O fator transcricional eucariótico AP1 é um heterodímero formado pelas proteínas jun e fos, as quais se associam entre si e se unem a seus elementos cis no DNA genômico, através do motivo estrutural chamado **zíper de leucinas**. Este motivo consiste em uma alfa-hélice anfipática na qual os resíduos não polares, geralmente leucinas, se apresentam a cada 7 resíduos de tal maneira que ficam orientados para o mesmo lado da hélice, constituindo uma face hidrofóbica que é utilizada para interagir com outra proteína que contenha um motivo semelhante e assim forme o dímero. Através de **aminoácidos básicos**, como a arginina, presentes na porção amino-terminal da hélice anfipática, a proteína se une aos hemi-sítios que compõem seu elemento cis. É por isto que a este motivo estrutural também se denomine zíper básico ou simplesmente bZIP (figura 31-20A). Outros exemplos de proteínas reguladoras com motivos bZIP são GCN4 e CREB, cujas formas funcionais são homodímeros que reconhecem hemi-sítios repetidos de forma invertida. Na carência de aminoácidos, a proteína da levedura GCN4 ativa coordenadamente cerca de 40 genes que codificam para as enzimas biossintéticas dos aminoácidos. A proteína CREB (do inglês, cyclic AMP responsive element binding protein) é responsável por ativar a transcrição de genes em resposta a diversos sinais hormonais, os quais utilizam cascatas de fosforilação de proteínas para transmitir seu efeito desde a membrana plasmática até o núcleo. Um dos últimos relevos em cada cascata é a proteína CREB que ao ser fosforilada, por exemplo, pela proteína quinase dependente de AMP cíclico, é dimerizada e se une a seus elementos cis (os chamados sítios CRE ou cyclic AMP responsive elements), os quais estão presentes nas regiões reguladoras dos genes estimulados por diversos hormônios.

Alguns oncogenes (como a proteína c-myc) e as proteínas encarregadas da diferenciação muscular (como a proteína MyoD) são exemplos de proteínas reguladoras em eucariotos que se ligam a seus elementos cis através de um motivo estrutural denominado "hélice-alça-hélice" ou também HLH pela sigla em inglês "helix-loop-helix", o qual não deve ser confundido com o motivo HTH (helix-turn-helix) discutido em seções precedentes. O motivo HLH se parece ao bZIP, já que também consiste de alfa-hélices anfipáticas mediadoras da dimerização e da união ao DNA; a diferença é que o motivo bZIP é formado por uma única hélice contínua,. enquanto que o motivo HLH é formado por duas hélices separadas por uma alça (figura 31-20B).

O dímero é a forma funcional das proteínas reguladoras com motivos bZIP e HLH, e cada monômero interage com um dos hemi-sítios contíguos que formam o elemento cis. Esta propriedade permite que haja combinações homo e heterodiméricas, as quais ampliam o repertório funcional destas proteínas, assim como ocorre com o fator AP1, o qual pode formar-se combinando as diversas variantes da proteína jun com a proteína fos (figura 31-20C). No entanto, devido a esta mesma propriedade, há ocasiões em que se pode formar heterodímeros inativos. Por exemplo, se um dos monômeros carece da região rica em aminoácidos básicos formará um heterodímero incapaz de ligar-se ao elemento cis. Se a concentração do monômero carente da região básica é muito alta, poderá inativar a outros monômeros funcionais, pois ao "sequestra-los" em heterodímeros não funcionais os impede de formar homodímeros ativos (figura 31-20D). Um exemplo é o sequestro da proteína MyoD por parte da proteína Id, que carece dos resíduos básicos incluídos na primeira hélice do motivo HLH; no entanto, esta carência não afeta sua capacidade para associar-se com MyoD, dando lugar a heterodímeros MyoD-Id inativos, os quais impedem que MyoD realize sua função como promotor da diferenciação muscular. De fato, para poder diferenciar-se, os mioblastos (células precursoras musculares) devem primeiro deter a expressão do gene da proteína Id.

OS "DEDOS DE ZINCO", UM MOTIVO ESTRUTURAL DE LIGAÇÃO AO DNA PRESENTE NOS RECEPTORES DOS HORMÔNIOS ESTEROIDAIS

Os "dedos de zinco" são motivos estruturais de ligação ao DNA, que contém um átomo de Zn coordenado com quatro aminoácidos da proteína. Recebem este curioso nome porque ao serem representados em diagramas muito esquemáticos, o Zn se localiza na base do que poderia imaginar-se como um dedo da mão (figura 31-21A). Apesar de que os estudos cristalográficos tenham revelado uma estrutura muitíssimo menos antropomórfica, o nome persistiu. A sequência primária consenso dos primeiros dedos de zinco estudados é a seguinte: $\underline{Cys}$-X_{2-4}-$\underline{Cys}$-X_3-Phe-X_5-Leu-X_2-$\underline{His}$-X_2-$\underline{His}$, que ao preguear-se forma um "dedo", graças à união de um átomo de zinco com as cadeias laterais das cisternas e histidinas su-

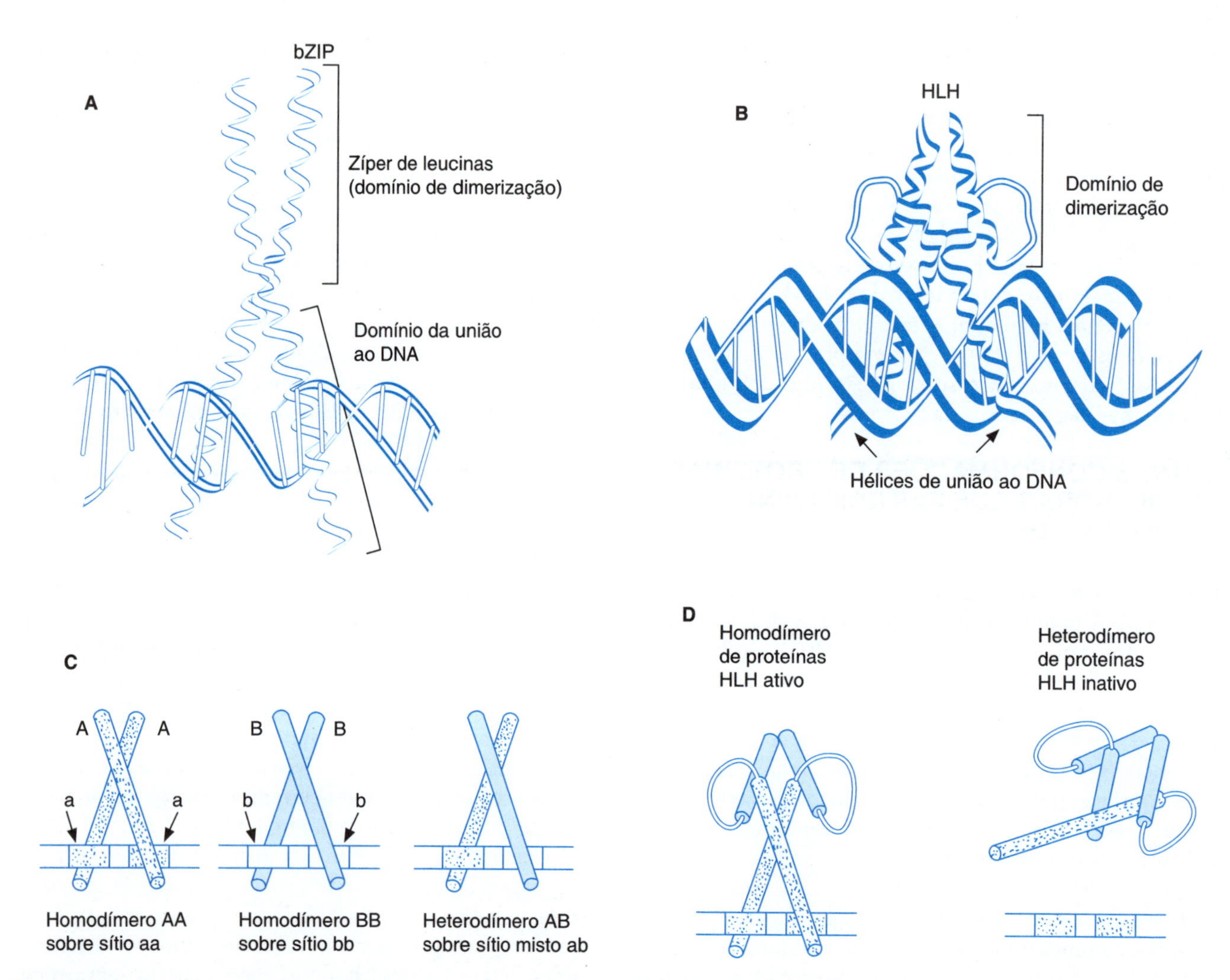

Figura 31-20. Os motivos estruturais bZIP e HLH de união ao DNA. **A)** algumas proteínas reguladoras se unem ao DNA e se dimerizam mediante α-hélices que constituem o motivo estrutural chamado bZIP. Uma região da hélice (o zíper de leucinas) possui resíduos hidrofóbicos, responsáveis pela dimerização, enquanto que outra região contém aminoácidos básicos que lhe permitem unir-se a um hemi-sítio do elemento cis; **B)** no motivo estrutural HLH (helix-loop-helix) dois segmentos da proteína, dobrados como α-hélices anfipáticas, estão separados pela asa, um segmento não estruturado de longitude variável, o qual permite que as hélices se disponham entre si formando um ramalhete de 4 hélices, é responsável pela dimerização. De forma semelhante ao motivo bZIP, uma das hélices tem resíduos básicos que interagem com as bases do sulco maior do DNA do elemento cis; C) as proteínas reguladoras com motivos bZIP e HLH ampliam seu repertório funcional formando homo e heterodímeros; D) Não obstante, se um dos monômeros é incapaz de unir-se ao DNA, o heterodímero resultante pode resultar inativo (veja o texto).

blinhadas (X pode ser qualquer aminoácido). Neste pregueamento, a primeira metade do dedo (Cys-X_{2-4}-Cys-X_3-Phe) adota a forma de duas tiras pregueadas tipo beta, enquanto que a segunda metade (X_5-Leu-X_2-His-X_2-His) forma uma alfa hélice, a qual é a responsável pela união ao DNA (figura 31-21 B e C). As proteínas que se unem ao DNA através deste motivo estrutural costumam ter vários deles repetidos, de maneira que estabelecem múltiplos pontos de contato com o DNA; por exemplo, o fator transcricional eucariótico Sp1 se une a seu elemento cis através de 3 dedos de zinco, enquanto que o fator TFIIIA se une aos promotores da RNA polimerase III usando 9 dedos (figura 31-21D).

Como será discutido mais detalhadamente em seções posteriores, os receptores dos hormônios esteroidais são proteínas reguladoras da transcrição de diversos genes. Estes se unem a elementos cis, presentes nas regiões reguladoras dos genes sob seu controle, por meio de dois dedos de zinco. No entanto, os dedos de zinco dos receptores esteroidais diferem dos discutidos anteriormente, já que o átomo de zinco está coordenado à proteína através das cisteínas da sequência consenso: Cys-X_2-Cys-X_{13}-Cys-X_2-Cys. Outras duas diferenças são que ambas as metades do dedo se dobram em alfa-hélice formando uma estrutura globular e que existem somente dois dedos em cada monômero do receptor, cada um com funções distintas; um dedo se encarrega da união a um hemi-sítio do elemento cis e o outro da dimerização do receptor.

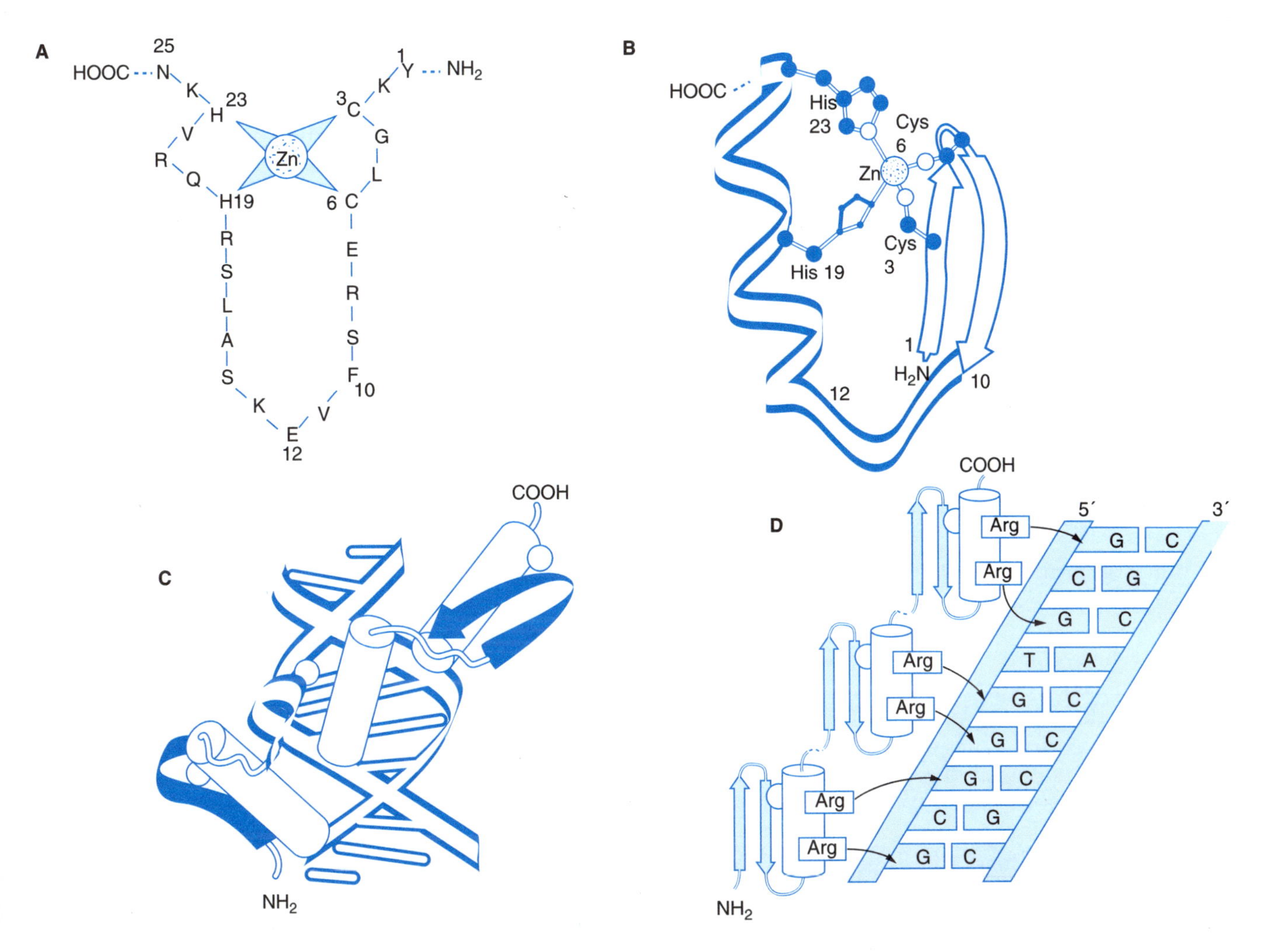

Figura 31-21. Os "dedos de zinco", outra estrutura de união ao DNA. A) Representação esquemática e; B) modelo da estrutura tridimensional de um dedo de zinco do tipo Cys-Cys-His-His. Neste tipo de dedo de zinco a metade amino-terminal se dobra em duas fitas antiparalelas tipo β e a metade carboxi-terminal o faz formando uma α-hélice, a qual se une ao DNA. Os receptores dos hormônios esteroidais possuem dedos de zinco do tipo Cys-Cys-Cys-Cys, nos quais as duas metades do dedo se dobram como α-hélices. **C)** a união ao DNA de todos os dedos de zinco é efetuada por meio de uma α-hélice que interage com as bases acessíveis no sulco maior do DNA. **D)** as proteínas reguladoras que se unem a seus elementos cis através de dedos de zinco do tipo Cys-Cys-His-His geralmente o fazem com vários dedos. Por exemplo, a proteína Zif268, uma reguladora do desenvolvimento embrionário do camundongo, se une a seu elemento cis mediante três dedos contíguos, os quais praticamente se enrolam ao redor do DNA. Em troca, os receptores de hormônios esteroidais o fazem com apenas um par de dedos, dos quais somente um interage com um dos hemi-sítios do elemento cis.

A TOTIPOTENCIALIDADE GENÉTICA E A REGULAÇÃO DA EXPRESSÃO GÊNICA

Antes de abordar os mecanismos reguladores da expressão gênica em eucariotos se mencionará um exemplo que mostra suas portentosas capacidades. Em 1997, Wilmut e seus colaboradores reportaram a obtenção de uma ovelha que recebeu o nome de Dolly, a partir de células de uma doadora adulta. As implicações éticas destes experimentos de "clonagem" causaram grande polêmica mundial, pois ainda que já houvesse sido feito com outros organismos, era a primeira vez que se conseguia com células de um mamífero adulto. No entanto, desde o ponto de vista do conhecimento biológico, uma das principais contribuições do trabalho de Wilmut foi à confirmação da **totipotencialidade** de uma célula diferenciada. Explicado de forma simples, estes experimento consistiu em fusionar núcleos de células altamente diferenciadas – obtidas do tecido mamário de uma ovelha adulta doadora, com ovócitos, previamente enucleados, obtidos de uma ovelha receptora e permitir que as células resultantes da fusão se desenvolvessem em embriões, um dos quais chegou ao término da gestação e produziu a célebre Dolly. Este experimento confirmou que as células de um organismo mamífero adulto (ao menos da glândula mamária das ovelhas), apesar de haver passado por um longo processo de diferenciação celular, iniciado com o ovócito fecundado, não perderam sua capacidade para regenerar um organismo completo; isto é, que sua totipotencialidade permanece intacta. Esta totipotencialidade se manifesta de novo quando o núcleo da célula adulta regressa a um ovócito, onde é capaz de "reprogramar-se" para gerar um embrião e eventualmente um organismo adulto geneticamente idêntico ao doador. Com seu trabalho, Wilmut e seus colaboradores demonstraram não somente a plena potencialidade do repertório genômico das células adultas, questão já relevante por si mesma, mas também a importância que tem a regulação da expressão deste repertório; dependendo de quais genes se expressam, podem originar-se células tão distintas como as da glândula mamária ou as de um embrião recém-fecundado, capaz de executar os programas de expressão genética requeridos para gerar todas as estirpes celulares do animal adulto.

OS GENES EUCARIÓTICOS TÊM DIVERSAS MODALIDADES DE EXPRESSÃO

Em um organismo eucariótico pluricelular metazoário como o humano, a expressão genética mostra várias modalidades. Certos genes são expressos constitutivamente em todas as células, como é o caso dos genes que codificam para as enzimas glicolíticas ou as proteínas do citoesqueleto. Esta ubiquidade de expressão, necessária para as funções celulares básicas, deu a estes o nome de genes de "manutenção doméstica celular". Em oposição, as propriedades distintivas das diversas linhagens celulares resultam da **expressão específica** de alguns genes, que confere as propriedades morfológicas e funcionais particulares de sua estirpe celular. Um exemplo típico é o do gene da albumina, uma importante proteína do plasma sanguíneo que é sintetizada no fígado. Este gene é expresso exclusivamente nos hepatócitos adultos e não em outras células do organismo. O gene da albumina pertence ao conjunto de "genes de expressão hepática" que apesar de estarem presentes nas outras células do organismo, só são transcritos e traduzidos no fígado. Cada linhagem celular tem um grupo de genes que são expressos de forma específica. Uma estimativa do número mínimo de genes que são necessários para dar a uma célula suas propriedades específicas de linhagem revela que são menos de 10% dos aproximadamente 10.000 a 20.000 genes que são expressos nas células. De fato, a comparação das proteínas de duas distantes linhagens celulares mostrará uma tremenda semelhança, pois os genes que produzem a diferença constituem uma minoria. Os padrões de expressão linhagem-específicos variam durante o desenvolvimento embrionário do organismo. Por exemplo, os hepatócitos do embrião e do feto não expressam o gene da albumina durante a vida pré-natal. Os hepatócitos adultos deixam de expressar permanentemente a alfa-fetoproteína, ao grau de que a expressão desta proteína depois do nascimento é considerada sinal de enfermidade. Esta modalidade **ontogênica** na expressão de certos genes, isto é, exclusiva de certas etapas do desenvolvimento, é o motor responsável pelo desenvolvimento embrionário, o qual culmina no estado de diferenciação próprio de cada linhagem celular do organismo adulto. Este estado se mantém graças a um padrão de expressão gênica característico de cada célula, o qual, no entanto, não é definitivo e nem imperturbável. Em múltiplas circunstâncias, as células respondem às alterações do entorno celular ativando ou suprimindo a expressão de genes, modificando com isto sua forma e função. Por exemplo, as mudanças cíclicas que ocorrem no útero de uma mulher em idade reprodutiva, devido ao estímulo por hormônio do ciclo menstrual, se devem a mudanças específicas da expressão gênica das células deste órgão. É interessante que ainda que estes hormônios cheguem a todos os órgãos do corpo, as mudanças que ocasionam no útero são devidas ao fato de que suas células têm como parte de seu padrão de expressão gênica linhagem-específica, as proteínas receptoras que as fazem responder "como útero". As células de outros órgãos, devido a um distinto padrão de expressão gênica, terão sua maneira muito particular de responder a estes hormônios. Finalmente, às vezes, há mudanças na expressão gênica que ocorrem sem um "propósito fisiológico", mas como resultado de mutações, lesões cromossômicas ou desequilíbrios homeostáticos do organismo. Nestes casos, tais mudanças costumam ser causa de enfermidade. O caso típico é a perda do controle da proliferação celular que causa câncer. Hoje em dia está bem estabelecido o conceito de que o câncer é uma enfermidade genética, produto da expressão gênica defeituosa dos genes reguladores da divisão celular.

OS *SWITCHES* GENÉTICOS EM EUCARIOTOS TÊM UMA COMPLEXIDADE DISTINTA E MAIOR QUE NOS PROCARIOTOS

Ainda que o princípio geral da regulação transcricional nos organismos procariotos e eucariotos seja basicamente o mesmo, controlar a ligação da RNA polimerase ao promotor para que se inicie a transcrição, as maneiras como o fazem são muito diferentes. Para contrastar, devemos recordar que para a RNA polimerase de *E. coli* bastam os 122 pares de bases que formam a região reguladora do operon da lactose (figura 31-8) e somente duas proteínas reguladoras, o repressor e CAP, para regular eficientemente três genes estruturais. No entanto, a RNA polimerase II dos hepatócitos do camundongo tem que lidar com os milhares de pares de base onde se encontram disseminados os elementos reguladores da transcrição do gene da albumina (figura 29-8), razão pela qual necessita da assistência de uma variedade de fatores para assegurar a correta expressão deste único gene. A situação nos organismos eucarióticos é muito mais complexa por diversas razões. Entre elas se pode listar o maior número de genes, com suas grandes regiões reguladoras; o maior tamanho de seus genomas e sua complicada organização cromossômica (capítulo 26).

Outra diferença funcional de grande relevância é que as RNA polimerases eucarióticas, diferente das procarióticas, são incapazes de iniciar por si mesmas a transcrição, requerendo para isto da assistência de uma gama de fatores e proteína reguladoras. Alguns destes fatores, os do aparato basal ou geral da transcrição, já foram descritos no capítulo 29, razão pela qual no presente capítulo a discussão será focada sobre os fatores ativadores da transcrição e seus elementos cis. Finalmente, a "especialização e hierarquização" das células dos eucariotos pluricelulares em linhagens celulares soma outro nível de complexidade, pois estas diversas linhagens devem funcionar coordenadamente dentro do todo harmônico que é o organismo.

AS REGIÕES REGULADORAS E OS FATORES ATIVADORES DA TRANSCRIÇÃO EUCARIÓTICA

Geralmente, para transcrever um gene eucariótico se requer, além dos fatores que compõem o aparato geral da transcrição, dos chamados **fatores ativadores da transcrição**, ou simplesmente **transativadores.** Para realizar sua função, os transativadores se unem a elemento cis situados na vizinhança do promotor, usualmente dentro do primeiro Kb a jusante do sítio +1. A região reguladora de um gene eucariótico tipicamente é composta do promotor basal (onde se monta o aparato geral) e dos chamados **elementos reguladores ou elementos de resposta**; isto é, os sítios de ligação dos transativadores. Quando estes se localizam a vários Kb de distância do promotor e, além disto, funcionam, não importando sua orientação com respeito a este, estes são denominados **aumentadores** (ou enhancers, seu nome original em inglês). Em média, o tamanho dos elementos de resposta varia entre 8 e 16 pares de bases e se compõem de dois hemi-sítios repetidos de forma invertida (palindrômicos) ou direta. De maneira semelhante ao observado com os operadores procarióticos, a sequência nucleotídica dos elementos reguladores eucarióticos é o que confere a especificidade na união do transativador. Um mesmo elemento pode apresentar-se várias vezes na região reguladora de um mesmo gene e também é comum que distintos genes eucarióticos compartam um mesmo elemento regulador. Esta é uma diferença notável com os genes procarióticos, os quais não costumam compartilhar suas proteínas reguladoras; por exemplo, o repressor de lac ignora a todos os outros genes da *E. coli* e somente atua sobre o operon da lactose. Um gene eucariótico típico, exemplificado pelo gene da albumina murina (figura 29-8), requer vários transativadores para sua expressão precisa "espaço-temporal"; isto é para que sua transcrição ocorra na linhagem celular e no estágio ontogênico corretos. Para um gene eucariótico, o fato de contar com múltiplas proteínas reguladoras (e, portanto com múltiplos elementos reguladores) é muito vantajoso, pois por um lado obtém uma maior versatilidade em sua expressão (isto é, a possibilidade de pertencer a diversos programas de expressão gênica), e por outro, isto é obtido com uma grande economia de fatores reguladores. No caso hipotético ilustrado na figura 31-22 A, a participação dos três genes 1, 2 e 3, em três distintos programas de expressão (a, b e c) se obtém utilizando somente duas proteínas reguladoras (X e Y), as quais atuam sobre os elementos reguladores x e y. Quando a proteína X está presente, o programa de expressão "a" (a expressão única do gene 1) é realizada, pois somente a região reguladora do gene 1 tem os elementos de resposta a x. De forma semelhante, se consegue o programa "b" (a expressão única do gene 2). Em ambos os casos, o gene 3 permanece desligado, pois requer para sua expressão a presença das proteínas X e Y, o qual ocorre no programa

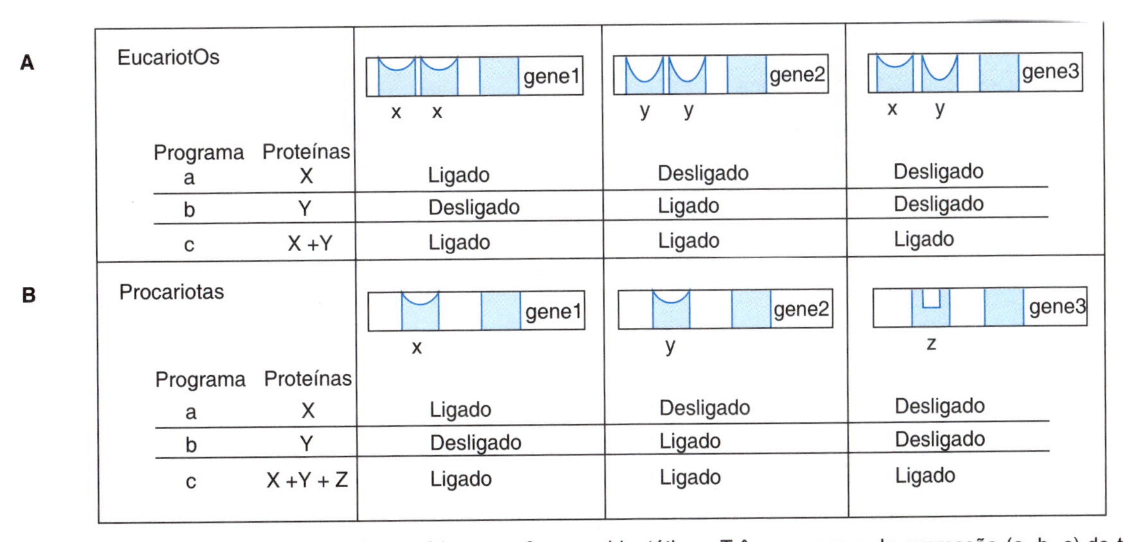

Figura 31-22. Possíveis programas de expressão genética para 3 genes hipotéticos. Três programas de expressão (a, b, c) de três genes distintos (1,2,3) podem ser gerados combinando 2 proteínas reguladoras (X,Y) com seus elementos (cis) de resposta. **A)** maneira comum nos organismo eucariotos, ou também, usando 3 proteínas reguladoras (X,Y,Z), cada uma dedicada a um gene em particular; **B)** maneira comum nos organismos procariotos. Veja o texto para mais detalhes.

"c". Para a execução destes três programas de expressão em uma célula procariótica se requer três proteínas (figura 31-22B), cada uma dedicada a um dos três genes, uma solução pouco prática para um organismo eucariótico, com 10 vezes o número de genes que um procarioto. É fácil imaginar como a adição de novos elementos reguladores a um gene eucariótico pode aumentar sua participação em mais programas de expressão. Igualmente, como com um punhado de proteínas reguladoras dos organismos eucariotos podem gerar uma ampla variedade de programas de expressão gênica.

OS FATORES EUCARIÓTICOS ATIVADORES DA TRANSCRIÇÃO SÃO "PROTEÍNAS MODULARES"

As proteínas transativadoras ativam a transcrição ao interagir simultaneamente com seus elementos reguladores e com as proteínas do aparato basal da transcrição, promovendo a montagem destas últimas em um complexo de iniciação. Esta dupla atividade se reflete na estrutura das proteínas transativadoras, as quais são compostas de ao menos duas regiões funcionais: uma que se liga ao elemento regulador e outra que interage com as proteínas do aparato basal. Estas regiões funcionais se localizam em domínios ou "módulos" independentes da proteína e correspondem ao domínio de ligação ao DNA e ao domínio propriamente transativador (figura 31-23A). Um requisito indispensável para a função e uma proteína transativadora é que seus domínios estejam presentes no mesmo polipeptídeo. Se estes domínios são separados, por exemplo, através de um corte proteolítico, a proteína perde sua função, pois ainda que o domínio de ligação ao DNA interaja com seu elemento regulador, a falta do domínio transativador impede a ativação do gene.

O domínio de ligação ao DNA geralmente contém algum dos motivos estruturais helix-turn-helix, helix-

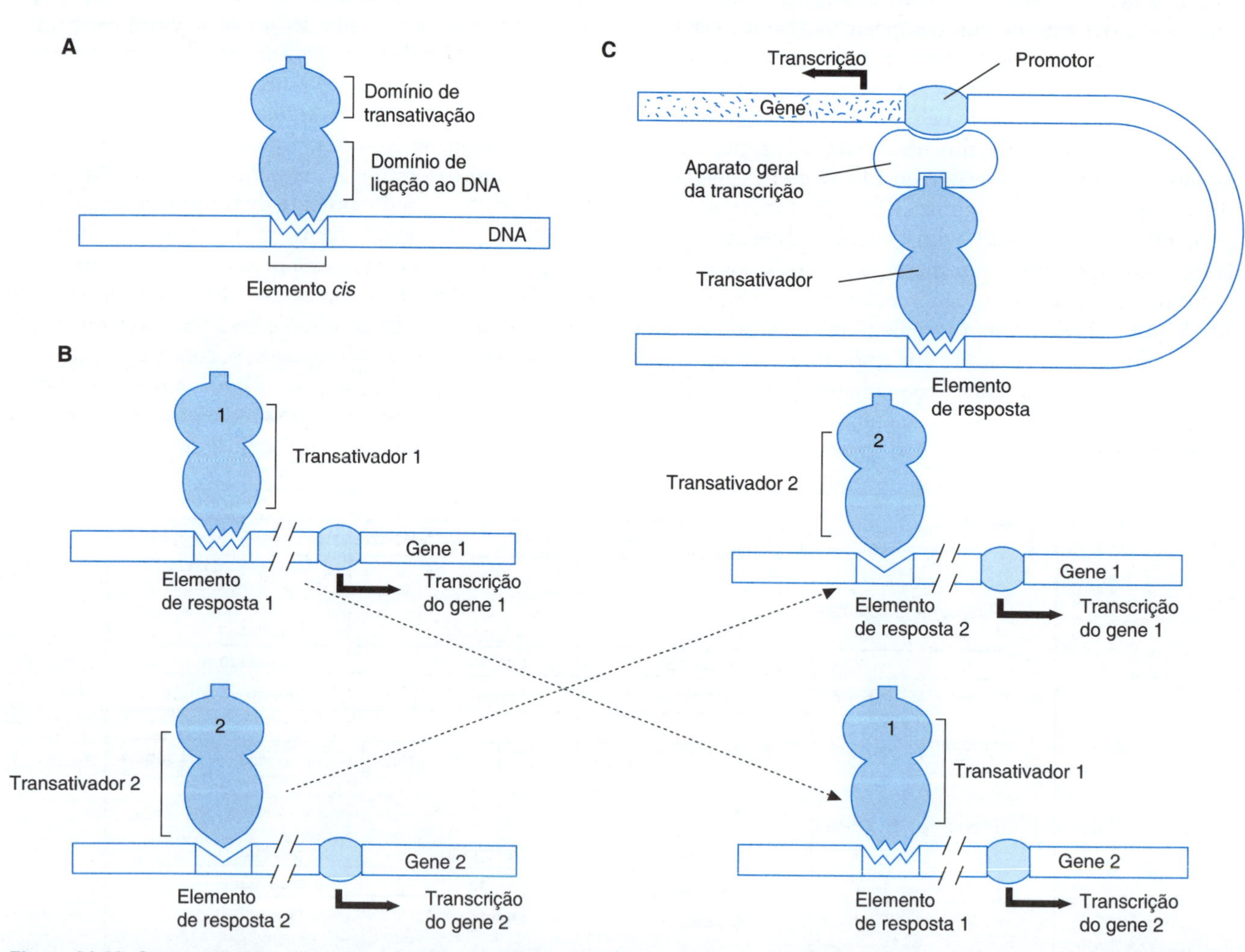

Figura 31-23. Os transativadores têm um desenho modular. **A)** Divisão do trabalho do transativador em dois módulos, um de união ao DNA e outro de transativação. **B)** A especificidade da transativação depende da interação entre o domínio de união ao DNA e o elemento (cis) de resposta. Se este último se muda à região reguladora de outro gene, agora este é ativado com o transativador. **C)** Para que o domínio transativador influencie no aparato geral da transcrição, o DNA que separa o promotor do elemento cis deve dobrar-se em uma alça. Observe que esta alça é uma consequência da interação proteína-proteína, que ocorre entre o transativador e o aparato geral da transcrição.

loop-helix, zíper de leucinas ou dedos de zinco. Alguns dos domínios transativadores conhecidos contêm sequências ricas em aminoácidos carregados negativamente, daí que às vezes são denominados ativadores acídicos.

É importante ressaltar que o reconhecimento específico de um gene resulta da união do domínio de ligação ao DNA da proteína transativadora e do elemento de resposta, pois o domínio transativador sempre funciona através do aparato geral da transcrição, o qual é comum para todos os genes. Como é ilustrado na figura 31-23B, se são trocados elementos de resposta de dois genes, também se troca a seletividade do gene sobre o qual atuam suas proteínas transativadoras. A maneira e atuar dos transativadores eucarióticos e das proteínas procarióticas mediadoras do controle positivo, como CAP (figura 31-7), têm em comum que ambos os processos são mediados por interações proteína-proteína.

No entanto, os transativadores eucarióticos têm uma notável diferença, como seus elementos de resposta, isto é, os sítios de união ao DNA, não estão adjacentes ao promotor; para que se estabeleça o contato entre o transativador e o aparato basal da transcrição é indispensável que o DNA que separa o promotor do elemento regulador se curve, adotando a forma de uma alça (figura 31-23C).

O desenho modular das proteínas transativadoras foi demonstrado com experimentos nos quais se criaram proteínas híbridas, as quais tinham trocados seus domínios de ligação ao DNA e de transativação. Um exemplo de tais experimentos é ilustrado na figura 31-24.

As propriedades das proteínas transativadoras sugerem que, em princípio, seja possível determinar arbitrariamente a expressão de um gene, o que teria grande utilidade na terapia gênica. Se fosse possível desenhar um gene com os elementos reguladores "corretos", para sua expressão específica no tecido enfermo, seria possível administrá-lo de forma sistêmica e ainda assim obter sua expressão exclusivamente nas células enfermas.

Para isto, o objetivo de muitas pesquisas é identificar e caracterizar tais elementos reguladores "corretos".

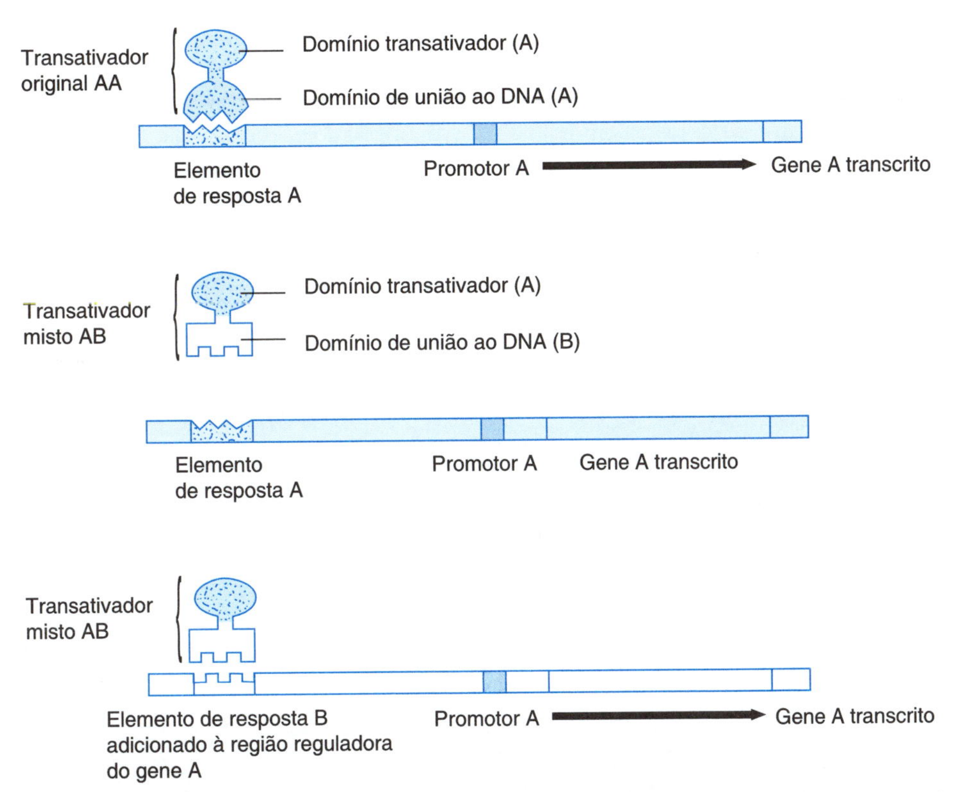

Figura 31-24. Demonstração experimental do desenho modular dos transativadores. Através da manipulação genética, é possível criar proteínas ativadoras híbridas nas quais o domínio de união ao DNA de uma (semicírculo pontilhado) é mudado por o de outra (quadrado branco). A nova proteína híbrida não tem efeito ativador sobre o gene original, pois seu novo domínio de união ao DNA não reconhece o seu elemento de resposta (caixa pontilhada). O fato de que a proteína híbrida seja funcional sobre um gene que contenha o elemento de resposta do novo domínio de união ao DNA (caixa branca), implica que os domínios do transativador tenham independência funcional e estrutural.

OS FATORES ATIVADORES DA TRANSCRIÇÃO SÃO REGULADOS DE DISTINTAS MANEIRAS

Devido a sua função transcedental como reguladores da expressão gênica, não é surpreendente verificar que os fatores ativadores da transcrição sejam pro sua vez sujeitos a uma fina regulação. Esta lhes permite conectar os estímulos extracelulares com a atividade dos genes sob seu controle, conexão que é indispensável para uma adequada resposta celular a estes estímulos. A seguir, serão discutidos os distintos mecanismos ilustrados na figura 31-25, através dos quais se regula a atividade dos fatores ativadores da transcrição.

A) Mediante a expressão específica em tecidos ou linhagens celulares, caso exemplificado pelas proteínas reguladoras do desenvolvimento embrionário como a de homeodomínios, e as encarregadas pela diferenciação celular, como MyoD. B) pela ligação de um ligante que modifique a proteína, permitindo que esta se ligue a seu elemento de resposta, como é o caso dos receptores dos hormônios esteroidais. Nesta categoria ficariam as proteína reguladoras procarióticas, como o repressor do triptofano ou o de CAP, os quais requerem a união de um modulador alostérico para unirem-se ao operador. C) Através da modificação covalente por fosforilação de lagum resíduo chave da proteína reguladora. Este é um mecanismo muito utilizado pelos hormônios hidrofílicos e os fatores tróficos celulares, os quais, ao interagir com seus receptores situados na membrana plasmática, iniciam a fosforilação concatenada de várias proteínas celulares, um de cujos destinos finais é regular a atividade de algum fator ativador da transcrição. Além do caso de CREB mencionado anteriormente, outro exemplo é a fosforilação de jun, com o qual o fator AP1 se converte em sua forma ativa. D) Pelo recrutamento de uma subunidade reguladora, a qual modifica, positiva ou negativamente, sua interação com seu elemento de resposta. Um exemplo da variante positiva deste caso se apresenta com as recentemente descritas proteínas Smad, mediadoras dos efeitos do TGF-beta, um fator trófico celular que regula a proliferação celular e o reparo tissular. O caso da dimerização das proteínas Id e MyoD, discutido em seções prévias, é um exemplo da variante negativa deste mecanismo. E) A liberação de um inibidor que sequestre a proteína ativadora. Um exemplo desta situação se apresenta com a proteína inibidora **I-κB,** a qual se une ao fator chamado NF-κB, o retendo no citoplasma. Como será discutido com mais detalhe em uma seção posterior, a destruição da proteína I-κB libera o NF-κB, o qual é translocado ao núcleo onde estimula a expressão de várias proteínas mediadoras da resposta inflamatória. F) Através da translocação ao núcleo celular da forma ativa da proteína transativadora. Um exemplo deste caso é o dos receptores dos hormônios esteroidais, cujas formas inativas residem no citosol, enquanto que suas formas ativas (devido à união do hormônio) entram no núcleo, onde realizam sua ação reguladora da transcrição. É importante esclarecer que os transativadores podem ser regulados de várias maneiras; por exemplo, os receptores dos glicocorticoides adquirem completa atividade usando os mecanismos B, E e F, enquanto que as proteínas Smad a adquirem combinando os mecanismos C, D e F.

A importância destes mecanismos reguladores foi demonstrada de maneira eloquente com a descoberta de que vários deles estão envolvidos em alguns mecanismos patogênicos. Por exemplo, uma incorreta regulação dos produtos gênicos c-fos, c-jun, c-rel e c-myc (os quais normalmente são mediadores do efeito mitogênico produzido por fatores tróficos celulares) podem ocasionar alguns tipos de câncer. As formas oncogênicas destes genes: v-fos, v-jun, v-rel e v--myc (o prefixo c designa o gene celular normal e o prefixo v o oncogene), presentes nos genomas de retrovírus oncogênicos, contêm mutações que causam o efeito mitogênico de maneira constitutiva; isto é, na ausência dos estímulos fisiológicos normais. Isto pode ocorrer seja porque a protei-

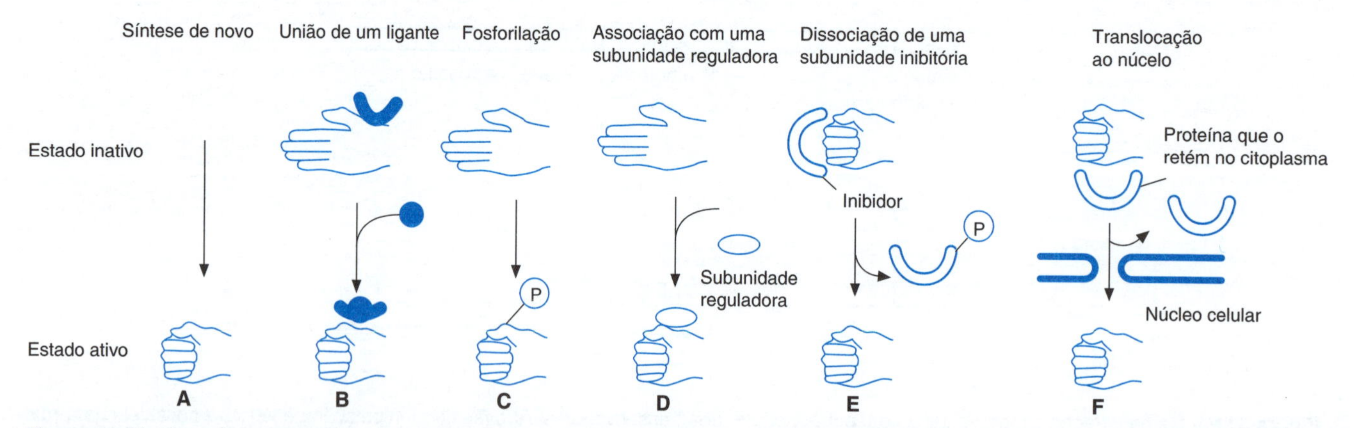

Figura 31-25. Mecanismos de ativação dos fatores ativadores da transcrição eucariótica. **A)** Por sua expressão específica em tecidos ou linhagens celulares. **B)** Pela união de um ligante. **C)** Por modificação covalente, geralmente fosforilação. **D)** Pela interação com uma subunidade reguladora. **E)** Pela liberação de um inibidor. **F)** Por sua translocação ao núcleo celular. Neste esquema a forma inativa do fator é ilustrada como uma mão estendida, enquanto que a forma ativa como uma mão empunhada. Veja o texto para mais detalhes.

na mutada se torna independente dos mecanismos normais de regulação ou porque a proteína é sintetizada de forma sustentada em alta concentração na célula.

OS RECEPTORES DOS HORMÔNIOS ESTEROIDAIS: FATORES REGULADORES DA TRANSCRIÇÃO

Os hormônios esteroidais são um importante grupo de reguladores fisiológicos, cujos membros participam da regulação do metabolismo de carboidratos, lipídeos e proteínas (os glicocorticoides, como o cortisol), no controle renal de sais e água (os mineralocorticoides, como a aldosterona), e da diferenciação e função de órgãos sexuais (os esteroides sexuais, como o estradiol, a progesterona e a testosterona). Estes hormônios são produzidos em diversos órgãos a partir do colesterol e têm um caráter hidrofóbico que lhes permite, diferente dos hormônios hidrofílicos, difundir através da bicamada lipídica que forma a membrana celular. Esta diferença faz que seu mecanismo molecular de ação seja também diferente, pois seus receptores não necessitam de uma localização na superfície celular, mas se encontram no interior da célula. Os receptores dos hormônios esteroidais são proteínas reguladoras da transcrição que são ativados pela ligação de um ligante (o hormônio). No geral, ainda que não sempre, a forma ativa do receptor (a unida ao hormônio) estimula a transcrição de genes que têm em suas regiões reguladoras os chamados elementos de resposta hormonal ou HRE (por sua sigla em inglês: hormone responsive element). Como as formas ativas destes receptores estão localizadas no núcleo celular onde realizam sua função, também são denominados **receptores nucleares**. Os receptores nucleares formam uma superfamília de fatores reguladores da transcrição, com mais de 150 membros descritos, todos eles relacionados entre si por seus mecanismos de ação e suas estruturas primárias semelhantes. Além da família dos receptores dos hormônios esteroidais, a superfamília dos receptores nucleares inclui os receptores da "família RXR" cujos membros são o receptor do hormônio tireoidiano (TR3), o receptor da vitamina D (VDR), o receptor do ácido trans retinoico (RAR) e o receptor do ácido 9-cis-retinoico (RXR). Outros membros da superfamília são os "receptores órfãos", receptores cujos ligantes ainda são desconhecidos. Todos os membros da superfamília têm um mesmo desenho modular composto de vários domínios estruturais e funcionais, e com exceção de alguns receptores órfãos, suas formas funcionais são diméricas (figura 31-26). Os elementos de resposta dos receptores nucleares são compostos por hemi-sítios de 6 pares de base, repetidos de forma direta ou invertida e que são reconhecidos pelas formas diméricas dos re-

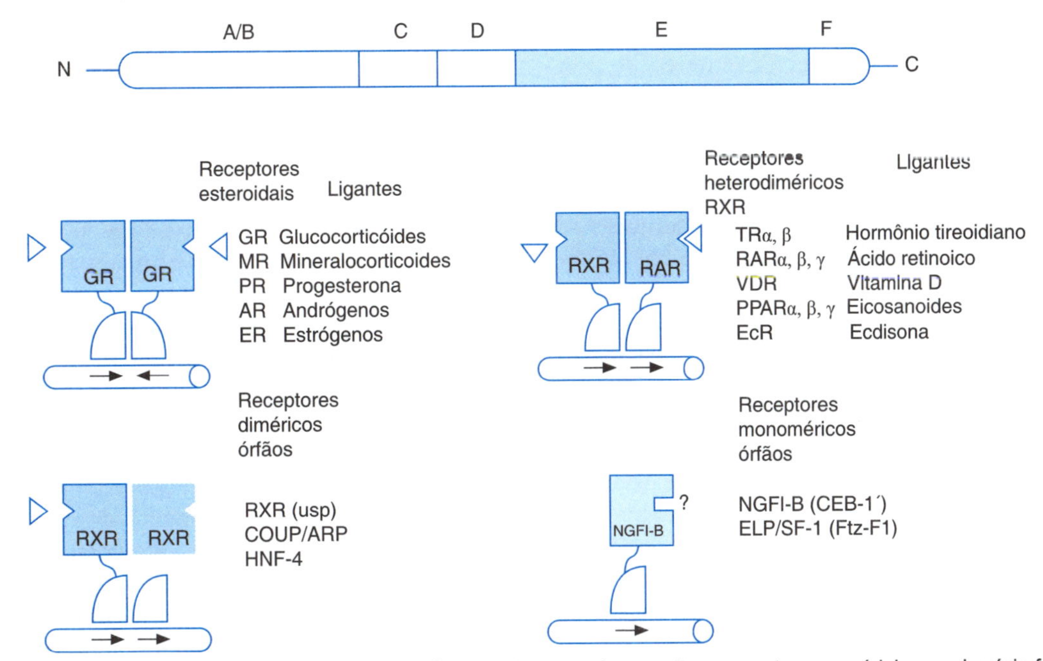

Figura 31-26. Estrutura modular dos receptores nucleares. Os receptores nucleares são compostos por módulos ou domínio funcionais e estruturais independentes. Tipicamente, estes incluem da extremidade amino à carbóxilo, um domínio amino-terminal variável (A/B), um domínio conservado (42 a 94%) de ligação ao DNA (C), uma região variável chamada "dobradiça" (D), uma região conservada (15 a 57%) de ligação do ligante (E) e uma região carboxi-terminal variável. Os domínios de ligação ao DNA possuem dedos de zinco do tipo Cys-Cys (figura 31-15). As regiões com função transativadora geralmente se localizam em A/B e em F. Os receptores nucleares podem ser classificados em quatro grupos de acordo com seus ligantes, seus hemi-sítios de ligação ao DNA e seu tipo de dimerização. O primeiro grupo inclui os receptores dos hormônios esteroidais, que se unem como homodímeros a hemi-sítios repetidos inversamente (palindrômicos). O segundo grupo é o dos receptores heterodiméricos do tipo RXR (chamado assim porque um dos monômeros é sempre o RXR), os quais se ligam a hemi-sítios repetidos de forma direta. Os últimos dos grupos correspondem ao receptores órfãos, os quais podem ligar-se ao DNA em forma dimérica ou monomérica.

ceptores. Por exemplo, o homodímero do receptor dos glicocorticoides reconhece o elemento GRE (do inglês, glucocorticoid response element), o qual tem a sequência: AGAACANNNTGTTCT. Observe que um dos dois hemi-sítios (sublinhados) se repetem de forma indireta (palindrômica) e que estão separados por 3 pares de bases cuja sequência é funcionalmente irrelevante (NNN). É interessante notar que o GRE também é o elemento de resposta dos receptores da aldosterona, a testosterona e a progesterona, o qual apresente um problema de especificidade de resposta, o qual é resolvido de duas maneiras: com a expressão específica do receptor no tecido para o hormônio "correto" e mediante a inativação seletiva do hormônio "incorreto", como acontece com os glicocorticoides que entram nas células dos túbulos renais.

OS MECANISMOS DE AÇÃO DO RECEPTOR DOS GLICOCORTICOIDES

Em termos gerais, todos os receptores nucleares funcionam com um mecanismo similar; no entanto, em vista de que o modo de ação do receptor dos glicocorticoides (GR) seja um dos melhor caracterizados, será discutido em detalhe a seguir. Em sua forma inativa, isto é, na ausência dos glicocorticoides (GC), o GR se encontra associado em complexos citosólicos com proteínas do tipo das chaperoninas, como a Hsp90 e a Hsp56. Esta associação tem dois efeitos, o GR é retido no citosol, mas adquire uma conformação que facilita sua união com o ligante. A união do GC ativa o GR, pois além de liberá-lo das chaperoninas, também propicia sua migração ao núcleo, onde se une aos GRE, seus elementos reguladores, e realiza seu efeito ativador da transcrição (figura 31-27). A união do ligante ativa o GR alterando sua conformação, de tal maneira que o domínio de união ao DNA pode interagir com o GRE. Experimentalmente foram construídos mutantes truncados do GR que carecem do domínio de união do ligante, as quais funcionam de forma constitutiva, sem requerer o hormônio, o qual sugere que o domínio de união dos GC seiva como um inibidor interno do receptor, cuja inibição é abolida pelo ligante. Em outros receptores de hormônios esteroidais o domínio de ligação do ligante funciona de maneira distinta. Por exemplo, sua eliminação do receptor dos estrógenos faz com que este seja incapaz de ativar a transcrição, apesar de que retém sua capacidade para ligar-se ao DNA, o que indica que neste receptor o domínio o ligante serve como um ativador de sua função transativadora.

O RECEPTOR DOS GLICOCORTICOIDES TAMBÉM É UM REPRESSOR TRANSCRICIONAL

A descoberta recente de que os complexos GC-GR podem reprimir a transcrição de outros genes demonstrou o

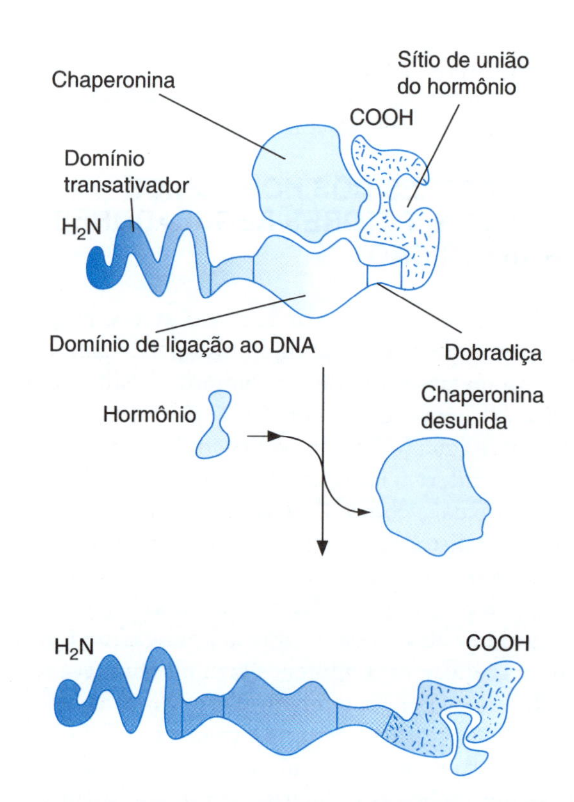

Figura 31-27. Mecanismo de ativação dos receptores nucleares. A forma inativa do receptor dos glicocorticoides (GR) se une a chaperoninas citossólicas. A ligação do ligante, o glicocorticoide, ativa o GR, liberando-o das chaperoninas e promovendo sua entrada no núcleo. O complexo ligante-receptor se une a seus elementos de resposta e ativa a transcrição dos genes que os contenham.

quão limitada é a visão convencional dos GR e em geral dos transativadores como ativadores transcricionais exclusivos. Esta importante descoberta sugere que a regulação negativa da transcrição em eucariotos não é tão rara como se pensava. De fato, alguns dos efeitos farmacológicos mais importantes dos GC são mediados por repressão transcricional. Em princípio, uma proteína reguladora poderia funcionar como um repressor da transcrição por três mecanismos distintos: 1. competindo pela união ao elemento de resposta de outro ativador transcricional; 2. unindo-se a seu próprio elemento de resposta em uma posição tal que reprime o aparato geral da transcrição o que impede a interação de outro ativador transcricional com tal aparato; e 3. unindo-se e inibindo diretamente outro ativador transcricional, por meio de interações proteína-proteína, sem ter que unir-se a nenhum elemento de resposta na região reguladora do gene reprimido. Os complexos GC-GR reprimem a transcrição de outros genes através dos mecanismos 2 e 3. Por exemplo, foi demonstrado a existência de GRE negativos, muito semelhantes aos GRE positivos, no gene da pró-ópiomelaocortina, os quais servem para que os complexos GC-

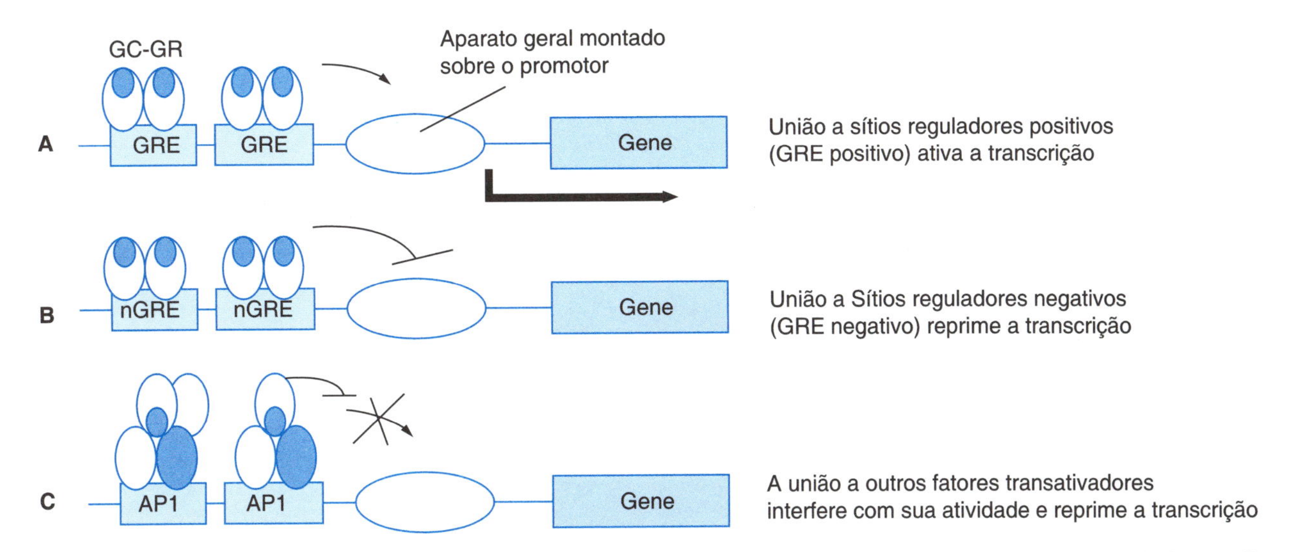

Figura 31-28. Os receptores nucleares também podem ser repressores da transcrição. O receptor dos glicocorticoides, associado a seu ligante (o complexo GC-GR) tem três funções reguladoras da transcrição: A) a primeira é a típica ativação transcricional mediada pela união do complexo GC-GR aos GRE dos genes ativados (figura 21-28). B) A segunda consiste na repressão transcricional mediada pela união do complexo GC-GR aos GRE negativos (nGRE) dos genes reprimidos. C) a terceira consiste na união do complexo GC-GR a outros fatores transcricionais, como AP1 e pró-inflamatório, com o qual se bloqueiam funções transativadoras destes últimos.

-GR bloqueiem a transcrição deste gene (figura 31-28B). Os Complexos GC-GR também podem unir-se diretamente aos fatores transcricionais AP1 e NF-κB, com o que inibem os efeitos ativadores destes fatores. Observe que, para tal inibição, o complexo GC-GR não precisa unir-se às regiões reguladoras dos genes cuja transcrição reprime (figura 31-28C). Este último mecanismo é um dos principais responsáveis pelo efeito imunossupressor dos glicocorticoides. Um dos usos médicos mais comuns e antigos dos glicocorticoides é no tratamento de enfermidades inflamatórias crônicas. No entanto, não foi até 1995 que se começou a compreender que isto é obtido através de uma fina rede reguladora da transcrição, descrita brevemente na seguinte seção.

NF-κB É O PRINCIPAL FATOR REGULADOR DOS GENES MEDIADORES DA INFLAMAÇÃO

Nas enfermidades inflamatórias crônicas, como a asma ou a artrite reumatoide, algumas citocinas recrutam as células inflamatórias e de resposta imune ao sítio da inflamação; além de ativá-las, com o que produzem outros mediadores pró-inflamatórios, estabelecendo um círculo vicioso que perpetua a inflamação. As causas que iniciam estas enfermidades são desconhecidas; no entanto, com o tratamento com glicocorticoides é factível romper este círculo vicioso e tratar os sintomas destas enfermidades. A maneira como os glicocorticoides obtém isto é através do controle da atividade do NF-κB, um dos fatores transcricionais de maior importância na ativação dos genes que codificam para os mediadores da inflamação. O NF-κB é um fator ubíquo, que foi identificado inicialmente nos linfócitos B como o regulador da expressão do gene da cadeia leve kappa das imunoglobulinas. NF-κB é um heterodímero formado pelas subunidades p65 (também chamada relA) e p50. Nas células não estimuladas NF-κB se encontra no citoplasma, unido à proteína inibidora IκB (IκBα ou IκBβ), a qual impede sua entrada no núcleo celular. Quando as células são estimuladas, IκB é fosforilado e ubiquitinado, convertendo-se em substrato do proteassoma, o qual o degrada. Quando IκB desaparece, NF-κB fica livre para poder entrar no núcleo, unir-se a seus elementos de resposta e assim ativar a expressão dos genes sob seu controle (figura 31-29).

Alguns dos estímulos que ativam a NF-κB são citocinas como o TNF-α (fator de necrose tumoral α), a IL-1β (interleucina 1 beta), a IL-17, alguns tipos de vírus como o da influenza, agentes oxidantes como o H_2O_2 e o ozônio, e estímulos imunológicos como os antígenos. Os genes ativados por NF-κB podem ser incluídos em algumas das seguintes categorias: citocinas pró-inflamatórias (TNF-α, IL1-β, IL-2, IL-6 e fatores estimuladores de macrófagos e granulócitos), quimiocinas (IL-8 e proteínas quimiotáticas de macrófagos), enzimas pró-inflamatórias (óxido nítrico sintase, ciclo-oxigenase e lipoxigenase), moléculas de adesão celular (como as selectinas) e receptores para as células T e a IL-2.

A lista anterior revela porque a ativação do NF-κB conduz ao estímulo da resposta imune e da inflamação. Por exemplo, o estimulo coordenado de IL-8, selectina e TNF-alfa, recruta e ativa aos neutrófilos. O NF-κB estimula a síntese de TNF-α e IL-1β, que por sua vez, estimulam a síntese do NF-κB, o qual estabelece uma alça de retroalimentação positiva que pode amplificar e perpetuar a resposta inflamatória.

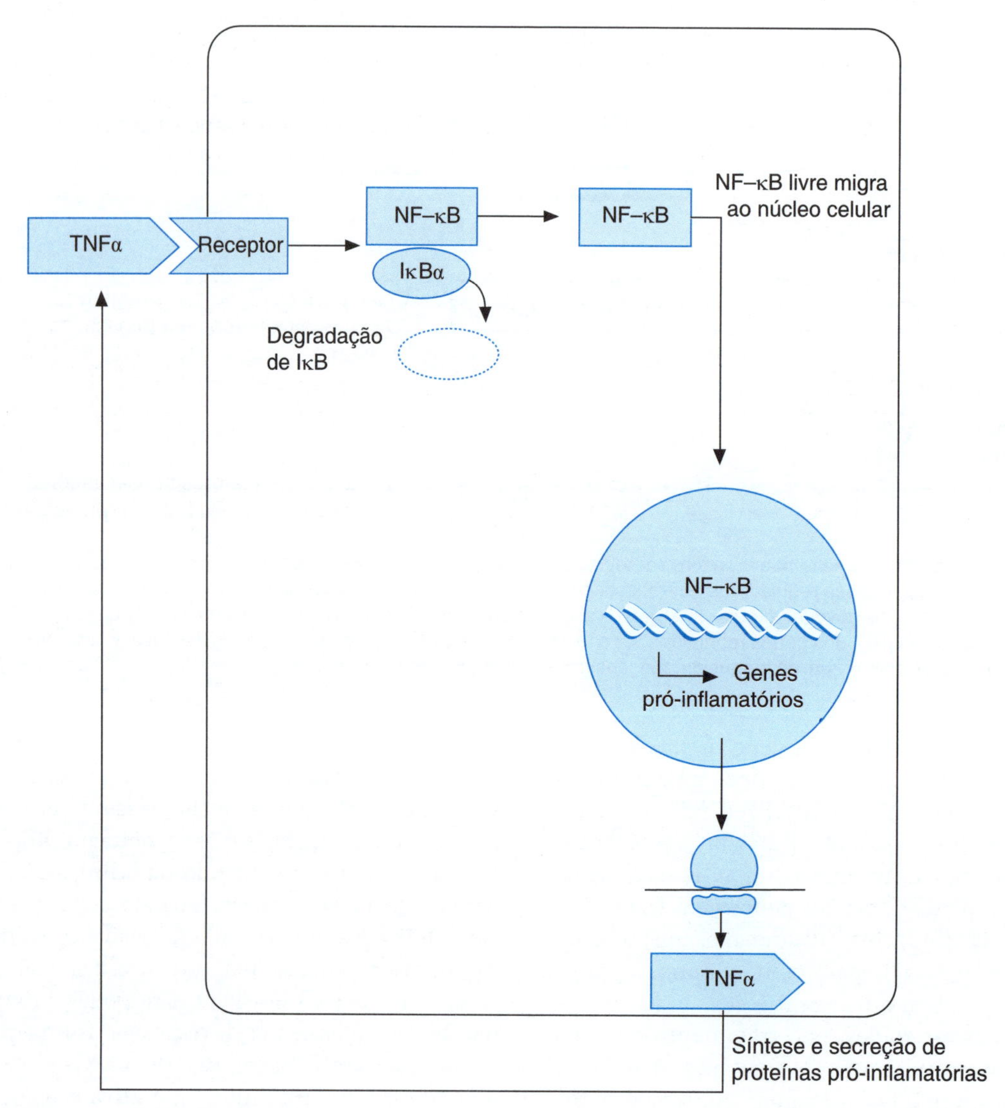

Figura 31-29. Ativação de NF-κB, um regulador da resposta inflamatória. Diversos estímulos extracelulares fosforilam IκB, o que causa sua degradação proteolítica e com isto a liberação de NF-κB, o qual migra ao núcleo e ativa a transcrição dos genes de proteínas pró-inflamatórias. Algumas das proteínas que resultam desta ativação podem estabelecer uma alça de retroalimentação positiva que perpetua o estímulo de NF-κB e com isto o círculo vicioso pró-inflamatório.

O EFEITO ANTI-INFLAMATÓRIO DOS GLICOCORTICOIDES SE DEVE À INATIVAÇÃO DE NF-κB

Um dos agentes farmacológicos anti-inflamatórios de maior efetividade é o glicocorticoide, os quais suprimem a expressão dos genes pró-inflamatórios ativados por NF-κB. Como foram explicado anteriormente, para realizar seus efeitos, os glicocorticoides (GC) se ligam a seu receptor (GR) formando um complexo GC-GR que interage com os elementos de resposta GRE presentes nos genes sob seu controle (figura 31-27). No entanto, os genes pró-inflamatórios inibidos pelos glicocorticoides não contêm elementos GRE em suas regiões reguladoras, pelo que o efeito do complexo GC-GR deve ocorrer de forma indireta. Até o momento foram descritos dois mecanismos complementares através dos quais estes complexos bloqueiam os efeitos do NF-κB (figura 31-30). O primeiro destes mecanismos é um exemplo de repressão da transcrição em eucariotos (figura 31-28). O complexo GC-GR é capaz de unir-se à subunidade p65 de NF-κB, com o qual impede sua união a seus elementos de resposta e, portanto a ativação de genes pró-inflamatórios. O outro importante mecanismo da ação anti-inflamatória dos glicocorticoides consiste na ativação da transcrição de IκB, a proteína inibidora de NF-κB. Os GC estimulam a síntese de IκB, com o qual causam sua super produção, contrabalanceando sua destruição mediada por estímulos pró-inflamatórios. Desta maneira, os níveis celulares de IκBα são tão altos que impedem a liberação de NF-κB, o qual permanece inativo no citosol (figura 31-30).

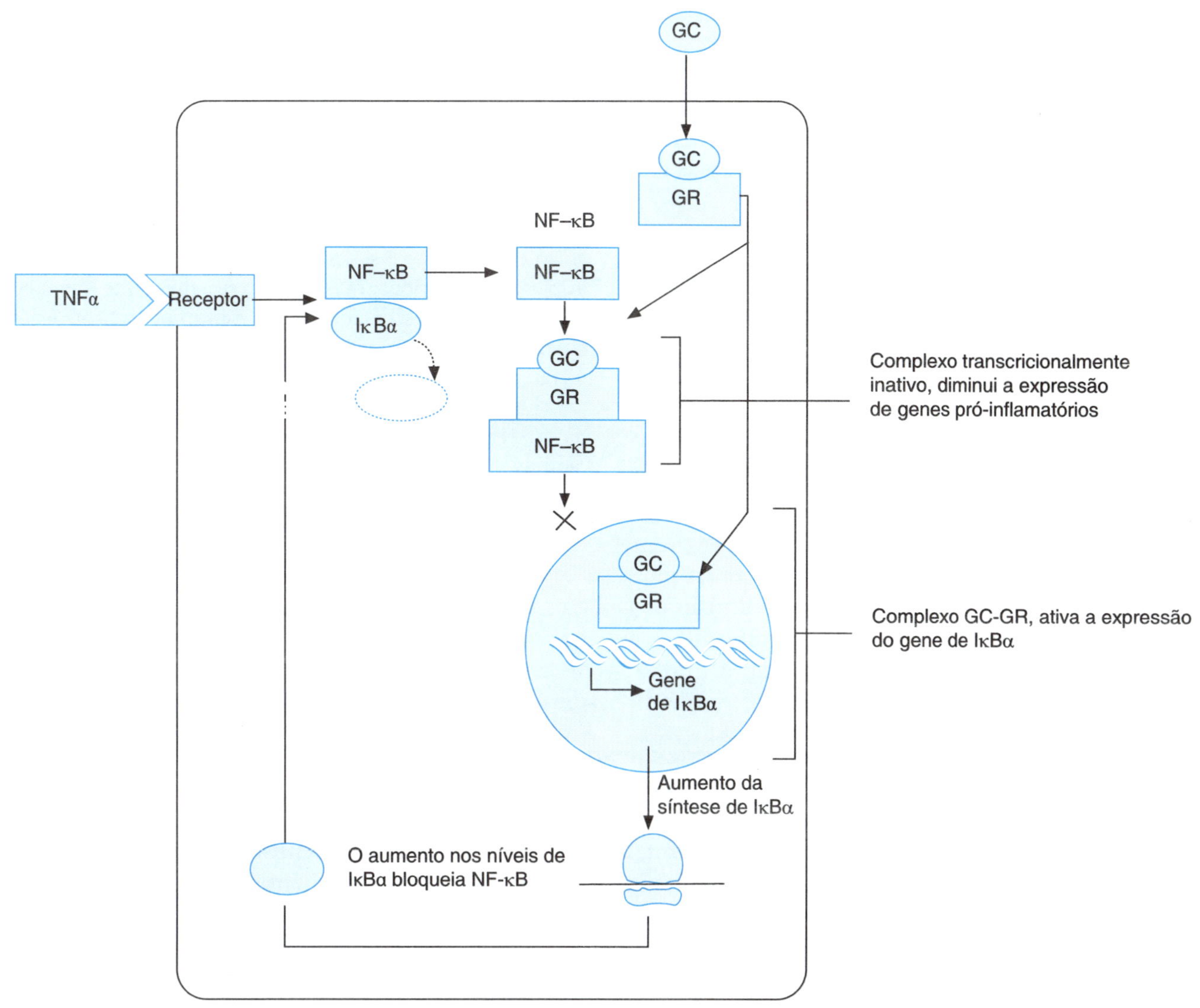

Figura 31-30. Os glicocorticoides impedem a atividade do fator NF-κB. Existem ao menos dois mecanismos através dos quais os glicocorticoides, unidos a seu receptor, impedem a ativação do NF-κB. Em um deles o complexo glicocorticoide-receptor se liga diretamente a NF-κB, funcionando como um inibidor que o impede de se ligar a seus elementos de resposta. No outro, o complexo GC-GR ativa a expressão do gene de IκB, com o que se produz esta proteína inibidora do NF-κB.

REGULAÇÃO DA TRANSCRIÇÃO EUCARIÓTICA AO NÍVEL DA REMODELAÇÃO DA ESTRUTURA CROMATÍNICA

Nas seções anteriores se supôs que os fatores reguladores da transcrição em eucariotos têm livre acesso aos genes que regulam, ignorando o fato de que o DNA genômico nestes organismos ter uma complicada organização cromatínica que poderia dificultar ou impossibilitar tal acesso e, portanto a expressão destes genes. Uma primeira evidência de que o empacotamento da cromatina poderia ser um obstáculo para expressão gênica veio da demonstração de que os genes transcricionalmente ativos eram "hipersensíveis" à desoxirribonuclease (DNAse), enquanto que os genes inativos, devido a sua íntima associação com proteínas como as histonas (capítulo 27), resistiam melhor a digestão por esta enzima. Estes experimentos indicaram que há uma correlação entre ele, grau de sensibilidade a DNAse, diagnóstico do grau de empacotamento cromatínico, com o grau de transcrição do gene. Por exemplo, nos eritroblastos, células precursoras dos eritrócitos, os genes da hemoglobina são sensíveis à DNAse; enquanto que no cérebro, estes genes não são expressos, seu DNA é resistente. A hipersensibilidade à DNAse, junto com outras evidências experimentais, confirmaram que a transcrição dos genes eucarióticos pode ser regulada pelo grau de compactação ou empacotamento da cromatina. Colocado de forma simplista, este mecanismo de regulação funcionaria como segue: uma alta compactação inativa os genes ao bloquear o acesso da RNA polimerase II e dos demais fatores da transcrição a suas regiões reguladoras; para que tais genes sejam reativados, primeiro devem "ser liberadas" as proteínas da cromatina. No entanto, a situação é muito mais complicada, pois foram reportados casos nos que proteínas da cromatina parecem favorecer a transcrição. Daí que hoje em dia a "dinâmica ou remodelação da cromatina" é um ativo campo de pesquisa.

Um dos mecanismos bioquímicos que regulam o grau de compactação da cromatina é a **acetilação das histonas**, as proteínas do nucleossomo. Esta modificação covalente é realizada por enzimas chamadas **acetil-transferases** ou simplesmente **acetilases** e consiste na adição de grupos acetil aos grupos amino de certas lisinas das histonas. A modificação destas lisinas diminui a carga líquida positiva das proteínas do nucleossomo, debilitando sua interação com o DNA e propiciando sua desestabilização. A observação de que as regiões da cromatina transcricionalmente ativas estão hiperacetiladas, enquanto que as regiões silenciosas ou inativas estão pouco acetiladas, sugere que esta modificação covalente pode regular a expressão gênica. Recentemente foram clonadas algumas acetilases e desacetilases de histonas, o que facilitará a resposta a perguntas importantes acerca da acetilação cromatínica, tais como a maneira em que estas enzimas reconhecem e atuam sobre a cromatina de genes específicos, assim como se isto é suficiente e necessário para ativá-los. É importante mencionar que também recentemente foram encontrados gigantescos complexos multiproteicos nucleares em diversos organismos eucarióticos que regulam ativamente o grau de empacotamento da cromatina.

Um dos melhor estudados é o chamado complexo SWI/SNF da levedura, que pesa mais de 2 milhões de daltons e é composto de pelo menos 10 subunidades. Os

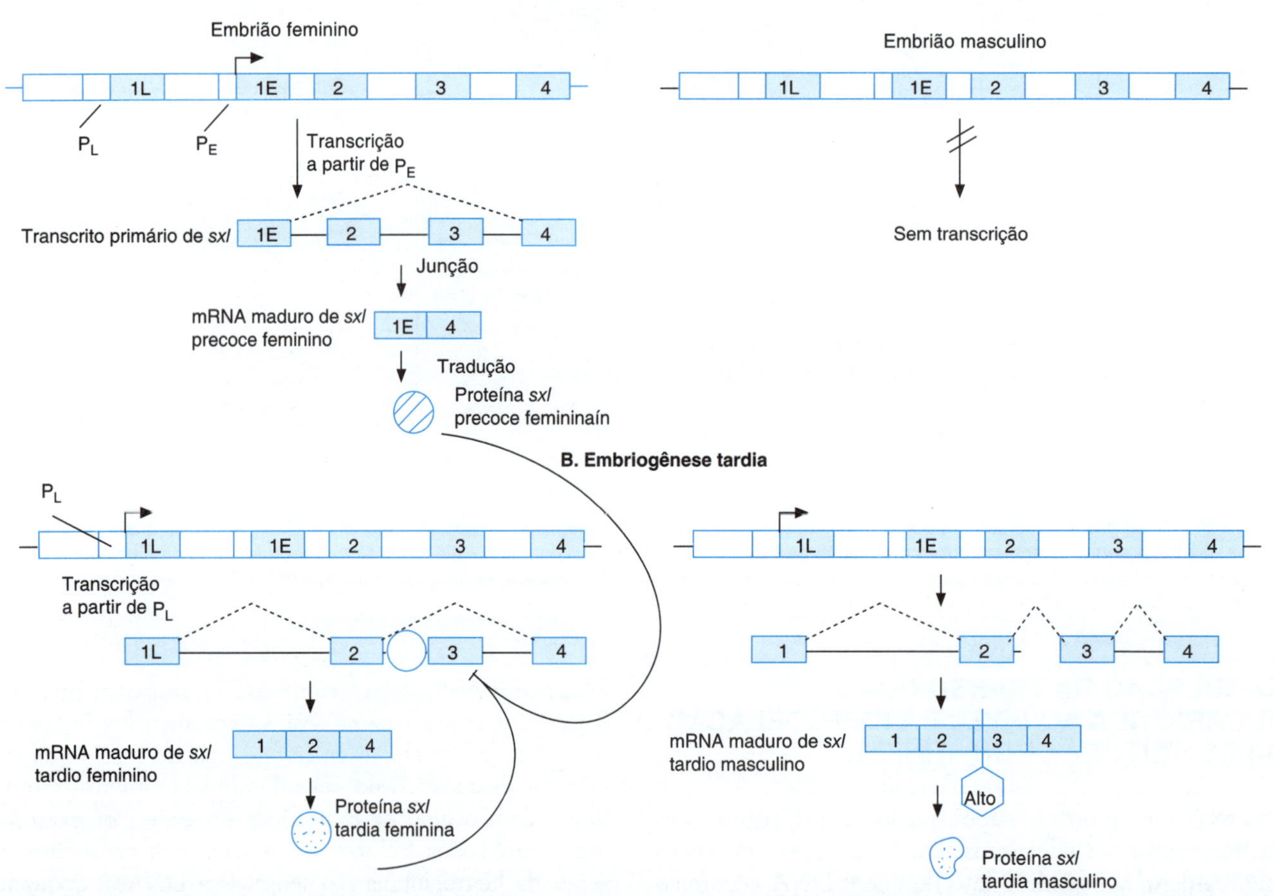

Figura 31-31. O gene sex lethal e a determinação do sexo na mosca da fruta. Os promotores P_E e P_L são usados em distintas etapas do desenvolvimento embrionário para transcrever o gene sex lethal (sxl), produzindo dois tipos de transcritos primários ou pré-mRNA, um precoce (A) e outro tardio (B), respectivamente. Os éxons (retângulos sombreados) destes pré-mRNA que contêm os tripletes que abrem o marco de leitura são indicados com pontas de flechas. Unicamente a mosca fêmea produz o pré-mRNa precoce. Ao contrário, o pré-mRNA tardio é produzido pelas moscas dos dois sexos. O pré-mRNA tardio é composto por 4 éxons que estão sujeitos a duas formas de *splicing* alternativo, determinados pela presença da proteína Sxl precoce (circulo com hachurados diagonais). Na mosca fêmea, a proteína Sxl precoce força a exclusão do éxon 3, dando lugar a um mRNA maduro composto pelos éxons 1:2:4, o qual se traduz em uma proteína Sxl tardia funcional (circulo pontilhado). Em troca, na mosca macho, ao faltar a proteína Sxl precoce, o éxon 3 é incluído no mRNA maduro (mRNA 1:2:3:4). O éxon 3 contém um códon de terminação (alto) que fecha prematuramente o marco de tradução do mRNA 1:2:3:4, o que resulta em uma proteína Sxl tardia truncada e inativa (circulo pontilhado e com marcas).

complexos do tipo do SWI/SNF são capazes de unir-se à cromatina e desestabilizar os nucleossomos, em uma reação que requer a hidrólise de ATP. Esta desestabilização dá maior liberdade ao DNA destes nucleossomos para interagir com a maquinaria transcricional. O interessante do caso é que as reações dos complexos SWI/SNF são reversíveis, pelo que é possível que sirvam tanto para ativar como para inativar os genes sobre os que atuam.

O ainda incipiente estudo destas complexas maquinarias proteicas, capazes de remodelar a cromatina, sem dúvida contribuirá para entender como se regula a expressão gênica *in vivo*.

A DETERMINAÇÃO DO SEXO NA MOSCA DA FRUTA É REGULADA POR UM *SPLICING* ALTERNATIVO

A determinação sexual na *Drosophila melanogaster* é um exemplo de como a regulação da expressão gênica ao nível do processamento dos transcritos primários, especificamente o *splicing* alternativo dos exons, pode controlar importantes aspectos do fenótipo. Neste organismo a duplicidade do cromossomo X produz uma mosca fêmea, enquanto que um único cromossomo X resulta em uma mosca macho. Em etapas precoces do desenvolvimento, os embriões de moscas fêmeas (XX) transcrevem, a partir do promotor P_E, o gene sex-lethal (sxl), enquanto que nas moscas macho o gene sxl não é transcrito (figura 31-31). Este transcrito primário precoce de sxl contém somente dois exons, que ao sofrerem *splicing* produzem a proteína **Sxl precoce**. Em etapas posteriores do desenvolvimento, o gene sxl é transcrito em ambos os sexos, mas agora a partir do promotor P_L, produzindo um transcrito primário tardio, que difere do precoce, pois contém 4 exons, dos quais somente o quarto é comum com o pré-RNAm precoce. A presença ou ausência de uma proteína Sxl precoce determina os exons do pré--RNAm tardio que sofrerão *splicing* no RNAm maduro. A presença de Sxl precoce impede que o exon 3 sofra *splicing*, enquanto que sua ausência permitirá o *splicing* espontâneo; isto é, o *splicing* que ocorre sem a interferência de proteínas reguladoras. O *splicing* espontâneo é típico dos embriões machos e gera um RNAm de sxl que contém 4 exons do pré-RNAm. A relevância funcional de incluir ou excluir o exon 3 reside em que este exon contém um códon de terminação que faz com que a tradução do RNAm do macho termine prematuramente, dando lugar a uma proteínas Sxl tardia truncada e inativa. Em troca, o RNAm da fêmea será traduzido de forma completa, dando lugar a uma proteína Sxl tardia funcional, a qual pode agora tomar o lugar da proteína precoce, assegurando a perpetuação do padrão de *splicing* feminino de seu próprio gene. Em troca, como a mosca macho não expressou o gene sxl em estágios precoces, não poderá estabelecer jamais a produção da forma ativa da proteína Sxl.

A forma ativa (feminina) de Sxl não somente regula o *splicing* diferencial dos transcritos primários de seu próprio gene, mas também atua de forma semelhante sobre o gene transformer (tra), o qual é transcrito nas moscas de ambos os sexos (figura 31-32). A presença de uma Sxl tardia funcional impede que o exon 2 do pré-RNAm de tra sofra *splicing*. Este exon também tem um códon determinação que, em caso de ser incluído no RNAm maduro como acontece no embrião macho, resulta na síntese de uma proteína truncada e inativa. A forma ativa (feminina) de Tra, ao associar-se com a proteína Tra-2, produto do gene transformer-2 (tra-2) funciona como um regulador do *splicing* do gene double sex (dsx). O complexo Tra/Tra-2 ativa a inclusão do exon 4 no RNAm maduro de dsx. Em troca, o *splicing* espontâneo, que ocorre na ausência da uma proteína Tra funcional, reúne o exon 3 diretamente com o exon 5, dando lugar a dois diferentes RNAm maduros de dsx (figura 31-32).

A tradução do RNAm feminino de dsx dá lugar a uma proteína reguladora que reprime a transcrição dos genes necessários para o desenvolvimento de uma mosca macho; em troca, a partir da versão masculina do RNAm de dsx, é sintetizada uma proteína reguladora que reprime a transcrição dos genes requeridos para o desenvolvimento de uma mosca fêmea.

Este elegante exemplo de regulação da expressão gênica em eucariotos também é um bom exemplo de elementos reguladores em cis presentes no RNA. A proteína Sxl é um regulador em trans que efetua sua função reconhecendo e interagindo com sequências nucleotídicas específicas presentes nos pré-RNAm de sxl e de tra. A região da proteína Sxl que realiza esta interação se localiza na extremidade carboxila e é codificada no exon 4 do gene, o qual está presente tanto no pré-RNAm precoce como no tardio do embrião feminino. Isto explica porque a proteína Sxl tardia produzida no macho é inativa, pois o códon de terminação introduzido com o exon 3 impede que se traduza a região carboxi-terminal da proteína funcional, codificada no exon 4.

REGULAÇÃO DA EXPRESSÃO GÊNICA NO NÍVEL DA ESTABILIDADE DO RNAm

Outro nível de controle da expressão gênica, que os organismos eucariotos empregam mais frequentemente que os procariotos, ocorre no nível da estabilidade ou perdurabilidade dos RNAm. Para avaliar a estabilidade e um RNAm se deve medir sua **vida média**; isto é, o tempo que leva para degradar 50% de uma quantidade inicial dada. A vida média de um RNAm não pode ser medida a partir de sua concentração celular total, pois esta depende do equilíbrio alcançado entre sua síntese (transcrição) e sua degradação (estabilidade). Daí que para determinar "vidas médias" se utilize o experimento do "pulso e caça", que

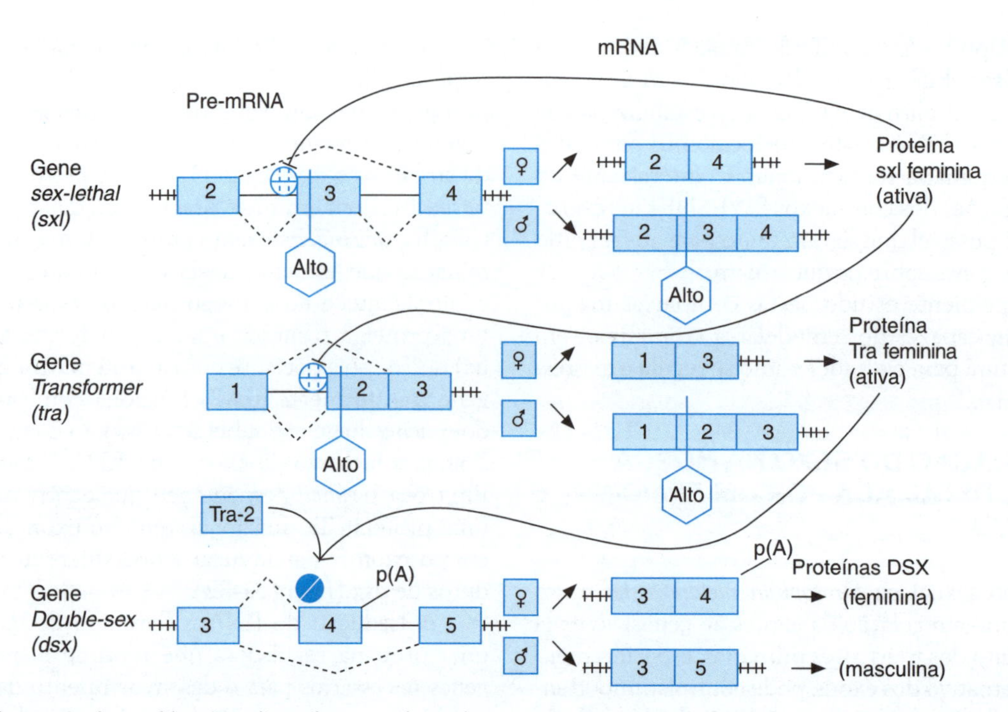

Figura 31-32. A cascata de combinações alternativas que determinam o sexo na mosca da fruta. Outros dois genes reguladores da determinação sexual na mosca da fruta, transformer (tra) e Double sex (dsx), produzem transcritos primários que, de forma semelhante a sxl (figura 31-31) se combinam alternativamente para produzir proteínas com distinta funcionalidade. Por exemplo, a inclusão do éxon 2 no mRNA de tra produz uma proteína Tra trucnada e inativa, devido ao fato que este éxon contém um códon de terminação (ALTO). Com o fim de simplificar, nesta figura apenas são ilustrados os éxons relevantes de cada pré-mRNA A forma ativa da proteína sxl (a que se produz no embrião feminino pela exclusão do éxon 3, figura 31-31) inicia uma cascata de combinações alternativas cujo primeiro alvo é o pré-mRNA de tra. A presença de uma sxl funcional nas moscas fêmeas força a combinação do mRNA de tra sem o éxon 2, o que dá lugar à proteína funcional (círculo azul). Por sua vez, a forma ativa de tra regula a combinação do pré-mRNA de dsx. Em colaboração com a proteína Tra-2, a forma funcional da proteína tra força a inclusão do éxon 4 no mRNA de dsx. O éxon 4 que contém um sinal de poliadenilação, é o éxon final do mRNA feminino de tra. As moscas macho, como carecem da forma ativa de tra, excluem o éxon 4, produzindo um mRNA no qual o éxon 3 se continua com o éxon 5, o qual por sua vez se continua com outros éxons localizados a jusante no pré-mRNA de dsx. Assim, o produto final desta cascata de combinações alternativas são duas versões distintas do mRNA maduro de dsx, uma que tem e termina com o éxon 4 (feminino dsx) e a outra na que falta este éxon, mas que inclui outros éxons distintos em sua extremidade 3`(masculino dsx). A tradução destes mRNA produz proteínas funcionalmente distintas que reprimem reciprocamente um dos programas de diferenciação, o do macho ou o da fêmea.

permite seguir ou rastrear o início, o final e a duração de uma "geração" de macromoléculas, neste caso, um RNAm. A primeira parte destes experimentos, o "pulso", consiste em incubar a célula brevemente com um precursor radiativo, por exemplo, uridina tritiada, que seja utilizada para a síntese de RNAm. EM uma segunda parte, a "caça", o precursor radioativo é lavado e continua-se a incubação da célula com a forma não radioativa do mesmo precursor. O resultado líquido do pulso e caça é que somente algumas moléculas do RNAm (a "geração" sintetizada durante o pulso), estarão "marcadas" com uridina tritiada, o que as distinguirá do conteúdo celular total deste RNAm. Medindo-se o tempo que leva para degradar-se 50% desta geração marcada radioativamente, se determina a vida média do RNAm.

A vida média dos RNAm procarióticos é muito curta, entre 2 e 10 minutos, em troca os RNAm eucarióticos têm vidas médias de 10 horas em média. No entanto, as vidas médias de alguns RNAm eucarióticos podem variar tanto como de 30 minutos a vários dias, o que sugere que as células eucarióticas tenham os mecanismos para regular a estabilidade de seus RNAm. Este nível de controle é de importância, pois altera a disponibilidade de um RNAm e daí a quantidade de proteína que a partir dele pode ser sintetizada. Em geral, quando um RNAm tem uma vida média muito curta é porque a proteína que codifica somente é requerida brevemente, após o que sua síntese deve ser parada. Este é o caso dos RNAm de algumas citocinas, fatores autócrinos reguladores da função das células de resposta imune, tais como GM-CSF (fator estimulador de colônias de macrófagos e granulócitos), o IFN-β (interferon beta), a IL-1 (interleucina -1) e o TNF (fator de necrose tumoral), cujas vidas médias são de aproximadamente 1 hora. A rápida degradação destes RNAm é mediada por repetições de uma sequência AUUUA, presentes nas regiões 3´não traduzidas de todos eles. Experimentalmente, se estas sequências são inseridas em posições semelhantes em outros RNAm de maior estabilidade, estes se tornam instáveis; por exemplo, o RNAm da cadeia β da hemoglobina, cuja vida média normal é de 10 horas, se reduz a 1 hora.

A DEGRADAÇÃO DE ALGUNS RNAm EUCARIÓTICOS É REGULADA

Alguns RNAm eucarióticos têm velocidades de degradação que podem mudar, ajustando-se às necessidades fisiológicas do organismo, tal como acontece com o RNAm da caseína (uma importante proteína do leite), e com o RNAm do **receptor da transferrina**, a proteína responsável pela internalização celular da transferrina (a proteína do plasma que carrega o ferro ingerido com a dieta). No primeiro caso, o hormônio prolactina aumenta 100 vezes a concentração do RNAm da caseína na glândula mamária, de tal maneira que de apenas 300 moléculas por célula, se chega a 30.000 na presença do hormônio. No entanto, este estímulo hormonal só aumenta 3 vezes a velocidade de transcrição do gene da caseína, o qual indica que a maior parte do incremento de seu RNAm se deva à maior estabilidade. No caso do RNAm do receptor de transferrina, quando a concentração intracelular de ferro aumenta acima do necessário, este RNAm é degradado rapidamente, com o que cessa a síntese do receptor e com isto a entrada de mais ferro, cujo excesso é tóxico para a célula. O RNAm do receptor da transferrina possui em sua extremidade 3´ não traduzida, vários elementos IRE (do inglês iron response elements), os quais consistem em sequências de aproximadamente 30 nucleotídeos, ricos em bases AU, que podem se auto parearem formando um tronco e uma alça. A presença dos IRE neste RNAm ocasiona sua rápida degradação possivelmente por um mecanismo semelhante ao que destrói aos RNAm das citocinas mencionadas na seção anterior. Esta rápida degradação é reduzida quando os IRE têm unidos à proteína liganet dos IRE, o IRE-BP (por sua sigla em inglês IRE binding protein). Uma baixa concentração de ferro ativa a IRE-BP, com o que se une os IREs da extremidade 3´do RNAm do receptor da transferrina, evitando sua degradação. Em troca, uma alta concentração de ferro desativa a IRE-BP, a qual se separa do RNAm do receptor da transferrina, deixando-o a mercê de uma rápida degradação (figura 31-33).

REGULAÇÃO DA EXPRESSÃO GÊNICA AO NÍVEL DA TRADUÇÃO

São muito poucos os casos conhecidos de regulação da expressão gênica no nível da tradução, talvez devido a que é mais econômico para a célula efetuar esta regulação no início da transcrição. Um dos exemplos melhor estudados é o da ferritina e da enzima 5-aminolevulinato sintetase, proteínas que participam do metabolismo do ferro. A ferritina é uma proteína citoplasmática que serve de reservatório de ferro, evitando que suas concentrações celulares cheguem à toxicidade. A enzima 5-aminolevulinato sintetase catalisa o primeiro passo na síntese do grupo heme. Quando os níveis de ferro são baixos, a tradução dos RNAm da ferritina e da aminolevulinato sintetase é reprimida pela IRE-BP, proteína discutida na seção anterior e que também regula a degradação do RNAm do receptor da transferrina. A forma ativa da IRE-BP, que existe quando diminui o ferro celular, se une a elementos IRE si-

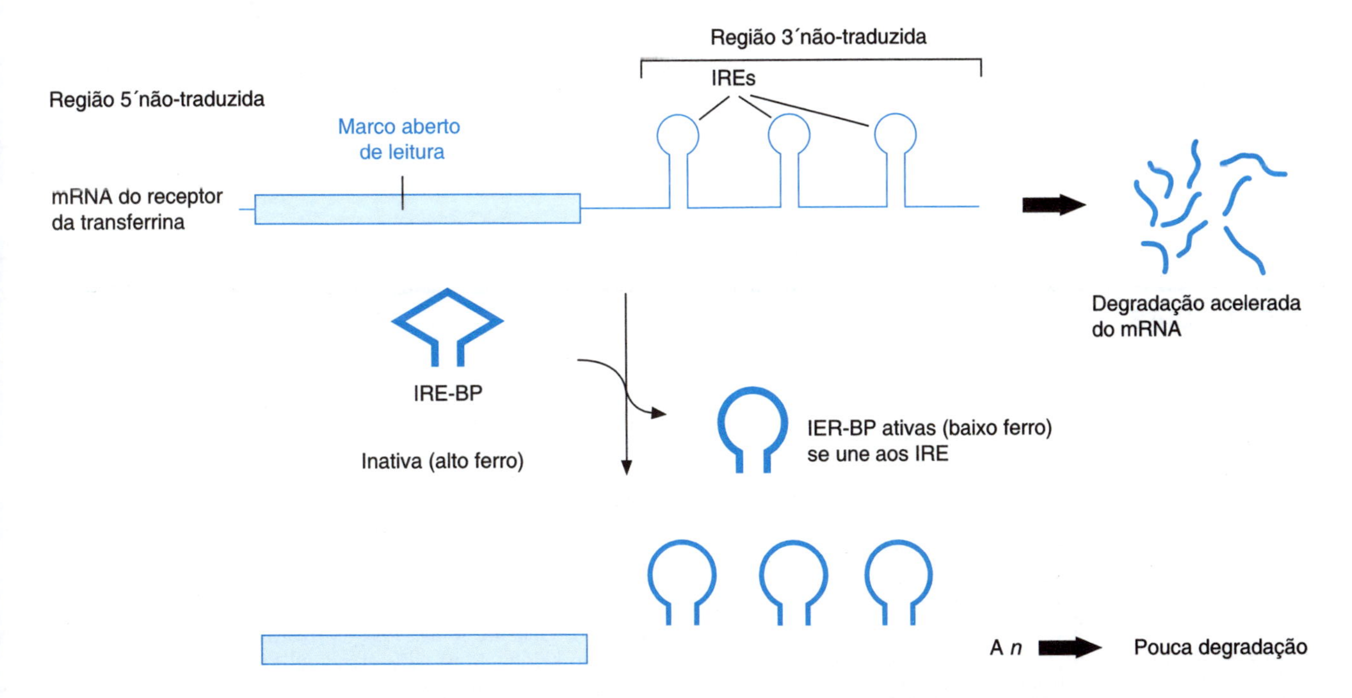

Figura 31-33. A degradação do mRNA do receptor da transferrina é regulada pelos IRE e a IRE-BP. A forma ativa da IRE-BP, existente quando as concentrações celulares de ferro são baixas, se une aos elementos IRE da região 3´ não traduzida do mRNA do receptor da transferrina, protegendo-o da degradação.

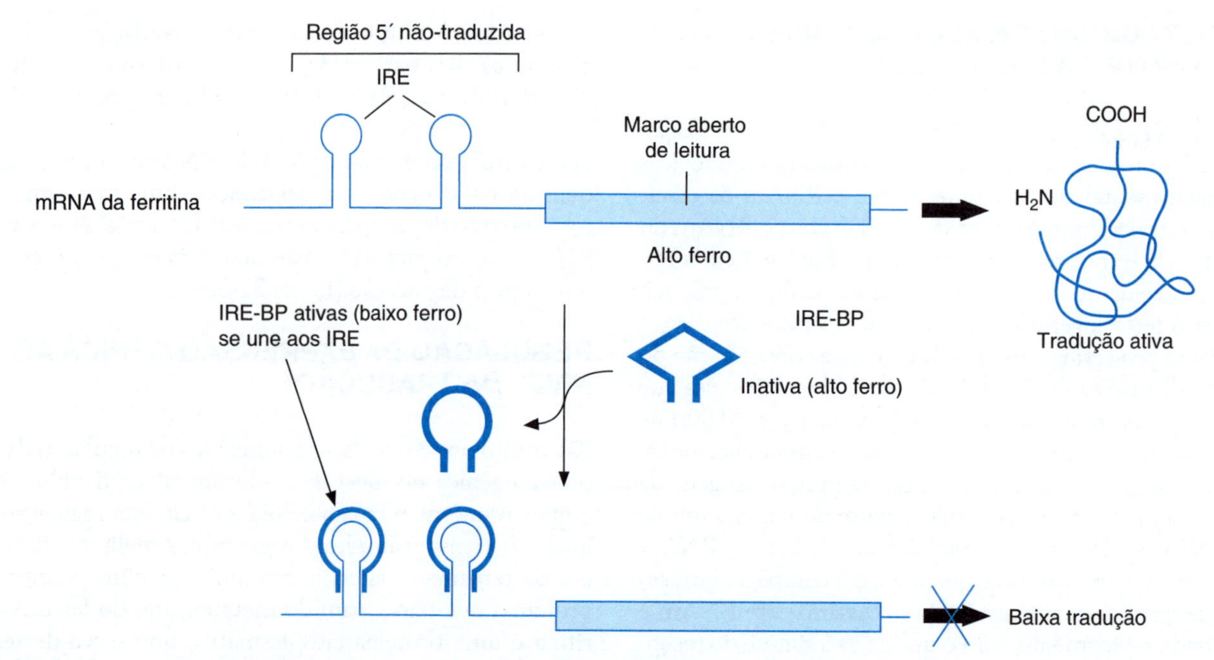

Figura 31-34. A tradução do mRNA da ferritina é regulada pelos IRE e a IRE-BP. A forma ativa da IRE-BP se une aos elementos IRE da região 5` não traduzida do mRNA da ferritina, bloqueando sua tradução. Os IRE do mRNA da ferritina carecem das sequências ricas em AU, razão pela qual não são alvo das enzimas que degradam o mRNA do receptor da transferrina (figura 31-34).

tuados na região 5´não traduzida dos RNAm da ferritina e da aminolevulinato sintetase impedindo que se inicie a sua tradução. Isto permite que o pouco ferro disponível não seja sequestrado por um excesso de ferritina. Ao contrário, quando os níveis de ferro são altos, a IRE-BP é desativada e se separa dos IREs, permitindo sua tradução e criando um reservatório intracelular de ferro (figura 31-34).

EPÍLOGO

Chegar ao final dos capítulos que tratam dos genes e de sua expressão poderia parecer o final do caminho. Talvez o seja no que se refere ao final do curso de Bioquímica Médica. No entanto, para os médicos que exercerão sua profissão no incipiente século XXI, isto não é mais do que o princípio de uma produtiva e divertida aventura intelectual. A biologia molecular e os muitos conceitos e produtos que dela derivam prometem ser um divisor de águas na maneira como entendemos as enfermidades e tratamos nossos pacientes. Nenhum profissional da saúde, nem tampouco o público em geral, deveriam ficar fora desta aventura.

Bem-vindos.

REFERÊNCIAS

Barnes PJ, Karin M: Nuclear factor-κB - A pivotal transcription factor in chronic inflammatory diseases. *New Engl J Med* 1997; 336: 1066-1071.

Beato M *et al.*: Steroid hormone receptors: many actors in search of a plot. Cell 1995; 83: 851-857.

Benjamin L: *Genes VI.* Oxford: Oxford University Press, 1997.

Bruce A, Dennis B, Julian L, Martin R, Keith R, James DW: *Molecular Biology of the CelL* 3rd edición. New York & London: Garland Publishing, 1994.

Devlin TM: *Bioquímica. Libro de texto con aplicaciones clínicas,* 5ta ed. Barcelona: Editorial Reverté, 2004.

Friedman A, Perrimon N: Genome-wide high throughput screens in fuctional genomic. Curr Opin Gen Dev 2004;14:470.

Lodish H, Baltimore D, Berk, Zipursky SL, Matsudaira P, Darnell J: *Molecular cell biology.* 3rd ed. New York: Scientific American Books, 1995.

Lozano JA, Galindo JD, Garcia Borron JC, Martinez Liarte: *Bioquímica y Biología Molecular,* 3ra ed. México: McGraw--Hill Interamericana, 2005.

Mangelsdorf DJ *et al.*: The nuclear receptor superfamily: the second decade. Cell 1995; 83: 835-839.

Mark PA: *Genetic Switch. Phage γ and higher organisms.* 2nd ed. Cambridge, Massachusetts, Cell Press & Blackwell Scientific Publications, 1992.

Melo RV; Cuamatzi TO: *Bioquímica de los processos metabólicos,* Mexico: Editorial Reverté, 2004.

Nelson DL, Cox MM: *Lehninger Principios de Bioquímica,* 4ta ed., Omega, 2006.

Murray K, Robert *et al.*: *Haper. Bioquímica Ilustrada,* 17a ed. Mexico: Editorial El Manual Moderno, 2007.

Smith C, Marks AD: *Bioquímica básica de Marks. Un enfoque clínico,* Ed. McGraw-Hill Interamericana, 2006.

Stent GS, Calendar R: *Molecular genetics, an introductory narrative.* 2nd ed. San Francisco:W. H. Freeman, 1978.

Wilmut I *et al.*: Viable offspring derived from fetal and adult mammalian cells. Nature 1997; 385: 810-813.

Páginas eletrônicas

Iañez E (2007): *Hipertextos del area de la Biología.* [En línea]. Disponible: http://fai.unne.edu.ar/biologia/microgenera/micro-ianez/22_micro.htm [2007, julio 06]

Lewis M, Chang G, Horton NC, Kercher MA, Pace HC, Schumacher MA, Brennan RG, Lu P: Crystal structure of the lactose operon repressor and its complexes with DNA and inducer. Science 1996;271:1247-1254.

Mayer G (2006): *Mecanismos de regulación genética.* En: Microbiología e inmunología On line Escuela de Medicina, Universidad del Carolina del Sur [En línea]. Disponible: http://pathmicro.med.sc.edu/Spanish/chapter9.htm [2009, abril 24]

32

O genoma humano

José Miguel Betancourt Rule, Eduardo Casas Hernández e Patricia Pérez Vera

O QUE É O GENOMA HUMANO?

O genoma humano é definido como a quantidade total de genes contidos no DNA de um indivíduo, sua posição em cada um dos 46 cromossomos e nas mitocôndrias, além de todo DNA "lixo", que aparentemente não tem nenhuma função. Este genoma é o responsável pela constituição, desenvolvimento e funcionamento normal dos organismos vivos. Esta definição se aplica a todos os organismos vivos.

Como resultado da análise da sequência do genoma humano, a informação obtida mais relevante é o catálogo completo dos genes que contém um indivíduo. Embora este passo seja importante, é apenas o primeiro, pois falta conhecer o transcriptoma, ou conjunto de todos os transcritos, e o proteoma, ou conjunto de todas as proteínas, que são o produto da expressão dos genes. Além disso, falta determinar a maneira que se regula esse processo, trabalho que será longo e complexo.

O mapa do genoma humano determinado molecularmente foi concluído em 2000. Em 2003, tornou-se pública a "sequência final", termo técnico que indica que a sequência de genes é altamente precisa (com erro possível a cada 10.000 letras) e altamente contígua (com espaços remanescentes que correspondem às regiões cuja sequência não pode ser resolvida com as técnicas moleculares atuais). A sequência final abrange cerca de 99% das regiões que contem o genoma humano, que foi sequenciado com alta eficiência em 99,99%. Segundo os dados que se tem até o momento, o número de genes codificadores de proteínas é de aproximadamente 22.287. No quadro 32-1 se mostra alguns dos genes mais característicos de cada um dos cromossomos humanos e algumas doenças associadas a eles.

Tomando como referência o número anterior e considerando que o tamanho da região codificadora e do transcrito primário dos genes humanos está entre 1.400 e 30.000 pares de bases (adenina, timina, citosina e guanina), respectivamente, estima-se que quando muito, 30% do genoma é transcrito, e só 1,5% corresponde a sequências que codificam proteínas.

O MAPA DO GENOMA HUMANO ANTES DA BIOLOGIA MOLECULAR

Há mais de cinquenta anos atrás Watson e Crick descreveram a molécula de DNA, e seu trabalho deu início à era molecular da genética. No entanto, esta história começou cinquenta anos antes, quando Sutton descreveu o paralelismo entre o comportamento dos cromossomos e as leis de Mendel, associando os genes com os cromossomos e marcando o início da Genética como uma ciência. Entre 1903 e 1953, houve um grande avanço da genética, mas ainda não tinha obtido a sequência do DNA, reação de PCR (reação em cadeia da polimerase, em sua sigla em inglês), SNP (polimorfismos de nucleotídeo único, em sua sigla em inglês), bases de dados da sequência de nucleotídeos, computadores, não havia um dogma central, código genético, RNA, DNA polimerases, etc. Assim, o gene era algo totalmente misterioso. No entanto, o conhecimento do genoma humano começou muitos anos antes da descoberta da biologia e da genética molecular. Como antecedentes, tem-se as investigações que se desenvolveram em organismos inferiores como as bactérias e na mosca das frutas (Drosophila melanogaster). Nessas investigações demonstrou-se que os genes se encontram alinhados em cada um dos cromossomos homólogos, que são trocados entre eles durante a meiose dos gametas e que são herdados aos filhos através da reprodução sexual.

Os estudos realizados nestes organismos foram feitos por meio de cruzamentos para distinguir como as diferentes características fenotípicas eram herdadas pelos descendentes, correlacionando com as características morfológicas dos cromossomas, visto sob um microscópio óptico. Para 1944 já se havia construído o mapa dos quatro cromossomos de Drosophila melanogaster (Quadro 32-2).

Quadro 32.1. Alguns dos genes mais característicos de cada um dos cromossomos humanos e certas doenças associadas a eles

Cromossomo	Genes localizados no cromossomo	Doenças associadas ao cromossomo
1	**COL11A1**: colágeno tipo IV **F5**: fator de coagulação V ***GLC1A***: gene do glaucoma ***HPC1***: gene do câncer de próstata ***PARK7***: doença de Parkinson	Doença de Alzheimer, câncer de mama, glaucoma, câncer de próstata, doença de Parkinson
2	**COL3A1**: colágeno tipo III **COL4A3**: colágeno tipo IV **COL5A2**: colágeno tipo V **TPO**: tireoperoxidase	Esclerose amiotrófica lateral, esclerose lateral primária juvenil
3	***PDCD10***: morte celular programada **ZNF9**: proteína em dedo de zinco	Alcaptonúria, distrofia miotônica, porfiria, autismo, cegueira noturna, susceptibilidade a VIH, diabetes, catarata, intolerância à sacarose
4	**FGFRL1**: receptor do fator de crescimento de fibroblasto **CF1**: fator de complemento 1	Acondroplasia, câncer de bexiga, hemofilia C, doença de Huntington, doença de Parkinson
5	**FGFR4**: receptor do fator de crescimento de fibroblasto **HEXB**: hexosaminidase B	Dependência à nicotina, doença de Parkinson, atrofia muscular espinhal, síndrome de *cri du chat*
6	**COL11A2**: colágeno tipo XI **MYO6**: miosina VI ***PKHD1***: doença hepática e rins policísticos	Doença da urina de xarope de bordo, doença de Parkinson, porfiria
7	**COL1A2**: colágeno tipo I **ELN**: elastina **HSPB1**: proteína do choque térmico **TFR2**: receptor de transferrina	Citrulinemia, fibrose cística, osteogênese imperfecta
8	**NEFL**: polipeptídio de neurofilamentos 68kDa **TG**: tireoglobulina	Hipotireoidismo congênito, deficiência familiar da lipase lipoproteica
9	***ALS4***: esclerose lateral amiotrófica **ASS**: argininosuccinato sintetase	Esclerose lateral amiotrófica, citrulinemia, galactosemia, púrpura trombocitopênica
10	**CDH23**: caderina **FGFR2**: receptor do fator de crescimento de fibroblasto	Porfiria eritropoiética congênita
11	**HBB**: cadeia beta da hemoglobina **TH**: hidroxilase de tirosina	Beta-talassemia, câncer de bexiga, anemia falciforme
12	**COL2A1**: colágeno tipo II **MYO1A**: miosina 1 A	Hipocondrogênese, doença de Parkinson, tirosinemia
13	***BRCA2***: câncer de mama ***RB1***: retinoblastoma 1	Câncer de mama e bexiga, retinoblastoma
14	**COCH**: fator C de coagulação	Hipotireoidismo congênito, doença de Alzheimer
15	**HEXA**: hexosaminidase A ***EYCL3***: cor de olhos 3, cafés (a cor dos olhos é um traço poligênico)	Síndrome de Angelman, câncer de mama
16	**COQ7**:biossíntese da ubiquitina **TAT**: tirosina aminotransferase	Febre do mediterrâneo familiar, tirosinemia
17	**COL1A1**: colágeno tipo 1 **MYO15A**: miosina XVA	Câncer de bexiga e de mama, galactosemia, osteogênese imperfecta
18	**FECH**: ferroquelatase	Protoporfiria eritropoiética, porfiria
19	**APOE**: apolipoproteína E **STK11**: serina quinase/ treonina	Doença de Alzheimer, hipotireoidismo congênito, hemocromatosis, doença da urina de xarope de bordo
20	**tTG**: transglutaminase tissular	Doença celíaca, encefalopatia espongiforme transmissível
21	**SOD1**: superóxido dismutase 1 **TMPRSS3**: protease transmembrana, serina3	Doença de Alzheimer, esclerose lateral amiotrófica, síndrome de Down, homocistinúria
22	**NEFH**: polipeptídio pesado de neurofilamento	Esclerose lateral amiotrófica, câncer de mama, autismo
X	**PGK**: fosfoguanosina quinase **G6PD**: glicose 6-fosfato desidrogenase **HPRT**: hipoxantina fosforribosil transferase	Síndrome de Klinefelter, síndrome de Turner, síndrome do triplo X
Y	**AZF1**: fator de azo-ospermia 1 **SRY**: região determinante do sexo **TDF**: fator determinante do testículo	Síndrome de Turner (associada à falta do cromossomo Y)

Quadro 32-2. Localização de alguns genes nos quatro cromossomos da *Drosophila melanogaster*, determinados por meio de cruzamentos experimentais

Cromossomo X1	Cromossomo 2	Cromossomo 3	Cromossomo 4
0.0 corpo amarelo	0.0 veias reticulares	0.0 olhos rugosos	0.0 antenas raspadas
0.8 olhos cor de ameixa	1.3 olhos em estrela	0.2 asas com pequenas veias	0.0 *cubitus interruptus*
1.5 olhos brancos	12.0 corpo obeso	26.0 olhos de cor sépia	0.0 escutelo sem ranhuras
3.0 olhos com facetas	13.0 asas cortadas	26.5 corpo com pelos	0.2 sem olhos
6.9 asas bífidas	16.0 olhos fechados	43.2 borda com filamentos	
7.5 olhos cor de rubi	41.0 asas presas	44.0 olhos escarlate	
18.0 olhos cor de carmim	48.5 corpo negro	45.3 asas recortadas	
27.7 olhos romboides	51.0 antenas reduzidas	48.0 olhos de cor rósea	
32.8 olhos de cor framboesa	54.4 olhos de cor púrpura	50.0 asas encrespadas	
36.1 asas miniaturas	57.5 olhos de cor zinabre	58.2 antenas sem toco	
44.4 olhos de cor grená	67.0 asas vestigiais	58.5 antenas sem pelos	
51.5 asas fenestradas	72.0 olhos lobulados	63.1 olhos lisos	
57.0 olhos em barra	75.5 asas curvas	70.7 corpo de cor preta	
59.5 veias fundidas	100.5 veias entrecruzadas	91.0 olhos ásperos	
66.0 antenas cortadas	107.0 asas diminuídas	98.9 asas com contas	

Nos seres humanos, como não se podem fazer cruzamentos controlados, nem de testes, o desenvolvimento de mapas de cromossomos foi mais lento. Foram utilizadas várias genealogias de algumas doenças relacionadas aos cromossomos sexuais, X nas mulheres e Y nos homens, que por apresentarem forma e tamanho diferentes se poderiam distinguir segmentos não homólogos para atribuir-lhes algumas posições a diversos genes. Os primeiros genes que foram localizados no cromossomo X, foram os da cegueira completa a cores, xeroderma pigmentoso, doença de Oguchi, paraplegia espástica e hemofilia. (Figura 32-1). Posteriormente, foram identificados os genes da deficiência da enzima glicose-6-fosfato desidrogenase, antígeno Xg entre outros.

Com relação aos autossomos, os progressos foram muito mais lentos devido à impossibilidade de distinguir

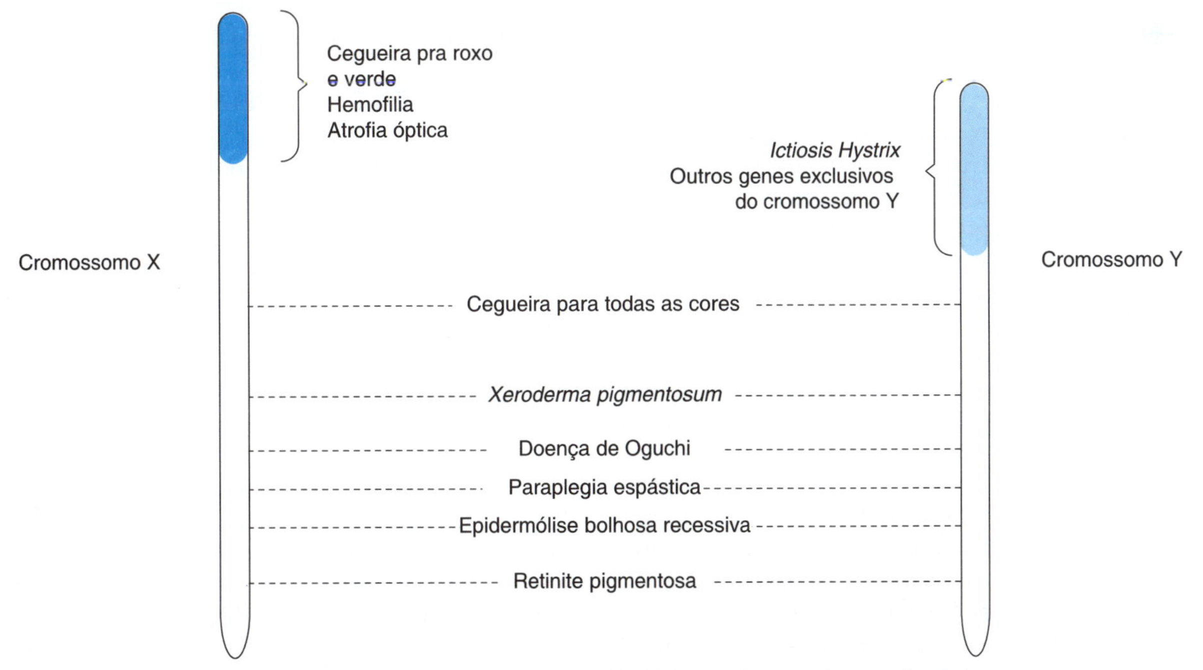

Figura 32-1. Mapa dos cromossomos humanos X e Y de acordo com a herança ligada ao sexo.

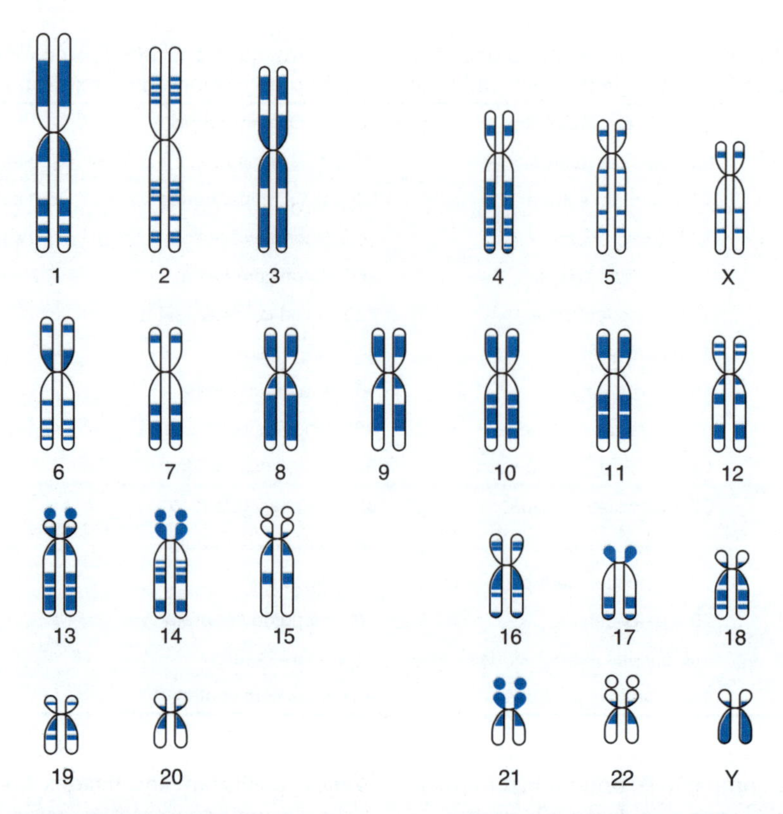

Figura 32-2. Esquema do cariótipo humano mostrando as bandas claras e escuras que permite distingui-los. Esta situação permitiu localizar genes nas diferentes regiões dos cromossomos.

entre os cromossomos homólogos maternos e paternos. Em 1969, descobriu-se que os cromossomos tratados com diferentes agentes químicos foram coloridos com bandas claras e escuras, que eram características e únicas para cada par de cromossomos homólogos. Ao ser possível distingui--los, poderia se atribuir genes a diferentes autossomos. (Figura 32-2). Um grande passo no mapeamento de genes nos cromossomos humanos foi o trabalho de Ruddle e Kucherlapati que descobriram que ao cultivar células humanas em laboratório poderia se misturar com células de outros mamíferos (por exemplo, camundongo). Os núcleos de ambas foram fundidos, dando lugar a células híbridas, nas quais se expressavam as funções de ambas as células, com a condição que, ao proliferar, os cromossomos humanos estavam desaparecendo, de forma que os produtos detectados do metabolismo humano poderiam ser atribuídos aos cromossomos presentes. Foi de grande ajuda ao identificar que os cromossomos humanos são muito diferentes dos camundongos. Se estas células fossem tratadas com agentes produtores de alterações cromossômicas, estas poderiam estar associadas com a expressão de alguns genes. Desta forma foi possível associar diversos genes com determinados cromossomos e sua localização nos mesmos.

Após a descoberta da reação em cadeia da polimerase, todo o cenário mudou e começou a era da genômica e biologia molecular. As múltiplas descobertas das características moleculares do DNA e os avanços tecnológicos para manipulá-lo, produziram uma mudança radical no conhecimento do genoma de diversos organismos e, naturalmente, dos seres humanos. A capacidade de sintetizar e analisar moléculas de DNA recombinante levou ao início da era da genética molecular, que durante um período de três décadas mudou completamente o panorama e em 2003 permitiu concluir o mapa do genoma humano.

PROJETO GENOMA HUMANO

O Projeto Genoma Humano refere-se ao número de estudos por meio dos quais foi possível determinar a sequência de bases de uma célula humana, que contém cerca de 3 x 10^9 bases nitrogenadas, para tentar identificar todos os genes presentes nessa sequência e, assim, explicar o seu papel na saúde e na doença. O projeto começou oficialmente em 1990 com a expectativa de ser concluído em quinze anos, no entanto, em 2000 foi publicada uma sequência praticamente concluída em 92%.

As tentativas de sequenciar o genoma de alguns organismos começaram na época em que foram otimizadas várias técnicas de biologia molecular. Desde então aumentou de maneira quase exponencial o número de pesquisadores no mundo que se dedicam direta ou indiretamente para este objetivo (Quadro 32-3).

Em 1976, foi sequenciado o genoma completo do bacteriófago MS2, que foi o primeiro a ser determinado.

Quadro 32-3. Principais marcos no sequenciamento do DNA

1953	Descoberta da estrutura tridimensional do DNA
1954	Determinação do primeiro mapa físico do genoma humano: novas técnicas de coloração permitiram determinar que uma célula humana contém 46 cromossomos de 24 tipos diferentes
1977	Maxam e Gilbert publicam o método para determinar a sequência de DNA por modificação e degradação química. Sanger publica o método didesoxi para sequenciar, que ainda é a base do sequenciamento
1981	É publicada a sequência completa do DNA mitocondrial humano
1984	sequência completa do genoma do vírus Epstein-Barr (170 kb)
1985	Desenvolvimento da técnica de PCR, para replicar pequenas quantidades de DNA
1986	É anunciado o primeiro aparelho que permite o sequenciamento automático de pequenos fragmentos de DNA
1988	Os Institutos Nacionais de Saúde dos EUA (NIH) criam o Centro Nacional para o estudo do Genoma Humano. Estabeleceu-se a Organização do Genoma Humano (HUGO) para coordenar os esforços internacionais e o intercâmbio de recursos para o sequenciamento total do genoma humano
1990	Os Institutos Nacionais de Saúde dos EUA começam projetos de sequenciamento em grande escala de *Mycoplasma caprolicum, Escherichia coli, Caenorhabditis elegans* e *Sacharomyces cerevisiae.* É lançado oficialmente o Projeto do Genoma Humano com um pressuposto de 3 milhões de dólares para os EUA
1991	Estabelece-se o Genome Database (GDB) para armazenar os dados do sequenciamento do Genoma Humano
1995	É publicada a sequência do primeiro organismo de vida livre: *Haemophilus influenzae* (1.8 Mb)
1996	O Consórcio Internacional libera a sequência do genoma de *S. cerevisiae* (12.1 Mb)
1997	É publicada a sequência completa da *E. coli* (5 Mb)
1998	Completa-se a sequência de *C. elegans* (97 Mb)
1999	O Consórcio Internacional publica a primeira sequência completa do cromossomo 22 humano
2000	*Celera Genomics* anuncia a sequência de *D. melanogaster* (180 mb), obtida com o método de escopetazo de genoma completo. São anunciados os rascunhos da sequência do Genoma Humano obtidos pelo Consórcio Internacional e *Celera Genomics.* O Consórcio Internacional completa a primeira sequência de uma planta: *Arabidopsis thaliana* (125 Mb)
2001	O Consórcio Internacional publica o rascunho da sequência do Genoma Humano na *Nature*, enquanto que *Celera* o faz na *Science*
2002	Conclui-se o sequenciamento do genoma humano
2006	Finalmente é publicada a sequência do último cromossomo

No ano seguinte, Frederick Sanger sequenciou o genoma do DNA do vírus PhiX174, usando uma técnica conhecida como *shotgun*, que fragmentou o material genético do vírus e através da utilização de algoritmos matemáticos reconstruiu sequência completa. O primeiro genoma de uma bactéria de vida livre sequenciado foi o do *Haemophilus influenzae* ($1{,}8 \times 10^6$ bp) em 1995, quase simultaneamente com o primeiro animal, o verme *Caenorhabditis elegans* (aprox. 100×10^6 pb).

Em 1988 fundou-se a Organização do Genoma Humano (HUGO, por sua sigla em Inglês), com a participação de diferentes países: EUA, Reino Unido, França, Alemanha, China e Japão, entre outros. Esta organização, também conhecida como o Consórcio Internacional para o sequenciamento do Genoma Humano, tinha como, objetivo coordenar os esforços multinacionais para completar a tarefa de fazer uma sequência completa do genoma humano e facilitar o intercâmbio de informações científicas, bem como incentivar o debate público. Devido à dimensão do projeto, o sequenciamento se concentrou em cinco centros de pesquisa principais: o Instituto *Wellcome Trust Sanger*, no Reino Unido, o Instituto *Whitehead* e o Instituto de Tecnologia de Massachusetts, a Universidade de Washington, o Instituto Conjunto do Genoma do Departamento de Energia dos EUA e o Colégio Baylor de Medicina. No entanto, foi necessário envolver um grande número de pequenos laboratórios que foram responsáveis pelo estudo de alguns genes associados com várias doenças. Os financiamentos para o projeto vieram do governo dos EUA através dos Institutos Nacionais de Saúde, da fundação de caridade do *Wellcome Trust* do Reino Unido, e também de muitos grupos ao redor o mundo e estimou-se um custo de cerca de 3 bilhões de dólares para completar o projeto.

No mesmo ano foi lançado um projeto paralelo com financiamento privado por Craig Venter e sua empresa *Celera Genomics*. Sua proposta foi concluir o projeto em um tempo muito mais curto e com um custo de cerca de 300 milhões de dólares. Embora ambos os projetos tinham objetivos semelhantes, em alguns casos cada um aplicou estratégias diferentes: o método de sequenciamento empregado e os métodos de gestão das sequências obtidas. Graças à cooperação internacional, aos progressos nos métodos de sequenciamento e, sobretudo, à informática, em 2000 se anunciou que já se tinha um esboço do genoma. O anúncio foi feito conjuntamente pelo presidente dos EUA, Bill Clinton e o primeiro-ministro britânico Tony Blair em junho de 2000, embora não tenha sido apresentado até fevereiro de 2001, quando se publicaram os resultados científicos de cada um dos projetos. Uma edição especial da revista *Nature* publicou os resultados do primeiro projeto, enquanto a revista *Science* publicou os de *Celera*, ambas publicações descreveram os métodos empregados, assim como as primeiras análises das sequências. Este primeiro esboço cobria cerca de 83% do genoma humano, incluindo 90% das regiões de eucromatina, mas com mais de 150 000 furos, e a ordem e orientação de alguns segmentos ainda a serem ser determinadas.

As pesquisas para refinar o esboço continuaram e em abril de 2003, dois anos antes do previsto, foi determinado que já contava-se com a sequência praticamente completa. Finalmente, em maio de 2006, foi dado como concluído o projeto com a publicação oficial da sequência do último cromossomo. É interessante notar que o projeto foi considerado encerrado de acordo com a definição estabelecida pelo consórcio internacional, no entanto, ainda há trabalhos pendentes. Por exemplo, praticamente desconhece-se completamente a sequência dos centrômeros e dos telômeros de cada um dos cromossomos. Com as técnicas de análise atuais é impossível determinar a sequência exata destas regiões com DNA altamente repetitivo. Também há alguns *loci* com famílias multigênicas que codificam proteínas importantes para o sistema imunológico que não podem ser resolvidos com as técnicas utilizadas, além de dezenas de pequenos buracos sem sequenciamento, dispersos ao longo de todo o genoma. Por todo o exposto, considera-se como tendo sido sequenciado em torno de 92% do genoma total, que corresponde à eucromatina.

Em 2004, pesquisadores da HUGO anunciaram que uma nova estimativa do número provável de genes no genoma humano variava entre 20 e 25 mil no total, contra o número no início do projeto de cerca de 40-100 mil genes. Supõe-se que mais de 45% do genoma consiste de sequências altamente repetitivas que não são expressas. Também foi encontrado que o Genoma Humano compartilha mais de 200 genes com as bactérias, mas que esses genes não são compartilhados com os vermes, ou com as moscas de fruta, sugerindo que um antepassado dos vertebrados adquiriu esses genes bacterianos por transferência horizontal de genes ou vice-versa.

Dados publicados pelo Projeto Genoma Humano não representam de forma alguma a sequência exata do genoma de todos os humanos, pois cada indivíduo tem uma única sequência. Além disso, o genoma sequenciado corresponde na verdade a um pequeno grupo de doadores anônimos.

Este projeto é útil para os trabalhos futuros que abordem as diferenças que se apresentam entre os indivíduos. Entre eles podem-se incluir o *HapMap* ou mapa de haplótipos, que já começou e que utiliza as diferenças determinadas por polimorfismos de um único nucleotídeo ou SNP.

O Projeto Genoma Humano suscitou uma série de objetivos, que incluiu o desenvolvimento de novas tecnologias e ferramentas para o sequenciamento, assim como a criação de bases de dados e programas computacionais para análises de sequência. Outro objetivo deste projeto foi estudar as implicações éticas, jurídicas e sociais dessa geração de conhecimentos. Em abril de 2008 foi publicada a sequência do genoma de James Watson, codescobridor da estrutura do DNA. No entanto, a importância desse fato reside no rápido desenvolvimento que a tecnologia de sequenciamento de DNA apresentou. Para o projeto do genoma humano foi necessária a participação de 16 Instituições com cerca de 2800 cientistas de seis países envolvidos, por 13 anos e custo de cerca de 2,7 bilhões de dólares. Para o genoma de Watson, que foi sequenciado usando a tecnologia de nova geração, foram necessários 27 pesquisadores dos EUA, que levaram quatro meses e meio com um custo de 1,5 milhões de dólares. Tudo isto nos permite vislumbrar, em um futuro próximo, a possibilidade de sequenciamento do genoma pessoal de cada indivíduo a um custo relativamente baixo.

Metodologia de sequenciamento

Os primeiros métodos de sequenciamento foram criados na década de 1970-1979, mas eram muito trabalhosos e só foram capazes de identificar as sequências de cadeias de nucleotídeos de algumas dezenas de pares de bases de comprimento. Foi até 1977 que Allan Maxam e Walter Gilbert desenvolveram um método mais poderoso que se baseava na modificação química de uma das bases nitrogenadas, seguida por hidrólise específica no local desta modificação. Este procedimento produzia fragmentos que diferiam entre si por seu tamanho, que poderiam ser facilmente separados por eletroforese em gel, e eram identificados pela presença de uma marcação radioativa agregada em uma extremidade do DNA no início do processo. A partir deste gel se poderia facilmente deduzir a sequência do DNA em questão.

Apesar de suas vantagens, o método tem caído em desuso por sua complexidade técnica e o uso de reagentes radioativos perigosos, além de não poder ser utilizado para fragmentos relativamente grandes. Além disso, os compostos químicos que são utilizados dificilmente podem ser padronizados para uso como um *kit* de biologia molecular. No entanto, este método ainda é usado para estudar a interação entre DNA e as proteínas, bem como em estudos de estrutura e modificações epigenéticas do DNA. Este método foi substituído, nas técnicas de rotina dos laboratórios de biologia molecular, pela técnica do terminador de cadeia desenvolvido por Sanger, que é muito mais eficiente, pois usa reagentes menos tóxicos e quantidades menores de radioatividade. Na verdade, uma modificação do método pode prescindir completamente do uso de materiais radioativos, substituindo-os por compostos coloridos. Esta técnica utiliza trifosfatos de didesoxinucleotídeos, que ao serem incorporados em uma cadeia de DNA em crescimento, param o processo e produzem cadeias truncadas de comprimentos diferentes que são separadas posteriormente por eletroforese em gel (Fig. 32-3).

O método clássico de Sanger, também conhecido como método didesoxi, requer uma cadeia de fita única de DNA que serve como um molde ou *primer* que facilita o início do processo de replicação do DNA, bem como da DNA polimerase para adicionar os nucleotídeos de acordo com a sequência do molde, nucleotídeos normais marcados com fluorescência ou radioatividade e nucleotídeos modificados (didesoxinucleotídeos) para completar o processo de alongamento do DNA. A amostra a ser sequenciada é dividida em quatro lotes para desenvolver reações paralelas e a cada um se acrescenta uma mistura dos quatro nucleotídeos normais, a DNA polimerase, e um dos quatro nucleotídeos modificados. Como eles precisam de um grupo hidroxila na posição 3', ao serem incorporados na cadeia, eles evitam a adição de mais nucleotídeos e o crescimento da cadeia se interrompe. Devido aos nucleo-

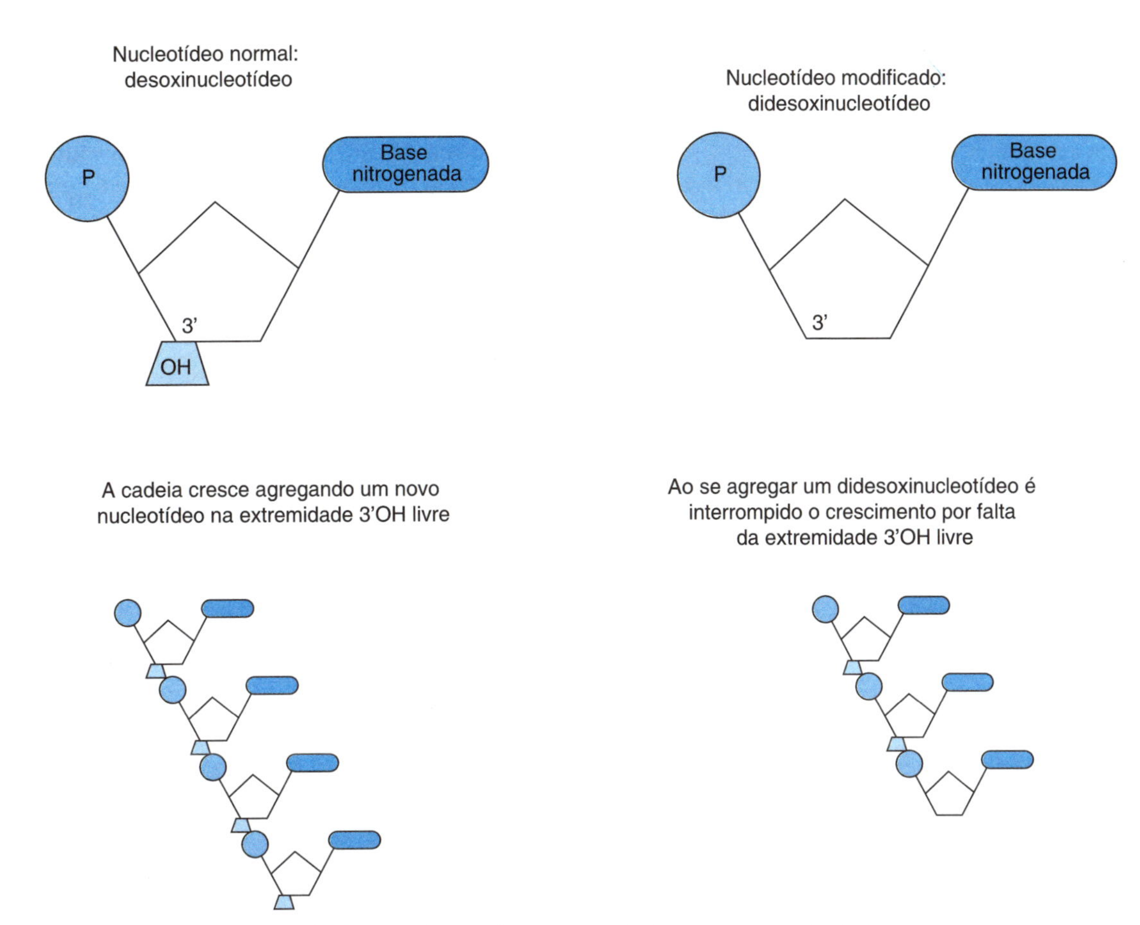

Figura 32-3. Bases bioquímicas do método de sequenciamento de Sanger.

tídeos normais entrarem em concorrência com os didesoxinucleotídeos, o resultado final é uma mistura de cadeias de DNA com comprimentos diferentes que são separadas por eletroforese em gel, e reveladas através de uma autorradiografia ou luz UV. Cada uma das quatro reações realizadas correm em uma pista diferente e no final se pode ver um conjunto de sequências que diferem entre si apenas por um nucleotídeo de comprimento, indicando indiretamente a base que se encontra a posição terminal de cada cadeia (Figura 32-4).

Uma alternativa, que agora é usada com frequência, é o sequenciamento com terminator colorido (*dye-terminator sequencing*), que inclui a adição simultânea de didesoxinucleotídeos terminadores da cadeia, marcados com diferentes corantes fluorescentes. O sinal fluorescente é detectado em um ponto fixo, para o qual se faz passar o DNA em um capilar contendo um gel de eletroforese, no qual os fragmentos de DNA são alinhados de acordo com seu tamanho. Cada marca fluorescente é detectada quando exposta à luz ultravioleta em um comprimento de onda específica, pois cada fluorocromo emite cores diferentes. A sequência é lida e registrada em um computador, é visualizada como picos de cores diferentes que correspondem a cada um dos nucleotídeos e a posição que ocupam na sequência de DNA. Isto permite realizar o sequenciamento do DNA em uma única reação, ao invés das quatro utilizadas na reação tradicional. Este método tem permitido o desenvolvimento de sequenciadores automáticos capazes de trabalhar com mais de 300 amostras simultaneamente e sequenciar cadeias de até 1000 nucleotídeos de comprimento.

Metodologia de sequenciamento empregada por HUGO

O consórcio aplicou um método utilizado como padrão, para o sequenciamento dos genomas de mamíferos, conhecido como clone por clone. Neste método, o genoma do organismo em questão é fragmentado em pedaços de cerca de 150 000 pares de base de comprimento, que posteriormente são inseridos em cromossomos artificiais de bactérias (BAC), para serem clonados e assim obter um grande número de cópias de cada fragmento. Posteriormente, cada BAC é sequenciado, após a fragmentação do DNA clonado em pedaços muito pequenos. Finalmente, a ordem da sequência é deduzida através de algoritmos matemáticos que pareiam (emparelham) as extremidades sobrepostas dos fragmentos. O método também é conhecido como *shotgun* hierárquico, porque o genoma é

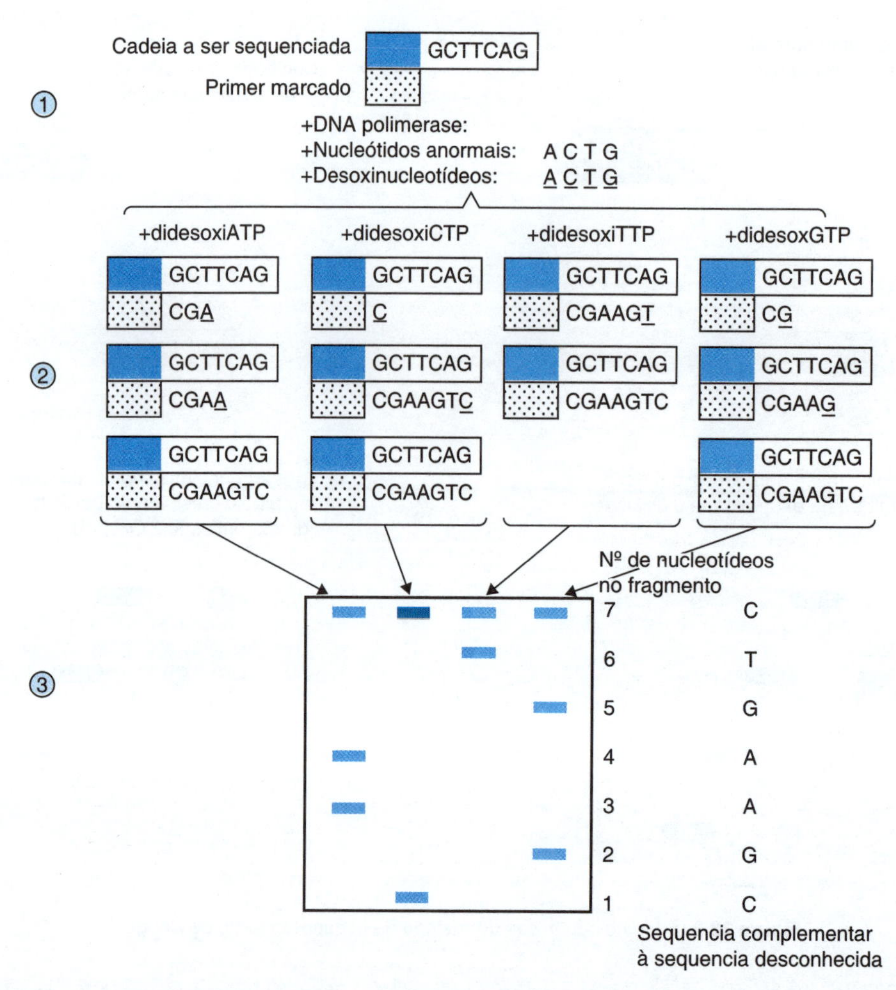

Figura 32-4. Sequenciamento pelo método didesoxi. **1)** Incubação do DNA da sequencia desconhecida com desoxinucleotídeos e didesoxinucleotídeos. **2)** Produtos obtidos da reação da polimerase. **3)** Visualização dos produtos por eletroforese e dedução da sequencia da cadeia complementar procurada. Na fileira correspondente à didesoxicitidina se observa uma banda mais intensa que o resto, isto se deve à obtenção de dois heptanucleotídeos: um com didesoxiCTP e outro com CTP normal.

fragmentado em partes relativamente grandes que são atribuídas a uma região de um cromossomo em particular, antes de serem sequenciadas. Esta atribuição é feita por meio da busca de marcadores cromossômicos conhecidos como sítios de sequência marcados (STS; do inglês, *sequence tagged sites*). A principal desvantagem deste método é o alto custo, o tempo e esforço que devem ser dedicados à construção e sequenciamento a fundo da biblioteca genômica composta por 20000 ou mais BAC que são necessários para mapear o genoma inteiro (Figura 32-5).

Metodologia de sequenciamento empregada por *Celera Genomics*

Craig Venter e colaboradores usaram um método que é conhecido como *shotgun* do genoma inteiro (WGS, do inglês, *whole genome shotgun*) para salvar as desvantagens do método utilizado pelo projeto público. Neste, o genoma total é fragmentado em milhões de pequenos fragmentos que são sequenciados e remontados para produzir uma série de "esqueletos" de sequências que são mapeados em um cromossomo em particular, pelo uso dos STS. Este método foi anteriormente utilizado para o sequenciamento do genoma de bactérias com alguns milhões de pares de base de comprimento, mas nunca de algo tão grande como os 3 bilhões de pares de bases do genoma humano. Um dos principais problemas deste método é que os genomas de mamíferos contêm milhões de sequências repetidas, tornando-se difícil atribuir à ordem correta da sequência (Figura 32-6).

OUTROS PROJETOS DE GENOMAS

O Projeto Genoma Humano é o mais conhecido dos múltiplos projetos de genoma que procuram determinar a sequência de DNA de organismos diferentes; alguns deles foram tomados como ensaios preliminares para aperfeiçoar as técnicas de sequenciamento que depois seriam aplicadas ao genoma humano (Quadro 32-4).

Obviamente, os primeiros organismos sequenciados foram os procariontes, porque seus genomas são peque-

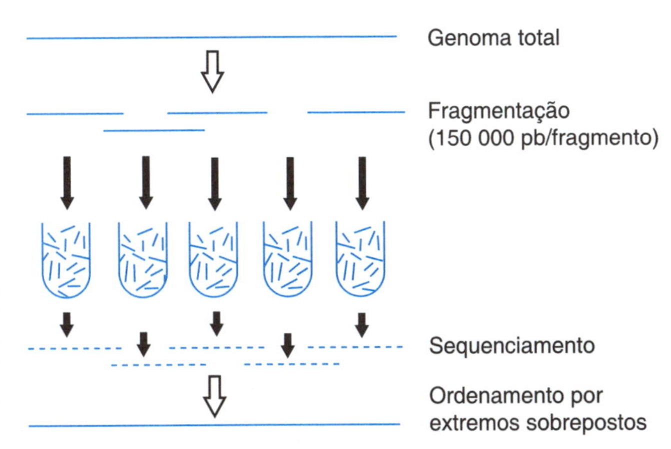

Figura 32-5. Sequenciamento por *shotgun* hierárquico.

nos e é viável um sequenciamento relativamente rápido. Como já mencionado, o primeiro organismo de vida livre completamente sequenciado foi a bactéria *Haemophilus influenzae* em 1995, e logo depois foi possível sequenciar o *Mycoplasma genitalum*, a menor unidade autoreplicante conhecida. A primeira arqueobactéria sequenciada foi a *Methanococcus jannaschii*, em 1996, e a *Escherichia coli* no ano seguinte. Até hoje já se conseguiu sequenciar o genoma de mais de 200 procariontes e existe um grande número de projetos semelhantes em desenvolvimento.

O sequenciamento do genoma de procariontes tem sido realizado com justificativas diversas, tanto para se entender as relações evolutivas entre os diferentes organismos como as *archea*, ou para tentar encontrar o genoma mínimo para uma unidade biológica, como no caso de *M. genitalum*. Em outros casos, como acontece com *E. coli* e *Bacillus subtilis*, os motivos têm sido principalmente de pesquisa básica, porque esses dois organismos são os modelos experimentais mais comumente usados. Também se tem trabalhado com alguns procariontes que têm sido associados com doenças crônicas ou porque eles são a causa de algumas doenças que causam danos graves.

O primeiro eucarionte sequenciado foi *Saccharomyces cerevisiae* em 1996 e, como outros organismos unicelulares, foi utilizado para tentar compreender, por meio do seu genoma, a origem de algumas doenças (por exemplo, o *Plasmodium falciparum*, que provoca a malária) ou para ter modelos básicos de eucariontes (*S. cerevisiae*).

O sequenciamento do genoma do nematelminto *Caenorhabditis elegans*, foi um grande avanço, já que foi o primeiro organismo pluricelular sequenciado, e é um modelo animal amplamente utilizado para estudar os processos de desenvolvimento. Todos os projetos de genomas de metazoários até o momento (como com o rato, a rata, a mosca de fruta e o sapo africano *Xenopus*) têm sido levantados com fins de investigação básica, ou por sua aplicação comercial, como no caso de genomas de animais de criação, ou para fins médicos, como no caso de parasitas ou portadores de doença.

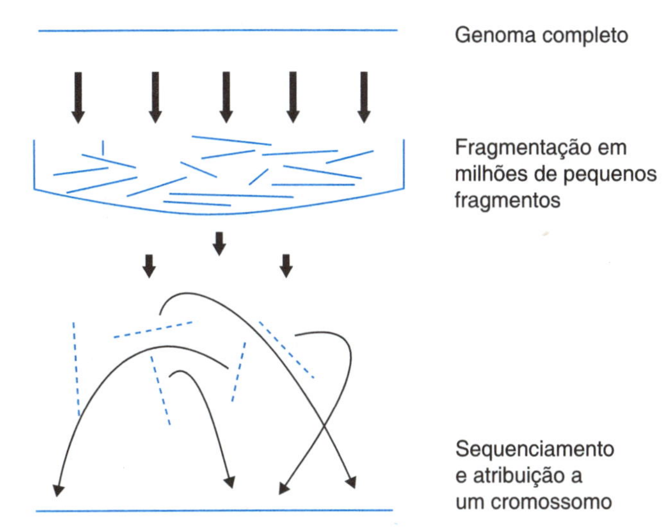

Figura 32-6. Sequenciamento por *shotgun* do genoma completo.

ESTRUTURA DO GENOMA HUMANO

O genoma humano é extremamente complexo, e ao longo dos anos de estudo foi possível descobrir algumas características específicas na sequência de DNA, que são particulares de cada indivíduo, por isso podem ser úteis para a identificação de uma pessoa, um grupo de parentes ou de populações com características semelhantes.

Haplótipos

Um haplótipo é a composição genética de um cromossomo. Pode se referir a um único locus ou a um genoma completo. No caso de organismos diploides como os seres humanos, o haplótipo compreende um membro do par de alelos para cada locus, um em cada cromossomo homólogo.

Outro significado do haplótipo refere-se a um grupo de SNP em uma única cromátide que estão intimamente associados. Acredita-se que essas associações, e a identificação de alguns alelos de um conjunto de haplótipos podem ser identificadas de forma precisa e inequívoca de todos os outros sítios polimórficos desta região. Esta informação é fundamental para a pesquisa de doenças genéticas que não são comuns.

Os haplótipos do genoma humano foram produzidos através dos mecanismos moleculares de reprodução sexual e a história evolutiva das espécies. Com exceção das células sexuais, os cromossomos nas células humanas se encontram em pares, que são denominados homólogos, um proveniente do pai e outro da mãe. Esses cromossomos não são transmitidos de geração em geração como cópias idênticas, já que durante a gametogênese há intercâmbio de material genético através da recombinação. Assim, os cromossomos herdados pelo filho, produto de seu emparelhamento, irão conter uma nova combinação de genes.

Quadro 32-4. Exemplos de genomas sequenciados até o momento

ARQUEOBACTÉRIAS

Organismo	Tipo	Relevância	Tamanho do genoma (kbp)	Nº de genes	Ano
Archaeoglobus fulgidus	Termófilo aquático anaeróbio	Biotecnológica	2 178	2 436	1997
Halobacterium sp.	Halófilo aquático aeróbio e heterótrofo	Biotecnológica	2 571	2630	2000
Haloarcula marismortui	Halófilo aquático aeróbio	Biotecnológica	3419	3407	2004
Methanococcus maripaludis	Metanógeno hidrogenotrófico anaeróbico	Biotecnológica e produção de energia	1661	1722	2004
Pyrococcus furiosus	Hipertermófilo, metaboliza polissacarídeos e peptídeos	Biotecnológica e diversidade metabólica	1908	2 065	1999

BACTÉRIAS

Organismo	Tipo	Relevância	Tamanho do genoma (kbp)	Nº de genes	Ano
Bacillus anthracis	Bacilo Gram +, formador de endosporas	Causa carbúnculo ou antrax	5 228	5 508	2003
Bacillus subtilis	Bacilo Gram+, causador de decomposição de alimentos	Organismo modelo	4 214	4 106	1997
Bradyrhizobium japonicum	Bactéria nitrificante formadora de nódulos em leguminosas	Bactéria com um dos maiores genomas	9 105	8 317	2002
Carsonella ruddii	proteobactéria	Bactéria com genoma muito pequeno	159	182	2006
Chlamydia trachomatis	Cocoide Gram-, parasita intracelular	Causa tracoma, principal causa de cegueira	1 044	894	1998
Clostridium tetani	Bacilo anaeróbio Gram+, formador de endosporas	Causa tétano em humanos	2 799	2 373	2003
Deinococcus radiodurans	Coco Gram-, células em tétrades	Organismo mais resistente à radiação	3 280	3 187	1999
Escherichia coli K12	Enterobactéria Gram-	Organismo modelo	4 639	4 280	1997
Helicobacter pylori	Espirobacilo Gram-, enterobactéria patogênica	Causa gastrite e úlcera péptica em humanos	1 667	1 566	1997
Mycobacterium leprae	Bacilos curvos, formadores de filamentos, patogênico	Causa lepra em humanos	3 268	2 720	2001
Mycobacterium tuberculosis	Bactéria patogênica	Causa tuberculose em humanos	4 411	3 924	1998
Mycoplasma genitalium	Bactéria patogênica	Bactéria com genoma muito pequeno	580	476	1995
Pseudomonas aeruginosa	Bacilo Gram-, patógeno oportunista	Organismo modelo	6 300	5 570	2000
Salmonella typhimurium	Bacilo Gram-, enterobactéria patogênica	Causa febre tifoide em humanos	4 857	4 452	2001
Staphylococcus aureus	Coco Gram+, patogênica em humanos	Causadora de múltiplas infecções em humanos	2 809	2 673	2004
Treponema pallidum	Espiroqueta Gram-, patogênica em humanos	Causa sífilis em humanos	1 138	1 041	1998
Vibrio cholerae	Vibrião Gram-	Causa cólera em humanos	4 033	3 885	2000

Quadro 32-4. Exemplos de genomas sequenciados até o momento (continuação)

Eucariontes

Organismo	Tipo	Relevância	Tamanho do genoma (kbp)	Nº de genes	Ano
Anopheles gambiae	Mosquito	Vetor da malária	278 844	13 683	2002
Arabidopsis thaliana	Mostarda silvestre	Planta modelo	125 000	25 498	2000
Aspergillus niger	Fungo de vida livre	Biotecnológica, fermentação	33 900	14 165	2007
Bombyx mori	Bicho da seda doméstico	Produção de seda	530 000	18 150	2004
Caenorhabditis elegans	Verme nematoide	Animal modelo	95 330	20 018	1998
Canis familiaris	Cão doméstico	Animal modelo	2 400 000	19 300	2005
Dictyostelium discoideum	Fungo mixomiceto mucilaginoso	Organismo modelo	34 042	12 500	2005
Drosophila melanogaster	Mosca da fruta	Animal modelo	180 000	13 676	2000
Entamoeba histolytica	Protozoário intestinal	Causa a diarreia amebiana em humanos	23 751	9 938	2005
Homo sapiens	Ser humano		2 850 000	22 287	2006
Monodelphis domestica	Gambá de cauda curta	Primeiro genoma marsupial sequenciado	3 475 000	18 648	2007
Mus musculus	Camundongo comum	Mamífero modelo	2 716 965	24 174	2002
Neurospora crassa	Fungo filamentoso de vida livre	Eucarionte modelo	38 639	10 082	2003
Ornithorhyncus anatinus	Ornitorrinco, mamífero ovíparo	Mamífero primitivo com características compartilhadas com aves e répteis	1 840 000	18527	2008
Oryza sativa	Arroz	Planta cultivada e organismo modelo	420 000	>40 000	2002
Pan troglodytes	Chimpanzé	Primata mais parecido com humano	3 100 000	>22 000	2005
Paramecium tetraurelia	Protozoário ciliado	Organismo modelo	100 000	39 642	2004
Plasmodium falciparum	Protozoário parasita	Causa a malária em humanos	22 900	5 268	2002
Rattus norvegicus	Rato marrom	Mamífero modelo	2 750 000	21 166	2004
Saccharomyces cerevisiae	Levedura do pão	Eucarionte modelo	12 088	5 885	1996
Schizosaccharomyces pombe	Levedura, o menor número de genes em um eucarionte	Eucarionte modelo	14 000	4 824	2002
Strongylocentrotus purpuratus	Ouriço do mar	Eucarionte modelo	814 000	23 300	2006
Tetraodon nigroviridis	Peixe balão	Vertebrado com o menor genoma	385 000	27 918	2004
Trichomonas vaginalis	Protozoário parasita	Causa a tricomoníse em humanos	176 441	60 160	2007
Trypanosoma brucei	Protozoário parasita	Causa a doença do sono em humanos	26 075	9 068	2005

Através de muitas gerações, os segmentos de cromossomos ancestrais em uma população que teve cruzamentos entre si, têm sido misturados através de repetidos eventos de recombinação. Alguns segmentos dos cromossomos ancestrais ocorrem como regiões de sequências de DNA que são compartilhadas por muitas pessoas. Esses segmentos são regiões dos cromossomos que por sua proximidade não foram separados pelas múltiplas recombinações, e por sua vez, são separados por segmentos de DNA onde ocorreram recombinações.

Os registros fósseis e as evidências genéticas indicam que os humanos modernos descendem de ancestrais que viveram na África há cerca de 150 000 anos. Como somos uma espécie relativamente jovem, a maior parte da variação genética de qualquer população contemporânea, provem das variações das populações ancestrais. Na verdade, quando os seres humanos migraram da África levaram parte da variabilidade genética dos ancestrais originais. Como resultado, os haplótipos atuais tendem a ser subgrupos dos complementos genéticos originais.

Como os seres humanos modernos se dispersaram pelo planeta, a frequência de haplótipos varia de região para região por uma distribuição aleatória, seleção natural e outros mecanismos genéticos. Assim, um haplótipo particular pode se apresentar com frequências diferentes em diversas populações, especialmente quando estas são amplamente separadas e com pouca probabilidade de intercâmbio de DNA através de acasalamentos. Além disso, nas populações têm aparecido novas mudanças nas sequências de DNA por mutações, criando novos haplótipos, que, pelo seu aparecimento recente, não tiveram tempo suficiente para se espalhar para além da população e região geográfica em que se originaram.

Polimorfismo de um único nucleotídeo (SNP)

O termo SNP refere-se aos polimorfismos de nucleotídeo único, (SNP, por sua sigla em inglês, *single nucleotide polymorphism*). São sequências variáveis de DNA que ocorrem quando um único nucleotídeo (A, T, C ou G) na sequência do genoma é alterado. Por exemplo, um SNP pode alterar a sequência de DNA AAGGCTAA para ATGGCTAA. Para que uma variação seja considerada como SNP, deve ocorrer em pelo menos 1% da população. Em alguns casos, pode chegar a até 90% de toda a variação genética dos humanos, já que ocorre de cada 100 a 300 bases ao longo dos 3000000000 que constituem o genoma humano. Dois de cada três SNP envolvem a mudança de citosina (C) por timina (T). Podem ocorrer tanto em regiões do genoma que codificam genes, como naquelas que não o fazem. Assim, alguns SNP não têm nenhum efeito sobre as funções celulares, mas outros podem predispor as pessoas à doença ou influenciar na resposta a alguns medicamentos.

Embora mais de 99% da sequência de DNA seja a mesma na população humana, suas variações podem ter mais impacto na forma como os indivíduos respondem às doenças, às agressões do meio ambiente, como a exposição a bactérias, vírus, toxinas, agentes químicos, medicamentos e a outros tipos de terapias, como a radiação. Isso faz com que os SNP sejam muito importantes para a investigação biomédica e para o desenvolvimento de fármacos ou de diagnósticos médicos. Os SNP são evolutivamente estáveis, pois não mudam muito de geração em geração, tornando-os fáceis de seguir em estudos populacionais. Devido a isso, a análise dos SNP ajuda a identificar múltiplos genes associados com doenças complexas como câncer, diabetes, doenças vasculares e algumas formas de doenças mentais.

Os SNP em si não causam doenças, mas podem ajudar a determinar a possibilidade de alguém desenvolver uma doença específica. Por exemplo, o gene da apolipoproteína E tem sido associado à doença de Alzheimer, e é um bom exemplo de como os SNP afetam o desenvolvimento da doença. Este gene contém dois SNP que resultam em três possíveis alelos para este gene (*ApoE*): E2, E3 e E4. Cada alelo difere em uma única base nitrogenada, e a proteína resultante de cada gene difere em um único aminoácido.

Cada indivíduo herda uma cópia materna e uma paterna do gene *ApoE*. As pesquisas mostram que um indivíduo que herda pelo menos um alelo E4, tem mais probabilidade de desenvolver doença de Alzheimer. Aparentemente, a mudança de um aminoácido na proteína E4 altera a sua estrutura e função de maneira suficiente para desenvolver a doença. Por outro lado, os indivíduos que herdam o alelo E2 são menos propensos a desenvolverem a doença.

Os SNP não são indicadores absolutos de desenvolvimento da doença. Uma pessoa que herda dois alelos E4 pode não apresentar a doença de Alzheimer, enquanto que quem herda dois alelos E2 pode apresentá-la, já que a *ApoE*, é somente um dos possíveis genes associados a esta doença. A maioria dos distúrbios crônicos mais comuns, tais como doença cardíaca, diabetes ou câncer, são patologias que podem ser causadas por variações em diversos genes.

Minissatélites

Um minissatélite é uma secção do DNA que consiste em uma série curta de 10-100 pares de bases, que se encontram em mais de 1000 locais no genoma humano. Eles consistem de regiões com um número variável de repetições de nucleotídeos em tandem (VNTR, por sua sigla em inglês). Cada segmento polimórfico tem uma sequência básica em comum com outros VNTR, assim como sequências específicas. A variabilidade do VNTR reflete no fato de que as sequências reconhecidas por enzimas de restrição variam no genoma, pela presença de mutações herdadas ou adquiridas. Isto cria ou elimina sítios de restrição originando fragmentos de DNA de diferentes tamanhos ou número. As variações nos sítios de restrição são conhecidas como fragmentos de restrição de tamanho polimórfico (RFLP).

A impressão genética do DNA consiste na "digitação" de um indivíduo e é baseada na presença de minissatélites no genoma. As regiões de minissatélites que são utilizadas nesta metodologia são os *VNTR* que se encontram entre os sítios de restrição. Eles são cortados com enzimas de restrição que deixam os minissatélites intactos, são separados por eletroforese e hibridizados com uma sonda de uma sequência repetida compartilhada por diferentes polimorfismos. Deste modo obtém-se um padrão eletroforético que é único para cada indivíduo que e serve como uma forma de impressão digital. É pouco provável que dois seres humanos não relacionados tenham o mesmo número de minissatélites em um determinado lócus; somente os gêmeos idênticos mostram um padrão indistinguível. Devido às suas características, este método é usado em testes de paternidade e genética forense.

EXPRESSÃO DO GENOMA HUMANO

A expressão do material genético e sua regulação são parte do que é conhecido como transcriptoma, proteoma e epigenoma.

Transcriptoma

Um gene consiste de uma sequência de bases que determina como produto final a estrutura de uma proteína (Figura 32-7). Cada gene tem sequências chamadas éxons, que contem regiões codificadoras que se intercalam com regiões não codificadoras chamadas íntrons. Para que o código que está contido no DNA seja traduzido em uma proteína, é obrigado a passar por vários processos: o primeiro é a transcrição, onde a partir do DNA é sintetizado RNAm; o segundo é a tradução que utiliza os aminoácidos codificados no RNAm para produzir uma proteína. O conceito aceito há vários anos, que diz que um gene produz uma proteína já não é válido, atualmente se sabe que um só gene pode produzir vários RNAm, através de um processo conhecido como remoção alternativa de íntrons (*splicing* alternativo). Através deste mecanismo alguns genes produzem apenas um tipo de RNAm, mas outros têm a capacidade de produzir centenas, como a família das neurexinas, onde dois genes podem gerar milhares de RNAm diferentes. O *splicing* alternativo de introns gera uma grande variabilidade de RNAm, que em conjunto constituem o transcriptoma. Em consequência, o transcriptoma de uma célula tem um elevado potencial para especificar uma grande variedade de proteínas que determinam, em parte, sua função e diferenciação.

Proteoma

Proteoma é conhecido como o complemento proteico total produzido pelo genoma de um organismo ou uma célula. Sua complexidade é muito grande quando se considera que na espécie humana há mais de 20 000 genes, e que cada transcrito de RNAm pode sofrer um processamento alternativo e, por sua vez, cada proteína pode ter modificações pós-traducionais. É possível, portanto, que o proteoma de cada indivíduo tem uma complexidade de magnitude de 2 a 3 vezes maior que a do genoma. De fato, estima-se que o proteoma completo da espécie humana poderia estar constituído por mais de 100 mil cadeias polipeptídicas.

O conhecimento do proteoma é um dos mais importantes desafios da era pós-genômica. A análise da variabilidade das proteínas está levando ao crescente interesse, porque ela está associada tanto ao funcionamento normal do organismo, como a muitas das patologias. Em resumo, proteômica compreende a análise deste conjunto de proteínas, desde uma perspectiva funcional, que inclui localização, modificações e interações com outras moléculas, nas células de tecidos saudáveis ou com alguma patologia.

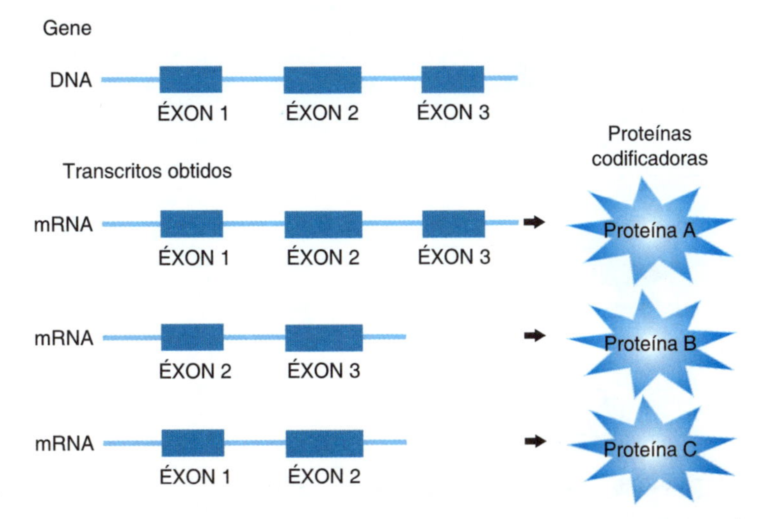

Figura 32-7. Representação do gene com éxons, a partir do qual se sintetizam vários RNAm por remoção alternativa dos íntrons, e pelo processo de tradução se produzem diversas proteínas.

Epigenoma

Epigenética refere-se a alterações herdáveis que ocorrem na expressão de um gene, mas não envolvem mudanças na sequência do DNA. Estas mudanças ocorrem tanto no DNA, por exemplo, a metilação desta molécula que ocorre no carbono 5 da citosina em regiões ricas em sequências repetidas de dinucleotídeos CpG, como em proteínas da cromatina, como no caso das histonas que sofrem modificações pós-tradução, tais como a fosforilação e a acetilação (Figura 32-8). Ambos os eventos influenciam o empacotamento do DNA e, portanto, a acessibilidade que tem a maquinaria transcricional de um determinado gene, para que este possa se expressar.

O epigenoma consiste no conjunto de mudanças epigenéticas que distinguem um tipo específico de célula. Tem sido demonstrado que os fatores ambientais induzem alterações epigenéticas que permitem que cada indivíduo se adapte às diferentes fases da sua vida, e que ao longo prazo, podem ter efeitos na expressão gênica alterando a susceptibilidade a doenças. Visto que os transcritos e as proteínas são determinantes no processo de doença, a importância do conhecimento do transcriptoma, do proteoma e do epigenoma, é potencialmente mais relevante do que o do genoma em si. A seguir são descritas algumas das metodologias mais relevantes que têm sido utilizadas no estudo dos genes, sua composição, regulação, função e as interações de seus produtos.

MÉTODOS PARA O ESTUDO DO GENOMA HUMANO

sequenciamento de DNA

O sequenciamento de DNA é um método que detecta mutações relacionadas a doenças e os polimorfismos. Fornece resultados diretos com alta sensibilidade, embora o tempo gasto e custo para realizá-lo o torna pouco prático para analisar genomas completos, portanto, só se aplica ao estudo de genes específicos.

A eficiência deste método permitiu-nos estudar a sequência de nucleotídeos das quinases em vários tipos de câncer, que muitas vezes são ativadas por mutação em células de pacientes com esta doença. O conhecimento dessas mutações levou a realizar novos métodos terapêuticos, com base no desenho de moléculas inibitórias que se ligam às quinases em sítios específicos, inativando-as.

Análise de perfis de expressão

A variedade de transcritos sintetizados por uma célula constitui em seu perfil de expressão, que é útil para descrever um tecido que apresenta uma determinada doença, a fim de encontrar novas moléculas alvo e desenhar tratamentos específicos. A expressão gênica de uma célula é modificada através da aquisição de mutações em sua sequência de DNA, pela forma como responde aos desafios e estímulos do meio em que se encontra, e pelas alterações

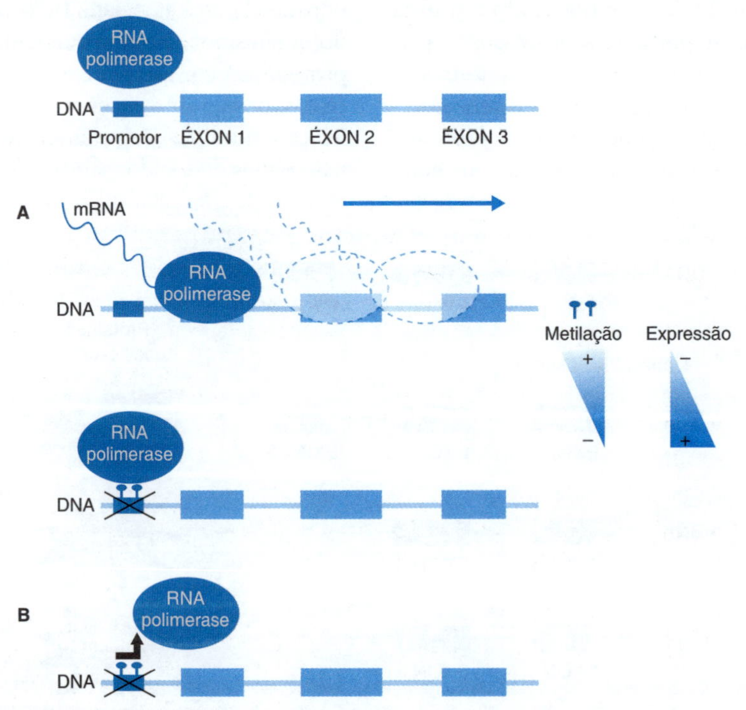

Figura 32-8. A) Está representada a RNA polimerase realizando o processo de transcrição. **B)** O promotor se encontra metilado e a polimerase perde o acesso, não ocorrendo a transcrição. A metilação inibe a expressão gênica.

epigenéticas que sofre. Para analisar o perfil de expressão em alta escala, conta-se com diversas metodologias, entre as quais se destacam a análise em série da expressão gênica e os microarranjos de oligonucleotídeos.

Análise em série da expressão gênica

Este método determina a expressão do total de transcritos de uma amostra celular, ou seja, analisa seu transcriptoma. É extraído o RNAm total de uma amostra e se sintetiza o cDNA. A partir da região 3 ' do cDNA são extraídas sequências curtas, que funcionam como marcadores ou etiquetas (tags) e que contam com a informação suficiente para identificar um transcrito. São obtidos mais marcadores e são unidos ou concatenados entre si, são clonados e sequenciados (aproximadamente 1000 marcadores por gel de sequenciamento). Mais tarde são identificados e quantificados os transcritos que se expressam na amostra estudada. A abundância de um fragmento na sequência reflete a abundância de RNAm no tecido analisado.

Embora este método seja trabalhoso e, portanto, aplicável a poucas amostras, permite realizar uma análise em profundidade. Na verdade, uma de suas maiores vantagens é que detecta e quantifica os transcritos mesmo que estes ainda sejam desconhecidos ou não foram associados com a doença. Através da análise em série da expressão gênica foi detectado que a PRL-3 tirosina fosfatase está envolvida com o câncer de cólon metastático. Esta observação havia passado despercebida, porque este gene não estava incluído nos microarranjos para análise de expressão comercialmete disponível.

Microarranjos

Os microarranjos (microarrays) para análise de expressão, incluem milhares de oligonucleotídeos de DNA ou cDNA que são colocados em pontos ao longo de uma lâmina de cristal; também podem ser obtidos através da síntese de oligonucleotídeos *in situ*. Estes últimos são conhecidos como chips gênicos. Este método permite a análise de expressão de milhares de genes simultaneamente e baseia-se na hibridização do cDNA, sintetizado a partir do RNAm obtido a partir de uma amostra, com os oligonucleotídeos do microarranjo. Para detectar os níveis de expressão de uma amostra, existem duas possibilidades: a) nos microarranjos com pontos de cDNA são marcados com um fluoróforo, b) nos chips, o cDNA é convertido para cRNA, marcado com biotina e detectado com avidina conjugada a um fluoróforo. A intensidade de hibridação e fluorescência é proporcional à quantidade de cDNA ou de cRNA presente, que por sua vez, reflete a abundância de RNAm da amostra analisada.

Deseja-se comparar a expressão gênica diferencial entre duas amostras, por exemplo, células cancerígenas e sua contraparte normal, são utilizados dois diferentes fluorocromos. Eles co-hibridam com o cDNA da amostra estudada (por exemplo, em vermelho) e da amostra de referência (neste caso, verde). É avaliada à proporção que existe entre a intensidade dos dois fluoróforos; se houver expressão semelhante em ambas as amostras para um determinado gene, será detectada fluorescência em amarelo; na presença de maior expressão na amostra estudada a fluorescência será vermelha; em contraste, se houver diminuição na expressão de um gene, a fluorescência será verde. Desta forma se pode obter uma medida relativa da expressão das amostras. Esta metodologia teve uma ampla gama de aplicações que serão discutidas posteriormente, a partir de alguns exemplos específicos.

Outra aplicação da metodologia de microarranjos de DNA é a genotipagem, onde se analisam matrizes de SNP para identificar variações em indivíduos ou em populações. Estes polimorfismos podem estar associados ao desenvolvimento de doenças ou à resposta a medicamentos e a análise por microarranjos constitui uma estratégia de rastreamento rápido dessas variações. Esta variante do método também é útil para identificar mutações, perda da heterozigose, amplificações gênicas e deleções de regiões do DNA no genoma dos indivíduos afetados.

Análise da metilação do promotor de um gene

As modificações epigenéticas do tipo metilação onde há um alelo em regiões ricas em dinucleotídeos CpG, podem ser distinguidas por alterações em sua sequência de DNA depois que tal molécula foi tratada com bissulfito. O bissulfito converte exclusivamente as citosinas não metiladas em uracilas. Posteriormente, é realizada uma reação de PCR utilizando *primers* específicos para as sequências correspondentes, tanto no caso de estarem metiladas como não metiladas. Os produtos são separados por eletroforese e se discrimina a presença ou ausência de metilação através das diferenças na corrida de eletroforese. Os resultados são validados pelo sequenciamento dos produtos.

APLICAÇÕES DO ESTUDO DO GENOMA HUMANO EM MEDICINA

Doenças genéticas representam um espectro que vão desde aquelas que são mendelianas e que são consideradas "simples", por terem uma alta probabilidade de expressão, até aquelas consideradas "complexas", que são multifatoriais e naquelas em que cada gene envolvido desempenha um papel com capacidade reduzida. A genética humana estuda genes isolados, doenças monogênicas; em contrapartida, a medicina genômica estuda todo o genoma, aprofundando no aspecto funcional, que tem abundantes interações químicas e processos celulares que controlam a expressão dos genes.

A medicina genômica identifica e analisa os genes suscetíveis a desenvolver doenças comuns. As probabilidades de apresentar ou não uma doença, são baseadas nas diferenças que existem nas sequências gênicas entre os indivíduos, e na presença de fatores ambientais que influenciam para que estes genes se manifestem ou não. O conhecimento dos genes associados com uma doença confere a possibilidade de desenvolvimento de medicina preventiva, novos métodos diagnósticos e de avaliação da doença durante suas diversas fases, assim como novos agentes e estratégias terapêuticas mais eficazes e menos prejudiciais ao paciente. Em seguida são discutidos alguns exemplos de aplicações da análise do genoma em diversas doenças.

Polimorfismos de único nucleotídeo (SNP)

A presença de SNP pode ou não ter consequências na predisposição a desenvolver uma doença. Por exemplo, tem sido demonstrado que podem influenciar na etiologia de algumas doenças monogênicas, tais como anemia falciforme, ou na produção de proteínas anormais associadas com o metabolismo de medicamentos, com seu transporte e com seus receptores. Também se demonstrou sua associação com doenças complexas, como asma, câncer, obesidade e hipertensão. Os polimorfismos ligados a uma doença são herdados com alelo portador da mesma por estar na proximidade, ou seja, no mesmo segmento cromossômico. Por esta razão não estão necessariamente envolvidos na gênese da doença e sua associação é só devido à sua localização no que diz respeito aos genes que são realmente os causadores da patologia. Através da análise dos polimorfismos é possível definir os riscos relativos de ter a doença; seu valor preditivo aumenta quando analisadas em conjunto, como haplotipos. A seguir são descritas algumas aplicações desta metodologia de análise de SNP.

FARMACOGENÔMICA

Há muito tempo os médicos sentiram diferenças entre indivíduos na resposta ao tratamento com diversos medicamentos. Por exemplo, na Segunda Guerra Mundial foi utilizada primaquina como agente profilático contra a malária, e se constatou que os soldados afro americanos desenvolveram anemia hemolítica pelo efeito do tratamento. Posteriormente determinou-se que a razão pela qual desenvolveram a doença deveu-se à variabilidade existente entre as raças na atividade da glicose 6-fosfato desidrogenase, que participa do metabolismo do medicamento. As diferenças do metabolismo de fármacos entre os indivíduos e raças são estudadas pela farmacogenética. Atualmente, a toxicidade, a sensibilidade e a resistência aos medicamentos são fenômenos conhecidos; a disciplina que estuda as causas genéticas através da análise dos sistemas de absorção, transporte, distribuição, metabolismo e excreção é farmacogenômica. Baseado nisto, a farmacogenômica permite assessorar na seleção do fármaco e na dose adequada para cada paciente, a partir do conhecimento das variantes alélicas presentes em cada indivíduo, associada a diversos efeitos biológicos dos medicamentos. Aqui estão descritos alguns estudos de farmacogenômica feitos em diferentes níveis, associados à disponibilidade e ao metabolismo de vários fármacos.

Receptores de Fármacos

Há polimorfismos associados com genes que codificam receptores, por exemplo, o caso do receptor de *opioides mu* na posição 118. A variante proteica obtida é três vezes mais potente em sua interação com a β-endorfina, em relação ao alelo selvagem. Esta variante ocorre em pacientes com maior susceptibilidade e resposta a este fármaco, bem como em indivíduos com predisposição ao vício de drogas.

Transportadores de fármacos

As proteínas transportadoras estão envolvidas na absorção, distribuição e excreção de diversas toxinas e medicamentos. Um exemplo de proteínas com esta função é a da proteína de resistência a múltiplos fármacos, codificada pelo gene *MDR1*. Esta molécula é responsável pelo transporte de várias substâncias através da membrana, entre os quais se encontram os fármacos utilizados no tratamento de câncer. Foram identificados diversos polimorfismos do gene, associados com a diminuição na sua expressão, que alteram a sensibilidade aos vários agentes quimioterápicos.

Enzimas envolvidas no metabolismo de medicamentos

O complexo do citocromo P450 é constituído por um grupo de enzimas envolvidas no metabolismo de drogas e da maioria dos medicamentos que usamos. É composto por hemoproteínas que no ser humano são distribuídas em vários tecidos, embora predominem no fígado, e são induzidas por fatores ambientais. Dentro do complexo, e de acordo com a ordem de sua sequência de aminoácidos, as enzimas mais importantes são CYP 1A2, 2C9, 2C19, 2D6, 2E1 e 3A4; sua atividade é determinada pelo grau de expressão de seus respectivos genes. Um exemplo disso são os polimorfismos do gene *CYP2D6* e a mutação do mesmo; sua deleção completa produz a falha da expressão da proteína e funcionalmente leva à diminuição do metabolismo dos agentes que transforma. No metabolismo da codeína a CYP2D6 participa para produzir morfina; em cerca de 10% dos pacientes que usam o medicamento são observados polimorfismos do gene que impedem o funcionamento da enzima; em consequência, não se detecta morfina ou esta se encontra em baixas quantidades, portanto, esses pacientes não demonstram o efeito analgésico esperado. Em contraste, também existem polimorfismos no *CYP2D6* que conferem rápido metabolismo da codeína, que produz níveis anormalmente elevados de morfina e, portanto, efeitos colaterais em pacientes portadores deste polimorfismo.

Quando se apresentam as mutações homozigotas no *CYP2C19*, os pacientes apresentam alta sensibilidade aos substratos desta enzima, como diazepam, omeprazol e propranolol, entre outros. É necessária a identificação destes indivíduos, assim como modificação da dose para alcançar níveis terapêuticos no sangue e prevenir a toxicidade.

A enzima CYP2A6 participa na inativação da nicotina em cotinina; na população de fumantes são apresentados com baixa incidência dois alelos variantes deste gene que são inativos, *CYP2A6 * 2* e *CYP2A6 * 3*. Consumidores de tabaco com metabolismo deficiente, e mesmo aqueles que são heterozigotos para as formas inativas do gene, precisam reduzir o consumo de cigarros. Foi tentado reproduzir o efeito do gene inativo usando tranilcipromina e metoxalen que bloqueiam a CYP2A6; o que reduziu o consumo de cigarros.

Outra enzima importante é a tiopurina S-metiltransferase, que metaboliza agentes, tais como mercaptopurina e a azatiopurina, que são utilizados como imunossupressores e no tratamento do câncer. Sua função é inativar estes agentes preferencialmente no tecido hematopoiético. Quando há deficiência desta enzima se acumulam em excesso nucleotídeos de tioguanina ativos, que causam toxicidade em células sanguíneas.

SNP aplicados ao estudo de hipertensão e leucemias

A hipertensão arterial é a doença cardiovascular mais comum, tem uma prevalência de 27%, e é um fator risco para apresentar infarto, alterações cardíacas e renais. As causas do aumento da pressão arterial são conhecidas em apenas 5% dos casos, nos restantes 95% não se pode atribuir uma causa em particular, sendo essa condição conhecida como hipertensão essencial.

O aumento da pressão arterial tem um componente genético complexo (efeito pleiotrópico, baixa penetrância, expressividade variável e epistasia), em que também influem fatores ambientais. Por todo o exposto, tem sido difícil identificar os genes associados com a doença.

No entanto, através da análise de polimorfismos de um único nucleotídeo em pacientes com hipertensão essencial, temos identificado mais de 100 *loci* associados em todo o genoma, a maioria dos quais estão localizados nos cromossomos 1, 2, 3, 17 e 18.

A aplicação de diferentes metodologias para o estudo do genoma das amostras de células de vários tipos de câncer permitiu uma compreensão mais profunda da doença e, assim, obter novos métodos de diagnóstico e identificar as moléculas e vias funcionais que podem ser alvos para projetar tratamentos específicos. Uma das doenças que têm sido muito investigadas é o câncer e especialmente a leucemia linfoblástica aguda. Através da análise de microarranjos de expressão, têm sido abordados problemas, como os descritos abaixo:

a) A dificuldade que existe para realizar o diagnóstico e a classificação desta doença requer um trabalho intensivo de laboratórios com diferentes especialidades, que incluem a caracterização imunofenotípica, a análise citogenética e os estudos moleculares. Os ensaios de microarranjos têm detectado perfis de expressão que distinguem os subtipos de células B ou T de linfoblastos leucêmicos, como um modelo associado com as principais alterações citogenéticas e moleculares com valor prognóstico destes pacientes. Como resultado, o estudo de microarranjos permitiu estratificar os pacientes em seis grupos, com base exclusivamente no perfil de expressão dos blastos leucêmicos: pacientes com leucemia de células T, com hiperdiploidia superior a 50 cromossomos, com algumas das fusões gênicas características desta doença que são as *E2A-PBX1, BCR-ABL, ou TEL-AML1* ou com alterações do gene *MLL*.

b) A localização de cada paciente em um grupo com prognóstico definido é associado com a resposta ao tratamento. Vários estudos tentaram detectar a associação de genes diferentes, com o risco de apresentar efeitos adversos, tais como recaídas ou resistência à quimioterapia.

c) O desenvolvimento de neoplasias secundárias como uma sequela do tratamento antileucêmico. Análises de microarranjos têm sugerido a possibilidade de detectar, mesmo a partir do momento do diagnóstico, os pacientes com predisposição para apresentarem um segundo câncer a médio ou longo prazo; embora esse achado possa ser importante, é necessária a realização de estudos prospectivos para confirmação.

d) A identificação de novas moléculas associadas com a doença que podem servir como marcadores para evolução da mesma, ou podem funcionar como alvos terapêuticos no desenho de agentes específicos para o tratamento antileucemia. Em um estudo com crianças com leucemia linfoblástica aguda de células T, foram analisados os perfis de expressão dos pacientes com alterações nos genes, que já eram conhecidos por estarem superexpressos nesta doença (*HOX11, TAL1, LYL1, LMO1 LMO2*), como efeito da presença de alterações citogenéticas e moleculares. A análise de microarranjos indicou a presença de um novo perfil de expressão específico, que ajudou a identificar o gene *HOX11L2* que não havia sido associado anteriormente a este tipo de leucemia. Este gene também aumenta sua expressão e atualmente é considerado um marcador da doença, útil no seguimento com valor de prognóstico. Utilizando a mesma metodologia, foi detectada que a expressão do gene CASP8AP2 (proteína 2 associada à caspase 8), que codifica um mediador chave da apoptose, está associada com presença de doença residual em crianças com leucemia linfoblástica aguda. Este termo refere-se à persistência de um pequeno número de células, mesmo após receber tratamento, portanto, o fato de apresentar doença residual implica em risco de recaída e tem impacto significativo sobre o prognóstico da doença.

e) Com relação à identificação de novos alvos terapêuticos, determinou-se que dentro do grupo de pacientes com leucemia que mostram alterações no gene *MLL*, existe um subgrupo que tem aumento da expressão do gene *FLT3*. Ao analisar as causas desta alteração, foi determinado que o *FLT3* apresenta mutações ativadoras, e se considerou que pode ser usado como um alvo específico para desenvolver um novo tratamento. Para testar essa possibilidade, foram estudados ratos com leucemia, causada pela inoculação com uma linha de células humanas com o gene *MLL* alterado. Foi projetada uma molécula inibidora de *FLT3*, chamada de PKC412, e ao tratar os ratos com este agente, a doença foi drasticamente diminuída. A PKC412 pode ser considerada como uma possibilidade de tratamento específico para os pacientes com alterações do *MLL* e superexpressão de *FLT3*. Na leucemia promielocítica aguda também têm se procurado novas moléculas para o projeto de tratamentos mais específicos; os blastos leucêmicos destes pacientes apresentam a fusão dos genes *PML-RARA* (que correspondem ao gene da leucemia promielocítica e ao receptor do ácido retinoico α, respectivamente) e, portanto, codificam uma proteína quimérica, com novas propriedades em relação às moléculas originais. Esses pacientes são tratados com ácido holo-trans-retinoico (ATRA) para induzir a diferenciação celular. Os estudos de microarranjos mostraram que o gene *UBE1L*, que codifica a enzima ativadora da ubiquitina semelhante ao E1, é induzida pela ATRA em linhagem de células de um paciente com o tipo de leucemia em questão. Estudos posteriores demonstraram que ATRA ativa diretamente o promotor de *UBE1L*, e sua superexpressão dispara a degradação do PML-RARA, induzindo, portanto, com grande especificidade a apoptose das células leucêmicas portadoras da fusão gênica. *UBE1L* tem sido proposto como um alvo farmacológico capaz de diminuir o efeito oncogênico da proteína quimérica.

A análise do epigenoma também foi aplicada ao estudo de leucemias. Nessas doenças, muitas vezes os estudos são relativos à ativação de proto-oncogenes, mas tem sido pouco comum a descrição de perda, mutação ou silenciamento de genes supressores tumorais. No entanto, pesquisas recentes que analisam o silenciamento de genes por metilação de seus promotores, revelaram que este mecanismo ocorre frequentemente na leucemia linfoblástica aguda de células T e que também afeta os genes supressores de tumor. Em um grupo de pacientes com esta doença 24 genes foram estudados, e se determinou que estão metilados em uma porcentagem elevada e, portanto, não são expressos. Os genes *WIF-1* e *sFRP5*, supressores da via de sinalização WNT / β-catenina que é responsável pela promoção da proliferação celular, são aqueles que são silenciados mais frequentemente, em 53% e 40% dos casos, respectivamente. A presença de um fenótipo com maior número de genes metilados e, portanto silenciados foi associada com a progressão da doença. Determinou-se que há uma correlação positiva entre o aumento do número de genes metilados e a presença de recaídas e morte por leucemia.

PERSPECTIVAS DA MEDICINA GENÔMICA

Os progressos realizados no campo da genética e da genômica abriram a necessidade dos médicos incorporarem à prática clínica estes conhecimentos. A medicina genômica e seus avanços têm fornecido novas perspectivas sobre a medicina tradicional. A genética, ao contrário de outras áreas, envolve as famílias e não apenas os indivíduos; os indivíduos, que com frequência são saudáveis, mostram grande preocupação frente à possibilidade de desenvolver ou transmitir uma doença aos seus descendentes. A maioria das doenças é diagnosticada até depois de ter os sintomas; e só neste momento é que o paciente decide consultar um médico. Para algumas doenças, chegar a este ponto permitirá que o tratamento ajude a reduzir alguns sintomas e deter a sua evolução, mas não resultará na sua cura. As novas ferramentas da genômica: a) ajudarão a aumentar o conhecimento da história natural das doenças, b) permitirão a identificação de indivíduos com risco de apresentá-las, c) poderão mudar os hábitos dos indivíduos com predisposição, mesmo na fase pré-sintomática, antes de começar o desenvolvimento da doença (por exemplo, parar de fumar, mudar sua dieta, fazer exercícios) ou para iniciar um tratamento pré-sintomático (tais como a administração de estatinas em indivíduos que podem ter doença cardiovascular), d) serão detectados marcadores associados ao desenvolvimento de uma doença (por exemplo, em colonoscopias de indivíduos com risco genético de desenvolver câncer colo-retal) e e) permitirão conhecer novas moléculas e vias que ajudem a fazer o diagnóstico, a avaliação da doença e tratamentos específicos para obter melhores resultados com menos sequelas negativas para o paciente.

Terapia gênica

Esta nova abordagem terapêutica envolve a inserção de genes em células ou tecidos de um animal, para tratar uma doença, seja adquirida ou hereditária, em que se substitui um gene mutante por um funcional.

Com este procedimento, uma célula que não possui um gene, ou que tem uma cópia defeituosa pode ser reparada para readquirir sua função normal. O procedimento implica manipular células doentes e repará-las com a adição do gene que falta, ou a substituição ou inativação de um gene defeituoso. Nesta terapia, as células defeituosas são removidas do corpo e devolvidas para ele depois de terem sido reparadas, ou através de um agente terapêutico, se induz a reparação das células *in vivo*. As células que serão modificadas poderiam ser de linhagem germinativa ou as células somáticas.

No caso das células da linhagem germinativa, seria modificado um gameta, um zigoto, ou um embrião no início, assim a mudança seria transmitida de modo permanente a gerações sucessivas, por isso é muito criticável do ponto de vista ético.

As células somáticas, no entanto, podem ser modificadas de várias formas: a) substituindo um gene alterado por um gene saudável diretamente no genoma, b) administrando uma cópia funcional de um gene que se encontra defeituoso na célula; c) inibindo a expressão do gene causador de alguma patologia, para controlar ou parar algumas doenças, principalmente o câncer ou doenças autoimunes.

Inserção de genes

As duas primeiras opções mencionadas para a modificação genética de células somáticas, são alcançadas por meio de um vetor que facilite a entrada do material genético em uma célula doente. Isso pode ser feito por meio de um vírus modificado contendo o gene que se deseja inserir, que é capaz de introduzi-lo na célula e de expressá-lo, já que será integrado ao genoma, se for usado um retrovírus, ou permanecer como um episoma e expressar-se sem se integrar, um adenovírus é usado (figura 32-9).

Embora os retrovírus possam ser muito eficientes, uma desvantagem é o fato de que a sua integração ocorre em um local que não é previsível; assim podem causar mutações que induzem o silenciamento de genes próprios da célula ou a transformação maligna e transformá-la em uma célula cancerosa.

Os adenovírus, apesar de não apresentarem estes problemas, possuem uma alta imunogenicidade, o que gera respostas imunes indesejáveis. Além disso, ao se integrar no genoma, a expressão do gene inserido é de curta duração, portanto deve-se repetir o tratamento para manter o efeito desejado. Outros vírus que ainda estão em estágios iniciais de experimentação, incluem os herpesvírus, os lentivírus (como HIV) e os vírus adenoassociados ou VAA. Outro vetor para a inserção de genes terapêuticos são os lipossomas, vesículas sintéticas formadas por uma bicamada de fosfolipídeos, onde o DNA a ser inserido é empacotado, que tem a capacidade de mesclar-se diretamente com a membrana plasmática e depositar em seu interior a informação gené-

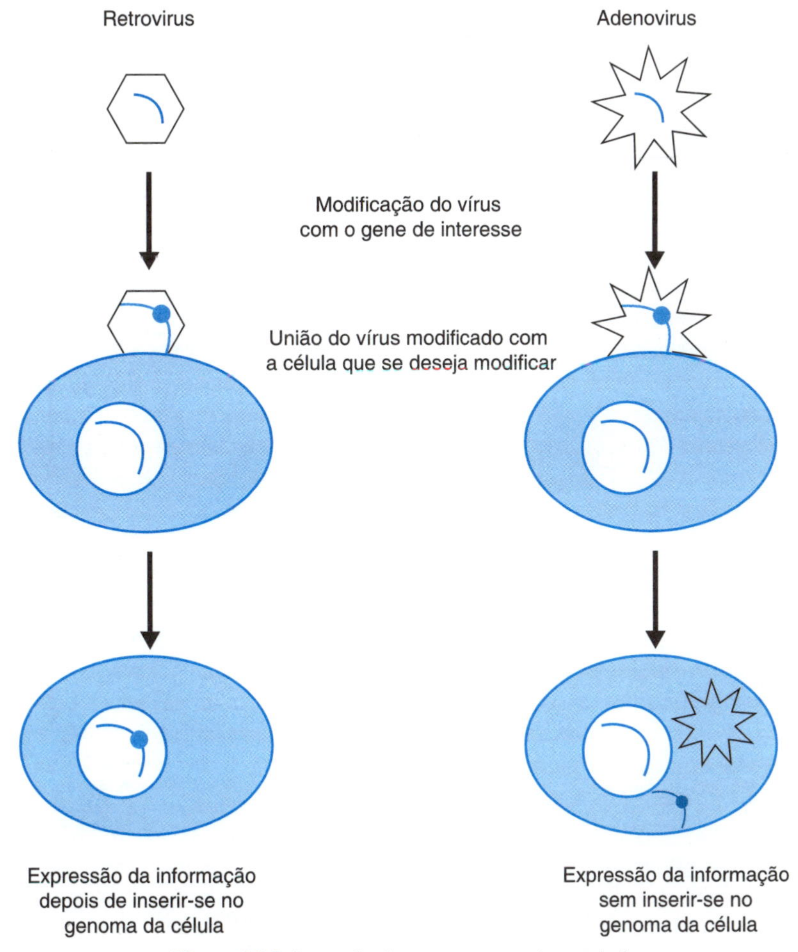

Figura 32-9. Inserção de genes com vetores virais.

tica. A eficiência destes vetores permanece baixa e também o DNA introduzido não se integra ao genoma da célula, então a expressão gênica é temporária (Figura 32-10).

Um método alternativo conhecido como biobalística, utiliza pequenas esferas de metal revestidas com o DNA de interesse, e por meio de uma pistola pneumática especial, permite a entrada do material genético. Embora tenha sido utilizado com sucesso, especialmente na transformação de células vegetais, o DNA introduzido não pode ser integrado ao genoma do hospedeiro e rapidamente é inativado ou hidrolisado.

A endocitose mediada por receptores, é outra alternativa para a transferência de genes, que acopla o DNA a uma molécula que age como um ligante natural. Esta molécula conjugada é internalizada, porque é reconhecida por um receptor de membrana que induz a endocitose e entrada na célula. Embora o método tenha uma eficiência de transferência relativamente elevada, a vesícula endocítica é geralmente conduzida a um lisossomo para sua degradação, de modo que uma vez dentro da célula é provável que o DNA seja inativado. Para evitar isso, está se trabalhando na concepção de um mecanismo de escape para permitir que o DNA seja levado até o núcleo, embora também neste caso não se conseguiria a integração ao genoma da célula.

A inibição da expressão gênica

Esta estratégia é usada quando algum gene da célula age de maneira prejudicial e a solução possível é sua eliminação ou inativação. Isso pode ocorrer em doenças de herança mendeliana simples, oncogenes ativados em células de câncer ou em algumas doenças autoimunes. A terapia gênica, nesses casos, pretende destruir diretamente o gene afetado ou parar a sua expressão, durante ou após a transcrição, ou inibir a síntese da proteína codificada pelo gene afetado. Em qualquer um dos casos, é necessário que o agente terapêutico penetre na célula para exercer seu efeito, que às vezes pode ser complicado ou induzir a sua inativação (Figura 32-11).

Uma estratégia comumente usada para se conseguir a inibição da tradução do RNAm em protei-

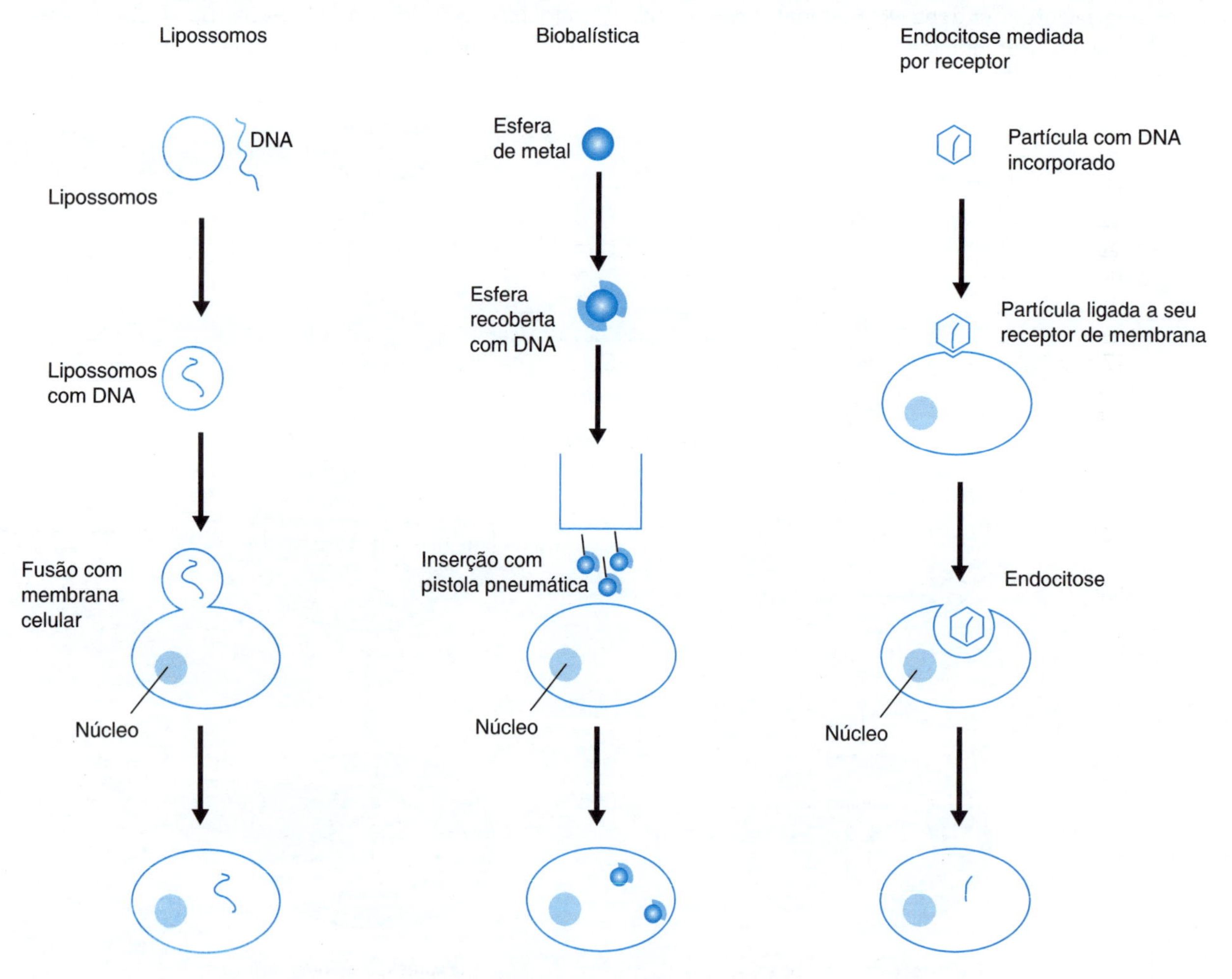

Figura 32-10. Transferência de genes por meio de vetores não virais.

na, é o uso de oligonucleotídeos *antisense*, que são pequenas cadeias de ácido nucleico com uma sequência complementar a uma parte do RNAm. A formação de uma dupla cadeia de ácido nucleico impede o processo de tradução e favorece a degradação do RNAm. Desde a descoberta de que algumas cadeias de RNA tem atividade catalítica (ribozimas), começou-se a buscar uma possível aplicação com fins terapêuticos. As ribozimas podem degradar de maneira muito seletiva alguns RNAm, cortando-os em sequências específicas. As ribozimas que são destinadas ao uso para este fim são, basicamente, as conhecidas como de *cabeça de martelo*, que tem a capacidade natural de fazer cortes nas cadeias de RNA, e que se modificam introduzindo sequências que são complementares ao RNAm que se quer destruir.

A técnica que atualmente está recebendo maior atenção para o desenvolvimento de uma terapia gênica eficaz, aproveita um fenômeno natural que era desconhecido até recentemente: o silenciamento de genes por RNA pequenos de interferência (iRNA). Estes são pequenas cadeias de RNA (21-23 nucleotídeos) que, em condições normais são produzidos a partir de RNA de cadeia dupla um pouco maiores. Estas moléculas são, na atualidade, um método muito eficiente para induzir fenótipos com perda da função em estudos de laboratório com diferentes organismos.

Exemplos de terapia gênica

O primeiro experimento de terapia gênica em humanos foi realizado em setembro de 1990 com uma de menina de quatro anos que sofria de uma doença genética rara, a imunodeficiência combinada severa, que causava uma deficiência no sistema imunológico funcional. As crianças com esta condição raramente sobrevivem depois da infância, uma vez que são altamente suscetíveis a desenvolver infecções graves e estão condenadas a viver fechados em um ambiente estéril. Neste caso particular, foram extraídos leucócitos sanguíneos onde foi enxertada uma cópia saudável do gene defeituoso e depois foram devolvidos à circulação. A paciente melhorou dramaticamente e seu sistema imunológico se fortaleceu. No entanto, o procedimento não constituiu uma cura, já que as células modificadas não sobreviveram mais do que alguns meses e o processo teve que ser repeti-

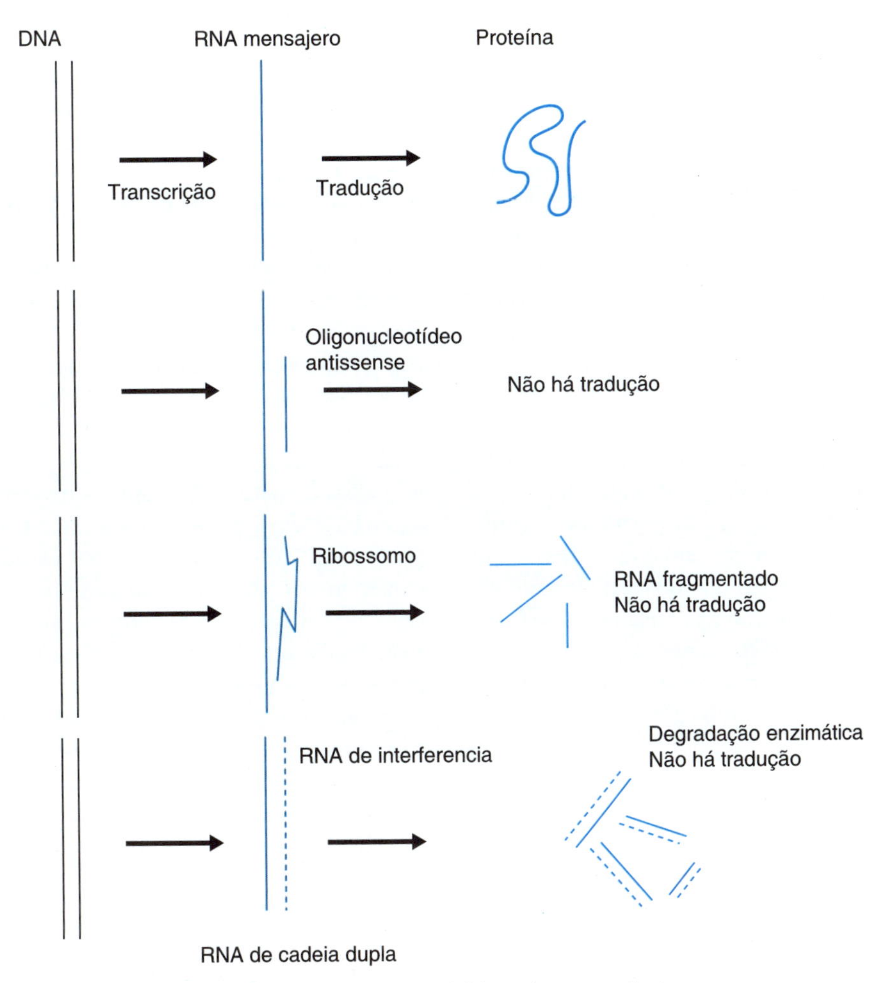

Figura 32-11. Terapia gênica por inibição da expressão dos genes.

do. Algumas doenças para as quais já estão em desenvolvimento terapias semelhantes incluem a hemofilia, a distrofia muscular, a talassemia e a fibrose cística, dentre outras. Em dois casos especiais foi aplicada esta terapia para curar uma doença retiniana hereditária e um melanoma metastático com algum sucesso.

DIVERSIDADE GENÉTICA E HISTÓRIA DAS POPULAÇÕES HUMANAS

Quase desde o início do Projeto Genoma Humano foi possível identificar variações na sequência do genoma humano, proveniente de diferentes indivíduos.

Na década de 1990-1999, foi reconhecido que essas variações geralmente correspondem às variantes do tipo SNP. Estas variações se apresentam, em média, cada 400 nucleotídeos, e pode haver cerca de 10 milhões delas no DNA de uma pessoa. A maioria dos SNPs estudados até agora alternam entre dois nucleotídeos possíveis, ou seja, são bialélicos. Assim, apesar de todos os seres humanos compartilharem 99,9% da informação em nossos genomas, a diferença de 0,1% produzida por estes polimorfismos é a responsável pela individualidade de cada pessoa. Para estudar as características genômicas das diferentes populações humanas, foi criado o Projeto Internacional de *HapMap* ou mapa de haplótipos, que é responsável pela catalogação dos blocos de haplótipos no genoma humano e cuja informação será por completo de domínio público. Este projeto começou em outubro de 2002 e a primeira fase foi concluída em outubro de 2005, tendo analisado cerca de um milhão de SNPs em três populações: africana, caucasiana e asiática. Foi produzido um catálogo de blocos genômicos e foram identificadas as variações exclusivas de cada grupo estudado.

O projeto também tem como objetivo descrever a localização das variações genéticas do genoma e identificar a sua distribuição intra e interpopulacional. Mesmo sem estabelecer uma conexão entre as variações particulares e as doenças, pode fornecer informações que permitam identificar os fatores hereditários que modificam o risco de contrair certas doenças comuns; isso permitirá, de maneira indireta, o desenvolvimento de novas técnicas de diagnóstico e tratamento, além de novos métodos de prevenção.

Este e outros estudos semelhantes mostram, de forma sólida, que a maior parte da variação genética nos humanos vem das diferenças dentro das populações ao invés de entre eles, assim, o conceito de raça como uma categoria, não é racional e não pode ser definida a partir da perspectiva biológica.

O estudo das variações do DNA também forneceu um método alternativo para reconstruir a história das populações humanas. Para isso foram utilizados diferentes tipos de marcadores genéticos, embora os mais utilizados são o DNA mitocondrial e algumas sequências específicas do cromossomo Y. Porque estes marcadores não são suscetíveis de recombinação genética, é possível seguir a genealogia de uma população através da linhagem materna, utilizando DNA mitocondrial, ou da linhagem paterna, com os marcadores do cromossomo Y.

Estes estudos têm demonstrado a origem recente dos seres humanos modernos em populações africanas e tem proposto um modelo que sugere que a espécie humana (*Homo sapiens*), surgiu de uma pequena população africana há cerca de 100 e 150 mil anos, que posteriormente, migrou para colonizar todo o mundo. O estudo de sequências de DNA mitocondrial dos seres humanos modernos permite seguir a linhagem até um único indivíduo, a "Eva mitocondrial", que se supõe ter existido há cerca de 5 000-7000 gerações no Oriente da África (Figura 32-12). Além desses estudos de variação em populações de seres humanos modernos, foi recuperado DNA antigo de espécimes de até 50 000 anos de idade. Esta amostra que correspondia a um espécime de neandertal mostrou uma sequência de DNA mitocondrial que é claramente diferente da dos seres humanos modernos. Isto sugere que as duas linhagens de hominídeos divergiram até cerca de 500 000 anos e que os homens de Neandertal foram extintos sem contribuir ao acervo genético dos humanos modernos.

ESTUDOS DO GENOMA HUMANO NO MÉXICO

Ao invés de falar do genoma do mexicano, deve-se mencionar os diferentes haplótipos que se encontram no México, que é constituído de diversas origens étnicas. Dentre as mais representativas se encontram duas: os grupos indígenas que foram preservados com pouca A miscigenação genética e a maioria dos mexicanos provenientes da mestiçagem entre espanhóis e indígenas, que representam os grupos mestiços latino-americanos. Neste último caso, pode-se encontrar maior diversidade genética devido à mistura com pessoas de outras regiões, como os europeus, africanos e asiáticos. Portanto, a maioria dos estudos sobre a genética da população mexicana é realizada em grupos étnicos indígenas e quando são estudos mais gerais, são considerados apenas os indivíduos nascidos no México, pelo menos, de segunda geração (pais e avós) nascida neste país. Assim, tem sido realizados estudos para caracterizar o genótipo dos mexicanos.

Tal como outros conceitos associados com a genética, os estudos para conhecer e analisar as características genéticas do mexicano começaram anos antes do advento das técnicas de biologia molecular.

Dada a necessidade de ter um catálogo de haplótipos da população latino-americana e em especial da mexicana, o Instituto Nacional de Medicina Genômica do México iniciou um estudo com o objetivo de gerar esta informação e apoiar a investigação médica, ao conhecer as variações genômicas associadas com doenças comuns

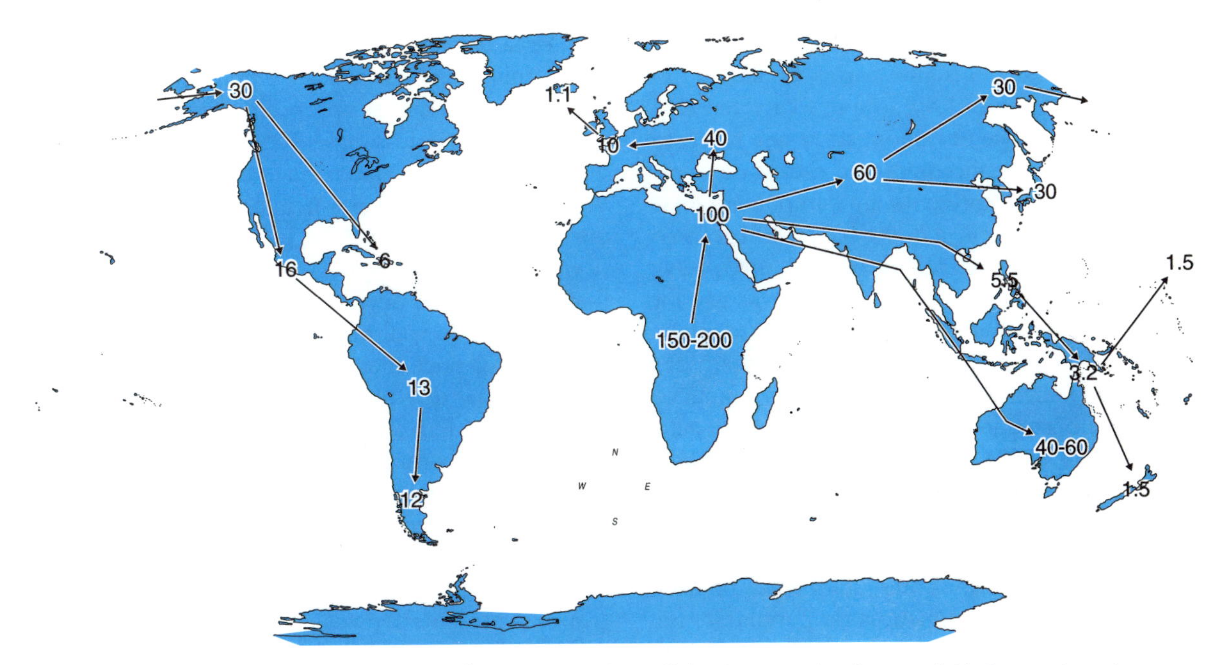

Figura 32-12. Disseminação do Homo sapiens fora da África. As datas (em milhões de anos antes do presente) indicam a chegada a essas regiões.

e a resposta aos fármacos na população mexicana, além de contribuir para o conhecimento histórico e antropológico dos mexicanos. Este projeto diz respeito especificamente à estrutura genômica de mestiços mexicanos de diferentes regiões de onde se analisou a amostra. A seleção dos estados da República se baseou em sua localização geográfica, sendo escolhidos: Yucatan, Zacatecas, Sonora, Veracruz e Guerrero. O estudo foi feito em cerca de 140 indivíduos sem parentesco entre si, maiores de 18 anos (50% de homens e 50% de mulheres) provenientes do estado correspondente para o mesmo de seus pais e avós, não imigrantes recentes de outros países, que participaram voluntariamente.

A análise ainda não está completa e é baseada em polimorfismos com a metodologia de microarranjos de alta densidade. Este sistema utiliza a detecção de 500 000 SNPs. A estratégia se baseia em reduzir a complexidade do DNA genômico até 10 vezes, o que é conseguido por digestão de 250 ng do genoma de cada amostra com enzimas de restrição. Depois se ligam a sítios de reconhecimento para iniciadores por meio de uma reação em cadeia da polimerase (PCR). Posteriormente as amostras são amplificadas, que dá preferência a fragmentos de DNA de 250 a 2000 nucleotídeos marcados com fluorescência e hibridizados com os microarranjos. A intensidade do sinal fluorescente é analisada para determinar o genótipo de cada amostra para este polimorfismo particular.

A informação gerada é muito complexa na medida em que é armazenada em um banco de dados para ser processada em um supercomputador. Os resultados mostrarão os padrões de variação genética no genoma dos mestiços mexicanos, através de regiões variáveis na frequência de haplótipos entre as populações e o grau de associações entre SNPs em cromossomos diferentes.

Para atender as restrições éticas de confidencialidade, as amostras de sangue foram anônimas e codificadas para não serem identificadas, somente foram associadas ao gênero, idade e origem geográfica. Também foram coletadas mais amostras do que as incluídas na análise, para que os doadores não soubessem se eles foram incluídos no estudo. Desta maneira, se protegeu a privacidade dos participantes.

A contribuição do projeto para o desenvolvimento da medicina genômica do país vai proporcionar a geração de mapa de blocos de haplótipos do genoma dos mexicanos; também vai gerar uma ferramenta a ser utilizada em outros projetos de pesquisa científica sobre as variações genéticas que podem aumentar o risco de doenças comuns, e a resposta dos indivíduos ao uso de alguns fármacos.

Prévio a este estudo, um grupo de pesquisadores mexicanos determinou as variações no DNA mitocondrial (MtDNA) em mestiços do estado de Veracruz, para conhecer a tendência genética de seus ancestrais; para isso, estudaram a população dos municípios de Tamiahua Tuxpan. Foram estudados quatro haplogrupos (A, B, C e D) do mtDNA que caracterizam as populações Ameríndias, cujas linhagens tem suas raízes na Ásia. No México, a população mestiça tem três raízes; ameríndia, europeia e africana. A partir do sangue periférico foi extraído o DNA total de 72 indivíduos não aparentados. Foram amplificadas as regiões de interesse do mtDNA, por PCR, utilizando oligonucleotídeos específicos e digestão com enzimas de restrição. Os produtos foram colocados em gel de poliacrilamida para análise. Foram encontrados três dos quatro haplogrupos que caracterizam a população Ameríndia: haplogrupos A 70%, C 15,2% e D 12,5%, com um total de 98,6%. O restante correspondeu ao haplótipo L com frequência de 1,4%, o que é característico da população africana. Este estudo mostrou que na costa do Golfo do México especificamente no estado de Veracruz, a população mestiça apresenta um componente materno ameríndio com frequência muito baixa de africano e ausência de componente materno europeu. A interpretação destes resultados é que a migração de escravos não foi homogênea, assim se concluiu que a maioria do componente africano ocorreu principalmente pela linhagem paterna. Os estudos precedentes com marcadores genéticos no DNA nuclear mostraram que o componente africano no México varia por região geográfica, já que um estudo realizado em mestiços das cidades de Ojinaga e Ciudad Juarez, no estado de Chihuahua, encontrou 4,5% da amostra com um componente materno africano.

Um dos primeiros trabalhos que foram feitos no México para determinar as características da população, foi referente à deficiência da enzima lactase. Foi demonstrado que 70% da população mexicana maior de seis anos de idade tem deficiência da enzima intestinal que é responsável pela metabolização da lactase do leite. Esta enzima está presente em todos os recém-nascidos que recebem o leite materno, mas pouco a pouco, a partir dos dois anos, começa a diminuir a sua atividade até que a maioria dos indivíduos só conserva 10% da atividade inicial.

A deficiência de lactase causa sintomas gastrointestinais indesejáveis como dor abdominal, diarreia, flatulência e sensação de inflamação do estômago, mas uma das questões levantadas foi qual o percentual é devido ao metabolismo deficiente de lactose e qual percentual quanto a outras condições como a verminose?

Uma das pesquisas foi conhecer se era frequente ou não a deficiência de lactase na população adulta do México, definida para este propósito como aquela maior de seis anos. Concluiu-se que 70% dos mexicanos têm essa deficiência devido a fatores hereditários do tipo recessivo, ou seja, ambos os pais possuem o tipo de gene que faz com que a enzima não funcione, e consequentemente, não foi devido a causas ambientais. 15% da população tem sintomas desagradáveis devido à deficiência de lactase, mas não são graves e são facilmente controlados. O conhecimento desses dados pode incidir nos programas de fortalecimento nutricional que por vezes baseiam-se no consumo de leite, já que é baixo o percentual encontrado, poderia haver setores da população que não a assimilem corretamente. A solução é simples: reduzir pela metade a ingestão ou o consumo de leite sem lactose.

O estudo analisou os três sectores da população mexicana: grupos indígenas, espalhados por todo o país; grupos representativos das costas ocidental e oriental, e os habitantes das grandes cidades como nas cidades de México, Puebla e Leão, entre outras, e o foram obtidas amostras de sangue para conhecer as semelhanças e diferenças entre as populações. Com os resultados obtidos observou-se o que já era conhecido de outros estudos: não há populações indígenas puras no país, todas tem certa miscigenação com a raça caucasiana, fundamentalmente espanhola, ou com a africana, principalmente nas costas do país. Nas grandes cidades há cerca de 50% de ancestrais indígenas, aproximadamente 40% de caucasianos e 10% de população africana. Não há nenhum julgamento de qualidade no estudo, apenas se apresenta como foi formada a população mexicana e revela o que agora são os mexicanos: um mosaico etnográfico.

REFERÊNCIAS

Becker WM, Kleinsmith LJ, Hardin J: *World of the cell.* Benjamin Cummings, 6th ed. San Francisco, EUA. 2005

Crow JF: Was there life before 1953? Nature Genetics. 2003. 33:449-450.

Devlin TM: *Bioquímica. Libro de texto con aplicaciones clínicas,* 5ta. ed., Editorial Reverté, 2004.

Ebert BL, Todd RG: Genomic approaches to hematologic malignancies. Blood 2004. 104:923-932.

Griffiths AJF, Miller JH, Suzuki DT, Lewontin RC, Gelbart WM: *Genética,* 5a ed. Interamericana-McGraw-Hill. Madrid, España, 1995.

Hidalgo-Miranda A, Silva- Zolezzi I, Barrientos E, March S, Del Bosque-Plata L, Pérez-González OA, Balam-Ortíz E, Contreras A, Dávila C, Orozco L, Jiménez-Sánchez G: Proyecto mapa genómico de los mexicanos. Ciencia y Desarrollo 2006, 32:31-53.

International Human Genomic Sequencing Consortium: Initial sequencing and analysis of the human genome. Nature 2001, 409:860-921.

Lodish H, Berk A, Zipursky SL, Matsudaira P, Baltimore D, Darnell J: *Biología celular y molecular,* 4a ed. Editorial Médica Panamericana. Madrid, España, 2002.

Lozano JA, Galindo JD, García Borrón JC, Martínez Liarte: *Bioquímica y Biología Molecular,* 3ra. ed., McGraw-Hill Interamericana, 2005.

Melo RV, Cuamatzi TO: *Bioquímica de los procesos metabólicos,* México: Editorial Reverté, 2004.

Nelson DL, Cox MM: *Lehninger Principios de Bioquímica,* 4ta ed., Omega, 2006.

Passarge E: *Genética, texto y atlas,* 2a ed. Editorial Médica Panamericana. Buenos Aires, Argentina, 2004.

Ruddle FH, Kucherlapati RS: Hybrid cells and human genes. *Sci Am* 1974, 231:36-44.

Strachan T, Read AP: *Genética humana,* 3a ed. México, D.F. McGraw-Hill, 2004.

Sweeney BP: Watson and Crick 50 years old from double helix farmacogenomics. Anesthesia 2004 59:150-165.

Trejo Albarrán, Raquel Miguel Betancourt Rule; Eduardo Casas Hernández: Los Gametos: células reproductoras de los mamíferos, 1a. edición, México, El Manual Moderno, 2005.

Velázquez A, (coord.): *Lo que somos y el genoma humano. Develando nuestra identidad.* México, UNAM-Fondo de Cultura Económica, 2004.

Venter JC et al.: The sequence of the human genome. Science. 2001, 291:1304-1351.

Páginas eletrônicas

Department of Energy Office of Science (2008): *Human Genome Project* [En línea]. Disponible: http://www.ornl.gov/sci/techresources/Human_Genome/home.shtml [2009, abril 24]

Gutiérrez EG (2007): *Genoma humano.* En GeoSalud [En línea]. Disponible: http://geosalud.com/Genoma%20 Humano/gen_alcances.htm [2009, abril 24]

National Center for Biotechnology Information U.S. National Library of Medicine National Institutes of Health (2008): Human Genome Resources. En: Genomic biology [En línea]. Disponible: http://www.ncbi.nlm.nih.gov/projects/genome/guide/human/ [2009, abril 24]

Zamudio T (2007): *Proyecto genoma humano. Su historia.* En: Regulación Jurídica de las Biotecnologías [En línea]. Disponible: http://www.biotech.bioetica.org/ap39.htm [2009, abril 24]

Índice remissivo

Os números de página que aparecem em **negrito** se referem a quadros
e os que aparecem em *itálico* a figuras

A

B

C

D

E

F

G

H

I

K

L

Q

R

U

V

X

Z

Impresso nas oficinas da
SERMOGRAF - ARTES GRÁFICAS E EDITORA LTDA.
Rua São Sebastião, 199 - Petrópolis - RJ
Tel.: (24)2237-3769